원자력공학개론 제4판

INTRODUCTION TO NUCLEAR ENGINEERING

원자력공학개론 제4판

INTRODUCTION TO NUCLEAR ENGINEERING

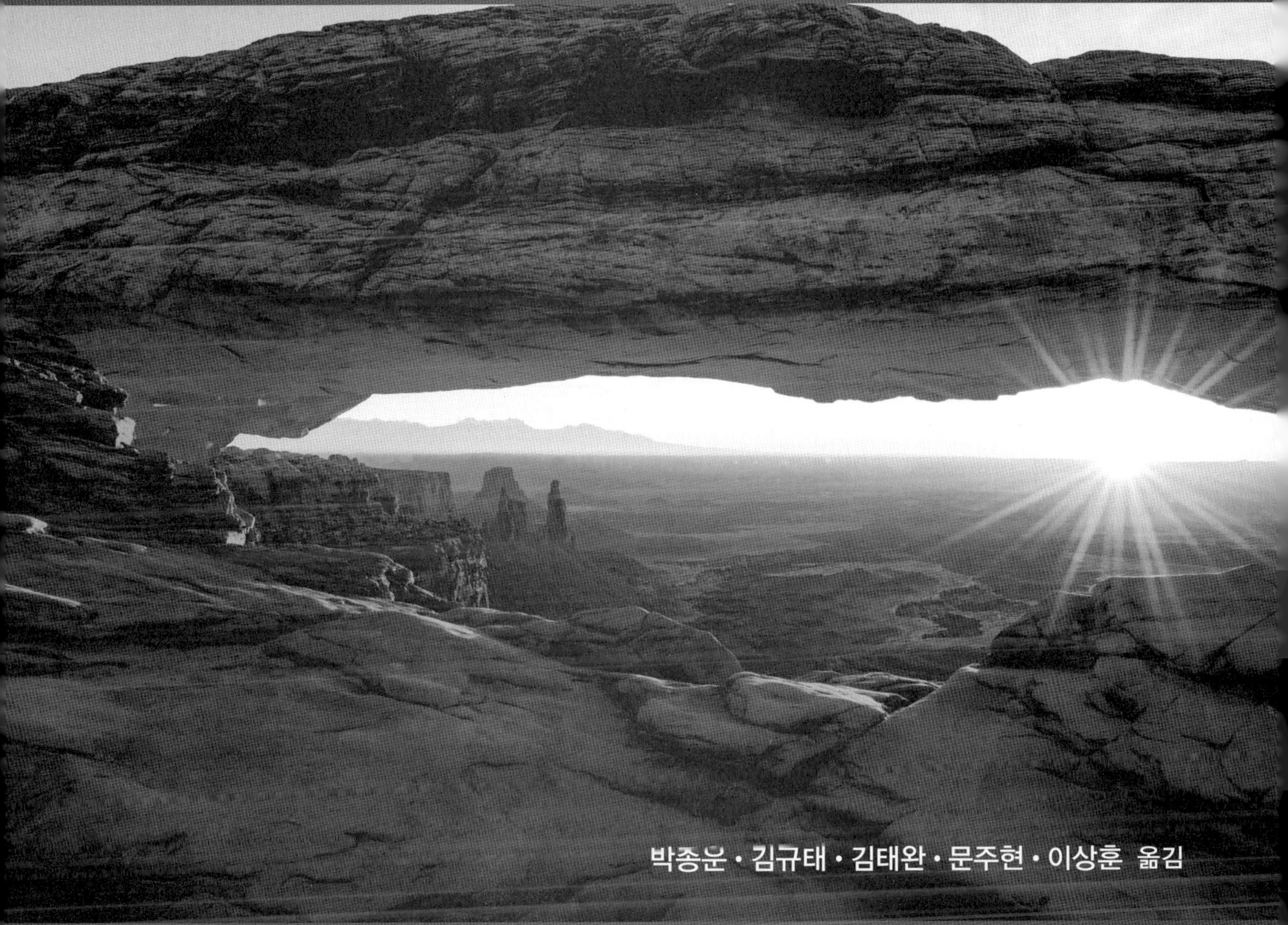

박종운 · 김규태 · 김태완 · 문주현 · 이상훈 옮김

JOHN R. LAMARSH
ANTHONY J. BARATTA

Pearson Education South Asia Pte Ltd
3 Temasek Avenue #21-23, Centennial Tower
Singapore 039190

Pearson Education offices in Asia: *Bangkok, Beijing, Ho Chi Minh City, Hong Kong, Jakarta, Kuala Lumpur, Manila, Seoul, Singapore, Taipei, Tokyo*

3 2 1
27 26 25

Cover Photo: Brm1949/Fotolia

발행일: 2025년 2월 10일
공급처: 프로텍미디어(02-6166-8235/proteckang@gmail.com)
ISBN: 978-981-3352-47-6(93550)
가격: 38,000원

http://pearson.com/asia

서문

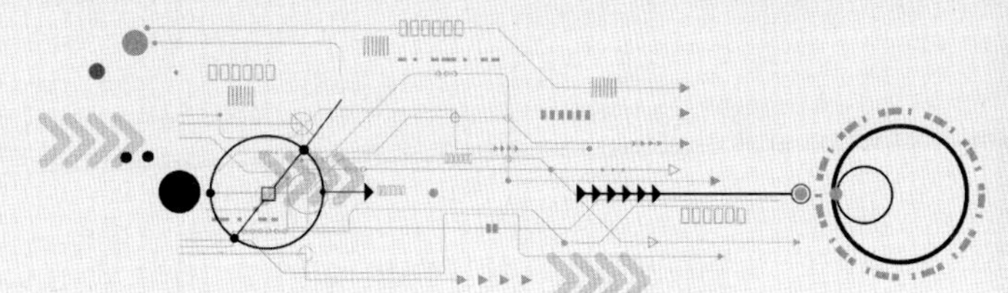

제3판이 출판된 이후 원자력 산업계에 상당한 변화가 일어났으며 현재도 일어나고 있습니다. 이러한 변화는, 전 세계적인 원자력 르네상스에 이은 일본 후쿠시마 다이이치 원전의 불행한 사고뿐만이 아니라, 미국 내외에서 진보된 원자력 발전소 설계를 개발하고 건설하고 있는 것이라 하겠습니다. 이러한 변화들을 반영하기 위해, 제4장에 신규 원자로형들과 차세대 후보 원사로들에 대한 논의를 포함시켰습니다. 원자력공학은 현재 전 세계적인 관심사항이므로 미국 이외 국가에서의 원자력 기술 응용에 관한 논의를 광범위하게 업데이트하였을 뿐만 아니라, SI 단위를 사용하는 문제들도 추가하였습니다. 3판 이후로는 미국에서도 원자력발전 인허가가 진행되었습니다. 현재 미국에서 진행되는 새로운 건설 프로세스들을 11장에 소개했습니다. 3판 발간 단계에서 발생한 보건물리 관련 변화는 9장에 포함되었습니다. 원자력공학과 관련된 최신 데이터 및 정보를 반영하기 위해 많은 표들이 업데이트되었습니다. 후쿠시마 다이이치 사고에 대한 논의도 11장에 포함시켰습니다.

그러나 이 책의 인쇄가 이미 준비된 시점임에도 원자력 산업은 또다시 유동적인 상태에 놓여 있습니다. 미국 및 여러 국가에서 새로운 원자로들이 건설 중에 있습니다. 그런데, 미국만 보면, 이러한 신규 원전 건설에 그림자가 드리워지고 있는데, 이는 구세대 원자로들의 조기 가동 중단으로 인해 전체 원자로 수가 감소하여 전체 원자력발전 비율도 궁극적으로 줄어드는 상황이라는 것입니다.

불과 몇 년 전만 해도 미국은 25기의 신규 원자로 건설을 신청하는 르네상스를 맞이하고 있었습니다. 천연가스의 높은 가격과 함께 미국 정부의 격려로 원자력 산업의 미래는 낙관적이있습니다. 신규 제안된 원자로들은 사고 시에 며칠 동안 전력 공급원 없이도 원자로심을 냉각할 수 있는 최신 설계였습니다. 또한 유카마운틴 핵처분장 프로젝트를 미국 원자력규제위원회(NRC)에 제출함으로써 사용후핵연료 처분을 위한 최종 해결방안이 눈앞에 보이는 듯했습니다.

2007~2008년의 금융 위기도 전력 수요의 증가를 급격히 감소시켰습니다. 프래킹(fracking) 기술에 의한 저렴한 천연가스 가격으로 인해 원전의 경제성이 저하되어 원전 건설을 위한 많은 인허가 신청 계획이나 가동 중인 원전을 계속 가동하는 것을 재고하게 하였습니다. 4판 발간 시점 현재 5기의 원전(Watts Bar Unit 2, Vogtle 3, 4, Summer 2, 3)만이 건설되고 있습니다. Vogtle 및 Summer 원자로는 최신 설계의 가압경수로(PWR)인 웨스팅하우스의 AP1000 원자로입니다. Watts Bar Unit 2는 원래 1980년대에 착공되어 (건설이 중단되었다가 재개되어), 초창기 세대의 웨스팅하우스 PWR 중 유일하게 현재 미국에서 건설되고 있는 원자로입니다.

미국 이외 지역도 상황은 다르지만 비슷합니다. 원자력 프로그램이 없었던 국가들에 새로운 원전이 건설 중입니다. 아랍에미리트에는 한국이 설계한 가압경수형 원자로(APWR)가 건설 중입니다. 기존 건설 프로그램이 있는 다른 국가에서도 건설이 늘어나고 있습니다. 중국은 가동 중인 36기의 원자로 외에 추가로 20기를 건설 중에 있습니다. 2016년 한 해 동안에 중국은 5기의 신규 원전을 추가했습니다. 그 반대의 경우도 있는데, 이는 독일입니다. 독일은 한때 강력한 원자력 프로그램이 있었으나 이제는 후쿠시마 다이이치 사고에 대한 대응으로 모든 원자로를 폐쇄할 계획으로 있습니다. 전 세계적으로 현재 60기의 신규 원전이 건설 중인데 이들은 대부분 아시아와 유럽의 중부 및 동부입니다.

유카산 고준위 핵폐기물 처분장 프로젝트도 보류되었습니다. 네바다주의 강력한 반대에도 불구하고, 2008년 미국 에너지성(DOE)은 원자력규제위원회(NRC)에 인허가 신청서를 제출하였습니다. 그런데 네바다주의 영향력 있는 의회 대표단의 노력으로 이러한 인허가 프로세스를 완료하기 위한 예산 확보가 좌절되었고 그로 인해 이 프로세스는 진행되지 못했습니다. 그러나 2015년 NRC는 안전성심사보고서(SER)를 발간하여, DOE가 제출한 인허가 신청서가 제안된 조건 하에서 NRC의 규제 요건을 충족함을 합리적으로 보장할 수 있다고 판단하였습니다. 2016년에는 유카산에 대한 환경심사서(EIS)에 대한 최종보충서류를 통해 "지하수와 지표수 배출에 대한 잠재적 영향과 모든 영향이 '작을 것'"이라고 결론 내렸습니다.

이 SER의 결론과 EIS를 결합하면, 네바다주와 다른 당사자들이 제기하는 기술적인 도전 문제에 대해 논의할 청문회를 진행할 수 있는 충분한 근거를 제공할 수 있을 것으로 판단되었습니다. 청문회 결과에 따라, NRC가 인허가를 발급할 수도 있습니다. 그러나 예산

이 확보될 때까지 프로세스는 그대로 중지되며 더 이상 작업을 기대할 수 없습니다. 의회와의 교착상태에서, 사용후핵연료를 현재 저장된 곳에서 옮겨와 저장할 수 있는 중앙집중 임시시설을 허가하려는 노력도 진행 중입니다. 그러나 유카산 시설을 위해 적립된 기금을 사용하려면, 핵폐기물 정책법의 개정이 필요한데, 의회 내의 유카산 프로젝트 지지자들이 이를 강력하게 반대하고 있습니다. 의회가 정치적으로 갈라져 있어, 유카산 처분장 인허가 혹은 다른 중앙집중식 임시저장시설이 가까운 장래에 건설될 가능성은 낮습니다. 한편 NRC는 원자로 부지 내에 사용후핵연료를 계속 보관하는 방안을 검토해 왔고, 그 결론은 EIS에 다음과 같이 담겨 있습니다. "사용후핵연료를 원전 내에 저장하는 것은, 전 기간 동안 지역의 모든 재원에 미치는 불가피한 환경 역작용 영향은 작은데, 예외적으로 폐기물 관리에 미치는 영향은 무한정의 저장기간 동안 작거나 중간 정도이며, 역사 및 문화적인 재원에 미치는 영향은 장기적이고 무한정의 저장기간에 걸쳐 작거나 크다고 본다."

미국 내 일부 원자력 발전소의 조기 폐쇄와 신규 발전소 수가 적다는 것은 미국이 2025~2026년까지 온실가스 배출을 2005년 대비 28% 감소시키려는 노력에 매우 부정적인 결과를 초래할 것으로 보입니다. 원자력발전은 핵분열을 이용하므로 탄소가 거의 방출되지 않기 때문에 다른 에너지원과 비교할 때 탄소 배출량이 매우 적습니다. 표 1은 다양한 에너지 기술들 간에 단위 kWh 발전량당 발생되는 이산화탄소의 그램 수를 비교하고 있습니다.

표 1 다양한 기술에 대한 탄소 배출량 비교[1]

기술	탄소 배출량 (g/kWh)
석탄	900–1000
복합화력*	500
태양광	50–100
풍력	5–30
원자력	6–26
수력*	3–11

*이산화탄소에 비해 배출량은 적지만 지구온난화에 미치는 영향이 34배나 큰 메탄은 포함시키지 않았다.

1 "The Role of Nuclear Power in Reducing Greenhouse Gas Emissions" by Anthony Baratta, from Global Climate Change—The Technology Challenge, F. Princiotta, ed., Springer, 2011.

원자력의 경우, 연구는 우라늄 채굴부터 원자로에서의 활용까지 전 수명주기 이산화탄소 배출량을 포함합니다. 건설 단계 배출량에 대해서는, 원전의 평균 이용률을 가정하여 전 주기에 걸쳐 고루 배출한다고 가정합니다. 반면에 가스터빈 복합화력 발전의 경우에는 가스 파이프라인의 메탄 누출에 의한 배출을 포함하지 않고 있으며, 수력의 경우에도 댐이 설치된 강에서 썩은 유기물에 의한 배출을 포함하지 않습니다. 이들이 포함되면, 두 발전 유형이 배출하는 kWh당 온실가스 배출량은 크게 증가할 것입니다.

현재 미국에서 탄소 미배출 에너지의 약 60%를 차지하는 원자력은 중요한 저탄소 에너지원의 하나입니다.

미국 환경보호국의 청정에너지 계획의 발전부문 지침에 따르면, 2030년까지 2005년 수준보다 탄소 배출량을 30% 줄이도록 되어 있습니다. 이 계획상 전력부문의 이러한 목표 달성 전망은 그 때까지 100기의 원자력 발전소가 천연가스 발전소로 대체되지 않고 계속 운영된다는 것을 전제하고 있습니다. 그러나 불행히도 불리한 경제 상황으로 인해 이러한 예상은 빗나갔습니다. 2012년 이래 미국 내 15기 중 14기의 원전이 폐쇄되었거나 폐쇄될 예정입니다. (이 글을 쓰는 시점에서 Fitzpatrick 원전 단 1기만이 현 뉴욕 주지사의 제안에 따라 계속 운영 중입니다.) 이들 원자로의 대부분은 운영허가 만료까지 아직 10년 이상 남아 있었습니다. 이러한 원전 폐쇄의 주된 원인은 저렴한 천연가스와 보조금을 받는 풍력발전 때문이며, 온실가스 배출로 인한 기후변화에도 불구하고 이러한 원전 가동중단은 계속해서 일어나고 있습니다. 에너지 시장은 원전이 거의 탄소를 배출하지 않음에도 이를 보상해 주지 않고 있습니다. 바람이 안 불거나 태양이 가리더라도 전력생산이 가능한 유일한 저탄소 발전원인 원자력의 이점을 인식하도록 변화하지 않는다면, 과연 미국이 어떻게 “클린 전력” 계획의 목표를 달성할 수 있을지 이해하기 어렵습니다.

주목할 사례는 독일입니다. 독일은 후쿠시마 다이이치 사고에 대응하여 모든 원자력 발전소를 단계적으로 폐쇄할 계획입니다. 일치하는 노력의 일환으로, 재생에너지는 2015년에 전 국가 발전량 1,900억 kWh의 약 30%를 생산했습니다. 그러나 2,730억 kWh의 연질 및 경질 석탄발전량은 독일의 재생에너지 성장에도 불구하고 거의 변하지 않았습니다. 따라서 신뢰성과 분배의 문제가 여전히 남아, 2030년까지 독일이 무탄소 에너지 부문 목표에 도달할 수 있을지 의문입니다.

미국 에너지부 자문위원회가 장관에 제출한 보고서에 따르면, “현재의 정책 및 시장 설계는 미국에서 탄소 제로, 기저 부하, 핵 비확산 및 기타 원자력발전 가치를 완전히 인식시키는 데 실패했다"고 결론지었습니다.[2] 미국에서 저렴한 천연가스와 보조금에 의존하는 풍력과의 경쟁에도 불구하고 원자력이 계속 유지되고 성장하려면, 날씨와 상관없이 전기를 생산할 수 있는 저탄소 에너지원이라는 원자력의 이점을 인식하도록 시장이 변화해야 합니다. 이를 인식한다면, 바람이나 태양에너지가 적절해서 원전이 유휴상태일지라도 그 시설을 계속 유지하는 원전 운영자를 보상해 줄 수 있을 것입니다. 천연가스에 비해 탄소 배출이 거의 없는 원자력을 장려하는 방법에는 배출량 제한, 탄소세 또는 탄소배출 제로에 대한 보상이 있겠습니다. 국가의 재생가능 포트폴리오 표준 프로그램을 원자력 및 다른 저탄소 기술을 포함하는 "저탄소 포트폴리오 표준" 프로그램 혹은 그와 대등한 프로그램으로 확대한다면 매우 도움이 될 것입니다. 이러한 변화는 탄소 혹은 다른 온실가스를 배출하지 않고 대량의 에너지를 생산할 수 있는 원자력의 고유한 능력을 인정하게 될 것입니다.

마지막으로, 모든 에너지원들은 장점과 단점을 지닌다는 것을 사람들이 인식해야 합니다.

4판에 새롭게 추가된 내용

- 4장: 미국 및 세계 여러 나라에서 건설되는 최신 원전들과 차세대 원전, 제4세대 원전 및 소형모듈화원자로(SMR)
- 9장: 3판 이후 보건물리 규정과 접근방법에 있어서의 최신 변경사항을 포함
- 11장: 후쿠시마 다이이치 원자력 사고와 그 결과에 대한 논의
- 11장: 미국에서 진행되는 신규 원전 인허가 과정을 추가
- 교재 전체에 걸쳐 영국식 단위뿐만 아니라 SI 단위계를 사용하도록 변경
- 교재 전체에 걸쳐, 미국 및 국제적으로 원자력공학과 관련된 최신 데이터와 정보를 포함하도록 개정

---

2 원자력의 미래 태크스포스 보고서, 미국 에너지성 에너지장관 자문위원회, 2016년 9월 22일.

감사의 글

저자는 미국 핵에너지연구소(Nuclear Energy Institute), 아레바(Areva), 해군원자로부(Division of Naval Reactors), 펜실베이니아 주립대 원자력공학 301/302 학생들의 기여에 감사의 뜻을 전합니다. 그리고 의견과 제안을 통해 4판 발행이 가능하도록 도움을 준 S. Abreau와 T. Congedo에게도 특별히 감사를 표합니다. 또한 제 인생의 한 시점에서 이 일에 착수하는 데 도움을 준 ADM H. G. Rickover, T. Hendrickson, J. Michals, W. Witzig, W. Jester, 그리고 나의 좋은 친구 G. Robinson, the Hon. Paul Bollwerk, Hon. T. Elleman, Hon에게 감사드립니다. 개인적으로도 전문적으로도 혼신을 바쳐 기여해 준 A. Rosenthal에게도 감사합니다. 마지막으로 이 책의 편집과 원고 작성을 지원한 A. Barnes와 L. Capulli에게 특별한 감사를 전합니다.

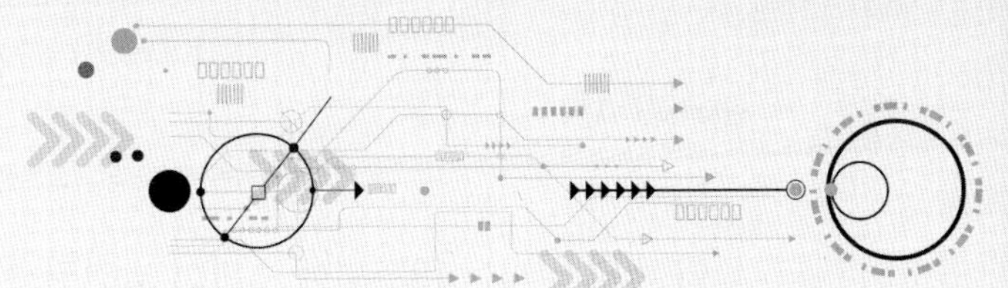

역자 서문

이 책은 "Introduction to Nuclear Engineering (John R. Lamarsh)" 제4판을 우리말로 옮긴 것으로, 원자력 전공인 경우에는 학부 2~3학년 3개 학기, 그 이외의 전공인 경우에는 학부 3~4학년 3개 학기, 또는 대학원에서 1년(2개 학기) 동안 강의하기 적합한 원자력공학 입문서이다. 이 책은 원자력공학 중에서도 원자로 및 원자력 발전소 설계의 기초가 되는 핵물리 및 방사선과 물질과의 반응, 원자로 및 핵주기, 원자로 이론, 원자로의 열제거, 방사선 방호 및 차폐, 원자로 인허가, 안전 및 환경까지 원자력공학 전반을 포괄하고 있다

이 책은 한국의 원자력 개발 역사가 깊고 실제 현장에서 많은 원자력 문서들이 우리말화되어 있지만 아직까지 우리말로 된 원자력공학 입문서가 없어 많은 불편을 느끼는 원자력공학 전공 학생과 타 전공 학생 및 기술자들, 그리고 원자력공학에 관심이 있는 독자들의 이해를 돕기 위한 것이다. 그러나 원자력 실무를 하다 보면 영문 용어도 필요하므로, 중요한 용어에는 영어를 병기하였다. 본 과목을 원자력용어집과 같이 활용하면 더욱 도움이 될 것이다.

이 책은 1장에서 11장까지로 구성되어 있다. 1~3장까지는 핵물리, 방사선과 물질의 반응, 4~8장까지는 원자로 및 핵주기, 원자로 이론과 원자로로부터의 열제거를 다루며, 9~11장에서는 방사선 방호 및 차폐, 원자력 인허가 및 안전, 환경 관련 내용을 다루고 있다. 3판 번역시에서는, 방사선 및 원자력 안전에 대한 별도의 교재가 이미 발간되어 있고, 8~11장을 포함할 경우 1년, 2학기에 걸쳐 강의하기엔 너무 광범위한 내용이라고 판단되어 원저의 1~7장까지만을 번역하여 출간한 바 있다. 그러나 이후 독자들의 요구가 있어서 이번 4판 역서에는 원자로의 열제거, 방사선 방호 및 차폐, 원자로 인허가 및 안전, 환경에 대한 내용을 담고 있는 8~11장을 추가하였다. 9장과 10장은 방사선 방호의 응용적인 내용을 다루며, 그 바탕 이론은 앞부분의 내용들을 근간으로 한다. 11장의 내용은 크게 두 가지 분야로, 한 분야는 원전 건설 등 인허가, 또 한 분야는 원자력 사고 및 방사성 유출물 등의 환경 영향을 다룬다.

이 책의 원저는 1975년에 초판이 발간된 이후, 1983년에 제2판, 2001년에 제3판이 발행되었으며 부분적인 개정이 이루어졌다. 제2판 발행 당시 Lamarsh 박사는 세상을 떠났다. 제2판에서는 저자의 강의 경험을 반영하여 각 장에 예제와 문제가 많이 추가되었으며, 원자력공학의 많은 환경변화, 즉 신형 및 대형 원자로의 개발 및 건설, 컴퓨터공학의 발전 등이 이루어져 제3판에서 4장의 내용이 많이 개정되었다. 2018년에 발간된 제4판에서도 전 세계 최신 원전들, 차세대 원전, 제4세대 원전 및 소형모듈화원자로(SMR)를 반영하여 역시 4장이 많이 개정되었고, 원자력 안전과 관련하여 11장에 후쿠시마 다이이치 원자력 사고 경위와 영향이 추가되었다. 또한 전반적으로 원자력공학과 관련된 데이터와 정보가 업데이트되었으며, 영국식 단위와 함께 SI 단위계를 사용한 예제들도 일부 추가되었다.

역자들이 주의를 기울여 탈고했으나 오류나 어색한 부분이 발견될 수 있다. 독자께서 보완사항을 발견하면 언제든 역자에게 알려 주시기를 바란다. 끝으로 John R. Lamarsh에게 늦게나마 깊은 애도의 뜻을 전하며, Pearson사와 계약을 체결하고 출간을 맡아 제4판 번역을 주관하여 수고해 주신 한티미디어 출판사 관계자들께도 심심한 감사의 뜻을 전한다.

2020년 4월

역자 일동

차례

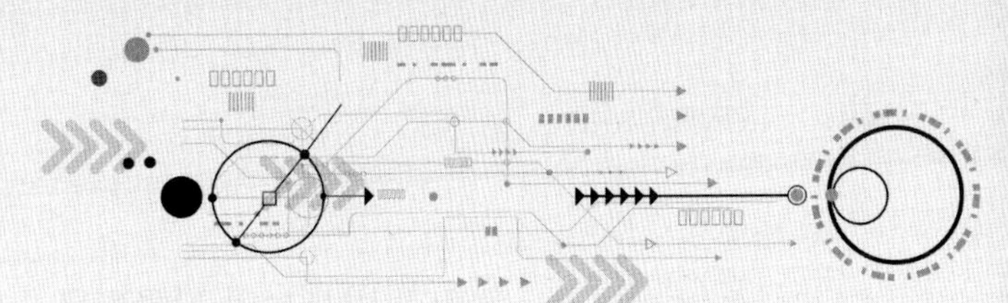

서문 5

역자 서문 11

CHAPTER 1 원자력공학 19
Nuclear Engineering

CHAPTER 2 원자 및 핵물리 25
Atomic and Nuclear Physics

2.1 소립자 26
2.2 원자와 원자핵 구조 28
2.3 원자량과 분자량 30
2.4 원자와 핵의 반경 32
2.5 질량과 에너지 33
2.6 입자 파장 36
2.7 여기상태와 방사선 38
2.8 핵안정성 및 방사성 붕괴 41
2.9 방사 평형 계산 46
2.10 핵반응 51
2.11 결합에너지 55
2.12 핵 모형 60
2.13 기체, 액체, 고체 64
2.14 원자 밀도 67
참고문헌 72
연습문제 74

CHAPTER 3 물질과 방사선의 상호작용 83
Interaction of Radiation with Matter

3.1 중성자 상호작용 84
3.2 단면적 86
3.3 중성자 감쇠 90
3.4 중성자속 94
3.5 중성자 단면적 데이터 96
3.6 산란 충돌에서의 에너지 손실 103
3.7 핵분열 112
3.8 물질과 감마선 반응 130
3.9 하전입자들 141
참고문헌 151
연습문제 152

CHAPTER 4 원자로와 원자력 161
Nuclear Reactors and Nuclear Power

4.1 핵분열 연쇄반응 162
4.2 원자로 핵연료 164
4.3 원자력 발전소의 비핵 기기 175
4.4 원자로 부품 181
4.5 원자로 및 핵증기공급계통 184
4.6 원자로 주기 240
4.7 동위원소 분리 257
4.8 핵연료 재처리 274
4.9 방사성 폐기물 처분 276
참고문헌 281
연습문제 283

CHAPTER 5 중성자 확산 및 감속 291
Neutron Diffusion and Moderation

5.1 중성자속 292
5.2 픽의 법칙 293
5.3 연속방정식 298

5.4 확산방정식 300
5.5 경계조건 302
5.6 확산방정식의 해 304
5.7 확산거리 312
5.8 군확산 방법 313
5.9 열중성자 확산 318
5.10 중성자 감속에 대한 이군 계산 324
참고문헌 328
연습문제 328

CHAPTER 6 원자로 이론 337
Nuclear Reactor Theory

6.1 일군 원자로 방정식 338
6.2 평판형 원자로 345
6.3 다른 형태의 원자로 349
6.4 일군 임계방정식 359
6.5 열중성자로 364
6.6 반사체가 있는 원자로 379
6.7 다군 계산 391
6.8 비균질 원자로 393
참고문헌 406
연습문제 408

CHAPTER 7 시간종속 원자로 417
The Time-Dependent Reactor

7.1 시간종속 문제의 유형 420
7.2 원자로 동역학 422
7.3 제어봉 및 화학제어제 444
7.4 반응도에 대한 온도 영향 465
7.5 핵분열 생성물의 독작용 479
7.6 원자로 주기 동안의 노심 특성 494
참고문헌 503
연습문제 504

CHAPTER 8 원자로에서의 열제거 511

Heat Removal from Nuclear Reactors

8.1 일반적인 열역학적 고려사항들 513

8.2 원자로 내의 열생성 517

8.3 전도에 의한 열전달 527

8.4 냉각재로의 열전달 540

8.5 비등 열전달 556

8.6 원자로 열설계 565

참고문헌 573

연습문제 575

CHAPTER 9 방사선 방호 585

Radiation Protection

9.1 방사선 영향의 역사 586

9.2 방사선 단위 588

9.3 기초 생물학 597

9.4 방사선의 생물학적 영향 601

9.5 방사선의 정량적 영향 608

9.6 방사선 영향의 계산 619

9.7 자연 및 인공 방사선원 624

9.8 방사선 방호의 표준 633

9.9 피폭 및 피폭선량 계산 639

9.10 방사성 핵종 인체유입 표준 657

9.11 감마 선원에 의한 피폭 669

용어풀이 673

참고문헌 676

연습문제 679

CHAPTER 10 방사선 차폐 685

Radiation Shielding

10.1 감마선 차폐: 누증계수 686
10.2 무한 평판 및 원판 선원 697
10.3 선 선원 705
10.4 내부 선원 710
10.5 다층 차폐 713
10.6 원자로 차폐의 원칙 717
10.7 제거 단면적 720
10.8 원자로 차폐 설계: 제거-감쇠 계산 726
10.9 제거-확산법 731
10.10 정합 해법들 734
10.11 감마선 차폐 739
10.12 냉각재 방사화 744
10.13 차폐체 내부 배관 750
참고문헌 751
연습문제 753

CHAPTER 11 원자로 인허가, 안전 그리고 환경 761

Reactor Licensing, Safety, and the Environment

11.1 정부의 권한과 책임 762
11.2 원자로 인허가 764
11.3 원자력 발전소 안전의 원칙 776
11.4 원자력 시설로부터의 유출물의 분산 785
11.5 원자력 발전소에 의한 방사선량 807
11.6 원지로 부지 828
11.7 원자로 사고 841
11.8 사고 위험도 분석 867
11.9 환경 방사선 선량 877
참고문헌 889
연습문제 891

APPENDIX

I Units and Conversion Factors 903
II Fundamental Constants and Data 909
III Vector Operations in Orthogonal Curvilinear Coordinates 919
IV Thermodynamic and Physical Properties 925
V Bessel Functions 931

찾아보기 935

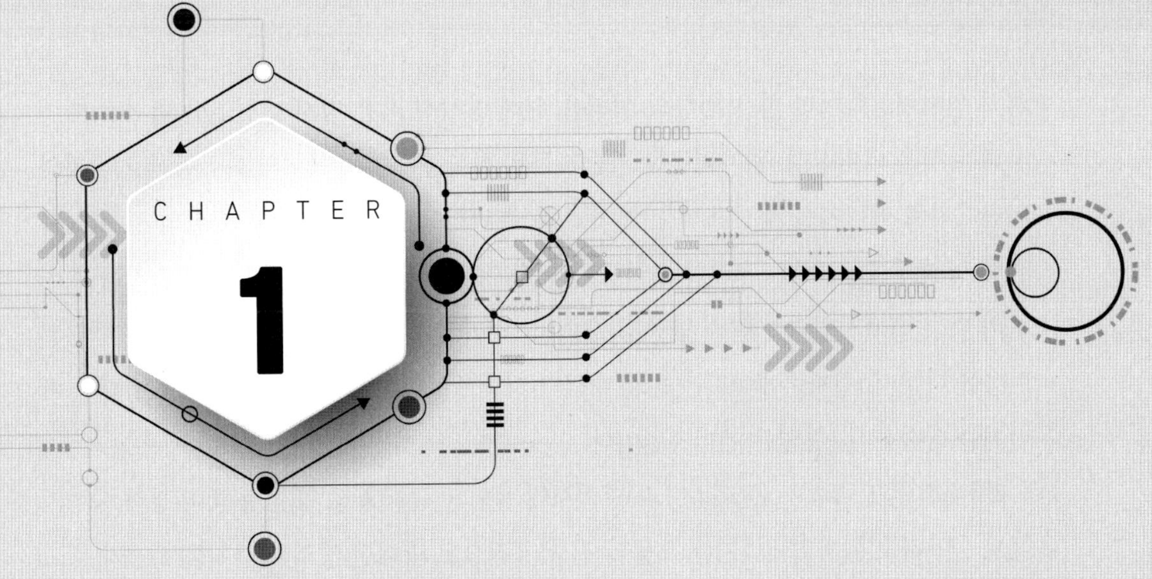

원자력공학

Nuclear Engineering

흔히 원자력공학이라 함은 인류의 이익을 위해 방사선 혹은 방사성 물질을 올바르게 이용하는 것을 의미한다. 원자력공학 기술자들은 화학공학 분야에서의 화학공학 기술자와 마찬가지로 에너지를 생산해 내는 발전소를 효과적으로 제어해 인류의 삶의 질 향상을 위해 노력해 오고 있다. 그러나 화학공학 기술자와는 다르게 원자력공학 기술자들은 기존의 다른 에너지원과는 달리 반응당 수백만 배 이상의 에너지를 더 생산해 내는 핵분열 반응을 다룬다. 원자력에너지는 원자 내의 원자핵으로부터 발생되는 에너지로 방대한 에너지를 생산해 낼 수 있는 에너지원이다.

2차대전 동안 투하된 원자폭탄과 냉전시대 동안의 군비확장 경쟁 등의 부정적 이미지에도 불구하고 원자력에너지는 오늘날 전 세계적으로 막대한 양의 에너지를 생산해 내고 있다. 또한 기존 화석연료의 문제점으로 지적되는 온실가스 배출을 저감하기 위한 에너지원으로도 원자력에너지가 주목받고 있다. 그러나 이러한 장점에도 불구하고 여전히 원자력이라 하면 일본에 투하되어 엄청난 파괴력을 보여 준 원자폭탄이 연상되는 것이 실상이다.

냉전시대의 종말과 함께 원자력공학은 에너지를 생산해 내는 역할뿐 아니라 의학 분야에의 적용으로도 크게 주목받고 있다. 원자력의 응용은 일반적으로 규모가 큰 상업용 발전소에서뿐만이 아니라, 선박의 추진력을 위해 주로 사용되는 상대적으로 작고 자유롭게 움직일 수 있는 소형 발전소의 핵분열 반응 등을 포함한다. 현재 전 세계적으로 전기 사용량이 증가하고 있으며 그에 따라 새로운 발전소가 필요해지고 있다. 화석연료의 매장량이 적은 지역에서나 혹은 석유화학 산업에서 공급 원료로 사용하기로 한 지역에서는 원자력을 통해 전기를 생산한다. 미국에서는 원자력이 대략 전기의 22.8%를 생산하고 있으며 다른 국가들, 특히 주목할 국가로 프랑스에서는 전기 생산량의 거의 100%를 원자력에너지로 충당한다.

최근 들어 화석연료를 사용할 때 발생되는 이산화질소와 이산화탄소 방출에 대한 우려로 인해 화석연료를 에너지원으로 지속적으로 사용하는 것에 대해 문제가 제기되고 있다. 1997년 발효된 교토의정서는 현재의 발생량 이하로 이산화탄소 등의 배출을 저감시킬 것을 요구한다. 이 목표를 달성하기 위해서는 생활수준을 낮추거나 전기 생산에 지속적으로 재생에너지와 원자력을 사용해야 가능할 것이다. 1,000 MW 석탄발전소는 1년에 100,000톤의 이산화황, 75,000톤의 이산화질소, 5,000톤의 비산회를 배출한다. 그러나 원자력발전소는 이러한 대기 오염물질을 전혀 발생시키지 않고 단지 미량의 방사성 기체만을 배출한다. 결과적으로 미국의 경우 2014년 원자력발전에 의한 20% 전력생산을 통해 5억 9,500만 톤의 이산화탄소 배출을 감소시켰다. 이는 미국에서 온실가스를 배출하지 않는 전력생산의 62.9%에 해당한다.

지금까지 이동이 가능한 원자력발전소의 응용은 해군 군함, 특히 잠수함과 항공모함 등의 추진력을 위한 사용이 주된 것이었다. 이때 원자력을 사용하는 큰 이점은 추가적인 지원함 없이 장기 작전을 가능케 한다는 것이다. 잠수함은 원자력의 사용으로 인해 연소를 위한 많은 양의 산소 없이 순항할 수 있는 능력을 갖게 되어 거의 무제한의 시간 동안 바닷속에서 활동할 수 있다. 항공모함의 경우에는, 재래식인 디젤추진 방식으로 출력을 내는 항공모함에서는 연료유가 차지하던 막대한 공간을 항공 연료와 원자력추진 항공모함의 다른 보급품들에 할애할 수 있게 되었다.

해군 군함뿐 아니라 원자력추진 상선도 개발되어 왔다. 미국의 *사바나(Savannah)호*는 1960년대 말과 1970년대 초에 운행되었는데, 상선으로서 원자력에너지를 사용했지만 실질적으로 따져 보면 경제적이지는 않았다. 일본, 독일, 구소련 등을 포함한 다른 나라들에서도 상선의 추진력을 위해 원자력을 사용해 왔다. 이들 중 독일의 광석 운반선인 *오토한(Otto Hahn)호*는 10년 동안 성공적으로 운용되었지만 역시 비경제적이라 판단되어 운항 중지되었다. 소련의 쇄빙선이었던 *레닌(Lenin)호*는 원자력의 또 다른 사용 예를 보여 준다. 이러한 쇄빙선의 추진력으로서 원자력을 사용하는 시도는 매우 성공적이어서 소련에서는 이러한 종류의 배를 추가적으로 건조하였다.

원자력은 또한 항공기나 우주공학에도 응용되었다. 1949년부터 1961년 프로젝트가 종료될 때까지 미국은 원자력추진 항공기 개발에 대략 10억 달러를 투자했다. ANP(Aircraft Nuclear Propulsion, 원자력추진 항공기) 프로젝트는 미국이 자국 본토에서 거리가 먼 적국까지 왕복운항이 가능한 항공기를 소유하기 위해서 시작되었다. 원자력추진 항공기는 상당한 거리를 비행할 수 있기 때문에 기존 연료를 사용할 때의 비행거리 문제를 쉽게 해결할 수 있었다. 그러나 미국 본토 또는 잠수함에서 발사할 수 있는 장거리 탄도미사일이 개발됨에 따라 이러한 항공기의 필요성이 사라졌으며 해당 프로그램은 종료되었다.

원자력추진 우주선이 개발되어 현재 사용되고 있다. 전형적으로, 먼 우주공간을 운항할 우주선에 전기를 공급하기 위해 원자력에너지가 사용된다. 먼 우주공간에서는 태양복사가 약하기 때문에 광전지 시스템은 충분한 에너지를 제공할 수 없다. 따라서 방사능원이 에너지를 제공하기 위해 사용된다. 이때, 방사능원으로부터 방출된 에너지는 열에너지로 변환되고 그런 다음 열전지를 이용해 전기가 생성된다. 현재 원자력추진 로켓 또한 고려 중에 있다. 예를 들어 화성까지의 유인 우주비행은 오랜 시간이 소요되므로 원자력이 필수적이지는 않을지라도 사용해야 한다고 인식되고 있다. 이러한 장거리 임무 시 원자력 로켓을 사용하는 이유는, 원자력 로켓을 사용했을 때 필요한 연료를 모두 실은 운송수단의 총 질량이 기존 화학 로켓을 사용했을 때보다 훨씬 적기 때문이다. 예를 들어, 우주정거장 궤도에서 화성 주변의 궤도로 움직이는 유인 우주선을 위해 필요한 화학 로켓의 예상 질량은 대략 4,100,000 kg인 데 반해, 같은 임무를 위한 원자력 로켓의 질량은 단지 430,000 kg이다. 이러한 이유로 원자력 로켓이 수년 동안 미국에서 활발히 개발 중에 있다.

방사선과 원자력 반응의 응용은 원자력에만 국한되지 않는다. 방사선과 방사능 동위원소는 넓은 분야에서 다양한 방법으로 중요하게 응용되고 있다. 원자로나 가속기를 통한 방사능 동위원소의 생산은 매우 주된 산업이다. 방사선과 방사능 동위원소의 응용은 구명 의학에서부터 식품 보존, 재료 분석까지 다양하다.

방사성 추적자는 이러한 여러 가지 활용 분야 중 한 가지다. 이 기술에서는 분자 내의 원자 중 하나가 같은 성분의 방사성 원자로 대체된다. 예를 들어 분자가 합성될 때 분자 내의 특정 위치의 정상적인 탄소 원자를 방사성 탄소 원자로 대체한다. 나중에, 실험실 실험이나 생물학계 내에서 분자가 화학적으로 반응하고 나서, 방사성 원자로부터 발생되는 방사선을 관측하면 원자의 배치가 어떠한지를 확인할 수 있다. 이러한 기술은 화학반응 과정에 대한 연구 또는 생명과학에 대한 방대한 연구로부터 그 큰 가치가 입증되고 있다. 유사한 과정이 유체의 흐름과 혼합을 측정하거나 제어하기 위한 산업에도 사용되어 왔다. 미량의 방사능 물질이 움직이는 유체 내에 위치하고, 하류의 방사선 양이 측정된다. 적절한 교정에 의해 하류의 방사선 준위를 측정하여 이를 유량이나 희석량과 관련지을 수 있다. 유사하게, 방사능 원자는 기계류를 제조할 때 작동하는 부분들, 예를 들면 피스톤이나 공구 부품 등에 첨가할 수 있다. 윤활유에 포함된 방사능을 측정함으로써 기계 부품의 관심 있는 부분의 마모율을 정확하게 측정할 수 있다.

이와 관련된 기술을 *방사화분석*(*activation analysis*)이라 부르는데, 이러한 방사화분석은 모든 종류의 방사성 원자는 고유의 방사능을 방출한다는 사실에 기초한다. 따라서 물질의 화학조성은 소량의 물질 표본이 방사능화될 때 방출하는 방사선을 관측함으로써 결정할 수 있다. 이것은 중성자 또는 하전입자의 빔에 표본을 노출시킴으로써 가능하다. 이러한 방법에서는 극도의 작은 농도(어떤 경우에는 $1/10^{12}$만큼의 농도)를 결정하는 것이 가능하기 때문에, 방사화분석은 의학, 법 집행, 오염 방지 등 어떤 물질의 농도 추적이 중요한 역할을 하는 여러 분야에서 중요하게 인식되고 있다.

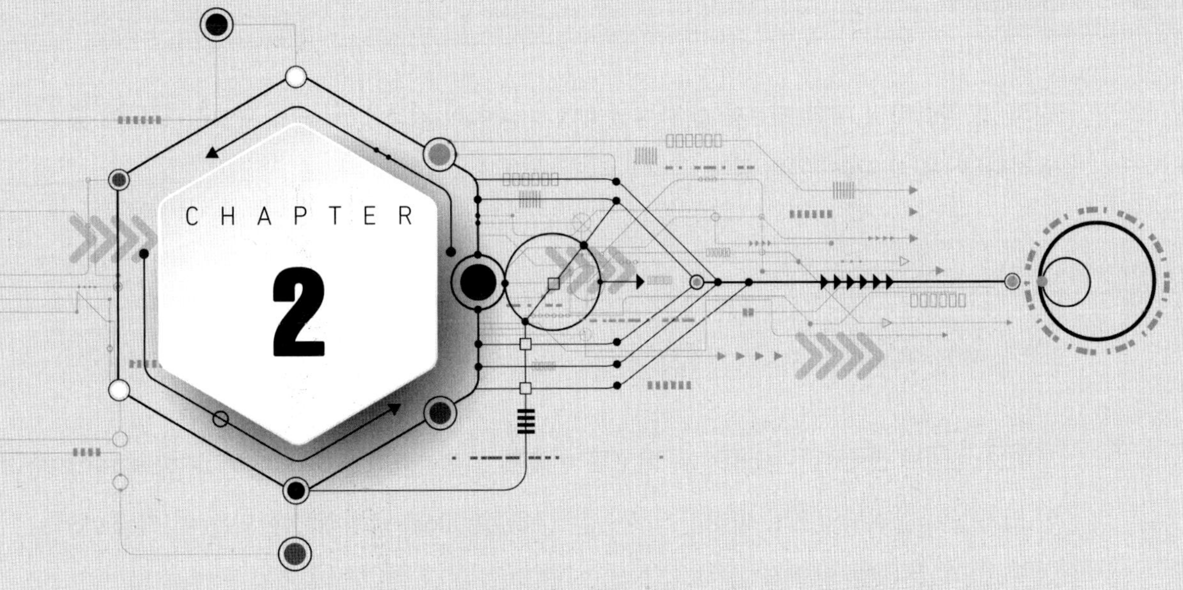

원자 및 핵물리

Atomic and Nuclear Physics

2.1 소립자
2.2 원자와 원자핵 구조
2.3 원자량과 분자량
2.4 원자와 핵의 반경
2.5 질량과 에너지
2.6 입자 파장
2.7 여기상태와 방사선
2.8 핵안정성 및 방사성 붕괴
2.9 방사 평형 계산
2.10 핵반응
2.11 결합에너지
2.12 핵 모형
2.13 기체, 액체, 고체
2.14 원자 밀도

원자 및 핵물리에 대한 이론은 원자력공학에서 과학적 기초가 되는 주제이기 때문에 중요하다. 이 장과 3장에서는 원자 및 핵물리에 대한 내용을 다룬다.

2.1 소립자

물리적 세계는 다양한 소립자 또는 기본적 입자들의 조합으로 이루어져 있다. 많은 다양한 입자들이 발견되었으며 이러한 입자들은 글루온(gluon)에 의해 결합되는 쿼크(quark)로 구성된다는 것이 알려졌다.

최근 이론에서 원자력공학자들의 입자에 대한 관심은 렙톤(lepton)과 하드론(hadron)으로 나눠진다. 전자(electron), 양전자(positron), 중성미자(neutrino)들이 렙톤에 속한다. 하드론은 양성자(proton)와 중성자(neutron)이며 하드론의 하위분류를 *바리온*(*baryon*)이라 한다. 렙톤들은 약한 핵력으로 구속되는 반면 하드론들과 바리온들은 약한 핵력과 강한 핵력 둘 다 작용한다. 하드론은 쿼크로 구성되며, 쿼크들 사이의 글루온의 상호교환으로 인해 강한 핵력이 발생한다.

원자로와 원자로의 운전을 위해 관심 대상이 되는 반응들을 이해하기 위해서는 이러한 입자들과 그 구조를 숙지하는 것이 중요하다. 다음은 원자력공학에 있어 중요한 입자들에 대한 설명이다.[1]

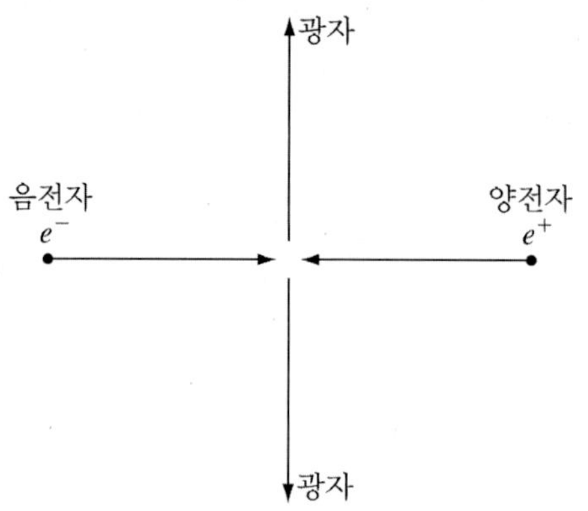

그림 2.1 양전자와 음전자의 소멸과 2개의 광자 발생

전자(electron)

전자는 $m_e = 9.10939 \times 10^{-31}$ kg[2]의 정지질량[3]과 $e = 1.60219 \times 10^{-19}$ 쿨롱(coulomb)의 전하를 지닌다. 전자에는 두 가지 종류가 있다. 음전하를 지니는 e^-와 양전하를 지니는 e^+가 그것들이다. 이들 입자는 양전하와 음전하를 나타내는 +, - 기호만 다를 뿐 그 외의 성질은 동일하다. 음전하 전자를 *음전자*(*negatron*)라 칭하며, 보통의 경우 전자라면 음전자를 의미한다. 양전하 전자는 *양전자*(*positron*)라 하며, 음전하에 비해 상대적으로 희박하다. 그림 2.1에서 보는 바와 같이 어떤 조건에서 양전자와 음전자가 충돌하면 이들 2개의 전자가 사라지며 2개의 광자가 방출된다. 이러한 과정을 *전자소멸*(*electron annihilation*)이라 하며 이때 발생하는 광자를 *소멸 방사선*(*annihilation radiation*)이라 한다.

양성자(proton)

양성자는 $m_p = 1.6726 \times 10^{-27}$ kg의 정지질량을 갖고 전자와 같은 양의 양전기를 띠는 하전입자이다. 음전하를 가진 양성자도 발견되었으나 원자력공학에서는 이러한 입자는 중요하지 않다.

중성자(neutron)

중성자는 양성자보다 약간 큰 질량인 $m_n = 1.674929 \times 10 - ^{27}$ kg을 가지며 전기적으로 중성이다. 중성자는 원자핵 안에서 존재할 때를 제외하고는 안정하지 않다. 중성자는 붕괴하면서 음전자(베타붕괴, 2.8절 참고)와 반중성미자(antineutrino)를 방출하고 양성자

---

1 그러나 말할 것도 없이 쿼크(quark) 이론으로 묘사되는 이러한 입자들의 내부 구조는 핵반응에서 별로 큰 작용을 하지 않는다. 핵심이 되는 것은, 이는 나중에 설명하겠지만, 전자의 방출에 의한 방사성 붕괴이다. 그러나 불행히도 지면의 한계로 인해 쿼크 이론 논의는 생략하고자 한다. 그러한 논의는 이 장의 입자물리학 관련 몇몇 참고문헌에서 찾을 수 있다.

2 단위, 기호 및 약자, 그리고 환산인자들은 이 책 말미의 부록 I에 있다. 기초 상수들과 핵 데이터들은 부록 II에 있다.

3 상대성 이론에 따르면 입자의 질량은 관찰자에 대한 상대속도의 함수이다. 근원 입자들의 질량을 알기 위해서는 그 입자가 관찰자에 대해 정지해 있다고 규정하는 것이 필요하다. 그래서 이를 *정지질량*(*rest mass*)이라 한다.

로 되며, 이 과정은 평균 12분 정도 걸린다.

광자(photon)

자연계에서 모든 입자는 경우에 따라 입자처럼 거동하거나 또는 파동처럼 거동한다. 따라서 일반적으로 엄격히 파동의 특성을 나타내는 것으로 생각되는 현상도 입자의 특성을 보이기도 한다. 전자기파가 이러한 범주로 분류되며 전자기파와 관련된 입자를 *광자*(*photon*)라 한다. 광자는 정지질량이 0이고, 하전 또한 0인 입자이며, 진공상태에서 소위 빛의 속도인 $c = 2.9979 \times 10^8$ m/sec를 갖는다.

중성미자(neutrino)

중성미자는 정지질량이 0이고[4] 전하도 0인 또 다른 입자로서 핵종이 붕괴할 때 방출되는 입자다. 최소한 6가지 종류의 중성미자가 있으며, 그 중에서 *전자 중성미자*(*electron neutrino*)와 *전자 반중성미자*(*electron anti-neutrino*)를 핵반응과 원자력공학에서는 중요하게 고려한다. 일반적으로 위의 두 가지 중성미자는 구분하지 않고 하나의 중성미자로 간주한다.

»» 2.2 원자와 원자핵 구조

원자는 물질을 구성하는 단위다. 원자는 빠르게 회전하는 전자구름에 둘러싸인 작지만 전자보다 훨씬 더 큰 질량을 갖는 원자핵으로 구성된다. 원자핵은 양성자와 중성자로 이루어져 있다. 원자핵에서 양성자수는 *원자번호*(*atomic number*)라 하며, Z로 표시한다. 따라서 원자핵의 총 전하는 $+Ze$이다. 전기적으로 중성인 원자는 양성자수와 같은 전자가 원자핵의 주변을 회전한다. 전자는 원자의 화학적 특성을 결정하며 다양한 화학적 원소들을 규정한다. 예를 들어 수소(H)는 1개의 전자를 가지고 있으며, 헬륨(He)은 2개의 전자를 가지고 있고, 리튬(Li)은 3개의 전자를 가지고 있다.

---

4 최근까지도 중성미자는 질량이 없다고 생각되어 왔다. 그러나 최근의 실험에 의하면 그들도 질량을 가지며 다른 입자들의 질량보다 수천 배 작다고 알려졌다.

원자핵에서 중성자의 개수를 *중성자수*(*neutron number*)라 하며, N으로 표시한다. *핵자*(*nucleon*)의 수는 원자핵의 양성자와 중성자의 합인 $Z+N=A$라 하며, 여기서 A는 원자량 혹은 *원자질량수*(*atomic mass number*) 또는 *핵자수*(*nucleon number*)라고 한다.

특정 양성자와 중성자 수를 가진 원자핵을 *핵종*(*nuclide*)이라 한다. 각 핵종은 원소의 화학기호 Z로 표시되고 질량수 A가 위첨자로 표시된다. 따라서 중성자수 N은 $N=A-Z$로 계산된다. 예를 들면 ^{1}H기호는 양성자 하나로 이뤄진 수소를 나타내고, ^{2}H는 양성자 하나와 중성자 하나로 이뤄진 수소를 나타내며 이를 흔히 *중수소*(*deuterium 또는 heavy hydrogen*)라 부른다. ^{4}He는 2개의 양성자와 2개의 중성자로 이뤄진 헬륨을 나타내며 양성자수를 나타내는 Z는 원소기호에서 아래첨자로 표시된다. 따라서 원소기호는 $^{1}_{1}\mathrm{H}$, $^{2}_{1}\mathrm{H}$, $^{4}_{2}\mathrm{H}$ 등으로 표현된다.

^{1}H와 ^{2}H처럼 양성자수가 같고 중성자수가 다른 것을 *동위원소*(*isotope*)라 한다. 산소의 경우는 세 가지 안정한 동위원소가 ^{16}O, ^{17}O, ^{18}O(양성자수 $Z=8$; 중성자수 $N=8$, 9, 10) 등으로 존재하며, 5개의 불안정한 동위원소가 ^{13}O, ^{14}O, ^{15}O, ^{19}O, ^{20}O(양성자수 $Z=8$; 중성자수 $N=5$, 6, 7, 11, 12) 등으로 존재한다.

안정한 동위원소들과 불안정한 동위원소들 중 일부는 자연계에 존재하는 원자들이다. 그러나 이들은 같은 양으로 존재하지는 않는다. 예들 들면 동위원소 ^{16}O는 99.8% 존재하는 반면 ^{17}O는 0.037%, ^{18}O는 0.204% 존재한다. 중요 동위원소와 자연계에 존재하는 양이 부록 II에 나와 있다. 원소의 각 동위원소들의 양은 원자백분율(atom percent)로 표시되며 원자백분율의 기호는 a/o이다.

예제 2.1

컵의 물속에 6.6×10^{24} 개의 수소 원자가 존재한다. 이때 중수소(^{2}H) 원자는 몇 개 존재하는가?

풀이

부록 II에 있는 표 II.2에 의하면 중수소(^{2}H)가 0.015 a/o 존재한다. 중수소(^{2}H)의 수소 분율은 1.5×10^{-4}이다. 따라서 컵의 물속에 있는 중수소(^{2}H)는 $1.5\times10^{-4}\times6.6\times10^{24}=9.9\times10^{20}$ 개 존재한다.

»» 2.3 원자량과 분자량

원자량(*atomic weight*)은 자연계에 존재하는 탄소 원자(^{12}C)를 기본으로 탄소 원자(^{12}C)의 양에 비해 상대적인 값으로 정해진다. 여기서 탄소 원자(^{12}C)의 원자량은 정확히 12이다. $m(^AZ)$은 중성원자의 질량을 나타내므로 $m(^{12}C)$는 중성 탄소 원자 ^{12}C의 질량을 나타낸다. 그러면, ^AZ의 원자량인 $M(^AZ)$은 다음과 같이 주어진다.

$$M(^AZ) = 12 \times \frac{m(^AZ)}{m(^{12}\mathrm{C})} \tag{2.1}$$

어떤 원자가 ^{12}C의 2배의 무게를 가진다면 식 (2.1)에 의해 원자량은 $12 \times 2 = 24$이다.

2.2절에 설명한 바와 같이 자연계에서 원소들은 동위원소 형태로 자주 발견된다. 그래서 원자량은 동위원소가 혼합된 형태로 정의된다. 따라서 i번째 동위원소의 무게 M_i와 존재비 백분율 γ_i의 곱을 합산하여 원자량을 나타낸다.

$$M = \sum_i \gamma_i M_i / 100 \tag{2.2}$$

분자량(*molecular weight*)은 중성 ^{12}C 원자량에 상대적인 총 질량으로 정의되며 이는 단순히 구성 원자의 원자량의 합이다. 예를 들어 산소 기체 O_2의 분자량은 $2 \times 15.99938 = 31.99876$이다.

예제 2.2

다음 표를 참고하여 산소 원자의 원자량을 계산하라.

동위원소	자연계에 존재하는 비율(a/o)	원자량
^{16}O	99.759	15.99492
^{17}O	0.037	16.99913
^{18}O	0.204	17.99916

풀이

식 (2.2)를 이용하여,

$$M(\mathrm{O}) = 0.01[\gamma(^{16}\mathrm{O})M(^{17}\mathrm{O}) + \gamma(^{17}\mathrm{O})M(^{17}\mathrm{O}) + \gamma(^{18}\mathrm{O})M(^{18}\mathrm{O})]$$
$$= 15.99938$$

원자량과 분자량은 단위가 없는 숫자이며 원자나 분자의 비율로 정해진다. 이와 반대로 *그램원자량(gram atomic weight)*과 *그램분자량(gram molecular weight)*은 그램 단위에서 분자나 원자가 존재하는 양을 의미하며 이를 *몰(mole)*이라 한다. 따라서, ^{12}C의 1그램원자량 또는 1몰은 12 g이며, O_2의 1몰은 31.99876 g이다.

원자량은 원자의 질량 비율이고 몰은 그램으로 표시되는 원자량이다. 물질의 몰에 존재하는 원자 또는 분자의 숫자는 물질의 특성과 관계없이 항상 불변이다. 예를 들어 어떤 핵종의 원자량이 24.0000이라 가정하면 이 물질의 무게는 ^{12}C의 2배이다. 그리고 이 핵종의 24.0000 g 안에 존재하는 원자의 개수와 12.0000 g의 ^{12}C에 존재하는 원자의 개수는 같다. 이러한 현상을 *아보가드로 법칙(Avogadro's law)*이라 하며, 이때 1몰에 해당하는 원자 또는 분자의 수를 *아보가드로수(Avogadro's number)*라 한다. 이 수는 N_A로 표시하며, $N_A = 0.6022045 \times 10^{24}$이다.[5]

아보가드로수를 이용해 단원자나 단분자의 질량을 계산할 수 있다. 예를 들어 ^{12}C의 1그램몰 질량은 12 g이고 아보가드로수 N_A에 해당하는 원자가 존재하므로 ^{12}C의 단원자 질량은 다음과 같다.

$$m(^{12}\mathrm{C}) = \frac{12}{0.6022045 \times 10^{24}} = 1.99268 \times 10^{-23}\,\mathrm{g}$$

그러나 개별 원자들의 질량을 나타내는 더 자연적인 단위가 있는데, 이를 *원자질량단위(atomic mass unit)*라 한다. 원자질량단위는 amu로 표시하며, 중성 ^{12}C 원자질량의 1/12을 나타낸다. 즉,

$$1\,\mathrm{amu} = \frac{1}{12} \times m(^{12}\mathrm{C})$$

---

5 보통 아보가드로수는 6.022045×10^{23}이다. 그러나 원자력공학에서 달리 표현되는데, 이는 3장에서 설명할 것이다(예제 3.1). 아보가드로수는 10^{24}을 사용해 표현한다.

이므로,

$$m(^{12}\mathrm{C}) = 12\ \mathrm{amu}$$

이다. 따라서 1 amu의 질량은 다음과 같이 구할 수 있다.

$$1\ \mathrm{amu} = \frac{1}{12} \times 1.99268 \times 10^{-23}\ \mathrm{g} = 1/N_A\ \mathrm{g}$$
$$= 1.66057 \times 10^{-24}\ \mathrm{g}$$

또한 식 (2.1)을 적용하면

$$m(^AZ) = \frac{m(^{12}\mathrm{C})}{12} \times M(^AZ)$$

이며,

$$m(^AZ) = M(^AZ)\ \mathrm{amu}$$

로 표현된다. 그러므로 amu로 표시되는 원자질량은 원자량과 동일한 숫자를 갖는다.

»» 2.4 원자와 핵의 반경

원자핵을 중심으로 돌고 있는 궤도전자는 원자핵과 항상 일정한 거리를 유지하는 것은 아니기 때문에 원자의 크기를 정하기는 결코 쉽지 않다. 한 가지 합리적인 방법은 최외곽 전자가 핵으로부터 떨어져 있는 평균 거리를 측정하는 방법인데 이와 같이 측정된 원자의 크기는 질량수가 아주 가벼운 몇 개의 원자를 제외하고는 모든 원자에 대해서는 거의 동일한 크기로서 평균 반경이 약 2×10^{-10} m 정도로 알려져 있다. 원자의 번호가 증가할수록 전자 개수도 증가하고 이에 따라 전자구름에서의 평균 전자밀도도 증가한다.

원자핵은 원자와 같이 바깥 경계가 뚜렷하지 않다. 그 표면은 원자보다는 덜 흐트러져 있을 것이다. 원자핵에 대한 중성자 산란에 의해 측정한 바에 의하면 근사적으로 핵은 구형으로 고려할 수 있으며, 아래와 같은 식으로 반경을 구할 수 있다고 알려져 있다.

$$R = 1.25fm \times A^{1/3} \tag{2.3}$$

위 식에서, R은 펨토미터(fm)이고 A는 원자질량수이다. 펨토미터는 10^{-13} cm 혹은 10^{-15} m이다.

구의 부피는 반경의 세제곱에 비례하므로, 식 (2.3)에 따라 핵의 부피는 원자질량수에 비례한다($V \propto R^3 \propto A$). 이는 A/V, 즉 단위체적당 핵자수가 모든 핵에 대해 일정하다는 것을 의미한다. 이러한 균질한 핵자수 밀도는, 핵이란 것도 마치 크기에 관계없이 밀도가 동일한 물과 유사한 물질인 것처럼 생각할 수 있음을 시사한다. 이와 같은 핵에 대한 *액적 모형(liquid-drop model)*은 핵의 많은 물리적 성질을 설명해 주고 있다.

»» 2.5 질량과 에너지

아인슈타인의 상대성원리가 가져다준 놀라운 결과의 하나는 질량과 에너지는 서로 동일하고 또한 상호 변환될 수 있다는 것이다. 즉 입자의 정지질량이 m_0라면 m_0에 해당하는 정지에너지 E_{rest}는

$$E_{rest} = m_0 c^2 \tag{2.4}$$

이며, 여기서 c는 빛의 속도 2.9979×10^{10} cm/sec이다. 예를 들어 어떤 물질 1 g의 소멸로 발생되는 에너지는 $E = 1 \times (2.9979 \times 10^{10})^2 = 8.9874 \times 10^{20}$ erg $= 8.9874 \times 10^{13}$ joule이 된다. 이를 일반적으로 사용하는 에너지 단위로 변환하면 25백만 kWh이다.

원자력공학에서 에너지를 나타내는 단위로 매우 널리 이용되는 또 다른 단위는 *전자볼트(electron volt, eV)*이다. 이는 1개의 전자가 1 volt의 전압을 통과할 때 얻는 운동에너지로 정의되며, 1 eV는 1.60219×10^{-19} J의 에너지에 해당한다.

$$\begin{aligned} 1\,\text{eV} &= 1.60219 \times 10^{-19}\,\text{coulomb} \times 1\,\text{volt} \\ &= 1.60219 \times 10^{-19}\,\text{joule} \end{aligned}$$

다른 에너지 단위로는 MeV(10^6 eV)와 keV(10^3 eV)가 있다.

예제 2.3

전자의 정지질량 에너지를 MeV 단위로 계산하라.

풀이

전자의 정지질량 에너지는 식 (2.4)에 의해

$$m_e c^2 = 9.10929 \times 10^{-28} \times (2.9979 \times 10^{10})^2$$
$$= 8.18689 \times 10^{-7}\,\text{erg} = 8.18689 \times 10^{-14}\,\text{joule}$$

따라서 MeV 단위로의 정지질량 에너지는

$$8.18689 \times 10^{-14}\,\text{joule} \div 1.6022 \times 10^{-13}\,\text{joule/MeV} = 0.511\,\text{MeV}$$

예제 2.4

예제 2.3에서 계산된 에너지를 원자질량단위로 계산하라.

풀이

예제 2.3의 결과를 이용할 수 있다. 위의 결과를 이용하면 1 amu = 1.66057×10^{-24} g이므로

$$\frac{1.6606 \times 10^{-24}\,\text{g/amu}}{9.10939 \times 10^{-28}\,\text{g/electron}} \times 0.511\ \text{MeV/electron} = 931.5\ \text{MeV/amu}$$

물체가 운동할 때 관찰자 입장에서 운동하는 물체의 질량은 상대적으로 증가하며 물체가 운동할 때 속도와 질량에 관한 식은 다음과 같이 정의된다.

$$m = \frac{m_0}{\sqrt{1 - v^2/c^2}} \tag{2.5}$$

여기서 m_0는 정지질량이고 v는 속도를 나타낸다. 식 (2.5)로부터 속도 v가 0에 가까워질수록 m은 m_0와 같다. 그러나 v가 빛의 속도 c에 가까워질수록 m은 무한대로 증가한다. 따라서 입자의 *총 에너지*(*total energy*)는 정지질량 에너지 이외에 운동에너지에 대해서도 고려해야 한다. 이 식은

$$E_{\text{total}} = mc^2 \tag{2.6}$$

이다. 여기서 m은 식 (2.5)에서 구할 수 있다. 마지막으로 *운동에너지*(*kinetic energy*) E는 총 에너지에서 정지질량 에너지를 뺀 차이로 구할 수 있다.

$$E = mc^2 - m_0c^2 \tag{2.7}$$

$$= m_0c^2\left[\frac{1}{\sqrt{1-v^2/c^2}} - 1\right] \tag{2.8}$$

식 (2.8)에 따라 첫 항은 이항정리를 해서 $(v/c)^2$의 곱으로 확장시킬 수 있다. $v \ll c$일 경우 이 식은 간략하게 정리된다. 운동에너지 E에 대한 새로운 표현식은

$$E = \frac{1}{2}m_0v^2 \tag{2.9}$$

이다. 위의 식은 고전역학에서 운동에너지에 대한 공식과 유사한 식이다. 그래서 식 (2.8) 대신 식 (2.9)를 사용하여 운동에너지 계산이 가능하게 된다. 단, 정지질량 에너지보다 작은 경우에만 사용이 가능하다. 따라서 식 (2.9)는

$$\frac{1}{2}m_0v^2 \ll m_0c^2 \tag{2.10}$$

인 경우에 사용된다. 실제로 식 (2.9)는 $v \leq 0.2c$인 경우 또는 식 (2.11)인 경우에 충분히 정확한 값을 갖는다고 할 수 있다.

$$E \leq 0.02\,E_{\text{rest}} \tag{2.11}$$

예제 2.3에 따르면 전자의 정지질량 에너지는 0.511 MeV이다. 식 (2.11)에 따르면 전자의 운동에너지가 $0.02 \times 0.511\ \text{MeV} = 0.010\ \text{MeV} = 10\ \text{keV}$ 인 경우에는 상대성 운동 방정식인 식 (2.8)을 적용해야 한다. 원자력공학에서 다루는 많은 전자들의 운동에너지는 이 값보다 크므로 식 (2.8)을 대부분 적용해야 한다.

이와 반대로, 정지질량이 거의 1,000 MeV인 중성자는 $0.02E_{\text{rest}} = 20\ \text{MeV}$ 이다. 실제로 중성자의 운동에너지가 20 MeV를 초과하는 경우는 희박하다. 따라서 원자력공학에서 중성자의 운동에너지 계산은 식 (2.9)를 이용해 계산한다. 식 (2.9)에 중성자의 질량

을 대입하면 속도는 다음과 같이 주어진다.

$$v = 1.383 \times 10^6 \sqrt{E} \tag{2.12}$$

여기서 속도 v의 단위는 $\mathrm{cm/sec}$이고, 에너지 E의 단위는 eV이다.

식 (2.8)과 (2.9)는 정지질량이 0이 아닐 경우에 유효하므로 정지질량이 0인 광자에는 적용할 수 없다. (광자는 정지질량이 없으므로 *운동에너지*라는 개념을 사용하는 것이 부적합함을 이해해야 한다.) 광자는 빛의 속도로 운동하기 때문에 총 에너지는 다른 식으로 주어진다. 즉 아래와 같다.

$$E = h\nu \tag{2.13}$$

여기서 h는 플랑크상수이며, ν는 전자파의 진동수이다. 플랑크상수의 단위는 energy × time이며, E를 eV 단위로 표현하면, h값은 4.136×10^{-15} eV·sec이다.

2.6 입자 파장

2.1절에 기술했듯이 자연계의 모든 입자들은 파장을 가진다. 파장 λ는 운동량 p와 플랑크상수 h의 함수이다.

$$\lambda = \frac{h}{p} \tag{2.14}$$

정지질량을 가진 입자에 대해 운동량 p는 다음과 같이 주어진다.

$$p = mv \tag{2.15}$$

m은 입자의 질량이며, v는 속도이다. 이 식을 에너지의 함수로 표현하면

$$p = \sqrt{2m_0E}$$

이다. 여기서 E는 운동에너지이다. 이를 식 (2.14)에 대입하면 입자의 파장은

$$\lambda = \frac{h}{\sqrt{2m_0E}} \tag{2.16}$$

이 된다. 이 식은 원자력공학에서 중성자에 적용되는 식이며 중성자의 질량이 주어지면 파장은 다음과 같이 표현된다.

$$\lambda = \frac{2.860 \times 10^{-9}}{\sqrt{E}} \tag{2.17}$$

여기서 λ의 단위는 cm이며 E는 eV로 표현된 중성자의 운동에너지이다. 상대론적인 경우에는, 앞 절의 상대성이론 식들을 직접 풀어 운동량 p를 계산하는 것이 편리하며, 이는 다음과 같다.

$$p = \frac{1}{c}\sqrt{E_{\mathrm{total}}^{2} - E_{\mathrm{rest}}^{2}} \tag{2.18}$$

그리고

$$\lambda = \frac{hc}{\sqrt{E_{\mathrm{total}} - E_{\mathrm{rest}}}} \tag{2.19}$$

여기서 정지질량이 0인 입자의 운동량은 식 (2.15)로 구할 수 없으므로

$$p = \frac{E}{c} \tag{2.20}$$

으로 표현된다. 여기서 식 (2.20)을 식 (2.14)에 대입하면

$$\lambda = \frac{hc}{E} \tag{2.21}$$

이 된다. 여기에 h와 c 값을 대입하면, 최종적으로 파장에 대한 식은

$$\lambda = \frac{1.240 \times 10^{-6}}{E} \tag{2.22}$$

이 된다. 여기서 λ의 단위는 m이고, E의 단위는 eV이며, 식 (2.22)는 정지질량이 0인 광자와 모든 입자들에 유효한 식이다.

2.7 여기상태와 방사선

원자에 있는 Z개의 전자들은 정해진 궤도를 따라 핵자 주위를 움직인다. 그러나 이러한 전자들 중 일부는 원자 내에서 회전하는 궤도 위치에 강력하게 구속되어 있다. 예를 들면 원자번호 ($Z = 82$)인 원소의 최외곽에 위치한 전자를 이탈시키는 데 7.38 eV의 에너지가 필요한 반면, 최내곽 궤도를 도는 *K-전자*를 이탈시키기 위해서는 88 keV의 에너지가 필요하다. 원자로부터 전자를 이탈시키는 것을 *이온화*(*ionization*)라고 하며 이때 7.38 eV 또는 88 keV를 *이온화 에너지*(*ionization energy*)라 한다.

자연적인 원자는 각 궤도마다 각각 허용된 숫자만큼의 전자로 채워진다. 그리고 정상상태 원자는 에너지가 가장 낮은 상태에 있게 되는데, 이때 원자를 *기저상태*(*ground state*)라고 한다. 원자의 에너지가 기저상태 에너지보다 높을 경우 이를 *여기상태*(*excited state*) 또는 *에너지 준위*(*energy level*)라고 한다. 그림 2.2는 수소 원자의 여기에너지 준위를 나타내고 있다. 그림에서 가장 에너지가 높은 상태는 전자가 원자로부터 이탈되어 이온화된 상태다.

원자는 무한히 여기상태로 유지될 수는 없으며, 결국은 더 낮은 에너지 상태로 붕괴하고, 결국엔 기저상태로 안정화된다. 이러한 천이가 발생할 때 이 두 가지 상태의 에너지 차이에 해당되는 만큼의 에너지를 가진 광자가 방출된다. 예를 들면 그림 2.2에서 수소의 첫 번째

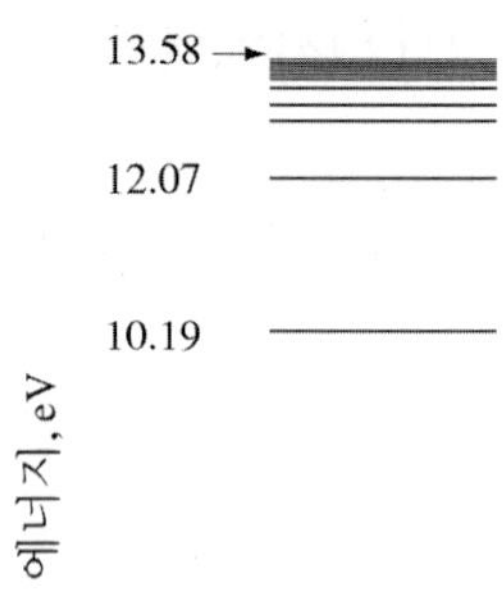

그림 2.2 수소 원자의 에너지 준위

여기상태는 10.19 eV인데 이 영역에서 기저상태로 천이되면 10.19 eV의 에너지를 갖는 광자를 방출한다. 식 (2.22)를 이용하면 이러한 광자의 파장은 $\lambda = 1.240 \times 10^{-6}/10.19 = 1.217 \times 10^{-7}$ m 가 된다. 이러한 파장의 방사선은 전자기 스펙트럼에서 자외선 영역에 해당한다.

예제 2.5

에너지가 높은 전자가 납 원자와 충돌해, 원자의 K-전자 하나가 튀어나갔을 때 이때의 비어 있는 공간으로 외곽 전자가 떨어질 경우 방출되는 방사선 파장은?

풀이

K-궤도에 있는 전자의 이온화 에너지는 88 keV이며, 이러한 전자를 원자로부터 이탈시키기 위해서는 기저상태보다 88 keV 에너지만큼 높은 여기상태가 되어야 한다. 원자가 이렇게 88 keV 만큼 여기된 상태에서, 더 외곽에 있는 전자가 K-궤도로 내려오면, 이 원자는 여전히 1개의 전자가 부족한 상태이지만, 이제 그 전자는 K-궤도 전자가 아니라 초기에 더 외곽에 있던 전자이다. 따라서, 이 원자의 최종적인 여기상태는 단지 7.38 eV가 되어 초기 88 keV보다 매우 작다. 따라서 방출되는 광자는 88 keV보다 약간 작게 되며, 그 파장은 다음과 같다.

$$\lambda = 1.240 \times 10^{-6} / 8.8 \times 10^{4} = 1.409 \times 10^{-11} \text{ m}$$

이 광자는 전자기 스펙트럼 중 엑스선에 해당한다. 이러한 과정, 즉 원자의 최내곽에 강하게 결합된 전자가 방출되고 나서 다른 전자가 그 자리로 천이하는 과정이 엑스선을 발생시키는 방법 중 하나이다.

원자핵 속에 있는 핵자들도 원자 내의 전자들과 마찬가지로 특정 에너지 준위에 해당하는 다양한 궤도를 따라 움직인다고 생각되고는 있으나, 이들 궤도는 원자핵 바깥의 전자궤도만큼 잘 정의되거나 이해되고 있지 않다. 어쨌든, 가장 에너지가 낮은 상태, 즉 기저상태가 있으며, 매우 가벼운 것들을 제외하고 대부분 원자핵들도 여기상태를 가진다. 그림 2.3은 ^{12}C의 원자핵이 갖는 핵에너지 준위를 나타낸다. 그림 2.2와 2.3을 비교해 보면, 핵의 경우가 원자의 경우보다 여기상태의 에너지와 각 에너지 준위 간의 에너지 차이가 상당히 크다는 것을 알 수 있다. 이러한 결론은 오직 수소와 ^{12}C의 에너지 상태에 기초한 것이지만, 다른 원자핵들에 대해서도 일반적으로 그러하다고 볼 수 있다. 그 이유는 핵

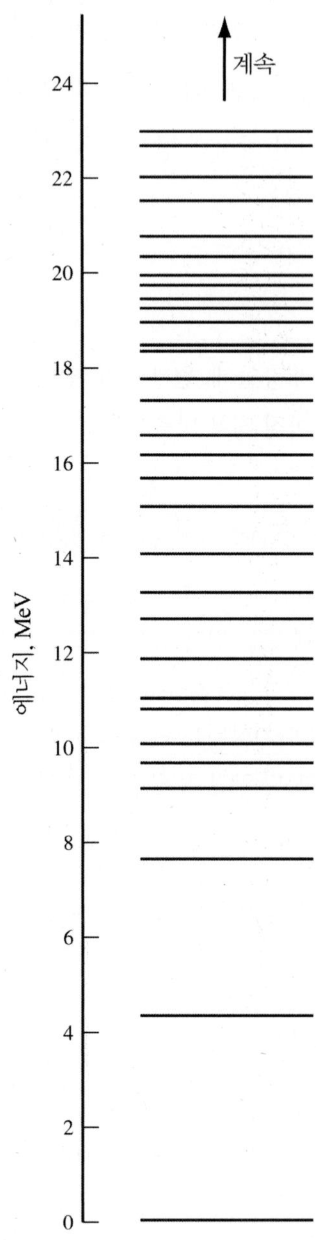

그림 2.3 탄소-12 원자의 에너지 준위

자들 간에 작용하는 핵력이 전자와 원자핵 간에 작용하는 정전기력보다 매우 크기 때문이다.

여기상태에 있는 원자핵은 매우 불안정하기 때문에, 원자의 경우와 마찬가지로 낮은 에너지 준위로 붕괴하며, 이때 초기상태(여기상태)와 최종상태(안정화된 상태)의 에너지 차이를 에너지로 가진 광자가 나온다. 이런 방식으로 원자핵으로부터 방출되는 광자의 에너지는 (전자궤도 간의) 전자적인 천이로 방출되는 광자가 가진 에너지보다 매우 크며 이러한 광자들을 *감마선*(γ*-ray*)이라 부른다.

여기상태의 원자핵은 핵 내부 변환에 의해서도 에너지를 잃을 수 있다. 이 과정에서 핵의 여기상태 에너지는 최내곽 궤도의 전자(K각 전자)로 전달된다. 그 전자는 핵 내부 변환에 의한 에너지 차이에서 전자의 이온화 에너지를 뺀 만큼의 에너지를 가지고 원자로부터 축출된다. 따라서 핵 내부 변환은 여기된 핵의 붕괴에 따른 감마선 방출로 완료된다.

핵 내부 변환에 의해 전자가 방출된 이후 전자구름에 남아 있는 구멍은 나중에 다른 궤도에 있는 전자가 메꾸게 된다. 이러한 천이로 인해 엑스선이 발생하거나 핵 내부 변환에서와 같은 과정에서 다른 전자가 축출되기도 한다. 이러한 전자를 *오제 전자*(*Auger electron*)라 한다.

»» 2.8 핵안정성 및 방사성 붕괴

그림 2.4는 지금까지 알려진 핵종들을 원자와 중성자 번호에 따라 표시한 그림이다. 각 핵종에 대한 정보를 테이블 형태의 데이터로 제공할 충분한 공간이 있는 더 큰 그림을 *세그레표*(*Segre chart*) 또는 *핵종 도표*라고 한다. 이 그림에서 보면 원자번호 Z가 약 20보다 큰 핵종들, 다시 말해 주기율표에서 칼슘보다 원자번호가 큰 원자들의 핵의 경우에는, 양성자보다 중성자가 많나는 것을 보여 준다. 이러한 추가적인 중성자들은 무거운 핵종의 안정화에 필요하다. 즉, 이들 중성자들은 마치 접착제(glue) 같은 역할을 하여, 전하를 띤 양성자들 간의 반발력을 이기고 핵을 단단히 묶어 둔다.

그림 2.4는 특정 중성자와 양성자의 조합만이 핵종을 안정화시킨다는 것을 분명히 보여 주고 있다. 일반적으로 원자번호(양성자수)는 같으나 중성자의 수가 다른 핵들이 있는데(이를 그 핵의 동위원소라 한다), 중성자의 수가 너무 많거나 적어지면 그 핵종은 안정하지 않으며 *방사성 붕괴*(*radioactive decay*)를 일으킨다. 따라서 2.2절에서와 같이, 중성자수가 8, 9, 10인 산소(원자번호 = 8)의 동위원소들은 안정하지만, 중성자수가 5, 6, 7, 11, 12인 동위원소들은 방사성이다. 이 중에서, 중성자수가 5, 6, 7인 동위원소들은 안정

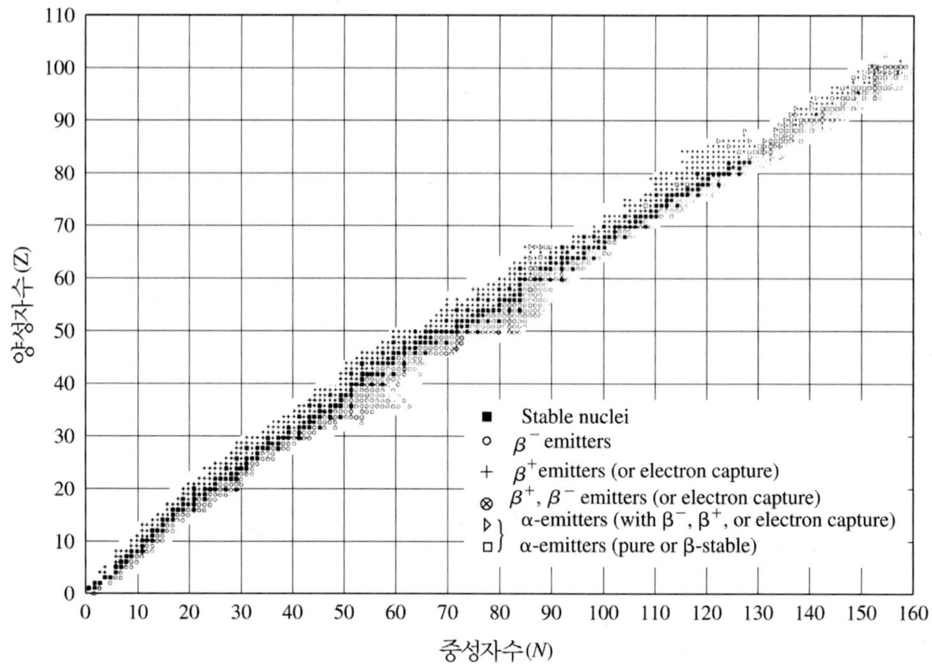

그림 2.4 안정핵종의 분포도

화에 필요한 충분한 중성자를 갖고 있지 못하기 때문이며, 중성자수가 11, 12인 동위원소들은 너무 많은 중성자를 가지고 있기 때문이다.

^{15}O의 경우는 중성자의 수가 모자라기 때문에 β^+*붕괴*(β^+*-decay*)를 한다. 이러한 과정은 양성자가 중성자로 변화하고, 그 후 양전자와 중성미자가 방출한다. 양성자의 수가 8에서 7로 줄어들면서 산소는 ^{15}N, 질소의 동위원소로 변화한다. 이 반응식은 다음과 같다.

$$^{15}\mathrm{O} \xrightarrow{\beta^+} {}^{15}\mathrm{N} + \nu$$

여기서 β^+ 은 방출된 양전자를 나타내므로, 그러한 의미에서 *베타선*(β*-ray*)이라 부르며 ν는 중성미자라 한다. 이와 반대로, ^{19}O 핵은 중성자의 수가 너무 많기 때문에 β^-*붕괴*(β^-*-decay*)를 하는데, 이 경우에는 아래와 같이 음전자와 반중성미자가 방출된다.

$$^{19}\mathrm{O} \xrightarrow{\beta^-} {}^{19}\mathrm{F} + \bar{\nu}$$

여기서 $\overline{\nu}$ 은 반중성미자이다. 이러한 경우 중성자는 양성자로 변화하고 원자번호는 1만큼 증가한다. β^{+}붕괴와 β^{-}붕괴 모두 원자질량의 변화는 없다.

두 경우 모두 베타붕괴라 하며, 방출된 전자는 그림 2.5와 같은 연속 에너지 스펙트럼을 특징으로 한다. 그림 2.5에서 $N(E)$은 운동에너지 E를 갖는 단위 에너지와 방출되는 전자의 수이며, E와 $E+dE$ 사이의 운동에너지로 방출되는 실제 전자의 수는 $N(E)dE$이다. 이 그림에서 명확한 최대 에너지 $E_{\max}$가 있어 그 이상의 에너지를 가지는 전자는 존재하지 않는다. β^{-} 붕괴에서 전자의 평균 에너지 $\overline{E}$는 대략 $0.3E_{\max}$이며, β^{+} 붕괴의 경우에는 대략 $0.4E_{\max}$이다.

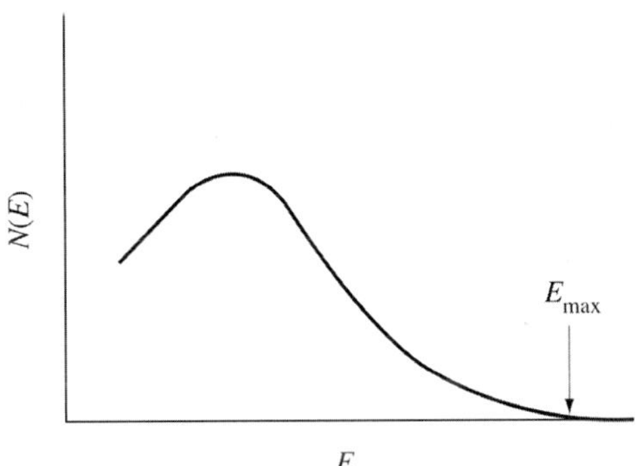

그림 2.5 베타붕괴에서 연속 에너지 스펙트럼

베타붕괴를 통해 형성된 *딸핵종(daughter nuclide)*도 종종 불안정하여 베타붕괴가 일어난다. 이는 아래와 같은 *붕괴 사슬(decay chain)*로 이어진다.

$$^{20}\mathrm{O} \xrightarrow{\beta^{-}} {}^{20}\mathrm{F} \xrightarrow{\beta^{-}} {}^{20}\mathrm{Ne}\ (\mathrm{stable})$$

중성자의 수가 모자라는 원자핵은 전자포획을 함으로써 중성자의 수를 증가시킨다. 이러한 과정에서, 원자 내의 전자는 원자핵 내의 1개의 양성자와 상호작용을 하여 그 조합으로부터 중성자가 형성된다. 그로 인해, 전자구름에 빈 공간이 형성되어 나중에 다른 전자로 채워지는데, 이때 감마선이 방출된다. 이것이 딸핵종 혹은 오제 전자(Auger electron) 방출이 지니는 필수적인 특징이다. 핵에 의해 포획되는 전자는 최내곽 혹은 K-전자이므로, 이러한 붕괴 모드를 *K-포획(K-capture)*이라 한다. 전자포획에 의해 생겨난 딸핵종은

β^+ 붕괴에 의해 생성된 핵과 같기 때문에, 이 두 가지 과정은 서로 경쟁하게 된다.

불안정한 핵종이 방사성 붕괴하는 방식에는 알파입자 방출이 있다. 이 입자는 동위원소 ^{4}He의 매우 안정한 원자핵이며, 두 개의 양성자와 두 개의 중성자로 구성되어 있다. 알파입자를 방출하게 되면 원자번호는 2만큼 감소하고, 질량수는 4만큼 줄어든다. 따라서, 예를 들어 $^{238}_{92}$U(우라늄−238)이 알파붕괴를 하면 $^{234}_{90}$Th(토륨−234)가 되며 그 반응식은

$$^{238}_{92}\mathrm{U} \rightarrow ^{234}_{90}\mathrm{Th} + ^{4}_{2}\mathrm{He}$$

이다.

표 2.1 ^{226}Ra의 알파입자의 스펙트럼

알파입자의 에너지	입자의 상대적으로 존재하는 수의 분율(%)
4.782	94.6
4.599	5.4
4.340	0.0051
4.194	7×10^{-4}

납보다 가벼운 핵종에서는 알파붕괴가 상대적으로 드물지만, 무거운 핵들에서는 자주 일어난다. 베타붕괴와 현저한 대비가 되는 것은, 알파입자가 특정 에너지 스펙트럼으로 방출된다는 것이며, 이는 여기된 원자에서 방출되는 광자 선 스펙트럼과 유사하다. 표 2.1은 ^{226}Ra(라듐−226)의 붕괴에서 관찰되는 알파입자를 4개의 그룹으로 정리한 것이다.

베타붕괴(+이든 -이든), 전자포획, 또는 알파붕괴에 의해 형성된 핵은 변환 후에도 가끔 여기상태로 남아 있기도 한다. 이렇게 여기된 (딸)핵은 2.7절에서 설명하는 바와 같이 감마선을 방출[6]하면서 붕괴한다. 이러한 종류의 상황에 대한 한 예가 그림 2.6에 나타나 있는데, 이는 핵공학에서 많이 사용되는 ^{60}Co 핵종의 붕괴현상이다. 이 그림과 같은 도표를 *붕괴도*(*decay scheme*)라고 한다. 딸핵종, 이 경우에는, ^{60}Ni로부터 감마선이 주로 방출

---

6 엄격하게 말해 에너지가 여기된 상태의 핵자가 감마선을 방출하는 것은 핵변환이 일어나지 않기 때문에 붕괴라고 하면 안 된다. 붕괴 대신 *선택적 여기*(*nuclear dependent excitation*)라 한다. 그러나 관련 문헌들에 따르면 *붕괴*(*decay*)라는 용어를 사용하는 것이 통상적이다.

되는데, 이는 종종 어미핵종인 ^{60}Co의 붕괴가 주 원인이다.

여기상태의 대부분 핵종은 그러한 여기상태가 된 후에 아주 짧은 시간 내에 감마선을 방출한다. 그러나 그 핵 내부의 특별한 구조 때문에, 그러한 여기상태로부터의 붕괴가 지연되어 마치 그 핵들이 준안정상태에 있은 것처럼 보이게 한다. 이러한 지연상태를 해당 핵의 *이성체 상태*(*isomeric state*)라 한다. 이러한 상태로부터 감마선 방출을 통한 붕괴를 *이성체 천이*(*isomeric transition*)라 하고 핵 데이터표에 IT로 표시한다. 어떤 경우에 이성체 상태에 있는 핵들은 베타붕괴를 한다. 그림 2.6은 ^{60}Co의 기저상태보다 58 keV 높은 이성체 에너지 준위를 보여 주고 있다. 이성체 상태는 규칙적으로 기저상태와 가까운 에너지를 가진다. 이러한 상태는 ^{60}Fe의 β^- 붕괴로 인해 형성되는데, 이는 그림에 나타나 있지 않다. 이성체 상태에서의 붕괴는 두 가지 방식으로 발생하는데, 하나는 ^{60}Co의 기저상태로의 붕괴이고, 또 하나는 ^{60}Ni의 첫 번째 두 가지 여기상태로의 β^- 붕괴이다. 두 가지 방식 중 첫 번째 경우의 발생 확률이 99% 이상으로 높으며, 대부분 핵 내부 변환에 의해 일어난다.

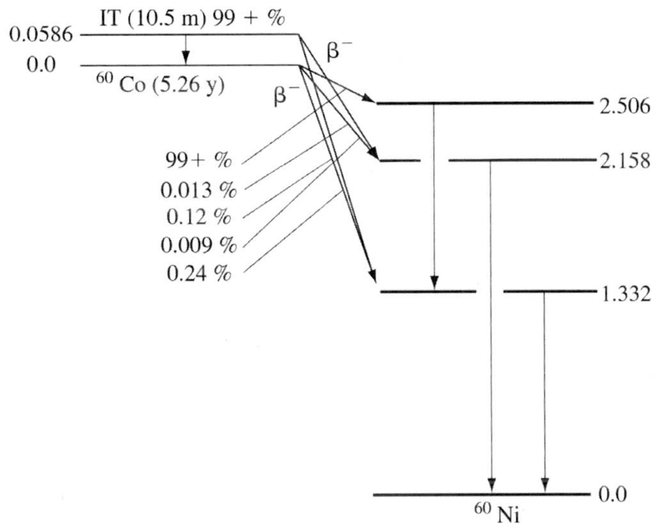

그림 2.6 ^{60}Co의 붕괴도

요약하면, 어떤 핵이 안정화에 필요한 양성자와 중성자 수가 부족할 경우에는 알파선 혹은 베타선 방출이나 전자포획을 통해 붕괴하며, 이러한 붕괴 이후에 감마선 방출이 이어질 수 있다. 여기서 대부분의 방사성 핵들은 기본적으로 중성자나 양성자의 방출을 통해 붕괴되지 않는다는 것을 강조하고자 한다. 물론, 핵분열에 대한 절에서 논의되겠지만, 예외적인 경우도 존재하는데 이는 원자로 제어에 있어 매우 중요하다.

2.9 방사 평형 계산

방사성 핵종의 붕괴 계산은 비교적 일사천리로 이루어지는데, 그 이유는 모든 방사성 붕괴를 지배하는 기본 법칙이 한 가지라는 사실 때문이다. 이 법칙에서는 어떤 핵이 단위시간당 붕괴할 확률은 시간에 무관하게 일정하다. 이러한 상수를 *붕괴상수*(*decay constant*)라 하고, λ로 표기한다.[7]

어떤 샘플 방사성 물질의 붕괴를 고려해 보자. 시간 t에서 아직 붕괴하지 않은 핵의 개수를 $n(t)$라 하면, 이 중에서 시간 t와 $t+dt$ 사이의 간격 dt 동안에 평균적으로 $\lambda n(t)$개의 핵이 붕괴할 것이다. 이러한 붕괴율을 그 샘플의 *방사능*(*activity*)이라 하며, 기호 α로 표기한다. 따라서 어떤 시간 t에서의 방사능은 다음과 같이 주어진다.

$$\alpha(t) = \lambda n(t) \tag{2.23}$$

전통적으로 방사능은 *퀴리*(*curie*) 단위로 측정되었으며 국제표준(SI) 단위로는 *베크렐*(*becquerel*)을 사용한다. 1퀴리는 Ci로 표기하며, 이는 초당 3.7×10^{10} 핵붕괴(disintegration)로 정의된다. 또한 1베크렐 혹은 1 Bq는 초당 정확히 1회의 핵붕괴로 정의된다. 더 작은 단위인 *밀리퀴리*(*millicurie*)는 10^{-3}퀴리이며 mCi라고 표시하고, *마이크로퀴리*(*microcurie*)는 10^{-6}퀴리이고 μCi로 표기한다. *피코퀴리*(*picocurie*)는 10^{-12}퀴리이며, pCi로 적는다. $1\,\mathrm{Bq} = 2.703\times10^{-11}\,\mathrm{Ci}$ 또는 27 pCi이다.

시간 dt 동안에 $\lambda n(t)$개의 핵이 붕괴하므로, dt 동안에 샘플 안에서 붕괴하지 않은 핵의 감소량은 아래와 같이 표현할 수 있다.

---

7 전통적으로 λ는 붕괴상수와 평균 자유행정으로 정의되는 파장에 대해서도 사용된다. 이 둘의 용도가 매우 다르기 때문에, 혼란이 생길 수는 없을 것이다.

$$-dn(t) = \lambda n(t)dt$$

이를 적분하면

$$n(t) = n_0 e^{-\lambda t} \tag{2.24}$$

이 되고, 시간이 t일 때, 원자의 개수는 n_0이다. 식 (2.24)의 양쪽에 λ을 곱하면 방사능은

$$\alpha(t) = \alpha_0 e^{-\lambda t} \tag{2.25}$$

으로 된다. 여기서 시간이 t일 때 방사능은 α이고 초기 방사능은 α_0이다.

방사능은 *반감기*(*half-life*) 동안에 반으로 줄어드는데,

$$\alpha(T_{1/2}) = \alpha_0/2$$

이를 식 (2.25)에 대입하면

$$\alpha_0/2 = \alpha_0 e^{-\lambda T_{1/2}}$$

이 된다. 양변에 로그 ln를 취하고 반감기 $T_{1/2}$에 대해 구하면

$$T_{1/2} = \frac{\ln 2}{\lambda} = \frac{0.693}{\lambda} \tag{2.26}$$

식 (2.26)을 λ에 대해 풀어 식 (2.25)에 대입하면

$$\alpha(t) = \alpha_0 e^{\ 0.693t/T1/2} \tag{2.27}$$

이 된다. 이 식은 종종 식 (2.25)보다 방사성 붕괴의 계산에 사용하기 더 용이하다. 이는, 붕괴상수보다 반감기가 더 많이 테이블로 주어지기 때문에, 특히 휴대용 계산기나 스프레드시트 프로그램을 사용할 때 더욱 그러하다. 식 (2.27)에서는 λ를 계산할 필요가 없다.

방사성 핵의 평균적인 수명 기대치, 즉 *평균수명*(*mean-life*) $\bar{t}$가 아래와 같이 붕괴상수와 관련이 있음을 보이는 것은 어려운 일이 아니다.

$$\bar{t} = 1/\lambda$$

식 (2.25)로부터, 한 번의 평균수명 동안에 방사능은 초깃값의 $1/e$로 떨어진다는 것을 알 수 있다. 식 (2.26)으로부터 평균수명과 반감기는 아래와 같은 관계가 성립한다.

$$\bar{t} = \frac{T_{1/2}}{0.693} = 1.44\, T_{1/2} \tag{2.28}$$

그림 2.7은 방사성 샘플의 지수함수 형태의 붕괴를 보여 주며, 반감기와 평균수명도 표시되어 있다.

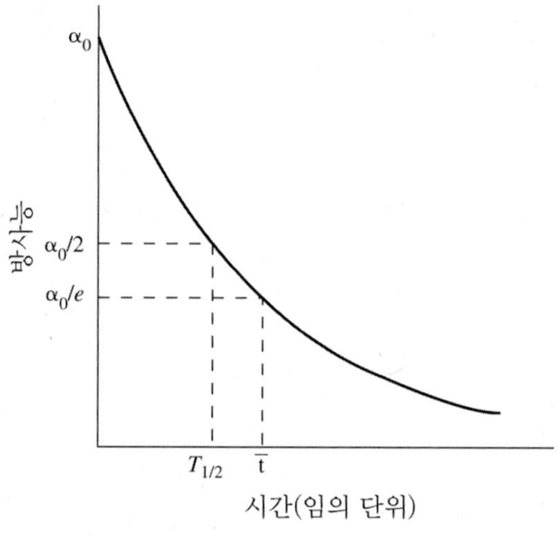

그림 2.7 방사 붕괴

원자로 내에서나 가속기의 목표물 챔버 내에서 방사성 핵종에 대한 문제를 종종 다룰 필요가 있다. 편의상 이 핵종이 R atom/sec의 속도로 생성된다고 가정하자. 이 핵은 생기자마자 바로 방사성 붕괴가 일어난다. 시간 dt 동안 이 원자핵의 개수 변화는 다음과 같은 단순한 속도 평형식으로 주어진다.

시간에 따른 핵종의 변화율 = 생성률 − 손실률

이를 수학 기호로 표현하면

$$dn/dt \; = \; -\lambda n + R$$

이 되고, 이를 적분하면

$$n = n_0 e^{-\lambda t} + \frac{R}{\lambda}(1 - e^{\lambda t}) \tag{2.29}$$

가 된다. 여기서 n_0은 시간이 $t=0$일 때의 방사성 핵종의 개수이다. 위 식의 양변에 λ을 곱해 이 핵종의 방사능을 구할 수 있다.

$$\alpha = \alpha_0 e^{-\lambda t} + R(1 - e^{-\lambda t}) \tag{2.30}$$

여기서 $\alpha_0 = 0$이면, 이 결과에 따라 α는 0으로부터 단순 증가하며, 시간 t가 무한대로 접근할 때($t \to \infty$), α는 최댓값 $\alpha_{max} = R$에 접근한다. 간단히 말해, 핵의 개수 n은 R/λ에 의해 n_{max}가 된다. 만약 $\alpha_0 \neq 0$이면, 원래 존재한 원자핵의 붕괴에 따른 방사능은 새로 생성된 핵의 방사능에 더해지게 된다. 앞서 말한 두 가지 경우 모두($\alpha_0 = 0, \alpha_0 \neq 0$), $t \to \infty$가 될 때 방사능 $\alpha_{max} = R$가 된다.

예제 2.6

원자량 198의 금, $^{198}Au(T_{1/2} = 64.8\ hr)$은 원자로 안에서 ^{197}Au에 중성자를 조사시켜 얻을 수 있다. ^{197}Au 포일 0.1 g이 원자로 안에 12시간 동안 놓여 있었고, 원자로에서 꺼낼 때 방사능은 0.90 Ci이다.

(a) ^{198}Au 포일의 이론적 최대 방사능은 Ci 혹은 Bq로 얼마인가?

(b) 방사능이 최대치의 80%에 도달하기까지 얼마나 걸리는가?

풀이

1. 식 (2.30)에 주어진 R값은 12시간에서의 데이터로부터 얻을 수 있다. 식 (2.26)으로부터, $\lambda = 0.693/64.8 = 1.07 \times 10^{-12}\ hr^{-1}$이 된다. 이를 식 (2.30)에 대입하면

$$0.90 = R[1 - e^{1.07 \times 10^{-2} \times 12}]$$

또는 식 (2.26)으로부터

$$0.90 = R[1 - e^{-0.693 \times 12/64.8}]$$

이 된다. 두 경우 모두, $R = 7.5$ Ci 혹은 0.2775 Bq이 된다. (R값을 atom/sec의 단위로 구하기 위해서는, 단순히 R에 3.7×10^{10}을 곱하면 된다.) 이전에 논의한 이론적 최대 방사능은 또한 7.5 Ci 또는 0.2775 Bq이 된다.

2. 최대 방사능 $\alpha_{\max}$의 80%에 도달하는 시간은 식 (2.30)에 의해

$$0.8R = R(1 - e^{\lambda t})$$

로 주어지며, $t = 150$ hr이 된다.

아래와 같은 붕괴 사슬에서 방사성 핵종 B의 방사능을 계산하는 문제를 종종 만나게 된다.

$$A \rightarrow B \rightarrow C \rightarrow \ldots.$$

위 붕괴 사슬에서 B는 A의 붕괴로부터 생성됨은 자명하다. 이러한 변화에 대해 간단한 변화율 관계식을 수립하면,

$$B\text{핵의 개수 변화율} = A\text{의 붕괴로 인한 생성률} - B\text{원소의 } C\text{원소로의 붕괴율}$$

이 된다. A원소의 B원소로의 붕괴율은 $\lambda_{\mathrm{A}} n_{\mathrm{A}}$ 이고, B원소의 생성률은 $\lambda_{\mathrm{A}} n_{\mathrm{A}}$ 이다. B원소의 붕괴율은 $\lambda_{\mathrm{B}} n_{\mathrm{B}}$ 이고, 이는 B원소의 변화율 $\dfrac{dn_{\mathrm{B}}}{dt}$ 로 표현할 수 있다. 따라서,

$$\frac{dn_{\mathrm{B}}}{dt} = -\lambda_{\mathrm{B}} n_{\mathrm{B}} + \lambda_{\mathrm{A}} n_{\mathrm{A}}$$

가 된다. 이를 n_{A} 에 대해 식 (2.24)에 대입하면 n_{B} 에 관한 다음의 미분방정식이 얻어진다.

$$\frac{dn_{\mathrm{B}}}{dt} = -\lambda_{\mathrm{B}} n_{\mathrm{B}} + \lambda_{\mathrm{A}} n_{\mathrm{A}0} e^{-\lambda_{\mathrm{A}} t} \tag{2.31}$$

여기서 시간이 $t = 0$ 일 때의 A원소의 개수는 $n_{\mathrm{A}0}$ 이다. 식 (2.31)을 적분하면

$$n_{\mathrm{B}} = n_{\mathrm{B}0} e^{-\lambda_{\mathrm{B}} t} + \frac{n_{\mathrm{A}0} \lambda_{\mathrm{A}}}{\lambda_{\mathrm{B}} - \lambda_{\mathrm{A}}} (e^{-\lambda_{\mathrm{A}} t} - e^{-\lambda_{\mathrm{B}} t}) \tag{2.32}$$

가 된다. 따라서 방사능은

$$\alpha_{\mathrm{B}} = \alpha_{\mathrm{B}0} e^{-\lambda_{\mathrm{B}} t} + \frac{\alpha_{\mathrm{A}0} \lambda_{\mathrm{B}}}{\lambda_{\mathrm{B}} - \lambda_{\mathrm{A}}} (e^{-\lambda_{\mathrm{A}} t} - e^{-\lambda_{\mathrm{B}} t}) \tag{2.33}$$

이 되는데, 여기서 α_{A0}와 α_{B0}는 핵 A와 B의 초기 방사능이다. 더 긴 방사성 붕괴 사슬에서 n번째 핵의 방사능을 구하기 위해서는 식 (2.33)의 일반화가 필요하며, 그러한 유도 과정은 이 장의 끝에 소개한 참고문헌에서 얻을 수 있다.

»» 2.10 핵반응

*핵반응(nuclear reaction)*이란 2개의 서로 다른 원자핵끼리 또는 원자핵과 핵자가 충돌해 2개 이상의 새로운 핵 입자(핵 혹은 핵자)들이나 또는 감마선(γ선)을 생성하는 반응을 말한다. 초기에 a, b로 표시되는 두 원자핵이 반응하여 생성되는 원자핵과 감마선(편의상 생성물이 단 두 가지라 가정하자)을 각각 c, d라 하면, 이 반응은 아래와 같이 표현할 수 있다.

$$a + b \rightarrow c + d \tag{2.34}$$

핵반응에 대한 상세한 이론적 설명은 이 책의 범위를 벗어나므로 생략한다. 따라서 위 식과 같은 반응을 지배하는 아래의 네 가지 기본 법칙을 설명하는 것으로 충분하다.

1. *핵자수 보존법칙(conservation of nucleon)*: 핵자수는 반응 전후 동일하다.
2. *하전량 보존법칙(conservation of charge)*: 모든 입자가 갖는 하전량의 합은 반응 전후에 동일하다.
3. *운동량 보존법칙(conservation of momentum)*: 입자들의 전체 운동량의 합은 반응 전후에 동일하다.
4. *에너지 보존법칙(conservation of energy)*: 정지질량 에너지를 포함하는 에너지는 반응 후에도 보존된다.

위 보존법칙에서, 핵자수의 보존이나 하전량의 보존은 양성자와 중성자 각각이 보존된다는 것을 의미하지는 않는다.

에너지 보존 원리는 어떤 핵반응이 에너지 측면에서 일어날 수 있는지 여부를 예측하는 데 사용될 수 있다. 식 (2.34)의 핵반응을 고려해 보자. 반응 전의 총 에너지는, 입자 a

와 b의 정지질량 에너지와 운동에너지의 합으로 주어진다. 그와 유사하게, 반응 이후의 총 에너지는 입자 c와 d의 정지질량 에너지와 운동에너지의 합이다. 이러한 에너지 보존에 의해 다음이 성립한다.

$$E_a + E_b + M_a c^2 + M_b c^2 = E_c + E_d + M_c c^2 + M_d c^2 \tag{2.35}$$

여기서 E_a, E_b 등은 입자 a와 b 등의 운동에너지이다. 식 (2.35)를 정리하면 아래와 같다.

$$(E_c + E_d) - (E_a + E_b) = [(M_a + M_b) - (M_c + M_d)]\,c^2 \tag{2.36}$$

위 식에서 좌변은 입자들의 반응 전후 운동에너지 차이를 나타내므로, 이러한 운동에너지의 차이는 결국 우변과 같이 입자들의 반응 전후 정지질량의 차이와 같다는 것을 알 수 있다.

식 (2.36)의 우변은 핵반응의 *Q값*(*Q-value*)으로 아래와 같이 정의된다.

$$Q = [(M_a + M_b) - (M_c + M_d)]\,c^2 \tag{2.37}$$

모든 계산들과 표를 만들 때, Q값은 항상 MeV 단위로 나타낸다. 1 amu는 보통 931 MeV이므로 Q값을 아래와 같이 쓸 수도 있다.

$$Q = [(M_a + M_b) - (M_c + M_d)]\,931\ \mathrm{MeV} \tag{2.38}$$

식 (2.36)으로부터 $Q > 0$이면 반응 후 운동에너지가 *증가*된 경우이다. 이러한 반응을 *발열반응*(*exothermic reaction*)이라 한다. 반면 $Q < 0$이면 반응 후 운동에너지가 *감소*되는 경우이며 이때 핵반응은 *흡열반응*(*endothermic reaction*)이라 한다. 발열반응에서 질량의 순 감소가 따르므로, 그 감소된 핵의 질량은 운동에너지로 변환되며, 흡열반응에서는 질량의 순 증가가 따르므로, 운동에너지가 핵의 질량으로 변환된다.

식 (2.37)을 이용하여 a, b 등의 질량으로부터 Q값을 구할 수 있다. 그러나 Q값은 또한 아래와 같이 원자핵을 포함한 중성 원자들의 질량으로부터 구할 수도 있다.

$$Z_a + Z_b = Z_c + Z_d \tag{2.39}$$

여기서 Z_a, Z_b 등은 a, b 등의 원자번호이며, 식 (2.37)에 대입하면

$$Q = [(M_a + Z_a m_e) + (M_b + Z_b m_e)] - [(M_c + Z_c m_e) + (M_d + Z_d m_e)]\} 931 \text{ MeV} \tag{2.40}$$

가 되고, 여기서 m_e는 전자의 정지질량(amu 단위)이다. 그러나 $M_a + Z_a m_e$는 중성 원자인 a의 정지질량이며, $M_b + Z_b m_e$는 b의 정지질량이다. 입자 c와 d도 마찬가지이다. 따라서 실제 핵반응은 오직 원자핵과만 관련될지라도, 식 (2.37)은 Q값을 계산하는 데 유효한 식이며, M_a, M_b 등은 중성 원자의 정지질량(amu 단위)으로 볼 수 있다. 실제 대부분 핵들의 질량을 정확히 알지 못하므로, 중성 원자 질량 데이터로부터 Q값을 계산할 수 있다는 것은 다행이다.

결과적으로, 실험에서는 입자들 중 하나인 a가 목표물로서 정지해 있고 입자 b가 그 목표물과 충돌한다. 이러한 경우 식 (2.34)는 아래와 같이 간략히 표현할 수 있다. 즉,

$$a(b,\ c)d$$

또는

$$a(b,\ d)c$$

이며, 어느 것이든 적절하다. 예를 들어, 목표물 산소에 에너지가 높은 중성자가 충돌했을 때, 발생 가능한 반응 중 하나는 아래와 같다.

$$^{16}\text{O} + n \rightarrow {}^{16}\text{N} + {}^{1}\text{H}$$

이를 간략히 표현하면

$$^{16}\text{O}\,(n,\ p)^{16}\text{N}$$

가 되며, 여기서 기호 n과 p은 각각 입사되는 중성자와 방출되는 양성자이다.

예제 2.7

다음 반응을 완성하라.

$$^{14}\text{N} + n \rightarrow ? + {}^{1}\text{H}$$

풀이

^{14}N의 원자번호는 7이고, 중성자의 원자번호는 0이다. 반응식 왼쪽의 원자의 합은 7이고, 오른쪽의 원자의 합도 7이 되어야 한다. 원자번호가 $Z=1$인 것은 수소이기 때문에 $7-1=6$이므로 원자번호가 6인 탄소로 반응식을 완성할 수 있다. 왼쪽편의 질량의 합은 $14+1=15$이기 때문에 수소의 질량이 1이므로 탄소 동위원소 중에서 ^{14}C가 된다. 따라서 반응식은 다음과 같이 된다.

$$^{14}\mathrm{N}+n\rightarrow {}^{14}\mathrm{C}+{}^{1}\mathrm{H}$$

예제 2.8

삼중수소(He_1^3)에 중수소(He_1^2 또는 d)가 충돌해 일어날 수 있는 반응 중의 하나는 아래와 같다.

$$^{3}\mathrm{H}\,(d,\ n)^{4}\mathrm{He}$$

여기서 d는 입사되는 중수소이다. 이 반응의 Q값을 계산하라.

풀이

위 반응의 Q값은 아래의 중성 원자 질량으로부터 구할 수 있다.

$M(\mathrm{H}_1^3)=3.016049\,\mathrm{amu}$	$M(\mathrm{He}_2^4)=4.002604\,\mathrm{amu}$
$M(\mathrm{H}_1^2)=2.014102\,\mathrm{amu}$	$M(\mathrm{n})=1.008665\,\mathrm{amu}$
$M(\mathrm{H}_1^3)+M(\mathrm{H}_1^2)=5.030151\,\mathrm{amu}$	$M(\mathrm{He}_2^4)+\mathrm{M}(\mathrm{n})=5.011269\,\mathrm{amu}$

따라서, 식 (2.37)로부터 Q값을 amu 단위로 구하면, $Q=5.030151-5.011269=0.018882$ amu이다. 여기서 1 amu=931.502 MeV이므로(예제 2.4 참조), $Q=0.018882\times931.502=17.588$ MeV이다. 이 값이 양수이므로 위 반응은 발열반응이다. 결국, 정지된 He_1^3 원자에 1 MeV의 중수소가 충돌하여 생성되는 $\mathrm{He}_2^4(\alpha)$과 중성자의 운동에너지의 합은 $17.588+1=18.588$ MeV가 된다.

»» 2.11 결합에너지

에너지가 낮은 중성자와 양성자가 결합하면 ^{2}H의 원자핵인 중수소(deuteron)가 되며, 2.23 MeV의 감마선이 방출된다. 이때 중수소는 에너지 1.3 keV로 약간 반동(recoil)된다. 이 반응식은

$$p + n \rightarrow d + \gamma$$

가 되고, 또는 중성원자식으로 표현하면

$$^1\mathrm{H} + n \rightarrow {}^2\mathrm{H} + \gamma$$

가 된다. 이 반응에서 감마선이 방출되며 중수소가 생성되는데, 이는 에너지 단위로 하면 2.23 MeV가 되는 중수소 질량이 중성자와 양성자의 질량 합보다 작다는 에너지 보존의 결과인 것이다. 이때, 중수소와 그 구성 핵자(중성자, 양성자) 간의 질량 차이를 중수소의 *질량 결손*(*mass defect*)이라 한다.

이와 유사하게, 모든 핵들의 질량은 그 핵을 구성하는 중성자 및 양성자의 질량 합보다 약간 작다. 따라서, 임의의 핵의 질량 결손은 다음과 같이 주어진다.

$$\Delta = ZM_p + NM_n - M_A \tag{2.41}$$

여기서 M_A는 핵의 질량이다. 식 (2.41)을 다시 정리하면

$$\Delta = Z(M_p + m_e) + NM_n - (M_A + Zm_e) \tag{2.42}$$

가 된다. 여기서 m_e는 전자의 질량이다. $M_p + m_e$은 ^{1}H의 질량과 같다. 여기서 $M_A + Zm_e$은 중성 원자의 질량 M과 같다. 질량 결손에 대해 다시 식을 정리하면

$$\Delta = ZM(^1\mathrm{H}) + NM_n - M \tag{2.43}$$

이 된다. 여기서 Δ가 앞서 말한 질량 결손(mass defect)이며 중성 원자들의 테이블화된 질량으로부터 구할 수 있다. 식 (2.41)과 (2.43)은 정확히는 같지 않은데, 그 이유는 전자에너지에서의 아주 작은 차이 때문이다. 그러나 이러한 차이는 대부분의 경우 중요하지 않다.

이 질량 결손 Δ를 에너지 단위로 표현하면, 핵을 그 구성 핵자들로 쪼개는 데 필요한 에너지이다. 이러한 에너지를 *결합에너지*(*binding energy*)라 하는데 이렇게 부르는 이유는 핵자들을 붙잡아 두는 에너지라는 의미에서이다. 그러나 A개의 핵자들로부터 원자핵이 생성되는 경우, Δ는 이러한 과정에서 방출되는 에너지와 같다. 따라서 중수소의 경우에 결합에너지는 2.23 MeV가 되며, 이 에너지는 중수소가 생성될 때 방출되며 중수소를 중성자와 양성자로 분리하는 데 필요한 에너지이다.

원자핵의 총 결합에너지는 질량수 A가 증가할수록 증가하지만 일정한 기울기로 증가하지는 않는다. 이는 그림 2.8과 같이 핵자당 평균 결합에너지, 즉 Δ/A를 그래프로 그려보면 쉽게 알 수 있다. 그림에서 보는 바와 같이, 낮은 질량수 A에서는 질량수에 따라 핵자당 평균 결합에너지가 증가하며 원자핵 간의 격차가 매우 크나, $A=50$ 이상에서는 완만한 기울기로 감소함을 알 수 있다. 이 그림에서 보여 주는 결합에너지의 거동은 핵에너지의 근원을 결정하는 데 중요하다.

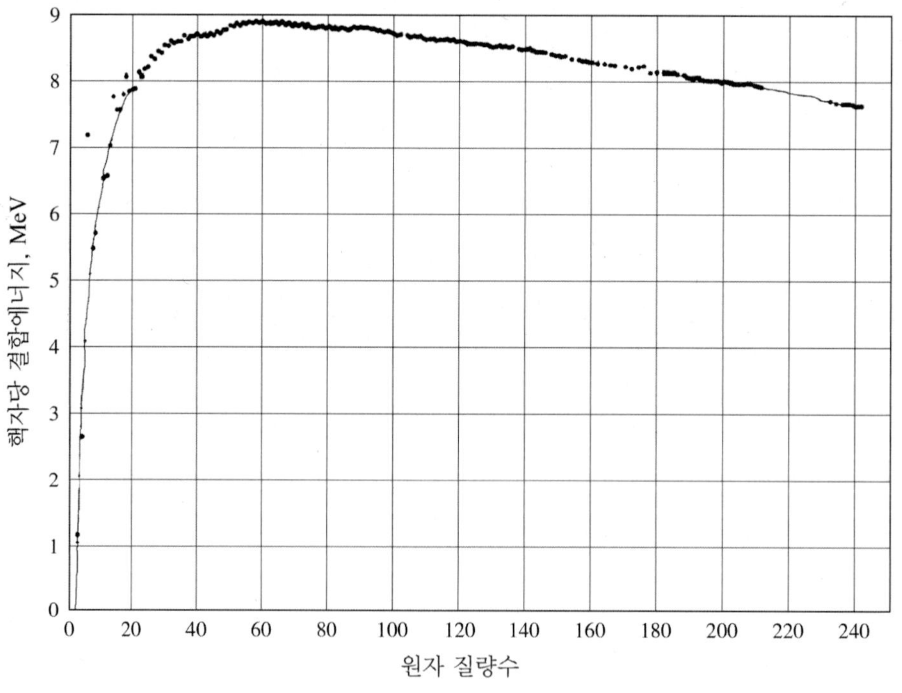

그림 2.8 원자질량수에 따른 핵자당 결합에너지

핵자당 결합에너지가 매우 큰 원자핵들은(질량수 $A = 50$ 이하) 그 핵자들이 매우 단단하게 결합되어 본질적으로 안정하다는 것을 의미하며, 이런 원자핵들을 구성 핵자들로 분리하기 위해서는 결합에너지가 작은 원자핵에 비해 상대적으로 많은 양의 에너지를 공급해 주어야 한다. 이는 다시 말해 핵자당 결합에너지가 큰 원자핵이 그 구성 핵자들로부터 생성될 때는 상대적으로 많은 에너지가 방출된다는 것을 의미한다. 반면에, 핵자당 결합에너지가 작은 원자핵들은 작은 에너지 흡수만으로도 쉽게 핵자들로 분리할 수 있으며, 이때 에너지 방출도 더 작게 된다.

핵반응에 대한 Q값은 반응 전의 입자나 핵종의 결합에너지로 표현 가능하다. 식 (2.34)로 주어지는 반응을 고려해 보자. 질량 단위로 a핵의 결합에너지는

$$\mathrm{BE}(a) = Z_a M(^1\mathrm{H}) + N_a M_n - M_a$$

로 표현 가능하고, a의 질량은

$$M_a = Z_a M(^1\mathrm{H}) + N_a M_n - \mathrm{BE}(a)$$

가 된다. 이와 유사하게 b핵에 대해서는

$$M_b = Z_b M(^1\mathrm{H}) + N_b M_n - \mathrm{BE}(b)$$

가 된다. M_a와 M_b 등을 식 (2.37)에 대입하면

$$Z_a + Z_b = Z_c + Z_d$$

$$N_a + N_b - N_c + N_d$$

이 된다. 따라서 Q값은 아래 식과 같이 주어진다.

$$Q = [\mathrm{BE}(c) + \mathrm{BE}(d)] - [\mathrm{BE}(a) - \mathrm{BE}(b)]$$

이 식에서 c^2을 제외한 이유는 Q값과 결합에너지가 모두 에너지 단위이기 때문이다.

Q값이 양수이면 이는 발열반응이고, 반응 후 생성되는 핵종의 결합에너지가 반응 전 핵종의 결합에너지보다 크다. 다시 말해, 어떤 핵반응 과정에 의해 덜 안정된 두 핵이 결합하여 더 안정한 핵이 만들어질 때에는 언제나 에너지가 방출된다는 것이다. 이러한 핵

반응은 많은 쌍의 핵종들에 있어 가능하다. 예를 들어 아래의 핵반응과 같이, 2.23 MeV의 결합에너지를 가지는 2개의 중수소가 결합하여 8.48 MeV의 총 결합에너지를 가지는 삼중수소 ^{3}H가 만들어지는 경우

$$2{}^{2}\mathrm{H} \rightarrow {}^{3}\mathrm{H} + {}^{1}\mathrm{H} \tag{2.44}$$

반응 전후의 결합에너지 차이에 해당하는 $8.48-2\times2.23=4.02$ MeV의 에너지가 방출된다. 이 경우 에너지는 삼중수소 ^{3}H와 수소원자핵 ^{1}H의 운동에너지로 나타난다.

식 (2.44)가 보여 주는 것과 같이 질량수가 작은 가벼운 2개의 원자핵을 결합해 적어도 1개는 반응 전 원자핵보다 질량수가 큰 무거운 원자핵을 생성시키는 반응을 *핵융합반응*(*fusion reaction*)이라 한다. 이 같은 핵융합반응은 수소폭탄에서 엄청난 양의 에너지를 방출하기도 하나, 언젠가는 열핵반응에 의한 동력원이 될 수 있을 것이다.

그림 2.8에서도 보듯이 질량수 A가 아주 큰 원자핵이 2개의 원자핵으로 쪼개질 때에는 안정된 원자핵이 생성됨을 알 수 있다. ^{238}U은 핵자당 결합에너지가 약 7.5 MeV인 데 비해, 질량수가 ^{238}U의 절반인 119 근처에 있는 원자핵의 핵자당 결합에너지는 약 8.4 MeV이다. 따라서 만일 우라늄 원자핵이 질량수가 각각 우라늄의 절반인 가벼운 2개의 원자핵으로 분리되면 이 반응으로부터 핵자당 약 0.9 MeV에 해당하는 결합에너지의 이득이 생겨 총 $238\times0.9=214$ MeV에 달하는 총 에너지가 방출된다. 이와 같이 무거운 원자핵이 분리되어 가벼운 원자핵을 생성시키면서 에너지를 발생시키는 과정을 *핵분열*(*nuclear fission*)이라 하며 이것이 바로 현재 널리 이용되는 원자로의 에너지 근원이 되는 것이다.

그림 2.8에 나타낸 핵자당 결합에너지는 핵 안의 모든 핵자들에 대한 평균값을 보여 주는 것이며 어떤 핵자 하나에 대한 값이 아님을 강조하고자 한다. 종종, 핵 안의 특정 핵자의 결합에너지, 즉 핵 안의 어떤 핵자를 추출하는 데 필요한 에너지를 알 필요가 있다. 이러한 결합에너지를 *분리에너지*(*separation energy*)라고도 하며, 원자에서 전자 하나를 분리하는 이온화에너지와 같다. ^{A}Z 핵종에서 가장 느슨하게 결합된 중성자—보통 *최종 중성자*(*last neutron*)라고도 부르는—의 분리에너지 E_S를 고려해 보자. 그 중성자는 원자핵(혹은 중성 원자) ^{A}Z에 결합되어 있는 것이므로, 원자핵 ^{A}Z의 질량은 중성자와 중성자가 하나 떨어진 핵 ^{A-1}Z의 질량 합보다 작게 된다. 이를 기호로 표현하면 다음과 같이 된다.

$$E_S = [M_n + M(^{A-1}Z) - M(^{A}Z)]\, 931\ \mathrm{MeV/amu} \tag{2.45}$$

이러한 분리에너지 E_S는 어떤 핵에 운동에너지 공급 없이 중성자 하나를 제거할 수 있는 에너지이다. 그러나 이러한 과정이 거꾸로 일어나 운동에너지가 제로인 중성자가 ^{A-1}Z 핵에 흡수되면 에너지 E_S가 방출된다.

예제 2.9

^{13}C에서 가장 마지막 중성자의 결합에너지를 계산하라.

풀이

^{13}C에서 중성자를 제거하면 ^{12}C가 된다. 이때의 결합에너지 내지 분리에너지는 식 (2.45)에 의해 아래와 같이 계산된다.

$$\begin{aligned} M(^{12}\mathrm{C}) &= 12.00000 \\ M_n &= \ \ 1.00866 \\ \hline M_n + M(^{12}\mathrm{C}) &= 13.00866 \\ -M(^{13}\mathrm{C}) &= 13.00335 \\ \hline E_S = 0.00531\ \mathrm{amu} &\times 931\ \mathrm{MeV} = 4.95\ \mathrm{MeV} \end{aligned}$$

어떤 핵을 이루는 중성자 혹은 양성자를 합한 핵자수가 2, 6, 8, 14, 20, 28, 50, 82, 126개일 때 그 핵은 안정하다. 이러한 핵을 *마법*(*magic*)이라 하며, 전체 핵자수를 *마법수*(*magic number*)라 한다. 이 수는 핵 안의 핵자들의 셸(shell)(혹은 subshell)을 채우기 위해 필요한 중성자 및 양성자 수에 해당된다. 이는 마치 원자 내의 전자 셸들이 채워지는 것과 유사하나.

마법수를 가지는 핵들은 핵공학에서 실질적으로 유용하게 활용된다. 예를 들어 마법수를 가지는 핵들은 중성자를 잘 흡수하지 않기 때문에, 이러한 핵을 가지는 물질들은 중성자 흡수를 방지하는 데에 사용된다. 그 실례로는 지르코늄이 있는데, 가장 흔한 지르코늄 동위원소는 50개의 중성자를 가져 원자로 안에서 구조용 물질로 널리 사용되어 왔다.

⋙ 2.12 핵 모형

핵물리에서 관찰되는 다양한 현상들의 설명에 두 가지 핵 모형(model)이 유용하다. 그것은 쉘 모형(shell model)과 액적 모형(liquid drop model)이다. 물론 이 두 가지 모두 핵종의 거동을 완벽하게 설명할 수는 없지만, 핵의 구조에 대해 이해하는 데 큰 도움이 되며, 많은 핵반응들에 대해 핵공학자들이 관심을 갖도록 한다.

쉘(shell) 모형

쉘 모형은 전자를 많이 가진 원자에서 사용되는 개념과 같이 이해할 수 있다. 이 모형에서는, 핵 안에서 핵자들의 집합적 상호작용으로 인해 일종의 포텐셜웰(potential well)이 형성된다. 이때, 단일 핵자는 다른 핵자들의 평균적인 영향에 의해 만들어진 이 포텐셜웰 안에서 움직인다고 생각할 수 있다. 다른 포텐셜웰들과 마찬가지로 이 웰은 한 가지 이상의 이산화된 상태(quantized state)인 쉘을 가질 수 있다. 전자가 원자의 전자궤도를 채우듯이, 이산화된 상태들인 이 쉘에 핵자들이 채워지게 된다. 원자에서와 마찬가지로 각 원자핵 쉘을 채울 수 있는 핵자수는 어떤 최대 개수로 제한된다. 이러한 수가 채워지면, 그 쉘은 닫혔다(closed)고 볼 수 있다.

쉘 모형에 대한 상세한 논의는 이 책의 범위를 벗어나지만, 어떤 핵종의 안정성과 마법수를 이해하는 데 도움이 되므로 조금 더 설명하겠다. 중성자와 양성자는 파울리의 배타원리(Pauli exclusion principle)에 따라 포텐셜웰 안의 각 쉘[혹은 준위(level)]을 채우게 된다. 각 준위에 대한 각운동량을 설명하면, 총 각운동량 j를 가지는 각 준위에는 $2j + 1$만큼의 가능한 이산화 상태들이 있다.

우리는 지금 한쪽에는 중성자, 다른 한쪽에는 양성자라는 두 가지 종류의 입자 집합을 다루고 있기 때문에, 실제로 두 가지 종류의 (포텐셜) 웰이 있다고 볼 수 있다. 중성자 웰들이 양성자 웰과 다른 이유는 양성자의 쿨롬 상호작용 때문이다. 각 준위들은 배제원리에 따라 채워진다. 각 준위들은 스핀궤도 상호작용(spin orbit interaction)에 의해 서로 다른 m_j값들로 갈라지게 된다. 원자 내의 전자와 마찬가지로, 이러한 갈라짐에 의해 각 에너지 준위들은 재배치되고, 각 준위들 사이에는 더 넓은 에너지 격차가 생긴다. 중성자와 양성자 우물(well)들은 각각 닫혀진 쉘들이 있어 이들 쉘들이 모두 닫혀 있으면 핵들이 극단적으로 안정적일 수 있으나, 그 둘 중 하나의 웰이 닫혀져 있지 않으면 안정성이 줄어들게 된다. 이러한 현상들로 인해 앞서 말한 마법수가 형성되었다고 할 수 있다.

액적(liquid drop) 모형

2.11절에서 결합에너지는 질량 결손을 에너지 단위로 나타낸 것이라고 하였다. 핵의 액적 모형은 질량 결손을 핵 안에서 핵자들을 결합하는 힘(핵력)과 양성자 간에 서로 밀어내는 힘(척력)의 균형으로 설명하려는 것이다.

핵은 마치 핵이라는 액체방울(액적)로 생각해 볼 수 있다. 물방울에 그들을 붙잡아 두는 많은 힘들이 작용하는 것과 같이, 핵도 그러할 것이라고 생각하는 것이다. 근사적으로, 핵 방울의 질량은 그 구성 성분인 중성자와 양성자의 질량 합과 같다. 이들은 핵 안에서 상호작용하며 핵력에 의해 결합된다. 핵자를 다른 인접 핵자들에 붙잡아 둔다는 것은 핵을 핵자들로 분리하기 위해서는 에너지 혹은 질량이 추가되어야 한다는 것을 의미한다. 이 질량은 아래와 같이 근사 가능하다.

$$M = NM_n + ZM_p - \alpha A \tag{2.46}$$

식 (2.46)은 핵자들 간의 결합 효과를 과대 예측하는데, 그 이유는 핵의 표면에서는 핵의 깊은 안쪽에서와 같은 수의 결합체(bond)를 가질 수 없기 때문이다. 식 (2.46)에 이러한 표면 효과를 고려하면,

$$M = NM_n + ZM_p - \alpha A + 4\pi R^2 T \tag{2.47}$$

이 된다. 여기서 T는 표면장력이다. 핵자의 반지름 R은 질량수 $A^{1/3}$에 비례하므로 식 (2.47)은 아래와 같이 바꿔 쓸 수 있다.

$$M = NM_n + ZM_p - \alpha A + \beta A^{2/3} \tag{2.48}$$

쿨롱 반발력은 원자핵의 에너지와 질량을 증가시킨다. 쿨롱 반발력과 관련된 위치에너지를 사용하면 식 (2.48)은

$$M = NM_n + ZM_p - \alpha A + \beta A^{2/3} + \gamma Z^2/A^{1/3} \tag{2.49}$$

로 표현할 수 있다.

이러한 질량에 대한 식에는 추가적으로 고려해야 할 것이 있는데, 이는 엄격히는 핵적인 영향이다. 이 영향들은 왜 핵자들이 서로 쌍으로 존재하는 것을 선호하는지와 파울리의 배타원리(Pauli exclusion principle)[8]를 설명해 주고 있다.

쉘 모형에서는 핵자들이 2개의 포텐셜웰(potential well)을 채우는 것으로 생각했다. 가장 낮은 에너지는 양성자의 수가 중성자의 수와 같을 경우인데, 그 이유는 그 웰들이 같은 높이에까지 채워지며, 웰 안에서의 각 준위는 파울리의 배타원리에 따라 채워질 것이기 때문이다. 중성자수가 양성자수와 같을 경우($N = Z$)가 다를 경우($N \neq Z$)보다 더 안정하다. 이러한 효과를 설명하기 위해서는 식 (2.49)에 또 하나의 항이 추가되어야 한다.

$$M = NM_n + ZM_p - \alpha A + \beta A^{2/3} + \gamma Z^2 / A^{1/3} + \zeta (A - 2Z)^2 / A \qquad (2.50)$$

안정된 핵종이라 함은, 양성자와 중성자의 수가 짝수임을 알 수 있다. 이는, 실험적으로는, 2개의 중성자 혹은 2개의 양성자 간의 결합이 1개의 중성자와 1개의 양성자 간의 결합보다 더 단단하다는 것을 의미한다. 따라서 홀수 개의 중성자와 홀수 개의 양성자를 가진 핵들은 결합력이 상대적으로 약할 것이다. 또한, 중성자 혹은 양성자 수가 홀수이고, 나머지가 짝수인 경우의 결합력은 위의 두 가지 경우의 중간쯤에 해당된다 하겠다. 이와 같은 짝수 개의 중성자 및 양성자가 지니는 더 큰 결합효과를 설명하기 위해서는 δ로 표시되는 쌍항(pairing term)을 추가해야 한다.

$$M = NM_n + ZM_p - \alpha A + \beta A^{2/3} + \gamma Z^2 / A^{1/3} + \zeta (A - 2Z) / A + \delta \qquad (2.51)$$

위 식에서 중성자 혹은 양성자 수가 홀수이고 나머지가 짝수이면 δ값은 0이 되며, 둘 다 홀수이면 양수가 되고, 둘 다 짝수이면 음수가 된다.

식 (2.51)의 질량식에 주어진 각 계수들은 이 식을 알려진 핵들에 피팅(fitting)함으로써 구할 수 있다. 이를 통해 준실험적(semi-empirical)으로 얻어진 계수값들은 아래와 같다.

---

8 파울리의 배타원리에 대해 더 알고 싶으면 현대 물리학을 참고하기 바란다.

중성자의 질량	939.573 MeV
양성자의 질량	938.280 MeV
α	15.56 MeV
β	17.23 MeV
γ	0.697 MeV
ζ	23.285 MeV
δ	12.0 MeV

위 계수들을 사용하여 양성자수가 20 이상($Z > 20$)인 많은 핵종들의 질량을 정확히 예측할 수 있다. 이렇게 질량 예측을 정확히 할 수 있는 능력을 보면, 액적 모형이 핵 내부의 핵자들 간의 상호작용을 설명하는 방법이 사실에 가깝다는 것을 시사해 주고 있다.

원자질량을 구하는 데 있어, 수소 원자의 질량(938.791 MeV)을 양성자 질량에 대입하면 전자질량도 설명할 수 있다.

예제 2.10

질량 관계식을 이용하여 ${}^{107}_{47}\mathrm{Ag}$의 질량과 결합에너지를 구하라.

풀이

식 (2.51)에서 마지막 5개 항의 합에 음수를 취하면 구성 핵자들의 결합에너지임을 이해한다면, 이 식을 이용해서 결합에너지를 구할 수 있다. ${}^{107}_{47}\mathrm{Ag}$의 원자질량은, 이 질량식을 이용해서 구하되, 중성자수 N이 짝수이고 양성자수 Z가 홀수이므로 δ값은 0이다.

$N \times m_n$	$60 \times 939.573\,\mathrm{MeV}$
$Z \times m_H$	$47 \times 938.791\,\mathrm{MeV}$
$-\alpha \times A$	$-15.56 \times 107\,\mathrm{MeV}$
$+\beta \times A^{2/3}$	$17.23 \times 107^{2/3}\,\mathrm{MeV}$
$\gamma \times Z^2/A^{1/3}$	$0.697 \times 47^2/107^{1/3}\,\mathrm{MeV}$
$\zeta \times (A-2 \times Z)^2/A$	$23.285 \times (107-2 \times 47)^2/107\,\mathrm{MeV}$
Mass (MeV)	199548.1173 MeV
Mass (amu)	106.8684 amu

측정된 ${}^{107}_{47}\mathrm{Ag}$의 실량은 106.905092 amu이며, 위의 계산값과는 0.034% 차이이다. 식 (2.51)에서 δ값은 0이므로 그 앞의 4개 항을 더하면 총 결합에너지가 구해지는데 이는 949.44 MeV이다. 따라서, 핵자당 평균 결합에너지는 8.9 MeV/nucleon이며, 이는 측정된 값인 8.6 MeV/nucleon보다 약간 크다.

2.13 기체, 액체, 고체

원자와 핵물리에 대한 고찰을 마무리하기 전에, 실질적인 문제들에서 접하는 총체적 물질의 특성에 대해 생각해 볼 필요가 있다. 고전적으로 물질의 상태는 세 가지가 존재하는데 이는 기체, 액체, 고체이다. 이들의 주요 특성은 다음과 같다.

기체

헬륨, 네온, 아르곤, 크립톤, 제논, 라돈과 같은 불활성 기체와 대부분의 금속성 증기들은 단원자이다. 단원자는 곧 하나 혹은 다수의 자유롭게 움직이는 독립적인 원자들로 구성되어 있다는 것이다. 가상적으로는, 모든 다른 기체들은 똑같이 자유로이 움직이는 2개의 원자 혹은 그보다 많은 다원자로 이루어진 분자들로 구성된다. 이러한 불규칙적이고 무질서한 운동이 바로 모든 기체들의 특성이다.

고체

원자력 시스템에서 많이 사용되는 대부분의 고체들(즉, 금속 및 세라믹)은 결정형 고체이다. 그러한 고체들은 많은 수의 *미세결정체*(*micro-crystal*)로 이루어져 있으며, 각 미세결정체들은 질서정연한 3차원 배열 혹은 격자 형태의 원자들로 구성된다. 이들 미세결정체는 매우 많은 개개의 원자들을 포함한다. 이들은 격자 내에서 전반적으로 많은 원자들에 걸쳐 넓게(종종 전체 결정체에 걸쳐) 원자들의 배치가 규칙적이기 때문에 "광역 질서(long-range order)"를 가진다고도 말한다. 단단한 형체를 지녀서 *고체*(*solid*)로 불리기는 하지만, 광역 질서를 보이지 않는 많은 물질들이 있다. 그러한 물질의 예는 플라스틱, 유기물질, 유리 및 비결정성 고체들이다.

액체

액체의 미세 구조는 일반적으로 생각하는 것보다 훨씬 더 복잡하다. 액체 내에서 원자들 및 분자들의 상호작용은 매우 강하며, 그 결과 결정체에서와 같은 질서를 가지는 경향이 있으나, 이는 비교적 가까운 거리 내에서 그러하다. 먼 거리에 걸쳐서 보면 이러한 질서는 깨어진다. 이러한 이유 때문에 액체는 "협역 질서(short-range order)"를 가진다고 말할 수 있다.

맥스웰 분포(Maxwellian distribution)

기체에서 원자나 분자의 에너지는 맥스웰 분포 함수에 따라 분포된다. 어떤 에너지 E에서 단위에너지당 입자의 밀도를 $N(E)$라 하면, $N(E)dE$는 에너지 E와 dE 사이의 에너지를 가진 입자의 밀도를 의미한다. 맥스웰 분포 함수에 따르면 $N(E)$는 다음과 같다.

$$N(E) = \frac{2\pi N}{(\pi kT)^{3/2}} E^{1/2} e^{-E/kT} \tag{2.52}$$

식 (2.52)에 따르면 N은 단위체적당 입자의 수, 즉 입자 밀도로 나타내며, k는 볼츠만상수이고, 이는 단위켈빈온도(K)당 에너지로 나타낸다.

$$\begin{aligned} k &= 1.3806 \times 10^{-23} \text{ joule/K} \\ &= 8.6170 \times 10^{-5} \text{ eV/K} \end{aligned}$$

그리고 T는 켈빈온도(K)이다. 그림 2.9는 $N(E)$함수를 나타낸 것이다.

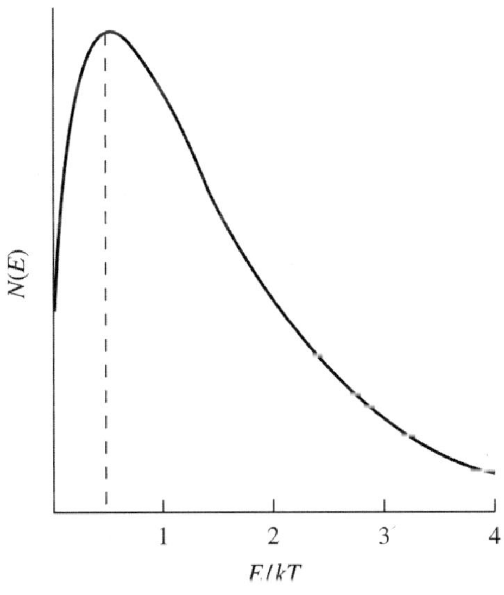

그림 2.9 맥스웰 분포 함수

고체와 액체의 에너지 분포 함수는 식 (2.52)보다 더 복잡하다. 그러나 근사적으로, 고체와 액체에 대한 $N(E)$도 식 (2.52)로 나타낼 수 있다고 알려져 있다. 단, 이때 온도는 물질의 실제 온도와 다소 차이가 날 수 있다. 그러나 온도 300 K 이상에서 그러한 차이는 작다. 따라서 이러한 온도 영역에서는 고체, 액체 및 기체에 대해서도 식 (2.52)를 적용할 수 있다고 본다.

최대 존재확률 에너지(*most probable energy*)는 식 (2.52)와 같은 분포 곡선에서 $N(E)$ 값이 최대가 되는 에너지를 말한다. 즉, 맥스웰 에너지 분포에서 가장 입자수가 많은(존재확률이 높은) 에너지를 E_p라 하며 이는 다음과 같이 쉽게 구해진다.

$$E_p = \frac{1}{2}kT \tag{2.53}$$

그러나 *평균 에너지*(*average energy*) $\overline{E}$은 다음과 같이 적분에 의해 정의된다.

$$\overline{E} = \frac{1}{n}\int_0^\infty N(E)EdE \tag{2.54}$$

식 (2.52)를 식 (2.54)에 대입하고 이를 적분하면 다음과 같이 된다.

$$\overline{E} = \frac{3}{2}kT \tag{2.55}$$

식 (2.53)과 식 (2.55)에 나타낸 kT라는 인자는 원자력공학의 방정식들에서 자주 사용된다. $T_0 = 0.0253\ \mathrm{eV}$ 에서의 kT값을 기억하면, 향후 여러 가지 계산이 빨라진다.

$$kT_0 = 0.0253\,\mathrm{eV} \simeq \frac{1}{40}\mathrm{eV} \tag{2.56}$$

예제 2.11

여름날 뉴욕 지하철 안의 온도가 38°C(약 100°F)라고 할 때 공기 분자의 최대 에너지와 평균 에너지를 구하라.

풀이

온도를 절대온도(K)로 변환한다.

$$\mathrm{K} = {}^\circ\mathrm{C} + 273.15$$

이에 따라 공기의 온도는 311.15 K가 된다. 이를 식 (2.53)과 (2.55)에 대입하면

$$E_p = \frac{1}{2} \times 0.0253 \times \frac{311.15}{293.61} = 0.0134 \text{ eV}$$

가 된다. 따라서, $\overline{E} = 3E_p$에 의해, $\overline{E} = 0.0402$ eV 가 된다.

기체 법칙

근사적으로, 기체들은 아래와 같은 익숙한 *이상기체 법칙*(*ideal gas law*)을 따른다.

$$PV = n_M RT \tag{2.57}$$

여기서 P는 기체 압력, V는 체적이고, n_M은 체적 V 안에 있는 분자기체의 몰수, R은 상수, T는 절대온도이다. 식 (2.57)은 다음과 같이 쓸 수 있는데,

$$P = \left(\frac{n_M N_A}{V}\right)\left(\frac{R}{N_A}\right) T$$

여기서 N_A는 아보가드로수이다. N_A는 몰당 원자수이기 때문에 체적 V 안에서 $n_M N_A$의 원자가 존재한다. 따라서 첫째 항은 N, 즉 단위체적당 전체 원자나 분자 전체 수가 된다. 다음으로, R/N_A는 볼츠만상수 k의 정의이다. 따라서 이상기체 법칙은 다음과 같이 편리하게 표현된다.

$$P = NkT \tag{2.58}$$

식 (2.58)로부터 기체 압력은 단위체적당 에너지로 표현될 수 있음을 알 수 있다.

»» 2.14 원자 밀도

원자력공학의 문제들에서, 물질 1 cm^3에 포함된 원자나 분자의 수를 계산할 필요가 있다. 나트륨을 생각해 보자. 이는 단 하나의 원자로 구성된다. g/cm^3 단위의 밀도를 ρ라 하고 M을 그램원자량이라 하면, 1 cm^3당 ρ/M 그램-몰의 원자가 존재하게 된다. 1 그램-몰에는 아보가드로수인 N_A개의 원자가 있으므로, 단위 cm^3 안에 있는 원자수를 의미하

는 원자 밀도(atom density) N은

$$N = \frac{\rho N_A}{M} \tag{2.59}$$

가 된다.

예제 2.12

나트륨의 밀도가 0.97 g/cm^{3}이다. 원자 밀도를 구하라.

풀이

나트륨의 원자량은 22.990이다. 이를 식 (2.59)에 대입하면

$$N = \frac{0.97 \times 0.6022 \times 10^{24}}{22.990} = 0.0254 \times 10^{24}$$

가 된다. (일반적으로 원자 밀도는 10^{24}으로 표현한다.)

식 (2.59)는 개개의 분자들로 이루어진 물질에 대해서도 적용할 수 있다. 단, N은 단위체적 cm^{3}당 분자수가 되며, M은 그램분자량이 된다. 따라서 단위체적 cm^{3}당 존재하는 원자의 수를 구하기 위해서는, 아래와 같이 분자 밀도 $\frac{\rho N_A}{M}$에 각 분자당 원자수 n_i를 곱하면 된다.

$$N_l = n_i \frac{\rho N_A}{M} \tag{2.60}$$

염화나트륨(NaCl)과 같은 결정형 고체나 액체에 대한 원자 밀도를 구하는 것도 단순한 원자 혹은 분자로 구성된 물질에 대한 것과 같이 쉽지만, 그 설명은 다소 복잡하다. 문제는 대표 분자가 없는 경우인데, NaCl은 전체 결정체 자체가 하나의 분자이다. 이 경우에 대해 밀도를 구하는 한 가지 방법은, 이 물질이 적절한 수의 원자들을 가진 가상 분자들로 구성되어 있다고 가정하는 것이다. (사실 이러한 분자들은 결정형 고체의 하나의 셀이며, 적절한 수의 원자를 포함한다.) 그러면, 식 (2.59)에 이러한 가상 분자의 적절한 분자량을 적용하여 계산된 N은 이 분자의 분자 밀도를 나타낼 것이다. 그 다음 원자 밀도는 다음

예제에서와 같이 보통의 방법대로 구하면 된다.

예제 2.13

NaCl 결정체의 밀도는 2.17 g/cm^{3}이다. Na와 Cl의 원자 밀도를 구하라.

풀이

Na와 Cl의 원자량은 각각 22.990과 35.453이다. 따라서 NaCl의 분자량은 58.443이다. 이를 식 (2.59)에 대입하면

$$N = \frac{2.17 \times 0.6022 \times 10^{24}}{58.443} = 0.0224 \times 10^{24} \text{ molecule/cm}^3$$

이 된다. 이 분자 하나에는 Na와 Cl이 각각 한 개씩 존재하므로, 위 값은 이들 각 원자의 원자 밀도와 같다.

종종, 단위체적 cm^3 안의 특정 동위원소의 수를 구할 필요도 있다. 2.2절에서 설명한 바와 같이, 동위원소의 존재량(abundance)은 항상 *원자 퍼센트*(*atom percent, a/o*)로 나타내므로, 동위원소의 원자 밀도는, 앞서 도출한 어떤 원소의 전체 원자 밀도에, 분율로 나타낸 동위원소 존재 분율을 곱해서 얻을 수 있다. 어떤 i번째 동위원소의 원자 밀도 N_i는

$$N_i = \frac{\gamma_i \rho N_A}{100M} \tag{2.61}$$

이며, 여기서 γ_i는 i번째 동위원소의 존재 분율이며, 단위는 a/o로 표기한다.

금속 합금과 같은 원소들의 혼합물에 대한 화학 조성은 대개 전체 질량에 대한 다양한 구성물질의 퍼센트로 주어진다. ρ가 이 혼합물의 물리적 밀도이면, i번째 구성물질의 평균 밀도는

$$\rho_i = \frac{w_i \rho}{100} \tag{2.62}$$

가 된다. 여기서 w_i은 *질량 퍼센트*(*weight percent*)이며, 단위는 w/o로 표기한다. 식 (2.59)에 의해 원자 밀도는

$$N_i = \frac{w_i \rho N_A}{100 M_i} \tag{2.63}$$

으로 되는데, 여기서 M_i는 그램원자량이다.

화학식으로 주어지는 화합물의 경우, 특정 원소의 질량 퍼센트는 그 화합물의 총 분자량에 대한 그 원소의 원자량의 비로 주어진다. 따라서 $X_m Y_n$의 경우, 분자량은 $mM_x + nM_y$이며, 여기서 M_x와 M_y는 각각 X와 Y의 원자량이다. 따라서 원소 X의 질량 퍼센트는 다음과 같다.

$$w/o(X) = \frac{mM_x}{mM_x + nM_y} \times 100 \tag{2.64}$$

원자력의 어떤 응용문제에서는, 한 원소의 동위원소 구성이 인공적으로 변화되어야 할 경우가 있다. 예를 들어, 원자로에서 연료로 많이 사용하는 우라늄은 ^{235}U로 농축되어야 한다(농축 방법에 대해서는 4장에서 설명한다). 이러한 경우, 농축을 질량 퍼센트로 표시하는 것이 관례이다. 농축우라늄의 질량 퍼센트는 다음과 같이 구할 수 있다. cm^3 안에 존재하는 전체 우라늄의 수는

$$N = \Sigma N_i$$

로 주어지는데, 여기서 N_i는 i번째 동위원소의 원자 밀도이다. 식 (2.59)의 N과 식 (2.63)의 N_i를 적용하면 농축우라늄의 평균 원자량은 아래와 같이 구해진다.

$$\frac{1}{M} = \frac{1}{100} \Sigma \frac{w_i}{M_i} \tag{2.65}$$

위 식을 농축우라늄 계산에 적용하는 방법이 예제 2.16에 주어져 있다.

예제 2.14

물의 밀도를 구하라.

(a) cm^3 안에 있는 물 분자의 수

(b) 수소와 산소의 원자 밀도

(c) ^{2}H의 원자 밀도

풀이

1. H_2O 물 분자의 분자 질량은 $2\times 1.00797+15.9994=18.0153$ 이다. 그리고 분자 밀도는

$$N(H_2O)=\frac{1\times 0.6022\times 10^{24}}{18.0153}=0.03343\times 10^{24}\ \text{molecule/cm}^3$$

이다.

2. H_2O 물 분자는 2개의 수소 분자와 1개의 산소 분자로 구성되어 있다. 따라서 수소의 원자 밀도는 $N(H)=2\times 0.03343\times 10^{24}=0.06686\times 10^{24}\ \text{atom/cm}^3$이 되고, 산소의 원자 밀도는 $N(O)=0.03343\times 10^{24}\ \text{atom/cm}^3$이 된다.

3. 중수소 ^2H의 경우 0.015 a/o 비율로 존재하므로 $N(^2H)=1.5\times 10^{-4}\times N(H)=1.0029\times 10^{-5}\times 10^{24}\ \text{atom/cm}^3$가 된다.

예세 2.15

원자로 핵연료가 1,500 kg이고 우라늄 봉이 ^{235}U가 20 w/o로 농축되어 있다. 우라늄의 밀도가 19.1 g/cm^3 이다.

(a) 원자로 안에 ^{235}U가 얼마큼 존재하는가?

(b) 연료봉에서 ^{235}U와 ^{238}U의 원자 밀도는?

풀이

1. 20 w/o로 농축되어 있다는 것은 ^{235}U의 전체 질량의 20%를 의미한다. 따라서 ^{235}U의 질량은

$$0.20\times 1500=300\ \text{kg}$$

이다.

2. ^{235}U와 ^{238}U의 원자량은 각각 235.0439와 238.0508이다. 식 (2.63)에 이해

$$N(^{235}U)=\frac{20\times 19.1\times 0.6022\times 10^{24}}{100\times 235.0439}=9.79\times 10^{-3}\times 10^{24}\ \text{atom/cm}^3$$

가 된다. ^{238}U은 80% 존재하기 때문에 아래와 같이 계산된다.

$$N(^{238}U)=\frac{80\times 19.1\times 0.6022\times 10^{24}}{100\times 238.0508}=3.86\times 10^{-2}\times 10^{24}\ \text{atom/cm}^3$$

예제 2.16

연료가 산화우라늄(UO_2) 펠릿으로 구성이 되어 있으며, 밀도는 10.5 g/cm^{3}이다. 이때 사용한 ^{235}U이 30 w/o로 존재한다면 연료에서 ^{235}U의 원자 밀도는 얼마인가?

풀이

우라늄의 평균 원자량을 먼저 계산한다. 식 (2.65)에 대입하여

$$\frac{1}{M} = \frac{1}{100}\left(\frac{30}{235.0439} + \frac{70}{238.0508}\right)$$

이 식에서 $M = 237.141$을 구할 수 있다. UO_2의 분자량은 $237.141 + 2 \times 15.999 = 269.139$이다. 식 (2.64)에 의해 산화우라늄($UO_2$) 속에서 우라늄은 $(237.141/269.139) \times 100 = 88.1\ w/o$가 된다. 우라늄의 평균 밀도는 $0.881 \times 10.5 = 9.25\ \mathrm{g/cm^3}$이 되며, ^{235}U의 밀도는 $0.30 \times 9.25 = 2.78\ \mathrm{g/cm^3}$가 된다. ^{235}U의 원자 밀도는 아래 식으로 구해진다.

$$\begin{aligned} N(^{235}\mathrm{U}) &= \frac{2.78 \times 0.6022 \times 10^{24}}{235.0439} \\ &= 7.11 \times 10^{-3} \times 10^{24}\ \mathrm{atom/cm^3} \end{aligned}$$

참고문헌

일반

Beiser, A., *Concepts of Modern Physics*, 5th ed. New York: McGraw-Hill, 2003, Chapters 1, 2, 11, 12, and 13.

Foster, A. R., and R. L. Wright, Jr., *Basic Nuclear Engineering*, 4th ed. Prentice-Hall, 1982, Chapter 2 and 3.

Kaplan, I., *Nuclear Physics*, 2nd ed. Reading, Mass.: Addison-Wesley Longman, 1962.

Krane, K. S., *Nuclear Physics*, 3rd ed. New York: John Wiley, 1987.

Krane, K. S., *Modern Physics*, 2nd ed. New York: John Wiley, 1995.

Lapp, R. E., and H. L. Andrews, *Nuclear Radiation Physics*, 4th ed. Englewood Cliffs, N.J.: Prentice-Hall, 1972, Chapters 1–7.

Liverhant, S. E., *Elementary Introduction to Nuclear Reactor Physics*. New York: Wiley, 1960.

Martin, B. R., *Nuclear and Particle Physics: An Introduction*, John Wiley and Sons, 2009.

Oldenberg, O., and N. C. Rasmussen, *Modern Physics for Engineers*, reprint, Marietta, Technical Books, 1992, Chapters 12, 14, and 15.

Semat, H., and J. R. Albright, *Introduction to Atomic and Nuclear Physics*, 5th ed. New York: Holt, Rinehart & Winston, 1972.

Tipler, P. A., and R. A. Llewellyn, *Modern Physics*, Macmillan Higher Education, 2012.

Weidner, R. T., and R. L. Sells, *Elementary Modern Physics*, 3rd ed. Boston, Mass.: Allyn & Bacon, 1980.

Williams, W. S. C., *Nuclear and Particle Physics*, Oxford, Eng.: Clarendon Press, 1991.

핵 자료

The Chart of the Nuclides. This valuable chart, a must for every nuclear engineer, is available from the Lockheed Martin Distribution Services 10525 Chester Road Cincinnati, OH 45215, USA. This chart is also available in a searchable format from various Internet sites including *http://www.dne.bnl.gov*.

Lederer, C. M., Hollander, J. M., and Perlman, I., *Tables of Isotopes*, 7th ed. New York: Wiley, 1978. This is an extraordinary collection of nuclear data, which includes among other things masses of the nuclides (given in terms of the mass excess, denoted in the tables as ; see Problem 2.47), nuclear energy levels, decay schemes, and so on.

Firestone, R. B., Shirley, V. S., *Table of Isotopes* 8th ed. John Wiley and Sons, 1999. An updated version of The Table of Isotopes by Lerderer, this resource provides mass data and decay schemes as well as level diagrams.

The National Nuclear Data Center at Brookhaven National Laboratory, Upton, New York, collects, evaluates, and distributes a wide range of nuclear data. A comprehensive collection of data is available through the National Nuclear Data Center at *http://www.dne.bnl.gov/nndcscr*.

»» 연습문제

1. 다음 원자의 원자핵에 존재하는 양성자 및 중성자의 수를 계산하라.

(a) ^{7}Li

(b) ^{24}Mg

(c) ^{135}Xe

(d) ^{209}Bi

(e) ^{222}Rn

2. 원자량이 58.93319인 ^{59}Co은 ^{12}C에 비해 몇 배 무거운가?

3. 10 g의 ^{12}C에 존재하는 원자의 수를 계산하라.

4. 예제 2.2 및 다음에 제시된 자료를 사용해 분자량을 계산하라.

(a) H_2 기체

(b) H_2O

(c) H_2O_2

동위원소	함량(a/o)	원자량
^{1}H	99.985	1.007825
^{2}H	0.015	2.01410

5. 자연상태 수소에서 H_2 기체가 생성되는 경우 분자량이 대략 2, 3, 4인 분자의 백분율을 계산하라.

6. 천연우라늄은 세 가지 동위원소(^{234}U, ^{235}U, ^{238}U)로 구성되며, 각각의 함량 및 원자량은 다음 표와 같다. 천연우라늄의 원자량을 계산하라.

동위원소	함량(a/o)	원자량
^{234}U	0.0057	234.0409
^{235}U	0.72	235.0439
^{238}U	99.27	238.0508

7. 50 g의 물이 비커에 담겨 있다. 다음을 계산하라.

(a) 존재하는 물의 몰수

(b) 수소 원자의 수

(c) 중수소 원자의 수

8. 예제 2.1에서 유리컵의 내경이 7.5 cm이다. 담겨 있는 물의 높이를 계산하라.

9. 양성자의 질량을 amu 단위로 계산하라.

10. 중성 ^{235}U 원자의 질량을 다음의 단위로 계산하라.

(a) amu 단위

(b) gram 단위

11. 1 amu가 아보가드로수의 역수와 수치적으로 동일함을 제시하라.

12. 식 (2.3)을 이용해 ^{238}U 핵의 반경을 평가하라. ^{238}U 원자에서 핵이 차지하는 분율을 대략적으로 계산하라.

13. 식 (2.3)을 이용해 핵물질의 밀도를 g/cm^3 및 kg/m^3 단위로 평가하라. 각 핵자의 무게는 대략 1.5×10^{-24} g이다.

14. 지구의 질량은 대략 6×10^{24} kg이다. 지구의 밀도가 핵의 밀도와 동일하다는 가정 하에 지구의 크기를 계산하라.

15. 역청탄 1 kg의 완전연소 시 약 3×10^7 J의 열에너지가 방출된다. 1 g이 질량이 에너지로 변환되는 경우에 상당하는 역청탄 연소량을 계산하라.

16. ^{235}U 핵분열에 따라 대략 200 MeV가 방출된다. 1 g의 ^{235}U가 핵분열되는 경우 방출되는 에너지를 계산하라(kW/hr 및 MW/day 단위).

17. 중성자와 양성자의 질량 차이를 MeV 단위로 계산하라.

18. 정지상태에서 출발한 전자가 5×10^6 V의 전위차를 가로질러 가속되는 경우 다음을 계산하라.

(a) 최종 운동에너지

(b) 총 에너지

(c) 최종 질량

19. 식 (2.18)을 유도하라. [*힌트*: 식 (2.5)의 양변을 제곱하고 mv에 대해 풀이하라.]

20. 특정 입자(상대론적 또는 비상대론적)의 속력이 다음 식과 같음을 증명하라. 여기서 E_{rest}는 정지질량 에너지, E_{total}은 총 에너지, c는 빛의 속도이다.

$$v = c\sqrt{1 - \frac{E_{\mathrm{rest}}^2}{E_{\mathrm{total}}^2}}$$

21. 문제 2.20에서 유도된 결과를 이용해 운동에너지가 1 MeV인 전자의 속력을 계산하라.

22. 에너지가 1 MeV인 다음 입자의 파장을 계산하라.

(a) 광자

(b) 중성자

23. 상대론적 입자의 파장이 다음 식과 같음을 증명하라.

$$\lambda = \lambda c \frac{m_e c^2}{\sqrt{E_{\mathrm{total}}^2 - E_{\mathrm{rest}}^2}}$$

위 식에서 $\lambda_C = \dfrac{h}{m_e c} = 2.426 \times 10^{-10}$ cm는 *콤프턴 파장*(*Compton wavelength*)이라고 한다.

24. 문제 2.23에서 얻은 식을 이용하여 1 MeV 전자의 파장을 계산하라.

25. 정지질량 에너지와 동일한 운동에너지로 이동하는 전자에 대해 다음을 계산하라.

(a) 총 에너지($m_e c^2$의 단위)

(b) 질량(m_e의 단위)

(c) 속도(c의 단위)

(d) 파장(콤프턴 파장의 단위)

26. 식 (2.20)에 의하면 광자는 운동량을 가지므로 광자가 방출되는 경우 자유전자 또는 핵이 반동한다. 따라서 광자 에너지는 실제로 방출 시스템의 반동 에너지와 동일한 양에 의한 가용 천이 에너지(상태 사이의 에너지)에 비해 작다.

(a) 두 가지 상태 사이의 에너지를 E, 방출된 광자의 에너지를 E_γ라 할 때,

$$E_\gamma \simeq E\left(1 - \frac{E}{2Mc^2}\right)$$

임을 증명하라. 여기서 M은 원자 또는 핵의 질량이다.

(b) 수소 원자핵의 1차 여기상태(10.19 eV)에서 기저상태로의 천이, ^{12}C의 1차 여기상태(4.43 MeV)에서 기저상태로의 천이에 대한 $E - E_\gamma$을 계산하라(그림 2.2 및 그림 2.3 참조).

27. ^{199}Hg 핵의 1~3차 여기상태는 기저상태에 비해 각각 0.158 MeV, 0.208 MeV, 0.403 MeV 높은 값을 갖는다. 이러한 상태에서 기저상태 사이의 모든 천이가 발생하는 경우 관찰되는 γ 에너지를 계산하라.

28. 핵종 도표를 이용하여 다음의 반응을 완성하라. 딸핵종 또한 방사성인 경우 완전한 붕괴 계열을 제시하라.

(a) ^{18}N →

(b) ^{83}Y →

(c) ^{135}Sb →

(d) ^{219}Rn →

29. 삼중수소(^{3}H)는 β^-를 방출하며 붕괴하고(반감기 12.26년), ^{3}H의 원자량은 3.016이다. 다음을 제시 또는 계산하라.

(a) ^{3}H 붕괴에 따라 생성되는 핵종

(b) 삼중수소 1 mCi의 질량(g 단위)

30. 1 g의 ^{60}Co($T_{1/2}$ = 5.26년)과 동일한 방사능을 갖는 ^{90}Sr($T_{1/2}$ = 28.8년)의 질량을 대략적으로 계산하라.

31. 방사성 사염화탄소($^{14}CCl_4$)는 10 mCi/mM의 방사능으로 시판된다. ^{14}C 형태인 탄소 원자의 분율을 계산하라.

32. 생물학적 적용을 위한 삼중수소수($^1H^3HO$을 일부 포함하는 일반적인 물)는 5 mCi/cm^{3}의 방사능을 갖는 1 cm^3 앰플로 구입할 수 있다. ^{3}H 원자를 포함하는 물 분자의 분율을 계산하라.

33. TMI에서 초기 정화작업 이후 TMI 2호기 격납건물의 기초부에 대략 400,000갤런의 방사성 물이 잔류했다. 이러한 방사능의 주요 출처는 156 μCi/cm^{3}의 ^{137}Cs 및 26 μCi/cm^{3}의 ^{134}Cs이다. 해당 시점에 물 내부에 존재하는 이러한 방사성 핵종의 단위체적당 원자수(atom/cm^3)를 계산하라.

34. 1 g의 ^{226}Ra이 체적 1.2 cm^{3}인 내부가 비워진 캡슐에 놓여 있다.

(a) 모든 α입자가 중성화되고 캡슐의 자유체적 내에 유지된다는 가정 하에 캡슐 내부 헬륨 압력 증가율을 계산하라.

(b) 캡슐이 밀봉된 10년 이후의 압력을 계산하라.

35. ^{210}Po은 반감기가 238일인 알파입자를 방출하면서 ^{206}Pb의 기저상태로 붕괴한다. 방사성 붕괴에 의해 1 MW의 열에너지를 생산하기 위해 필요한 ^{210}Po의 질량을 계산하라.

36. 방사성 동위원소 발생기 SNAP-9는 밀도가 12.5 g/cm^{3}인 475 g의 ^{238}PuC를 연료로 사용한다. ^{238}Pu의 반감기는 89년이며, 붕괴당 5.6 MeV를 방출하는데, 이러한 모든 에너지는 발생기 내부에서 흡수되는 것으로 가정한다. 시스템에서 열에너지가 전기로 변환되는 효율이 5.4%일 때 다음을 계산하라.

(a) 연료 효율(단위: Ci/W)

(b) 비출력(단위: W/g of fuel)

(c) 출력밀도(단위: W/cm^3)

(d) 발생기의 총 전력

37. ^{235}U(반감기 7.13×10^8년)의 반감기는 ^{238}U(반감기 4.51×10^9년)에 비해 짧기 때문에 약 45억 년 전 지구가 형성된 이래로 ^{235}U의 동위원소 함량은 지속적으로 감소한다. ^{235}U의 동위원소 함량이 다수의 원자력발전소에서 사용되는 우라늄 농축도인 3 a/o였던 과거의 시점을 산출하라.

38. 방사성 동위원소 Y는 다음 반응에 따라 X에 대한 중성자 충격에 의해 R atom/sec의 비율로 생성된다.

$$X(n,\ \gamma)Y$$

중성자 충격이 Y의 반감기와 동일한 시간 동안 수행되는 경우 획득되는 Y의 포화 방사능 분율을 계산하라. 충격 시작시점에 Y는 존재하지 않는다고 가정한다.

39. $t = 0$에서 B원자가 존재하지 않는 다음의 연쇄붕괴를 고려하라.

$$A \rightarrow B \rightarrow C \rightarrow$$

(a) 다음과 같은 식으로 주어지는 시점 t_m에서 B의 방사능이 최대 수치로 상승함을 제시하라.

$$t_m = \frac{1}{\lambda_B - \lambda_A} \ln\left(\frac{\lambda_B}{\lambda_A}\right)$$

(b) $t < t_m$인 경우 B의 방사능이 A에 비해 작으며, $t > t_m$인 경우 그와 반대임을 증명하라.

40. 문제 2.39에서 B의 반감기가 A의 반감기에 비해 매우 짧은 경우 A와 B의 방사능이 결국 동일한 값에 접근함을 증명하라. 이 경우 A와 B는 *영구평형*(*secular equilibrium*)이라 칭한다.

41. ^{234}U의 함량은 이러한 동위원소가 ^{238}U의 붕괴에 의해서만 생성된다는 가정에 의해 설명될 수 있음을 증명하라.

42. ^{234}U의 붕괴 과정(핵종 도표 참조)에서 생성되는 반감기가 3.8일인 방사성 기체인 ^{222}Rn는 적절한 환기가 이뤄지지 않는 우라늄 광산에서 위험한 농도로 존재할 수 있다. ^{222}Rn의 방사능을 Bq/MTU 단위로 계산하라.

43. 미국환경보호국(U.S. Environmental Protection Administration)에 따르면 단수명 딸핵종과 평형상태인 공기 중 ^{222}Rn의 최대허용농도는 비작업 피폭에 대해 3 pCi/L이다. 이에 상응하는 단위체적당 ^{222}Rn의 원자수를 계산하라(단위: atom/cm^3)

44. 문제 2.39에 제시된 붕괴 사슬에서 핵종 A가 R atom/s cc의 비율로 생성되는 경우 시간에 따른 B의 방사능 계산식을 유도하라.

45. 다음의 반응을 완성하고, 해당 반응에 대한 Q값을 계산하라. ^{14}C의 원자량은 14.003242이다.

(a) ^{4}He(p, e)

(b) ^{9}Be(α, n)

(c) ^{14}N(n, p)

(d) ^{115}In(d, p)

(e) $^{207}Pb(\gamma, n)$

46. (a) ^{226}Ra에 의해 4.782 MeV의 알파입자가 방출된 이후 잔류 딸핵의 반동 에너지를 계산하라.

(b) 이러한 붕괴 과정에 대한 총 붕괴에너지를 계산하라.

47. 일부의 표에서 원자질량은 질량 과잉의 항으로 제시된다. 질량 과잉(△)은 아래와 같은 식으로 정의된다.

$$\Delta = M - A$$

여기서 M은 원자질량, A는 원자질량수이다. 양수 또는 음수일 수 있는 △는 편의상 일반적으로 MeV 단위로 제시된다. 식 (2.38)에 제시된 반응에 대한 Q값을 다음과 같이 기술할 수 있음을 증명하라.

$$Q = (\Delta_a + \Delta_b) - (\Delta_c + \Delta_f)$$

48. Lederer et al.(참고문헌 참조)의 표에 따르면, 예제 2.8에 제시된 반응에서 (중성) 원자에 대한 질량 과잉은 다음과 같다.

$$\Delta(^3H) = 14.95\ \text{MeV} \qquad \Delta(^2H) = 13.14\ \text{MeV}$$

$$\Delta(n) = 8.07\ \text{MeV} \qquad \Delta(^4He) = 2.42\ \text{MeV}$$

문제 2.47의 결과를 이용해 이러한 반응에 대한 Q값을 계산하라.

49. ^{206}Pb의 원자량은 205.9745이다. 문제 2.35의 자료를 이용해 ^{210}Po의 원자량을 계산하라(문제 2.46 참조).

50. 삼중수소(^3H)는 다음 반응식과 같이 중수소가 저에너지의 중성자를 흡수하는 과정을 통해 생성될 수 있다.

$$^2H + n \rightarrow {}^3H + \gamma$$

여기서 감마선 에너지 = 6.256 MeV이다.

(a) ^3H 핵의 반동에너지가 대략 7 keV임을 증명하라.

(b) 위 반응의 Q값을 계산하라.

(c) ^3H에서 최후의 중성자에 대한 분리에너지를 계산하라.

(d) ^2H의 결합에너지(2.23 MeV) 및 (c)의 결과를 이용해 삼중수소의 총 결합에너지를 계산하라.

51. 아래의 반응식

$$^{6}\mathrm{Li}(\alpha, \mathrm{p})^{9}\mathrm{Be}$$

에서 원자질량 자료를 이용하여 다음을 계산하라.

(a) ^{6}Li, ^{9}Be, ^{4}He의 총 결합에너지

(b) 위 반응의 *Q*값((a)의 결과 이용)

52. 원자질량 자료를 이용해 다음 핵의 핵자당 평균 결합에너지를 계산하라.

(a) ^{2}H

(b) ^{4}He

(c) ^{12}C

(d) ^{51}V

(e) ^{138}Ba

(f) ^{235}U

53. 질량식을 사용하여 문제 2.52에 제시된 핵에 대해 핵자당 결합에너지를 계산하라. 이러한 계산 결과를 문제 2.52에서 도출된 결과와 비교하라.

54. 다음 핵에서 최소안정 중성자(last neutron)에 대한 분리에너지를 계산하라.

(a) ^{4}He

(b) ^{7}Li

(c) ^{17}O

(d) ^{51}V

(c) ^{208}Pb

(f) ^{235}U

55. 식 (2.53)을 유도하라. [*힌트*: 미분하기 전에 식 (2.52)에 로그를 취하라.]

56. 1기압을 $\mathrm{eV/cm^3}$ 단위로 환산하라. [*힌트*: 표준 온도 및 압력(0℃, 1기압) 조건에서 1몰은 22.4리터를 차지한다.]

57. 밀도가 1.60 g/cm^{3}인 흑연의 원자 밀도를 계산하라.

58. 천연우라늄 1 g의 방사능을 계산하라.

59. 우라늄 밀도가 19.0 g/cm^{3}인 경우 2.5 a/o로 농축된 우라늄에서 ^{235}U의 원자 밀도를 계산하라.

60. ^{239}Pu는 α를 방출하며 붕괴(반감기 24,000년)한다. $^{239}PuO_2$ 1 g의 방사능을 Ci 및 Bq 단위로 각각 계산하라.

61. 특정 형태의 증식로에서 초기 연료로 우라늄이 25 w/o로 농축된 탄화우라늄(UC)을 사용할 것이 제안되었다. UC의 밀도가 13.6 g/cm^3일 때 다음을 계산하라.

(a) 우라늄의 원자량

(b) ^{235}U의 원자 밀도

62. 물리적 밀도가 10.8 g/cm^3인 UO_2(^{235}U 농축도: 3.5 w/o)에서 ^{235}U 및 ^{238}U의 원자 밀도를 계산하라.

63. 특정 증식로에 대한 연료가 혼합 산화물(UO_2 및 PuO_2)로 이뤄진 소결체로 구성되는데, PuO_2는 대략 혼합물의 30 w/o를 차지한다. 우라늄은 본질적으로 모두 ^{238}U인 반면 플루토늄은 ^{239}Pu(70.5 w/o), ^{240}Pu(21.3 w/o), ^{241}Pu(5.5 w/o), ^{242}Pu(2.7 w/o)와 같은 동위원소를 포함한다. 연료 단위질량당 각 동위원소의 원자수를 계산하라(단위: atom/g).

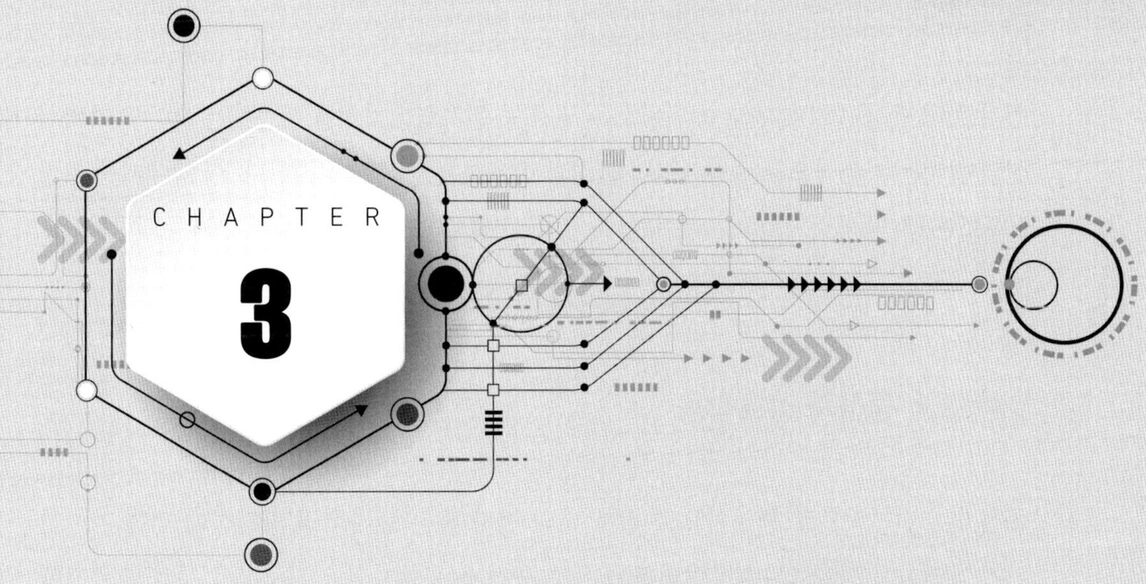

물질과 방사선의 상호작용

Interaction of Radiation with Matter

3.1 중성자 상호작용

3.2 단면적

3.3 중성자 감쇠

3.4 중성자속

3.5 중성자 단면적 데이터

3.6 산란 충돌에서의 에너지 손실

3.7 핵분열

3.8 물질과 감마선 반응

3.9 하전입자들

원자로 및 방사선 차폐시설, 동위원소 발생기 등 원자력에너지를 사용하는 모든 원자력시설의 설계는 기본적으로는 방사선이 물질과 반응하는 방식에 의존한다. 이 장에서는 최대 20 MeV까지의 에너지를 가지는 중성자, 감마선 및 다양한 하전입자에 대해 논의한다.

3.1 중성자 상호작용

중성자는 전기적으로 중성이므로 원자 내의 전자 혹은 원자핵의 양전하에 의해 어떠한 전기적 영향도 받지 않는다. 이러한 이유로 중성자는 원자의 전자구름을 통과해 원자핵과 직접 반응할 수 있다. 다시 말하면 중성자는 원자에 충돌하는 것이 아니라 원자 내의 원자핵에 충돌하게 되는 것이다.

중성자가 원자핵과 충돌하는 방식은 여러 가지로 구분할 수 있는데, 이에 대해 알아보자.

탄성산란(elastic scattering)

이 과정에서는, 중성자가 원자핵에 충돌할 때 원자핵은 항상 기저상태에 있다. 원자핵에 충돌한 중성자는 다시 나타나며, 원자핵은 여전히 기저상태를 유지한다. 이를 탄성산란이라 부른다. 즉 중성자가 기저상태인 원자핵의 에너지 변화에 어떠한 영향을 미치지 않을 때, 이를 통상 *탄성산란되었다*(*elastically scattered*)고 부르는 것이다. 핵반응 표기법(2.10절 참고)에 따라 탄성산란은 (n, n)로 나타낸다.

비탄성산란(inelastic scattering)

*비탄성산란*은 원자핵이 여기상태가 된다는 것을 제외하고는 탄성산란과 그 과정이 같다. 중성자의 에너지 일부가 원자핵을 여기시키는 데 사용되기 때문에 흡열반응이 된다. 비탄성산란은 통상 (n, n')으로 표시한다. 여기된 원자핵은 2.7절에서 설명한 바와 같이 감마선을 방출하면서 붕괴된다. 이러한 경우 발생되는 감마선은 근본적으로 비탄성산란이 발생하면서 생겨났기 때문에 *비탄성감마선*(*inelastic* γ*-ray*)이라 부른다.

방사포획(radiative capture)

원자핵은 중성자를 포획하여 하나 혹은 몇 개의 감마선을 방출하기도 한다. 이때 발생하는 감마선을 통상 *포획감마선*(*capture γ-ray*)이라 부른다. 이러한 상호작용은 발열반응이며, (n, γ)로 표시한다. 최초의 충돌한 중성자는 원자핵 내부로 흡수되었기 때문에 이 과정은 *흡수반응*(*absorption reaction*)의 한 종류로 구분한다.

하전입자 반응

중성자는 (n, α)과 (n, p)로 나타내는 흡수반응의 결과로 사라질 수도 있다. 이러한 반응은 발열반응일 수도 있고 흡열반응일 수도 있다.

중성자 생성 반응

고에너지의 중성자와 원자핵이 충돌할 경우 때때로 (n, 2n)과 (n, 3n)와 같이 2개 이상의 중성자가 방출되는 반응이 일어나기도 한다. 이러한 반응은 흡열반응인데, 그 이유는 (n, 2n)반응에서는 하나의 중성자가, (n, 3n)반응에서는 2개의 중성자가 초기에 하나의 중성자가 충돌했던 본래의 원자핵으로부터 방출되기 때문이다. (n, 2n)반응은 중수 또는 베릴륨이 포함된 원자로에서 특히 중요하다. 왜냐하면 ^{2}H와 ^{9}Be의 중성자들은 결합에너지가 작아서 낮은 에너지의 중성자와 충돌하여도 쉽게 방출되기 때문이다.

핵분열

중성자는 어떠한 원자핵과 충돌해 해당 원자핵을 여러 개의 파편으로 쪼개는 원인이 되기도 한다. 즉 *핵분열*(*fission*)을 일으키는 원인 입자가 되는 것이다. 이러한 반응이 바로 2장에서 설명하였듯이 실질적으로 응용되는 원자력에너지의 근간이 된다.

위에 기술한 다양한 반응들은 복합핵(compound nucleus) 형성을 포함해서 2단계 과정으로 설명할 수 있다. 예를 들어 단싱산란과 비단성산란에서는 원자핵이 우선 중성자를 흡수해 원자번호는 변화가 없지만 질량수가 1만큼 증가되는 새로운 핵(복합핵)을 형성한다고 생각할 수 있다. 그런 다음 그 복합핵은 본래의 원자핵과 하나의 중성자를 생성하면서 이 중성자를 방출하는 붕괴현상을 겪는다. 이때 중성자를 방출하고 남은 원자핵이 기저상태인지 여기상태인지는 산란의 종류에 따라 달라진다. 이 모델이 핵분열 과정을 이해하는 데 유용하게 사용될 수 있다.

이 장에서는 이러한 여러 반응들에 대해 자세히 설명한다. 이러한 다양한 반응들을 정량적으로 설명하기 위해서는 새로운 인자들의 개념을 도입해야 한다.

»» 3.2 단면적

통상 중성자가 핵과 반응하는 정도를 *단면적*(*cross-section*)으로 표현하곤 한다. 다음 실험을 통해 단면적의 의미를 알아보자. 단일 에너지 중성자 빔이 그림 3.1에서와 같이 두께 X와 면적 A의 얇은 타깃에 부딪히고 있다. 만약 그 중성자 빔 내에 cm^3당 중성자가 n개가 존재하고 중성자들의 속력을 v라 한다면 빔의 *강도*(*세기*, *intensity*)를 다음과 같이 나타낼 수 있다.

$$I = nv \tag{3.1}$$

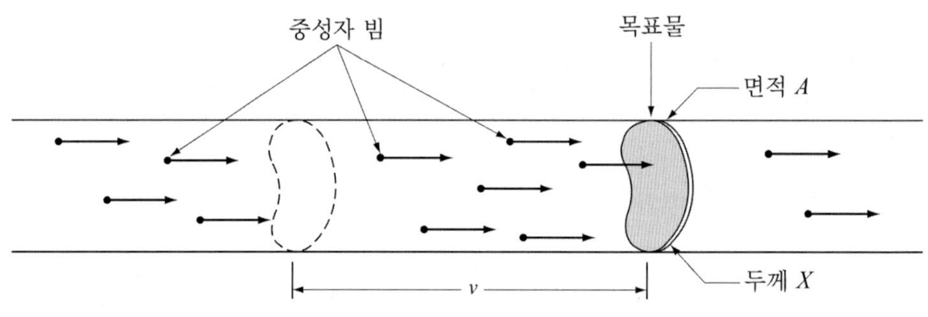

그림 3.1 목표물에 조사되는 중성자 빔

중성자들은 1초 동안 v cm 움직이기 때문에 타깃 앞의 체적 vA 안의 모든 중성자들은 1초 동안 목표물에 충돌한다. 이렇듯 $nvA = IA$ 중성자가 1초당 목표물에 충돌하는 것이다. 이를 cm^2/sec당 목표물에 충돌하는 중성자의 수로 생각하면 $IA/A = I$가 된다. 원자핵은 작고 목표물은 얇다고 가정했기 때문에 중성자의 대부분은 그림 3.1에 보이는 것과 마찬가지로 원자핵과 어떠한 반응 없이 목표물을 통과한다. 목표물에 충돌하는 중성자의 수는 중성자 빔의 강도, 목표물의 원자 밀도, N, 목표물의 면적과 두께에 비례할 것이다. 물론 이는 실험을 통해 입증 가능하다. 결론적으로 다음과 같은 식을 세울 수 있다.

$$\text{전체 목표물의 초당 충돌수} = \sigma INAX \tag{3.2}$$

위 식에서 비례상수 σ를 *단면적*이라 부른다. 식 (3.2)의 인자 NAX는 목표물 내의 원자핵의 총수를 의미한다. 그러므로 하나의 핵에 초당 충돌하는 중성자의 수는 σI가 된다. σ는 중성자 빔의 단위강도당 하나의 원자핵과 초당 충돌하는 중성자의 수를 의미한다.

단면적의 의미를 다른 방식으로 알아보자. 앞서 설명했듯이 IA 개의 중성자가 초당 목표물에 입사된다. 이 중 σI 개의 중성자가 원자핵과 반응을 일으킨다. 그러므로 중성자 빔 내의 하나의 중성자가 원자핵과 충돌을 일으킬 확률은 다음과 같이 나타낼 수 있다.

$$\frac{\sigma I}{\mathscr{A} I} = \frac{\sigma}{\mathscr{A}} \tag{3.3}$$

식 (3.3)에서 σ는 면적의 단위를 가지고 있다. 따라서 이 식에서 σ가 핵의 유효 단면적을 나타낸다고 쉽게 생각할 수 있다. 이러한 연유로 σ을 *단면적*이라 부른다.

일반적으로 단면적의 단위로는 *barn*이 사용된다. barn은 통상 b라는 약어로 나타내며, 1 b은 10^{-24} cm^2를 의미한다. b의 1/1000을 *millibarn*이라 하고, mb로 표기한다.

다시 앞의 중성자 빔이 목표물에 충돌하는 실험으로 돌아가 보자. 우리는 중성자 빔이 전체 타깃을 때리고 있다고 가정했었다. 그러나 일반적으로 중성자 빔의 지름이 목표물의 크기보다 작다. 이러한 경우 앞의 공식이 여전히 유효하기는 하지만 $\mathscr{A}$가 목표물의 면적을 나타내는 대신 중성자 빔의 면적을 나타내게 된다. 물론 단면적에 대한 정의는 그대로다.

3.1절에서 설명한 중성자와 원자핵의 반응은 각 반응에 특성화된 단면적을 통해 표현할 수 있다. 탄성산란은 탄성산란 단면적 σ_e으로 표현할 수 있고, 비탄성산란은 비탄성산란 단면적 σ_i으로, 방사포획반응 (n, γ)는 σ_γ으로, 핵분열은 핵분열 단면적 σ_f으로 표현할 수 있다. 중성자와 원자핵의 모든 가능한 반응에 대한 단면적의 합을 *총 단면적*(*total cross-section*)이라고 하며, σ_t로 나타낸다. 즉 σ_t은 다음과 같이 구한다.

$$\sigma_t = \sigma_e + \sigma_i + \sigma_\gamma + \sigma_f + \cdots \tag{3.4}$$

총 단면적은 중성자들이 목표물을 때릴 때 어떤 종류의 반응이 발생하는지에 대한 확률을 보여 준다. 모든 흡수반응에 대한 단면적의 합은 *흡수 단면적*(*absorption cross-section*)이라고 하며, σ_α로 나타낸다. 이는 다음과 같이 표현된다.

$$\sigma_a = \sigma_\gamma + \sigma_f + \sigma_p + \sigma_\alpha + \cdots \tag{3.5}$$

위 식에서 σ_p와 σ_α는 (n, p)반응과 (n, α)반응에 대한 단면적을 나타낸다. 식 (3.5)에 표기한 대로 통상 핵분열은 흡수반응의 한 가지 경우라 본다. 유사하게 총 산란 단면적은 탄성 및 비탄성 단면적의 합을 나타낸다. 따라서 다음과 같이 표현할 수 있다.

$$\sigma_s = \sigma_e + \sigma_i$$

또한 위 식을 적용하면 총 단면적은 다음과 같이 나타낼 수 있다.

$$\sigma_t = \sigma_s + \sigma_a$$

예제 3.1

5×10^8 neutron/cm^2-sec 강도의 1 MeV 중성자 빔이 ^{12}C로 구성된 얇은 목표물을 때리고 있다. 목표물의 면적은 0.5 cm^2, 두께는 0.05 cm이고, 빔의 단면적은 0.1 cm^{2}이다. 1 MeV 중성자에 대해 ^{12}C 총 단면적은 2.6 b이라 할 때 다음을 구하라. (a) 목표물에서 일어나는 반응의 비율은 얼마인가? (b) 빔 내의 중성자가 목표물에 충돌하는 확률은 얼마인가?

풀이

1. 부록 II의 표 II.3에 따르면 탄소에 대해 $N = 0.080 \times 10^{24}$이다. 식 (3.2)로부터 총 반응률은 다음과 같이 구할 수 있다.

$$\begin{aligned}\sigma_t INAX &= 2.6 \times 10^{-24} \times 5 \times 10^8 \times 0.080 \times 10^{24} \times 0.1 \times 0.05 \\ &= 5.2 \times 10^5 \text{interaction/sec}\end{aligned}$$

   단면적 10^{-24}은 원자 밀도 10^{24}와 곱해지면서 소거된다. 이는 통상 원자 밀도를 10^{24} 단위를 사용해 나타내기 때문이다.

2. 1초에 $IA = 5 \times 10^8 \times 0.1 = 5 \times 10^7$ 중성자가 목표물을 때린다. 이 중, 앞서 구했듯이 5.2×10^5이 반응을 하기 때문에 중성자가 목표물에서 반응할 확률은 $5.2 \times 10^5 / 5 \times 10^7 = 1.04 \times 10^{-2}$이다. 따라서 100초에 대략 1개의 중성자만이 목표물을 지나는 동안에 목표물과 충돌을 한다.

예제 3.2

0.0253 eV 중성자[1]가 ^{235}U와 충돌해 발생하는 반응은 방사포획과 핵분열뿐이다. 이들 반응에 대한 단면적은 각각 99 b과 582 b이라 한다. ^{235}U에 의해 0.0253 eV의 중성자가 흡수될 때, 핵분열이 발생할 상대 확률은 얼마인가?

풀이

σ_γ과 σ_f가 방사포획과 핵분열이 일어날 확률에 비례하기 때문에 핵분열이 일어날 상대적 확률은 다음과 같이 구할 수 있다.

$$\sigma_f/(\sigma_\gamma+\sigma_f)=\sigma_f/\sigma_a=582/681=85.5\%$$

식 (3.2)로 되돌아가 보자. 식 (3.2)는 다음과 같이 나타낼 수 있다.

$$\text{전체 목표물에서의 초당 충돌수} = IN\sigma_t \times \mathscr{A}X \tag{3.6}$$

위 식에서 σ_t는 모든 종류의 충돌이 발생할 확률을 포괄하는 총 단면적이다. $\mathscr{A}X$는 목표물의 총 체적이기 때문에 목표물에서 단위시간, 단위체적당 충돌의 수를 의미하는 식 (3.6)으로부터 *충돌밀도*(*collision density*) F를 다음과 같이 정의할 수 있다.

$$F=IN\sigma_t \tag{3.7}$$

식 (3.7)에서처럼 원자 밀도 N과 단면적의 곱은 원자력공학에 관련된 여러 식에서 자주 나타나는데 이를 특별한 기호 Σ로 나타내며, *거시적 단면적*(*macroscopic cross-section*)이라 부른다. 특히 원자 밀도와 총 단면적의 곱 $N\sigma_t=\Sigma_t$는 *거시적 총 단면적*(*macroscopic total cross-section*)이라 부르며, 상대적으로 $N\sigma_s=\Sigma_s$는 *거시적 산란 단면적*(*macro scopic scattering cross-section*)이라 부른다. 이때 N과 σ는 각각 cm^{-3}과 cm^2의 단위를 가지기 때문에 Σ는 cm^{-1}의 단위를 갖는다. 거시적 단면적을 이용하면 식 (3.7)은 다음과 같이 간략히 나타낼 수 있다.

$$F=I\Sigma_t \tag{3.8}$$

---

1 3.6절에 0.0253 eV의 에너지를 가지는 중성자의 단면적이 표로 나와 있다.

예제 3.3

예제 3.1과 관련해 (a) MeV에서 ^{12}C의 거시적 총 단면적과, (b) 목표물에서 충돌밀도를 계산하라.

풀이

1. 앞서 주어진 거시적 총 단면적의 정의로부터 다음과 같이 구할 수 있다.

$$\Sigma_t = 0.08 \times 10^{24} \times 2.6 \times 10^{-24} = 0.21 \text{ cm}^{-1}$$

2. 식 (3.8)을 사용해 다음과 같이 구할 수 있다.

$$F = 5 \times 10^8 \times 0.21 = 1.05 \times 10^8 \text{ collision/cm}^3 \cdot \text{sec}$$

물론 이러한 충돌들은 중성자 빔이 충돌한 목표물 영역에서만 발생한다.

3.3 중성자 감쇠

앞 절에서는 얇은 목표물에 중성자 빔이 조사되는 실험을 설명했다. 그림 3.2와 같이 목표물 뒤 얼마 떨어진 거리에 중성자 감지기가 놓여 있으며, 강도 I_0의 단방향 중성자 빔이 두께 X의 목표물에 조사되고 있다고 가정해 보자. 목표물과 감지기는 둘 다 매우 작고, 또한 감지기는 목표물에서 산란되어 나오는 중성자의 일부만 감지할 수 있을 만큼 작은 입체각만을 차지한다고 가정해 보자. 그렇다면 하나의 중성자가 감지기에 도달하기 위해서는 그 중성자는 반드시 목표물과 감지기 둘 다에 대해 직선방향으로 이동해야 한다. 결과적으로 목표물에 충돌하는 모든 중성자는 직선으로 움직이는 방향성을 상실해 빔에서 이탈하기 때문에 목표물과 반응을 하지 않는 중성자들만이 감지기 내로 입사될 것이다.

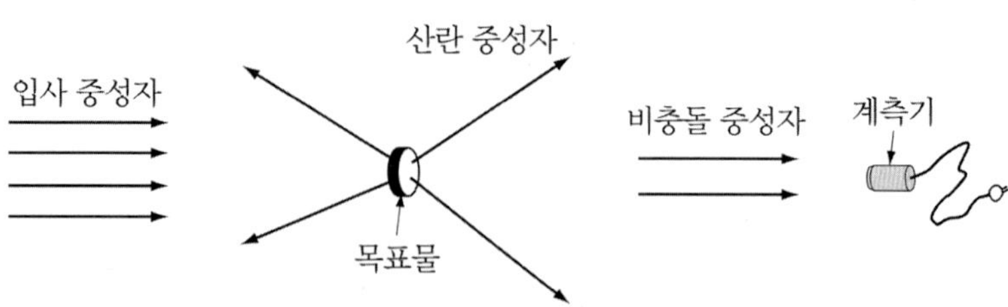

그림 3.2 목표물에 충돌되지 않는 중성자의 측정

목표물 내에서 거리 x만큼 이동할 때까지 충돌하지 *않고* 남아 있는 중성자 빔(비충돌 중성자 빔)의 강도를 $I(x)$라 하자. 그렇다면 그곳에서부터 거리 dx만큼 더 이동했을 경우 비충돌 빔의 강도는 1 cm^{2}의 면적과 두께 dx의 얇은 목표물 판에서 충돌하는 중성자의 수만큼 줄어들 것이다. 식 (3.2)를 사용하여 이 강도의 감소는 다음과 같이 나타낼 수 있다.

$$-dI(x) = N\sigma_t I(x)dx = \Sigma_t I(x)dx \tag{3.9}$$

위 식을 적분하면 다음과 같은 결과를 얻는다.

$$I(x) = I_0 e^{-\Sigma_t x} \tag{3.10}$$

따라서 비충돌 중성자 빔의 강도는 목표물 내부 거리가 길어질수록 지수함수적으로 감소한다. 또한 목표물을 완전히 통과한 후의 비충돌 중성자 빔의 강도는, 식 (3.10)에서 $x = X$일 때이므로 다음과 같이 나타낼 수 있다.

$$I(X) = I_0 e^{-\Sigma_t X} \tag{3.11}$$

그리고, 위 식의 값은 감지기에 의해 측정된 값과 동일하다.

만일 목표물이 방사선 차폐가 되도록 아주 두껍다면 초기 중성자의 거의 대부분은 적어도 목표물 내에서 한 번은 충돌할 것이다. 따라서 이 중성자들은 목표물 내에서 산란되어 골고루 퍼져 버릴 것이다. 식 (3.11)을 유도할 때 이러한 중성자의 특성은 반영되지 않았기 때문에 방사선 차폐의 효과를 계산할 수는 없다. 즉 산란 중성자라는 방사선의 매우 중요한 구성요소는 무시되었다.

식 (3.9)를 $I(x)$로 나누면 다음과 같다.

$$-\frac{dI(x)}{I(x)} = \Sigma_t dx \tag{3.12}$$

$dI(x)$는 중성자가 목표물 내의 위치 x에서 미소 거리 dx만큼 추가로 진행하는 동안에 목표물의 핵과 충돌해 $I(x)$로부터 감소된 중성자 빔의 강도를 의미하므로, $dI(x)/I(x)$는 입사된 중성자가 거리 x만큼을 핵과 충돌하지 않고 진행하여 추가적으로 미소 거리 dx 내에서 충돌할 확률이 된다. 따라서, 식 (3.12)에서 $\Sigma_t dx$는 중성자가 미소 거리 dx를 지나는 동안 목표물과 반응할 확률을 뜻하며, Σ_t는 중성자가 어떠한 매질 내에서 단위거리

를 이동할 때 어떠한 종류의 충돌을 겪을 확률을 나타낸다.

$I(x)$가 매질 내 거리 x를 이동할 때까지 핵과 충돌하지 않은 중성자 빔의 강도를 의미하기 때문에 $I(x)/I_0 = e^{-\Sigma_t x}$는 이 거리 x까지 진행하는 동안에 한 번도 핵과 충돌하지 않을 확률을 나타낸다. 이제 $p(x)dx$ 값을 하나의 중성자가 거리 x 근처의 거리 dx에서 첫 번째로 핵과 충돌할 확률이라 하자. 이것은, 우선 거리 x까지는 중성자가 충돌 없이 이동할 확률에, 거리 dx에서 충돌할 확률을 곱한 것과 같다. Σ_t가 단위길이당 반응(충돌)할 확률이므로, $p(x)$는 다음과 같이 구할 수 있다.

$$
\begin{aligned}
p(x)dx &= e^{-\Sigma_t x} \times \Sigma_t dx \\
&= \Sigma_t e^{-\Sigma_t x} dx
\end{aligned}
$$

중성자가 핵과 한 번 충돌한 후 이어서 또 다른 핵과 충돌할 때까지의 평균 이동거리를 *평균 자유행정*(*mean free path*)이라 부르며, 기호 λ로 표기한다. 이 값은 중성자가 충돌 없이 이동한 평균 거리 x와 같은 값이다. 따라서 λ는 앞에서 설명한 확률 $p(x)$를 이용하여 다음과 같이 구할 수 있다.

$$
\begin{aligned}
\lambda &= \int_0^\infty x p(x) dx \\
&= \Sigma_t \int_0^\infty x e^{-\Sigma_t x} dx \\
&= 1/\Sigma_t
\end{aligned}
\tag{3.13}
$$

예제 3.4

수용성 나트륨에서 100 keV 중성자의 평균 자유행정을 계산하라. 이 에너지에서 나트륨의 총 단면적은 3.4 b이다.

풀이

표 II.3으로부터, 나트륨의 원자 밀도는 0.0254×10^{24}임을 알 수 있다. 그렇다면 거시적 단면적은 $\Sigma_t = 0.0254 \times 10^{24} \times 3.4 \times 10^{-24} = 0.0864 \ \text{cm}^{-1}$이다. 그러므로 평균 자유행정은 $\lambda = 1/0.0864 = 11.6$ cm이다.

두 가지 핵종, X와 Y가 균질하게 섞여 있는 혼합물을 생각해 보자. 각 핵종의 원자 밀도는 각각 N_X와 N_Y atom/cm^{3}이며, 중성자와 이 핵과의 어떤 특별한 종류의 반응 단면적을 각각 σ_X와 σ_Y라 놓자. 우선 중성자가 원자핵 X와 단위길이당 충돌할 확률은 $\Sigma_X = N_X\sigma_X$가 될 것이다. 마찬가지로 원자핵 Y와 충돌할 확률은 $\Sigma_Y = N_Y\sigma_Y$가 된다. 따라서 중성자가 이 두 가지 원자핵과 단위길이당 반응할 총 확률은 다음과 같이 나타낼 수 있다.

$$\Sigma = \Sigma_X + \Sigma_Y = N_X\sigma_X + N_Y\sigma_Y \tag{3.14}$$

만일 그 핵들이 분자 형태로 존재한다면 식 (3.14)는 그 분자의 등가 단면적(equivalent cross-section) 정의에 사용될 수 있다. 이는 식 (3.14)로 구해진 혼합물에 대한 거시적 단면적을 단위체적당 분자 수로 나눠 구한다. 예를 들어 단위체적당 분자 X_mY_n가 N개 있다면 $N_X = mN$, $N_Y = nN$이고, 식 (3.14)로부터 이 분자에 대한 단면적은 다음과 같이 구한다.

$$\sigma = \frac{\Sigma}{N} = m\sigma_X + n\sigma_Y \tag{3.15}$$

식 (3.14)와 (3.15)는 핵 X와 Y가 서로 독립적으로 중성자와 반응한다는 가정 하에서 성립된 식들이다. 이는 분자와 고체에 의한 탄성산란을 제외하고 모든 종류의 중성자 반응에 유효하다. 분자와 고체와 같은 물질들에 대한 낮은 중성자 에너지에서의 산란 단면적은 실험을 통해 얻어져야만 한다.

예제 3.5

0.0253 eV에서 ^{235}U와 ^{238}U의 흡수 단면적은 각각 680.8 b과 2.70 b이다. 이 에너지에서 천연우라늄에 대한 Σ_a를 구하라.

풀이

2.14절의 방법을 사용하여, 천연우라늄 내의 ^{235}U와 ^{238}U의 원자 밀도가 각각 $3.48\times10^{-4}\times10^{24}$, 0.0483×10^{24}로 구해진다. 그러므로 식 (3.14)를 통해 다음과 같은 결과를 얻을 수 있다.

$$\Sigma_a = 3.48\times10^{-4}\times680.8 + 0.0483\times2.70 = 0.367\ \text{cm}^{-1}$$

예제 3.6

1 MeV와 0.0253 eV에서 수소와 산소의 산란 단면적(barn 단위)은 다음 표에 나타나 있다. 이 두 가지 에너지에서 물 분자에 대한 σ_s의 값은 얼마인가?

풀이

우선 1 MeV에 대해 산란 단면적을 구하기 위해 식 (3.15)를 사용하자. 그렇다면 $\sigma_s(H_2O) = 2\sigma_s(H) + \sigma_s(O) = 2 \times 3 + 8 = 14$ b이 구해진다. 0.0253 eV에서는 식 (3.15)가 *적용되지 않으므로* $\sigma_s(H_2O)$이 $2 \times 21 + 4 = 46$ b이 아니다. 이는 앞서 설명했듯이 실험값으로 구해야 하며, 실험값 $\sigma_s(H_2O)$는 103 b이다.

	1 MeV	0.0253 eV
H	3	21
O	8	4

3.4 중성자속

3.2절에서 중성자 빔의 강도 I가 얇은 목표물을 타격할 때 cm^3당 충돌수는 다음과 같이 주어진다는 것을 보였다.

$$F = \Sigma_t I \tag{3.16}$$

위 식에서 Σ_t는 거시적 총 단면적을 의미한다.

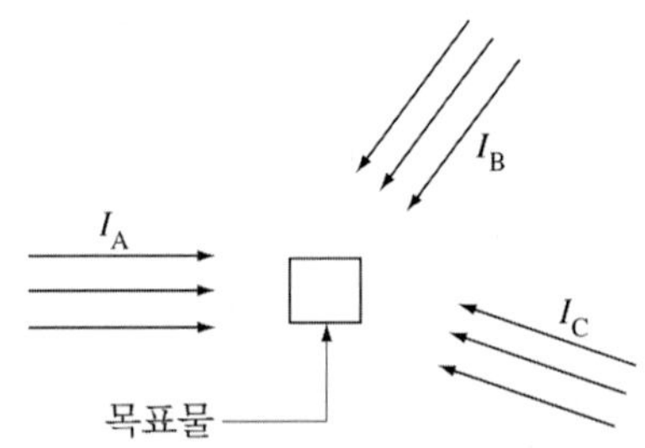

그림 3.3 여러 각도에서 목표물에 입사되는 중성자 빔들

그림 3.3과 같이 작은 목표물에 중성자 빔 여러 개가 동시의 입사되는 실험을 생각해 보자. 빔들의 강도는 서로 다르지만 모든 빔 내의 중성자들은 동일한 에너지를 가진다고 가정하자. 중성자와 원자핵의 반응은 중성자가 원자핵에 충돌하는 각도에 무관하기 때문에 총 반응률은 다음과 같이 구할 수 있다.

$$F = \Sigma_t (I_A + I_B + I_C + \cdots) \tag{3.17}$$

중성자가 모두 같은 에너지라 가정했으므로 식 (3.1)을 적용해 위 식은 다음과 같이 나타낼 수 있다.

$$F = \Sigma_t (n_A + n_B + n_C + \cdots) v \tag{3.18}$$

위 식에서 n_A, n_B 등은 여러 빔들의 중성자 밀도를 나타내며, v는 중성자 속력을 의미한다. $n_A + n_B + n_C + \cdots$는 목표물을 때리는 중성자의 총 밀도 n과 같은 값이기 때문에 식 (3.18)은 다음과 같다.

$$F = \Sigma_t nv \tag{3.19}$$

원자로 안의 특정 지점에 대해 이 실험을 일반화할 수 있는데, 단지 원자로 안에서의 중성자들은 위 실험의 몇 가지 제한된 방향만이 아니라 *모든* 방향으로 움직이고 있다는 점이 다르다. 이와 같이 식 (3.19)는 원자로에서도 유효한 식이며, 이때 F가 계산된 어떤 지점에서의 중성자 밀도는 n이 된다.

식 (3.19)에서 nv 값은 이 단일 에너지 중성자들에 대한 *중성자속*(*neutron flux*)이라 부르며 ϕ로 표기한다. 따라서 다음과 같이 나타낼 수 있다.

$$\phi = nv \tag{3.20}$$

중성자속의 단위는 중성자 빔 강도의 단위, neutron/cm^2-sec와 같다. 중성자속을 적용하여 충돌밀도를 나타내면 다음과 같다.

$$F = \Sigma_t \phi \tag{3.21}$$

다음 예제를 통해 중성자속과 위 식의 중요성을 이해해 보자.

예제 3.7

어떤 연구 원자로가 1×10^{13} neutron/cm^2-sec의 중성자속을 가지며 체적은 64,000 cm^{3}이다. 원자로의 핵분열 단면적 Σ_f이 0.1 cm^{-1}이면 원자로의 출력은 얼마인가?

풀이

원자로의 출력은 핵분열당 방출 에너지(200 MeV)와 핵분열률을 통해 구할 수 있다.

$$\begin{aligned}\text{Power} &= \frac{1\text{MW}}{10^6\text{watt}}\,\frac{1\text{W}-\text{sec}}{\text{joule}}\times\frac{1.60\times10^{-13}\text{joule}}{\text{MeV}}\times\frac{200\,\text{MeV}}{\text{fission}}\times\text{fission rate}\\ &= \frac{1\,\text{MW}}{10^6\text{watt}}\times3.2\times10^{-11}\,\text{watt/fission/sec}\times\text{fission rate}\\ &= 3.2\times10^{-17}\,\text{MW/fission/sec}\times\text{fission rate}\end{aligned}$$

식 (3.21)로부터 핵분열률은 다음과 같이 구할 수 있다.

$$\begin{aligned}\text{Fission rate} &= \Sigma_f\,\phi\\ &= 0.1\text{ cm}^{-1}\times1\times10^{13}\,\text{neutron/cm}^2-\text{sec}\end{aligned}$$

cm^{3}당 원자로 출력은 다음과 같다.

$$\text{Power/cm}^3 = 3.2\times10^{-17}\,\text{MW/fission/sec}\times1\times10^{12}\,\text{fission/sec}-\text{cm}^3$$

총 출력은 노심의 체적과 위 식을 통해 구한 cm^{3}당 출력의 곱으로 구할 수 있다.

$$\begin{aligned}\text{Power} &= 3.2\times10^{-5}\,\text{MW/cm}^3\times64{,}000\text{ cm}^3\\ &= 2\text{ MW}\end{aligned}$$

3.5 중성자 단면적 데이터

모든 중성자 단면적은 입사(목표물에 진입하는) 중성자들의 에너지와 목표물 핵종의 특성에 대한 함수이다. 이러한 요인들은 원자로 시설에서 물질로 사용될 때 고려 대상이 되어야 된다. 미국 브룩헤이븐 국립연구소(Brookhaven National Laboratory)의 보고서 BNL-325와 다른 여러 보고서들이 이러한 목적에서 다양한 중성자 에너지와 핵종에 대한 단면적을 제시한다. 이에 대해서는 이 장 마지막의 참고문헌들을 참고하기 바란다. 우선 이러한 단면적 데이터에 대해 논의하기 전에 중성자가 원자핵과 반응하는 메커니즘에 대해 좀 더 깊이 고찰해 보자.

복합핵 형성

대부분의 물질과 중성자 간의 반응은 2단계로 이루어진다. 입사 중성자가 목표물 핵을 때리면 우선 중성자와 원자핵이 합쳐져 복합핵(compound nucleus)을 형성한다. 초기의 목표물 핵이 ^{A}Z라면 복합핵은 ^{A+1}Z이 될 것이다. 그 후 복합핵은 여러 방법으로 붕괴된다. 예를 들어, 10 MeV 중성자가 ^{56}Fe 목표물을 때릴 때, ^{57}Fe의 복합핵이 형성되고, 이 복합핵은 탄성 혹은 비탄성 중성자, 감마선 또는 2개의 중성자를 방출하면서 붕괴될 수 있다. 이러한 과정을 기호로 표기하면 다음과 같다.

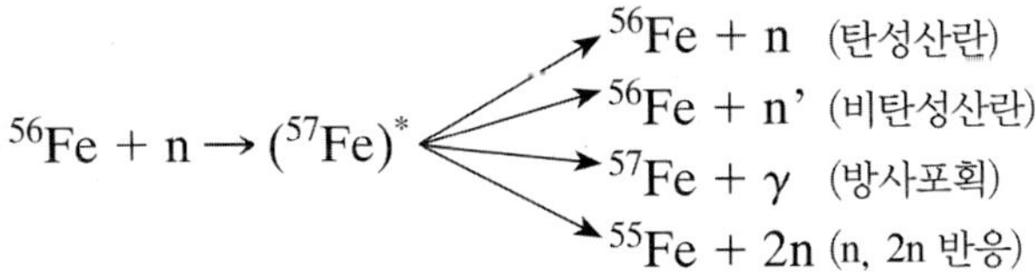

복합핵이 형성되는 과정은 입사 중성자의 에너지와 어느 정도 관련이 있는데 입사 중성자의 특정 에너지 영역에서의 중성자 단면적이 최대로 나타나기 때문이다. 이러한 최대 단면적을 *공명*(*resonance*)이라 부르며 다음과 같이 발생한다. 원자핵은 그 구성 핵자들의 배치에 따라 여러 가지의 여기상태로 존재한다(2.7절). 입사 중성자와 목표물 핵이 합쳐져 생성되는 복합핵이 이 핵의 여기상태 중 하나에 해당될 경우, 복합핵은 더 잘 만들어진다. 핵반응 과정에서는 복합핵 형성이 필요하므로, 단면적 곡선에서 공명을 볼 수 있다.

2.11절에서 다룬 바와 같이, 원자핵으로부터 중성자를 분리하기 위해서는 "중성자 분리 에너지"가 필요하다. 이 분리 에너지는 중성자가 원자핵에 합쳐질 때 다시 나타난다. 그러므로 중성자가 원자핵에 충돌할 때, 입사 중성자의 운동에너지와 복합핵의 중성자 분리에너지(혹은 결합에너지)의 합에 해당하는 에너지를 가진 여기상태로 복합핵이 형성된다.[2]

2 간략히 하기 위해 질량중심 효과를 무시하였다. 더 자세한 설명은 참고문헌에 소개한 *Introduction to Nuclear Reactor Theory*를 찾아보기 바란다.

탄성산란(elastic scattering)

입사 중성자 에너지의 함수로서 탄성산란 단면적을 나타낼 때, 3개의 다른 영역으로 구분할 수 있다. 우선 첫 번째 영역은 저에너지 영역 σ_e로 이 값은 근사적으로 상수이다. 이 영역에서 산란은 복합핵 형성에 의해 발생하지는 않지만, 목표물 원자핵이 그 주위를 지나가는 중성자에 힘을 미쳐 미미한 산란현상이 생긴다. 이를 포텐셜산란(potential scattering)이라 하며, 그 단면적은 다음과 같이 구할 수 있다.

$$\sigma_e(\text{포텐셜산란}) = 4\pi R^2 \tag{3.22}$$

위 식에서 R은 원자의 반지름이다.

포텐셜산란 영역을 넘어가면 복합핵 형성에 기인하는 공명 영역이 있다. 중성자 고에너지 영역에서는 이들 공명들이 합쳐져서 개개의 공명들이 구분이 안 될 정도가 된다; 이 영역에서 σ_e는 중성자 에너지의 함수이기는 하나 아주 조금씩 완만하게 변화한다.

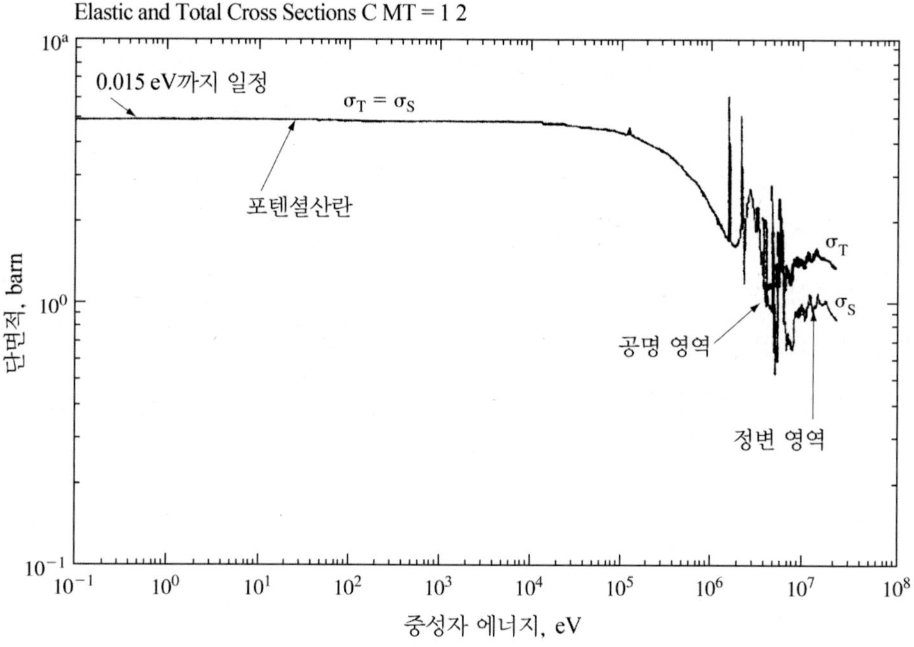

그림 3.4 탄소의 탄성산란과 총 단면적(ENDFPLOT와 ENDF/B 6.1을 사용해 구한 결과)

그림 3.4는 탄소 원자핵에 대한 이러한 3개의 영역을 보여 준다. 탄소는 비교적 가벼운 핵종이다. 핵종이 무거울수록 공명 영역은 더 낮은 중성자 에너지에서 나타난다. 예를 들어, ^{238}U의 공명 영역은 6 eV에서부터 시작해 대략 1 keV까지 계속된다.

예제 3.8

실험적 탄성산란 데이터를 사용해 탄소 핵의 반지름을 추정하라.

풀이

그림 3.4로부터 σ_e가 0.02 eV에서 0.01 MeV 에너지 영역에서 4.8 b 가량의 상숫값이라는 것을 알 수 있다. 이 영역은 포텐셜산란 영역이다. 결과적으로 식 (3.22)로부터 다음을 구할 수 있다.

$$4\pi R^2 = 4.8 \times 10^{-24}, \ R = 6.2 \times 10^{-13} \text{ cm}$$

비탄성산란(inelastic scattering)

이 반응은 중성자가 목표물 원자핵을 첫 번째 여기상태로 천이시킬 수 있는 충분한 에너지를 갖고 있지 않는 한 발생하지 않는다.[3] 결과적으로 비탄성산란 단면적 σ_i는 0에서 중성자의 어떤 문턱에너지(threshold energy)까지 상승한다. 일반적으로, 첫 번째 여기상태 에너지는 질량수 증가에 따라 감소된다. 결론적으로, σ_i는 가벼운 핵들보다는 무거운 핵들이 더 넓은 중성자 에너지 영역에 걸쳐 비탄성산란을 일으킨다(단면적이 0이 아니다). 탄소의 비탄성산란 문턱에너지가 4.80 MeV인 데 반해 ^{238}U은 44 keV이다. 이 문턱에너지를 초과하는 에너지에 대해 비탄성산란 단면적 σ_i는 대략적으로 탄성산란 단면적 σ_s와 비슷하다.

방사포획(radiative capture)

탄성산란의 경우에서처럼 방사포획 단면적 σ_γ도 3가지 영역으로 나눠 생각하는 것이

3 질량중심 효과 때문에 비탄성산란을 위한 문턱에너지는 실제적으로 첫 번째 여기상태의 에너지보다 약간 더 높다. 아주 가벼운 핵들 이외에는, 이러한 사실은 무시될 수 있다.

편리하다. 대부분 핵종의 저에너지 중성자 영역에서 σ_γ는 $1/\sqrt{E}$에 따라 변화한다. 이때 E는 중성자의 에너지를 의미한다. 이는, 중성자 속력 v가 $\sqrt{E}$에 비례하기 때문에 σ_γ가 $1/v$로 변화한다는 것을 의미한다. 그러므로 σ_γ의 저에너지 영역은 $1/v$ 영역으로도 알려져 있다. 중성자 단면적은 종종 log-log scale로 그리며, $1/v$ 영역의 단면적은 기울기가 −1/2인 직선 형태로 나타나며 이는 그림 3.5를 보면 알 수 있다. 그림 3.5는 $^{197}\mathrm{Au}$에 대한 그래프로 $1/v$ 영역과 첫 번째 공명 영역을 보여 주고 있다. 몇몇 주요 핵종들의 경우에는 σ_γ가 낮은 중성자 에너지 영역에서 정확하게 $1/v$ 거동을 보이지는 않아, 이런 핵종들은 비-$1/v$ 흡수체(non-$1/v$ absorber)라 부른다.

$1/v$ 영역을 넘어서면 σ_s의 공명 영역과 같은 중성자 에너지 영역에서 공명 영역이 발생한다. 에너지 E_γ에서 어떤 한 개의 공명 근방에서의 σ_γ는 다음과 같은 브라이트-위그너(Breit-Wigner) 1단계 공식에 의해 구할 수 있다.

$$\sigma_\gamma = \frac{\gamma_r^2 \mathrm{g}}{4\pi} \frac{\Gamma_n \Gamma_{\mathrm{g}}}{(E-E_r)^2 + \Gamma^2/4} \tag{3.23}$$

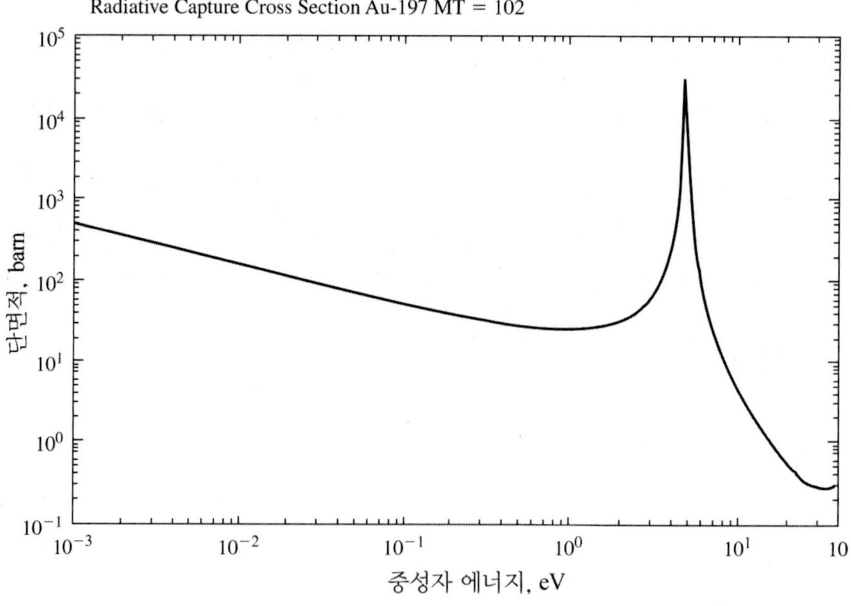

그림 3.5 낮은 에너지에서 Au-197의 방사포획 단면적(ENDF/B 6을 사용해 구한 결과)

위 식에서 γ_r은 에너지 E_γ의 중성자 파장이고, g는 *통계적 계수*(*statistical factor*)로 알려진 상수이다. Γ_n과 Γ_g는 상수이며 각각 *중성자 너비*(*neutron width*)와 *방사선 너비*(*radiation width*)라 부른다. 또한 $\Gamma = \Gamma_n + \Gamma_\gamma$는 *총 너비*(*total width*)라 부른다. 위 식으로부터 σ_γ는 에너지 $E_r \pm \Gamma/2$에서 최댓값의 반이 됨을 쉽게 증명할 수 있다. 즉 Γ는 공명 높이의 반에 해당하는 단면적에서의 공명 너비이고 이것이 *너비*(*width*)라는 용어의 기원이 된 것이다.

공명 영역을 지나 더 높은 중성자 에너지에서는, 즉 무거운 핵종에서는 대략 1 keV 이상에서, 그리고 가벼운 핵종에서는 가벼울수록 점점 더 높은 에너지에서 σ_γ는 급격히 감소하다가 매우 작은 값으로 천천히 감소한다.

하전입자 반응

일반적으로 (n, p), (n, α), 그리고 그 밖의 하전입자 반응은 흡열반응이며, 문턱에너지 이하에서는 발생하지 않는다. 또한 이 문턱에너지 이상에서도 그 반응들의 단면적은 대체적으로 작다. 특히 무거운 핵들에 대해서는 이러한 경향이 더욱 뚜렷해진다.

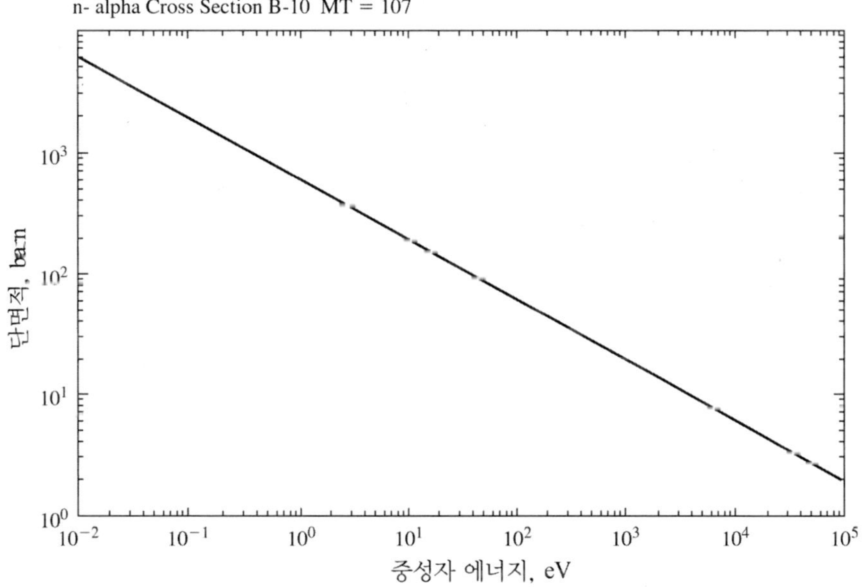

그림 3.6 붕소-10의 단면적, 0.01 eV에서 10,000 eV까지 n-alpha 반응(ENDFPLOT와 ENDF/B 6을 사용해 구한 결과)

그러나 가벼운 핵들에서는 몇몇 중요한 발열반응도 있다. 그 하나의 예가 바로 ^{10}B(n, α)^{7}Li 반응이다. 그림 3.6에 이 반응의 단면적이 나타나 있다. 그림을 살펴보면 σ_α가 낮은 중성자 에너지 영역에서 매우 크다는 것을 알 수 있으며 이로 인해 ^{10}B은 종종 저에너지의 중성자를 흡수하기 위해 사용된다. 이 그림에서는 그래프에 주어진 에너지 범위에 대해 σ_α가 $1/v$의 속성을 가지고 있음도 동시에 확인할 수 있다.

$1/v$ 거동을 보여 주는 유사한 발열반응으로는 ^{6}Li(n, α)^{3}H이 있다. 이 반응은 삼중수소인 ^{3}H을 생성하기 위해 사용된다.

비록 문턱에너지가 높다 해도 몇몇 발열 하전입자 반응은 원자로에서 중요하다. 예를 들어 물을 냉각재 및 감속재로 사용하는 원자로에서 발생하는 ^{16}O(n, p)^{16}N 반응은 비록 수천 개 중성자 중에 단지 1개의 중성자만이 이 반응의 문턱에너지인 9 MeV보다 큰 에너지를 가지고 있음에도 불구하고 물이 방사능원이 되는 주요 원인이 된다(^{16}N은 베타붕괴를 하는데, 이때 반감기는 대략 7초이며, 6~7 MeV의 감마선 또한 방출한다).

총 단면적

σ_t가 모든 반응에 대한 단면적들의 합이기 때문에 중성자 에너지에 따른 σ_t의 변화는 각각의 구성 단면적의 거동을 반영한다. 특히 낮은 중성자 에너지에서 σ_t는 다음과 같다.

$$\sigma_t = 4\pi R^2 + \frac{C}{\sqrt{E}} \tag{3.24}$$

위 식에서 C는 상수이다. 첫 번째 항은 탄성산란에 대한 단면적이고, 두 번째 항은 방사포획 또는 이 에너지에서 가능한 모든 발열반응에 대한 단면적을 의미한다. 만약 식 (3.24)의 첫 번째 항이 두 번째 항보다 매우 크다면 σ_t는 낮은 에너지에서 상수가 될 것이다. 반대의 경우라면 σ_t는 낮은 에너지 영역에서 $1/v$ 거동을 보일 것이다.

σ_t의 공명 영역은 σ_s와 σ_i에서 나타나는 공명들을 포함하게 되며, 이 두 단면적과 같은 에너지에서 공명 영역이 나타날 것이다. 공명 영역을 넘어서는 높은 에너지에서 σ_t는 그림 3.4에서 보는 것처럼 에너지에 따라 완만히 감소하게 된다[정변 영역(smooth region)].

수소와 중수소

많은 원자로들에서 ^{1}H과 ^{2}H 핵들은 다량으로 존재하는데, 이 핵들은 다른 핵들과는 다소 다른 방식으로 중성자와 반응한다. 그 중 한 가지는, 이 핵들은 중성자와의 반응에서 복합핵을 형성하지 않는다는 것이다. 이 핵들은 공명 영역 또한 없다. 단면적 σ_s는 중성자 에너지 10 keV까지 상수이며, σ_γ는 모든 중성자 에너지에서 $1/v$ 거동을 가진다. 게다가 이러한 핵들은 또한 여기상태도 없기 때문에(^{1}H은 단 1개의 양성자로 구성되어 있다) 비탄성산란도 발생하지 않는다.

예제 3.9

0.0253 eV에서 ^{1}H에 대한 σ_γ의 값은 0.332 b이다. 1 eV에서 σ_γ는 얼마인가?

풀이

σ_γ는 $1/v$ 거동을 보이므로 다음과 같이 나타낼 수 있다.

$$\sigma_\gamma(E) = \sigma_\gamma(E_0)\sqrt{\frac{E_0}{E}}$$

위 식에서 E_0는 특정 에너지를 뜻한다. 이 문제에서 0.0253 eV에서의 σ_γ값을 알기 때문에 E_0의 값으로 이 값을 사용하도록 하자. 그렇다면 다음과 같다.

$$\begin{aligned}\sigma_\gamma(1\ \mathrm{eV}) &= 0.332 \times \sqrt{\frac{0.0253}{1}} \\ &= 0.0528\ \mathrm{b}\end{aligned}$$

3.6 산란 충돌에서의 에너지 손실

중성자가 정지하고 있는 원자핵과 충돌해 탄성산란할 때 원자핵은 충돌지점으로부터 반동되어(recoil) 움직인다. 그러므로 산란된 중성자의 운동에너지는 입사 중성자의 운동에너지에서 반동된 원자핵의 운동에너지를 뺀 만큼이 될 것이다. 이러한 경우 중성자는 원자핵의 내부에너지가 변하지 않는다 할지라도 탄성산란에서 에너지를 잃는다.

탄성산란에서 손실되는 에너지는 에너지와 운동량 보존법칙으로부터 구할 수 있다. E, **p**와 E', **p**′를 각각 충돌 전후의 중성자의 운동에너지와 운동량이라 하고 E_A와 **P**를 반동된 원자핵의 에너지와 운동량이라 한다. 그림 3.7처럼 중성자는 각도 ϑ로 산란되었고, 원자핵은 각도 φ로 반동되었다고 하자.

이때 충돌이 탄성산란이기 때문이 다음이 성립한다.

$$E = E' + E_A \tag{3.25}$$

또한 다음과 같은 운동량 보존법칙을 그림 3.8과 같은 벡터 다이어그램으로 표시할 수 있다.

$$\mathbf{p} = \mathbf{p}' + \mathbf{P}$$

그렇다면 코사인법칙에 의해 다음이 성립된다.

$$p^2 = p^2 + (p')^2 - 2pp' \cos\vartheta \tag{3.26}$$

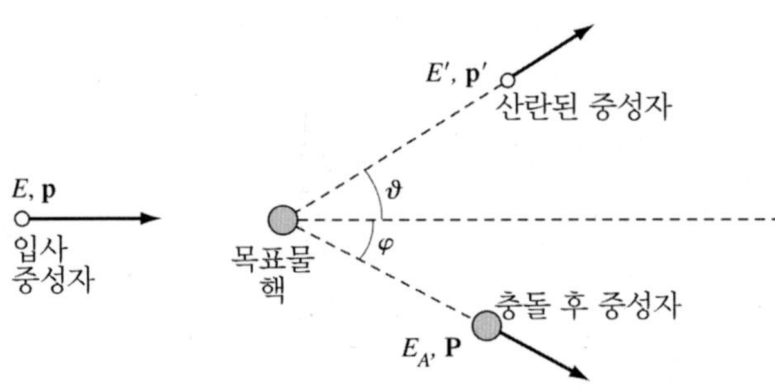

그림 3.7 핵에 의한 중성자의 탄성산란

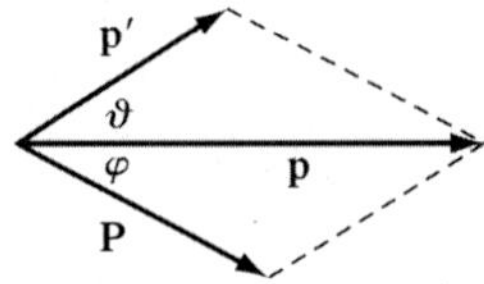

그림 3.8 운동량 보존에 대한 벡터 다이어그램

고전역학을 이용하면 $P^2 = 2ME_A$, $p^2 = 2mE$이고 $p'^2 = 2mE'$이다. 이때 M과 m은 각각 원자핵과 중성자의 질량을 나타낸다. 따라서 식 (3.26)은 다음과 같이 나타낼 수 있다.

$$ME_A = mE + mE' - 2m\sqrt{EE'}\cos\vartheta \tag{3.27}$$

M/m은 근사적으로 원자핵의 원자질량수 A와 같기 때문에 식 (3.27)은 다음과 같이 나타낼 수 있다.

$$A\,E_A = E + E' - 2\sqrt{EE'}\cos\vartheta$$

식 (3.25)의 E_A를 위 식에 대입해 정리하면 다음과 같다.

$$(A+1)E' - 2\sqrt{EE'}\cos\vartheta - (\mathrm{A}-1)\mathrm{E} = 0$$

위 방정식은 $\sqrt{E'}$의 2차방정식이고, E'에 대한 근을 계산하면 다음과 같다.

$$E' = \frac{E}{(A+1)^2}\left[\cos\vartheta + \sqrt{A^2 \quad \sin^2\vartheta}\,\right]^2 \tag{3.28}$$

식 (3.28)을 주의 깊게 살펴보자. 충돌이 거의 스치듯이 일어난다면 ϑ는 거의 0일 것이다. 이를 식 (3.28)에 대입하면 $E' = E$의 결과가 나올 것이다. 따라서, 예상한 대로 이러한 충돌에서는 에너지 손실이 없다. 수소 원자핵과 같은 특별한 경우를 제외하고서는 식 (3.28)로부터 $\vartheta = \pi$일 때 E'의 최솟값, $(E')_{\min}$이 발생한다는 것을 알 수 있다. 물론 수소의 경우는 따로 생각해야 한다. 이때 중성자는 입사한 방향과 정반대의 방향으로 산란되고 에너지 손실이 가장 많다. $\vartheta = \pi$의 경우를 식 (3.28)에 대입하면 다음과 같다.

$$(E')_{\min} = \left(\frac{A-1}{A+1}\right)^2 E - \alpha E \tag{3.29}$$

위 식에서 α는 다음과 같이 정의된다.

$$\alpha = \left(\frac{A-1}{A+1}\right)^2 \tag{3.30}$$

위 식의 α는 *충돌 매개변수(collision parameter)*라 부르며 표 3.1에 그 값이 나와 있다.

수소와 충돌해 산란되는 중성자는 독특한 특성을 가지고 있다. 이는 중성자의 질량과 수소 원자핵(양성자)의 질량이 거의 같기 때문이다. 고전역학으로부터 정지하고 있는 동일한 질량수를 가지는 입자에 다른 한 입자가 부딪칠 때 산란각이 90°보다 작다는 것을 증명하는 것은 그리 어렵지 않다. 수소 원자핵과 충돌해 산란된 중성자의 최소 에너지는 식 (3.28)에서 $\vartheta = \pi/2$일 경우이며, 이를 계산하면 다음과 같다.

$$(E')_{\min} = 0$$

표 3.1 충돌 매개변수

핵	질량수	α	ξ
수소	1	0	1.000
H_2O		*	0.920†
중수소	2	0.111	0.725
D_2O		*	0.509†
베릴륨	9	0.640	0.209
탄소	12	0.716	0.158
산소	16	0.779	0.120
나트륨	23	0.840	0.0825
철	56	0.931	0.0357
우라늄	238	0.983	0.00838

*정의되지 않음.
† 적절한 평균값을 의미.

이 결과는 식 (3.29)에서 $A = 1$이라 놓을 때 얻는 값과 같기 때문에 다음의 식이 수소를 포함, *모든* 핵들에 대해 유효하다고 볼 수 있다.

$$(E')_{\min} = \alpha E \tag{3.31}$$

탄성산란된 중성자의 평균 에너지에 대해 알아보자. 이 계산은 최대와 최소 에너지를 구하는 계산보다 더 복잡하기 때문에 여기서 유도하지는 않겠다. 그러나 수소를 포함하는 가벼운 핵들에 의한 중성자 산란에 대해, 특히 원자로에서 주의 깊게 살펴보아야 하는 에너지 영역에서 산란된 중성자의 평균 에너지는 대략 다음과 같다.

$$\overline{E'} = \frac{1}{2}(1+\alpha)E$$

이를 통해 평균 에너지 손실을 다음과 같이 구할 수 있다.

$$\begin{aligned}\overline{\Delta E} &= E - \overline{E'} \\ &= \frac{1}{2}(1-\alpha)E\end{aligned}$$

초기 에너지에 대한 평균 에너지 손실률은 다음과 같다.

$$\frac{\overline{\Delta E}}{E} = \frac{1}{2}(1-\alpha) \tag{3.32}$$

위 방정식은 무거운 핵들에 대해서도 유효하다. 그러나 높은 에너지의 중성자에 대해서는 유효하지 않다. 예를 들어, ^{238}U에 대해 식 (3.32)는 100 keV 이상의 에너지 영역에서는 정확하지 않다. 높은 에너지 영역에서 무거운 핵들과의 충돌에 따른 에너지 손실은 식 (3.32)로 예측한 것보다 작게 된다.

식 (3.30)과 표 3.1로부터, $A = 1$(수소)에 대해 α가 0이라는 것을 쉽게 알 수 있으며, A가 증가함에 따라 1에 가까워짐을 알 수 있다. 식 (3.30)의 관점에서 살펴보면 평균 에너지 손실률은 수소의 1/2에서부터 무거운 핵들의 0에 가까워지는 것을 알 수 있다. 이렇듯 평균적으로 하나의 중성자는 수소와 충돌할 때 절반의 에너지를 손실한다. 또한 탄소와 충돌할 경우에는 $\alpha = 0.716$이므로 14%의 에너지가 손실되고, 우라늄과 충돌할 경우에는 $\alpha = 0.983$이기 때문에 중성자 에너지 손실이 1% 미만이 된다. 요컨대, 중성자는 무거운 목표물 핵과 충돌할 경우 에너지 손실이 더 작은 것이다. 일부 원자로에서는 고속중성자의 에너지를 줄이는 과정이 필요하다. 이러한 과정을 *감속*(*moderation*)이라 한다. 앞서 설명한 것과 같이 질량수가 작은 매질에서 더욱 빠르게 에너지 손실을 일으킬 수 있으므로, 감속을 목적으로 할 경우 작은 질량수를 가지는 물질을 사용해야 한다.

중성자는 또한 목표물 원자핵의 반동은 물론 목표물 원자핵의 내부 에너지를 상승시키는 결과로서 비탄성산란이 될 수도 있는데 이때도 에너지를 잃는다. 비탄성산란에 대한 문턱에너지가 가벼운 핵에서 높기 때문에(보통 수 MeV 정도이고 수소와의 충돌로는 비탄성산란이 일어나지 않는다), 비탄성산란에 의한 감속은 이러한 핵들에서의 탄성산란에 의한 감속보다 그다지 중요하지 않다. 그러나 무거운 핵들에 대해서는 비탄성산란의 문턱에너지가 매우 낮기 때문에, 이러한 비탄성산란이 종종 중성자 감속을 위한 주요 메커니즘으로 작동하기도 한다.

많은 원자로 계산에서, 특히 중성자 감속과 관련하여 *레싸지*(*lethargy*)라 부르는 새로운 변수의 관점에서 중성자 충돌을 설명하는 것이 편리하다. 레싸지는 기호 u로 표기하고, 다음과 같이 정의한다.

$$u = \ln(E_M/E) \tag{3.33}$$

위 식에서 E_M은 임의의 에너지를 뜻한다. 대개 이 임의의 에너지는 해당 원자로에서 가장 높은 중성자 에너지를 의미한다. 식 (3.33)으로부터 에너지 E가 높을수록 중성자의 레싸지가 작다는 것을 알 수 있으며($E = E_M$이면, $u = 0$), 중성자가 감속되어 E가 줄어들수록 레싸지는 자연로그함수로 증가함을 알 수 있다.

탄성충돌에서 레싸지의 평균 변화 $\overline{\Delta u}$는 마치 앞서 식 (3.32)에서 정의한 평균 에너지 손실률과 비슷한데, 그 값은 입사 중성자의 에너지에 독립적이다. $\overline{\Delta u}$는 많은 원자력공학 계산에서 나타나며 기호 ξ로 표기한다. ξ를 유도하는 과정은 다소 장황하기 때문에 그 결과만 제시한다. ξ는 다음과 같은 식으로 구할 수 있다.

$$\xi = 1 - \frac{(A-1)^2}{2A}\ln\left(\frac{A+1}{A-1}\right) \tag{3.34}$$

위 식에서 A는 목표물 핵의 질량수를 의미한다. A가 작은 경우는 제외하고 ξ를 간단한 공식으로 근사하면 다음과 같다.

$$\xi \simeq \frac{2}{A + \frac{2}{3}} \tag{3.35}$$

$A = 2$일 경우 ξ값이 실제 값과 대략 3%의 오차를 가진다고 알려져 있다. ξ의 정확한 값은 표 3.1에 주어졌다.

예제 3.10

1 MeV 중성자가 ^{2}H의 핵과 충돌해 45°의 각도로 산란되었다. (a) 산란된 중성자의 에너지는 얼마인가? (b) 반동하는 핵의 에너지는 얼마인가? (c) 이 충돌로 인한 중성자의 레싸지 변화량은 얼마인가?

풀이

1. $E = 1$ MeV, $A = 2$, $\vartheta = 45°$를 식 (3.28)에 대입하면 다음과 같이 구할 수 있다.

$$E' = 0.738 \text{ MeV}$$

2. 충돌이 탄성산란이기 때문에(^{2}H와의 충돌로는 비탄성산란이 발생하지 않는다), 반동 에너지는 다음과 같다.

$$E_A = 1.000 - 0.738 = 0.262 \text{ MeV}$$

3. 충돌 전의 레싸지는 $u = \ln(E_M/E)$ 이고 충돌 후에는 $u' = \ln(E_M/E')$ 이다. 그리므로 레싸지의 변화량은 $\Delta u = u' - u = \ln(E/E') - \ln(1/0.738) = 0.304$ 이다. 레싸지의 단위가 없음을 주의하라.

다양한 에너지의 중성자들

3.2질과 3.3절에서, 목표눌에 대한 중성자 충돌률을 계산할 때 입사 중성자가 단일 에너지라 가정해 계산했다. 이것은 단일 에너지가 아닌 에너지 분포를 가지는 중성자에 대해서도 일반화될 수 있다.

이러한 목적으로 $n(E)dE$가 얇은 목표물에 입사되는 중성자 빔에서 E와 $E+dE$ 사이의 에너지를 가지는 중성자의 단위체적(cm^3)당 중성자의 수라 가정하자.

$$dI(E) = n(E)v(E)dE \tag{3.36}$$

위 식에서 $v(E)$는 에너지 E에 대응하는 속력을 뜻한다. 식 (3.8)에 따르면 이 빔은 다음과 같은 속도로 목표물과 반응한다.

$$dF(E) = n(E)v(E)\Sigma_t(E)dE$$

위 식의 단위는 충돌수/cm^3-sec이며, $\Sigma_t(E)$는 거시적 총 단면적을 의미한다. 그렇다면 중성자 빔 내의 모든 에너지에 대해 적분을 수행해 충돌밀도를 구하면 다음과 같다.

$$F = \int n(E)v(E)\Sigma_t(E)dE \tag{3.37}$$

특정 반응의 반응률을 계산하기 위해서는 식 (3.37)에 $\Sigma_t(E)$를 적합한 단면적으로 대체해야 한다. 특히 중요한 경우는 바로 열중성자(thermal neutron)의 흡수반응이다. 이 열중성자는 2.13절에서 설명했듯이 에너지 분포가 맥스웰함수에 따르는 중성자들을 의미한다. 이러한 중성자는 *열중성자로*(*thermal reactor*)라 부르는 원자로 형태에서 나타나는

데, 여기에 대해서는 4장과 6장에서 설명한다. 열중성자 빔 내의 흡수율은 다음과 같다.

$$F_a = \int n(E)v(E)\Sigma_a(E)\,dE \tag{3.38}$$

위 식에서 $\Sigma_a(E)$는 거시적 흡수 단면적이고 적분은 0.1 eV까지의 열에너지 영역까지만 행해진다.

3.5절에서 낮은 중성자 에너지에서 대부분의 원자핵은 방사포획 또는 다른 흡수반응 등으로 $1/v$ 흡수 거동이 나타난다고 설명했다. 이러한 에너지 영역에서 $\Sigma_a(E)$는 다음과 같이 나타낼 수 있다.

$$\Sigma_a(E) = \Sigma_a(E_0)\frac{v_0}{v(E)} \tag{3.39}$$

위 식에서 E_0는 임의의 에너지이고 v_0는 E_0에서의 속력을 뜻한다. 식 (3.39)를 식 (3.38)에 대입할 경우 $v(E)$는 소거되어 다음과 같이 된다.

$$F_a = \Sigma_a(E_0)\,v_0 \int n\,(E)\,dE \tag{3.40}$$

위 식에서 적분값은 열중성자 n의 총 밀도이므로 식 (3.40)은 다음과 같이 나타낼 수 있다.

$$F_a = \Sigma_a(E_0)\,n\,v_0 \tag{3.41}$$

식 (3.41)은 $1/v$ 흡수체에 대해 흡수율이 중성자의 에너지 분포에 무관하다는 것과 임의의 에너지에서의 단면적에 의해 구해질 수 있다는 것을 보여 준다. 게다가 식 (3.41)을 통해 비록 중성자가 어떠한 에너지 분포를 가지고 있다 해도 흡수율은 임의의 에너지 E_0와 강도 nv_0를 가지는 단일 에너지 중성자 빔의 흡수율과 같음을 알 수 있다.

이러한 결과에 따라, 흡수 단면적 변화가 $1/v$을 따르건 아니건, 모든 흡수 단면을 중성자 에너지가 $E_0 = 0.0253$ eV 일 때로 규정하는 것이 일반적이 됨을 알 수 있다. 이때 중성자 속력은 $v_0 = 2{,}200$ m/s이다. 에너지 0.0253 eV에서의 단면적 값을 *열 단면적*(*thermal cross-section*)이라고 한다. 이 값은 부록 II에 나타나 있다.

식 (3.41)에서 nv_0 값은 *2,200 m/s-중성자속*이라 부르며, ϕ_0로 표시한다. 즉, 다음과 같이 정의한다.

$$\phi_0 = n v_0 \tag{3.42}$$

따라서 흡수율은 다음과 같이 구할 수 있다.

$$F_a = \Sigma_a(E_0)\phi_0 \tag{3.43}$$

비록 상대적으로 적은 수의 핵들이 비-$1/v$ 흡수체(non-$1/v$ absorber)일지라도 이러한 핵들은 대개 원자로에서 중요한데, 그 이유는 이 핵들의 단면적이 상대적으로 높은 경향이 있기 때문이다. 이 핵들의 흡수율은 식 (3.38)로 표현된다. 그러나 이제는 적분을 $1/v$ 경우처럼 간단히 할 수 없다. 특히 F_a는 함수 $n(E)$뿐만 아니라 $\Sigma_a(E)$에도 의존한다. 어쨌든 $n(E)$는 맥스웰함수라는 가정에 의해, 웨스트코트(C. H. Westcott)는 모든 중요한 비-$1/v$ 흡수체에 대한 F_a를 수치적으로 계산했다. F_a의 결과값은 중성자 분포의 온도에 대한 함수이며 다음과 같다.

$$F_a = g_a(T)\Sigma_a(E_0)\phi_0 \tag{3.44}$$

위 식에서 $g_a(T)$은 비-$1/v$ 인자(non-$1/v$ factor)라고 하며, 표로 제시된 함수이다. $\Sigma_a(E_0)$는 0.0253 eV에서 흡수 단면적이다. 표 3.2에 비-$1/v$ 인자값 일부가 제시되어 있다.

표 3.2 비-$1/v$ 인자들*

T, °C	Cd	In	^{135}Xe	^{149}Sm	^{233}U		^{235}U		^{238}U	^{239}Pu	
	g_a	g_a	g_a	g_a†	g_a	g_f	g_a	g_f	g_a	g_a	g_f
20	1.3203	1.0192	1.1581	1.6170	0.9983	1.0003	0.9780	0.9759	1.0017	1.0723	1.0487
100	1.5990	1.0350	1.2103	1.8874	0.9972	1.0011	0.9610	0.9581	1.0031	1.1611	1.1150
200	1.9631	1.0558	1.2360	2.0903	0.9973	1.0025	0.9457	0.9411	1.0049	1.3388	1.2528
400	2.5589	1.1011	1.1864	2.1854	1.0010	1.0068	0.9294	0.9208	1.0085	1.8905	1.6904
600	2.9031	1.1522	1.0914	2.0852	1.0072	1.0128	0.9229	0.9108	1.0122	2.5321	2.2037
800	3.0455	1.2123	0.9887	1.9246	1.0146	1.0201	0.9182	0.9036	1.0159	3.1006	2.6595
1000	3.0599	1.2915	0.8858	1.7568	1.0226	1.0284	0.9118	0.8956	1.0198	3.5353	3.0079

* C. H. Westcott의 *충분히 감속된 열중성자 증식로를 위한 유효 단면적 값*, 원자력에너지위원회 보고서 AECL-1101(1962년 1월)에 근거함.

† E. C. Smith 외, *Phys. Rev.* 115, 1693(1959년)에 근거함.

비록 앞의 결과가 얇은 목표물에 입사된 중성자 빔에 대해 유도되었을지라도 중성자가 복잡하게 움직이고 있는 원자로에 대해서도 동일하게 적용될 수 있다. 특히 2,200 m/s-중성자속은 단위체적(cm^3)당 n개의 열중성자가 있는 모든 지점에서 정의된다. 식 (3.43) 또는 (3.44)는 그런 지점에서의 흡수율을 계산하는 데 사용될 수 있다.

예제 3.11

작은 인듐 포일(indium foil)이 2,200 m/s-중성자속이 5×10^{12} neutron/cm^2-sec의 강도를 가지는 원자로 내의 어떤 지점에 놓여 있다. 중성자 밀도는 600°C 온도에서의 맥스웰함수로 표현될 수 있다. 그렇다면 포일 내에서 단위체적(cm^3)당 중성자 흡수율은 얼마가 되겠는가?

풀이

부록 II의 표 II.3에서, $N = 0.0383 \times 10^{24}$ 이고, $\sigma_a(E_0) = 194$ b이다. 그러므로 $\Sigma_a(E_0) = 0.0383 \times 194 = 7.43\ \text{cm}^{-1}$이다. 그러나 인듐은 비-$1/v$이다. 그러므로 표 3.2의 값을 사용하면 $g_a(600℃) = 1.15$ 이다. 따라서 식 (3.44)로부터 다음과 같다.

$$F_a = 1.15 \times 7.43 \times 5 \times 10^{12} = 4.27 \times 10^{13}\ \text{neutron/cm}^3-\text{sec}$$

3.7 핵분열

원자질량수 A가 대략 50보다 큰 경우에 대해 핵자당 원자핵의 결합에너지는 원자질량수 증가에 따라 감소한다. 이것은, 무거운 원자핵이 2개로 쪼개질 경우, 즉 핵분열을 통해, 핵자의 더욱 안정적인 배열이 얻어질 수 있다는 것을 의미한다. 이 내용은 이미 2.11절에서 설명했으므로 해당 절을 참고하기 바란다. 그러므로 무겁고 불안정한 핵종은 외부 간섭 없이도 자연스럽게 핵분열이 일어날 수 있는 것이다.

A가 증가함에 따라 핵자당 결합에너지가 감소한다는 내용을 설명하는 것은 의미가 있다. 그림 3.9는 원자의 액적 모형(liquid drop model)을 통해 그려진 그래프로 핵자당 결합에너지의 크기를 보여 준다. 핵자당 결합에너지의 감소는 부피 항을 극복할 만큼 큰 쿨롱 항

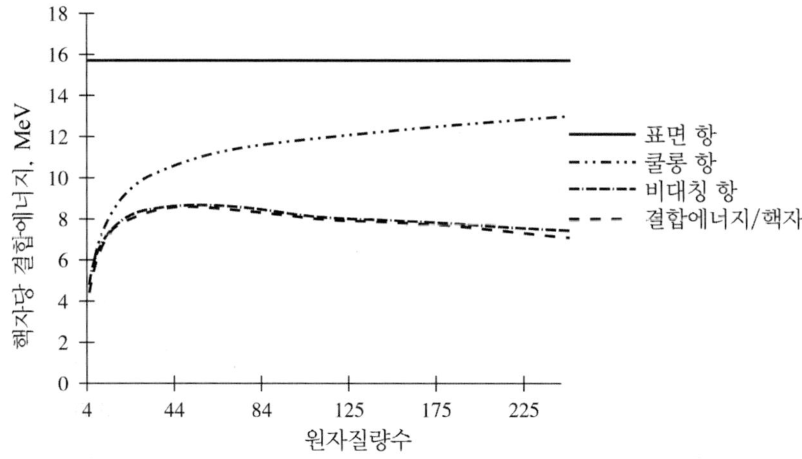

그림 3.9 반경험적 질량공식에 근거한 핵자당 결합에너지의 구성요소

때문이다. 체적 항은 강력한 핵력으로 인한 결합을 의미한다. 쿨롱 척력(coulomb repulsion)은 핵분열에 대해 중요한 역할을 한다.

비록 무거운 핵들이 자발적으로 핵분열을 할지라도, 그런 일은 거의 드물다. 원자로가 작동되도록 충분히 빠르게 핵분열을 발생시키기 위해서는 원자핵에 에너지를 공급하는

표 3.3 핵분열에 대한 임계에너지, MeV

핵분열하는 핵 ^{A}Z	임계에너지	^{A}Z 내 최종 중성자의 결합에너지
^{232}Th	5.9	*
^{233}Th	6.5	5.1
^{233}U	5.5	*
^{234}U	4.6	6.6
^{235}U	5.75	*
^{236}U	5.3	6.4
^{238}U	5.85	*
^{239}U	5.5	4.9
^{239}Pu	5.5	*
^{240}Pu	4.0	6.4

* 중성자 결합에너지는 이러한 핵종에 대해 적절하지는 않다. 왜냐하면 그것들은 핵종 ^{A-1}Z에 의해 중성자가 흡수됨으로써 형성될 수 없기 때문이다.

것이 필요하다. 이것은 결국 핵에서 핵자들 사이에 작용하는 인력(attractive force)이 있다는 사실에 기인하며, 원자핵을 2개의 핵으로 분리하기 시작하는 지점까지 변형시키기 위한 에너지가 요구되기 때문이다. 이 에너지는 *핵분열 임계에너지*(*critical energy of fission*)라 부르며 E_{crit}로 표기한다. 표 3.3은 몇 개의 핵종에 대한 E_{crit} 값을 나타낸다.

어떠한 방법이건 간에 한 핵자 안으로 에너지 E_{crit}가 들어가면 핵분열이 발생하며 이를 핵분열이 *유발되었다*고 말한다. 그 가장 중요한 방법이 바로 중성자 흡수이다. 2.11절과 3.5절에서 설명한 대로, 중성자가 흡수될 때, 생겨나는 복합핵은 초기 중성자의 운동에너지와 복합핵 내의 중성자 분리에너지 혹은 결합에너지의 합과 같은 에너지 상태의 여기상태로 형성된다. 만약 이 결합에너지가 복합핵의 핵분열 임계에너지보다 크다면 핵분열은 운동에너지를 가지지 않는 중성자를 포함한 채 발생할 수 있다. 예를 들어 표 3.3에 따르면 ^{236}U의 마지막 중성자의 결합에너지는 6.4 MeV이고, 반면 E_{crit}는 단지 5.3 MeV라는 것을 알 수 있다. 운동에너지가 0인 중성자가 ^{235}U에 의해 흡수될 때 복합핵 ^{236}U은 그것의 임계에너지보다 1.1 MeV 더 큰 에너지를 가지고 있기 때문에 즉시 핵분열이 발생할 수 있다. 운동에너지가 0인 중성자의 흡수로부터 발생되는 핵분열을 야기하는 ^{235}U와 같은 핵종을 *핵분열성 물질*(*fissile material*)이라 부른다. 그러나 비록 ^{235}U가 핵분열성 물질이라고 할지라도 이러한 경우에 실제 핵분열이 일어나는 핵종은 ^{236}U이다. 표 3.3으로부터 ^{233}U과 ^{239}Pu가 또한 핵분열성 물질임을 알 수 있다. 게다가 ^{241}Pu과 같이 표 3.3에는 없지만 핵분열성 물질들이 다수 존재한다.

^{233}U, ^{235}U, ^{239}Pu, ^{241}Pu 외의 다른 무거운 핵들은 입사 중성자의 결합에너지가 복합핵에 임계에너지를 공급할 만큼 충분히 크지 않고 중성자가 핵분열을 일으키기 위해서는 일정 크기 이상의 운동에너지를 가지고 있어야 한다. 특히 이것은 핵자의 수가 짝수인 핵종일 경우에 더욱 명백하다. 왜냐하면 짝수 A 원자핵에 대한 중성자의 결합에너지가 홀수 A 원자핵보다 항상 작기 때문이다. (이 홀수 짝수의 결합에너지 차이는 표 3.3을 참고하라.) 예를 들어 ^{239}U의 마지막 중성자의 결합에너지는 단지 4.9 MeV이다. 이것은 운동에너지가 0인 중성자가 ^{238}U에 흡수되었을 때 생성되는 복합핵을 여기시킨다. ^{239}U의 E_{crit}가 5.5 MeV이기 때문에 ^{238}U에 입사된 중성자가 0.6 MeV보다 큰 에너지를 가지고 있지 않는다면 핵분열은 발생하지 않는다. ^{238}U과 같이 어느 정도의 에너지를 가지고 있는 중성자가 충돌해도 핵분열이 발생하지 않는 핵들을 *핵분열가능 비핵분열성 물질*(*fissionable but nonfissile*)이

라 부른다. 이 책 마지막에서 설명하겠지만 ^{238}U과 같은 비핵분열성 동위원소는 원자로에서 단독으로 핵연료로 사용될 수 없고 핵분열성 동위원소 ^{235}U 및 ^{239}Pu와 같이 사용된다. ^{235}U와 ^{239}Pu는 실제 원자로의 연료로 사용된다.

2장에서 설명한 반경험적 질량공식은 표 3.3에 주어진 임계에너지의 의존성을 알아보는 데 사용될 수 있다. ^{235}U의 임계에너지는 반경험적 질량공식을 사용해 핵반응 Q값을 계산함으로써 구할 수 있다. 임계에너지 차이가 발생하는 이유는 질량수 A를 233부터 238까지 증가시켜 가면서 홀수 짝수 항의 값을 비교함으로써 확연히 알 수 있다.

핵분열 단면적(fission cross-section)

중성자에 의해 핵분열을 유발하는 핵분열성 핵종의 단면적은, 입사 중성자의 에너지에 의존한다는 측면에서, 방사포획 단면적과 아주 유사하다. 그림 3.10을 살펴보면 ^{235}U에 대한 σ_f가 나타나 있는데, 이 그래프는 3개의 단면적 영역으로 구분할 수 있다. 낮은 중성자 에너지에서 σ_f는 $1/v$와 아주 근접한 거동을 보여 준다. 그 다음에 공명 영역이 보이고, 공명 영역보다 높은 에너지 영역에서의 σ_f는 완만한 값을 보인다. σ_f값은 특히 $1/v$ 거동을 보이는 영역에서 크다는 것을 주의 깊게 살펴보기 바란다.

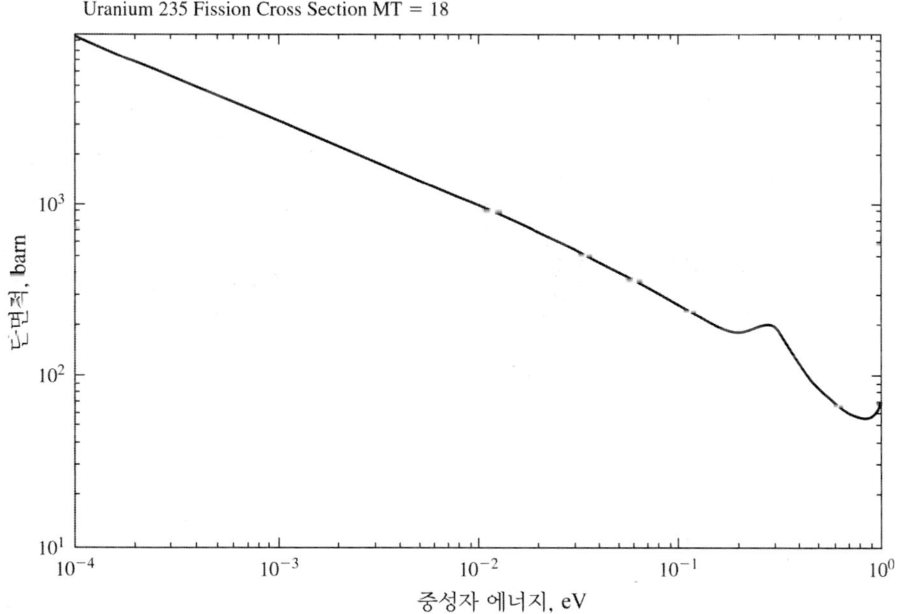

그림 3.10a U-235의 핵분열 단면적; 3.10e까지 계속(ENDFPLOT와 ENDF/B 6을 사용해 구한 값)

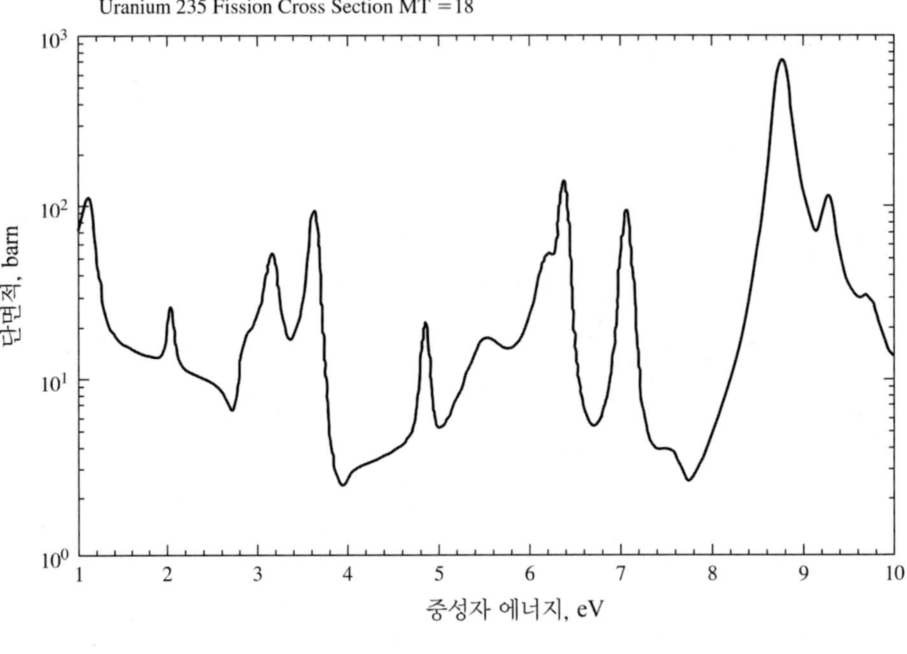

그림 3.10b

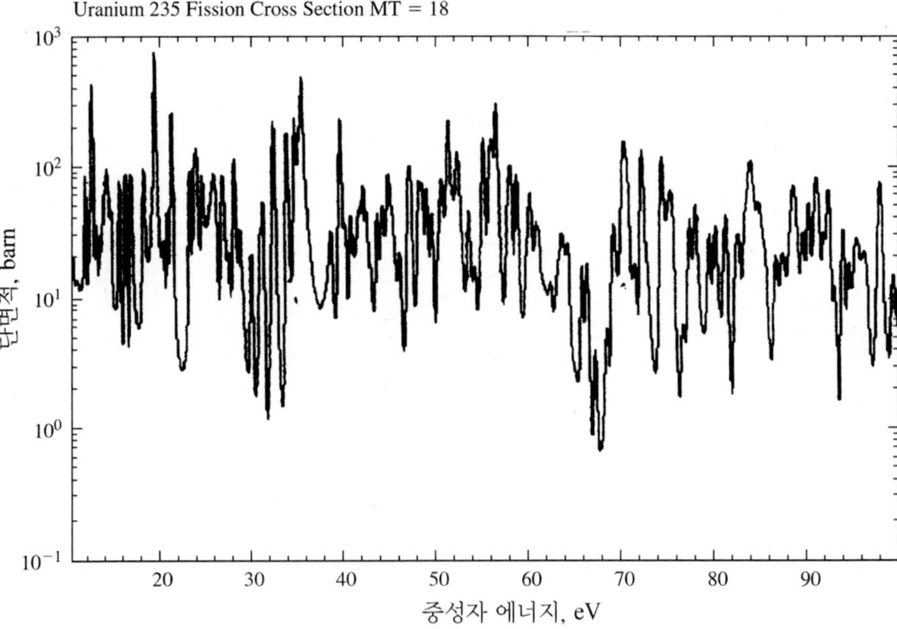

그림 3.10c

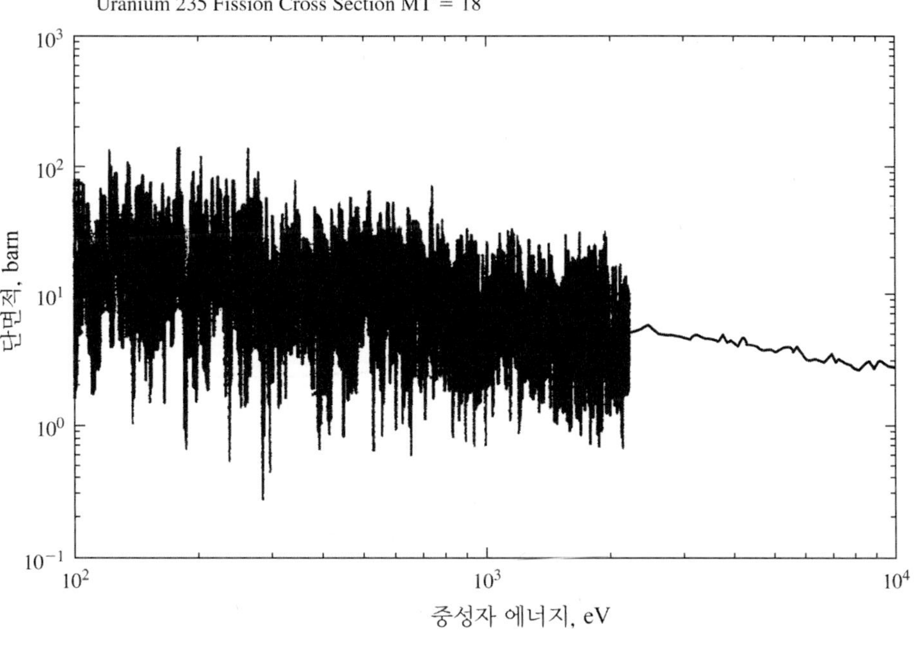

그림 3.10d

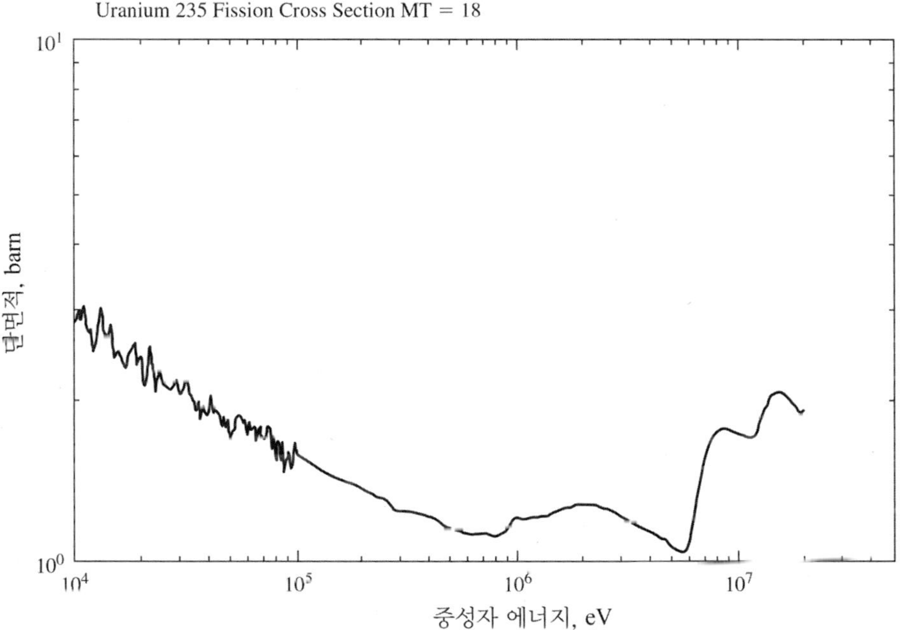

그림 3.10e

대조적으로 핵분열가능 핵종의 핵분열 단면적은 문턱에너지까지 0이며, 이 문턱에너지는 항상 공명영역 에너지보다 높다. 결과적으로 σ_f는 상대적으로 모든 에너지 영역에서 완만하다. 그림 3.11은 ^{238}U에 대한 σ_f값의 거동을 보여 준다.

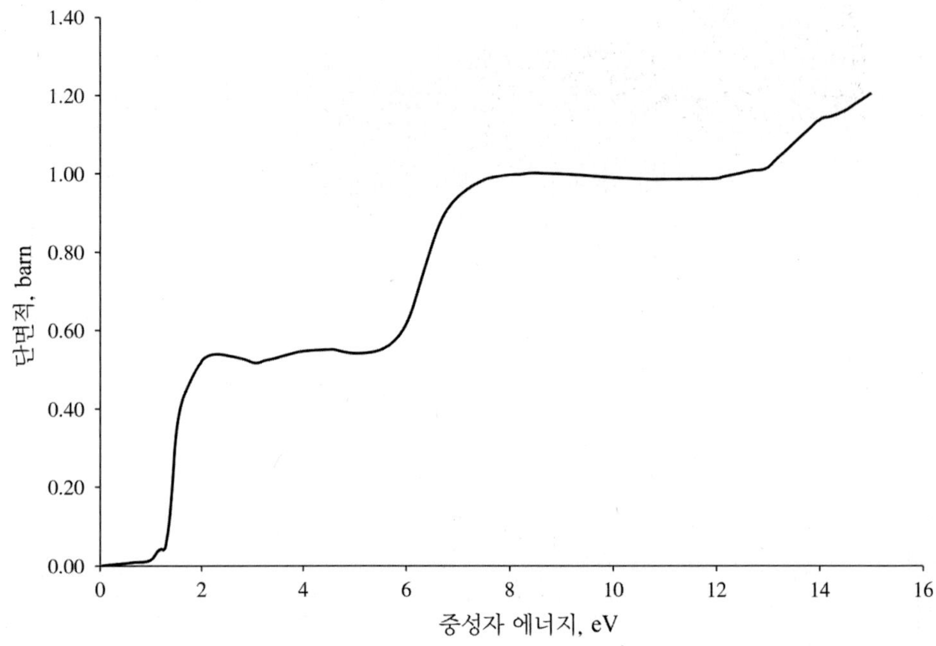

그림 3.11 U-238의 핵분열 단면적(ENDFPLOT와 ENDF/B 6을 사용해 구한 값)

중성자가 핵분열성 핵종과 충돌할 때, 또는 핵분열 문턱에너지 이상을 가지고 핵원료성 물질과 충돌할 때, 결과적으로 항상 핵분열이 일어나는 것은 아니다. 핵종과 충돌하는 중성자는 탄성산란 혹은 비탄성산란 할 수도 있고 방사포획으로 흡수될 수도 있다. 이러한 모든 종류의 단면적은 그동안 실험을 통해 측정되었고 ENDF/B 6을 통해 알려져 있다. 그러나 낮은 중성자 에너지에서 핵분열 핵종과의 반응은 세 가지가 있다. 탄성산란, 방사포획 그리고 핵분열이다. 탄성산란 σ_s의 값은 방사포획 σ_γ와 핵분열 σ_f보다 매우 작다. 따라서 방사포획과 핵분열이 더욱 자주 일어난다. 이러한 두 가지 경우의 단면적의 비는 *포획-대-핵분열비*(*capture-to-fission ratio*)라 불리고 기호 α로 표기하며 다음과 같이 정의한다.

$$\alpha = \frac{\sigma_\gamma}{\sigma_f} \tag{3.45}$$

에너지의 함수인 이 매개변수는 많은 원자로의 설계 시에 매우 중요하게 고려된다. 0.0253 eV에서의 핵분열성 핵종에 대한 α의 값은 표 3.4에 주어져 있다. 또한 다른 단면적들도 표 3.4에 나와 있다.

표 3.4 핵분열성 핵에 대한 열(0.0253 eV) 데이터*

	$\sigma_a^{\dagger}$	σ_f	α	η	ν
^{233}U	578.8	531.1	0.0899	2.287	2.492
^{235}U	680.8	582.2	0.169	2.068	2.418
^{239}Pu	1011.3	742.5	0.362	2.108	2.871
^{241}Pu	1377	1009	0.365	2.145	2.917

* *Neutron Cross-Section*, 오크리지 국립연구소 ENDF.

† $\sigma_a = \sigma_\gamma + \sigma_f$

핵분열 생성물(fission products)

직관적으로 예상할 수도 있겠지만, 핵분열성 핵종이 대략 절반 크기 정도로 쪼개져야 한다는 것은, 관련된 에너지에 대한 기초적인 계산을 통해서도 알 수 있다. 사실 같은 크기의 2개 핵분열 생성물이 생기는 일은 거의 발생하지 않는다. 핵분열은 거의 항상 비대

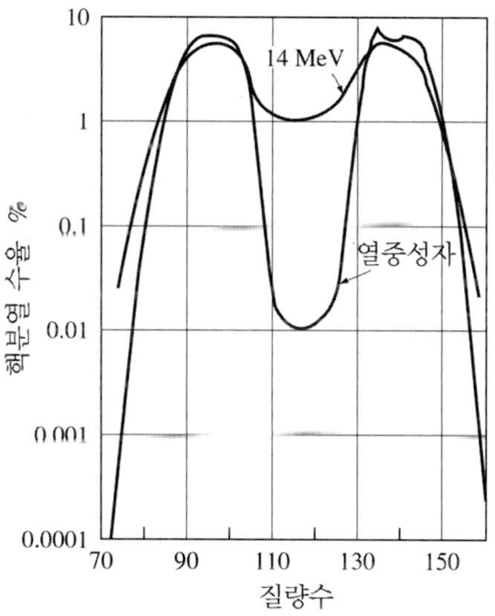

그림 3.12 U-235에서 열중성자 및 14 MeV 핵분열 중성자에 대한 핵분열 생성물 발생률

칭이다. 그 2개의 핵분열 생성물의 질량은 상당히 다르다는 것을 알 수 있다. 핵분열 생성물의 수율(yield)은 어떤 주어진 질량수의 핵종이 분열하여 생성되는 핵분열 파편물의 비율이라 하는데, ^{235}U가 열중성자에 의해 핵분열하여 발생되는 핵종들의 수율을 그 핵종들의 질량수 A의 함수로 나타내면 그림 3.12와 같다. 이 그림이 로그스케일로 그려져 있다는 것에 주목하면 핵분열 생성물의 분포는 그것이 처음 나타날 때보다 더욱더 비대칭이라는 것을 알 수 있다. 입사 중성자의 에너지가 증가함에 따라 핵분열은 더욱 대칭적이 된다. 이 또한 그림 3.12에 나타나 있는데, 14 MeV의 중성자에 의해 유발된 핵분열에 의해 생성되는 핵분열 생성물 수율(yield)이 나타나 있다.

핵분열 생성물이 형성된 초기에는 핵분열 생성물의 핵 안에 과도한 중성자가 존재하는데, 이는 안정상태를 유지하기 위해 필요한 중성자보다 더 많은 중성자를 가지고 있다는 것이다. 결과적으로 핵분열 생성물은 음의 베타선의 연속적인 방출을 통해 붕괴한다. 이때 이어서 다양한 감마선도 방출된다. 예를 들면, 동위원소 ^{115}Pd(팔라듐-115)는 핵분열을 통해 직접적으로 생성되고 안정한 핵종이 될 때까지 다음과 같은 연쇄반응(chain reaction)에 의해 붕괴한다.

$$^{115}\mathrm{Pd} \xrightarrow{\beta-} {}^{115}\mathrm{Ag} \xrightarrow{\beta-} {}^{115}\mathrm{Cd} \xrightarrow{\beta-} {}^{115}\mathrm{In}\ (\mathrm{stable})$$

이러한 종류의 핵분열 생성물 붕괴 사슬이 많이 발견되었으며 핵종들에 대한 차트 데이터에서 추론할 수 있다.

핵분열 생성물의 방사능은 핵에너지를 사용하는 데 있어 해결해야 하는 여러 문제 중의 하나이다. 이 핵분열 생성물은 가동 중인 원자로에서 핵연료가 핵분열을 일으킴에 따라 축적되므로, 주위 환경으로 누출되지 않게 보장할 수 있는 정교한 예방책이 마련되어야 한다. 더욱이, 원자로의 가동이 중지된 후에도 이 핵분열 생성물의 붕괴 시에 방출되는 열이 커서, 핵연료가 손상을 입지 않도록 냉각해야 한다. 핵분열 생성물로부터 연속적으로 방출되는 방사선은 원자로의 특정 부분을 고방사성으로 만드는 경향이 있다. 원자로에서 이 부분들을 제거할 때 반드시 처분하거나 처리되기에 앞서 저장되는 동안 냉각되어야 한다.

핵분열 생성물 붕괴의 정량적인 분석은 매우 복잡한데, 그 이유는 핵분열의 결과로 수백 가지의 여러 방사성 핵종들이 발생하며, 이들 각 핵종들은 각기 다른 반감기와 방사성 붕괴 특성을 가졌기 때문이다. 그러나 여러 가지 목적에서, 대략적으로 전체적인 핵분열 생성물 붕괴량을 표현하기 위해 다음의 가정이 사용될 수 있다. 즉, 한 번의 핵분열 후 대략 10초부터 수주까지의 시간 동안 베타선과 감마선의 방출률은 다음과 같이 구할 수 있다는 것이다.

$$\text{베타선 방출률} \simeq 3.8 \times 10^{-6} t^{-1.2}\ \beta\text{-ray/sec} \tag{3.46}$$

$$\text{감마선 방출률} \simeq 1.9 \times 10^{-6} t^{-1.2}\ \gamma\text{-ray/sec} \tag{3.47}$$

위 식에서 t는 핵분열 후의 시간을 의미하며, 단위는 일(day)이다.

퀴리(curie) 단위로 붕괴율(disintegration rate)을 나타내기 위해서는, 각 베타선이 각 핵종의 붕괴에서 발생함을 인식하면 된다. $1\ \text{Ci} = 3.7 \times 10^{10}$ 붕괴/초이기 때문에 한 번의 핵분열 후 t일 후에 핵분열 생성물의 방사능은 다음과 같다.

$$\begin{aligned}\text{핵분열 생성물의 방사능} &\simeq 3.8 \times 10^{-6} t^{-1.2} / 3.7 \times 10^{10} \\ &= 1.03 \times 10^{-16} t^{-1.2}\ \text{Ci}\end{aligned} \tag{3.48}$$

가동 중인 원자로의 핵분열 연료 내에 축적되는 핵분열 생성물의 방사능을 계산해야 하는 경우가 종종 있다. 예를 들어 원자로가 일정한 출력 준위, P메가와트로 T일 동안 운전되고 정지되었다고 가정하자. 가동 중지 후 t일 동안 핵분열 생성물의 방사능을 계산하기 위해서는 식 (3.48)을 적절한 시간 구간에 대해 적분해야 한다. 핵분열이 발생한 시간으로부터 핵분열 파편의 방사능이 측정된 시간까지의 시간 간격을 s라 놓자. 이때 s의 단위는 일(day)이라 하자(그림 3.13 참고). 이 절의 마지막에 P MW의 출력 준위에서 하루당 $2.7 \times 10^{21} P$ 핵분열이 발생한다는 것을 보일 것이다. 이를 통해 시간 ds 동안 발생하는 핵분열의 수는 $2.7 \times 10^{21} Pds$이라는 것을 알 수 있다. 식 (3.48)로부터 s일 후의 방사능은 다음과 같이 구할 수 있다.

$$2.7 \times 10^{21} Pds \times 1.03 \times 10^{-16} s^{-1.2} = 0.28 \times 10^{6} Ps^{-1.2} ds\ \text{Ci}$$

또한 시간 t에서 총 방사능은 다음과 같이 구할 수 있다.

$$\text{핵분열 생성물에 의한 방사능} = 0.28 \times 10^6 P \int_t^{t+T} s^{-1.2} ds \tag{3.49}$$

$$= 1.4 \times 10^6 P[t^{-0.2} - (t+T)^{-0.2}]\,\mathrm{Ci}$$

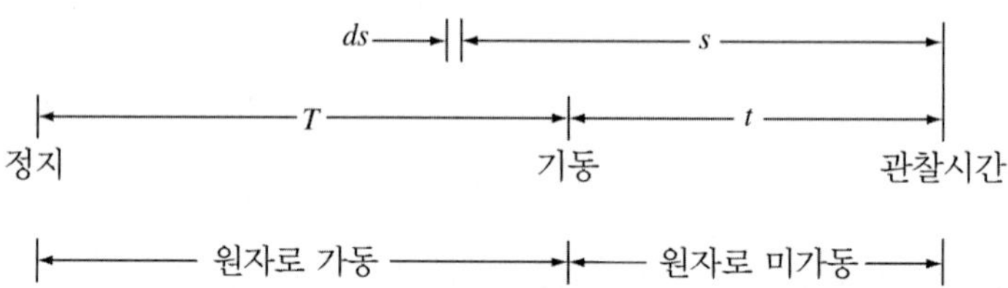

그림 3.13 핵분열 생성물에 의한 방사능을 계산하기 위한 다이어그램

앞의 식은 원자로 내에서 t일 동안 남겨진 후 제거되는 하나의 핵연료봉의 방사능을 계산하기 위해 사용될 수 있다. 이때 P는 메가와트 단위로 핵연료봉에 의해 생성되는 출력이며, t의 단위는 원자로에서 제거된 후의 일(day)이다.

핵분열 생성물의 붕괴에 따라 방출되는 방사선의 에너지 스펙트럼이 변화하기 때문에, 핵분열 생성물 전체가 방출하는 에너지를 해석적으로 계산하는 것은 더욱 어렵다. 베타선과 감마선의 평균 에너지는 대략적으로 각각 0.4 MeV와 0.7 MeV로 잡는다. 한 번의 핵분열 후 발생한 핵분열 생성물의 붕괴 에너지 발생률은 다음과 같다.

$$\text{붕괴 에너지 발생률} \simeq 2.8 \times 10^{-6} t^{-1.2}\ \mathrm{MeV/sec} \tag{3.50}$$

위 식에서 t는 일(day) 단위이다. 그러나 더 나은 방법은 실험을 통해 측정하는 것이라 하겠으며 이는 8장에서 다룬다(8.1절 참고).

예제 3.12

어떤 원자로가 초기에 120개의 핵연료봉이 장전되었다고 한다. 원자로가 1년 동안 100 MW의 출력으로 일정하게 가동된 이후 핵연료가 제거되었다고 한다. 모든 핵연료봉들이 동일한 출력을 생산해 냈다고 가정한다면 핵연료 제거 후 하루 동안 하나의 핵연료봉을 통해 방출되는 방사능을 계산하라.

풀이

식 (3.49)에서 $P=100$, $t=1$ 이다. 또한 $t+T=1+365=366$ 이다. 그렇다면 제거 이후 하루 동안 모든 핵연료봉의 총 방사능 양은 다음과 같다.

$$1.4\times10^{6}\times100\times[(1)^{-0.2}-(366)^{-0.2}]=1.4\times10^{8}(1-0.307)=9.7\times10^{7}\mathrm{Ci}$$

1개의 연료봉에 대해서는 다음과 같이 구할 수 있다.

$$9.7\times10^{7}/120=8.1\times10^{5}\mathrm{Ci}$$

핵분열 중성자(fission neutrons)

핵분열을 통해 방출되는 중성자의 대부분은(보통 99% 이상) 본질적으로는 핵분열과 동시에 방출된다. 이러한 중성자를 *즉발중성자*(*prompt neutron*)라고 한다. 핵분열 후 일정 시간이 지난 뒤 방출되는 중성자는 *지발중성자*(*delayed neutron*)라 부르며 즉발중성자와 구분한다.

즉발중성자 및 지발중성자 모두를 포함한 핵분열당 방출되는 중성자의 평균수를 ν로 표기한다. 표 3.4는 0.0253 eV 중성자에 의해 유발된 핵분열의 ν값을 보여 준다. 입사 중성자의 에너지가 커질수록, ν가 서서히 증가한다는 것을 알 수 있다. 중성자 에너지가 6에서 7 MeV 증가할 때마다 추가적인 중성자가 하나씩 방출된다.

원자로 노심 계산에서는, 핵분열성 핵종 하나에 흡수되는 중성자 하나가 유발하는 핵분열로 인해 방출되는 중성자 수를 의미하는 매개변수 η을 사용한다. 방사포획은 핵분열과 경쟁관계에 있기 때문에 η은 항상 ν보다 작다. 특별한 경우 η은 흡수당 핵분열의 상대비(σ_f/σ_a)에 ν을 곱해 다음과 같이 구할 수 있다(예제 3.2 참고).

$$\eta=\nu\frac{\sigma_f}{\sigma_a}=\nu\frac{\sigma_f}{\sigma_\gamma+\sigma_f} \tag{3.51}$$

포획-대-핵분열비(식 3.45 참고)를 나타내는 α를 위 식에 대입하면 다음과 같다.

$$\eta=\frac{\nu}{1+\alpha} \tag{3.52}$$

핵분열성 또는 핵분열성과 비핵분열성 핵종의 혼합물에 대해, η은 혼합물 내에서 흡수된 중성자당 방출되는 중성자의 평균수로 정의할 수 있다. 이러한 혼합물의 경우에 η은 다음과 같이 주어진다.

$$\eta = \frac{1}{\Sigma_a}\sum_i \nu(i)\Sigma_f(i) \tag{3.53}$$

위 식에서 $\nu(i)$와 $\Sigma_f(i)$는 각각 i번째 핵종에 대한 ν와 거시적 핵분열 단면적을 의미한다. 식 (3.53)의 $\nu(i)$, $\Sigma_f(i)$와 Σ_a는 핵분열을 유발하는 중성자의 에너지에서 계산되어야 한다는 점에 유의해야 한다. 예를 들어, 핵연료가 ^{235}U와 ^{238}U의 혼합물이고 낮은 에너지 영역의 중성자에 의해 핵분열이 유발된다고 한다면 η은 다음과 같이 구할 수 있다.

$$\eta = \frac{\nu(235)\Sigma_f(235)}{\Sigma_a(235)+\Sigma_a(238)} \tag{3.54}$$

위 식의 분자에는 ^{238}U과 관련된 항이 없는데 이는 이 핵종이 낮은 에너지의 중성자와는 핵분열을 일으키지 않기 때문이다. 그러나 만약 이 핵연료를 고속로(4.2절 참고)에서 사용한다면 핵분열은 높은 에너지를 가지는 중성자에 의해 발생되므로, η은 다음과 같은 식으로 구할 것이다.

$$\eta = \frac{\nu(235)\Sigma_f(235)+\nu(238)\Sigma_f(238)}{\Sigma_a(235)+\Sigma_a(238)} \tag{3.55}$$

위 식에 사용된 모든 인자들은 높은 에너지 영역에서 계산해야 함은 자명하다.

예제 3.13

0.0253 eV에서 천연우라늄에 대한 η값을 구하라.

풀이

식 (3.54)를 다시 써 보면 다음과 같다.

$$\eta = \frac{\nu(235)N(235)\sigma_f(235)}{N(235)\sigma_a(235)+N(238)\sigma_a(238)}$$

식 (2.61)에 따르면 동위원소의 원자 밀도는 동위원소 존재율 γ과 비례하므로 위 식은 다음과 같이 나타낼 수 있다.

$$\eta = \frac{\nu(235)\gamma(235)\sigma_f(235)}{\gamma(235)\sigma_a(235)+\gamma(238)\sigma_a(238)}$$

표 3.4 및 부록 II의 표 II.2에서 주어진 데이터를 대입하면 다음과 같이 구할 수 있다.

$$\eta = \frac{2.418\times 0.72\times 582.2}{0.72\times 680.8+99.26\times 2.70} = 1.34$$

6장에서 설명하겠지만 이 결과는 천연우라늄을 포함하는 원자의 값과 같지는 않다(예제 6.11 참고).

즉발 핵분열 중성자는 그림 3.14와 같이 연속적인 에너지 스펙트럼을 가진 채 방출된다. 이 스펙트럼은 다음과 같은 함수로 표현된다.

$$\chi(E) = 0.453e^{-1.036E}\sinh\sqrt{2.29E} \tag{3.56}$$

위 식에서 $\chi(E)$은 $\chi(E)dE$가 E와 $E+dE$ 사이의 에너지를 가지는 즉발중성자의 비율로 정의된다. 이때 E는 MeV 단위이다. 함수 $\chi(E)$는 다음과 같이 정규화시킬 수 있다.

$$\int_0^\infty \chi(E)\,dE = 1$$

즉발중성자의 평균 에너지 $\overline{E}$는 다음과 같이 적분을 통해 구할 수 있다.

$$\overline{E} = \int_0^\infty E\chi(E)\,dE = 1.98\ \mathrm{MeV}$$

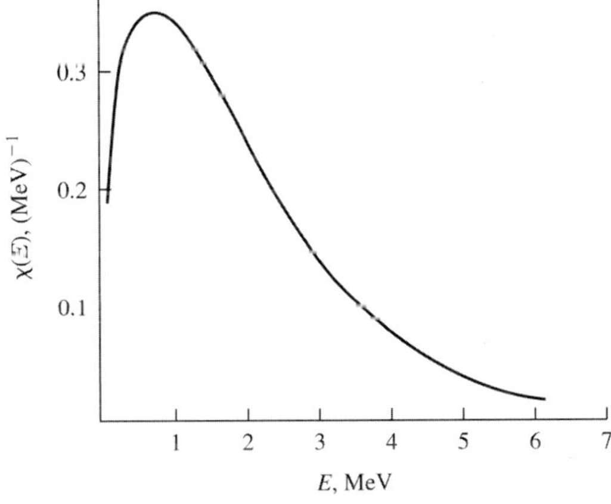

그림 3.14 즉발중성자 스펙트럼

그림 3.14의 $\chi(E)$ 곡선에 따르면 가장 발생 가능성이 높은 중성자 에너지는 0.73 MeV인 것을 알 수 있다.

비록 지발중성자 비율이 핵분열을 통해 방출되는 중성자의 1% 이하일지라도 지발중성자는 원자로의 제어에 중요한 역할을 한다(7장 참고). 이러한 지발중성자는 핵분열 생성물의 베타붕괴를 통해 생성되는 핵종들이 중성자를 방출하며 붕괴할 때 생성된다. 예를 들어 핵분열 생성물 ^{87}Br이 ^{87}Kr로 붕괴될 때 ^{87}Kr은 여기상태가 될 수 있다. 이러한 경우 ^{87}Kr의 원자핵에 가장 작은 결합에너지로 묶여 있는 중성자는 대략 0.3 MeV의 에너지만 원자핵에 주어질 경우 원자로부터 빠져나온다. 이러한 중성자는 여기상태가 형성되자마자 방출된다. 그러므로 ^{87}Br의 반감기인 54.5초 만에 방출되는 것이다.

^{87}Br과 같은 핵종을 *지발중성자선행핵*(*delayed neutron precursor*)이라 부른다. 이러한 선행핵들은 대략 20개 정도라 알려져 있으며 현재 대부분 명확히 알려져 있다. 선행핵은 6개의 그룹으로 구분할 수 있는데, 각각의 그룹은 고유의 특정한 반감기들을 가진다. 표 3.5는 열중성자 에너지에 의해 ^{235}U가 핵분열하여 형성된 지발중성자군들의 반감기와 붕괴상수를 보여 준다. 또한 표 3.5에는 각 그룹의 지발중성자 수율과 지발중성자 분율 β_i도 나타나 있다. β_i는 핵분열을 통해 방출되는 모든 중성자 중에서 i번째 그룹의 선행핵들이 방출하는 지발중성자 비를 의미한다. 다른 말로 하자면 β_i는 i번째 그룹의 선행핵들이 방출하는 절대적인 지발중성자 수율을 ν로 나눈 값이다. 그러므로 총 지발중성자 생

표 3.5 ^{235}U의 열중성자 핵분열에 대한 지발중성자 데이터*

그룹	반감기(sec)	붕괴상수 (λ_i, sec^{-1})	에너지(keV)	수율(핵분열당 중성자수)	분율(β_i)
1	55.72	0.0124	250	0.00052	0.000215
2	22.72	0.0305	560	0.00346	0.001424
3	6.22	0.111	405	0.00310	0.001274
4	2.30	0.301	450	0.00624	0.002568
5	0.610	1.14	–	0.00182	0.000748
6	0.230	3.01	–	0.00066	0.000273

*Physics of Nuclear Kinetics*에서 발췌(G. R. Keepin 저).

총 수율: 0.0158

총 지발중성자 생성률(β): 0.0065

성률 β는 모든 β_i의 합으로 구할 수 있다.

즉발감마선

핵분열이 발생하는 순간 분열하는 핵으로부터 많은 감마선이 방출된다. 이러한 감마선을 핵분열로 생성된 생성물의 감마선과 구별하기 위해 *즉발감마선*(*prompt* γ*-ray*)이라 부른다. 즉발감마선의 에너지 스펙트럼은 핵분열 생성물의 감마선의 스펙트럼과 대략 같다.

핵분열 방출 에너지

핵분열 과정에서 방출되는 총 에너지와 원자로 내에서 회수 가능한 에너지, 즉 열을 생성하기 위해 사용될 수 있는 에너지를 구분하는 것은 중요하다. 회수 가능한 에너지와 총 발생 에너지는 일반적으로 다르다. 표 3.6은 이것을 설명하고 있는데, ^{235}U가 핵분열을 할 때 발생하는 에너지를 구분해 나타내고 있다.

표 3.6 ^{235}U가 핵분열할 때 방출되는 에너지와 회수 가능한 에너지

형태	방사에너지(MeV)	회수 가능한 에너지(MeV)
핵분열 파편	168	168
핵분열 생성물 붕괴		
베타선	8	8
감마선	7	7
중성미립자	12	–
즉발감마선	7	7
핵분열 중성자(운동에너지)	5	5
포획감마선	–	3~12
합계	207	198~207

표 3.6에 나타나 있듯이 대부분(거의 85%)의 핵분열 방출에너지는 핵분열 파편의 운동에너지로 나타난다. 이러한 핵분열 파편은 대략 핵분열이 일어난 곳에서 10^{-3} cm 이내에 존재하며, 이 에너지 전부는 열로 변환된다. 핵분열 생성물에 의한 베타선, 감마선, 즉발/지발 중성자 및 즉발감마선은 대부분 원자로 시스템 밖으로 이탈하지 못하기 때문에 이

들의 에너지는 회수 가능한 에너지이다. 그러나 베타붕괴에 수반되는 중성미립자는 물질과 거의 반응하지 않고 원자로 밖으로 완전히 누설된다. 따라서 거의 핵분열당 12 MeV에 육박하는 이 에너지는 실질적으로 회수 불가능한 손실에너지이다.

대부분의 핵분열 중성자는 원자로 내에 존재하기 때문에 이 중성자들은 결국에는 원자로 내에 존재하는 핵종에 의해 포획될 수밖에 없다. 다음 장에서 자세히 설명하겠지만 원자로를 일정한 출력 준위로 운전하기 위해서는 핵분열당 방출되는 ν개의 중성자 중 하나의 중성자만이 핵분열 가능 원자핵에 흡수되어 또 다른 핵분열을 일으켜야만 한다. 그러므로 핵분열당 남은 $(\nu-1)$개의 중성자는 원자로 내의 핵연료를 제외한 다른 물질, 즉 비핵분열 물질에 흡수되어야 한다. 이러한 중성자 흡수반응당 대개 한 번 이상의 포획감마선이 생성된다. 이 포획감마선의 에너지는 복합핵 결합된 중성자의 결합에너지에 의존한다. ^{235}U에 대해 ν가 대략 2.42이다. (실제 정확한 수는 핵분열을 일으키는 중성자의 에너지에 의존한다.) 이는 해당 원자로에서 사용되는 물질에 따라 핵분열당 대략 3에서 12 MeV의 방사포획 감마선이 발생한다는 것을 의미한다. 이 모든 감마선 에너지는 회수 가능하다. 표 3.6에서 포획감마선의 에너지가 어느 정도 중성미립자 방출로 인한 에너지 손실을 보상하고 있음을 알 수 있다. 어떠한 경우에는 핵분열당 회수 가능한 에너지가 약 200 MeV가 된다. 더 자세한 정보가 없다면 이 값이 통상적으로 원자로의 기초 계산에 사용된다.

^{235}U가 핵분열하여 에너지를 방출하고 있는 원자로를 생각해 보자. 이때 해당 원자로의 출력 준위는 P메가와트라 가정하자. 즉 원자로가 열출력 P메가와트로 운전 중이라 보는 것이다. 핵분열당 회수 가능한 에너지를 200 MeV라 한다면 전체 원자로에서 단위 시간당 발생하는 핵분열률은 다음과 같이 구할 수 있다.

$$\text{핵분열률} = P\,\text{MW} \times \frac{10^6\,\text{joule}}{\text{MW}-\text{sec}} \times \frac{\text{fission}}{200\,\text{MeV}} \times \frac{\text{MeV}}{1.60\times 10^{-13}\,\text{joule}} \times \frac{86{,}400\,\text{sec}}{\text{day}}$$
$$= 2.70\times 10^{21} P\ \text{fissions/day}$$

위 식을 *연소율(burnup rate)* 즉 하루당 핵분열된 핵연료의 그램수로 변환하기 위해 아보가드로수로 나누고 ^{235}U의 그램원자량 235.0을 곱하면 아래와 같이 연소율이 구해진다.

$$연소율 = 1.05P\,\text{g/day} \tag{3.57}$$

따라서 만일 원자로가 1 MW의 출력으로 가동 중이라면 ^{235}U는 대략 1 g/day의 비율로 핵분열을 겪는다. 다른 방식으로 생각해 본다면, 1 megawatt/day율의 에너지 방출은 ^{235}U 1 g이 핵분열해야 얻을 수 있는 것이다.

그러나 핵분열 원자핵은 핵분열과 방사포획 둘 다 일어날 수 있다는 것을 기억하라. 총 흡수율은 $\sigma_a/\sigma_f = (1+\alpha)$에 핵분열률을 곱한 것이기 때문에, 식 (3.57)로부터 ^{235}U는 다음의 속도로 소모된다.

$$소모율 = 1.05(1+\alpha)P\,\text{g/day} \tag{3.58}$$

^{235}U에 대한 α이 열중성자 값은 0.169이다. 식 (3.58)은, 동위원소 ^{235}U가 열중성자에 의해 주로 핵분열이 일어난다면, ^{235}U는 1메가와트의 출력당 대략 1.23 g/day의 속도로 소비된나는 섯을 보여 준다.

예제 3.14

^{235}U 1 g의 핵분열에 의해 방출된 에너지는, (a) 석탄의 3×10^7 J/kg(13,000 Btu/lb)의 열효율을 가지는 석탄 얼마를 연소시킨 것과 동일한가? (b) 열효율 4.3×10^7 J/kg(6.5×10^6 Btu/barrel) 석유 얼마를 연소시킨 것과 동일한가?

풀이

앞에서 설명한 바와 같이 ^{235}U 1 g의 핵분열은 대략

$$1\ \text{megawatt/day} = 24{,}000\ \text{kWh} = 8.64\times10^{10}\ \text{J}$$

의 에너지를 생성해 낼 수 있다.

1. 이 에너지는 다음과 같은 양의 석탄을 연소함으로써 얻을 수 있다.

$$\frac{8.64\times10^{10}}{3\times10^7} = 2.88\times10^3\,\text{kg} = 2.88\ \text{metric tons}$$
$$= 3.17\,\text{ST (short tons) of coal}$$

2. 석유에 대해서도 다음과 같이 구할 수 있다.

$$\frac{8.64\times10^{10}}{4.3\times10^7} = 2.00\times10^3\,\text{kg} = 2.00\,\text{t}$$
$$= 12.6\ \text{barrels}$$

3.8 물질과 감마선 반응

비록 감마선이 통상적으로 원자핵에 의해 방출되는 방사선을 의미하고 엑스선이 전자의 천이로부터 발생하는 방사선이라 할지라도 이 절에서는 두 형태의 방사선을 공히 감마선이라 부르도록 하겠다. 물론 이 두 가지 방사선 사이의 근본적인 차이는 없고 그 자체로 둘 다 전자기적 방사선이다.

감마선은 여러 가지 방법으로 물질과 반응한다. 그러나 근본적으로 단지 세 가지 과정만이 원자력공학 문제에서 고려된다. 그것은 광전효과(photoelectric effect), 쌍생성(pair production), 콤프턴효과(Compton effect)이다.

광전효과(photoelectric effect)

광전효과에서는, 입사되는 감마선이 전체 원자와 반응하여 감마선이 사라지고 원자의 전자 중 하나가 원자로부터 방출된다. 이 과정에서 원자는 반동되지만 매우 작은 운동에너지만을 가진다. 그러므로 방출된 광전자의 운동에너지는 광자의 에너지에서 원자에 대한 전자의 결합에너지를 뺀 것과 같다. 이 에너지가 그 전자의 이온화 에너지가 된다.

만약 감마선이 원자 내의 안쪽 전자를 방출하는 것에 성공한다면 전자구조 내의 빈자리는 바깥쪽 전자 중 하나가 천이해 메꿀 것이다. 이 천이는 원자별로 특성이 다른 엑스선을 방출하거나 또는 오제 전자(Auger electron)의 방출을 수반한다(2.7절 참조).

어떤 원자에 대한 광전효과 반응 단면적은 $\sigma_{\rm pe}$로 표시한다. 이 단면적은 앞 절에서 설명한 중성자 단면적과 같은 방식으로 사용될 수 있다. 만약 단위체적($\rm cm^3$)당 P개의 원자가 있는 얇은 목표물에 입사하는 감마선의 강도가 I라 한다면 $IN\sigma_{\rm pe}$는 단위시간, 단위체적당 광전반응의 총수가 될 것이다.

단면적 $\sigma_{\rm pe}$는 입사 광자의 에너지 E와 원자의 원자번호 Z에 의존하는 값이다. 그림 3.15는 에너지 E에 따른 $\sigma_{\rm pe}$값을 보여 준다. 1 MeV보다 낮은 에너지에서 $\sigma_{\rm pe}$는 매우 큰 값을 가짐을 주목해야 한다. 이 에너지 영역의 광자는 분명히 납으로 구성된 목표물(차폐체) 내부를 깊숙이 침투하지는 못한다.

또한 그림 3.15를 통해 알 수 있듯이, 낮은 에너지에서 $\sigma_{\rm pe}$가 불연속적인 부분이 많이 존재한다. 이것을 *흡수단*(*absorption edge*)이라 부르며, 이는 납 원자로부터 1개 이상의

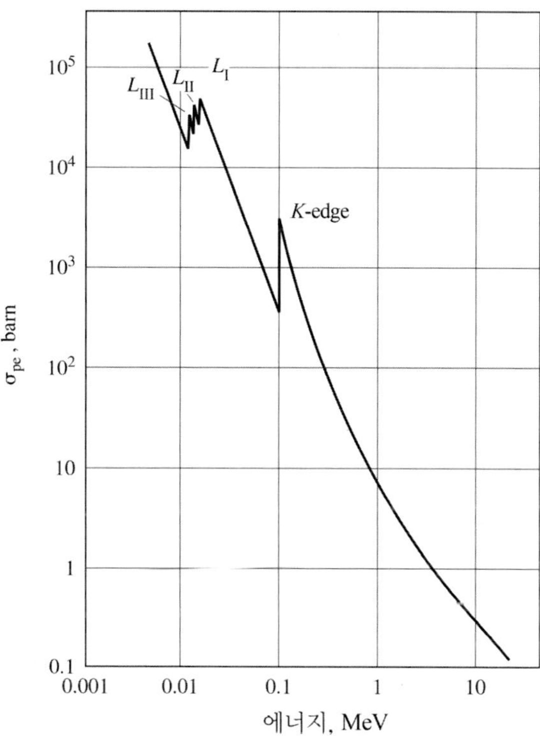

그림 3.15 감마선 에너지에 따른 납의 광전 단면적

전자를 방출시킬 수 있는 최소 에너지에 해당한다. 예를 들어, K-edge보다 낮은 에너지 영역에서는 초기 광자가 K전자를 방출하기 위해 충분한 에너지를 가지고 있지 않다. 여기서 K전자는 가장 강력하게 원자에 묶여 있는 전자를 말한다. K전자 다음으로 강력하게 묶여 있는 전자는 L전자라 부른다. 이 절에서 설명하는 내용에서는 그다지 중요하지 않지만 이 L전자들은 3개의 약간 다른 이온화 에너지를 가지고 있다. 그림 3.15에서 L_I, L_{II}, L_{III}로서 표시된 3개의 흡수단은 원자핵에 묶여 있는 각기 다른 3개의 L전자를 방출하기 위해 필요한 광자의 최소 에너지를 뜻한다. 흡수단 이상에서는, 즉 K-edge 위에서 σ_{pe}는 대략 E^{-3}의 함수로 감소한다

광전 단면적은 Z에 강하게 의존하며 다음과 같이 표현된다.

$$\sigma_{pe} \sim Z^n \tag{3.59}$$

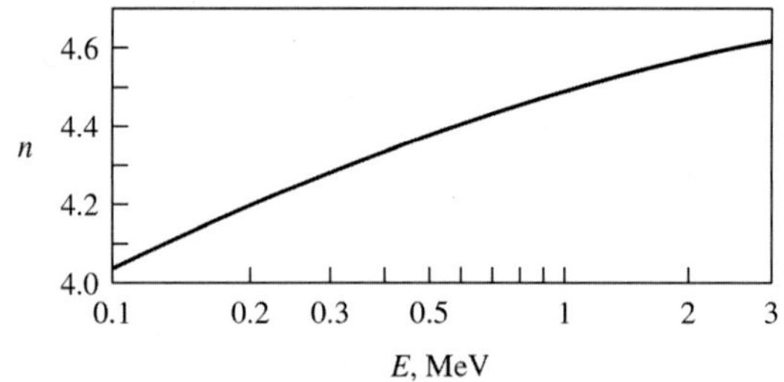

그림 3.16 감마선 에너지의 함수로서의 식 (3.59) 내의 상수 n (R. D. Evans, *The Atomic Nucleus*, New York: McGraw-Hill, 1955.)

그림 3.16에 나타나듯이 위 식에서 n은 에너지 E의 함수이다. σ_{pe}가 Z에 강력하게 의존하기 때문에 광전효과는 무거운 핵종, 예를 들어 납과 같은 핵종에서, 특히 낮은 에너지 영역에서 매우 중요하다고 볼 수 있다.

쌍생성(pair production)

이 과정에서는 입사된 광자는 사라지고 전자가 쌍으로 생성된다. 이때 생성되는 전자는 양전자와 음전자이다. 이 두 가지 전자의 총 정지질량 에너지가 $2m_ec^2 = 1.02\ \mathrm{MeV}$이기 때문에, 쌍생성은 광자가 최소한 이보다 큰 에너지를 가지고 있지 않다면 발생하지 않는다. 이 문턱에너지를 넘어서면 쌍생성에 대한 단면적 σ_{pp}는 그림 3.17에서 보는 바와 같이 에너지가 증가함에 따라 서서히 증가한다. 그림 3.17은 납에 대한 쌍생성 단면적을 보여 준다.

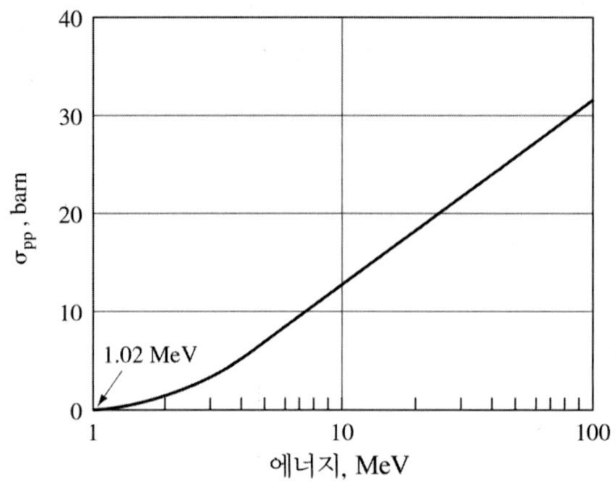

그림 3.17 감마선 에너지의 함수로서 납의 쌍생성 단면적

쌍생성은 전자기적 반응이기 때문에 이 반응은 단지 쿨롱 전자기장 인근에서만 일어난다. 관심이 있는 대부분의 감마선 에너지에서, 쿨롱 전자기장 원자핵 영역을 말하며, 주변의 전자들의 영역은 아니다. 결과적으로 σ_{pp}는 Z의 함수이며, Z^2의 형태로 변화한다. 즉, 아래와 같다.

$$\sigma_{pp} \sim Z^2 \tag{3.60}$$

음전자-양전자 쌍의 총 운동에너지는 광자의 에너지에서 1.02 MeV를 뺀 것과 같다. 이들 전자들은 한번 형성되면 이동하여 매질 내의 원자들과 충돌하면서 에너지를 잃는다. 양전자는 매우 낮은 에너지로 감속된 후에 음전자와 결합하면 이 두 입자는 사라지고 2개의 광자가 생성된다[소멸방사(annihilation radiation)]. 이때 양전자는 각각 0.511 MeV 에너지를 갖게 된다.

콤프턴효과(Compton effect)

콤프턴효과는 때때로 *콤프턴 산란(Compton scattering)*으로도 불리는데, 전자에 의한 광자의 탄성산란이라 간단히 생각하면 된다. 이때 에너지와 운동량은 보존된다. 그림 3.18과 같이 에너지 E와 파장 λ을 가지는 입사 광자가 각도 ϑ만큼 산란되고 부딪친 전자는 반동되었다고 하자. 반동된 전자는 어느 정도의 운동에너지를 얻기 때문에 산란된 광자의 에너지 E'는 E보다 작다. 광자의 파장은 에너지에 반비례하기 때문에(식 2.22 참고), 산란된 광자의 파장 λ'는 λ보다 크다. 에너지와 운동량 보존법칙에 대한 방정식을 세워 보면 다음과 같은 관계식을 쉽게 얻을 수 있다.

$$E' = \frac{E E_e}{E(1-\cos\vartheta) + E_e} \tag{3.61}$$

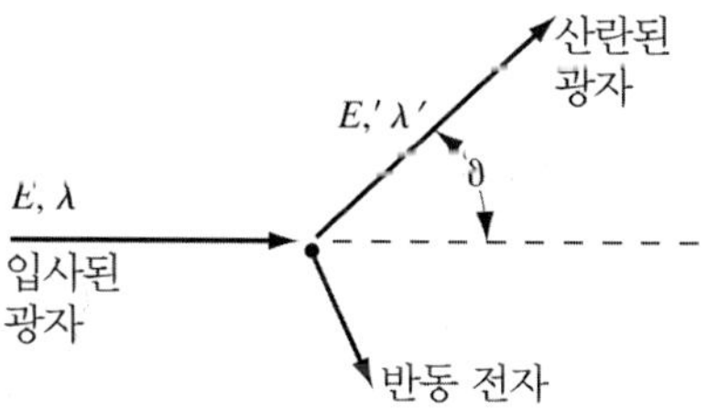

그림 3.18 콤프턴효과

위 식에서 $E_e = m_e c^2 = 0.511\ \mathrm{MeV}$ 는 전자의 정지질량이다. 식 (3.61)에 같은 방식으로 파장에 대한 관계식을 구하면 다음과 같다.

$$\lambda' - \lambda = \lambda_C (1 - \cos\vartheta) \tag{3.62}$$

위 식에서 λ_C는 다음과 같다.

$$\lambda_C = \frac{h}{m_e c} = 2.426 \times 10^{-10}\ \mathrm{cm} \tag{3.63}$$

λ_C을 *콤프턴 파장*(*Compton wavelength*)이라 부른다.

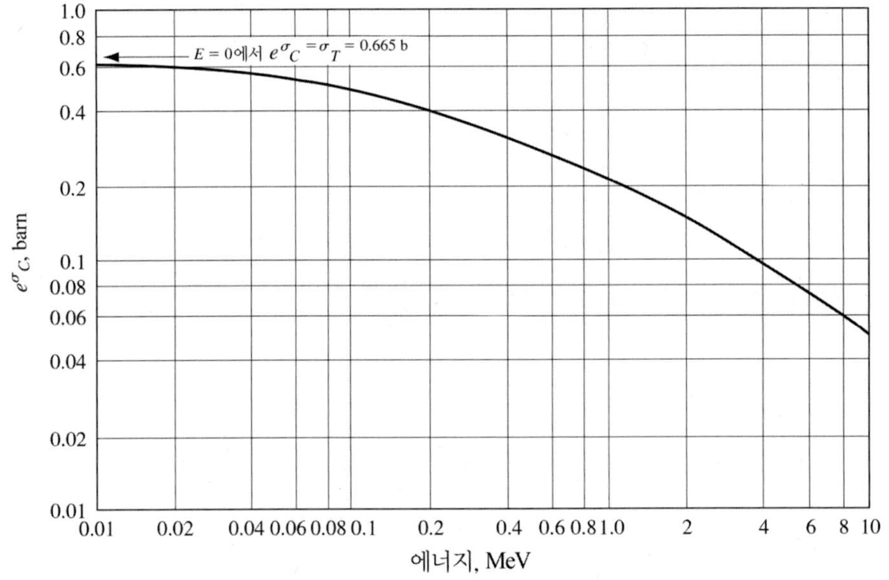

그림 3.19 감마선 에너지의 변화에 따른 전자당 콤프턴 단면적

콤프턴 산란 과정에서, 광자는 각각의 전자와 반응하므로 전자당 콤프턴 단면적 ${}_e\sigma_C$을 정의할 수 있다. 이 콤프턴 단면적은 $E = 0$일 때 최대 0.665 b(정확히는 2/3 barn)을 가지며, 에너지가 증가함에 따라 서서히 감소한다. 에너지 $E = 0$일 때의 단면적을 *톰슨 단면적*(*Thompson cross-section*) σ_T라 부른다. 그림 3.19는 광자 에너지의 함수로서의 ${}_e\sigma_C$을 보여 준다. $E \gg E_e$에 대해, ${}_e\sigma_C$은 대략적으로 E^{-1} 거동을 보인다.

원자당 콤프턴 단면적 σ_C는 원자 내의 전자의 수(Z)에 ${}_e\sigma_C$를 곱한 값과 같다. 즉, 다음과 같은 관계식이 성립한다.

$$\sigma_C = Z \cdot {}_e\sigma_C \tag{3.64}$$

실질적 관점에서 살펴보면 이 콤프턴효과가 바로 감마선 차폐 시 직면하는 여러 복잡한 문제의 원인이 된다. 이것은 광자가 콤프턴 산란 반응에서 소멸되지 않기 때문이다. 물론 광자는 광전효과 및 쌍생성에서는 소멸된다. 콤프턴 산란된 광자는 원자로 내의 다른 지점에서 자유롭게 반응한다. 비록 엑스선과 오제 전자가 광전효과의 결과로 방출되고, 쌍생성 시에는 소멸방사선이 방출될지라도, 이 방사선들은 초기 광자보다 에너지가 훨씬 작고, 콤프턴 산란된 광자가 물질과 반응하는 정도로 확산되는 경향을 보이지는 않는다. 이 감마선의 다중산란에 대해서는 10장에서 다시 설명한다.

감쇠계수

감마선 반응에 대한 원자당 총 단면적은 다음과 같이 광전효과, 쌍생성 및 콤프턴 산란에 대한 각 단면적의 합이 될 것이다.

$$\sigma = \sigma_{\text{pe}} + \sigma_{\text{pp}} + \sigma_C \tag{3.65}$$

위 식에 상응하는 거시적 단면적 또한 앞서 설명한 중성자의 거시적 단면적처럼 정의될 수 있다. 이는 위 식에 원자 밀도 N을 곱하면 쉽게 구할 수 있다. 전통적으로, 이러한 감마선의 거시적 단면적은 *감쇠계수*(*attenuation coefficient*)라 부르며 μ로 표기한다. 즉 다음과 같다.

$$\mu = N\sigma = \mu_{\text{pe}} + \mu_{\text{pp}} + \mu_C \tag{3.66}$$

위 식에서 μ는 총 감쇠계수이고, μ_{pe}, μ_{pp}, μ_C는 앞서 수차례 설명한 감마선의 세 가지 반응에 대한 감쇠계수다. 중성자에 대한 거시적 단면적처럼 μ의 단위 또한 cm^{-1}이다. 편의상 *질량감쇠계수*(*mass attenuation coefficient*)[4], ρ을 도입해 μ/ρ을 정의해 사용하곤 하는데, 여기서 ρ는 물리적 밀도를 의미한다. 따라서 식 (3.66)으로부터 다음을 얻는다.

$$\frac{\mu}{\rho} = \frac{\mu_{\text{pe}}}{\rho} + \frac{\mu_{\text{pp}}}{\rho} + \frac{\mu_C}{\rho} \tag{3.67}$$

---

4 현재는 질량감쇠계수를 μ로 표기하고 감쇠계수를 μ^*로 표기한다. 그렇지만 이 책에서는 예전 표기법을 따르도록 하겠다.

μ와 ρ는 각각 cm^{-1}과 g/cm^3의 단위를 갖기 때문에 μ/ρ는 cm^2/g의 단위를 갖는다.

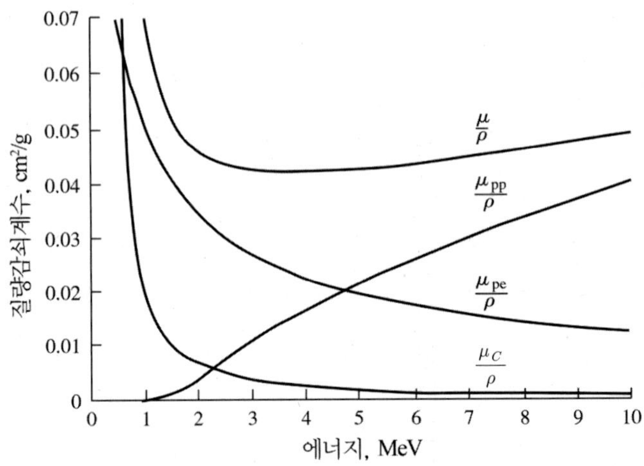

그림 3.20 감마선 에너지에 따른 납의 질량감쇠계수

그림 3.20은 감마선 에너지에 따른 납의 질량감쇠계수 변화를 보여 주는 그림이다. 이 그림을 보면 대략 3.5 MeV의 감마선 에너지 영역에서 μ/ρ가 최소가 됨을 알 수 있다. 이는, 감마선 에너지가 증가함에 따라 σ_{pe}와 σ_C는 감소하는 반면, σ_{pp}는 1.02 MeV 문턱에너지를 지나 에너지가 증가할수록 서서히 증가하기 때문이다. 또한 0.5 MeV에서 5 MeV까지의 에너지 영역에서는 콤프턴 산란이 가장 큰 영향을 미치는 것을 알 수 있다. σ_{pe}와 σ_{pp}가 σ_C보다 Z값에 더욱 의존적이기 때문에 콤프턴 산란이 큰 영향을 미치는 에너지 범위는 Z가 감소할수록 더욱 증가한다.[5] 예를 들어 알루미늄의 경우 콤프턴 산란이 감마선 에너지 0.06 MeV에서 20 MeV까지 큰 영향을 미치게 된다.

콤프턴 산란이 주된 반응인 에너지에서는 다음이 성립한다.

$$\frac{\mu}{\rho} \simeq \frac{\mu_C}{\rho} = \frac{N\sigma_C}{\rho}$$

원자 밀도에 대한 다음 식을 생각해 보자(식 2.59 참조).

$$N = \frac{\rho N_A}{M}$$

5 이 내용은 그림 3.21에 나타나 있다.

위 식에서 N_A는 아보가드로수이고 M은 그램원자량이다. 위 식을 앞 식에 대입하면 다음이 얻어진다.

$$\frac{\mu}{\rho} \simeq \frac{N_A \sigma_C}{M} = N_A \left(\frac{Z}{M}\right)_e \sigma_C$$

위 식의 우변을 얻기 위해 식 (3.64)를 사용했다. 수소와 매우 무거운 원소를 제외하면 대부분의 핵종들에서 Z/M가 대략 $\frac{1}{2}$이라는 것을 알 수 있다. 이것은 콤프턴 산란이 지배적으로 영향을 미치는 에너지에서 μ/ρ값이 모든 원소에 대해 대략적으로 거의 같은 경향

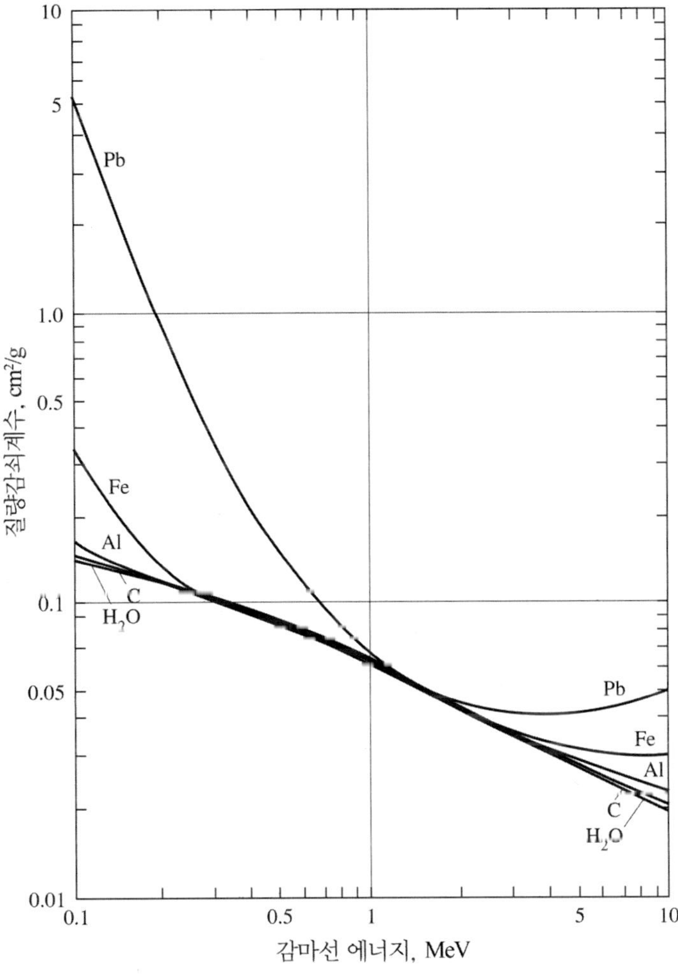

그림 3.21 몇몇 원소들의 질량감쇠계수(Nuclear Reactor Engineering, S. Glasstone 및 A. Sesonske 공저)

을 띠고 있다는 것을 의미한다. 그림 3.21은 감마선 에너지에 따라 여러 핵종들의 μ/ρ가 어떻게 변하고 있는지를 보여 준다. μ/ρ의 수치적인 값은 부록 II의 표 II.4를 참고하라.

감쇠계수는 근본적으로 거시적 단면적과 동일하게 정의되었기 때문에 여러 원소의 혼합물에 대한 μ값은 식 (3.14)와 같은 식으로 다음과 같이 구할 수 있다.

$$\mu = \mu_1 + \mu_2 + \cdots \tag{3.68}$$

위 식에서 μ_1와 μ_2 등은 여러 성분에 대한 μ값을 의미한다. 또한 혼합물에 대한 질량흡수계수는 각 성분의 질량흡수계수와 다음과 같은 관계에 있음을 쉽게 알 수 있다.

$$\frac{\mu}{\rho} = \frac{1}{100}\left[\omega_1\left(\frac{\mu}{\rho}\right)_1 + \omega_2\left(\frac{\mu}{\rho}\right)_2 + \cdots\right] \tag{3.69}$$

위 식에서 ω_1와 ω_2 등은 여러 원소의 무게 백분율을 의미하며 $(\mu/\rho)_1$, $(\mu/\rho)_2$ 등은 표 II.4에 나와 있는 여러 원소의 질량흡수계수를 의미한다. 식 (3.68)과 (3.69)는 모든 에너지 영역에서 유효하다.

식 (3.13)과 같이, μ는 감마선이 매질 내에서 단위길이당 충돌을 일으킬 확률을 의미한다는 것을 증명하는 것도 쉽다. 따라서, 이때 감마선의 평균 자유행정은 아래와 같다.

$$\lambda = \frac{1}{\mu} \tag{3.70}$$

만약 I_0가 두께 X의 목표물을 때리는 단일 에너지 감마선 빔의 강도($\gamma-\mathrm{rays/cm^2-sec}$)라고 하면, 충돌 없이 목표물을 투과한 광자의 강도는 다음과 같이 구할 수 있다.

$$I = I_0 e^{-\mu X} \tag{3.71}$$

질량감쇠계수를 식 (3.71)에 적용하면 다음과 같이 쓸 수 있다.

$$I = I_0 e^{-(\mu/\rho)(\rho X)} \tag{3.72}$$

우선 식 (3.72)에서 ρX값의 단위는 g/cm^{2}인 것을 알 수 있다. 또한 ρX값은 목표물 1 cm^2 안에 포함된 그램수를 의미한다. 감마 감쇠를 계산할 때 종종 물질의 두께를 통상적인 cm 단위가 아닌 g/cm^{2}를 사용한다는 것에 유의하기 바란다.

중성자의 반응에 대해 설명할 때처럼 식 (3.71)과 (3.72)에서 나타나는 강도 I는 목표물 내에서 반응하지 않은 매우 적은 양의 감마선을 지칭함을 강조하고자 한다. 이것들은 단지 목표물 혹은 차폐체 끝으로 투과되어 나오는 광자만을 의미하는 것은 아니다. 다중 콤프턴 산란을 겪은 광자들, 쌍생성 후에 소멸 방사로부터 방출된 광자들, 그리고 광전효과로부터 발생되는 엑스선들도 목표물을 투과할 수 있다. 이러한 모든 방사선은 차폐 계산 시 고려해야 한다. 이러한 방법에 대해서는 제10장에서 설명한다.

예제 3.15

1 MeV 감마선에 대한 이산화우라늄의 질량감쇠계수를 계산하라. 이산화우라늄의 평균 자유행정은 얼마인가? 이때 이산화우라늄의 밀도는 약 10 g/cm^{3}이다.

풀이

이산화우라늄의 분자 중량은 238+2×16=270이다. 중량에 의한 백분율, 즉 우라늄은 238/270=88.1%이고, 남아 있는 11.9%는 산소다. 표 II.4에서 우라늄에 대해 μ/ρ=0.0757 cm^2/g이고, 산소에 대해 0.0636 cm^2/g이다.

따라서 이산화우라늄에 대해 다음과 같이 계산할 수 있다.

$$\frac{\mu}{\rho} = 0.881 \times 0.0757 + 0.119 \times 0.0636 = 0.0743 \text{ cm}^2/\text{g}$$

μ의 값은 위 값의 10배, 즉 $\rho = 10$이므로 $\mu = 0.743 \text{ cm}^{-1}$이다. 따라서 평균 자유행정은 다음과 같다.

$$\lambda = \frac{1}{\mu} = \frac{1}{0.743} = 1.35 \text{ cm}$$

에너지 침적(energy deposition)

제9장에서 다루게 될 방사선 방호 계산에 있어서는 감마선 빔이 어떠한 매질을 통과함에 따라 침적되는 에너지를 계산할 필요가 있다. 식 (3.8)을 응용하면 감마선 강도가 I인 지점에서의 총 충돌밀도는 다음과 같이 나타낼 수 있다.

$$F = I\mu \tag{3.73}$$

위 식에서 μ는 총 감쇠계수를 의미한다. 만약 감마선이 각 충돌마다 흡수된다고 하면, 매질 내에서 단위체적당 에너지가 침적되는 속도는 간단히 $EF = EI\mu$로 나타낼 수 있다. 여기서 E는 감마선의 에너지를 의미한다.

광전효과와 쌍생성에서, 입사되는 광자는 사실 흡수된다. 비록 매질이 매우 얇을지라도 이러한 반응 후에 발생하는 2차 방사선(엑스선, 전자, 소멸 방사선)의 대부분도 매질 내에서 흡수된다. 입사 감마선의 총 에너지는 이러한 과정에서 침적되었다고 가정할 수 있다. 그러나 콤프턴 산란에서 침적되는 에너지는 단지 반동된 전자의 운동에너지뿐이다. 이 반동된 전자의 평균 에너지를 $\overline{T}$라 하자. 그렇다면 콤프턴 산란에 의해 침적된 평균 에너지는 $\overline{T}I\mu_C$가 될 것이다. 여기서 μ_C는 콤프턴 감쇠계수를 의미한다. 이제 *콤프턴 흡수 단면적*(*Compton absorption cross-section*) σ_{Ca}를 다음의 관계식처럼 정의해 보자.

$$E\sigma_{Ca} = \overline{T}\sigma_C \tag{3.74}$$

그렇다면 콤프턴 흡수 단면적에 대응하는 *콤프턴 흡수계수* μ_{Ca}를 다음과 같이 구할 수 있다.

$$E\mu_{Ca} = \overline{T}\mu_C \tag{3.75}$$

그렇다면 위 계수를 사용하면, 콤프턴 산란에 의한 단위체적당 에너지 침적률은 간단히 $EI\mu_{Ca}$가 된다.

광전효과, 쌍생성 및 콤프턴 산란으로부터 단위체적당 총 에너지 침적률 W는 다음과 같이 쓸 수 있다.

$$\begin{aligned} W &= EI(\mu_{\mathrm{pe}} + \mu_{\mathrm{pp}} + \mu_{Ca}) \\ &= EI\mu_a \end{aligned} \tag{3.76}$$

위 식에서 μ_a은 다음과 같다.

$$\mu_a = \mu_{\mathrm{pe}} + \mu_{\mathrm{pp}} + \mu_{Ca} \tag{3.77}$$

이때 μ_a은 *선형흡수계수*(*linear absorption coefficient*)[6]라 부른다. 식 (3.75)의 정의에 따

6 일부 저자들은 μ_a을 *에너지 흡수계수*(*energy absorption coefficient*)라 부른다.

라 감마선에 의한 세 가지 반응 모드를 모두 같은 방식으로 다룰 수 있다.

μ_a/ρ값은 *질량흡수계수*(*mass absorption coefficient*)라 부르며, 그것의 대푯값은 표 II.5에 나와 있다. 식 (3.76)으로부터 단위질량당 에너지 침적률이 $EI\mu_a/\rho$라는 것을 쉽게 증명할 수 있다.

이 절을 마무리하며 식 (3.76)의 EI값은 *에너지 강도*(*energy intensity*) 혹은 *에너지속*(*energy flux*)이라 부른다는 것을 언급하고자 한다. 그 단위는 cm^2/sec당 에너지이며, cm^2당 감마선 빔의 에너지가 매질을 통과하는 속도와 같다.

예제 3.16

강철 용기 내에 수용성 방사성폐기물을 저장하기로 했다. 만약 탱크의 내부 표면으로 입사하는 감마선의 강도가 3×10^{11} γ-rays/cm^2-sec로 측정되었고, 평균 감마선 에너지가 0.8 MeV라면, 용기의 표면에서 침적되는 에너지의 비율은 얼마인가?

풀이

강철은 일반적으로 쇠, 니켈, 철과 동일한 원자번호를 가진 크롬과 같은 원소들의 혼합물이다. 그러므로 감마선 흡수 영향을 줄 때까지 강철은 본질적으로 모두 철이라 볼 수 있다. 표 II.5에서 0.8 MeV에서 철에 대한 μ_a/ρ는 0.0274 cm^2/g이다. 따라서 에너지 침적률은 다음 식과 같다.

$$0.8\times3\times10^{11}\times0.0274=6.58\times10^{9}\ \mathrm{MeV/g-sec}$$

SI 단위로 위 값은 $1.05\ \mathrm{J/kg-sec}$와 같다.

3.9 하전입자들

원자력공학 문제에서는 세 가지 하전입자, 즉 알파선, 베타선, 핵분열 파편만을 다룬다. 이러한 방사선에 대해 생각하기에 앞서, 하전입자가 물질과 반응하는 방식에 대해 생각해 보자.

물질 내의 어떤 지점에 위치한 원자 하나에 입사되는 하나의 하전입자를 생각해 보자. 이 입자가 원자로 접근할 때 여러 다른 상황이 발생할 수 있다. 무엇보다도 그 입자가 원자의 전자에 쿨롱력을 주기 때문에 원자 내의 전자 중 하나 이상의 전자가 위치를 변경해 원자를 여기상태로 만들 수도 있고, 원자에서 방출되어 원자를 이온화시킬 수도 있다. 또는 하전입자는 원자구름을 통과할 수도 있고, 원자핵에 의해 탄성산란될 수도 있다. 그러한 충돌에서 에너지와 운동량은 보존되기 때문에 원자핵은 필연적으로 반동될 것이다. 만약 입사되는 입자가 충분히 무겁고 에너지가 크다면 반동된 원자핵은 그것의 전자구름에서 빠져나와 또 다른 하전입자로서 매질 내로 이동할 수 있다. 또한 어떤 상황에서는, 입사되는 입자가 알파선(α선)이라면 그것이 원자핵과 충돌할 때 어떤 종류의 핵반응이 일어날 수도 있다. 최종적으로 그 입자는 전자 또는 원자핵에 의한 쿨롱 전자기장에 의해 가속될 수도 있으며, 그 결과로 광자가 방출될 수도 있다. 이러한 방사선 형태를 *제동복사*(*bremsstrahlung*)라 부르며, 이는 하전입자가 가속될 때 발생하는 것이다.

하전입자와 매질의 반응이 복잡한 것이라는 것은 앞서 설명한 내용을 통해 확실히 인지할 수 있다. 어떤 경우에는, 입자가 물질을 통과하는 동안 그 경로를 따라 여기와 이온화의 흔적을 남기게 된다. 이러한 맥락에서, 이들은 이온화된 하전입자들을 생성하는 데 직접적인 책임이 있으므로, 이를 *직접 이온화 방사선*(*directly ionizing radiation*)이라고 한다. 그와 대조적으로, 감마선과 중성자와 같은 비하전입자들은 단지 물질과 처음 상호작용하여 하전입자를 생성한 후에 간접적으로 여기와 이온화를 초래한다. 이러한 이유에서, 감마선과 중성자를 *간접 이온화 방사선*(*indirectly ionizing radiation*)이라고 부른다. 이것은 감마선과 중성자가 상호작용할 때, 직접적으로 이온 형성을 하지 않는다는 것은 아니다. 예를 들면 감마선은 광전효과를 야기한다. 이와 유사하게, 원자핵과 충돌한 중성자는 원자에서 원자핵을 떼어내 큰 하전 이온을 생성할 수도 있다. 그러나 감마선과 중성자의 이러한 첫 반응에 의해 야기된 이온화는, 이어지는 하전입자 반응에 의해 야기된 이온화와 비교하면 매우 미미하다.

지금까지 중성자와 감마선의 상호작용을 단면적을 이용하여 설명하였다. 비록 하전입자에 대해서도 다양한 반응 단면적을 정의할 수 있더라도, *비이온화*(*specific ionization*) 혹은 *저지능*(*stopping power*)이라는 것으로 하전입자와 물질과의 반응 정도를 기술하는 것이 더 유용하다. 입자의 비이온화는 입자가 단위길이를 움직이면서 생성하는 이온쌍의 개수로 정의한다. 이온쌍은 방출된 전자와 이온화된 원자를 일컫는다. 저지능은 하전입자가 단위길이를 움직이면서 손실한 총 에너지를 의미하는데, 이는 입자의 경로에 따른 총 에너지 감소율을 의미한다. 만약 이러한 입자들이 간여하는 핵반응이 일어나지 않는다면 S로 표기하는 저지능은 다음과 같이 나타낼 수 있다.

$$S = \left(\frac{dE}{dx}\right)_{\text{col}} + \left(\frac{dE}{dx}\right)_{\text{rad}} \tag{3.78}$$

위 식에서 첫 번째 항은 충돌로 인한 단위길이당 에너지 손실이며, 이는 여기와 이온화를 야기한다. 두 번째 항은 방사선에 의한 에너지 손실이다.

식 (3.78)의 첫 번째 항은 *선형 에너지 전이*(*linear energy transfer*, *LET*)라 부르며, 이는 방사선의 생물학적 영향과 관련되어 특별히 관심이 있는 것이다. 9장에서 설명하겠지만 이 영향은 생물체 내에서 여기 혹은 이온화를 통해 침적된 방사선 에너지에 의존한다. LET의 크기는 움직이는 입자의 질량과 전하량에 따라 급격히 증가한다. 알파입자의 LET는 같은 에너지의 전자에 대한 것보다 더욱 크다. 예를 들어, 물속에서 1 MeV 알파입자의 LET는 약 $90\ \text{keV}/\mu\text{m}$ 인 반면 1 MeV 전자의 LET는 단지 $0.19\ \text{keV}/\mu\text{m}$ 이다. 이런 이유로 알파입자들과 다른 무거운 하전입자들은 *고 LET 방사선*(*high LET radiation*)이라 부르며, 전자들은 *저 LET 방사선*(*low LET radiation*)이라 부른다.

비록 선형 에너지 전이가 하전입자들과 물질의 반응 때문이라 할지라도, 간접적으로 이온화를 일으키는 비하전 방사선, 즉 감마선과 중성자의 LET를 참조해 볼 수 있다. 왜냐하면 이러한 방사선에 의해 물질 내에 침적되는 에너지는 이들이 매질 내에서 처음 반응하면서 유발하는 여기와 이온화가 원인이기 때문이다. 감마선은 낮은 LET의 2차 전자를 생성하기 때문에, 이를 저 LET 방사선이라 부른다. 그러나 중성자의 반응은 무겁고 고 LET의 하전입자를 방출하기 때문에 고 LET 방사선이라 부른다. 이 고/저 LET 방사선의 차이는 생물학적으로 중요한 결과를 내포하며, 이에 대해서는 9장에서 설명한다.

알파입자

알파입자는 상당히 크기 때문에 그것이 원자의 전자와 반응할 때 아주 약간만 방향이 바뀐다. 그러므로 이 알파입자는 매질 내에서 움직일 때 거의 직선으로 이동한다. 그러나 알파입자의 속도가 줄어들수록 알파입자는 전자를 포획해 He+ 이온을 형성하고 추가적으로 전자를 하나 더 포획해서 중성 헬륨 원자가 될 가능성이 커진다. 이 헬륨 원자가 생성될 때 비이온화가 갑자기 0으로 급감하게 된다. 그림 3.22는 이러한 상황을 보여 주는

데, 1기압, 15℃의 건조한 공기 내에서 강한 알파입자의 이동 트랙이 끝나는 지점까지 거리에 따른 비이온화가 나타나 있다. 이 그림을 살펴보면 비이온화의 최댓값은 6,600 ion pairs/mm임을 알 수 있다. 이때 알파입자는 약 0.75 MeV의 에너지를 갖는다. 이 그림과 같은 거동을 일컬어 *브래그곡선*(*Bragg curve*)이라 부른다.

이온화가 0으로 떨어지는 지점을 알파입자의 *침투반경*(*range*에 대한 역자 주)이라 부른다.[7] 직관적으로 예상할 수 있는 것은, 이 침투반경은 입자의 초기 에너지에 대해 단조증가함수라는 것이다. 그림 3.23은 에너지에 따른 공기 중 알파입자의 침투반경을 나타낸다. 다른 물질에서 알파입자의 침투반경은 다음의 *브래그-클리만 법칙*(*Bragg-Kleeman rule*)을 사용하여 공기 중 침투반경으로부터 찾을 수 있다.

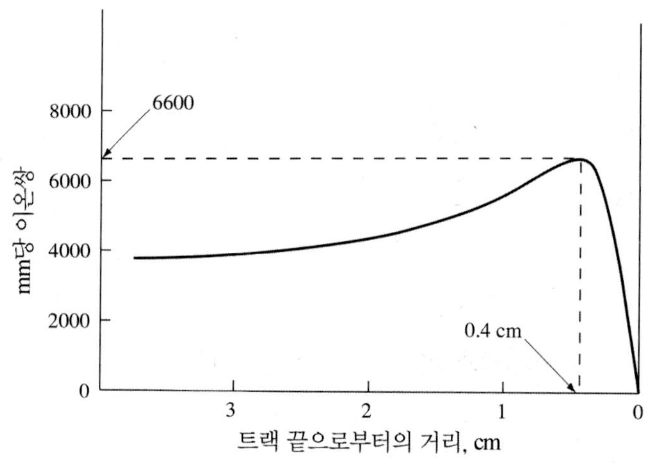

그림 3.22 공기 중 알파입자의 비이온화

$$R = R_a\left(\frac{\rho_a}{\rho}\right)\sqrt{\frac{M}{M_a}} = 3.2\times 10^{-4}\frac{\sqrt{M}}{\rho}R_a \tag{3.79}$$

위 공식에서 R은 물리적 밀도 ρ, 원자량 M인 물질 내에서의 침투반경이고, R_a, ρ_a, M_a는 각각 공기에서의 침투반경, 밀도 및 평균 원자량이다. 식 (3.79) 내의 수치값은 15℃와

7 통계적인 특성으로 인해 알파입자는 항상 같은 곳에서 이동을 멈추진 않는다. 앞서 설명한 "침투반경"이라는 것은 가장 높은 확률을 가지는 종료지점을 일컫는다.

1 atm에서의 공기에 대해 계산되었다. 복합물 또는 혼합물에 대해서는 식 (3.79)의 $\sqrt{M}$을 다음 식으로 대체하면 된다.

$$\sqrt{M} = \gamma_1 \sqrt{M_1} + \gamma_2 \sqrt{M_2} + \cdots \tag{3.80}$$

위 식에서 γ_1, γ_2는 중량 M_1, M_2을 가지는 원자들의 분율을 의미한다.

물질의 *상대저지능*(*relative stopping power*)은 공기 중에서 알파입자의 침투반경에 대한 어떤 물질 내에서의 침투반경으로서 정의된다. 이는 식 (3.79)로부터 다음과 같다.

$$\text{상대저지능} = \frac{R_a}{R} = 3100 \frac{\rho}{\sqrt{M}} \tag{3.81}$$

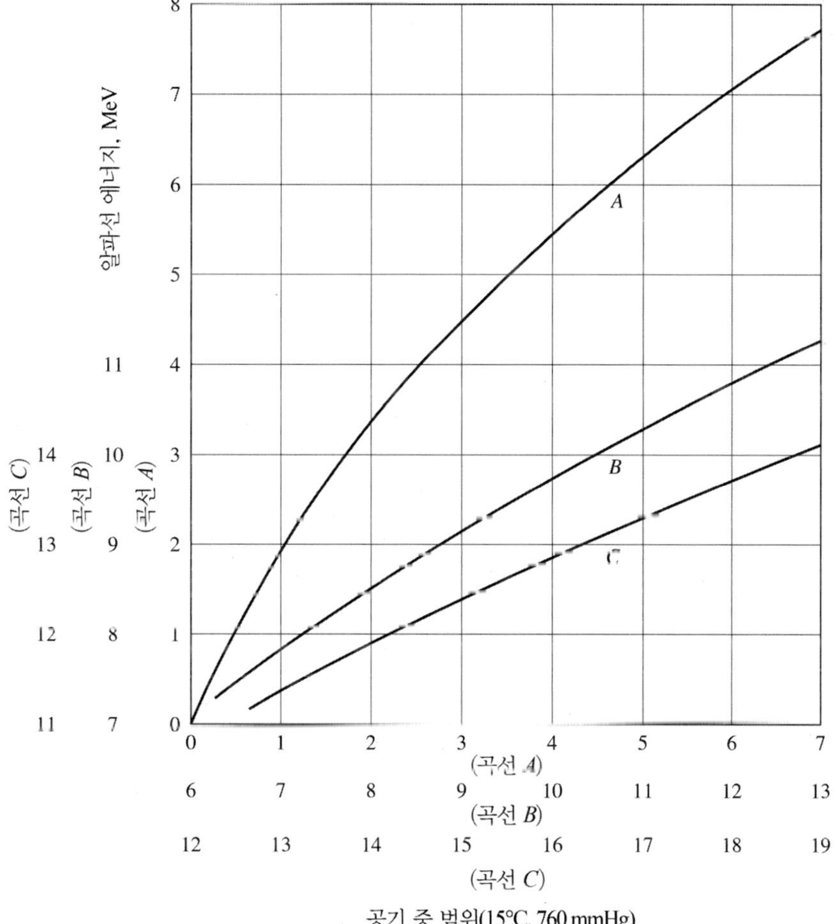

그림 3.23 에너지에 따른 공기 중 알파입자의 침투거리

상대저지능은 입자의 초기 에너지에 대해 독립적이라는 것에 유의해야 한다.

대부분의 물질에서 저지능은 매우 높고 알파입자의 침투반경은 결과적으로 매우 짧다. 예를 들어, 알루미늄에서 5 MeV 알파입자의 침투반경은 단지 0.0022 cm이다(얇은 두께의 알루미늄 포일일 때). 대부분 알파입자는 일반적인 종이판으로도 막을 수 있다. 알파입자는 또한 살아 있는 조직의 가장 바깥층에서 멈춰진다. 따라서 알파입자의 차폐는 보통 그다지 어렵지 않다. 그러나 알파붕괴하는 핵종의 수가 많을 경우에는 무시할 수 없는 결과를 야기한다. 왜냐하면 이러한 핵종은 흡입하거나 섭취했을 경우 심각한 건강상 장해를 야기할 수 있기 때문이다. 이에 대해서는 9장에서 설명한다.

베타선

물질 내에서 베타선의 감쇠는 알파입자보다 더욱 복잡하다. 우선 베타선은 연속 에너지 스펙트럼으로 방출된다. 게다가, 비록 이 베타선이 알파입자와 같은 방식으로 원자와 반응한다 할지라도 질량 측면에서나 크기 측면에서 알파입자보다 훨씬 작기 때문에 원자를 마주칠 때 더욱 강력히 편향될 수밖에 없다. 결과적으로 베타선은 알파선이 그렇듯이 거의 직선으로 움직이는 것이 아니라 복잡한 지그재그 경로로 움직이게 된다.

그럼에도 불구하고 실험적으로 베타선 빔의 비이온화가 대략 흡수체 내의 거리에 따라 지수함수적으로 변화한다고 알려져 있다. 만약 $i(x)$가 흡수체 내 거리 x에서의 비이온화라 하면 다음과 같은 식이 성립한다.

$$i(x)=i_0e^{-\mu x}=i_0e^{(\mu/\rho)(\rho x)} \tag{3.82}$$

위 식에서 i_0는 $x=0$에서의 비이온화이고, ρ는 매질의 밀도이다. 질량감쇠계수 μ/ρ는 매질의 원자량에 거의 독립적이고 원자번호에 따라 아주 서서히 증가한다. 대략적으로 알루미늄에서 측정된 결과를 바탕으로 한 μ/ρ 실험식은 다음과 같다.

$$\frac{\mu}{\rho}=\frac{17}{E_{\max}^{1.14}} \tag{3.83}$$

위 식에서 μ/ρ의 단위는 $\mathrm{cm^2/g}$이고 $E_{\max}$는 MeV 단위의 최대 감마선 에너지이다.

베타선의 감쇠에 관련된 더 유용한 매개변수는 최대 침투반경 $R_{\max}$이다. 이것은 가장 강력한 에너지를 가진 전자를 멈추도록 요구되는 흡수체의 두께로서 정의된다. $R_{\max}\rho$는 $\mathrm{g/cm^2}$ 단위로 표현되는 침투반경인데, 거의 흡수물질의 특성에 독립적이라 할 수 있다. 그림 3.24는 최대 전자에너지 E_{max}에 따른 $R_{max}\rho$값을 보여 준다. 이 데이터는 다음의 2가지 실험식으로 나타낼 수 있다.

$$R_{max}\rho = 0.412E_{max}^{(1.265-0.0954\ln E_{max})}, \qquad E_{max} < 2.5\text{MeV} \tag{3.84}$$

$$R_{max}\rho = 0.530E_{max} - 0.106, \qquad E_{max} > 2.5\text{MeV} \tag{3.85}$$

위 식에서 $R_{max}\rho$의 단위는 g/cm^{2}이고 E_{max}의 단위는 MeV이다.

식 (3.84)와 (3.85)는 공기에 대해 실제 관측되는 것보다 약간 작은 $R_{max}\rho$를 예측한다. 그림 3.25는 15℃와 1 atm의 대기에 대해 측정된 베타선의 침투반경을 보여 준다. 그림 3.23과 3.25를 비교하면 베타선이 알파선보다 물질 내에서 더욱 깊숙이 침투했다는 것을 알 수 있다. 예를 들어 $E_{max} = 3$ MeV의 베타선은 공기 중에서 13 m를 이동하지만 3 MeV 알파입자는 단지 1.7 cm를 이동한다. 그러나 베타선은 기체가 아닌 물질 내로는 깊숙이 침투하지는 못하기 때문에 차폐하는 데 그다지 어렵지는 않다.

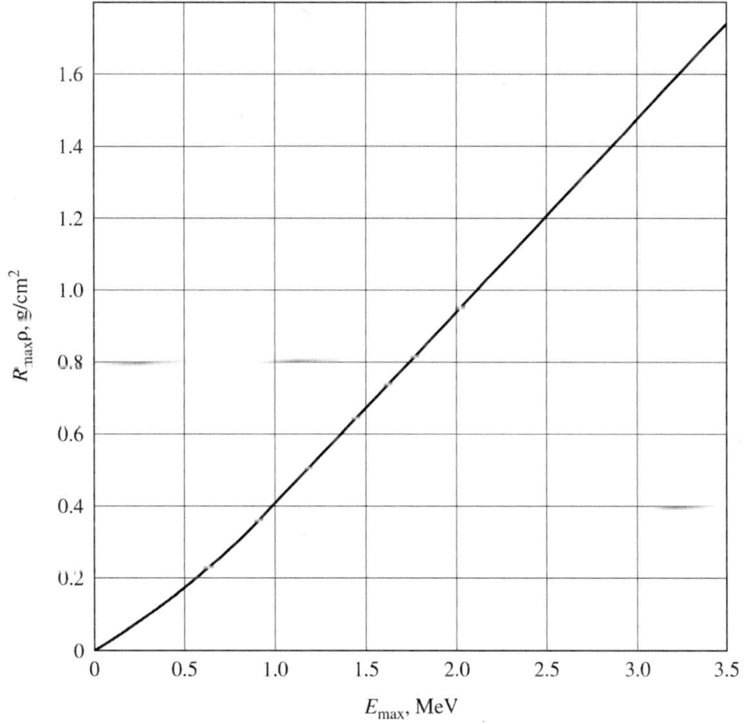

그림 3.24 최대 에너지에 따른 베타선의 최대 범위; 대기에 대해 유효하지 않음

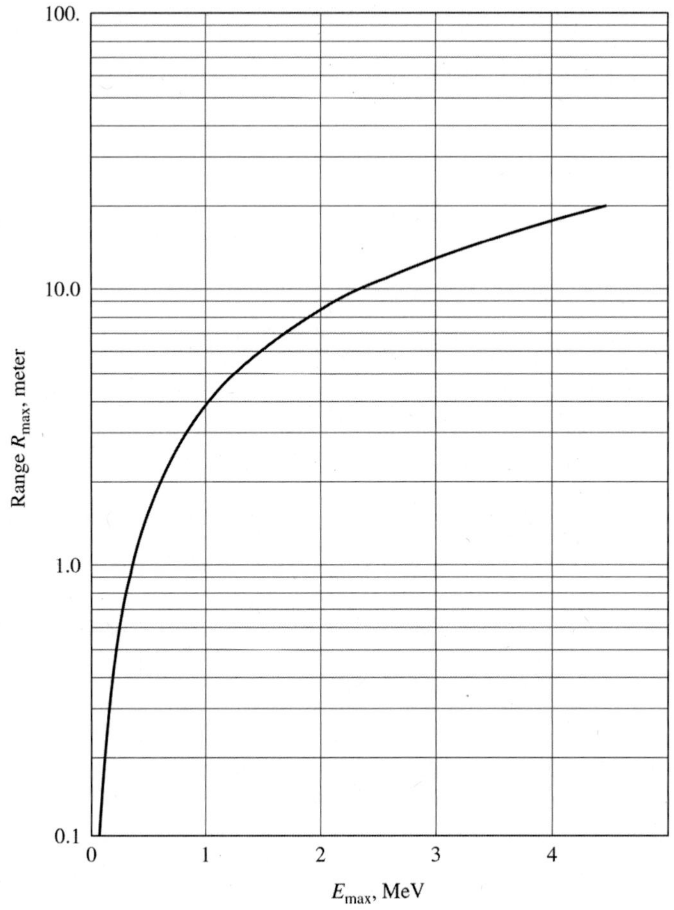

그림 3.25 15℃와 1 atm 압력의 공기 중 베타선의 최대 범위

예제 3.17

나트륨-24($T_{1/2} = 15\ \mathrm{hr}$)는 종종 방사성 추적물질로서 의약품에 사용된다. 그것은 최대 에너지 1.39 MeV를 가진 베타선을 방출한다. 그렇다면 동물조직 내 베타선의 침투 가능한 최대 침투 반경은 얼마인가?

풀이

대부분의 동물조직의 밀도는 대략적으로 1이라 할 수 있다. 식 (3.84)로부터 R_{max}를 다음과 같이 구할 수 있다.

$$R_{max} = 0.412 \times 1.39^{(1.265 - 0.0954 \ln 1.39)}$$

$$= 0.412 \times 1.39^{1.234} = 0.618\ \mathrm{cm}$$

조직 내 동일한 에너지의 알파입자의 범위는 약 9×10^{-4} cm이다.

핵분열 파편

3.7절에서, 핵들은 거의 대부분 불균등한 질량의 2개의 조각들로 쪼개어 핵분열된다고 설명했다. 핵분열 시 운동량은 반드시 보존되어야 하기 때문에 핵분열 파편 중 가벼운 쪽은 무거운 쪽보다 다소 많은 에너지를 갖게 된다. 그러므로 핵분열 파편의 운동에너지의 분포는 2개의 최댓값을 가진다. 이는 그림 3.26에 나타나 있다. 이 2개의 최댓값 중 가벼운 파편 쪽의 에너지가 상대적으로 더 크다는 것을 알 수 있다. 그림 3.26에서 볼 수 있듯이 $A \simeq 95$인 가벼운 파편 쪽은 대략 100 MeV의 에너지를 가지는 반면 $A \simeq 140$인 무거운 파편 쪽은 대략 68 MeV의 에너지를 가진다.

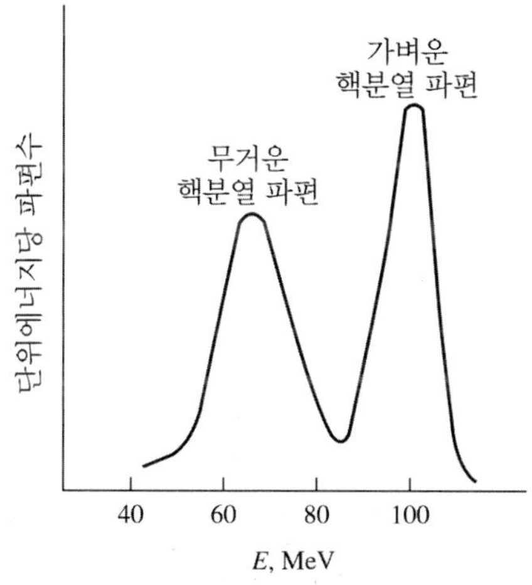

그림 3.26 에너지에 따른 핵분열 파편의 에너지 분포(MeV)

핵분열에 의해 파편이 형성될 때에는, 핵분열하는 본래 핵의 전자구름을 찢고 나와 주변의 매체로 이동한다. 이들은 비록 중성원자가 형성되기에는 충분치 않지만 많은 전자를 포획한다. 이를 처녀 핵분열 파편(virgin fission fragment)이라 하며, 이들은 높은 에너지를 가지고 매우 이온화된 원자들이다. 가벼운 파편의 평균 전하량은 대략 $+20e$이며, 무거운 파편은 약 $+22e$이다.

핵분열 파편들은 전하를 많이 띠고 있어 비이온화가 매우 크며, 따라서 침투반경은 짧다. 표 3.7은 가벼우면서 에너지는 높고 다양한 물질 내에서 침투 능력이 큰 파편들의 대략적인 침투반경을 보여 준다.

핵분열 파편의 침투반경은 원자로의 핵연료봉 설계 시 중요한 고려 인자이다. 원자로에서 (핵분열하는 연료로부터의) 출력은 이러한 핵연료봉으로부터 생성되기 때문에 핵연료봉의 표면에 적합한 냉각물질을 흘려보내서 냉각해야 한다. 그림 3.27은 이 과정을 보여 준다. 그러나 냉각재가 있는 곳으로 방사능을 띠는 어떠한 핵분열 파편도 유입되어 냉각재를 오염시켜서는 안 된다는 것이 매우 중요하다. 그러한 핵분열 파편의 누설을 방지하기 위해 핵연료는 핵분열 물질을 포함하지 않는 물질(스테인리스스틸 또는 지르코늄 합금)의 막으로 둘러싸여져 있거나 그러한 물질로 만든 속이 빈 튜브 내에 넣기도 한다. 이러한 핵연료 구성요소를 *피복재*(*cladding*)라고 하며 보통 0.05 cm보다 얇은 두께를 가진다.

표 3.7 핵분열 파편들의 침투거리

중간 매체	범위, 10^{-3} cm
알루미늄	1.4
구리	0.59
은	0.53
우라늄	0.66
이산화우라늄(U_3O_8)	1.4

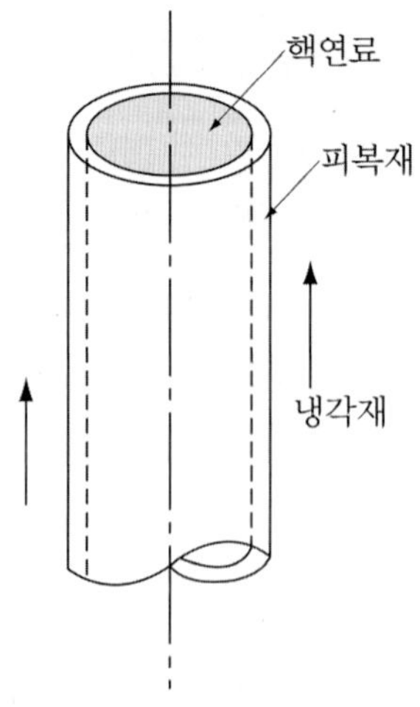

그림 3.27 피복된 핵연료봉

»»» 참고문헌

일반

Beiser, A., *Concepts of Modern Physics*, 5th ed. New York: McGraw-Hill, 2003, Chapters 1, 2, 11, 12, and 13.

Burcham, W. E., *Nuclear Physics: An Introduction*. reprint, Ann Arbor.

Evans, R. D., *The Atomic Nucleus*. New York: McGraw-Hill, 1955, Chapters 12–14, 18–25.

Foderaro, A., *The Elements of Neutron Interaction Theory*. Cambridge, Mass.: MIT Press, 1971.

Foster, A. R., and R. L. Wright, Jr., *Basic Nuclear Engineering*, 4th ed. Paramus, Prentice-Hall, 1982, Chapters 4 and 8.

Glasstone, S., and A. Sesonske, *Nuclear Reactor Engineering*, 4th ed. New York: Chapman & Hall, 1994, Chapters 1 and 2.

Kaplan, I., *Nuclear Physics*, 2nd ed. Reading, Mass.: Addison-Wesley, 1963, Chapters 15, 16, 18, and 19.

Lamarsh, J. R., *Introduction to Nuclear Reactor Theory*. Reading, Mass.: Addison-Wesley, 1966, Chapters 2 and 3.

Lapp, R. E., and H. L. Andrews, *Nuclear Radiation Physics*, 4th ed. Englewood Cliffs, N.J.: Prentice-Hall, 1972, Chapters 11–13.

Meyerhof, W. E., *Elements of Nuclear Physics*. New York: McGraw-Hill, 1967, Chapters 3 and 5.

Oldenberg, O., and N. C. Rasmussen, *Modern Physics for Engineers*. reprint, Marietta, Technical Books, 1992, Chapters 16 and 17.

Semat, H., and J. R. Albright, *Introduction to Atomic and Nuclear Physics*, 5th ed. New York: Holt, Rinehart & Winston, 1972.

Serway, R. A., Moses, C. J., and C. A. Moyer, *Modern Physics*, 2nd ed. Philadelphia, Saunders, 1997.

Weidner, R. T., and R. L. Sells, *Elementary Physics: Classical and Modern*, 3rd ed. Boston, Mass.: Allyn & Bacon, 1980.

단면적 데이터

중성자와 하전입자 단면적 데이터는 뉴욕시 업턴에 위치한 브룩헤이븐 국립연구소의 국립원자력데이터센터에 의해 수집, 평가 및 배포되었다. *중성자 단면적 데이터*는 BNL-325, 기타 문서들과 보고서로 출판되었다. 또한 이들 단면적은 원자로와 차폐 계산을 수행하는 국립원자력데이터센터 혹은 *http://www.bnl.gov* 및 그 밖의 사이트에서 구할 수 있다. 최신 업데이트를 위해서는 독자가 국립원자력데이터센터 *nndc@dne.bnl.gov*로 문의해야 한다.

»» 연습문제

1. 1 eV 중성자 2개의 빔이 90℃의 각도로 교차한다. 두 빔 공히 중성자 밀도는 2×10^8 neutron/cm^{3}이다.

(a) 각 빔의 강도를 계산하라.

(b) 2개의 빔이 교차하는 곳의 중성자속은 얼마인가?

2. 2개의 단일 에너지 중성자 빔들의 강도가 $I_1 = 2\times10^{10}$ neutron/cm^2-sec와 $I_2 = 1\times10^{10}$ neutron/cm^2-sec다. 두 빔은 30℃의 각도로 교차한다. 중성자 빔이 교차하는 영역에서의 중성자속을 계산하라.

3. $\phi = 4\times10^{10}$ neutron/cm^2-sec의 단일 에너지 중성자 빔이 면적 1 cm^{2}와 두께 0.1 cm의 목표물에 영향을 주고 있다. 목표물에 cm^{3}당 0.048×10^{24} 원자가 있으며 빔의 에너지의 총 단면적은 4.5 b이다.

(a) 거시적 단면적은 얼마인가?

(b) 목표물에서 발생하는 중성자가 초당 얼마나 반응하는가?

(c) 충돌밀도는 얼마인가?

4. ^{28}Al의 베타방사(반감기 2.30분)는 ^{27}Al에 의한 중성자의 방사포획에 의해 생성될 수 있다. 이 반응에 대한 0.0253 eV 단면적은 0.23 b이다. 0.01 g 알루미늄 타깃이 0.0253 eV 중성자 빔으로 조사되고 있다. 이 중성자 빔의 강도는 $\phi = 3 \times 10^8$ neutron/cm^2-sec이며 이 빔의 타깃의 전체 면을 때리고 있다. 다음을 계산하라.

(a) 빔에서 중성자 밀도

(b) ^{28}Al 생성률

(c) 실험을 통해 생성될 수 있는 최대 방사능량(curie 단위)

5. 흑연에서 1 eV 중성자의 평균 자유행정을 계산하라. 이 에너지에서 흑연의 총 단면적은 4.8 b이다.

6. 2 MeV 중성자의 빔이 중수(D_2O) 판 위로 입사된다. 또한 이 에너지에서 중수소와 산소의 총 단면적은 각각 2.6 b과 1.6 b이다.

(a) 2 MeV에서 중수소의 총 거시적 단면적은 얼마인가?

(b) 비충돌 빔의 강도를 10배 줄이기 위해 판의 두께는 얼마여야 하는가?

(c) 입사 중성자가 판에서 충돌하면 중수소와 충돌할 상대 확률은 얼마인가?

7. 목표물의 위치 $x = 0$부터 $x = a$까지 위치해 있고 중성자 빔이 $x = 0$에서 직선으로 입사된다. 빔 내의 중성자가 $a/2 < x < a$ 영역에서 첫 번째 충돌할 확률에 대한 식을 유도하라.

8. 보랄(boral)은 산업현장에서 사용되는 차폐물질로서, 대략 같은 양의 B_4C와 알루미늄으로 이루어져 있는데, 그 이론적 밀도의 95%까지 압축되어 0.25 cm의 얇은 알루미늄 시트로 피복되어 있다. 제작지에 따르면 두께가 내략 0.457 cm인 보랄 시트 1 cm^{2}에는 0.333 g의 붕소가 포함되어 있다. 0.0253 eV 중성자가 해당 물질에 침투할 확률은 얼마인가?

9. 중성자가 물질과 반응을 하지 않고 평균 자유행정을 이동할 수 있는 확률은 얼마인가?

10. 강도 ϕ_0의 넓은 중성자 빔이 $\sigma_a \gg \sigma_s$인 물질로 구성된 두꺼운 목표물에 입사된다. 타깃 면적이 A이고 두께가 X라 할 때, 중성자가 해당 목표물에 흡수되는 속도, 즉, 흡수율을 구하라.

11. 7.86 g/cm^{3}의 밀도를 갖고 있는 스테인리스강 304가 원자로에서 사용된다. 이 물질의 중량에 의한 공칭 구성은 다음과 같다. 카본 0.08%, 크롬 19%, 니켈 10%, 나머지는 철

이다. 0.0253 eV에서 SS-304(스테인리스강 304)의 거시적 흡수 단면적을 계산하라.

12. 0.0253 eV에서 ^{235}U가 $3\ \omega/o$로 농축된 이산화우라늄(UO_2)의 거시적 흡수 단면적을 계산하라. 이때 이산화우라늄의 밀도는 대략 10.5 g/cm^{3}이다.

13. 원자로의 구성 성분은 때때로 *체적비율*(*volume fraction*)로 설명할 수 있다. 즉 특정한 물질로 구성된 영역의 체적비이다. 균질 혼합물질의 거시적 흡수 단면적이 다음과 같음을 증명하라.

$$\Sigma_a = f_1 \Sigma_{a1} + f_2 \Sigma_{a2} + \ \cdots \ ,$$

여기서 f_i와 Σ_{ai}은 각각 정상 밀도에서 i번째 구성요소의 체적비와 거시적 흡수 단면적이다.

14. 문제 2.63에서 설명한 핵연료 펠릿에 대한 Σ_a와 Σ_f(0.0253 eV에서)를 계산하라. 이때 펠릿 밀도는 약 10.6 g/cm^{3}이다.

15. ^{209}Bi의 산란 단면적이 대략 0.01 eV에서 200 eV까지 9 b이라는 사실을 바탕으로 ^{209}Bi 원자핵의 반지름을 계산하고 식 (2.3)과 비교하라.

16. 브라이트-위그너 공식(Breit-Wigner's formula)을 이용하여 ^{238}U의 첫 번째 공명 영역에서의 σ_γ를 계산하고 그려라. 이 첫 번째 공명은 6.67 eV에서 발생한다. 또한 다음의 값을 사용하라: $\Gamma_n = 1.52\ \mathrm{meV}$ (meV = millielectron volt), $\Gamma_n = 26\ \mathrm{meV}$, g = 1. [*주*: 7.3절에 주어진 이유와 같이, 브라이트-위그너 공식으로 계산한 σ_γ 값은 상온에서 목표물에 대해 측정한 값과 일치하지 않는다.]

17. 브라이트-위그너 공식을 사용하여 공명의 높이의 반인 지점에서의 너비가 Γ임을 증명하라.

18. 0.01 eV에서 1 MeV까지의 ^{12}C의 총 단면적에서 공명현상이 없다. 만약 이 핵종이 0.0253 eV에서 방사포획 단면적이 3.4 mb이라 한다면 1 eV에서 σ_γ의 값은 얼마인가?

19. 알루미늄의 단면적에서 첫 번째 공명은 5.8 keV에서 발생한다. 또한 0.0253 eV에서 흡수 단면적은 0.23 b이다. 100 eV에 대해 다음을 계산하라.

(a) σ_a

(b) σ_s

(c) σ_t

20. 다음에 대한 Σ_a를 계산하라.

(a) 0.0253 eV에서 단위밀도의 물

(b) 0.0253 eV에서 0.7 g/cm^3 밀도의 물

(c) 1 eV에서 0.7 g/cm^3 밀도의 물

21. 핵종 ^{A}Z의 산란 단면적에서의 첫 번째 공명은 1.24 MeV에서 발생한다. 핵종 ^{A-1}Z, ^{A}Z, ^{A+1}Z의 분리에너지는 각각 7.00, 7.50, 8.00 MeV이다. 어느 원자핵 및 어느 기저상태 이상의 에너지에서 이 공명현상이 발생할 것인가?

22. 646.4 keV에서 ^{56}Fe의 총 단면적에는 공명현상이 확연히 나타난다. 어떤 에너지가 이 공명현상에 상응하는 ^{57}Fe의 에너지인가? [*힌트*: ^{57}Fe의 최외곽 중성자의 결합에너지를 계산하기 위해서 중성 ^{56}Fe와 ^{57}Fe의 질량을 사용한다.]

23. ^{17}O의 여기상태는 다음과 같이 기저상태로부터 측정된 에너지로부터 발생한다: 0.871, 3.06, 3.85, 4.55, 5.08, 5.38, 5.70, 5.94 등(MeV 단위). ^{16}O의 중성자 단면적에서 어느 에너지 영역에서 공명현상이 발생할 것인지 예측하라.

24. 식 (3.28)을 이용하여 A = 1, 12, 238에 대해 0에서 π까지 각도의 함수로서 E'/E를 계산하고 그려 보아라.

25. 물속의 지나가는 2 MeV 중성자가 ^{16}O 원자핵과 정면충돌한다.

(a) 충돌 후의 중성자와 핵의 에너지는 얼마인가?

(b) 충돌한 물 분자가 충돌 후에도 물의 형태로 남아 있을 것이라고 예상되는가?

26. 1 MeV 중성자가 정지하고 있는 ^{12}C 핵을 때린다. 중성자가 90°의 각도로 탄성산란한다면,

(a) 산란 중성자의 에너지는 얼마인가?

(b) 반동 핵의 에너지는 얼마인가?

(c) 어떤 각도에서 반동 핵이 나타나는가?

27. 목표물 핵의 질량수의 변화에 따른 탄성산란 시 평균 에너지 손실률을 계산하고 그려 보아라.

28. A가 큰 탄성산란에서 평균 에너지 손실률이 % 단위로 대략 다음과 같이 됨을 보여라.

$$\overline{\frac{\Delta E}{E}} \simeq \frac{200}{A}$$

29. 중수로의 1.5 MeV 중성자가 ^{2}H 핵과 충돌한다. 이러한 충돌 시 레싸지의 최대 및 평균 변화량을 계산하라.

30. 2 MeV의 에너지를 방사한 핵분열 중성자가 감속재 내에 연속적인 충돌의 결과로서 1 eV의 에너지로 감속되었다. 만약 평균적으로 중성자가 각 충돌마다 ξ의 에너지를 얻는다고 하자. 그렇다면, 감속재가 다음과 같다면 얼마나 많은 충돌이 필요한가?

(a) 수소

(b) 흑연

31. 보통의 수형 원자로 내의 2,200 m/s 중성자속은 1.5×10^{13} neutron/cm^2-sec이다. 물에 의해 흡수된 열중성자 비율은 얼마인가?

32. 원자로의 어떤 지점에서 열중성자의 밀도가 1.5×10^{8} neutron/cm^3-sec이다. 온도가 450℃ 라면 2,200 m/s 중성자속은 얼마인가?

33. 3×10^{8} neutron/cm^2-sec의 강도를 가지는 6개의 0.0253 eV의 중성자 빔이 3차원 직교좌표계의 중심에 위치한 작은 베릴륨에 충돌했다. 이때 각각의 중성자 빔은 직교좌표계의 중심에서의 6개의 축(+x, −x, +y, −y, +z, −z축) 상으로 따로따로 움직인다. 다음을 구하라.

(a) 베릴륨 목표물에서 2,200 m/s 중성자속은 얼마가 되는가?

(b) 베릴륨 목표물 cm^3/sec당 흡수되는 중성자의 수는 얼마인가?

34. 열중성자가 ^{14}N와 충돌했다. 이때 방사포획을 발생하는 흡수율은 얼마인가?

35. 어떠한 원자로의 제어봉이 카드뮴(5 w/o), 인듐(15 w/o), 은(80 w/o)의 합금으로 이루어져 있다. 그렇다면 열중성자가 이 제어봉의 단위질량(gram)당 흡수되는 비율을 계산하라. 이때 열중성자의 중성자속은 5×10^{13} neutron/cm^2-sec이고, 평균 속도는 2,200 m/s이며, 온도는 400°C이다. [주: 은은 $1/v$ 흡수체이다.]

36. 표 3.3의 데이터에 따르면 ^{232}Th를 핵분열성 원소라 부를 수 있는가? 만약 그렇지 않다면, 어떤 중성자 에너지 영역에서 핵분열이 일어날 수 있을 것이라 예상하는가?

37. 2개의 가상적인 핵종 ^{A}Z와 ^{A+1}Z이 있다고 가정해 보자. 원자량 $M(^{A}Z)$, $M(^{A+1}Z)$은 각각 241.0600과 242.0621이라 한다. 두 핵종의 임계 핵분열 에너지가 각각 5.5 MeV와 6.5 MeV라 할 때, 핵종 ^{A}Z를 핵분열성 원소라 할 수 있는가?

38. 무거운 핵이 감마선을 흡수할 때 핵분열이 발생할 수 있다. 그렇다면 다음 핵종에서 핵분열이 일어날 수 있는 감마선의 에너지는 얼마인가?

(a) ^{235}U

(b) ^{238}U

(c) ^{239}Pu

39. 1 MeV 에너지에서의 ^{235}U의 각 단면적은 다음과 같다: $\sigma_a = 4.0\,\mathrm{b}$, $\sigma_i = 1.4\,\mathrm{b}$, $\sigma_f = 1.2\,\mathrm{b}$, $\sigma_a = 1.3\,\mathrm{b}$. 중성자 생성 단면적과 하전입자의 단면적은 무시하기로 한다. 그렇다면 이 에너지에서 다음을 계산하라.

(a) 총 단면적

(b) 포획-대-핵분열비 α

40. 핵분열 생성물 ^{131}I의 반감기가 8.05일이다. ^{131}I은 핵분열당 2.9% 비율로 생성된다. 즉, 0.029개의 ^{131}I 원자가 핵분열 시 발생한다. 그렇다면 3,300 MW로 운전되는 원자로에서 이 방사성 물질의 평형 방사능은 얼마인가?

41. 어떤 핵무기 폭발로 인한 핵분열 생성물의 활성도가 시간 t_0에서 α_0이다. 그렇다면 시간 $t = 7^n t_0$에서 활성도가 대략 $\alpha = \alpha_0/10^n$로 주어짐을 증명하라. 이것은 (미국의) 민방위 규칙 7-10으로 알려져 있다.

42. 핵폭발로 인한 방사성 물질이 폭발 후 1시간 만에 어떠한 지역에 도달했다. 2주 후에 방사능을 제거하기 위해 문제 3.41의 결과를 사용하라.

43. 핵무기의 비율은 킬로톤(kiloton, KT)으로 측정된다. 이때 1 KT은 2.6×10^{25} MeV이다. 그렇다면 다음을 계산하라.

(a) 100 KT의 폭탄이 터진다면 얼마나 많은 ^{235}U의 핵분열이 발생하는가?

(b) 위 폭탄이 터진 후 1분, 1시간, 하루 시점에서의 총 핵분열 생성물의 방사능은 얼마인가? [주: 핵분열당 200 MeV의 열에너지가 방출된다고 가정하라.]

44. 연구용 원자로가 2년 동안 하루에 8시간씩 250킬로와트의 출력으로 주5일 운전되고 있다. 원자로 안의 24개의 핵연료집합체 중 하나가 시험을 위해 제거되었다. 그렇다면 제거 후 2년 동안 핵연료집합체의 방사능을 시간의 함수로서 계산하고 그려라.

45. ^{238}U의 자연적 핵분열은 100초 동안 ^{238}U 1그램당 1회이다. 이것의 반감기가 5.5×10^{15}년임을 증명하라.

46. ^{235}U가 농축된 우라늄에 대해서, 0.0253 eV의 중성자 에너지에서 농축도에 따른 η 값을 계산하고 그래프로 나타내라.

47. ^{235}U 1 kg이 열중성자들이 충돌해 핵분열이 일어나고 있다. 다음의 생성물질에 대한 질량 혹은 동등 질량을 계산하라.

(a) 중성자

(b) 베타선

(c) 감마선

(d) 중성미자

(e) 운동에너지

(f) 핵분열 생성물

48. *사바나(Savannah)호*에 있는 원자로가 69 MW의 출력으로 운전되고 있다.

(a) 평균 20노트의 속력으로 10,000해리를 항해했을 경우 ^{235}U 소모량은 얼마인가?

(b) 6.5백만 Btu/barrel 벙커C유의 얼마의 양과 동일한 에너지를 생산해 낸 것인가? 배럴 단위로 계산하라.

49. 엔터지(Entergy)사의 인디언 포인트 원자로 2호기는 2,785 MW의 출력 준위로 운전되도록 설계되었다. 모든 핵분열은 ^{235}U에 의해 발생된다고 가정하고 하루에 ^{235}U가 (a) 핵분열되는 양과 (b) 소모되는 양은 각각 얼마인지 계산하라.

50. 위 문제에서 원자로를 1년 동안 운전한 뒤 가동 중지한 후 하루 동안 핵분열 생성물의 총 누적 방사능은 얼마인가?

51. 0.6 MeV에서의 납의 광전자 흡수 단면적은 대략 18 b이다. 그렇다면 우라늄에 대한 이 에너지 영역에서, σ_{pe}을 구하라.

52. 2 MeV 에너지의 광자가 30°의 각도로 콤프턴 산란을 한다. 이럴 경우 다음을 구하라.

(a) 산란 후 에너지

(b) 부딪친 전자의 반동 에너지

(c) 전자가 나타나는 산란각

53. 식 (3.61)로부터 식 (3.62)를 유도하라.

54. 콤프턴 산란에서 산란된 광자의 최소 에너지가 다음과 같이 주어짐을 증명하라.

$$(E')_{\min} = \frac{EE_e}{2E + E_e}$$

이때 $E \gg E_e$인 경우 $(E')_{\min} = E_e/2 = 0.255\ \mathrm{MeV}$이다.

55. 초기 에너지가 다음과 같다면 콤프턴 산란 광자의 최소 에너지가 얼마가 되는지 계산하라.

(a) 0.1 MeV

(b) 1 MeV

(c) 10 MeV

56. 이산화규소 유리자(SiO_2, $\rho = 2.21$ g/cm^3)의 질량감쇠계수가 3 MeV 감마선에 대해 얼마인지 계산하라.

57. 식 (3.69)를 유도하라.

58. 0.15 MeV에서의 납의 질량감쇠계수가 1.84 cm^2/g이다. 이 에너지 영역에서 주 모드가 광전자효과에 의한 것이었다. 그렇다면 0.15 MeV 감마선의 강도를 1,000배 줄이기 위해서는 어느 정도 두께의 납이 필요한가?

59. 표준온도와 표준압력(0°C 및 1기압) 상태인 공기 밀도는 1.293×10^{-3} g/cm^{3}이다. 그렇다면 이 조건에서 공기 내의 광자의 평균 자유행정을 계산하라. 다음 에너지 영역에서의 단위밀도 물에서 상응하는 평균 자유행정과 비교하라.

(a) 0.1 MeV

(b) 1 MeV

(c) 10 MeV

60. 1 MeV에서 전자의 콤프턴 단면적은 0.2112 b이고, 전자당 콤프턴 에너지 흡수 단면적은 0.0929 b이다.

(a) 이 에너지 영역에서 콤프턴 반응으로 인한 반동된 전자의 평균 에너지는 얼마인가?

(b) (i) 알루미늄에 대해 1 MeV 에너지일 때의 콤프턴 질량감쇠계수 및 질량흡수계수를 구하라.

(ii) 물에 대해 1 MeV 에너지일 때의 콤프턴 질량감쇠계수 및 질량흡수계수를 구하라.

61. 강도가 5×10^6 γ ray/cm^2-sec인 0.1 MeV 감마선 빔이 (i) 알루미늄 또는 (ii) 물의 얇은 포일에 부딪쳤다. 이 에너지에서 단위전자당 콤프턴 단면적은 0.4929 b이고, 전자당 콤프턴 에너지 흡수 단면적은 0.0685 b이다. 그렇다면 (a) 콤프턴 산란 또는 (b) 광전자효과 때문에 포일의 단위체적당 빔으로부터 방출된 에너지는 얼마인지 계산하라.

62. 방사선 흡수는 종종 *라드*(*rad*)라는 단위로 측정된다. 이때 1라드는 1그램당 100에르그(erg)의 흡수와 같은 값이다. 물로 구성된 얇은 판에서 1 MeV 감마선이 충돌해 1초당 1라드의 흡수율이 되기 위해서는 감마선의 강도가 얼마가 되어야 하는가?

63. 다음의 물질에서 5 MeV 알파입자의 범위를 계산하라.

(a) 1기압, 15°C 상태의 공기

(b) 알루미늄

(c) 납

(d) 단위밀도의 물

(e) 10기압, 300°C 상태의 공기

64. 위 문제에서 각 물질의 상대저지능 출력을 결정하라.

65. 알루미늄 내에서 2 MeV 감마선의 질량감쇠계수와 2 MeV 베타선의 질량감쇠계수를 비교하라.

66. 3 MeV의 알파선과 베타선의 표준온도와 표준압력 상태의 공기에서의 최대 범위를 비교하라.

67. 운전 중인 원자로에서 평평한 핵연료집합체의 표면 근처에 핵분열이 S fission/cm^3-sec의 일정한 비율로 발생되고 있다. 핵분열 파편의 평균 범위가 R로 주어졌을 때, 이러한 파편이 핵연료의 표면으로부터 cm^2/sec당 이탈률은 얼마가 되는지 제시하라. 단, 피복재는 $SR/2$와 같다.

원자로와 원자력

Nuclear Reactors and Nuclear Power

4.1 핵분열 연쇄반응
4.2 원자로 핵연료
4.3 원자력 발전소의 비핵 기기
4.4 원자로 부품
4.5 원자로 및 핵증기공급계통
4.6 원자로 주기
4.7 동위원소 분리
4.8 핵연료 재처리
4.9 방사성 폐기물 처분

앞 장에서 원자력공학의 기초를 형성하는 원자 및 핵물리를 살펴보았으므로, 이제 원자력에너지가 어떤 실용적 용도로 활용되는지를 고려해 볼 수 있다.

4.1 핵분열 연쇄반응

핵에너지는 핵분열 연쇄반응(chain reaction)을 거쳐 방출된다. 그림 4.1에 묘사된 이 과정에서 원자핵이 핵분열하면서 방출된 중성자는 다른 핵분열성(fissile) 원자핵 혹은 핵분열가능(fissionable) 원자핵의 핵분열을 유도한다. 이 핵분열로 방출된 중성자는 또 다른 핵분열성 혹은 핵분열가능 원자핵의 핵분열을 유도하고, 이와 같은 과정이 계속된다. 이러한 연쇄반응은 k라는 *증배계수(multiplication factor)*라는 용어를 통해 정량적으로 설명할 수 있다. 증배계수는 핵분열 반응에 의해 새롭게 탄생되는 새 세대의 핵분열 수(혹은 핵분열 중성자 수)와 바로 전 세대의 핵분열 수(혹은 핵분열 중성자 수)의 비로 정의된다. 그 식은 다음과 같다.

$$k = \frac{\text{한 세대에서의 핵분열 수}}{\text{그 이전 세대에서의 핵분열 수}} \tag{4.1}$$

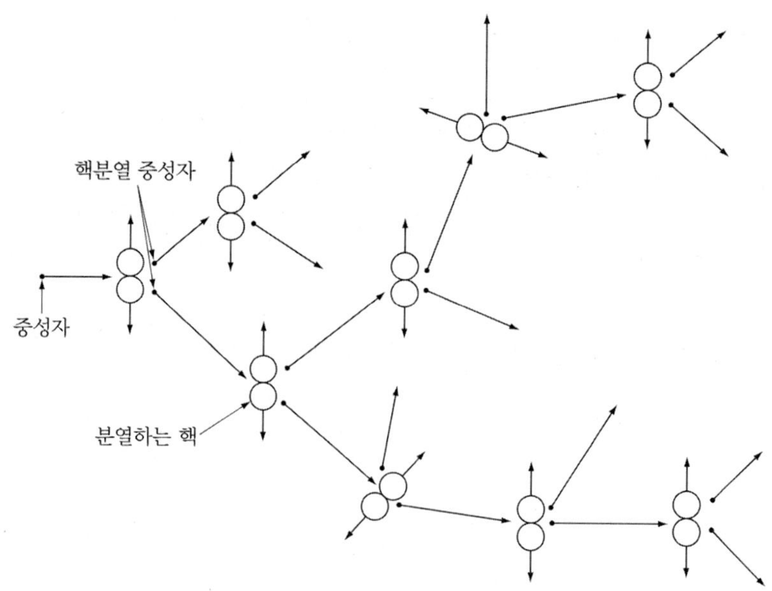

그림 4.1 핵분열 연쇄반응 도식

k가 1보다 클 경우 식 (4.1)로부터 핵분열 수는 세대가 거듭될수록 증가한다는 것을 알 수 있다. 이 경우 시간에 따라 연쇄반응에 의해 방출되는 에너지도 증가하고, 이 현상이 일어나는 연쇄반응이나 시스템을 *초임계상태*(*super-critical*)라 부른다. 그러나 k가 1보다 작다면 시간이 지날수록 핵분열 수는 감소하는데, 이 연쇄반응을 *미임계상태*(*sub-critical*)라 부른다. k가 1인 특별한 상황에서는 연쇄반응이 일정하게 유한 비율을 유지하고 있으며, 에너지도 안정된 수준에서 방출된다. 이때의 시스템을 *임계상태*(*critical*)라 부른다.

핵분열 연쇄반응을 제어할 수 있도록 설계된 장치를 *원자로*(*nuclear reactor*)라 부른다. 원자로에서 핵분열 연쇄반응의 제어는 계통 운전원이 k값을 변화시킴으로써 이루어진다. 원자로에서 발생하는 출력을 증가시키기 위해서는 운전원이 원자로가 초임계상태가 되도록 k값을 1 이상으로 높인다. 원하는 출력에 도달하면 k값을 1로 조절해 원자로를 임계상태로 되돌려 원자로가 특정 출력을 유지하게 한다. 출력을 줄이거나 원자로를 정시시키기 위해서는 운전원이 k값을 감소시켜 원자로를 미임계상태로 만들면 계통의 출력이 줄어든다. 핵폭탄이나 폭발물들은 이런 방식으로 제어가 불가능하기 때문에 원자로라고 하지 않는다. 원자로의 종류에 대해서는 이 장의 뒷부분에서 설명한다.

원자로를 임계상태로 만들거나, k값을 조절하기 위해서는 원자로에서 사라지는 중성자의 비율과 생성되는 비율의 균형을 맞추는 것이 필요하다. 중성자는 2가지 방식으로 사라질 수 있는데, 일부 유형의 핵반응 중 흡수 또는 원자로 표면으로부터의 누설에 의해서다. 중성자 흡수율과 누설률의 합이 중성자 생성률과 정확하게 일치한다면 원자로는 임계상태다. 만일 생성률이 흡수율과 누설률의 합보다 크면 원자로는 초임계상태다. 반대로 생성률이 작다면 원자로는 미임계상태다. 중성자의 생성률, 흡수율, 누설률은 원자로의 크기와 구성에 따라 달라진다. 5장과 6장에서 위의 3가지 비율과 원자로 크기와 구성 사이의 정확한 분석적 관계를 도출할 수 있다는 것을 보일 것이다. 이들 관계는 원자로를 임계상태로 만드는 데 필요한 원자로의 크기와 물질 특성들을 결정한다.

4.2 원자로 핵연료

변환(conversion)과 증식(breeding)

3.7절에서 설명한 것처럼 핵분열성 또는 핵분열가능 원자핵에 의해 흡수되는 중성자 1개당 평균적으로 η개의 핵분열 중성자가 방출된다. 따라서 임계상태가 되기 위해서는 원자로에 η값이 1보다 큰 핵종을 핵연료로 채워야 한다. 만일 η값이 1보다 작다면 한 세대에서 한 번의 핵분열은 필연적으로 다음 세대에서는 그보다 적은 수의 핵분열로 이어져서 원자로는 임계상태에 도달할 수 없다. 그러나 이미 설명했듯이, 중성자 중 일부는 비핵분열 흡수반응이나 계통으로부터의 누설로 인해 불가피하게 사라지기 때문에 η값은 정확히 1이 될 수 없고, 임계상태에 도달할 수 없다.

핵분열 자료를 검토해 보면 η는 핵분열성 핵종들에 대해서는 모든 입사 중성자 에너지에서, ^{232}Th와 ^{238}U과 같이 핵분열은 가능하지만 비핵분열성 핵종들에 대해서는 그들의 핵분열 문턱값(threshold)보다 훨씬 큰 에너지에서만 1보다 상당히 큰 값을 갖고 있다는 것을 알 수 있다. 비핵분열성 핵종에 대해, 핵분열 문턱값 이상의 에너지를 갖는 중성자들만이 핵분열을 유도할 수 있다. 비핵분열성 핵종들만으로 채워져 있는 원자로의 경우, η의 유횻값은 실제 η값에 핵분열 문턱값 이상의 에너지를 가진 중성자가 원자로에 흡수되는 비율을 곱한 것과 같다. 유감스럽게도 이 값은 항상 1보다 작기 때문에 비핵분열성(nonfissile) 물질만으로는 원자로를 임계상태로 만들 수 없다. 따라서 핵분열성 핵종들이 모든 원자로 핵연료의 필수 재료이다.

자연에서 발견되는 핵분열성 핵종은 오직 ^{235}U 하나뿐이며, ^{235}U의 동위원소비는 0.72 *a/o*이다. 미량의 ^{234}U를 제외하면 *천연우라늄*(*natural uranium*)의 나머지는 ^{238}U이다. 그러므로 139개의 우라늄 원자 중 오직 하나만이 ^{235}U이다. 이와 같이 핵분열성 동위원소의 낮은 농도에도 불구하고 어떤 유형의 임계 원자로에는 천연우라늄을 핵연료로 채울 수 있으며, 모든 초창기 원자로는 이와 같은 형태를 띠고 있었다. 그러나 대부분의 현대적 원자로는 *농축우라늄*(*enriched uranium*), 즉 ^{235}U의 농도를 자연 상태보다 증가시킨 우라늄을 필요로 한다. 우라늄 농축방법에 대해서는 4.7절에서 설명한다.

모든 천연자원과 마찬가지로 ^{235}U의 공급은 한정되어 있다. 4.6절에서 핵연료로 사용할 수 있는 전 세계 ^{235}U의 양이 한정되어 있음을 알 수 있다. 실제로, 원자력이 오로지

^{235}U에만 의존한다면 원자력 시대는 상대적으로 짧은 기간—아마도 한 세기 남짓—에 그칠 것이다. 다행스럽게도 *변환*(*conversion*)이라 알려진 과정을 통해 풍부한 비핵분열성 물질로부터 특정한 핵분열성 동위원소를 만들어 내는 것이 가능하다. 변환에 의해 생성될 수 있는 2가지 중요한 핵분열성 동위원소는 ^{233}U과 ^{239}Pu이다. 이 중 ^{233}U은 토륨이 중성자를 흡수하여 만들어지는데, 아래의 반응을 거친다.

$$^{232}\mathrm{Th}(\mathrm{n},\gamma)^{233}\mathrm{Th} \xrightarrow{\beta^-} {}^{233}\mathrm{Pa} \xrightarrow{\beta^-} {}^{233}\mathrm{U} \tag{4.2}$$

식 (4.2) 반응의 결과로 비핵분열성 동위원소 ^{232}Th는 핵분열성 물질인 ^{233}U으로 변환된다. ^{232}Th처럼 핵분열성 물질은 아니지만 중성자를 흡수하여 핵분열성 동위원소를 만들어 내는 동위원소를 *핵연료성*(*fertile*) 원소라고 한다.

식 (4.2)의 반응을 유발하는 것은 비교적 간단한 일이다. 천연 토륨은 순전히 ^{232}Th이다. 따라서 임계 원자로 속에 어떤 형태로든지 토륨을 집어넣고 중성자 조사를 시키면 된다. 적절히 조사한 후, ^{233}U이 원하는 수준에 도달하면 토륨을 원자로에서 빼내서 토륨으로부터 ^{233}U을 추출한다. 토륨과 우라늄은 화학적으로 완전히 다른 2개의 원소이기 때문에 화학적 방법으로 추출한다. 그러나 한 가지 예외(4.5절 참조)를 제외하고, 핵연료로서 ^{233}U에 대한 수요가 없기 때문에 토륨으로부터 ^{233}U을 거의 생산하지 않고 있다. 그렇지만 토륨은 여전히 핵연료의 중요한 잠재적 자원이다.[1]

^{239}Pu는 식 (4.2)와 유사한 반응을 통해 얻는다.

$$^{238}\mathrm{U}\,(n,\gamma)^{239}\mathrm{U} \xrightarrow{\beta^-} {}^{239}\mathrm{Np} \xrightarrow{\beta^-} {}^{239}\mathrm{Pu} \tag{4.3}$$

이 경우 핵연료성 동위원소는 ^{238}U이다. ^{239}Np는 중간 핵종이다. 이 반응을 실제로 일으키기 위해서는 반드시 ^{238}U을 원자로에서 조사시켜야 한다. 그러나 현재 설계된 대부분의 원자로에서는 사동적으로 일어난다. 앞에서 설명한 것처럼 대부분의 현재 원자로들은 ^{235}U를 약간 농축한 우라늄을 핵연료로 사용한다. 따라서 실제로 이들 원자로 핵연료의

1 인도는 우라늄은 거의 없지만 토륨 매장량이 많기 때문에 ^{233}U을 핵연료로 사용하는 것을 활발하게 연구하고 있다.

대부분은 ^{238}U이고, ^{238}U에서 ^{239}Pu로의 변환은 원자로의 정상 운전 중에 자연스럽게 일어난다. 우라늄과 플루토늄은 다른 원소이므로, 나중에 핵연료로부터 플루토늄을 화학적으로 추출한다. 핵연료성 물질로부터 핵분열성 물질을 화학적으로 추출하는 것을 *핵연료 재처리*(*fuel reprocessing*)라 부르며, 이에 대해서는 4.8절에서 설명한다.

^{239}Pu는 원자로에서 만들어진 후 중성자를 흡수하여 핵분열을 일으키거나 ^{240}Pu으로 변환된다. 핵분열성 물질이 아닌 ^{240}Pu은 또 다른 중성자를 포획하여 핵분열성 동위원소 ^{241}Pu이 될 수 있다. ^{241}Pu은 핵분열을 하거나 ^{242}Pu로 변환된다. 따라서 재처리에 의해 원자로 핵연료로부터 추출된 플루토늄에는 동위원소 ^{239}Pu, ^{240}Pu, ^{241}Pu, ^{242}Pu가 포함되어 있으며, 그 양은 앞의 순서에 따라 적어진다. 각 동위원소의 함량 비율은 재처리하는 시점에서의 핵연료 연소도에 따라 달라진다. 핵연료 연소도에 대해서는 이 절의 뒷부분에서 설명하기로 한다.

변환 과정은 *변환율*(*conversion ratio*) 혹은 *증식률*(*breeding ratio*)이라 불리는 C 라는 변수에 의해 정량적으로 설명할 수 있다. 이것은 소모되는 핵분열성 원자당 원자로에서 생성되는 핵분열성 원자의 평균 개수로 정의된다. 즉, 핵연료 내에서 N 개의 원자가 소모될 때 핵연료성 물질 원자 NC개가 새로운 핵분열성 원자로 변환된다. 그러나 새롭게 생성된 핵분열성 동위원소가 원자로 핵연료의 동위원소와 동일하다면 새로운 원자는 나중에 핵연료성 물질의 또 다른 원자 $NC \times C = NC^2$ 개로 변환되는 데 소모된다. 이들은 NC^3개의 핵연료성 원자로 변환되기 위해 소모된다. 이런 과정이 계속된다. C가 1보다 작다면, 소모된 N개의 핵연료 원자는 총

$$NC + NC^2 + NC^3 + \cdots = \frac{NC}{1 - C}$$

개의 핵연료성 원자로 변환된다는 것을 쉽게 알 수 있다. $C = 1$일 때는 주어진 양의 핵연료로 시작하여 무한한 양의 핵연료성 물질로 변환될 수 있다.

예제 4.1

천연우라늄으로 채워져 있는 임계 원자로에서 ^{235}U에 흡수되는 모든 중성자들 중에서 0.254개의 중성자가 ^{238}U의 공명에 의해 흡수되고, 0.640개의 중성자가 열에너지 ^{238}U에 의해 흡수되는 것을 관찰할 수 있다. 원자로로부터 중성자 누설이 없다고 가정했을 때, (a) 원자로의 변환율은 얼마인가? (b) 1 kg의 ^{235}U가 소비될 경우 ^{239}Pu가 몇 kg 생성되는가?

풀이

1. 공명이나 열에너지를 갖든 상관없이 ^{238}U에 의한 모든 중성자 흡수는 식 (4.3)의 반응을 통해 ^{239}Pu를 생산한다. 더구나 ^{235}U 원자핵이 중성자를 흡수할 때마다 그 원자핵은 소모된다. 복합핵은 핵분열을 하거나 감마선을 방출하며 ^{236}U이 된다. 따라서 소모된 ^{235}U 원자당 생성되는 ^{239}Pu의 총수는 $0.254+0.640=0.894$이다. 정의에 따라 변환율 $C=0.894$이다.
2. 1 kg의 ^{235}U가 소비되면, 1,000 N_A/235개의 ^{235}U 원자가 중성자를 흡수하고 사라진다. N_A는 아보가드로수이다. C의 정의에 의해 $C\times1000\ N_A/235$의 ^{239}Pu 원자가 생성되고, 총 질량은 $C\times1000\times239/235$ g 혹은 $C\times239/235$ kg이다. 따라서 ^{235}U 1 kg이 소비되면 $0.894\times239/235=0.909$ kg의 ^{239}Pu가 생산된다.

C가 1보다 클 경우 매우 중요한 상황이 발생한다. 이 경우 핵분열성 원자 하나가 소비될 때마다 하나 이상의 핵분열성 원자가 생산되는데, 이러한 과정을 *증식*(*breeding*)이라 부른다. 증식이 일어날 수 있도록 설계된 원자로를 *증식로*(*breeder reactor 또는 breeder*)라 한다. 변환은 일어나지만 증식은 일어나지 않는 원자로를 *변환로*(*converter*)라 부른다. 변환도 증식도 하지 않으며 단순히 핵연료를 소비하는 원자로를 *연소로*(*burner*)라 부른다. 증식로는 핵분열에서 방출되는 에너지를 통해 전력을 공급할 뿐 아니라, 소비하는 핵연료보다 더 많은 핵분열성 핵연료를 생산한다는 점에서 매우 놀라운 장치라 할 수 있다.

당연히, 단지 변환만 하는 원자로보다 증식을 하는 원자로를 설계하는 것이 더 어려운 일이다. 예를 들면 변환을 위해서는 η이 1보다 반드시 커야 하지만 증식을 위해서는 2보다 커야 한다. 왜냐하면 하나의 핵분열 중성자는 원자로 임계상태를 유지하고 연쇄반응을 유지하기 위해 결국 핵연료에 흡수되기 때문이다. 만약 원자로가 증식을 해야 한다면 하나 이상의 중성자가 새로운 핵분열성 동위원소를 생산하기 위해 핵연료성 물질에 흡수되어야 한다. 일부 중성자는 비연료 원자에 의해 흡수되거나 누설로 인해 손실되기 때문에 η는 2보다 커야 한다.

여기에서 η이 상수가 아니라 핵분열을 유도하는 중성자의 에너지에 따라 달라진다는 것을 인식하는 것이 중요하다. 그림 4.2에는 ^{233}U, ^{235}U, ^{239}Pu에 대해 η가 중성자 에너지에 따라 변하는 것이 나타나 있다. 열중성자 에너지($E \simeq$ 0.025 eV)일 때 ^{233}U에 대한 η값은 2.29이며, 이 값은 증식이 일어나기에 충분하다. 따라서 대부분의 핵분열이 열중성자에 의해 유도되도록 설계된 원자로, 즉 *열중성자로*(*thermal reactor*)에 ^{233}U을 핵연료로 채우면 증식이 가능하다. 반면 ^{235}U와 ^{239}Pu에 대한 η의 열중성자 값은 각각 2.07과 2.14인데, 이는 증식을 하기에 충분히 큰 값은 아니다.

그림 4.2를 보면 ^{235}U의 경우 1 eV에서 100 keV 사이, ^{239}Pu의 경우 10 eV에서 20 keV 사이의 중간 에너지 영역에서 η값이 2 아래로 떨어지는 것을 관찰할 수 있다. 이 영역에서 대부분의 핵분열이 일어나는 원자로에 이들 동위원소를 핵연료로 사용한다면 증식은 일어날 수 없다. 현재 ^{233}U을 핵연료로 사용했을 때 제한된 방법으로나마 증식이 가능한 중속중성자로를 만들 수 있음이 밝혀졌다. ^{233}U의 η값이 중간 에너지 영역에서도 2보다 상당히 커야 증식이 일어날 수 있다(4.5절의 LWBR 참조).

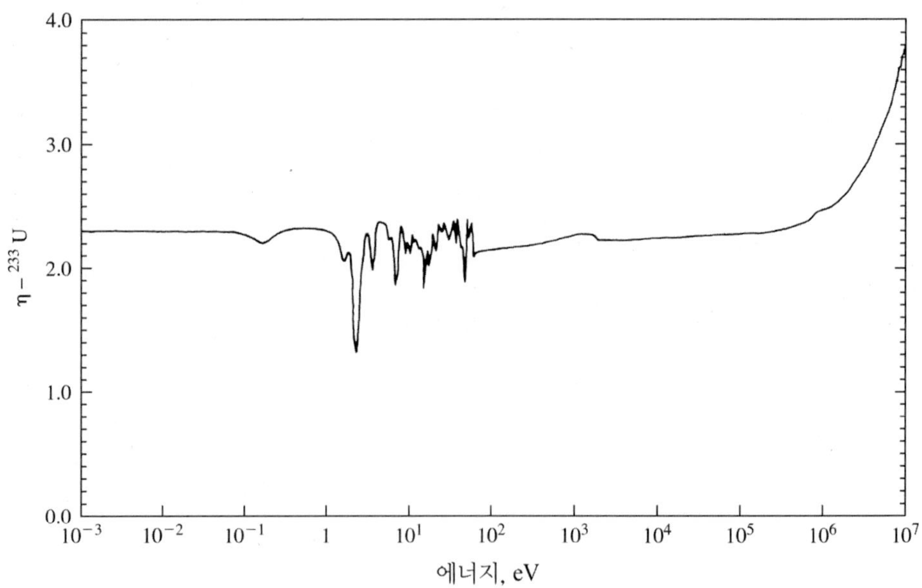

그림 4.2a ^{233}U의 에너지에 따른 η값의 변화(National Neutron Cross Section Center, Brookhaven National Laboratory의 자료를 이용하여 그림)

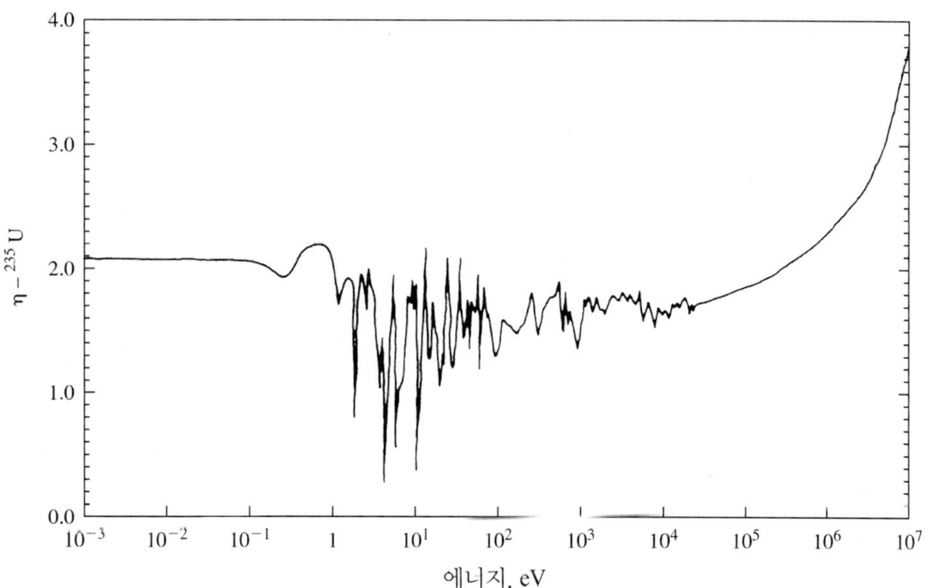

그림 4.2b ^{235}U의 에너지에 따른 η값의 변화(National Neutron Cross Section Center, Brookhaven National Laboratory의 자료를 이용하여 그림)

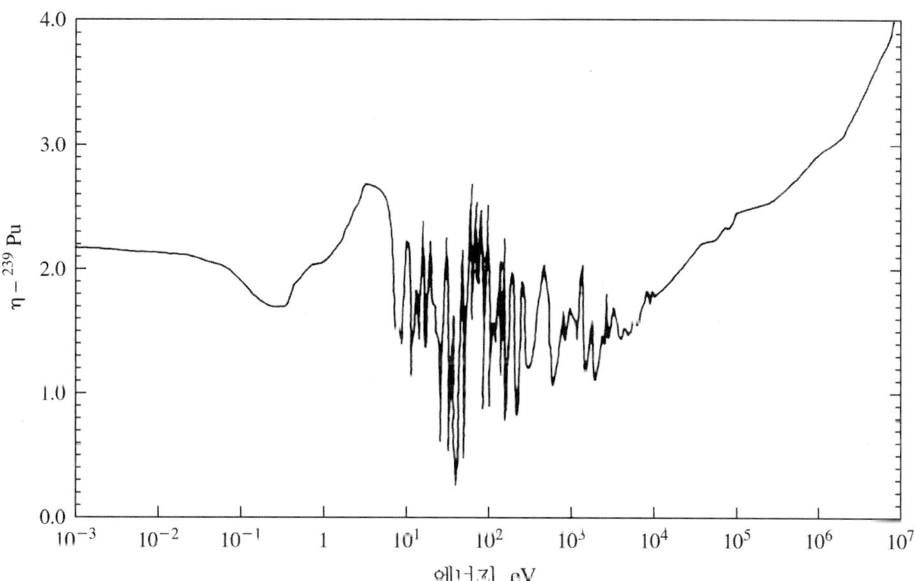

그림 4.2c ^{239}Pu의 에너지에 따른 η값의 변화(National Neutron Cross Section Center, Brookhaven National Laboratory의 자료를 이용하여 그림)

그림 4.2에 보이는 것처럼 100 keV 이상의 에너지에서는, 3가지 핵분열성 물질 모두에 대한 η가 2보다 충분히 크다. η에 관한 한, 충분한 에너지를 갖는 중성자에 의해 대부분의 핵분열이 유도될 수 있는 방식으로 원자로가 설계되었다면, 이들 핵연료로 증식시키는 것이 가능하다. 이러한 종류의 원자로를 *고속로(fast reactor)*라고 부르거나, 증식을 위해 설계되었기 때문에 *고속증식로(fast breeder)*라 부르기도 한다. 그러나 안타깝게도 ^{235}U의 η가 증식을 하기에 충분히 크지만 자연에 ^{235}U로 변환될 수 있는 핵연료성 물질은 없다. 따라서 고속로가 소모되는 ^{235}U보다 ^{238}U로부터 더 많은 ^{239}Pu를 만들어 내지만, ^{235}U는 소비되어 영구히 없어진다. 어떤 고속로는 플루토늄의 초기 공급이 없을 때 ^{235}U 핵연료로 기동하지만 결국에는 플루토늄으로 채워진다. η값이 더 크기 때문에 플루토늄 핵연료가 ^{233}U보다 더 선호된다. 따라서 고속로는 거의 항상 플루토늄을 핵연료로 사용한다.

원자로에서 증식이 일어나는 정도는 *증식이득(breeding gain)*—기호 G로 표현되는 변수—에 의해 설명된다. 이는 원자로에서 소비되는 핵연료 원자당 핵분열성 원자수의 *순 증가량(net increase)*으로 정의된다. 증식비 C는 소비되는 핵연료 원자당 생성되는 핵연료 원자의 총수이고, G와 C의 관계는 다음과 같다.

$$G = C - 1$$

$C = 1.2$라 가정하면, 이는 원자 하나가 소비될 때 1.2개의 새로운 핵연료 원자가 생성된다는 것을 의미한다. 소비되는 원자당 생성되는 핵연료 원자수의 순 증가량은 0.2이고, 증식이득은 0.2이다.

증식은 또한 *배가시간(doubling time)*이라는 용어로 설명할 수 있다. 이것은 원자로 내 핵분열성 물질의 양이 2배가 되는 데 걸리는 가상의 시간 간격을 말한다. 배가시간을 계산하기 위해, 원자로가 P_0 MW의 일정한 열출력 상태로 운전된다고 가정하자. 이 원자로는 하루에 wP_0의 일정한 속도로 핵분열성 물질을 소비한다. w는 단위출력당 핵연료 소모율이다(3.7절에 따르면 ^{235}U를 핵연료로 사용하는 원자로의 경우 $w = 1.23$ g/day·MWt). 이는 wP_0N_A/M_f의 핵연료 원자를 소비하는 것과 같다. N_A는 아보가드로수이고, M_f는 핵연료의 원자량이다. 앞의 G의 정의로부터 wP_0N_A/M_f 핵연료 원자의 소비는 GwP_0N_A/M_f개의 원자를 생성하고, 이는 핵연료 원자의 하루 순 생성률이 GwP_0 g/day임을 의미한다.[2] 만약 이 새로운 핵연료를 원자로에서 제거하지 않는다면 계통 내 총 핵연료량은 초기량 m_0로부터 시간에 비례해 선형적으로 증가할 것이다. *선형 배가시간* (*linear doubling time*)을 원자로 내 총 핵연료량이 초기량의 2배인 $2m_0$가 될 때까지 필요한 시간 t_{Dl}로 정의한다. 그러면, 다음과 같이 표현할 수 있다.

$$GwP_0 \times t_{Dl} = m_0 \tag{4.4}$$

$$t_{Dl} = \frac{m_0}{GwP_0}$$

새롭게 생성되는 모든 핵연료를 원자로에 축적되도록 내버려 두는 것은 비효율적 과정이다. 여분의 핵연료는 원자로의 운전 상태를 유지하는 데 필요하지 않기 때문에 제거되는 것이 나을 수도 있으며, 다른 증식로에서 제거된 핵연료들을 모아 또 다른 증식로의 핵연료로 사용할 수도 있다. 이러한 방식으로 모든 핵연료에서 생산되는 총 출력은 최초의 증식로와 다른 증식로의 핵연료가 증가함에 따라 증가한다. 증식로는 수명기간 중 정기적으로 재장전되기 때문에(보통 2년마다 1회나 2회), 이런 유형의 운전은 실제 상황에 보다 가깝게 일치한다.

주어진 핵연료량으로부터 생산할 수 있는 원자로 출력은 그 질량에 비례한다는 것을 알 수 있다(연습문제 6.8 참조).

$$P = \beta m \tag{4.5}$$

여기서 β는 상수이다. 앞에서 설명했듯이 질량의 증가율은 다음과 같이 주어진다.

$$\frac{dm}{dt} = GwP$$

이 식은 다음과 같이 쓸 수 있다.

$$\frac{dm}{dt} = Gw\beta m$$

---

2 새롭게 생산된 핵연료와 소모된 핵연료는 같은 원자량을 가지고 있다고 가정한다. 만약 다르다면 생성률에 그들 원자량의 비를 곱해야 한다.

이 식은 아래의 해를 갖는다.

$$m = m_0 e^{Gw\beta t} \tag{4.6}$$

여기서 m_0는 초기 핵연료량이다.

종종 *복합 배가시간*(*compound doubling time*)이라 불리는 지수 배가시간 t_{De}은 식 (4.6)에 따라 m이 $2m_0$가 될 때까지 걸리는 시간으로 정의한다. 이는 다음과 같이 됨을 알 수 있다.

$$t_{De} = \frac{\ln 2}{Gw\beta} \tag{4.7}$$

식 (4.5)로부터

$$\beta = \frac{P_0}{m_0}$$

위 식에서 P_0는 초기 출력이다. β를 식 (4.7)에 대입하면

$$t_{De} = \frac{m_0 \ln 2}{Gw P_0} \tag{4.8}$$

식 (4.4)와 (4.8)을 비교하면

$$t_{De} = t_{Dl} \ln 2 = 0.693\, t_{Dl} \tag{4.9}$$

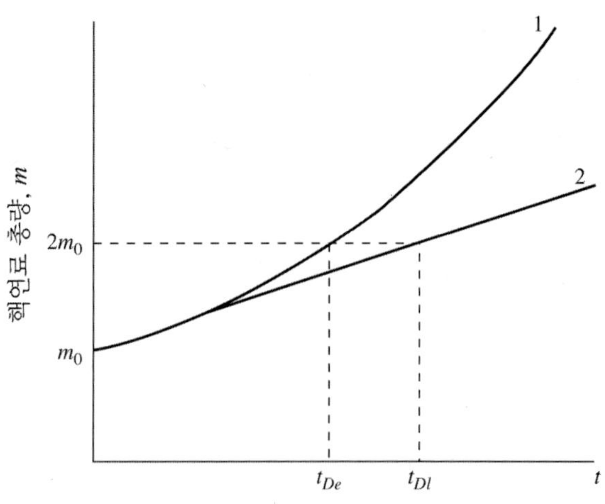

그림 4.3 두 가지 조건에서 증식에 의한 핵연료 총량 증가: (1) 다른 증식을 위해 새로운 핵연료가 계속해서 추출되고 사용될 때 (2) 새로운 핵연료를 원자로에 남겨 놓을 때

총 핵연료량의 증가와 두 가지 배가시간 t_{Dl}, t_{De}을 그림 4.3에 나타냈다. t_{Dl}과 t_{De} 둘 다 실제로 사용된다. 그러나 t_{De}가 일상적인 핵연료 관리 유형을 더 잘 반영하고 있기 때문에, *배가시간*이라고 하면 이것을 주로 가리킨다.

원자로 운영자가 핵분열성 물질의 양을 2배로 얻을 수 있는 실제 시간은 앞서 계산한 배가시간들보다 길다. 왜냐하면, 새롭게 생성된 핵연료 물질을 원자로에서 빼내 화학적으로 처리하고 원자로에 장전하기 적합한 형태로 가공하는 데 필요한 시간을 유도과정에서 고려하지 않았기 때문이다. 따라서 다른 인자들이 같다면(이들은 결코 같지 않다), 가장 최적의 증식로는 t_{De}가 가장 짧은 원자로이다.

예제 4.2

가상의 고속증식로가 ^{239}Pu와 ^{238}U의 혼합물로 채워져 있다. 전 출력으로 운전 중일 때 플루토늄은 하루에 1 kg 정도의 속도로 소모된다. 최초 가동될 때 원자로가 ^{239}Pu 500 kg을 가지고 있고, 증식이득은 0.15이다. (a) ^{239}Pu가 생성되는 속도는 얼마인가? (b) 이 원자로의 선형 및 지수 배가시간을 계산하라.

풀이

1. *증식이득* 정의로부터 원자로는 ^{239}Pu 원자 하나가 소모될 때마다 ^{239}Pu 원자 0.15개가 추가로 생성된다. 1 kg을 기준으로 했을 때 0.15 kg이 추가적으로 생성된다는 의미이다. ^{239}Pu의 하루 소모량이 1 kg이므로 플루토늄의 하루 생성률은 0.15 kg/day 또는 55 kg/yr이다.
2. 식 (4.4)에 있는 인자 wP_0는 총 핵연료 소모율이다. 이 문제에서는 이 값이 1 kg/day이다. 식 (4.4)에 따라

$$t_{Dl} = \frac{500\text{kg}}{0.15\text{kg/day}} = \frac{500\text{kg}}{55\text{kg/yr}} = 9.1\,\text{yr}$$

3. 식 (4.9)로부터

$$t_{De} = 0.693 \times 9.1 = 6.3\,\text{yr}$$

핵연료 성능 — 연소도와 비연소도

주어진 양의 핵연료에 의해 핵분열로 방출되는 총 에너지를 핵연료 *연소도(burnup)*라 부르며 MWd(megawatt day)로 측정된다. 핵연료 단위질량당 방출되는 핵분열 에너지를 핵연료 *비연소도(specific burnup)*라 하며, 보통 톤(metric ton) 또는 킬로그램당 MWd로 표현된다(MWd/t 혹은 MWd/kg). 3.7절에서 설명한 내용에 따르면 ^{235}U 1.05 g의 핵분열은 1 MWd를 산출한다. 따라서 이 핵연료에 대한 이론적 최대 연소도는

$$\frac{1\,\mathrm{MWd}}{1.05\mathrm{g}} \times \frac{10^6\,\mathrm{g}}{t} = 950{,}000\,\mathrm{MWd/t}$$

또는 950 MWd/kg이다.

핵연료의 성능을 *연소비(fractional burnup)*(%로 표현됨)로도 설명한다. 이는 β로 표기하며, 특정 질량의 핵연료에 원래 있었던 무거운 원자의 총수에 대해 그 핵연료에서 일어난 핵분열 수의 비로 정의된다.

$$\beta = \frac{\text{핵분열의 수}}{\text{중원자의 초기 수}} \tag{4.10}$$

모든 핵연료 원자의 핵분열($\beta = 1$)은 950,000 MWd/t를 산출하고, 비연소도는 언제나 β에 비례하기 때문에 ^{235}U에 대해 다음 식이 성립한다.

$$\text{비연소도} = 950{,}000\,\beta\mathrm{MWd/t} \tag{4.11}$$

주어진 원자로 핵연료로부터 얻을 수 있는 최대 비연소도는 7.6절에서 논의되는 몇 개의 인자에 좌우된다.

예제 4.3

열중성자로에 ^{235}U가 3 w/o로 농축된 UO_2 핵연료 95톤이 채워져 있다. 이 원자로는 핵연료 재장전을 위해 정지되기 전까지 750일 동안 3,300 MW 출력 수준으로 운전한다. (a) 정지 시 핵연료의 비연소도는 얼마인가? (b) 정지 시 연소비는 얼마인가?

풀이

1. 핵연료의 총 연소도는 $3{,}300 \times 750 = 2.48 \times 10^6$ MWd이다. 3 w/o 농축우라늄의 원자량은 대략 238이므로, 98톤의 UO_2 중 $98 \times 238/(238+2\times16) = 86.4$톤이 우라늄이다. 비연소도는 $2.48\times10^6/86.4 = 28{,}700$ MWd/t이다.
2. 식 (4.11)로부터 연소비는

$$\beta = \frac{28{,}700}{950{,}000} = 0.0302 = 3.02\%$$

[주: 예제와 같이 저농축 우라늄을 핵연료로 사용하는 원자로는 핵연료의 대부분이 ^{238}U이다. ^{238}U의 일부분은 원자로가 운전됨에 따라 플루토늄 동위원소로 변환되고, 원자로에서 플루토늄 일부는 핵분열된다. ^{238}U의 또 다른 일부는 고속중성자와 반응하여 핵분열한다. 이러한 원자로에서는 핵분열의 40% 이상이 실제로 ^{235}U 이외의 원자에서 일어난다. 이 문제에서 β값이 핵연료 농축도(3 w/o)보다 큰 이유를 여기에서 찾을 수 있다. 실제로 사용후연료는 원자로에서 인출 시 여전히 1 w/o 정도로 농축된 ^{235}U를 가지고 있다.]

편의상 핵분열성 및 핵연료성 핵종들을 2차세계대전 중 이루어진 맨해튼 프로젝트에서 도입한 단순한 숫자 코드로 자주 구분한다. 어떤 핵종의 원자번호가 Z이고, 질량수가 A일 때, $Z = ab$로 $A = cde$로 표시하고, a, b, c, …는 숫자들이라고 하자. 그 코드에 따르면 문제의 핵종은 두 자리 숫자 be로 구분된다. 즉 ^{235}U는 “25”, ^{238}U은 “28”, ^{239}Pu는 “49”, ^{241}Pu는 “41” 등이다. 이 코드는 표기를 단순하게 하므로, 이 책 전반에 걸쳐 사용하기로 한다.

»» 4.3 원자력 발전소의 비핵 기기

세계 최초의 원자로(흑연에 천연우라늄을 끼워 넣은 조립체)가 1942년 12월 2일 시카고에서 임계에 도달한 이후, 수많은 원자로가 다양한 목적, 즉 ^{238}U을 ^{239}Pu으로의 변환, 배, 비행기, 로켓 및 위성의 추진, 의학적 이용, 연구, 전기 생산 등의 목적을 위해 설계 및 건설되었다. 이 책에서 모든 원자로를 자세하게 다루는 것은 불가능하다. 대신 가장 마지막 범주의 원자로, 즉 전기 생산을 위한 원자로에 초점을 맞추기로 한다. 오늘날 대부분의 핵공학자들은 이런저런 방식으로 원자력 발전 산업에 종사한다.

모든 원자력 발전소의 원자로에서 방출되는 핵분열 에너지는 원자로에서 직접 또는 *증기발생기*(*steam generator*)라 부르는 보조 열교환기에서 증기를 생산하는 데 사용한다. 원자로 혹은 원자로와 증기발생기를 합쳐 *핵증기공급계통*(*nuclear steam supply system, NSSS*)이라고 한다. NSSS는 재래식 화석연료 발전소의 증기 보일러와 같은 기능을 수행한다. 이 절에서는 발전소에서 증기를 사용하는 방법에 대해 다루고, 원자로와 핵증기공급계통은 이어지는 2개의 절에서 다루기로 한다.

그림 4.4는 원자력 발전소 내에서 증기가 원자로 혹은 증기발생기에서 나와 증기로 재변환되어 급수(feedwater)로 되돌아가는 부분까지의 증기계통을 보여 준다. 그림에서 볼 수 있듯이 증기는 전기를 생산하는 발전기와 연결되어 있는 증기터빈을 구동하는 데 사용한다. 적어도 원칙적으로 터빈은 단순한 기계이다. 터빈은 고온 고압의 증기가 터빈의 날을 때릴 때 고속으로 회전하는 축에 고정된 일련의 날개 달린 휠로 구성돼 있다. 여기에서 증기는 물의 기체 상태이며, 그 자체는 액체를 전혀 포함하고 있지 않다. 이것을 강조하여 종종 건증기(dry steam)라고 부른다. 액체와 섞여 있는 증기를 습증기(wet steam)라고 한다. 증기는 가능한 한 건조시켜 터빈으로 이동시킨다. 그러나 터빈의 단을 잇따라 통과하면서 증기의 온도와 압력이 감소하여, 증기의 일부는 액체 상태인 물방울로 응축된다. 터빈의 날개에 떨어지는 물방울은 터빈 날개의 부식을 야기해 결국 터빈 수명을 단축

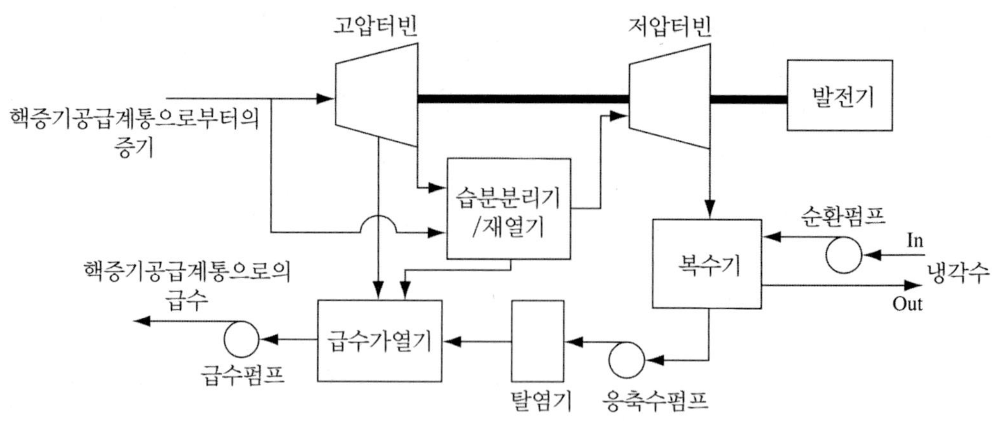

그림 4.4 원자력 발전소 전기생산 시스템 개념도

시킨다. 또한 터빈에 있는 액체의 관성은 효율을 감소시키는 경향이 있다. 이 문제는 여러 가지 방법으로 피할 수 있다.

일정한 압력과 온도에서 물에 열(기화열)을 가하면 물은 증기로 변한다. 이렇게 만들어진 증기는 *포화상태*(*saturated*)라고 한다. 포화증기가 터빈을 통과할 때 포화증기로부터 에너지를 추출하면 증기의 일부분이 액체 상태의 물로 응축된다. 그러나 만약 증기를 물의 끓는점 이상으로 가열하면 증기를 응축시키지 않으면서 열의 일부를 추출할 수 있다. 이런 방식으로 가열된 증기를 *과열상태*(*superheated*)라고 한다. 터빈에 들어가기 전에 증기를 과열시킴으로써 터빈에서 생성되는 물의 총량을 상당히 줄일 수 있다. 과열은 증기 발생기의 특정 부분이나 원자로에서 이 목적으로 설계된 별도의 장치에서 할 수 있다.

이 문제에 대한 또 다른 해결법은, 그림 4.4에서처럼 물의 함량이 특정 수준에 도달하면 터빈에서 습증기를 제거하고[습분분리기(moisture separator)에서 증기를 물로부터 분리한다], 원자로나 증기발생기로부터 더 압력이 높고 뜨거운 증기를 이용하여 이 폐증기를 재가열하여, 이 재가열된 증기(이 시점에서 과열되어 있을 수 있다)를 하나 이상의 저압 터빈을 통과시킨다. 수분분리와 재가열은 동일한 장치에서 이루어지는데, 저압 터빈마다 하나씩 있다. 습증기는 물을 빼내는 금속날개 위로 지나가면서 건증기가 되어 더 뜨거운 NSSS(핵증기공급계통) 증기를 운반하는 관 주위를 지나간다. 재가열은 원자력 발전소뿐만 아니라 화석연료 발전소에서도 활용된다.

저압 터빈으로부터 온 폐증기는 복수기(condenser)로 가서 그곳에서 외부 수원에서 끌어온 물에 의해 냉각되어 물로 응축된다. 증기 사이클 중 이 부분에서 계통에 의해 열이 버려진다. 열 제거는 열역학적 관점에서 발전소 운전이 필수적인 부분이다. 따라서 증기 사이클에서 복수기 부분을 건너뛰고, 폐증기를 원자로 측으로 직접적으로 되돌리는 것은 불가능하다. 그렇게 하면 열역학 제2법칙을 위반하게 되어, 순환 과정에서 어떤 열원으로부터 열을 추출하고 그와 동등한 양의 일을 수행할 수 없게 된다.

응축된 물, 즉 응축수는 탈염기(demineralizer)를 통해 퍼 올려져, 급수로서 증기 사이클의 증기생산 부분으로 돌아간다. 터빈의 중간단계에서 추출한 증기로 급수를 가열하면 발전소 계통의 전반적인 효율이 증가한다는 것이 밝혀졌다. 이 과정을 *재생*(*regeneration*)이라 부른다. 이 가열은 그림 4.4에 보이는 것처럼 급수가열기에서 일어난다. 이들 가열기는 뜨거운 쪽의 터빈 증기와 열을 교환하는 열교환기들이다. 가열되어 원자로나 증기

발생기로 되돌아가면, 증기 사이클의 출력생산 부분은 완료된다.

원자력 발전소의 총 효율은 다음의 비로 정의된다.

$$eff = \frac{W}{Q_R} \tag{4.12}$$

위 식에서 W는 메가와트 단위의 전기에너지 출력률이고(MWe로 표기), Q_R은 원자로의 열에너지 발생률이다(MWt). W값은 Q_R보다 계통의 모든 부분에서 일어나는 열손실의 총량, 즉 다양한 열교환기, 터빈, 펌프, 파이프, 발전기에서 잃는 에너지와 복수기의 냉각수로 방출된 Q_C의 합만큼 작다. 실제로 거의 모든 회수 가능한 핵분열 에너지는 증기로 변환되고 터빈으로 들어간다. 상대적으로 터빈이나 파이프에서의 에너지 손실이 거의 없고, 다양한 펌프를 작동시키는 데 거의 에너지를 사용하지 않는다. 발전기도 고효율로 운전된다. 근사적으로

$$W \simeq Q_R - Q_C \tag{4.13}$$

이고 식 (4.12)는 아래와 같이 다시 쓸 수 있다.

$$eff \simeq 1 - \frac{Q_C}{Q_R} \tag{4.14}$$

이 식으로부터 Q_C의 값이 작을수록 발전소의 효율은 커진다는 것을 알 수 있다. 역으로, 발전소의 효율이 클수록 복수기 냉각수를 통해 손실되는 Q_C의 양이 작다.

실제로는 앞에서 기술한 증기 사이클의 효율은 터빈으로 들어가는 증기의 온도 T_t, 복수기에서 사용되는 냉각수의 온도 T_c 등과 같은 많은 변수에 좌우된다. 특히 효율은 T_t가 증가할수록, 그리고 T_c가 감소할수록 높아진다. 실제 발전소에서 T_c의 값은 환경 조건, 지역의 기온, 복수기의 냉각수 온도에 의해 결정된다. 오직 T_t값만이 발전소 설계자가 조절할 수 있다. 따라서 고효율을 얻기 위해서는 가능한 가장 높은 온도의 증기로 터빈을 작동시키는 것이 필요하다.

발전소 효율은 원자력 발전소와 화력 발전소 모두에게 중요한 고려사항이지만 그 이유는 좀 다르다. 화석연료를 사용하는 발전소의 경우, 전기생산 비용은 Q_R를 제공하기 위해 대량 소비되는 연료의 가격에 의해 주로 결정된다. 식 (4.12)로부터, 고효율을 얻으려

면 주어진 양의 전기를 생산하는 데 연료를 더 적게 소모해야 한다는 것을 알 수 있다. 그러므로 화석연료 발전소에서는 고온의 증기를 만들기 위해 모든 노력을 하고, 터빈 물질의 금속 특성이 허용하는 최대 온도에 가깝게 운전한다.

이에 반해 원자력 발전소의 경우, 전기생산 비용은 연료비 대신 자본 비용(특히 발전소를 건설하는 데 사용된 자금의 이자)에 의해 대부분 결정된다. 따라서 원자력 발전소는 전기생산 비용이 연료비의 영향을 거의 받지 않기 때문에, 효율이 낮고 연료 소모가 많아도 전기를 경제적으로 생산할 수 있다. 현재 가동 중인 다수의 원자력 발전소는 화석연료 발전과 비슷한 고온의 증기를 만들어 낼 수 없기 때문에, 이러한 점은 원자력산업에 행운으로 작용하고 있다. 이는 이들 원자로에 사용되는 핵연료의 온도를 상대적으로 낮게—예를 들어 기존의 재래식 보일러 연소실의 온도보다 낮게—제한했기 때문이다. 이렇게 핵연료 온도를 낮게 한 것은 핵연료의 건전성을 확보하고, 핵연료 내에서 생성된 핵분열 생성물이 그곳에 갇혀 있다는 것을 확신하기 위해서이다.

그러나 현재 원자력 시설의 대부분은 낮은 효율로 인해 최소한 한 가지 이상의 심각한 문제가 있다. 식 (4.14)에서 보듯이, 이들 시설은 필연적으로 화석연료 발전소에 비해 더 많은 양의 열을 외부로 방출한다. 예를 들어 전체 효율이 33%로 운전하고 있는 원자력 발전소는 38%의 효율로 운전하는 화석연료 발전소보다 약 25% 더 많은 열을 외부로 방출한다(연습문제 4.16 참조). 만약 열이 수역으로 부적절하게 방출되거나 수역의 물의 양이 방출된 열의 양에 비해 적다면 수온이 상승해 주변 생태계를 교란시키고, 이는 수원의 악화와 손실을 야기할 것이다. 이러한 현상을 *열오염*(*thermal pollution*)이라 부른다. 이것은 모든 발전소의 부지 선정 및 설계 시 중요한 고려사항이지만, 특히 원자력 발전소에 더욱 그러하다. 열오염을 줄이기 위해 많은 원자력 발전소가 냉각탑을 활용한다. 냉각탑은 (500 ft가 넘는) 대형 구조물로서, 여기에서 냉각수와 대기 사이에 열교환이 일어난다. 이러한 방식으로 복수기의 열이 주변의 수역으로 방출되는 대신 대기에 흡수된다. 냉각탑은 냉각수의 적절한 공급이 연중 보장되지 않는 지역에서조차도 사용될 수 있어야 한다.

효율에 덧붙여 원자력 발전소(혹은 어떤 종류의 발전소든지)의 성능을 설명하기 위해 두 가지 다른 변수를 사용한다. *가동률*(*availability*)과 *이용률*(*capacity factor*)이다. 가동률은 어떤 보고 기간 중 발전소가 가동 상태, 즉 가동 중이거나 전기 수요가 있을 때 즉시 가동될 수 있는 상태로 있었던 시간의 비율로 정의한다. 이용률은 특정 기간 중 발전소가

100% 전 출력으로 운전되었을 때 이론적으로 생산할 수 있는 총 전력량의 백분율이다. 이용률은 가동률보다 같거나 작은데, 이는 발전소가 운전 가능하지 않으면 이용할 수 없기 때문이다. 또한 발전소 운전이 가능해도 예상치 못한 전력 수요나 시설 운전의 경제성 등 때문에 항상 전 출력으로 이용할 수는 없기 때문이다.

미국에 건설된 경수로(4.5절 참조)의 가동률은 화석연료 발전소와 거의 비슷한 90%에 가깝다. 이들 원자력 발전소의 이용률은 일반적으로 88~91% 사이이다.[3] 캐나다에 건설된 중수로의 가동률과 이용률은 이보다 높다.

예제 4.4

정격출력이 1,075 MWe인 원자력 발전소는 1년 동안 실제로는 355,000 MWd의 전력을 송전망에 보낸다. 이 기간 동안 발전소는 핵연료 재장전을 위해 7일, 발전소 일차계통쪽 부품 수리를 위해 15일, 그리고 낡은 부품 교체를 위해 8일 동안 가동을 정지하였다. (a) 그해 발전소의 이용률은 얼마인가? (b) 발전소의 가동률은 얼마인가?

풀이

1. 1년(365일) 동안 전 출력으로 가동하면, 발전소는 1075×365 = 392,375 MWd를 송전할 수 있다. 355,000 MWd만 송전되었으므로, 이용률은 355,000/392,375 = 0.904 = 90.4%이다.
2. 발전소가 정지된 총 일수는 7 + 15 + 8 = 30(day)이다. 따라서 발전소는 335일(=365-30) 동안 운전할 수 있었다. 그러므로 발전소 가동률은 335/365 = 0.918 = 91.85%이다.

---

3 출처: 에너지정보관리청의 월간 에너지 리뷰와 전력 연감

»» 4.4 원자로 부품

증기 발생용 특정 원자로를 다루기에 앞서, 대표적인 원자로의 주요 부품이나 부위를 먼저 살펴보는 것이 도움이 될 것이다. 그림 4.5는 실제 원자로의 모습을 그린 것이 아니고 단순화한 그림이다.

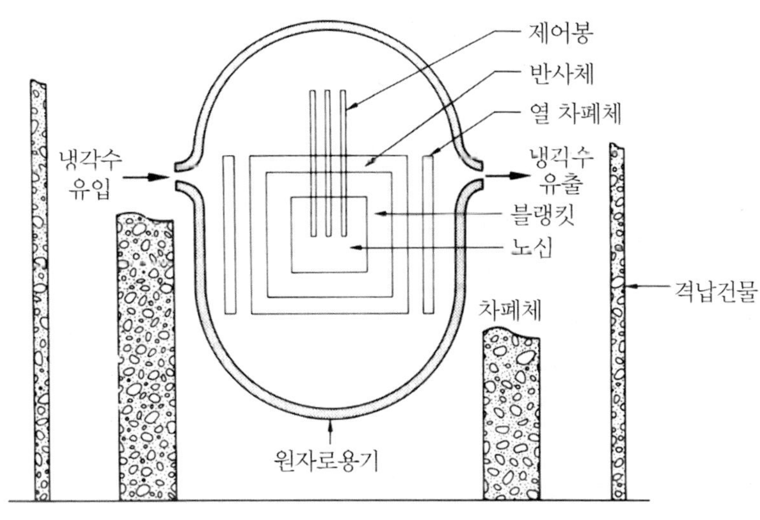

그림 4.5 방사선 차폐체와 격납건물을 포함한 원자로의 주요 부품들

그림 4.5에 보이는 원자로의 중심 영역을 *노심*(*core*)이라 부른다.[4] 열중성자로에서 노심은 핵연료, *감속재*(*moderator*), *냉각재*(*coolant*)를 포함하고 있다. 고속증식로에는 감속재 없이 핵연료와 냉각재만 있다. 앞에서 설명했듯이 핵연료는 원자로의 임계와 핵분열 에너지 방출을 책임지는 핵분열성 동위원소를 포함하고 있다. 그러나 많은 양의 핵연료성 물질도 포함되어 있다. 대부분의 현대적 원자로(열중성자로)는 ^{235}U를 겨우 몇 % 농축한 우라늄을 장전하고 있기 때문에 실제로 핵연료의 대부분은 ^{238}U이다.

4 증식로의 노심은, 원자로를 임계로 만드는, 따라서 계통을 구동하는 부분이기 때문에 종종 *구동부*(*driver*)라고 한다.

열중성자로에만 존재하는 감속재는 중성자를 핵분열에너지에서 열에너지까지 *감속하는(속도를 줄이는, moderate)* 데 사용된다. 3.5절에서 설명했듯이 중성자 감속을 위해서는 질량수가 작은 핵종이 효과적이기 때문에 감속재는 항상 질량수가 작은 물질이다. 감속재로서 물(물 원자의 2/3가 수소이다), 중수, 흑연(탄소의 일반적인 형태)이 주로 쓰인다. 베릴륨과 산화베릴륨, 흰 세라믹 물질이 가끔 사용되기도 했으나, 이들 물질은 비싸다.

냉각재는 그 이름이 암시하듯이 노심이나 열이 생성되는 원자로의 다른 부분으로부터 열을 제거하는 데 사용된다. 물, 중수, 다양한 기체들이 열중성자로의 냉각재로 흔히 사용되는 물질이다. 물이나 중수의 경우, 이들 냉각재는 감속재로도 자주 사용된다. 고속로의 경우, 물과 중수를 최소한 액체 형태로는 냉각재로 사용할 수 없다. 이들 물질은 이런 유형의 원자로에서 에너지를 유지해야만 하는 핵분열 중성자의 속도를 감소시키기 때문이다. 대부분의 고속로는 액체 나트륨으로 냉각한다. 나트륨은 열전달 특성이 좋다. 원자량이 23으로 탄성산란에 의한 중성자 감속에 효과적이지도 않다. (그러나 일부 감속은 비탄성산란의 결과로 일어나기도 한다.) 물론 기체들도 고속로의 냉각에 사용될 수 있다.

증식로 노심 주변은 *블랭킷(blanket)*이라 불리는 핵연료성 물질의 영역이다. 이 영역은 변환이나 증식을 위해 특별히 설계된 곳이다. 노심으로부터 탈출하려는 중성자들은 블랭킷에 가로막혀 다양한 변환 반응을 시작한다. 그러나 출력 중 상당량이 고속중성자가 유도한 핵분열에 의해 블랭킷에서 생성될 수 있기 때문에 노심과 함께 반드시 냉각해야 한다.

노심에 인접한 또는 (존재한다면) 블랭킷에 인접한 영역을 *반사체(reflector)*라 부른다. 이것은 다음과 같은 방식으로 그 기능을 이해할 수 있는 두꺼운 감속물질이다. 노심(혹은 블랭킷)이 반사체가 없이 공기 중에 노출되어 있다고 가정해 보자. 이 경우 노심의 표면을 탈출한 모든 중성자들은 원자로로부터 없어진 것이다. 즉, 어떤 중성자도 노심으로 돌아오지 않는다. 그러나 원자로 주변에 감속재 영역을 위치시킴으로써 일부분의 중성자가 반사체에서 한 번 이상 충돌한 후 노심이나 블랭킷으로 돌아올 수 있다. 물론 모든 중성자가 돌아오는 것은 아니겠지만 일부가 돌아온다. 따라서 연쇄반응을 위한 중성자를 절약할 수 있다. 이 책의 후반부에서 반사체가 원자로 임계에 필요한 핵연료의 양을 상당히 줄일 수 있다는 것을 설명한다.

그림 4.5에 보이는 *제어봉(control rod)*은 이동 가능한 중성자 흡수물질이다. 이름 그대로 제어봉은 원자로를 제어하는 데 사용된다. 제어봉은 중성자를 흡수할 수 있기 때문에

봉의 모든 움직임은 계통의 증배계수에 영향을 준다. 제어봉을 빼면 k가 증가하고, 삽입하면 감소한다. 이렇게 제어봉을 적절하게 움직여서 원자로를 기동하거나 정지시킬 수 있고, 출력을 조절할 수 있다. 핵연료가 소비되고 원자로에 다양한 중성자 흡수 핵분열 생성물이 축적되면, 원자로 임계와 특정 출력 수준의 운전을 유지하도록 제어봉을 조정해야 한다. 제어봉으로 붕소가 중성자 흡수 단면적이 크기 때문에 붕소강, 하프늄이나 카드뮴, 강력한 열중성자 흡수를 할 수 있는 금속 원소들, 은 또는 이들 금속의 다양한 합금들을 사용할 수 있다. 제어봉은 단어 그대로 원통형의 모양일 수도 있고, 시트(sheet), 날(blade) 모양도 있으며, 또는 +모양일 수도 있는데 이것은 *십자형(제어)봉*(*cruciform rods*)이라고 불린다.

다양한 원자로 부품들이 *원자로용기*(*reactor vessel*) 안에 위치하고 있다. 이들 부품들이 압력을 받고 있다면, 그 용기를 *압력용기*(*pressure vessel*)라고 부른다. 노심에서 방출되는 감마선 흡수에 의해 야기되는 원자로용기의 열적 스트레스를 줄이기 위해 일부 원자로에는 두꺼운 감마선 흡수물질(보통 철이나 강철)인 *열 차폐체*(*thermal shield*)를 반사체와 용기 내부 벽 사이에 설치할 필요가 있다. 열 차폐체는 상당한 에너지를 흡수하기 때문에 노심이나 블랭킷과 함께 반드시 냉각되어야 한다.

원자로 정상운전 중 환경과 개인 보호를 위해 방사선을 포함하고 있는 원자로용기와 핵증기공급계통의 다른 부품들은 방사선 차폐체로 둘러싸여 있으며, 차폐체의 양은 원자로 설계에 따라 달라진다. 원자로 사고(특히 원자로로부터 핵분열 생성물이 방출되는 사고) 결과로부터 일반 대중을 보호하기 위해, 전체 원자로 설비는 격납건물로 둘러싸여 있다. 어떤 발전소에서는 격납건물이 핵증기공급계통 전체를 포함하는 커다란 건물의 형태를 띤다. 또 어떤 발전소는 격납건물이 원자로 주위(일차 격납건물)와 그 외의 나머지 부분(이차 격납건물)을 구분하여 둘러싸고 있기도 하다.

그림 4.5에 예시된 여러 가지 부품에 덧붙여 원자력 발전소에서는 비상상황 시 사용될 정교한 안전계통(일부를 11장에서 설명한다)이 반드시 포함되어야 한다. 핵연료 장전과 발전소 밖으로 운반되기 전까지 사용후연료 보관을 위한 설비도 갖춰져 있어야 한다. 계통의 운전 상태를 감시하기 위해 다양한 감지장치들을 원자로용기 내·외부 곳곳에 설치해야 한다. 마지막으로, 발전소를 지지하고 보존하기 위해 상당한 양의 구조 물질이 필요하다. 원자력 발전소는 본래 복잡한 시설이므로 신중하게 설계해야 한다는 것은 명백하다.

»»» 4.5 원자로 및 핵증기공급계통

비교적 짧은 원자력의 역사 속에서, 증기 생산을 위한 많은 유형의 원자로들이 제안되어 왔다. 여기서의 논의는 현재 사용 중이거나 미래에 채택될 가능성이 있는 핵증기공급계통으로 국한한다.

4.6절에서는 한정된 ^{235}U 자원으로 인해 원자력산업이 조만간 증식로로 옮겨 가야 한다는 것을 보여 준다. 증식을 하지 않는 오늘날의 원자로는 장래에 증식로를 도입할 때까지의 중간 시스템으로 인식해야 한다.

동력로 계통은 주로 다섯 가지 종류의 원자로로 구성되어 있다. (1) 원자력산업계의 주류를 이루고 있는 *가압경수로*(*pressurized water reactor*)와 원자로 노심에서 직접 증기를 생산하는 *비등경수로*(*boiling water reactor*), (2) 가압경수로의 기본 요소를 갖추고 있지만 다수의 요소를 상당히 개량한 *개량형 가압경수로*(*evolutionary pressurized water reactor*), (3) *개량형 비등경수로*(*evolutionary boiling water reactor*), (4) *중수감속 원자로*(*heavy-water moderated reactor*), (5) *가스 냉각로*(*gas cooled reactor*)이다.

원자로

가압경수로(*pressurized water reactor*, *PWR*)와 *비등경수로*(*boiling water reactor*, *BWR*)는 냉각수와 감속재로 일반 물, 즉 경수를 사용하기 때문에 *경수로*(*light water reactor*, *LWR*)의 대표적인 범주에 속한다. 중수로는 이름이 암시하듯이 감속재로 D_2O를 사용한다. 반면 가스 냉각로는 감속재로서 탄화물과 같은 고체를, 냉각수로서 헬륨과 같은 가스를 사용한다.

경수로(LWR)

오늘날 전력을 생산하기 위해 세계에서 가장 널리 사용되는 원자로는 경수(light water)에 의해 감속, 반사, 냉각되는 열중성자로이다. 앞서 말한 바와 같이 물은 탁월한 감속 특성을 갖고 있다. 이에 더해 물은 열역학적 성질이 잘 알려져 있는데다 저비용으로 손쉽게 사용할 수 있다. 그러나 물은 높은 증기압을 가지고 있는데, 이는 경수로(LWR)가 반드시 고압에서 운전되어야 한다는 것을 의미한다. 또한 물은 천연우라늄을 경수로의 핵연료로 사용할 수 없게끔 열중성자를 잘 흡수한다. 간단히 말해, 그 원자로는 임계에 도달할 수 없다. 경수로에 있는 우라늄은 항상 최소 어느 정도까지는 농축되어 있어야 한다.

현재 사용 중인 경수로에는 기본적으로 두 종류, 즉 가압경수로(PWR)와 비등경수로(BWR)가 있다. 이 두 종류의 원자로는 미국과 해외에서 많이 건설되어 있으며 화력발전소만큼 저렴한 가격으로 전력을 생산한다.

가압경수로(PWR)

가압경수로는 미국에서 상업용으로 개발된 원자로의 첫 번째 유형 중 하나다. 이 원자로는 전 세계적으로 원자력선과 군함의 표준이 되었다.

그림 4.6은 전형적인 PWR의 단면도이다. 그림에서 보는 것처럼 물은 약 290℃ (554°F)

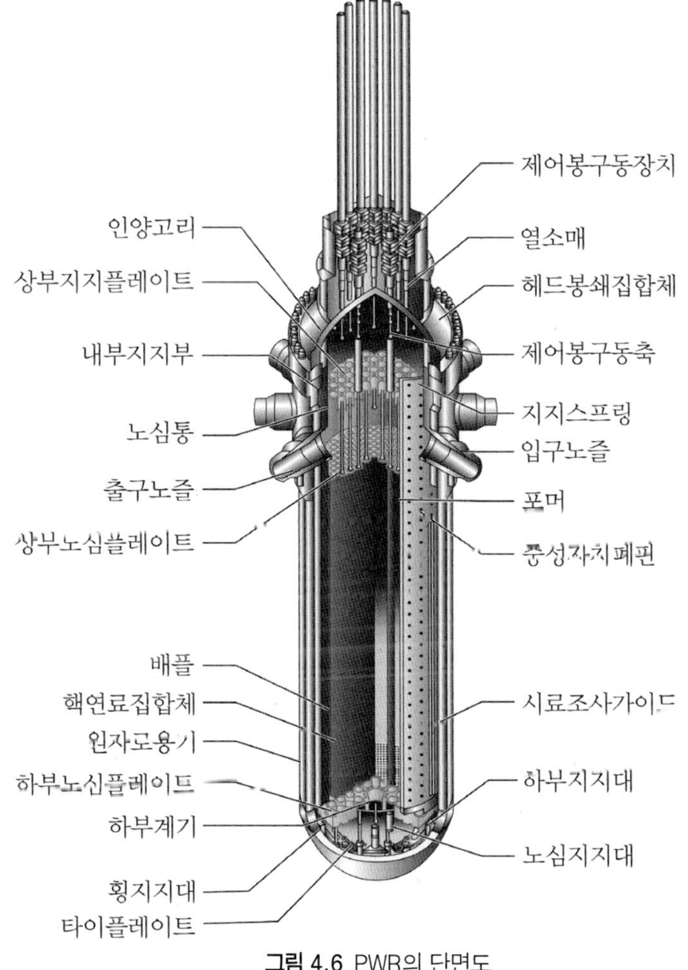

그림 4.6 PWR의 단면도

의 온도로 압력용기로 들어가 노심의 외부를 따라 내려가면서 반사체 역할을 한다. 노심을 통해 위로 올라가면서 데워져 용기를 통해 빠져나갈 때에는 325℃(617°F)가 된다. PWR의 물은 대략 15 MPa(2250 psi)의 고압으로 유지된다. 이 정도 압력에서 물은 끓지 않는다.

원자로 안에서는 물이 끓지 않기 때문에 터빈을 돌리는 증기는 원자로 외부에서 생산

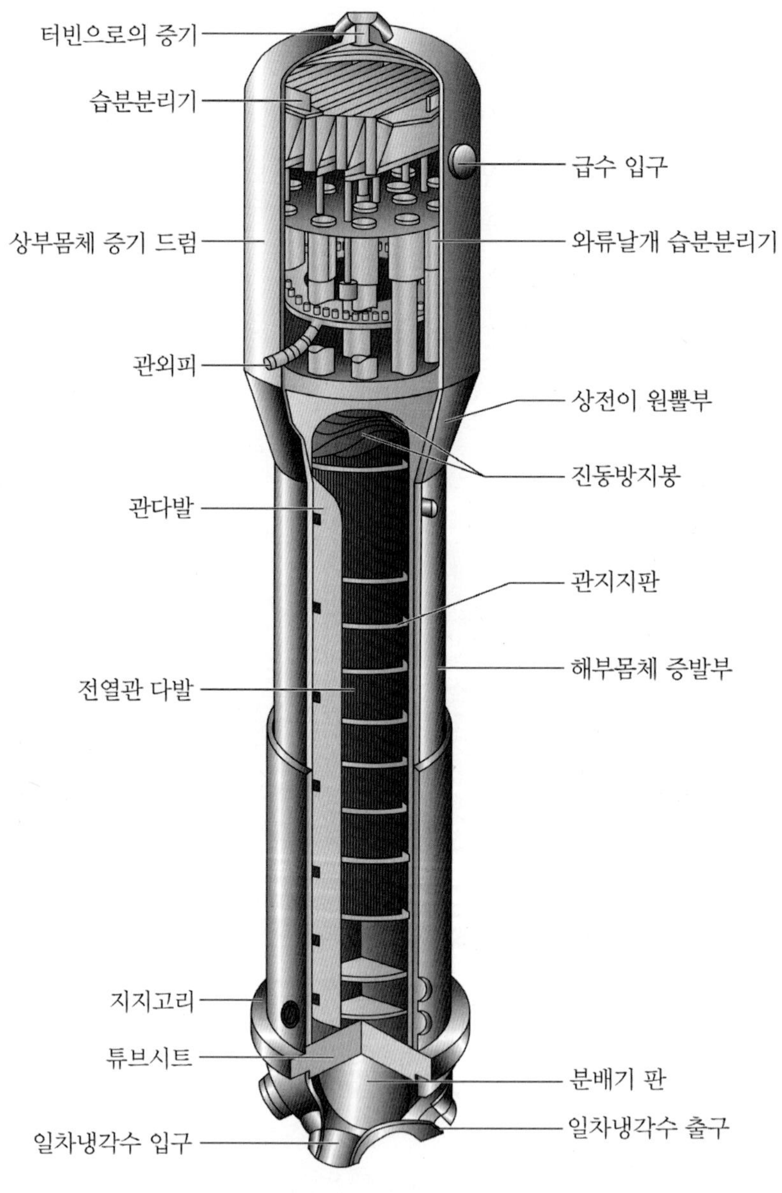

그림 4.7 가압경수로(PWR) U자형 증기발생기

해야 한다. 뜨거운 쪽의 가압수와 열교환을 하는 증기발생기에서 이 역할을 한다. 그림 4.7은 대표적인 증기발생기이다. 고압의 가열된 냉각수는 수천 개의 뒤집힌 U자형 튜브(전열관)를 거슬러 올라갔다가 아래로 내려온다. 이 튜브의 바깥 표면은 터빈 복수기에서 온 압력이 더 낮고 차가운 급수와 접촉한다. 튜브 안의 뜨거운 물로부터 전달된 열은 급수

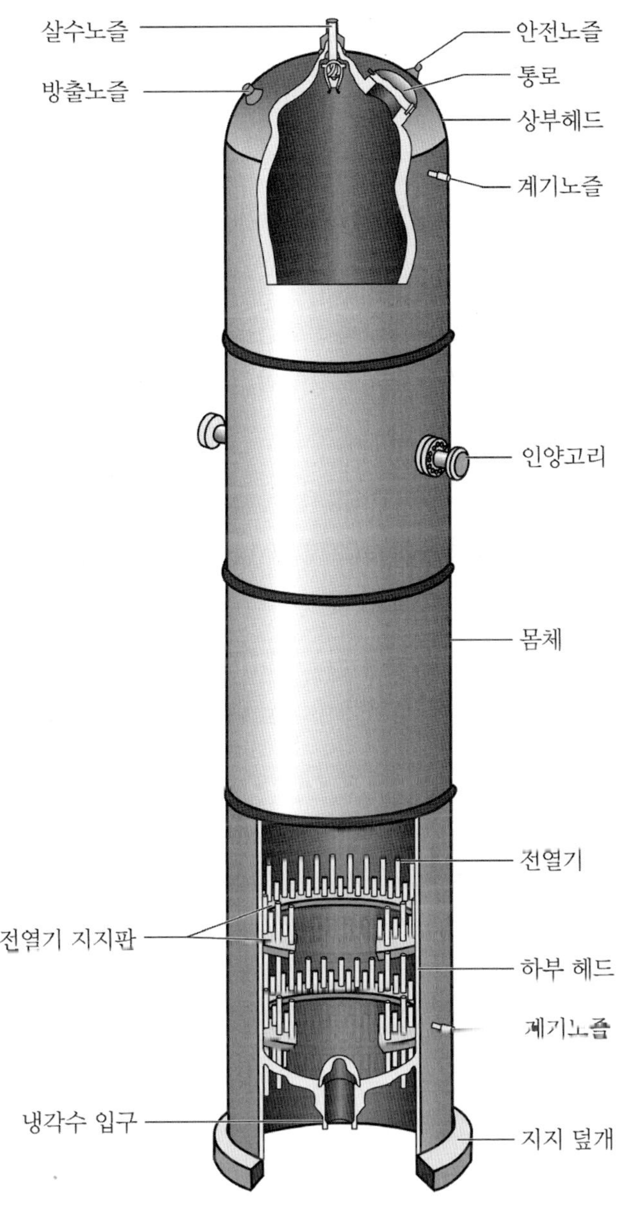

그림 4.8 PWR 가압기

를 끓여 증기를 생산한다. 이러한 비등(boiling)이 발생하는 증기발생기의 하단부를 *증발기 영역(evaporator section)*이라 부른다. 증발기에서 생성된 습증기는 *증기드럼 영역(steam drum section)*으로 알려진 증기발생기 윗부분을 지나간다. 여기에서 증기는 터빈으로 빠져나가기 전에 다양한 습분분리기에서 건조된다. 증기발생기는 U자형 튜브 대신 일자형 튜브로도 제작된다. 대형 PWR 시스템은 293℃(560°F), 5 MPa(750 psi)에서 증기를 생산하는 증기발생기를 많게는 4대나 활용한다. 이 증기발생기가 설치된 PWR 발전소의 전반적인 효율은 32~33%이다.

물은 본질적으로 압축되지 않기 때문에 냉각재 체적의 사소한 변화라도 압력이 크게 변할 수 있고, 발전소에 해로운 영향을 끼칠 수 있다. 예를 들어, 어떤 이유에서 냉각재의 체적이 줄어들면 압력이 감소하여 원자로 내 물의 일부가 증발한다. 이는 일부 핵연료 요소의 과열을 초래한다. 이런 사건의 발생을 막기 위해 PWR의 냉각재 회로 중 하나에 *가압기(pressurizer)*라고 알려진 압력 유지 완충 탱크를 설치하고 있다.

그림 4.8에서 보는 것처럼 가압기는 그 상부와 하부에 각각 물과 증기가 들어 있으며 상단에는 압력구동 살수노즐, 바닥에는 압력구동 투입식 전열기가 장착된 탱크로 이뤄져 있다. 이 장치는 다음과 같은 방식으로 작동된다. 발전소에 대한 전기 부하가 떨어짐에 따라 터빈의 출력이 줄었다고 가정해 보자. 이렇게 되면 원자로 냉각재의 평균 온도가 일시적으로 높아지고 이에 따라 냉각재 체적이 증가한다. 냉각재가 팽창하면 가압기 수위가 올라가면서 증기압을 높여 살수 노즐로 가는 밸브를 작동시킨다. 원자로 냉각재계통의 저온관으로부터 온 물이 가압기의 상부로 분사되면서 증기를 응축한다. 이러한 냉각 조치는 압력을 낮추어 압력 상승을 제한한다. 대신 전기 부하가 증가했을 때는 냉각재 체적 감소로 인해 수위가 떨어지고 가압기 내부 압력이 감소한다. 이것은 결국 물의 일부가 증기로 변하면서 압력 변화를 다시 제한한다. 동시에 압력 감소는 가열기를 작동시키고 감압을 더욱더 제한한다.

PWR 증기공급계통의 주요 부품들을 그림 4.9에 나타냈다. 냉각재 회로 하나에 하나씩 4대의 냉각재펌프가 있지만, 가압기는 전체 시스템에 단 하나만 있는 것을 주목해야 한다.

PWR의 핵연료는 약간 농축되어 있다(2~5 w/o 농축된 이산화우라늄 UO_2, 이것은 녹는점이 약 2,800℃(5,070°F)인 검은 세라믹 물질이다). UO_2는 지름 약 1 cm, 길이 2 cm인 원통형의 작은 소결체로서, 양 끝단은 오목하다. 이 소결체는 4 m 길이의 밀봉된 스테인

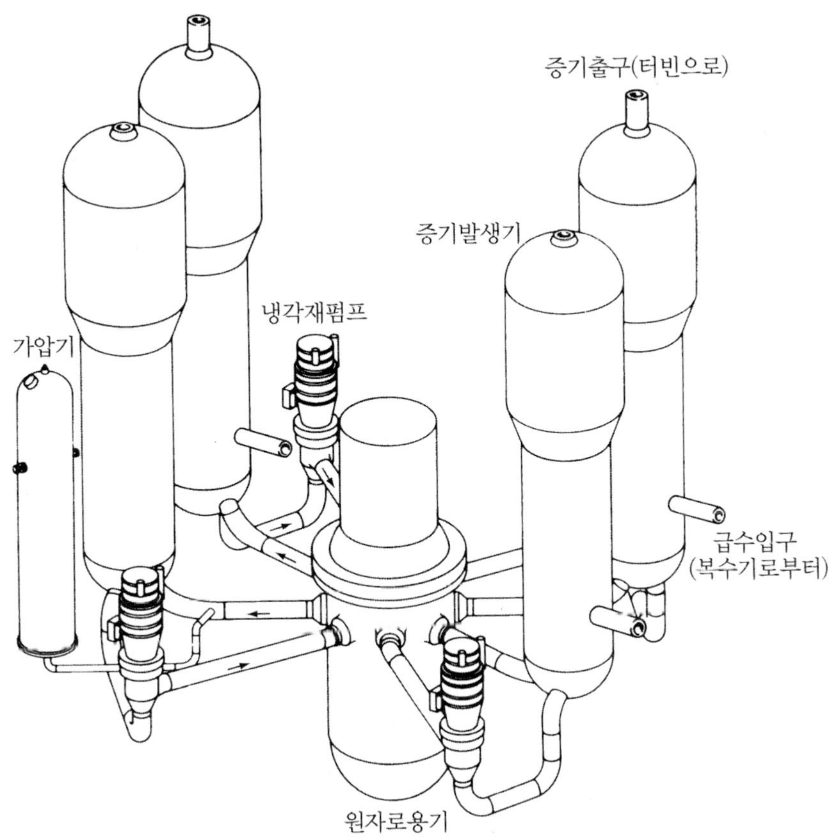

그림 4.9 PWR 핵증기공급계통 주요 기기 배치도

리스강이나 지르칼로이[5] 튜브에 넣어진다. 핵연료 운전 온도에서 소결체는 축방향으로 늘어나 소결체 사이 빈 공간을 채운다. 결과적으로 단단히 다져진 핵연료 제어봉 또는 핵연료봉이 된다. 핵연료 펠릿을 지지하는 것 이외에 지르칼로이 핵연료관은 원자로 운전 중 소결체로부터 방출된 핵분열 생성물, 특히 핵분열 생성물 가스가 지나가는 냉각재로 빠져나가는 것을 막아 준다. 이와 관련해 핵연료관은 핵연료 *피복재*(*cladding*)로도 알려져 있다. 여기에 기술된 유형의 PWR 핵연료는 교체되기 전까지 명목상 약 30 MWd/kg of uranium의 출력을 생성할 수 있다. 최근에 개발된 신형 핵연료는 농축도가 높고 초기

5 지르칼로이는 지르코늄의 합금으로, 주석, 철, 크롬, 니켈을 소량 함유한 중성자 흡수 단면적이 작은 금속이다. LWR에 사용되는 지르칼로이에는 지르칼로이-2, 지르칼로이-4, 두 가지 종류가 있다. 지르칼로이-4는 니켈을 함유하고 있지 않다.

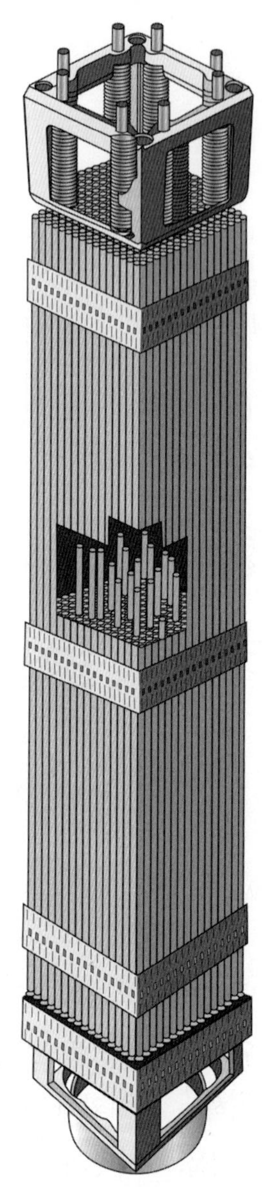

그림 4.10 PWR 핵연료집합체

운전 시 제어 요소로서 가돌리늄을 사용하기 때문에 더 길게 연소시킬 수 있다. 그러한 핵연료 시스템의 농축도는 5 w/o 이상이고 45 MWd/kg을 달성할 수 있게 했다.

몇몇의 경우, 핵연료가 운전 온도에 다다르면서 일부 핵연료 소결체가 초기에는 팽창하지만 우라늄 밀도가 점차 증가하고 그에 따라 비체적(cm^3/g)이 감소하여 나중에는 수축된다는 것이 관찰되었다. 이러한 현상을 핵연료의 *치밀화*(*densification*)라 하는데, 이는 세라믹 내 소기포의 이동과 조합에 의해 발생된다. 소결체 체적이 감소하면 핵연료관 안에 빈 공간을 만든다. 감속 냉각재의 높은 압력 때문에, 이는 핵연료관을 가로지르며 큰 응력을 발생시켜 핵연료관 파열 가능성을 증가시킨다. 이러한 문제를 피하기 위해 핵연료관을 헬륨으로 3.4 MPa까지 가압한다. 노심 수명 기간에 걸쳐 핵분열 생성물 가스가 핵연료관에 축적되면서 튜브 압력이 서서히 올라가 노심 말기에는 약 14 MPa까지 상승한다.

가압시켜 완성된 핵연료봉을 *핵연료집합체*(*fuel assembly*)라 부르는 사각격자 구조물에 정렬시킨다. 완성된 핵연료집합체가 그림 4.10에 제시되어 있다. 그 후 노심을 구성하기 위해 핵연료집합체를 거의 원통형 배열로 배치시킨다. 핵연료집합체 안의 핵연료봉은 다양한 지지격자(spacers)에 의해 분리된다. 서로 접촉된 핵연료봉은 과열되어 핵분열 생성물을 방출할 수 있기 때문에 지지격자가 중요하다.

PWR 제어는 보통 노심 위에서 삽입되는 제어봉(그림 4.6) 사용과 화학적 조절 제어 시스템에 의해 이뤄진다. 7장에서 충분히 다룰 후자의 시스템에서, 증배계수 값은 냉각수에 녹아 있는 중성자 흡수재(대개 붕산) 농도에 따라 변화한다. 연소도가 더 큰 핵연료는 초기 노심 단계에서 핵연료의 높은 농축도를 상쇄시키기 위해 포함된 가돌리늄을 갖고 있다.

잠수함과 같이 원자로 크기가 중요한 고려사항인 경우에는 고농축 핵연료를 사용한다. ^{235}U가 90 w/o 이상 농축되어 종종 완전 농축됐다고 일컬어지는 이 핵연료를 사용하면 노심과 압력용기의 전체 크기를 줄일 수 있다. 그러나 고농축우라늄은 비싸기 때문에 고정식 발전소에서는 경제적으로 사용할 수 없다.

비등경수로(BWR)

물이 원자로 안에서 끓도록 허용한다면 증기 기포의 고르지 않은 형성과 이동 때문에 위험한 불안정성이 발생할 것으로 오랫동안 생각되어 왔다. 1950년대 초반 수행된 실험들(유명한 BORAX 실험)을 통해, 저압에서 비등이 일어난다면 그런 현상이 실제 발생한다는 것이 밝혀졌다. 그러나 압력을 높이면 비등이 안정적으로 일어나고 원자로를 제어할 수 있었다. 이러한 비등경수로에 대한 최초의 타당성 입증이 있은 이후, BWR 개발이 활발하게 이루어졌다. 현재 BWR과 PWR은 상업용 경수로 시장에서 대등하게 경쟁하고 있다.

BWR은 다음과 같은 확실한 장점이 있다. 우선, 증기가 원자로에서 발생하여 터빈으로 직접 간다. 즉, PWR과 같이 증기발생기가 필요하지 않다. 이 때문에 BWR은 *직접사이클*(*direct cycle*)로 운전한다고 말한다. 게다가 주어진 양의 물에 대해, PWR에서처럼 액체의 온도를 변화만 시키는 *현열*(*sensible heat*)로서 흡수하는 것보다 액체를 기화시킬 때 필요한 열, 즉 *잠열*(*latent heat*)로서 더 많은 열을 흡수할 수 있다. 따라서 BWR은 동일한 출력을 내기 위해 단위시간당 퍼 올려야 하는 물의 양이 PWR보다 적다. 그러나 물이 원자로 노심을 관통하면서 방사성을 띠게 된다(10.12절 참고). 이 물을 발전소 전력 생산 계통에서도 사용하기 때문에, BWR 발전소 증기이용계통의 모든 부품(터빈, 복수기, 재열기, 펌프, 배관 등)은 반드시 차폐를 해야 한다.

BWR의 압력은 PWR의 절반인 약 7 MPa(900 psi)이다. 결과적으로 BWR 압력용기의 벽은 PWR만큼 두꺼울 필요가 없다. 그러나 출력밀도(watt/cm^3)는 BWR이 PWR보다 작아서 동일한 출력을 내기 위해서는 BWR의 압력용기 크기가 PWR 압력용기보다 커야만 한다.

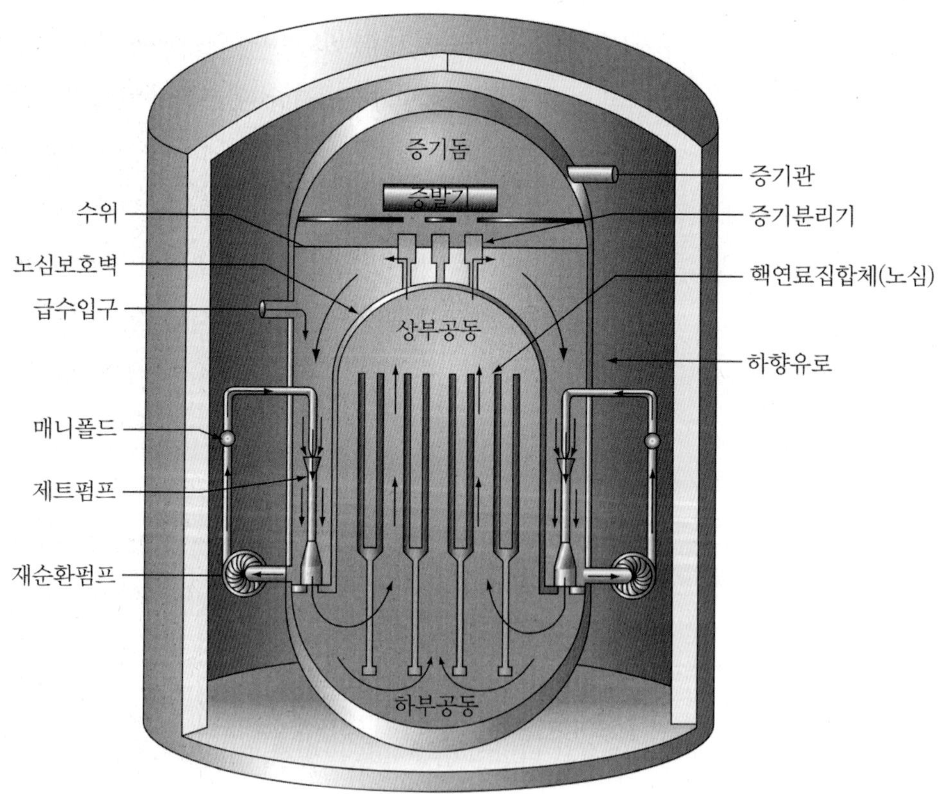

그림 4.11 비등경수로 단면도: 물의 이동을 화살표로 표시

압력용기 비용 측면에서 이 2가지 효과가 나머지 다른 효과를 거의 상쇄하는 경향이 있다.

그림 4.11은 BWR의 내부 배치를 보여 주고 있으며, 냉각재의 유동 방향이 화살표로 표시되어 있다. 물은 하부공동(lower plenum)부터 시작해 노심을 관통하여 위로 이동하면서, 현열과 잠열 모두를 받는다. 물이 노심 상부에 도달해서 상부공동(upper plenum)에 들어갈 때까지, 냉각재 일부는 기화된다. 증기와 물이 섞인 혼합체가 증기분리기를 통과하는데, 여기에서 대부분의 물이 제거된다. 이후 증기는 건조기집합체를 통과하면서 나머지 물을 제거한다. 증기는 원자로를 떠나 증기관을 통해 터빈으로 간다. 분리기와 건조기에서 제거된 잔류수는 복수기로부터 되돌아오는 급수와 섞여 *노심 보호벽*(*core shroud*)과 원자로용기 사이, 즉 *하향유로*(*downcomer*)로 알려진 노심의 외부 환형 공간을 타고 내려간다.

노심을 통과하는 냉각재 유량의 추진력은 재순환계통에 의해 제공된다. 이 계통은 원자로용기 외부에 2개의 회로로 구성되어 있는데, 각 회로에는 재순환펌프가 있다. 그림 4.11에 보이는 것처럼 이들 펌프는 하향유로의 바닥 근처에 있는 물을 끌어올려 고압으로 배관 매니폴드를 통해 하향유로 내부에 위치한 다수의 제트펌프(원자로 출력에 따라 18~24개)로 분사한다. 제트펌프의 개략도가 그림 4.12에 제시되어 있다. 이들 장치에는

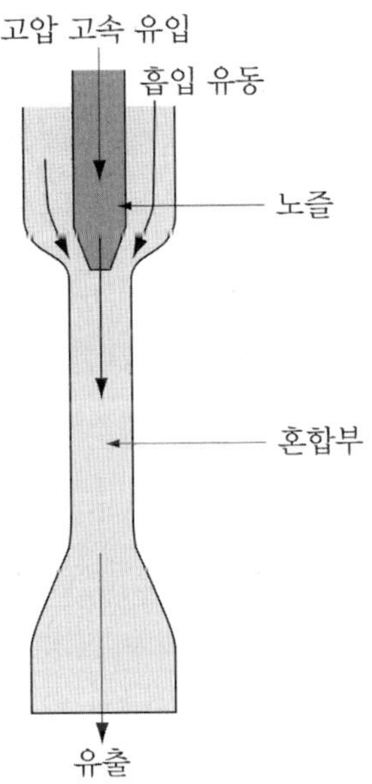

그림 4.12 제트펌프 개략도(이 그림은 비율을 맞춘 것이 아니다; 실제 펌프는 그림보다 훨씬 더 길다)

움직이는 부품이 없다는 것을 볼 수 있다. 그림 4.12에서 흡입 유동이 가리키는 것과 같이 재순환하는 물은 제트펌프 노즐에서 고속으로 빠져나오면서 하향유로에 있는 물의 일부를 끌고 간다. 노즐에서 나온 물과 끌려나온 물은 결국 제트펌프 하단부로부터 하부공동으로 나오게 된다. BWR은 약 290℃ (554°F), 7 MPa(900 psi)에서 포화증기를 생산한다. BWR 발전소의 전체 효율은 33~34% 수준이다.

BWR의 핵연료는 기본적으로 밀봉된 관에 약간 농축된 UO_2 소결체를 넣은 PWR 핵연료와 같다. 두 유형의 원자로 노심 배치는 거의 유사하다. 그러나 PWR 제어봉이 원자로 상단에 위치한 반면, BWR 제어봉은 하단에 위치해 있다. 그 이유는 BWR 노심 윗부분의 많은 부분을 증기 기포들이 차지하고 있어서, 이 영역에서 제어봉을 움직이는 것이 노심의 아랫부분, 즉 물이 차 있는 부분에서 움직이는 것만큼 k값에 크게 영향을 미치지 못하기 때문이다. 따라서 제어봉들을 가장 잘 영향을 줄 수 있는 원자로 영역 근처에 설치한 것이다.

개량 및 신형 경수로

최근에 들어, 경제성에 대한 고려와 더 높은 수준의 안전성에 대한 기대에 따라 신형 원자로 개념 개발이 촉진되었으며, 그러한 유형의 비등경수로와 가압경수로들이 개발되었다. 이들 설계는 단순화된 일차계통 사용, 더 선진화된 설계에서는 피동비상노심냉각계통(passive emergency core cooling system)을 특징으로 하고 있다. GE의 ABWR(Advanced Boiling Water Reactor)과 ABB/Combustion Engineering(현재는 웨스팅하우스에 흡수됨)의 System 80+ PWR은 상당한 계통 단순화를 제안하고 있으며, Westinghouse의 AP1000 (Advanced Passive 1000) MWe PWR과 GE의 ESBWR(Economic Simplified Boiling Water Reactor)은 신형 피동냉각설비를 갖춰 안전성이 향상된 설계를 제안하고 있다. Areva의 EPR(Evolutionary Power Reactor)은 단순한 설계와 향상된 안전설비를 갖추고 있다.

다른 유형의 발전소와 더불어 원자력 발전소 건설비용은 1970년대 말에서 1980년대 초에 급등했다. 비용 증가의 일부는 그 시기에 겪은 전반적인 인플레이션 경향 때문이었다. 원자력 발전소 건설비용 증가의 주된 원인은 11.7절에서 논의할 쓰리마일아일랜드(Three Mile Island, TMI) 원자력발전소 사고 결과로 필요하게 된 설비개선 때문이다. 원자력을 경제적 측면에서 경쟁력을 갖추게 하기 위한 노력의 일환으로 원자력 산업계는 원자로 계통을 단순화하고 안전성을 증가시키는 방법을 탐구하였다. 산업체와 미국 에너지성에서 내린 연구들의 결론은 부품과 배관의 수를 줄이고 사고 기간 중 사용할 계통 냉각수원을 확충할 필요가 있다는 것이었다.

ABWR 및 System 80+와 같은 초기 설계는 일부 안전 시스템 향상과 함께 비용 절감을 위해 단순화된 시스템 설계를 기반으로 하였다. AP1000 및 ESBWR에는 단순화뿐만 아니라 원자로 사고 시 사용하기 위해 피동냉각계통이 적용되었다. 이런 피동계통들은 중력과 온도차에 의해 구동되는 자연적인 과정을 이용한다. 이들 계통들은 전력을 필요로 하지 않기 때문에 실패 시에도 안전한 방향으로 진행하며(fail-safe) 신뢰성을 더 높인 것으로 여겨진다. EPR은 안전성을 향상시키기 위한 피동냉각계통은 사용하지 않지만 사고 결과를 감소시키기 위해 안전계통들을 많이 향상시켰다. AP1000, ESBWR 및 EPR을 3세대+ 설계라고 하며, 대부분의 기존 원자로들은 2세대 설계라고 한다. ABWR 및 System 80+는 3세대 설계이다. 이들 각각의 원자로에 대해서는 다음 절들에서 설명할 것이며, 종래의 원자로 설계들과도 비교할 것이다.

System 80+

ABB CE의 System 80+는 최신 설계의 개량형 PWR이다. System 80+는 현행 설계와 근본적으로는 다르지 않은 핵심계통의 부품에 점진적 변화를 주었다는 점에서 개량형이다. System 80+의 중요한 특징으로는 커다란 구형의 이중콘크리트 격납건물, 일차계통 냉각수량 증가, 단순화된 일차계통, 냉각재 붕소 농도를 조절할 필요성을 줄여 주는 부분장 제어봉, *소형냉각재상실사고(small break loss of coolant accident, SBLOCA)* 시간 중 계통 압력을 줄이기 위한 안전감압계통 등이 있다.

일차계통은 2대의 대형 증기발생기와 4대의 냉각재펌프를 포함하고 있다(그림 4.13). 가압기의 크기는 33% 증가했고 증기발생기의 이차 냉각수 부피는 25% 증가했다. 이 둘의 증가는 큰 압력변화 없이 과도현상을 감당할 수 있도록 발전소 능력을 높였다. 냉각수 체적이 증가함으로써 사고 발생 시 운전원이 조치할 수 있는 시간을 더 벌어 주었다.

지름 61 m(200 ft)의 구형 강철 격납건물은 *냉각재상실사고(loss of coolant accident, LOCA)* 시 증기 팽창에 대한 추가 체적과 *열제거원(heat sink)*을 제공한다. *격납건물 내 재장*

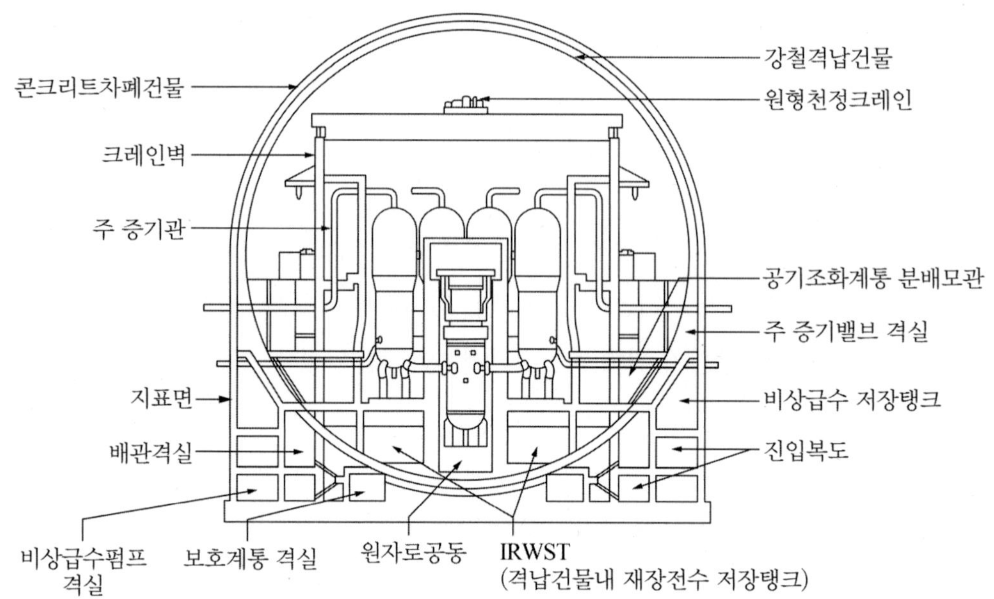

그림 4.13 System 80+ 개략도

전수 저장탱크(*in-reactor containment refueling water storage tank*, *IRWST*)는 사고 시 냉각재 수집을 위한 집수조 역할을 한다.

신형비등경수로(ABWR)

GE의 신형비등경수로(ABWR)는 개량형 LWR의 또 다른 예이다. BWR에서 현재 사용된 특징을 기반으로 이 설계는 기존 기술을 단순화했지만 현행 설계와는 크게 다르지 않다. 그림 4.14는 ABWR의 내부 모형이다. 가장 명백한 차이점은 재순환펌프가 없다는 것이다. GE의 ABWR은 원자로용기 내부에 원심펌프를 두어 기존의 BWR에서 발견되는 재순환 배관과 펌프의 복잡성을 제거함으로써 LOCA의 위험을 최소화하였다.

또한 ABWR은 운전 중 더 나은 핵연료 관리와 제어를 위해 미세조정 제어봉을 사용한다. 터빈에 건증기를 제공하기 위해, 현행 BWR과 마찬가지로 재래식 증기분리기를 사용한다.

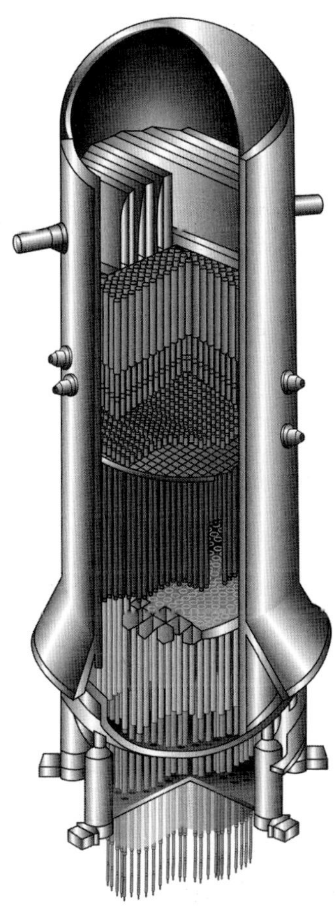

그림 4.14 ABWR 절개도

AP1000 PWR

웨스팅하우스(Westinghouse)의 AP1000은 노심 손상 확률을 낮추기 위해 피동안전계통을 사용한다. 이 설계의 고유한 특징은 LOCA 사고 시 붕괴열에 대한 최종 열제거원으로서 격납건물을 사용한다는 것이다. 그림 4.15는 일차계통의 파단부를 통해 원자로로부터 격납건물 그리고 대기 중으로 붕괴열을 전달하기 위해 사용되는 피동 격납건물 냉각을 보여 주고 있다.

증기는 일차계통을 빠져나가면서 격납건물 벽에 응축이 된다. 독특한 굴뚝 설계와 강철 벽체 바깥에 수막을 만들어 강철을 라이닝한 격납건물 외부의 공기를 자연순환시킨다.

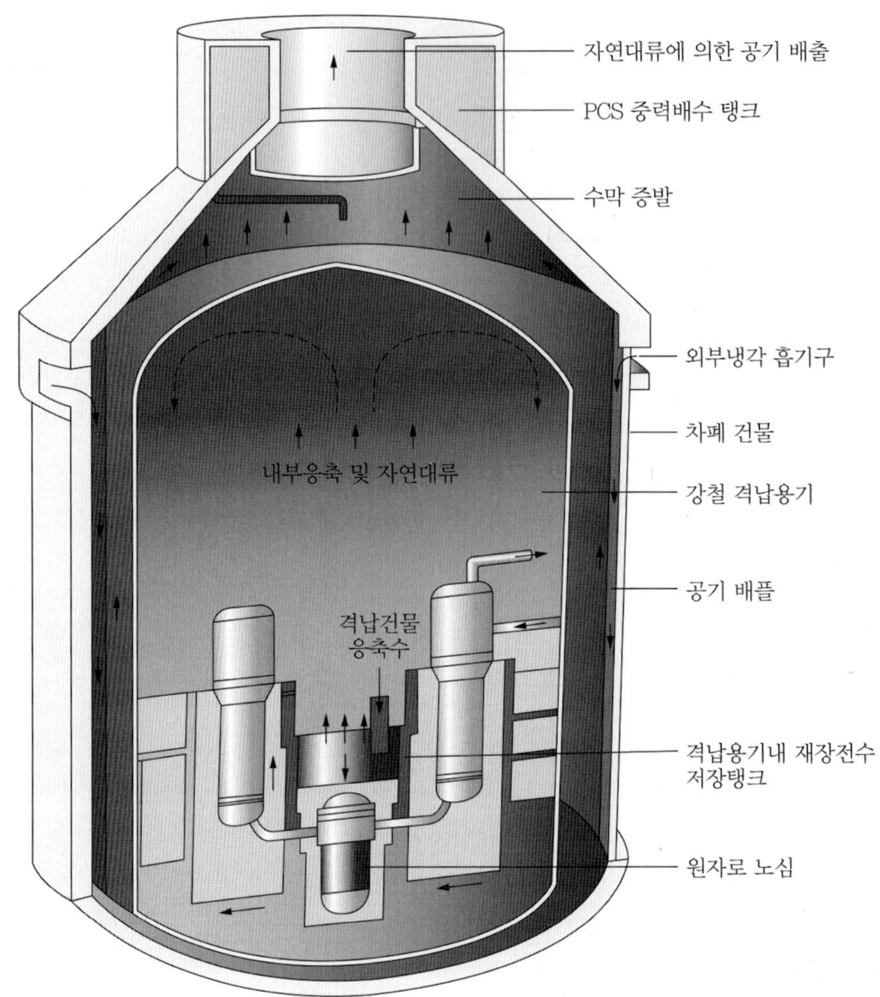

그림 4.15 AP1000 격납건물의 절개도

그림 4.16의 일차계통은 LOCA와 그 후 일어나는 노심 손상 확률을 줄이기 위한 몇 가지 특징을 가지고 있다. 일차 냉각재 펌프는 밀폐 회전자 펌프로서 증기발생기에 위치해 있다. 밀폐 회전자 펌프를 사용함으로써 기존의 원자로 순환펌프에서 발견할 수 있는 기계식 밀봉을 제거하였다. 또한 가압기는 과도상태 시 안전 방출 밸브의 개방 확률을 줄이기 위해 약 30% 더 커졌다. 노심 출력밀도를 낮춰 노심 손상 확률을 줄였다.

LOCA 발생 시에 피동 노심 냉각은 두 가지 다른 방법으로 이루어진다. 사고 초기에는 2개의 대형 고압 노심 보충탱크가 물을 제공한다. 그 설계는 자동감압계통을 사용하여 압력을 낮춰 냉각재가 외부 수조에서 원자로로 중력에 의해 흘러 들어갈 수 있게 한다. 이들

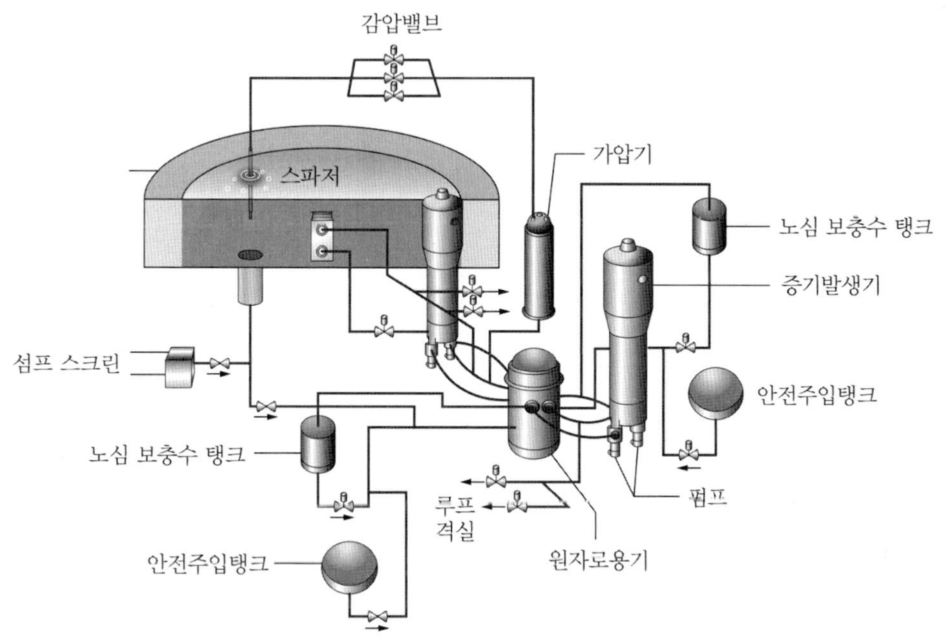

그림 4.16 AP1000 일차계통

두 가지 피동 계통을 사용하면 고 신뢰도의 비상 노심 냉각능력을 제공할 수 있다.

피동 격납건물 냉각계통과 중력을 이용한 노심 냉각계통 외에도, 이 설계는 증기발생기를 이용할 수 없을 때 붕괴열 제거를 위해 설계된 피동 잔열제거계통을 갖추고 있다. IRWST(격납건물 내 재장전수 저장탱크)라 불리는 대형수조 안에 위치한 열교환기들은 정상 운전 압력 하에서 냉각을 제공한다. IRWST는 LOCA 시 대형 냉각수원과 격납건물로부터 떨어지는 응축수의 집수조 역할을 한다.

부품 수와 파이프 양을 줄이기 위한 노력도 기울이고 있다. 예를 들어 비슷한 2-회로 빌전소와 비교했을 때, AP1000은 NSSS 파이프 양을 80% 줄이고, 증기계통 파이프 양을 31% 줄였다. 밸브와 다른 부품도 비슷하게 줄였다.

경제적 단순화 비등경수로(ESBWR)

GE에서 개발한 ESBWR과 기존 BWR 설계의 가장 주된 차이는 원자로 냉각재를 강제순환하지 않고 대신 자연순환 방식을 사용한다는 것이다. 자연순환의 이용은 발전소를 운영하는 데 필요한 전력을 줄일 수 있다. 또한 기존 BWR의 재순환계통에서 발견할 수 있는 복잡한 배관을 제거함으로써 LOCA(냉각재상실사고) 확률을 줄였다. 이러한 특징

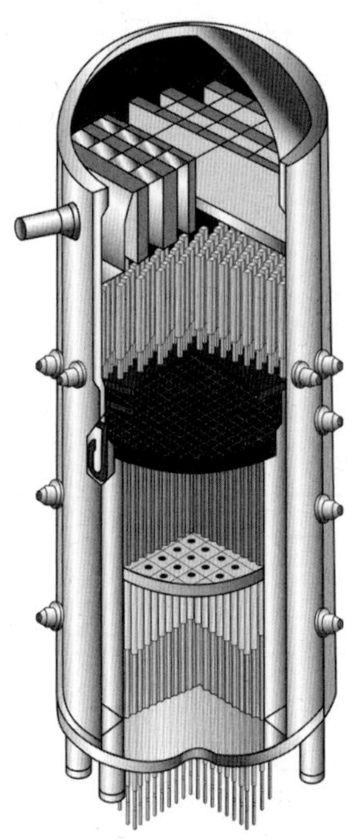

그림 4.17 ESBWR 절개도

들은 비용을 줄이고 안전성을 높인다. 그림 4.17은 ESBWR의 내부를 나타낸 것이다. 이 설계의 명백한 차이는 하향유로와 원자로 외부 어디에도 펌프가 없다는 것이다.

자연순환을 이용하는 것뿐만 아니라 추가적으로 냉각재 총량도 증가시킬 수 있도록 노심과 원자로용기를 설계하였다. 사고 상황에서 추가된 냉각재는 노심의 노출을 막아 노심 손상 확률을 상당히 낮출 수 있을 것이다. 마지막으로 기존의 공학적 안전계통을 대체하기 위해 설계된 몇 개의 완전피동계통이 있다. 이들 계통은 중력을 이용해 LOCA 조건 아래에 있는 노심으로 냉각수를 집어넣고 계통 파단부로부터 격납건물로 탈출한 증기를 응축시켜 냉각수를 집수한다. 중력구동 냉각계통(gravity-driven cooling system, GDCS)은 냉각재를 모아 원자로용기로 되돌리도록 설계되었다. 이 계통은 피동 격납건물 냉각계통(passive containment cooling system, PCCS)의 열교환기 또는 원자로 위의 PCCS 수조에 위치한 열교환기에 의해 응축된 냉각재를 사용한다. 원자로 계통 파단부로부터 빠져나간 증기화된 냉각재는 PCCS에서 응축되어 GDCS 탱크로 흘러간다. 그곳에서 냉각재는 중력에 의해 노심으로 주입된다.

피동 계통의 핵심적인 특징은, 심각한 누설이 발견되면 원자로를 한번에 빠르게 감압

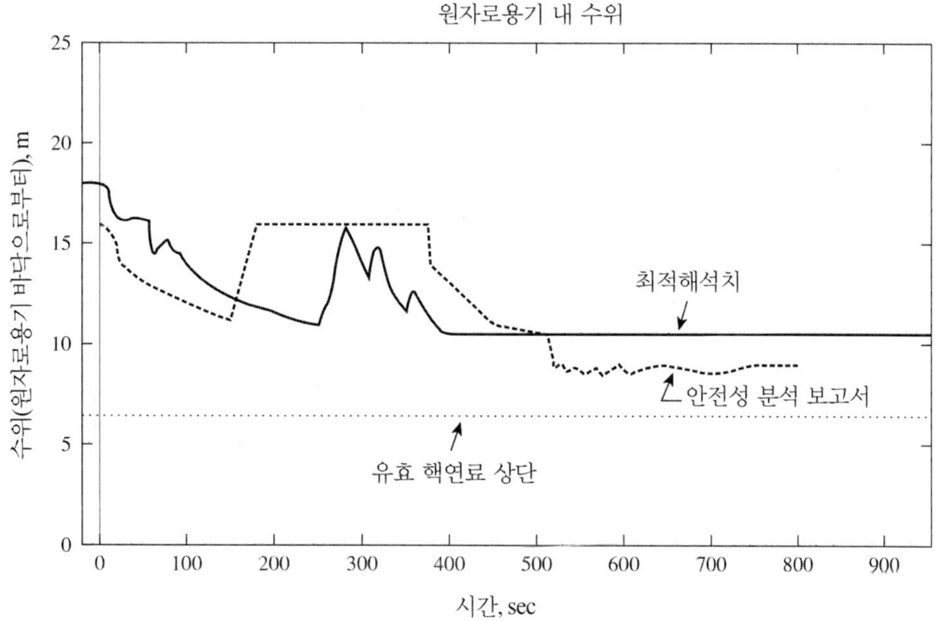

그림 4.18 TRAC 컴퓨터 코드를 이용한 ESBWR의 LOCA 시뮬레이션으로 얻어진 원자로 수위 예상치(펜스테이트대학 원자력공학 프로그램 제공)

할 수 있는 능력이다. 그 과정은 자동감압계통(automatic depressurization system, ADS)의 사용과 관련이 있는데, 이 감압계통은 오늘날 기존 원자로에서도 사용하고 있다. ADS는 원자로로부터 감압수조(suppression pool)로 증기를 배출시켜 계통 압력을 낮춘다. 그곳에서 증기는 응축된다. 계통이 감압되면 GDCS로부터의 유동이 일어난다.

그림 4.18은 ESBWR에 대한 LOCA 시뮬레이션 결과를 나타낸 것이다. 수위가 유효 핵연료 상단까지 절대 내려가지 않는다는 것에 주목하라.

개량형 동력로(EPR)

원래 유럽형 가압경수로(European Pressurized Reactor)로 명명된 바 있는 EPR(evolutionary power reactor)은 11장에서 논의될 체르노빌 원전 사고에 대응하여 유럽 컨소시엄이 개발하였다(그림 4.19 참조). 이 설계의 목적은 안전성 및 경제성 향상이다. EPR은 열출력이 4,500 MWt이고 전기 출력은 1,650 MWe로, 3세대+ 원자로 중 가장 출력이 크다. 다른 3세대+ 원자로와 달리 EPR은 4계열의 독립적 능동 비상노심 냉각계통(active emergency core cooling system)을 채용하고 있다.

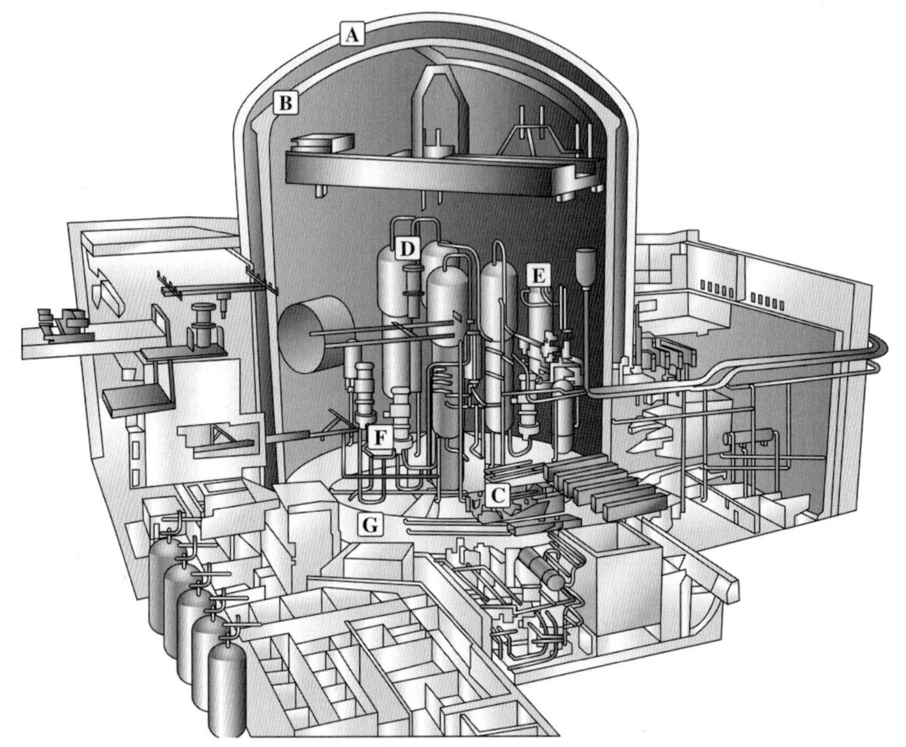

그림 4.19 EPR 절개도: 외벽(A)은 이중 격납건물 중 하나의 바깥 벽을 이루고 있으며, 내벽(B)은 두꺼운 콘크리트벽과 강철판(steel liner)을 포함하고 있다. 원자로용기(C), 증기발생기(D), 가압기(E), 원자로 냉각재 펌프(F)와 노심용융물 퍼짐구역(G)을 볼 수 있다.

능동 냉각계통에 덧붙여, EPR은 사고의 결말을 완화하기 위한 몇 가지 피동 안전 특성을 갖추고 있다. 주요 피동 안전 특성은 이중 격납건물이다. 11장에서 다루겠으나, 격납건물은 핵분열 생성물 방출을 막아 주는 주요 방벽이다. 이 원자로는 이중 콘크리트 벽체로 이루어진 격납건물을 채용하여 노심 손상 사고 시 핵분열 생성물이 환경으로 방출되는 것을 방지하는 능력을 높였다. 또 다른 피동 안전 특성으로는 노심 손상과 원자로용기 실패로 이어지는 사고 발생 시에 대비하여 설치한 "노심 용융물 포집기"(core catcher에 대한 역자 주)와 노심 용융물을 넓게 퍼지게 하는 "퍼짐구역"(spreading area에 대한 역자 주)이 있다.

러시아 원자로 설계

미국과 서유럽이 다소 유사한 설계의 LWR을 추구하는 동안 구소련과 옛 동유럽권 국가들은 그들만의 고유 설계를 개발했다. 이러한 설계로 RBMK와 VVER 원자로가 있다. 이 두 원자로는 구소련과 옛 동유럽권 국가, 그 외 지역에서 널리 이용되었다. 이 두 원자로는 서구의 원자로 설계에서는 보기 어려운 몇 가지 독특한 특징을 지니고 있다.

RBMK 원자로

RBMK 또는 채널화된 대형 원자로(channelized large power reactor)는 비등경수로이다. 서구의 BWR과는 달리 RBMK는 압력용기가 없다. 대신 캐나다의 CANDU 원자로와 비슷하게 핵연료집합체를 독립된 채널 압력관 안에 둔다. 핵연료집합체는 각각 자신의 압력관 안에 있으므로, 원자로 운전 중 핵연료를 재장전할 수 있다. 그러나 서구의 BWR과 달리 감속은 경수 내신 흑연으로 하는데, 이 때문에 RBMK가 서구 원자로보다 훨씬 크다.

일차계통(그림 4.20)은 압력관(통상 1,000개 이상), 증기관, 송수관, 증기드럼, 주 순환펌프,

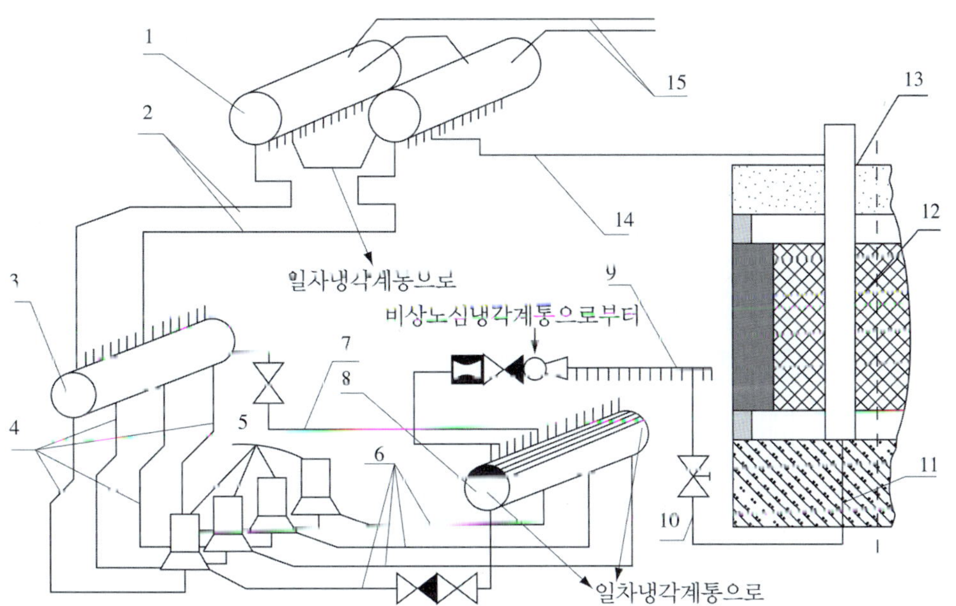

그림 4.20 RBMK 일차계통 회로: 1. 분리드럼, 2. 하향유로, 3. 흡입헤더, 4. MCP흡입관, 5. MCP탱크, 6. MCP 압력파이프, 7. 우회헤더, 8. 압력헤더, 9. 유동제한기가 달린 그룹 분배 헤더, 체크밸브와 혼합기, 10. 냉각수파이프, 11. 노심채널, 12. 핵연료채널, 13. 노심상단채널, 14. 증기-물 파이프, 15. 증기관

흑연 배기구, 핵연료 채널로 구성돼 있다. 주 냉각재 순환계통(main coolant circulation system, MCC)은 보통 2개의 회로로 구성되어 있다. 각각의 회로는 증기와 물의 혼합체를 분리하는 2개의 증기 습분 분리 드럼을 가지고 있다. 급수는 공급헤더를 통해 증기드럼으로 들어간 후 하향유로를 통해 흡입헤더로 이동한다. 그곳에서 4개 순환펌프 중 3개가 냉각재를 분배 모관으로, 그리고 핵연료 채널로 보낸다. 핵연료 채널에서 물이 끓으면서 질 낮은 증기를 생산한다.

핵연료 채널은 서로 독립되어 있고 핵연료 요소들을 제거하고 교체할 수 있도록 계통으로부터 고립시킬 수도 있다. 핵연료는 저농축(2 w/o) UO_2이다. 각 핵연료봉은 약 3.64 m 길이의 지르코늄-니오븀 관 속에 1.15 cm×1.3 cm의 핵연료 소결체를 넣어 만든다. 하나의 핵연료 요소에는 18개의 핵연료봉이 있으며, 이들 핵연료봉은 지름 약 7.9 cm의 원

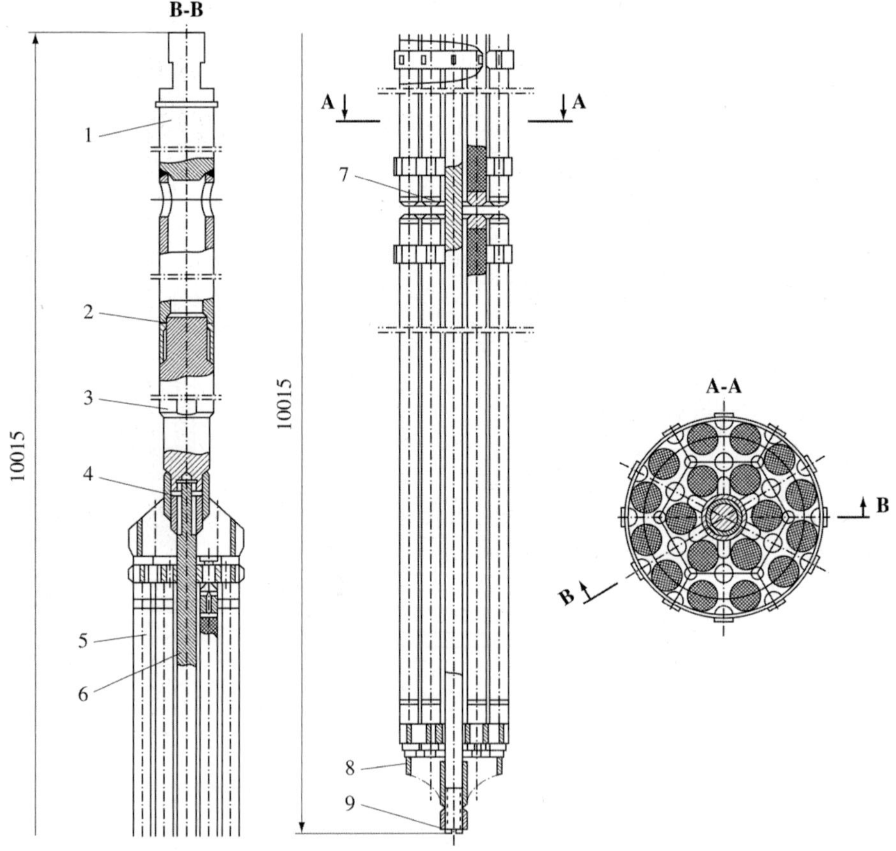

그림 4.21 핵연료집합체: 1. 현탁액브래킷, 2. 탑플러그, 3. 어댑터, 4. 연결봉, 5. 핵연료요소, 6. 운송봉, 7. 엔드슬리브, 8. 엔드캡, 9. 유지너트

형으로 배열되어 있다. 핵연료집합체(그림 4.21)는 2개의 핵연료 요소를 쌓아서 만들며, 집합체 양끝의 높이는 7 m이다.

핵연료집합체는 큰 흑연 더미 속에 위치한 핵연료 채널에 삽입한다. 흑연 더미는 다양한 크기와 모양의 흑연 블록 기둥으로 구성된다. 흑연 더미에는 제어봉, 냉각유동, 계측장비를 위한 다른 채널도 있다.

흑연 더미는 헬륨과 질소로 채워진 밀폐된 공동 안에 위치해 있다. 이 가스 혼합물은 흑연에서 핵연료 채널까지의 열전달을 향상시키고 흑연의 산화를 방지한다. 이 전체 집합체는 생물학적 차폐체 안에 설치한다. 일반적으로 이 원자로는 서구의 격납건물에 대한 기준이 아닌 산업 표준 설계 기준을 만족하는 건물 안에서 운전한다. 1500 MWe 원자로의 전형적인 운전조건을 표 4.1에 정리하였다.

운전 중 핵연료 교환을 할 수 있는 고유 능력 때문에 RBMK는 상대적으로 이용률이 높다. RBMK는 플루토늄을 생산하는 데도 사용될 수 있어서, 구소련에 국한되어 사용되었다. 이 책을 쓰는 현재 기준으로 16기의 RBMK 원자로가 운영 중이다. 이그날리나와 우크라이나 원자로들만이 러시아 밖에 있다. 설계기관인 소련의 원자력산업부에 의해 두 개의 다른 출력(1,000 MWe와 1,500 MWe)을 가진 원자로가 설계 및 건설되었다.

표 4.1 RMBK-1500 변수

노심 높이	7m
노심 지름	11.8m
채널 수	
핵연료	1,661
제어 & 정지	235
핵연료 농축도	2%
냉각수 온도	
입구	260~266℃
출구	284℃
증기 압력	7.0 MPa

VVER 원자로

VVER 시리즈 원자로의 몇 개 버전이 구소련과 옛 동유럽권 등지에서 사용되고 있다. 이 시리즈 원자로의 기본 설계는 서구의 PWR과 유사하다. 그러나 이 원자로는 미국과 다른 서구 국가에서 사용하는 원자로들과는 상당히 다른 여러 가지 특징을 갖고 있다.

1970년대에 운전에 들어간 VVER 440 시리즈 원자로는 모두 출력이 440 MWe이다. 이렇게 설계된 모든 원자로들은 6개의 회로, 각 회로마다 있는 격리밸브들, 그리고 수평관으로 독특하게 설계된 증기발생기를 가지고 있다. NSSS는 220 MWe 증기터빈 2개를 구동한다. 표 4.2에 VVER 440 시리즈의 일반적인 운전 상태가 주어져 있다.

표 4.2 VVER 440 변수

열 출력	1,375 MWt
노심 높이	2.48 m
노심 지름	3.2 m
핵연료 농축도	3.5~4.6%
냉각수 온도	
입구	265~270℃
출구	292~301℃
증기 압력	4.3 MPa
냉각시스템 압력	12.26 MPa

VVER은 육각형의 핵연료집합체를 사용하기 때문에, 원자로 노심의 설계는 대부분의 서구 원자로 설계와 상당히 다르다. 각 핵연료집합체는 미국 BWR에서 발견되는 것과 비슷한 슈라우드(shroud)로 둘러싸여 있다. 노심은 312개의 핵연료집합체와 37개의 이동형 제어 집합체로 구성돼 있다. 제어 집합체는, 붕소강 제어물질을 포함한 상단부가 노심을 빠져나가면 노심으로 들어오는 핵연료 폴로어(follower)를 갖고 있다. 각각의 집합체는 126개의 핵연료봉으로 구성되어 있고, 각 핵연료봉은 삼각형 모양으로 정렬되어 있다. 핵연료봉은 지름이 9.1 mm이고, 2.4~3.6 w/o로 농축된 지름 7.5 mm의 UO_2 핵연료 소결체를 포함하고 있다. 핵연료봉의 길이는 3.53 m이다. 서구 PWR처럼 붕산을 사용해 추가 제어를 한다.

VVER 230 구버전과 VVER 213 신버전 등 2가지 440 시리즈가 운전 중이다. 이 두 원자로는 격납건물과 공학적 안전계통 설계가 상당히 다르다. VVER 230은 핵연료 파손 시 핵분열 생성물을 가두어 두기 위한 독특한 구획 설계를 채택하였다. VVER 213과는 달리 230 시리즈는 제한된 비상노심 냉각능력만을 보유하고 있다. 최신 모델인 VVER 213은 신형 비상노심냉각계통과 LOCA 시 격납건물 내 압력을 최소화하기 위한 감압계통을 가지고 있다. 그림 4.22는 VVER 213의 원자로 냉각계통과 격납건물의 배치도이다.

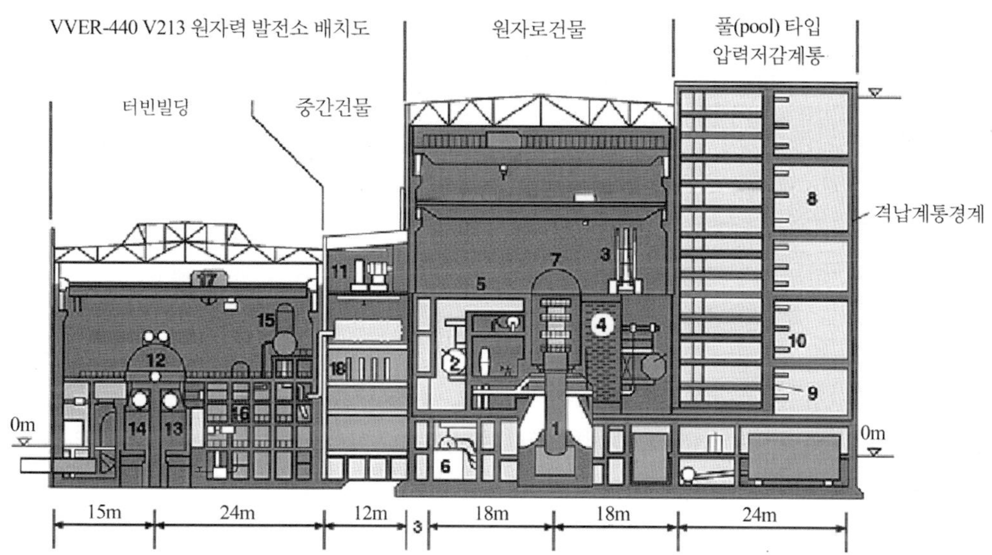

그림 4.22 격납건물을 포함한 VVER V213 배치도: 원자로압력용기, 2. 증기발생기, 3. 연료재장전장치, 4. 사용후연료저장조, 5. 격납계통, 6. 보충수급수계통, 7. 보호덮개, 8. 격납계통, 9. 분사계통, 10. 체크밸브, 11. 공기흡입유닛, 12. 터빈, 13. 콘덴서, 14. 터빈블록, 15. 배기급수탱크, 16. 예열기, 17. 터빈건물크레인, 18. 전기계측제어겨실

크기가 더 큰 VVER 1000 시리즈 원자로는 4-회로 PWR로서, 서구의 표준 PWR과 많이 닮았다. 출력이 1,000 MWe인 이들 원자로는 1980년대 중반에 운전을 시작했다. VVER 1000 시리즈는 서구의 PWR과 유사한 격납건물과 증기발생기가 각각 달린 4개의 회로를 가졌다는 점에서 440 시리즈와 다르다. VVER 440 시리즈와 같이 VVER 1000은 수평 증기발생기와 2개의 터빈을 사용한다. 그림 4.23은 전형적인 VVER 1000의 배치도이다.

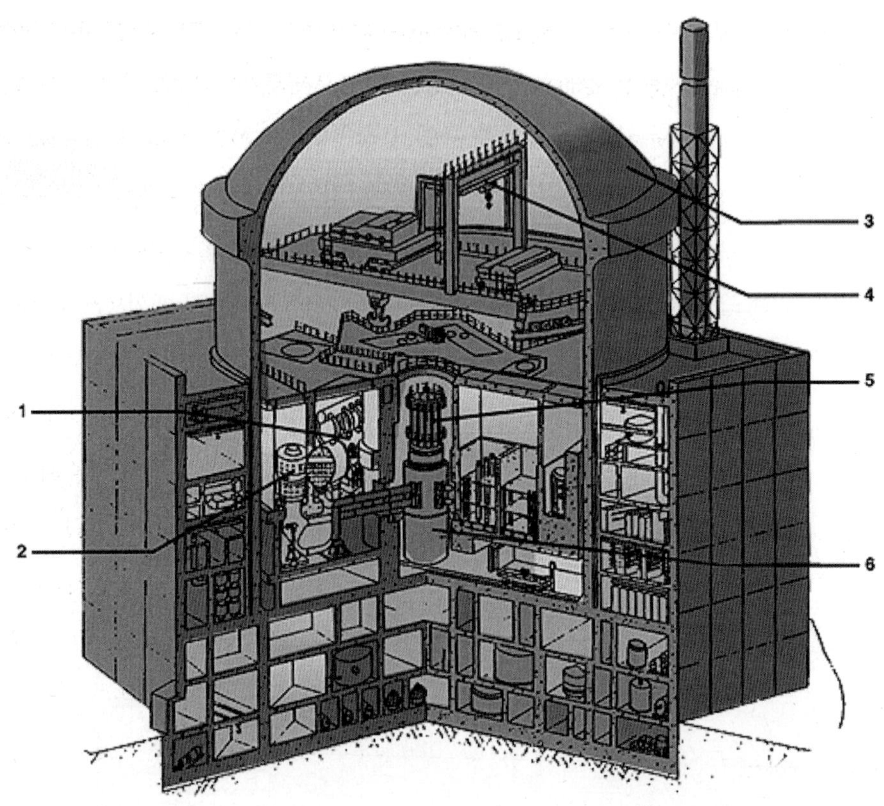

그림 4.23 격납건물을 포함한 VVER 1000 배치도: 1. 증기발생기, 2. 냉각재펌프, 3. 격납건물, 4. 폴라크레인, 5. 제어봉구동장치, 6. 원자로용기(출처: http://insp.pnnl.gov/inspmedia/98status_rpt/98app_a.pdf; Pacific Northwest National Laboratory in Richland, Washington for the Department of Energy)

VVER 440처럼 VVER 1000은 육각형의 핵연료 요소를 사용한다. 그러나 1000 시리즈의 핵연료집합체는 VVER 400의 핵연료집합체보다 훨씬 크고 핵연료집합체 슈라우드가 없다. 또한 핵연료는 핵연료집합체 주변에 농축도가 낮은 핵연료봉을 위치시키는 농축 지역제(zoning)를 사용한다. 제어봉 설계는 서구 원자로 설계와 거의 동일하며, 최상부에서 거미줄 모양의 장치로 연결되는 동일한 제어봉들로 구성되어 있다. 이 장치는 각 제어봉에 대응하는 핵연료집합체의 냉각수 채널 속으로 삽입할 수 있다.

기체냉각 열원자로(GCTR)

천연우라늄, 흑연 감속 원자로는 2차세계대전 중 미국에서 ^{238}U을 ^{239}Pu로 변환하기 위한 군사적 목적으로 개발되었다. 전쟁 이후 이 유형의 원자로는 미국과 몇몇 국가의 핵무기 프로그램의 기반이 되었다. 따라서 그 당시 경수로 유형의 원자로를 운영하기 위해 필요한 농축우라늄을 생산하는 시설이 없었던 영국, 프랑스와 같은 국가에서 천연우라늄을 핵연료로 사용하는 원자로가 원자력산업의 출발점이었다는 것은 놀라운 일이 아니다. 그러나 이 두 국가는 현재 가스확산 우라늄농축공장을 건설했으며, 영국과 프랑스의 최신 원자로는 농축 핵연료를 사용하고 있다.

미국에서 본래 플루토늄을 생산하던 원자로는 일방류(once-through), 개방 사이클, 수냉각 계통을 갖고 있지만, 영국에서 생산한 원자로는 관류, 공랭식 계통을 사용하였다. 그러나 영국과 프랑스 원자로의 경우, 초창기 밀폐 사이클, 공랭식 계통을 채택하였다. 이것을 통해 냉각재에서 생성되었거나 흡수된 방사성 핵종을 가두거나 제어할 수 있었다. 이들 원자로에서, 냉각 기체는 CO_2이다. 이 기체는 강력한 열중성자 흡수체가 아니고 과도하게 방사성을 띠지도 않는다. 동시에 CO_2는 540℃ 아래에서 화학적으로 안정적이며 감

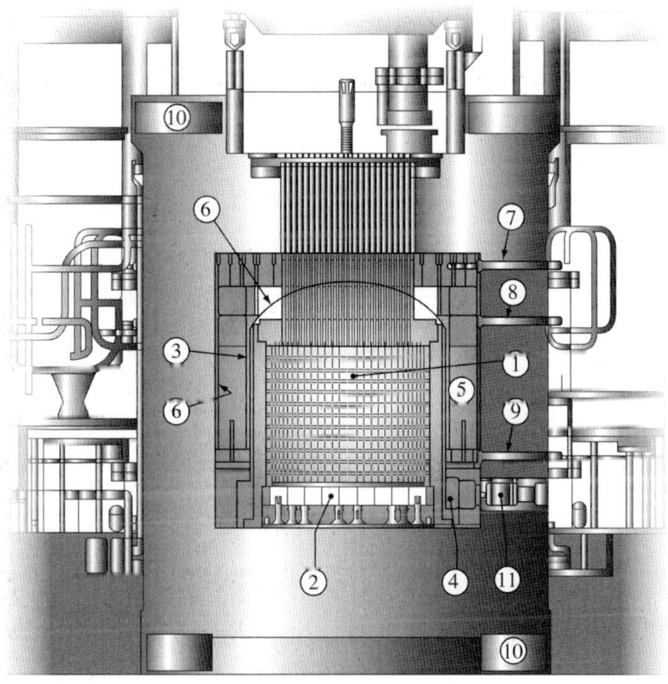

그림 4.24 Hinkley Point B 신형 가스 원자로: 1. 노심, 2. 지지격자, 3. 가스격막, 4. 순환배출가스도관, 5. 증기발생기, 6. 단열, 7, 8. 증기덕트관통부, 9. 증기발생기 급수입구 도관, 10. 케이블 인장 콘크리트 원자로용기로 가는 격실, 11. 가스순환기

속재 또는 핵연료와 반응하지 않는다.

영국 서부의 Hinkley Point B 신형 가스냉각 원자로(advanced gas-cooled reactor, AGR)가 그림 4.24에 나와 있다. 노심은 상호 연결된 흑연 벽돌의 16면체 더미이며, 사각 격자 안에 정렬된 수직 핵연료 채널을 포함하고 있다. 핵연료는 스테인리스강 튜브 안에 약간 농축된(1.4~2.6%) UO_2 소결체를 넣어 만든다. 단일 핵연료 요소를 만들기 위해 핵연료를 흑연 슬리브 내에 설치한다. 이들 핵연료 요소는 CO_2가 핵연료와 감속재 사이를 순조롭게 지나갈 수 있도록 핵연료 채널 안에 배치한다.

원자로 내에서 가스의 실제 유동은 다소 복잡하나 지금 단계에서 세부사항은 중요하지 않다. 그러나 사실상 CO_2는 노심의 채널을 통해 플레넘으로 흘러 들어간 후 노심을 둘러싸고 있는 몇 개의 증기발생기 중 하나로 통과한다. CO_2는 증기발생기로부터 가스에 대한 펌프 능력을 제공하는 가스순환기(송풍기)로 가서 사이클을 종료한다. 그림 4.24에서 보는 바와 같이 노심, 증기발생기, 순환기는 모두 대형 콘크리트 원자로용기 안에 위치해 있다.

가스냉각 원자로의 가장 큰 이점 중 하나는 열효율이 높다는 것이다. 이전에 설명한 발전소는 대략 540℃와 16 MPa에서 과열 증기를 생산하며, 전체 효율은 약 40% 수준이다. 이 효율은 현재 이용 중인 화석연료 발전소 중 가장 높은 수준이다. 그럼에도 불구하고 영국의 AGR은 명백히 PWR만큼 싸게 전력을 생산하지 못했고, 1979년 영국 정부는 미래의 자국 원자력 프로그램은 PWR 건설에 기반을 둘 것이라 발표하였다.

미국에서 가스냉각 원자로 기술은 General Atomic Company에 집중되어 왔으며, 이 회사에서 고온 가스냉각 원자로(high temperature gas-cooled reactor, HTGR)를 개발하였다. HTGR은 흑연감속, 헬륨냉각 열원자로이다. 냉각재로서 헬륨은 매우 우수하다. CO_2보다 훨씬 비활성이고 중성자를 흡수하지 않아서 방사성을 띠지도 않는다. 그러나 헬륨은 냉각 채널의 벽에서 나온 방사성 입자와 함께 핵연료로부터 빠져나온 소량의 방사성 기체를 함유하고 있기 때문에, 실질적 문제로서 HTGR의 냉각재는 방사성을 다소 띠고 있다.

초창기 HTGR은 토륨과 고농축우라늄의 혼합물을 핵연료로 사용했으나, 시간이 지나면서 토륨에서 변환된 ^{233}U으로 ^{235}U를 대체하였다. 그러나 원자로가 증식을 하지 않아서 일부 ^{235}U는 항상 있어야 한다. 평형 노심은 ^{235}U, 핵연료성 ^{232}Th, 모든 재생된 ^{233}U을 포함한다. HTGR은 고농축 핵연료를 사용하기 때문에 천연우라늄이나 약간 농축된 우라늄을 사용하는 영국의 가스냉각 원자로보다 상당히 작다. 결론적으로 HTGR의 자본 비용은 영

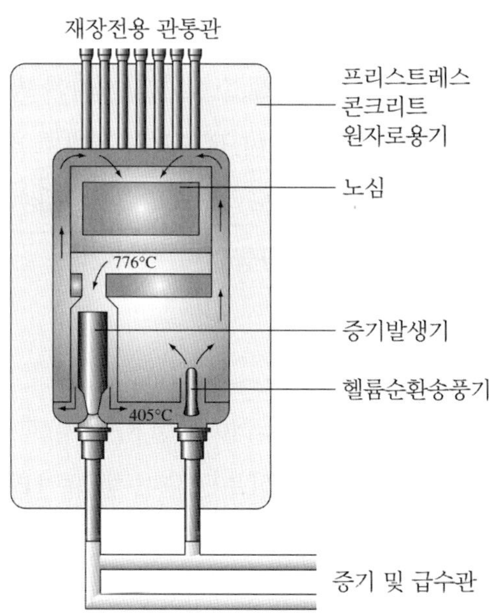

그림 4.25 Fort St. Vrain 330-MWe HTGR의 개략도(화살표는 헬륨 냉각재 유동을 나타낸다)

국의 원자로보다 훨씬 적다.

HTGR의 핵연료는 작은 입자 모양의 우라늄과 토륨 이탄화물($(U, Th)C_2$)이며, 핵분열 생성물 방출을 막기 위해 특별히 코팅한다. 탄소함유 접착제를 이용하여 이들 입자를 길이 5 cm, 지름 1.3 cm의 봉으로 주조한다. 그 다음 봉을 높이 80 cm, 대각선 길이 35 cm의 육각형 흑연 블록 구멍에 삽입하고, 노심을 구성하기 위해 블록들을 원통형으로 배열한다. 흑연을 관통하는 일부 구멍은 제어봉을 위한 채널을 담고 있는 반면 다른 구멍들은 냉각 기체 통로를 제공한다.

HTGR 운전은 앞서 설명한 영국의 AGR과 유사하다. 그림 4.25에서 보는 것과 같이, 헬륨은 노심과 증기발생기를 통과하며 아래쪽으로 흐르고 순환 송풍기에 의해 노심으로 퍼올려진다. 영국 원자로에서처럼 이들 모든 부품은 콘크리트 원자로용기 내부에 위치하고 있다. HTGR에서 증기는 약 540℃와 16 MPa에서 얻어지며, 전체 발전소의 효율은 약 40%이다. 이런 유형으로 가장 최근의 미국 원자로는 Fort St. Vrain 원자로이다. 이 원자로는 330 MWe HTGR로, 1989년 정지될 때까지 운전되었다.

HTGR의 독특한 특징은 순환 헬륨의 온도가 815℃와 870℃ 사이로 매우 높다는 것이다. 발전기를 구동하는 가스터빈에 고온의 헬륨을 직접 사용할 수 있기 때문에, 중간 증기 사이클이 필요 없다. 이러한 시스템에는 여러 이점이 있다. 일례로, 가스터빈과 관련 사이클 부품들은 비슷한 증기 사이클 설비에 비해 소형이다. 게다가 방출부의 온도가 매우 높아서 이 에너지를 많은 곳에 활용할 수 있으며, HTGR의 전체 효율을 50% 이상까지 높일 수 있다. 따라서, HTGR은 전력생산 이외에도 석탄의 가스화, 해수 담수화 등과 같은 여러 가지 화학공정에서 요구되는 고온의 열을 공급할 수 있다.

중수로(HWR)

중수 감속 및 냉각 원자로(heavy water reactor, HWR)는 몇 개 국가, 특히 캐나다에서 개발되어 왔다. 중수로에 대한 캐나다의 관심은 군사 목적으로 HWR 연구에 깊게 관여했던 제2차 세계대전까지 거슬러 올라간다. 전쟁 이후 캐나다인들은 중수로의 고유한 이점들을 즉시 알아차렸다. HWR은 천연우라늄을 핵연료로 사용하기 때문에, 캐나다에 존재하는 것으로 알려진 막대한 우라늄 자원을 바로 사용할 수 있었으므로, 캐나다는 비싼 농축우라늄 시설을 건설할 필요가 없었으며, 농축우라늄 때문에 미국이나 다른 국가에 의존할 필요도 없었다. 또한 캐나다인들은 영국에서 건설 중인 가스냉각, 흑연감속 원자로들이 천연우라늄을 핵연료로 사용한다면 많이 커져야만 하고, 캐나다의 경제 여건상 그런 발전소의 건설은 매우 비쌀 것이라는 것을 인식하였다. *CAN* ada *D* euterium *U* ranium의 두문자어로서 CANDU라 알려진 캐나다의 중수로는 캐나다에서 성공하였고 해외로도 수출되었다.

중수($D = {}^2H$)의 열중성자 흡수 단면적이 예를 들어 보통 수소($H = {}^1H$)의 단면적보다 매우 작기 때문에, 중수로는 천연우라늄으로 운전할 수 있다. 그러나 D_2O의 중수소가 H_2O의 수소보다 2배 무겁기 때문에, D_2O는 H_2O만큼 중성자 감속 측면에서 효과적이지 못하다. 중성자는 평균적으로 D_2O와 충돌할 때가 H_2O와 충돌할 때보다 에너지를 덜 잃기 때문에, H_2O에서보다 열에너지에 도달하기까지 더 많은 충돌과 더 긴 거리를 이동해야 한다. 따라서 HWR 노심은 LWR 노심보다 훨씬 크다. HWR을 LWR처럼 핵연료를 D_2O로 채워진 압력용기에 담그도록 건설한다면 압력용기는 매우 커야만 한다.

대형 압력용기의 사용을 피하기 위해, CANDU는 *압력관*(*pressure tube*) 개념을 사용한다. 이 설계에서 원자로는 *칼란드리아*(*calandria*)라 불리는 큰 수평 원통형 탱크로 구성되는데, 이는 압력이 걸리지 않은 상태에서 D_2O 감속재를 포함하고 있다. 핵연료를 포함하고 있는 수백 개의 수평 관 또는 채널이 칼란드리아를 관통하고 있다. D_2O 냉각재는 10 MPa의 압력으로 이들 관을 흐르고 있으며, 끓지는 않는다. 따라서 전체 원자로 대신 냉각재를 가압하므로, 대형 압력용기는 필요치 않다.

CANDU 원자로에서 냉각재 유동에 대한 개략도가 그림 4.26에 나타나 있다. 이 그림에서 볼 수 있듯이, 전체 냉각재 유로는 핵연료가 들어 있는 관들(압력관이라 하며, CANDU 6의 경우 380개가 있어, 이 중 190개 관 내에서는 1차 냉각재가 좌측으로, 나머지 190개 관 내에서는 우측 방향으로 흐른다. 역자 주)과 이와 연결된 2개의 회로가 있다. 중수라 부르는 1차 냉각재 D_2O는 약 266℃의 온도로 원자로 내부로 들어가 310℃로 빠져나온다. 이 D_2O는 원자로에서 나와 (원자로 출구 쪽) *모관(헤더, header)*—즉, 냉각재 관이 합류되는 지점—까지 흘러가고, 이는 증기발생기 내의 뒤집어진 U자형(inverted U) 전열관 안

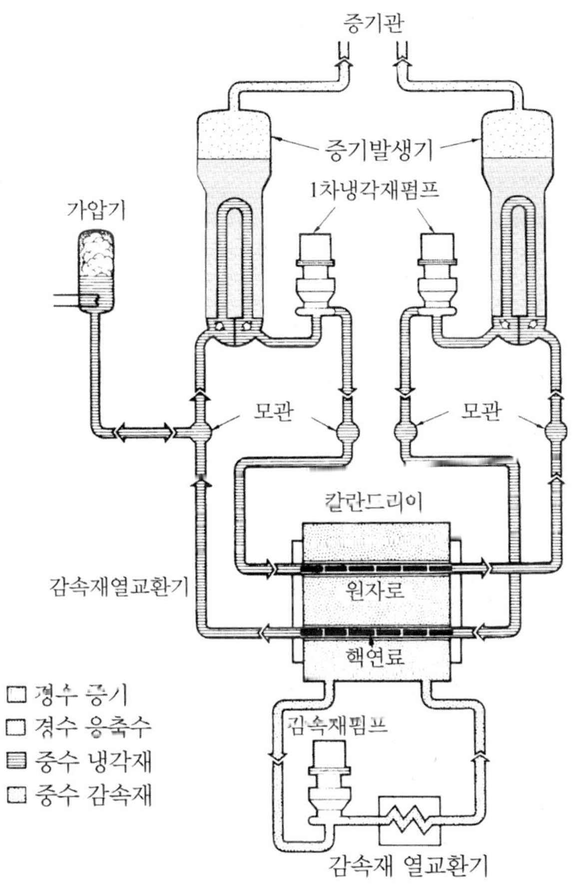

그림 4.26 CANDU 핵증기공급계통 개략도

으로 흘러 증기를 생성시킨다. 이렇게 발생된 증기는 터빈으로 이동한다. 증기발생기 전열관을 빠져나온 1차 냉각재는 (원자로 입구 쪽) 모관을 통해 원자로로 들어와 인접한 (190개) 핵연료 관을 반대방향으로 흐르면서 재가열되어 반대편 증기발생기로 흘러 들어간다. 그림의 가압기는 PWR에서처럼 CANDU에서도 같은 기능을 수행한다. 핵연료에서 방출되는 대부분의 열이 D_2O 냉각재에 의해 운반되지만, 일부 에너지는 D_2O 감속재에 쌓인다. 이 에너지는 그림 하단에 있는 감속재 냉각재 회로에 의해 제거된다.

유감스럽게도, CANDU 원자로에서 가압된 D_2O 냉각재는 경수로와 비슷한 압력과 온도에서 증기를 생산할 수 있을 만큼 충분히 높게 온도를 올릴 수 없다. 그렇기 때문에 CANDU 발전소의 열역학적 효율은 겨우 28%에서 30% 사이이며, CANDU 발전소는 습증기에 의한 부식을 막기 위해 특수하게 설계된 날개를 단, 더 큰 터빈을 사용해야 한다. 이들 문제를 피하기 위해 캐나다인들은 다른 냉각재(그러나 같은 감속재)로 실험을 하였다. 특히 끓는 물 또는 유기 액체로 실험을 했다. 유기 냉각재는 원자로의 출구 온도를 높게 만들 수 있었다. 그러나 경수와 유기 액체는 원자로에서 총 중성자 흡수량을 증가시켰다. 따라서 이들 냉각재 어느 것도 CANDU가 천연우라늄을 핵연료로 채택하는 한 D_2O 냉각재에 비해 충분한 이점을 제공하지 못했다.

CANDU 핵연료는 *다발*(*bundle*) 형태로 배열되는데, 이 중 하나를 그림 4.27에서 볼 수 있다. 핵연료는 길이 49.5 cm, 지름 10.2 cm이며, 천연우라늄 UO_2 소결체로 채운 37개의 지르칼로이관으로 구성되어 있다. 핵연료관은 종판에 용접을 하고 지지격자에 의해 분리되어 있다. 이 핵연료의 연소도는 약 7.5 MWd/kg이다.

CANDU 원자로의 독특한 특징은 원자로가 운전 중일 때 핵연료 교체가 가능하다는 것이다. 그림 4.28에서 보는 것처럼 이 작업은 하나의 핵연료관 양쪽 끝에서 함께 운용하는 두 대의 핵연료 장전기(refueling machine)에 의해 이루어진다. 신 핵연료 다발을 핵연료 장전기 중 하나에 삽입하고, 핵연료관의 한쪽 끝까지 가져간다. 다발을 핵연료관의 다른 편 끝까지 밀어내면 이를 다른 핵연료 장전기가 받는다. 핵연료관을 빠져나온 다발은 소내 사용후핵연료 수조로 이송한다. 가동 중 재장전이 가능하므로 CANDU는 LWR 발전소와는 달리 핵연료 재장전을 위해 발전소를 정지할 필요가 없기 때문에, CANDU의 이용률(약 90%)은 매우 높다.

CANDU 원자로의 전체 크기와 D_2O 총량은 천연우라늄 대신 약간 농축된 우라늄을 사용함으로써 상당히 줄일 수 있다. 이렇게 하면 연간 핵연료 수요를 줄일 수 있고 우라늄 자원을 보존할 수 있다는 추가적 이점이 있다. 이 목적으로 1.2 w/o의 농축도가 최적인 것으로 나타났다.

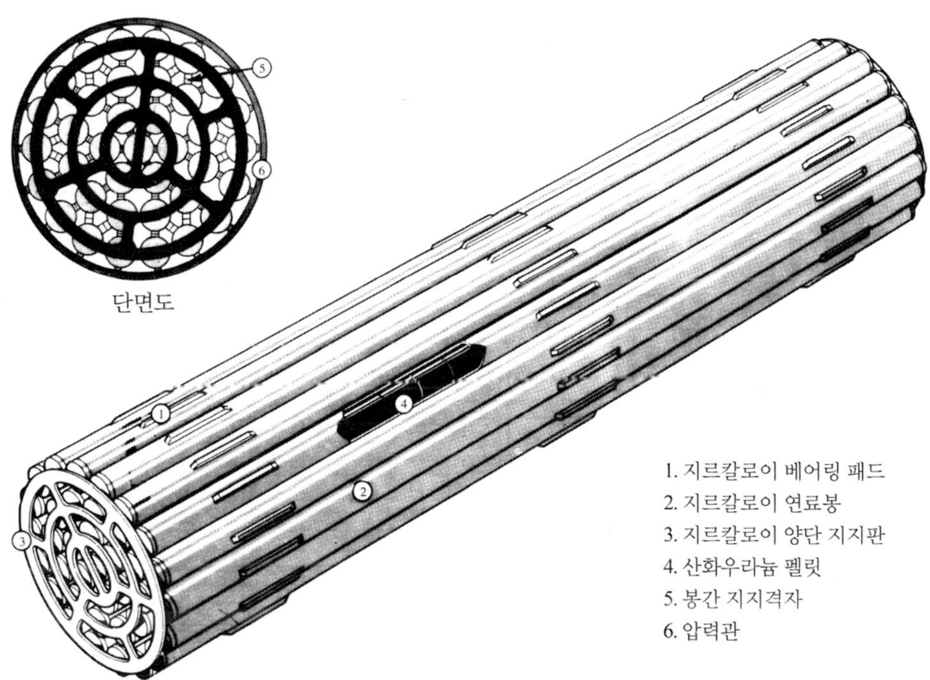

그림 4.27 중수로 CANDU 핵연료 다발

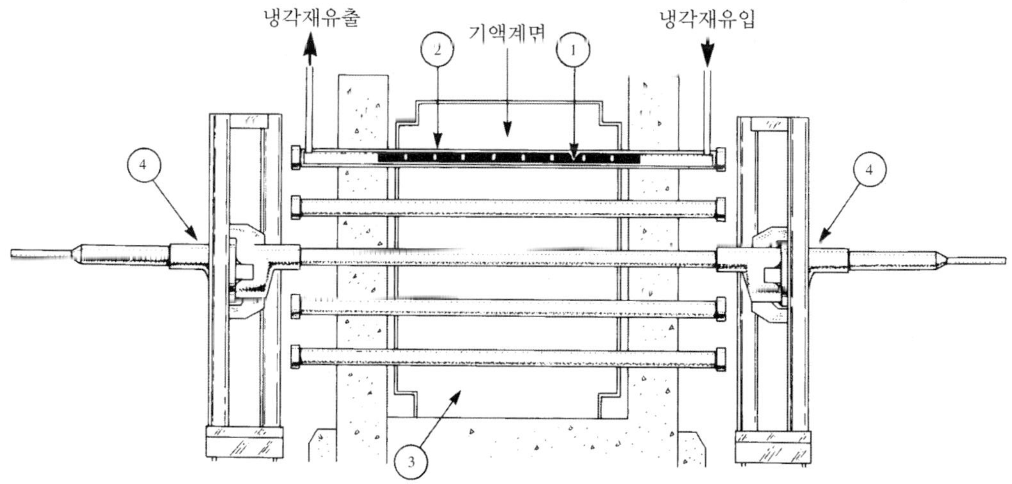

그림 4.28 CANDU 원자로 개략도: 1. 핵연료다발, 2. 압력관, 3. 중수감속재, 4. 연료교환기

CANDU가 전 세계에 있는 유일한 종류의 HWR은 아니다. 독일 Kraftwerk Union(현재는 Siemens Group의 자회사)이 압력관 대신에 대형 압력용기를 사용하며 천연우라늄을 핵연료로 쓰는 HWR을 설계하였다. 이 유형의 원자로 두 기가 아르헨티나 부에노스아이레스 인근 아투차에 있으며, 세 번째 원자로는 코르도바 지역의 엠발세에 있다. 일본 역시 Fugen이라 불리는 HWR을 개발했다. 이 원자로는 CANDU처럼 다수의 압력관에 의해 관통되는 상대적으로 낮은 압력의 D_2O 탱크로 구성되어 있다. 그러나 CANDU와는 달리 압력관에는 원자로 노심에서 끓는 경수가 포함되어 있다. 이 원자로는 천연우라늄 대신 천연우라늄과 (LWR에서 변환에 의해 얻어진) 플루토늄 산화물의 혼합물을 핵연료로 쓴다. 따라서 Fugen은 CANDU보다 상당히 작다.

증식로(breeder reactor)

4.6절에서는 연소로 또는 변환로에만 의존하는 원자력 산업계의 수요를 무한정 뒷받침하기에 전 세계 ^{235}U 비축량이 충분하지 않다는 것을 보여 준다. 그러나 증식로를 도입하면 핵연료 기반을 ^{235}U에서 이보다 상당히 풍부한 ^{238}U 또는 토륨으로 바꿀 수 있다. 더욱이 모든 감손우라늄, 즉 동위원소 농축 과정 후에 남게 되는 잔존 우라늄(대부분 ^{238}U)을 증식로 핵연료로 이용할 수 있다. 증식로는 수천 년 동안 전 세계 전기에너지 수요를 충족시킬 수 있다.

우라늄 비축량의 적정성과 핵확산 가능성에 관한 견해가 다르기 때문에 미국과 다른 여러 국가는 증식로 개발의 필요성과 시급성에 대해 상당한 이견이 있다. 일부 기관은 비록 비용이 증가하겠지만 21세기 전반부까지 국내 및 수출시장의 수요를 만족시킬 만큼 충분한 양의 우라늄을 찾아내고 생산할 수 있을 것으로 생각하고 있다. 다른 전문가들은 우라늄 공급에 대해 덜 낙관적이며 미래의 우라늄 부족 사태에 대비한 보험 성격으로 증식로가 개발될 것으로 내다보고 있다. 그럼에도 이들은 여전히 핵무기 확산을 초래하는 플루토늄의 군사적 전용 가능성에 대해 깊은 우려를 표하고 있다.

해외에서의 증식로 수요는 덜 불확실하다. 주요 산업 국가들—영국, 프랑스, 독일, 일본—은 자국 내 우라늄 자원을 보유하고 있지 않다. 그래서 이들 국가는 수입하는 우라늄 전부를 최대한 활용해야만 한다. 또한 이들 국가는 대량의 감손우라늄을 보유하고 있거나 소유권을 주장할 수 있다. 예를 들어 프랑스는 우라늄을 증식로의 핵연료로 사용할 경우,

향후 100년간 전력 수요를 충족시킬 수 있는 충분한 감손우라늄을 보유하고 있다. 프랑스와 일본은 활발한 증식 프로그램을 보유하고 있다. 구소련 역시 증식로 개발에 많은 투자를 하였다.

지금까지 4가지 종류의 증식로가 개발되었다. 액체금속냉각고속증식로(liquid-metal-cooled fast breeder reactor, LMFBR), 기체냉각고속증식로(gas-cooled fast breeder reactor, GCFR), 용융염증식로(molten salt breeder reactor, MSBR), 경수증식로(light-water breeder reactor, LWBR)이다. 이들 증식로 각각에 대해 차례대로 알아보자.

액체금속냉각고속증식로(LMFBR)

고속증식로 개념의 근본 원칙은 2차대전 이전에 수립되었고 미래 에너지 공급에 있어 증식로가 가진 잠재적인 영향은 이때부터 알려졌다. 최초의 실험 증식로는 1946년 미국 뉴멕시코의 로스앨러모스에서 최초 임계에 도달한 25 kW 출력의 소형 플루토늄 핵연료, 수은 냉각 장치였다. 나트륨과 칼륨의 혼합체로 냉각하는 1.3 MW 증식로가 아이다호 Argonne National Laboratory에서 1951년 운전을 시작했다. 이 원자로가 EBR-I(Experimental Breeder Reactor-I)인데, 터빈 발생기를 구동시키는 증기를 이차 회로에서 생산했다. 이 시스템은 세계 최초로 원자력을 이용하여 전기 200 kW를 생산하였다. 그것도 LMFBR을 이용해서! 이러한 초창기 실험 이후 수십 기의 LMFBR이 세계 곳곳에 건설되었다. LMFBR은 상당한 상업적 단계에 도달한 유일한 증식로이다.

LMFBR은 우라늄-플루토늄 핵연료 주기(원자로 핵연료 주기에 대해서는 4.6절 참조)를 기반으로 가동된다. 이는 이 원자로가 노심, 즉 구동부에서 증식된 플루토늄 동위원소를 핵연료로 이용하고 블랭킷은 천연우라늄이나 감손우라늄이라는 것을 의미한다. 그림 4.2c로부터, ^{239}Pu가 흡수한 중성자당 방출되는 핵분열 중성자 수인 η는 100 keV 이상에서는 중성자 에너지가 증가할수록 단순증가한다는 것을 알 수 있다. 이에 따라 시스템 내에서 핵분열을 유도하는 중성자의 평균 에너지가 증가할수록 증식률과 증식이득이 증가한다. 따라서 가능한 한 핵분열 중성자가 고속로 안에서 감속되는 것을 방지하기 위해 많은 노력을 해야 한다. 이것은 특별히 가벼운 원자핵들을 노심으로부터 배제해야 함을 뜻한다. 감속재가 없기 때문에 노심과 블랭킷은 핵연료봉과 냉각재만을 포함하고 있다.

최신 LMFBR의 냉각재로서 나트륨이 보편적으로 사용되고 있다. 원자량이 23인 나트륨은 탄성산란에 의해 중성자를 뚜렷하게 감속시키지는 않지만, 앞서 설명했듯이 비탄성 산란을 통해 어느 정도 중성자를 감속시킨다. 또한 나트륨은 우수한 열전달 물질이어서, LMFBR 노심을 높은 출력밀도에서 운전할 수 있다. 이는 LMFBR 노심이 비교적 작다는 것을 의미한다. 더욱이 나트륨은 끓는점(1기압에서 882℃)이 매우 높기 때문에, 대기압에서 비등 없이 원자로 냉각 회로를 고온으로 가동할 수 있고, 따라서 무거운 압력용기가 필요 없다. 높은 냉각재 온도는 고온, 고압 증기와 높은 발전소 효율로 이어진다. 마지막으로 나트륨은 물과 다르게 다수의 구조물 재료에 부식을 일으키지 않는다.

나트륨도 달갑지 않은 특성을 갖고 있다. 녹는점이 상온을 훨씬 웃도는 98℃이기 때문에 나트륨의 응고를 막기 위해서는 전체 냉각계통을 항상 고온으로 유지해야 한다. 이는 *트레이싱*(*tracing*)이라는 나선형의 절연 전선을 냉각 파이프, 밸브 등을 따라 감아 유지한다. 나트륨은 화학적 반응도가 매우 크다. 뜨거운 나트륨은 물과 격렬히 반응하고, 공기와 접촉하면 하얀 과산화나트륨 연기를 내뿜으면서 발화한다. 연기를 내뿜는 현상은 일종의 내장된 누설 검출기에 해당되므로 나트륨 냉각의 실제 장점 중 하나다. 따라서 냉각 파이프 또는 밸브 포장재 위에 막 시작된 균열로부터 나트륨이 흘러나오면 하얀 연기가 나므로 금세 확인될 수 있다.[6] 게다가 이러한 이유 때문에 LMFBR은 본질적으로 매우 엄격하게 밀폐된 시스템이며, LWR과 비교했을 때 환경으로 더 적은 양의 방사선을 방출한다. 그러나 이들 원자로의 운전을 통해 상업적 규모의 원자로를 이용률이 높게 운전할 수 있다는 것을 보여 주지 못하고 있다. 운전 상의 문제는 나트륨의 사용, 그리고 계통을 신뢰성 있게 운전할 수 있게 원자로 내부 구조물, 밸브와 펌프를 어떻게 설계하는가에 초점이 맞춰져 있다.

유감스럽게도 나트륨은 중성자, 심지어 고속중성자까지 흡수하여 반감기가 15시간인 베타-감마 방출 핵종인 ^{24}Na가 된다. 따라서 나트륨은 노심을 지나면서 방사성을 띤다. LMFBR 발전소는 증기 사이클 바탕 위에서 운전된다. 즉, 원자로에서 나온 열을 결국 증기발생기에서 증기를 생산하는 데에 사용한다. 나트륨의 방사능, 그리고 물과 격렬히 반응하는 성질 때문에 나트륨 냉각재를 원자로에서 증기발생기로 직접 이동시키는 것은 좋

---

6 LMFBR은 거의 대기압으로 운전하기 때문에 LWR에서의 냉각수처럼 나트륨이 계통 밖으로 뿜어져 나오는 경향이 없다는 것을 주목해야 한다. 이는 LMFBR 고유의 안전특성 중 하나이다.

은 공학적 판단이라 할 수 없다. 물과 나트륨 사이에 있는 증기발생기에서 누설이 자주 일어나는데, 그러한 누설은 방사능의 방출로 이어질 수 있다. 따라서 모든 LMFBR은 방사성 나트륨을 운반하는 일차 원자로 회로와 비방사성 나트륨을 포함하고 있는 중간 나트륨 회로 등 2개의 나트륨 회로를 사용한다. 중간 나트륨 회로는 일차 회로의 열을 중간열교환기(intermediate heat exchanger, IHX)를 통해 증기발생기까지 운반한다.

중간 나트륨 회로를 배열하는 상세 방법에 따라 LMFBR을 회로(loop) 타입 LMFBR과 풀(pool) 타입 LMFBR 등 두 개의 범주로 구분한다. 회로 타입의 LMFBR을 그림 4.29에 나타냈다. 그림에서처럼 원자로 노심과 블랭킷, 제어봉(그림에는 없음)이 LWR과는 다르게 원자로용기에 위치해 있는데 이는 원자로용기가 고압을 견딜 필요가 없기 때문이다. 원자로용기에서 누설되는 모든 나트륨을 수집하기 위해 원자로는 안전 탱크로 둘러싸여 있다. 회로 타입에서 중간열교환기(IHX)와 열전달계통의 모든 다른 부품들은 원자로용기 외부에 위치해 있다. 대표적인 1,000 MWe LMFBR 발전소는 3개 또는 4개의 일차 회로를 가지고 있고, 각각의 일차 회로는 중간 및 물-증기 회로를 갖고 있다.

일차 회로의 나트륨은 방사성을 띠고 있기 때문에, 일차 회로에 있는 모든 부품은 차폐를 해야 한다. 더욱이 일차 회로를 포함하고 있는 구역에서는 나트륨과 반응하지 않는 질소 분위기가 유지되어야 한다. 이렇게 함으로써 방사성 나트륨과 관련된 화재 가능성을 줄일 수 있다. 똑같은 이유로, 원자로용기 내부 나트륨 위의 빈 공간과 일차 냉각재 펌프의

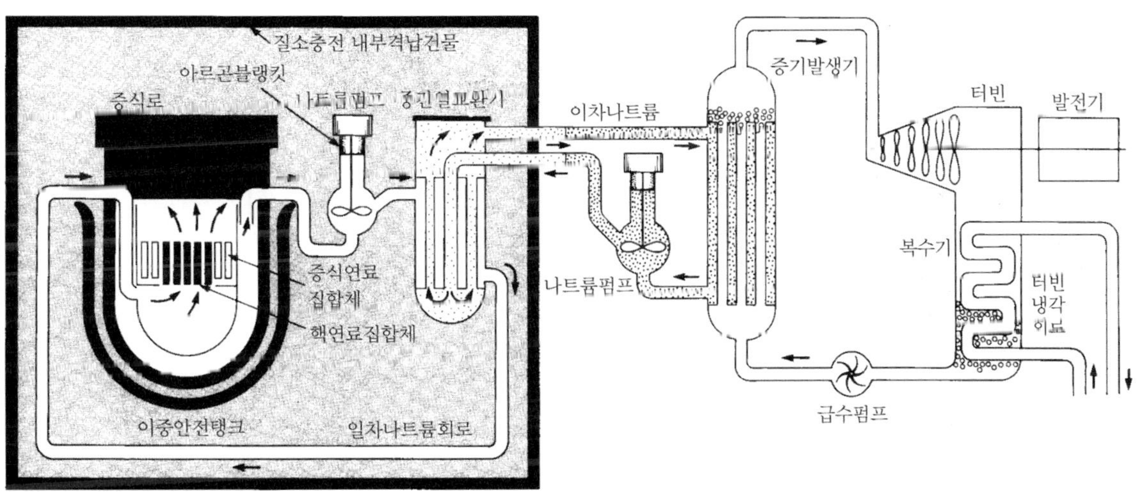

그림 4.29 회로 타입 LMFBR 발전소의 개략도

빈 공간을 아르곤 가스로 불활성 분위기를 만든다. 이차 회로의 나트륨은 방사성이 아니고, 물이나 증기가 아니므로, 이들 회로는 차폐할 필요가 없다.

그림 4.30에 있는 풀 타입 LMFBR의 구별되는 특징은 모든 일차 회로―펌프와 IHX를 포함하여―가 노심 및 블랭킷과 함께 원자로용기 안에 위치하고 있다는 것이다. 나트륨은 펌프에 의해 노심과 블랭킷을 통과한 후 IHX를 통과한다. 이차 나트륨은 원자로용기로 들어가, IHX로부터 열을 빼앗아 증기발생기로 빠져나간다. IHX에 있는 나트륨이 방사성을 띠지 못하도록, 이들 부품을 원자로에 있는 중성자로부터 차폐를 한다. 따라서 풀 타입 LMFBR을 떠나는 나트륨은 방사성을 띠지 않고 있다.

두 개의 LMFBR 유형 중, 회로 타입이 더 단순한 개념에 바탕을 두고 있는 것처럼 보인다. 중간 회로의 존재를 제외하면 일반적인 PWR 설계와 크게 다르지 않다. 모든 일차 회로의 부품들―원자로, 펌프, 열교환기 등―은 모두 분리되어 있고 독립적이다. 이는 풀 타입 계통의 부품처럼 뜨겁고 방사능을 띠며 불투명한 나트륨 속에 부품들이 잠겨 있는 것에 비해 검사, 보수 및 수리를 더 쉽게 만든다. 그러나 회로 타입 발전소 일차 회로의 거의 모든 부분에 대해 상당한 차폐가 필요하다. 이 때문에 발전소가 크고 튼튼히 지어진 요새를 닮게 된다.

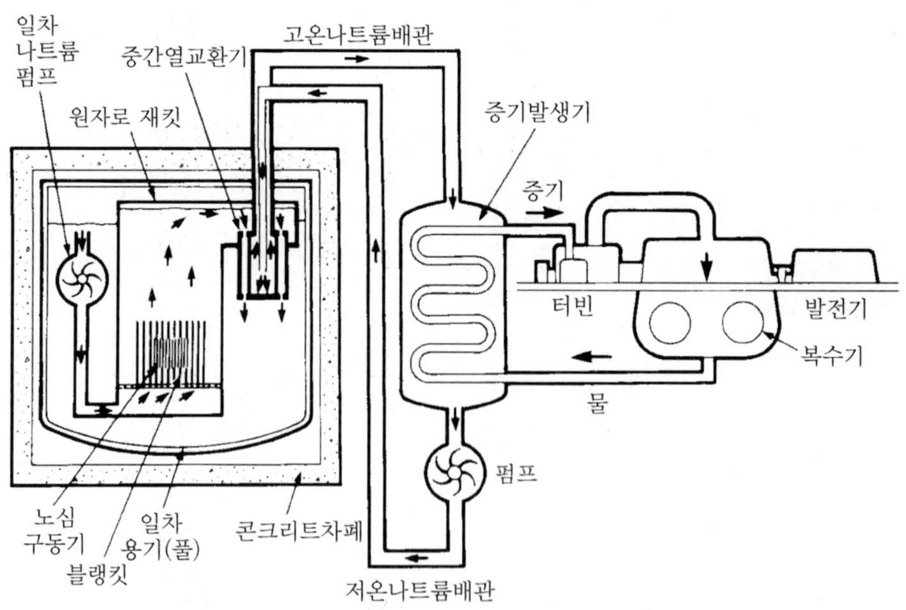

그림 4.30 풀 타입 LMFBR 발전소

대조적으로 풀 타입 LMFBR은 원자로용기로부터 방사능이 방출되지 않기 때문에 발전소의 다른 부품들을 차폐할 필요가 없다.[7] 게다가 풀 타입 원자로용기를 최소한 부분적으로 지하에 위치시키는 것이 흔한 관행이므로, 용기의 최상단 부분만을 두껍게 차폐하면 된다. 따라서 풀 타입 원자로가 운전 중일 때, 원자로실로 걸어 들어가거나 심지어 많은 양의 방사선을 받지 않은 채 원자로의 윗부분을 가로질러 갈 수 있다. 그래서 이 풀 타입의 LMFBR은 다른 타입에 비해 소형이다. 상업적으로 운전 중인 두 개의 LMFBR은 러시아의 BN 800 시리즈와 일본의 Monju 원자로다. BN 800은 풀 타입이고 Monju는 회로 타입이다.

LMFBR 노심은 핵연료집합체의 배열로 구성되는데, 집합체는 대각선 길이 10~15 cm, 길이 3 m 또는 4 m의 육각형 스테인리스강[8] 캔에 긴 봉의 형태를 가진 핵연료와 핵연료성 물질을 담고 있다. 원자로 중심지역의 집합체는 그 중심에 핵연료봉을, 양 끝에는 블랭킷을 포함하고 있다. 원자로 바깥쪽에 있는 집합체는 오직 블랭킷 봉만을 갖고 있다. 이들 집합체를 함께 놓으면, 중앙의 원통형 구동부의 모든 측면을 블랭킷이 둘러싸는 효과를 얻을 수 있다.

핵연료봉은 지름 6이나 7 mm의 스테인리스강 튜브로, PuO_2와 UO_2의 혼합물로 만든 소결체로 이루어져 있다. 핵연료의 등가 농축도(즉, 핵연료에 있는 플루토늄의 백분율)는 원자로에 따라 15~35 w/o이다. 핵연료봉은 지지격자에 의해 분리되어 있거나, 어떤 경우에는 각 봉마다 선이 나선형으로 감겨 있다. UO_2만을 포함하고 있는 블랭킷의 봉은 지름이 1.5 cm 정도로 핵연료봉보다 큰데, 이는 핵연료봉보다 냉각이 덜 필요하기 때문이다. LMFBR의 핵연료봉과 블랭킷 봉 모두 LWR이나 HWR보다 더 단단하게 묶여 있는데, 나트륨의 열전달 특성이 물보다 더 좋기 때문이다. 액체 나트륨 냉각재는 각 집합체의 바닥 근처에 있는 구멍을 통해 들어간 후, 봉 주위를 따라 위쪽으로 흐르면서 열을 빼앗아 노심 윗부분에서 빠져나간다.

실제로 현재의 모든 LMFBR이 우라늄-플루토늄 산화물 핵연료로 운전되고 있지만 미래의 핵연료로 우라늄-플루토늄 탄화물을 사용하는 데 관심을 보이고 있다. 이 핵연료를

---

7 회로 타입이나 풀 타입 LMFBR 모두, 나트륨 덤프 탱크와 사용후핵연료 구역 차폐가 필요하다.

8 지르코늄은 나트륨과 화학적으로 반응하기 때문에, 지르코늄과 그 합금은 LMFBR에 사용할 수 없다.

사용하면 더 큰 증식비가 가능하기 때문이다. 왜냐하면 산화우라늄(UO_2)에는 우라늄 하나에 두 개의 산소가 결합하지만, 탄화물(UC)에는 우라늄 하나에 탄소 하나가 결합하기 때문이다. 탄소와 산소와 같은 가벼운 원자는 핵분열 중성자를 감속시키는 경향이 있다. 산화물에 비해 탄화물의 원자수가 줄어들기 때문에 산화물 핵연료를 사용하는 LMFBR보다 탄화물 핵연료를 사용하는 LMFBR에서의 중성자 에너지 분포는 보다 높은 영역으로 옮겨가게 된다. 따라서 중성자 에너지가 증가하면 η가 증가하기 때문에, 증식비가 높아진다. 동시에 더 높은 중성자 에너지 스펙트럼은 핵연료성 물질에서 추가적인 핵분열을 유도한다. 이 효과를 표 4.3에 제시했는데, 여기에 다른 핵연료 유형에 대한 증식비와 복합 배가시간이 주어져 있다.

표 4.3 LMFBR에서의 증식비와 복합 배가시간*

화합물		U-Pu 핵연료	Th-^{233}U 핵연료
산화물	증식비	1.277	1.041
	배가시간	16	112
탄화물	증식비	1.421	1.044
	배가시간	9	91

* Chang, Y. I., et al., *Alternative Fuel Cycle Options*. Argonne National Laboratory, 77-70, September 1977.

LMFBR은 토륨-^{233}U 산화물 핵연료로도 운전할 수 있다. 이 경우 핵연료집합체 중 구동부는 플루토늄 대신 ^{233}U을 포함하고 있으며, 토륨은 천연 또는 감손 우라늄을 대체한다. 블랭킷 집합체는 모두 토륨이다. 그러나 표 4.3에서 알 수 있듯이, 우라늄-플루토늄을 토륨-^{233}U으로 교체하면 증식비와 배가시간에 상당한 영향을 미친다. 이러한 상황에서 LMFBR은 사실상 증식하지 않는다.

LMFBR의 제어봉은 다른 물질을 사용할 수도 있지만, 보통 탄화보론(B_4C)을 채운 스테인리스강이다. 핵분열 중성자가 다른 핵분열을 유도하기 전에 감속되고 확산되는 많은 시간이 걸리지 않기 때문에, 과거에는 LMFBR과 같은 고속로는 다른 열중성자로에 비해 제어가 쉽지 않을 것이라 생각하였다. 그러나 수년간의 운전 결과, 고속로도 상당히 안정적이고 쉽게 제어된다는 것을 확인했다.

LMFBR에서 나오는 증기는 16~18 MPa, 500°C 정도의 과열상태에서 터빈으로 보내진다. 총 효율은 40% 정도이다.

다른 원자로 유형

기체냉각고속증식로(GCFR)

이 원자로 개념은 HTGR 기술을 더 발전시킨 개념이다. 이 원자로는 플루토늄과 우라늄의 혼합물을 핵연료로 사용하는 헬륨냉각 원자로이다. GCFR 노심은 LMFBR 노심과 유사하며, PUO_2와 UO_2 혼합물 소결체가 스테인리스강으로 된 봉에 들어 있지만, LMFBR처럼 그 봉들이 가깝게 있지는 않다. 또한 GCFR의 봉들은 지나가는 냉각재로 열전달을 좋게 하기 위해 외부 표면을 거칠게 가공한다. 그림 4.31은 360 MWe(1090 MWt) GCFR의 핵증기공급계통에 대한 그림이다. 헬륨은 압력 10.5 MPa, 298°C로 바닥에서 노심으로 들어가 노심 상부로 나오는데, 이때 온도는 520°C이다. 덥혀진 기체는 전기로 구

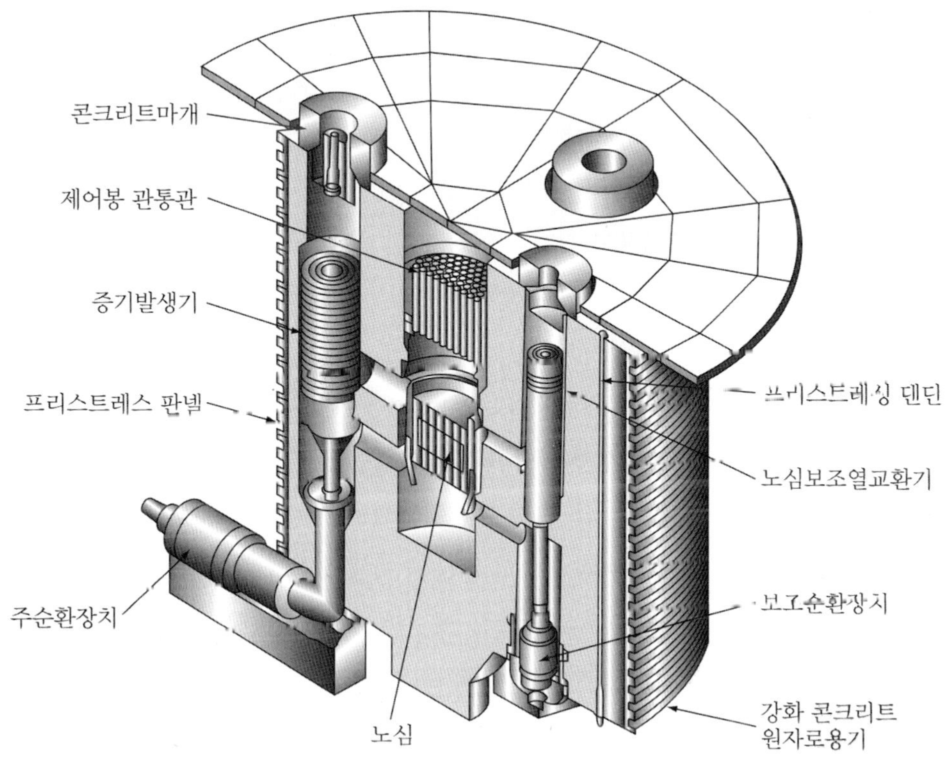

그림 4.31 가스냉각고속로 단면

동하는 순환장치(송풍기)가 작동하는 3대의 증기발생기를 통과한다. LMFBR과 달리 GCFR은 중간열교환기가 필요치 않다. 원자로는 주 냉각 회로가 실패했을 때를 대비하여 보조 순환장치와 열교환기를 구비하고 있다. 주 순환장치 모터를 제외한 모든 부품들은 그림에서 보는 것처럼 콘크리트 원자로용기 안에 위치한다. 증기발생기는 485°C, 10.5 MPa의 과열 증기를 생산한다. GCFR에서는 HTGR에서처럼 전체 증기 사이클을 피할 수 있으며, 헬륨 냉각재를 가스터빈에 직접 사용하여 헬륨 냉각재의 장점을 활용할 수 있다.

기체로서 헬륨은 원자로에서 본질적으로 빈 공간이어서, 원자로의 중성자에 거의 영향을 주지 않는다. 따라서 중성자 스펙트럼은 나트륨과의 비탄성충돌로 중성자 감속이 일어나는 LMFBR에 비해 에너지가 크다. 이로 인해 η의 평균값이 더 크고 배가시간은 상대적으로 짧기 때문에, GCFR의 증식비가 LMFBR보다 더 크다.

헬륨 냉각의 또 다른 이점은 다음과 같다. 원자로의 경제성은 발전소 가동률(발전소가 운전할 수 있는 시간의 분율)을 포함한 많은 인자들에 의해 결정된다. 일상적인 유지보수에 걸리는 시간을 가능하면 짧게 유지하는 것이 중요하다. GCFR의 냉각재가 그다지 방사성을 띠지 않기 때문에 원자로 정지 후 바로 냉각재 회로 어디에서나 일하는 것이 가능하다. 원자로 내부에서 어떤 문제가 발생하면, 문제의 근원을 시각적 수단으로 재빨리 밝힐 수 있다. 상대적으로 LMFBR의 유지보수는 더 어려운데, 그 이유는 나트륨이 방사능을 띠고 있을 뿐 아니라 불투명하고, 굳어지는 것을 막기 위해 계속해서 열을 가해야 하기 때문이다. 몇몇 기관들은 GCFR이 현재 고안된 어떤 원자로보다도 가장 낮은 전력 단가를 제공할 수 있는 잠재성이 있다고 믿고 있다.

용융염증식로(MSBR)

용융염증식로는 ^{233}U-토륨 주기에 기반하여 운전되는 열 증식로이다. ^{233}U만이 열중성자로에서 증식이 가능한 유일한 핵분열성 동위원소임을 기억하자. 용융염증식로는 핵연료, 핵연료성 물질 그리고 냉각수를 하나의 균질한 액체에 함께 섞는다는 점에서 독특한 원자로 설계이다. 이 원자로는 고온에서 녹아 깨끗하고 점성이 없는 액체가 되는 다양한 플루오르화염으로 이뤄져 있다. 대표적인 용융염 혼합물의 구성을 표 4.4에 제시하였다. 토륨과 우라늄을 제외한 염혼합물의 모든 원소들은 열중성자 흡수 단면적이 매우 작다.[9] 이것은 η값이 작아서 중성자 손실을 줄여야 하는 열중성자 증식로에서는 핵심적인 고려사항이다. 플루오르화염은 중성자 관련 특성이 우수할 뿐만 아니라 우라늄에 대한 용해도가 높고, 모든 화학적 화합물 중에서 가장 안정적이며, 고온에서 증기압이 매우 낮고 적정한 열전달 특성을 갖고 있다. 더욱이 이들 염은 방사선에 의해 손상을 받지 않으며, 공기나 물과 반응하지 않고 일부 흔한 구조 물질과 흑연과도 비활성화 상태를 유지한다.

표 4.4 용융염원자로 핵연료의 몰 퍼센트 구성

용융염	몰 퍼센트(%)
^{7}LiF	72
BeF_2	16
ThF_4	12
$^{233}UF_4$	0.3

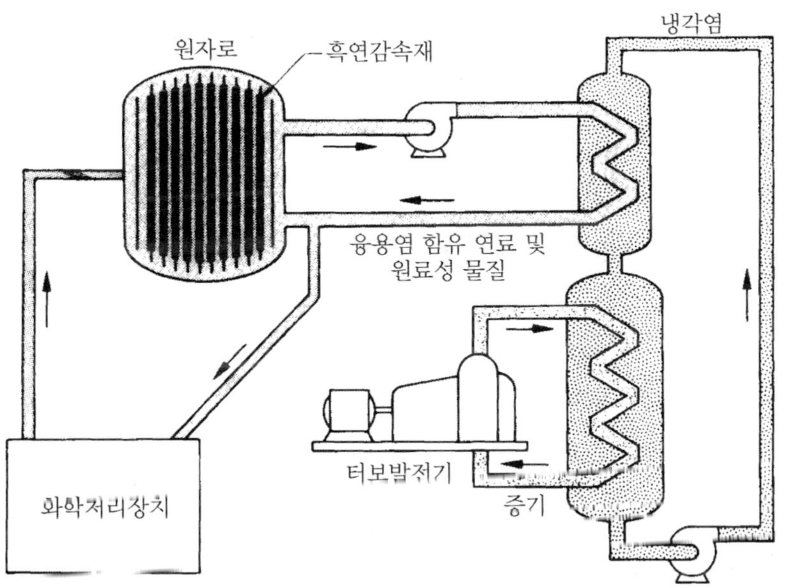

그림 4.32 용융염증식로 개략도(LWBR 노심 단면, 미국 에너지성)

9 0.0253 eV에서, $\sigma_a(^{7}Li) = 0.037$ b, $\sigma_a(Be) = 0.0092$ b, $\sigma_a(F) = 0.0095$ b.

그림 4.32는 MSBR 발전소의 주요 기기들에 대한 그림이다. 원자로 노심은 흑연 감속재 집합체로 구성되어 있는데, 여기에는 용융염 혼합체가 흘러가는 통로가 있다. 유체가 노심을 통과할 때 원자로가 임계에 도달하고 핵분열 에너지가 유체에 직접 흡수된다. 가열된 유체는 중간 냉각재 회로의 열교환기를 거쳐 원자로로 되돌아간다. 유체의 일부는 화학적 처리를 위해 나누어진다.

MSBR 발전소의 화학처리 시설에서 몇 가지 중요한 작업들이 이뤄진다. 4.2절에서 설명한 바와 같이, ^{232}Th에서 ^{233}U으로 변환하는 과정 중 중간 핵종이 반감기가 27.4일인 ^{233}Pa이다. ^{233}Pa은 반감기가 원자로 유체의 순환시간에 비해 길고 열중성자 흡수 단면적(약 41 b)이 크기 때문에, ^{233}U으로 붕괴될 기회를 가지기 전에 중성자를 흡수해서 쓸모없는 ^{234}Pa로 변환되지 않도록 하기 위해 순환하는 유체에서 제거하여 보관해야 한다. ^{233}U은 붕괴하는 ^{233}Pa으로부터 결국 분리되는데, 그 일부는 원자로 유체로 돌아가고 잉여분은 다른 MSBR의 핵연료로 팔린다. 독립적인 화학처리 과정에서 핵연료의 핵분열로 생성된 핵분열 생성물은 우회시킨 유체로부터 제거된다. 고체 핵연료를 사용하는 일반 원자로에서는 이들 핵분열 생성물이 핵연료봉 내에 누적되어, 핵연료를 주기적으로 교체해야만 하는 요인 중 하나가 된다. 연속적인 관점에서 핵연료를 쉽게 교체하고 핵분열 생성물을 제거할 수 있다는 사실은 용융염원자로의 매력적인 특성이라 할 수 있다.[10] 핵연료 교체에 시간이 거의 걸리지 않으며 원자로의 정지 전까지 장기간 원자로를 운전할 수 있다.

그 외에도 MSBR은 여러 가지 장점이 있다. 먼저 중성자 경제가 좋기 때문에, MSBR의 핵연료량이 매우 적다. 경수로는 전기출력 1 MWe당 약 3 kg, LMFBR은 3~4 kg의 핵분열성 물질이 필요하지만, MSBR은 약 1.0~1.2 kg만이 필요하다. 더욱이 용융염의 낮은 증기압 덕분에 MSBR은 대기압보다 약간 높은 압력에서 운전하기 때문에 값비싼 압력용기가 필요 없다. 마지막으로 용융염으로 고온이 가능하기 때문에 24 MPa 및 540℃ 에서 과열 증기를 생산할 수 있으며, 이로 인해 약 44%의 매우 높은 발전소 효율을 이룰 수 있다.

MSBR도 단점은 있다. 첫 번째는 핵연료가 원자로 밖으로 흘러나오면서 지발중성자선행핵

---

10 MSBR에서 고체 핵연료가 사용되지 않는다는 사실이 실제로는 개발을 더디게 할 수 있는데, 그 이유는 원자로 제작사들은 본질적으로 장기적인 핵연료 제조 계약이 전제되지 않는 원자로 시스템의 개발을 추구하는 것을 꺼리기 때문이다.

(delayed neutron precursor)을 방출하는 선행핵종(precursor nuclide)을 끌고 나온다. 이들로부터 중성자가 방출되면 핵연료를 담고 있는 회로 전체가 방사화된다. 따라서 시스템 내 부품 유지보수를 위해서는 긴 원자로 정지시간이 필요하고 다양한 자동 및 원격 장비가 필요하다. MSBR의 증식률은 1.05~1.07 범위에 있는데, LMFBR이나 GCFR에 비해 훨씬 작다. 배가시간은 13~20년으로 예상된다. 마지막으로 방사성 혼합물 취급 및 처리 필요성 때문에 이 기술의 상업적 응용이 제한되고 있다.

경수증식로(LWBR)

^{233}U을 핵연료로 사용하더라도 증식할 수 있는 경수로 건설은 불가능하다는 사실이 받아들여진 지 이미 오래다. 일례로, 물의 큰 흡수 단면적 때문에 열에너지 영역에서 너무 많은 중성자들이 손실될 수 있다고 생각하였다. 이 문제는 노심에서 핵연료에 비해 물의 양을 줄임으로써 피할 수 있을 것이라고 인식되어 왔다. 이렇게 하면, 물에 의한 감속효과가 줄어들어 중성자 에너지 스펙트럼이 더 높은 영역으로 이동할 것이다. 이러한 이동은 더 많은 비율의 중성자가 중간 영역 에너지(즉, 1 eV $\leq E \leq$ 10 keV)에서 ^{233}U에 흡수된다는 것을 의미하는데, 앞의 데이터를 보면 이 영역에서 η는 2보다 약간 큰 값으로 줄어든다. 따라서 전체적인 결과는 같아진다는 것이며, 이는 결국 원자로가 증식되지 않는다는 것을 의미한다. 그러나 1960년대 초반 새로운 실험을 통해 중성자 손실을 엄격하게 제어할 수 있다면 증식이 가능하도록 중간 에너지 영역에서 η를 2보다 충분히 크게 할 수 있음을 알게 되었다.

LWBR 설계 과정에서 중성자 손실을 줄이기 위한 특별한 노력을 기울여도, 전체 증식 이득은 매우 작을 것이다. 아니 너무 작아서 동일한 유형의 다른 원자로를 위한 ^{233}U을 순생산하지 못한다. 그러나 노심 수명 기간에 걸쳐 핵연료의 화학적 재처리에 수반되는 ^{233}U의 손실을 보상하는 데 충분한 양(1~2%)의 잉여 ^{233}U을 얻을 수는 있다. 따라서 LWBR 운전이 이뤄지기만 한다면 자원이 풍부한 ^{232}Th는 영구히 연료로 공급받을 수는 있을 것이다.

경수로에서 증식이 실제로 일어나는지를 보기 위해 미국 에너지성은 LWBR 노심을 개발해 펜실베이니아 쉬핑포트에 있는 정부 소유의 가압경수로에 설치했다. 이 시스템은 운전이 잘 이루어져, 설계된 대로 1.01~1.02의 증식비를 보여 주었다. 이 실험을 통해 현재 또는 미래의 경수로에 증식로 노심을 설치하는 기술적 타당성이 확인되었다. 상대적으로 희소한 ^{235}U 연료가 아니라 더 풍부한 토륨을 연료로 사용하게 되면, 이는 전반적인 핵연료 이용도를 현저히 증가시킬 것이며, 원자력 산업계에 이용되는 경수로 수는 (이론적으로) 무한히 늘어날 수도 있다.

LWBR 노심 단면이 그림 4.33에 제시되어 있다. 그림에서 보는 것과 같이 노심은 반사체-블랭킷 영역으로 둘러싸여 대칭적으로 배치된 육각형 모듈로 이루어져 있다. 각 모듈은 축방향으로 이동이 가능한 증식부(seed), 즉 증배계수가 1보다 큰 영역과 1보다 작은 고정된 환형의 육각형 블랭킷을 포함하고 있다. 이들 영역들은 다시 꽉 차 있으나 서로 접촉하지는 않는 핵연료 집합봉들의 집합체로 구성된다. 그리고 이들 핵연료봉 안에는 이산화토륨(ThO_2)과 $^{233}UC_2$ 소결체가 들어 있다. 이 중에서 UC_2 소결체 양은, 증식 영역에서 0~6 w/o, 블랭킷 영역에서 0~3 w/o 정도를 차지한다. 그림 4.34는 전형적인 LWBR 핵연료 모듈의 단면을 보여 주는데, 블랭킷 영역에서보다 증식 영역에서 핵연료봉이 더 작음을 알 수 있다.

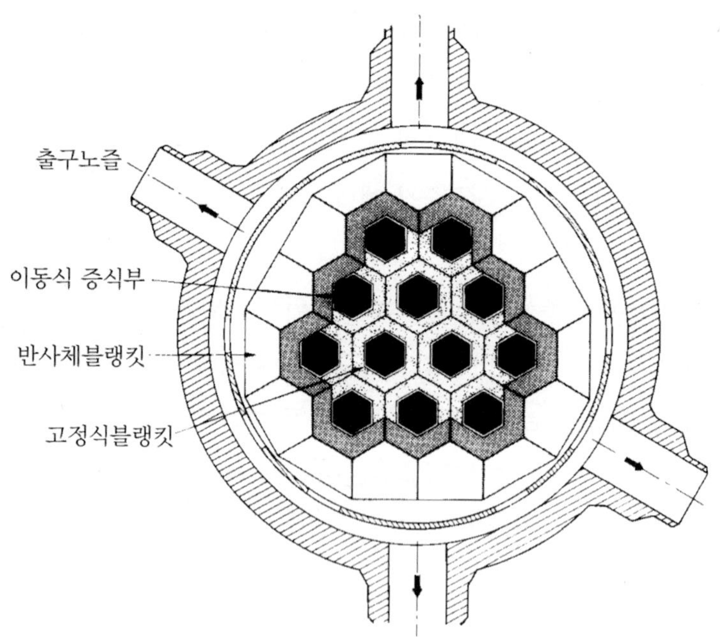

그림 4.33 LWBR 노심 단면(미국 에너지성 제공)

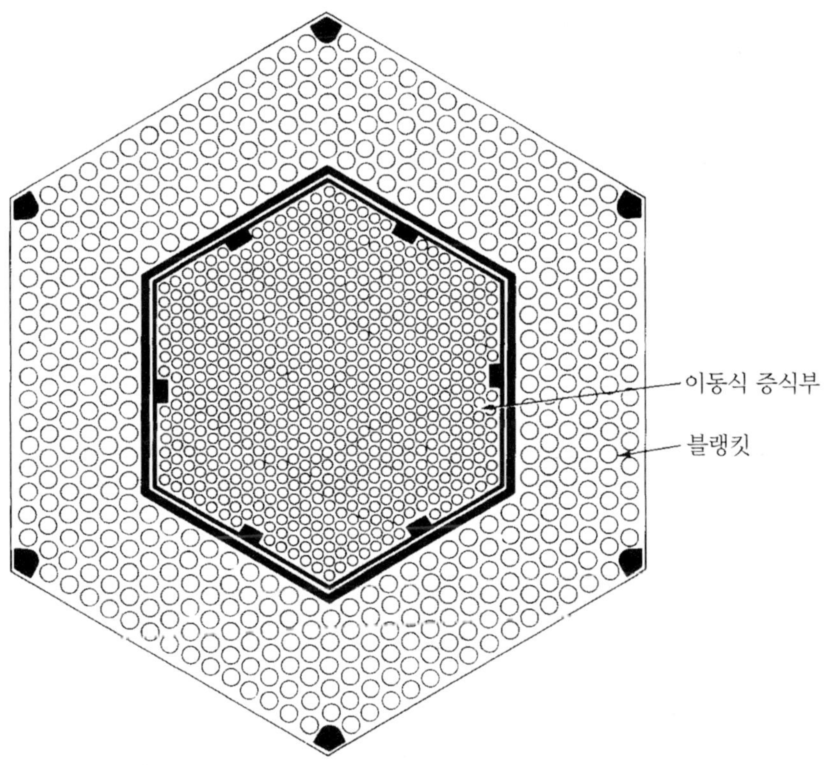

그림 4.34 전형적인 LWBR 핵연료 모듈 단면(미국 에너지성 제공)

원자로 제어는 각 모듈 내에서 증식 영역의 이동에 의해 이뤄진다. 이러한 이동은 노심으로부터의 중성자 누설률을 변화시키며 그에 따라 증배계수가 변화한다. 그림 4.35에 나타낸 바와 같이, 이동식 증식부가 삽입되면 누설은 작아지고 반대로 인출되면 누설은 증가한다. 이러한 새로운 제어방법은 LWBR에서 중성자 손실을 줄이기 위해 필요한 것이다. 통상적인 제어봉은 너무 많은 중성자를 흡수하여 증식이 불가능하기 때문에 사용할 수 없다. 또한 그림 4.35는 핵연료 모듈 내에서 ThO_2와 $^{233}UO_2$가 다소 복잡하게 분포되어 있음을 보여 주는데, 이것은 원자로 제어 및 출력 특성을 좋게 하기 위한 것이다. 그림에서 볼 수 있는 핵연료 분포는 핵연료간 조절에 의해 얻어지며, 이는 각 모듈의 전체 길이를 확장시켜 준다.

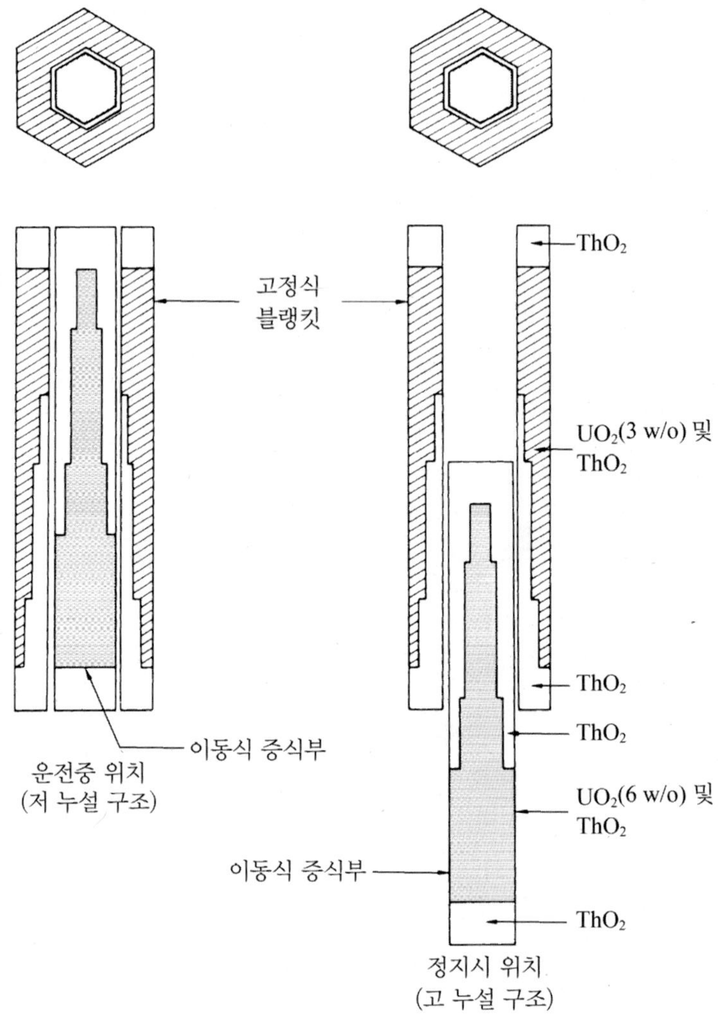

그림 4.35 이동식 증식부 구조에 의한 원자로 제어 개념(미국 에너지성 제공)

이동형 동력로(mobile power reactor)

원자력의 가장 광범위한 응용 중 하나가 바로 선박의 추진 동력으로 사용하는 것이다. 이 아이디어는 상업적 원자력 프로그램 개발에 중요한 역할을 한 전설적인 해군 제독 하이먼 리코버(Hyman G. Rickover)에 의해 발전되었다. 미국 해군의 *노틸러스*(*Nautilus*)*호*를 필두로 영국, 프랑스, 구소련이 잠수함의 주 동력원으로 원자력 추진력을 채택했다. 미국과 구소련은 수상 함정에도 원자력을 이용했다.

원자로와 부속 계통이 소형이고 수명이 길어야 한다는 점에서 이동형 동력로에 대한 요건은 상업용 중앙집중식 발전소와는 다소 다르다. 그 결과, 이 원자로 설계는 대형 상업용 원자로와 다르다. 초기에는 가압경수로와 액체금속 냉각로의 두 가지 경쟁적 개념이 개발되었다. 가압경수로의 원자로 개념은 노틸러스에 사용되었고, 액체금속 냉각로는 씨울프(Seawolf)호에 사용되었다. 노틸러스는 1955년 1월 운전을 개시했고 1958년 8월 북극 밑을 항해함으로써 그 성능을 입증했다.

액체금속 냉각로 설계는 정비와 신뢰도 문제 때문에 가압경수로 개념을 선호함에 따라 포기하게 되었다. 씨울프 원자로는 철거되고 노틸러스와 유사한 원자로로 대체되었다. 이후의 원자로들은 수상 함정의 추진력으로 설계되었다. 원자력의 성공은 확실하다. 모든 잠수함은 원자력을 동력으로 사용하고 있으며, 결국 미국의 모든 항공모함도 원자력을 이용할 것이다.

표 4.5 미국의 핵잠수함 현황(1997년 현재)

구분	의회승인	건조중	운항중	퇴역
VIRGINIA (SSN 774)	18	9	9	0
SEAWOLF(SSN 21) Class	3	0	3	0
USS LOS ANGELES(SNN 688) Class	62	0	42	20
기타 급습정	68	0	0*	78
급습용 잠수함 합계	151	6	54	98
USS OHIO	18	0	14[11]	0
(SSNB 726)TRIDENT POLARIS/POSEIDON 잠수정	41	0	0	31*
탄도미사일 잠수함 합계	59	0	14*	31
잠수함 합계	210	6	72	128
해양연구선(NR-1)	1	0	1	0
CVN(핵추진 항공모함)	13	2	10	1[12]
핵추진 유노미사일 순양함	9	0	0	9
핵추진 해상 운송선 합계	22	2	10	10
핵추진선 합계	232	8	82	138

* 의회가 탄도미사일 잠수함 부대로 승인한 10기의 잠수함이 급습용으로 전환되었다.

잠수함에 있어 원자력은 화석연료에 비해 분명한 이점이 있다. 거의 무제한적인 해저 지구력과 산소가 필요 없는 소형의 고출력원으로서의 원자로 덕택에 잠수함은 한번에 수 개월씩 해저에 머무를 수 있게 되었다. 그 설계는 상업용 원자로와 유사하지만 훨씬 더 높은 고농축우라늄을 사용한다. 전형적인 가압경수로의 일, 이차 계통에 기초하여 원자로는 추진 터빈과 발전기에 증기를 공급한다.

표 4.5에 미국 해군이 운용 중인 원자력 잠수함과 함정의 수를 열거하였다. 그림 4.36은 신형 씨울프급 잠수함이다.

그림 4.36 버지니아(Virginia)급 핵잠수함(미국 해군 뉴스 사진/Barry Miles)

4세대 원자로

앞 절들에서는 3세대 및 3+세대 원자로들에 대해서 다루었다. 이 원자로들은 1950년대와 1960년대에 개발된 개념을 바탕으로 하고 1980년대와 1990년대를 거치며 안전성과

---

11 4기의 오하이오급 SSBN이 SSGN급으로 전환되었다.

12 USS 엔터프라이즈호는 2012년 12월 퇴역하였다.

가동률이 향상되었다. 2000년에는 미국 에너지성(DOE)과 국제적인 협력기관들이 차세대 원자로인 4세대 또는 GEN IV(Generation IV) 원자로를 개발하기 위한 노력에 착수했었다.

GEN IV 프로그램 목표는 경제성 및 효율 향상과 (방사성) 폐기물 최소화이다. 현재까지 개발을 시도한 6가지 개념 중 4가지가 증식로이다. 앞서 설명한 것과는 달리 이 새로운 개념의 원자로들은 플루토늄을 증식시킬 뿐만 아니라 핵분열 과정에서 생성된 악티나이드 핵종들을 태우도록(분열시키도록) 설계되어 장수명 폐기물을 최소화하고 에너지 생산을 최대화한다. 이들 원자로는 완전한 악티나이드 버너(burner)로 설계되기 때문에, 폐기물의 방사능 독성이 감소되어, 열 생성도 줄어들어 처분을 더 용이하게 한다.

6가지의 원자로 개념이 향후 20년 내에 배치기 가능하도록 연구 및 개발되고 있다. 이러한 원자로에는 가스냉각고속로(gas-cooled fast reactor, GFR), 납냉각고속로(lead-cooled fast reactor, LFR), 용융염원자로(molten salt reactor, MSR), 초임계경수로(super-critical water-cooled reactor, SCWR), 소듐냉각고속로(sodium-cooled fast reactor, SFR) 및 초고온가스로(very high temperature reactor, VHTR)가 포함된다. 이러한 개념의 원자로들 중 두 가지가 실제로 원형단계에까지 이르렀다고 보는데, 그것들은 VHTR과 LFR이다. 전자는 중국이, 후자는 러시아가 개발 중이다. 둘 다 2030년 이후에 상용화가 가능할 것으로 보인다.

초고온가스로(VHTR)

초고온가스로(very high temperature reactor)인 VHTR은 전력생산뿐 아니라 매우 높은 온도의 공정 열원으로도 사용하는 것이 목적이다. 이 열은 화학산업의 연료 또는 공급원료로 사용할 수소를 생산하는 데에 사용될 수 있다. 황-요오드 사이클 또는 고온 증기 전기분해를 이용하여 물에서 산소와 수소 간의 결합을 깨서 수소를 방출시키는 원리이다. 여기에 사용되는 원자로는, 냉각재로는 헬륨을 사용하고 감속재로는 흑연을 사용하는 열중성자로이다. 노심 출구 온도는 700~1000°C 정도가 되도록 한다. 이러한 고온은 다른 화학산업에도 이용될 수 있다. 이렇게 높은 온도는 전력생산 측면에서도 매력적인데, 그 이유는 헬륨이 브레이튼 사이클(Brayton cycle)에서 가스터빈을 직접 구동하는 데 사용될 수도 있기 때문이다. 이러한 시스템은 PWR에서와 같은 중간열교환기가 없기 때문에 직접사이클이라 부른다.

현재까지 2가지 유형의 고온원자로(high temperature reactor, HTR)가 개발되어 오고 있다. 이 HTR은 VHTR 온도 범위의 하한 온도에서 작동하도록 설계되어 기술적 경험을 제공하는 것이 목적이다. 중국에서 개발되는 원자로는 페블 베드(pebble bed) 노심을 기반으로 한다. 종래의 원자로들과 달리 페블 베드 원자로 노심에는 핵연료집합체가 없다. 그 대신 핵연료는 흑연 구체에 박힌 작은 입자 형태이다. 이러한 핵연료 입자들은 매우 복잡한 형태를 가지는데, 내부의 산화우라늄 연료 입자를 일련의 여러 층이 둘러싸고 있다. 첫 번째 층은 다공성 탄소 층이고, 두 번째 층은 열분해 탄소 층이며, 바깥 층은 실리콘 카바이드 층이다. 이렇게 만들어진 입자는 최종적으로 다시 열분해 탄소 층으로 코팅한다. 이러한 핵연료를 TRISO(tristructural isotropic) 연료라 하며, 중국의 HTR-10 및 일본 HTTR의 원형 원자로들에 사용되고 있다. 이 입자들은 매우 높은 온도에서 파쇄되지 않고 견딜 수 있어 사고 상태에서 (핵분열 생성물에 대한) 1차적인 격납 역할을 수행한다. 지금까지의 시험에 의하면, 이 연료는 최대 800°C까지 핵분열 생성물을 가둘 수 있다고 알려져 있다.

일본의 HTTR은 이러한 유형의 프리즘 형태의 핵연료봉과 흑연에 장입된 TRISO 연료 입자를 사용한다. 중국의 HTR-10 원자로와 마찬가지로, HTTR은 헬륨을 냉각재로 사용하며 850~950°C의 노심 출구 온도에서 작동한다.

가스냉각고속로(GFR)

가스냉각고속로(gas-cooled fast reactor)인 GFR은 VHTR과 매우 유사하지만, 앞에서 설명한 LMFBR과 같이 핵분열에 고속중성자를 이용한다. VHTR과 마찬가지로 냉각수로는 헬륨을 사용하며 노심 출구 온도는 약 850°C에 달한다. 고속중성자를 이용하기 때문에, 우라늄-238뿐만 아니라 악티나이드 핵분열 생성물들도 핵분열을 일으키기 때문에 방사성폐기물 함량을 줄이고 연료의 재활용을 가능하게 하여 연료 사이클 효율을 향상시킨다. 높은 헬륨 온도로 인해 동력 시스템은 VHTR과 유사한 직접 브레이튼 사이클을 이용할 수 있다. GFR의 한 가지 버전은 가스터빈으로부터의 배기가스를 사용하여 2차 회로의 냉각재를 가열하여 다른 산업에서 사용할 수 있는 공정 증기를 생산할 수 있다. GFR의 연료집합체는 육각형이며 핵연료는 혼합 탄화물이고 핵연료봉 피복재는 세라믹이다.

납냉각고속로(LFR)

납냉각고속로(lead-cooled fast reactor)인 LFR은 GFR과 유사한 고속중성자 스펙트럼을 가지고 있다. 납 또는 납-비스무트 공융을 냉각재로 사용하여, 원자로는 고온이지만 저압에서 작동한다. 냉각재로 납 또는 납-비스무트를 사용하면 나트륨을 냉각재로 사용할 때 발생할 수 있는 물과의 반응이 제거된다. 그러나 불행히도 납을 냉각재로 사용한 경험에 따르면 원자로 배관 시스템으로 종종 사용되는 스테인리스강의 부식 문제를 야기했다. 그러나 이 개념은 높은 열효율, 핵분열성 물질의 증식 및 기존 경수로(LWR)에서 발생된 악티늄족을 연소시킬 수 있는 가능성이 있어 계속 개발되고 있다. 현재 개발 중인 개념의 LFR은 일정한 용기 내의 열교환기를 통해 납 냉각재의 열로 헬륨 기체를 가열하도록 되어 있다. 그런 다음 GFR과 동일하게 고온 헬륨은 브레이튼 사이클에서 사용된다.

용융염원자로(MSR)

용융염원자로(molten salt reactor)인 MSR은 원래 1950년대에 개발되었다. 다른 원자로들과 달리 이 원자로의 핵연료는 고체 형태가 아니라 용융염이다. 최초의 MSR은 탄소를 감속재로 사용한 열중성자로였다. 현재 개발 중인 개념은 고속로이다. 이러한 원자로는 플루토늄 또는 우라늄-233을 증식시킬 뿐만 아니라 종래의 원자로에 남은 악티늄족 원소들을 연소시키는 데 사용될 수 있다. 용융된 핵연료는 가동 중에 핵연료를 재처리하여 증식 공정에 의해 생성된 플루토늄 및 우라늄-233을 추출할 수 있다. 또한 의료용 동위원소도 생성하여 추출할 수 있다. 이 원자로는 핵연료가 액체이기 때문에 안전에 중요한 음의 온도계수 및 기포계수 값이 크다. 이러한 측면은 교재 뒷부분에서 다시 논의될 것이다. 이 원자로는 종래의 증기 시스템에 연결되면 전력 생산용 동력로가 된다.

초임계수원자로(SCWR)

초임계수원자로(supercritical water reactor)는 삼중점 이상의 온도 및 압력에서 작동하기 때문에 종래의 BWR 또는 PWR과 비교하여 독특하다. 삼중점 이상에서 증기는 액체 상태의 물처럼 작용한다. 화석연료 산업에서는 오랫동안 석탄 화력 초임계수 발전소를 운영해 왔다. 초임계상태에서 가동할 때 얻을 수 있는 주요 이점은 열효율이 기존 경수로의 33%에 비해 44%로 향상된다는 것이다. 따라서 원자로와 터빈은 더 작게 만들 수 있으며 증기는 이미 과열되어 있어 증기발생기나 증기분리장치가 필요치 않다는 것이다.

소듐냉각고속로(SFR)

현재 개발 중인 액체금속 고속로의 다른 유형이 소듐냉각고속로(sodium-cooled fast reactor)이다. SFR에서, 냉각재는 액체 나트륨이다. SFR은 고속로이며 매우 낮은 압력에서 작동하고 노심 열전달이 매우 우수하다. LFR과 마찬가지로 SFR은 고온에서 작동하여 열효율을 크게 향상시킬 수 있다. 그러나 액체 나트륨의 사용에는 해결해야 할 몇 가지 문제가 있다. 나트륨은 LFR의 납-비스무트 합금과 같은 부식성은 없지만 물과의 반응성이 매우 높다. LFR과 SFR은 모두 건설된 바 있어 어느 정도는 성공적으로 운영된 바 있다. SFR은 고속로이기 때문에 사용후핵연료의 악티늄족을 태우거나 핵분열성 물질을 증식하는 데에도 사용될 수 있다.

소형모듈화원자로(SMR)

대형 원자로의 높은 자본 비용과 긴 건설 시간으로 인해, 하나의 완전한 시스템으로 공장에서 제작하여 현장으로 보내 설치할 수 있는 소형모듈화원자로(small modular reactor) 설계에 관심이 커져 왔다. 일반적으로 이러한 소형 원자로들은 최대 300메가와트의 작은 전기 출력을 가지며 일부는 100메가와트보다 작다. SMR은 큰 전력을 공급하기 위해 이러한 소형 원자로 여러 대를 한 부지에 설치할 수 있는 것이다. 개별 원자로들은 모듈이라 지칭되며, 1000 MWe 발전소는 10여 기의 이러한 작은 모듈로 구성되므로 소형모듈화원자로 즉 SMR이라고 한다.

이 글을 쓰는 현재에도 많은 미국 제조업체들이 다양한 설계를 개발 중에 있다. 가장 진보된 설계는 그림 4.37의 NuScale SMR이다. 각 모듈은 50 MWe 전기 출력을 가지는데, 레일 또는 바지선을 통해 현장으로 운송하여 이들 모듈을 현장에서 결합 설치하여 600 MWe에 근접한 총 전기출력을 얻을 수 있다. 전체 핵 계통은 격납건물로 작용하는 커다란 용기 안에 수용되는데 이 용기의 높이는 23 m(75 ft), 직경은 4.6 m(15 ft)이다. 이 크기는 61 m(200 ft)×45.6 m(150 ft)인 기존 LWR의 격납건물과 비교해 볼 수 있다. 이 설계는 원자로용기마다 증기발생기가 한 몸으로 통합되어 있다. 노심은 종래의 농축우라늄 또는 혼합 산화물 핵연료를 사용하며, 냉각수가 자연순환으로 노심을 통해 흐르기 때문에 원자로 냉각재 펌프가 없다.

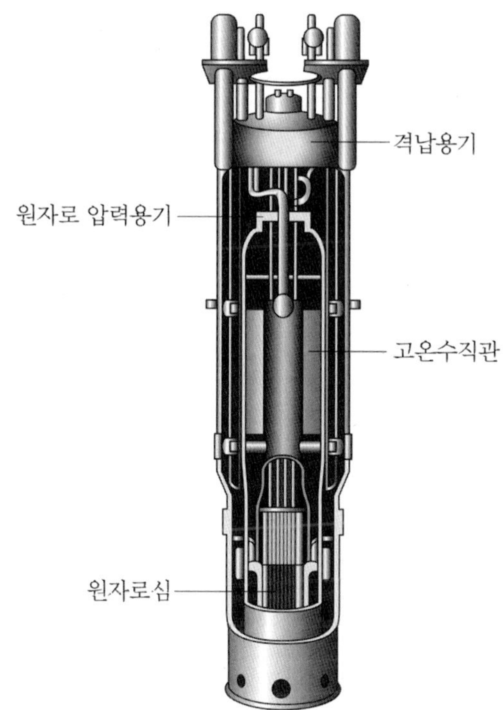

그림 4.37 NuScale 원자로 모듈의 격납용기, 원자로용기와 노심

다른 원자로 개념들

진행파 원자로(traveling wave reactor)

또 다른 고유한 원자로 개념인 진행파 원자로가 개발되고 있다. 1958년 사베리 파인버그(Saveli Feinberg)가 처음 제안한 이 개념은, 양초가 탈 때 초가 녹아 내려가는 것과 같이 핵분열이 발생하여 에너지가 생성되는 지역이 연료를 따라 이동한다는 점에서 특이하다. 이 설계는 우라늄-238로부터 플루토늄-239를 증식하기도 한다. 신중한 핵 설계를 통해, 증식된 플루토늄으로 인해 수년간 연료를 재장전하지 않고도 원자로를 가동하여 전력을 생산한다는 개념이다.

이러한 개념이 수정된 형태의 원자로를 테라파워(TerraPower)사가 개발 중에 있다. 테라파워의 진행파 원자로는 풀 형태의 증식로로서 액체 나트륨으로 냉각되고 대부분 감손 우라늄을 연료로 사용한다. 핵분열 및 증식을 개시하기 위해서는 소량의 농축우라늄 또는 다른 핵분열 연료만 있으면 된다. 테라파워 설계는 원래의 개념과 달리, 출력 생산 지역이 이동하지 않는다. 대신, 연료가 노심에서 주기적으로 이동함으로써 종래의 원자로에서와 같이 증식과 연속 운전을 보장한다. 이론상, 노심은 연료를 공급하지 않고도 40년 동안 작동할 수 있으며, 기존 경수로의 사용후핵연료로부터 연료를 공급받을 수도 있을 것으로 예상된다.

전 세계의 원자력

이 글을 쓰는 현재 원자력은 전 세계에 걸쳐 전력 생산원으로서 사용되고 있다. 미국, 유럽, 중국 및 구 동유럽권 국가들은 원자력 발전소로부터 상당한 양의 전력을 생산하고 있다. 30개 이상의 국가가 자국의 전력수요 일부를 원자력에 의존하고 있다. 2015년 현재, 441기의 원자력 발전소가 2조 4,410억 킬로와트시의 전력을 생산하였다. 일부 국가에서는 거의 모든 전력을 원자력으로 생산한다. 프랑스에서는 전력의 75% 이상을 원자력으로 생산한다. 미국에서는 99기의 원자력 발전소가 7,980억 킬로와트시의 전력을 생산해 국가 전체 전력공급의 20%를 차지하고 있다. 2012년에는 전 세계 전력량의 10.9%를 원자력 발전으로 생산하였다. 그림 4.38은 원자력으로 전력을 생산하는 상위 10개국의 전력량 비율 분포를 보여 주고 있다.

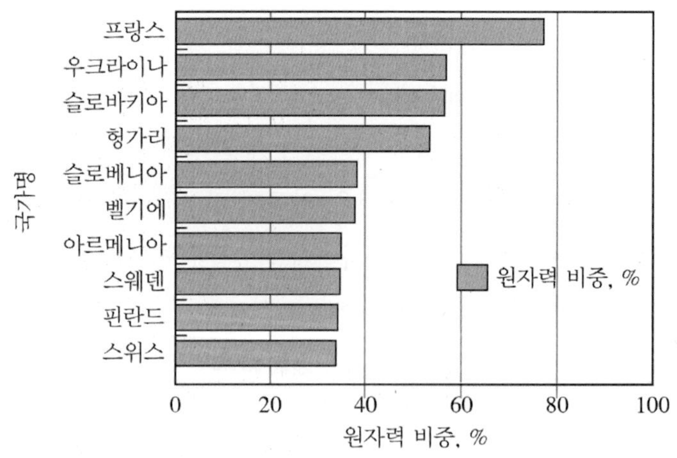

그림 4.38 주요 국가별 2015년 원자력발전으로 생산된 전력량 비중(IAEA 제공)

68기의 신규 원자력 발전소가 건설 중에 있어, 65 GW의 설비 용량이 추가될 것이다. 표 4.6에 원자력 발전의 주요 사용국들과 이용되는 원자로형을 열거하였다.

표 4.6 전 세계 국가별 원자력 발전소 보유 현황

국가	원자로형	호기 수
아르헨티나	Pressurized Heavy Water	2
아르메니아	PWR	1
벨기에	PWR	7
브라질	PWR	2
불가리아	PWR	2
캐나다	CANDU	18
체코 공화국	PWR	6
프랑스	PWR	58
핀란드	PWR	2
	BWR	2
인도	PHWR	18
	BWR	2
	PWR	1
이란	PWR	1
일본	BWR	34
	FBR	1
	PWR	8
헝가리	PWR	4
	PWR	24
	LMFBR	1
대한민국	PWR	21
	PHWR	4
멕시코	BWR	2
네덜란드	PWR	1
파키스탄	PHWR	1
	PWR	2
루마니아	PHWR	2
러시아	PWR	17
	RBMK/LWGR	15
	LMFBR	2
슬로바키아	PWR	4
슬로베니아	PWR	1
남아프리카공화국	PWR	2
스페인	PWR	6
	BWR	1
스웨덴	BWR	7

국가	원자로형	호기 수
	PWR	3
스위스	PWR	3
	BWR	2
우크라이나	PWR	15
영국	GCR	15
	PWR	1
미국	PWR	69
	BWR	35
대만	BWR	4
	PWR	2
중국	PWR	28
	PHWR	2
	FBR	1
독일	PWR	6
	BWR	2

4.6 원자로 주기

원자로에 대한 구매, 준비, 활용, 핵연료의 최종 처분을 전부 일컬어 원자로 *핵연료주기(fuel cycle)*라고 한다. 원자로에서 핵연료를 사용하는 것보다 앞선 핵연료주기 부분을 총괄해 *선행 핵연료주기(front end fuel cycle)*라고 한다. 원자로에서 인출된 후의 핵연료와 관련된 부분은 *후행 핵연료주기(back end fuel cycle)*라고 한다.

그림 4.39는 PWR 발전소에 대한 *일회용 핵연료주기(once-through fuel cycle)*를 보여 주고 있다. 그림에서 나타낸 질량 이동량의 단위는 킬로그램이며, 가동률 75%로 1년간 운전하는 전형적인 1,000 MWe(1 GWe) 원자력 발전소에 대한 것이다. 즉, 0.75 GWe-year에 해당하는 양들이다. BWR 원자력 발전소의 핵연료주기도 질량 이동량이 약간 다른 점을 제외하면 전체적으로 유사하다.

핵연료주기는 우라늄 원광 채굴부터 시작한다. 우라늄 원광은 다수의 복합 산화물 형태를 띤 우라늄을 포함하고 있으며, 나중에 U_3O_8 산화물로 된다. U_3O_8은 현재 동위원소

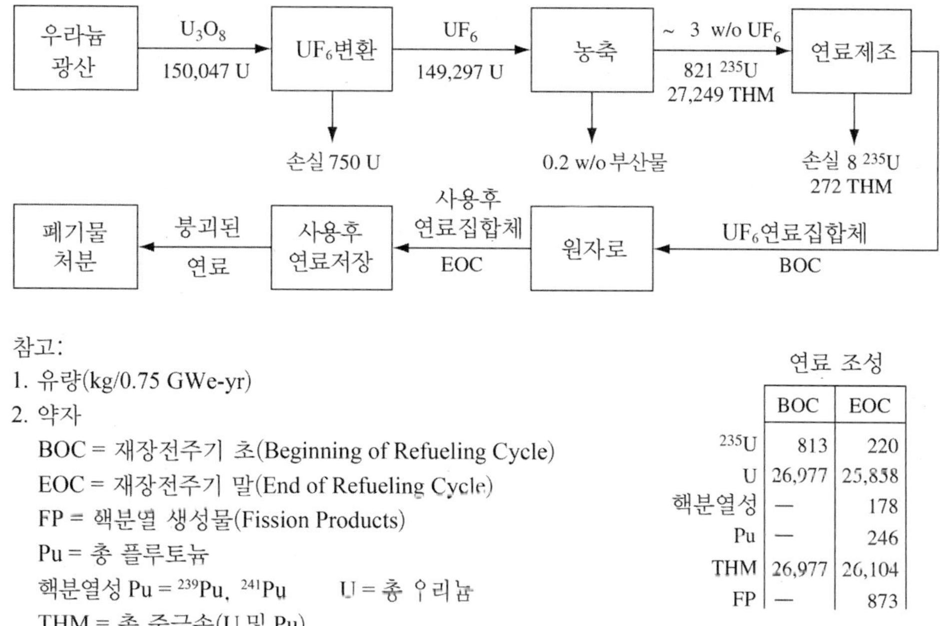

	BOC	EOC
^{235}U	813	220
U	26,977	25,858
핵분열성	—	178
Pu	—	246
THM	26,977	26,104
FP	—	873

그림 4.39 LWR 일회용 핵연료주기(*Nuclear Proliferation and Civilian Nuclear Power*, U.S. Department of Energy Report DOE/NE-0001/9, Vol. 9, 1980에 근거함)

농축시설에서 허용되는 우라늄 형태인 UF_6로 변환된다. 우라늄의 약 0.5% 정도가 UF_6로 변환되는 과정에서 손실된다. ^{235}U를 3 w/o까지 농축한 후 UF_6를 UO_2로 변환한다. 3 w/o까지 농축하는 과정에서는 우라늄 손실은 일어나지 않고 다만 잔여물이 생긴다. 마지막으로 UO_2는 PWR이나 BWR 핵연료집합체로 제조되고, 이윽고 원자로에 장전된다.

그림 4.40 칼버트 클리프스(Calvert Cliffs) 원전에 위치한 사용후핵연료 건식저장설비용 캐스크(cask)(Exelon사 제공)

핵연료를 제조할 때 1% 정도의 우라늄 손실이 일어난다.

대략 2년에 한번, 원자로를 정지하고 핵연료의 일부(PWR은 1/3, BWR은 1/4)를 빼내어 원자로 격납건물 인근 사용후핵연료 저장조에 저장한다. 일회용 주기(once-through cycle)에서는 사용후핵연료의 방사능이 대부분 사라진 후 저장조에서 빼내어 방사성 폐기물로 처분한다. 저장조의 제한된 용량 때문에 사용후핵연료는 특수 보관시설로 운반해야만 한다. 그곳에서 핵연료는 영구처분 전까지 건식 저장용기에 저장된다. 그림 4.40은 사용후핵연료의 임시저장을 위한 건식 저장시설의 예이다.

일회용 주기에서는 많은 양의 원자력 자원이 낭비될 수 있다. PWR과 BWR 둘 다 변환율은 약 0.6이다. 이들 원자로의 핵연료 대부분은 핵연료성 물질인 ^{238}U이고, 원자로 운전 중 핵분열성 플루토늄 동위원소인 ^{239}Pu와 ^{241}Pu이 무시하지 못할 만큼 생성된다. 따라서 그림 4.39에서 볼 수 있듯이, 1,000 MWe LWR 원자력 발전소는 재장전할 때마다 핵분열성 플루토늄 180 kg과 ^{235}U 220 kg을 방출한다. 이 핵분열성 물질이 원자로에서 소모된다면 석탄 1백만 톤과 비슷한 에너지를 방출할 것이다. 이러한 이유로 일회용 주기를 *폐기형 핵연료주기*(*throw-away fuel cycle*)라고 부르기도 한다.

그림 4.41에서처럼 사용후핵연료를 재활용한다면 그로부터 플루토늄과 우라늄을 추출

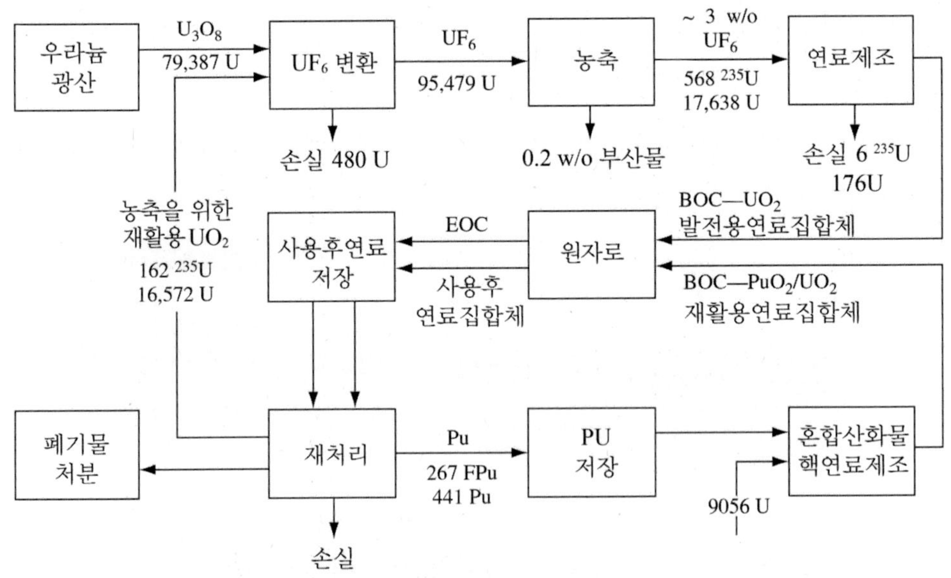

그림 4.41 플루토늄과 우라늄을 재활용하는 LWR(*Nuclear Proliferation and Civilian Nuclear Power*, U.S. Department of Energy Report DOE/NE-0001/9, Vol. 9, 1980에 근거함)

하여 활용할 수 있다. 이를 위해서는, 사용후핵연료를 그림에서와 같이 재처리해야 한다(재처리는 4.8절에서 설명한다). 즉, 플루토늄과 우라늄은 핵연료로부터 화학적으로 추출한다. 그 다음 PuO_2 형태의 플루토늄을 UO_2[13]와 혼합하여 *혼합산화물핵연료(mixed-oxide fuel)*로 만들어 원자로에서 재사용한다. 잔여물, 즉 재처리시설에서 생성된 약간 농축된 우라늄은 재농축을 위해 UF_6로 변환된다. 우라늄-플루토늄을 재활용하면 경수로의 수명기간인 30년 동안 이들 원자로의 U_3O_8 누적 수요량을 약 40% 줄일 수 있을 것으로 예측되고 있다. 그럼에도 불구하고 2000년 현재, 재처리 및 혼합산화물핵연료 제조 추가 비용이 실제로 우라늄-플루토늄 재활용의 경제성에 어떤 영향을 미칠지는 확실치 않다. 그러나 경제성이 없음에도 불구하고 일본과 같은 일부 국가는 우라늄 공급의 대외 의존도를 줄이고 독립성을 보장하기 위한 노력으로 재활용을 채택하는 경우도 있다.

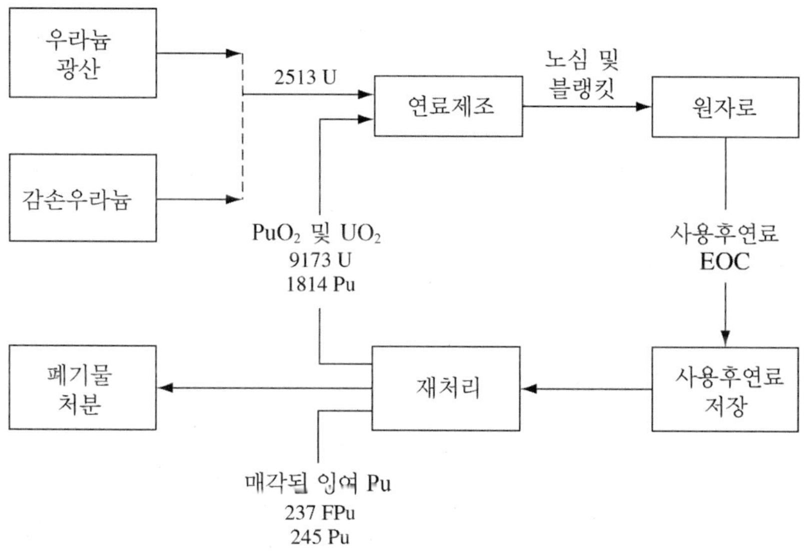

그림 4.42 LMFBR의 핵연료주기(*Nuclear Proliferation and Civilian Nuclear Power*, U.S. Department of Energy Report DOE/NE-0001/9, Vol 9, 1980에 근거함)

---

13 천연우라늄, 감손우라늄이나 재처리 과정에서 나온 약간 농축된 우라늄은 혼합산화물핵연료로 사용될 수 있다. 핵연료성 플루토늄의 일부분과 연료 속의 ^{235}U와 ^{238}U은 3~3.5 w/o 정도에 이른다.

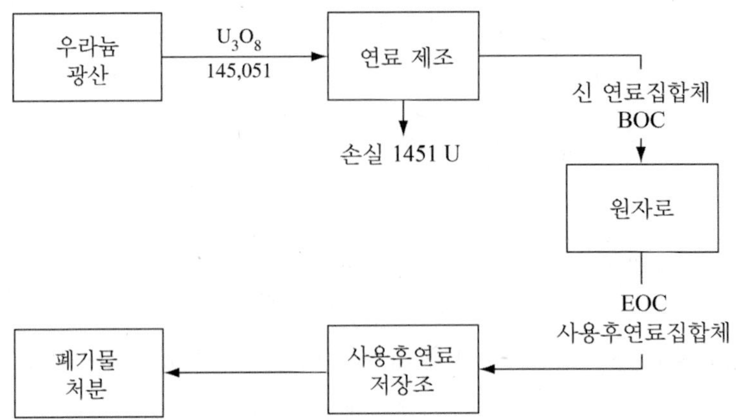

그림 4.43 CANDU의 일회용 핵연료주기(*Nuclear Proliferation and Civilian Nuclear Power*, U.S. Department of Energy Report DOE/NE-0001/9, Vol 9, 1980에 근거함)

증식로의 핵연료주기는 LWR 핵연료 재활용주기와 비슷한데, 그 이유는 모든 증식로 핵연료주기에서 재처리와 핵연료 재가공이 핵심적 역할을 하기 때문이다. 그림 4.42는 LMFBR의 핵연료주기를 보여 주고 있다. 천연 혹은 감손 우라늄을 블랭킷에 사용할 수 있다. 이 우라늄은 재처리시설에서 생산된 우라늄이나 플루토늄과 함께 노심과 블랭킷 집합체로 제작되어 원자로에 들어간다. 저장조에서 냉각된 사용후핵연료는 재처리시설로 보내진다. LMFBR은 운전에 필요한 양보다 많이 핵분열성 플루토늄을 생산하기 때문에, 여분의 플루토늄은 다른 LMFBR의 핵연료로 판매된다. 토륨과 ^{233}U으로 운전되는 증식로의 핵연료주기는 주 핵연료가 토륨이고 재처리 결과물이 ThO_2와 $^{233}UO_2$라는 것을 제외하면 그림 4.42의 핵연료주기와 본질적으로 동일하다.

그림 4.43은 CANDU 원자로에 대해 극단적으로 간단한 핵연료주기를 나타낸 것이다. 이 핵주기에서는 원자로 연료로서 천연우라늄이 사용되기 때문에 농축이 필요 없다. 또한 캐나다에는 풍부한 우라늄 자원이 있기 때문에 사용후핵연료를 재처리하지 않는다. CANDU와 같은 원자로에 농축우라늄을 사용한다면, UF_6 변환과 농축 단계가 핵연료주기에 포함되어야 한다.

원자력 자원 이용

다른 유형의 원자로와 이들 원자로와 관련된 핵연료주기의 장점들을 비교할 때 중요한 고려사항은 천연우라늄과 토륨 자원의 활용 효율이다. 일반적으로 다른 원자로 계통은 같은 양의 전력을 생산하는 데 서로 다른 양의 우라늄광(U_3O_8)이나 토륨을 필요로 한다. 대부분의 국가는 우라늄 자원이 부족하기 때문에 특정 원자로 유형과 핵연료주기를 채택하는 국가적 결정에 있어 우라늄 이용률은 핵심 요소가 된다.

원자력 자원 이용률 U는 정량적으로 주어진 원자로 계통에 필요한 천연우라늄 또는 토륨의 투입량에 대해 핵분열된 핵연료의 양의 비로 정의된다.

$$U = \frac{\text{핵분열된핵연료}}{\text{투입된자원}} \tag{4.15}$$

요약하면, U는 전력생산 목적의 원자로 핵연료주기에서 이용할 수 있는 천연자원의 비이다.

첫 번째 예로서, 일회용 핵연료주기로 운전하는 CANDU 원자로를 생각해 보자. 이 원자로는 천연 이산화 우라늄을 핵연료로 사용하고 이 핵연료의 최대 비연소도는 우라늄 1톤당 약 7,500 MWd이다. F를 장전된 총 핵연료량 L 중 핵분열된 핵연료의 질량이라 하자. $U = F/L$이고, 이 값은 핵연료의 연소도 B와 같다. 식 (3.57)에 따라, 약 1 g의 핵분열성 물질이 핵분열하면 1 MWd를 방출하므로

$$U = 7{,}500\,\mathrm{g/t} = 7{,}500\,\mathrm{g}/10^6\,\mathrm{g} = 0.0075$$

이다. 따라서 일회용 주기에서는 CANDU 원자로에 장전된 천연우라늄 핵연료의 겨우 0.75%만이 핵분열을 한다.

다음으로 일회용 주기로 운전하는 LWR을 생각해 보자. 핵연료는 약간 농축되어 있으며, 핵연료량 L을 생산하기 위해 필요한 천연우라늄의 양 M_U는 농축과정 속성상 L보다 상당히 크다. 3 w/o로 농축된 핵연료에 대해, $M_U = 5.48L$이다. 우라늄 이용률은

$$U = \frac{F}{M_U} = \frac{F}{5.48L}$$

최대 비연소도 30,000 MWd/t에서

$$U = 30{,}000/5.48 \times 10^6 = 0.0055$$

이고, 이는 CANDU보다 작은 값이다.

LWR이나 CANDU 또는 다른 변환로를 재순환하면, 핵연료 이용률 계산이 훨씬 복잡해진다. 그러한 주기에서 물질의 흐름을 간단하게 보여 주는 것이 그림 4.44이다. 이 그림에서 Ls는 주기당 원자로에 투입되는 핵분열성 또는 핵연료성 연료의 질량을 나타낸다. Fs와 Rs는 각각 핵분열된 핵연료의 질량과 방사포획되는 핵연료의 질량이다. Ds는 원자로에서 방출되는 핵연료 질량이고, Ws는 재처리과정과 핵연료 가공 중 손실되는 핵연료의 총량이다. 마지막으로 M_{fiss}는 주기당 보충되는 핵분열성 물질의 질량으로, 핵연료 총량은 아니다.

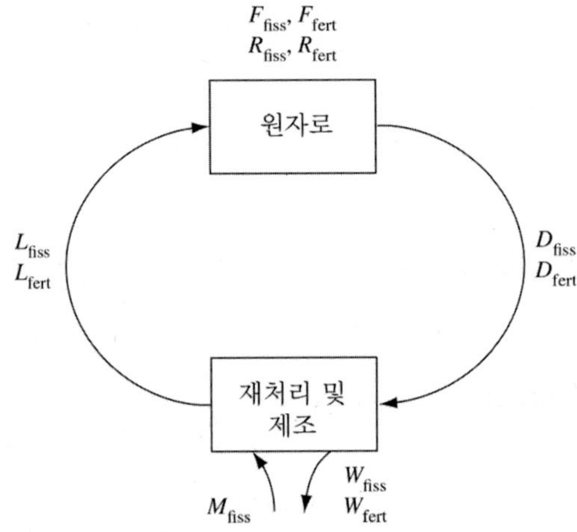

그림 4.44 변환로에서 자원 이용률 계산을 위한 다이어그램

M_{fiss}을 생산하기 위해 필요한 천연우라늄 M_U의 양은 다음과 같다.

$$M_U = \zeta M_{\mathrm{fiss}} \tag{4.16}$$

여기서 변수 ζ는 농축과정 특성에 의해 결정된다. 다음 절에서 ζ는 약 200이고 핵연료 농축도와는 거의 무관하다는 것을 보일 것이다.

우라늄 이용률은 다음과 같이 주어진다.

$$U = \frac{F}{M_U} = \frac{F}{\zeta M_{\mathrm{fiss}}} \tag{4.17}$$

여기서

$$F = F_{\text{fissions}} + F_{\text{fert}} \tag{4.18}$$

는 핵분열성, 핵연료성 물질 중에서 핵분열된 총 질량이다. U에 대한 식을 얻기 위해서는 3개의 변수 α, β, γ를 도입하는 것이 필요하다. 우선

$$\alpha = \frac{R_{\text{fiss}}}{F_{\text{fiss}}} \tag{4.19}$$

는 식 (3.45)의 포획-대-핵분열비를 핵분열성 물질의 혼합물[14]에 적용한 것이다. 둘째로

$$\beta = \frac{F_{\text{fert}}}{F} \tag{4.20}$$

는 핵연료성 물질에서 발생한 핵분열(모든 고속중성자 핵분열) 비율이다. 그리고 셋째는

$$\gamma = \frac{W_{\text{fiss}}}{D_{\text{fiss}}} = \frac{W_{\text{fert}}}{D_{\text{fert}}} \tag{4.21}$$

재처리와 핵연료 제작과정에서 손실되는 동위원소 비율이다. 이 손실 비율은 핵분열성과 핵연료성 물질에 대해 똑같다고 가정된다.

그림 4.43으로부터 핵분열성 물질 보충량 M_{fiss}이 다음과 같이 주어진다는 것을 쉽게 알 수 있다.

$$M_{\text{fiss}} = L_{\text{fiss}} - D_{\text{fiss}} + W_{\text{fiss}} \tag{4.22}$$

식 (4.21)과 결합하면,

$$M_{\text{fiss}} = (L_{\text{fiss}} - D_{\text{fiss}})(1-\gamma) + \gamma L_{\text{fiss}} \tag{4.23}$$

여기서 $L_{\text{fiss}} - D_{\text{fiss}}$는 원자로 운전으로 인한 핵분열성 물질의 순 감소량이다. 핵연료성 물질에 의한 중성자포획은 핵분열성 물질을 생성하기 때문에 다음 식이 성립한다.

---

14 변환로(예를 들면 우라늄-플루토늄 주기로 운전하는 변환로)에서 핵연료는 ^{235}U와 플루토늄의 핵분열성 동위원소의 혼합물임을 유의하라.

$$L_{\text{fiss}} - D_{\text{fiss}} = F_{\text{fiss}} + R_{\text{fiss}} - R_{\text{fert}} \tag{4.24}$$

그러나 변환율 C의 정의로부터

$$R_{\text{fert}} = (F_{\text{fiss}} + R_{\text{fiss}})C$$

따라서

$$L_{\text{fiss}} - D_{\text{fiss}} = (F_{\text{fiss}} + R_{\text{fiss}})(1 - C)$$

다음으로 α와 β의 정의를 사용하면, 위 식은

$$L_{\text{fiss}} - D_{\text{fiss}} = F(1+\alpha)(1-\beta)(1-C)$$

그리고

$$M_{\text{fiss}} = F(1+\alpha)(1-\beta)(1-\gamma)(1-C) + \gamma L_{\text{fiss}} \tag{4.25}$$

식 (4.25)를 식 (4.17)에 대입하면

$$U = \frac{F}{\zeta[F(1+\alpha)(1-\beta)(1-\gamma)(1-C) + \gamma L_{\text{fiss}}]} \tag{4.26}$$

위 식의 분자와 분모를 총 핵연료량 L로 나눈 후 F/L을 B라 하고 L_{fiss}/L을 핵연료 농축도 e라고 하면, U에 대한 최종 식은 다음과 같이 된다.

$$U = \frac{B}{\zeta[B(1+\alpha)(1-\beta)(1-\gamma)(1-C) + \gamma e]} \tag{4.27}$$

식 (4.27)을 유도하는 과정에는, 핵연료주기를 유지하기 위해 필요한 핵분열성 물질을 원자로에 공급할 때 충분한 양의 핵연료성 물질이 핵분열, 변환, 재처리 공정에서 발생하는 핵연료성 물질의 손실을 자동적으로 채워 준다는 것을 암묵적으로 가정한다. 이 가정은 변환율이 상대적으로 낮고 저농축 또는 천연우라늄 핵연료를 사용하는 LWR에 대해 유효하다. 그러나 C값이 큰 원자로(즉, 거의 증식로)에 대해서는 다른 핵연료에 동반하는 것 이외에 핵연료성 물질을 별도로 투입해야만 한다. 총 보충량은 다음과 같다.

$$M = M_{\text{fert}} + M_{\text{fiss}}$$

그림 4.44로부터 총 물질 수지는

$$\begin{aligned} M &= L - D + W \\ &= F(1-\gamma) + \gamma L \end{aligned}$$

또한

$$M_{\text{fert}} = F(1-\gamma) + \gamma L - M_{\text{fiss}} \tag{4.28}$$

이제 U의 정의는

$$U = \frac{F}{M_U + M_{\text{fert}}} = \frac{F}{\zeta M_{\text{fiss}} + M_{\text{fert}}} \tag{4.29}$$

여기에서 핵연료성 물질을 추가적인 자원 물질로 취급한다. 식 (4.25)와 (4.28)을 대입하고 연소도와 농축도에 대한 정의를 이용하면,

$$U = \frac{B}{B(1-\gamma) + \gamma + (\zeta - 1)[B(1+\alpha)(1-\beta)(1-\gamma)(1-C) + \gamma e]} \tag{4.30}$$

그림 4.45는 $B=0.04$(4% 연소도), $(1+\alpha)(1-\beta)\simeq 1$,[15] $\gamma=0.02$(2% 손실), $e=0.08$(8% 평균 핵연료 농축도)일 때, 변환율의 함수로서 U의 그래프를 보여 주고 있다. 각 원자로 유형 그리고 그에 상응하는 핵연료 농축도와 변환율에 대해서는 더 적절한 값을 사용할 수 있다. 이들 값은 단순히 고효율과 저효율 변환로 사이에 있는 중간 값이다. 그림에서 자원 이용률이 일회용 주기에서보다는 높지만 매우 낮다는 것을 알 수 있다. 따라서 $C=0.95$일지라도, U가 약 0.05인데, 이는 재활용하는 고변환로에서도 우라늄이나 토륨 자원의 겨우 5%만을 이용한다는 것을 의미한다.

식 (4.30)에서 M_{fiss}에 해당하는 항이 0일 때 핵연료주기는 핵연료성 물질의 자급자족이 가능하다. 즉, 원자로 운전을 지속하기 위해 외부에서 해분열성 물질을 추가할 필요가 없다. 앞의 예에서, 변환율이 1.0484에서 이 현상이 일어났다. 이때 U는 다음과 같이 간단하게 주어진다.

15 상세 계산 결과, α와 β는 매우 작은 값이며, 서로 몇 퍼센트의 차이만 난다.

$$U = \frac{B}{B(1-\gamma)\gamma} \tag{4.31}$$

그리고 앞의 예에서 이 값은 0.676이었다. C가 얼마라도 증가하면 원자로 증식이 일어난다. 그러나 이것이 우라늄 자원 이용률을 증가시키는 것은 아니다. 왜냐하면 이전에 계산된 M_{fert} 이상으로 원자로에 추가된 핵연료성 물질은 단순히 여분의 핵분열성 물질로 전환되기 때문이다. 그것이 결국 핵분열을 하겠지만 문제의 원자로에서 하는 것은 아니다. 증식로는 플루토늄을 소비하지 않고, 우라늄을 소비하는 점을 주목하자. 그림 4.45에 보이듯이, U는 증식 영역에서는 상수이며 C의 함수가 아니다. 그런데 LMFBR과 같은 증식로에서는 전형적인 U의 값이 60~70%의 자원 이용률에 상응하는 0.60~0.70 사이에 있다.

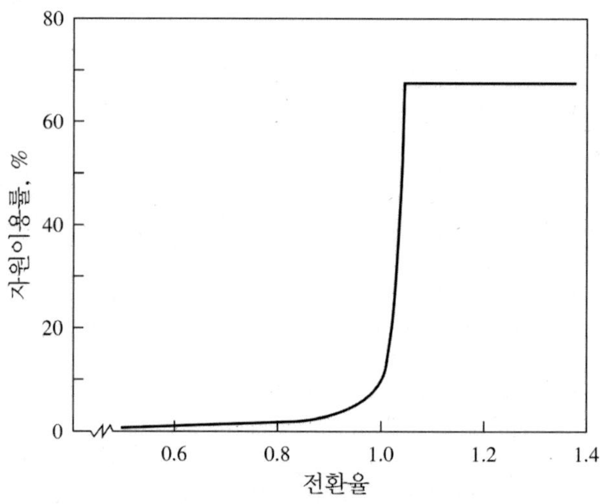

그림 4.45 변환율의 함수로서 원자력 자원 이용률

예제 4.5

(미국과 같은) 어떤 국가가 일회용 주기의 LWR만을 사용하여 30년 동안 원자력 전력 수요를 만족시킬 만큼 충분한 천연우라늄을 가지고 있다고 가정하자. 동일한 전력 용량의 LMFBR에 핵연료를 공급한다면 동일한 우라늄 양으로 얼마나 오랫동안 사용할 수 있을까?

풀이

앞의 설명에 따르면, 일회용 주기의 LWR에 대해 $U = 0.0055$이고 LMFBR에 대해 $U = 0.67$이다. 그러므로 자원은 대략 $30 \times 0.67/0.0055 = 3{,}655$년 동안 지속될 것이다. 그러나 30년간 자원

공급은 재래식 우라늄 자원에 바탕을 둔 것이다. 증식로의 경우 우라늄 비용이 증식로의 전기 생산 비용과 무관하기 때문에 비싸더라도 비재래식 우라늄 자원을 활용할 수 있다.

자원의 한계

표 4.7은 다양한 원자력 발전소와 발전소의 예상 수명인 30년 동안의 핵연료주기에 대한 우라늄 자원 수요를 정리한 것이다. 각각의 경우에, 발전소는 가동률 70%로 1,000 MWe를 생산한다고 가정한다. 농축 찌꺼기는 0.2 w/o로 간주한다(4.7절 참조). 이 표는 재활용을 했을 때 천연우라늄 자원을 절감할 수 있는 양과 증식로의 경우 엄청나게 줄어든 우라늄 수요를 보여 주고 있다.[16]

표 4.7 다른 원자로 유형과 핵연료주기 옵션에 대해 수명 기간 동안의 우라늄 수요*

발전소(원자로) 유형과 주기	천연우라늄 요건(t)
LWR	
일회용 주기	4,260
U-Pu 재순환	2,665
HWR	
천연우라늄, 일회용 주기	3,655
천연우라늄, Pu 재순환	1,820
저농축우라늄	2,505
LMFBR	
U-Pu 재순환	36†

* 데이터 출처: *International Nuclear Fuel Cycle Evaluation*, Summary Volume, International Atomic Agency, 1980.
† 천연 혹은 감손 우라늄.

16 표 4.7과 그림 4.39, 그림 4.41~4.43에 있는 모든 핵연료주기 변수의 값들은 유도과정 중 사용된 가정들에 따라 민감하게 달라진다. 따라서 그러한 계산된 값들은 명목상 값들로 취급한다.

시간에 따른 전 세계의 총 우라늄 수요는 설치된 원자력 용량의 증가, 시간이 경과함에 따라 채택된 원자로 유형과 핵연료주기의 조합에 좌우된다. 물론 인구의 증가, 세계 경제 상황, 국제 정세, 경쟁 에너지원의 이용률 등 수많은 불확실한 인자가 신규 원자력 발전소 건설 결정에 고려되기 때문에, 미래의 원자력 전기 용량을 정확히 예측하는 것은 물론 불가능하다. 원자력 용량에 대한 현시점에서의 예측이 몇 년 뒤에는 터무니없게 보일 수 있다.

원자력 용량에 대한 정확한 예상을 할 수 없기 때문에 최고와 최저 용량을 추정하는 것이 일반적인 관행이다. 미래의 용량이 어떻게 될 것이라고 장담할 수는 없지만 어디 사이에 있을 것이라고는 할 수 있다. 표 4.8은 미국 에너지성과 국제원자력기구가 작성한 미국과 세계에 대한 예측을 나타낸 것이다. 이들 예측을 원자로형 또는 핵연료주기에 의한 구분까지는 해 놓지 않았다. 그 구분은 오랜 시간에 걸쳐 아직은 하지 않은 결정에 의해 결정될 것이다. 그러나 어떤 부분들은 분명하게 눈에 띈다. 예를 들어, 미국에서 발전소, 특히 새로운 유형의 원자로를 건설하려면 긴 선행 기간(leading time)이 필요하고, 증식로는 정부에 의해 중단되었기 때문에, 금세기가 한참 지날 때까지 증식로가 미국의 원자력 용량에 기여할 수 없다고 가정하는 것은 합리적이다. 증식로 프로그램이 활발한 일본과 같은 다른 국가에 대해 이 가정은 맞지 않는다.

표 4.8 원자력 발전 용량에 대한 추정치(GWe)

연도	미국*		세계*	
	Low	High	Low	High
2012	100		372	
2015	104	105	374	407
2020	105	111	394	462
2025	105	122	417	563
2030	103	122	433	650

*데이터 출처: *Uranium 2014-Resources, Production, and Demand*, Nuclear Energy Agency, OECD and IAEA (2014).

확대되는 세계 원자력 용량을 충족할 수 있는 충분한 우라늄이 있는가는 전문가들 사이에서 지속적인 논란거리였다. 우라늄은 특별히 희귀한 광물이 아니다. 우라늄은 지표면에 약 4 ppm의 농도로 존재하는데, 이는 은, 수은, 요오드와 같은 물질보다 풍부한 농도이다. 깊이 12~13마일에 미치지 못하는 곳에 10^{14}톤 정도의 우라늄이 매장되어 있는 것으로 예측되지만, 이들 중 대부분은 농도가 낮아서 회수하는 것이 어려울 수 있다.

2025년까지의 기간 동안 원자력 발전소에 사용될 대부분의 우라늄은 틀림없이 우라늄(U) 1 kg당 미국 달러로 $130 이하 혹은 팔산화우라늄($U_3O_8$) 1파운드당 약 $50 이하의 선행 비용(forward cost)[17]으로 채굴 가능한 매장층으로부터 얻어질 것이다. 소위 *재래식 자원*(*conventional resources*)에 대한 추정치가 표 4.9에 2개의 범주, 즉 *합리적 보장 자원*(*reasonably assured resources*, *RAR*)과 *추정 매장량*(*inferred resources*, *IR*)으로 나뉘어 기재되어 있다. 이 두 가지 구분은 실제 매장량에 대한 다른 신뢰도를 반영하고 있다. 총 RAR의 거의 80%가 북미와 아프리카, 호주에 있다. 우라늄(U) 1 kg당 $40 이하의 비용으로 회수 가능한, 즉 *이미 아는 자원*(*known resources*)은 886,000톤 정도이다.

표 4.9 2013년 1월 기준 전 세계* 우라늄 자원 추정치†, 우라늄 1,000톤

자원	$80/kg U 이하	$130/kg U 이하
재래식 자원		
합리적 보장 자원(RAR)	1,211	3,699
추정 매장량 (IR)	745	2,204
예측 및 추론된 미발견 재래식 자원		10,500

* U.S. 총량: RAR = 472, IR = (미제공), 미발견 = 2,613,000.

† 데이터 출처: *Uranium 2014-Resources, Production, and Demand*, *op. cit*.

RAR과 IR 범주 이외에, 더 애매한 범주인 *미발견 자원*(*undiscovered resources*)이 있는데, 이는 다시 *예측성 자원*(*prognosticated resources*) 및 *추론성 자원*(*speculative resources*)으로 나누어진다. 예측성 자원이란 유사 광물 매장층에서 얻은 증거를 바탕으로 어느 정도 예상할 수 우라늄 매장량을 말한다. 이에 비해 추론성 자원은 간접적 증거와 추론에 기

17 선행 비용이란, 우라늄 자원의 경제적 이용률을 설명하기 위해 사용하는 특수 용어이다. 여기에는 우라늄 자원이 있는 부지에 우라늄 광산과 제분시설을 개발, 건설, 그리고 운영하는 예상 비용이 포함된다. 우라늄이나 U_3O_8의 가격 형성에 기여하는 답사 비용, 자본 비용(이자 비용), 마케팅 비용, 이윤 등은 포함되지 않는다. 경험상 우라늄의 실제 시장가격은 선행 비용의 약 2배 정도이다.

반한 것으로서, 지리학적으로 우라늄 존재에 유리한 지역이므로 우라늄이 발견될 것으로 생각되어(conceive) 추론하는 매장량이다. 전 세계적으로 1,050만 톤의 우라늄이 추론성 자원 범주에 속할 것으로 예상된다. 미국 에너지성에 따르면 미국은 이 범주에 속하는 우라늄을 260만 톤 이상 보유하고 있다. 그러나 이들 추론성 자원의 많은 양이 2025년까지 실제 회수될지는 불확실하다.

재래식 우라늄 자원 이외에도 저품질의 *비재래식 자원*(*unconventional resources*)이 풍부하게 있다. 예를 들어 미국에는 동부 테네시에서 서부까지 펼쳐져 있고 중부 6개 주의 많은 지역에 얇게 펼쳐져 있는 채터누가 혈암(Chattanooga shale)이라 불리는 지층이 있다. 이 혈암의 대부분은 우라늄이 풍부하지만(약 66 ppm 정도[18]까지), 우라늄 1 kg당 $130 이하의 비용으로 추출할 수 있을 정도는 아니다. 그럼에도 불구하고 이 혈암은 총 5백만 톤의 우라늄을 포함하고 있을 것이라 추정된다. 실제로 겨우 7제곱마일 면적의 혈암이 전 세계 모든 석유와 맞먹는 에너지를 포함하고 있다. 스웨덴 알룸 혈암(alum shale)의 유사 매장층도 과거에 채굴하여 상당량의 우라늄을 생산하였다. 그러나 환경적인 문제 때문에 현재 그 광산은 폐쇄되었다.

미국과 구소련의 양국 간 프로그램을 통해, 두 국가의 핵무기 프로그램으로부터 핵분열성 물질을 추가로 얻을 수 있었다. 고농축우라늄과 플루토늄 형태로 있는 이들 물질을 지금은 상업용 발전소의 핵연료로 고려하고 있다. 원자로에서 (분열시킴으로써) 이들 물질을 소비해 버리는 것이 무기급 핵물질을 처분하는 최상의 방법으로 생각되기도 한다.

해수도 사실상 무제한에 가깝게 우라늄을 함유하고 있으나 농도가 매우 낮다(약 0.003 ppm). 이 우라늄을 경제적으로 추출할 수 있는 타당한 방법이 아직까지 개발되지 않았다.

입증되거나 추정된 우라늄 매장량은 실제 원자력 발전소의 소비시장에서 필요로 하는 우라늄의 가용성과는 직접 관련이 없다. 매장된 우라늄, 특히 추론성의 우라늄은 원자로의 핵연료로 사용할 수 없음이 명백하다. 먼저 광산이 개발되어야 하고, 제분소가 세워져서 운전되어야 하며, 운반 등이 섭외되어야 한다. 이 모든 것은 핵연료 수요가 공고하게 수립되기 오래전부터 노력과 자본 투자가 필요하다. 당연히 우라늄 생산량과 비축량이 수요를 만족하지 못한다면, 세계 어떤 곳의 원자로는 정지시키거나 출력을 줄여야 하고,

---

18 1978년 미국에서는 평균적으로 1,400 ppm 정도를 함유한다.

다른 원자로들에 대해서도 우라늄 가격이 상승할 것이다.

우라늄 공급과 수요에 대한 몇몇 연구, 특히 OECD와 IAEA 공동 주관으로 국제 핵연료 주기 평가 및 우라늄 자원, 생산과 수요에 대한 주기적 평가와 관련한 연구가 수행되었다. 이들 연구는 1990년 정도까지 우라늄 공급과잉이 있었음을 보여 주고 있다. 공급과잉은 주로 우라늄 이용을 과도하게 낙관적으로 예측한 것에 기인하였다. 예를 들어, 이 책의 두 번째 판에서 인용된 연구들은 미국에서만 원자력 발전 용량이 255에서 395 GWe 사이가 될 것이라고 예측하였다. 이들 예측치는 실제 원자력 발전 용량인 100 GWe과 비교하면 매우 크다는 것을 알 수 있다. 이와 유사하게 전 세계 원자력 발전 용량도 과다하게 예측하였다.

1990년 이후 우라늄 생산과 탐사가 감소하였다. 우라늄 수요는 계속 증가했지만, 생산은 줄어들었다. 1990년 이후 생산과 수요의 차이로 인해 기존 비축량이 감소하였다. 생산과 수요의 불균형은 1995년 이후 우라늄 시장 가격의 반등을 야기했다.

우라늄의 단기 수요를 예측하는 것은 가능할지라도 우라늄의 장기 시장 예측에는 수많은 불확실성을 반영해야 한다. 여기에는 핵탄두에 사용되었던 고농축우라늄을 혼합하여 저농축우라늄으로 변환시키는 결정과 구소련이나 동유럽권 국가들로부터 시장에 나온 우라늄의 이용 가능성 같은 것들이 포함된다. 소련 붕괴와 동유럽 국가들의 독립 이후, 이들 지역 생산은 급격하게 감소했다. 붕괴 전에는 이들 국가가 상당히 초과 생산을 했다. 설비 폐쇄와 환경적 문제 때문에, 이들 국가의 생산능력이 회복될지는 불확실하다.

현시점에서 볼 때, 현재 및 미래 수요를 감당하기에 우라늄 공급 능력은 부족하다. 우라늄 수요는 현재의 생산량과 1991년 이전 확보한 잉여량을 가지고 충당하고 있다. 이는 결국 우라늄 시장 불안정으로 이어져 우라늄 가격 상승을 초래할 것이다.

미국과 구소련의 핵무기에서 나온 고농축우라늄(HEU)이 우라늄 부족 문제를 완화시키는 데 일부 도움이 되어 왔다. 1997년 미국과 러시아 정부는 상업용 원자로 사용을 위해 러시아의 고농축우라늄을 저농축우라늄(LEU)으로 희석하는 협정을 체결하였다. 미국에서도 비슷한 노력이 있을 것으로 예상된다. 1995년 고농축우라늄에서 변환된 최초의 저농축우라늄 운반물이 미국의 Enrichment Corporation으로 배달되었다. 핵무기에서 나온 플루토늄은 결국에는 혼합산화물(mixed-oxide, MOX) 핵연료로 사용될 수 있다. 이미 유럽의 일부 원자로는 핵분열성 물질을 재활용한 MOX 핵연료 사용 허가를 받았으며,

미국 에너지성 소유의 Savannah River 부지에서는 핵무기에서 추출한 플루토늄과 상업용 원전용 우라늄을 이용한 MOX 핵연료 제조시설이 건설 중이다.

재활용된 핵물질은 수요를 맞추는 데 중요한 역할을 할 수 있다. 현재의 우라늄 가격이라면 재활용 물질은 너무 비싸다지만, 미래에 가격이 상승하면 그 차이는 줄어들 것이다. 150,000톤 이상의 중금속이 사용후핵연료 내에 보관되어 있을 것으로 추정된다. 이 물질은 재활용될 수 있는 중요한 자원이다. 더욱이 사용후핵연료로부터 연소되지 않은 플루토늄과 핵분열성 우라늄을 분리함으로써 폐기물의 장기 처분에 대한 문제를 해소하는 데도 도움을 줄 것이다.

수요 측면에서의 변화 역시 수급 불균형에 영향을 준다. 개선된 핵연료 관리뿐만 아니라 더 좋고 효율적인 핵연료 설계를 통해 핵연료 이용률이 점점 나아지는 추세다. 후쿠시마 다이이치 원전 사고는 우라늄 수요에 극단적인 영향을 미쳐, 단기적으로 수요가 크게 감소하였다. 이런 수요 감소세가 계속될지 그리고 얼마나 오래 갈지는 불확실하다.

전기 생산에 있어 예상보다 원자력 발전이 많아 수요 측면에서 부정적 영향이 발생했을 수 있다. 최근 원자력이 친환경적이고, 산성비나 온실가스를 만들지 않으며, 오존층 파괴를 일으키지 않는다는 인식이 확산되고 있다. 제3세계에서 그들의 경제 발전을 가속화함에 따라 1인당 전기 사용량이 증가할 것으로 예측되고 있다. 그런 국가의 대다수가 에너지 수요를 충족하기 위해 원자력 발전을 고려하고 있다. 원자력 프로그램이 없던 부국들도 공격적으로 원자력발전을 추구하고 있다. 아랍에미리트가 그런 국가 중 하나로서, 4기의 1400 MWe PWR을 건설 중이다. 인도와 중국 같은 국가는 급증하는 전력 수요 충족을 위해 원자력발전을 매우 도전적으로 추구하고 있다.

증식로를 선택할 경우라야 원자력발전의 총 용량이 더 이상 자원의 제약을 받지 않을 수도 있다. 증식로 건설 초기단계에서 증식로 용량의 증가 속도는 전기수요 증가, 산업체의 건설능력, 신규 증식로에 대한 핵연료 제공을 위해 LWR로부터 재활용이 가능한 플루토늄의 양 등에 의해 결정될 것이다. 결국 증식로는 새로운 증식로의 핵연료 공급을 위해 충분한 양의 플루토늄을 생산할 수도 있다. 증식로 공급곡선이 급격히 변화하는 이 시점 이후 용량 증가율은 매우 빨라질 것인데, 이는 오직 원자로 배가시간에 의해서만 결정될 것이다. 4.5절에서 설명했듯이, 산화물 핵연료보다 탄화물 핵연료일 경우 배가시간은 더 짧다.

4.7 동위원소 분리

우라늄 농축은 원자량이 거의 같은 ^{235}U와 ^{238}U, 두 개의 동위원소를 분리해야 하기 때문에 쉽지 않은 일이다. 두 개의 동위원소가 같은 우라늄 원소이기 때문에 통상 사용되는 화학적 분리로는 불가능하다. 따라서 이는 물리적 방법으로 이루어져야 하며, 이를 위해 몇 가지 방법이 개발되었다. 이들 과정 중 몇 가지를 소개하기에 앞서, 동위원소 분리의 기본 원리에 대해 다루기로 한다.

물질 수지와 분리 작업

일정 양의 농축 생성물을 얻기 위해 농축시설에 공급해야만 하는 초기 투입 물질(즉, 원료 물질)의 양은 원료물질의 원래 농축도, 생성물에 대한 희망 농축도와 잔여 감손우라늄, 즉 *부산물*(*tails*)의 농축도에 좌우된다. 구체적으로 농축도 x_{F} 인 원료물질 M_{F} kg으로부터 ^{235}U의 무게비[19]를 x_{P} 까지 농축한 우라늄 M_{P} kg을 생산하고, 농축도 x_{T} 인 부산물 M_{T} kg이 생긴다고 가정하자. 전체적인 물질의 흐름은 그림 4.46에 나타나 있다. 농축시설에서 우라늄 손실은 거의 또는 아예 없기 때문에,

$$M_{\mathrm{F}} = M_{\mathrm{P}} + M_{\mathrm{T}} \tag{4.32}$$

농축 전·후 ^{235}U의 총량은 같다. 따라서

$$x_{\mathrm{F}} M_{\mathrm{F}} = x_{\mathrm{P}} M_{\mathrm{P}} + x_{\mathrm{T}} M_{\mathrm{T}}$$

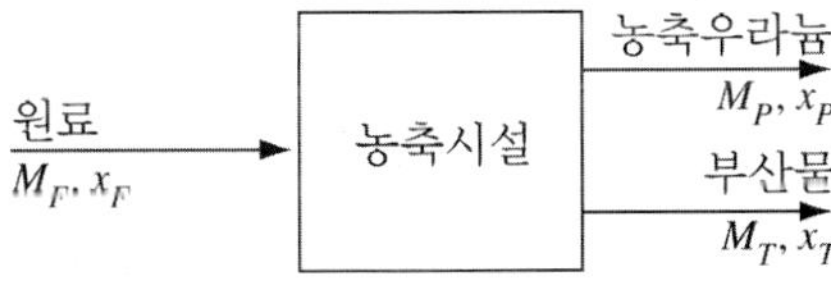

그림 4.46 농축시설에 대한 물질 흐름도

19 동위원소비는 항상 원자 백분율로 주어지지만, 우라늄 농축도는 무게비로 표시한다. 천연우라늄에서 ^{235}U의 동위원소비는 0.72%이다. 이 값은 농축도 0.711 w/o 또는 무게비 0.00711과 일치한다.

앞의 두 식에서 M_T를 제거하면,

$$M_F = \left(\frac{x_P - x_T}{x_F - x_T}\right) M_P \tag{4.33}$$

원료물질이 천연우라늄이라면 x_F값은 0.00711로 자연스레 고정된다. x_T값은 농축시설의 운전원에 의해 정해진다. 현재 미국 농축시설은 x_T = 0.002, 즉 0.2 w/o로 설정하고 운전한다. 따라서 식 (4.33)의 분모는 상수가 되고, 지정된 양을 생산하기 위해 필요한 원료물질의 양은 농축도에 따라 선형적으로 증가한다. 농축도가 매우 낮은 경우를 제외하고, M_F는 x_P에 직접 비례한다. 농축도에 따른 M_F/M_P의 변화를 그림 4.47에 나타냈다.

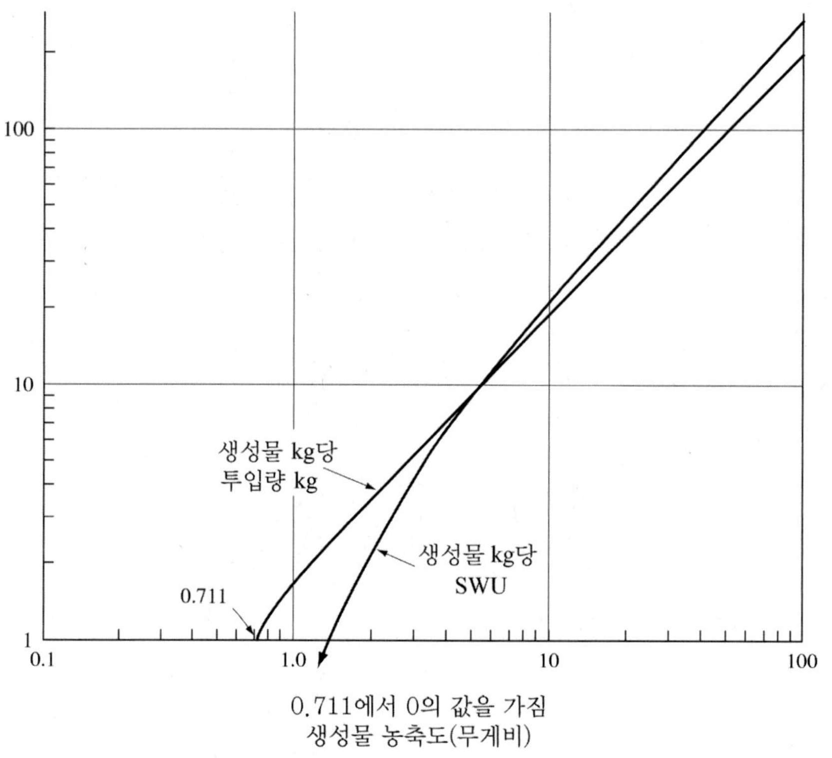

그림 4.47 생성물 농축도의 함수로서 원료물질과 분리작업량(kg)

농축도 x_P일 때 생성물 질량 M_P에서 ^{235}U의 질량은

$$M_{25} = x_P M_P$$

식 (4.33)의 M_P에 이 식을 대입하면,

$$M_F = \left(\frac{x_P - x_T}{x_F - x_T}\right)\frac{M_{25}}{x_P} \tag{4.34}$$

농축도가 낮은 경우를 제외하면 $x_P - x_T \simeq x_P$, 따라서

$$M_F \simeq \frac{1}{x_F - x_T} M_{25}$$

$x_F = 0.00711$이고, $x_T = 0.002$이므로,

$$M_F \simeq 196 M_{25}$$

4.6절에서 설명한 것처럼, 1 kg(또는 1개의 원자)의 ^{235}U를 포함한 농축 핵연료를 생산하기 위해서는 핵연료 농축도와 거의 무관하게, 200 kg(또는 200개의 원자)의 천연우라늄 원료물질이 필요하다. 4.6절에서 이러한 상황이 비증식로에서 천연우라늄의 활용과 상당한 관계가 있음을 보여 주었다.

우라늄 농축 비용은 *분리작업량단위*(*separative work unit, SWU*)라고 하는 특수 단위를 사용한다. 이 개념은 동위원소 분리가 비가역적으로 혼합되어 있는 가스들을 분리하는 것과 같다는 데 기초한다. 분리된 동위원소는 분리되지 않은 동위원소보다 무질서도가 감소된 상황을 나타내기 때문에, 분리된 상황의 엔트로피는 분리되기 전 상황의 엔트로피에 비해 확실히 작다. 열역학 법칙에 따르면, 등온 과정에서 시스템의 엔트로피가 감소하기 위해서는 일이 수행되어야 한다. 그러므로 동위원소를 분리하기 위해서도 일을 수행해야 하며, 이 일을 SWU로 측정한다.

분리작업량은 *가치함수*(*value function*)로 알려진 함수 $V(x)$로 다음과 같이 표현할 수 있다.

$$V(x) = (1 - 2x)\ln\left(\frac{1 - x}{x}\right) \tag{4.35}$$

여기서 x는 무게비[20]로 표현되는 농축도이다. 그림 4.48에서처럼 $V(x)$는 $x = 0.5$일 때 0이고, 이 점을 기준하여 양쪽으로는 대칭적으로 증가한다.

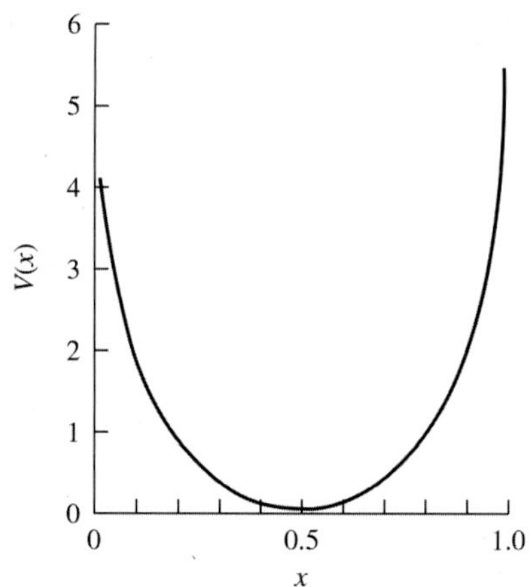

그림 4.48 무게비 농축도 x 대 가치함수

일정량의 생성물 생산을 위한 분리작업량은 원료물질의 가치에 대해 생성물과 부산물 모두의 총 가치 증가분으로 정의된다. 구체적으로 M_{P} kg의 생성물이 M_{F} kg의 원료물질로부터 생산되고, M_{T} kg의 부산물이 생겼다면, 분리작업량은

$$\mathrm{SWU} = M_{\mathrm{P}}\, V(x_{\mathrm{P}}) + M_{\mathrm{T}}\, V(x_{\mathrm{T}}) - M_{\mathrm{F}}\, V(x_{\mathrm{F}}) \tag{4.36}$$

여기서 x_{P}, x_{T}, x_{F}는 각각의 농축도이다. 그러나

$$M_{\mathrm{T}} = M_{\mathrm{F}} - M_{\mathrm{P}}$$

이므로, 식 (4.36)은 아래와 같이 쓸 수 있다.

$$\mathrm{SWU} = M_{\mathrm{P}}\,[V(x_{\mathrm{P}}) - V(x_{\mathrm{T}})] - M_{\mathrm{F}}\,[V(x_{\mathrm{F}}) - V(x_{\mathrm{T}})] \tag{4.37}$$

SWU 단위는 질량(kg)임을 주목하자. x_{F}와 x_{T}가 고정된 값일 때 일정량의 생성물을 만들어 내기 위해 필요한 분리작업량은 농축도에 따라 단조 증가한다. 이는 SWU/M_{P}를 x_{P}의 함수로 그린 그림 4.47에서 볼 수 있다.

---

20 $V(x)$는 처리된 물질의 단위량당 분리계통의 모든 단계에서 퍼 올리는 유체의 총량에 비례한다는 것을 알 수 있다.

예제 4.6

매년 PWR 노심의 1/3은 제거되고 신 핵연료로 교체된다. 명목상 1,000 MWe PWR 발전소에 대해 재장전 시마다 3.2 w/o 농축 UO_2가 33,000 kg 필요하다. 농축시설의 원료물질이 천연우라늄이고 부산물의 농도가 0.20 w/o이라면, (a) 재장전 시마다 필요한 원료물질의 양은 얼마인가? (b) 2013년 미국 가격으로 1 kg SWU당 $130.75일 때 농축 비용은 얼마인가?

풀이

1. UO_2 33,000 kg에는 농축우라늄이

$$\frac{283}{238+2\times 16}\times 33{,}000 = 29{,}089\,\text{kg}$$

이 있다. 식 (4.33)에 $x_P = 0.032$, $x_F = 0.00711$, $x_T = 0.002$를 대입하면,

$$M_F = \frac{0.032-0.002}{0.00711-0.002}\times 29{,}082 = 170{,}777\,\text{kg}$$

2. 3.2 w/o 우라늄의 가치는 $V(0.032) = (1-2\times 0.032)\ln\left(\frac{1-0.032}{0.032}\right) = 3.191$

같은 방법으로 $V(0.00711) = 4.869$, $V(0.002) = 6.188$이다. 식 (4.36)으로부터 분리작업량은

$$\begin{aligned}\text{SWU} &= 29{,}089(3.191 - 6.188 - 170{,}777(4.869 - 6.188)) \\ &= 138{,}075\ \text{kg}\end{aligned}$$

3. $130.75/SWU이므로 농축 비용은

$$138{,}075\times 130.75 = \$18{,}053{,}306$$

부산물의 잔여 농축도와 함께 원류물질과 분리자업 필요량의 변화를 생각해 보는 것은 흥미로운 일이다. 그림 4.49에서 보듯이, x_F 값과 x_P 값이 고정되어 있을 때, 원료물질의 필요량은 부산물의 농축도 감소에 따라 감소한다. 부산물의 농축도 감소는 원료물질 1 kg당 ^{235}U를 더 많이 추출하는 것을 의미하기 때문에, 이는 예상할 수 있는 결과다. 그러나 일정량의 생성물을 만들기 위해 필요한 SWU는 부산물 농축도가 감소할수록 증가하는데, 이는 주어진 원료물질에서 더 많은 ^{235}U를 추출하는 데 더 많은 일이 소요되기 때문이다. 언제 부산물의 농축도를 증가 또는 감소시키는 것이 타당한지 여부는, 한편으로는

분리작업과 우라늄 원료물질의 상대적 비용에 따라, 다른 한편으로는 우라늄 자원을 보존하고자 하는 의지에 따라 달라진다. 예를 들어, LWR에 사용하기 위해 약 3 w/o의 우라늄을 생산하는데, 부산물 농축도를 0.20 w/o에서 0.10 w/o로 낮추면 약 15% 정도의 원료물질을 절약할 수 있다. 그러나 그에 따라 생성물의 단위 kg당 SWU가 43%나 상승할 것이다. 따라서, 단위 분리작업에 대한 우라늄 비용의 비율이 상당히 증가하거나 우라늄 공급 부족이 임박하기 전까지는 부산물 농축도 감소는 요구되지 않을 것이다.

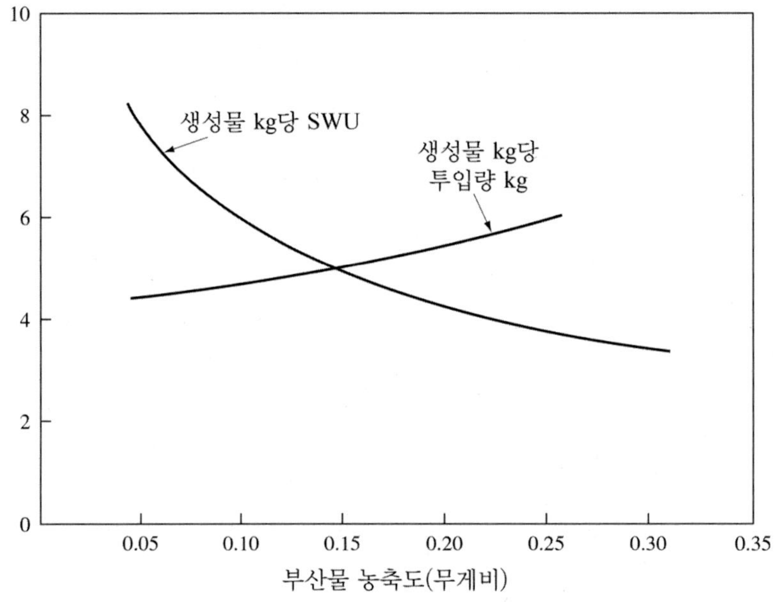

그림 4.49 부산물 농축도의 함수로서 원료물질과 분리작업량(kg)

농축시설이 농축우라늄을 생산하는 속도는 단위시간 동안 할 수 있는 분리작업에 의해 결정된다. 따라서 농축시설 용량을 SWU/yr 또는 더 적절한 표현으로 백만 SWU/yr로 나타낸다. 분리작업 용량이 클수록, 해당 시설이나 시설들에 의해 더 많은 원자로가 서비스 받을 수 있다. 예를 들어, 2015년 미국은 4.7백만 SWU/yr의 용량을 분리하였다. 1기의 1,000 MWe PWR에 핵연료를 공급하기 위해서는 약 116,000 SWU/yr가 필요하다(초기 장전과 관계없이; 연습문제 4.33 참조). 따라서 미국 농축시설은 총 40 GWe, 즉 $4.7 \times 10^6/116{,}000 = 40$기의 1,000 MWe PWRs의 핵연료 수요를 감당할 수 있다. 이는 현재 미국의 원자로들에 핵연료를 공급하기에는 부족하다. 따라서 농축 용량 증설이 계획되고 건설 중이다. 하지만, 전 세계적으로는 농축 용량이 초과 상태이며, 당분간은 용량 부족은 일어나지 않을 것으로 보인다.

우라늄 농축 공정

동위원소 분리를 위해 최소한 12가지 이상의 방법이 고안되었지만, 그 중 몇 개만이 경제성을 갖추었거나 갖추게 될 가능성이 있다. 이들 방법 중 두드러진 몇 가지 방법들을 간단히 살펴보자.

기체확산

개발이 성공적인 최초의 경제적 농축 공정은 기체확산법이었다. 이 공정은, 두 개의 기체가 섞인 혼합체에서 평균적으로 가벼운 분자가 무거운 분자보다 더 빨리 이동한다는 관측에 바탕을 두고 있다. 결과적으로 가벼운 분자는 무거운 분자보다 용기의 벽면을 더 자주 때린다. 만약 용기의 한 부분이 기체 분자 하나하나는 통과할 수 있지만 대량의 기체 흐름이 통과할 정도로 크지는 않은 구멍을 갖고 있는 다공성 물질로 이루어져 있다면, 무거운 기체 분자보다는 가벼운 기체 분자가 더 많이 용기를 빠져나갈 것이다. 따라서 용기를 빠져나간 기체는 가벼운 기체가 약간 농축된 반면 남아 있는 기체는 상대적으로 감손이 된다. 이 현상을 그림 4.50에 예시하였다. 이 그림은 일부 기체확산 시설에서 사용하는 용기의 실제 유형, 장애물 배치, 배관 연결을 보여 주고 있다. 그림에 보이는 것과 같은 단일 용기를 *확산기*(*diffuser*)라고 부른다.

물론 우라늄은 기체가 아니기 때문에 우라늄 확산 농축은 육불화우라늄 UF_6를 이용하여 수행한다. 이 물질은 상온에서 고체이지만, 쉽게 기화된다. 그러나 UF_6를 기체상태로 유지하기 위해서는 확산 시설의 모든 부품을 적절한 온도로 유지할 필요가 있다. UF_6가 안정적 화합물이지만 물과의 반응도가 크고, 대부분의 일반 금속을 쉽게 부식시킨다. 따라서 이 기체가 지나는 내부는 니켈이나 오스테나이트 스테인리스강으로 만들어져야 하며, 진체 계통이 단단히 밀봉되어야 한다. 이렇게 몇 가지 좋지 않은 특성이 있음에도, UF_6는 기체확산 공정에 사용할 수 있는 유일한 우라늄 화합물이다.

다행히도 불소는 하나의 동위원소 ^{19}F로만 구성되어 있어, UF_6 분자들의 무게 차이는 오로지 우라늄 동위원소의 무게 차이에 기인한다. 그러나 $^{235}UF_6$과 $^{238}UF_6$의 분자량은 거의 비슷하기 때문에 하나의 장애물(즉, 하나의 확산기)을 통과하면 $^{235}UF_6$과 $^{238}UF_6$의 분리가 거의 일어나지 않는다. 따라서 그림 4.51처럼 수많은 확산기를 연속적인 단계로 연결해야 하는데, 각 단계의 유출물(output)은 인접 단계의 투입물(input)로 사용된다. 이러한 연속적인 단계를 *캐스케이드*(*cascade*)라고 부른다. 실제로, 확산 캐스케이드는 생성물의 원하는 농축도에 따라 수천 개의 단계를 필요로 하기도 한다.

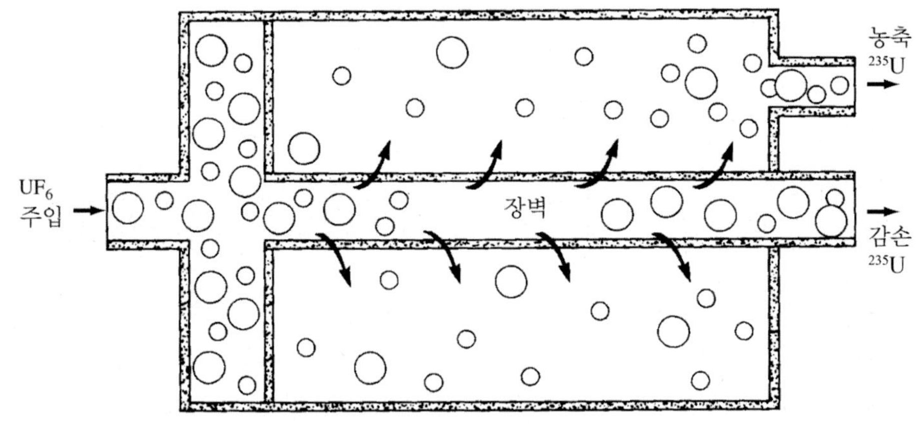

그림 4.50 기체확산법에서 확산기의 작동

그림 4.51을 보면 기체는 확산기를 통과하면서 떨어진 압력을 보충하기 위해 매 단계에서 압축을 해야 한다. 이 때문에 기체의 압축가열이 일어나므로, 확산기에 들어가기 전에 반드시 냉각해야 한다. 펌핑과 냉각에 대한 요건 때문에 확산 시설은 엄청난 전기를 소모한다. 예를 들어, 10 million SWU/yr 용량의 시설은 2,700 MW의 전력을 필요로 한다. 이러한 엄청난 전기 소요량 때문에, 기체확산 농축법은 미국에서 단계적으로 사라져 그 마지막 시설이 2013년 중반에 문을 닫았다.

이제 미국에서 더 이상 이 농축방법이 사용되지 않으나, 다른 국가들은 여전히 이 방법을 사용하고 있다. 몇 년 이내에, 그 국가들도 농축방법으로서 기체확산법 사용을 점차 중단할 것으로 예상된다.

기체원심분리

동위원소 분리를 위한 기체원심분리법은 수십 년간 생물학과 의학 분야에서 혈액이나 생물학적 시료를 만드는 데 흔히 사용되었던 방법의 정교한 버전이다. 역사적으로 원심분리법은 2차세계대전 당시 군사적 목적으로 우라늄을 농축하기 위해 고려한 최초의 방법이었고, 기체확산 때문에 단념하기 전 원형 시설 단계까지 수행되었었다. 염소 동위원소의 분리가 이미 1930년대 버지니아대학의 제시 빔스(J. W. Beams)에 의해 성공적으로 이루어졌다. 이 방법은 극히 고강도로 가벼운 소재가 필요했기 때문에 1980년대 후반이 되어서야 비로소 널리 채택되었다. 오늘날 이러한 기체 원심분리 방법을 널리 선호하여 거의 모든 우라늄 농축에 이용되고 있다.

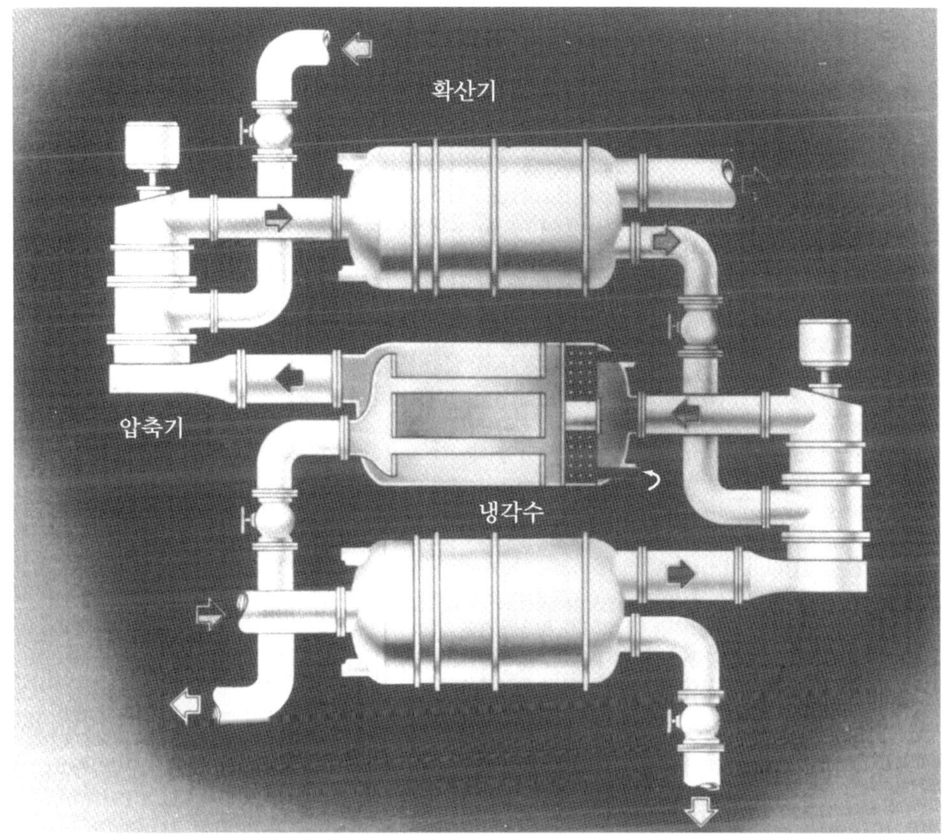

그림 4.51 기체확산 캐스케이드의 세 단계(U.S. Department of Energy)

기제원심분리법에서는, 분리 대상 기체, 즉 $^{235}UF_6$과 $^{238}UF_6$를 적절한 용기나 회전자에 담아서 고속으로 회전시킨다. 이 회전은 강력한 중력장을 만든다. 그 결과, 무거운 기체는 용기 주변부로 이동하는 반면 가벼운 기체는 무거운 기체에 의해 부양된 채 중심 가까이에 쌓이게 된다. 하나의 원심분리기에서 얻을 수 있는 분리량은 두 기체의 질량 차이, 회

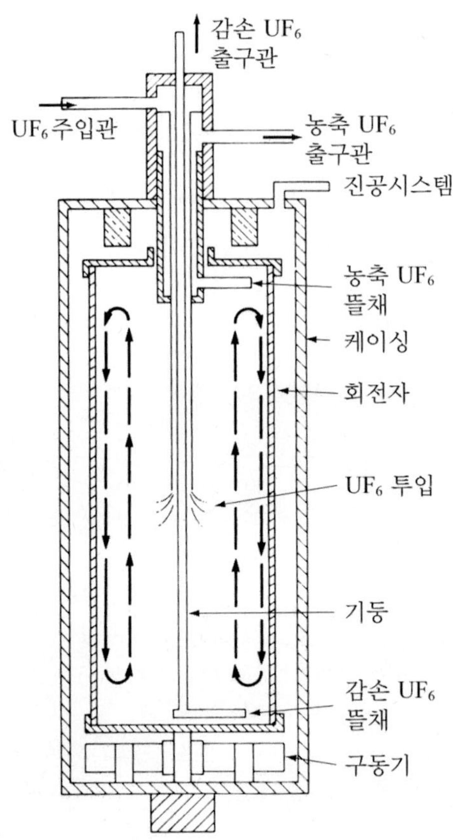

그림 4.52 기체원심분리기(U.S. Department of Energy)

전자 길이, 그리고 가장 중요한 회전 속도에 좌우된다. 원심분리기의 기본 원리를 미국 에너지성이 제공한 그림 4.52에서 볼 수 있다. 전자기적으로 구동되는 회전자는 진공실에 위치하고 있다. UF_6를 축을 따라 회전자에 투입하면, 농축 및 감손된 부분은 회전자의 위쪽과 아래쪽으로 빠져나온다. 동위원소 분리 원심분리기 작동에 있어 중요한 특징은 그림에서 보듯이 회전자 양 끝단 사이의 온도차와 2개 뜰채의 기계적 설계에 의해 회전자 내부에는 축방향으로 역류가 유지된다는 것이다. 기체가 회전자 축 근처에서 위로 이동하면 $^{238}UF_6$는 바깥 벽 쪽으로 확산한다. 따라서 위쪽 뜰채에 도달한 기체는 $^{235}UF_6$가 조금 농축된 것이다. 비슷한 방식으로, 아래쪽 뜰채에 도달한 기체는 $^{235}UF_6$가 감손된 것이다.

하나의 원심분리기를 통과하는 기체 유량은 크지 않기 때문에 상업적 규모의 농축시설에서는 수많은 기계를 병렬로 연결시켜야 한다. 또한 하나의 원심분리기만으로는 필요한 수준까지 농축을 할 수 없으므로, 기체확산 시설과 마찬가지로 함께 원심분리기들을 연결시켜 캐스케이드로 만들어야 한다.

미국 에너지성에 따르면, 기체확산법과 비교할 때 원심분리법의 주된 장점은 동일한 분리작업 용량에 대해 전력을 96%나 적게 사용한다는 것이다. 명목상 10 million SWU/yr의 확산 시설은 2,700 MW의 전력을 필요로 하지만, 동일한 원심분리 시설은 겨우 109 MW의 전력만을 필요로 한다.

일부 국가는 원심분리 공정에 기반을 둔 농축시설을 개발해 왔다. 이들 국가로는 영국, 러시아, 중국, 파키스탄, 인도, 브라질, 독일, 네덜란드, 일본과 이란이 있으며, 이스라엘도 개발한 것으로 추정된다. 미국, 영국, 네덜란드, 독일, 러시아, 프랑스 그리고 이란에서는 원심분리 방법이 상업적으로 이용되고 있다. 중국도 상업시설을 운영하고 있는 반면, 일본, 브라질 등은 소규모 시설을 건설하고 있다.

공기역학 방법

공기역학 방법은 기체확산법과 거의 같은 방식으로 ^{238}U과 ^{235}U를 포함하고 있는 분자들 사이의 작은 질량 차이를 이용한다. 지금까지 두 가지 방법, 즉 베커 노즐(Becker nozzle)과 공기역학 방법이 최소한 원형 방식으로 시도되어 왔다.

베커 노즐은 독일의 베커(E. W. Becker)가 고안하였다. 그림 4.53에 보이듯이, 이 방법

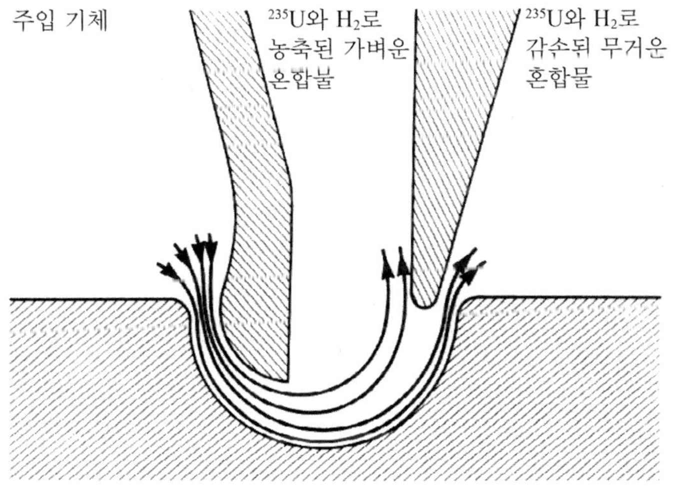

그림 4.53 베커 노즐법의 주요 특징

에서는 UF_6과 수소 혼합물이 특수설계된 곡선의 노즐을 초음속으로 흐른다. 기체에 형성된 원심력 구배(gradient)로 인해, 더 무거운 분자는 원심분리법에서처럼 우선적으로 더 바깥쪽으로 확산되는 경향이 있다. 따라서 노즐의 먼 쪽 적절한 위치에 있는 뾰족한 분리기를 설치하여 빠져나오는 기체를 가벼운 것과 무거운 것으로 분리할 수 있다. 이 방법이 기체확산법보다 단계당 분리도가 더 크다는 것이 확인되었다. 아쉽지만, 이 방법이 다른 방법에 비해 경쟁력이 있다는 것은 확인되지 않았다.

남아프리카공화국은 베커 노즐과 유사한 개념에 근거한 농축 설비를 개발했는데, 이를 "헬리콘 와류 튜브 공정(Helikon vortex tube process)"이라 한다. 공기역학 방법에서 UF_6와 수소가 고속으로 내부 구멍을 통해 튜브로 들어간다. 기체는 튜브에서 나선상으로 떨어진다. 튜브는 축을 따라 좁아지고, ^{238}U이 풍부한 무거운 부분은 측면으로 빠져나오고, 가벼운 부분은 밑바닥을 통해 빠져나온다. 이 시설이 수년간 성공적으로 운전되었지만, 경제성은 없는 것으로 증명되었다. 더 최근에 남아프리카공화국은 새로이 변형한 공기역학 분리방법을 실험하고 있다. 이 방법은 헬리콘 공정보다 에너지 소비가 적고 각 단계당 분리도가 더 커서, 더욱 경제성이 있을 것으로 예측된다.

전자기 분리법

이 방법은 질량 분석계의 원리를 대규모로 확장한 것이다. 이온화된 우라늄 기체는 전위차에 의해 자기장 속으로 가속되고, 그 속에서 무거운 입자는 가벼운 입자보다 더 큰 반지름의 호를 그리며 이동한다. 분리된 빔은 적절한 간격으로 떨어진 흑연 수집기에 모인다. 우라늄 이온은 흑연과 반응하여 탄화우라늄이 되고, 이것을 나중에 화학적으로 처리하여 동위원소를 분리한다.

전자기적 방법의 확실한 이점 중 하나는 기계를 한번 통과시켜 우라늄 동위원소를 사실상 완전하게 분리한다는 것이다. 2차세계대전 중 테네시주 오크리지에서 대형 시험시설이 운전되고 있었다. 이라크 정부도 비밀 핵 프로그램으로 이 방법을 선택했다. 그러나 이 방법은 우라늄 농축 시 기체확산법보다 경제성이 떨어진다. 오늘날 이 방법은 특정 동위원소를 연구실에서 소량 농축하는 데 사용하지만, 이라크는 핵무기 제조를 위해 이 방법을 적극적으로 추진한 바 있다.

레이저 동위원소 분리

동위원소를 분리하는 데 있어, 레이저 기술이나 원자 또는 분자가 빛을 흡수하는 성질을 이용하는 것이 가장 최신이면서도 독창적이라 하겠다. 레이저 광학은 이 책의 범위를 벗어나기 때문에, 레이저가 뚜렷이 구별되는 주파수의 강력한 빔, 즉 본질적으로 단색광 빔을 만들 수 있는 독특한 능력을 가졌다는 정도만 기술하고자 한다.

제2장에서 설명한 것처럼, 원자는 보통 바닥상태로 존재하지만 충분한 양의 에너지를 흡수하면 여기상태에 놓일 수 있다. 원자와 마찬가지로 분자도 바닥상태와 여기상태를 갖는다. 원자의 여기상태가 전자들의 다른 배열 상태 때문이라면 분자의 여기상태는 분자 구조의 각기 다른 진동이나 회전 에너지 때문에 발생한다. 어떤 경우든 모두 전자기 방사선 흡수는 동일한 방식으로 일어난다. 만약 입사 방사선의 에너지가 두 상태 사이에 가능한 전이와 일치하지 않는다면, 흡수는 거의 일어나지 않는다. 입사 에너지가 가능한 전이와 일치한다면 상당한 에너지 흡수가 일어날 것이다. 그림 4.54에서 약 5,027 옹스트롬 (1 angstrom = 1 Å = 10^{-8} cm), 즉 약 2.4 eV의 소멸 광자 에너지에 해당하는 녹색 빛 파장에서 ^{235}U와 ^{238}U의 여기 공명에 대한 공명흡수 현상을 볼 수 있다.

레이저 동위원소 분리법(laser isotope separation, LIS)은 원자와 분자의 여기상태 에너지가 어느 정도 그들의 원자량에 의존한다는 사실에 바탕을 두고 있다. 이것은 동위원소 변화라 불리는 여기 공명 에너지의 변화에 반영되어 있다. 우라늄 원자의 경우, 그림 4.54

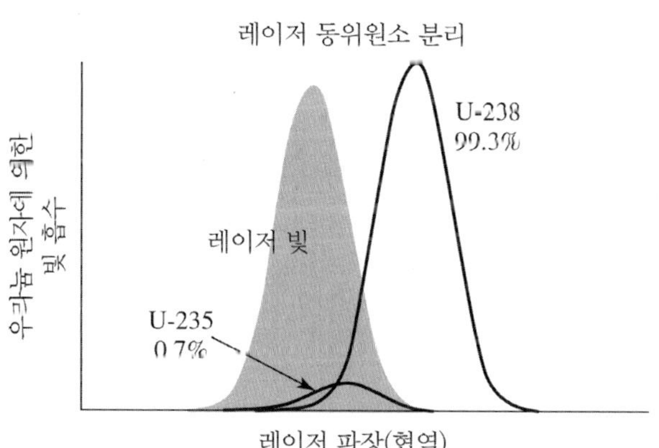

그림 4.54 파장에 따른 여기 단면적

에서 보듯이 ^{235}U와 ^{238}U의 공명은 약 0.1 Å만큼 떨어져 있다. 우라늄 증기를 대역폭(즉, 파장의 변화)이 0.1 Å보다 작은 레이저빔에 노출시켜 ^{238}U은 바닥상태에 놔두고, ^{235}U는 여기상태로 만드는 것이 가능하다. 증기를 다른 레이저빔에 연속적으로 노출시키면 여기된 ^{235}U의 에너지를 원자가 이온화되는 수준까지 올릴 수 있다. 원칙적으로 중성의 ^{238}U을 교란하지 않은 채 전기장을 이용하여 하전 이온을 시스템으로부터 추출하는 것이 가능하다.

위에서 방금 기술한 메커니즘은 개별 원자의 분리와 관련이 있어서, *원자 증기 LIS* (*atomic vapor LIS*, *AVLIS*)라고 불린다. 이와 유사하게 UF_6 기체의 선택적 여기와 분해에 기반을 둔 방법을 *분자 LIS* (*molecular LIS*, *MLIS*)라고 부른다. 두 개의 기술은 전 세계 주요 연구실에서 빠르게 개발 중에 있다.

AVLIS 챔버의 주요 부품을 그림 4.55에 표시하였다. 그 시설의 바닥에 있는 수냉각 도가니에 있는 용융된 금속 우라늄은 강력한 고에너지 전자빔에 노출되어 기화된다. 증기는 챔버 내에서 급속히 팽창하여 수많은 평행 판으로 구성된 추출 구조물로 들어간다. 여기에서 증기는 4개의 강한 레이저빔에 노출된다. 4개의 다른 빔은 우라늄의 광학적 여기상태에 대한 물리학에 기초하여 선택한 것이다. 레이저는 선별적으로 약간의 ^{235}U 원자를 이온화시키고, 이들 원자는 전자기장에 의해 생성물 수집판으로 끌려온다. 중성의 ^{238}U

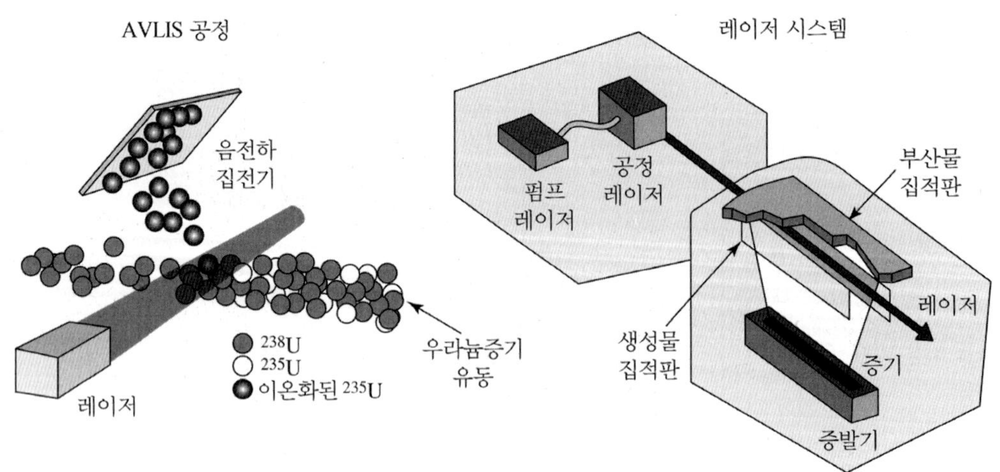

그림 4.55 레이저 동위원소 분리법 예시("How LIS Works" from "Laser Technology Follows in Lawrence's Footsteps", Science & Technology Review, May 2000 by Steven Hargrove; 로렌스 리버모어 국립연구소 허가로 사용)

원자는 생성물 수집판을 통과하여 부산물 수집기로 간다. 그러나 생성물 수집기에 떨어지는 모든 원자가 ^{235}U만은 아니다. 수집기에 쌓이는 물질의 대부분은 우라늄 증기이며, 이것은 도가니에서 곧장 수집판으로 흘러간다. 따라서 수집된 우라늄은 ^{235}U가 농축된 것이지 순수한 ^{235}U는 아니다.

쉽게 이해할 수 있도록, 그림 4.55는 하나의 레이저 빔과 거울만 보여 주고 있다. 실제로는, 챔버 안에서 반복적으로 반사되는 레이저 빔들을 사용하여 레이저 에너지의 이용률을 높인다. 레이저 에너지 이용률을 더 높이기 위해, 여러 개의 챔버를 직렬로 연결하여 빔이 챔버를 차례차례 지나가게 한다. AVLIS 시설의 총 에너지 소비량은 동일 용량의 가스 확산 시설 에너지 소비량의 약 1/10보다 적을 것으로 추정된다.

AVLIS 시스템은 천연우라늄이나 감손우라늄과 같이 농축도가 낮은 원료물질로도 매우 만족스럽게 운전할 수 있다. 그 이유를 설명하기는 복잡하기에 생략한다. 따라서 실제 LWR에 사용하기 위한 원형 시설에 대해서는, 3 w/o 농축우라늄을 생산하는 데 감손우라늄(농축도 0.2~0.3 w/o)을 사용할 것을 제안하며, 이때 발생되는 부산물 농도는 0.08 w/o이다. 천연우라늄으로 AVLIS 시스템을 운전하면, LWR에 대한 ^{235}U의 가용률을 약 18% 높일 수 있다(연습문제 4.39 참조).

레이저 동위원소 분리의 상업적 이용은 변형된 MLIS 시스템을 기반으로 추구해 왔다. 레이저 여기(excitation)에 의한 동위원소 분리, 즉 SILEX 방법은 레이저를 이용하는 동위원소 분리법이다. SILEX 시스템에 대한 자세한 사항은 미공개이다. MLIS 레이저는 육불화우라늄같이 ^{235}U가 포함된 분자를 선택적으로 여기시키는 데 사용된다고 알려져 있다. 그렇게 만들어진 ^{235}U 포함 분자들을 수집하여 농축우라늄류(enriched U stream)와 감손우라늄류(depleted U stream)을 만든다. 최근까지 GE Hitachi와 COMECO가 공동 소유한 GLE(Global Laser Enrichment)사가 이 방법의 상용화 연구를 진행하였다. 이 방법은 에너지 소비와 공정 단계의 수도 훨씬 더 적을 것으로 기대된다. 그래도 이러한 레이저 농축 시스템의 신뢰성과 경제성에 대해서는 여전히 의문이 남아 있다. 그러나 일부 사람들은 이러한 시스템이 2020년까지 전 세계 SWU의 약 4%를 담당할 것이라고 예측한다.

다른 방법들

현재의 기술보다 더 경제성이 있는 것으로 입증될 수 있는 2개의 다른 방법이 있다. 아직 개발 중이지만 이들 방법은 기술적으로 타당하고 상업적으로도 성공 가능성이 있는 것으로 간주되고 있다. 이들 방법은 화학 교환법과 플라즈마 분리법이다.

화학 교환법은 무거운 ^{238}U 원자를 품고 있는 분자와 가벼운 ^{235}U를 품고 있는 분자의 거동이 다르다는 점을 이용한다. 어떤 반응에서 한 동위원소는 다른 동위원소에 비해 특정 분자와 더 잘 반응하는 경향이 있다. 이 방법은 나중에 설명할 중수소 농축과 유사하다.

두 번째 방법은 ^{235}U의 사이클로트론 주파수가 ^{238}U의 주파수와 다르다는 점을 이용한다. 이 차이로 인해 어떤 종류의 이온이 다른 것에 비해 우선적으로 수집된다.

중수 생산

지금까지 동위원소 분리에 대한 설명은 일반적인 물에 의해 감속 또는 냉각되는 원자로에 핵연료로 공급되는 농축우라늄을 생산하는 문제에 초점을 맞추었다. 앞에서 설명한 것처럼 그러한 원자로는 천연우라늄으로는 임계상태를 만들 수 없다. 그러나 CANDU형이나 아르헨티나의 아투차 원자로(4.5절 참조)와 같이 중수 감속 원자로에는 천연우라늄을 핵연료로 사용할 수 있다. 이들 원자로의 경우, 동위원소 분리 부담은 핵연료를 농축하는 데 있기보다는 중수를 만들어 내는 데 있다. 중수를 감속재와 냉각재로 함께 사용한다면, 1 MWe당 약 1톤이 필요하다. 중수는 물 또는 액화수소 전기분해나 증류 그리고 뒤에 기술할 화학적 교환법을 포함하여 다양한 방법에 의해 상업적으로 생산된다. 원료물질(물)이 충분하고 에너지를 적게 사용하기 때문에, 마지막 방법이 주로 선호되고 있다.

동일 원소의 동위원소는 같은 수의 양성자와 전자를 갖고 있기 때문에, 이들 동위원소는 보통 화학적으로 동일한 것으로 가정한다. 그러나 그러한 동위원소들은 원자량 차이 때문에 동일한 속도로 화학반응을 하지 않을 수 있다. 자연스럽게 반응속도 차이는 동위원소 질량 차이가 커질수록 증가하고, 질량이 2배 차이가 나는 일반 수소와 중수소의 경우에 가장 두드러진다.

예를 들어, 중수소화황화물(HDS)과 물 사이의 반응을 고려하자.

$$H_2O + HDS \rightleftharpoons HDO + H_2S$$

만약 H와 D가 화학적으로 동일하다면, 이 반응에 대한 평행 상수는 1과 같아질 것이다.

$$K = \frac{[HDO][H_2S]}{[H_2O][HDS]}$$

여기서 괄호는 농도를 표시한다. 실제로 K는 1보다 상당히 크고, 온도의 함수다. 따라서 25°C에서 K는 2.37이고, 125°C에서 K는 1.84이다. K를 다음과 같은 형태로 쓰면

$$K = \frac{[HDO][H_2S]}{[HDS][H_2O]}$$

평행 상태에서 H_2O 중 HDO 농도는 H_2S 중 HDS 농도보다 훨씬 크다는 것이 분명하다. 게다가 H_2O에서 HDS의 상대적 농도는 온도가 올라갈수록 증가한다. 이러한 상황은 H에서 D를 분리하는 것을 가능케 하고, 내부분의 중수를 상업적으로 생산하는 방법인 *GS*

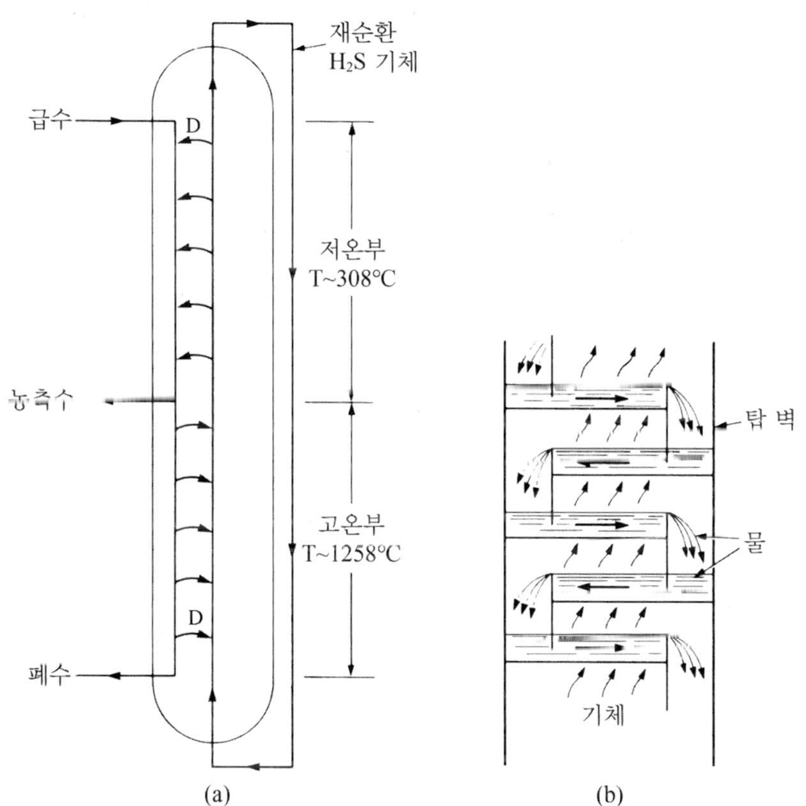

그림 4.56 (a) 교환 탑에서 물, 기체, 중수의 흐름 (b) 탑의 내부 구조

이중 온도 교환 공정(*dual-temperature exchange process*)[21]의 기저를 이루고 있다.

GS 공정은 그림 4.56에서 보는 것처럼 교환 탑에서 이루어지는데, 여기에서 H_2S 기체는 위로 거품이 일면서 연속된 구멍 난 트레이를 통과하고, 물은 이것을 따라 아래로 흐른다. 탑은 고온부(T ≃ 125°C)와 저온부(T ≃ 32°C), 2개 영역으로 나눠진다. 고온부를 떠나는 H_2S에서 중수소의 평행 농도는 저온부보다 높기 때문에 저온부에서 HDO로부터 H_2O로 D의 순 이동이 일어난다. 전체적인 효과는 D가 탑 주변으로 이동하고 저온부에서 급수를 농축하는 것이다. 요약하면, 물은 저온부에서 농축되고, H_2S는 고온부에서 복원된다. 농축된 물의 일부는 두 영역 접합부에서 추출되고 또 다른 분리 탑으로 들어간다. 물과 H_2S 유량률을 조정함으로써 탑 내부에서 H_2S를 완전히 복원할 수 있다. 다른 형태의 GS 공정에서, 특히 캐나다에서 사용된 공정에서, 마지막 탑에서 농축된 물이 최종적으로 빼내질 때까지, 농축된 물보다는 농축 기체가 다른 탑으로 이동한다.

실제로는 D_2O를 20~30 w/o까지 농축한 물을 생산하기 위해서는 겨우 몇 단계(교환 탑의 세트)만 필요하다. CANDU에서 필요한 99.75 w/o까지 농축은 진공 증류법을 사용하여 수행한다.

»»» 4.8 핵연료 재처리

재활용하는 LWR 핵연료 주기나 증식로 주기에서 플루토늄이나 우라늄을 회수하기 위해서는 사용후핵연료 재처리가 필요하다. 이를 위해 여러 가지 방법이 개발되었다. 그러나 실제로 1950년 이후 세워진 모든 재처리시설은 퓨렉스(Purex) 용매 추출 공정을 이용하고 있다.

퓨렉스 공정은 다음의 실험적 사실에 기반을 두고 있다. 우라늄과 플루토늄은 다양한 원자가(산화) 상태로 존재할 수 있다. 이들 원소의 산화 및 환원 전위차 때문에 이들 원소

---

21 GS 공정이 K. Geib와 J. S. Spevack에 의해 발명되었지만 초기 GS는 분명히 Girdler-Sulfide를 가리키는 것이었다. Girdler는 미국에서 최초의 GS 발전소를 설계한 회사의 이름이다(참고문헌 중 Benedict et al. 참조).

중 하나를 다른 원소는 교란시키지 않으면서 산화 또는 환원시킬 수 있다. 게다가 각기 다른 상태의 우라늄과 플루토늄 화합물은 유기용매에서 서로 다른 용해도를 갖는다. 예를 들어 4^+와 6^+ 상태의 우라늄과 플루토늄 질산염은 특정 용매에서 모두 녹지만 3^+ 상태일 때는 동일한 용매에서 녹지 않는다.

그러므로 용매 추출은 다음 3개 핵심 단계와 관련이 있다: (a) 적절한 용매로 우라늄과 플루토늄을 흡수하여 핵분열 생성물로부터 2개 원소를 분리, (b) 그 용매에 플루토늄이 더 이상 녹지 않게 플루토늄 원자가를 3^+로 환원, 그리고 (c) 플루토늄을 수용액으로 역추출.

그림 4.57은 퓨렉스 재처리시설의 단순 흐름도이다. 먼저 핵연료봉을 3~5 cm로 짧게 자른다. 이를 *기계적 전처리 공정*(*mechanical head-end*)이라 부른다. 그리고 핵연료 안에 갇혀 있던 방사성 기체, 주로 삼중수소와 핵분열 가스 ^{85}Kr를 제거하기 위해 잘린 조각들을 가열한다. 이들 가스는 수집하여 보관한다.

그 다음, 잘린 핵연료 더미를 질산(HNO_3) 농축 용액에서 녹인다. 이 시점에서 수용액에 있는 우라늄과 플루토늄은 원자가가 크다. 이 수용액은 핵분열 생성물 및 용해된 핵연료집합체의 자투리 부분과 함께 여과기를 통과하며 용해되지 않은 것들을 걸러 낸 후 첫 번째 추출 칼럼 중앙으로 들어간다.

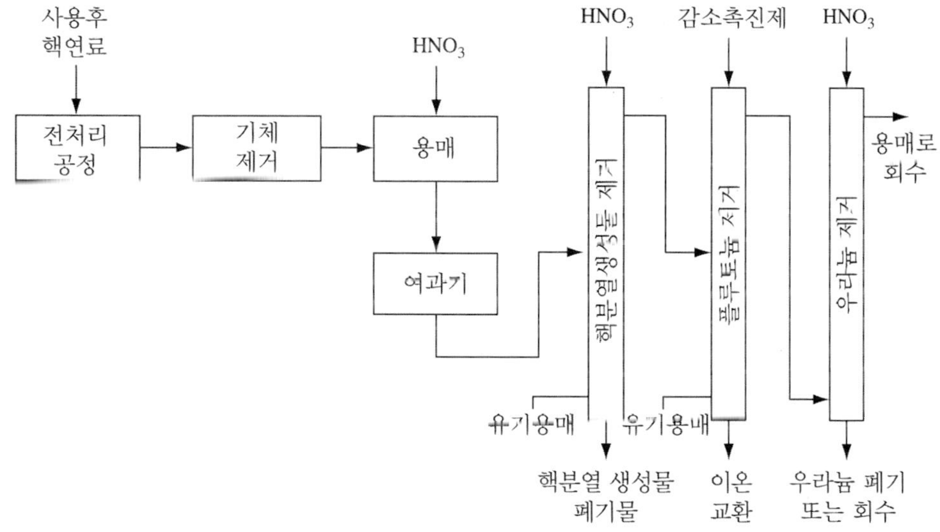

그림 4.57 퓨렉스(Purex) 재처리시설의 단순 흐름도

이 추출 칼럼에서는 등유 성분 물질 도데칸(dodecane)으로 희석시킨 유기용매 TBP(tributylphosphate)가 칼럼 위로 올라가면서 수용액 속에 있는 우라늄과 플루토늄을 추출한다. 동시에 칼럼 상단에서 더 많은 질산이 들어오면서 올라오는 용매로부터 핵분열 생성물을 씻어 낸다. 칼럼 상단을 떠나는 유기용매는 기본적으로 모든 우라늄과 플루토늄 그리고 미량의 핵분열 생성물을 함유하고 있다. 반면 칼럼 하단을 떠나는 수용액은 대부분의 핵분열 생성물과 미량의 우라늄 또는 플루토늄을 함유하고 있다.

유기용매는 다음 칼럼으로 넘어가고 그곳에서 플루토늄을 3^{+}로 환원시키지만 우라늄은 6^{+} 상태로 놔두는 화학적 환원제(철화합물이 자주 사용됨)를 함유한 희석 용액에 대해 역방향으로 흐른다. 이제 플루토늄은 더 이상 TBP에 녹지 않으므로, 플루토늄은 이 칼럼을 떠나기 전에 수용액으로 이동한다.

희석된 질산 용액에 대해 유기용매가 역방향으로 흐르는 세 번째 칼럼에서 우라늄은 유기용매로부터 분리된다. 칼럼 상단을 떠나는 용매는 플루토늄, 우라늄 및 핵분열 생성물이 대부분 제거된 채 정화 및 재사용을 위해 회수 시설로 이동한다. 우라늄은 수용성 용매에 담겨 칼럼을 떠난다.

우라늄과 플루토늄을 더 정화하기 위해, 각각의 용액을 추가 추출 칼럼을 통과시켜 처리할 수 있다. 그러나 플루토늄은 종종 이온교환을 통해 정화 및 농축을 한다. 이 공정에서는 플루토늄 용액을 이온교환수지에 통과시킨 후 희산(dilute acid)으로 플루토늄을 용출시킨다. 정화된 플루토늄 농도는 용액을 임계에 도달하지 않게 주의를 기울이며 부분적으로 증발시켜 증가시킬 수 있다. 고도로 정화된 플루토늄 질산염 용액이 핵연료 재처리 시설에서 생산되는 플루토늄의 일반적 형태이다. 이 플루토늄을 산화물인 PuO_2로 변환시키는 것은 어렵지 않다.

»» 4.9 방사성 폐기물 처분

여러 가지 다른 형태의 방사성 폐기물이 원자력 발전소 핵연료주기 중 다양한 지점, 즉 우라늄 채광, 핵연료 제작, 원자로 운전, 핵연료 처리 및 재활용(이것이 핵연료주기에 포함될 경우) 등에서 발생한다. 폐기물은 발전소 해체 및 철거 과정에서도 발생한다. 그러나 원자력 산업체만이 방사성 폐기물 발생자는 아니다. 의료분야에서 방사성의약품이 널리 사용되기 때문에 병원도 주요한 폐기물 발생자이다. 방사성 폐기물은 핵무기 프로그램의 중요한 부산물이기도 하다.

폐기물을 보통 4가지 범주로 분류한다. *고준위폐기물*(*high-level waste*)은 폐기물로서 버린다고 한 경우, 사용후핵연료와 핵연료 재처리 시설의 첫 단계에서 발생한 모든 폐기물(이 폐기물은 다량의 핵분열 생성물을 포함하고 있기 때문이다) 등을 포함한다. *초우란 폐기물*[*transuranic*(*TRU*) *waste*]은 농도가 10^{-9} Ci/g을 초과하는 플루토늄 동위원소가 주를 이루고 있다. TRU폐기물은 재처리, 플루토늄 핵연료 제작, 핵무기 제조 과정에서 발생한다. *저준위폐기물*(*low-level waste*)은 10^{-9} Ci/g 이하의 TRU 핵종들을 포함하고 있다. 저준위폐기물에는 TRU가 없고 차폐가 필요치 않은 폐기물도 포함된다. 그러나 이 폐기물도 잠재적 위험성이 있다. *채광 및 분쇄 부산물*은 우라늄 채광과 분쇄 과정에서 발생하는 부산물들이다. 이러한 부산물은 낮은 농도의 천연 방사성 핵종을 포함하고 있다.

핵종 도표를 잘 살펴보면 수백 종의 핵분열 생성물 중 대부분이 단수명이라는 것을 알 수 있다. 오직 5개만이 1~5년 사이의 반감기를 갖는다. 두 개 핵종—^{90}Sr과 ^{137}Cs의 반감기는 약 30년이고, 세 개 핵종—^{93}Zr, ^{129}I, ^{135}Cs의 반감기는 1백만 년이 넘어 사실상 안정적이다. 100년 후 반감기 5년짜리 핵종의 방사능은 10^6배만큼 감소하고, 반감기가 더 짧은 핵종들은 사라진다. 따라서 오랜 시간이 지난 후 고준위폐기물의 핵분열 생성물 방사능은 오로지 ^{90}Sr과 ^{137}Cs에 기인하는 것이다. ^{137}Cs는 안정적인 ^{137}Ba으로 변환하지만, ^{90}Sr은 반감기가 64시간인 ^{90}Y를 거쳐 안정적인 ^{90}Zr으로 변환한다. 따라서 고준위폐기물은 결국 3개의 핵분열 생성물, ^{90}Sr, ^{90}Y, ^{137}Cs를 포함하게 된다.

다수의 TRU 핵종 반감기는 상당히 길다. 예를 들어 ^{239}Pu의 반감기는 24,000년이다. 그러므로 이들 핵종의 방사능은 핵분열 생성물의 방사능보다 천천히 사라진다. 전형적인 LWR 사용후핵연료의 경우, 700년이 경과하면 TRU 방사능이 핵분열 생성물 방사능을 초과한다.

핵분열 생성물과 TRU 핵종을 포함하여 사용후핵연료의 총 고준위 방사능은 원자로 핵연료주기 특성에 따라 좌우된다. 일회용 핵연료주기일 경우, 핵연료 방사능은 TRU 물질 때문에 수십만 년간 지속된다. 그러나 닫힌 주기의 경우 플루토늄 동위원소는 원자로로 다시 들어가, 그곳에서 핵분열을 하여 단수명 핵분열 생성물로 변환한다.

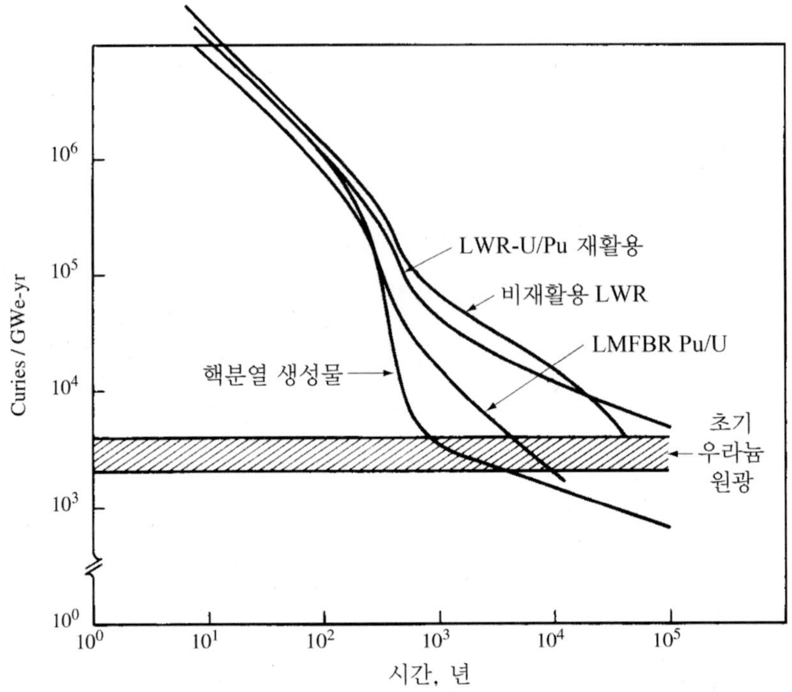

그림 4.58 원자로 핵연료주기에 따른 고준위폐기물 방사능(*Nuclear Proliferation and Civilian Nuclear Power*, U.S. Department of Energy Report DOE/NE-0001/9, Vol 9, 1980에 근거함)

그림 4.58에 이러한 상황이 예시되어 있다. LWR에서 연간 1 GWe당 발생하는 고준위폐기물 방사능을 재활용을 하고 하지 않는 LWR의 경우, LMFBR(재활용)의 경우, LWR 사용후핵연료를 재처리하고 핵분열 생성물을 폐기물로 처리하고 플루토늄은 단지 보관만 하는 특수한 경우에 대해 표시하였다. 초기와 말기를 제외하면, 마지막 경우의 방사능은 거의 전적으로 ^{90}Sr, ^{90}Y, ^{137}Cs 때문이다. 또한 초기 핵연료를 생산하기 위해 필요한 우라늄 원광의 방사능 범위도 그림에서 볼 수 있다. 핵연료주기와 관련된 고준위 방사능은 약 1,000년 후에는 우라늄 원광의 방사능 수준에 접근한다는 것을 알 수 있다.[22]

오늘날 세계에 존재하는 대부분의 고준위폐기물은 핵무기 프로그램 부산물이다. 대체로 이 폐기물은 영구처분이 될 때까지 대형 탱크에 액체상태로 보관되거나 누설 가능성을 줄

22 원광과 고준위폐기물을 보다 공정하게 비교하기 위해서는 주로 알파선을 방출하는 무거운 원소와 베타선을 방출하는 핵분열 생성물의 상대적인 독성을 고려해야만 한다. α 방출체의 독성은 β 방출체의 독성보다 10배 정도 크다(9.2절 참조).

이기 위해 고화시킨다. 고준위폐기물 양이 증가하는 것은 주로 원자력 발전소 사용후핵연료 수조에 쌓여 가는 사용후연료 때문이다. 사용후연료의 상업적 재처리가 다수 국가에서 이루어지고 있다. 그러나 핵확산 우려 때문에 미국은 재처리를 하지 않고 있다.

상업적 고준위폐기물의 처분방법은 사용후핵연료 재처리 여부에 달려 있다. 재처리를 하지 않는다면 핵연료는 그대로 처분된다. 아마도 사용후핵연료 집합체를 적절한 용기에 담은 후 이들 용기를 안정적인 지질학적 장소에 묻어서 처분할 것이다. 역사적으로 이런 목적을 위해 안정적인 암석층을 고려해 왔다.

핵연료를 재처리하여 플루토늄을 재활용(또는 저장)한다면, 처분 문제는 보다 감당할 만하고 고유의 기술적 해결책을 구할 수 있을 것이다. 핵분열 생성물은 핵연료에서 차지하는 부분이 작기 때문에 재처리를 하면 기본적으로 폐기물 부피를 상당히 줄일 수 있다. 액체 형태의 폐기물은 가소—즉, 고온에서 건조시킨 후, 유리 원료물질과 섞이시 유리화시킨다. 또 다른 새로운 기술은 HTGR 핵연료를 제작하는 것과 같이 구형 폐기물 주위를 세라믹층으로 둘러싸는 것이다. 폐기물 고화를 위한 이들 방법 및 유사한 방법들은 방사성 입자들을 효과적으로 고정시킨다. 이들 유리 또는 세라믹 복합체를 용기에 담아 안정된 지층에 묻는다.

온전한 핵연료집합체나 고화된 폐기물을 담고 있는 용기가 저장고에 적치된 직후 해체된다고 해도, 핵분열 생성물과 TRU 핵종들이 환경으로 멀리 확산되지 않을 것이라고 믿을 수 있는 타당한 이유가 있다. 이 주장에 대한 강력한 근거는 *오클로 현상*(*Oklo phenomenon*)이라는 것에 의해 제공된다. 오클로는 아프리카 가봉에 있는 우라늄 광산 이름이다. 이 광산에서 프랑스는 자국의 핵 프로그램을 위한 다량의 우라늄을 구하였다. 이 광산의 우라늄을 프랑스의 기체확산 시설에 투입했을 때, 원료 우라늄이 이미 일반적인 천연우라늄의 동위원소비 0.711 w/o 아래로 감손되어 있다는 것을 발견했다. 마치 이 우라늄이 미지의 어떤 원자로에 핵연료를 공급한 것 같았다.

실제로 그랬다. 프랑스 과학자들은 핵분열 생성물과 TRU폐기물의 흔적을 광산 곳곳에서 발견했다. 오클로 근처에서는 그 어느 것도 존재하지 않았던 흑연 또는 중수 감속재를 사용하는 매우 특수한 상황을 제외하고 천연우라늄으로 원자로를 임계상태로 만드는 것은 가능하지 않기 때문에, 이러한 관측은 처음에는 당황스러운 것이었다. 이 현상에 대한 설명은 ^{235}U의 반감기인 7.13×10^8년이 ^{238}U의 반감기인 4.51×10^9년보다 훨씬 짧다는 사실에서 찾을 수 있다. 지구의 최초 형성 이후, ^{235}U가 ^{238}U보다 더 많이 붕괴되었다. 결국 이것은 천연우라늄의 농축도가 지금보다 훨씬 컸을 것이라는 것을 의미한다. 실제로 약 30억 년 전 이 농축도는 3 w/o 근처로, 당시 오클로 근처에 있어왔던 것으로 알려진 보통의 물로도 임계 집합체를 만들 수 있을 정도로 충분히 높았을 것이라는 것은 쉽게 알 수 있다(연습문제 2.37 참조). 오클로 현상과 현재의 방사성폐기물 처분과의 연관성은 핵분열 생성물(그들의 안정 딸핵에 의해 확인된)이나 플루토늄 어느 것도 (천연의) 원자로가 임계에 도달한 이후 수십억 년 동안 오클로 부지로부터 이동하지 않았다는 데 있다.

고준위폐기물에 비하면 저준위폐기물은 위험요소라기보다는 골칫거리다. 그러나 부피는 훨씬 더 크다. 명목상 1,000 MWe LWR 발전소는 고체 저준위 폐기물을 수백 m^3 발생시킨다. 이들 중 대부분은 세탁 폐기물, 방호복, 안경, 연장, 용기 등이고, 좀 더 준위가 높은 폐기물은 원자로 냉각재 탈염기에서 나온 폐수지, 공기필터 등이다. 이러한 폐기물들은 보통 드럼에 넣은 후 폐기물 처분장으로 운반하여 묻는다. 액체 저준위 폐기물은 대개 고화시키거나 붕괴될 때까지 간직하거나 희석시켜 환경으로 방출한다.

총 방사능 측면에서, 일반 대형병원은 원자력 발전소보다 더 많은 저준위폐기물이 발생한다. 이 방사능의 대부분은 ^{3}H와 ^{14}C 때문이다. 나머지는 빠르게 붕괴하는 단수명 핵종들로 이루어져 있다. 다행히 의료기관에서 나오는 ^{3}H와 ^{14}C의 총량은 우주선(cosmic ray)에 의해 대기 중에서 생성되는 자연 생성량에 비하면 사소하다(9.7절 참조). 원칙적으로는 최소한 이들 폐기물은 안전하게 소각할 수 있지만, 정치적 이유 때문에 이 절차를 채택하지 않고 있다.

우라늄 채광 및 분쇄 부산물의 주된 문제는, 방사능 기체 라돈(특히 반감기 3.8일의 ^{222}Rn) 방출이 증가한다는 것이다. 이 핵종은 ^{238}U부터 시작하는 긴 붕괴 사슬의 생성물 중 하나인데, ^{226}Ra이 붕괴하여 생기는 딸핵이다. 화학적으로 라돈은 불활성 기체이므로 우라늄이나 라듐을 포함하고 있는 고체 물질 밖으로 쉽게 확산된다. 라돈이 건강상 위험을 주지는 않지만, 반감기가 좀 더 긴 딸핵, 특히 ^{210}Pb($T_{1/2}$ = 19.4년)은 위험하다. 대기 중에서 라돈의 붕괴로 형성된 딸핵들을 흡입하면, 이들 핵종은 기관지 조직에 들러붙는다. 이들 핵종의 연이은 붕괴는 폐암을 유발할 수 있다(이 과정에 대한 설명은 9장 참조). 이들 부산물 처분은, 선호되지만 더 비싼 방법인 지하 매몰 방법으로 하거나, 3 m 이상의 흙으로 덮은 후 침식이 일어나지 않도록 식물을 심는다.

»» 참고문헌

일반

Bodansky, D., *Nuclear Energy Principles, Practices, and Prospects*. Woodbury: AIP Press, 1996.

El-Wakil, M. M., *Nuclear Energy Conversion*, Revised. LaGrange Park: American Nuclear Society, 1982, Chapter 1 and 3–12.

Foster, A. R., and R. L. Wright, Jr., *Basic Nuclear Engineering*, 4th ed. Paramus: Prentice Ha, 1982, Chapter 1.

Glasstone, S., and A. Sesonske, *Nuclear Reactor Engineering*. 4th ed. New York: Chapman & Hall.

Lamarsh, J, R., *Introduction to Nuclear Reactor Theory*. Reading, Mass.: Addison–Wesley Longman, 1966, Chapter 4.

Oldenburg, O., and N.C. Rasmussen, *Modern Physics for Engineers*. New York: McGraw–Hill, 1966, Chapter 1, 2, 12, 14 and 15.

Wills, J. G., *Nuclear Power Plant Technology*, Reprint. Marietta: Technical Books, 1992, Chapter 1–4.

핵연료 농축

Benedict, M., and T. H. Pigford, *Nuclear Chemical Engineering*, 2nd ed. New York: McGraw–Hill, 1981.

Cohen, K., "The Theory of Isotope Seperation," Chpater 6 in National Nuclear Energy Series, div. iii, vol. 1B. New York: McGraw–Hill, 1951.

Villani, S., *Uranium Enrichment*. New York: Springer–Verlag, 1979.

Von Halle, E., R. L. Hoglund, and J. Shacter, "Diffusion Separation Method" in *Encyclopedia of Chemical Technology*, 2nd ed., vol. 7. New York: Interscience, 1965.

AEC Gasoues Diffusion Plant Operations, U.S. Atomic Energy Commision Report ORO−684-1972.

핵연료 자원

Cochran, R. G. and N. Tsoulfandis, *The Nuclear Fuel Cycle: Analysis and Management*. LaGrange Park: American Nuclear Society, 1990.

Nuclear Energy and Its Fuel Cycle: Prospecs to 2025, Paris: OECD, Nuclear Energy Agency, 1982.

Nuclear Fuel Supply, U.S. Atomic Energy Commission Report WASH01242, 1973.

Tsoulfanidis, N., *The Nuclear Fuel Cycle*. Lagrange Park: American Nuclear Society, 2013.

Uranium, 2014 Resources, *Production*, *and Demand*, periodic reports of the OECD, Nuclear Energy Agency, Paris, and the International Atomic Energy Agency, Vienna.

원자로 유형

Almanas, K., A. Kaliatka, and E. Uspuras, *IGNALINA RMBK-1500 - A Source Book*. Lithuanian Energy Institute, 1994.

Freeman, L. B., et al., "Physics Experiments and Lifetime Performance of a Light Water Breeder Reactor." Nucl. Sci. and Eng., 102, 341-364, 1989.

Glasstoen, S., and A. Sesonske, *Nuclear Reactor Engineering*, 4th ed. New York: Chapman & Hall, 1994, Chapter 13 and 15.

Judd, A. M., *Fast Breeder Reactors: An Engineering Introduction*. New York: Pergamon Press Reprint, 1981.

Lahey, R. T., and F. J. Moody, *The Thermal Hydraulics of a Boiling Water Nuclear Reactor*, 2nd ed. LaGrange Park: American Nuclear Society, 1993, Chapter 1.

See also *Nuclear Engineering International* and *Nuclear News* for periodic updates on reactor developments, uranium supply, and enrichment technologies.

»»» 연습문제

1. 반사체가 없는 ^{235}U의 구로부터 핵분열 중성자 중 57.5%가 탈출한다면 이 구의 증배계수는 얼마인가? 이 시스템에서 η의 평균값은 2.31이다.

2. 실험용 열원자로에서 측정한 결과, 핵분열 시 방출되는 매 100개의 중성자에 대해, 감속 중 10개가 탈출하고, 열에너지로 감속된 후 15개가 탈출한다. 감속되는 동안 원자로 내부에서 흡수되는 중성자는 없다. 열에너지에서 흡수되는 중성자들 중 60%가 핵분열 물질에 흡수된다.

(a) 관찰이 이루어진 시점에서 원자로의 증배계수는 얼마인가?

(b) 열중성자 누설이 1/3로 줄어든다면 k값은 어떻게 변하는가?

[주: 원자로 핵연료에 대한 η값과 ν값은 각각 2.07, 2.42이다.]

3. (a) 한 번의 핵분열로 시작된 핵분열 연쇄반응에서 n번째 세대에서 방출되는 에너지가 다음과 같음을 보여라.

$$E_n = k^n E_R$$

여기서 k는 증배계수이고 E_R은 핵분열당 회수 가능한 에너지이다.

(b) n번째 세대를 포함하여 이때까지 방출된 총 에너지가 다음과 같음을 보여라.

$$E_n = \frac{k^{n+1} - 1}{k - 1} E_R$$

4. 총 세대 수가 그다고 할 때, 연쇄반응의 마지막 세대 m에서 비롯된 초임계 연쇄반응의 방출 에너지의 비 F는 다음과 같다는 것을 보여라.

$$F = 1 - k^{-m}$$

5. (a) 핵폭발 에너지의 대부분은 폭발의 마지막 순간에 방출된다. 앞 문제의 결과를 이용해서, 총 폭발 위력이 99%를 방출하는 데 필요한 핵분열 세대수를 계산하라. $k=2$를 이용하라.

(b) 세대 간의 평균 시간이 10^{-8}초라면, 핵폭발 중 에너지 방출이 일어나는 기간은?

6. 펄스 가속기로부터 1×10^9개의 중성자 버스트가 물속에 천연우라늄 봉의 배열로 구성되어 있는 미임계 집합체에 입사되었다. 이 시스템의 증배계수는 0.968이다. 입사 중성자의 약 80%가 우라늄에 흡수된다.

(a) 집합체에서 중성자들은 제1세대 핵분열을 얼마나 일으키는가?

(b) 중성자 버스트에 의해 집합체에서 방출되는 총 핵분열 에너지는 줄(joule) 단위로 얼마인가?

7. 일부 농축된 우라늄을 핵연료로 사용하는 열중성자로에서 핵분열 중성자가 감속되는 동안 핵분열 중성자의 13%가 ^{238}U의 공명에서 흡수되고, 3%는 원자로 외부로 누설된다. 원자로 내에서 감속된 중성자의 5%는 그 뒤에 누설된다. 누설되지 않은 감속 중성자 중 82%는 핵연료에 흡수되고, 이들 중 74%는 ^{235}U에 흡수된다. (a) 원자로의 증배계수는? (b) 변환율은?

8. 천연우라늄을 핵연료로 쓰는 변환로가 출력 250 MWt, 변환율 0.88로 운전 중이다. 이 원자로에서 ^{239}Pu의 생산 속도(kg/year)는 얼마인가?

9. 핵분열당 회수 가능한 에너지를 200 MeV로 가정하고, (a) ^{233}U 또는 ^{239}Pu를 핵연료로 사용하는 열중성자로, (b) ^{239}Pu를 사용하는 고속로에 대해 핵연료 연소도와 소모율을 g/MWd 단위로 계산하라. [주: (b)의 경우 포획-대-핵분열비는 0.065이다.]

10. 설계상의 오류로 인해 ^{232}Th-^{233}U 주기를 사용하여 증식하고자 하는 열원자로가 겨우 0.96의 증식비를 얻었다. 원자로가 열 출력 500 MW로 운전된다면, 1년 동안 ^{232}Th는 얼마나 변환되는가?

11. 고속증식로의 비출력이 ^{239}Pu 1 kg당 0.6 MW라면 지수 배가시간이 10년인 ^{238}U-^{239}Pu 주기로 작동하는 고속증식로에 대해 필요한 증식이득 값은 얼마인가?

12. GWe-year당 일반적인 LMFBR은 노심에서 핵분열성 플루토늄을 558 kg을 생산하고, 789 kg을 소비한다. 반면 블랭킷에서는 핵분열성 플루토늄을 455 kg 생산하고 34 kg 소비한다. 이 원자로의 증식비는 얼마인가? [주: 예상한 것처럼, 노심에서는 플루토늄이 순소비되고 블랭킷에서는 순생산되어 전체적으로는 순 생산량이 양의 값을 갖는다. 세계적으로 플루토늄의 재고량이 위험할 정도로 많아지면 블랭킷의 속성을 조정하여 증식로를 플루토늄을 순소비하도록 만들 수 있다.]

13. 어떤 1,000 MWe 화석연료 발전소가 전체 효율 38%, 평균 가동률 0.70로 운전 중이다.

(a) 발전소가 1년간 소비하는 석탄(1파운드당 13,000 Btu)은 몇 톤인가?

(b) 만약 석탄 운반 차량이 평균 100톤을 나를 수 있다면 하루에 평균 몇 대의 차가 발전소로 석탄을 배달해야 하는가?

(c) 만약 석탄의 1.5%가 황으로 이뤄져 있고, 연소 과정에서 황은 모두 SO_2가 되어 굴뚝으로 올라간다면, 1년 동안 발전소에서 얼마만큼의 SO_2가 생성되는가?

14. 위 문제의 발전소가 0.37%의 황을 포함하고 있으며 1배럴당 650만 Btu의 에너지를 내는 벙커C유를 연료로 사용한다고 했을 때, (a) 1년 동안 발전소에서 소비하는 석유의 양(배럴과 톤)은 얼마인가? (b) 1년 동안 방출되는 SO_2의 양은 얼마인가? [주: 1 U.S. petroleum barrel = 5.61 ft^3 = 42 U.S. gallon; 벙커C유의 농도는 물과 비슷하다.]

15. Exelon의 Robert Emmett Ginna 원자력발전소는 470 megawatt의 출력으로 운전한다. 발전소의 전체 효율은 32.3%이다. 발전소 출력의 60% 정도는 ^{235}U 핵분열에서 생산되고, 나머지는 변환된 플루토늄, 대부분 ^{239}Pu에서 생산된다. 만약 발전소가 1년 동안 완전히 가동된다면, (a) 몇 kg의 ^{235}U와 ^{239}Pu이 핵분열할 것인가? (b) 몇 kg의 ^{235}U와 ^{239}Pu이 소비될 것인가?

16. 동일한 전력을 생산하는 2개의 발전소(하나는 화석연료 발전소, 다른 하나는 원자력 발전소)를 고려하자. 화석연료 발전소의 효율은 $(eff)_f$, 원자력 발전소의 효율은 $(eff)_n$이다.

(a) 두 발전소에 의해 환경으로 손실되는 열의 비가 다음과 같음을 보여라.

$$\frac{Q_{cn}}{Q_{cf}} = \frac{1-(eff)_n}{1-(eff)_f} \times \frac{(eff)_f}{(eff)_n}$$

(b) $(eff)_f = 38\%$이고 $(eff)_n = 33\%$일 때, Q_{cn}/Q_{cf} 값을 구하라.

17. MSBR 발전소는 전체 효율 40%로 1,000 MWe를 생산한다. 원자로의 증식비가 1.06이고, ^{233}U 1 kg당 비출력이 2.5 MWt이다.

(a) 이 원자로에 대한 선형 그리고 지수 배가시간을 계산하라.

(b) ^{233}U의 순 생산율(kg/year)은 얼마인가?

18. 3,000 MW 발전소를 1년간 운전한다. 이 기간 동안 에너지 방출의 결과로 교체되는 핵연료의 질량은 얼마인가?

19. 그림 4.39에 나타난 명목상 LWR 주기를 참조하여 다음을 계산하라.

(a) 핵연료의 비연소도(MWd/t)를 구하라.

(b) 핵연료의 연소비를 구하라.

(c) 신 핵연료의 농축도를 구하라.

(d) 사용후핵연료의 농축도(^{235}U)를 구하라.

(e) ^{235}U와 플루토늄에서 일어나는 핵분열로 발생하는 출력 비율을 각각 구하라.

(f) 이 시스템이 30년간 필요로 하는 우라늄 양을 구하라. 발전소의 총 효율은 33.4%이다.

20. 그림 4.42의 LMFBR의 핵연료주기 데이터가 열효율 36.5%로 운전되는 원자로와 일치한다는 것을 보여라.

21. 그림 4.42의 LMFBR에서, (a) 노심과 블랭킷에 의해 생산되는 출력의 총 출력 대비 비율은 각각 얼마인가? (b) 노심 핵연료의 평균 비연소도는 얼마인가? (c) 원자로의 증식비는 얼마인가?

22. 그림 4.43의 데이터를 이용하여, (a) 신 핵연료의 농축도, (b) 사용후핵연료의 잔여 농축도, (c) ^{235}U의 핵분열로 발생하는 출력의 비율, (d) 핵연료의 연소도를 계산하라. [주: 원자로는 30%의 효율로 작동한다.]

23. ^{240}Pu가 7 w/o 이상 함유된 플루토늄으로는 신뢰성 있는 핵무기를 만들 수 없다. 왜냐하면 이 동위원소는 자발 핵분열률이 커서 핵무기가 사전폭발 즉 피즐(fizzle)이 일어나는 경향이 있기 때문이다. 그림 4.39와 그림 4.41~4.43을 이용하여, 상업용 발전소가 무기급 플루토늄(<7 w/o ^{240}Pu)을 생산할 수 있는지 여부를 판단하라. 모든 비핵분열성 플루토늄은 ^{240}Pu라 가정한다(실제, 이 중 일부는 ^{242}Pu이다).

24. 아래의 가정들에 대해 표 4.8에 주어진 예상 원자력 전기 용량을 가지고 2030년까지의 연간 및 누적 우라늄 수요를 계산하고 그래프로 그려라: (a) 모든 원자로가 재활용 없는 PWR이다. (b) 모든 원자로가 PWR이고 2020년 이후에 재활용을 한다. (c) 2020년까지는 모두 PWR, 그 이후 새로운 원자로의 20%는 LMFBR이다. [주: 단순하게 하기 위해, 기동에 필요한 추가 핵연료는 무시한다. 즉, 연간 우라늄 필요량은 표 4.7에 있는 값을 30으로 나누면 된다.]

25. 핵연료 제조회사가 3 w/o의 우라늄 10,000 kg을 필요로 하고, 원료물질로 천연우라늄(UF_6)을 공급받는다. 부산물이 0.2 w/o일 때, (a) 원료물질은 얼마나 필요한가? (b) 농축 비용은 얼마인가?

26. 위 문제에서 부산물의 농축도를 0.15 w/o로 줄이면, (a) 우라늄 원료물질을 얼마나 절약할 수 있는가? (b) 농축 비용은 얼마나 더 드는가? (c) kg당 비용은 얼마나 절약되는가?

27. 한 고객이 미국 에너지성에 원료물질—천연우라늄 수준보다 약간 높게 농축된(또는 약간 낮게 감손된) 우라늄—을 공급한다고 했을 때, 일정량의 생성물을 얻기 위해 그가 공급해야 하는 천연우라늄 원료물질의 총량은 일부 농축된(또는 감손된) 원료물질을 공급하기 위해 필요한 천연우라늄 물질의 양만큼 감소(또는 증가)한다. 이 고객은 그의 농축된(또는 감손된) 원료물질에 따라 분리작업량에 대한 채권(또는 채무)을 갖는다. 문제 4.25의 핵연료 제조회사가 원료물질로 농축도 1%의 우라늄 10,000 kg을 공급하겠다고 제안한다고 가정하자. 추가로 얼마의 천연우라늄 원료물질이 필요하고, 총 비용은 얼마인가?

28. 고객이 0.6%의 원료물질 10,000 kg을 제공한다고 했을 때 앞의 문제를 풀어라.

29. 문제 4.28에서, 재장전을 위해 정확히 3.2 w/o UO_2 33,000 kg이 필요하다고 가정하자.

(a) 제조과정에서 1%의 손실을 가정한다면 얼마만큼의 UF_6를 농축시설로 보내야 하는가?

(b) 0.5%의 변환 손실을 가정하면 UF_6로 변환하는 네 얼마만큼의 우라늄 정광(yellow cake)이 필요한가?

30. 연구용 원자로의 20 w/o 핵연료를 농축하여 핵무기용 90 w/o 우라늄 25 kg을 생산한다고 하자. (a) 신 핵연료는 얼마나 필요한가? (b) 필요한 총 SWU를 계산하라. (c) 천연우라늄에서 20 w/o 핵연료를 생산하는 데 필요한 SWU/kg과 20 w/o 핵연료에서 90 w/o 핵물질을 생산하는 데 필요한 SWU/kg을 비교하라. [주: 부산물 농축도는 0.2 w/o이다.]

31. (a) 어떤 분리작업량을 필요로 하는 지정 농축도로 생산되는 부산물의 질량에 대한 식을 유도하라. (b) 천연우라늄을 3 w/o로 농축할 때, 소비되는 SWU당 0.2 w/o의

부산물 약 1 kg이 생성됨을 보여라. (c) 1981년 전 세계에서 운전 중인 총 농축 용량이 28.4×10^6 SWU/yr이었다. 모든 용량이 3 w/o 핵연료를 생산하는 데 이용된다고 가정할 때 감손우라늄이 생산되는 속도는 얼마인가?

32. 1980년, 미국은 기체확산 시설의 저장고에 약 300,000톤의 감손우라늄을 갖고 있었다. 1980년의 총 전기 용량 600 GWe를 이 우라늄으로 채워진 LMFBR로 공급한다고 하면, 1980년의 감손우라늄 재고량은 얼마 동안 유지될 수 있을까? 그림 4.42의 LMFBR 데이터를 사용하라.

33. 그림 4.39에 기술된 명목상 1,000 MWe LWR을 유지하기 위해 연간 약 116,000 SWU의 분리작업량이 필요함을 보여라.

34. 농축 컨소시엄 EURODIF는 프랑스에 10.8 million SWU/yr 용량의 기체확산 시설을 운영한다. 위 문제의 결과를 이용하면, 이 회사는 얼마만큼의 LWR 용량을 지원할 수 있는가?

35. 포함된 ^{235}U의 단위질량당 농축우라늄의 상대 비용(SWU 단위)을 93 w/o까지 농축도의 함수로서 계산하고 그래프를 그려라. 이를 그림 4.47과 비교하라.

36. 표 4.8에 제시된 미래의 원자력 발전 용량 예측에 근거하여, 대부분의 용량이 LWR로 이뤄질 때 현재 U.S. SWU 가격을 바탕으로 2030년 예상되는 동위원소 농축은 얼마나 큰 산업(연간 달러 규모)이 될까?

37. 기체확산에 의한 농축의 원리는 다음 방식과 같다. 그림 4.50에서 보는 것처럼, 총 면적이 S인 다공성의 장벽으로 A와 B, 2개의 체적으로 나눈 챔버(확산기)를 고려하자. 체적 A에는 각각 원자 밀도가 N_{10}, N_{20}, 질량이 M_1과 M_2인 2개의 동위원소가 있다. 체적 B는 압력이 낮아서 F m^3/sec의 유량률로 펌핑이 된다. 역학 이론에 따르면, m^2/sec당 용기의 벽을 때리는 기체 원자나 분자의 수는 다음과 같고

$$J = \frac{1}{4}N\bar{v}$$

여기서 N은 원자 밀도이고, $\bar{v}$는 다음 식으로 주어지는 평균 속도다.

$$\bar{v} = 2\sqrt{\frac{2kT}{\pi M}}$$

여기서 M은 원자질량이고, T는 절대온도이다. (a) 평형 상태의 B에서 원자 농도는

$$\frac{N}{V_B} = (J_1 + J_2)\frac{S}{F}$$

임을 보여라. 여기서 J_1, J_2는 두 개의 동위원소 종을 가리킨다. (b) B에서 평형 농도비는 다음과 같이 주어짐을 보여라.

$$\frac{N_1}{N_2} = \frac{N_{10}}{N_{20}}\sqrt{\frac{M_2}{M_1}}$$

38. 앞의 문제로부터 유도된 다음 양을 *이상분리계수(ideal separation factor)* α_o라고 부른다.

$$\frac{N_1/N_{10}}{N_2/N_{20}} = \sqrt{\frac{M_2}{M_1}}$$

$^{235}UF_6$과 $^{238}UF_6$으로 이뤄진 가스에 대해 α_o값을 계산하라. (α_o값이 작다는 것은 우라늄을 농축하기 위해 더 많은 단계를 사용해야 한다는 것을 의미한다.)

39. LIS를 이용하여, 확산 시설의 부산물을 0.2 w/o에서 0.3 w/o로 농축할 수 있다면 (잔여 부산물은 0.08 w/o), 3 w/o 핵연료에 대한 천연우라늄의 활용률이 18% 증가함을 증명하라.

40. 그림 4.52에 나타난 0.1 Å의 동위원소 이동에 대응하는 에너지는 몇 eV인가?

41. (a) T일 동안 B MWd/kg 연소도까지 조사된 핵연료의 비방사능이, 원자로로부터 제거 t일 후에 다음과 같음을 보여라.

$$\alpha = 1.4 \times 10^6 \frac{B}{T}[t^{-0.2} - (t+T)^{-0.2}]\mathrm{Ci/kg}$$

(b) 3년간 비연소도 33 MWd/kg까지 조사된 핵연료의 비방사능을 원자로에서 핵연료를 제거한 지 1일 후부터 1년까지 기간 동안에 대해 계산하고, 그래프로 그려라.

42. ^{90}Sr과 ^{137}Cs의 핵분열 수율(yield)은 각각 0.0593이다. 33 MWd/kg까지 조사된 핵연료에 있는 이들 핵종과 ^{90}Y에 의한 비방사능을 핵연료를 제거한 시점부터 1,000년까지의 기간에 대해 계산하라.

43. 반감기가 5,730년인 탄소-14는 LWR에서 (핵연료와 냉각재에 있는) 질소 불순물과의 (n, p)반응과 ^{17}O와의 (n, α)반응을 통해 생성된다. 약 60~70 Ci/GWe-year의 ^{14}C가 이와 같은 방식으로 발생된다.

(a) 0.70의 가동률로 운전되는 1,000 MWe 원자로에서 매년 방출되는 핵연료 내 ^{14}C의 총 방사능은 얼마인가? 매년 노심의 1/3이 방출된다고 가정한다.

(b) 표 4.8의 예측값이 맞고, 모든 원자로가 LWR이라면, 전 세계의 노심에 의해 2020년까지 연간 생성되는 ^{14}C의 양은 얼마인가?

중성자 확산 및 감속

Neutron Diffusion and Moderation

5.1 중성자속
5.2 픽의 법칙
5.3 연속방정식
5.4 확산방정식
5.5 경계조건
5.6 확산방정식의 해
5.7 확산거리
5.8 군확산 방법
5.9 열중성자 확산
5.10 중성자 감속에 대한 이군 계산

원자로를 적절하게 설계하기 위해서는 중성자가 원자로 내에서 어떻게 분포될 것인지를 예측할 필요가 있다. 중성자 분포에 대한 지식의 중요성을 다음 절의 예제에서 보여 줄 것이다. 유감스럽게도 중성자 분포를 밝히는 것은 일반적으로 매우 어려운 문제다. 원자로 속의 중성자들은 반복되는 핵반응으로 인해 복잡한 경로를 따라 이동한다. 첫 번째 근사로서, 이들 충돌의 전반적 효과는 한 기체가 다른 매질 속에서 확산되는 것처럼 중성자들이 원자로 매질에서 일종의 확산을 겪는다는 것이다. 중성자 분포에 대한 근삿값은 확산 방정식—기본적으로 분자 이동과 같이 다른 공학 분야에서 확산현상을 설명하기 위해 사용하는 동일한 방정식을 풀어 구할 수 있다. 때때로 *확산 근사*(*diffusion approximation*)라 불리는 이러한 해석방법은 대부분의 초기 원자로를 설계할 때 사용하였다. 지금은 더 정교한 방법들이 개발되었지만, 확산근사법은 원자로 물성치에 대한 최초 추정치를 제공함으로써, 여전히 더 복잡하고 널리 사용되는 방법들의 근거가 되고 있다.

»» 5.1 중성자속

3.4절에서 보았듯이, 단일 에너지의 중성자에 대해 반응률 F는 다음과 같이 거시적 단면적 Σ_i와 중성자속 ϕ의 곱으로 구할 수 있다.

$$F = \Sigma_t \phi$$

또는

$$F = \Sigma_t n v \tag{5.1}$$

이들 결과를 에너지 분포를 갖는 중성자까지 포함할 수 있도록 쉽게 확장할 수 있다. $n(E)$을 단위에너지당 중성자 밀도라고 하자. 즉, $n(E)dE$는 cm^3당 E와 $E+dE$ 사이의 에너지를 가지는 중성자의 개수이다. 식 (5.1)로부터, 본질적으로 단일 에너지인 이들 중성자에 대한 반응률은 다음과 같다.

$$dF = \Sigma(E) \times n(E)dE \times v(E) \tag{5.2}$$

여기에서 모든 변수의 에너지 의존성이 분명하게 표현되었다. 그러면 총 반응률은 적분을 통해 구할 수 있다.

$$F = \int_0^\infty \Sigma_t(E)n(E)v(E)dE = \int_0^\infty \Sigma_t(E)\phi(E)dE \tag{5.3}$$

여기서

$$\phi(E) = n(E)v(E) \tag{5.4}$$

를 *에너지 종속 중성자속*(*energy-dependent flux*) 또는 *단위에너지당 중성자속*(*flux per unit energy*)이라 부른다. 식 (5.3)에서 적분의 상한과 하한을 각각 0과 ∞로 정했는데, 이는 적분을 모든 중성자 에너지에 대해 수행한다는 것을 나타내기 위해서다.

식 (5.3)은 총 반응률을 구하는 식이다. 유사한 표현으로 특정 반응에 대한 반응률도 표현할 수 있다. 따라서 cm^3/sec당 산란 충돌이 수는 다음과 같다.

$$F_s = \int_0^\infty \Sigma_s(E)\phi(E)dE \tag{5.5}$$

또한 cm^3/sec당 흡수되는 중성자의 수는 다음과 같다.

$$F_a = \int_0^\infty \Sigma_a(E)\phi(E)dE \tag{5.6}$$

다른 반응들도 위와 같이 표현이 가능하다.

다음 몇 개의 절에서는 중성자가 단일 에너지라고 가정한다. 단일 에너지가 아닌 중성자의 확산은 5.8절에서 고려하기로 한다.

5.2 픽의 법칙

확산 이론은 원래 화학적 확산을 설명하기 위해 사용하던 픽의 법칙(Fick's law)에 바탕을 두고 있다. 일찍이 화학에서 용액 내 한 영역에서의 용질의 농도가 다른 영역보다 더 크면, 용질은 농도가 큰 영역에서 낮은 영역으로 확산한다는 것이 입증되었다. 게다가 용질의 유량률은 용질의 농도 구배(gradient)의 음의 값에 비례한다는 것도 알려졌다. 이것이 픽의 법칙의 원래 내용이다.

좋은 근사법으로서, 원자로 내의 중성자는 용액 내의 용질과 동일한 방식으로 거동한다고 본다. 만약 원자로의 한 영역에서의 중성자 밀도(또는 중성자속)가 다른 영역보다 높다면 중성자 밀도가 작은 영역으로 중성자의 순 흐름이 생길 것이다. 예를 들어, 중성자속[1]이 그림 5.1에서 보듯이 x축에 따라 변한다고 가정하자. 그렇다면 픽의 법칙을 다음과 같이 쓸 수 있다.

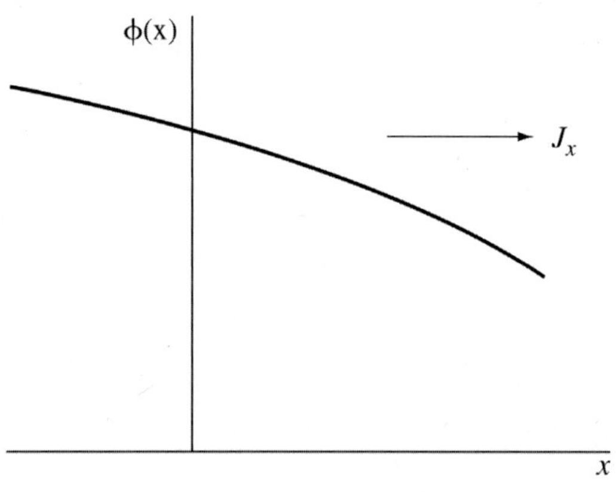

그림 5.1 중성자속과 중성자류

$$J_x = -D\frac{d\phi}{dx} \tag{5.7}$$

위 식에서 J_x는 x축에 수직인 단위면적을 통과하는 단위시간당 중성자의 순 개수와 같다. J_x는 중성자속과 같은 단위, 즉 neutron/cm^2-sec를 갖는다. 식 (5.7)에서 변수 D는 *확산계수*(*diffusion coefficient*)이며 단위는 cm이다.

식 (5.7)은 그림 5.1에서처럼 음의 중성자속 구배가 있다면 x축의 양의 방향을 따라 중성자의 순 흐름이 존재한다는 것을 보여 준다. 이러한 흐름의 기원을 이해하기 위해 $x = 0$에 있는 평면을 통과하는 중성자들을 생각해 보자. 이들 중성자는 평면의 왼쪽에서

---

1 보통 원자력공학에서는 중성자 밀도보다는 중성자 밀도에 비례하는 중성자속을 가지고 계산한다.

의 충돌의 결과로 평면의 왼쪽에서 오른쪽으로 통과한다. 반대로 평면의 오른쪽에서의 충돌의 결과로 오른쪽에서 왼쪽으로 중성자들이 통과한다. 그러나 중성자의 농도와 중성자속이 음의 x값에 대해 더 크기 때문에 평면의 오른쪽보다는 왼쪽에서 cm^3/sec당 더 많은 충돌이 발생한다. 따라서 더 많은 중성자가 왼쪽에서 오른쪽으로 산란이 되어, 그 결과로 식 (5.7)에서 예측한 것과 같이 x축의 양의 방향으로 평면을 통과하는 중성자의 순 흐름이 생긴다. 중성자속이 큰 영역에서 작은 영역 쪽으로 중성자를 민다고 중성자가 그 방향으로 흐르지 않는다는 것을 정확히 인식하는 것이 중요하다. 간단하게 다른 방향보다 한 방향으로 더 많은 중성자가 산란되거나 이동하는 것이다.

일반적으로 중성자속은 3차원 공간 변수의 함수이고, 이 경우 픽의 법칙은 다음과 같다.

$$\mathbf{J} = -D\,\mathrm{grad}\,\phi = -D\nabla\phi \tag{5.8}$$

여기에서 J는 *중성자류 밀도벡터*(*neutron current density vector*) 또는 간단히 *중성자류*(*neutron current*)라 알려져 있는 값이며, grad =∇는 구배 연산자이다. 확산계수 D는 공간 변수[2]의 함수가 아니라고 가정한다. 벡터 J의 물리적 중요성은 J를 x축의 단위벡터 $\mathbf{a}_x$와의 내적을 구해 봄으로써 확인할 수 있다. 즉 J의 x성분, J_x를 다음과 같이 구할 수 있다.

$$\mathbf{J}\cdot\mathbf{a}_x = J_x$$

앞서 살펴보았듯이 이 식은 x축에 수직인 단위면적, 단위시간당 중성자의 순 흐름과 같다. 만약 n 을 임의의 방향에서의 단위벡터라 한다면 다음의 식이 성립한다.

$$\mathbf{J}\cdot\mathbf{n} = J_n \tag{5.9}$$

이 식은 n의 방향에 수직인 단위면적, 단위시간당 중성자의 순 흐름이다.

2 벡터와 벡터 연산자는 부록 III에서 설명한다.

예제 5.1

5.6절에서, 무한 감속재에서 단위시간당 S개의 중성자를 방출하는 점 선원으로부터 거리 r만큼 떨어진 곳에서의 중성자속은 다음 공식에 의해 주어진다는 것을 보여 줄 것이다.

$$\phi(r) = \frac{Se^{-r/L}}{4\pi Dr}$$

여기서 L은 상수이다. (a) 매질 내에서의 중성자류, 그리고 (b) 선원을 둘러싼 반지름 r의 구를 통과해 밖으로 빠져나가는 중성자의 순 개수에 대한 식을 구하라.

풀이

1. 이 문제의 기하학적 구조 때문에 중성자류 밀도벡터는 분명히 원주 방향 밖으로 향할 것이다. 부록 III으로부터, 구 좌표계에서 구배의 r성분, ∇_r은 다음과 같다.

$$\nabla_r = \mathbf{a}_r \frac{d}{dr}$$

여기서 $\mathbf{a}_r$은 단위반경벡터이다. 그러면 픽의 법칙, 식 (5.8)로부터,

$$\mathbf{J}(r) = -D\mathbf{a}_r \frac{d}{dr}\left(\frac{Se^{-r/L}}{4\pi Dr}\right) = \mathbf{a}_r \frac{S}{4\pi}\left(\frac{1}{r^2} + \frac{1}{rL}\right)e^{-r/L}$$

2. $\mathbf{J}$는 어디에서든 구의 표면에 대해 수직이기 때문에, 구의 단위면적당 통과하는 중성자의 순 개수는 $\mathbf{J}$의 크기와 같다. 즉 $\mathbf{J} \cdot \mathbf{a}_r = J$이다. 그러면 구의 전체 표면적 $4\pi r^2$을 지나가는 순 흐름은 다음과 같다.

$$4\pi r^2 J(r) = S\left(1 + \frac{r}{L}\right)e^{-r/L}$$

식 (5.7)과 (5.8)로 되돌아가, J_x와 $\mathbf{J}$가 ϕ와 동일한 단위를 가지고, D는 길이의 단위를 갖는다는 것을 주목하자.[3] 너무 길어 여기에서는 재론할 수 없지만, 여러 논거[4]에 의해 D는 다음 공식과 같이 *근사*된다.

---

3 화학과 화학공학에서 픽의 법칙은 속보다는 농도의 단위로 쓴다. 이 경우의 확산계수의 단위는 cm^2/sec가 된다.

4 Glasstone 등이 쓴 참고문헌 중 첫 두 권을 특히 참조하라.

$$D = \frac{\lambda_{\text{tr}}}{3} \tag{5.10}$$

여기에서 λ_{tr}은 *수송 평균 자유행정*(*transport mean free path*)이며, 다음과 같이 구할 수 있다.

$$\lambda_{\text{tr}} = \frac{1}{\Sigma_{\text{tr}}} = \frac{1}{\Sigma_s(1-\bar{\mu})} \tag{5.11}$$

위 식에서 Σ_{tr}은 *거시적 수송 단면적*(*macroscopic transport cross-section*)이다. Σ_s는 매질의 거시적 산란 단면적이고, $\bar{\mu}$는 매질 내에서 중성자가 산란되는 각도의 코사인 값에 대한 평균이다. 원자로 계산에서 관심 있게 다루는 대부분의 중성자 에너지 영역에서 $\bar{\mu}$의 값은 다음과 같은 간단한 공식으로 계산할 수 있다.

$$\bar{\mu} = \frac{2}{3A} \tag{5.12}$$

예제 5.2

1 eV에서 탄소의 산란 단면적은 4.8 b이다. 이 에너지에서 흑연의 확산계수를 구하라.

풀이

식 (5.12)에 $A = 12$를 대입하면, $\bar{\mu} = \frac{2}{36} = 0.555$가 된다. 표 II.3으로부터 흑연의 원자 밀도는 0.08023×10^{24}임을 알 수 있다. 이들 값을 식 (5.11)과 (5.12)에 대입하면,

$$D = \frac{1}{3\Sigma_s(1-\bar{\mu})} = \frac{1}{3 \times 0.08023 \times 4.8(1-0.055)}$$
$$= 0.916 \text{ cm}$$

강조할 점은, 픽의 법칙은 정확한 관계식이 아니라는 것이다. 오히려 픽의 법칙은 다음의 조건에서는 유효하지 않은 근사식이다.

1. 중성자를 강하게 흡수하는 매질 내
2. 중성자원 또는 매질의 표면으로부터 평균 자유행정의 3배에 해당하는 거리 이내인 곳
3. 중성자의 산란이 매우 비대칭적일 때

어느 정도 이들 제한 사항은 모든 실제 원자로 문제에 존재한다. 그렇지만 앞서 설명한 바와 같이 픽의 법칙과 확산 이론은 원자로의 특성을 예측하기 위해 자주 사용된다. 중성자 선원 근처나 경계면 그리고 강력한 흡수 매질에 대해서는 고차 방법론을 사용한다.

»» 5.3 연속방정식

중성자를 포함하고 있는 매질 내 임의의 체적 V를 생각해 보자. 시간이 지나면서, V의 안쪽으로 또는 바깥쪽으로 중성자의 순 흐름이 있거나, V 내에서 중성자의 일부가 흡수되거나, 또는 V 내에서 중성자를 방출하는 선원이 있다면 체적 V 내의 중성자 수가 변할 것이다. *연속방정식*(*equation of continuity*)은 중성자는 뚜렷한 이유 없이 사라지지 않기 때문에[5] V 내에 있는 중성자 수의 시간에 따른 변화율은 이들 과정을 가지고 설명해야만 한다는 분명한 사실의 수학적 표현이다. 결론적으로 다음이 성립한다.

[V 내 중성자 수의 변화율] = [V 내의 중성자 생성률]
−[V 내의 중성자 흡수율]−[V로부터의 중성자 누설률] (5.13)

위 식의 각 항을 차례로 생각해 보자.

n을 V 내의 한 지점 및 시간에서의 중성자 밀도라 하자. 그렇다면 V 내의 총 중성자 수는 다음과 같다.

$$\int_V n\,dV$$

여기서 적분 기호 밑의 아래첨자는 체적 V 전체에 걸쳐 적분이 되어야 한다는 것을 가리킨다. 중성자 수의 변화율은 다음과 같다.

$$\frac{d}{dt}\int_V n\,dV$$

5 물론 베타붕괴를 하면 중성자가 사라진다. 그러나 이 과정은 상대적으로 반감기가 길어서 고려할 필요가 없다.

이 식은 다음과 같이 쓸 수도 있다.

$$\int_V \frac{\partial n}{\partial t} dV$$

시간 도함수를 적분 기호 안으로 이동할 때, n이 공간뿐만 아니라 시간의 함수일 수 있으므로, 편도함수 기호로 바꿀 필요가 있다.

다음으로 s를 V 내 단위체적(cm^3)당 선원으로부터의 중성자 방출률이라 하자. 그렇다면 체적 V에 대한 중성자 생성률은 다음과 같이 주어진다.

$$\text{생성률} = \int_V s\,dV$$

cm^3/sec당 흡수에 의한 중성자 손실률은 $\Sigma_a\phi$와 같다. 여기서 Σ_a는 거시적 흡수 단면적(위치의 함수일 수 있다)이고, ϕ는 중성자속이다. 체적 V에 걸쳐 흡수로 인한 단위시간당 중성자의 총 손실은 다음과 같다.

$$\text{흡수율} = \int_V \Sigma_a\phi\,dV$$

이제 V의 안쪽 또는 바깥쪽으로의 중성자 흐름을 생각해 보자. 만약 $\mathbf{J}$가 V의 표면에서의 중성자류 밀도벡터이고 $\mathbf{n}$이 표면에서 바깥으로 향하는 단위법선벡터라고 하면, 앞 절의 결과에 따라,

$$\mathbf{J}\cdot\mathbf{n}$$

은 cm^2/sec당 표면을 통과하여 밖으로 빠져나가는 순 중성자 수이다. 그 체적의 표면 A를 통한 중성자의 총 누설률(양 또는 음의 값을 가질 수 있다)은

$$\text{누설률} = \int_A \mathbf{J}\cdot\mathbf{n}\,dA$$

발산 정리(divergence theorem)를 사용하여 면 적분을 체적 적분으로 변환할 수 있다(부록 III 참조). 따라서

$$\int_A \mathbf{J}\cdot\mathbf{n}\,dA = \int_V \text{div }\mathbf{J}\,dV$$

그리고

$$\text{누설률} = \int_V \text{div }\mathbf{J}\,dV$$

앞의 결과들을 식 (5.13)에 대입하면 다음과 같은 연속방정식을 구할 수 있다.

$$\int_V \frac{\partial n}{\partial t}dV = \int_V s\,dV - \int_V \Sigma_a \phi\,dV - \int_V \text{div }\mathbf{J}\,dV$$

위 식의 모든 적분을 동일한 체적에 대해 수행해야 하므로, 피적분함수들도 같아야 한다. 이 식은 임의의 체적에 대해서도 성립해야 한다. 따라서 우변의 피적분함수들의 합은 좌변의 피적분함수와 같아야 한다. 즉,

$$\frac{\partial n}{\partial t} = s - \Sigma_a \phi - \text{div }\mathbf{J} \tag{5.14}$$

식 (5.14)는 연속방정식의 일반식이다. 만약 중성자 밀도가 시간의 함수가 아니라면, 이 방정식은 다음과 같이 된다.

$$\text{div }\mathbf{J} + \Sigma_a \phi - s = 0 \tag{5.15}$$

이 식이 *정상상태 연속방정식*(*steady-state equation of continuity*)으로 알려진 식이다.

»» 5.4 확산방정식

유감스럽게도 연속방정식은 두 개의 미지수, 중성자 밀도 n과 중성자류 밀도벡터 J를 포함하고 있다. 두 개 중 하나를 제거하기 위해서는 이들 사이의 관계식이 필요하다. 이 관계식은 중성자류와 중성자속이 픽의 법칙, 즉 식 (5.8)에 의해 관계되어 있다는 가정에 바탕을 두고 있다. 픽의 법칙을 연속방정식(식 5.14)에 대입하면 중성자 확산 방정식을 얻을 수 있다. D가 위치에 대한 함수가 아니라고 가정하면,

$$D\nabla^2\phi - \Sigma_a\phi + s = \frac{\partial n}{\partial t} \tag{5.16}$$

여기서 기호 ∇^2 = div grad는 *라플라시안*(*Laplacian*)이라 부른다. 다양한 좌표계에서 라플라시안은 부록 III에 나와 있다. $\phi = nv$이므로, 식 (5.16)은 다음과 같이 다시 쓸 수 있다. 여기서 v는 중성자 속력이다.

$$D\nabla^2\phi - \Sigma_a\phi + s = \frac{1}{v}\frac{\partial \phi}{\partial t} \tag{5.17}$$

이 장의 남은 부분에서는 시간독립적(time-independent) 문제들만 고려한다. 이 경우, 식 (5.17)은 다음과 같이 된다.

$$D\nabla^2\phi - \Sigma_a\phi + s = 0 \tag{5.18}$$

이것이 *정상상태 확산방정식*(*steady-state diffusion equation*)이다.

식 (5.18)을 D로 나누는 것이 편할 때가 있는데, 이렇게 하면

$$\nabla^2\phi - \frac{1}{L^2}\phi = \frac{-s}{D} \tag{5.19}$$

여기서 변수 L^2는 다음과 같이 정의된다.

$$L^2 = \frac{D}{\Sigma_a} \tag{5.20}$$

L이 원자력공학 문제에서 자주 등장하는데, *확산거리*(*diffusion length*)라 부르고, L^2는 *확산면적*(*diffusion area*)이라 부른다. D와 Σ_a의 단위는 각각 cm와 cm^{-1}이기 때문에, 식 (5.20)으로부터 L^2는 cm^2, L은 cm의 단위를 갖는다는 것을 알 수 있다. L과 L^2의 물리적인 해석은 이 장의 뒷부분에서 하기로 한다.

»» 5.5 경계조건

중성자속은 확산방정식을 풀어서 얻을 수 있다. 확산방정식이 편미분방정식이기 때문에, 해가 만족해야 하는 어떤 경계조건을 명시하는 것이 필요하다. 경계조건들 중 일부는 물리적으로 타당한 중성자속에 대한 분명한 조건으로부터 구할 수 있다. 예를 들어 음 또는 허수의 중성자속은 아무 의미가 없기 때문에, ϕ는 실수이며 음이 아닌 함수여야만 한다. 또한 중성자속은 선원 분포 중 인위적인 특이점을 제외하고는 유한한 값을 가져야 한다.

다수의 문제에서 중성자들은 외부 표면, 즉 매질과 대기 사이의 표면을 가진 매질 내에서 확산한다. 5.2절에서 픽의 법칙은 그러한 표면 바로 옆에서는 유효하지 않다고 설명한 바 있다. 그러므로 확산방정식도 그곳에서는 유효하지 않다. 그러나 더 고차원의 방법들은 확산방정식으로부터 계산된 중성자속이 표면에서 짧게 떨어진 거리 d에서 사라진다고 가정하면, 확산방정식으로부터 구해진 중성자속이 매질 내부의 실제 중성자속과 거의 일치한다는 것을 보여 주고 있다. 중성자가 표면에서 짧게 떨어진 거리 d에서 사라진다는 가정은 분명히 물리적인 것은 아니다. 하지만 이것은 매질 내부의 중성자속을 정확도 높게 예측할 수 있는 편리한 수학적 가정이다. 이에 대한 설명을 그림 5.2에 예시하였다.

변수 d는 *외삽 거리*(*extrapolation distance*)로 알려져 있으며, 대부분의 관심 있는 경우에 대해 다음과 같은 간단한 공식으로 주어진다.

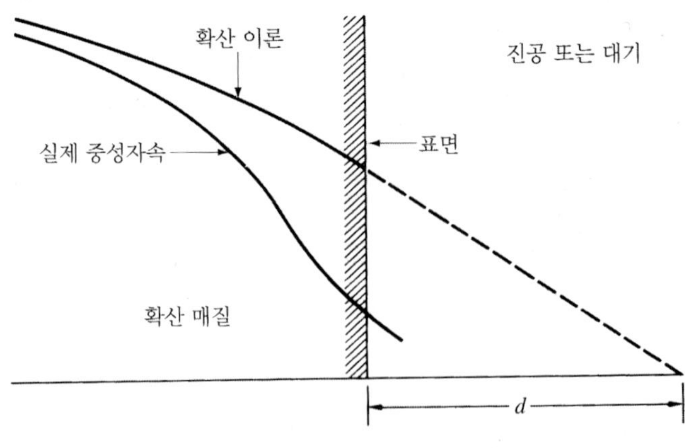

그림 5.2 표면에서의 외삽 거리

$$d = 0.71\lambda_{\rm tr} \tag{5.21}$$

여기서 $\lambda_{\rm tr}$은 매질의 수송 평균 자유행정이다. 식 (5.10)으로부터,

$$\lambda_{\rm tr} = 3D$$

따라서 d는 다음과 같이 된다.

$$d = 2.13D \tag{5.22}$$

기체가 아닌 물질에 대한 D의 측정값(측정값의 일부가 5.9절에 있다)은 대개 1 cm 이하이고 그것보다 훨씬 작을 때도 있다. 따라서 식 (5.22)로부터 d는 보통 대부분의 원자로의 크기에 비해 작다는 것을 알 수 있다. 그러므로 확산방정식을 풀 때, 가끔 원자로의 실제 표면에서 중성자속이 사라진다고 가정해도 무방하나.

d를 무시할 수 없는 경우, 그 문제에 대한 수학적 경계를 세워야 한다. 이 경계를 *외삽 경계*(*extrapolated boundary*)라 부른다. 이 경계는 실제의 물리적 경계로부터 거리 d만큼 떨어져 있다. 이 경계조건을 *진공 경계조건*(*vacuum boundary condition*)이라 부른다. 이 경계조건은 일반적으로 밀도가 낮은 매질의 문제 또는 관심 영역으로 재입장하는 중성자가 거의 없는 문제의 가장자리 영역에 부과된다. 또한 전형적인 경우가 원자로용기 외부에 공기로 채워진 환형 공간이다. 이러한 경우, 해당 문제의 크기가 d만큼 증가한다. 만약 그림 5.2에서 확산 매질의 중심으로부터 떨어진 거리가 a라면, 외삽경계까지의 거리는 $a+d$이고, 새로운 변수 $\tilde{a}$을 다음과 같이 정의할 수 있다.

$$\tilde{a} = a + d$$

$\tilde{a}$의 경계에서 중성자가 사라진다고 가정한다.[6]

또한 두 개의 다른 확산 매질, 예를 들면 원자로 노심과 반사체 사이의 경계에서 경계조건을 명시하는 것이 필요하다. 중성자는 방해 없이 경계를 넘기 때문에, 중성자속과 표

---

6 중성자가 사라진다는 가정은 전적으로 수학적 편의성 때문인 것임을 명심해야 한다. 중성자속은 경계를 벗어나서도 0이 아니며, 그 영역의 기하학적 구조 및 물질의 특성에 따라 변한다.

면에 수직인 중성자류의 성분은 그 경계에서 연속이어야 한다. 따라서 두 영역 A와 B 사이의 경계에서 다음의 관계식을 만족해야 한다.

$$\phi_{\mathrm{A}} = \phi_{\mathrm{B}} \tag{5.23}$$

$$(J_{\mathrm{A}})_n = (J_{\mathrm{B}})_n \tag{5.24}$$

여기서 ϕ_{A}와 ϕ_{B}는 경계에서 평가한 영역 A와 B의 중성자속이고, $(J_{\mathrm{A}})_n$와 $(J_{\mathrm{B}})_n$는 그 경계에서 평가한 중성자류의 수직 성분이다. 식 (5.23)과 (5.24)를 종종 *공유영역 경계조건*(*interface boundary condition*)이라 부른다.

5.6 확산방정식의 해

앞의 경계조건을 조건으로 하는 확산방정식을 푸는 방법을 설명하기 위해 몇 가지 간단한 문제를 살펴보자. 이들 방법은 제6장에서 원자로 특성 계산에 적용한다.

무한 평면 선원(infinite planar source)

우선 무한한 확산 매질 내에서 cm^2/sec당 S개의 중성자를 방출하는 무한한 평면 선원을 생각하자. 그림 5.3을 보면, y축 또는 z축 방향으로 중성자속을 변화시킬 수 있는 요인이 없다는 것을 쉽게 알 수 있다. 이러한 경우 중성자속은 단지 x, 즉 평면으로부터 떨어진 거리의 함수이다. 더 살펴보면, 이 문제는 $x = 0$에서 평면이 대칭이라는 것을 알 수 있다.

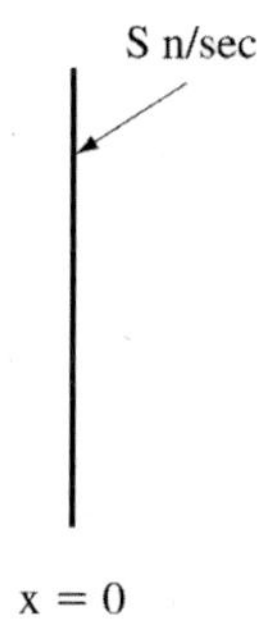

그림 5.3 $x = 0$인 지점에서의 평면 선원

그러므로 해를 $x > 0$와 $x < 0$인 두 가지 경우에 대한 해로 나눌 수 있다. $x = 0$을 제외하고는 중성자 선원이 없으므로, $x \neq 0$에 대한 확산방정식(식 5.19)은 다음과 같이 된다.

$$\frac{d^2\phi}{dx^2} - \frac{1}{L^2}\phi = 0, \quad x \neq 0 \tag{5.25}$$

대칭성 때문에, 평면의 반쪽에 대해서만 방정식을 풀면 된다. 그런 다음 적절한 변환을 통해 다른 한쪽에 대한 해를 구하면 된다. 앞서 논의한 바대로, 이차 미분방정식은 2개의 경계조건이 필요하다.

경계조건은 모든 영역에서 중성자속은 유한하며 양의 값을 가져야 한다는 것을 상기하여 결정할 수 있다. 이 문제에 대해, x가 양 또는 음의 무한대로 갈지라도 중성자속은 유한해야 한다. 여기에서는 이 경계조건을 사용한다.

식 (5.25)의 일반해는 다음과 같다.

$$\phi = Ae^{-x/L} + Ce^{x/L} \tag{5.26}$$

여기에서 A와 C는 경계조건에 의해 결정되는 상수[7]이다. 잠시만 x가 양의 값만을 갖는 오른쪽 영역만을 생각하자. 식 (5.26)의 두 번째 항이 x가 증가할수록 무제한으로 증가하기 때문에 C는 반드시 0이어야 한다. 따라서 식 (5.26)은 다음과 같이 된다.

$$\phi = Ae^{-x/L} \tag{5.27}$$

식 (5.27)에서 상수 A는 다음과 같은 방법으로 구할 수 있다. 표면적이 1이고 두께가 $2x$인 작은 원통이 그림 5.4와 같이 선원 평면에 있다고 가정하자. 그 작은 원통의 측면을 통과하여 평면 선원과 평행하게 진행하는 중성자의 순 흐름은 없다. 왜냐하면 선원의 평면과 매질은 이 방향으로 무한하기 때문이다. 그러므로 x방향에 대해 대칭이라는 관점에서 원통 밖으로 나가는 순 흐름은 간단히 $2J(x)$이다. 이때 $J(x)$는 위치 x에서 원통의 표면에서의 중성자류 밀도이다. x를 0으로 극한을 취하면, 원통의 밖으로 나가는 순 흐름은 평면 선원의 밀도 S에 접근해야 한다. 즉, 다음이 성립한다.

---

7 기호 B는 원자력공학에서 특별한 의미를 가지기 때문에 상수를 나타낼 때 사용하지 않는다.

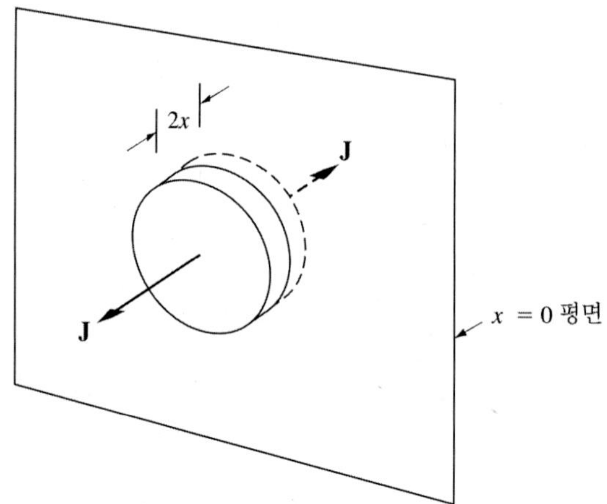

그림 5.4 $x = 0$ 평면에서의 원통

$$\lim_{x \to 0} J(x) = \frac{S}{2} \tag{5.28}$$

이 관계식은 *선원 조건*(*source condition*)으로 알려져 있으며, 다른 상황에 대해서도 유용하다.[8]

픽의 법칙으로부터,

$$\mathrm{J} = -D\frac{d\phi}{dx} = \frac{DA}{L}e^{-x/L}$$

이 식을 식 (5.28)에 대입하고 극한을 취하면,

$$A = \frac{SL}{2D}$$

그러면 식 (5.27)로부터 중성자속은

$$\phi = \frac{SL}{2D}e^{-x/L}$$

이 해는 단지 x가 양인 오른쪽 반쪽 면에 대해서만 유효하다. 그러나 이 문제의 대칭성 때

---

8 이 선원 조건은 대칭인 문제에서 평면 선원에 대해서만 유효하다. 비대칭인 경우를 다루는 것은 연습문제 5.13을 참조하라.

문에, $+x$와 $-x$에서 중성자속은 같아야만 한다. 즉 모든 x에 대해 유효한 해는 x를 절댓값 $|x|$로 치환함으로써 구할 수 있다.

$$\phi = \frac{SL}{2D}e^{-|x|/L} \tag{5.29}$$

점 선원(point source)

다음으로 무한 매질에서 등방성으로 초당 S개의 중성자를 방출하는 점 선원을 생각해 보자. 만약 선원의 위치를 구형 좌표계의 중심으로 잡는다면, 중성자속은 분명히 r에만 종속적이다. 구형 좌표계의 라플라시안을 적용하면(부록 III 참조), $r \neq 0$에 대해 확산방정식은

$$\frac{1}{r^2}\frac{d}{dr}r^2\frac{d\phi}{dr} - \frac{1}{L^2}\phi = 0 \tag{5.30}$$

평면 선원에의 접근법과 마찬가지의 접근법을 적용할 수 있다. 이 문제에 대한 적절한 선원 조건은, 선원을 빙 둘러 작은 구를 그리고, 그 구의 표면을 초당 통과하는 중성자의 순 개수를 계산하여 구할 수 있다. 만약 그 구의 반지름이 r이라면 그 수는 $4\pi r^2 J(r)$이 되며, r을 0으로 보내는 극한을 취하면, 다음 조건을 얻을 수 있다.

$$\lim_{r\to 0} r^2 J(r) = \frac{S}{4\pi} \tag{5.31}$$

식 (5.30)을 풀기 위해 다음과 같이 정의되는 새로운 변수 w을 도입하는 것이 편하다.

$$w = r\phi \tag{5.32}$$

식 (5.32)를 식 (5.30)에 대입하면, w에 대한 방정식이 다음과 같이 된다.

$$\frac{d^2w}{dr^2} - \frac{1}{L^2}w = 0$$

분명히 이 방정식의 일반해는 다음과 같이 평면 선원에 대한 해와 동일하다.

$$w = ae^{-r/L} + Ce^{r/L}$$

따라서 ϕ는

$$\phi = A\frac{e^{-r/L}}{r} + C\frac{e^{r/L}}{r}$$

여기서 A와 C는 미지 상수이다. 앞의 예제처럼, ϕ는 r이 무한한 값을 가져도 유한해야 하므로, C는 0이어야만 한다. 상수 A는 선원 조건인 식 (5.31)로부터 구할 수 있다. 그러므로

$$J = -D\frac{d\phi}{dr} = DA\left(\frac{1}{rL} + \frac{1}{r^2}\right)e^{-r/L}$$

그리고

$$A = \frac{S}{4\pi D}$$

따라서 중성자속은 다음과 같이 주어진다.

$$\phi = \frac{Se^{-r/L}}{4\pi Dr} \tag{5.33}$$

이 해가 진공에 있는 점 선원에 대해 구한 해와는 매우 다르다는 것을 주목해야 한다(연습문제 5.1 참조). 이 차이는 확산 매질이 중성자를 흡수도 하고 산란도 시키지만, 진공은 그러하지 않기 때문에 발생한다.

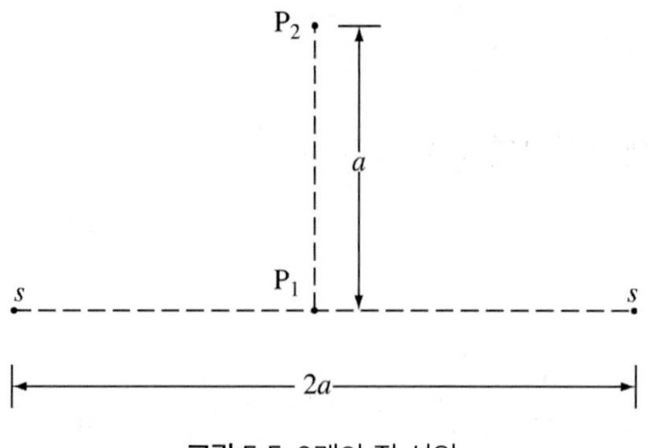

그림 5.5 2개의 점 선원

예제 5.3

각각 S neutron/sec을 방출하는 2개의 점 선원이 그림 5.5에서와 같이 무한한 확산 매질에서 $2a$ cm 떨어져 위치하고 있다. 그 두 선원 사이의 중간지점 P_1에서의 중성자속과 중성자류에 대한 식을 유도하라.

풀이

중성자속은 스칼라양이고 확산방정식은 선형방정식이기 때문에 점 P_1에서의 총 중성자속은 각 선원의 기여분을 합한 것과 같다.[9] 따라서,

$$\phi(P_1) = 2\times\frac{Se^{-a/L}}{4\pi Da} = \frac{Se^{-a/L}}{2\pi Da}$$

그림 5.5의 P_1에서 중성자류는 분명히 0이 되어야 한다. 왜냐하면 선원들로부터 나오는 중성자류 벡터는 이 지점에서 크기가 같지만 방향이 반대이기 때문이다. (이 장의 끝에 있는 연습문제 5.6에서, 점 P_2에서의 중성자속과 중성자류를 구해야 한다. 이 경우 각각의 중성자류 벡터는 상쇄되지 않는다.)

반사체가 없는 평판(bare slab)

마지막으로 그림 5.6과 같이 중심에 cm^2/sec당 S개의 중성자를 방출하는 평면 선원을 갖고 있는 두께 $2a$의 무한 평판을 생각하자. 좌표계의 원점을 평판의 중심과 일치시키면, $x \neq 0$와 $|x| \leq a$에 대한 확산방정식은 식 (5.25)가 된다. 이 경우에도 대칭과 식 (5.28)에 의한 선원 조건을 다시 사용할 수 있다. 그러나 $|x| \to \infty$ 일 때 중성자속에 대한 조건은 앞서 사용한 조건과는 달라야만 한다. 여기에서 중성자속은 평판의 외삽 표면, 즉 오른쪽 반평면에 대해서는 $x = a + d$에서, 왼쪽 반평면에 대해서는 $x = -a - d$에서 사라져야 한다. 이때 d는 외삽 거리이다. 이들 경계조건은

9 확산방정식은 선형방정식이기 때문에 다른 선원에서 나오는 중성자속과 중성자류를 더해서 총 중성자속 또는 중성자류를 구하는 능력은 일반적 특성이다.

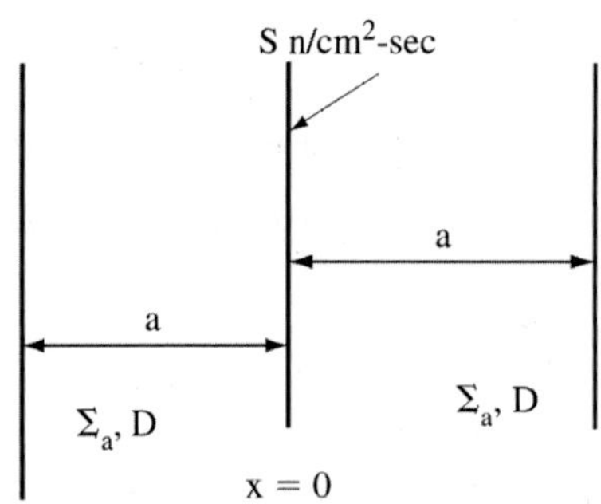

그림 5.6 $x=0$ 인 지점에서 평면 선원을 갖고 있는 무한 평판

$$\phi(a+d) = \phi(-a-d) = 0$$

오른쪽 반평면에 대해, 식 (5.25)에 대한 일반해는

$$\phi = Ae^{-x/L} + Ce^{x/L} \tag{5.34}$$

그러면, $a+d$ 에서 경계조건을 적용하면,

$$\phi(a+d) = Ae^{-(a+d)/L} + Ce^{(a+d)/L} = 0$$

따라서

$$C = -Ae^{-2(a+d)/L}$$

이 결과를 식 (5.34)에 대입하면,

$$\phi = A[e^{-x/L} - e^{x/L-2(a+d)/L}]$$

일반적으로 상수 A 는 선원 조건(식 5.28)으로부터 구할 수 있다.

$$A = \frac{SL}{2D}(1+e^{-2(a+d)/L})^{-1}$$

양의 x 에 대해, ϕ 는 다음과 같이 주어진다.

$$\phi = \frac{SL}{2D}\frac{e^{-x/L} - e^{x/L-2(a+d)/L}}{1+e^{-2(a+d)/L}}$$

이 문제가 대칭성을 가지고 있기 때문에, 모든 x에 대해 유효한 해는 x 대신 $|x|$로 치환해 구할 수 있다. 따라서,

$$\phi = \frac{SL}{2D}\frac{e^{-|x|/L} - e^{|x|/L - 2(a+d)/L}}{1 + e^{-2(a+d)/L}} \tag{5.35}$$

만약 분자 및 분모에 $e^{(a+d)/L}$을 곱하면, 이 해를 더 간편한 형태로 쓸 수 있다. 즉,

$$\begin{aligned}\phi &= \frac{SL}{2D}\frac{e^{(a+d-|x|)/L} - e^{-(a+d-|x|)/L}}{e^{(a+d)/L} + e^{-(a+d)/L}} \\ &= \frac{SL}{2D}\frac{\sinh[(a+d-|x|)/L]}{\cosh[(a+d)/L]}\end{aligned} \tag{5.36}$$

여기서 sinh와 cosh는 다음과 같이 정의되는 쌍곡선함수이다.

$$\sinh x = \frac{e^x - e^{-x}}{2}, \quad \cosh x = \frac{e^x + e^{-x}}{2}$$

예제 5.4

(a) 앞서 설명한 평판의 양쪽 면 1 cm²로부터 단위시간당 누설되는 중성자의 수에 대한 표현식을 유도하라. (b) 선원 중성자가 평판으로부터 누설될 확률은 얼마인가?

풀이

1. 중성자류가 cm²/sec당 표면을 통과하는 중성자의 순 개수이므로, cm²/sec당 누설되는 중성자의 수는 평판의 표면에서 중성자류를 계산함으로써 구할 수 있다. 우선 $x = a$에 위치한 표면을 생각해 보자. 픽의 법칙을 사용하면,

$$\begin{aligned}J(a) &= -D\frac{d}{dx}\frac{SL}{2D}\frac{\sinh[(a+d-x)/L]}{\cosh[(a+d)/L]}\bigg|_{x=a} \\ &= \frac{S}{2}\frac{\cosh(d/L)}{\cosh[(a+d)/L]}\end{aligned}$$

2. 중성자가 누설될 확률은 cm²/sec당 누설되는 중성자 수를 선원으로부터 cm²/sec당 방출되는 중성자 수로 나눈 값과 같다. 예를 들어 100개의 중성자가 cm²/sec당 방출되고, 10개가 표면으로부터 누설된다면, 선원 중성자가 결국 누설될 확률은 10/100 = 0.1이다. 따라서 누설 확률은

$$\frac{2J(a)}{S} = \frac{\cosh(d/L)}{\cosh[(a+d)/L]}$$

»»» 5.7 확산거리

이 시점에서 확산방정식과 이 방정식의 수많은 해에서 등장하는 확산거리(diffusion length)의 물리적 의미를 살펴보는 것은 흥미로운 일이다. 이를 위해, 무한한 균질 감속재에서 단위시간당 S개의 중성자를 방출하는 단일 에너지의 점 선원을 생각해 보자. 이들 중성자가 매질 내에서 확산함에 따라, 개개의 중성자들은 그림 5.7에서처럼 연속적인 충돌로 인해 복잡하고 지그재그 형태인 경로를 따라 이동한다. 그러나 결국 모든 중성자는 매질 내에서 흡수된다. 매질이 무한하기 때문에 어떤 중성자도 누설될 수 없다.

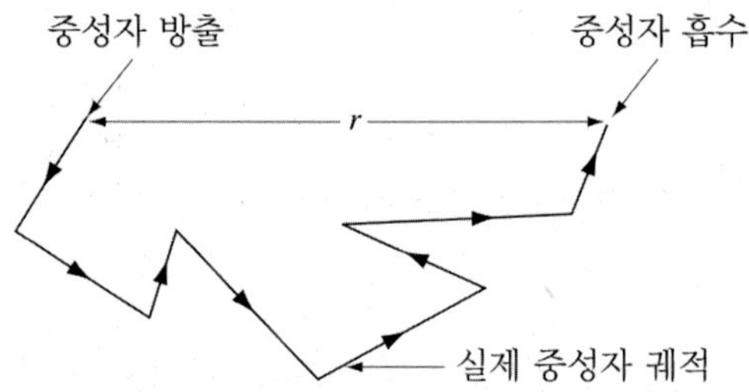

그림 5.7 감속물질 내에서 중성자의 이동 궤적

선원으로부터 r과 $r+dr$ 사이의 거리만큼 떨어진 지점에서 단위시간당 흡수되는 중성자의 수 dn은

$$dn = \Sigma_a \phi(r) dV$$

여기서 $\phi(r)$은 점 선원에서 나오는 중성자속이며 $dV = 4\pi r^2 dr$은 반지름이 r이고 두께가 dr인 구 껍질의 부피이다. 식 (5.33)의 $\phi(r)$을 대입하면,

$$dn = \frac{S\Sigma_a}{D} re^{-r/L} dr = \frac{S}{L^2} re^{-r/L} dr$$

여기서 식 (5.20)의 L^2에 대한 정의를 그대로 사용했다. 선원에 의해 단위시간당 S개의 중성자가 방출되고, r과 $r+dr$ 사이에서 단위시간당 dn이 흡수되기 때문에 선원 중성자가 dr에서 흡수되는 확률 $p(r)dr$은

$$p(r)dr = \frac{1}{L^2} re^{-r/L} dr$$

이제 확률분포 $p(r)dr$에 대해 거리 r의 평균을 구하여 중성자가 흡수되는 선원으로부터의 평균 거리를 구할 수 있다. 다소 모호한 이유 때문에, 이 거리의 평균보다는 이 거리의 제곱의 평균을 구하는 것이 원자력공학에서는 더 일상적인 일이다.

$$\begin{aligned} \overline{r^2} &= \int_0^\infty r^2 p(r) dr \\ &= \frac{1}{L^2} \int_0^\infty r^3 e^{-r/L} dr = 6L^2 \end{aligned}$$

L^2에 대해 풀면,

$$L^2 = \frac{1}{6} \overline{r^2} \tag{5.37}$$

식 (5.37)은 L^2이 어떤 중성자가 방출된 지점에서 마침내 흡수되는 지점까지 이동한 벡터(직선) 거리 제곱의 평균의 1/6과 같다는 것을 말하고 있다. 이 결과로부터 L의 값이 클수록, 평균적으로 중성자는 흡수되기까지 더 멀리 이동하고, 따라서 그 매질은 확산성이 더 크고 흡수가 덜 일어난다는 것을 알 수 있다. 열중성자에 대한 L과 L^2의 측정값을 5.9절에서 논의하기로 한다.

5.8 군확산 방법

3장에서 중성자속의 에너지 의존성에 대해 설명했고 열중성자속의 에너지 의존성을 근사하는 방법을 소개하였다. 원자로 안의 중성자는 에너지 분포를 가지고 있기 때문에, 확산방정식에서 이 에너지 분포를 고려해야 한다. 우선 핵분열 시 중성자는 연속 에너지 스

펙트럼 $\chi(E)$을 가지고 방출된다. 중성자가 매질 내에서 산란되고, 탄성 및 비탄성 충돌 시 에너지를 잃으면서 확산될수록 이 분포는 넓어진다. 열중성자로에서 대부분의 핵분열 중성자는 핵연료에 흡수되기 전에 열에너지 영역까지 감속되는 데 성공한다. 고속 중성자로에서 중성자들은 연쇄반응을 유지하기 위해 필요한 핵분열을 유도하기 전에 덜 감속된다.

중성자의 감속과 확산을 계산하는 가장 효과적인 방법 중 하나는 군확산 방법(group-diffusion method)이다. 이 방법에서는 중성자의 전 에너지 영역을 그림 5.8에서처럼 N개의 에너지 구간으로 나눈다. 각 에너지 구간에 있는 모든 중성자를 군집화하여 하나로 취급한다. 그 중성자들의 확산, 산란, 흡수를 적절히 평균한 확산계수와 단면적으로 설명한다.

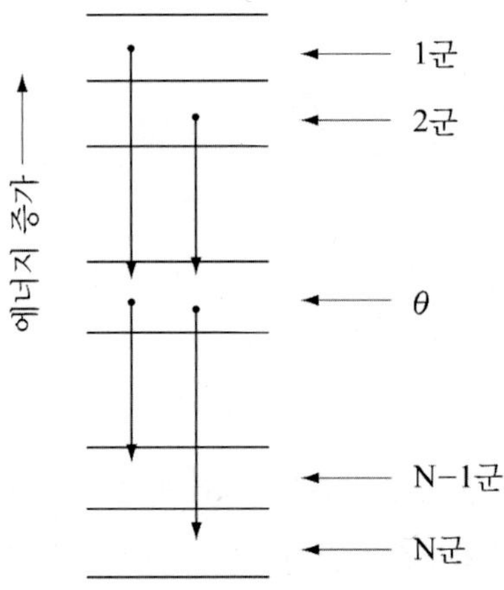

그림 5.8 군확산 계산을 위한 에너지군

예를 들어 g번째 에너지 구간의 중성자들—이들 중성자를 g번째 군 중성자라고 부른다—을 생각하자. (관습적으로 가장 에너지가 높은 군을 g = 1이라 표시한다. 가장 에너지가 낮은 군은 g = N이 된다.) 이들 중성자를 묘사하기 위한 방정식을 구하기 위해서는, 우선 이 그룹의 중성자속을 다음과 같이 정의하는 것이 필요하다.

$$\phi_{\mathrm{g}} = \int_{\mathrm{g}} \phi(E) dE \tag{5.38}$$

여기서 $\phi(E)$는 5.1절에서 정의한 에너지 종속적 중성자속이고, 적분 기호의 아래첨자는 그 군에 속한 모든 에너지에 대해 적분을 수행한다는 것을 의미한다. 분명히 우리가 할 수 있는 모든 것은 g번째 에너지군에 의해 정의된 에너지 영역의 중성자속을 더하는 것이다.

흡수 반응과 중성자들이 g번째 에너지군에 더 이상 속하지 않고 다른 군에 속하도록 중성자의 에너지를 변하게 하는 산란 충돌의 결과로, 중성자들은 g군에서 사라진다. g군에서 cm^3당 총 흡수율은 다음 적분에 의해 구할 수 있다.

$$\text{흡수율} = \int_{\mathrm{g}} \Sigma_a(E)\phi(E)dE$$

따라서 다시 한 번 g군에서 발생하는 모든 사건을 단순히 더한다. 거시적 *군* 흡수 단면적 Σ_{ag}을 다음과 같이 정의함으로써,

$$\Sigma_{ag} = \frac{1}{\phi_{\mathrm{g}}}\int_{\mathrm{g}} \Sigma_a(E)\phi(E)dE \tag{5.39}$$

흡수율을 다음과 같이 군 단면적과 중성자속의 곱으로 쓸 수 있다.

$$\text{흡수율} = \Sigma_{ag}\phi_{\mathrm{g}} \tag{5.40}$$

g군의 중성자가 h군으로 산란되는 비율은 식 (5.40)과 유사한 형태로 쓸 수 있다. 즉,

$$\mathrm{g}\text{에서 } h\text{로의 전환율} = \Sigma_{\mathrm{g}\to h}\phi_{\mathrm{g}} \tag{5.41}$$

$\Sigma_{\mathrm{g}\to h}$은 *군간이동 단면적(group transfer cross-section)*이라 부른다. 이를 유도하는 것은 다소 복잡하므로 이 책에서는 생략하기로 한다. 어떤 경우든, 이 값은 매질의 산란 특성에 의존하는 기지수로 간주할 수 있다. 중성자가 $\mathrm{cm}^3/\mathrm{sec}$당 g군의 밖으로 산란되는 중성자 전환율은[10]

$$\mathrm{g}\text{군 밖으로 이동하는 총 전환율} = \sum_{h=\mathrm{g}+1}^{N} \Sigma_{\mathrm{g}\to h}\phi_{\mathrm{g}} \tag{5.42}$$

10 여기서는 중성자가 산란 충돌 시 에너지를 잃을 수만 있다고 가정한다. 이 가정은 고에너지 중성자에 대해서는 사실이다. 그러나 낮은 열에너지 영역에서 중성자는 열운동을 하는 원자의 원자핵과 충돌하여 에너지를 얻을 수도 있다. 그러한 상향 산란은 저에너지의 중성자와 관련된 군확산 계산에서 반드시 고려해야 한다.

이때 중성자는 산란할 때 에너지를 잃을 수만 있다고 가정한 것에 유의해야 한다. 이 가정은 에너지가 매우 낮은 중성자를 제외하고서는 사실이다. 이 경우, 하향 산란만 가능하고 상향 산란은 없다고 가정한다.

중성자가 g군으로 들어오는 경우는 선원에서 그 군에 해당하는 중성자를 방출하거나, 더 높은 군으로부터 산란되어 오는 경우이다. h군으로부터 g군으로 들어오는 cm^3/sec당 중성자 전환율은

$$h\text{에서 g로의 전환율} = \Sigma_{h \to g}\phi_h \tag{5.43}$$

g군으로 산란되어 들어오는 총 중성자 수는 g군으로 산란될 수 있는 모든 에너지군, 즉 g군보다 높은 에너지군에 대해 합산으로써 구할 수 있다.

$$\text{g로 들어오는 총 전환율} = \sum_{h=1}^{g-1} \Sigma_{h \to g}\phi_h \tag{5.44}$$

다시 한 번, 상향 산란은 발생하지 않는다고 가정했다.

앞의 항들을 결합하면 g군 중성자에 대한 정상상태 확산방정식을 다음과 같이 구할 수 있다.

$$D_g \nabla^2 \phi_g - \Sigma_{ag}\phi_g - \sum_{h=g+1}^{N} \Sigma_{g \to h}\phi_g + \sum_{h=1}^{g-1} \Sigma_{h \to g}\phi_h = -s_g \tag{5.45}$$

이 방정식에서, 군확산계수 D_g은 다음과 같이 구할 수 있다.

$$D_g = \frac{1}{\phi_g}\int_g D(E)\phi(E)dE = \frac{1}{3\phi_g}\int_g \frac{1}{\Sigma_{tr}(E)}\phi(E)dE \tag{5.46}$$

여기서 Σ_{tr}은 수송 단면적이고, s_g는 선원으로부터 그 에너지군으로 방출되는 cm^3/sec당 총 중성자 수이다.

다군 확산 근사(multi-group diffusion approximation)는 오늘날 사용되는 다수의 원자로 해석 코드의 기초가 되었다. DIFF3D와 SIMULATE와 같은 컴퓨터 코드가 이 접근법을 사용하고 있다.

표 5.1 소듐에 대한 명목상 삼군 단면적(단위: b)

g	에너지 범위, MeV	σ_γ	σ_{tr}	$\sigma_{g\to g+1}$	$\sigma_{g\to g+2}$
1	1.35–∞	0.0005	2.0	0.24	0.06
2	0.4–1.35	0.001	3.2	0.18	–
3	0–0.4	0.001	3.7	–	–

예제 5.5

소듐냉각고속로에 대한 계산을 수행하기 위해 소듐의 삼군 미시 단면적이 표 5.1에 나와 있다. 그 원자로 내 어떤 지점에서 삼군 중성자속은 각각 $\phi_1 = 6\times 10^{14}$, $\phi_2 = 1\times 10^{15}$, $\phi_3 = 3\times 10^{15}$이라고 가정하자. 이 지점에서 (a) 소듐에 흡수되는 cm^3/sec당 중성자의 수, (b) 소듐과의 충돌로 일군에서 이군으로 산란되는 cm^3/sec당 중성자의 수를 계산하라. 소듐은 정상 밀도를 가지고 있다.

풀이

1. 총 흡수율 F_a는 세 에너지군의 흡수율의 합이다.

$$F_a = \sum_{g=1}^{3} \Sigma_{ag}\phi_g = N\sum_{g=1}^{3}\sigma_{\gamma g}\phi_g$$

여기서 N은 소듐의 원자 밀도를 나타낸다. 표 II.3으로부터 $N = 0.02541\times 10^{24}$임을 알 수 있다. 표 5.1의 σ_γ값을 사용하면, 총 흡수율은

$$F_a - 0.02541(0.0005\times 6\times 10^{14} + 0.001\times 1\times 10^{15} + 0.001\times 3 + 10^{15})$$
$$= 1.09\times 10^{11}\,\text{neutron/cm}^3 - \text{sec}$$

2. 일군에서 이군으로 산란되는 중성자 전환율은 다음과 같다.

$$\begin{aligned} F_{1\to 2} &= \Sigma_{1\to 2}\phi_1 \\ &= N\sigma_{1\to 2}\phi_1 \\ &= 0.02541\times 0.24\times 6\times 10^{14} \\ &= 3.66\times 10^{12}\,\text{neutron/cm}^3 - \text{sec} \end{aligned}$$

군확산 방정식 또는 *다군 방정식*(*multi-group equation*)으로 불리는 식 (5.45)의 그 복잡성 때문에, 군 중성자속을 계산하기 위해 컴퓨터 프로그램을 사용하는 것이 일반적이다. 이 계산을 하는 기법은 수치적 방법으로 도함수들을 근사한 다음, 공간상 일련의 불연속적인 점에서만 이들 방정식이 유효하다고 가정하는 것을 포함한다. 그러면 이들 방정식은 그들 지점에서만 유효한 대수방정식이 된다. 정확한 접근법이 여러 개 있지만 이 책의 범위를 벗어난다. 여기서는 앞서 언급한 것과 같은 다수의 컴퓨터 프로그램들이 식 (5.45)에 의해 표현된 식들을 평가하기 위해 개발되었다는 것을 아는 것만으로 충분하다.

일군 계산의 특수한 경우에는 군간 이동 항들이 빠지므로, 식 (5.45)는 다음과 같이 된다.

$$D\nabla^2\phi - \Sigma_a\phi = -s \tag{5.47}$$

여기서 에너지군 번호를 가리키는 아래첨자는 생략되었다. 군 방정식의 유도과정에서 예상했듯이, 식 (5.47)은 단일 에너지 중성자에 대한 확산방정식과 정확히 동일하다는 것을 볼 수 있다. 제6장에서는 일군 및 다군 방법을 원자로 임계 계산에 대해 사용한다.

»» 5.9 열중성자 확산

일군법의 중요한 적용은 열중성자의 확산에 대해서이다. 이들 중성자는 열에너지로 감속되었고 이들의 에너지 분포는 맥스웰함수로 주어진다는 점을 상기하자(2.13절 참고).

$$n(E) = \frac{2\pi n}{(\pi kT)^{3/2}}E^{1/2}e^{-E/kT} \tag{5.48}$$

이 식에서 $n(E)$는 $n(E)dE$가 cm^3당 E와 $E+dE$ 사이의 에너지를 가지는 중성자의 수가 되도록 정의된 값이며, n은 총 중성자 밀도를 의미한다(즉, cm^3당 중성자 수).

식 (5.4)로부터 열중성자에 대한 에너지 종속 중성자속은

$$\begin{aligned}\phi(E) &= n(E)v(E) \\ &= \frac{2n\pi E}{(\pi kT)^{3/2}}\left(\frac{2}{m}\right)^{1/2}e^{-E/kT}\end{aligned} \tag{5.49}$$

속력에 대한 일반 공식을 사용하면,

$$v(E) = \left(\frac{2E}{m}\right)^{1/2}$$

여기서 m은 중성자의 질량이다. 그러면 ϕ_T으로 표시된 일군 열중성자속은 식 (5.38)에 의해 다음과 같이 주어진다.

$$\phi_T = \int_T \phi(E)dE \tag{5.50}$$

이때 적분 기호의 아래첨자 T는 적분이 열에너지 전 영역에 대해 수행된다는 것을 의미한다. 통상적으로 열에너지는 약 $5kT \simeq 0.1$ eV 까지이다. 그러나 이 에너지 이상에서 $\phi(E)$에 있는 지수가 매우 작은 값으로 떨어지므로, 무한대까지 적분을 해도 오차가 거의 나지 않는다. 식 (5.49)를 대입하면,

$$\phi_T = \frac{2\pi n}{(\pi kT)^{3/2}}\left(\frac{2}{m}\right)^{1/2}\int_0^\infty e^{-E/kT}dE = \frac{2n}{\sqrt{\pi}}\left(\frac{2kT}{m}\right)^{1/2} \tag{5.51}$$

이 시점에서 kT에 상응하는 중성자 에너지를 E_T로 표시하고, v_T를 그에 상응하는 속력이라 하자. 즉,

$$E_T = kT \tag{5.52}$$

$$\frac{1}{2}mv_T^2 = E_T \tag{5.53}$$

E_T와 v_T의 값은 다음의 공식으로부터 계산할 수 있다.

$$E_T = 8.617T \times 10^{-5} \text{ eV} \tag{5.54}$$

그리고

$$v_T = 1.284T^{1/2} \times 10^4 \text{ cm/sec} \tag{5.55}$$

여기서 T는 온도이며 단위는 켈빈(K)이다. 이제 식 (5.51)을 다음과 같이 다시 쓸 수 있다.

$$\phi_T = \frac{2}{\sqrt{\pi}} n v_T \tag{5.56}$$

열중성자속 ϕ_T와 3.6절에서 정의한 2,200 m/s 중성자속 ϕ_0이 다른 개념이라는 것을 이해하는 것이 중요하다. ϕ_T는 식 (5.50)의 적분에 의해 통합계산된 모든 열중성자속을 나타내는 반면, ϕ_0은 실제 중성자속이 아니라, 모든 열중성자가 단지 하나의 에너지, 즉 $E_0 = 0.0253$ eV를 가졌다고 가정하여 계산한 가상의 중성자속이다. 즉, ϕ_0은 E_0에서의 단면적 값을 사용해 실제 사례에서 얻은 반응률을 산출해 내기 위해 만들어진 숫자이다. 대조적으로 중성자속 ϕ_T는 열중성자 에너지 영역에 속한 에너지들의 모든 중성자속을 합한 것이다. 열중성자속 ϕ_T는 열중성자의 확산과 관련한 계산에 사용되는 것이 적절한 반면 ϕ_0은 열중성자에 피폭된 목표물에서의 중성자 흡수율을 계산하는 데 더 유용하다. 간단히 정리하면 ϕ_T는 원자로 설계 시 사용하고, ϕ_0은 원자로를 사용할 때 적절하다.

이 두 개의 중성자속 사이의 관계식은 ϕ_0을 ϕ_T로 나누어 구할 수 있다. ϕ_0은 다음과 같이 주어진다.

$$\phi_0 = n v_0$$

여기서 $v_0 = 2,200$ meter/sec이다. 그러면,

$$\frac{\phi_0}{\phi_T} = \frac{\sqrt{\pi}}{2} \frac{v_0}{v_T} \tag{5.57}$$

그러나 v_0은 식 (5.55)로부터 아래와 같이 계산된다.

$$v_0 = 1.284 \, T_0^{1/2} \times 10^4 \text{ cm/sec}$$

그러면, $T_0 = 293.61$ K임을 이용하여 식 (5.57)은 다음과 같이 된다.

$$\frac{\phi_0}{\phi_T} = \frac{\sqrt{\pi}}{2} \left(\frac{T_0}{T} \right)^{1/2} \tag{5.58}$$

이것이 원하는 관계식이다.

열중성자 확산에 대한 일군 계산 시 사용되는 확산계수는 D로 표시하며 식 (5.46)의 적

분을 계산하여 구하거나 열중성자 측정을 통해 구할 수 있다. 몇 개의 감속재에 대한 D의 값을 표 5.2에 정리하였다.

Σ_a로 나타내는 일군 열흡수 단면적은 식 (5.39)로부터 구할 수 있다.

$$\overline{\Sigma}_a = \frac{1}{\phi_T}\int_T \Sigma_a(E)\phi(E)\,dE$$

위 식에서 적분값은 정확히 총 흡수율이며, 식 (3.44)로부터 이 값은 다음과 같음을 알 수 있다.

$$g_a(T)\Sigma_a(E_0)\phi_0$$

여기서 $g_a(T)$는 비-$1/v$ 인자(non-1/v factor)이고, $\Sigma_a(E_0)$는 0.0253 eV에서 거시적 흡수 단면적이며, ϕ_0는 2,200 meter/sec 중성자속이다. $\overline{\Sigma}_a$는 다음과 같이 된다.

$$\begin{aligned}\overline{\Sigma}_a &= g_a(T)\Sigma_a(E_0)\phi_0/\phi_T \\ &= \frac{\sqrt{\pi}}{2}g_a(T)\Sigma_a(E_0)\left(\frac{T_0}{T}\right)^{1/2}\end{aligned} \tag{5.59}$$

여기에서 식 (5.58)이 사용되었다. 일반 감속재와 $g_a(T)$가 1일 경우에 대해 20°C에서 $\overline{\Sigma}_a$에 대한 값을 표 5.2에 나타냈다.

표 5.2 20°C에서 일반 감속재의 열중성자 확산변수

감속재	밀도, g/cm^3	$\overline{D}$, cm	$\overline{\Sigma}_a$, cm^{-1}	L_T^2, cm^2	L_T, cm
H_2O	1.00	0.16	0.0197	8.1	2.85
D_2O*	1.10	0.87	9.3×10^{-5}	9.4×10^3	97
Be	1.85	0.50	1.04×10^{-3}	480	20
Graphite	1.60	0.84	2.4×10^{-4}	3500	59

*0.25 weight/percent의 H_2O를 포함하고 있는 D_2O. 이 값은 H_2O의 양에 매우 민감하다.

이제 정의된 열중성자속과 알려진 D와 $\overline{\Sigma}_a$을 가지고 열중성자에 대한 일군 확산방정식을 쓰는 것이 가능해졌다. 식 (5.47)로부터 이 방정식은

$$\overline{D}\nabla^2\phi_T - \overline{\Sigma}_a\phi_T = -s_T \tag{5.60}$$

여기서 s_T는 열중성자 선원의 밀도이다. 식 (5.60)을 $\overline{D}$으로 나누면

$$\nabla^2\phi_T - \frac{1}{L_T^2}\phi_T = -\frac{s_T}{\overline{D}} \tag{5.61}$$

여기서 L_T^2는 *열확산면적*(*thermal diffusion area*)이라 부르며, L_T는 *열확산거리*(*thermal diffusion length*)라 부른다. 표 5.2에는 이들 변수에 대한 값도 있다.

$$L_T^2 = \frac{\overline{D}}{\overline{\Sigma}_a} \tag{5.62}$$

식 (5.61)은 단일 에너지 중성자에 대한 확산방정식과 동일한 형태임을 볼 수 있고(식 5.19 참조), D, L^2, ϕ을 $\overline{D}$, L_T^2, ϕ_T으로 치환하면, 그 방정식의 해를 열중성자에 대해서도 유효한 것으로 볼 수 있다. 다음 예제를 통해 살펴보자.

예제 5.6

초당 10^7개의 열중성자를 방출하는 점 선원이 밀도가 1인 상온의 물로 이루어진 무한한 물체 내에 존재한다. 선원으로부터 15 cm 떨어진 곳에서의 열중성자속은 얼마인가?

풀이

중성자속은 식 (5.33)의 변수의 기호를 적절히 바꿔 구할 수 있다.

$$\phi_T = \frac{Se^{-r/L_t}}{4\pi\overline{D}r}$$

표 5.2로부터 $L_T = 2.85$ cm이고, $\overline{D} = 0.16$ cm이다. 또한 $S = 10^7$이며, $r = 15$ cm이다. 이들 값을 대입하면,

$$\phi_T = \frac{10^7 \times e^{-15/2.85}}{4\pi \times 0.16 \times 15} = 1.72 \times 10^3 \text{ neutron/cm}^2\text{-sec}$$

표 5.2에 주어진 열확산 변수의 값들은 정상적인 밀도와 상온에 대한 값들이다. 종종 다른 밀도와 온도에서 이들 변수의 값을 알아야 할 때가 있다. 이때는 표의 값을 적절히 수정하여 구할 수 있다. 우선 $\overline{\Sigma}_a$을 생각해 보자. 거시적 단면적이므로 $\overline{\Sigma}_a$는 원자 밀도 N에 비례하고, 차례로 물리적 밀도 ρ에 비례한다. 따라서 다음이 성립한다.

$$\overline{\Sigma}_a \sim \rho$$

$\overline{\Sigma}_a$의 온도에 대한 의존성은 식 (5.59)에 나타나 있다.

식 (5.10)과 (5.11)에 따르면 확산계수는 Σ_s에 반비례한다. 이 계수는 ρ에 비례하므로,

$$\overline{D} \sim \frac{1}{\rho}$$

온도와 관련하여, 이 상황은 다소 복잡하다. H_2O와 D_2O 이외의 감속재에 대해 $\overline{D}$는 온도에 대해 독립적이다. 그러나 H_2O에 대해 $\overline{D}$는 대략 다음과 같이 변화한다.

$$\overline{D} \sim T^{0.470}$$

반면 D_2O는 다음과 같이 거동한다.

$$\overline{D} \sim T^{0.112}$$

여기서 T는 절대온도이다. $\overline{D}$의 ρ와 T에 대한 의존성을 다음과 같이 요약할 수 있다.

$$\overline{D}(\rho, T) = \overline{D}(\rho_0, T_0)\left(\frac{\rho_0}{\rho}\right)\left(\frac{T}{T_0}\right)^m \tag{5.63}$$

여기서 $\overline{D}(\rho_0, T_0)$는 밀도 ρ_0와 온도 T_0에서 $\overline{D}$의 값이다. m의 경우, H_2O에 대해서는 0.470, D_2O에 대해서는 0.112, 나머지에 대해서는 0이다.

마지막으로, 식 (5.62)에서 주어진 L_T^2의 정의와 앞의 결과들을 결합하면, 다음 식을 구하는 것이 어렵지 않다.

$$L_T^2(\rho, T) = L_T^2(\rho_0, T_0)\left(\frac{\rho_0}{\rho}\right)^2\left(\frac{T}{T_0}\right)^{m+1/2} \tag{5.64}$$

이들 식의 유용성은 다음 예제를 통해 볼 수 있다.

예제 5.7

500°F와 2,000 psi에서 물의 확산계수와 확산면적을 계산하라. 이 온도와 압력에서 물의 밀도는 49.6 lb/ft^{3}이다.

풀이

표 5.2로부터 $\rho_0 = 1\ \text{g/cm}^3 = 62.4\ \text{lb/ft}^3$, $T_0 = 293$ K에서 $\overline{D}(\rho_0, T_0) = 0.16$ cm이다. 다음과 같은 섭씨와 화씨 사이의 관계식을 이용하면, 즉,

$$\text{C} = \frac{5}{9}(°\text{F} - 32)$$

500°F는 260°C임을 알 수 있다. 이때 절대온도는 $T = 260 + 273 = 533$ K가 된다. 이 값을 식 (5.64)에 대입하면,

$$\overline{D} = 0.16 \times \left(\frac{62.4}{49.6}\right) \times \left(\frac{533}{293}\right)^{0.470} = 0.267\,\text{cm}$$

마지막으로 표 5.2로부터 얻은 $L_T^2(\rho_0,\ T_0) = 8.1\ \text{cm}^2$을 식 (5.64)에 대입하면,

$$L_T^2 = 8.1 \times \left(\frac{62.4}{49.6}\right)^2 \times \left(\frac{533}{293}\right)^{0.970} = 22.9\,\text{cm}^2$$

5.10 중성자 감속에 대한 이군 계산

수많은 원자로 계산에서, 특히 6장에서 논의할 열원자로의 임계 문제에서는 합리적 수준의 정확한 결과를 얻기 위해서는 최소한 이군 중성자를 사용해야 한다. 하나의 군은 앞 절에서 설명한 방식대로 열중성자를 설명하는 데 필요하다. 두 번째 군 또는 고속 중성자군은 열에너지, 즉 핵분열에너지로부터 약 $5kT$까지 감속된 모든 중성자를 포함한다.

6장에서 보여 줄 계산들에 대한 사전준비로서, 이 시점에서 간단한 예제를 통해 2개 군의 사용을 예시하기로 한다. 무한한 균일 감속재 내에 초당 S개의 핵분열 중성자를 방출

하는 점 선원으로부터의 거리에 따른 함수로서 이군 중성자속을 구하는 문제를 생각해 보자. 고속중성자에 대한 군확산 방정식은 일반 군확산 방정식(식 5.45)에 $g=1$이라고 놓아 구할 수 있다. 그러나 모든 감속물질의 흡수 단면적은 특히 열에너지 영역 이상에서 매우 작아서 Σ_{a1}을 0으로 놓을 수 있다. 또한 이 계산에는 오로지 2개 군만이 있기 때문에, 고속 중성자군에서 산란된 중성자는 반드시 열중성자군으로 들어오게 된다. 따라서 식 (5.45)의 세 번째 항에서 $\Sigma_{1\rightarrow2}$만이 0이 아닌 값을 갖게 된다. 게다가 어떠한 중성자도 고속중성자군으로 산란되어 오지 않기 때문에, 이 방정식의 마지막 항은 0이 된다. 따라서 고속중성자에 대한 확산방정식은 다음과 같이 간단하게 근사된다.

$$D_1\nabla^2\phi_1 - \Sigma_1\phi_1 = 0 \tag{5.65}$$

이 식에서 Σ_1은 이동 단면적 $\Sigma_{1\rightarrow2}$ 대신 쓴 것이다. 점 선원을 제외하고는 어떠한 신원도 없기 때문에 선원항은 0이 된다.

원자로 이론에서 cm^3/sec당 열에너지로 감속되는 중성자의 수는 *감속 밀도*(*slowing-down density*)로 알려져 있으며, 보통 q_T로 표시한다. 식 (5.65)의 $\Sigma_1\phi_1$ 항은 cm^3/sec당 고속중성자군에서 열중성자군으로 산란되는 중성자의 수와 같다. 열중성자군으로 들어오는 중성자는 분명히 감속된 것이기 때문에 $\Sigma_1\phi_1$은 감속 밀도와 같다는 것이 성립한다.

$$q_T = \Sigma_1\phi_1 \tag{5.66}$$

다음으로 열중성자를 보면, 식 (5.61)과 같은 열확산방정식으로 설명할 수 있다. 그러나 이 문제에서 유일한 열중성자 선원은 고속중성자군으로부터 감속되는 중성자들이다. 이들은 cm^3/sec당 q_T 중성자의 속도로 생기기 때문에 식 (5.61)에서 선원항은 $\Sigma_1\phi_1$이 된다. 그러면, 열군방정식은 다음과 같이 된다.

$$\nabla^2\phi_T - \frac{1}{L_T^2}\phi_T = \frac{-\Sigma_1\phi_1}{\overline{D}} \tag{5.67}$$

식 (5.67)로부터 ϕ_T을 구하기 위해서는 우선 ϕ_1에 대해 식 (5.65)를 풀어야 한다. 대칭성 관점에서 보면, ϕ_1와 ϕ_T는 분명히 선원으로부터의 거리 r에 종속적이다. 식 (5.65)를 D_1으로 나눈 뒤 구형 좌표계에서의 라플라시안으로 표현하면 다음과 같이 된다.

$$\frac{1}{r^2}\frac{d}{dr}r^2\frac{d\phi_1}{dr} - \frac{1}{\tau_T}\phi_1 = 0 \tag{5.68}$$

여기서 τ_T는 다음과 같이 정의된다.

$$\tau_T = \frac{D_1}{\Sigma_1} \tag{5.69}$$

변수 τ_T는 여러 종류의 원자로 문제에서 등장하며, *중성자 연령*(*neutron age*)이라고 부른다. 이 변수는 하나의 중성자가 감속되는 데 얼마나 걸렸는지의 함수이기 때문에 이러한 기묘한 이름이 지어졌다. 그러나 시간의 단위를 가지고 있지는 않다. 식 (5.69)에서 보는 것처럼, τ_T의 실제 단위는 cm^2이다.

점 선원으로부터 중성자의 확산을 설명하는 식 (5.68)과 식 (5.30)을 비교해 보면, 식 (5.30)의 L^2가 식 (5.68)에는 τ_T로 바뀐 것을 제외하고는 이 두 개의 식은 동일하다는 알 수 있다. 따라서 식 (5.68)의 해가 식 (5.33)과 같이 주어지는데, 단 L 대신 $\sqrt{\tau_T}$, D 대신 D_1으로 바꾸어야 한다.

$$\phi_1 = \frac{Se^{-r/\sqrt{\tau_T}}}{4\pi D_1 r} \tag{5.70}$$

더욱이 5.7절로부터 L^2는 하나의 중성자가 선원으로부터 최종적으로 흡수되는 지점까지 이동한 직선거리 제곱의 평균의 1/6과 같다는 것을 기억하자. τ_T에 대해서도 중성자들이 고속중성자군에서 흡수되지 않고, 그 군을 빠져나와 열중성자군으로 산란된다는 점을 빼고, 동일한 해석을 할 수 있다. 그러므로 변수 τ_T가 중성자가 고속중성자로 방출된 지점부터 열에너지 영역으로 감속된 지점까지 직선거리 제곱의 평균의 1/6과 같다는 것을 알 수 있다. 기호로 표시하면,

$$\tau_T = \frac{1}{6}\overline{r^2} \tag{5.71}$$

식 (5.71)에 의해 정의된 중성자의 나이를 실험적으로 결정할 수 있다. 다양한 감속재에서 핵분열 중성자에 대한 τ_T의 측정값이 표 5.3에 제시되어 있다.

식 (5.70)을 식 (5.67)에 대입하면 그 결과는 *비제차 미분방정식*(*inhomogeneous differential equation*)이다. 여기에서는 이 방정식을 푸는 상세한 방법은 생략하기로 한다. 그러나 직접 대입하여 해가 다음과 같음을 쉽게 증명할 수 있다.

$$\phi_T = \frac{SL_T^2}{4\pi r\overline{D}(L_T^2 - \tau_T)}\left(e^{-r/L_T} - e^{-r/\sqrt{\tau_T}}\right) \tag{5.72}$$

이 식은 이군 이론에 따라 고속중성자 점 선원으로부터 발생하는 열중성자를 나타낸다. 식 (5.72)는 결코 정확한 것이 아니라는 것을 확실히 알아 두어야 한다. 사실 이군 모델은 대부분의 매질에서 중성자의 감속을 계산하기 위한 적절한 방법이 아니다. 점 선원으로부터의 중성자 감속을 계산하기 위한 더 좋고 정확한 (그리고 더 복잡한) 방법들이 있다. 그렇지만, 제6장에서 보여 주는 것처럼, 이군 모델을 열중성자로에 대한 개략적인 1차 계산을 위해 사용할 수 있다.

표 5.3에 있는 τ_T의 실험값은 상온과 정상 밀도에 대한 값이다. 식 (5.69)의 D_1이나 Σ_1 어느 것도 온도에 대해 특별히 민감하지 않지만, 둘 다 밀도에는 종속적이다. 정상 밀도 이외의 밀도에서 τ_T을 계산하기 위해서는, L_T^2와 같이 τ_T가 밀도의 제곱에 역비례한다는 것을 주목해야 한다. 따라서 밀도 ρ에서 τ_T의 값은 다음과 같이 주어진다.

$$\tau_T(\rho) = \tau_T(\rho_0)\left(\frac{\rho_0}{\rho}\right)^2 \tag{5.73}$$

여기서 $\tau_T(\rho_0)$은 밀도 ρ_0에서의 나이이다.

표 5.3 다양한 감속재에 대한 고속중성자군 상수

감속재	D_1, cm	Σ_1, cm^{-1}	τ_T, cm^2
H_2O	1.13	0.0419	~27
D_2O	1.29	0.00985	131
Be	0.562	0.00551	102
Graphite	1.016	0.00276	368

»» 참고문헌

Duderstadt, J., and L. Hamilton, *Nuclear Reactor Analysis*. New York: John Wiley, 1975.

Glasstone, S., and M. C. Edlund, *The Elements of Nuclear Reactor Theory*. Princeton, N.J.: Van Nostrand, 1952, Chapter 5.

Glasstone, S., and A. Sesonske, *Nuclear Reactor Engineering*, 4th ed. New York: Chapman & Hall, 1994, Chapter 3.

Isbin, H. S., *Introductory Nuclear Reactor Theory*. New York: Reinhold, 1963, Chapter 4.

Lamarsh, J. R., *Introduction to Nuclear Reactor Theory*. Reading, Mass.: Addison-Wesley, 1966, Chapter 5.

Liverhant, S. E., *Elementary Introduction to Nuclear Reactor Physics*. New York: Wiley, 1960.

Murray, R. L., *Nuclear Reactor Physics*. Englewood Cliffs, N.J.: Prentice-Hall, 1957, Chapter 2.

Stacey, Weston M., *Nuclear Reactor Physics*, 2nd ed. Wiley-VCH, Weinheim, 2007, Chapters 3 and 4.

Zweifel, P. F., *Reactor Physics*. New York: McGraw-Hill, 1973, Chapter 2.

»» 연습문제

1. 무한 진공에서 등방성으로 초당 S 개의 중성자를 방출하는 점 선원이 있다.

(a) 선원으로부터 거리 r만큼 떨어진 지점에서 중성자속이 다음과 같음을 보여라.

$$\phi = \frac{S}{4\pi r^2}$$

(b) 같은 지점에서 중성자류 밀도벡터는 얼마인가? [주: 중성자는 진공에서 확산하

지 않는다.]

2. 각각 초당 S 개의 중성자를 방출하는 3개의 등방성 중성자 선원이 무한 진공에서 변의 길이가 a인 정삼각형의 각 꼭지점에 위치하고 있다. 한 변의 중간지점에서의 중성자속과 중성자류를 구하라.

3. 식 (5.10)과 (5.11)을 사용하여, 0.0253 eV의 단일 에너지 중성자에 대한 (a) 베릴륨, (b) 흑연의 확산계수를 구하라.

4. 반지름이 50 cm인 무반사체 구형 원자로에서 중성자속은 다음과 같이 주어진다.

$$\phi = 5 \times 10^{13} \frac{\sin 0.0628r}{r} \text{ neutron/cm}^2\text{-sec}$$

여기서 r은 원자로의 중심부터 측정된다. 이 시스템에 대한 확산계수는 0.80 cm이다.

(a) 원자로 내에서 중성자속의 최댓값은 얼마인가?

(b) 원자로 내 위치의 함수로서 중성자류 밀도를 계산하라.

(c) 초당 원자로로부터 얼마나 많은 중성자가 빠져나가는가?

5. 각각 초당 S 개의 중성자를 방출하는 4개의 등방성 중성자 선원이 무한 감속재에서 변의 길이가 a인 정사각형의 각 꼭지점에 위치하고 있다. 정사각형의 한 변의 중간지점에서와 정사각형 중심에서의 중성자속과 중성자류를 각각 구하라.

6. 그림 5.5에서 점 P_2에서의 중성자속과 중성자류에 대한 표현식을 구하라.

7. 무한 감속재에서 등방성 점 선원이 초당 S개의 중성자를 방출하고 있다.

(a) 선원에 중심을 둔 반지름 r의 구형 표면을 통과하는 초당 중성자의 순 개수는 얼마인지 계산하라

(b) 구 내부에서 초당 흡수되는 중성자의 개수를 계산하라.

(c) 구 내부에서 체적에 대한 연속방정식을 증명하라.

8. 무한한 감속재 내에서 각각 cm^{2}당 S의 중성자를 방출하는 2개의 무한 평면 선원이 거리 a만큼 떨어져 나란히 놓여 있다. 두 평면 사이에 대해 평면으로부터 떨어진 거리의 함수로 중성자속과 중성자류를 구하라.

9. 앞의 문제에서 2개의 평면 선원이 서로 수직으로 놓여 있다. 두 개의 평면 선원이 만나는 선으로부터의 거리의 함수로 이 가상의 평면 위에서의 중성자속과 중성자류에 대한 식을 유도하라.

10. S neutron/cm^3-sec을 방출하는 등방성 선원이 균일하게 분포되어 있는 무한 감속재가 있다. 이 매질 내 임의의 지점에서 정상상태의 중성자속과 중성자류를 구하라.

11. 두께 $2a$의 무한한 무반사체 평판 감속재 내부에 S neutron/cm^3-sec을 방출하는 선원이 균일하게 분포되어 있다.

(a) 이 평판에서 중성자속이 다음과 같이 주어진다는 것을 보여라.

$$\phi = \frac{S}{\Sigma_a}\left(1 - \frac{\cosh x/L}{\cosh\left(\frac{a+d}{L}\right)}\right)$$

여기서 x는 평판의 중심으로부터 측정한 값이다.

(b) 아래 계산을 통해 연속방정식을 검증하라.

(i) 평판 내부에서의 단위면적당 초당 생산되는 총 중성자 개수

(ii) 평판 내부에서의 단위면적당 초당 흡수되는 총 중성자 개수

(iii) 평판 내부에서의 단위면적당 초당 누설되는 총 중성자 개수

[*힌트*: 비제차 미분방정식의 해는 제차방정식의 해에 특수해를 더한 것이다. 특수해로 상수를 고려하라.]

12. 초당 S개의 중성자를 방출하는 점 선원이 반지름 R의 구형 감속재의 중심에 위치하고 있다.

(a) 구 내부의 중성자속이 다음과 같음을 보여라.

$$\phi = \frac{S}{4\pi D \sinh\left(\frac{R+d}{L}\right)} \frac{\sinh \frac{1}{L}(R+d-r)}{r}$$

여기서 r은 선원으로부터의 거리이다.

(b) 구의 표면으로부터 초당 누설되는 중성자의 수는 다음과 같음을 보여라.

$$\text{초당 누설되는 수} = \frac{(R+d)S}{L \sinh\left(\frac{R+d}{L}\right)}$$

(c) 선원으로부터 방출되는 하나의 중성자가 표면을 탈출하는 확률은 얼마인가?

13. S neutron/cm^2-sec을 방출하는 무한 평면 선원이 그림 5.9와 같이 각각 두께 a, b인 무한 베릴륨 및 흑연 평판 사이에 놓여 있다. 이 시스템에서 중성자속에 대한 표현

식을 유도하라. [주: 선원의 반대편에 다른 물질이 놓여 있기 때문에, 이 문제는 대칭성이 없고 식 (5.28)의 선원 조건은 유효하지 않다. 이 문제에 대한 적절한 경계조건은 다음과 같다.

(i) $\lim_{x \to 0}[\phi(x>0)-\phi(x<0)] = 0$

(ii) $\lim_{x \to 0}[J(x>0)-J(x<0)] = S$

사실상, 조건 (i)은 ϕ가 선원에서 연속이라는 것을 말하는 반면, (ii)는 선원으로부터 방출된 중성자를 고려하는 것을 말하고 있다.]

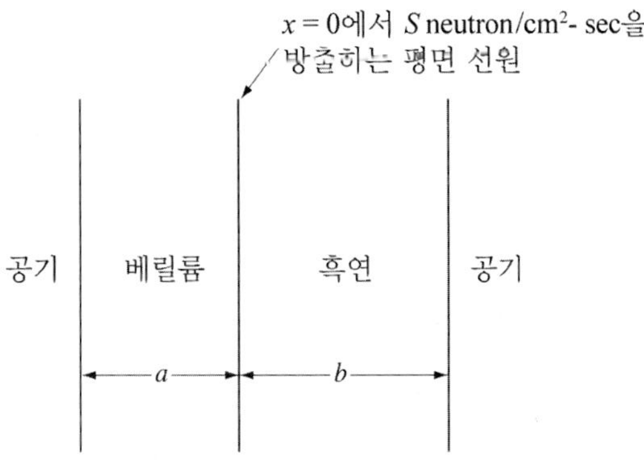

그림 5.9 2개의 다른 무한한 물질 평판 사이의 무한한 평면 선원

14. 반지름이 R인 구형 감속재가 S neutron/cm^3-sec을 방출하고 균일하게 분포된 선원을 포함하고 있다.

(a) 구 내에서 중성자속은 다음과 같음을 보여라.

$$\phi = \frac{S}{\Sigma_a}\left[1-\frac{R+d}{r}\frac{\sinh r/L}{\sinh\left(\frac{R+d}{L}\right)}\right]$$

(b) 구 내의 임의의 지점에서 중성자류 밀도에 대한 표현식을 유도하라.

(c) 초당 얼마나 많은 중성자가 구 외부로 빠져나가는가?

(d) 선원 중성자가 구를 빠져나가는 평균 확률은 얼마가 되는가?

15. 반지름 R이 50 cm인 무반사체 구형 고속 원자로에 대한 삼군 중성자속은 다음과 같은 식을 가진다.

$$\phi_1(r) = \frac{3\times 10^{15}}{r}\sin\left(\frac{\pi r}{R}\right)$$

$$\phi_2(r) = \frac{2\times 10^{16}}{r}\sin\left(\frac{\pi r}{R}\right)$$

$$\phi_3(r) = \frac{1\times 10^{16}}{r}\sin\left(\frac{\pi r}{R}\right)$$

군확산계수는 각각 D_1=2.2 cm, D_2=1.7 cm, D_3=1.05 cm이다. 3개의 군에서 원자로를 빠져나가는 총 중성자 누설량을 계산하라. [주: 외삽 거리는 무시하라.]

16. 어떤 원자로 빔튜브의 중심에서 열중성자속이 2×10^{13} neutron/cm^2-sec이다. 이 영역의 온도는 150℃이다.

(a) 열중성자 밀도를 계산하라.

(b) 에너지 E_T를 계산하라.

(c) 2,200 meter/sec 중성자속을 계산하라.

17. 흑연 연구용 원자로의 중심에서의 열중성자속이 5×10^{12} neutron/cm^2-sec이다. 이 지점에서 원자로의 온도가 120℃이다. 이 지점에서의 중성자 밀도와 흑연의 원자 밀도를 비교하라.

18. 무반사체인 정육면체 원자로의 열중성자속은 대략 다음과 같은 함수로 나타낼 수 있다.

$$\phi_T(x,y,z) = A\cos\left(\frac{\pi x}{\tilde{a}}\right)\cos\left(\frac{\pi y}{\tilde{a}}\right)\cos\left(\frac{\pi z}{\tilde{a}}\right)$$

여기에서 A는 상수이고, a는 정육면체의 변의 길이이며, $\tilde{a}$는 a와 $2d$의 합이다. 이때 d는 외삽 거리이다. 또한 x, y, z는 원자로의 중심으로부터 측정된 거리를 의미한다. (a) 원자로 내 위치에 따른 함수로서의 열중성자류, (b) 원자로의 각 변으로부터 초당 누설되는 열중성자의 수, (c) 원자로로부터 초당 누설되는 열중성자의 총수에 대한 표현식을 유도하라.

19. 2 m 두께의 무한한 흑연 평판의 중심에 위치한 평면 선원이 cm^2/sec당 10^8개의 열중성자를 방출한다. 이 시스템이 상온에 있다고 할 때, 다음을 계산하라.

(a) 어떤 시간에서 cm^2당 평판에 존재하는 열중성자의 총 개수

(b) 평판의 cm^2/sec당 흡수되는 열중성자의 수

(c) 평판 내 위치의 함수로서 중성자류

(d) 평판의 두 표면에서부터 cm^2/sec당 누설되는 중성자의 총 개수

(e) 선원 중성자가 평판으로부터 누설되지 않을 확률

20. 변의 길이 a = 800 cm인 무반사체 정육면체 원자로 내에서 열중성자속이 다음과 같은 식으로 주어진다.

$$\phi_T(x,\ y,\ z) = 2 \times 10^{12} \cos\left(\frac{\pi x}{\tilde{a}}\right)\cos\left(\frac{\pi y}{\tilde{a}}\right)\cos\left(\frac{\pi z}{\tilde{a}}\right)$$

여기서 x, y, z는 원자로의 중심으로부터 떨어진 거리를 의미하며, $\tilde{a} = a + 2d$이다. 온도는 400°C이고 열확산계수와 확산거리의 측정값은 각각 0.84 cm와 17.5 cm이다.

(a) 원자로 전체에 열중성자가 얼마나 존재하는가? [주: 몰(mole) 단위로 구하라.]

(b) 원자로 내에서 위치의 함수로서 중성자류 밀도벡터를 계산하라.

(c) 초당 원자로로부터 누설되는 열중성자는 얼마나 되는가?

(d) 초당 원자로에 흡수되는 열중성자의 수는 얼마가 되는가?

(e) 열중성자가 원자로로부터 누설되는 상대 확률은 얼마가 되는가?

21. ^{115}In가 (n,γ) 반응을 통해 반감기 54분의 ^{116}In 핵이성체를 생성하는 열(0.0253 eV) 단면적이 157 b이다. 무게 0.15 g의 얇은 인듐 포일을 문제 5.16에서 설명한 빔튜브에 위치시킨다.

(a) 포일의 열중성자 흡수율은 얼마인가?

(b) 빔튜브에서 1시간 후에 ^{116}In 핵이성체의 방사능은 얼마인가? [주: ^{115}In의 동위원소비는 95.7%이며, 비$-1/v$ 흡수체이다.]

22. 지름이 1 m인 무반사체 구형 원자로 내에서 열중성자속이 다음과 같이 근사적으로 주어져 있다.

$$\phi_T(r) = 2.29 \times 10^{14}\ \frac{\sin 0.0628\,r}{r}\ \text{neutron/cm}^2\text{-sec}$$

만약 원자로가 원자로 체적의 1/3까지 채워진 단위밀도의 물에 의해 감속되고 냉각되고 있다면 원자로 내에서 1년 동안 ^{2}H가 몇 g 생성되겠는가? 물은 원자로 열에 의

해 약간 따뜻해진다고 가정한다.

23. 원자로 내에서 ^{6}Li이 열중성자를 흡수해 ^{6}Li(n, α)^{3}H 반응을 하여 트리튬(^{3}H)을 생성한다. 이 반응의 단면적은 0.0253 eV일 때 940 b이고 $1/v$ 경향이 있다.

(a) ^{6}Li 1그램당 열중성자속 ϕ_T에 의해 1년간 생성되는 ^{3}H이 다음과 같이 주어짐을 증명하라.

$$\text{생성률/g} = 2.63 \times 10^{9} \phi_T \text{ atom/g-yr}$$

(b) $\phi_T = 1 \times 10^{14}$ neutron/cm^2-sec의 중성자속에서 ^{6}Li 1그램당 ^{3}H의 연간 생성량을 퀴리(curie) 단위로 계산하라.

24. 반감기가 $T_{1/2}$인 방사능 샘플이 열중성자속이 ϕ_T인 열중성자로 내부에 위치해 있다. 이 방사능 샘플은 방사성 붕괴와 중성자 흡수의 결과로 다음의 유효반감기를 가지고 사라짐을 보여라.

$$\left(\frac{1}{T_{1/2}}\right)_{\text{eff}} = \frac{1}{T_{1/2}} + \frac{\bar{\sigma}_a \phi_T}{\ln 2}$$

여기서 $\bar{\sigma}_a$는 방사능 샘플의 평균 열흡수 단면적이다.

25. 가압경수로의 출구 근처, 즉 온도 약 300℃와 밀도 0.68 g/cm^{3}에서 물의 열확산계수와 확산거리를 계산하라.

26. 상온 및 350℃에서의 천연우라늄에 대한 $\bar{D}$, $\bar{\Sigma}_a$, L_T의 값을 계산하라. 상온에서 L_T의 측정값은 1.55 cm이다. [주: σ_s값은 저에너지 중성자 영역에서는 상수이며, ^{235}U와 ^{238}U에 대해 거의 비슷한 값을 갖는다. 350℃ 및 상온에서 우라늄의 밀도는 기본적으로 같다.]

27. ^{235}U가 2 w/o 농축된 우라늄에 대해 문제 5.26을 반복 계산하라.

28. H_2O와 D_2O의 혼합물에 대해, H_2O의 농도를 5 w/o까지 올려 가면서 (a) 0.0253 eV에서의 Σ_a와 (b) 상온에서의 L_T를 계산하고 그래프를 그려라.

29. 물 용액에서 붕산(H_3BO_3)이 다음 농도일 경우 상온에서 열중성자 확산거리를 계산하라.

(a) 10 g/L

(b) 1 g/L

(c) 0.1 g/L

[*힌트*: H_3BO_3의 농도가 매우 낮기 때문에 혼합물에 대한 확산계수는 순수한 물의 확산계수와 거의 똑같다.]

30. 두께 16 cm의 물을 포함하고 있는 무한 평판의 중심에 10^8개/cm^2-sec의 열중성자를 방출하는 평면 선원이 있다. 평판 내부에서 열중성자속을 계산하고 그래프를 그려라.

31. 문제 5.30의 물을 문제 5.29에서 주어진 농도를 가지는 붕산 용액으로 바꿔 열중성자속을 구하고 그려라.

32. 식 (5.72)가 실제 식 (5.68)의 해임을 증명하라. 이 해는 $\tau_T \to 0$, $\tau_T \to L_T^2$인 경우, 이 해에 대해 논하라.

33. 문제 5.25에서 주어진 조건에 대해 물에서 핵분열 중성자의 중성자 연령을 계산하라.

34. 외삽 두께 $\tilde{a}$인 무한 평판 감속재가 다음의 함수에 따라 분포된 고속중성자 선원을 포함하고 있다.

$$s(x) = S\cos\left(\frac{\pi x}{\tilde{a}}\right)$$

이군 방법을 사용하여 이 평판에서 열중성자속에 대한 식을 유도하라.

원자로 이론

Nuclear Reactor Theory

6.1 일군 원자로 방정식
6.2 평판형 원자로
6.3 다른 형태의 원자로
6.4 일군 임계방정식
6.5 열중성자로
6.6 반사체가 있는 원자로
6.7 다군 계산
6.8 비균질 원자로

4.1절에서 설명한 것과 같이 임계 원자로(critical reactor, 임계로)에서는 핵분열을 통해 생성되는 중성자의 수와 원자로 내로 흡수되거나 원자로의 표면에서 외부로 누설되어서 손실되는 중성자의 수가 서로 균형을 이루고 있다. 원자로를 설계할 경우 가장 중요하게 고려하는 사항 중에 하나가 바로 이러한 중성자가 생성되거나 손실되는 두 과정 사이의 균형을 유지하기 위해 원자로의 규모를 어느 정도로 할 것인지, 혹은 어떠한 핵연료를 사용할 것인지, 농축도를 얼마로 할 것인지 등 핵연료 조성을 결정하는 것이다. 이 장에서는 이러한 내용에 대해 설명한다.

통상 이러한 중성자의 생성과 손실에 대한 균형, 즉 임계를 위한 조건을 계산하기 위해 5장 끝부분에서 잠깐 소개한 에너지군 확산방정식이 사용된다. 에너지군 확산방정식이 어떻게 사용되는지 알아보자. 계산 편의를 위해 중성자의 에너지군이 하나만 존재한다고 가정하자. 비록 이러한 일군 확산방정식을 통한 계산 결과는 고속 원자로(fast reactor, 고속로)에 적합하지만 열중성자로에 대해서도 약간 수정해 사용할 수도 있기 때문에 유용하다고 할 수 있다.

»» 6.1 일군 원자로 방정식

핵연료 물질과 냉각재가 균질하게 섞여 있는 임계 고속로를 고려해 보자. 또한 이 원자로가 하나의 영역으로 구성되어 있으며 블랭킷이나 반사체가 없다고 가정하자. 이러한 원자로를 소위 *개방 원자로*(bare reactor)라 부른다.

이 원자로는 일군 시간종속 확산방정식에 의한 일군 계산으로 그 특성을 표현할 수 있으며, 해당 방정식은 식 (5.17)을 참조해 다음과 같이 나타낸다.

$$D\nabla^2\phi - \Sigma_a\phi + s = \frac{1}{v}\frac{\partial\phi}{\partial t} \tag{6.1}$$

여기서 ϕ는 일군 중성자속을 나타내며, D와 Σ_a는 각각 일군 확산계수와 핵연료-냉각재 혼합물에 대한 거시적 흡수 단면적을 나타낸다. s는 단위시간, 단위체적당 생성되는 중성자의 숫자를 나타내는 선원의 밀도를 뜻하며, v는 중성자의 속력을 뜻한다. 원자로는 시간종속적이기 때문에 위 방정식에서는 원자로의 상태에 대해 어떠한 가정도 하고 있지 않다. 만약 이러한 경우가 아니라면, 즉 시간에 대해 종속적이지 않다면 식 (6.1)에서 우변에 있는 중성자속의 시간에 대한 미분 항은 사라지고, 선원과 흡수 및 누설에 대한 항만이 남아서 식을 구성한다.

표 6.1은 식 (6.1)에서 사용되는 고속로를 위한 일반적인 상수들과 일군 핵반응 단면적 등을 나타낸다.

표 6.1 고속로에 대한 거시적 흡수 단면적 등의 일군 상숫값*

원소 또는 동위원소	σ_γ	σ_f	σ_a	σ_{tr}	ν	η
Na	0.0008	0	0.0008	3.3	—	—
Al	0.002	0	0.002	3.1	—	—
Fe	0.006	0	0.006	2.7	—	—
^{235}U	0.25	1.4	1.65	6.8	2.6	2.2
^{238}U	0.16	0.095	0.255	6.9	2.6	0.97
^{239}Pu	0.26	1.85	2.11	6.8	2.98	2.61

*_Reactor Physics Constant_, 2nd ed., Argonne National Laboratory Report ANL-5800, 1963에서 발췌.

원자로가 측정 가능한 출력 범위에 있다면 해당 원자로에서의 선원 중성자는 핵분열을 통해 방출된다. 식 (6.1)의 좌변에 존재하는 s를 결정하기 위해 핵연료에 대한 거시적 핵분열 단면적 Σ_f을 생각해 보자. 만약 핵분열당 ν개의 중성자가 생성된다고 하면 선원 s는 다음과 같이 계산된다.

$$s = \nu \Sigma_f \phi$$

단, 원자로 내에서 핵분열을 통해서가 아닌, 즉 비핵분열로 인한 중성자 선원은 없다고 가정해 보자. 이 가정은 출력 준위가 매우 낮은 경우를 제외하고서는 일반적으로 적절한 가정이다.

만약 핵분열을 통한 중성자 선원이, 누설과 흡수에 관한 항과 서로 균형을 이루고 있지 않다면 식 (6.1)의 우변항은 0이 되지 않는다. 식 (6.1)의 좌우변 항의 값을 같게 하기 위해 매개변수 k를 도입하자. 선원항에 $1/k$을 곱해 식 (6.1)이 균형을 이루고 있다고 가정해 보자. 여기서 k는 그 값을 알지 못하는 상수다. 만약 선원이 매우 작다면 k는 1보다 작아질 것이고, 반대로 매우 크다면 k는 1보다 클 것이다. 이러한 특성을 가지고 있는 k를 식 (6.1)에 반영하면 다음과 같이 표현된다.

$$D\nabla^2\phi - \Sigma_a\phi + \frac{1}{k}\nu\Sigma_f\phi = 0 \tag{6.2}$$

다음과 같이 정의되는 기하학적 좌굴(buckling)이 있다고 하자.

$$B^2 = \frac{1}{D}\left(\frac{1}{k}\nu\Sigma_f - \Sigma_a\right)$$

그렇다면 식 (6.2)는 앞서 정의한 기하학적 좌굴을 사용해 다음과 같은 고유치 방정식으로 표현된다.

$$\nabla^2\phi = -B^2\phi \tag{6.3}$$

결과적으로 식 (6.2)는 누설 항을 표현하기 위해 도입된 좌굴이라는 정의를 통해 다음과 같은 확산방정식으로 표현될 수 있다.

$$-DB^2\phi - \Sigma_a\phi + \frac{1}{k}\nu\Sigma_f\phi = 0 \tag{6.4}$$

식 (6.4)는 다음 식과 같은 의미이기도 하다.

$$\nabla^2\phi + B^2\phi = 0 \tag{6.5}$$

식 (6.4) 또는 (6.5)를 일반적으로 *일군 원자로 방정식*(*one-group reactor equation*)이라 부른다. 일군 원자로 방정식을 상수 k에 대해 정리하면 다음과 같다.

$$k = \frac{\nu\Sigma_f\phi}{DB^2\phi + \Sigma_a\phi} = \frac{\nu\Sigma_f}{DB^2 + \Sigma_a} \tag{6.6}$$

그러나 식 (6.6)에서 B^2의 값을 모르고 있기 때문에 k값이 얼마인지 알 수는 없다.

식 (6.6)을 물리적 측면에서 해석해 보자. 위 식에서 분자는 현 세대에서 핵분열을 통해 생성되는 중성자의 숫자를 뜻하며, 분모는 이전 세대에서 손실된 중성자의 숫자를 뜻한다. 특정한 한 세대의 중성자들을 생각해 보자. 그 세대에 속해 있는 모든 중성자들은 결국 원자로 내의 핵연료나 혹은 냉각재 등에 흡수되거나 또는 원자로의 외부로 누설되게 되어 있다. 그러므로 위 식의 분모의 값은 한 단계 앞선 세대에서 생성된 중성자의 총 개수와 같다. 이는 4.1절에서 설명한 유한 원자로에 대한 증배계수의 정의와 같다. 이 장에서는 원자로에 대한 증배계수를 중성자의 생성률을 나타내는 $\nu\Sigma_f\phi$을 중성자의 흡수율과 누설률의 합을 나타내는 $DB^2\phi + \Sigma_a\phi$으로 나눈 값으로 새롭게 정의한다.

일군 방정식의 선원항은 핵연료의 흡수 단면적에 대한 항으로도 표현된다. 우선 핵연료의 일군 거시적 흡수 단면적과 핵연료에 흡수되는 중성자당 방출되는 핵분열 중성자의 평균 개수를 각각 $\Sigma_{a\mathrm{F}}$와 η로 정의하자.[1] 그렇다면 선원항은 다음과 같이 표현할 수 있다.

$$s = \eta\Sigma_{a\mathrm{F}}\phi \tag{6.7}$$

위 식은 또한 다음과 같이 나타낼 수도 있다.

$$s = \eta\frac{\Sigma_{a\mathrm{F}}}{\Sigma_a}\Sigma_a\phi = \eta f\Sigma_a\phi \tag{6.8}$$

여기서 f는 다음과 같이 정의되는 *핵연료 이용률*(*fuel utilization*)이다.

$$f = \frac{\Sigma_{a\mathrm{F}}}{\Sigma_a} \tag{6.9}$$

Σ_a은 핵연료와 냉각재의 혼합물에 대한 단면적을 나타내고, $\Sigma_{a\mathrm{F}}$은 단지 핵연료에 대한 단면적을 나타내기 때문에 f는 원자로에 흡수된 중성자 중 핵연료에 흡수된 중성자의 비율과 같다.

식 (6.8)로 표현되는 선원항은 또한 무한 매질 원자로에 대한 증배계수의 항으로서 표

1 만약 핵연료가 한 종류 이상의 핵분열성 핵종, 또는 핵분열성과 핵분열가능 핵종의 혼합물로 구성되어 있다면 η는 3.7절의 식 (3.55)에 따라 계산해야 한다.

현될 수도 있다. 이를 위해 같은 조성으로 구성된 무한 매질 원자로가 있고 해당 원자로가 개방 원자로(bare reactor)라 가정해 보자. 이 무한 매질 원자로는 중성자가 원자로의 표면으로 빠져나가지 못한다. 따라서 모든 중성자는 결과적으로 핵연료나 냉각재로 흡수될 수밖에 없다. 게다가 중성자속은 위치에 상관없이 일정한 상수일 것이다. 한 세대 안에서 생성된 중성자의 숫자는 한 세대에서 발생한 핵분열의 수에, 핵분열당 생성된 중성자의 숫자를 의미하는 ν를 곱한 값과 연관이 있다. 모든 생성된 중성자는 결국 원자로 내부에서 흡수될 것이고, 이 값은 원자로의 모든 곳에서 단위시간, 단위체적당 흡수되는 중성자의 숫자인 $\Sigma_a\phi$와 같을 것이다. 이 중성자들 중, $f\Sigma_a\phi$ 개수만큼의 중성자가 핵연료에 흡수될 것이며 또한 다음 세대에 $\eta f\Sigma_a\phi$ 개수만큼의 핵분열 중성자가 생성될 것이다. 이러한 새로운 세대에 생성된 중성자의 숫자는 또한 앞서 정의한 ν를 통해 핵분열률과 관련지을 수 있다. 조만간에 이러한 모든 중성자는 차례로 원자로에 흡수된다. 이렇듯 한 세대에서 $\Sigma_a\phi$ 개수만큼의 중성자들이 흡수되면 이는 다음 세대에서 $\eta f\Sigma_a\phi$ 개수만큼의 중성자의 흡수를 야기한다. 이제 4.1절 내용으로 되돌아가 증배계수를 한 세대의 핵분열의 숫자를 이전 세대의 숫자로 나눈 값으로 생각해 보자. 무한 매질에서 이 값은 흡수율과 관련되기 때문에 증배계수는 다음과 같이 나타낼 수 있다.

$$k_\infty = \frac{\eta f\Sigma_a\phi}{\Sigma_a\phi} = \eta f \tag{6.10}$$

여기서 k_∞의 아래첨자는 이 계산 결과가 단지 무한 매질의 원자로에서만 유용하다는 것을 의미한다.

예제 6.1

^{235}U와 소듐(sodium)의 혼합물에 대한 f와 k_∞ 값을 각각 계산하라. 단, 전체 혼합물 중 우라늄의 농도는 1 w/o라고 가정하라.

풀이

식 (6.9)를 사용하면 f는 다음과 같다.

$$f = \frac{\Sigma_{aF}}{\Sigma_a} = \frac{\Sigma_{aF}}{\Sigma_{aF} + \Sigma_{aS}}$$

여기서 Σ_{aF}와 Σ_{aS}은 각각 우라늄과 소듐의 거시적 흡수 단면적을 나타낸다. 위 식의 분자, 분모를 Σ_{aF}로 나누면 다음과 같다.

$$f = \frac{1}{1 + \Sigma_{aS}/\Sigma_{aF}} = \frac{1}{1 + N_S\sigma_{aS}/N_F\,\sigma_{aF}}$$

여기서 N_F와 N_S은 각각 우라늄과 소듐의 원자 밀도를 나타낸다. ρ_F와 ρ_S를 각각 혼합물에서의 단위체적당 우라늄과 소듐의 무게, 즉 밀도를 나타낸다고 하면 우라늄과 소듐의 원자 밀도의 비는 다음과 같이 나타낼 수 있다.

$$\frac{N_S}{N_F} = \frac{\rho_S}{\rho_F}\frac{M_F}{M_S}$$

여기서 M_F와 M_S는 각각 우라늄과 소듐의 그램원자량을 뜻한다. 문제에서 전체 혼합물에 대한 우라늄의 농도가 1 w/o이라 했는데, 이것은 다음과 같이 나타낼 수 있다.

$$\frac{\rho_F}{\rho_F + \rho_S} = 0.01$$

또는

$$\frac{\rho_S}{\rho_F} = 99$$

표 6.1의 σ_a의 값을 사용하면 f는 결국 다음과 같이 계산된다.

$$f^{-1} = 1 + 99 \times \frac{235}{23} \times \frac{0.0008}{1.65} = 1.49$$

위 식에 의해 최종적으로 f값은 다음과 같다.

$$f = 0.671$$

k_∞이 값을 구하기 위해 식 (6.10)을 적용해 보자. 그러면 다음과 같은 계산 결과를 구할 수 있다.

$$k_\infty = \eta f = 2.2 \times 0.671 = 1.48$$

여기서 k_∞값이 1보다 크기 때문에 문제에서 설명한 조성으로 구성된 이 무한 매질 원자로는 초임계(supercritical) 상태이다.

앞서 설명한 매개변수 η와 f는 단지 원자로의 재료적 특성에만 의존하는 상수이므로 k_∞의 값은 같은 조성이 무한히 반복되는 무한 매질 원자로에서나 반사체가 없는 개방 원자로(bare reactor)에서나 같다. 그러므로 식 (6.8)로 표현되었던 선원항은 다음과 같이 다시 구할 수 있다.

$$s = k_\infty \Sigma_a \phi \tag{6.11}$$

일군 원자로 방정식 (6.1)에 식 (6.11)과 (6.3)을 대입하면 다음 식을 얻는다.

$$-DB^2\phi - \Sigma_a\phi + \frac{k_\infty}{k}\Sigma_a\phi = +\frac{1}{v}\frac{\partial\phi}{\partial t}$$

만약 해당 원자로가 임계상태, 즉 $k = 1$이라면 위 식의 우변항은 0이 되고 결과적으로 식 (6.12)와 같이 표현된다.

$$-DB^2\phi + (k_\infty - 1)\Sigma_a\phi = 0 \tag{6.12}$$

위 식을 D로 나누면 다음과 같다.

$$-B^2\phi + \frac{k_\infty - 1}{L^2}\phi = 0 \tag{6.13}$$

여기서 일군 확산면적(one-group diffusion area)을 나타내는 L^2은 다음과 같이 정의된다.

$$L^2 = \frac{D}{\Sigma_a} \tag{6.14}$$

식 (6.13)을 좌굴 B^2에 대해 정리할 수 있는데, 이때 원자로가 임계상태라 한다면 다음 식이 유도된다.

$$B^2 = \frac{k_\infty - 1}{L^2} \tag{6.15}$$

다음 절에서는 중성자속 ϕ에 대해 일반적인 경계조건을 적용해, 일군 확산방정식을 통한 원자로의 중성자속 형태를 결정하는 것과 더불어 임계가 되는 원자로의 조건 등에 대해 설명한다.

6.2 평판형 원자로

무반사체 원자로의 첫 번째 예제로, 그림 6.1에 나타낸 바와 같이 두께 a이며 높이 방향으로 무한 매질인 원자로를 생각해 보자. 이때 이 원자로는 임계상태이며, 반사체가 없다고 가정해 보자. 이런 경우 앞서 설명한 원자로 방정식은 다음과 같다.

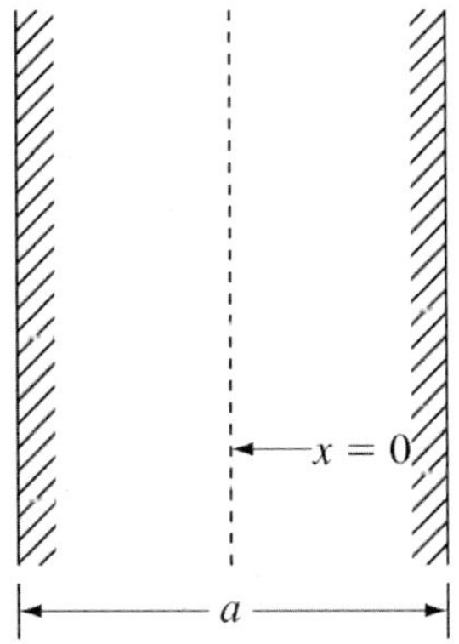

그림 6.1 무한 평판 원자로

$$\frac{d^2\phi}{dx^2} + B^2\phi = 0 \tag{6.16}$$

여기서 x는 평판 중심으로부터의 거리를 뜻한다.

원자로 내부의 중성자속을 결정하기 위해 중성자속 ϕ이 평판의 외삽 경계면에서 완전히 0이 된다는 경계조건(즉, $x = \tilde{a}/2$와 $x = -\tilde{a}/2$에서의 중성자속이 0이 된다고 해야 한다. 여기서 $\tilde{a} = a + 2d$이다.)을 적용해 식 (6.16)의 미분방정식을 풀어야 한다. 이 경계조건을 식으로 표현하면 다음과 같다.

$$\phi\left(\frac{\tilde{a}}{2}\right) = \phi\left(-\frac{\tilde{a}}{2}\right) = 0 \tag{6.17}$$

문제 특성상 평판의 중심을 기준으로 좌우가 대칭이기 때문에 평판의 중심에서 중성자의 순 흐름은 없을 것이다. 중성자류 밀도는 중성자속 ϕ의 미분에 비례하기 때문에 위 내용은 $x = 0$에서 다음과 같이 표현된다.

$$\frac{d\phi}{dx} = 0 \tag{6.18}$$

식 (6.18)에 의한 조건은 중성자속 ϕ가 우함수라는 것과 같은 뜻이므로 다음의 조건을 만족해야 한다.

$$\phi(-x) = \phi(x) \tag{6.19}$$

또한 중성자속은 원자로 내에서 연속적인 미분값을 가진다. (중성자속이 잘 정의된 함수인 문제에서는 식 (6.19)가 종종 식 (6.18)보다 적용하기가 더 편리하다.)

식 (6.16)의 일반해는 다음과 같다.

$$\phi(x) = A\cos Bx + C\sin Bx \tag{6.20}$$

여기서 A와 C는 결정해야 할 상수다. 식 (6.18)을 적용하기 위해 식 (6.20)을 미분하면 상수 C가 0임을 쉽게 알 수 있다. 따라서 식 (6.20)으로 표현되던 중성자속은 다음과 같이 간소화된다.

$$\phi(x) = A\cos Bx$$

다음으로 식 (6.17)의 $x = \tilde{a}/2$에서의 경계조건을 적용하면 다음과 같다. (코사인함수 자체가 우함수이므로 $x = -\tilde{a}/2$일 때와 차이가 없다.)

$$\phi\left(\frac{\tilde{a}}{2}\right) = A\cos\left(\frac{B\tilde{a}}{2}\right) = 0 \tag{6.21}$$

이 식은 $A = 0$일 때 또는 다음과 같은 경우 만족한다.

$$\cos\left(\frac{B\tilde{a}}{2}\right) = 0 \tag{6.22}$$

식 (6.22)는 만약 B가 다음의 B_n 중 어느 하나일 경우 만족한다.

$$B_n = \frac{n\pi}{\tilde{a}} \tag{6.23}$$

여기서 n은 홀수형 정수이고 식 (6.22)에 직접 대입해 보면 성립한다는 것을 쉽게 알 수 있다.

이 다양한 상수인 B_n을 이 문제의 *고유치*(*eigenvalue*)라 부르며 고유치에 상응하는 함수인 $\cos B_n x$를 *고유함수*(*eigenfunction*)라 부른다. 만약 원자로가 임계상태가 아니면 중성자속은 시간에 종속적인 함수에 의해 곱해진 이러한 모든 고유함수들의 선형 결합으로 표현된다. 그러나 만약 원자로가 임계라면 이러한 모든 함수는 결국 첫 번째 고유함수를 제외하고는 사라진다. 이때 중성자속은 첫 번째 고유함수 또는 *펀더멘털*(*fundamental*)의 정상상태 형태가 된다. 즉 다음과 같이 표현될 수 있다.

$$\phi(x) = A\cos B_1 x = A\cos\left(\frac{\pi x}{\tilde{a}}\right) \tag{6.24}$$

위 식이 바로 임계 평판형 원자로의 중성자속을 나타낸다.

가장 작은 고유치의 제곱인 B_1^2은 일반적으로 원자로 *좌굴*(*buckling*)(앞서 설명한 기하학적 좌굴과 비교)이라 부른다. 이 항은 중성자속에 대한 다음 방정식을 이용하여 계산된다.

$$\frac{d^2\phi}{dx^2} + B_1^2\phi = 0 \tag{6.25}$$

식 (6.25)를 B_1^2에 대해 정리하면 다음과 같다.

$$B_1^2 = -\frac{1}{\phi}\frac{d^2\phi}{dx^2}$$

위 식의 우변항은 원자로의 중성자속 곡률에 비례한다. 곡률은 중성자속의 휘어짐 혹은 찌그러진 정도의 척도이다. 평판형 원자로에서 좌굴은 다음과 같기 때문에 a가 증가할수록 좌굴은 감소한다.

$$B_1^2 = \left(\frac{\pi}{\tilde{a}}\right)^2 \tag{6.26}$$

극단적으로 a가 무한대라 가정한다면 B_1^2은 0이 되고, 중성자속 ϕ은 상수가 되어 휘어짐이 없게 된다.

식 (6.24)의 중성자속 ϕ의 크기를 결정하는 상수 A의 값은 사전 계산을 통해 주어지지 않는다. 수학적으로 생각하면 이것은 원자로 방정식(식 6.5 혹은 식 6.16)이 제차방정식

(homogeneous equation)이고, 모든 상수를 곱한 ϕ가 여전히 해당 방정식의 해이기 때문이다. 이를 물리적으로 생각하면 A의 값은 원자로 내에서 중성자속의 크기가 그 시스템이 운전되는 출력에 의해 결정되며 물질의 성질에 의해 결정되는 것이 아니기 때문이다.

A에 대한 표현식을 구하기 위해서는, 원자로 출력 계산이 따로 필요하다. 어떠한 지점 x에서 단위시간, 단위체적당 핵분열 수인 $\Sigma_f\phi(x)$가 있다고 하자. 여기서 Σ_f은 거시적 핵분열 단면적을 뜻한다. 만약 회수 가능한 에너지가 핵분열당 E_R J(joule)[2]일 경우(200 MeV의 회수 가능한 에너지, $E_R = 3.2 \times 10^{-11}$ J), 평판의 단위면적당 총 출력(W/cm²)은 다음과 같이 계산할 수 있다.

$$P = E_R \Sigma_f \int_{-a/2}^{a/2} \phi(x)dx \tag{6.27}$$

위 식에서, 외삽된 경계면은 포함하지 않고 원자로의 실제 물리적 크기에 대해서만 적분이 수행되었음을 주목할 필요가 있다. 식 (6.20)으로부터 얻은 중성자속 $\phi(x)$를 위 식에 대입하고 적분을 수행하면 다음과 같다.

$$P = \frac{2\tilde{a}E_R\Sigma_f A \sin\left(\frac{\pi a}{2\tilde{a}}\right)}{\pi} \tag{6.28}$$

따라서 평판형 원자로 내에서 열중성자속에 대한 최종 식은 다음과 같다.

$$\phi(x) = \frac{\pi P}{2\tilde{a}E_R\Sigma_f \sin\left(\frac{\pi a}{2\tilde{a}}\right)} \cos\left(\frac{\pi x}{\tilde{a}}\right)$$

여기서 만약 외삽 거리 d가 원자로 두께 a와 비교해 매우 작다면 위 식은 다음과 같이 나타낼 수 있다.

$$\phi(x) = \frac{\pi P}{2aE_R\Sigma_f} \cos\left(\frac{\pi x}{a}\right) \tag{6.29}$$

---

2 원자로 이론에 대한 Lamarsh의 다른 서적에는 E_R이 줄(joule)의 단위를 가질 경우 γ로 표현했다.

»» 6.3 다른 형태의 원자로

무한 평판형 원자로를 제작하는 것은 현실적으로 불가능하다. 그러므로 앞 절의 결과를 더욱 현실적인 형태의 원자로에 대해 일반화하는 것은 필수적이라 할 수 있다. 이것은 다음에 설명하는 원자로의 형태들, 즉 구형, 무한 원통형, 직육면체형, 유한 원통형 등을 통해 쉽게 구현될 수 있다. 그림 6.2는 이 원자로들과 각 원자로 형태에 적합한 좌표계를 보여 준다. 이 절에서는 이들 원자로들이 반사체를 갖지 않는다고 가정하여 서술한다. 반사체를 포함한 원자로는 6.6절에서 설명한다.

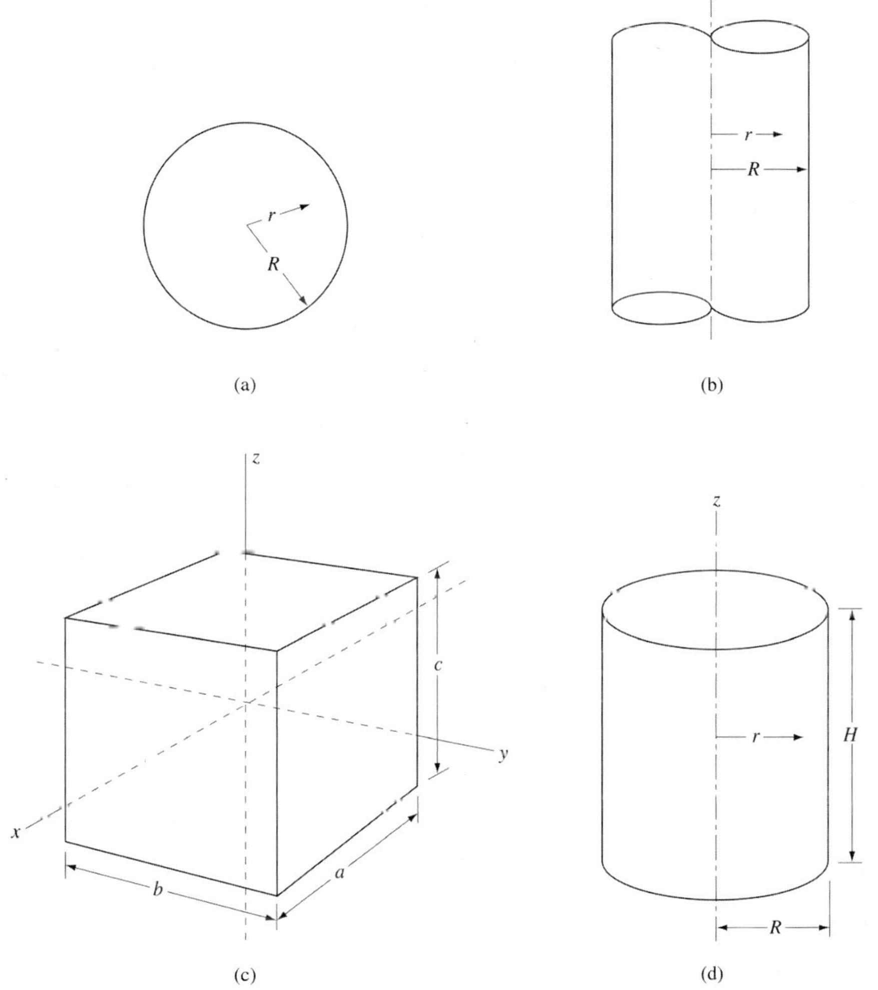

그림 6.2 (a) 구형 원자로, (b) 무한 원통형 원자로, (c) 직육면체형 원자로, (d) 유한 원통형 원자로

구형(sphere) 원자로

우선 반지름이 R이며 임계상태인 구형 원자로를 생각해 보자. (역시 여기서는 정상상태임을 가정한다.) 이 원자로의 중성자속은 단지 구의 중심으로부터의 거리 r의 함수로 나타낼 수 있으며 원자로 방정식은 다음과 같다.

$$\frac{1}{r^2}\frac{d}{dr}r^2\frac{d\phi}{dr} + B^2\phi = 0 \tag{6.30}$$

식 (6.30)은 구형 좌표계의 라플라시안이 사용되었다. 이 원자로 내의 중성자속은 반드시 경계조건인 $\phi(\tilde{R}) = 0$을 만족해야 하고($\tilde{R} = R + d$), 원자로의 내부 모든 곳에서 유한한 값이어야 한다.

식 (6.30) 내부의 중성자속을 $\phi = w/r$으로 치환하고, 5.6절에서 한 것처럼 w를 제거한다면 식 (6.30)의 일반해는 다음과 같다.

$$\phi = A\frac{\sin Br}{r} + C\frac{\cos Br}{r}$$

여기서 A와 C는 상수이다. 위 식의 두 번째 항은 r이 0에 가까워질 경우 무한한 값이 된다. 중성자속은 물리적인 양이고 모든 영역에서 유한한 값을 가지기 때문에 C는 반드시 0이어야만 한다. 따라서 중성자속은 다음과 같다.

$$\phi = A\frac{\sin Br}{r} \tag{6.31}$$

경계조건인 $\phi(\tilde{R}) = 0$은 B를 다음과 같은 고유치들 중 어느 하나로 할 경우 만족할 수 있다.

$$B_n = \frac{n\pi}{\tilde{R}}$$

여기서 n은 정수를 나타낸다. 그러나 앞 절에서 설명한 것처럼, 단지 첫 번째 고유치만 임계로에 대해 의미가 있다. 따라서 $n = 1$이라 하면 좌굴은 다음과 같다.

$$B_1^2 = \left(\frac{\pi}{\widetilde{R}}\right)^2 \tag{6.32}$$

그리고 중성자속은 다음과 같이 주어진다.

$$\phi = A\frac{\sin(\pi r/\widetilde{R})}{r} \tag{6.33}$$

앞 절에서 설명했듯이, 위 식에서도 상수 A는 다시 원자로의 운전 중 출력에 의해 결정된다. 즉 다음과 같이 구할 수 있다.

$$P = E_R\Sigma_f\int\phi(r)dV \tag{6.34}$$

여기서 dV는 미분체적소를 뜻한다. 이 문제의 기하학적인 관점(구형 좌표계)에서 살펴보면 dV는 다음과 같이 구해진다.

$$dV = 4\pi r^2 dr$$

위 식을 식 (6.34)에 대입하면 다음과 같다.

$$P = 4\pi E_R\Sigma_f\int_0^R r^2\phi(r)dr$$

식 (6.33)으로 표현된 중성자속을 위 식에 대입해 적분을 수행하면 다음과 같다.

$$P = 4\pi E_R\Sigma_f A\frac{\widetilde{R}}{\pi}\left[\frac{\widetilde{R}}{\pi}\sin\left(\frac{\pi R}{\widetilde{R}}\right) - R\cos\left(\frac{\pi R}{\widetilde{R}}\right)\right]$$

만약 d가 원자로의 반경 R에 비해 작다면 구 내부에서의 중성자속은 다음과 같이 나타낼 수 있다.

$$\phi = \frac{P}{4E_R\Sigma_f R^2}\frac{\sin(\pi r/R)}{r} \tag{6.35}$$

무한 원통형(infinite cylinder) 원자로

다음으로 반지름이 R인 무한 임계 원통형 원자로를 생각해 보자. 이러한 원자로 내부에서의 중성자속도 단지 축방향으로부터의 거리 r에 대한 함수일 것이다. 부록 III에 설명한 원통형 좌표계에 대한 라플라시안을 적용하면 원자로 방정식은 다음과 같이 표현된다.

$$\frac{1}{r}\frac{d}{dr}r\frac{d\phi}{dr} + B^2\phi = 0$$

위 식의 첫 번째 항에 포함된 미분을 수행하면 다음과 같다.

$$\frac{d^2\phi}{dr^2} + \frac{1}{r}\frac{d\phi}{dr} + B^2\phi = 0 \tag{6.36}$$

중성자속 ϕ는 위 식을 만족해야 할 뿐만 아니라 $\phi(\widetilde{R}) = 0$을 포함한 경계조건을 만족해야 한다.

식 (6.36)을 살펴보면 다음과 같은 *베셀방정식*(*Bessel's equation*)의 특별한 경우임을 쉽게 알 수 있다.

$$\frac{d^2\phi}{dr^2} + \frac{1}{r}\frac{d\phi}{dr} + \left(B^2 - \frac{m^2}{r^2}\right)\phi = 0 \tag{6.37}$$

위 식에서 m은 상수이다. 식 (6.37)은 이차 미분방정식이기 때문에 2개의 서로 독립적인 해를 가지고 있다. 이러한 베셀방정식의 두 해는 각각 $J_m(Br)$와 $Y_m(Br)$로 표현되며, 통상 1차 베셀함수(ordinary Bessel function of the first kind)와 2차 베셀함수(ordinary Bessel function of the second kind)로 부른다.[3] 이 함수들은 다양한 공학 혹은 물리학 문제들에 나오며, 표로 만들어져서 널리 사용되고 있다.

베셀함수의 일반적인 표현식인 식 (6.36)과 무한 원통형 원자로의 방정식인 식 (6.37)을 비교하면 원통형 원자로 문제에서 m이 0임을 알 수 있다. 그러므로 이 원자로 방정식의 일반해는 다음과 같이 나타낼 수 있다.

$$\phi = A J_0(Br) + C Y_0(Br)$$

---

3 베셀함수의 간단한 표가 부록 V에 있다.

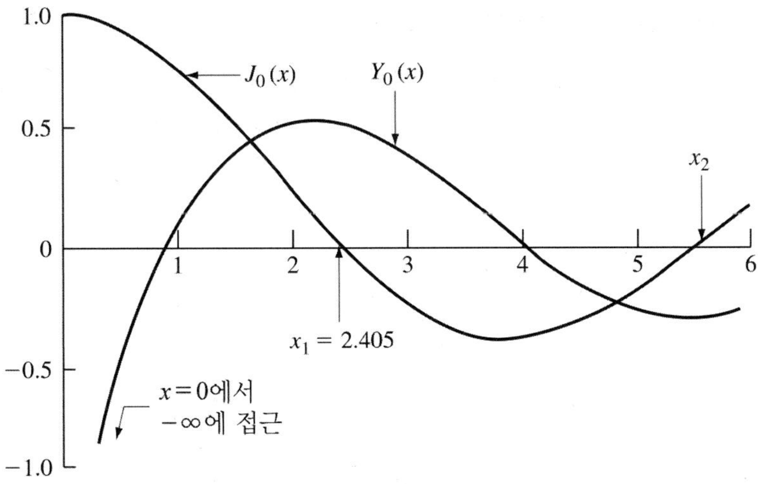

그림 6.3 베셀함수 $J_0(x)$와 $Y_0(x)$

위 식에서 A와 C는 상수이다. 그림 6.3은 함수 $J_0(x)$과 $Y_0(x)$을 나타낸다. 위 그림을 통해 $Y_0(x)$는 $x = 0$에서 음의 무한대 값을 가진다는 것을 알 수 있으며, 또한 $J_0(x)$은 $x = 0$에서 1임을 알 수 있다. 중성자속 ϕ는 물리적인 값이기 때문에 원자로 내부의 모든 지점에서 유한한 값임은 자명하다. 중성자속이 유한한 값이려면 C가 0이어야만 한다. 따라서 중성자속 ϕ는 다음과 같이 표현할 수 있다.

$$\phi = AJ_0(Br) \tag{6.38}$$

위 식에서 경계조건인 $\phi(\widetilde{R}) = 0$은 다음과 같이 된다.

$$\phi(\widetilde{R}) = AJ_0(B\widetilde{R}) = 0 \tag{6.39}$$

그림 6.3에 나타난 것처럼 $J_0(x)$은 x_1, x_2 등으로 표시된 곳에서 항상 0이고, 결과적으로 이러한 사실을 수식화한다면 $J_0(x_n) = 0$으로 표현될 수 있다. 이것은 식 (6.39)가 다음과 같이 주어지는 B의 고유치에 대해 만족한다는 것을 뜻한다.

$$B_n = \frac{x_n}{\widetilde{R}}$$

그러나 앞서 누차 설명한 바와 같이 임계 원자로에서는 단지 최저 고유치만이 중요하기 때문에 좌굴은 다음과 같이 주어진다.

$$B_1^2 = \left(\frac{x_1}{\widetilde{R}}\right)^2 = \left(\frac{2.405}{\widetilde{R}}\right)^2 \tag{6.40}$$

그러므로 일군 중성자속은 다음과 같다.

$$\phi = A\,J_0\left(\frac{2.405\,r}{\widetilde{R}}\right) \tag{6.41}$$

상수 A는 식 (6.34)에 의해 결정된다. 이때 무한 원통형 원자로에 대한 미분체적소 dV는 $2\pi r\,dr$이다. 그러므로 무한 원통형 원자로의 단위길이당 출력은 다음으로 구할 수 있다.

$$\begin{aligned} P &= 2\pi E_R \Sigma_f \int_0^R \phi(r) r\, dr \\ &= 2\pi E_R \Sigma_f A \int_0^R J_0\left(\frac{2.405 r}{R}\right) r\, dr \end{aligned}$$

위 식에서 적분은 베셀방정식에 대해 널리 알려져 있는 다음 공식을 통해 계산할 수 있다.

$$\int J_0(x')x'dx' = x\,J_1(x)$$

단위길이당 출력을 구할 때 만약 d가 작은 경우라면 출력 P는 다음과 같이 계산할 수 있다.

$$P = 2\pi E_R \Sigma_f R^2 A\, J_1(2.405)/2.405 = 1.36\, E_R \Sigma_f R^2 A$$

이러한 계산 결과를 통해 결과적으로 중성자속은 다음과 같다.

$$\phi = \frac{0.737\,P}{E_R \Sigma_f R^2} J_0\left(\frac{2.405\,r}{R}\right) \tag{6.42}$$

유한 원통형(finite cylinder) 원자로

높이가 H이고 반지름이 R인 유한 크기 원통형 원자로의 경우 흥미로운 중성자속 분포가 구해진다. 이 유한 원통형 원자로 내부에서는 중성자속은 중심축으로부터 반지름 방향으로 떨어진 거리 r과 원통의 중심으로부터 축방향으로 떨어진 거리 z의 함수일 것이다. 부록 III에서 설명한 원통형 좌표계에 대한 라플라시안을 적용하면 최종적으로 원자로 방정식은 다음과 같다.

$$\frac{1}{r}\frac{\partial}{\partial r}r\frac{\partial\phi}{\partial r} + \frac{\partial^2\phi}{\partial z^2} + B^2\phi = 0$$

또한 위 식의 첫 번째 항에 있는 미분을 수행하면 다음과 같은 식이 된다.

$$\frac{\partial^2\phi}{\partial r^2} + \frac{1}{r}\frac{\partial\phi}{\partial r} + \frac{\partial^2\phi}{\partial z^2} + B^2\phi = 0 \tag{6.43}$$

중성자속 ϕ는 위 식을 만족해야 할 뿐만 아니라 반드시 $\phi(\widetilde{R},z) = 0$과 $\phi(r,\widetilde{H}/2) = 0$을 포함한 경계조건을 만족해야 한다($\widetilde{R} = R+d,\ \widetilde{H}/2 = H/2+d$). 위 식에서 중성자속을 적절히 구하기 위해 변수분리법을 적용하도록 하자. 우선 중성자속에 대해 다음과 같은 변수분리가 성립한다고 가정하자.

$$\phi(r,z) = R(r)Z(z)$$

식 (6.43)에 위의 변수분리식을 적용하면 다음과 같다.

$$\frac{1}{R}\frac{1}{r}\frac{\partial}{\partial r}r\frac{\partial R}{\partial r} + \frac{1}{Z}\frac{\partial^2 Z}{\partial z^2} = -B^2$$

이 방정식은 모든 r 또는 z의 조합에 대해 만족해야 하므로 좌변의 첫 번째 항과 두 번째 항은 반드시 상수여야만 한다. 우선 좌변의 첫 번째 항에 있는 r에 대한 미분을 수행하고 그 값이 어떠한 상숫값이 된다고 생각하면 다음과 같이 나타낼 수 있다.

$$\frac{d^2R}{dr^2} + \frac{1}{r}\frac{dR}{dr} + B_r^2R = 0$$

이는 앞서 설명한 0차원의 1차 베셀함수이다. 또한 두 번째 항의 z에 대한 미분을 수행하고 역시 상숫값이 된다고 생각하면 다음과 같이 나타낼 수 있다.

$$\frac{d^2 Z}{dz^2} + B_z^2 Z = 0$$

결과적으로 좌굴 B^2은 다음과 같이 B_r^2과 B_z^2의 합으로 나타낼 수 있다.

$$B^2 = B_r^2 + B_z^2$$

위 식의 일반해를 구해 보자. 우선 $Z(z)$의 일반해는 다음과 같다.

$$Z(z) = A\cos B_z z + C\sin B_z z$$

이는 무한 평판 원자로의 해와 같다. 위 식 역시 경계조건을 만족해야 하며, 양수여야 한다. 이렇게 얻어진 해는, 평판 및 무한 원통형 원자로에 대한 해의 곱과 같으며, 외삽된 경계면에서의 경계조건을 적용하면 아래와 같이 주어진다.

$$\phi(r, z) = A J_0\left(\frac{2.405\, r}{\widetilde{R}}\right)\cos\frac{\pi z}{\widetilde{H}}$$

여기서 $\widetilde{H} = H + 2d$이고, $\widetilde{R} = R + d$이다. 만약 원자로의 출력을 알고 있다면 앞의 평판형 원자로, 무한 원통형 원자로 등에서 설명했듯이 식 (6.34)를 사용해 상수 A를 결정할 수 있다.

직육면체형(rectangular parallelepiped) 원자로

직육면체형 원자로 내에서의 중성자속 분포의 유도는 앞서 설명한 다른 형태의 원자로보다 유도하는 과정이 다소 복잡하고 장황하다. 그러나 이 또한 유한 원통형 원자로의 중성자속을 구하는 방법과 유사하게 구할 수 있다. 이러한 기하학적 형태를 띠고 있는 원자로에 대한 좌굴과 중성자속은 표 6.2에 정리되어 있다. 이 표에는 앞서 구한 평판형, 구형, 무한 원통형, 유한 원통형에 대한 결과값도 나타나 있다.

표 6.2 임계 개방 원자로에 대한 좌굴, B^2과 중성자속(d는 작다고 가정)

구조	크기	좌굴	중성자속	A	Ω
무한 평판형	두께, a	$\left(\frac{\pi}{a}\right)^2$	$A\cos\left(\frac{\pi x}{a}\right)$	$1.57P/aE_R\Sigma_f$	1.57
직육면체형	$a\times b\times c$	$\left(\frac{\pi}{a}\right)^2+\left(\frac{\pi}{b}\right)^2+\left(\frac{\pi}{c}\right)^2$	$A\cos\left(\frac{\pi x}{a}\right)\cos\left(\frac{\pi y}{b}\right)\cos\left(\frac{\pi z}{c}\right)$	$3.87P/VE_R\Sigma_f$	3.88
무한 원통형	반지름, R	$\left(\frac{2.405}{R}\right)^2$	$AJ_0\left(\frac{2.405r}{R}\right)$	$0.738P/R^2E_R\Sigma_f$	2.32
유한 원통형	반지름, R 높이, H	$\left(\frac{2.405}{R}\right)^2+\left(\frac{\pi}{H}\right)^2$	$AJ_0\left(\frac{2.405r}{R}\right)\cos\left(\frac{\pi z}{H}\right)$	$3.63P/VE_R\Sigma_f$	3.64
구형	반지름, R	$\left(\frac{\pi}{R}\right)^2$	$A\frac{1}{r}\sin\left(\frac{\pi r}{R}\right)$	$P/4R^2E_R\Sigma_f$	3.29

중성자속과 출력의 평균에 대한 최댓값

균질한 개방 원자로 내에서 중성자속의 최댓값 $\phi_{\max}$는 항상 해당 원자로의 중심에서 나타난다. 출력밀도가 중심에서 가장 높기 때문에 원자로 전체 영역을 통틀어 그것의 평균값에 대한 최대 중성자속의 비율을 계산하는 것은 원자로의 안전성 측면에서 의미 있는 일이다. 이 평균값에 대한 최댓값의 비율은 Ω로 나타내며 이는 원자로 내부에서 중성자속의 전반적 변화에 대한 척도라 할 수 있다. 이를 통해 해당 원자로의 중심에서 출력밀도가 평균 출력밀도를 어느 정도 초과했는지를 살필 수 있다.

우선 반사체가 없는 구형 원자로의 경우를 생각해 보자. $\phi_{\max}$의 값은 식 (6.35)에서 r이 0으로 갈 때의 수렴값이다. 따라서 해당 값은 다음과 같이 계산할 수 있다.

$$\phi_{\max} = \frac{P}{4E_R\Sigma_f R^2}\lim_{r\to 0}\frac{\sin(\pi r/R)}{r} = \frac{\pi P}{4E_R\Sigma_f R^3} \tag{6.44}$$

또한 중성자속 ϕ의 평균값은 다음과 같이 구할 수 있다.

$$\phi_{\text{av}} = \frac{1}{V}\int \phi\, dV \tag{6.45}$$

위 식은 구의 체적에 대한 적분값이 필요하다. 이러한 적분은 원자로의 출력에 비례한다. 즉 다음과 같은 관계식을 가진다.

$$P = E_R \Sigma_f \int \phi dV$$

따라서 다음 식을 만족한다.

$$\phi_{av} = \frac{P}{E_R \Sigma_f V} \tag{6.46}$$

이 결과는 모든 기하학적 구조에 대해 유효한 결과이다. 식 (6.44)를 식 (6.46)으로 나누면 구형 원자로에 대해 다음과 같은 결과를 얻을 수 있다.

$$\Omega = \frac{\phi_{max}}{\phi_{av}} = \frac{\pi^2}{3} = 3.29 \tag{6.47}$$

표 6.2에는 여러 형태의 원자로들에 대한 Ω 값이 나와 있다.

7, 8장에서 자세히 설명하겠지만, 실제 원자로 내부에서의 중성자속 분포를 가능한 한 균일하게 즉 *편평하게* 하는 것이 중요하다. 표 6.2에 나와 있는 Ω 값들은 실제 원자로에 대한 Ω 의 제한조건보다 큰 값들이라는 것에 유의해야 한다. 그러나 또한 이 값들이 개방 원자로로부터 유도되었다는 것을 명심해야 한다. 반사체가 없는 원자로에서는 중성자속이 원자로 중심으로부터 원자로 표면 쪽으로 갈수록 매우 큰 변화가 있다. 6.6절에 서술하겠지만, 반사체가 존재하는 원자로의 경우에는 중성자속이 원자로심(core)과 반사체 경계에서 아주 작은 값이 되는 현상이 발생하지는 않는다. 이러한 종류의 원자로 즉 반사체가 있는 원자로(모든 출력로는 반사체를 가지고 있다) 내에서는 중성자속이 상당히 평평한 편이다. 또한 현재의 상용 원자로에서는 원자로심 내 연료를 불균질하게 분포시키고 중성자 흡수물질을 첨가함으로써 중성자속을 더욱 평평하게 만든다(7.6절 참조).

예제 6.2

반지름이 50 cm인 반사체가 없는 구형 원자로가 100 MW(= 10^8 joule/sec)의 출력 준위로 운전되고 있다. $\Sigma_f = 0.0047$ cm^{-1}이라 한다면 이 원자로 내부 중성자속의 평균값과 최댓값은 얼마인가?

풀이

중성자속 ϕ의 최댓값은 식 (6.44)를 통해 간단히 직접 구할 수 있다. 식 (6.44)에 해당 값들을 대입하면 다음과 같이 ϕ_{max}을 구할 수 있다.

$$\phi_{max} = \frac{\pi \times 10^8}{4 \times 3.2 \times 10^{-11} \times 0.0047 \times (50)^3}$$

$$= 4.18 \times 10^{15} \text{ neutron/cm}^2\text{-sec}$$

또한 식 (6.47)을 통해 중성자속의 평균값을 다음과 같이 구할 수 있다.

$$\phi_{av} = \frac{\phi_{max}}{\Omega} = \frac{4.18 \times 10^{15}}{3.29} = 1.27 \times 10^{15} \text{ neutron/cm}^2\text{-sec}$$

6.4 일군 임계방정식

앞 절에서 원자로가 임계가 되는 필수조건은 좌굴 B^2이 첫 번째 고유치 B_1^2과 같아지는 것이라 하였다. 식 (6.6)에서 k값은 다음과 같다.

$$k = \frac{\nu \Sigma_f}{\Sigma_a + DB^2}$$

임계일 경우, 즉 $k = 1$일 때, 위 식을 B^2에 대해 정리하면 다음과 같다.

$$B^2 = \frac{\nu \Sigma_f - \Sigma_a}{D} \tag{6.48}$$

따라서 임계 좌굴 B_c^2은 다음과 같다.

$$B_c^2 = \frac{\dfrac{\nu \Sigma_f}{\Sigma_a} - 1}{\dfrac{D}{\Sigma_a}} \tag{6.49}$$

위 식의 우변항은 해당 원자로의 물질적 특성에 관한 함수임을 알 수 있다. 또한 이 항은 원자로의 크기(dimension) 및 기하학적인 특성에 종속적인 첫 번째 고유치의 제곱인 B_1^2과 같아야만 할 것이다. k_∞와 L^2에 대한 정의를 사용하면 이는 다음과 같이 표현할 수 있다.

$$\frac{k_\infty - 1}{L^2} = B_1^2 \tag{6.50}$$

위 식은 주어진 개방 원자로가 임계가 되는 조건을 결정하게 된다. 예를 들어, 만약 원자로의 물리적 특성이 정확하게 주어진다면 식 (6.50)의 좌변항의 각 항을 알 수 있게 되고, 원자로의 크기는 우변의 B_1^2가 해당 식을 만족할 수 있도록 조정되어야 한다. 그러나 만약 원자로의 크기가 정확하게 주어진다면 B_1^2을 알게 되고 원자로의 물질적 특성은 해당 식의 좌변과 우변이 같아지도록 조정되어야 한다. 이러한 방식으로, 핵연료의 임계크기와 임계질량이 결정될 수 있게 되는 것이다. 다음의 예제를 통해 이러한 계산 과정에 대해 알아보자.

예제 6.3

^{239}Pu와 소듐의 균질한 혼합물로 구성된 고속로를 위한 핵연료집합체가 있다. 이 핵연료집합체는 반사체가 없는 구형의 형태다. 이 핵연료집합체의 원자 밀도는 ^{239}Pu와 소듐에 대해 각각 $N_F = 0.00395 \times 10^{24}$, $N_S = 0.0234 \times 10^{24}$이다. 해당 핵연료집합체의 임계 반지름 R_c를 구하라.

풀이

식 (6.32)를 식 (6.50)에 대입하고, $\widetilde{R}$에 대해 정리하면 외삽 경계조건에 대한 임계 반지름인 $\widetilde{R}_c$는 다음과 같이 표현된다.

$$\widetilde{R}_c = \pi\sqrt{\frac{L^2}{k_\infty - 1}}$$

여기서 $\widetilde{R}$을 찾기 위해서는 k_∞와 L^2을 계산해야 한다. 우선 표 6.1에 있는 다음과 같은 단면적을 사용해 보자.

$$\Sigma_{aF} = 0.00395 \times 2.11 = 0.00833 \text{ cm}^{-1}$$

$$\Sigma_{aS} = 0.0234 \times 0.0008 = 0.000019 \text{ cm}^{-1}$$

$$\Sigma_a = \Sigma_{aF} + \Sigma_{aS} = 0.00835$$

그런 다음, 식 (6.9)로부터 다음과 같이 f를 구할 수 있다.

$$f = \frac{0.00833}{0.00835} \simeq 1$$

k_∞은 다음과 같이 구할 수 있다.

$$k_\infty = \eta f \simeq 2.61$$

$L^2(= D/\Sigma_a)$을 계산하기 위해서는 D의 값이 필요하며, 이는 다음 식으로부터 구할 수 있다(식 5.10 참고).

$$D = \frac{1}{3\Sigma_{\text{tr}}}$$

여기서 Σ_{tr}은 거시적 수송 단면적을 의미한다. 표 6.1에서 주어진 σ_{tr}의 값으로부터 Σ_{tr}, D, d를 다음과 같이 차례로 구할 수 있다.

$$\Sigma_{\text{tr}} = 0.00395 \times 6.8 + 0.0234 \times 3.3 = 0.104 \text{ cm}^{-1}$$

$$D = \frac{1}{3 \times 0.104} = 3.21 \text{ cm}$$

$$d = 2.13D = 6.84 \text{ cm}$$

결과적으로, L^2은 식 (6.14)에 따라 다음과 같이 계산된다.

$$L^2 = \frac{3.21}{0.00835} = 384 \text{ cm}^2$$

k_∞과 L^2을 앞선 R에 대한 식에 삽입하면 다음과 같은 결과를 얻는다.

$$\widetilde{R}_c = \pi\sqrt{\frac{384}{2.61 - 1}} = 48.5 \text{ cm}$$

$$R_c = \widetilde{R}_c - d = 41.7 \text{ cm}$$

이 문제의 역, 즉 원자로의 크기가 주어졌을 경우의 임계 조성과 질량을 구하는 것은 최소한 고속로 문제에 있어서는 더 복잡하다. 이것에 대한 설명은 다음 절에서 한다.

다시 식 (6.50)으로 돌아가 보면, 이 식은 다음과 같이 재정리할 수 있다.

$$\frac{k_\infty}{1 + B^2L^2} = 1 \tag{6.51}$$

이제부터는 표시의 간소화를 위해 첫 번째 혹은 임계 고유치를 표시하던 아래첨자를 생략한다. B^2은 임계로에 대한 좌굴을 의미한다. 식 (6.51)을 개방 원자로에 대한 일군 *임계방정식*(*critical equation*)이라 한다.

그렇다면 임계방정식의 물리적 의미에 대해 알아보자. 임의의 형태를 지닌 임계 개방 원자로가 있다고 가정하자. 그렇다면 단위시간당 이 원자로 안에서 흡수되는 중성자의 수는 $\Sigma_a \int_V \phi dV$이 될 것이다. 또한 단위시간당 이 원자로의 표면에서부터 누설되는 중성자의 수는 $\int_A \mathrm{J} \cdot \mathrm{n}\, dA$로 표시할 수 있다. 여기서 J는 표면에서의 중성자류 밀도를 나타내며, n은 표면에서의 단위벡터이다. 누설되는 중성자를 구하기 위해서는 전체 표면에 대해 적분을 수행해야 하는데 픽의 법칙(Fick's law)과 발산 정리(divergence theorem)를 사용하면 다음과 같은 식이 유도된다.

$$\int_A \mathrm{J} \cdot \mathrm{n}\, dA = \int_V \mathrm{div}\, \mathrm{J} dV = -D \int_V \nabla^2 \phi dV \tag{6.52}$$

그러나, 식 (6.5)의 확산방정식으로부터, 위 식은 다음과 같이 정리할 수 있다(식 6.5 참고).

$$-D \int_V \nabla^2 \phi dV = DB^2 \int_V \phi dV \tag{6.53}$$

모든 중성자들은 원자로 내부에서 원자로 밖으로 누설되거나 혹은 원자로 내부에서 흡수된다. 그 이외에 다른 현상은 없다. 그러므로 중성자가 누설되지 않고 흡수되는 상대적 확률인 P_L은 단위시간당 흡수되는 중성자 수를 단위시간당 누설되는 중성자 수에 단위시간당 흡수되는 중성자의 수를 더한 값으로 나눈 값으로 아래와 같이 정의할 수 있다.

$$P_L = \frac{\Sigma_a \int_V \phi dV}{\Sigma_a \int_V \phi dV + DB^2 \int_V \phi dV} = \frac{\Sigma_a}{\Sigma_a + DB^2}$$

위 식의 분자, 분모를 Σ_a로 나누게 되면 다음과 같은 식으로 정리된다.

$$P_L = \frac{1}{1 + B^2 L^2} \tag{6.54}$$

식 (6.14)에 정의되었던 L^2가 식 (6.54)에 사용되었다. 식 (6.54)는 개방 원자로에 대한 비누설 확률을 표현한 일군 공식이다.

식 (6.51)과 식 (6.54)를 비교하면 임계방정식이 다음과 같이 정리될 수 있음을 알 수 있다.

$$k_\infty P_L = 1 \tag{6.55}$$

식 (6.55)는 다음과 같이 해석될 수 있다. 총 $\Sigma_a \int_V \phi \, dV$개의 중성자가 단위시간당 원자로 내부에서 흡수되고, 이것은 다음 식과 같은 핵분열 중성자의 방출을 야기한다.

$$\eta f \Sigma_a \int_V \phi \, dV = k_\infty \Sigma_a \int_V \phi \, dV$$

그러나 누설 때문에, 이렇게 생성된 핵분열 중성자들 중 단지 $P_L k_\infty \Sigma_a \int_V \phi \, dV$개의 중성자가 원자로 내부에서 흡수되어 새로운 세대의 초기 중성자가 된다. 앞서 정의한 원자로의 증배계수 k는 다음과 같이 주어진다.

$$k = \frac{P_L k_\infty \Sigma_a \int_V \phi \, dV}{\Sigma_a \int_V \phi \, dV} = k_\infty P_L = \eta f P_L \tag{6.56}$$

위 식의 좌변항은 실제 원자로의 증배계수를 나타내며, 단지 k가 1이라면 임계방정식이 되는 것이다.

예제 6.4

예제 6.3에서 설명한 핵연료집합체를 다시 한 번 생각해 보자. 이 핵연료집합체에서 핵분열 중성자가 핵연료집합체 내부로 흡수되는 평균 확률을 구하라.

풀이

문제에서 최종적으로 구하고자 하는 확률은 식 (6.54)로 표현된 비누설 확률이다. 식 (6.54)를 위한 해당 값들은 예제 6.3에서 $\tilde{R}$은 48.5 cm, L^2은 384 cm^{2}로 이미 구했다. 이 값들을 해당 식에 대입하면 다음과 같은 결과를 얻는다.

$$P_L = \frac{1}{1+\left(\frac{\pi}{48.5}\right)^2 \times 384} = 0.38$$

위 결과를 통해 알 수 있듯이, 중성자의 38%는 해당 원자로 내부에 흡수되고, 62%는 해당 원자로의 밖으로 누설되고 있다.

6.5 열중성자로

열중성자로는 앞의 고속로와 따로 고려해야 하는 독특한 특성을 가지고 있다. 이러한 열중성자로는 핵연료, 냉각재, 다양한 구조재, 열에너지 영역으로 핵분열 중성자를 감속(slowing down)시키기 위한 감속재 등으로 구성되어 있다. 편의를 위해, 이 절에서는 핵연료를 제외한 원자로 내의 모든 물질을 감속재라 하겠다. 따라서 이 절에서 설명하는 열중성자로는 단지 핵연료와 감속재로만 구성되어 있는 것이다.

4인자 공식

핵연료와 감속재의 균질한 혼합물로 구성된 무한한 원자로가 있다고 가정해 보자. $\overline{\Sigma}_a$가 해당 혼합물의 거시적 열중성자 흡수 단면적이라 한다면 $\overline{\Sigma}_a$는 다음과 같이 두 거시적 흡수 단면적의 합으로 표현된다.

$$\overline{\Sigma}_a = \overline{\Sigma}_{a\mathrm{F}} + \overline{\Sigma}_{a\mathrm{M}} \tag{6.57}$$

여기서 $\overline{\Sigma}_{a\mathrm{F}}$와 $\overline{\Sigma}_{a\mathrm{M}}$은 각각 핵연료와 감속재의 거시적 열중성자 흡수 단면적을 나타낸다. 그렇다면 단위시간, 단위체적당 원자로의 모든 영역에서 흡수되는 중성자의 총수는 열중성자속이 ϕ_T일 경우 $\overline{\Sigma}_a\phi_T$이 될 것이다(5.9절 참고). 이 $\overline{\Sigma}_a\phi_T$에 대해 다음 값만큼이 핵연료에 흡수되는 비율일 것이다.

$$f = \frac{\overline{\Sigma}_{a\mathrm{F}}}{\overline{\Sigma}_a} = \frac{\overline{\Sigma}_{a\mathrm{F}}}{\overline{\Sigma}_{a\mathrm{F}} + \overline{\Sigma}_{a\mathrm{M}}} \tag{6.58}$$

위 식에서 f라는 인자는 이미 6.1절에서 설명했으며, 특히 열중성자로에서는 *열중성자 이용률*(*thermal utilization*)이라 부른다.

핵연료에서 단위시간, 단위체적당 흡수되는 중성자는 $f\overline{\Sigma}_a\phi_T$가 된다. 결과적으로 $\eta_T f\overline{\Sigma}_a\phi_T$개의 핵분열 중성자가 단위시간, 단위체적당 생성되는 것이다. 여기서 η_T은 핵연료에 흡수되는 열중성자 1개당 생성되는 핵분열 중성자의 평균 숫자를 나타낸다. η_T는 다음과 같은 적분을 통해 계산할 수 있다.

$$\eta_T = \frac{\int \eta(E)\,\sigma_{a\mathrm{F}}(E)\phi(E)dE}{\int \sigma_{a\mathrm{F}}(E)\phi(E)dE} \tag{6.59}$$

여기서 $\phi(E)$는 식 (5.49)와 같이 맥스웰 분포를 따르는 중성자속을 나타낸다. 표 6.3에는 이러한 η_T값을 핵종별 온도별로 보여 준다. 이 표에 나타나 있듯이 η_T값은 온도에 따라 약간씩 달라진다.

표 6.3 온도 T에서 흡수된 열중성자 한 개당 방출되는 핵분열 중성자의 평균 개수 η_T

T, ℃	^{233}U	^{235}U	^{239}Pu
20	2.284	2.065	2.035
100	2.288	2.063	1.998
200	2.291	2.060	1.947
400	2.292	2.050	1.860
600	2.292	2.042	1.811
800	2.292	2.037	1.785
1000	2.292	2.033	1.770

^{238}U과 같은 많은 양의 핵연료성 물질을 포함하고 있는 열중성자에서는 비연료성 핵종과 반응하는 고속중성자에 의한 핵분열도 비율은 작지만 어느 정도 존재한다. 이러한 고속중성자에 의한 핵분열은 *고속핵분열 분율*(*fast fission factor*)이라 불리는 ϵ로 고려된다. 이 ϵ는 열핵분열 및 고속핵분열에 의해 생겨난 중성자의 수를 열핵분열에 의해 생성된 중성자의 수로 나눈 값이다. 무한 열중성자로 내에서 단위시간, 단위체적당 생성되는

핵분열 중성자의 전체 수는 따라서 $\epsilon\eta_T f\overline{\Sigma}_a\phi_T$가 된다. 실제 자연에 존재하는 우라늄을 직접 사용한 중수로의 경우나, ^{235}U를 농축해서 사용하는 경수로의 경우 이 ϵ의 대략 1.02에서 1.08 범위 안에 존재한다.

이미 앞에서 설명한 바대로 무한 원자로에서의 중성자 누설은 없다. 즉 이러한 원자로에서는 모든 핵분열 중성자가 반드시 원자로 내부 어느 곳에선가 흡수된다는 것이다. 열중성자로에서는 대부분의 중성자가 열에너지 영역으로 감속된 뒤 흡수된다. 그러나 일정량의 중성자는 열에너지 영역에 도달하기 전에 공명 영역에서 흡수된다. 만약 p를 핵연료 중성자가 이러한 공명 영역에서 흡수되지 않을 확률이라 한다면 앞서 구한 $\epsilon\eta_T f\overline{\Sigma}_a\phi_T$개의 핵분열 중성자 중, 단지 $p\epsilon\eta_T f\overline{\Sigma}_a\phi_T$개의 중성자가 결과적으로 열에너지 영역에 도달하는 것이다. 이 p를 *공명흡수 이탈확률*(*resonance escape probability*)이라 부르며, 열중성자의 설계 시 가장 중요한 인자 중의 하나이다.

요약하면 $\overline{\Sigma}_a\phi_T$개의 열중성자의 흡수로부터 $p\epsilon\eta_T f\overline{\Sigma}_a\phi_T$개의 새로운 열중성자가 생성되는 것이라 할 수 있다. 이렇게 생성된 모든 열중성자는 또한 무한 원자로의 어느 곳에서인가 결국 흡수되므로 열중성자 한 세대의 흡수는 결국 다음 세대의 열중성자를 만들어 내고, 이러한 현상은 반복된다. 그러므로 이러한 원자로의 증배계수는 다음과 같이 표현된다.

$$k_\infty = \frac{p\epsilon\eta_T f\overline{\Sigma}_a\phi_T}{\overline{\Sigma}_a\phi_T} = \eta_T f p\epsilon \tag{6.60}$$

여기서 k_∞(무한증배계수)의 아래첨자는 무한한 원자로에서만 이 식이 유효하다는 것을 의미한다. k_∞가 4개의 인자(η_T, f, p, ϵ)의 곱으로 구해지기 때문에 식 (6.60)을 통상 *4인자 공식*(*four-factor formula*)이라 부른다. 식 (6.60)의 우변에서 각 인자들의 순서는 관습에 따라 조정되었다.

임계 계산

이 장의 앞부분에서 설명한 일군법을 통해서는 열중성자로의 임계 크기와 조성을 대략적으로만 알 수 있다. 그 이유는 핵분열 중성자들은 열에너지에서 대부분 흡수된다 할지라도, 이들 중성자들이 감속되는 동안 상당한 거리까지 확산될 수 있기 때문이다. 그러한 고속중성자 확산이 고려되어야 한다. 따라서 5.10절에서 설명했듯이 적어도 2개의 중성자 에너지군으로 열중성자로의 특성을 나타내야 한다. 첫 번째 에너지군은 고속중성자들로, 열에너지 이상의 에너지를 가지고 있는 중성자들이며, 두 번째 에너지군은 열중성자 에너지군이다.

그러나 2개의 에너지군을 이용한 계산에서는 일반적으로 속에너지군에서 중성자의 흡수가 없다고 가정한다. 또한 공명흡수는 공명흡수 이탈확률로 이미 고려되었다고 생각한다. 속에너지군의 중성자들은 산란현상을 통해 열에너지군에 도달하게 되는데, 5.10절에 따르면 단위시간, 단위체적당 속에너지군에서부터 $\Sigma_1\phi_1$개의 중성자가 산란된다. 또한 열중성자로에서는 핵분열의 대부분이 열중성자에 의해 생성된다고 가정할 수 있다. 고속중성자에 의해 핵분열이 발생하기도 하는데, 이는 고속핵분열 분율에 이미 반영되었다고 본다. 결과적으로 단위시간, 단위체적당 $\eta_T f\epsilon\overline{\Sigma}_a\phi_T = (k_\infty/p)\overline{\Sigma}_a\phi_T$개의 핵분열 중성자가 생성되고, 이 중성자들은 속에너지군의 선원 중성자로 나타나게 되는 것이다. 그러므로 속에너지군에 대한 선원의 밀도는 다음과 구할 수 있다.

$$s_1 = \frac{k_\infty}{p}\overline{\Sigma}_a\phi_T$$

위 식을 식 (5.45)의 에너지군 확산방정식에 대입하면 다음과 같은 속에너지군 방정식이 수립된다.

$$D_1\nabla^2\phi_1 - \Sigma_1\phi_1 + \frac{k_\infty}{p}\overline{\Sigma}_a\phi_T = 0 \tag{6.61}$$

공명흡수가 없는 경우에는, 속에너지군에서 산란되는 단위시간, 단위체적당 $\Sigma_1\phi_1$개의 중성자 모두는 열중성자속 방정식의 선원 중성자가 된다. 그러나 공명흡수가 있다고 하면 단지 단위시간, 단위체적당 $p\Sigma_1\phi_1$개의 중성자가 열에너지군으로 감속되어 들어갈 수 있다. 결과적으로 열선원 항은 다음과 같다.

$$s_T = p\Sigma_1\phi_1$$

위 식을 열에너지군 확산방정식에 적용하면 다음의 식을 얻을 수 있다.

$$\overline{D}\nabla^2\phi_T - \overline{\Sigma}_a\phi_T + p\Sigma_1\phi_1 = 0 \tag{6.62}$$

식 (6.61)과 (6.62)는 개방 열중성자로의 특성을 나타내는 이군 방정식이다.

무반사체 원자로 내부에서 모든 에너지군 중성자속은 일군 원자로 방정식으로부터 결정되는 같은 공간 의존성을 지닌다. 즉 무반사체 열중성자로에 대한 이군 중성자속은 다음과 같이 표현할 수 있다.

$$\phi_1 = A_1\phi \tag{6.63}$$

$$\phi_T = A_2\phi \tag{6.64}$$

여기서 A_1과 A_2는 상수이며 ϕ은 다음 식을 만족해야 한다.

$$\nabla^2\phi + B^2\phi = 0 \tag{6.65}$$

위의 3개 방정식을 식 (6.61)과 (6.62)에 대입하면 다음과 같은 2개의 식이 유도된다.

$$-(D_1B^2 + \Sigma_1)A_1 + \frac{k_\infty}{p}\overline{\Sigma}_a A_2 = 0 \tag{6.66}$$

$$p\Sigma_1 A_1 - (\overline{D}B^2 + \overline{\Sigma}_a)A_2 = 0 \tag{6.67}$$

식 (6.66)과 (6.67)은 2개의 미지수 A_1과 A_2를 포함한 선형대수방정식들이다.

크래머의 법칙(Cramer's rule)[4]에 따르면 식 (6.66)과 (6.67)은 만약 A_1과 A_2를 구하기

---

4 다음과 같은 선형방정식들을 고려해 보자.

$$\begin{aligned}
a_{11}x_1 + a_{12}x_2 + \cdots + a_{1N}x_N &= 0,\\
a_{21}x_1 + a_{22}x_2 + \cdots + a_{2N}x_N &= 0,\\
\cdots \quad \cdots \quad \cdots \quad \cdots &\\
a_{N1}x_1 + a_{N2}x_2 + \cdots + a_{NN}x_N &= 0,
\end{aligned}$$

여기서 a_{mn}은 상수이다. 크래머의 법칙은 계수들의 행렬식 a_{mn}이 0이 되지 않는다면 모든 x값이 0이 되는 값 이외의 해가 존재하지 않는다는 것이다. 즉, 다음과 같은 식으로 나타낼 수 있다.

$$\begin{vmatrix} a_{11} & a_{12} & \cdots & a_{1N} \\ a_{21} & a_{22} & \cdots & a_{2N} \\ \cdots & \cdots & \cdots & \cdots \\ a_{N1} & a_{N2} & \cdots & a_{NN} \end{vmatrix} = 0$$

해당 식이 만족될 때, 원래 식들은 독립적이지 않다. 즉, 비록 N개의 다른 방정식들이 나타날지라도, 적어도 이 방정식들 중 하나는 다른 방정식들의 조합으로 표현될 수 있다. 총 N개의 미지수가

위해 세운 행렬식이 사라질 경우 즉 다음과 같은 경우에만 자명하지 않은 해를 가질 수 있다.

$$\begin{vmatrix} -(D_1B^2+\Sigma_1) & \dfrac{k_\infty}{p}\overline{\Sigma}_a \\ p\Sigma_1 & -(\overline{D}B^2+\overline{\Sigma}_a) \end{vmatrix} = 0$$

위 식의 행렬식은 다음과 같이 구할 수 있다.

$$k_\infty\overline{\Sigma}_a\Sigma_1 - (\overline{D}B^2+\overline{\Sigma}_a)(D_1B^2+\Sigma_1) = 0$$

위의 식을 다시 정리하면 다음과 같다.

$$\frac{k_\infty\Sigma_1\overline{\Sigma}_a}{(D_1B^2+\Sigma_1)(\overline{D}B^2+\overline{\Sigma}_a)} = 1$$

위 식의 분자 및 분모를 $\Sigma_1\overline{\Sigma_a}$으로 나누면 다음과 같다.

$$\frac{k_\infty}{(1+B^2L_T^2)(1+B^2\tau_T)} = 1 \qquad (6.68)$$

식 (6.68)에서 L_T^2는 다음과 같이 정의되는 값이다.

$$L_T^2 = \frac{\overline{D}}{\overline{\Sigma}_a} \qquad (6.69)$$

이미 5.9절에서 설명했듯이 L_T^2은 열중성자 확산면적을 나타내고(식 5.62 참조), 변수 τ_T는 아래와 같이 5.10절에서 정의한 *중성자 연령*(*neutron age*)을 뜻한다.

$$\tau_T = \frac{D_1}{\Sigma_1} \qquad (6.70)$$

있고, 단지 $N-1$개의 방정식만 독립적이므로, 특정 변수 x_i를 독립변수로 해서 $N-1$개의 변수, 즉 $x_i = 1, \cdots, i-1, i+1, \cdots, N$를 나타낼 수 있는 것이다.

식 (6.68)은 무반사체 열중성자로에 대한 이군 임계방정식을 나타낸다. 다음 인자는 6.4절(식 6.54 참조)에서 설명했듯이 열중성자가 원자로로부터 누설되지 않을 확률을 뜻한다.

$$P_T = \frac{1}{1 + B^2 L_T^2} \tag{6.71}$$

또한 중성자가 감속되는 동안 원자로로부터 누설되지 않을 확률은 다음과 같이 정의할 수 있다.

$$P_F = \frac{1}{1 + B^2 \tau_T} \tag{6.72}$$

그러므로 6.4절에서 설명했듯이 식 (6.68)의 좌변은 원자로의 증배계수가 된다. 즉, 다음 식이 성립한다.

$$k = k_\infty P_T P_F \tag{6.73}$$

이때 $k = 1$이라면 임계방정식이 된다.

모든 원자로들은 가능하면 중성자의 누설이 적게 일어나도록 설계되기 때문에 P_T와 P_F 모두 1에 가까운 값들이 된다. 그러므로 $B^2 L_T^2$과 $B^2 \tau_T$는 모두 작은 값이 된다. 식 (6.68)의 분모의 두 항을 곱하여 얻어지는 $B^4 L_T^2 \tau_T$은 무시할 수 있게 되고 결과적으로 다음과 같은 식을 얻을 수 있다.

$$\frac{k_\infty}{1 + B^2 (L_T^2 + \tau_T)} = 1$$

위 식은 다음과 같이 표현할 수도 있다.

$$\frac{k_\infty}{1 + B^2 M_T^2} = 1 \tag{6.74}$$

여기서

$$M_T^2 = L_T^2 + \tau_T \tag{6.75}$$

는 열이송 영역(thermal migration area)이라 부른다.

식 (6.74)는 식 (6.51) 즉 일군 계산의 특별한 경우라 할 수 있다. 이러한 이유로 인해 식 (6.74)는 *수정 일군*(*modified one-group*) 임계방정식으로 알려져 있다. 여기서 수정이라는 뜻은 일군 방정식의 L^2가 M_T^2로 대체되었음을 의미한다. 더 나아가 식 (6.64)와 (6.65)로부터 단일 에너지군 계산과 같은 방정식으로 열중성자속을 구할 수 있다. 즉, 다음과 같이 표현될 수 있는 것이다.

$$\nabla^2\phi_T + B^2\phi_T = 0 \tag{6.76}$$

여기서 표 6.2에 주어져 있는 B^2는 좌굴을 뜻한다. 따라서 무반사체 열중성자로의 일군 계산과 수정 일군 계산의 차이점은 단지 L^2이 M_T^2으로 대체된 것이며 중성자속과 좌굴은 전과 같다.

만약 τ_T가 L_T^2에 비해 매우 작다면 식 (6.74)는 식 (6.51)의 일군 임계방정식으로 간략화될 것이다. 이러한 경우 원자로는 일군 이론에 의해 잘 묘사될 수 있다. 표 5.2와 5.3의 τ_T와 L_T^2 값을 비교해 보면, 물을 제외하면 사실 같은 감속재에 대해 τ_T가 L_T^2보다 작다. 중수나 흑연물질에 대해서는 τ_T가 L_T^2보다 훨씬 작다. 그러므로 물을 감속재로 사용하는 원자로에 대해 τ_T를 제외한 채 원래의 일군 계산을 사용하는 것은 잘못된 것이다. 중수나 흑연 감속재 시스템의 계산에서는 그러한 오차가 덜 포함될 것이다. 왜냐하면 주어진 L_T^2 값이 감속재가 함께 혼합되어 있는 핵연료에서, 여전히 τ_T보다 상당히 크기 때문이다.

적용

이제 앞의 결과들을 무반사체 열중성자로의 임계조성 또는 임계크기를 결정하는 실제 문제에 적용할 수 있다. 문제를 간략하게 하기 위해, 속핵분열이 일어나는 핵종이나 또는 공명흡수체(공명흡수물질)를 포함하지 않는 원자로로 국한시킨다. 원자로가 핵분열성 동위원소, 예를 들어 ^{235}U와 감속재의 균질한 혼합물로 구성되어 있다고 하자. 이러한 경우 $p = \epsilon = 1$이 성립하고 식 (6.60)에 따르면 k_∞는 다음과 같이 구할 수 있다.

$$k_\infty = \eta_T f \tag{6.77}$$

공명흡수가 있고 또한 속핵분열이 발생하는 원자로의 경우는 6.8절에서 설명한다.

다시 앞의 경우로 돌아가 두 가지 상황에 대해 생각해 보자. 우선 원자로의 물리적 크기가 구체적으로 주어져 있을 때 그것의 임계조성을 구하는 경우를 생각해 보자. 그런 다음 원자로의 조성이 구체적으로 주어져 있을 때 그것의 임계크기를 구하는 경우를 생각해 보자. 이러한 두 가지 상황을 아래에 차례로 설명하겠다.

경우 1: 물리적 크기가 규정된 경우

원자로 크기가 주어졌을 경우 B^2은 표 6.2의 적절한 공식으로부터 쉽게 계산될 수 있다. 이때 원자로의 조성은 k_∞와 M_T^2가 임계방정식(식 6.74)을 만족하는 데 필요한 값이 되도록 적절히 조절되어야 한다.

이를 위해 다음과 같은 인자 Z를 정의해 보자.

$$Z = \frac{\overline{\Sigma}_{AF}}{\overline{\Sigma}_{AM}} = \frac{N_{\mathrm{F}}\,\overline{\sigma}_{a\mathrm{F}}}{N_{\mathrm{M}}\,\overline{\sigma}_{a\mathrm{M}}} \tag{6.78}$$

위 식에서 아래첨자 F와 M은 각각 핵연료와 감속재를 나타낸다. 그렇다면 앞서 설명한 식 (6.58)로부터 열중성자 이용률은 다음과 같이 표현될 것이다.

$$f = \frac{Z}{Z+1} \tag{6.79}$$

식 (6.77)로부터 k_∞은 다음과 같이 정리할 수 있다.

$$k_\infty = \frac{\eta_T Z}{Z+1} \tag{6.80}$$

M_T^2의 값을 구성하고 있는 2개의 인자 중 하나인 열중성자 확산면적(thermal diffusion area)을 생각해 보자(식 6.75 참조). 우선 식 (6.69)로부터

$$L_T^2 = \frac{\overline{D}}{\overline{\Sigma}_a}$$

여기서 $\overline{D}$와 $\overline{\Sigma}_a$은 핵연료와 감속재가 균질하게 혼합되어 있는 상태에서의 값이다. 그러나 본질적으로 $\overline{D}$는 감속재의 확산계수 $\overline{D}_{\mathrm{M}}$과 같다. 왜냐하면 감속재 내의 핵연료의 농

도는 균질한 열중성자로에 대해 보통 작기 때문이다. 따라서 L_T^2은 다음과 같이 표현할 수 있다.

$$L_T^2 = \frac{\overline{D}_{\mathrm{M}}}{\overline{\Sigma}_a} = \frac{\overline{D}_{\mathrm{M}}}{\overline{\Sigma}_{a\mathrm{F}} + \overline{\Sigma}_{a\mathrm{M}}}$$

위 식의 분자, 분모를 $\overline{\Sigma}_{a\mathrm{M}}$으로 나누고, 식 (6.78)에서 정의한 Z를 사용하면 다음과 같다.

$$L_T^2 = \frac{L_{T\mathrm{M}}^2}{Z+1} \tag{6.81}$$

여기서 $L_{T\mathrm{M}}^2$ 은 감속재의 열중성자 확산면적을 나타낸다. 식 (6.81)에 식 (6.79)의 Z를 대입하면 다음과 같이 된다.

$$L_T^2 = (1-f)L_{T\mathrm{M}}^2 \tag{6.82}$$

중성자 수명 τ_T은 $\overline{D}$와 마찬가지로 매질의 산란 특성에 의존한다. 원자로가 균질하다고 가정하면 매우 작은 양의 핵분열성 물질이 임계 도달에 필요하다. 게다가 핵분열성 원자의 산란 단면적은 원래의 감속재들의 단면적과 비교해서 매우 크지는 않으므로 표 5.3에 주어진 τ_T 대신 감속재에 대한 중성자 수명인 $\tau_{T\mathrm{M}}$의 값만을 고려해도 무방하다.

식 (6.80)과 (6.81)을 임계방정식(식 6.74)에 적용하면 다음과 같은 식을 구할 수 있다.

$$\frac{\eta_T Z}{Z+1+B^2(L_{T\mathrm{M}}^2 + Z\tau_{T\mathrm{M}} + \tau_{T\mathrm{M}})} = 1$$

이 방정식을 Z에 대해 정리하면 다음과 같다.

$$Z = \frac{1+B^2(L_{T\mathrm{M}}^2 + \tau_{T\mathrm{M}})}{\eta_T - 1 - B^2\tau_{T\mathrm{M}}} \tag{6.83}$$

식 (6.83)의 Z값은 앞서 규정한 B^2값을 가지는 임계 원자로에 대한 것이 된다.

이렇게 구한 Z값을 사용해 임계를 이루는 핵연료의 총 질량(임계질량)을 구하기 위해 다음과 같은 절차가 필요하다. 우선 식 (6.78)로부터 핵연료 원자 밀도를 다음과 같이 구해 보자.

$$N_{\mathrm{F}} = Z\frac{\bar{\sigma}_{a\mathrm{M}}}{\bar{\sigma}_{a\mathrm{F}}}N_{\mathrm{M}} \tag{6.84}$$

이때 원자로 내부에서 핵연료 원자의 총 숫자는 $N_{\mathrm{F}}V$이다. 여기서 V는 원자로의 체적이며, 핵연료의 총 몰(mole) 수는 $N_{\mathrm{F}}V/N_A$이다. N_A는 아보가드로수(Avogadro's number)를 의미한다. 만약 M_{F}가 핵연료의 그램원자량을 나타낸다면 핵연료 질량인 m_{F}는 다음과 같이 구할 수 있다.

$$m_{\mathrm{F}} = \frac{N_{\mathrm{F}}VM_{\mathrm{F}}}{N_A} \tag{6.85}$$

$$m_{\mathrm{F}} = Z\frac{\bar{\sigma}_{a\mathrm{M}}VM_{\mathrm{F}}N_{\mathrm{M}}}{\bar{\sigma}_{a\mathrm{F}}N_A} \tag{6.86}$$

반면에, 감속재의 총 질량은 다음과 같다.

$$m_{\mathrm{M}} = \frac{N_{\mathrm{M}}VM_{\mathrm{M}}}{N_A}$$

따라서 식 (6.86)은 다음과 같이 정리할 수 있다.

$$m_{\mathrm{F}} = Z\frac{\bar{\sigma}_{a\mathrm{M}}M_{\mathrm{F}}}{\bar{\sigma}_{a\mathrm{F}}M_{\mathrm{M}}}m_{\mathrm{M}} \tag{6.87}$$

5장에서 다뤘던 $\bar{\sigma}_{a\mathrm{M}}$와 $\bar{\sigma}_{a\mathrm{F}}$에 대한 공식을 적용하면(식 5.59 참조), 최종적으로 다음과 같은 식을 구할 수 있다.

$$m_{\mathrm{F}} = Z\frac{\sigma_{a\mathrm{M}}(E_0)M_{\mathrm{F}}}{g_{a\mathrm{F}}(T)\sigma_{a\mathrm{F}}(E_0)M_{\mathrm{M}}}m_{\mathrm{M}} \tag{6.88}$$

여기서 감속재의 비-1/v 인자(non-1/v factor)는 1로 주어졌고, 단면적들은 에너지 $E_0 =$ 0.0253 eV일 때 계산된 값이다. 핵연료 농도가 일반적으로 매우 낮기 때문에 감속재 질량은 다음 예제에서처럼 원래의 밀도를 사용해 계산할 수 있다.

예제 6.5

^{235}U와 흑연의 균질한 혼합물로 구성된 무반사체 구형 열중성자로의 반지름이 100 cm이다. 이 원자로는 임계상태이고, 100 kW(t)의 열출력으로 운전 중이다. 수정 일군 이론을 바탕으로 (a) 좌굴, (b) 임계질량, (c) k_∞, (d) L_T^2, (e) 열중성자속을 구하라. 문제를 간소화하기 위해 온도는 상온이라 가정하라.

풀이

1. 표 6.2로부터 다음과 같이 좌굴을 구할 수 있다.

$$B^2 = (\pi/R)^2 = (\pi/100)^2 = 9.88 \times 10^{-4}\ \text{cm}^{-2},\ B = 3.14 \times 10^{-2}$$

2. 표 5.2, 5.3 및 6.3에 따르면, $L_{TM}^2 = 3500\ \text{cm}^2$, $\eta_T = 2.065$, $\tau_{TM} = 368\ \text{cm}^2$이므로, 식 (6.83)으로부터

$$Z = \frac{1 + 9.88 \times 10^{-4}(3500 + 368)}{2.065 - 1 - 9.88 \times 10^{-4} \times 368} = 6.87$$

식 (6.88)에 $\sigma_{aM}(E_0) = 0.0034\,\text{b}$, $\sigma_{aF}(T) = 681\,\text{b}$, $g_a(T) = 0.978$ 값을 사용하면 다음과 같다.

$$m_F = \frac{6.87 \times 0.0034 \times 235}{0.987 \times 681 \times 12} m_M = 6.87 \times 10^{-4} m_M$$

흑연의 밀도는 대략 1.60 g/cm^{3}이다. 그러므로 원자로 내 흑연의 총 질량 $m_M = \frac{4}{3}\pi R^3 \times 1.60 = 6.70 \times 10^6\ \text{g} = 6{,}700$ kg이다. 또한 그로 인해 임계질량 $m_F = 6.87 \times 10^{-4} \times 6{,}700 = 4.60$ kg이다.

3. 식 (6.79)로부터 열중성자 이용률은

$$f = \frac{Z}{Z+1} = \frac{6.87}{7.87} = 0.873$$

또한 무한증배계수는

$$k_\infty = \eta_T f = 2.065 \times 0.873 = 1.803$$

4. 식 (6.82)로부터

$$L_T^2 = (1-f)L_{TM}^2 = (1 - 0.873) \times 3500 = 444\ \text{cm}^2$$

5. 열중성자속은 다음과 같이 주어진다.

$$\phi_T = A\frac{\sin Br}{r}$$

표 6.2에 따르면 $A = P/4R^2 E_R \overline{\Sigma}_f$이다. 여기서 $P = 100\text{ kW} = 10^5$ joule/sec이며, $E_R = 3.2 \times 10^{-11}$ joule이다. $\phi\Sigma_f = N_F \phi\sigma_f$의 값은 식 (6.85)로부터 구할 수 있다.

$$N_F = \frac{m_F N_A}{V M_F}$$

$$\phi\Sigma_f = \frac{m_F N_A \phi\sigma_f}{V M_F}$$

$$= \frac{m_F N_A}{V M_F} \times 0.886\, g_{fF}(T)\sigma_f(E_0)$$

$g_{fF}(T) = 0.976$과 $\sigma_f(E_0) = 582$ b의 값을 사용하면 $\phi\Sigma_f = 1.41 \times 10^{-3}\text{cm}^{-1}$을 구할 수 있다. 따라서 상수 A는 다음과 같다.

$$A = \frac{10^5}{4 \times 10^4 \times 3.2 \times 10^{-11} \times 1.41 \times 10^{-3}} = 5.54 \times 10^{13}$$

d가 작을 경우 중성자속은 다음과 같다.

$$\phi_T(r) = 5.54 \times 10^{13} \frac{\sin Br}{r}$$

ϕ_T의 최댓값은 $r = 0$에서 나타나며, 그때 $\phi_T(0) = 5.54 \times 10^{13} B = 1.74 \times 10^{12}$ neutron/cm²-sec 이다.

경우 2: 조성이 규정된 경우

원자로의 조성이 주어지고 임계크기를 구해야 할 경우 k_∞과 M_T^2은 직접 계산할 수 있다. B^2의 값은 식 (6.74)로부터 다음과 같이 구할 수 있다.

$$B^2 = \frac{k_\infty - 1}{M_T^2} \tag{6.89}$$

원자로의 형태가 주어지면 그 크기는 표 6.2에서 B^2에 대한 적절한 공식을 이용해 결정할 수 있다. 예를 들어 크기가 a인 입방체의 원자로에 대해 $a = \pi\sqrt{3}/B$이고 구형 원자로에 대해 임계 반지름 $R = \pi/B$이 된다.

그러나 만약 원자로가 유한한 원통형이라면 표 6.2의 좌굴 공식은 단지 높이 H와 반지름 R의 임계 원자로가 만족해야 하는 관계식으로 주어진다. 각각의 H와 R의 조합은 다른 원자로 체적을 야기하므로 다른 임계질량을 필요로 한다. 이때, H와 R의 관계식이 $H = 1.85R$일 때 가장 작은 임계질량을 가진다는 것을 증명하는 것은 어렵지 않다. 이러한 원통의 축방향에 대한 단면적은 거의 정사각형이다. 최소 체적을 가지는 직육면체는 알다시피 바로 정육면체이다.

예제 6.6

5와트 실험용 열중성자로가 원통형으로 건설되었다. 원자로는 ^{235}U와 물의 혼합물로 구성되어 있으며 핵연료의 농도는 0.0145 g/cm^{3}이다. 출력이 작기 때문에 원자로는 대기압 및 상온 상태에서 운전 중에 있다. (a) 최소한의 임계질량을 가지는 원통형 원자로의 크기를 계산하라. (b) 임계질량을 결정하라.

풀이

1. 단위체적(cm^3)당 물 분자 개수에 대한 ^{235}U 원자 개수의 비는 다음과 같다.

$$\frac{N_F}{N_M} = \frac{\rho_F M_M}{\rho_M M_F}$$

여기서 ρ_F와 ρ_M은 각각 혼합물에서의 ^{235}U와 물의 밀도이다. M_F와 M_M은 그들의 그램원자량과 그램분자량이다. 이 값들을 대입하면 다음과 같다.

$$\frac{N_F}{N_M} = \frac{0.0145 \times 18}{1 \times 235} = 1.11 \times 10^{-3}$$

핵연료와 감속재의 평균 열중성자 흡수 단면적은 다음과 같다.

$$\sigma_{aF} = 0.886 g_a(20℃)\sigma_{aF}(E_0) = 0.886 \times 0.978 \times 681 = 590 \text{ b}$$

$$\sigma_{aM} = 0.886 \times 2 \times \sigma_{aH}(E_0) = 0.886 \times 2 \times 0.332 = 0.588 \text{ b}$$

식 (6.78)로부터

$$Z = \frac{N_F \phi \sigma_{aF}}{N_M \phi \sigma_{aM}} = 1.11 \times 10^{-3} \times \frac{590}{0.588} = 1.11$$

그러므로 열중성자 이용률은 다음과 같다.

$$f = \frac{Z}{Z+1} = \frac{1.11}{2.11} = 0.526$$

다음과 같이 무한증배계수를 구할 수 있다.

$$k_\infty = \eta_T f = 2.065 \times 0.526 = 1.0862$$

표 5.2에 따르면 물에 대한 L_{TM}^2은 8.1 cm^{2}이고, 식 (6.82)로부터 핵연료와 감속재 혼합물에 대한 L_T^2은 다음과 같음을 알 수 있다.

$$L_T^2 = (1-f)L_{TM}^2 = (1-0.526) \times 8.1 = 3.84 \text{ cm}^2$$

표 5.3으로부터 중성자 연령 τ_T은 27 cm^{2}이기 때문에

$$M_T^2 = L_T^2 + \tau_T = 3.84 + 27 = 30.8 \text{ cm}^2$$

식 (6.89)로부터 다음과 같이 좌굴을 구할 수 있다.

$$B^2 = \frac{k_\infty - 1}{M_T^2} = \frac{1.0862 - 1}{30.8} = 2.80 \times 10^{-3} \text{ cm}^2$$

표 6.2로부터, $B^2 = (2.405/R)^2 + (\pi/H)^2$이다. 최소 임계질량을 얻기 위해서는 $H = 1.82R$이 되어야 한다고 했다. 이는 다음 식을 의미한다.

$$B^2 = \left(\frac{2.405}{R}\right)^2 + \left(\frac{\pi}{1.82R}\right)^2 = \frac{8.763}{R^2}$$

위 식을 R^2로 정리하면 다음과 같다.

$$R^2 = \frac{8.763}{B^2} = \frac{8.763}{2.80 \times 10^{-3}} = 3.13 \times 10^3$$

그러므로 $R = 55.9$ cm이고 $H = 101.7$ cm이다.

2. 원자로의 체적은 $\pi R^2 H = \pi \times (55.9)^2 \times 101.7 = 9.98 \times 10^5$ cm^{3}이고, ^{235}U의 농도는 0.0145 g/cm^{3}이므로 핵연료 질량은 다음과 같다.

$$m_{\mathrm{F}} = 0.0145 \times 9.88 \times 10^5 = 1.45 \times 10^4 \text{ g} = 14.5 \text{ kg}$$

»» 6.6 반사체가 있는 원자로

4장에서, 원자로의 노심이 반사체로 둘러싸여 있으면 중성자의 경제성이 반사체가 없는 경우보다 현저히 높아진다고 설명했다. 반사체란 핵연료가 없는 두꺼운 감속재 영역이다. 무반사체 원자로 노심으로부터 누설되었던 중성자들이 이제는 더 이상 곧바로 누설되지 않고 반사체 영역으로 들어가고 이 중 일부는 다시 원자로심으로 확산되어 들어온다. 그 결과로 원자로의 임계 크기 및 질량이 줄어든다.

반사체가 있는 원자로에 대한 임계 계산을 일군 확산 이론을 가지고 생각해 보자. 이 방법은 고속로 및 중수나 흑연에 의해 감속되는 $\tau_T \ll L_T^2$인 열중성자로 계산에 적합하다. $\tau_T \gg L_T^2$이고 반사체가 있고 물로 감속되는 원자로에 대해서는 이 절 마지막에 따로 설명한다.

구체적인 예로 반지름 R인 노심을 가지며 노심 외부를 무한 반사체가 둘러싸고 있는 구형 원자로를 생각해 보자. 노심과 반사체를 나타내는 기호로서 아래첨자 c와 r이 각각 사용된다.

일군 이론에 의하면, 노심 내부의 중성자속 ϕ_c는 다음 식을 만족한다(식 6.5 참조).

$$\nabla^2\phi_c + B^2\phi_c = 0 \tag{6.90}$$

여기서 임계 원자로에 대한 B^2값은 다음과 같다.

$$B^2 = \frac{k_\infty - 1}{L_c^2} \tag{6.91}$$

반사체 내부에는 핵연료가 존재하고 있지 않기 때문에 이 영역에서의 중성자속은 다음의 일군 확산방정식을 만족해야 한다.

$$\nabla^2\phi_r - \frac{1}{L_r^2}\phi_r = 0 \tag{6.92}$$

원자로 전체에 대한 중성자속 분포와 임계를 위한 조건을 찾기 위해 경계조건을 적용해 식 (6.90)과 (6.92)로부터 ϕ_c와 ϕ_r의 해를 구하는 과정이 필요하다.

식 (6.90)의 일반해는 6.3절에서 유도했듯이 다음과 같다.

$$\phi_c = A\frac{\sin Br}{r} + C\frac{\cos Br}{r}$$

여기서 A와 C는 상수다. ϕ_c는 원자로의 중심(r = 0인 지점)을 포함한 모든 곳에서 유한한 값이어야 하므로 상수 C는 0이어야 한다. 따라서 ϕ_c는 다음과 같이 간단해진다.

$$\phi_c = A\frac{\sin Br}{r} \tag{6.93}$$

식 (6.92)에 대한 일반해는 다음과 같다.

$$\phi_r = A'\frac{e^{-r/L_r}}{r} + C'\frac{e^{r/L_r}}{r}$$

여기서 A' 및 C' 역시 상수이다. 그러나 ϕ_r은 r이 무한한 값이 되더라도 유한한 값이어야 하기 때문에 C'는 0이 될 수밖에 없다. 따라서 반사체에서의 중성자속은 다음과 같다.

$$\phi_r = A'\frac{e^{-r/L_r}}{r} \tag{6.94}$$

중성자속 ϕ_c 및 ϕ_r는 또한 경계면에서 경계조건을 만족해야 한다(5.5절 참고). 즉, 경계면에서 중성자속이 연속이어야 한다. 마찬가지로 노심과 반사체의 경계면 즉 $r = R$에서의 중성자류 반경방향 성분도 반드시 연속이어야 한다. 위 경계조건을 식으로 나타내면 다음과 같다.

$$\phi_c(R) = \phi_r(R) \tag{6.95}$$

$$\mathrm{J}_c(R)\cdot \mathrm{n} = \mathrm{J}_r(R)\cdot \mathrm{n}$$

또는

$$D_c\phi'_c(R) = D_r\phi'_r(R) \tag{6.96}$$

여기서 ′(prime)은 r에 대한 미분을 나타낸다.

식 (6.93) 및 (6.94)에 식 (6.95)를 적용하면 다음 식을 얻을 수 있다.

$$A\frac{\sin BR}{R} = A'\frac{e^{-R/L_r}}{R} \tag{6.97}$$

다음으로 식 (6.93) 및 (6.94)를 미분하고, 그 결과를 식 (6.96)에 적용하면 다음과 같은 결과를 얻을 수 있다.

$$AD_c\left(\frac{B\cos BR}{R} - \frac{\sin BR}{R^2}\right) = -A'D_r\left(\frac{1}{RL_r} + \frac{1}{R}\right)e^{-R/Lr} \tag{6.98}$$

식 (6.97) 및 (6.98)은 미지수 A와 A'을 포함하고 있는 선형방정식이다. 그 식들은 단지 계수들에 대한 행렬식이 0이 될 경우에 자명하지 않은 해를 가질 수 있다. 이 행렬식을 구하면 다음과 같다. (한 식을 다른 식으로 나누는 것과 동일하다.)

$$D_c\left(B\cot BR - \frac{1}{R}\right) = -D_r\left(\frac{1}{L_r} + \frac{1}{R}\right)$$

계산을 더 쉽게 하기 위해 다음과 같이 위 식을 정리해 보자.

$$BR\cot BR - 1 = -\frac{D_r}{D_c}\left(\frac{R}{L_r} + 1\right) \tag{6.99}$$

식 (6.99)는 임계상태인 원자로에 대해 항상 만족해야 한다. 예를 들어, 노심의 조성이 주어졌다고 하면 B^2는 식 (6.91)로부터 구할 수 있고, R은 식 (6.99)로부터 계산 가능하다. 그러나 만약 R이 주어졌다면 B^2는 반드시 식 (6.99)로부터 계산되어야 하며 노심의 임계조성은 식 (6.91)을 사용해 결정될 수 있다. 개방 원자로와 달리 복잡한 것은 식 (6.99)가 초월 방정식이라는 것이다.

따라서 식 (6.99)의 해는 그래프로 그려 보는 것이 이해하는 데 도움이 될 것이다. 예를 들어 노심의 조성 B가 규정되어 있다고 가정하자. 임계 노심의 반지름은 식 (6.99)를 좌변항과 우변항을 BR이 함수로 그림으로써 구할 수 있다. 그림 6.4는 위에 설명한 그래프를 보여 주고 있는데, 이 그림에서 좌변항은 매 π마다 무한 해의 선을 그릴 수 있는 데 반해 우변항은 y축과 $-D_r/D_c$에서 교차하고 $-D_r/D_cBL_r$[5] 기울기를 가지는 직선으로 나

---

5 BR의 함수로서 다음이 성립한다.

타난다. 좌변항과 우변항의 교차점에 상응하는 모든 BR값은 해당 식의 해이다. 무한개의 교점이 있기 때문에 무한한 숫자의 해가 존재한다. 그러나 이 장의 앞부분에서 설명했듯이, 단지 첫 번째 해가 임계 원자로와 관련되어 있다. 높은 차수의 해들은 시간이 지남에 따라 0이 된다. 첫 번째 교점의 BR값과 알고 있는 B값을 이용해 임계 반지름은 즉시 구할 수 있다.

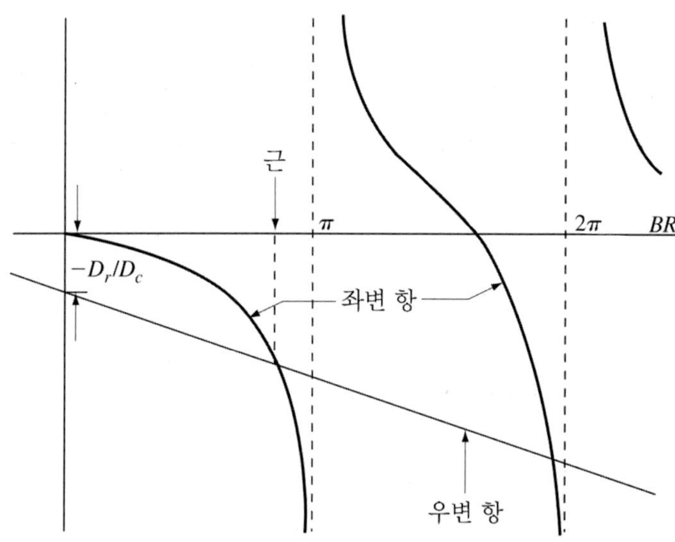

그림 6.4 식 (6.99)의 좌변항, 우변항에 대한 그래프

그림 6.4에 보이듯이 좌변항과 우변항의 첫 번째 교점은 BR값이 π보다 작을 때 발생한다. 만약 원자로에 반사체가 없다면 BR은 정확히 π와 같을 것이다. 그러므로 임계 노심의 경우 같은 조성을 가지고 있다면 개방 원자로보다 반사체가 있는 원자로의 반지름이 작게 된다. 이는 물리적 관점에서 쉽게 이해할 수 있는 결론이다(반사체가 있는 원자로에서 중성자의 누설이 더 적기 때문).

노심 내 감속재와 반사체 확산계수($D_r = D_c$)가 같은 특별한 경우를 고려해 보자. 그렇다면 식 (6.99)는 다음과 같다.

$$\mathrm{RHS} = -\frac{D_r}{D_c}\left(\frac{BR}{BL_r} + 1\right)$$

$$B \cot BR = -\frac{1}{L_r} \tag{6.100}$$

이 방정식은 R에 대해 초월적이지 않다. 그러므로 B가 알려져 있다면 R은 직접 계산할 수 있다. 예제 6.8에 이 경우가 자세히 설명되어 있다.

임계조건을 계산하였으니, 식 (6.97)과 (6.98)로 되돌아가서 중성자속을 결정하는 상수 A와 A'의 값을 구해 보자. 이 방정식들은 서로 독립적이지 않고 식 (6.99)를 통해 연관이 있다. 그러므로 A'을 A의 항으로 나타낸다든가 혹은 그 반대의 경우가 가능하며, 두 상수를 독립적으로 찾을 수는 없다. 예를 들어 식 (6.97)로부터 A'은 다음과 같다.

$$A' = Ae^{R/L_r} \sin BR \tag{6.101}$$

여기서 BR은 식 (6.99)에 대해 알고 있는 해이다. 원자로 전체에 대한 중성자속의 크기를 고정시키는 상수 A는 이미 앞서 설명한 바와 같이 원자로 출력에 의해 결정된다. 6.3절에 설명한 내용을 토대로 출력은 다음과 같이 나타낼 수 있다.

$$P = E_R \Sigma_f \int \phi_c dV \tag{6.102}$$

여기서 적분은 원자로심 전 영역에 걸쳐 수행해야 한다. 즉 출력이 발생하는 모든 영역에서 수행해야 한다. 식 (6.93)으로부터 구한 ϕ_c을 대입하고 또한 체적소 $dV = 4\pi r^2 dr$을 사용하면 식 (6.102)는 다음과 같이 된다.

$$\begin{aligned} P &= 4\pi E_R \Sigma_f A \int_0^R r \sin Br\, dr \\ &= \frac{4\pi E_R \Sigma_f A}{B^2} (\sin BR - BR \cos BR) \end{aligned}$$

A에 대해 위 식을 정리하면 다음과 같다.

$$A = \frac{PB^2}{4\pi E_R \Sigma_f (\sin BR - BR \cos BR)} \tag{6.103}$$

앞선 절차—노심과 반사체 방정식을 푸는 것, 임계를 위해 만족해야 하는 방정식을 구하는 것, 원자로 출력의 항으로 중성자속 상수를 평가하는 것—는 단지 제한적인 몇몇 원자로에 대해서만 해석적으로 수행할 수 있다. 즉 완전히 반사체로 둘러싸인 직육면체나 원통형 원자로에서만 적용할 수 있는 것이다. 실제로, 이러한 원자로의 특성은 종종 같은 조성과 체적의 구형 원자로의 계산을 통해 평가할 수 있다.

반사체가 있는 원자로 해석을 이 절에서 수행하였는데 이때 원자로가 열중성자로인지 고속로인지 구분하지는 않았다. 앞서 유도된 다양한 종류의 공식은 그러므로 두 종류의 원자로 모두에서 유용하다고 볼 수 있다. 이 공식들을 열중성자로 계산에 적용하기 위해서는 각각의 원자로 변수들을 열중성자에 대해 적절히 평균한 값으로 대체하는 것이 필요하다. 일군 중성자속은 일군 가정이 성립하는 열중성자속이다. 이 내용이 다음 예제에 설명되어 있다.

예제 6.7

구형 열중성자 원자로 노심의 반지름이 300 cm이다. 또한 원자로의 노심이 ^{235}U와 D_2O의 균질한 혼합물로 구성되어 있다. 이 노심을 흑연 재질의 무한한 반사체가 둘러싸고 있다. 온도를 상온이라 하고, 다음 값을 계산하라. (a) ^{235}U의 임계 농축도(단위는 g/L), (b) 임계질량

풀이

1. 핵연료 농도를 구하기 위해 식 (6.99)를 통해 B값을 우선 구해야 한다. 표 5.2로부터 $\overline{D}_r = 0.84\,\text{cm}$, $\overline{D}_c = 0.87\,\text{cm}$, $R = 300\,\text{cm}$, $L_r = L_{Tr} = 59\,\text{cm}$를 적용하면 다음과 같다.

$$BR \cot BR = 1 - \frac{0.84}{0.87}\left(\frac{300}{59} + 1\right) = -4.88$$

그래프를 통해 BR의 값을 계산하면 $BR = 2.64$ cm가 되고 B는 다음과 같다.

$$B = \frac{2.64}{300} = 9.80 \times 10^{-3}\ \text{cm}^{-1}$$

식 (6.78)에서 Z는 다음과 같다.

$$Z = \frac{N_{\text{F}}\,\overline{\sigma}_{a\text{F}}}{N_{\text{M}}\,\overline{\sigma}_{a\text{M}}}$$

6.5절에서와 같이 무한증배계수는 다음과 같고

$$k_\infty = \frac{\eta_T Z}{Z+1}$$

식 (6.81)과 (6.82)에 따라

$$L_T^2 = (1-f)L_{TM}^2 = L_{TM}^2/(Z+1)$$

이다. B^2의 정의에 위 식들을 대입하면 다음과 같다.

$$B^2 = \frac{k_\infty - 1}{L_T^2}$$

Z에 대해 풀면

$$Z = \frac{1 + B^2 L_{TM}^2}{\eta_T - 1}$$

$B = 8.80 \times 10^{-3}\,\text{cm}^{-1}$, $L_{TM}^2 = 9.4 \times 10^3\,\text{cm}^2$, $\eta_T = 2.065$의 값들을 대입하면 Z는 다음과 같다.

$$Z = \frac{1 + (8.80 \times 10^{-3})^2 \times 9.4 \times 10^3}{2.065 - 1} = 1.622$$

Z의 정의와 원자 밀도를 계산하는 공식으로부터 감속재에 대한 핵연료의 물리적 밀도의 비를 구하면 다음과 같다.

$$\frac{\rho_F}{\rho_M} = Z\frac{M_F \bar{\sigma}_{aM}}{M_M \bar{\sigma}_{aF}} = Z\frac{M_F \sigma_{aM}(E_0)}{M_M g_{aF}(20℃)\sigma_{aF}(E_0)}$$

여기서 M_M은 D_2의 분자량이며, 흡수 단면적은 $E_0 = 0.0253$ eV에서 결정했다. $M_F = 235$, $\sigma_{aM}(E_0) = (\overline{\Sigma}_{aM}/N) \times \sqrt{4/\pi} = 9.3 \times 10^{-5} \times 1.128/.03323 = 3.16 \times 10^{-3}$($D_2O$ 내에서 0.25 w/o H_2 사용), $M_M = 20$, $g_{aF}(20℃) = 0.978$, $\sigma_{aF}(E_0) = 687$ b을 사용하면 다음과 같다.

$$\frac{\rho_F}{\rho_M} = 1.622 \times \frac{235 \times 3.16 \times 10^{-3}}{20 \times 0.978 \times 687} = 8.96 \times 10^{-5}$$

D_2O의 밀도는 1.1 g/cm^{3}이므로

$$\rho_F = 8.96 \times 10^{-5} \times 1.1 = 9.86 \times 10^{-5}\,\text{g/cm}^3 = 0.0986\ \text{g/L}$$

2. 임계질량은 다음과 같다.

$$m_F = V\rho_F = \frac{4}{3} \times \pi \times (300)^3 \times 9.86 \times 10^{-5}$$
$$= 1.115 \times 10^4\ \text{g} = 11.15\ \text{kg}$$

예제 6.8

무한한 흑연 재질의 반사체에 의해 감속되고 반사되는 큰 구형 열중성자로가 2×10^{-4} g/cm^{3}의 농도를 가지는 ^{235}U를 포함한다. (a) 노심의 임계 반지름을 계산하라. (b) 반사체가 없는 경우에 임계 반지름이 얼마인지 계산하라. 단 온도는 상온이라 가정한다.

풀이

1. 감속재와 반사체가 같기 때문에 원자로의 반지름은 식 (6.100)에 의해 결정된다.

$$B \cot BR = -\frac{1}{L_{Tr}}$$

여기서 L_{Tr}은 반사체의 열확산거리이며, B는 다음 식으로부터 구할 수 있다.

$$B^2 = \frac{k_\infty - 1}{L_{Tc}^2}$$

우선, Z을 계산하는 것이 편리하다.

$$Z = \frac{N_{\mathrm{F}}\bar{\sigma}_{a\mathrm{F}}}{N_{\mathrm{M}}\bar{\sigma}_{a\mathrm{M}}} = \frac{\rho_{\mathrm{F}} M_{\mathrm{M}}\bar{\sigma}_{a\mathrm{F}}}{\rho_{\mathrm{M}} M_{\mathrm{F}}\bar{\sigma}_{a\mathrm{M}}} = \frac{\rho_{\mathrm{F}} M_{\mathrm{M}}\, g_{a\mathrm{F}}(20℃)\sigma_{a\mathrm{F}}(E_0)}{\rho_{\mathrm{M}} M_{\mathrm{F}}\sigma_{a\mathrm{M}}(e_0)}$$

위 식의 각 항에 $\rho_{\mathrm{F}} = 2 \times 10^{-4}$ g/cm^3, $\rho_{\mathrm{M}} = 1.6$ g/cm^3, $M_{\mathrm{F}} = 235$, $M_{\mathrm{M}} = 12$, $g_{a\mathrm{F}}(20°\mathrm{C}) = 0.978$, $\sigma_{a\mathrm{F}}(E_0) = 687$ b, $\sigma_{a\mathrm{M}} = 3.4 \times 10^{-3}$ b를 대입하면 다음과 같다.

$$Z = \frac{2 \times 10^{-4} \times 12 \times 0.978 \times 687}{1.6 \times 235 \times 3.4 \times 10^{-3}} = 1.26$$

또한

$$f = \frac{Z}{Z+1} = 0.558,$$

$$k_\infty = 2.065 \times 0.558 = 1.151,$$

$$L_{Tc}^2 = (1-f)L_{T\mathrm{M}}^2 = (1-0.558) \times 3500 = 1547 \text{ cm}^2$$

좌굴은 다음과 같다.

$$B^2 = \frac{1.151 - 1}{1547} = 9.76 \times 10^{-5}$$

따라서 $B = 9.88 \times 10^{-3}$ cm^{-1}이다.

식 (6.100)으로부터 다음을 구할 수 있다.

$$\cot BR = -\frac{1}{BL_{Tr}} = \frac{1}{9.88 \times 10^{-3} \times 59} = -1.72,$$

$$BR = 2.62$$

결과적으로 원자로의 반지름은

$$R = \frac{2.62}{B} = \frac{2.62}{9.88 \times 10^{-3}} = 265 \text{ cm}$$

2. 원자로의 반사체가 없다면 d가 작기 때문에 반지름 R_0는 다음과 같이 나타낼 수 있다.

$$B = \frac{\pi}{R_0}$$

따라서,

$$R_0 = \frac{\pi}{B} = \frac{\pi}{9.88 \times 10^{-3}} = 318 \text{ cm}$$

반사체가 있는 열중성자로 내의 중성자속 분포

일군법은 임계질량에 대해 의미 있는 값을 제공할는지 몰라도, 이 방법은 원자로 전체의 중성자속 분포를 정확하게 예측하지 못한다. 특히 열중성자로에서는 더욱 그렇다. 따라서 열중성자로의 중성자 출력 분포를 예측하기 위해서는 이군 혹은 다군 중성자 계산이 필요하다. 반사체가 포함된 원자로에 대한 다군 중성자 계산이 이 책의 범위를 벗어난다 할지라도, 그 결과는 매우 흥미로우며, 열중성자의 설계에 있어 중요한 의미를 지닌다.

구체적으로, 반사체가 포함된 원자로의 이군 계산을 생각해 보자. 보통, 고속 중성자속 ϕ_1은 고속중성자의 거동을 묘사하고, 열중성자의 거동은 열중성자속 ϕ_T에 포함된다. 이러한 계산의 주요 결과들 중 하나는 그림 6.5에서 볼 수 있듯이 열중성자속이 노심과 반사체 경계 가까이에서 상승하고 반사체 내부에 피크값이 존재한다는 점이다. 이와 같은 ϕ_T의 거동은 노심으로부터 빠져나가는 고속중성자가 반사체 내에서 열중성자화하기 때문이며, 일군 이론을 통해서는 예측할 수 없다. 반사체 내의 열중성자들은 반사체가 핵연료를 포함하지 않고 흡수 단면적이 매우 작아 노심에서 열화된 중성자들처럼 빨리 반사체에 흡수되지는 않는다. 이 열중성자들은 반사체에서 노심으로 다시 반사되거나, 반사체 밖으로 누설되거나, 혹은 반사체에 흡수될 때까지 반사체 내에 축적되는 경향이 있다.

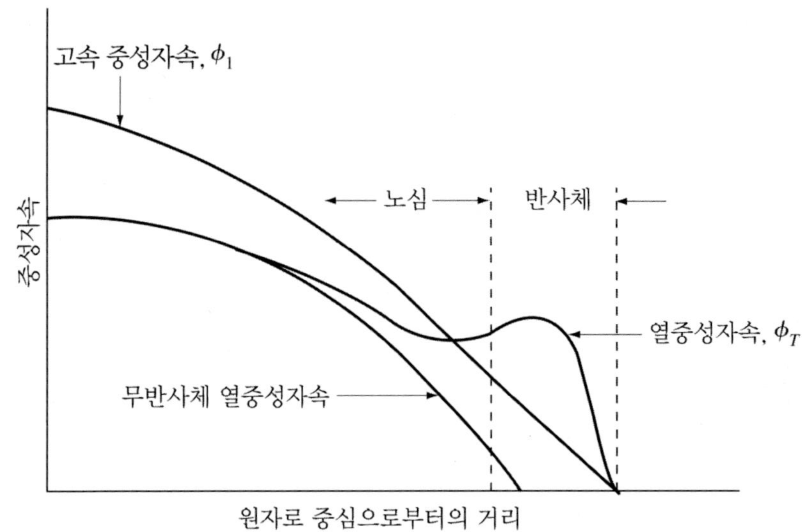

그림 6.5 유반사체 열중성자로의 고속 중성자속 분포와 유반사체 및 무반사체 원자로에서의 열중성자속 분포

반사체 내에서 열중성자속이 증가하는 주요 결과는 열중성자속 분포가 노심 내에서 편평해진다는 것이다. 이 효과는 그림 6.5에 나타나 있다. 또한 비교 대상으로 무반사체 원자로의 열중성자속도 보여 준다. 노심과 반사체 경계 근처의 노심 쪽 중성자속도 반사체에서 빠져나가는 열중성자의 흐름에 의해 증가된다. 이렇듯 반사체는 원자로의 임계 크기 및 질량을 줄여 줄 뿐만 아니라 평균대-최대 중성자속 비도 줄여 준다.

반사체의 절감효과

반사체를 사용함으로써 원자로심의 임계크기가 줄어드는 것을 *반사체의 절감효과*(*reflector savings*)라 부른다. 구형 원자로에서 R_0이 무반사체 노심의 반지름이고 R이 유반사체 노심의 반지름이라 할 때, 반사체의 절감효과는 다음과 같이 정의된다.

$$\delta = \widetilde{R}_0 - R \qquad (6.104)$$

예를 들어, 예제 6.8의 원자로에서는 반사체가 포함된 노심의 반지름이 265 cm인 데 반해 같은 조성의 무반사체 원자로의 반지름은 318 cm였다. 따라서 이 경우에 반사체의 절감효과가 $\delta = 318 - 265 = 53$ cm가 된다.

무반사체 평판형 원자로 및 유반사체 평판형 원자로의 두께를 각각 $\widetilde{a_0}$ 및 a라고 하면 반사체의 절감효과는 다음과 같이 정의된다.

$$\delta = \frac{\tilde{a}_0}{2} - \frac{a}{2} \tag{6.105}$$

여기서 $\tilde{a}_0/2 - a/2$가 $\tilde{a}_0 - a$ 대신 사용되었는데 이는 평판은 양쪽 면에 반사체가 대칭적으로 존재하기 때문이다.

만약 반사체의 절감효과가 미리 알려져 있다면 유반사체 원자로의 임계크기는 단지 간단한 개방 원자로에 대한 해로부터 구할 수 있다. 따라서 유반사체의 구형 원자로의 경우 무반사체 임계 반지름 $\tilde{R}_0$를 구하기만 하면 된다. 그런 다음 유반사체 원자로의 임계 반지름은 $R = \tilde{R}_0 - \delta$을 통해 쉽게 구할 수 있다. 물론 δ에 관한 정보는 유반사체 원자로 문제의 해석적 혹은 실험적 결과로부터 미리 구해져야 한다. 반사체의 절감효과가 지니는 실질적인 중요성은 δ가 원자로의 조성 변화에 상대적으로 덜 민감하다는 사실에 바탕을 둔다. 이것은 한 원자로에 대해 δ가 결정되었다면 같은 δ가 유사한 조성의 다른 원자로에 대해서도 사용될 수 있다는 것을 의미한다.

2차원 혹은 3차원의 원자로 구조에 대해서 반사체의 절감효과는 좌굴에 기여하는 인자들로부터 설명되어야 한다. 위, 아래, 옆면이 모두 반사체로 둘러싸인 유한한 크기의 원통형 원자로를 생각해 보자. 표 6.2로부터, 개방 원자로에 대한 좌굴은 다음과 같이 주어진다.

$$B^2 = \left(\frac{2.405}{R}\right)^2 + \left(\frac{\pi}{H}\right)^2$$

외삽 거리 d를 고려하면 나음과 같다.

$$B^2 = \left(\frac{2.405}{\tilde{R}}\right)^2 + \left(\frac{\pi}{\tilde{H}}\right)^2$$

여기서 $\tilde{R}$과 $\tilde{H}$는 각각 다음의 식으로 정해진다.

$$\tilde{R} = R + d$$

$$\tilde{H} = H + 2D$$

완전히 반사체로 둘러싸인 경우에 반사체의 절감효과를 고려하면 다음과 같다.

$$\widetilde{R} = R + \delta$$

$$\widetilde{H} = H + 2\delta$$

만약 원통형 원자로가 아래에만 반사체가 있고 윗부분은 없다고 하면 $\widetilde{H}$는 다음과 같이 주어진다.

$$\widetilde{H} = H + d + \delta$$

물이 감속재 혹은 반사체로 사용된 경우를 제외하면 열중성자로의 임계질량과 반사체로 둘러싸인 크기를 대략적으로 계산하기 위해 다음과 같은 간단한 공식으로 구한 δ을 사용할 수 있다.

$$\delta \simeq \frac{\overline{D}_c}{\overline{D}_r} L_{Tr} \tag{6.106}$$

위 식에서 각 항은 앞서 설명한 정의를 따른다. 식 (6.106)은 단지 반사체 두께가 확산거리의 수 배인 경우에만 유효하다. 이러한 경우에, 반사체는 무한 두께의 효과를 가진다. 즉, 반사체 두께를 더 늘려도 원자로 임계크기는 감소하지 않는다는 것이다. 실제로, 모든 원자로들은 확산거리의 수 배 두께의 반사체를 가지고 있으므로, 무한 반사체로 생각해도 무방하다.

앞서 설명했듯이, 유반사체 원자로를 다루기 위해 이 절에서 도입한 일군법은 감속재 및 반사체로 물을 사용하는 원자로에 정확하게 적용될 수는 없다. 왜냐하면 이러한 원자로에서는 τ_T이 L_T^2보다 매우 크기 때문이다. 그러므로 이러한 종류의 원자로를 다루기 위해서는 도이취(R. W. Deutsch)가 개발한 다음과 같은 경험식이 반사체의 절감효과를 구하기 위해 사용된다.

$$\delta = 7.2 + 0.10(M_T^2 - 40.0) \tag{6.107}$$

여기서 δ는 cm 단위이고, M_T^2은 노심의 이동 면적이며 단위는 cm^2이다. 식 (6.107)을 어떻게 사용하는지는 다음 예제를 통해 자세히 알 수 있다.

예제 6.9

단위밀도를 가진 물에 의해 감속되고 반사되는 구형 원자로의 임계 노심 반지름 및 임계질량을 계산하라. 노심은 0.0145 g/cm^{3}의 농도의 ^{235}U를 함유한다고 가정하라.

풀이

예제 6.6으로부터 $M_T^2 = 30.8\ \text{cm}^2$이고, 또한 반사체의 절감효과는 다음과 같다,

$$\delta = 7.2 + 0.10(30.8 - 40.0) = 6.3\,\text{cm}$$

이 예제로부터 또한 $B^2 = 2.80 \times 10^{-3}\,\text{cm}^{-2}$이고, $B = 0.0529$이다. 무반사체 원자로의 반지름은 다음과 같이 구할 수 있다.

$$\widetilde{R}_0 = \frac{\pi}{B} = \frac{\pi}{0.0529} = 59.4\,\text{cm}$$

반사체가 있는 원자로의 반지름은 다음과 같이 구할 수 있다.

$$R = \widetilde{R}_0 - \delta = 59.4 - 6.3 = 53.1\,\text{cm}$$

따라서 임계질량은 다음과 같이 구한다.

$$m_{\text{F}} = 0.0145 \times \frac{4}{3} \times \pi \times (53.1)^3 = 9.09 \times 10^3\,\text{g} = 9.09\,\text{kg}$$

이 결과는 예제 6.6의 무반사체 원자로의 임계질량인 14.5 kg보다 상당히 작은 값이다.

6.7 다군 계산

일군법으로는 임계 원자로의 특성에 대해 단지 개략적인 예측만이 가능하다. 더 정확한 계산 결과를 얻기 위해서는 5.8절에서 설명한 다군 계산을 수행할 필요가 있다. 임계 원자로에 대한 다군 방정식(multi-group equation)을 수립하기 위해서는 다음 세 가지의 새로운 군정수가 우선 정의되어야 한다.

Σ_{fg} = 군평균 거시적 핵분열 단면적

ν_g = g번째 군의 중성자에 의해 유발되는 핵분열로 방출되는 평균 핵분열 중성자 수

χ_g = g번째 군 에너지를 가지고 방출되는 핵분열 중성자의 비율

h번째 군에서 단위시간, 단위체적당 핵분열의 수는 $\Sigma_{fh}\phi_h$로 나타낼 수 있다. 이때 ϕ_h는 h번째 군의 중성자속이다. 이러한 핵분열로, $\nu_h\Sigma_{fh}\phi_h$의 중성자가 방출된다. 따라서 모든 에너지군에서 핵분열로 방출되는 중성자의 총합은 $\sum\nu_h\Sigma_{fh}\phi_h$이고 여기서의 합은 모든 군에 대해 수행된다. 만약 이 중성자들의 χ_g 비율만큼이 g군의 에너지로 나타난다면 g군에 대한 다군 방정식의 선원항은 다음과 같다.

$$s_g = \chi_g \sum_{h=1}^{N} \nu_h \Sigma_{fh}\phi_h \tag{6.108}$$

이 식을 식 (5.45)에 대입하면

$$D_g\nabla^2\phi_g - \Sigma_{ag}\phi_g - \sum_{h=g+1}^{N} \Sigma_{g\rightarrow h}\phi_g + \sum_{h=1}^{g-1} \Sigma_{h\rightarrow g}\phi_h + \chi_g \sum_{h=1}^{N} \nu_h \Sigma_{fh}\phi_h = 0 \tag{6.109}$$

위 식은 총 N개의 다군 방정식 세트 중 g군 방정식이다.

일반적인 원자로는 몇 개의 다른 물질적 특성을 가지는 영역으로 이뤄져 있으며, 각각의 영역에 대해 식 (6.109)로 표현되는 다군 방정식의 세트가 적용된다. 이러한 경우 각각의 영역에 대해 방정식 세트를 풀어야 하며, 원자로 표면에서뿐만 아니라 각 영역의 경계면에서의 경계조건도 만족해야 한다. 이 과정은 실제 고속 컴퓨터를 통해서만 계산이 가능하며, 실제로 여러 코드가 개발되어 다군 방정식을 풀 수 있다(예를 들면 DIF3D가 있다).

무한한 원자로에 대해 중성자속은 위치에 의존하지 않으며 ϕ_g는 상수이고, $\nabla^2\phi_g$는 0이고, 다군 방정식은 미지수 $\phi_1, \phi_2, ..., \phi_N$의 상수 계수에 대한 선형방정식의 세트로 바뀐다. 이 방정식들은 제차방정식(homogeneous equation)이기 때문에 크래머의 법칙에 의해, 만약 중성자속의 계수들에 대한 행렬식이 0이 아니라면 모든 중성자속이 0인 값만을 가진다. 실제로는 행렬식이 0이 되는 것이 무한 원자로에서의 임계조건이 된다. 핵연료의 농도를 변경함으로써 행렬식의 값은 바뀔 수 있다. 따라서 행렬식을 0으로 만드는 농도를 결정해야 하는 것이다. 중성자속들의 상대적 크기는 임계조성에 대해 계산된 계수들을 적용한 다군 선형방정식을 풀어 결정한다. 그러나 중성자속의 절댓값은 구할 수 없다. 왜냐하면 이 값은 앞서 다룬 바와 같이 원자로 출력 준위에 의존하기 때문이다. 그럼에도 불구하고, 중성자속의 상댓값은 중성자속의 에너지 의존성을 평가하고 원자로 내에서의 중성자 스펙트럼을 평가하기에 충분하다.

이러한 무한한 원자로의 중성자 스펙트럼 계산은 다음에 설명하는 방식에 따라 원자로 설계 시에 사용된다. 유한한 다중영역 원자로에 대한 다군 방정식은 그 복잡성 때문에 많은 군의 다군 계산을 수행할 경우 컴퓨터 계산 시간이 많이 소요된다. 특히 이러한 계산이 다양한 설계 조건에 대해 반복적으로 수행되어야 하는 설계 초기 단계에서 그러하다. 그러므로 유한한 원자로에 대해서는 설계 초기 단계에서 몇 개의 군만을 사용하여 수행하는 것이 실질적이며, 많은 군을 사용한 계산은 무한한 원자로에 국한된다. 원자로의 설계가 어느 정도 결정되고 난 이후에 대형, 공간의존적 다군 계산을 수행한다. 이러한 계산으로 원자로의 임계질량, 중성자속, 출력 분포 및 다른 특성들에 대한 정확한 예측치를 제공한다.

»»» 6.8 비균질 원자로

지금까지는 원자로 노심이 핵분열성 물질, 냉각재, 감속재의 균질 혼합물로 구성되어 있다고 가정하였다. 그러나 실질적으로 대부분의 원자로는 핵연료가 핵연료봉 안에 들어 있다. 이러한 비균질한 원자로는 2가지 종류가 있다. 모든 중성자 에너지 영역에서 중성자 평균 자유행정이 핵연료봉 두께와 비교해 크다면 중성자가 하나의 핵연료봉 내에서 두 번 이상의 연속적인 충돌을 일으킬 가능성이 거의 없다. 이러한 원자로 노심은 중성자 관점에서는 균질하기 때문에 *준균질*(*quasi-homogeneous*) 원자로라 부른다. 그러나 중성자 평균 자유행정이 모든 에너지 영역에서 핵연료봉의 두께와 비교해 작다면 중성자는 핵연료봉 내에서 몇 차례의 충돌이 일어날 것이며, 핵연료와 감속재는 반드시 다른 영역으로 구분해서 다루어야 할 것이다. 이러한 원자로를 *비균질*(*heterogeneous*)이라 부른다. 얇은 판 형태의 핵연료봉이 있는 원자로는 종종 준균질 형태이다. 특히 핵연료가 높은 농도이고 아주 얇은 핵연료봉이면 말이다. 현재 대부분의 상용 열출력 원자로들은 조금 농축된(3~5% 무게비) 핵연료를 사용한다. 따라서 핵연료봉은 얇지 않으며, 이러한 원자로들은 비균질이다.

중성자의 관점에서 보면, 준균질 원자로는 사실 균질 원자로와 동일하다. 균질 원자로에 대한 앞 절의 공식들은 이 준균질 원자로에 그대로 사용할 수 있다. 다음 예제와 같이, 등가 균질 원자로의 원자 밀도를 사용하는 계산이 필요하다.

예제 6.10

이동식 열중성자 원자로(열중성자로) 핵연료가 그림 6.6에서 보듯이 얇은 샌드위치 형태다. 피복재(cladding)는 지르코늄이고, 핵연료 부분(meat)은 ^{235}U와 지르코늄의 혼합물이다. 여기서 우라늄 원자 하나당 대략 150개의 지르코늄이 함유되어 있다고 가정하라. 피복재와 핵연료 부분은 모두 0.05 cm 두께이다. 이 샌드위치형 핵연료가 냉각재와 감속재 역할을 겸하는 물 속에 담가져서, 핵연료와 물의 부피가 같아졌다고 하자. 또한 온도는 상온이라 가정하라.

(a) 지르코늄 피복재 및 핵연료 영역에서 열중성자의 평균 자유행정은 얼마인가?
(b) 이 시스템의 k_∞은 얼마인가?

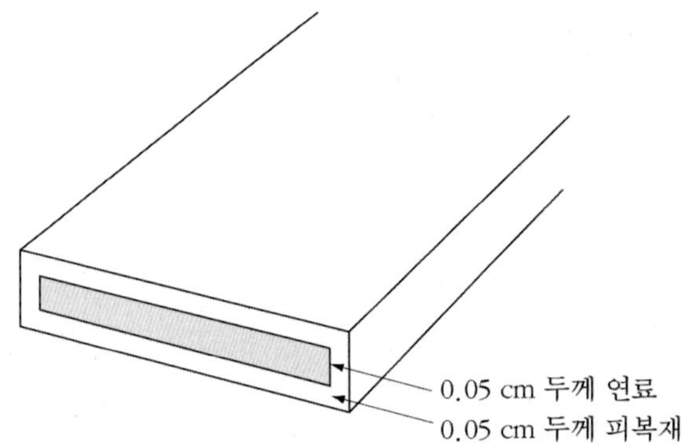

그림 6.6 샌드위치 형태의 핵연료 판넬

풀이

1. 표 II.3에 따르면 지르코늄의 원자 밀도는 $N_Z = 0.0429\ (10^{24})$이고 열에너지 영역에서의 총 단면적은 대략 6.6 b이다. 그러므로 피복재에서의 평균 자유행정은 다음과 같다.

$$\lambda = 1/\Sigma_t = 1/0.0429 \times 6.6 = 3.5 \text{ cm}$$

핵연료 영역에서의 평균 자유행정을 구하기 위해, ^{235}U와 지르코늄 혼합물에 대한 Σ_t를 계산해야 한다. 우라늄은 핵연료 영역에서 지르코늄에 비해 그 수가 상대적으로 적기 때문에 핵연료 영역에서 지르코늄의 원자 농도는 피복재 영역의 그것과 같다고 놓아도 무방하다. 즉 $N_Z = 0.0429\ (10^{24})$이다. ^{235}U의 원자 농도는

$$N_{25} = 0.0429/150 = 2.86 \times 10^{-4}$$

으로 구해진다. ^{235}U에 대해,

$$\sigma_t = \sigma_f + \sigma_a = 687 + 8.9 \simeq 696 \text{ b}$$

핵연료 영역에 대해[6]

$$\Sigma_t = 2.86 \times 10^{-4} \times 696 + 0.0429 \times 6.6 = 0.482$$

따라서 평균 자유행정은 다음과 같이 구해진다.

$$\lambda = 1/\Sigma_t = 2.1\,\text{cm}$$

피복재에서의 평균 자유행정은 피복재의 두께보다 70배가 크다. 반면 핵연료에서는 42배가 크다. 그러므로 이 원자로 노심은 명백하게 준균질 상태이다.

2. 보통 $k_\infty = \eta_T f$이고, 상온에서 ^{235}U에 대해 $\eta_T = 2.065$이다. f를 계산하기 위해 등가 균질 혼합물에서의 물, 지르코늄, ^{235}U의 원자 밀도가 사용되어야 한다. 물과 지르코늄은 각각 전체 체적의 반을 차지하고 있기 때문에 이들 각각의 원자 밀도는 각각이 순물질일 때 값의 반이 될 것이다. 단위가 10^{24}일 때, 다음과 같다.

$$N_{\text{W}} = 0.5 \times 0.0334 = 0.0167$$

여기서 0.0334는 단위체적(cm^3)당 물분자의 수밀도이다. 또한

$$N_{\text{Z}} = 0.5 \times 0.0429 = 0.0215$$

우라늄은 전체 체적의 1/6 혹은 핵연료 영역의 1/3과 동일한 체적을 차지한다. 순 우라늄의 원자 밀도가 2.86×10^{-4}이므로

$$N_{25} = 2.86 \times 10^{-4}/6 = 4.77 \times 10^{-5}$$

0.0253 eV에서 ^{235}U, 지르코늄, 물의 미시적 흡수 단면적은 각각 687 b, 0.185 b, 0.664 b이다. 상온에서 ^{235}U에 대한 비-1/v 인자는 0.978이다. 따라서 f는 다음과 같이 계산된다.

$$f = \frac{4.77 \times 10^{-5} \times 0.978 \times 687}{4.77 \times 10^{-5} \times 687 \times 0.978 + 0.0215 \times 0.185 + 0.0167 \times 0.664} = 0.6783$$

$$k_\infty = 2.065 \times 0.6802 = 1.405$$

---

6 이 계산은 열적 산란 단면적은 합쳐져서는 안 된다는 3.3절의 내용과 배치되는 것처럼 보인다. 그러나 핵연료가 Σ_t에 기여하는 단면적의 대부분은 흡수이고, 이것은 산란에 합쳐질 수 있다.

비균질 열중성자로에 대한 계산은 균질 원자로에 대한 그것보다 훨씬 더 어렵다. 그러나 여전히 $k_\infty = \eta_T f p \epsilon$로 쓸 수 있으며, 앞서 유도한 임계에 대한 공식도 사용할 수 있다. 그러나 이러한 공식의 인자들은 신중하게 계산해야 한다.

η_T값

대부분의 비균질 원자로는 천연 상태의 혹은 부분적으로 농축된 우라늄을 금속 혹은 산화우라늄 형태로 만든 연료를 사용한다. 이러한 경우 핵연료는 ^{235}U, ^{238}U 및 산소의 혼합물이라 할 수 있으며 η_T는 다음 공식으로부터 구할 수 있다.

$$\eta_T = \frac{\nu_{25}\overline{\Sigma}_{f25}}{\overline{\Sigma}_{a25} + \overline{\Sigma}_{a28}} \tag{6.110}$$

위 식에서 산소의 흡수 단면적은 거의 0이기 때문에 무시하였다.

예제 6.11

상온에서 천연우라늄에 대한 η_T값을 계산하라.

풀이

식 (6.110)은 다음과 같이 변형 가능하다.

$$\eta_T = \frac{\nu_{25}\overline{\sigma}_{f25}}{\overline{\sigma}_{a25} + \frac{N_{28}}{N_{25}}\overline{\sigma}_{a28}}$$

천연우라늄의 경우 N_{28}/N_{25}은 138이다. $\nu_{25} = 2.42$, $\sigma_{f25} = 582$ b, $g_{f25}(20°C) = 0.976$, $\sigma_{a25} = 687$ b, $g_{a25}(20°C) = 0.978$, $\sigma_{a28} = 2.70$ b, $g_{a28}(20°C) = 1.0017$의 값을 적용하면 η_T는 다음과 같다.

$$\eta_T = \frac{2.42 \times 582 \times 0.976}{687 \times 0.978 + 138 \times 2.70 \times 1.0017} = 1.32$$

열중성자 이용률

열중성자 이용률(*thermal utilization*)은 열중성자가 궁극적으로 노심 내에서 흡수된다면 그 중 실질적으로 핵연료에 흡수되는 확률이라고 정의한다. 이것은 단위시간당 핵연료와 감속재 둘 다에 흡수되는 중성자 수에 대해서, 단위시간당 핵연료에 흡수되는 중성자 수의 비율이다.[7]

단위시간당 핵연료로 흡수되는 중성자의 수는 다음과 같이 구할 수 있다.

$$\int_{V_F} \overline{\Sigma}_{aF}\,\phi_{TF}\; dV$$

여기서 $\overline{\Sigma}_{aF}$는 핵연료의 거시적 열중성자 흡수 단면적이며, 해당 식에서 적분은 핵연료의 전체 체적 V_F에 대해 수행되어야 한다. 이는 다음과 같이 나타낼 수 있다.

$$\overline{\Sigma}_{aF}\,\overline{\phi_{TF}}\; V_F$$

여기서 ϕ_{aF}은 핵연료 내의 평균 열중성자속이다. 감속재 내에서 단위시간당 흡수되는 중성자 수도 유사한 식으로 구할 수 있다. 따라서 f는 다음과 같다.

$$f = \frac{\overline{\Sigma}_{aF}\,\overline{\phi_{TF}}\,V_F}{\overline{\Sigma}_{aF}\,\overline{\phi_{TF}}\,V_F + \overline{\Sigma}_{aM}\,\overline{\phi_{TM}}\,V_M} \tag{6.111}$$

식 (6.111)의 분자, 분모를 $\overline{\phi}_{TF}$으로 나누면 f는 다음과 같이 정리된다.

$$f = \frac{\overline{\Sigma}_{aF}\,V_F}{\overline{\Sigma}_{aF}\,V_F + \overline{\Sigma}_{aM}\,V_M\,\zeta} \tag{6.112}$$

여기서 ζ 은 *열적 손실계수*(*thermal disadvantage factor*)로 불리며 다음과 같이 정의된다.

$$\zeta = \overline{\phi}_{TM}/\overline{\phi}_{TF} \tag{6.113}$$

---

7 여기서 원자로 노심은 단지 핵연료와 감속재로 구성되어 있다고 가정한다. 실제로는 피복재, 구조물, 제어봉, 다른 물질들이 항상 원자로 내에 존재한다.

ϕ_{TF}와 ϕ_{TM}의 값을 정확히 계산할 수는 없으며 수치해석을 통해 계산해야 한다. 그러나 정성적인 핵연료와 감속재 내부의 중성자속 거동은 그림 6.7과 같이 나타낼 수 있다. 그림 6.7에 나타낸 바와 같이 핵연료에서의 중성자속이 감속재 내에서의 중성자속보다 작다. 이것은 물리적 현상으로 설명 가능한데, 핵연료의 흡수 단면적이 감속재의 그것보다 매우 크기 때문이다. 이는 다시 ϕ_{TF}가 ϕ_{TM}보다 작음을 뜻하고, 식 (6.113)으로부터 ζ가 1보다 큼을 알 수 있다. 이 사실은 다음 절에서 설명할 내용과 밀접한 관련이 있다.

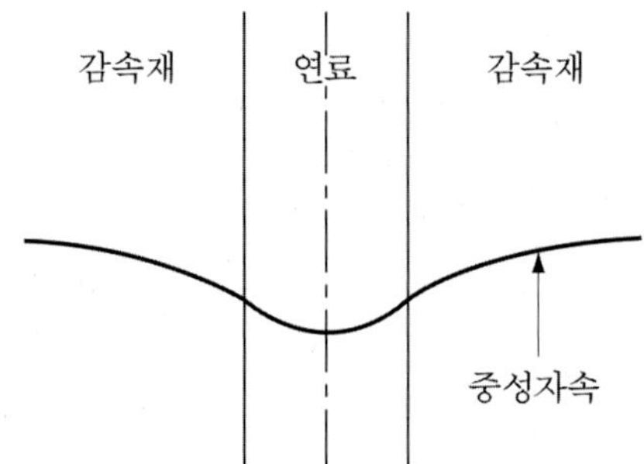

그림 6.7 핵연료봉 근처에서의 중성자속 분포

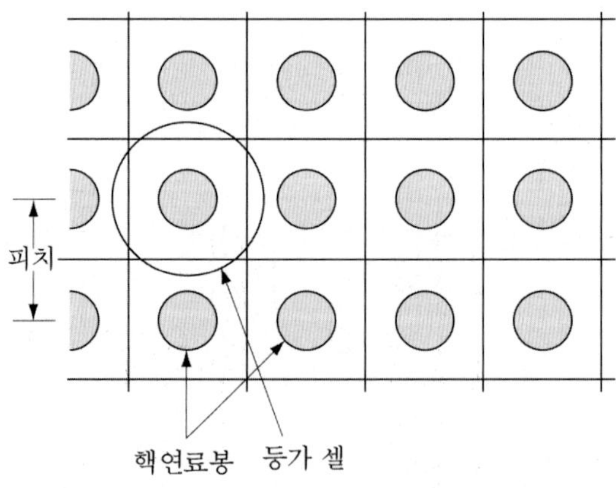

그림 6.8 핵연료봉 사각 격자와 동등한 등가 셀

비록 f가 해석적으로 계산될 수는 없지만 이 값에 대한 근사 공식의 유도는 가능하다. 이 근사에서는 핵연료봉의 무한 배열 혹은 격자가 그림 6.8처럼 단위 셀로 나뉘어 있다. 중성자가 핵연료 혹은 감속재에 흡수되는 비율의 계산은 등가의 원통형 셀 상에서 수행된다. 이 원통형 셀의 체적은 비원통형 셀의 체적과 같다. 이 과정을 *위그너-세이츠 방법*

(*Wigner-Seitz method*)이라 한다.

이 계산의 결과는 다음과 같은 식으로 표현된다.

$$\frac{1}{f} = \frac{\overline{\Sigma}_{aM} V_M}{\overline{\Sigma}_{aF} V_F} F + E \tag{6.114}$$

여기서 F와 E를 *격자함수*(*lattice function*)라 부른다. 이 함수의 가장 간단한 계산에서는 확산 이론이 핵연료 및 감속재 모두에 유효하도록 가정하며 이때 F와 E는 다음과 같이 주어진다.

$$F(x) = \frac{xI_0(x)}{2I_1(x)} \tag{6.115}$$

$$E(y, z) = \frac{z^2 - y^2}{2y}\left[\frac{I_0(y)K_1(z) + K_0(y)I_1(z)}{I_1(z)K_1(y) - K_1(z)I_1(y)}\right] \tag{6.116}$$

이 공식에서

$$x = a/L_F, y = a/L_M, z = b/L_M$$

이며 여기서 a는 핵연료봉 반지름이고, b는 등가 셀 반지름이며, L_F와 L_M은 각각 핵연료의 열확산거리와 감속재의 열확산거리이다. 표 6.4는 L_F값을 보여 준다. n이 0과 1일 때의 함수 I_n과 K_n를 *수정 베셀함수*(*modified Bessel function*)라 부른다. 부록 V에 해당 함숫값이 간략히 주어져 있다.

표 6.4 핵연료의 열확산거리

핵연료	L_F, cm
천연우라늄	1.55
U_3O_8	3.7

식 (6.115)와 (6.116)은 $a \ll b$인 원자로, 즉 감속재의 체적이 핵연료의 체적에 비해 큰 원자로에 대해서 합리적인 수준으로 정확성이 있다. 이것은 보통 대형 가스냉각로의 경우에 해당한다. 그러나 이러한 방정식으로는 더 조밀한 격자로 구성된 원자로의 f에 대

해서는 단지 개략적인 값만 구할 수 있다. 대부분의 현재 동력로들은 후자의 경우이며, 이러한 원자로들에 대해서는 더 복잡한 공식을 적용해야 한다.

x, y, z가 0.75보다 작을 때, 원통형 핵연료봉에 대한 F와 E를 계산하는 데 있어서 다음의 급수 전개가 어느 정도 정확하다.

$$F(x) = 1 + \frac{1}{2}\left(\frac{x}{2}\right)^2 - \frac{1}{12}\left(\frac{x}{2}\right)^4 + \frac{1}{48}\left(\frac{x}{2}\right)^6 - \cdots, \tag{6.117}$$

$$E(y, z) = 1 + \frac{z^2}{2}\left[\frac{z^2}{z^2 - y^2}\ln\left(\frac{z}{y}\right) - \frac{3}{4} + \frac{y^2}{4z^2} + \cdots\right] \tag{6.118}$$

예제 6.12

실험로의 노심이 흑연 감속재 내에 사각형의 천연우라늄 핵연료봉으로 구성되어 있다. 핵연료봉의 반지름은 1.02 cm이고 핵연료봉 간의 거리(피치, pitch)는 25.4 cm이다.[8] 이 원자로에 대한 f값을 계산하라.

풀이

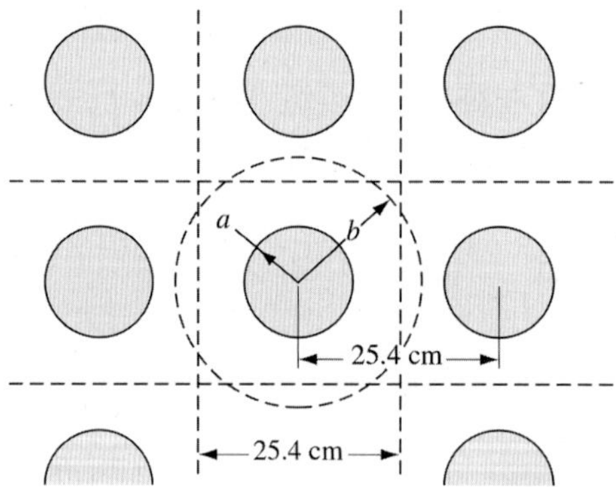

그림 6.9 25.4 cm 피치를 가지는 사각형 격자

사각형 단위 셀과 같은 체적을 가진 원통형 셀의 반지름 b를 결정하는 것이 우선 필요하다. 그림 6.9는 이 2개의 셀을 나타낸다. 이 두 셀은 같은 길이를 가지고 있고 체적이 같으므로

---

8 가장 가까운 핵연료봉의 중심 사이의 거리가 25.4 cm이다. 이를 *격자 간격*(*lattice spacing*) 혹은 *격자 피치*(*lattice pitch*)라 부른다.

$$\pi b^2 = (25.4)^2$$

따라서 b는,

$$b = 25.4/\sqrt{\pi} = 14.3\,\text{cm}$$

천연우라늄에 대해 $L_T = 1.55$ cm이고, 흑연에 대해 $L_T = 59$ cm이다. 그러므로 다음과 같다.

$$x = 1.02/1.55 = 0.658,$$

$$y = 1.02/59 = 0.0173,$$

$$z = 14.3/59 = 0.242$$

이 값들을 식 (6.117)과 (6.118)에 대입하면 $F = 1.0532$, $E = 1.0557$이 된다.

표 II.3으로부터 0.0253 eV의 에너지에서 $\Sigma_{a\mathrm{M}} = 0.0002728\,\text{cm}^{-1}$, $\Sigma_{a\mathrm{F}} = 0.3668\,\text{cm}^{-1}$이고, $V_\mathrm{M}/V_\mathrm{F} = (b^2 - a^2)/a^2 = 195.6$이다. 이를 식 (6.114)에 대입하면 다음과 같다.

$$\frac{1}{f} = \frac{0.0002728 \times 195.6}{0.3668} \times 1.0532 + 1.0557 = 1.2089$$

따라서 최종적으로 f는 다음과 같다.

$$f = 0.8272$$

공명흡수 이탈확률

6.5절에서 설명한 대로 *공명흡수 이탈확률*(*resonance escape probability*) p는 명칭에서 알 수 있듯이 핵분열 중성자가 열에너지 영역으로 감속되면서 공명 영역에서 흡수되지 않을 확률을 뜻한다. 해석적-수치적 방법에서는 핵자료집으로부터 p를 계산하는데, 이는 이 책의 범위를 벗어나는 내용이다. 그러나 p에 대한 많은 실험적 측정이 이뤄졌고 그 결과 다음과 같은 근사 공식으로 p를 나타낼 수 있다.

$$p = \exp\left[-\frac{N_\mathrm{F} V_\mathrm{F} I}{\zeta_\mathrm{M} \Sigma_{s\mathrm{M}} V_\mathrm{M}}\right] \tag{6.119}$$

표 6.5 I를 계산하기 위한 상숫값

핵연료	A	C
^{238}U(금속)	2.8	38.3
$^{238}UO_2$	3.0	39.6
^{232}Th(금속)	3.9	20.9
$^{232}ThO_2$	3.4	24.5

표 6.6 $\zeta_M \Sigma_{sM}$의 값

감속재	$\zeta_M \Sigma_{sM}$
물(경수)	1.46
중수	0.178
베릴륨	0.155
흑연	0.0608

여기서 N_F는 핵연료 원자 밀도를 뜻하며, 그 단위는 10^{24}이다. V_F와 V_M은 각각 핵연료와 감속재의 체적을 뜻한다. ζ_M은 감속재에서의 충돌당 평균 레싸지를 뜻한다(3.6절 참고). Σ_{sM}은 공명 영역에서의 감속재의 거시적 산란 단면적이고 I는 *공명 적분*(*resonance integral*)이라고 알려진 매개변수이다. 원통형 핵연료봉에 대한 I값은 다음 경험식으로 표현된다.

$$I = A + C / \sqrt{a\rho} \tag{6.120}$$

여기서 A와 C는 표 6.5에 주어진 측정 상수이고, a는 핵연료봉 반지름이다. ρ는 핵연료의 밀도를 나타낸다. 계산의 편의를 위해 $\zeta_M \Sigma_{sM}$의 값은 표 6.6에 나타내었다.

식 (6.119)에 따르면 I는 핵반응 단면적의 단위를 가지고 있다. 표 6.5의 상수들은 식 (6.120)에 대입할 때 I값을 barn의 단위로 한다. 그러나 a의 단위는 cm이고 ρ의 단위는 g/cm^{3}이다. 또한 표 6.5의 상수 A와 C의 값이 순수한 공명흡수체 ^{238}U 및 ^{232}Th에 대한 것이라 해도, 이 상수들은 약간 농축된 우라늄과 핵변환된 ^{233}U을 약간 포함하고 있는 토륨에 대해서도 유효하다는 것을 명심해야 한다. 핵연료 내의 약간의 ^{235}U 또는 ^{233}U은 ^{238}U 또는 ^{232}Th 내의 공명흡수 정도를 크게 변화시키지는 않는다. 이러한 핵연료는 여전히 본

질적으로 ^{238}U 또는 ^{232}Th로 이루어졌기 때문이다.

예제 6.13

예제 6.12에서 설명한 격자에 대한 공명흡수 이탈확률 p값을 계산하라.

풀이

핵연료봉의 반지름 a는 1.02 cm이고, 우라늄의 밀도는 19.1 g/cm^{3}이다. 식 (6.120)으로부터 공명 적분값은 다음과 같이 구할 수 있다.

$$I = 2.8 + 38.3 / \sqrt{1.02 \times 19.1}$$
$$= 11.5\,\text{b}$$

표 II.3으로부터 N_F는 0.0483이고(이때의 단위는 10^{24}이다), 표 6.6으로부터 $\zeta_M \Sigma_{sM}$는 0.0608이다. 또한 예제 6.12로부터 V_M / V_F의 값은 195.6이 된다. 이 값들을 식 (6.119)에 내입하면 나음과 같다.

$$p = \exp\left[-\frac{0.0483 \times 11.5}{0.0608 \times 195.6}\right]$$
$$= \exp(-0.04670) = 0.9544$$

고속 핵분열(fast fission)

많은 비균질 원자로에 대해, 고속 핵분열(이하 속핵분열)과 열핵분열에 의해 방출되는 중성자들의 총합과 단지 열핵분열에 의해 방출되는 중성자들의 비율을 나타내는 속핵분열 인자 ϵ이 계산과 측정이 수행되어 왔다. 물을 감속재로 사용하는 경우에 약간 농축된 1.50 cm 지름의 우라늄 연료봉[9]에 대한 실험 결과가 그림 6.10에 나타나 있다. ϵ는 우라늄과 물의 체적비가 증가할수록 증가한다. 이것은 당연히 물리적으로 이해될 것이다. 원자로에 더 많은 우라늄 금속이 있을 경우, 핵분열 중성자가 감속재와의 충돌에 있어 속핵분

9 앞에서 설명했듯이 대부분의 현대 출력로는 농축도가 2~5 w/o 정도로 작다. 낮은 농축도에서 ^{238}U의 함량은 농축도에 크게 영향을 받지 않는다. 따라서 속핵분열 인자는 농축도에 대해 의존성이 없다고 봐도 무방하다.

열 한계점 아래로 에너지가 떨어지기 전에 우라늄과 부딪칠 것이기 때문이다. 또한 그림 6.10은 우라늄과 물의 균질 혼합물에 대해 계산된 E의 값을 보여 준다. 이 그림으로부터 ϵ는 핵연료봉 반지름에 민감한 함수가 아니라는 것을 알 수 있다.

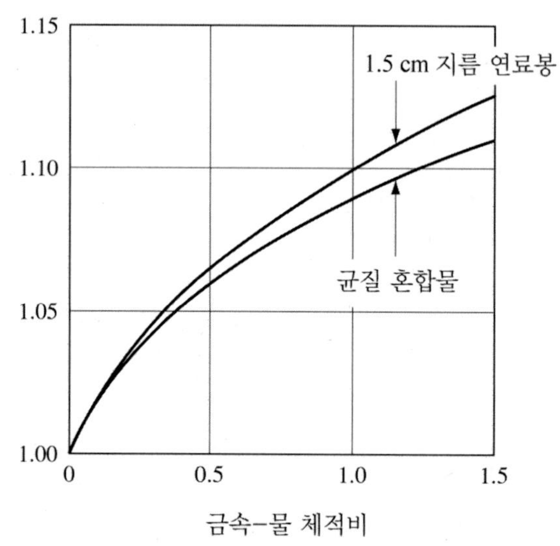

그림 6.10 금속과 물 체적비의 함수로 표현되는 속핵분열 인자

물뿐만 아니라 다른 감속재에 대한 데이터를 포함해 ϵ에 대한 상당한 데이터들이 ANL-5800 보고서에 나와 있다(참고문헌 참조).

k_∞ 값

비균질 열중성자로에 대한 4인자 공식의 매개변수 값들을 같은 물질의 균질 혼합물의 값들과 비교하는 것은 흥미로운 일이다. 우선 열중성자 이용률을 생각해 보자. 이는 비균질 시스템에 대해 식 (6.111) 또는 (6.112)로 주어진다.

$$f_{\text{hetero}} = \frac{\overline{\Sigma}_{a\mathrm{F}}\,\overline{\phi}_{T\mathrm{F}}\,V_\mathrm{F}}{\overline{\Sigma}_{a\mathrm{F}}\,\overline{\phi}_{T\mathrm{F}}\,V_\mathrm{F} + \overline{\Sigma}_{a\mathrm{M}}\,\overline{\phi}_{T\mathrm{M}}\,V_\mathrm{M}} = \frac{\overline{\Sigma}_{a\mathrm{F}}\,V_\mathrm{F}}{\overline{\Sigma}_{a\mathrm{F}}\,V_\mathrm{F} + \overline{\Sigma}_{a\mathrm{M}}\,V_\mathrm{M}\,\zeta}$$

여기서 ζ 은 손실계수이다(식 6.113과 비교). 만약 원자로가 균질하다면 $\overline{\Sigma}_{a\mathrm{F}}\overline{\phi}_{T\mathrm{F}}V_\mathrm{F}$와 $\overline{\Sigma}_{a\mathrm{M}}\overline{\phi}_{T\mathrm{M}}V_\mathrm{M}$ 항은 핵연료와 감속재 내의 총 중성자 흡수로 주어진다. 균질 원자로에서 핵연료 및 감속재 내부에서의 중성자속은 같다. 즉 $\overline{\phi}_{T\mathrm{F}} = \overline{\phi}_{T\mathrm{M}}$이고 $\zeta = 1$이다. 그러므로

$$f_{\text{homo}} = \frac{\overline{\Sigma}_{aF} V_F}{\overline{\Sigma}_{aF} V_F + \overline{\Sigma}_{aM} V_M} \tag{6.121}$$

앞서 ζ 이 비균질로에 대해 1보다 크다는 것을 보였었다. 식 (6.112)와 (6.121)의 비교를 통해 다음을 알 수 있다.

$$f_{\text{hetero}} < f_{\text{homo}} \tag{6.122}$$

비균질로의 f가 동등한 균질로보다 작은 물리적 이유는 비균질로의 경우 앞에서 설명한 대로 중성자속이 감속재 내에서보다 핵연료 내에서 작기 때문이다. 이러한 중성자속의 감소는 감속재로부터 핵연료로 들어가는 중성자의 일부가 핵연료의 표면 근처에서 흡수되어, 단순히 핵연료 내부에서의 중성자속을 증가시킬 정도가 되지 못하기 때문이다. 이 핵연료의 외부 영역은 내부를 차단하여 이러한 상태를 *자기차폐*(*self-shielding*)라 부른다.

열중성자 이용률의 단점은 최소한 공명흡수 이탈확률 관점에서는 장점으로 작용한다. 그 이유는 비록 자기방벽이 핵연료 내에서는 열중성자 흡수를 감소시키지만, 이와 동시에 핵연료 내부의 공명흡수체에 의한 중성자 흡수 또한 감소시키기 때문이다. 그러므로 비균질 시스템의 공명흡수 이탈확률은 동등한 균질 혼합물의 그것보다 크다. 게다가, 핵연료의 평균 흡수 단면적은 열에너지 영역에서보다 공명에너지 영역에서 훨씬 크기 때문에, 공명에너지 중성자속의 감소는 열중성자보다 더욱 크다. 결과적으로, 비균질 원자로에서의 f값의 감소 정도는 p값의 증가 정도보다 더 크다.

또한, 그림 6.10에서 볼 수 있듯이, 비균질 원자로의 속핵분열 인자는 균질 원자로보다 크다. 이것은 비균질 원자로의 경우 핵분열 중성자가 순수 핵연료 영역을 통과하여 감속재를 만나기 전에 속핵분열을 일으킬 확률이 크기 때문이다. 그러나 이러한 비균질성의 효과는 f값과 p값에 있어서는 두드러지지만 ϵ값에 있어서는 그렇지 않다.

이러한 관점에서 다음과 같이 표현할 수 있기 때문에

$$(fp)_{\text{hetero}} > (fp)_{\text{homo}}$$

$$\epsilon_{\text{hetero}} > \epsilon_{\text{homo}}$$

비균질 원자로에 대한 k_∞ 값은 등가의 균질 원자로보다 커지게 된다. 이러한 결과는 특정 원자로 설계 시 상당히 중요하다.[10] 특히 천연우라늄과 흑연의 균질 혼합물로 이루어진 원자로에서는 k_∞ 의 최댓값이 단지 0.85에 불과하여 임계에 도달할 수 없다. 반면에, 핵연료와 감속재를 분리한 비균질한 격자로 배치함으로써 k_∞ 값이 충분히 1보다 커질 수 있으며, 이러한 물질로도 임계 원자로를 만들 수 있다.

»» 참고문헌

일반

Duderstadt, J. J., and L. J. Hamilton, *Nuclear Reactor Analysis*. New York: John Wiley & Sons, 1976, Chapters 5 and 7.

Glasstone, S., and M. C. Edlund, *The Elements of Nuclear Reactor Theory*. Princeton, N.J.: Van Nostrand, 1952, Chapters 7–9.

Glasstone, S., and A. Sesonske, *Nuclear Reactor Engineering*, 4th ed. New York: Chapman & Hall, 1994, Chapters 3 and 4.

Isbin, H. S., *Introductory Nuclear Reactor Theory*. New York: Reinhold, 1963, Chapters 6–8.

Lamarsh, J. R., *Introduction to Nuclear Reactor Theory*. Reading, Mass.: Addison-Wesley, 1966, Chapters 6–11.

Liverhant, S. E., *Elementary Introduction to Nuclear Reactor Physics*. New York: Wiley, 1960.

Meem, J. L., *Two Group Reactor Theory*. New York: Gordon & Breach, 1964, Chapters 3, 7, and 9.

---

10 이 결론은 대략 5% 정도의 ^{235}U 농축도를 가진 우라늄이 사용되는 비균질 원자로에서 유용하다. 우라늄 농축도를 초과하면, p는 무한증배계수의 값을 결정할 때 그리 중요하게 사용되지 않는다. 또한 핵연료 물질에 의한 중성자의 전체 흡수를 감소시키는 경향이 있다.

Murray, R. L., *Nuclear Reactor Physics*. Englewood Cliffs, N.J.: Prentice-Hall, 1957, Chapters 3–5.

Sesonske, A., *Nuclear Power Plant Analysis*. Oak Ridge: U.S. DOE Report TID-26241, 1973, Chapter 5.

Stacey, Westom M., *Nuclear Reactor Physics*, 2nd ed. Wiley-VCH, Weinhiem, 2007, Chapters 3 and 4.

Zweifel, P. F., *Reactor Physics*. New York: McGraw-Hill, 1973, Chapter 3.

컴퓨터 코드

미국 테네시주 오크리지에 위치한 오크리지 국립연구소(Oakridge National Laboratory, ORNL)의 방사능방호정보센터(Radiation Shielding Information Center, RSIC)는 원자로 설계 및 공학 분야에서 사용되는 컴퓨터 프로그램 또는 코드를 수집, 유지보수 및 배포를 수행한다. 또한 다양한 코드를 이해하고 활용하는 데 필요한 보고서 등도 제공한다. 더 상세한 정보는 http://epicws.epm.ornl.gov/rsic.html에서 얻을 수 있다.

원자로 데이터

다음의 아르곤 국립연구소 보고서에서 유용한 정보를 얻을 수 있다.

Reactor Physics Constants, ANL-5800, L. J. Templin, Editor, 1963.

베셀함수

다음 책들에는 베셀함수가 표로 제시되어 있다.

Abramowitz, M., and I. A. Stegun, Editors, *Handbook of Mathematical Tables*, 10th ed. Washington, D.C.: U.S. Government Printing Office, 1972.

Etherington, H., Editor, *Nuclear Engineering Handbook*. New York: McGraw-Hill, 1958.

»»» 연습문제

주: 아래의 모든 문제에서 다음의 사항을 고려하라. 온도는 상온이라 가정하며, 핵분열 당 회수 가능한 에너지는 200 MeV가 된다고 하라.

1. 액체 소듐과 플루토늄의 혼합물로 구성된 고속로에 대해 열중성자 이용률과 무한 증배계수를 계산하라. 플루토늄의 농축도는 3.0 w/o이다. 또한 혼합물의 밀도는 대략 1.0 g/cm^{3}이다.

2. 어떤 고속로가 액체 소듐 안에 우라늄 연료봉으로 구성되어 있다. 우라늄 내의 ^{235}U 농축도는 25.6 w/o이고, 노심 체적의 37%를 차지한다. 그렇다면 노심에 대한 다음 값들을 계산하라.

(a) 소듐, ^{235}U, ^{238}U의 평균 원자 밀도

(b) 중성자 이용률

(c) η값

(d) 무한증배계수

3. 높이가 100 cm, 지름이 100 cm인 반사체가 없는 원통형 원자로가 20 MW의 출력 준위로 정상상태이다. 만약 원자로의 중심이 원점일 경우 $r = 7$ cm, $z = -22.7$ cm에서의 출력밀도는 얼마인가?

4. 반지름이 45 cm인 원통형 원자로 내에서 핵분열률 밀도가 원자로의 중심으로부터 35 cm 떨어진 지점에서 2.5×10^{11} fission/cm^3-sec로 측정되었다.

(a) 원자로의 정상상태 출력은 얼마인가?

(b) 원자로 중심에서의 핵분열률 밀도는 얼마인가?

5. 임계 유한 원통형 원자로에 대해 표 6.2에 주어진 중성자속 함수를 사용하여 상수 A의 값을 유도하라.

6. 어떠한 반사체가 있는 원자로의 노심이 원통형이며, 높이는 10 ft이고 지름이 10 ft이다. 825 MW의 출력 준위에서의 평균대-최대 중성자속 비가 1.5라 할 때 kW/liter의 단위로 원자로의 최대 출력밀도를 구하라.

7. 예제 6.3에서 설명한 원자로가 1 kW의 열출력 준위로 운전 중이라 가정하자. 초당 원자로로부터 누설되는 중성자의 수를 구하라. [*힌트*: 예제 6.4 참조.]

8. 일군 모델에서, 핵분열성 매질의 단위질량당 생성되는 출력이 다음과 같이 주어짐을 증명하라.

$$\frac{\text{watt}}{\text{g}} = \frac{\text{kW}}{\text{kg}} = \frac{3.2 \times 10^{11} \sigma_f \overline{\phi} N_A}{M_F}$$

단, σ_f는 일군 핵분열 단면적, $\overline{\phi}$는 평균 일군 중성자속, N_A는 아보가드로수, M_F는 핵연료의 그램원자량을 나타낸다.

9. (a) 문제 6.1에서의 원자로와 같은 조성을 가지는 가상적인 무반사체 원통형 원자로의 임계 반지름을 구하라.

(b) 만약 원자로가 500 MW의 열출력 준위를 가지고 운전 중에 있다면 중성자속이 최댓값은 얼마인가?

(c) 핵분열 중성자가 원자로로부터 이탈할 확률은 얼마인가?

10. 두께가 $2a$인 무한 평판형의 감속재 중심에 두께 t의 ^{235}U의 얇은 판이 있다. 이 원자로의 임계에 대한 일군 조건이 대략 다음과 같음을 증명하라.

$$\frac{2D}{(\eta - 1)L\Sigma_{aF}t} \coth \frac{a}{L} = 1$$

단, D와 L은 감속재의 확산 매개변수들이며, Σ_{aF}는 ^{235}U의 거시적 흡수 단면적을 나타낸다.

11. 흑연 감속재 내에 천연우라늄 연료봉이 입방체 형태의 배열로 장전되어 있는 연구용 원자로가 있다. 원자로의 한쪽 면은 25 ft이고, 20 MW의 출력 준위로 운전 중이다. $\overline{\Sigma}_f$의 평균값은 2.5×10^{-3} cm^{-1}이다.

(a) 좌굴을 계산하라.

(b) 열중성자속의 최댓값은 얼마인가?

(c) 열중성자속의 평균값은 얼마인가?

(d) 원자로 내에 ^{235}U의 농축도는 얼마인가?

12. 온도 T이고 ^{235}U가 장전된 원자로에서 핵분열당 200 MeV의 에너지가 회수된다고 할 때 출력은 다음 두 가지 형태의 식으로 나타낼 수 있음을 보여라.

$$P = 4.73 m_F g_F(T) \overline{\phi}_0 \times 10^{-14} \text{ MW}$$

또는

$$P = 7.19 m_F g_F(T)^{-1/2} \overline{\phi}_T \times 10^{-13}\ \mathrm{MW}$$

단, m_F는 원자로에서의 ^{235}U의 총량이며(단위는 kg), $g_F(T)$는 핵분열에 대한 비-1/v 인자이다. $\overline{\phi}_0$는 평균 2,200 m/s에서의 중성자속이며, $\overline{\phi}_T$는 평균 열중성자속이다.

13. 다음을 풀어라.

$$3x + 4y + 7z = 16$$

$$x - 6y + z = 2$$

$$2x + 3y + 3z = 12$$

14. 다음을 풀어라.

$$3.1x + 4.0y + 7.2z = 0$$

$$x - 5.0y + 9.0z = 0$$

$$7x + 4.5y + 8.1z + 8.1z = 0$$

15. ^{235}U와 H_2O의 균질한 용액에 1 L당 10 g의 ^{235}U가 포함되어 있다. 다음을 계산하라.

(a) ^{235}U의 원자 밀도 및 H_2O의 분자 밀도

(b) 열중성자 이용률

(c) 열확산 면적 및 거리

(d) 무한증배계수

16. 주어진 핵연료 농축도와 온도에 대해 ^{235}U와 다음의 감속재 물질들의 균질한 혼합물에 대한 열확산거리를 계산하라.

흑연: $N(25)/N(\mathrm{C}) = 4.7 \times 10^{-6}$; $T = 200$℃

베릴륨: $N(25)/N(\mathrm{Be}) = 1.3 \times 10^{-5}$; $T = 100$℃

D_2O: $N(25)/N(D_2O) = 1.4 \times 10^{-6}$; $T = 20$℃

H_2O: $N(25)/N(H_2O) = 9.2 \times 10^{-4}$; $T = 20$℃

17. ^{235}U와 흑연의 균질한 혼합물로 구성된 200 cm 두께의 임계 무반사체 평판형 원자로가 있다. 최대 열중성자속은 5×10^{12} neutron/cm^2-sec이다. 수정 일군 이론을 사용하여 다음을 계산하라.

(a) 원자로의 좌굴

(b) 우라늄의 임계 원자 농도

(c) 열확산면적

(d) 무한증배계수

(e) 평판 내의 열중성자속 및 열중성자류

(f) 평판의 단위면적당(cm^2) 생성되는 열출력

18. ^{13}C의 최외곽 중성자의 결합에너지는 4.95 MeV이다. 흑연에 의해 냉각되는 ^{235}U가 장전되어 있는 원자로의 핵분열당 회수 가능한 에너지를 계산하라. 단, 중성자와 감마선의 누설은 없다고 가정하라.

19. 네 종류의 감속재, (a) H_2O, (b) D_2O, (c) Be, (d) 흑연에 대해 세 종류의 핵연료, (1) ^{235}U, (2) ^{233}U, (3) ^{239}Pu가 균질하게 섞여 있을 경우(누설이 없다) 임계가 되기 위한 각 핵연료를 리터당 그램 단위로 농축도를 계산하라.

20. ^{235}U와 베릴륨의 균질 혼합물로 이뤄진 무반사체 원통형 원자로의 반지름이 50 cm이다. 해당 원자로가 50 kW의 열출력 준위로 운전 중일 때, 일군 이론을 사용해 다음을 계산하라.

(a) ^{235}U의 임계질량

(b) 원자로 내부에서의 열중성자속

(c) 원자로 외부로 누설되는 중성자의 비율

(d) ^{235}U의 감손율

21. 반지름이 r이고 높이가 H인 무반사체 유한 원통형 원자로의 중성자속은 다음과 같이 주어진다.

$$\phi = AJ_0\left(\frac{2.405r}{\widetilde{R}}\right)\cos\left(\frac{\pi z}{\widetilde{H}}\right)$$

위 식에서 만약 원자로가 P와트로 운전 중이라면 A는 얼마인가?

22. H_2O 용액에 $^{235}UO_2SO_4$이 리터당 30그램을 저장하고 있다. 명시되지 않은 크기의 탱크를 사용할 때 이것이 안전한 절차인가?

23. 한쪽 면의 길이가 a인 무반사체 입방형 원자로의 중성자속이 다음과 같음을 증명하라.

$$\phi = A\left(\cos\frac{\pi}{\tilde{a}}x\right)^3$$

24. 문제 6.23에서 설명한 원자로가 P와트로 운전 중이라면 상수 A가 다음과 같음을 증명하라.

$$A = \frac{P}{E_R \Sigma_f \frac{8}{\pi^3}\tilde{a}^3\left(\sin\frac{\pi}{2}\frac{a}{\tilde{a}}\right)^3}$$

25. ^{235}U와 흑연의 균질한 혼합물로 구성된 정육면체 형태의 무반사체 열중성자로가 있다. 원자 밀도의 비율 N_F/N_M은 1.0×10^{-5}이고, 핵연료의 온도는 250℃이다. 수정 일군 이론을 사용하여 다음을 계산하라. (a) 임계크기 (b) 임계질량 (c) 원자로가 1 kW의 출력으로 운전 중일 때 최대 열중성자속

26. 브룩헤이븐(Brookhaven) 연구용 원자로의 초기 설계는 정육면체 형태의 흑연 내에 규칙적으로 천연우라늄 핵연료봉이 장전된 형태였다. 핵연료봉 각각은 흑연 사이의 공기 채널 안에 위치하고 있었다. 원자로가 22 MW의 열출력 준위로 운전될 때 평균 핵연료 온도는 대략 300℃이고, 최대 열중성자속은 5×10^{12} neutron/cm^2–sec였다. L_T^2와 τ_T의 평균값은 각각 325 cm^{2}와 396 cm^{2}였으며 무한증배계수는 1.0735이다.

(a) 원자로의 임계크기를 계산하라.

(b) 원자로에서의 천연우라늄의 총량을 계산하라.

27. 일군 이론을 사용해 다음의 원자로에 대해 임계조건과 중성자속에 대한 관계식을 유도하라.

(a) 양쪽에 무한한 반사체가 있는 두께 a의 무한 평판 원자로

(b) 양쪽에 두께 b의 반사체가 있고 두께 a의 무한 평판 원자로

(c) 두께 b의 반사체가 있는 반지름 R의 구형 원자로

28. 구형 원자로의 노심이 ^{235}U와 흑연의 균질 혼합물로 구성되어 있다. 핵연료와 감속재의 원자비는 $N_F/N_M = 6.8\times10^{-6}$이다. 노심은 무한한 흑연 감속재로 감싸져 있다. 원자로가 100 kW의 열출력으로 운전 중이라 할 때 다음을 계산하라. (a) 무한증배계수 (b) 임계 노심의 반지름 (c) 임계질량 (d) 반사체의 절감효과 (e) 원자로 내의

열중성자속 (f) 평균대-최대 중성자속 비

29. 문제 6.20에서 설명한 원자로와 동일한 조성을 가지는 원자로가 무한한 베릴륨 반사체로 둘러싸여 있을 경우의 임계 반지름 및 임계 질량을 계산하라.

30. 단일 매질의 무한 원통형 원자로에서 일군 확산방정식이 다음과 같아짐을 증명하라.

$$\phi = AK_0 + CI_0$$

단, K_0와 I_0는 수정 베셀함수이다.

31. 반지름이 R인 무한 원통형 원자로가 무한 두께의 반사체에 의해 둘러싸여 있다. 일군 이론을 사용하여 다음을 풀어라.

(a) 노심 내와 반사체 내에서의 중성자속에 대한 식을 유도하라.

(b) 임계조건이 다음과 같음을 보여라.

$$D_c B \frac{J_1(BR)}{J_0(BR)} = \frac{D_r}{L_r} \frac{K_1(R/L_r)}{K_0(R/L_r)}$$

단, J_0과 J_1은 베셀함수이며, K_0과 K_1은 수정 베셀함수이다.

32. 무한한 판형의 열중성자로의 노심이 ^{239}Pu, H_2O의 용액으로 구성되어 있다. ^{239}Pu는 물에 8.5 g/liter의 농도만큼 존재한다. 노심은 양쪽 면에서 무한한 두께의 H_2 반사체로 둘러싸여 있다. 다음을 계산하라.

(a) 반사체에 의한 절감효과

(b) 노심의 임계두께

(c) 임계질량(g/cm^2)

33. 반지름이 50 cm인 구형 열중성자로의 노심이 ^{235}U와 H_2O이 균질한 혼합물로 구성되어 있다. 이 원자로가 무한한 H_2O 반사체로 둘러싸여 있을 경우 다음을 구하라.

(a) 반사체에 의한 절감효과

(b) 임계질량

(c) 최대 열중성자속이 1×10^{13} neutron/cm^2-sec일 때의 원자로의 출력 [*힌트*: 원자로가 반사체가 없고, 반지름이 50 cm라 가정한 뒤 노심에 대한 M_T^2을 구하라. 이 M_T^2값을 δ을 구하기 위해 사용해라. 그런 다음 무반사체 원자로에 대해 반지름을 $50+\delta$라 가정하고 새로운 M_T^2을 계산해라. 수렴할 때까지 이 과정을 반복

하라.]

34. 원통형 증식 원자로가 두께 b의 증식 블랭킷에 의해 둘러싸인 반지름 R의 노심으로 구성되어 있다. 이 노심의 무한증배계수는 1보다 크고 블랭킷에 대한 무한증배계수는 1보다 작다. 일군 이론을 사용하여 임계조건을 유도하고 원자로 내의 중성자속 분포에 대한 식을 유도하라.

35. 우라늄과 알루미늄의 샌드위치 형태로 구성된 실험용 원자로가 있다(판형이라 가정). 각 샌드위치 부분은 7.25 cm의 너비를 가지고 있고 0.16 cm 두께다. 피복재는 0.050 cm 두께의 알루미늄이다. 핵연료 부분(meat)은 알루미늄과 우라늄의 합금으로 되어 있는데, 이때 우라늄의 농축도는 20 w/o이고, 밀도는 3.4 g/cm^{3}이다.

(a) 이 핵연료 물질의 핵연료 부분과 피복재 부분에서의 열중성자 평균 자유행정을 계산하라.

(b) 이러한 물질이 장전된 원자로는 준균질(quasi-homogeneous) 상태인가 비균질(heterogeneous) 상태인가?

36. 앞선 문제에서 설명한 원자로의 핵연료 샌드위치는 물을 감속재로 쓰는 균일한 배열의 알루미늄 홀더에 들어가 있다. 금속과 물의 체적비가 0.73이고 우라늄 원자 한 개당 120개의 알루미늄 원자가 있다고 할 때 다음을 계산하라. (a) 열중성자 이용률 (b) 무한증배계수 (c) 열확산거리 [주: (c)에서, 알루미늄과 물의 거시적 수송 단면적을 모두 고려한 균질 혼합물에 대한 $\overline{D}$의 값을 계산하라. 물의 Σ_{tr}은 $\frac{1}{3}\overline{D}$을 사용하라. 여기서 $\overline{D}$는 물의 밀도에 대해 수정된 실험값이다.]

37. 비균질 우라늄-물 격자가 사각형 배열로 구성되어 있다. 우라늄 핵연료봉은 지름이 1.50 cm이고 피치가 2.80 cm이다. 다음을 계산하라.

(a) 등가 셀의 반지름

(b) 우라늄-물의 체적비 V_F / V_M

(c) 열중성자 이용률

(d) 공명흡수 이탈확률

(e) 속핵분열 인자(그림 6.10)

(f) 무한증배계수

38. 문제 6.37을 ^{235}U가 2.5 w/o로 농축되어 있는 경우를 고려해서 다시 풀어라.

39. 육각형 격자(*삼각형 격자*라고도 부른다)에서 각각의 핵연료봉은 6개의 가까운 근처 핵연료봉으로 둘러싸여 있다. 격자의 피치가 s라 한다. 그렇다면 이 격자의 등가 셀의 반지름은 다음과 같이 주어짐을 증명하라.

$$b = 0.525\,s$$

40. 1.4 cm 반지름의 육각형 격자에 대해 무한증배계수를 구하라. 단, 천연우라늄이 흑연을 감속재로 하는 핵연료봉에 장전되어 있으며, 격자 간 피치는 20 cm이다. [*주*: 이 격자에 대한 속핵분열 인자는 1.03이다.]

시간종속 원자로

The Time-Dependent Reactor

7.1 시간종속 문제의 유형
7.2 원자로 동역학
7.3 제어봉 및 화학제어제
7.4 반응도에 대한 온도 영향
7.5 핵분열 생성물의 독작용
7.6 원자로 주기 동안의 노심 특성

6장에서는 일정한 출력 준위에서 운전되는 임계(critical) 원자로를 가정하고 동 원자로의 여러 가지 특성에 대해 설명했다. 그러나 실제 원자로는 항상 임계상태로 유지되지는 않는다. 예를 들면, 원자로가 처음 기동될 때나 또는 출력 준위를 서서히 올릴 때에는 초임계(super-critical) 상태여야 하고, 반대로 원자로 운전을 중지하거나 출력 준위를 서서히 낮출 때에는 미임계(sub-critical) 상태여야 한다. 이렇게 초임계 혹은 미임계 상태와 같이 비임계(non-critical) 상태의 원자로에서 중성자 생성 및 손실 거동을 다루는 학문을 일반적으로 *원자로 동역학*(*reactor kinetics*)이라 한다. 7.2절에서는 이러한 원자로 동역학에 대해 다룬다.

일반적으로 원자로의 임계 정도는 *제어봉*(*control rod*)이나 *화학제어제*(*chemical shim*)를 사용함으로써 조절된다. 제어봉은 중성자 흡수 단면적이 큰 물질로 만들어지는데, 하나의 독립적 제어봉 형태를 갖추고 있기도 하고, 여러 개의 제어봉이 합쳐져서 집합체 형태를 갖추고 있기도 하다. 이러한 제어봉을 구성하는 중성자 흡수물질은 핵연료에 흡수되어야 하는 중성자를 가로채서 흡수하기 때문에 해당 원자로의 증배계수에 영향을 미치게 된다. 만약 제어봉이 임계상태인 원자로 안에 삽입되어 있다가 인출된다면 원자로는 초임계상태가 되며, 반대로 임계 원자로 밖으로 인출되어 있다가 내부로 삽입된다면 해당 원자로는 미임계상태가 된다. 보통 화학제어제로는 붕산(H_3BO_3)이 널리 사용된다. 물이 감속재나 냉각재 역할을 하는 원자로에서는 이러한 붕산을 물에 녹여 사용하므로 이를 붕산수라 하며, 이러한 붕산수의 붕산 농도를 변화시켜 해당 원자로의 반응도를 제어한다. 이와 같이 원자로를 제어하는 제어봉과 화학제어제의 효과에 대한 기본적인 계산 방법에 대해서는 7.3절에서 다룬다.

원자로의 임계에 영향을 미치는 여러 인자 중 가장 중요한 인자는 바로 원자로의 온도이다. 증배계수를 구하기 위해서는 여러 매개변수 값을 알아야 하는데, 이러한 매개변수들은 모두 온도의 함수이기 때문에 온도의 변화는 필연적으로 증배계수 k의 변화를 야기한다. 이러한 상황은 특히 원자로의 고유 안전성에 대한 문제와 관련되며 7.4절에서 논의한다. 이와 관련하여, 원자로 내 기포(void)의 형성이 증배계수에 미치는 영향도 7.4절에서 다룬다.

원자로의 출력이 바뀌거나 원자로의 온도가 변할 경우 원자로의 임계상태가 변화하며, 이러한 변화 정도는 제어봉이나 화학제어제를 이용하여 보상함으로써 원자로의 임계상태를 유지할 수 있다고 했다. 이와 더불어 원자로에서 핵분열에 의한 연소(핵분열은 화학 반응은 아니나 burn이라고 함)가 진행될수록 핵연료 물질의 감소와 핵분열의 결과 생겨나는 핵분열 생성물의 독작용(poison effect)에 의해 반응도가 서서히 감소한다. 이와 같이 노심의 한 주기 동안의 연소도(burnup) 증가로 인해 핵분열성 물질의 양과 반응도가 감소된다. 이러한 반응도 감소를 보상하기 위해서도 역시 제어봉과 화학제어제를 사용한다. 즉 원자로는 일반적으로 초기에 임계를 위해 필요한 최소한의 핵연료보다 많은 양의 핵연료를 장전한 채 운전을 시작한다. 만약 이렇게 하지 않고, 원자로가 최소 임계질량만큼의 양을 장전한 채 운전되게 된다면 원자로는 첫 번째 핵분열 후에 바로 미임계상태가 될 것이다. 따라서, 원자로 초기에 임계를 위한 양을 초과하는 핵분열성 물질[이를 잉여연료(excess fuel)라 한]을 보상하기 위해 제어봉, 붕산(H_3BO_3), 가돌리늄(Gd) 및 기타 중성자 흡수물질들이 노심 내부에 삽입된다. 원자로에서 핵분열이 진행됨에 따라, 핵연료는 점차 소모될 것이고, 또한 가돌리늄도 연소될 것이며, 제어봉이 서서히 인출되거나 붕산수 농도를 점차 낮춤으로써 원자로의 임계상태를 계속적으로 유지할 것이다.

핵분열의 결과 생성되는 핵분열 생성물(fission-product)들은 대부분 핵분열이 진행될수록 그 양이 축적될 것이다. 그 중 특히 2개의 핵분열 생성 핵종인 ^{135}Xe와 ^{149}Sm는 매우 큰 중성자 흡수 단면적을 가지고 있기 때문에 노심의 전 주기에 걸쳐 서서히 증배계수 k에 악영향을 미치는 경향이 있다. 이러한 *핵분열 생성 독물질(fission product poison)*의 생성 및 축적에 관한 내용은 7.5절에서 다룬다.

핵연료성 물질을 포함하는 원자로에서는, 핵변환에 의해 새로운 핵분열성 물질이 생성되기 때문에 핵연료의 연소와 핵분열 생성물의 생성에 의한 반응도 감소를 보상하는 효과가 나타난다. 이와 같은 시간에 따른 원자로 노심 특성의 변화는 어떤 노심으로부터 예상되는 총 에너지 생산 수명을 결정하는 데 분명히 영향을 미치며, 이는 바로 전체 에너지 생산 비용에 영향을 준다. 이와 같이, 핵연료 특성과 출력 생산과의 경제성 관련 상호작용은 *핵연료 관리(nuclear fuel management)*의 필요성을 제기하며 이는 이 장의 결론 부분에서 다룬다.

7.1 시간종속 문제의 유형

중성자 분포의 시간종속성은 시간적인 범주로 세 가지 종류, 즉 단기(short time), 중기(intermediate time) 및 장기(long time) 문제들이다. 첫 번째 범주인 짧은 단기 문제는 대개 수 초에서 수십 분 정도 사이에 일어나는 문제이다. 이 범위 내에서 핵연료의 소모는 매우 적으며 거의 무시될 수 있다. 이런 문제는 원자로 과도 상태나 원자로 안전 해석에서 다루는 시간 범주이다.

두 번째 범주인 중기 문제는 수 시간에서 하루 혹은 이틀 정도의 시간 범주에 해당하는 문제이다. 이 기간 동안에도 역시 핵연료의 소모는 무시할 수 있으나 핵분열 생성물의 특성 변화는 반드시 고려해야 한다.

마지막 범주인 장기 문제는 수일에서 수개월의 기간 동안 발생하는 변화에 관한 문제이다. 이러한 문제 유형에서는 핵연료 소모에 대한 자세한 정보뿐만 아니라 원자로 내에서 중성자속 및 핵연료의 분포에 대한 자세한 정보도 필요하다. 핵연료 관리를 위한 계산이 이러한 범주에 속한다.

장기 혹은 연소 문제

이러한 문제는 긴 시간 동안 발생하는 중성자속의 변화와 관련된다. 그러나 이러한 문제들은 중성자속이 시간적으로 아주 천천히 변화한다는 가정에 의해 상대적으로 간단한 방법으로 다룰 수 있는데, 다시 말해 일련의 정적인 상태의 연속인 것처럼 다루는 것이다. 이는 원자로가 몇 개의 고정적인 상태를 유지한다고 가정하는 단열 근사(adiabatic approximation)를 적용해 풀 수 있다. 이러한 형상은 정상상태, 비시간종속(time-independent) 문제를 풀어 결정된다.

이 방법에서는 중성자 생성과 손실 항이 균형을 이루고 있다고 가정한다. 우선 확산방정식은 다음과 같이 나타낼 수 있다.

$$D\nabla^2\phi - \Sigma_a\phi = -\lambda v\Sigma_f\phi \tag{7.1}$$

여기서 λ은 해당 문제의 고유치를 의미한다. 이 고유치는 문제에 따라 조절 가능하며 문제에 따라 달라진다. 비시간종속 고유치 문제의 해에서 고유치 λ는 반드시 1이어야 한다.

만약 λ가 1이 아니라면 이 무언가 달라져야 하는데, 예를 들어 중성자 누설량이 달라지기 위해 좌굴이 달라져야 하거나, 반응률이 바뀌기 위해 흡수 혹은 핵분열 단면적이 달라져야 한다.

원자로 설계 문제는 원자로의 수명에 걸쳐 λ가 1인 고유치를 구하는 것이다. 이러한 조건이 구해진다면 원자로 출력은 일정할 것이고 시간에 대해 비종속적일 것이다. 또한 해당 원자로 노심의 증배계수는 1일 것이다. 위 식에서 λ가 증배계수 k의 역수와 같다는 것을 알 수 있다.

실제로 해를 구하는 과정에서는, 문제가 비시간종속적일 때 1이 되는 매개변수 λ를 제기하고 있다. 이와 같이 해석하는 것은 k가 1의 경우에 해당되는 가상의 문제를 푸는 것과 같다. 실제 여러 고유치 중 1을 제외한 나머지는 실젯값이 아닌데 그 이유는 그러한 고유치들은 문제를 시간종속적으로 만들기 때문이다. 그러나 λ의 값은 원자로 상태가 어떠한지에 대해 설명해 줄 수 있다. 원자로 내에서의 핵연료 관리는 이러한 접근법에 기초하고 있다.

단기 문제

이러한 문제는 전형적으로 원자로 상태에 섭동(perturbation)을 야기하는 어떠한 원인이 있을 때 발생한다. 예를 들어 증기 요구량은 터빈 부하가 변함에 따라 갑자기 변할 수 있다. 비등로에서 이러한 현상은 원자로용기 내 압력의 변화로써 관측되며, 경수로에서는 일차계통 온도의 변화로 나타난다. 이러한 변화는 중성자의 감속률을 변화시키고 이는 증배계수 k를 변화시키게 된다.

단기 문제를 풀기 위해 사용되는 방법은 원자로 중성자속의 형태가 변화하지 않는다는 가정을 기초로 한다. 이러한 가정에서는 원자로가 하나의 “점(point)”처럼 작동한다고 가정하는데, 이런 연유로 이를 *일점 동역학(point kinetics)*이라 부른다. 이러한 접근법은 중성자속의 형태가 시간에 따라 변화한다고 알려진 경우를 제외하고 대부분의 원자로 해석에 사용되고 있다.

중기 문제

이러한 문제는 방사성 붕괴에 의한 핵분열 생성물의 농도 변화에 지배되는 유형이다.

몇 가지 핵분열 생성물들은 발생량도 상당히 많고 충분히 큰 열중성자 흡수 단면적을 가지고 있기 때문에, 이들에 의한 열중성자 흡수가 문제가 된다. 이들 핵분열 생성물의 농도는 시간에 따라 달라지며, 이러한 변화는 증배계수의 중성자 흡수 항에 영향을 준다. 따라서, 원자로가 임계상태를 유지한다면 이러한 흡수율의 변화를 반드시 계산에 고려해야 한다.

중성자속을 구하기 위한 방법들은 핵분열 생성물의 공간적 변화에 대한 고려 필요성에 따라 달라진다. 핵분열 생성물의 이러한 공간적 의존성을 무시한다면, k의 시간에 따른 변화를 적절히 고려한 일점 동역학 방정식으로 시간종속적 원자로 출력을 구할 수 있다.

»» 7.2 원자로 동역학

핵분열을 통해 방출되는 중성자는 핵분열과 동시에 나타난다고 3장에서 설명했다. 이러한 중성자를 통상 *즉발중성자*(*prompt neutron*)라 한다. 그러나 핵분열 후 상대적으로 오래 시간 후에 방출되는 중성자도 적은 비율이기는 하나 존재하는데 이러한 중성자를 *지발중성자*(*delayed neutron*)라 한다. 원자로의 시간에 따른 거동은 이러한 두 가지 종류의 중성자의 다양한 특성에 의존한다. 우선 즉발중성자에 대해 서술하겠다.

즉발중성자 수명

즉발중성자는 핵분열을 통해 방출된 후 해당 원자로 내부에서 원자핵들과의 탄성 혹은 비탄성 산란을 통해 감속된다. 고속로(fast reactor)의 경우 즉발중성자들은 노심 내에 흡수되거나 외부로 누설될 때까지 그다지 감속되지 않는다. (수십 keV 혹은 수천 keV 수준까지만 감속된다.) 그러나 열중성자로(thermal reactor)에서 즉발중성자 대부분은 해당 원자로 내로 흡수되거나 외부로 누설되지 않고 열에너지 영역에 무사히 도달한다. 열중성자가 된 즉발중성자는 원자로 내의 전체 영역으로 확산되며, 그 중 일부는 결국 흡수되거나 누설된다. 원자로 내에서 즉발중성자의 방출과 흡수 사이의 평균 시간을 *즉발중성자 수명*(*prompt neutron lifetime*)이라 부르며 l_p로 표기한다.

우선 무한 열중성자로에서의 l_p를 생각해 보자. 하나의 중성자가 열에너지 영역까지 감속되는 데 필요한 시간이 중성자가 최종적으로 흡수되기 전까지 열중성자 상태로 존재하는 시간보다 작다는 것이 이론 및 실험적으로 관찰되었다. 무한 원자로에서 열중성자의 평균 수명을 소위 *평균 확산시간*(*mean diffusion time*)이라 부르며, t_d로 표기한다. 그러므로 무한 열중성자에 대해서는 다음 식이 성립한다.

$$l_p \simeq t_d \tag{7.2}$$

위 식에서 평균 확산시간 t_d를 계산하는 것은 쉽다. 에너지가 E인 열중성자가 있다고 생각해 보자. 그렇다면 그 열중성자는 흡수되기 전에 평균적으로 흡수 평균 자유행정(absorption mean free path) $\lambda_a(E)$만큼 이동할 것이다. 따라서 이 중성자는 다음과 같은 시간 동안 열중성자로 살아남아 있다.

$$t(E) = \lambda_a(E)/v(E) \tag{7.3}$$

위 식에서 $v(E)$은 에너지 E 상태에서의 중성자 속력을 의미한다. 평균 확산시간은 $t(E)$의 평균값이므로 다음과 같이 표현할 수 있다.

$$t_d = \overline{t(E)} \tag{7.4}$$

또한 $\lambda_a(E) = 1/\Sigma_a(E)$이기 때문에 식 (7.3)은 다음과 같이 다시 나타낼 수 있다.

$$t(E) = \frac{1}{\Sigma_a(E)v(E)} \tag{7.5}$$

위 식에서 $\Sigma_a(E)$는 에너지 E에서의 거시적 흡수 단면적을 의미한다. 희소한 열중성자로에서는 근사적으로 중성자 흡수가 $1/v$에 비례한다고 가정한다면, 거시적 흡수 단면적 $\Sigma_a(E)$는 $\Sigma_a(E_0)v_0(E)/v(E)$와 같을 것이다. 여기서 E_0은 0.0253 eV이고, v_0는 2,200 m/sec이다. 그렇다면 식 (7.5)는 다음과 같아진다.

$$t(E) = \frac{1}{\Sigma_a(E_0)v_0} \tag{7.6}$$

위 식을 살펴보면 $t(E)$는 상수이며 에너지 E에 무관하기 때문에 $g_a(T)$가 1일 경우 식 (5.55)와 (5.59)를 사용하면 다음과 같다.

$$t_d = \frac{1}{\Sigma_a(E_0)v_0} = \frac{\sqrt{\pi}}{2\overline{\Sigma}_a v_T} \tag{7.7}$$

표 7.1은 몇몇 감속재에 대한 t_d값을 보여 준다.

표 7.1 주요 감속재에 대한 대략적인 확산시간

감속재	t_d , sec
H_2O	2.1×10^{-4}
D_2O^*	4.3×10^{-2}
Be	3.9×10^{-3}
흑연	0.017

*0.25% H_2O 함유.

만약 원자로가 감속재와 핵연료의 혼합물로만 구성되어 있다고 가정한다면 $\overline{\Sigma}_a = \overline{\Sigma}_{a\mathrm{F}} + \overline{\Sigma}_{a\mathrm{M}}$이 될 것이다. 따라서 식 (7.7)은 다음과 같이 표현된다.

$$t_d = \frac{\sqrt{\pi}}{2v_T(\overline{\Sigma}_{a\mathrm{F}} + \overline{\Sigma}_{a\mathrm{M}})} \tag{7.8}$$

또한 위 식은 다음과 같이 변형할 수도 있다.

$$t_d = \frac{\sqrt{\pi}}{2v_T\overline{\Sigma}_{a\mathrm{M}}} \frac{\overline{\Sigma}_{a\mathrm{M}}}{\overline{\Sigma}_{a\mathrm{F}} + \overline{\Sigma}_{a\mathrm{M}}}$$

위 식의 첫 번째 항은 감속재에 대한 평균 확산시간 $t_{d\mathrm{M}}$이며, 두 번째 항은 $1-f$이다. 여기서 f는 열중성자 이용률(thermal utilization)로서 식 (6.58)을 통해 이미 설명한 바 있다. 따라서 감속재와 핵연료 혼합물에 대해 평균 확산시간은 다음과 같다.

$$t_d = t_{d\mathrm{M}}(1-f) \tag{7.9}$$

예제 7.1

무한한 임계 열중성자로가 상온에서 ^{235}U와 단위밀도를 가지는 물의 균질한 혼합물로 구성되어 있다. 해당 원자로 내의 즉발중성자 수명을 구하라.

풀이

문제에서 원자로가 임계상태라 했기 때문에 다음이 성립한다.

$$k_{\infty} = \eta_T f = 1$$

위 식을 f에 대해 정리하면 $f = 1/\eta_T$이 된다. 표 6.3으로부터, η_T가 2.065라는 것을 알 수 있기 때문에 f는 0.484가 될 것이다. 표 7.1에 따르면 물(경수)에 대해 t_d가 2.1×10^{-4} sec이므로 식 (7.2)와 (7.8)을 사용하면 다음과 같이 계산된다.

$$l_p \simeq t_d = 2.1 \times 10^{-4}(1-0.484) = 1.08 \times 10^{-4}\,\text{sec}$$

위 결과는 단지 열중성자로에 국한된다. 즉발중성자 수명은 열중성자로보다 고속로 내에서 훨씬 짧다. 왜냐하면 중성자가 열에너지로 도달하는 경우가 거의 없기 때문이다. 고속로에서 l_p의 값은 10^{-7} sec 수준이다.

지발중성자가 없는 원자로

이 절의 앞부분에서 설명했듯이, 지발중성자는 원자로 동역학에서 중요한 역할을 수행한다. ^{235}U에서 열핵분열에 대해 단지 1% 미만의 지발중성자가 발생하므로 이는 매우 놀라운 사실이라 할 수 있다. 지발중성자의 중요성을 확실히 이해하기 위해 지발중성자가 없는 원자로의 동역학을 우선 생각해 보자. 즉 모든 중성자가 핵분열과 동시에 방출된다고 가정하자. 설명의 편의를 위해 낭분산 무한 열중성자로에 국한해 설명한다.

핵분열 과정에서 하나의 핵분열 중성자의 흡수로 인해 새로운 세대의 핵분열 중성자가 생성된다는 것에 유의하자. *평균 생성시간*(*mean generation time*)을 의미하는 Λ는 하나의 중성자의 생성으로부터 다음의 핵분열을 야기하는 흡수 사이의 시간으로 정의된다. $k \simeq 1$인 전형적인 경우 지발중성자가 없는 경우에는, l_p는 대략적으로 연쇄반응에서 중성자 세대 사이의 시간인 Λ와 같다. 한 세대로부터의 중성자 흡수는, l_p시간 후에 다음 세대에서의 k_{∞} 만큼의 중성자 흡수를 일으킨다는 k_{∞} 정의를 생각해 보자. 시간 t에서 단위시간, 단위체적당 발생하는 핵분열의 수(물론 이는 중성자 흡수의 수와 비례한다)를 $N_F(t)$라 하면 l_p시간 후의 핵분열률은 다음과 같이 표현할 수 있다.

$$N_F(t+l_p) = k_\infty N_F(t) \tag{7.10}$$

위 식에서 첫 번째 항은 다음과 같이 근사될 수 있다.

$$N_F(t+l_p) \simeq N_F(t) + l_p \frac{dN_F(t)}{dt}$$

위 식과 같이 전개한 항을 식 (7.10)에 다시 대입하면 다음과 같은 일차 미분방정식을 얻을 수 있다.

$$\frac{dN_F(t)}{dt} \simeq \frac{k_\infty - 1}{l_p} N_F(t) \tag{7.11}$$

위 미분방정식의 해는 다음과 같다.

$$N_F(t) = N_F(0)\exp\left(\frac{k_\infty - 1}{l_p}\right)t \tag{7.12}$$

위 미분방정식의 해에서, $N_F(0)$는 t가 0일 때 핵분열률을 의미한다. 식 (7.12)는 다음과 같이 표현할 수도 있다.

$$N_F(t) = N_F(0)e^{t/T} \tag{7.13}$$

식 (7.13)에서 T는 다음과 같이 정의되는 값으로, *원자로 주기*(*reactor period*)라 부른다. 물론 이 원자로 주기는 지발중성자가 없는 경우에 한정해 구한 것임을 명심해야 한다.

$$T = \frac{l_p}{k_\infty - 1} \tag{7.14}$$

예제 7.2

예제 7.1에서 설명한 원자로가 시각 $t=0$까지 임계상태였다가 시각 $t=0$에서 k_∞가 1.000에서 1.001로 증가했다고 한다. 이러한 k_∞의 변화에 따라 동 원자로가 어떻게 되는지 설명하라.

풀이

예제 7.1로부터 l_p는 대략 10^{-4} sec임을 알 수 있고, 식 (7.14)를 통해 원자로 주기를 다음과 같이 구할 수 있다.

$$T = \frac{10^{-4}}{1.001 - 1.000} = 0.1\,\text{sec}$$

그러므로 중성자속(또는 출력)은 시간 t가 지난 뒤에 e^{10t}만큼 증가한다. 물론, 여기서 t의 단위는 초(sec)이다.

예제 7.2에서 구해진 원자로 주기가 매우 짧다는 것을 알 수 있다. 원자로가 0.1초의 주기를 가지면 이 원자로는 단지 1초 후 10주기가 지나면 핵분열률(또는 출력)이 e^{10}(= 22,000)만큼 증가한다. 원사로가 1메가와트의 출력 상태에서 운전 중이었다면 1초 후에는 22,000메가와트까지 출력이 증가한다는 것이다. 물론 동 원자로가 이와 같은 높은 출력을 버틸 수 있다면 말이다. (물론 버틸 수 없을 것이다.)

이러한 해석 결과는 지발중성자를 생략한 채 구한 값이고, 실제 원자로의 동특성이 이와 같지는 않다. 앞으로 설명하겠지만 지발중성자는 원자로 주기를 상당히 증가시킨다. 결과적으로, 지발중성자로 인해 원자로가 비교적 쉽게 제어되는 것이다.

지발중성자가 있는 원자로

정확한 원자로 동특성 계산에서는, 6개의 군의 지발중성자 선행핵을 고려하고 이들의 생성과 붕괴를 자세히 고려할 필요가 있다. 이러한 6개의 지발중성자 선행핵군을 고려한 수학적 해석 결과는 복잡하기는 하나 원자로의 동특성을 자세히 이해하기 위해서는 필수적이라 할 수 있다. 우선 6개의 군을 고려하기에 앞서 간단히 지발중성자 선행핵군이 단 하나만 있다고 생각해 보자. 즉 하나의 가상적인 지발중성자 선행핵군의 붕괴로부터 지발중성자가 얻어진다는 것이다.[1]

임계 혹은 비임계의 무한 균질 열중성자로가 있다고 가정하자. 이 원자로의 열중성자

---

1 이러한 하나의 지발중성자군은 6개의 지발중성자 선행핵에 대해 평균을 취해 구한 하나의 지발중성자군이라 생각할 수 있다.

속은 위치에 비종속적이기 때문에 열중성자에 대한 시간종속 확산방정식(time-dependent diffusion equation)은 다음과 같이 표현할 수 있다(식 5.16 참고).

$$s_T - \overline{\Sigma}_a \phi_T = \frac{dn}{dt} \tag{7.15}$$

위 식에서 s_T는 열에너지 영역으로 감속되는 중성자 선원의 밀도이고, n은 열중성자의 밀도이다. 식 (5.56)을 다시 보자.

$$\phi_T = \frac{2}{\sqrt{\pi}} n v_T$$

그렇다면 식 (7.15)는 다음과 같다.

$$s_T - \overline{\Sigma}_a \phi_T = \frac{\sqrt{\pi}}{2 v_T} \frac{d\phi_T}{dt} \tag{7.16}$$

위 식을 $\overline{\Sigma}_a$로 나눈 뒤, 식 (7.7)을 사용하면 다음과 같다.

$$\frac{s_T}{\overline{\Sigma}_a} - \phi_T = t_d \frac{d\phi_T}{dt} \tag{7.17}$$

결과적으로 $t_d \simeq l_p$이기 때문에 식 (7.17)은 다음과 같이 쓸 수 있다.

$$\frac{s_T}{\overline{\Sigma}_a} - \phi_T = l_p \frac{d\phi_T}{dt} \tag{7.18}$$

만약 모든 핵분열 중성자가 즉발중성자일 때 k_∞ 정의를 이용하면 선원의 밀도는 다음과 같다(식 6.11 참고).

$$s_T = k_\infty \overline{\Sigma}_a \phi_T$$

그러나 핵분열 중성자 중 β 비율만큼이 지발중성자이기 때문에 즉발중성자의 비율은 $1-\beta$일 것이다. 따라서 즉발중성자가 s_T에 기여하는 값은 다음과 같다.

$$s_T(\text{즉발중성자로부터}) = (1-\beta) k_\infty \overline{\Sigma}_a \phi_T$$

지발중성자는 지발중성자 선행핵으로부터 방출되고 난 뒤 급격하게 감속된다. 그러한 지발중성자로부터의 열선원 밀도 기여도는 지발중성자 선행핵의 붕괴율에 확률 p를 곱한 값과 같다. 여기서 p는 지발중성자가 감속되는 동안 공명영역 흡수를 피하는 확률을 나타낸다. 그러므로

$$s_T(\text{지발중성자로부터}) = p\lambda C$$

가 되며 위 식에서 p는 공명흡수 이탈확률(resonance escape probability)이며, λ는 선행핵의 붕괴상수(decay constant)이다. 또한 C는 선행핵의 단위체적당 원자의 개수를 나타내는 밀도이다. 위의 두 선원을 합하면 다음과 같다.

$$s_T = (1-\beta)k_\infty \overline{\Sigma}_a \phi_T + p\lambda C \tag{7.19}$$

위 식을 식 (7.18)에 대입하고 열중성자속에 대해 정리하면 다음과 같은 식을 유도할 수 있다.

$$(1-\beta)k_\infty \phi_T + \frac{p\lambda C}{\overline{\Sigma}_a} - \phi_T = l_p \frac{d\phi_T}{dt} \tag{7.20}$$

지발중성자 선행핵의 밀도를 결정하는 방정식은 다음과 같이 얻을 수 있다. 6.5절에서 즉발중성자와 지발중성자를 합한 핵분열 중성자 생성률은 $\eta_T \epsilon f \Sigma_a \phi_T / p$였다. 그러므로 지발중성자 생성률은 $\beta k_\infty \overline{\Sigma}_a \phi_T / p$이다. 이제 각 지발중성자가 하나의 지발중성자 선행핵의 붕괴의 결과로 나타나기 때문에 지발중성자 선행핵의 생성률은 $\beta k_\infty \overline{\Sigma}_a \phi_T / p$과 동일할 것이다. 물론 이들 선행핵은 이어서 λC의 속도로 붕괴된다. 그러므로 C는 다음과 같이 구할 수 있다.

$$\frac{dC}{dt} - \frac{\beta k_\infty \overline{\Sigma}_a \phi_T}{p} - \lambda C \tag{7.21}$$

식 (7.20)과 (7.21)은 ϕ_T 또는 C를 결정하기 위해 동시에 풀어야 하는 연계 미분방정식들이다.

이제 특별한 경우에 대해 생각해 보자. 시각 $t=0$까지 임계상태이고 k_∞가 1인 원자로

가 있다고 가정해 보자. 반응도가 미임계 혹은 초임계가 되도록 하기 위해 k_∞의 변화가 있다. 시각 $t=0$ 이후에 시간의 함수로서 ϕ_T를 결정해야 한다.

위 문제는 중성자속과 지발중성자 선행핵의 밀도를 다음과 같이 가정함으로써 풀 수 있다.

$$\phi = A e^{\omega t} \tag{7.22}$$

$$C = C_0 e^{\omega t} \tag{7.23}$$

위 두 식에서 A와 C_0는 상수이며, ω는 결정되어야 하는 매개변수다. 위 식들을 식 (7.21)에 대입하면 다음과 같이 C_0에 대한 관계식을 구할 수 있다.

$$C_0 = \frac{\beta k_\infty \overline{\Sigma}_a A}{p(\omega + \lambda)}$$

위에서 구한 C_0와 식 (7.22) 및 (7.23)을 식 (7.20)에 대입하면 상수 A가 사라지고 다음 식이 남는다.

$$(1-\beta)k_\infty + \frac{\lambda \beta k_\infty}{\omega + \lambda} - 1 = \omega l_p$$

위 식은 다음과 같이 표현하는 것이 편리하다.

$$\frac{k_\infty - 1}{k_\infty} = \frac{\omega l_p}{1+\omega l_p} + \frac{\omega}{1+\omega l_p}\frac{\beta}{\omega + \lambda} \tag{7.24}$$

식 (7.24)에서 좌변항은 *반응도*(*reactivity*)로 정의되는 값이며(이 경우 무한 원자로에서), ρ로 표기하며, 다음과 같다.

$$\rho = \frac{k_\infty - 1}{k_\infty} \tag{7.25}$$

대조적으로 유한 원자로의 반응도는 다음과 같이 정의한다.

$$\rho = \frac{k-1}{k} \tag{7.26}$$

반응도의 관점에서 식 (7.24)는 다음과 같이 나타낼 수 있다.

$$\rho = \frac{\omega l_p}{1+\omega l_p} + \frac{\omega}{1+\omega l_p}\frac{\beta}{\omega+\lambda} \tag{7.27}$$

위 식은 일군 지발중성자에 대한 *반응도 방정식*(*reactivity equation*)으로 알려져 있다.

반응도 방정식의 중요도를 생각하기 전에 만약 원자로가 초임계상태일 때를 생각해 보자. 그렇다면 k는 1보다 클 것이고, ρ는 양수가 될 것이다. 이러한 상황에서 원자로는 *정반응도*(*positive reactivity*)를 가지고 있다고 말한다. 대조적으로 원자로가 미임계라면 k는 1보다 작고, ρ는 음수이며, 이러한 원자로는 *부반응도*(*negative reactivity*)를 가지고 있다. 식 (7.26)을 자세히 살펴보면 ρ의 범위는 $-\infty < \rho < 1$이라는 것을 쉽게 알 수 있다.

예제 7.3

k가 1.000으로부터 1.001만큼 변했을 경우 상응하는 반응도는 얼마인가?

풀이

식 (7.26)으로부터

$$\rho = \frac{1.001-1}{1.001} \simeq 10^{-3}$$

위 계산 결과에서 분자는 k의 변화량과 같기 때문에 ρ는 k의 변화율(fractional change)과 같다. 이러한 경우 ρ는 종종 퍼센트 단위로 표현된다. 이 경우에는 $\rho = 100 \times 10^{-3} = 0.1\%$이다.

반응도 방정식인 식 (7.27)은 원자로의 반응도와 식 (7.20)과 (7.21)에 주어진 미분방정식의 해인 식 (7.22) 및 (7.23)의 함수가 가지는 ω의 값과의 관계를 나타내고 있다. 다시 말해, 이들 미분방정식을 푸는 문제는 특정한 ρ값에 대해 식 (7.27)의 근을 찾는 문제로 간소화된다. 이것은 그림 7.1에서 보듯이 방정식의 우변항을 ω의 함수로서 그려 봄으로써 쉽게 구해진다. 그림에 표시되었듯이 이것은 세 가지의 다른 경우로 구성되어 있다. 이 방정식의 근들은, y축 반응도가 주어진 $+\rho$ 값과, $-\rho$ 값을 가지는 두가지 수평선과의 교차점에 위치한다. 따라서 그것은 2쌍의 근을 가진다. $+\rho$와 $-\rho$ 각각에 대해 두 쌍의 ω_1과 ω_2가 해가 된다. 그러므로 중성자속은 다음과 같다.

$$\phi_T = A_1 e^{\omega_1 t} + A_2 e^{\omega_2 t} \tag{7.28}$$

위 식에서 A_1과 A_2는 상수다.

그림 7.1은 ρ가 양수일 때 ω_1은 양수이고 ω_2는 음수임을 보여 준다. 따라서 시간이 지날수록 식 (7.28)의 두 번째 항은 점차 사라지고 중성자속은 궁극적으로 $e^{\omega_1 t}$만큼 *증가*한다. 반대로 ρ가 음수라면 ω_1과 ω_2가 둘 다 음수가 되며 ω_2가 ω_1보다 절댓값이 더 크다. 그러므로 식 (7.28)의 두 번째 항은 또한 첫 번째 항보다 더욱 빨리 사라지게 되고 중성자속은 $e^{\omega_1 t}$만큼 *감소*한다. 어느 경우든, 즉 ρ가 음수이건 양수이건, 중성자속은 $e^{\omega_1 t}$로 수렴한다. 즉, 다음과 같이 표현된다.

$$\phi_T \rightarrow e^{\omega_1 t} \tag{7.29}$$

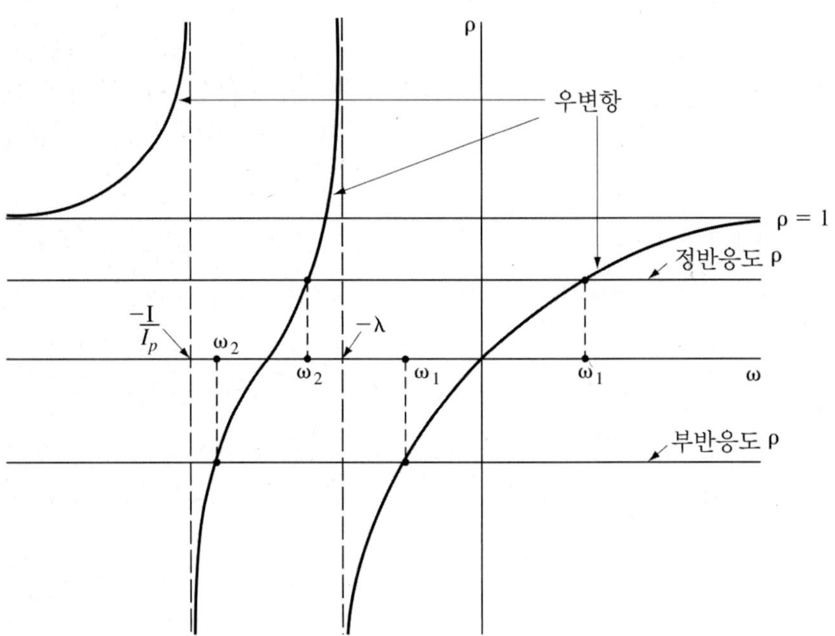

그림 7.1 단일 지발중성자 선행핵군에 대한 반응도 방정식의 그래프

ω_1의 역수를 *원자로 주기*(*reactor period*) 또는 때때로 *안정 주기*(*stable period*)라 부르며, T라 표기한다. 즉, 다음과 같다.

$$T = \frac{1}{\omega_1} \tag{7.30}$$

궁극적으로 중성자속의 거동은 다음과 같다.

$$\phi_T \rightarrow e^{t/T} \tag{7.31}$$

앞서 지발중성자 선행핵군을 하나로 가정했는데 이제 6개 군을 고려해 유도해 보자. 다행히도 이러한 경우의 반응도 방정식도 식 (7.27)과 같은 형태로 나타난다. 다만 더 복잡해질 뿐이다. 이 일반적인 반응도 방정식은 다음과 같다.

$$\rho = \frac{\omega l_p}{1 + \omega l_p} + \frac{\omega}{1 + \omega l_p} \sum_{i=1}^{6} \frac{\beta_i}{\omega + \lambda_i} \tag{7.32}$$

여기서 β_i와 λ_i는 i번째 지발중성자군에 대한 값을 나타낸다. 식 (7.32)의 우변항을 그래프로 그리면 ρ가 양수 혹은 음수인 경우에 대해 해당 방정식은 각각 7개의 근이 있음을 알 수 있다. 이러한 경우에 중성자속은 2개가 아닌 7개의 지수 합으로 주어진다. 그러나 하나의 지발중성자가 있는 간단한 경우에서처럼 시간이 지남에 따라 ϕ는 앞서 설명한 경우와 마찬가지로 $e^{\omega_1 t}$에 수렴한다. 여기서 ω_1은 ρ가 음수건 양수건 상관없이 해당 식의 첫 번째 근을 나타낸다. 또한 원자로 주기는 ω_1의 반비례가 된다. 그림 7.2는 반응도의 함수로서 식 (7.32)로부터 계산된 ^{235}U가 장전된 원자로에 대한 주기값을 보여 준다.

예제 7.4

그림 7.2를 사용하여 k_∞가 1.000으로부터 1.001까지 변화할 때 예제 7.1에서 설명한 원자로에 대해 원자로 주기를 결정하라. (이미 예제 7.2에서도 같은 값이 주어졌다.)

풀이

예제 7.1에서 $l_p \simeq 10^{-4}$초라 구했고, 예제 7.3에서 이 k_∞ 변화에 의한 반응도는 $\rho = 10^{-3}$이다. 그러므로 원자로 주기는 그림 7.2로부터 직접 읽을 수 있으며, 57초가 된다.

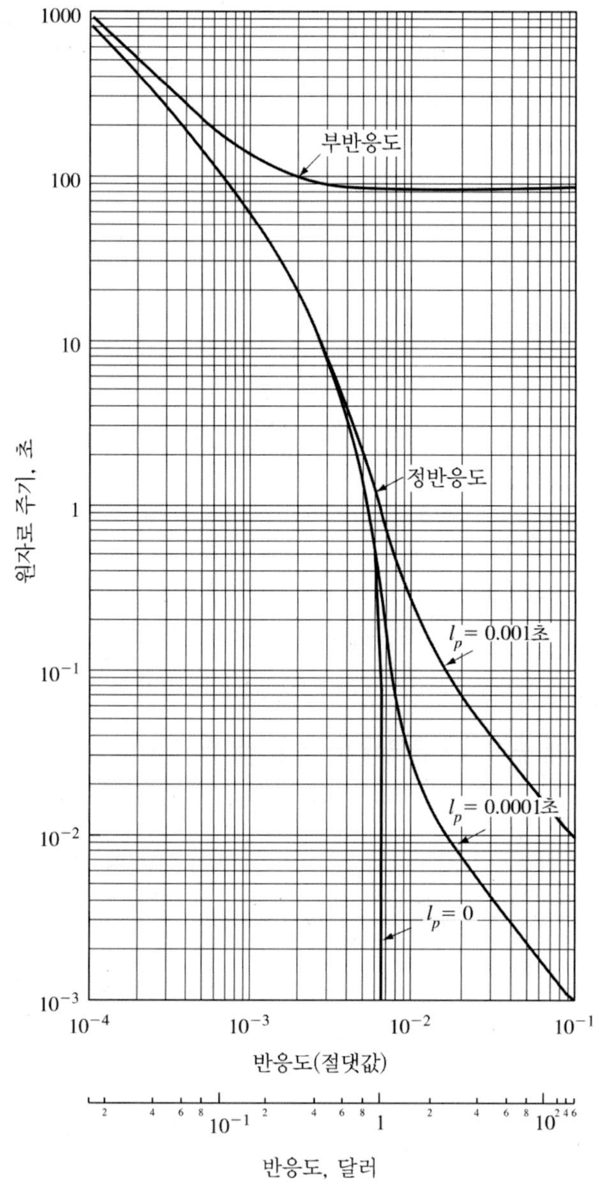

그림 7.2 ^{235}U를 핵연료로 사용하는 원자로의 부반응도 및 정반응도의 함수로서의 원자로 주기

원자로 중성자속 혹은 출력의 변동에 대한 지발중성자의 주목할 만한 효과는 예제 7.2와 7.4의 결과를 비교함으로써 쉽게 알 수 있다. 첫 번째 예제에서 지발중성자는 계산에 고려되지 않았는데 그때 주기는 단지 0.1초였다. 그러나 지발중성자를 고려했을 경우에는 57초로 무려 500배 이상 큰 값이다.

고속로의 동역학에 대해 생각해 보자. 이러한 원자로 형태에서의 즉발중성자의 수명은 대략 10^{-7}초 수준으로 매우 짧다. 그러므로 매우 큰 ω(짧은 원자로 주기)를 유발하는 아주 큰 반응도 삽입을 제외하고는 식 (7.32)의 ωl_p값은 무시될 수 있다. 그러므로 고속로에 대한 반응도 방정식은 대략 다음과 같다.

$$\rho = \omega \sum_{i=1}^{6} \frac{\beta_i}{\omega + \lambda_i} \tag{7.33}$$

^{235}U가 장전된 고속로에 대해 그림 7.2의 $l_p = 0$인 곡선으로부터 원자로 주기를 쉽게 읽을 수 있다.

즉발임계상태

6.1절에서 증배계수는 핵분열당 방출되는 즉발 혹은 지발 중성자의 총합에 비례한다는 것을 보였다. 그러나 즉발중성자 생성 비율은 전체 핵분열 중성자의 $1-\beta$이기 때문에 즉발중성자만 고려한 증배계수는 $(1-\beta)k$이다. 그러므로 다음의 식 (7.34)가 성립할 때, 원자로는 즉발중성자만 고려한 임계이고, 해당 원자로를 *즉발임계*(*prompt critical*) 원자로라 부른다.

$$(1-\beta)k = 1 \tag{7.34}$$

이러한 즉발임계 원자로의 경우에는 예제 7.2를 통해 알아본 것처럼 원자로 주기가 매우 짧다.

즉발임계조건에 상응하는 반응도는 식 (7.34)를 k에 대해 정리한 $k = 1/(1-\beta)$을 식 (7.26)에 대입함으로써 구할 수 있다. 이로부터 즉발임계를 위한 조건은 다음 식과 같아진다.

$$\rho = \beta \tag{7.35}$$

^{235}U가 핵연료일 경우 ^{235}U 내에서 열중성자에 의해 발생하는 핵분열의 β는 0.0065이기 때문에 ^{235}U가 장전된 열중성자로는 단지 반응도가 0.0065, 즉 0.65%가 추가된다면 즉발임계상태가 된다.

원자로가 즉발임계상태일 때는 주기가 짧기 때문에 통상 정반응도 삽입을 β보다 작게 한다. GA(General Atomics)에 의해 개발된 TRIGA 같은 몇몇 연구용 원자로들은 원자로가 초임계될 때 급격히 가동이 중지되는 고유의 특성을 가지고 있다. 이러한 원자로는 갑작스레 즉발임계가 될 때, 중성자속이 가파르게 증가한다. 예를 들어 펜실베이니아 주립대학의 Breazeale 원자로는 그것이 최대 평형상태 값을 수천 번의 출력 펄스를 통해 만들어 낸다. 그림 7.3은 이러한 원자로로부터의 출력 펄스를 보여 준다. 이 그림에서 펄스는 반응도를 2.72 β만큼 증가시키는 제어봉의 인출에 의해 생성되었다.

원자로를 즉발임계 즉 $\rho = \beta$로 만드는 데 필요한 반응도 양은 *달러*(*dollar*)라는 단위를 사용한다. β값은 핵연료에 따라 달라지기 때문에 달러는 모든 원자로에 대해 절대적인 단위는 아니다. 대부분의 중요한 핵분열성 및 핵연료성 동위원소에 대한 지발중성자 비율 값을 표 7.2에 나타냈다. 예를 들어 ^{235}U가 장전된 원자로는 반응도로 1달러가 0.0065이지만 ^{233}U이 장전된 원자로의 경우는 0.0026이다. 반응도의 100분의 1을 또한 *센트*(*cent*)라 부른다.

표 7.2 지발중성자 생성률

핵종	β(열중성자 핵분열)	β(고속중성자 핵분열)*
^{232}Th	—	0.0203
^{233}U	0.0026	0.0026
^{235}U	0.0065	0.0064
^{238}U	—	0.0148
^{239}Pu	0.0021	0.0020

* 즉발중성자 스펙트럼에 의한 핵분열.

예제 7.5

예제 7.3에서 원자로의 반응도는 0.001이다. 만약 원자로가 ^{235}U로 장전되어 있다면, 반응도를 달러로 표시하면 얼마인가?

풀이

β값이 0.0065이기 때문에 ρ는 다음과 같이 구할 수 있다.

$$\rho = \frac{0.001}{0.0065} = 0.154 \text{ dollar}$$
$$= 15.4 \text{ cent}$$

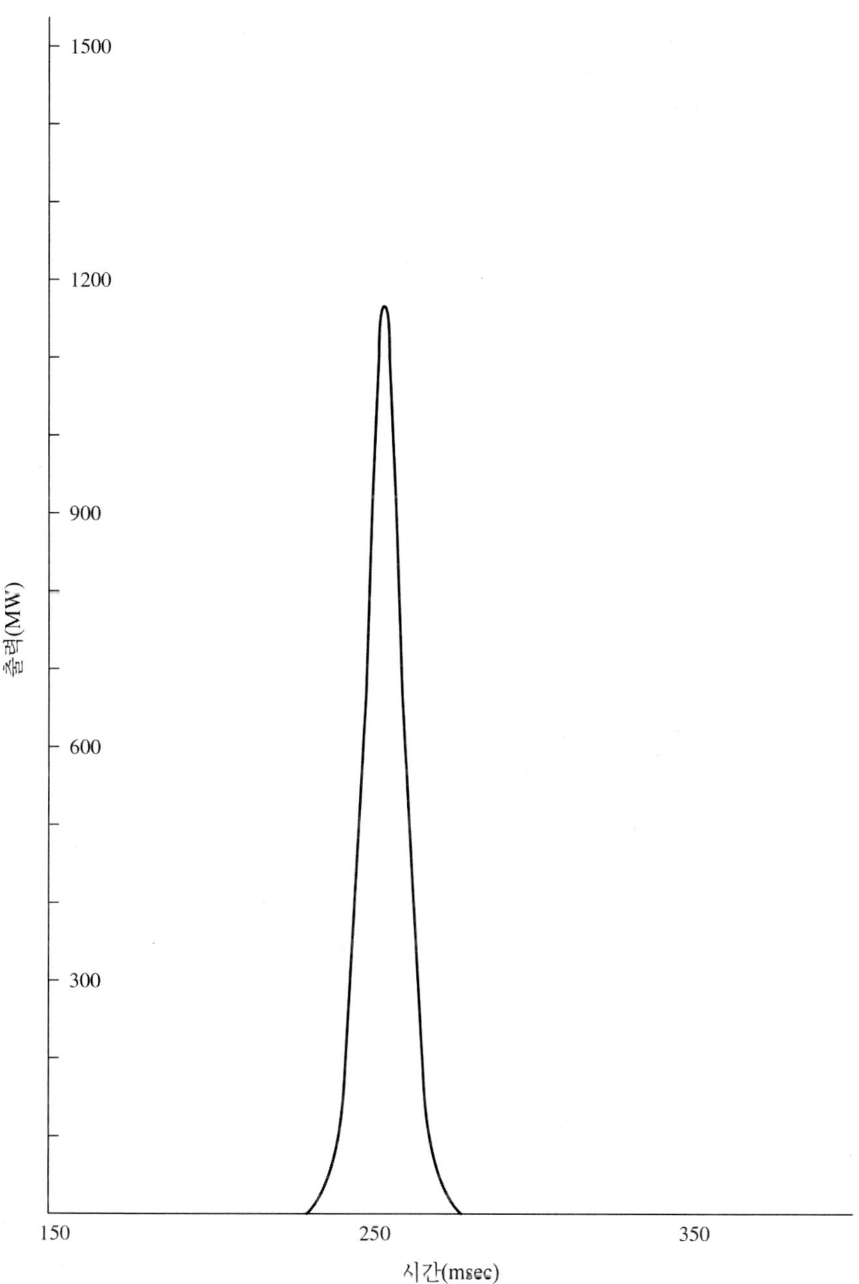

그림 7.3 펜스데이드의 Breazeale 원자로에서 2.72 β의 반응도를 야기하는 제어봉 인출로부터 얻은 출력 펄스. 이때의 최대 출력은 1164 MW이다.

즉발 급증(급감)

증배계수가 갑자기 변화하면, 임계 원자로의 중성자속 거동은 식 (7.28)을 따른다. 즉, 단일 지발중성자 선행핵군 모델에 의해 다음과 같다.

$$\phi = A_1 e^{\omega_1 t} + A_2 e^{\omega_2 t}$$

6개의 지발중성자군을 사용하는 것이 더 현실적인데 7개 지수의 합으로 표시된다.

$$\phi = A_1 e^{\omega_1 t} + A_2 e^{\omega_2 t} + \cdots + A_7 e^{\omega_7 t}$$

앞서 이미 설명했듯이, 위 식에서 첫 번째 항을 제외한 나머지 항들은 짧은 시간 내에 급격히 사라지게 되며, 그로 인한 중성자속은 원자로 주기 $T = 1/\omega_1$ 후에 증가하거나 감소한다. 단일 지발중성자군 모델의 경우 정반응도에 대해 A_2는 음수이고 부반응도에 대해서는 양수가 된다. 음의 값을 가지는 항이 급격히 사라지면 그림 7.4에서 보는 것처럼 정반응도 삽입이 이뤄져 중성자속의 급격한 증가를 가져온다. 유사하게, 양의 항이 사라지게 되면 부반응도에 의해 중성자속이 급격히 감소된다. 원자로의 시간에 따른 거동을 결정하기 위해 안정 주기를 가정하기 전에 중성자속이 첫 번째로 상승하거나 감소하

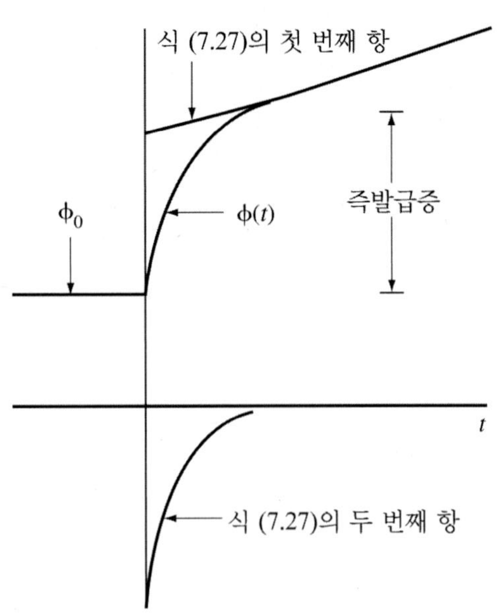

그림 7.4 반응도 단계삽입 후 초기 즉발급증(prompt jump)을 보여 주는 원자로의 시간에 따른 거동

는 준위를 알아야 할 필요가 있다.

반응도 변화에 대한 원자로의 초기 반응에 대한 정확한 계산은 더 복잡한데, 특히 모든 중성자속의 7개의 항이 포함되면 말이다. 그러나 중성자속이 급증하거나 급감하는 동안 지발중성자 선행핵의 밀도 변화가 없다고 가정하면 간단한 근사해를 구할 수 있다. 이것이 *즉발급증*(*prompt jump*) 근사의 기본 가정이다.

다음에서는 두 가지 상황을 고려하고자 한다. 첫 번째는 k_∞ 가 초기에 1인 경우이고 두 번째는 k_∞ 가 1이 아닌 경우이다.

k_∞ 이 1인 경우

임계 원자로에서 지발중성자 선행핵의 밀도가 일정한 경우를 생각해 보자. 식 (7.21)에서 $dC/dt = 0$이므로

$$C = \frac{\beta \overline{\Sigma}_a \phi_{T0}}{p\lambda} \tag{7.36}$$

여기서 k_∞ 는 1과 같다고 놓을 수 있는데 이는 무한 원자로는 근본적으로 임계이기 때문이다. 식 (7.36)에서 ϕ_{T0}는 반응도 변화 전의 중성자속을 의미한다. 식 (7.36)을 식 (7.20)에 대입하면 다음과 같다.

$$l_p \frac{d\phi_T}{dt} = [(1-\beta)k_\infty - 1]\phi_T + \beta\phi_{T0}$$

위 식에서 k_∞ 는 반응도 변화 후의 증배계수를 의미한다. $\phi_T(0) = \phi_{T0}$이라는 조건을 적용하면 위 방정식의 해는 다음과 같이 구할 수 있다.

$$\phi_T = \phi_{T0} \exp\frac{[(1-\beta)k_\infty - 1]t}{l_p} + \frac{\beta\phi_{T0}}{1-(1-\beta)k_\infty}\left[1 - \exp\frac{[(1-\beta)k_\infty - 1]t}{l_p}\right] \tag{7.37}$$

이제, $(1-\beta)k_\infty < 1$인 경우 즉 반응도가 즉발임계보다 작은 경우에, 식 (7.37)에서 2개의 지수는 다음의 주기에 따라 사라진다.

$$T = \frac{l_p}{(1-\beta)k_\infty - 1} \simeq \frac{l_p}{k_\infty - 1}$$

위 식에 설명한 주기는 지발중성자가 없는 상태에서 식 (7.14)에서와 같이 매우 짧은 기간이다. 따라서 식 (7.37)로부터, ϕ_T는 바로 다음 식으로 바뀐다.

$$\phi_T = \frac{\beta}{1-(1-\beta)k_\infty}\phi_{T0} \tag{7.38}$$

식 (7.25)로부터 $k_\infty = 1/(1-\rho)$를 식 (7.38)에 대입하면 최종적으로 다음 식을 얻는다.

$$\phi_T = \frac{\beta(1-\rho)}{\beta-\rho}\phi_{T0} \tag{7.39}$$

식 (7.39)를 다양하게 응용해 보도록 하자. 우선 원자로의 출력 준위를 증가시킬 필요가 있는 경우, 즉 정반응도를 삽입할 경우를 생각해 보자. 안전상의 이유로 이러한 반응도 삽입은 매우 짧은 원자로 주기를 유발할 정도로 큰 값이 되어서는 안 된다. 정상적으로는, 원자로 출력을 대략 2분보다 적지 않은 주기로 상승시킨다. 그림 7.2로부터 이는 ^{235}U가 장전된 원자로에서 $\rho \simeq 0.0006$의 반응도에 해당한다. 이 ρ값을 식 (7.39)에 적용하면 근사적으로 $\phi_T \simeq \phi_{T0}$이라는 것을 알 수 있다. 정반응도 삽입에 대해 중성자속의 즉발 도약은 보통 무시할 수 있으며, 중성자속은 그것의 초깃값으로부터 일정한 주기를 가지고 있는 안정적인 지수함수로 증가한다고 가정할 수 있다.

부반응도에 대해서는 상황이 다르다. 왜냐하면 매우 큰 부반응도가 삽입될 수 있기 때문이다. 원자로가 정지되었을 때 몇 개의 혹은 모든 제어봉이 원자로 안으로 급격히 삽입된다. 예를 들어 20%의 부반응도가 ^{235}U 핵연료 원자로에 급격히 삽입되었다고 가정하자. 그런 다음, $\beta = 0.0065$와 $\rho = -0.2$를 식 (7.39)에 대입하면 다음과 같다.

$$\phi_T = 0.038\,\phi_{T0}$$

그러므로 원자로 중성자속은 (출력이 중성자속에 비례하기 때문에 출력까지도) 그 원자로가 안정 주기에 도달하기 전에 초깃값의 대략 4%까지 급격히 감소한다.[2]

단일 지발중성자군 근사에서 ρ의 부반응도가 증가할 때에 반응도 방정식의 첫 번째 근은 λ값에 근사한다는 것을 그림 7.1이 보여 주고 있다. 여기서 λ는 가상의 일군의 지발중성자들에 대한 붕괴상수이다. 실제적으로 6개의 지발중성자군으로 구성된 원자로의 반응도 방정식을 그려 보면 ω_1은 λ_1에 접근한다. 여기서 λ_1는 가장 장수명 선행핵에 대한 붕괴상수이다. 이는 대략 80초의 평균 수명을 가지는 선행핵들이다. 큰 부반응도 삽입에 따라, (음의) 주기는 다음과 같다.

$$T = \frac{1}{\omega_1} = \frac{1}{\lambda_1} = 80\,\text{sec}$$

그림 7.2로부터 이 결과를 확인할 수 있다. 그림에서 보는 바와 같이 원자로는 대략 0.4%의 잉여 부반응도를 가질 때 80초의 주기를 가진다.

예제 7.6

500 MW의 일정한 출력으로 운전되는 ^{235}U가 장전된 원자로가 제어봉에 의해 10%의 반응도가 갑작스럽게 삽입되어 정지되었다. 10분 후 출력은 어느 정도까지 감소될 것인지 계산하라.

풀이

출력 강하는 식 (7.39)에 따라 다음과 같이 구할 수 있다.

$$\begin{aligned} P_1 &= \frac{\beta(1-\rho)}{\beta-\rho}P_0 \\ &= \frac{0.0065(1+0.10)}{0.0065+0.10} \times 500 = 33.5\ \text{MW} \end{aligned}$$

이 출력은 다음 관계식과 같이 계속적으로 감소한다.

$$P = P_1 e^{-t/T}$$

여기서 T는 80초가 된다. 따라서 10분 후 출력은 다음과 같다.

2 이 결과와 앞의 설명은 단지 원자로 내에서 핵분열의 결과로 생성되는 출력에만 관계된다. 방사성 핵분열 생성물의 붕괴에 의한 출력은 포함되지 않는다. 핵분열 생성물이 평형 수준에 도달할 정도로 충분히 오랜 기간 원자로가 운전되어 왔을 때 핵분열 생성물 붕괴 출력은 원자로 출력의 대략 7%에 해당한다. 이는 8장에서 기술한다. 이러한 경우, 원자로의 정지 후 출력을 초깃값의 최대 7%까지 줄일 수 있다.

$$P = 33.5\,e^{-(10\times 60)/80} = 33.5\,e^{-7.5}$$
$$= 0.0185 \text{ MW}$$

---

k_∞이 1이 아닌 경우

k_∞이 1이 아닌 경우를 생각해 보자. 이러한 경우에 즉발중성자 수명 l_p가 매우 작다고 가정할 수 있다. 그런 경우 중성자 밀도는 새로운 값으로 즉발급증하게 되지만 지발중성자 선행핵의 변화는 아주 작을 것이다. 식 (7.20)을 적용하면

$$(1-\beta)k_\infty\phi_T + \frac{p\lambda C}{\sum_a} - \phi_T = l_p\frac{d\phi_T}{dt} \tag{7.40}$$

위 식을 k_∞로 나누면

$$\frac{(1-\beta)k_\infty\phi_T}{k_\infty} + \frac{1}{k_\infty}\frac{p\lambda C}{\sum_a} - \frac{1}{k_\infty}\phi_T = l_p\frac{1}{k_\infty}\frac{d\phi_T}{dt} \tag{7.41}$$

위 식을 재정리하면

$$\frac{(k_\infty - 1)\phi_T}{k_\infty} + \frac{1}{k_\infty}\frac{p\lambda C}{\sum_a} - \beta\phi_T = l_p\frac{1}{k_\infty}\frac{d\phi_T}{dt} \tag{7.42}$$

반응도의 단위인 달러($)는 다음과 같이 정의한다.

$$\rho' = \frac{1}{\beta}\frac{(k_\infty - 1)}{k_\infty} \tag{7.43}$$

위 정의를 식 (7.42)에 대입하면

$$\rho'\beta\phi_T + \frac{1}{k_\infty}\frac{p\lambda C}{\sum_a} - \beta\phi_T = l_p\frac{1}{k_\infty}\frac{d\phi_T}{dt}$$

위 식을 ϕ_T에 대해 정리하면

$$\phi_T = \frac{1}{(1-\rho')\beta}\left[\frac{1}{k_\infty}\frac{p\lambda C}{\sum_a} - l_p\frac{1}{k_\infty}\frac{d\phi_T}{dt}\right]$$

만약 즉발중성자 수명이 작다면 $\rho' \le 0.50\$$에 대해 지발중성자 항보다 마지막 항이 훨씬 작다는 것을 쉽게 증명할 수 있으므로 위 식은 다음과 같이 표현될 것이다.

$$\phi_T \simeq \frac{1}{(1-\rho')\beta} \times \frac{p\lambda C}{\eta_T \overline{\Sigma}_f \epsilon P} \tag{7.44}$$

식 (7.44)는 반응도 변화가 이뤄지기 전후에 모두 유효하다. 반응도 삽입 직후의 변화된 반응도를 ρ_+로 표시하면, 식 (7.44)의 반응도 삽입 후 중성자속 ϕ_T^+는 다음과 같다.

$$\phi_T \simeq \frac{1}{(1-\rho'_+)\beta} \times \frac{\lambda C}{\eta_T \overline{\Sigma}_f \epsilon} \tag{7.45}$$

반응도 변화 직전의 중성자속 ϕ_T^-도 유사하게 구할 수 있다. 이 ϕ_T^+와 ϕ_T의 비는

$$\frac{\phi_T^+}{\phi_T^-} = \frac{1-\rho'_-}{1-\rho'_+} \tag{7.46}$$

또한 출력비는

$$\frac{P^+}{P^-} = \frac{1-\rho'_-}{1-\rho'_+} \tag{7.47}$$

위 방정식은 즉발급증 근사의 더욱 일반적인 형태이며 0.50\$보다 작은 반응도에 대해 유효하다. 연습문제들을 통해 이 식이 어떻게 사용되는지 알아보라.

작은 반응도

그림 7.2를 통해 보여 주었듯이 $\rho(\omega)$곡선, 즉 반응도 방정식의 그래프는, 원점을 통과한다. 이것은 작은 반응도에 대해 첫 번째 근이 매우 작다는 것을 의미한다. 이러한 경우 식 (7.27) 또는 (7.32)의 분모에 포함된 ω항은 무시될 수 있어 다음과 같이 표현할 수 있다.

$$\rho = \omega_1\left(l_p + \sum_i \frac{\beta_i}{\lambda_i}\right) = \omega_1\left(l_p + \sum_i \beta_i \bar{t}_i\right) \tag{7.48}$$

위 식에서 $\overline{t_i} = 1/\lambda_i$는 i번째 선행핵종군의 평균 수명을 의미한다. 따라서 원자로 주기는

다음과 같이 쓸 수 있다.

$$T = \frac{1}{\omega_1} = \frac{1}{\rho}\left(l_p + \sum_i \beta_i \bar{t}_i\right) \tag{7.49}$$

핵분열성 핵종에 대해 식 (7.49)의 우변의 두 번째 항을 표 7.3에 정리하였다. 이 항의 값은 통상적인 l_p값보다 매우 크게 된다. 그러므로 식 (7.49)는 근사적으로 다음과 같이 간략화된다.

$$T = \frac{1}{\rho}\sum_i \beta_i \overline{t_i} \tag{7.50}$$

이 공식을 사용하는 연습문제들을 참조하라.

표 7.3 핵종에 따른 $\Sigma\beta_i\overline{t_i}$ 값

핵종	$\Sigma\beta_i\overline{t_i}$, sec
^{233}U	0.0479
^{235}U	0.0848
^{239}Pu	0.0324

7.3 제어봉 및 화학제어제

이 장의 앞부분에서 설명한 것과 같이 제어봉은 다음의 두 가지 방식으로 사용된다. 첫째로는 출력의 증발과 감발 목적에서 원자로 임계 정도를 변화시키기 위해서이고, 둘째로는 노심의 수명 동안 변화하는 특성을 보상해 임계를 유지하기 위해서이다.

제어봉이 첫 번째 방식으로 사용될 때의 효과는 원자로를 안정 주기로 만드는 것이다. 이러한 경우, 관측된 주기를 얻는 데 필요한 반응도의 크기를 *제어봉가*(*rod worth*)라고 정의한다. 그러나 원자로 임계 유지를 위해 사용된 제어봉의 반응도가 제어봉이 보상할 수 있는 증배계수의 변화로 측정된다. 이렇게 근본적으로 다른 두 가지 제어봉가 정의에도 불구하고[3] 이들 정의는 본질적으로 동일하다. 다음 절에서 여러 다양한 주요 상황에서의 제어봉가를 유도해 보자.

노심 중앙의 제어봉

첫 번째 예로, 반지름이 a이고 외삽 반지름이 R이며 높이가 H인 무반사체 원통형 열중성자로의 중앙에 위치한 제어봉의 제어봉가를 계산하는 문제를 생각해 보자. 제어봉이 원자로로부터 인출될 때는 제어봉이 빠지고 남은 구멍은 노심물질로 채워지고, 반대로 제어봉이 삽입될 때는 원통형의 노심물질이 밀려난다고 가정하면 계산이 매우 간단해진다.

우선 제어봉이 원자로의 바깥에 있을 때 원자로를 임계상태라 가정하자. 그렇다면 중성자속은 그림 7.5의 (a)와 같은 형태를 나타낼 것이다. 이는 다음의 식으로 결정된다.

$$\nabla^2\phi_T + B_0^2\phi_T = 0 \tag{7.51}$$

여기서 B_0^2는 무반사체 원통형 원자로의 통상적인 좌굴값이다. 만약 제어봉이 원자로 안으로 전부 삽입된다면 제어봉이 중성자를 흡수하기 때문에 중성자속은 그림 7.5의 (b)와 같은 형태를 가질 것이다. 이때 중성자속의 분포는 다음 식으로부터 구할 수 있다.

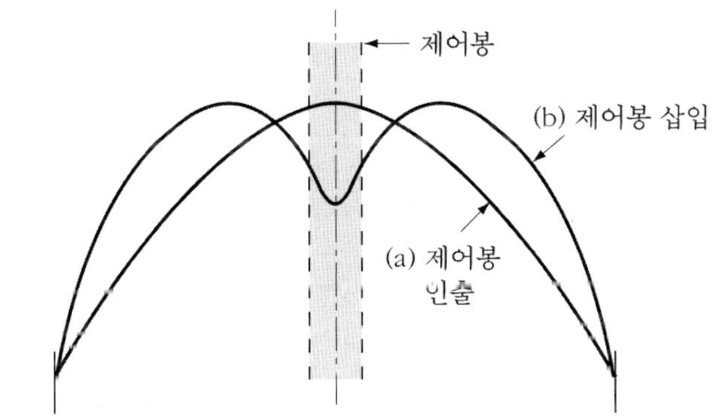

그림 7.5 중앙에 제어봉이 있는 혹은 없는 개방 원자로에서의 중성자속 분포

$$\nabla^2\phi_T + B^2\phi_T = 0 \tag{7.52}$$

위 식에서 B^2은 제어봉이 존재하는 원자로의 좌굴값이다.

---

3 Lamarsh, J. R. *Nuclear Reactor Theory*, p. 499 참조.

수정 일군 이론으로부터, 초기 임계 원자로의 증배계수는 다음과 같다.

$$k_0 = \frac{k_\infty}{1 + B_0^2 M_T^2} = 1$$

반면 제어봉이 삽입된 원자로의 증배계수는

$$k = \frac{k_\infty}{1 + B^2 M_T^2}$$

이며, 식 (7.26)에 따르면 이 증배계수의 변화는 다음과 같은 (부)반응도에 해당한다.

$$\rho = \frac{k - 1}{k} = \frac{k - k_0}{k}$$

정의에 의해, 제어봉가 ρ_ω는 ρ와 크기가 같기 때문에 다음과 같이 표현된다.

$$\rho_\omega = |\rho| = \frac{k_0 - k}{k} = \frac{(B^2 - B_0^2) M_T^2}{1 + B_0^2 M_T^2} \tag{7.53}$$

$B^2 \simeq B_0^2$인 경우를 생각하면 식 (7.53)은 다음과 같이 표현될 수 있다.

$$\rho_\omega = \frac{2M^2 B_0 \triangle B}{1 + B_0^2 M_T^2} \tag{7.54}$$

위 식에서 $\triangle B$는

$$\triangle B = B - B_0$$

ρ_ω을 계산하기 위해서는 식 (7.51)과 (7.52)를 풀어야 할 필요가 있으며, 각각의 경우의 가장 작은 고유치인 B_0^2과 B^2을 결정해야 한다. 제어봉이 인출되었을 경우 B_0^2는 6장에서 유도한 공식에 의해 구할 수 있다. 즉, 다음 식을 통해 구할 수 있다.

$$B_0^2 = \left(\frac{2.405}{\widetilde{R}}\right)^2 + \left(\frac{\pi}{\widetilde{H}}\right)^2$$

B^2의 계산은 두 가지 이유 때문에 B_0^2을 구하는 것보다 더 복잡하다. 첫째로 문제의 기하학적 구조가 제어봉이 삽입된 경우에 더 복잡하다. 둘째로, 특히 제어봉이 강력한 중성자 흡수체라면 중성자속이 왜곡되는 경향이 있다. 왜냐하면 확산방정식이 제어봉 근처에서 적용되지 않기 때문이다. 이 두 번째 문제점은 제어봉의 표면에서 중성자속이 다음의 경계조건을 만족하도록 함으로써 피할 수 있다.

$$\frac{1}{\phi_T}\frac{d\phi_T}{dr}=\frac{1}{d} \tag{7.55}$$

위 식에서 d는 *외삽 거리*(*extrapolation distance*)라 부른다. 이것은 확산 이론이 유효하지 않은 무반사체 표면 근처에서 중성자의 확산과 연관이 있으며 이는 5장에서 사용되었던 과정과 동일하다.

d의 값은 여러 새로운 이론적인 방법들을 사용함으로써 계산되어 왔는데 그 중 가장 널리 알려진 근사 공식은 다음과 같다.[4]

$$d=2.131\overline{D}\frac{a\Sigma_t+0.9354}{a\Sigma_t+0.5098} \tag{7.56}$$

위 공식에서 $\overline{D}$는 열중성자 확산계수이며, Σ_t는 제어봉으로 둘러싸인 원자로에 대한 거시적 총 단면적을 의미한다. 식 (7.56)은 강력한 흡수력을 지닌 제어봉[즉, *완전흡수 제어봉*(*black rod*)]에 대해서도 유효하다.[5] 좀 덜 강력한 흡수력을 지닌 제어봉[즉, *부분흡수 제어봉*(*grey rod*)]에 대한 d 공식은 여러 문헌에 소개되어 있다.

식 (7.55)의 경계조건뿐만 아니라 원자로의 표면에서의 동상적인 조건에 대해 식 (7.52)를 푸는 것은 오랜 시간이 걸리기 때문에 여기에서는 넘어가도록 한다. 특히 B^2의 계산은 복잡한 초월 방정식의 해를 요구한다. 그러나 B^2가 B_0^2과 매우 다르지 않은 경우에는 식 (7.52)를 ΔB에 대해 풀 수 있다. 이를 식 (7.54)에 대입하면 다음 식이 구해진다.

---

4 B. Pellaud, *Nuclear Science and Engineering*, **33**, 169 (1968).

5 *완전흡수*(*black*) 물질은 조사되는 모든 열중성자를 흡수하는 물질로 정의된다. *부분흡수*(*grey*) 물질은 모든 중성자를 흡수하지 않고 일부만 흡수한다.

$$\rho_\omega = \frac{7.43 M_T^2}{(1+B_0^2 M_T^2)R^2}\left[0.116+\ln\left(\frac{R}{2.405a}\right)+\frac{d}{a}\right]^{-1} \tag{7.57}$$

식 (7.57)은 수정 일군 이론에 의해 계산되는 무반사체 원통형 열중성자로의 중앙에 위치한 완전흡수 제어봉의 제어봉가를 나타낸다.

예제 7.7

어떤 작은 개방 원자로가 외삽 높이(즉, $\widetilde{H} = H+2d$) 70 cm인 사각 원통형(즉, $H=2R$)이다. 이 원자로는 천연 상태의 물과 ^{235}U가 상온에서 혼합된 형태이다. 원자로의 중앙에 삽입된 반지름 1.90 cm의 완전흡수 제어봉의 제어봉가는 얼마인가?

풀이

우선 임계 원자로에 대해 M_T^2을 계산하는 과정이 필수적이다. 열중성자 이용률로 표현된 수정 일군 임계방정식은 다음과 같다(6.5절 참고).

$$\frac{k_\infty}{1+B_0^2 M_T^2} = \frac{\eta_T f}{1+B_0^2\left[(1-f)L_{TM}^2+\tau_{TM}\right]} = 1$$

위 식에서 L_{TM}^2과 τ_{TM}은 물에 대한 확산면적과 수명을 나타낸다. 이를 열중성자 이용률 f에 대해 정리하면 다음과 같다.

$$f = \frac{1+B_0^2\left(L_{TM}^2+\tau_{TM}\right)}{\eta_T + B_0^2 L_{TM}^2} \tag{7.58}$$

B_0^2의 값은 다음과 같이 구할 수 있다.

$$B_0^2 = \left(\frac{2.405}{35}\right)^2 + \left(\frac{\pi}{70}\right)^2 = 6.74\times 10^{-3}$$

위 값과 $L_{TM}^2 = 8.1\ \text{cm}^2$, $\tau_{TM} = 27\ \text{cm}^2$, $\eta_T = 2.065$ 값을 식 (7.58)에 대입하면 다음과 같다.

$$f = \frac{1+6.74\times 10^{-3}(8.1+27)}{2.065+6.74\times 10^{-3}\times 8.1} = 0.583$$

다음으로, M_T^2은 다음과 같다.

$$M_T^2 = (1-0.583)\times 8.1 + 27 = 30.4\ \text{cm}^2$$

이 문제에서 원자로는 매우 희석된 ^{235}U와 물로 구성되어 있다. 식 (7.56)에서 $\overline{D}$와 Σ_t 둘 다 물에 대한 값만 가지므로, 즉 $\overline{D}$는 표 5.2로부터 0.16 cm이고, Σ_t는 표 II.3으로부터 3.443 cm^{-1}이다. 이 값들을 $a = 1.90$ cm와 함께 식 (7.56)에 대입하면 다음과 같이 d를 구할 수 있다.

$$d = 2.131 \times 0.16 \times \frac{1.90 \times 3.443 + 0.9354}{1.90 \times 3.443 + 0.5098} = 3.061\,\text{cm}$$

앞서 구한 M_T^2, B_0^2, d를 식 (7.57)에 대입하면 최종적으로 다음과 같이 제어봉가를 구할 수 있다.

$$\rho_\omega = \frac{7.43 \times 30.4}{(1 + 6.74 \times 10^{-3} \times 30.4) \times (35)^2}\left[0.116 + \ln\left(\frac{35}{2.405 \times 1.90}\right) + \frac{0.361}{1.90}\right]^{-1}$$
$$= 0.065 = 6.5\%$$

제어봉 뭉치

앞서 설명한 것처럼 실제로 단지 하나의 제어봉으로 제어되는 원자로는 거의 없다. 이것은 그림 7.5와 같이, 강력한 중성자 흡수력을 가지는 단 한 개의 제어봉은 중성자속 분포를 왜곡시키기 때문이다. 이는 원자로 노심 내에 바람직하지 않은 출력과 온도 분포 상승을 야기한다. 동시에, 단지 하나의 제어봉에 의존함은 안전의 관점에서 보면 현명한 선택이 아니다. 왜냐하면 이 제어봉이 적절히 작동하지 않을 경우에 여분의 제어 능력을 갖추고 있지 않기 때문이다.

상대적으로 작은 출력에서 운전되는 많은 연구용 원자로들, 즉 수 메가와트나 혹은 그 이하에서 운전되는 연구용 원자로는 통상 노심의 중앙에 대칭으로 배열되어 있는 적은 수의 제어봉으로 제어한다. 그러한 제어봉 링의 제어봉가에 대한 공식이 이미 유도된 바 있으나 여기에 기술하기에는 너무 복잡하므로 생략한다. 이러한 내용은 이 장 말미의 참고문헌들을 참고하기 바란다.

높은 출력밀도와 높은 온도에서 운전되는 동력로에서는 노심 전체적으로 가능한 한 중성자속을 편평하게 유지하는 것이 매우 중요하다. 이러한 이유로, 동력로는 항상 많은 수의 제어봉을 갖추고 있다. 오늘날 일반적으로 사용되는 제어봉 계통은 크게 두 가지 형태가 있다. 첫 번째 경우는 대략 핵연료봉의 크기를 가진 작은 원통형 제어봉들이 *스파이더*(*spider*)라 불리는 금속판 한쪽 끝에 붙어 있고 그림 7.6에 보이는 것처럼 이들이 핵연료 집합체 안에서 각각의 관을 통해 함께 움직이는 제어봉이다. 이렇게 서로 연결된 제어봉

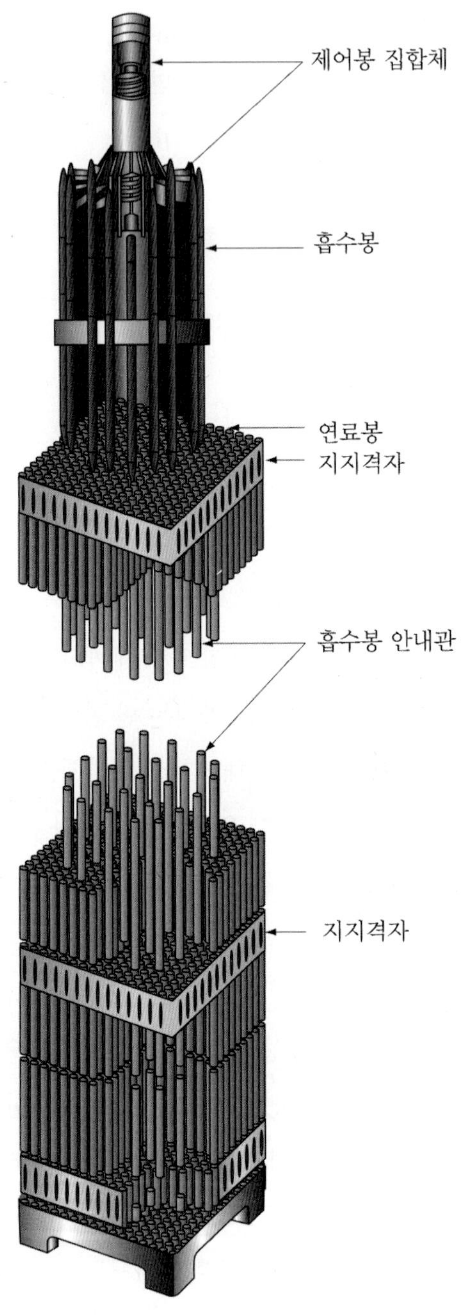

그림 7.6 제어봉 뭉치

의 각각의 그룹을 *제어봉 뭉치*(*cluster control rod*)라 부른다. 일반적으로 동력로는 50 내지 60개의 제어봉 뭉치를 가지고 있고, 각각은 20개의 제어봉을 포함하므로 전체적으로는 1,000개의 제어봉이 있는 셈이 된다. 이 제어봉은 강력한 중성자 흡수물질로 구성되어 있다. 다양한 카드뮴, 인듐, 은, 하프늄 또는 붕소를 포함한 강철의 합금이 원자로에 제어봉의 흡수물질로 사용된다. 최근에는 탄화붕소(B_4C) 분말(보통 동위원소 ^{10}B으로 농축된다)로 채워진 속이 빈 중공(hollow) 제어봉이 사용되고 있다.

많은 동력로에서 제어봉 구동장치(즉, 제어봉을 삽입하거나 인출하는 장치)는 원자로 운전자의 신호에 대한 응답으로 동시에 수 개의 제어봉을 움직이기 위해 전기적으로 상호 연결되어 있거나 그룹지어 있다. 예를 들어 엔터지(Entergy)사의 인디언 포인트(Indian Point) 원자로 2, 3호기는 각각 61개의 제어봉 뭉치가 있으며, 그 제어봉 뭉치는 4개의 그룹으로 나뉘어 각각 독립적으로 움직인다. 이를 *뱅크*(*bank*)라 부른다. 그러므로 원자로 운전자가 측면에서 각 원자로는 4개의 독립적인 제어봉을 가지고 있는 셈이다.

원자로의 운선 소건, 출력 준위 등에 대한 최종적인 제어는 분명히 원자로 운전원이 수행해야 하지만, 대부분의 동력로에서 제어봉의 정상적인 움직임은, 운전원의 지시에 따라, 온라인 컴퓨터에 의해 제어된다. 이 컴퓨터는 계통 전반에 걸쳐 다양한 감지기들에 의해 연속적으로 측정되는 압력, 온도, 출력밀도 등의 원자로 내 변수들을 입력으로 받아들인다.

이러한 정보를 사용해 컴퓨터는 원자로 내에서 최적의 출력 분포, 압력, 온도를 유지하는 데 어느 정도 제어봉을 움직여야 하는지 계산한다. 이러한 계산 결과는 자동적으로 제어봉의 요구행정(required movement)으로 변환된다. 컴퓨터에 의한 이러한 제어봉 움직임에 대한 제어는 노심 수명을 증가시킨다. 이는 동시에, 제어봉의 최적 사용이 가능하여, 제어봉이 모두 일시에 또는 무계획적으로 움직일 경우에 소모되는 반응도 양보다 더 적은 그 제어봉가를 사용할 수 있도록 해 준다.

많은 수의 제이봉에 대한 제어봉가의 예측은 제어봉이 인출되었을 때의 증배계수와 제어봉이 삽입되었을 때의 증배계수를 비교함으로써 얻을 수 있다. 제어봉이 있을 경우의 k값은 위그너-세이츠 방법(Wigner-Seitz method)에 의해 구할 수 있는데, 이는 6.8절에서 비균질 원사로의 계산에 사용되었다. 그러므로 원자로 노심을 각 셀의 중앙에 제어봉이 있는 단위 셀들로 나누고, 확산방정식은 등가 원통셀에 대한 확산방정식을 푸는 것이다. 그 결과로 얻어지는 ρ_ω에 대한 공식은 다음과 같다.

$$\rho_\omega = \frac{f_R}{1-f_R} \tag{7.59}$$

위 식에서 f_R은 *제어봉 이용률*(*rod utilization*)로 알려진 매개변수이고 제어봉에 흡수된 중성자 중에서 단위 제어봉 셀 내에서 감속된 핵분열 중성자의 비율과 같다. 그러므로 이는 다음과 같이 표현할 수 있다.

$$\frac{1}{f_R} = \frac{(z^2 - y^2)d}{2a} + E(y,\ z) \tag{7.60}$$

위 방정식에서 a는 제어봉 반지름이고, d는 제어봉 표면에서의 외삽 거리이다. 또한 L_T가 노심물질 내의 열중성자 확산거리일 때 $y = a/L_T$이다. R_c가 동등한 셀의 반지름인 경우 $z = R_c/L_T$이며, $E(y,z)$는 식 (6.116)으로 정의된 격자함수이다. 이 공식들을 다음 예제를 통해 사용해 보겠다.

예제 7.8

예제 7.7에서 설명한 원자로가 100개의 균등 간격으로 놓인 완전흡수 제어봉에 의해 제어된다. 각 제어봉의 반지름은 0.508 cm이다. 제어봉들의 총 제어봉가를 계산하라.

풀이

이 원자로의 단면적은 $\pi(35)^2$ cm²이다. 이것의 1%가 하나의 제어봉 셀의 영역이다. 이 제어봉 셀의 반지름이 R_c이면 제어봉 셀의 단면적은 다음과 같이 구해진다.

$$\pi R_c^2 = \pi(35)^2/100$$

따라서 $R_c = 3.5$ cm 이다. 열중성자 확산면적은 다음과 같이 구해진다.

$$L_T^2 = (1-f)L_{TM}^2$$

예제 7.7로부터 $f = 0.583$ cm 및 $L_{TM}^2 = 8.1$ cm²를 대입하면 $L_T^2 = 3.38$ cm²가 된다. 그러므로 $L_T = 1.85$ cm 이고, $a/L_T = 0.275$이며, $R_c/L_T = 1.89$이다.

베셀함수의 다음 값을 사용하자.

$$I_0(0.275) = 1.019,\quad I_1(0.275) = 0.1389,\quad I_1(1.89) = 1.435;$$

$$K_0(0.275) = 1.453,\quad K_1(0.275) = 3.371,\quad K_1(1.89) = 0.1618;$$

위 값을 식 (6.116)에 대입하면

$$E(0.275, 1.89) = \frac{(1.89)^2 - (0.275)^2}{2 \times 0.275}\left[\frac{1.019 \times 0.1618 + 1.453 \times 1.435}{1.435 \times 3.371 - 0.1618 \times 0.1389}\right] = 2.971$$

식 (7.56)으로부터 d의 값은

$$d = 2.131 \times 0.16 \times \frac{0.508 \times 3.443 + 0.9354}{0.508 \times 3.443 + 0.5098} = 0.405 \text{ cm}$$

또한 식 (7.60)에 이를 대입하면

$$\frac{1}{f_R} = \frac{[(1.89)^2 - (0.275)^2] \times 0.405}{2 \times 0.508} + 2.971 = 4.365$$

그러므로 $f_R = 0.229$이며, 제어봉가는 다음과 같다.

$$\rho_\omega = \frac{0.229}{1 - 0.229} = 0.297 = 29.7\%$$

십자형 제어봉

동력로에서 널리 사용되는 제어봉의 또 다른 형태는 *십자형 제어봉*(*cruciform rod*)이다. 십자형 제어봉은 그림 7.7과 같이 2개의 교차 날개로 구성되어 있다. 이 제어봉은 그림 7.8처럼 핵연료집합체의 모서리와 가장자리에 딱 맞는다는 장점이 있고 물리적으로도 건전성이 뛰어나다. 그림 7.8은 또한 780 MWe급 비등경수로에서 사용되는 137개의 십자형 제어봉의 배열을 보여 준다. 십자형 제어봉은 중성자 흡수봉으로 차 있는 십자 형태의 고체 중성자 흡수 금속이나 중공(hollow)형으로 되어 있다. 종종 이 제어봉들은 제어봉 집합체의 탄화붕소(B_4C)로 가득 차 있는 중공형 관이다. 이러한 형태는 그림 7.7에서 묘사된 제어봉에서 사용되고 있다.

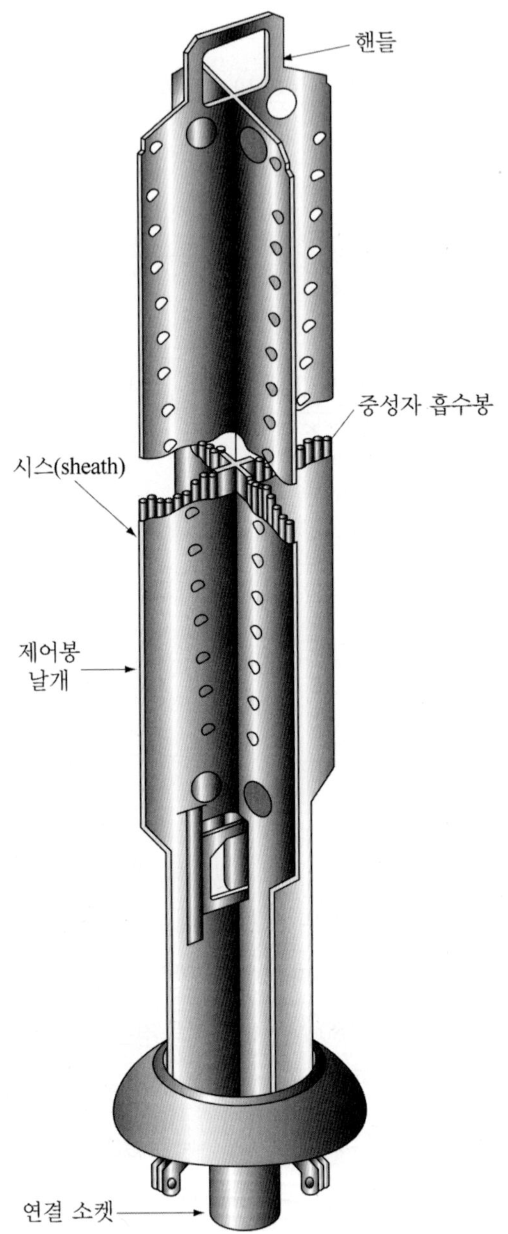

그림 7.7 십자형 제어봉

십자형 제어봉은 복잡한 기하학적 구조 때문에 정확한 제어봉가를 해석적인 계산을 통해 구하는 것은 불가능하다. 실제 그러한 제어봉을 포함하는 원자로의 설계 시에는, 2차원 혹은 3차원 다군 코드를 사용해 컴퓨터로 제어봉가를 계산한다. 그러나 이러한 제어봉가의 근사적인 예측은 다음의 간단한 방법으로도 가능하다.

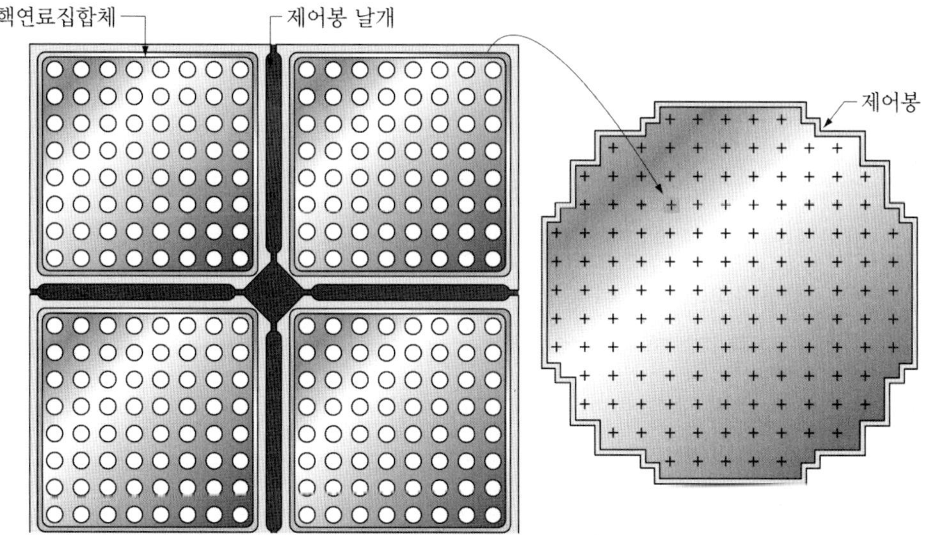

그림 7.8 비등경수로 노심의 4개 핵연료집합체 사이의 제어봉 위치 및 배열

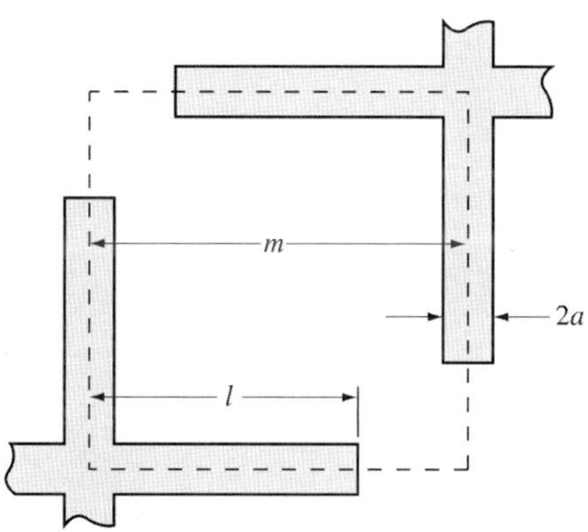

그림 7.9 십자형 제어봉의 반응도가 계산 셀

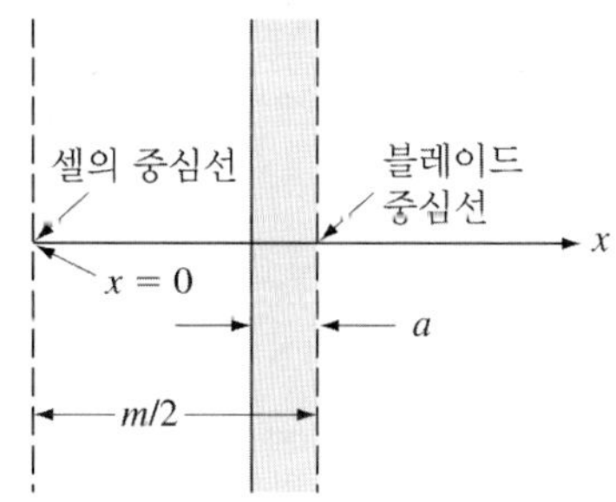

그림 7.10 확산방정식을 풀기 위한 평판형 구조

우선, 원자로는 여러 셀로 나뉘어 있다고 하자. 이러나 이번에는 단위 셀이 그림 7.9의 2개 제어봉 날개가 경계면이 되는 것으로 가정하자. 다음으로 이 셀은 날개의 상부와 하부를 90°로 펴서 그림 7.10과 같이 간단한 평판 구조로 대체될 수 있다고 하자. 그렇다면 f_R의 값은 다음과 같이 구할 수 있다. 먼저 이 평판형 구조에서 제어봉으로 유입되는 중성자류 밀도를 구하기 위해 평판에 대한 중성자 확산방정식의 해를 구한다. 제어봉에 초당 흡수되는 중성자 수를 구하기 위해서는 이 중성자류 밀도에 실제 날개 표면 면적을 곱해야 한다. 최종적으로 이 수를 셀에서 감속된 중성자의 수로 나눈다. 이 계산의 자세한 내용은 이 장의 연습문제에 나와 있다. 식 (7.59)에 사용될 최종적인 f_R은 다음과 같이 구할 수 있다.

$$f_R = \frac{4(l-a)L_T}{(m-2a)^2}\frac{1}{d/L_T + \coth\left[(m-2a)/2L_T\right]}$$

여기서 매개변수 l, a, m은 그림 7.9에 나타나 있고, d는 평판 표면에서의 외삽 거리이다. L_T는 노심물질의 열확산거리이다. 만약 날개가 열중성자를 흡수하는 능력이 뛰어나다면 $d = 2.131\overline{D}$이다—식 (7.56)에 $a = \infty$을 대입하거나 무반사체 평판 표면에 대한 식 (5.22)를 사용하여 얻어진 결론. 후자는 완전흡수 평판 표면과 등가인데, 그 이유는 두 경우 모두 손실된 중성자를 되돌릴 수 없기 때문이다.

예제 7.9

어떠한 비등경수로에서 십자형 제어봉이 사용된다. 십자형 제어봉의 날개는 너비가 9.75 in이고 두께가 0.312 in이다. 제어봉은 사각형 배치이고 인접한 제어봉의 중심 간 거리는 44.5 cm이다. 노심물질의 매개변수 L_T가 1.2 cm이고 $\overline{\Sigma}_a$가 0.2 cm이다. 제어봉이 완전흡수 제어봉일 때 제어봉가를 구하라.

풀이

제어봉의 제원은 $l = 9.75 \times 2.54/2 = 12.38$ cm이고 $a = 0.312 \times 2.54/2 = 0.396$ cm이다. 그림 7.9에서처럼 가장 가까운 제어봉까지의 거리가 44.5 cm인데 이는 $m = 44.5/\sqrt{2} = 31.5$ cm를 의미한다. d를 계산하기 위한 $\overline{D}$의 값은 다음으로부터 구해진다.

$$\overline{D} = \overline{\Sigma}_a L_T^2 = 0.20 \times (1.2)^2 = 0.288\,\text{cm}$$

그러므로

$$d = 2.131\,\overline{D} = 0.614 \text{ cm}$$

이 값들을 식 (7.60)에 대입하면 다음과 같다.

$$f_R = \frac{4 \times (12.38 - 0.396) \times 1.2}{(31.5 - 0.792)^2} \frac{1}{\dfrac{0.614}{1.2} + \coth\left(\dfrac{31.5 - 0.792}{2 \times 1.2}\right)}$$

$$= 0.0402$$

ρ_ω를 구하기 위해 이 숫자들을 식 (7.59)에 대입하면 제어봉가는 다음과 같다.

$$\rho_\omega = \frac{0.0402}{1 - 0.0402} = 0.0419 = 4.19\%$$

고속로의 제어봉

이 책이 집필된 이후로 단지 몇 개의 고속로만이 설계되거나 건설된 바 있다. 그러므로 고속로 설계가 표준화 시 어떤 종류의 제어봉이 일반화될 것인지를 확실히 말하기 어렵다. 그러나 탄화붕소로 채워진 제어봉(동위원소 ^{10}B로 농축된 탄화붕소)이 프랑스에서 설계된 슈퍼피닉스(Super Phénix)에 사용되고 있으며 향후에도 이러한 제어봉이 예상된다. 이것은 높은 중성자 에너지 영역에서도 붕소의 흡수 단면적이 크기 때문이다. 반면 대부분의 다른 물질에서는 높은 에너지에서 중성자 흡수 단면적이 매우 작아진다.

어쨌든, 붕소를 포함한 모든 물질의 흡수 단면적은 고속로에서 중요한 에너지 영역에서 상대적으로 작다. 그러므로 대략 0.1 MeV에서 0.4 MeV의 에너지 영역에서 보통 붕소의 σ_a는 단지 0.27 b이다. 그러므로 붕소를 포함한 매질에서이 이러한 에너지의 중성자 흡수 평균 자유행정 λ_a는 상대적으로 크다. 예를 들어 B_4C의 밀도가 2 g/cm^{3}일 때(이는 이론적 밀도의 80%이다) 붕소의 원자 밀도는 $N_B = 0.087 \times 10^{24}$ atom/cm^{3}이고, $\lambda_a = 1/0.087 \times 0.27 = 42.6$ cm이다. 이것은 고속로에서 사용될 수 있는 어떠한 제어봉의 두께보다 현저히 크다.

이러한 에너지 영역에서 λ_a가 제어봉 크기보다 훨씬 크다는 사실은 제어봉 안쪽에서의 중성자속이 주변 매질에서의 중성자속과 거의 같다는 것이다. 그러므로 해석 목적으로는 제어봉에 포함된 붕소가 원자로 내부에 균질하게 분포되어 있다고 가정할 수 있다.

이것은 기초적인 방법으로 고속로의 제어봉가를 예측할 수 있게 한다. 대조적으로, 열중성자의 상황은 이와 반대다. 열중성자로 내에서의 제어봉 근처의 중성자속은 뚜렷하게 감소하여 해석을 더욱 어렵게 한다.

고속로의 증배계수에 대해 균질 분포 독물질이 미치는 영향은 열중성자 이용률 f를 변화시키는 것이다(6.1절 참고). 원자로의 중성자 수송 특성은 붕소의 존재에 의해 거의 영향을 받지 않는다. 식 (6.56)에 따르면 고속로의 증배계수는 다음과 같이 주어진다.

$$k = k_{\infty} P_L = \eta f P_L$$

위 식에서 P_L은 비누설 확률이다. 그러므로 식 (7.53)의 제어봉가 정의로부터 다음이 구해진다.

$$\rho_{\omega} = \frac{k_0 - k}{k} = \frac{f_0 - f}{f} \tag{7.61}$$

여기서 아래첨자가 없는 기호는 제어봉이 삽입된 원자로의 상태를 일컫는다.

만약 $\sigma_{a\mathrm{F}}$, $\sigma_{a\mathrm{C}}$, $\sigma_{a\mathrm{B}}$가 각각 핵연료, 냉각재(노심 내의 구조재를 포함한), 붕소의 일군 거시적 흡수 단면적이라면 f는 다음과 같다.

$$f = \frac{\Sigma_{a\mathrm{F}}}{\Sigma_{a\mathrm{F}} + \Sigma_{a\mathrm{C}} + \Sigma_{a\mathrm{B}}}$$

반면 f_0는 다음과 같다.

$$f_0 = \frac{\Sigma_{a\mathrm{F}}}{\Sigma_{a\mathrm{F}} + \Sigma_{a\mathrm{C}}}$$

위 식을 식 (7.61)에 대입하면

$$\rho_{\omega} = \frac{\Sigma_{a\mathrm{B}}}{\Sigma_{a\mathrm{F}} + \Sigma_{a\mathrm{C}}} \tag{7.62}$$

결과적으로 위 식은 고속로 제어봉의 총 제어봉가를 나타낸다.

예제 7.10

예제 6.3에서 설명한 고속로가 5개의 제어봉으로 제어된다. 각 제어봉은 속이 빈 스테인리스 강관으로 구성되어 있는데 그 내경은 5 cm이고 높이는 76 cm이다. 또한 내부는 밀도 2.0 g/cm^3 농축된 B_4C로 채워져 있다. 일군 이론을 사용하여 제어봉의 제어봉가를 구하라.

풀이

우선 모든 제어봉에서의 붕소의 총 원자수를 구하는 과정이 필요하다. 제어봉의 총 체적은 $5\times\pi(2.5)^2\times76 = 7{,}460\ \text{cm}^3$이다. 제어봉 내의 B_4C 질량은 $2.0\times7{,}460 = 14{,}920$ g이다. B_4C의 분자량은 $4\times10.8+12.0=55.2$이고, 원자로 내의 붕소의 총 원자수는 다음과 같이 구할 수 있다.

$$\frac{4\times14{,}920\times0.6\times10^{24}}{55.2} = 649\times10^{24}$$

원자로의 전체 체적에 대한 붕소의 평균 원자 밀도는 다음과 같다.

$$N_B = \frac{649\times10^{24}}{\frac{4}{3}\pi(41.7)^3} = 2.14\times10^{-3}\times10^{24}\ \text{atom/cm}^3$$

$\sigma_a = 0.27$ b값을 사용하면 다음과 같다.

$$\Sigma_{aB} = 1.36\times10^{-3}\times0.27 = 0.000367\ \text{cm}^{-1}$$

이 Σ_{aB}를 예제 6.3으로부터 구한 $\Sigma_{aF} = 0.00833$과 $\Sigma_{aC} = 0.000019$와 함께 식 (7.62)에 대입하면 최종적으로 다음과 같다.

$$\rho_\omega = \frac{0.000578}{0.00833+0.000019}$$
$$= 0.0692 = 6.97\%$$

실제 고속로 설계에서 제어봉가는 다군 코드와 컴퓨터로 계산한다. 그러한 정확한 계산을 위해서 제어봉은 제어봉이 위치한 영역에서만 균질하다고 가정한다. 또한 에너지가 감소함에 따라 흡수 단면적이 급격히 증가하기 때문에 낮은 에너지군에서는 제어봉 내부의 중성자속 하강(dip) 현상을 고려할 필요가 있다.

부분삽입 제어봉

지금까지는, 제어봉이 원자로로부터 완전히 인출되거나 완전히 삽입된 경우만을 가정했다. 실제 전부 혹은 일부 제어봉은 원자로 기동 시에 삽입되고 핵연료가 소모되어 핵분열 생성물 독물질이 축적됨에 따라 원자로 임계 유지를 위해 천천히 인출된다. 그러므로 제어봉 삽입 거리에 따른 함수로 제어봉가를 알 필요가 있다. 이것은 출력 준위 변화를 목적으로 더 급격히 삽입 또는 인출되는 제어봉에 대해서도 구할 수 있어야 한다.

총 높이 H의 원통형 원자로 노심의 축방향에 수평하게 거리 x만큼 삽입된 하나 또는 그 이상의 제어봉의 제어봉가를 $\rho_\omega(x)$라 하자. 이 제어봉들이 완전히 삽입되었을 때의 제어봉가를 $\rho_\omega(H)$라 하자. 이론적으로는, $\rho_\omega(x)$와 $\rho_\omega(H)$가 다음 공식과 같이 근사적으로 연관되어 있다고 알려져 있다.

$$\rho_\omega(x) = \rho_\omega(H)\left[\frac{x}{H} - \frac{1}{2\pi}\sin\left(\frac{2\pi x}{H}\right)\right] \tag{7.63}$$

위 함수 $\rho_\omega(x)$가 그림 7.11에 나타나 있다. 여기서 $x = H$, $\rho_\omega(x) = \rho_\omega(H)$이고 $\rho_\omega(0) = 0$임을 알 수 있다.

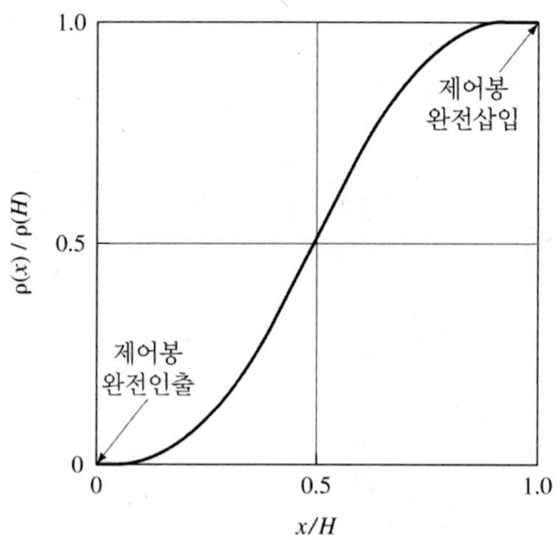

그림 7.11 무차원 삽입 거리에 따른 반응도 분율

$\rho_\omega(x)/\rho_\omega(H)$의 미분을 계산해 보자.

$$\frac{1}{\rho_\omega(H)}\frac{d\rho_\omega(x)}{dx}=\frac{1}{H}\left[1-\cos\left(\frac{2\pi x}{H}\right)\right] \tag{7.64}$$

위 식은 제어봉의 단위 이동 거리당 반응도 분율의 기울기이며 그림 7.12에 나타나 있다. 이 그림에서 보는 바와 같이 제어봉이 처음으로 원자로 안으로 삽입될 때와 완전히 삽입되기 직전에는 단위길이당 반응도 분율의 기울기는 매우 작다. 그 물리적인 이유는 두 가지 경우에서 제어봉의 끝부분이 중성자속이 매우 적은 부분을 움직임으로 인해서 이러한 움직임에 따라 추가적으로 제어봉 안으로 흡수되는 중성자 수가 적기 때문이다. 그러나 노심의 중앙 영역에서는 $\rho_\omega(x)$의 변화가 최고로 큰데, 그 이유는 중성자속이 그곳에서 최대로 크기 때문이다.

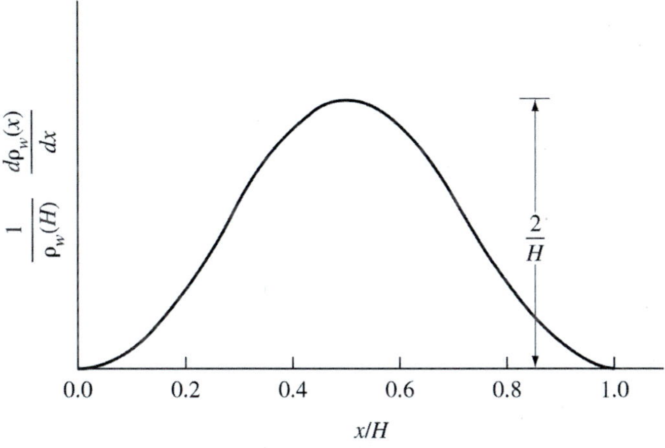

그림 7.12 무차원 삽입 거리에 따른 반응도 분율의 기울기

많은 원자로에서 제어봉의 삽입 거리에 따른 제어봉가의 변화 문제는 제어봉의 움직임을 프로그래밍함으로써 어느 정도 피할 수 있다. 즉 하나의 제어봉이나 제어봉군(여러 제어봉)이 원자로의 중심(중성자속이 가장 높은 곳)에서 인출될 때, 두 번째 열 혹은 군은 자동적으로 삽입되기 시작한다. 이러한 방식으로, 하나의 제어봉 혹은 제어봉군의 낮아진 제어봉가는 다른 중첩되어 움직이는 제어봉의 제어봉가에 의해 보상된다.

예제 7.11

70 cm 높이의 무반사체 사각 원통형 원자로가 하나의 제어봉에 의해 제어되고 있다. 그 제어봉은 축에 위치하고 있으며 완전히 삽입되었을 경우 제어봉가가 6.5%이다. (이 원자로는 예제 7.7에서 이미 설명되었다.) 만약 제어봉이 완전인출 되었을 때 이 원자로가 임계라면 부반응도 1%를 삽입하기 위해 제어봉을 어느 정도 삽입해야 하는가?

풀이

식 (7.63)을 사용하자. $\rho_\omega(x)$가 0.01이고 $\rho_\omega(H)$가 0.065이다. $y = 2\pi x/H$라 놓으면 다음과 같이 구할 수 있다.

$$0.01 = 0.065\left[\frac{y}{2\pi} - \frac{1}{2\pi}\sin y\right]$$

또는

$$0.966 = y - \sin y$$

이것은 그래프를 이용하거나 또는 수치적으로 계산할 수 있는 초월함수이다. 위 식의 해는 $y = 1.91$이다. 그러므로 H가 70 cm라면 최종 결과는 다음과 같다.

$$x = \frac{yH}{2\pi} = \frac{1.91 \times 70}{2\pi} = 21.3 \text{ cm}$$

화학제어제(chemical shim)

이 장의 앞부분에서 물을 감속재와 냉각재로 사용하는 원자로에서는 물속에 붕산(H_3BO_3)을 녹여서 반응도를 제어할 수 있다고 설명하였다.[6] 이러한 화학제어제만으로는 원자로를 제어할 수 없다. 왜냐하면 H_3BO_3 농도 변화 과정은 비록 원자로 운전원의 명령에 따라 원격 및 자동으로 이루어지더라도 갑작스러운 반응도 제어 요구에 대해서는 제어봉처럼 빨리 반응하도록 하기 어렵기 때문이다. 그러므로 화학제어제는 항상 기계적 제어봉과 함께 혹은 보조수단으로 사용된다. 이러한 두 종류의 제어장치가 현대의 원자로에서 사용됨에 있어 제어봉은 빠른 원자로 정지나 출력 변화에 수반되는 온도 변화[7]로

---

6 상온에서 H_3BO_3의 용해도는 63.5 g/liter이며, 100°C에서는 267 g/liter이다.

인한 반응도 변화를 보상하기 위한 반응도 제어를 수행한다. 화학제어제는 제논 과도현상[8] 동안 원자로 임계를 유지하거나 노심 수명에 걸쳐 핵연료의 연소와 핵분열 생성물의 축적에 따른 반응도 변화를 보상하기 위해 사용된다.

화학제어제를 사용하는 이유는 다양하다. 한 가지 이유는 화학제어제를 사용함으로써 원자로 내에서 요구되는 제어봉의 수를 상당히 줄일 수 있다는 것이다. 제어봉과 그 구동장치가 비싸기 때문에 이것은 상당한 비용절약이 된다. 게다가, H_3BO_3는 원자로 노심 전체에 걸쳐 거의 균일하게 분포하기 때문에, H_3BO_3의 농도 변화로 야기되는 원자로의 반응도 변화는 노심의 출력 분포를 왜곡시키지 않는다는 점이다.

화학제어제는 주로 열중성자 이용률 값을 변화시켜 열중성자의 반응도에 영향을 미친다. 붕소는 노심의 중성자 수송 특성에는 비교적 영향을 적게 미치는데, 특히 원자로가 상당히 균일한 중성자속 분포를 이루고 있을 때는 더욱 그러하다. 그러므로 주어진 붕산 농도에 의한 반응도 값은 식 (7.62)로부터 계산할 수 있다. 식 (7.62)는 고속로 내에서 붕소가 균일하게 분포하고 있는 상황으로부터 유도되었다. 열중성자로의 경우 이 식은 다음과 같은 형태를 가진다.

$$\rho_\omega = \frac{\overline{\Sigma}_{aB}}{\overline{\Sigma}_{aF} + \overline{\Sigma}_{aM}} \tag{7.65}$$

위 식에서 $\overline{\Sigma}_{aB}$, $\overline{\Sigma}_{aF}$, $\overline{\Sigma}_{aM}$은 각각 붕소, 핵연료, 감속재(냉각재와 구조재 포함)의 거시적 열중성자 평균 단면적을 의미한다.

식 (7.65)의 분자, 분모를 $\overline{\Sigma}_{aM}$으로 나누면 다음과 같다.

$$\rho_\omega = \frac{\overline{\Sigma}_{aB}/\overline{\Sigma}_{aM}}{\overline{\Sigma}_{aF}/\overline{\Sigma}_{aM} + 1} \tag{7.66}$$

중성자 이용률의 정의로부터 $\overline{\Sigma}_{aF}/\overline{\Sigma}_{aM}$ 항은 $f_0/(1-f_0)$와 같다. 여기서 f_0는 붕소가 없을 때의 열중성자 이용률이다. 이 결과를 식 (7.66)에 대입하면 다음과 같다.

7 이 효과는 7.4절에서 설명한다.

8 이 내용은 7.5절에서 설명한다.

$$\rho_\omega = (1 - f_0)\frac{\overline{\Sigma}_{aB}}{\overline{\Sigma}_{aM}} \tag{7.67}$$

H_3BO_3의 농도는 대개 물의 일백만분의 일(ppm) 단위로 표시된다. 1 ppm은 H_2O 10^6 g 당 붕소 1 g을 의미한다. 만약 C가 ppm 단위의 농도를 의미하면 물에 대한 붕소의 질량비는 다음과 같다.

$$\frac{m_B}{m_W} = C \times 10^{-6}$$

붕소의 원자량은 10.8이고, 물의 분자량은 18.0이다. 그러므로 물의 분자 밀도에 대한 붕소의 원자 밀도의 비는 다음과 같고

$$\frac{N_B}{N_W} = \frac{18.0}{10.8} \times C \times 10^{-6}$$

식 (7.67)의 $\overline{\Sigma}_{aB}/\overline{\Sigma}_{aW}$는 다음과 같다.

$$\frac{\overline{\Sigma}_{aB}}{\overline{\Sigma}_{aM}} = \frac{N_B\overline{\sigma}_{aB}}{N_W\overline{\sigma}_{aW}} = \frac{18.0 \times 759}{10.8 \times 0.66} \times C \times 10^{-6} = 1.92C \times 10^{-3}$$

이 식을 식 (7.67)에 대입하면 화학제어제의 반응도가에 대한 최종 공식은 다음과 같다.

$$\rho_\omega = 1.92C \times 10^{-3}(1 - f_0) \tag{7.68}$$

예제 7.12

제어봉과 화학제어제에 의해 제어되는 어떠한 가압경수로가 있다고 하자. 동 원자로의 열중성자 이용률이 운전 초기에 0.930이다. 원자로 내에서의 잉여 반응도는 20.5%이다. 만약 제어봉의 반응도가가 8.5%라면 이 원자로를 *현재 상태로 유지*, 즉 임계가 되지 않도록 하는 데 필요한 붕산(H_3BO_3)의 최소 농도를 ppm 단위와 물의 단위밀도 g/liter로 구하라.

풀이

화학적 제어제는 20.5 − 8.5 = 12%의 반응도가를 가져야 한다. 그러므로 식 (7.68)을 적용하면 다음과 같다.

$$C = \frac{\rho_{\omega} \times 10^3}{1.92(1-f_0)} = \frac{0.12 \times 10^3}{1.92(1-0.930)} = 893 \text{ ppm}$$

H_3BO_3의 분자량은 61.8이므로 화학제어제 계통은 반드시 물 10^6 g당 5,110 g(61.8/10.8×893)의 H_3BO_3을 포함하고 있어야 한다. 단위밀도에서, 10^6 g의 물은 10^3 liter를 차지한다. 그러므로 붕산은 10^3 liter당 5,110 g이 있는 셈이므로 그 농도는 5.11 g/liter이다.

이 예제에서 보여 주고자 하는 것은, 원자로 수명 초기에는 제어봉 단독으로는 원자로가 임계에 도달하지 않도록 하는 충분한 부반응도가 없으므로 화학제어제가 어느 정도 필요하다는 사실이다. 이것은 실제 많은 가압경수로의 경우에 해당한다.

7.4 반응도에 대한 온도 영향

이 장의 앞부분에서 설명한 바와 같이, 원자로의 증배계수를 결정하는 많은 매개변수들은 온도가 변함에 따라 그 값이 변화하는 온도 의존성을 가지고 있다. 결과적으로 온도 변화는 증배계수 k의 변화를 통해 원자로 반응도를 변화시키는 것이다. 이러한 반응도 변화의 온도 의존성은 원자로의 운전에, 즉 원자로의 안전에 중요한 의미가 있음을 말해 주는 것이다.

온도계수(temperature coefficient)

온도가 변함에 따라 반응도가 어느 정도 영향을 받는지는 *반응도의 온도계수*(*temperature coefficient of reactivity*)로 설명한다. 이는 α_T로 표시하며 다음 식으로 정의한다.

$$\alpha_T = \frac{d\rho}{dT} \tag{7.69}$$

위 식에서 ρ는 반응도를 의미하며, T는 온도를 나타낸다. 식 (7.26)의 반응도에 대한 아래와 같은 정의를

$$\rho = \frac{k-1}{k} = 1 - \frac{1}{k}$$

식 (7.69)에 대입하고 미분을 수행하면 다음과 같은 결과를 얻을 수 있다.

$$\alpha_T = \frac{1}{k^2}\frac{dk}{dT} \tag{7.70}$$

대부분의 원자로는 한 주기 동안 k는 거의 1에 가까우므로 식 (7.70)은 근사적으로 다음과 같이 쓸 수도 있다.

$$\alpha_T = \frac{1}{k}\frac{dk}{dT} \tag{7.71}$$

위 식은 식 (7.69)보다 반응도 계수를 사용하는 여러 가지 계산에서 더 편리하며 종종 α_T의 정의로 사용되기도 한다. 식 (7.71)에 따르면 α_T는 단위 온도 변화당 k의 변화율과 같고 $(\text{degrees})^{-1}$ 단위를 가진다.

온도 T의 변화에 따른 원자로의 반응은 α_T의 부호에 따라 달라진다. 우선 α_T가 양의 값을 가지는 경우를 생각해 보자. k는 항상 양수이기 때문에 dk/dT는 항상 양수가 된다. 이것은 T의 증가는 항상 k의 증가를 가져온다는 것을 의미한다. 이제 몇 가지 이유로 인해 원자로의 온도가 증가한다고 가정하자. 이는 k값을 증가시키고, 이는 원자로 출력 준위를 증가시킨다. 출력 증가는 다시 T의 증가로 이어져 결국 k가 더 커지게 된다. 이렇듯 α_T가 양수일 경우 온도가 증가하면, 원자로는 외부 요인으로 중지되거나 원자로가 용융될 때까지 온도와 출력이 증가하게 되는 것이다.

다음으로 원자로 온도가 감소되었다고 가정하자. 만약 α_T가 양수라면 T의 감소는 k의 감소를 유발한다. 이는 원자로가 정지될 때까지 원자로 출력을 감소시키고, 그에 따라 온도와 k를 감소시킨다. 이렇듯 α_T가 양수라면 외부 요인이 없다면 T가 증가할 경우 출력이 계속 증가해 노심이 용융되는 상황까지 갈 수 있으며, T가 감소할 경우에는 원자로가 정지되는 상황이 될 것이다.

α_T가 음수일 때는 앞서 서술한 내용과는 매우 다른 현상이 나타난다. 이 경우에는 dk/dT가 음수가 될 것이다. 따라서 T가 증가할 경우에는 k가 작아질 것이다. 즉, 원자로 내에서 온도가 증가하면 이는 출력의 감소를 유발하고, 출력이 감소하면 온도는 다시 내려간다. 다시 말해 온도가 올랐지만 음의 반응도 계수로 인해 결국 온도가 낮아져 원래의

원자로 상태로 되돌아가는 것이다. 또한 T가 작아지는 경우에는 k가 증가해 출력이 상승하는 결과를 낳는다. 이는 다시 온도 상승을 이끌어 원자로를 원래의 상태로 되돌아가게 한다. 따라서 명백히 양의 α_T를 가진 원자로는 고유하게(inherently) 온도의 변화에 대해 *불안정*하지만, 음의 α_T를 가지는 원자로는 그 반대로 *안정*한 것이다.

여기서 짚고 넘어가야 할 사항이 있다. 바로 원자로는 그 온도가 원자로 전체 영역에 걸쳐 균일하게 변화하지는 않다는 것이다. 예를 들어 원자로 출력이 증가할 경우를 살펴보자. 핵연료만이 출력을 발생하는 곳이기 때문에, 원자로 출력이 증가할 때 가장 먼저 온도가 상승하는 부분은 바로 핵연료 영역이다. 열중성자로에서, 핵연료 영역으로부터 냉각재 혹은 감속재 영역으로 열이 전달되기 전까지는 냉각재와 감속재 온도는 아직 변화하지 않을 것이다. 즉, 온도가 변하는 요인별로 온도계수를 설명할 필요가 있는 것이다. 예를 들어, *핵연료 온도계수*(*fuel temperature coefficient*)는 핵연료의 단위 온도 변화당 k의 변화율로 정의되며, *감속재 온도계수*(*moderator temperature coefficient*)는 감속재의 단위 온도 변화당 k의 변화율로 정의된다. 그 밖의 경우에도 마찬가지이다.

핵연료의 온도는 원자로 출력 변화에 즉시 반응하기 때문에 핵연료 온도계수를 일반적으로 *즉발 온도계수*(*prompt temperature coefficient*)라 부르며, α_{prompt}라 표기한다. α_{prompt}의 값은 핵연료 온도 혹은 원자로 출력의 변화에 대한 원자로의 초기 반응을 결정한다. 이러한 이유로 α_{prompt}는 원자로 안전성에 있어 가장 중요한 온도계수이다. 미국의 NRC(Nuclear Regulatory Commission)에서는 해당 원자로의 α_{prompt}가 음수가 아니라면 해당 원자로를 허가하지 않는다. 즉 모든 허가받은 원자로[9]에 대해서는 고유 안전성을 신뢰할 수 있다.[10]

도플러 효과

대부분 원자로의 즉발 온도계수는 *도플러 효과*(*Doppler effect*)로 알려진 현상 때문에 음

9 미국의 모든 원자로는 반드시 NRC의 인허가를 받아야 한다. 단, 방위성, 에너지성, NRC 자체가 소유하는 것들은 제외이다.

10 NRC는 정반응도를 가진 초기 노심에 대해서는 짧은 기간의 운영만을 허가한다. 이러한 경우, 높은 붕소 농도에 의해 양의 반응도 계수가 나타난다.

의 값을 가진다. 이 도플러 효과는 확실히 복잡한 물리 현상이기는 하나 다음과 같이 간단한 설명도 가능하다. 도플러 효과의 설명은 열중성자로 대해서만 국한한다.

3장에서 설명한 바와 같이, 중성자의 반응 단면적은 특정 에너지에서 공명흡수 현상을 보이는데, 무거운 핵종에서 이러한 공명흡수는 대부분 산란이 아닌 흡수에 의한 것이다. 3장에서는 중성자와 상호작용하는 원자핵이 실험실계(laboratory reference frame)에서 정지된 상태라고 가정하였다. 이러한 실험실계에서는, 중성자 에너지 E_r에 대한 공명흡수 단면적이 다음의 브라이트-위그너(Breit-Wigner) 공식으로 주어진다.

$$\sigma_\gamma(E) = \frac{\lambda_r^2 g}{4\pi} \frac{\Gamma_n \Gamma_\gamma}{(E - E_r)^2 + \Gamma^2/4}$$

위 식에서 Γ은 공명흡수영역 너비(width)이다.

실제로 원자핵은 원자 안에 위치해 있으며 원자는 자체의 열에너지 때문에 끊임없이 움직이고 있어, 그 안의 원자핵의 운동에너지는 일정하지 않고 어떤 분포를 가진다(맥스웰 분포). 원자의 이러한 열운동(thermal motion)으로 인해, 엄격하게 단일 에너지를 가진(mono-energetic) 중성자 빔이 어떤 목표물(원자핵)에 조사될 때에도 심지어 이들 원자핵들에게는 이들 중성자의 에너지가 연속적으로 퍼져 분포하는 것처럼 보인다. 이러한 원자핵과 중성자 간의 상대적인 에너지 분포는 다시 공명흡수의 모양에 영향을 미치게 된다. 따라서, 공명흡수 단면적을 모든 핵의 운동에너지에 대해 평균하게 되면, 그 평균 공명흡수 단면적의 너비 (Γ)는 특정 에너지를 가진 핵의 공명흡수 단면적 너비보다 더 얇아지거나 두꺼워지게 될 것임을 예상할 수 있다. 게다가 이러한 효과는 그림 7.13에 보이는 바와 같이 목표물의 온도가 증가할수록 두드러지게 된다. 온도에 따라 공명흡수 단면적의 분포 형태가 변화하는 현상을 *도플러 확장*(*Doppler broadening*)이라 부른다. 이 그림에서 절대온도 0에서의 비확장 공명 영역은 브라이트-위그너(Breit-Wigner) 공식으로부터 계산 가능하다. 왜냐하면 이 온도에서는 원자핵의 열운동이 없기 때문이다. 도플러 효과의 중요한 현상은, 공명 영역의 형태는 온도에 따라 변화해도 공명 영역 곡선의 아래의 면적은 본질적으로 일정하다는 것이다.

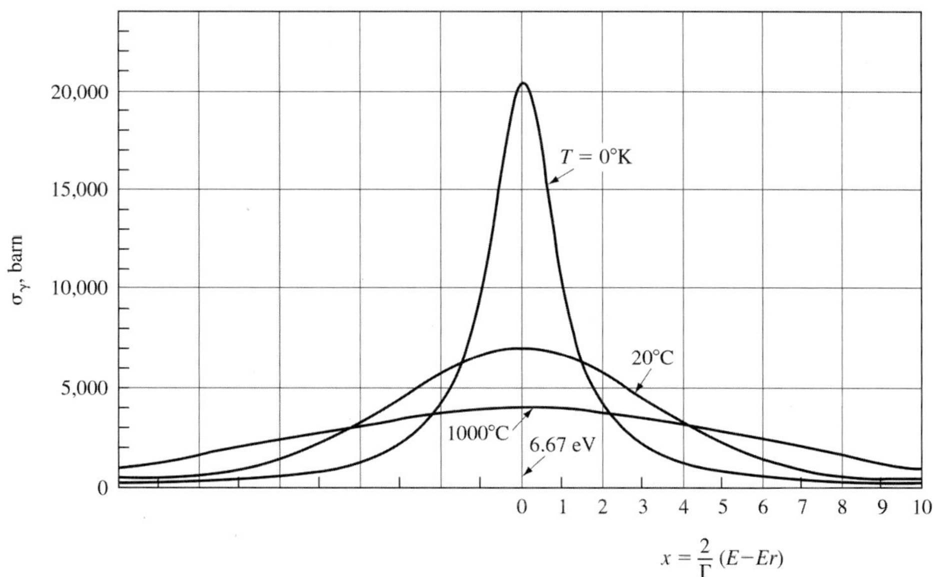

그림 7.13 6.67 eV에서 ^{238}U의 방사포획 단면적의 도플러 확장

이제 열중성자로에서 특정 공명 영역을 지나 감속되는 중성자를 생각해 보자. 이 공명 영역에서 단위시간, 단위체적당 흡수되는 중성자의 총수는 다음과 같다.

$$F_a = \int \phi(E)\Sigma_a(E)dE \tag{7.72}$$

위 식에서 $\phi(E)$는 에너지종속 중성자속이며, $\Sigma_a(E)$는 거시적 흡수 단면적이다. 위 식의 적분은 공명 영역 전체에 걸쳐 수행해야 한다. 식 (7.72)는 다음과 같이 쓸 수도 있다.

$$F_a = \phi_{\text{av}} \int \Sigma_a(E)dE$$

위 식에서 ϕ_{av}는 공명 영역에서의 평균 중성자속이다. 그 뒤의 적분은 단순히 공명 영역 곡선의 아래 총면적을 의미하는데, 앞서 이 면적은 온도에 상관없이 일정한 값이라 했다. 그러므로 공명 영역에서 흡수되는 중성자의 수는 공명 영역 내의 평균 중성자속 ϕ_{av}에 비례한다.

ϕ_{av}의 값이 온도에 의존함을 보이는 것은 그리 어렵지 않다. 온도가 증가한다고 가정해 보자. 이미 설명했듯이, 온도가 올라가면 도플러 효과 때문에 흡수 단면적의 크기는 감소하며, 이것은 다시 ϕ_{av}를 증가시킨다. 이 상황은 제어봉 또는 흡수 포일과 같은 중성자 흡

수체를 중성자가 확산하고 있는 매질에 놓은 것과 유사하다. 만약 이 흡수체의 단면적이 증가하면 흡수체 부근에서 중성자속은 감소한다. 그러나 단면적이 감소하면 중성자속은 명백히 증가한다.

최종적으로, 온도 증가에 따라 ϕ_{av}가 증가하고, 공명역역에서 흡수된 중성자의 수는 ϕ_{av}에 비례하기 때문에 *온도가 증가함에 따라 공명흡수가 증가한다*고 결론지을 수 있다. 물론, 이로 인해 k가 감소되고 즉발 온도계수가 음의 값을 갖게 됨을 알 수 있다.

열중성자로에 대한 α_{prompt}을 계산하기 위해 증배계수를 다시 쓰면,

$$k = k_{\infty} P = \eta_T f p \epsilon P \tag{7.73}$$

위 식에서 P는 전체 비누설 확률을 의미한다(6.5절 참고). 다음으로 공명흡수 이탈확률 p는 로그를 취함으로써 식 내에서 다른 변수들과 분리할 수 있다.

$$\ln k = \ln \eta_T f \epsilon P + \ln p$$

온도에 대해 미분하고, p를 제외한 다른 값들을 상수로 하면 다음과 같다.

$$\frac{d}{dT}(\ln k) = \frac{1}{k}(\ln p) = \frac{1}{p}\frac{dp}{dT}$$

또는

$$\alpha_{prompt} = \alpha_{prompt}(p) \tag{7.74}$$

식 (6.119)로부터 p는 다음과 같이 구할 수 있다.

$$p = \exp\left[-\frac{N_F V_F I}{\zeta_M \Sigma_{sM} V_M}\right] \tag{7.75}$$

위 식에서 I는 공명 적분을 의미하며, V_F와 V_M은 핵연료와 감속재의 단위 셀 부피를 나타낸다. N_F는 핵연료의 원자 밀도이고, Σ_{sM}은 감속재의 거시적 산란 단면적이다. ζ_M은 상수이다.[11] p의 즉발계수는, 핵연료 온도는 변화해도 감속재 온도는 일정하게 유지된다는 가정에 의해 계산될 수 있다. Σ_{sM}과 V_M은 둘 다 상수이다. 게다가, 곱 $N_F V_F$은 핵연

11 $\zeta_M \Sigma_{sM}$의 값은 표 6.6에 주어져 있다.

료봉 안에서의 총 핵연료 원자수와 같으며 이는 온도에 따라 변화하지 않는다. 따라서, p가 가진 온도에 대한 전체적인 의존성은 I 값 안에만 반영되어 있다고 볼 수 있다.

다양한 온도에 대해 공명흡수에 대한 실험적 관찰이 이루어져 왔으며, 그러한 실험값들을 이용하여 I값을 다음과 같이 공식화하였다.

$$I(T) = I(300\text{K})\left[1 + \beta_I(\sqrt{T} - \sqrt{300\text{K}})\right] \tag{7.76}$$

위 식에서 온도는 켈빈(K) 단위이다. I의 온도 의존성은 앞서 설명한 도플러 효과 때문에 나타난다. 매개변수 β_I는 핵연료의 특성에 대한 함수이며, 다음과 같이 근사할 수 있다.

$$\beta_I = A' + C'/a\rho \tag{7.77}$$

위 식에서 A'과 C'은 표 7.4에 주어진 상수이며, a는 cm 단위의 봉 반지름을 의미한다. ρ는 g/cm^3 단위의 핵연료 밀도이다.

표 7.4 β_I를 계산하기 위한 상숫값

핵연료	$A' \times 10^4$	$C' \times 10^2$
^{238}U(금속)	48	1.28
$^{238}UO_2$	61	0.94
Th(금속)	85	2.68
ThO_2	97	2.40

식 (7.75)로 돌아가서, p에 자연로그를 취한 ln p를 미분하면 다음과 같다.

$$\alpha_{\text{prompt}}(p) = \alpha_{\text{prompt}} = \frac{N_F V_F}{\zeta_M \Sigma_{sM} V_M} \frac{dI}{dT}$$

식 (7.76)으로부터 다음을 구할 수 있다.

$$\frac{dI}{dT} = \frac{I(300\text{K})\beta_I}{2\sqrt{T}}$$

$$\alpha_{\text{prompt}} = \frac{N_F V_F I(300\text{K})}{\zeta_M \Sigma_{sM} V_M}\frac{\beta_I}{2\sqrt{T}}$$

이는 또한 다음과 같이 쓸 수 있다.

$$\alpha_{\text{prompt}} = \frac{\beta_I}{2\sqrt{T}}\ln\left[\frac{1}{p(300\text{K})}\right] \tag{7.78}$$

위 식은 열중성자로의 즉발 온도계수를 나타낸다.

예제 7.13

천연우라늄($\rho = 19.1\ \text{g/cm}^3$)으로 장전된 원자로의 공명흡수 이탈확률이 300 K에서 0.878이라 한다. 이때 핵연료봉의 지름은 2.8 cm이다. 온도 350°C에서 운전될 경우에 원자로의 즉발 온도계수를 계산하라.

풀이

연료봉의 반지름은 2.8/2 = 1.4 cm이다. 식 (7.77)과 표 7.4로부터 β_I는 다음과 같이 구할 수 있다.

$$\begin{aligned}\beta_I &= 48\times10^{-4} + 1.28\times10^{-2}/1.4\times19.1\\ &= 53\times10^{-4}\end{aligned}$$

주어진 온도를 켈빈(K) 단위로 바꾸면 다음과 같다.

$$T = 273 + 350 = 623\ \text{K}$$

따라서 식 (7.78)을 계산하면 다음과 같다.

$$\begin{aligned}\alpha_{\text{prompt}} &= -\frac{53\times10^{-4}}{2\sqrt{623}}\ln\left(\frac{1}{0.878}\right)\\ &= -1.39\times10^{-5}\ \text{per}\ ^\circ\text{C or K}\end{aligned}$$ [12]

고속로에서는 도플러 효과 때문에 즉발 온도계수를 구하기는 쉽지 않다. 그 이유의 하나는, 이러한 원자로에서 관심 있는 높은 에너지 영역에서는 에너지에 따라 공명흡수가 서로 매우 근접하여 나타나서 중첩될 뿐만 아니라, 그 성질도 잘 알려져 있지 않기 때문이

12 섭씨는 절대온도와 같은 크기이다.

다. 게다가 상세하게 보면, 공명흡수의 정도는 중성자 스펙트럼에 의존하는데, 이 스펙트럼도 원자로에 따라 다르기 때문이다. 그럼에도 불구하고 고속로에 대해 이러한 즉발 온도계수를 계산하기 위한 여러 가지 방법들이 개발되어 왔다.

이때, 한 가지 추가적으로 따져 볼 사항이 있다. 고속로에서는, 높은 에너지 영역에서 중첩되어 나타나는 이러한 공명흡수가 일어난 후에 핵분열이나 방사포획이 일어난다는 것이다. 따라서 ^{239}Pu와 ^{238}U의 혼합 핵연료물질을 가지는 고속로에서 온도의 증가는 ^{238}U에 의한 중성자포획을 증가시킬 뿐만 아니라 ^{239}Pu의 핵분열률을 증가시키는 경향이 있다. 다시 말해, 이러한 경우 도플러 효과는 이중의 이득을 준다. 그러므로 원자로의 안전한 운전을 보장하기 위해서는 원자로 내에 충분한 ^{238}U을 포함하여 도플러 효과가 α_{prompt}값을 음이 되도록 해야 한다. 그러나 이는 심각한 제한조건은 아닌데, 그 이유는 고속로와 같은 원자로에서는 증식률을 최대화하기 위해 이미 상당한 양의 ^{238}U을 포함하기 때문이다.

감속재 계수(moderator coefficient)

비록 반응속도 측면에서는 α_{prompt}보다는 덜 중요하지만, 감속재 온도계수 즉 α_{mod}는 핵연료 온도의 변화에 대한 원자로의 궁극적인 거동을 결정하는 값이다. 또한 이 값은 원자로 내로 유입되는 냉각재의 온도에 의한 영향을 결정한다. 정상운전이나 사고 시에도 출력의 안정성을 위해 이 α_{mod}값은 음이 되는 것이 바람직하다.

열중성자로에서 감속재 온도의 증가는 두 가지 방식으로 증배계수에 영향을 끼친다. 첫 번째는 열중성자 단면적을 결정하는 온도를 변화시키고, 두 번째로 열팽창에 의해 감속재의 물리적 밀도를 변화시킨다. 이러한 효과들 중, 보통 후자가 너 중요하다.

α_{mod} 계산을 위해, 식 (7.73)의 k를 다시 써 보자.

$$k = \eta_T f p\epsilon P$$

위 식에서 η_T값은 감속재 온도에 의존하지 않는다. 또한 감속재 밀도가 변화함에 따라 ϵ가 변화하기는 하나, 그 변화량이 미미하여, 온도 T에 대해 독립적이라 볼 수 있다. 식 (7.73)의 양쪽에 로그를 취하고 나서 이를 T에 대해 미분하게 되면 다음과 같다.

$$\alpha_{mod} = \alpha_T(f) + \alpha_T(p) + \alpha_T(P) \tag{7.79}$$

위 식을 통해 알 수 있듯이 감속재 온도계수는 서로 다른 3가지 온도계수의 합으로 나타난다.

우선 위 식에서 우변의 첫 번째 항인 $\alpha_T(f)$를 생각해 보자. f는 열중성자가 결국 핵연료로 흡수되는 확률임을 기억하자. 그렇다면 f는 핵연료, 감속재 및 냉각재 등을 전체의 거시적 단면적에 대한 핵연료의 거시적 단면적의 비로 나타낼 수 있다. 만약 어떤 원자로의 핵연료와 감속재가 모두 고체이고, 핵연료는 약한 흡수력을 가진 기체에 의해 냉각되고 있다면, 온도에 따라 고체 감속재의 밀도는 크게 변화하지 않기 때문에 감속재 온도의 변화는 원자로 내 흡수물질의 총수에 영향을 주지 않으며, 이에 따라 f는 거의 상수로 유지될 것이다. 이러한 경우에, $\alpha_T(f)$는 0이 될 것이다.

만약 가압경수로에서와 같이 핵연료는 고체이지만 냉각재(동시에 감속재)가 액체일 경우라면 앞서 설명한 내용과 상당히 다른 현상이 나타날 것이다. 액체는 팽창계수가 고체보다 훨씬 크고, 원자로 내의 액체는 항상 어떠한 종류의 금속 용기 안에 담겨져 있기 때문에, 액체 감속재의 온도가 증가하면 팽창된 부피만큼의 감속재는 원자로심 영역에서 배제될 것이다. 그러므로 냉각재(동시에 감속재) 내에서의 열중성자 흡수량은 핵연료 내에서의 흡수량에 비해 줄어들 것이며, 그에 따라 중성자 이용률 f가 증가할 것이다. 따라서 이러한 경우에 $\alpha_T(f)$는 양수라 결론지을 수 있다. 이 효과는 특히 화학제어제가 존재할 때 확실히 나타난다. 왜냐하면 붕소의 일부가 감속 및 냉각재를 따라 원자로용기 밖으로 빠져나가기 때문이다.

다음으로 $\alpha_T(p)$를 생각해 보자. 식 (7.75)에서 감속재 온도에 의존하는 인자는 $\Sigma_{s\mathrm{M}} V_\mathrm{M}$뿐이다. 이 값은 원자로 내의 감속재 원자 총수에 비례한다. 만약 감속재가 고체라면 이 수는 온도에 따라 변화하지 않으며 $\alpha_T(p)$가 0이 된다. 그러나 감속재가 액체라면 앞서 설명했듯이, 온도의 증가가 감속재 일부를 노심 밖으로 배제시키므로 $\Sigma_{s\mathrm{M}} V_\mathrm{M}$값이 감소되고 p값도 감소한다. 그러므로 액체 감속 및 냉각재의 경우 $\alpha_T(p)$는 음수가 된다.

마지막으로, 비누설 확률의 온도계수는 항상 음수이다. 이것은 총 비누설 확률(속중성자와 열중성자 둘 다의 누설률을 곱한 값)에 대한 식 (6.71)과 (6.72)로 설명할 수 있다. 이 두 식을 곱한 총 비누설 확률은 다음과 같다.

$$P = \frac{1}{(1 + B^2 L_T^2)(1 + B^2 \tau_T)} \tag{7.80}$$

위 식에서 B^2은 좌굴이며, L_T^2은 열확산면적, τ_T는 열에너지 영역에서 핵분열 중성자의 연령을 나타낸다. B^2의 값은 원자로의 크기에 의해 결정되는데, 이는 감속재의 온도가 변했을 때 크게 변하지 않는다. $L_T^2 = \overline{D}/\overline{\Sigma}_a$(식 5.62 참고), $\tau_T = D_1/\Sigma_1$(식 5.69 참고)라는 정의로부터, 이 매개변수들이 균일하고 균질한 매질의 물리적 밀도 ρ_d[13]의 제곱에 역으로 변한다는 것을 쉽게 알 수 있다. 고체 핵연료와 고체 감속재에 대한 L_T^2와 τ_T의 값은 이 두 가지 매질의 밀도에 대해 의존하며 이는 복잡하다. 그러나 고체 감속재의 온도 변화는 밀도에 거의 영향을 미치지 않으므로 P는 상수라 볼 수 있고 이때 $\alpha_T(P)$는 0이 된다. 고체 핵연료와 액체 감속 및 냉각재의 경우 L_T^2와 τ_T는 ρ_d^{-n}에 따라 변한다. 여기서 n은 2보다 작은 수이다. 이 경우 P는 다음과 같다.

$$P = \frac{1}{\left(1 + \dfrac{C_1}{\rho_d^n}\right)\left(1 + \dfrac{C_2}{\rho_d^n}\right)} \tag{7.81}$$

위 식에서 C_1과 C_2는 상수이다. 이제 T가 증가한다면 액체 감속재 일부가 노심 밖으로 배제되어 ρ_d는 감소하고 P는 줄어들게 될 것이다. 결과적으로 $\alpha_T(P)$는 음수가 된다.

$\alpha_T(P)$의 값이 음수라는 것은 감속재 온도 증가에 따라 중성자 누설이 증가한다는 것을 의미한다. 이것은 다른 조건이 같을 때 중성자는 덜 조밀한 매질을 통해 더욱 쉽게 확산되기 때문이다. 그러나 이에 대한 다른 견해도 있다. 명백히 원자로 노심으로부터 이탈하지 못하는(공명 영역에서 흡수되지 못하는) 고속중성자는 노심 내에서 감속되어야만 한다. 감속재 밀도가 감소하고 고속중성자가 누설되면, 열에너지 영역으로 감속되는 중성자의 수 또한 감소한다. 그러므로 감속재 밀도가 감소되면 감속재 내에서 열중성자가 덜 흡수되고(k에서의 양의 효과), 고속중성자도 덜 감속된다(k에서의 음의 효과). α_{mod}가 양인지 음인지 여부는 (공명흡수 이탈확률에 대해서는 이 값이 항상 음인 점은 차치하고) 주어진 감속재가 감속보다는 흡수 효과가 더 큰지, 혹은 그 반대인지에 의존한다. 물의 경우에는 중성자 흡수 효과보다는 감속 효과가 더 크므로 α_{mod}는 음수이다. 그러나 이 경우에도 만약 너무 많은 붕소가 화학제어제로서 물에 희석되어 있다면 α_{mod}가 양수가

---

13 ρ_d라는 기호는 반응도(ρ)와 혼동을 방지하기 위해 밀도의 개념으로 여기에서 사용되었다.

되어 상황은 반대가 된다.[14]

가압경수로에서 터빈의 출력 요구량이 변화하였을 때, 음의 감속재 계수는 원자로 제어에 중요한 인자이다. 예를 들어 전기 부하(외부의 전력 요구)의 감소에 의해 터빈의 교축밸브(throttle valve, 일종의 제어밸브)가 어느 정도 잠겼다고 가정하자. 그러면, 터빈을 통과하는 수증기로부터 추출되는 에너지가 감소되어, 궁극적으로 원자로로 들어가는 냉각재의 온도가 증가한다. α_{mod}가 음수이기 때문에 이것은 이어서 원자로 출력을 감소시킨다. 그러나 부하가 증가하면 이 효과는 반대가 되어, 원자로 출력은 증가한다. 이러한 두 가지 경우에 원자로는 요구 부하의 변화에 바람직하게 자동적으로 대응하게 되는 것이다. 이러한 원자로의 거동을 *자동 부하 추종*(*automatic load following*)이라 부른다.

기포계수

액체 감속재 그리고/또는 액체 냉각재 원자로를 생각해 보자. 액체가 끓는 지점에서 증기가 차지한 체적은 *빈 공간*(*void, 기포*)으로 볼 수 있는데 왜냐하면 수증기의 밀도가 액체의 그것보다 훨씬 작기 때문이다. *기포율* x는 기포가 차지한 체적의 비율로서 정의된다. 예를 들어 체적의 25%를 수증기가 차지하고 있다면 남은 영역은 액체에 의한 것이고 x는 0.25이다.

원자로에서 기포율의 변화는 통상 원자로의 반응도에 영향을 끼칠 수 있다. 이 현상은 *기포계수*(*void coefficient*) α_V로써 설명되며, 이 기포계수는 다음과 같이 정의된다.

$$\alpha_V = \frac{d\rho}{dx} \tag{7.82}$$

위 식에서 ρ는 반응도이고, x는 기포율을 의미한다. 명백하게 α_V는 무차원수라는 것을 알 수 있다.

위 식을 다시 한 번 살펴보도록 하자. 만약 α_V가 양수라면 기포율의 증가는 반응도의 증가를 야기할 것이다. 이것은 일반적으로 원자로를 설계할 때 안전성을 고려할 경우 원

---

14 몇몇 원자로에서는 새로운 핵연료 설계와 함께 높은 붕소 농도를 요구하기 때문에 원자로 주기 초에 작은 양의 온도계수로 운전된다.

하는 바가 아니다. 왜냐하면 반응도가 증가한다는 것은 출력의 증가를 의미하고 이는 추가적인 비등현상을 일으켜 더 많은 기포를 발생시키기 때문이다. 물론 더 많은 기포가 발생한다면 반응도는 더욱 높아지게 될 것이다. 이러한 현상은 액체가 전부 끓어 버리고 노심이 용융될 때까지 일어날 것이다. 반대로 α_V가 음수라면 기포율의 증가는 반응도와 출력을 감소시켜 원자로를 원래의 출력으로 회복시킬 것이다. 그러므로 α_V는 음수값이 됨이 바람직하다.

기포의 존재는 감속재 또는 냉각재의 평균 밀도를 변화시킨다. 기포율이 x라 가정해 보자. 그렇다면 액체와 증기 혼합물의 평균 밀도는 다음과 같이 쓸 수 있다.

$$\rho_d = (1-x)\rho_l + x\rho_g \tag{7.83}$$

위 식에서 ρ_l과 ρ_g는 각각 액체와 증기의 밀도를 나타낸다. 그러나 ρ_g가 보통 ρ_l보다 훨씬 작기 때문에(물질의 임계점 근처를 제외하고) 식 (7.83)은 다음과 같이 쓸 수 있다.

$$\rho_d = (1-x)\rho_l \tag{7.84}$$

위 식을 살펴보면 예상한 바와 같이 x가 증가함에 따라 ρ_d는 감소한다.

x의 증가는 감속재 또는 냉각재의 평균 밀도를 감소시키기 때문에 열중성자로의 경우에 α_V의 값은 α_{mod}값과 연관이 있다. 물이 감속재와 냉각재 역할을 하는 경우를 생각해 보자. 물은 중성자를 흡수하는 능력보다 고속중성자를 감속시켜 열중성자로 만드는 능력이 더 뛰어나다. 따라서 감속재 및 냉각재 밀도의 감소는 반응도에 음의 효과를 나타낸다. 이것은 또한 기포계수의 경우에도 그러하다. 수냉식(water-cooled) 원자로의 경우, 하하제어제의 추가에 의해 열흡수 단면적이 너무 크지 않게 만들었다면, 기포율의 증가는 반응도를 감소시키게 되어 α_V은 음수가 된다.

음의 기포계수는 자동 부하 추종을 수행하는 비등로에서 사용된다. 이것은 터빈의 부하를 원자로의 재순환시스템과 결합(coupling)함으로써 달성된다(그림 4.4). 터빈 부하가 증가하면(외부의 전력 요구가 증가하면) 재순환 유량(recirculation flow = 원자로로 유입되는 유량)이 증가하지만, 이 부하가 감소하면 재순환 유량 또한 감소한다. 터빈 부하가 증가하는 경우에는 초기에 재순환 유량이 증가해 노심 내 기포의 일부를 쓸어내는(sweep out) 현상이 일어나 기포율이 감소한다. α_V가 음수이기 때문에, 이러한 기포량의 감소는 원자로의 반응도를 증가시킨다. 이것은 원자로가 더 높은 출력을 발생시키게 한다. 결과적으로 초기에 기포량 발생이 더 많으면 출력 상승폭은 더 커지게 될 것이다. 평형 상태에서 노심은 터빈에 의해 요구되는 출력과 같은 원자로 출력을 생산한다. 반대로, 터빈 부하가 감소하면 재순환 유량은 감소하고, 이는 기포량을 증가시키고, 그에 따라 원자로 출력은 감소하여 부하 추종을 하게 되는 것이다.

소듐을 냉각재로 하는 고속로에서는 기포계수와 관련된 상황이 더욱 복잡하다. 소듐은 중성자 흡수 단면적이 작기 때문에 기포가 생성되어 노심 외부로 냉각수 일부가 빠져나가더라도, 냉각재의 중성자 흡수 측면에서 볼 때 영향이 거의 없다고 할 수 있다. 그러나 소듐은 높은 에너지에서는 비탄성산란에 의해, 낮은 에너지에서는 탄성산란에 의해 중성자를 감속시킨다. 기포 생성에 의해 일부 냉각재가 노심 외부로 빠져나가 소듐이 줄어들 경우 이러한 감속 효과가 줄어들게 된다. 즉 중성자들이 높은 에너지를 유지하고 있을 확률이 더욱 높아지는 것이다. 결과적으로 원자로의 중성자 스펙트럼은 경화(hardening)될 것이다. 4장(그림 4.2)에서 핵연료에서 흡수되는 중성자당 방출되는 핵분열 중성자의 평균수 η는 모든 핵분열 핵종에 대해 높은 에너지 영역에서 급격히 증가한다. 그러므로 기포의 생성으로 인해 η의 평균값은 커지게 되고 반응도도 따라서 증가하게 되는 것이다. 이는 α_V가 양수가 되게 한다.

기포율 증가는 중성자 스펙트럼을 경화시킬 뿐만 아니라 소듐의 밀도를 감소시켜 중성자 누설을 증가시킨다. 이것은 α_V를 음수로 만드는 경향이 있다. 그러므로 α_V의 부호는 어떤 영향이 더 크냐(η의 증가 혹은 중성자 누설의 증가)에 달려 있다.

실제 α_V의 부호는 원자로 내에서 기포가 형성되는 위치의 함수이다. 만약 기포가 대형 원자로 노심의 중심에서 발생한다면 이 영역에서에서의 누설의 증가는 매우 적을 것이다. 왜냐하면 중성자는 누설되기보다는 원자로 내부 어딘가에서 대부분 흡수되기 때문이다. 이 영역에서 α_V는 양수가 될 것이다. 반대로 기포가 노심의 바깥쪽에서 형성된다면 외부로 누설되는 중성자는 손실될 것이고, 그에 따라 α_V는 음수가 될 것이다. 정확히 어느 정도 크기의 소듐냉각고속로가 원자로의 모든 부분에서 α_V가 음이 되도록 설계할 수 있는지, 또는 그런 원자로에서 특정 영역에 양의 α_V를 가지고도 어떻게 제어할 수 있는지에 관한 설명은 생략한다. 아직까지 고속로가 많이 건설되지 않았기 때문에 정확한 이론이 없기 때문이다.

7.5 핵분열 생성물의 독작용

모든 핵분열 생성물은 어느 정도 크기의 중성자 흡수 단면적을 가지고 있다. 그러므로 원자로 내에서 그러한 핵분열 생성물이 축적된다면 증배계수를 감소시킬 것이다. 대부분의 핵분열 생성물의 흡수 단면적 그래프를 살펴보면 중성자의 에너지가 증가함에 따라 단면적이 급격히 작아지기 때문에 핵분열 생성물의 독작용(poisoning)은 열에너지 영역에서 특히 중요하다고 할 수 있다. 이 절에서는 단지 이러한 종류의 원자로(열중성자로)만 고려한다.

증배계수에 대한 핵분열 생성물의 독작용에 대한 효과가 열중성자 이용률에만 있다고 가정해 보자. 그렇다면 앞의 임계 원자로에서 독작용에 상응하는 반응도는 다음과 같이 쓸 수 있다.

$$\rho = \frac{k - k_0}{k} = \frac{f - f_0}{f} \tag{7.85}$$

위 식에서 아래첨자가 없는 매개변수들은 핵분열 생성물의 독작용이 포함된 원자로에 대한 값들이다. 독작용이 없을 경우 f_0은 다음과 같이 주어진다.

$$f_0 = \frac{\overline{\Sigma}_{aF}}{\overline{\Sigma}_{aF} + \overline{\Sigma}_{aM}}$$

위 식에서 $\overline{\Sigma}_{aF}$는 핵연료의 거시적 열중성자 흡수 단면적이고 $\overline{\Sigma}_{aM}$은 핵연료를 제외한 모든 물질들(냉각재, 감속재, 구조재 등)의 거시적 열중성자 흡수 단면적을 나타낸다. 독작용이 있는 경우 f는 다음과 같이 쓸 수 있다.

$$f = \frac{\overline{\Sigma}_{aF}}{\overline{\Sigma}_{aF} + \overline{\Sigma}_{aM} + \overline{\Sigma}_{aP}}$$

위 식에서 $\overline{\Sigma}_{aP}$는 독물질(핵분열 생성물)의 거시적 단면적을 나타낸다. 식 (7.85)로부터 독작용 때문에 발생하는 반응도는 다음과 같이 구할 수 있다.

$$\rho = \frac{f-f_0}{f} = \frac{\overline{\Sigma}_{a\mathrm{P}}}{\overline{\Sigma}_{a\mathrm{F}}+\overline{\Sigma}_{a\mathrm{M}}} \tag{7.86}$$

식 (7.86)이, 부호는 다르지만, 원자로 냉각재에 균질하게 분포한 독물질로서의 화학제어제 반응도가와 같다는 것에 주목해야 한다.

식 (7.86)은 다음과 같은 독물질이 없는 원자로의 증배계수를 사용함으로써 더 쉽게 표현될 수 있다.[15]

$$k = 1 = \eta_T f p \epsilon = \frac{\eta_T p \epsilon \overline{\Sigma}_{a\mathrm{F}}}{\overline{\Sigma}_{a\mathrm{F}}+\overline{\Sigma}_{a\mathrm{M}}} \tag{7.87}$$

$$= \frac{\nu p \epsilon \overline{\Sigma}_f}{\overline{\Sigma}_{a\mathrm{F}}+\overline{\Sigma}_{a\mathrm{M}}} \tag{7.88}$$

위 식에서 $\overline{\Sigma}_f$는 거시적 핵분열 단면적이다. 식 (7.88)을 $\overline{\Sigma}_{a\mathrm{F}}+\overline{\Sigma}_{a\mathrm{M}}$에 대해 풀고, 이를 식 (7.86)에 대입하면 다음과 같은 결과를 얻을 수 있다.

$$\rho = -\frac{\overline{\Sigma}_{a\mathrm{P}}/\overline{\Sigma}_f}{\nu p \epsilon} \tag{7.89}$$

식 (7.89)는 핵분열 생성물의 독작용에 대한 반응도를 계산하는 식을 의미한다.

제논-135 (^{135}Xe)

가장 중요한 핵분열 생성 독물질은 바로 제논(^{135}Xe)이다. 이 ^{135}Xe의 열중성자(2,200 m/s) 흡수 단면적은 2.65×10^6 b이고 비-1/v 특성을 가진다(비-1/v 인자는 표 3.2에 주어져 있다). 이 동위원소는 ^{135}I가 붕괴되어 형성되고 또한 핵분열에 의해 직접 생성되기도 한다. ^{135}I는 ^{135}Te의 붕괴나 핵분열에 의해 생성된다. 이러한 과정과 반감기들은 아래에 요약되어 있다.

---

15 여기에서, 원자로 노심으로부터의 중성자 누설은 무시된다. 이러한 누설은 핵분열 생성물의 독작용에 미미한 영향을 미친다.

$$^{135}\text{Te} \xrightarrow[11\text{sec}]{\beta-} {}^{135}\text{I} \xrightarrow[6.7\text{hr}]{\beta-} {}^{135}\text{Xe} \xrightarrow[9.2\text{hr}]{\beta-} {}^{135}\text{Cs} \xrightarrow[2.3\times10^{6}\text{yr}]{\beta-} {}^{135}\text{Ba(stable)}$$

$$\begin{array}{ccc} \uparrow & \uparrow & \uparrow \\ \text{Fission} & \text{Fission} & \text{Fission} \end{array}$$

표 7.5 열핵분열로부터 발생된 핵분열 생성물 수율(yield)(핵분열당 생성 개수)

동위원소	^{233}U	^{235}U	^{239}Pu
^{135}I	0.0475	0.0639	0.0604
^{135}Xe	0.0107	0.00237	0.0105
^{149}Pm	0.00795	0.01071	0.0121

^{135}Te가 ^{135}I로 매우 빠르게 붕괴되기 때문에 모든 ^{135}I는 핵분열과 동시에 생성된다고 가정해도 무방하다. 세 가지 핵분열성 핵종에 대한 ^{135}I와 ^{135}Xe의 수율은 표 7.5에 나타나 있다. 또한 이 동위원소의 붕괴상수는 표 7.6에 나타나 있다.

제논은 요오드의 붕괴에 의해 생성되기 때문에 특정 시간에서의 제논 농도는 요오드 농도에 종속적이다. 이러한 사항은 다음의 방정식으로 나타낼 수 있다.

$$\frac{dI}{dt} = \gamma_I \overline{\Sigma}_f \phi_T - \lambda_I I \tag{7.90}$$

위 식에서 I는 ^{135}I의 수밀도(atom/cm^3)를 의미한다. 또한 γ_I는 이 동위원소의 유효 수율(핵분열당 원자수)이며, $\overline{\Sigma}_f$는 열핵분열 단면적을 나타낸다.

^{135}Xe는 ^{135}I가 붕괴해서 생기거나 핵분열의 결과로 형성된다. 따라서 ^{135}Xe의 총 생성률을 수식화하면 $\lambda_I I + \gamma_X \overline{\Sigma}_f \phi_T$이 된다. 여기서 γ_X는 제논의 핵분열 수율을 의미한다. ^{135}Xe는 자연방사성 붕괴에 의해서 혹은 중성자를 흡수한 뒤 소멸된다. 따라서 제논 수밀도의 변화량에 관한 식은 다음과 같이 주어진다.

$$\frac{dX}{dt} = \lambda_I I + \gamma_X \overline{\Sigma}_f \phi_T - \lambda_X X - \overline{\sigma}_{aX} \phi_T X \tag{7.91}$$

위 식에서 X는 ^{135}Xe의 수밀도(atom/cm^3)를 의미하고 $\overline{\sigma}_{aX}$는 ^{135}Xe의 열중성자 흡수 단면적을 뜻한다. 식 (7.91)로부터 제논의 유효 붕괴상수는 $\lambda_X + \overline{\sigma}_{aX}\phi_T$가 됨을 알 수 있으

며 유효 반감기는 다음과 같이 구할 수 있다.

$$(T_{1/2})_{\text{eff}} = \frac{0.693}{\lambda_X + \bar{\sigma}_{aX}\phi_T}$$

운전 중에 있는 원자로에서는 $\overline{\Sigma}_f$와 ϕ_T은 시간에 대한 함수로 표현되고, 식 (7.90)과 (7.91)의 해는 이러한 함수의 특성에 따라 달라질 것이다. 그러나 이러한 방정식에 대한 몇 가지 특별해를 이제부터 고려해 보자.

표 7.6 핵분열 생성물의 독작용을 계산하기 위한 붕괴상수 값

농도	λ, sec^{-1}	λ, hr^{-1}
^{135}I	2.87×10^{-5}	0.1035
^{135}Xe	2.09×10^{-5}	0.0753
^{149}Pm	3.63×10^{-6}	0.0131

평형 제논

^{135}Xe와 ^{135}I의 반감기가 매우 짧고 ^{135}Xe의 흡수 단면적이 매우 크기 때문에, 이 동위원소들의 수밀도는 매우 낮은 중성자속으로 운전되는 원자로를 제외한 모든 원자로에서, 급격히 평형값 I_∞ 및 X_∞으로 도달할 것이다. 이러한 평형 농도(수밀도)는 식 (7.90)과 (7.91)에서의 시간미분 항을 0으로 놓음으로써 쉽게 찾을 수 있다. 식 (7.90)으로부터 다음을 구할 수 있다.

$$I_\infty = \frac{\gamma_I \overline{\Sigma}_f \phi_T}{\lambda_I} \tag{7.92}$$

그리고 식 (7.91)로부터 다음을 구할 수 있다.

$$X_\infty = \frac{\lambda_I I_\infty + \lambda_X \overline{\Sigma}_f \phi_T}{\lambda_X + \bar{\sigma}_{aX}\phi_T} \tag{7.93}$$

$$= \frac{(\gamma_I + \gamma_X)\overline{\Sigma}_f \phi_T}{\lambda_X + \bar{\sigma}_{aX}\phi_T} \tag{7.94}$$

제논의 거시적 흡수 단면적은 다음과 같이 나타낼 수 있다.

$$\overline{\Sigma}_{aX} = X_{\infty}\bar{\sigma}_{aX} = \frac{(\gamma_I + \gamma_X)\overline{\Sigma}_f \phi_T \bar{\sigma}_{aX}}{\lambda_X + \bar{\phi}_{aX}\phi_T} \tag{7.95}$$

식 (7.95) 우변의 분자, 분모를 $\bar{\sigma}_{aX}$ 로 나누어 보면 다음과 같다.

$$\overline{\Sigma}_{aX} = \frac{(\gamma_I + \gamma_X)\overline{\Sigma}_f \phi_T}{\phi_X + \phi_T} \tag{7.96}$$

위 식에서 ϕ_X는 다음과 같이 중성자속 차원을 가지는 온도종속 매개변수를 의미한다.

$$\phi_X = \frac{\lambda_X}{\overline{\Sigma}_{aX}} = 0.770 \times 10^{13}\,\mathrm{cm}^{-2}\,\mathrm{sec}^{-1} \tag{7.97}$$

위 식에서 온도 T는 20℃이다. 식 (7.91)로부터 ϕ_X는 중성자 흡수와 자연 붕괴에 의한 ^{135}Xe의 소실률이 같을 때의 열중성자속이라는 것을 알 수 있다.

식 (7.96)을 식 (7.89)에 대입하면, 평형 제논 등가 반응도를 다음과 같이 구할 수 있다.

$$\rho = -\frac{\gamma_I + \gamma_X}{\nu p \epsilon}\frac{\phi_T}{\phi_X + \phi_T} \tag{7.98}$$

이제 두 가지 경우에 대해 생각해 보자. 우선, $\phi_T \ll \phi_X$이라면 식 (7.98)은 다음과 같이 간단해진다

$$\rho = -\frac{(\gamma_I + \gamma_X)\phi_T}{\nu p \epsilon \phi_X} \tag{7.99}$$

위 식을 자세히 살펴보면, 낮은 중성자속일 경우 ϕ_T에 따라 ρ가 선형적으로 증가한다는 것을 볼 수 있다. 그러나 만약 $\phi_T \gg \phi_X$이라면 ρ의 최댓값은 다음과 같다.

$$\rho = -\frac{\gamma_I + \gamma_X}{\nu p \epsilon} \tag{7.100}$$

평형 제논 독작용 효과의 절대적 크기를 알아보기 위해, ^{235}U로 장전된 원자로가 있다

고 가정해 보자. 이 원자로에는 공명흡수체가 없으며, 또한 ^{235}U 이외의 핵분열성 물질도 없다고 하자. 이러한 경우, $p = \epsilon = 1$이기 때문에 식 (7.100)은 다음과 같다.

$$\rho = -\frac{\gamma_I + \gamma_X}{\nu} = \frac{0.066}{2.42} = -2.73\%$$

위 식의 결과를 달러(dollar) 단위로 표시한다면 약 4달러가량 된다. 이것은 ^{235}U 연료의 원자로에서 평형 제논 때문에 발생한 최대 반응도를 보여 준다. 만약 원자로가 공명흡수체를 포함한다면 최대 반응도는 더 커지게 될 것이다.

원자로 정지 후 제논—원자로 불감시간

비록 핵분열에 의한 ^{135}Xe의 직접적인 생성은 원자로 정지 후 그치긴 하지만 원자로 정지 후에도 원자로 내에 이미 존재하고 있는 ^{135}I의 붕괴에 의해 지속적으로 생산된다. 비록 나중에는 제논 스스로의 방사성 붕괴에 의해 사라지기는 하지만 원자로 정지 후 초기에는 제논 농도가 증가한다.

만약 요오드 농도가 원자로 정지 시 I_0이라면 그 농도는 t초 후에 다음과 같아질 것이다.

$$I(t) = I_0 e^{-\lambda_I t} \tag{7.101}$$

위 식을 식 (7.91)에 대입하고, 정지 후 중성자속 ϕ_T는 0이 된다는 것을 생각하면 ^{135}Xe의 농도에 대한 식은 다음과 같다.

$$X(t) = X_0 e^{-\lambda_X t} + \frac{\lambda_I I_0}{\lambda_I - \lambda_X}(e^{-\lambda_x t} - e^{-\lambda_I t}) \tag{7.102}$$

만약 제논과 요오드가 원자로 정지 전에 이미 평형 상태에 도달했었다고 가정한다면 I_0와 X_0은 식 (7.92) 및 (7.93)에 의해 구할 수 있고 제논에 의한 등가 반응도는 다음과 같이 나타낼 수 있다.

$$\rho = -\frac{1}{\nu p \epsilon}\left[\frac{(\gamma_I + \gamma_X)\phi_T}{\phi_X + \phi_T} e^{-\lambda_X t} + \frac{\gamma_I \phi_T}{(\phi_I - \phi_X)}(e^{-\lambda_X t} - e^{-\lambda_I t})\right] \tag{7.103}$$

위 식에서 ϕ_I는 온도종속 매개변수로서 다음과 같다.

$$\phi_I = \frac{\lambda_I}{\bar{\sigma}_{aX}} = 1.055 \times 10^{13}\ \text{cm}^{-2}\text{sec}^{-1} \tag{7.104}$$

이때 온도 T는 20℃이다. 물론 ϕ_T는 원자로 정지 전에 계산되어야 한다.

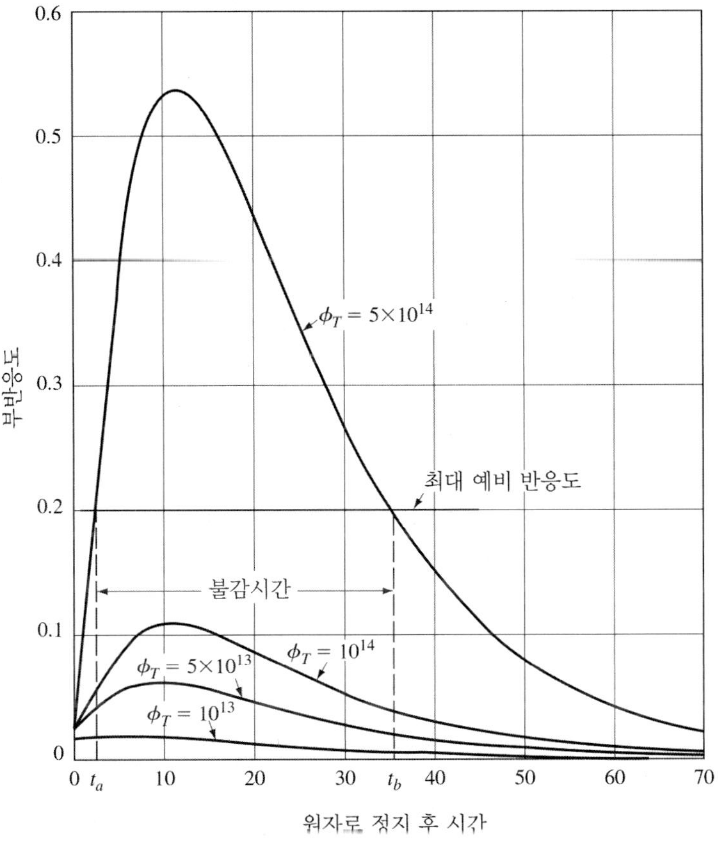

그림 7.14 원자로 정지 전 중성자속에 따른 ^{135}Xe 축적

그림 7.14는 정지 전 4가지 다른 중성자속을 가지는 ^{235}U 연료 원자로의 정지 후 제논 축적에 따른 (부)반응도를 보여 준다. 그림에서 볼 수 있듯이 반응도는 대략 정지 후 10시간 후에 최댓값에 도달하며, 그 후 0으로 감소한다. 이 (부)반응도 값이 상승은 원자로 정지 전 가장 높은 중성자속으로 운전하고 있는 원자로에서 가장 크다는 것에 주목해야 한다. 이는 자명한 사실인데, 왜냐하면 정지 전 가장 높은 중성자속으로 운전된 원자로에 ^{135}I의 누적 농도도 가장 크기 때문이다.

원자로 정지 후 축적되는 제논은 낮은 중성자속 원자로에서는 그리 중요하지 않으나,

매우 높은 중성자속에서 운전되도록 설계된 원자로에서는 문제를 일으킬 수 있다. 특히 원자로의 정지 후 어느 시간에 모든 제어봉을 인출함으로써 얻을 수 있는 정반응도가 제논에 의한 부반응도보다 작다면 이 원자로는 제논이 완전히 붕괴될 때까지 재기동을 할 수 없다. 그림 7.14는 이 상황을 나타낸 것이다. 해당 그림에서 20%의 가상적인 예비 반응도(reserve reactivity)에 대한 수평선을 고려해 보자. 이 그림에서, 5×10^{14}의 중성자속으로 운전되었던 원자로는 t_a로부터 t_b 사이의 구간에서는 재기동할 수 없음을 명백히 알 수 있다. 이 주기를 *원자로 불감시간*(*reactor deadtime*)이라 부른다. 이 불감시간의 존재는 높은 중성자속을 가지는 원자로의 운전에서 아주 중요하다. 그러나 이는 모바일 원자로의 비상정지 시에 가장 중요하게 작용한다. 특히 원자로 주기 말에 다다랐을 때 매우 중요한데, 그 시점에서는 잉여 반응도가 매우 작아 노심 수명은 이 원자로의 최대 제논 무효화(override) 능력에 의해 결정된다.

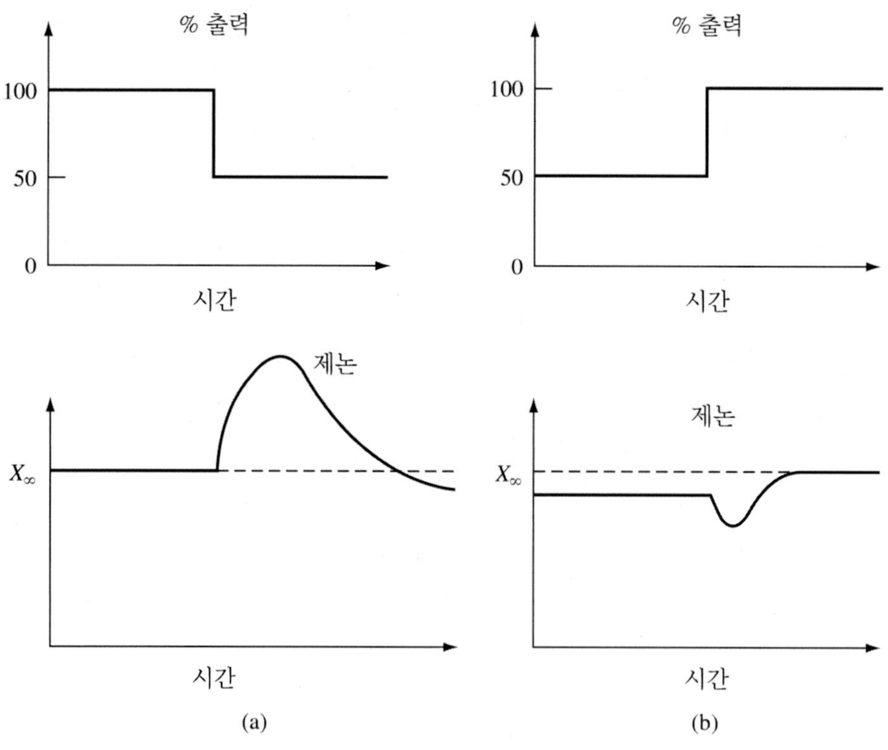

그림 7.15 계단형 출력 변화에 따른 제논의 축적과 연소:
(a) 100% 출력에서 50% 출력, (b) 50% 출력에서 100% 출력

원자로 정지 시에 제논 축적이 가장 크기는 하지만, 원자로 정지 후에만 제논이 축적되는 것은 아니다. 원자로 출력의 감소도 ^{135}Xe의 농도를 증가시킨다. 왜냐하면 이 핵종은 낮은 중성자속에서 덜 연소되기 때문이다. 그림 7.15(a)는 이를 나타내는데, 이는 출력이 50%로 감발되었을 때의 ^{135}Xe의 축적을 보여 준다. 유사하게 원자로 출력의 증가는, 초기에 ^{135}Xe의 감소를 수반한다. 이는 높은 중성자속에서 ^{135}Xe의 연소가 증가하기 때문이다. 이는 그림 7.15(b)에 나타나 있다.

이와 관련하여, 어떤 공공 전력회사에 의해 운영되는 일부 원자로들의 출력 준위는 거의 연속적으로 소비자의 전력 수요에 맞추어 변화되어야 함을 알 필요가 있다. 그림 7.16(a)는 대표적인 대도시 전력회사의 평일 근무일 전력 부하를 보여 주고 있다. 그림에 보이듯이 이 부하는 사람들이 잠들기 시작하는 자정 전에 급격히 줄어들고, 밤새 서서히 줄어들다가, 새벽 직전에 다시 증가한다. 만약 원자력발전소가 이러한 부하 곡선[16]을 따른다면(부하추종 한다면) 원자로의 제논 반응도는 그림 7.16(b)와 같다. 이러한 반응도 변화는 제어봉 조절로 보상할 수 있고, 원자로가 화학제어제 계통을 가지고 있다면 붕소 농도 조절로 보상할 수도 있다.

사마륨-149 (^{149}Sm)

사마륨(samarium)-149의 열중성자(2,200 m/s) 단면적은 41,000 b이고 비-$1/v$ 특성을 가진다(표 3.2 참고, 20°C에서 평균 열중성자 단면적은 58,700 b). 비록 이 동위원소는 ^{135}Xe에 비해 원자로에 대한 영향은 크지 않으나, 때때로 원자로의 중성자속을 구하는 계산식에 포함하기도 한다. ^{149}Sm는 핵분열 발생 시 직접 생성되지는 않고 ^{149}Nd(neodymium-149) 붕괴의 결과로 다음과 같이 생성된다.

16 어떠한 시간에서 공급돼야만 하는 최소 출력을 *기저부하*(*base load*)라고 한다. 이보다 높은 전력 수요는 *첨두부하*(*peak load*)라 부른다. 전력회사들은 기저부하 공급에는 최신의 가장 효율적인 발전소를 이용하고, 가변적인 첨두부하에는 더 노후한 비효율적 발전설비를 이용한다. 기저부하를 담당하는 원자로는 장기간 전출력으로 가동되므로 거의 일정한 제논 총량이 유지된다.

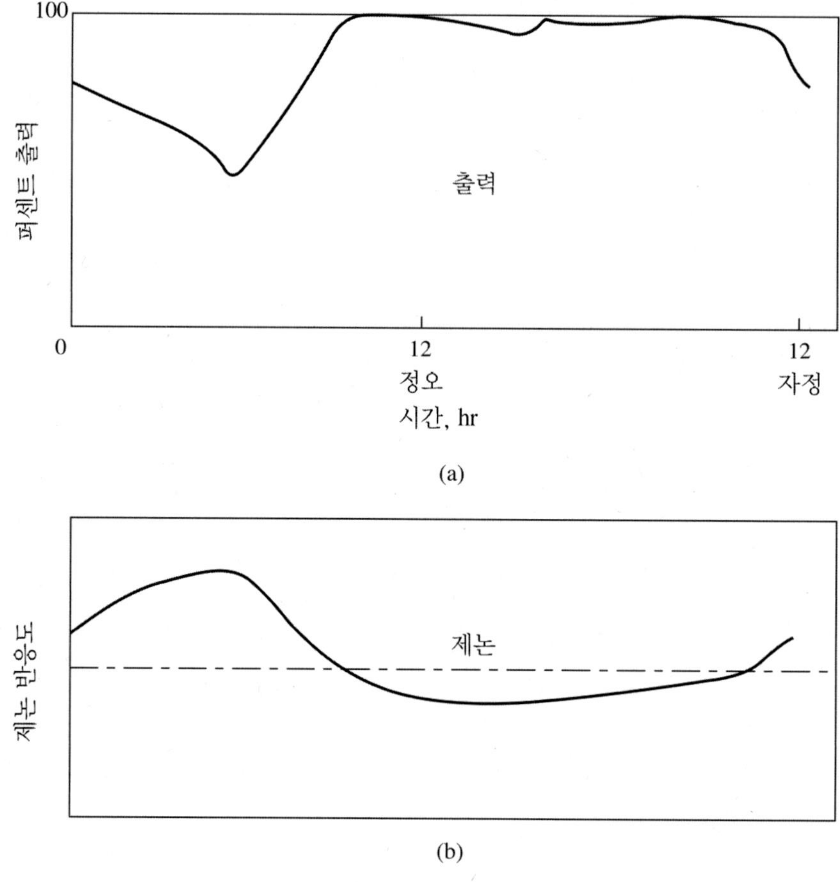

그림 7.16 (a) 대표적인 대도시 전력회사의 평일 부하,
(b) 일간 전력 부하에 따라 원자로를 운전할 경우의 제논 축적 및 소멸

$$^{149}\text{Nd} \xrightarrow[1.7\text{hr}]{\beta-} {}^{149}\text{Pm} \xrightarrow[53\text{hr}]{\beta-} {}^{149}\text{Sm (stable)}$$

$\uparrow$
Fission

^{149}Nd가 ^{149}Pm(promethium-149)에 비해 상대적으로 급격히 붕괴하기 때문에 ^{149}Pm는 핵분열당 γ_P 원자의 수율로서 핵분열과 동시에 생성된다고 가정할 수 있다. 그렇다면 프로메튬의 농도(수밀도) P(atom/cm^3)는 다음의 식으로 결정된다.

$$\frac{dP}{dt} = \gamma_P \overline{\Sigma}_f \phi_T - \lambda_P P \tag{7.105}$$

위 식에서 λ_P는 표 7.6에서 주어지는 값이다. 사마륨은 자체적으로 안정적인 핵종이기 때문에 중성자포획에 의해서만 사라진다. 따라서 사마륨의 시간에 따른 수밀도를 구하는 방정식은 다음과 같다.

$$\frac{dS}{dt} = \lambda_P P - \bar{\sigma}_{a\mathrm{S}}\phi_T S \tag{7.106}$$

위 식에서 S는 ^{149}Sm의 원자 수밀도를 나타내고, $\bar{\sigma}_{a\mathrm{S}}$는 평균 열흡수 단면적을 의미한다.

평형 사마륨

^{149}Sm의 흡수 단면적을 ^{135}Xe의 흡수 단면적과 비교하면 그 값이 상당히 작다는 것을 쉽게 알 수 있다. 또한 ^{149}Pm의 반감기가 ^{135}I와 ^{135}Xe의 반감기보다 길기 때문에 프로메튬과 사마륨의 평형값 도달은 제논보다 오래 걸린다. 그럼에도 불구하고 모든 원자로(낮은 중성자속인 원자로를 제외하고)에서 이 동위원소는 최대 수일 내에 평형 상태에 도달한다.

식 (7.105)와 (7.106)의 시간미분 값을 0이라 두었을 때 평형 농도는 다음과 같다.

$$P_\infty = \frac{\gamma_P \overline{\Sigma}_f \phi_T}{\lambda_P} \tag{7.107}$$

$$S_\infty = \frac{\gamma_P \overline{\Sigma}_f}{\bar{\sigma}_{a\mathrm{S}}} \tag{7.108}$$

평형 ^{149}Sm의 거시적 흡수 단면적은 다음과 같이 구할 수 있다.

$$\overline{\Sigma}_{a\mathrm{S}} = \gamma_P \overline{\Sigma}_f \tag{7.109}$$

위 식을 식 (7.89)에 대입하면 등가 반응도 형태로 표현할 수 있다.

$$\rho = -\frac{\gamma_P}{\nu p \epsilon} \tag{7.110}$$

위 식을 통해 얻는 반응도는 중성자속과 원자로 출력에 무관하다는 것에 유의해야 한다. 대조적으로 ^{135}Xe로 인한 반응도는 중성자속에 따라 증가한다고 이미 설명한 바 있다. ^{235}U에 대해 표 7.5에서 주어진 γ_P를 사용하여 식 (7.110)을 계산하면 다음과 같다.

$$\rho = -\frac{0.0107}{2.42} = -0.442\%$$

위 값은 대략 $p=\epsilon=1$인 원자로에 대해 68센트임을 알 수 있다.

원자로 정지 후 사마륨

원자로 정지 후 ^{149}Sm는 ^{149}Pm의 붕괴에 의해 축적된다. 그러나 베타붕괴를 겪는 ^{135}Xe와는 달리 ^{149}Sm는 자체적으로 안정한 핵종이기 때문에 원자로 내에서 원자로가 임계로 되돌아갈 때까지 그 농도를 유지하다가, 임계 이후에는 중성자 흡수에 의해 소멸된다.

원자로 정지 시점의 프로메튬과 사마륨의 농도를 각각 P_0과 S_0라 한다면 t시간 후의 사마륨 농도는 다음과 같이 구할 수 있다.

$$S(t) = S_0 + P_0(1-e^{-\lambda_P t}) \tag{7.111}$$

위 식에 대해 분석해 보자. 시간이 무한히 흘렀을 때, 초기 프로메튬 P_0는 명백히 모두 붕괴되어 사마륨이 되고, 사마륨의 농도는 S_0+P_0에 접근한다. 만약 프로메튬과 사마륨이 원자로 정지 전에 평형 농도에 도달했다면 P_0와 S_0는 식 (7.107)과 (7.108)로 구할 수 있다. 따라서 정지 후 ^{149}Sm에 의한 반응도는 다음과 같이 쓸 수 있다.

$$\rho = -\frac{\gamma_P}{\nu p \epsilon}\left[1+\frac{\phi_T}{\phi_S}(1-e^{-\lambda_P t})\right] \tag{7.112}$$

위 식에서 ϕ_S는 온도 20℃일 때 다음과 같이 구할 수 있다.

$$\phi_S = \frac{\lambda_P}{\bar{\sigma}_{aS}} = 6.180\times 10^{13}\,\mathrm{cm}^{-2}\,\mathrm{sec}^{-1} \tag{7.113}$$

원자로 정지 전에 네 가지 다른 중성자속으로 운전되는 ^{235}U 연료 원자로에 대해 식 (7.112)로 계산한 반응도를 그림 7.17에 나타냈다. 비록 평형 사마륨 농도는 중성자속에 무관하더라도 정지 후 사마륨 농도는 중성자속에 따라 증가함을 볼 수 있다. 그러므로 $-\rho$의 최댓값은 식 (7.112)에 따라 다음과 같다.

$$\rho = -\frac{\lambda_P}{\nu p \epsilon}\left(1+\frac{\phi_T}{\phi_S}\right) \tag{7.114}$$

위 식에서 ρ는 ϕ_T에 따라 선형으로 증가함을 알 수 있다.

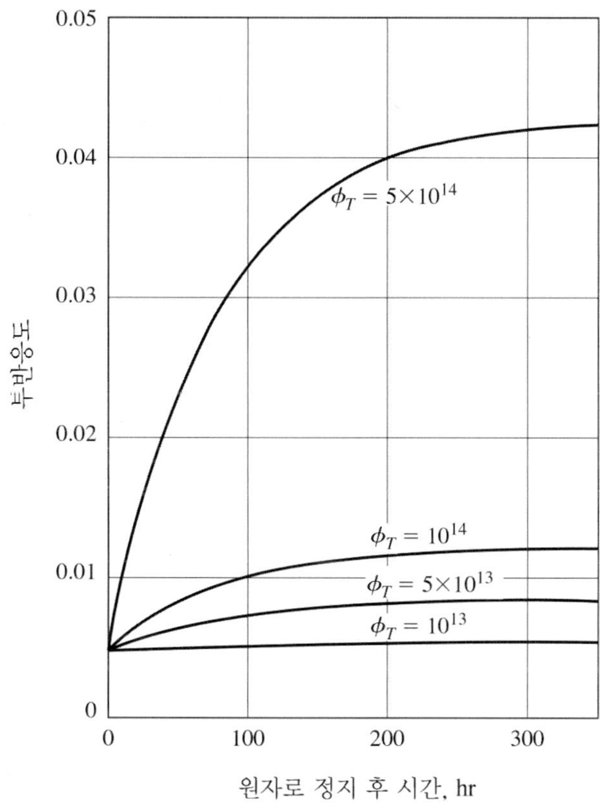

그림 7.17 여러 가지 중성자속으로 운전된 원자로의 정지 후 ^{149}Sm 축적

다른 핵분열 생성물의 독작용

^{135}Xe와 ^{149}Sm와 더불어 많은 핵분열 생성물이 원자로 내에서 생성된다. 이들 중 일부 핵종들은 방사능을 띠고 있으며, 원자로 노심의 평균 주기(1-2년)와 비교해 짧은 반감기를 가진다. 다른 핵종들은 매우 큰 흡수 단면적을 가지고 있어 유효 반감기 $0.693/(\lambda+\bar{\sigma}_a\phi_T)$ 또한 노심 수명에 비해 짧다. 이러한 핵종들은 ^{135}Xe, ^{149}Sm의 경우처럼 원자로 내에서 급격히 평형 농도에 도달한다. 이들의 농도는 원자로 출력이 변할 때나 노심의 수명에 걸쳐 중성자속과 핵연료 질량이 변함에 따라 변한다. 이들 핵분열 생성물(^{151}Sm, ^{155}Eu, ^{113}Cd, ^{157}Gd 등)의 반응도 역시 ^{135}Xe나 ^{149}Sm와 같은 방식으로 계산할 수 있다.

또 다른 극단적인 경우에, 핵분열 생성물은 안정하거나 그것의 반감기 또는 유효 반감기가 노심의 수명에 비해 길다. 이러한 핵종들의 생성은 노심 특성을 장기적으로 변화시키며 이러한 핵분열 생성물들을 *영구 독물질*(*permanent poisons*)이라 부른다. 연구에 따르면 이들 독물질은 근사적으로 핵분열당 평균 50 b의 비율로 축적된다고 알려져 있다. 이들 핵종을 $\overline{\sigma}_P \simeq 50$ b의 단면적을 가지는 하나의 가상적인 핵종처럼 생각하면, 이들 영구 독물질의 거시적 단면적은 다음 식에 따라 점점 커질 것이다.

$$\frac{d\overline{\Sigma}_p}{dt} = \overline{\sigma}_p \overline{\Sigma}_f \phi_T \tag{7.115}$$

그렇다면 시각 t에서의 총 누적량은 다음과 같이 구할 수 있다.

$$\overline{\Sigma}_p = \overline{\sigma}_p \int_0^t \overline{\Sigma}_f \phi_T dt \tag{7.116}$$

$\overline{\Sigma}_f$와 ϕ_T를 시간과 공간의 함수로 알 수 있다면 식 (7.116)은 계산이 가능할 것이다.

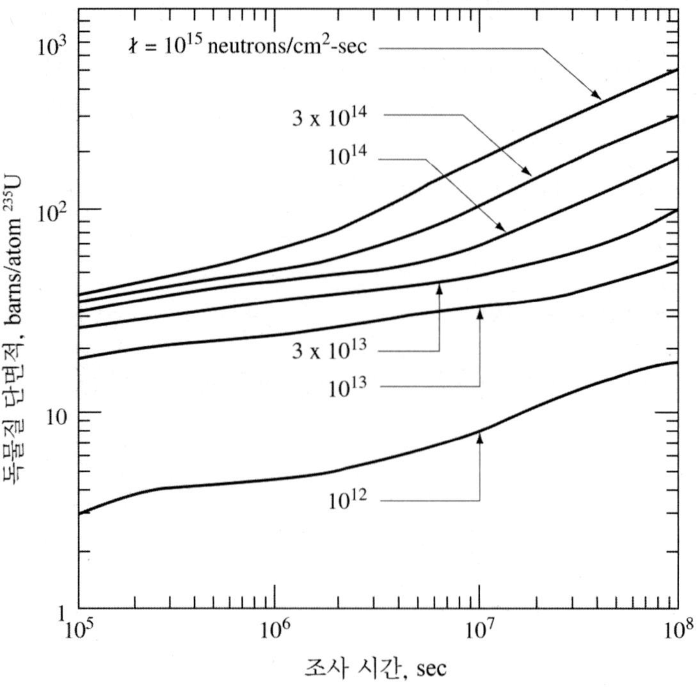

그림 7.18 초기 ^{235}U 원자의 흡수 단면적(barn) 단위로 표현된 핵분열 생성물 독물질의 축적 (ANL-5800, 2판, 1963)

유효 반감기가 노심 수명에 육박하는(포화되기까진 시간이 너무 오래 걸리고, 그렇다고 영구적이라 하기엔 너무 짧은) 핵종들에 의한 독작용을 계산하기는 다소 더 힘들다. 이러한 계산은 노심의 수명에 걸쳐 많은 붕괴 사슬에 대하여 수행해야 하기 때문에 통상 컴퓨터를 이용한다. 그림 7.18은 이러한 계산의 한 예를 보여 준다. 이것은 노심의 수명에 걸쳐 열중성자속이 일정하게 유지된다는 가정 하에 수행되었다. 그러나 이것은 대부분의 동력로에서 현실적인 가정은 아니다. 영구 독물질과 ^{135}Xe 및 ^{149}Sm는 그림 7.18을 얻기 위해 사용된 계산에 포함되었다.

예제 7.14

그림 7.18을 사용하여 ^{235}U를 핵연료로 사용하는 연구용 원자로에서 핵분열 생성물의 독작용으로 인한 총 반응도를 계산하라. 단, 원자로의 열중성자속은 일정하며, 그 값은 10^{12} neutron/cm^2-sec이고 1년 동안 가동되었다고 한다. 또한 이 기간 동안의 상기 중성자속 하에서 ^{235}U는 감손되지 않았다고 가정하라.

풀이

그림에 따르면, 1년 시점에서($t = 3.16\times10^7$ sec), 초기 ^{235}U 원자당 독물질의 양은 대략 12 b 정도이다. 가동 초기에 단위체적(cm^3)당 N_{25}개의 ^{235}U 원자가 있었다고 한다면 1년 후의 거시적 열독물질 단면적은 다음과 같다.

$$\overline{\Sigma}_p = 0.886 \times 12N_{25} = 10.6N_{25}$$

이 $\overline{\Sigma}_p$의 값에 해당되는 반응도는 식 (7.89)로 구할 수 있다.

$$\rho = -\frac{\overline{\Sigma}_p}{\nu\overline{\Sigma}_f} = -\frac{10.6N_{25}}{\nu\bar{\sigma}_{f25}N_{25}} = -\frac{10.6}{2.42\times0.886\times582}$$

$$= -0.00849 = -0.849\%$$

7.6 원자로 주기 동안의 노심 특성

원자로 설계 시 가장 중요하고 어려운 문제 중 하나는, 원자로 주기 동안 노심의 특성 변화를 예측하는 것이다. 원자로의 안전한 운전을 보장하기 위해 시간에 따른 원자로의 특성 변화를 알고 있어야만 한다. 원자로 인허가 단계에서 규제기관은 모든 원자로의 운전에 대한 안전 제한치(safety limits)를 설정한다. 즉, 원자로 설계자나 운전자는 원자로에서 이러한 제한치를 초과하는 상태가 발생하지 않음을 보장해야 한다.

또한, 원자로의 특성 변화는 주어진 노심이 임계상태를 유지하면서 필요한 준위로 출력을 생산할 수 있는 기간을 결정한다. 이것은 실제적으로 중요하게 고려되어야 할 사항이다. 공공 전력회사가 운영하는 원자로에서 핵연료 재장전을 위해 매달 정지해야 한다면 이는 분명히 문제가 있는 것이다. 따라서, 현재의 동력로들은 통상적으로 매 2년마다 핵연료를 재장전한다.

연소도 계산(주기 계산)

원자로 특성 변화를 계산하는 것을 *연소도 계산*(*burnup calculation*) 또는 *주기 계산*(*lifetime calculation*)이라 한다. 핵연료집합체가 균질하게 분포하는 노심을 가진 열중성자로에 대한 계산을 생각해 보자. 각 핵연료집합체는 동일한 크기 및 농축도를 가지는 같은 수의 핵연료봉을 포함한다고 하자. 이때 핵연료는 약간 농축된 이산화우라늄이다. 더 단순화하여, 원자로가 화학제어제 계통에 의해 제어되고 제어봉의 움직임은 없다고 가정한다. 기동 시 원자로는 임계에 필요한 양보다 더욱 많은 핵분열성 물질로 장전되어 있고, 핵연료의 잉여 반응도는 화학제어제에 의해 제어된다고 하자.

이러한 원자로가 우선 *정제*(*clean*)(핵분열 생성물의 독작용이 없는) 및 *저온*(*cold*)(상온)[17] 상태로부터 임계에 도달했다고 가정하자.

---

17 대부분의 가압경수로를 포함한 일부 원자로들은 임계 이전에 정상운전 온도가 되도록 한다. 이는 일차 냉각재 펌프를 이용하여 냉각재를 일차 냉각계통으로 순환시킴으로써 이루어진다. 냉각재 펌프를 통한 물의 마찰로 인해 냉각재 온도가 정상운전 수준까지 상승한다. 이 온도에 도달했을 때 대부분의 제어봉이 인출되고 붕소 희석에 의해 원자로는 임계에 도달한다.

그런 다음 원자로는 운전 온도를 올림에 따라—수십 시간이 소요되는 과정이다—음의 온도계수 때문에 원자로의 반응도는 떨어진다. 원자로의 저온과 고온 상태 사이의 반응도의 저하를 원자로의 *온도 결손*(*temperature defect*)이라 한다. 원자로 운전 초기의 이러한 온도 결손을 보상하여 원자로를 임계상태로 유지하기 위해 붕소의 농도를 감소시켜야 한다. 평형 제논 축적도 또한 붕소의 희석을 필요로 한다.

원자로가 요구되는 출력 준위에서 안정한 상태로 운전될 때 중성자속은 6장과 그림 6.5에서 설명한 형태의 공간 분포를 가진다. 그 그림에서 명시했듯이 열중성자속(과 더 높은 에너지의 중성자속)은 원자로의 중앙에서 최대가 된다. 이것은 핵연료의 소모, 핵연료성 물질의 변환 및 독물질도 노심의 다른 부분들보다 노심 중앙에서 더 급격히 생성됨을 의미한다. 이것은 다시 노심 바깥쪽에 비해 원자로 중앙에서 중성자속이 더 감소하는 효과를 가진다. 비록 원자로가 초기에는 균질한 특성을 가지고 있지만 시간이 흐름에 따라 비균질화가 된다. 6장에서 설명한 해석적 방법들은 비균질 시스템에는 적용되지 않기 때문에 원자로 특성은 수치해석 방법을 통해 결정되어야 한다.

실제 연소도 계산은 시간 스케일을 작은 시간간격인 Δt로 분할하는 것으로부터 시작한다. 그런 다음, 계산의 시작점으로서 $t=0$일 때, 즉 노심의 주기초(beginning of life, BOL)에 대해 다군 확산방정식의 해를 구한다. 이 계산을 통해 BOL에서의 중성자속과, 원자로가 임계가 되기 위해 요구되는 붕소 농도를 얻을 수 있다. 다음으로는, t_0에서 계산된 다군 중성자속이 시간 $t_1 = t_0 + \Delta t$까지의 첫 번째 시구간에 걸쳐 상수로 유지된다고 가정하자. 이어서 이 중성자속을 이용하여 시간 t_1에서의 핵연료, 변환물질, 독물질의 공간 분포를 다음과 같이 계산한다.

핵연료(fuel)

만약 모든 ^{235}U가 열중성자 흡수로 소모된다고 가정하면, 위치 r과 시간 t에서의 ^{235}U 원자 밀도는 다음 식에 의해 결정된다.

$$\frac{dN_{25}(\mathbf{r},t)}{dt} = -N_{25}(\mathbf{r},t)\bar{\sigma}_{a25}\phi_T(\mathbf{r},t) \tag{7.117}$$

위 식에서 $\phi_T(\mathbf{r},t) = \phi_T(\mathbf{r},t_0)$이고, $\phi_T(\mathbf{r},t)$가 첫 번째 시구간까지 상수이기 때문에

식 (7.117)로부터 다음을 구할 수 있다.

$$N_{25}(\mathbf{r},t) = N_{25}(\mathbf{r},t_0)e^{-\sigma_{a25}\phi_T(\mathbf{r},t_0)\Delta t} \tag{7.118}$$

변환물질(converted material)

플루토늄-239는 ^{238}U로부터 다음 식에 따라 생성된다.

$$^{238}\mathrm{U}(n,\gamma)^{239}\mathrm{U} \xrightarrow{\beta^{-239}} \mathrm{Np} \xrightarrow{\beta^{-239}} \mathrm{Pu}$$

또한 ^{239}Pu가 오랫동안 원자로에 남아 있었다면 이 중의 일부 ^{239}Pu가 2개의 중성자를 흡수하는 연속적인 포획을 통해 ^{241}Pu로 변환된다. ^{241}Pu의 생성에 관한 내용은 이 책에서 생략한다.

중성자는 공명 영역이나 열에너지 영역 둘 다에서 ^{238}U에 흡수될 수 있다. 공명 영역에서 흡수되는 수는 원자로 내에서 시간당 감속되는 중성자의 수에 $1-p$가 곱해진 값이다. 여기서 p는 공명흡수 이탈확률이며 그 수는 다음과 같다.

$$\epsilon P_F\left[\nu_{25}N_{25}(\mathbf{r},t)\bar{\sigma}_{f25} + \nu_{49}N_{49}(\mathbf{r},t)\bar{\sigma}_{f49}\right]\phi_T(\mathbf{r},t)$$

위 식에서 ϵ는 고속 핵분열 인자이고, P_F는 고속중성자 비누설 확률이며, 아래첨자 49는 ^{239}Pu를 뜻한다. ^{239}Pu의 농도는 다음 식을 통해 구할 수 있다.

$$\begin{aligned}\frac{dN_{49}(\mathbf{r},t)}{dt} &= N_{28}\bar{\sigma}_{a28}\phi_T(\mathbf{r},t)\\ &+ (1-p)\epsilon P_F\left[\nu_{25}N_{25}(\mathbf{r},t)\bar{\sigma}_{f25} + \nu_{49}N_{49}(\mathbf{r},t)\bar{\sigma}_{f49}\right]\phi_T(\mathbf{r},t)\\ &- N_{49}(\mathbf{r},t)\bar{\sigma}_{a49}\phi_T(\mathbf{r},t)\end{aligned} \tag{7.119}$$

위 식 우변의 첫 번째 항은 ^{238}U의 열중성자의 흡수로 인한 ^{239}Pu의 생성률이며, 마지막 항은 열중성자의 흡수로 인한 ^{239}Pu 자체의 소멸률이다. ^{238}U의 농도는 일정하다고 가정한다.

식 (7.119)를 시각 t_1에서 풀면 다음과 같은 결과를 얻을 수 있다.

$$N_{49}(\mathbf{r}, t_1) = \frac{N_{28}\bar{\sigma}_{a28} + (1-p)\epsilon P_F \nu_{25} N_{25}(\mathbf{r}, t)\bar{\sigma}_{f25}}{\sigma_{a49} - (1-p)\epsilon P_F \nu_{49}\bar{\sigma}_{f49}} \tag{7.120}$$

$$\times \left\{1 - \exp\left(-[\bar{\sigma}_{a49} - (1-p)\epsilon P_F \nu_{49}\bar{\sigma}_{f49}]\right)\phi_T(\mathbf{r}, t_0)\Delta t\right\}$$

위의 식 유도과정에서 ^{239}Pu의 축적에 비해 ^{235}U의 농도는 일정하게 유지된다고 가정했다.

독물질(poisons)

핵분열 생성 독물질의 농도는 적어도 포화 독물질과 영구 독물질의 경우에 대해서는 간단히 계산할 수 있다. 예를 들어 ^{135}Xe의 농도는 식 (7.90)과 (7.91)의 반응속도식에 $\phi_T(\mathbf{r}, t) = \phi_T(\mathbf{r}, t_0)$를 대입해 쉽게 구할 수 있다. 그러나 최종적으로 얻어진 공식이 복잡하기 때문에 이 책에서는 더 설명하지 않겠다. 식 (7.116)으로부터 t_1에서의 영구 독물질 단면적을 다음과 같이 구한다.

$$\bar{\Sigma}_{pp}(\mathbf{r}, t_1) = \bar{\sigma}_{pp}\bar{\Sigma}_{f25}(\mathbf{r}, t_0)\phi_T(\mathbf{r}, t_0)\Delta t \tag{7.121}$$

단순화를 위해, 위의 변환물질의 경우와 같이 ^{235}U의 농도는 ^{239}Pu의 축적에 비해 변하지 않는 상수로 가정하자. 비포화 핵종은 그림 7.18을 위해 수행한 방법처럼 적절한 컴퓨터 코드를 사용하여 계산해야 한다.

이때 시각 t_1에서 원자로의 모든 특성은 위치의 함수로서 알려져 있고, 다군 방정식의 해는 이러한 새로운 특성을 사용해 수치해석으로 구한다. 만약 원자로가 일정한 출력으로 운전되고 있다고 가정한다면, 이러한 종류의 문제들은 보통의 경우 중성자속의 크기는 다음의 적분을 통해 구할 수 있다.

$$P = E_R \int_V \bar{\Sigma}_f(\mathbf{r}, t_1)\phi_T(\mathbf{r}, t_1)dV$$

위 식에서 P는 원자로 출력이고, V는 노심의 체적이며, $\bar{\Sigma}_f(\mathbf{r}, t_1)$에는 ^{235}U와 ^{239}Pu 둘 다의 핵분열 단면적이 포함된다.

이와 같이 구해진 $t = t_1$에서의 중성자속은 다시 $t_2 = t_1 + \Delta t$에서의 새로운 노심 특성을 계산하기 위해 사용되며, 전체 시간에 대해 이러한 과정을 반복 수행한다.

이러한 계산의 각 단계에서 임계 유지를 위한 붕소의 농도값도 결정된다. 이러한 계산을 통해 원자로의 특성이 시간에 따라 어떻게 변화하는지를 알 수 있을 뿐만 아니라, 임계 붕소 농도의 곡선을 기동 후 시간의 함수로서 구할 수 있다. 어떤 가압경수로 노심에 대해 방금 설명한 방식의 계산 결과로 얻어진 붕소 농도 곡선이 그림 7.19에 나타나 있다.

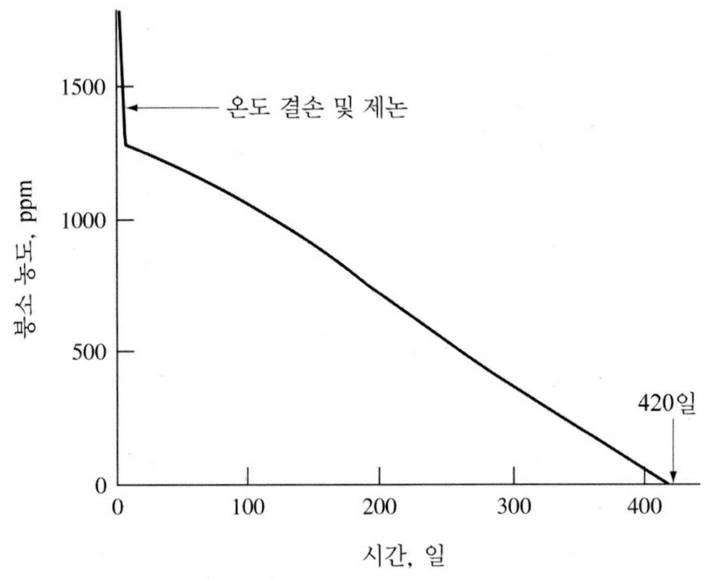

그림 7.19 가압경수로의 기동 후 전 주기 동안 임계에 필요한 붕소 농도 곡선

그림 7.19를 보면, 임계 붕소 농도는 예상한 바와 같이 온도와 제논 때문에 초기에 급격히 감소한 후에는 시간에 따라 서서히 꾸준히 감소하다가 420일이 지난 뒤 0이 된다. 이 시점에서 원자로는 더 이상 붕소 희석에 의해 임계를 유지할 수 없게 된다. 노심 내에 제어봉이 삽입되어 있어 이를 인출함으로써 정반응도를 삽입할 수 있지 않는 한, 원자로는 초기 출력 준위에서의 임계를 유지할 수 없다. 그러나 이것이 반드시 노심 주기의 끝은 아니다. 원자로 출력을 서서히 줄임으로써 임계를 다소 길게 유지할 수 있다. 이는 원자로 온도를 낮춤으로써 음의 온도계수로 인해 임계에 필요한 추가적인 정반응도가 삽입되고, 중성자속이 감소되어 평형 제논 농도 감소로 정반응도가 삽입되어 보상되기 때문이다. 이러한 과정을 *출력감발*(*coastdown*)이라 한다. 그러나 실질적으로는, 그림 7.19에서 붕소 농도가 0이 되는 시점을 종종 주기말(end of life, EOL)로 정의해 사용한다.

최적 설계 및 운전—핵연료 관리

앞에서는 비균질한 원자로에서 $t = t_0$ 이후 모든 시간에서의 특성을 계산하였다. 그럼 이제는 핵연료가 균질하게 분포된 정제된 노심이 더 최적의 설계가 될 수 있는지에 의문을 가지게 될 것이다. 아마도 이미 어느 정도로 비균질한 핵연료 분포를 가진 노심이 더 낫지는 않을까?

이 질문과 관련하여 상세 연구가 수행되어 왔다. 그 결과 균질 노심은 최적의 설계가 아니라는 사실을 얻을 수 있었다. 원자로를 안전하고 효율적으로 운전하기 위해 출력 분포를 편평하게 유지하는 것이 중요하다. 즉 노심 전체에서 가능한 한 균질하게 말이다. 그러나 균질하게 장전된 노심은 중앙 부근에서 심각하게 높은 출력값을 가진다. 핵연료를 비균질하게 분포시킴으로써, 출력밀도를 현저하게 편평하게 만들 수 있다. 동시에 이는 주어진 초기 핵연료 장전에 대해 노심 수명을 더 길게 만들어 준다. 추가적으로, 원자로용기에 도달하는 중성자속을 제한하여 원자로용기에 대한 방사선 영향을 최소화함으로써 그 수명을 증가시키는 것이 바람직하다.

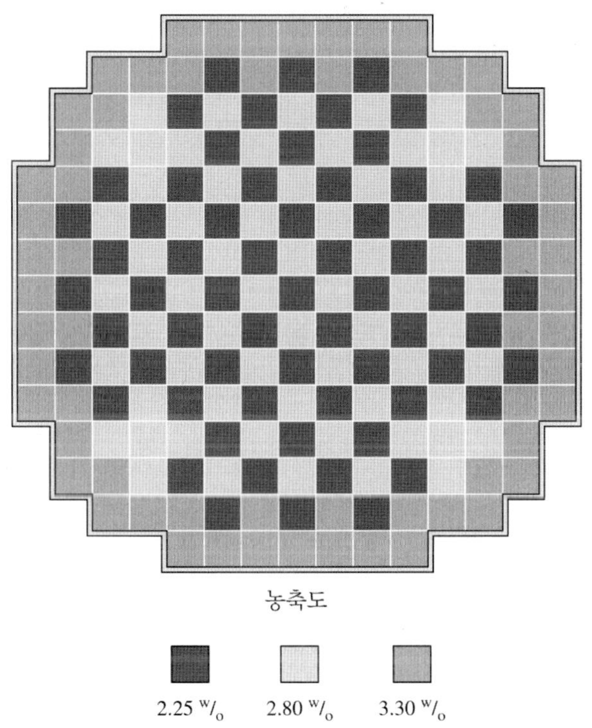

그림 7.20 가압경수로의 주기초 핵연료 장전 모형

그림 7.20은 가압경수형 노심에서 현재 사용되는 전형적인 핵연료 장전 모형을 보여 준다. 각 사각형은 그림 4.10에서 보여 준 형태의 핵연료집합체를 의미한다. 이러한 배치로 핵연료의 농축도는 노심의 외곽에서 중앙으로 갈수로 낮아진다. 핵연료 재장전 시기에 낮은 농축도를 가지는 중앙 핵연료는 높은 농축도를 가지는 외부 영역의 핵연료로 대체되고, 출력 분포는 핵연료를 (농축도가) 균일하게 장전했을 때(균질한 핵연료에 가까울 때)보다 훨씬 더 노심 전체적으로 편평해진다. 노심 외부로 누설되는 중성자를 줄여 원자로용기의 중성자속을 최소화하기 위해, 일부 노심은 바깥쪽 1개 혹은 2개 열의 핵연료봉을 스테인리스강으로 대치하기도 한다. 이것은 원자로용기에서의 방사선 영향을 감소시킨다.

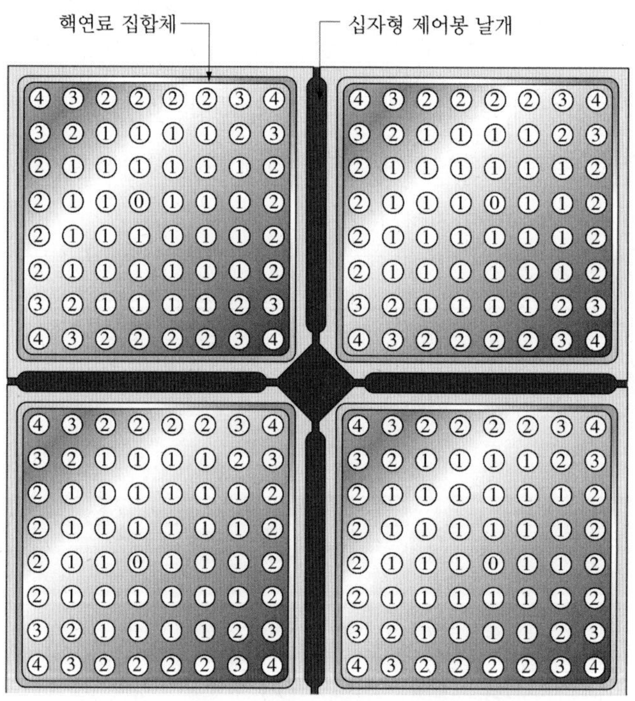

그림 7.21 비등경수로의 장전 모형

핵연료 분포는 제어봉의 적절한 움직임으로 인해 편평해질 수 있고 이는 노심의 수명을 증가시킨다. 이러한 방법은 특히 비등형 원자로에서 이용된다. 게다가 현재의 비등형 원자로에서는 핵연료집합체 내에서도 출력을 편평하게 하기 위해 각 핵연료집합체 내의 핵연료들도 균일하지 않은 분포를 가지고 있다. 그림 7.21은 이를 보여 주고 있는데, 숫자 1, 2, 3, 4는 번호가 커질수록 적어지는 농축도의 핵연료봉을 의미한다. 0으로 표시된 봉은 핵연료를 포함하고 있지 않다.

앞서서 논의한 문제들—핵연료 장전 및 재장전이 어떻게 이루어져야 하는가, 제어봉은 어떤 방식으로 움직여야 하는가, 그리고 일반적으로 원자로의 제어 가능한 변수들을 어떻게 변화시켜야 원자로 성능을 최적화하고 시스템의 안전한 운전을 보장할 수 있는가—은 바로 *핵연료 관리*(*fuel management*)[18]에서 다루는 것들이다. 핵연료 장전 및 재장전 모형과 제어봉 제어(혹은 제어봉의 움직임과 화학제어제가 결합된 제어)의 방식은 그 수가 무한히 많을 것이기 때문에 핵연료 관리는 매우 어려운 문제이다. 이러한 문제를 다루기 위해서는, 다양한 서로 다른 운전 전략에 대해 앞서 설명한 방식의 다군 수명 계산을 반복적으로 수행해야 하는데, 이는 상당한 컴퓨터 시간을 소요하는 일이다. 현재는 SIMULATE와 같은 컴퓨터 코드를 사용함으로써 원자로 수명과 중성자속 형태를 빠르게 계산하는 노심 설계가 가능하다. 노심 설계에 대한 연구를 통해, 노심 수명을 최대화하고 또한 중성자속을 편평하게 하기 위해 핵연료집합체 위치를 섞어 가며 장전하는(shuffle) 방식을 사용하고 있다.

원자로가 가동되고 난 후에는 매일매일 노심 거동을 정확하게 계산하는 것이 항상 가능한 것은 아니기 때문에, 현재의 동력로들은 온라인 컴퓨터를 갖추고 시스템의 거동을 감시하는 계측기로부터 얻어진 데이터를 분석한다. 컴퓨터로부터 얻은 이러한 데이터들은 핵연료 관리를 위한 결정을 업데이트하기 위해 사용된다.

가연성 독물질

새로운 연료가 장전되고, 정제된 저온 상태의 노심을 기동하기 전과 노심의 초기 운전 단계에서는 노심 수명 말기에서보다 더 많은 제어 반응도가 필요하다. 이러한 제어 요구치를 줄이기 위해 노심의 특정 위치에 가연성 독물질을 두는 것이 보통이다. *가연성 독물질*(*burnable poison*)은 큰 흡수 단면적을 가지는 핵종으로, 일단 중성자를 흡수하면 매우 작은 흡수 단면적을 가지는 핵종으로 변환된다. 그러므로, 이 독물질의 연소로 수반되는 반응도의 증가는 핵연료 연소와 독물질의 축적에 기인한 반응도 감소를 어느 정도 보상한다.

---

18 더 정확히는, 이러한 관리 문제들을 *노내*(*in-core*) 핵연료 관리라고 한다. 핵연료의 구매 또는 대여, 사용후핵연료 집합체의 재처리 등과 같이 원자로 외부에서의 핵연료 관리와 관련된 문제들을 다루는 것을 *노외*(*out-of-core*) 핵연료 관리라 부른다.

가연성 독물질은 원자로에 필요한 제어봉 수를 감소시켜 원자로 비용도 감소되는 효과가 있다. 대조적으로 화학제어제로 제어되는 원자로에서는 이러한 가연성 독물질이 필요한 붕소 농도를 감소시킨다. 이러한 효과가 그림 7.22에 나타나 있으며, 이 그림은 노심 수명에 걸쳐 가연성 독물질이 있는 경우와 없는 경우에 대한 붕소 농도의 변화를 보여 주고 있다. 화학제어제 요구 농도의 감소는 음의 감속재 온도계수를 보장하기 위해 중요하다. 7.3절에서 설명한 것처럼, 물의 중성자를 흡수하는 것보다는 감속시키는 효과가 더 클 때에만 감속재 온도계수가 음이 된다. 물 안에 너무 많은 붕소가 있다면 이 조건은 역으로 되고 감속재 온도계수는 양수가 된다. 실제로는 가연성 독물질에 의해 충분한 부반응도가 포함되어 음의 감속재 온도계수가 유지된다.

가연성 독물질로 이용될 수 있는 물질들은 많다. 다양한 형태의 붕소 화합물 중, 12 w/o의 산화붕소(B_2O_3)를 포함하고 있는 Pyrex glass와 같은 물질이 이러한 목적으로 사용된다. 최근의 비등경수로(boiling water reactor, BWR)나 가압경수로(pressurized water reactor, PWR)에서는, 핵연료집합체 내의 몇 개의 핵연료봉에 가돌리니아(Gd_2O_3)를 UO_2와 혼합하여 사용한다. 신형 핵연료 설계에서는 가돌리니아가 포함된 연료를 반경방향 및 축방향으로 배치한다.

최근에는 더 신형 노심 설계의 적용으로 노심 출력과 성능이 증가해 가는 추세이다. 이

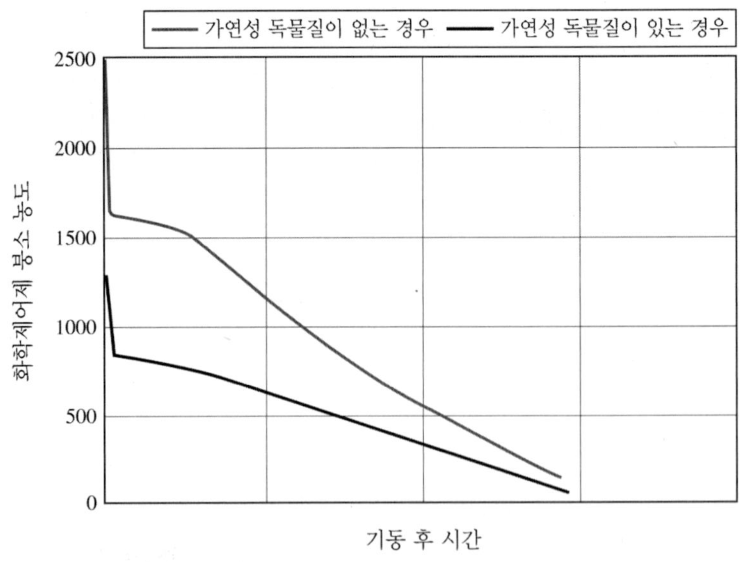

그림 7.22 가연성 독물질이 있거나 혹은 없을 때의 붕소 요구 농도

러한 설계는 대개 5 w/o의 높은 농축도 핵연료를 사용하며, 가돌리니아와 같은 가연성 독물질을 더 많이 사용한다. 그러한 핵연료의 고유한 특징은 매우 균일한 연소와 출력을 생산하도록 가돌리니아가 포함된 핵연료를 배치한다는 점이다. 이러한 BWR 및 PWR의 신형 핵연료의 사용으로 일부 원자로에서는 노심 주기가 24개월로 늘어나고 출력도 20% 증강(uprating)되었다.

화학제어제 반응도가

표 7.7은 현세대의 원자로 노심 설계에서 볼 수 있는 다양한 구성요소의 반응도가를 요약한 것이다.

표 7.7에서 BWR에서의 잉여 반응도가 PWR보다 작다는 것을 주목하라. 반면에, 제어봉의 수는 BWR보다 PWR에서 훨씬 적은 것을 볼 수 있다. 이들 모두의 이유는, PWR에서는 제어봉 외에도 화학제어제를 사용하기 때문이다.

표 7.7 3,000 MWt인 경수로의 반응도가

원자로	PWR	BWR
20°C에서의 잉여 반응도	\$ 45	\$ 38
Xe과 Sm이 없는 경우	k = 1.41	k = 1.33
총 제어봉가	\$ 11 ~60 clusters	\$ 26 140-85 rods
고정된 가연성 독물질	\$ 13	\$ 18
화학제어제 반응도가	\$ 26	–
순 반응도	−\$ 5	−\$ 6

»» 참고문헌

일반

Duderstadt, J. J., and L. J. Hamilton, *Nuclear Reactor Analysis*. New York: Wiley, 1976. Chapter 6.

Glasstone, S., and A. Sesonske, *Nuclear Reactor Engineering*, 4th ed. New York: Chapman & Hall 1994, Chapter 5.

Hetrick, D. L., *Dynamics of Nuclear Reactors*. LaGrange Park: American Nuclear Society, 1993.

Isbin, H. S., *Introductory Nuclear Reactor Theory*. New York: Reinhold, 1963, Chapters 9 and 16.

Lamarsh, J. R., *Introduction to Nuclear Reactor Theory*. Reading, Mass.: Addison-Wesley, 1966, Chapters 12–14.

Meem, J. L., *Two Group Reactor Theory*. New York: Gordon & Breach, 1964, Chapters 5 and 8.

Murray, R. L., *Nuclear Reactor Physics*. Englewood Cliffs, N.J.: Prentice-Hall, 1957, Chapters 6-8.

Schultz, M. A., *Control of Nuclear Reactors and Power Plants*, 2nd ed. New York: McGraw-Hill, 1961.

Sesonske, A., *Nuclear Power Plant Analysis*. U.S. DOE Report TID-26241, 1973, Chapters 5–9. [Available from National Technical Information Service, U.S. Dept. of Commerce, Springfield, Va.]

Stacey, W. M., *Nuclear Reactor Physics*. John Wiley & Sons, 2007, Chapter 5.

Zweifel, P. F., *Reactor Physics*. New York: McGraw-Hill, 1973, Chapters 4, 7, and 10.

»» 연습문제

1. 무한 임계 열중성자로에 대한 즉발중성자 수명을 구하라. 단, 이 원자로는 ^{235}U와 다음 물질의 균질 혼합물로 구성되어 있다. (a) D_2O (b) Be (c) 흑연

2. 물에서 열중성자 확산시간을 계산하라. 단 물의 밀도는 44 lb/ft^{3}이다.

3. ^{239}Pu 핵연료 원자로의 다음 반응도를 달러로 나타내라. (a) 0.001 (b) 4% (c) –0.01

4. ^{235}U 핵연료 열중성자로의 다음 반응도를 센트로 나타내라. (a) 0.001 (b) $2 (c) –50 cent

5. 다음의 즉발중성자 수명을 가질 때 ^{235}U 핵연료 열중성자에 대한 단일 지발 중성자군의 반응도 방정식을 그래프로 그려라. 단, $\beta = 0.0065$이고, $\lambda = 0.1\ \sec^{-1}$이다.

(a) 0초 (b) 10^{-4}초 (c) 10^{-3}초

6. 문제 7.5로부터 구한 그래프로부터, $l_p = 10^{-3}$초를 가지며 다음의 반응도를 가지는 ^{235}U 핵연료 열중성자의 주기를 구하라.

(a) +0.1% (b) −10 cent (c) +\$0.50 (d) +\$1.00

7. 일군 모델에 근거한 문제 7.6에 대한 풀이 결과를 그림 7.2로부터 결정된 원자로주기와 비교하라.

8. 1밀리와트의 일정한 출력으로 운전되던 ^{235}U 핵연료 원자로가 +10분 주기가 되었다. 그렇다면 1메가와트의 출력이 되기 위해서는 얼마나 시간이 걸릴 것인가?

9. ^{235}U와 물의 혼합물로 구성된 임계상태의 무한한 열중성자로의 열중성자 밀도에 대해 반감기가 22.7인 선행핵의 농도비를 계산하라. 단, 열중성자속은 10^{13} neutron/cm^2-sec이다. [*힌트*: 식 (7.21)에서 $dC/dt = 0$이다.]

10. 식 (7.19)의 우변의 첫 번째 항은 cm^3/sec당 감속되는 즉발중성자의 수를 의미하고, 두 번째 항은 지발중성자의 수를 의미한다. 이 두 항의 크기를 임계 원자로에 대해 비교하라.

11. 50센트의 반응도가 ^{235}U를 핵연료로 하는 임계 고속로에 갑자기 삽입되었다면 원자로의 주기는 얼마가 되는가?

12. 문제 7.8에서 원자로가 1메가와트의 일정한 출력 준위에 도달한 후 갑작스러운 \$5의 부반응도 삽입으로 인해 정지되었다. 그렇다면 근사적으로 출력 준위가 1밀리와트가 될 때까지는 어느 정도의 시간이 소요되었겠는가?

13. 2.7메가와트의 일정한 출력으로 운전되는 연구용 원자로가 정지되었을 때, 15분 후에 출력이 1와트로 떨어짐을 확인했다. 그렇다면 얼마의 반응도가 삽입된 것인가?

14. ^{235}U와 H_2O의 균질한 혼합물로 구성된 무한 원자로가 있다. 핵연료의 농도는 임계를 위해 필요한 것보다 5% 작다고 한다. 그렇다면 원자로의 반응도는 얼마인가?

15. ^{235}U 핵연료 원자로에 1%의 정반응도 혹은 부반응도가 삽입되었을 때의 주기는 각각 얼마인가?

16. ^{235}U 핵연료 원자로의 출력 준위가 20분 내에 2배가 되기를 바란다. 만약 $l_p = 10^{-4}$ sec 라면 다음을 구하라.

(a) 주기는 얼마가 되어야 하는가?

(b) 얼마의 반응도가 삽입되어야 하는가?

17. 시험 기간 동안 ^{239}Pu 핵연료 열중성자가 1메가와트의 출력에서 운전되었다. 이 출력을 100메가와트로 올리는 데 8시간이 소요될 것이라 한다.

(a) 원자로의 안정 주기는 얼마가 되어야 하는가?

(b) 얼마의 반응도를 삽입해야 하는가?

18. ^{235}U 핵연료 연구용 원자로가 10와트의 출력 준위에서 기동되었다. 다음 스케줄을 따라 반응도가 원자로에 삽입된다.

t(sec)	ρ' (\$)	Power(watt)	T(sec)
0 − 100	0	10	
100 − 300	0.099		100
300 → ∞	−8.00		

위 표의 빈칸을 채워라.

19. 실험 원자로 시설이 100 cm 높이의 무반사체 사각 원통형이고, 이는 얇은 ^{235}U 포일을 함유한 베릴륨 블록으로 구성되어 있다. 해당 원자로는 균질한 Be과 ^{235}U의 혼합물로 생각할 수 있다. 원자로는 하나의 완전흡수 제어봉으로 제어된다. 제어봉은 반지름이 2.5 cm이고 원자로의 축방향을 따라 위치한다.

(a) 원자로 제어봉이 완전 인출되었을 때 임계라면, 제어봉이 원자로에 완전 삽입되었을 때 부반응도는 얼마인가?

(b) 제어봉이 원자로 안으로 순간적으로 움직인다고 가정했을 경우 원자로의 주기는 어떻게 되는가?

20. 예제 7.7에서 설명한 원자로의 제어가 필요하다고 가정하자. 이때 제어봉은 하나이며 제어봉가는 10%이다. 제어봉 크기가 어느 정도여야 하는가? [*힌트*: ρ_ω을 a에 대해 그려라.]

21. 문제 7.19의 원자로가 대략 25개의 균일하게 배치된 완전흡수 제어봉에 의해 제어된다면 제어봉들의 총 제어봉가는 얼마인가? 단, 제어봉의 지름은 0.3인치이다.

22. 어떤 가압경수로가 61개의 제어봉 집합체에 의해 제어된다. 각 집합체는 20개의 완전흡수 제어봉을 포함하고 있으며, 제어봉의 지름은 1.15 cm이다. 원자로 노심은 원통형이며 그 지름은 320 cm이다. 노심 내 평균 열확산거리는 1.38 cm이고, D = 0.21 cm, 노심물질에서의 Σ_t는 2.6 cm^{-1}이다. 제어봉의 총 제어봉가를 계산하라.

23. 그림 7.10에서 1차원 구조를 가지는 십자형 제어봉의 제어봉가를 결정하는 문제를 고려하자. 우선 q_T 핵분열 중성자가 cm^3/sec당 열에너지 영역으로 감속된다. q_T는 열중성자 확산방정식의 선원항으로서 고려될 수 있고, 이는 다음과 같다.

$$\overline{D}\frac{d^2\phi_T}{dx^2} - \overline{\Sigma}_a\phi_T = -q_T$$

(a) 다음과 같은 경계조건에서 상기 방정식의 해가 아래 수식과 같다는 것으로 보여라.

$$\frac{1}{\phi_T}\frac{d\phi_T}{dx}T = 0$$

$x = 0$에서

$$\frac{1}{\phi_T}\frac{d\phi_T}{dx} = -\frac{1}{d}$$

$x = (m/2) - a$에서

그렇다면

$$\phi_T(x) = \frac{q_T}{\Sigma_a}\left[1 - \frac{\cosh(x/L_T)}{(d/L_T)\sinh[(m-2a)/2L_T] + \cosh[(m-2a)/2L_T]}\right]$$

(b) 셀 안에 날개 부분의 면적에 날개 면을 통한 중성자류 밀도를 곱한 다음 단위시간당 열중성자화 되는 중성자의 총수로 나눔으로써 f_R를 계산하라.

24. 문제 7.22에서 설명한 PWR을 제어하기 위해 예제 7.9에서 설명한 십자형 제어봉을 사용한다. 이 제어봉들이 이 문제에서의 제어봉 집합체와 같은 제어봉가를 갖기 위해 얼마만큼 떨어져서 위치하여야 하는가?

25. 예제 6.3에서 설명한 고속중성자가 50개의 제어봉에 의해 제어되고 있다. 각 제어봉은 대략 500 g의 천연붕소를 포함한다. 제어봉의 총 반응도가를 구하라.

26. 고속로의 노심이 지름 77.5 cm인 사각 원통형이다. 노심의 부피는 25%의 핵연료와 25%의 스테인리스강 피복재와 구조물질 50%의 액체 소듐으로 구성되어 있다. 핵연료는 ^{238}U과 ^{239}Pu로 구성되어 있는데 그 밀도는 19.1 g/cm^{3}이고, 플루토늄은 혼합물의 20 w/o이다. B_4C를 포함하는 10개의 제어봉에서 5.5% 반응도를 삽입하고자 한다. 제어봉당 요구되는 B_4C는 어느 정도인가?

27. 100 cm 길이의 제어봉이 완전 인출되었을 때 50센트의 반응도가를 나타낸다.

(a) 제어봉이 1/4 정도 삽입되었을 때 반응도는 얼마가 되는가?

(b) 제어봉이 움직일 때 cm당 얼마만큼씩의 반응도가 변할 것인가? (단위길이당 반응도율을 구하라.)

28. 예제 7.7에서 설명한 원자로가 제어봉이 반 정도 인출된 상태에서 임계라 가정하자. 만약 제어봉이 갑자기 10 cm 더 인출되었을 경우, (a) 반응도는 어떻게 변할까? (b) 원자로 출력이 상승하는 주기는 어떻게 되는가?

29. 예제 7.7에서 단일 제어봉가와 같은 반응도가를 가지는 붕소의 농도는 ppm 단위로 얼마인가?

30. 무한한 ^{235}U 핵연료 물-감속재 원자로가 임계가 되기 위해 요구되는 것보다 20%의 ^{235}U를 더 가지고 있다. 해당 시스템의 잉여 반응도를 제어하기 위한 (a) 붕소 농도는 얼마인가(ppm 단위)? (b) 붕산수의 농도는 얼마인가(g/liter 단위)?

31. 원자로가 일정한 출력으로 운전된다. 갑자기 원자로 내로 들어오는 냉각재의 온도가 기존 값보다 떨어졌다. 그렇다면 다음의 두 경우에 대해 원자로의 향후 거동을 설명하라: (a) α_T가 양수일 경우, (b) α_T가 음수일 경우. 특히, 원자로가 (a)인 경우에 불안정하고 (b)인 경우에 안정하다는 것을 보여라.

32. 상온에서의 원자로 노심 격자의 즉발 온도계수를 계산하라. 이 격자는 1인치 지름의 천연우라늄 봉으로 구성되어 있으며, 봉 안에 중수가 있다. 핵연료에 대한 감속재 부피비는 30이다.

33. CO_2 냉각, 흑연감속 원자로가 약간 농축된 이산화우라늄 핵연료봉으로 장전되어 있다. 봉의 지름은 1.5 cm이고 온도 300 K에서 공명흡수 이탈확률(p)은 0.912이다. 그렇다면 온도 665°C에서 운전되는 핵연료의 p값은 얼마인가?

34. ^{235}U 핵연료 원자로의 전체 온도계수가 -2×10^{-5} per °C 이고 온도에 종속적이지 않다. 상온(약 70°F)에서부터 출력 온도 550°F까지 온도가 상승했을 경우 얼마의 반응도 강하가 이뤄질 것인지 센트와 달러로 답을 구하라. [*주*: 이 문제에서 계산된 반응도 감소를 원자로의 *온도 결손*(*temperature defect*)이라 부른다.]

35. B^2의 온도계수는 다음과 같이 주어짐을 증명하라.

$$\alpha_T(B^2) = -\frac{2}{3}\beta$$

여기서 β는 원자로 구조물의 부피팽창계수이다. [*힌트*: β는 선형팽창계수에 3배를 곱한 것과 같다.]

36. 스테인리스강 피복 핵연료를 가지는 가압경수형 원자로가 스테인리스강 용기를 갖고 있다. 그 용기는 지름 6피트, 높이 8피트의 원통형이다. 대략 원자로 체적의 반을 차지하고 있는 물의 평균 온도가 575°F라면 시스템의 평균 온도가 10°F 증가할 경우 얼마나 많은 물이 원자로 밖으로 빠져나가는가?

37. 문제 7.36의 원자로의 열중성자 이용률이 575°F에서 0.682이다. 위 문제의 결과를 사용하고, 노심 내 구조물의 존재를 무시할 경우, 근사적으로 575°F에서의 $\alpha_T(f)$를 계산하라.

38. 온도 800°C에서 열중성자속이 10^{14} neutron/cm^2-sec인 경우에 ^{135}Xe의 유효 반감기는 얼마인가?

39. 평형 제논 반응도를 $\phi_T=5\times10^{12}$으로부터 $\phi_T=5\times10^{14}$까지의 열중성자속의 함수로서 계산하고 그래프를 그려라.

40. 그림 7.14를 사용하여 $\phi_T=10^{13}$에서부터 $\phi_T=5\times10^{14}$까지 열중성자의 함수로서 정지 후 최대 제논 반응도를 그래프로 그려라.

41. 5×10^{13} neutron/cm^2-sec의 열중성자속에서 운전 중인 ^{235}U 핵연료 원자로가 5%의 예비 반응도를 가질 때 정지되었다. 불감시간의 시작까지의 시간과 유지시간을 계산하라.

42. 무한 임계 ^{235}U 핵연료, 물-감속 열중성자 내에서의 ^{135}Xe 및 ^{149}Sm의 평형 농도를 atom/cm^3 단위로 구하라. 이때 원자로는 200°C로 운전 중이며 열중성자속은 10^{13} neutron/cm^2-sec이다.

43. 문제 7.42에 설명된 원자로에서 ^{135}Xe와 ^{149}Sm에 의해 총 반응도는 얼마인가?

44. 가돌리니아-157은 0.0253 eV에서 240,000 b의 흡수 단면적을 가지는 안정적인 핵종이다. 그것은 다음과 같은 연쇄사슬에 따라 핵분열 생성물 ^{157}Sm의 방사 붕괴로부터 생성된다.

$$\begin{array}{c} {}^{157}\mathrm{Sm} \xrightarrow[0.5\mathrm{m}]{\beta-} {}^{157}\mathrm{Eu} \xrightarrow[15.2\mathrm{h}]{\beta-} {}^{157}\mathrm{Gd} \\ \uparrow \\ \mathrm{Fission} \end{array}$$

^{157}Sm과 ^{157}Eu이 둘 다 중성자 흡수 정도가 크지 않다. ^{157}Sm의 ^{235}U 핵분열에 의한 생성률은 핵분열당 7×10^{-5} 원자이다.

(a) 평균 열중성자속 2.5×10^{13} neutron/cm^2-sec를 가지는 원자로 내에서 ^{157}Gd에 의한 평형 반응도는 얼마인가?

(b) (a)에서 원자로의 정지 후에 이 핵종이 유발하는 최대 반응도는 얼마인가?

45. 비방사성 핵분열 생성물이 75 b의 흡수 단면적을 가지고 있다. 이것은 열중성자속 3×10^{13} neutron/cm^2-sec인 원자로 내에서 영구 독물질이라고 고려되어야 하는가?

46. 예제 7.14에서 ^{135}Xe에 의한 독물질의 비율은 얼마인가?

47. 무한 원자로가 일정한 출력으로 운전되며 어떠한 핵연료성 물질도 그 주기 동안 없다고 한다.

(a) 핵연료의 원자 밀도는 다음 연관식에 따라 줄어듦을 증명하라.

$$N_F(t) = N_F(0)\left[1 - \overline{\sigma}_{\mathrm{aF}}\, \phi_T(0)t\right]$$

위 식에서 $N_F(0)$와 $\phi_T(0)$은 각각 시작 시점에서의 핵연료 원자 밀도와 열중성자속이다.

(b) 중성자속에 대한 표현을 시간의 함수로서 구하라.

48. 무한한 ^{139}Pu 핵연료 고속 증식로가 증식비 G를 가지고 있으며 재장전 전에 일정한 출력으로 운전 중이다. ^{139}Pu의 농도에 대한 표현식을 유도하고, 시작 후 시간의 함수로 일군 고속중성자를 구하라.

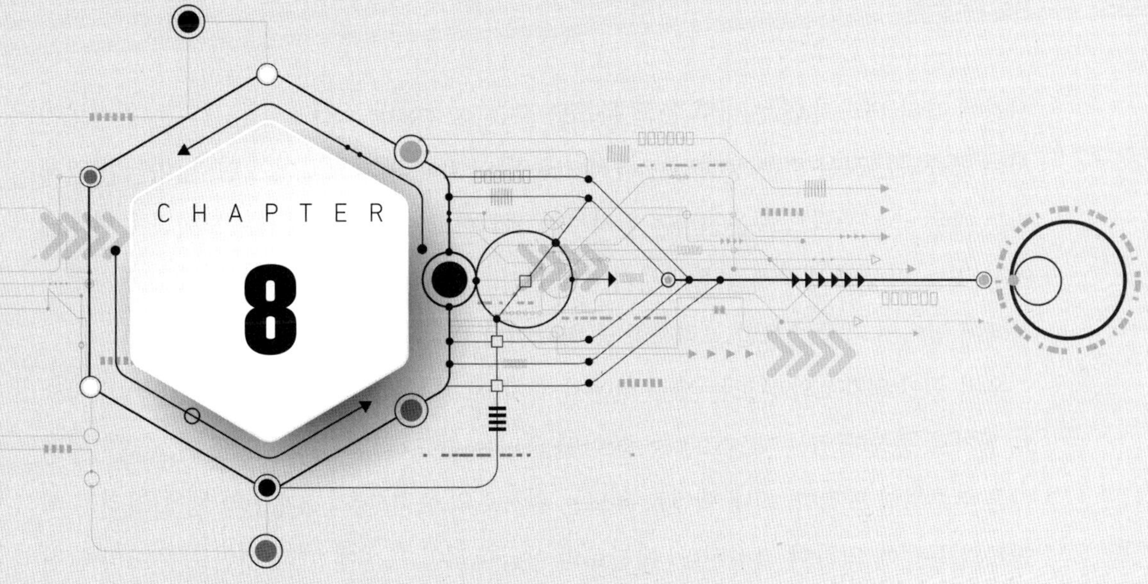

원자로에서의 열제거

Heat Removal from Nuclear Reactors

8.1 일반적인 열역학적 고려사항들

8.2 원자로 내의 열생성

8.3 전도에 의한 열전달

8.4 냉각재로의 열전달

8.5 비등 열전달

8.6 원자로 열설계

시간에 따라 변하지 않는 내부 온도 분포를 갖는 정상상태 조건에서 운전되는 원자로에서는 방출되는 모든 열은 생성되는 즉시 가능한 한 빠르게 제거되어야 한다. 이러한 열제거는 매우 낮은 출력으로 운전되는 원자로를 제외하고는 열이 생성되는 노심과 주변부에 액상 또는 기상의 냉각재를 통과시켜 수행된다. 냉각재계통의 특성과 운전은 원자로의 설계에 있어서 가장 중요한 고려사항 중 하나이다.

운전 중인 원자로의 온도는 계통 내에서 위치별로 다르게 나타난다. 그 결과, 일반적으로 원자로 중심에 있는 핵연료봉들 중 어떤 하나는 반드시 그 길이방향 중 어느 위치에서 다른 부분보다 뜨겁다. 최대 핵연료 온도는 원자로의 출력, 냉각재계통의 설계, 그리고 핵연료의 특성에 의하여 결정된다. 핵연료의 야금학적인 특성에 따라 핵연료 온도의 안전한 상한점이 결정된다. 이 온도보다 높은 경우에는 핵연료가 용융될 위험성이 존재하는데, 이 경우에는 핵연료 피복재의 파손과 핵분열 생성물의 방출을 야기할 수 있다. 원자로 냉각재계통 설계의 주요 목적 중 하나는, 최대 핵연료 온도가 항상 미리 결정된 값 이하로 유지되도록 하며 원하는 출력 수준에서 생산된 열을 제거하는 것이다.

엄밀히 원자력의 관점에서 보면, 음의 온도계수를 극복할 만큼 충분한 잉여 반응도를 갖는 임계 원자로가 가질 수 있는 출력의 이론적인 상한은 없다. 제어봉을 제거하여 양의 원자로주기를 유지할 때, 냉각재계통의 어느 지점에서 생성된 모든 열을 제거할 수 있다고 하면, 원자로의 출력은 무한대로 증가할 수 있다. 이 상태를 초과하게 되면 핵연료는 가열되고 결국 노심의 일부분은 녹게 될 것이다. 이러한 상황을 피하기 위해서는, 원자로가 원하는 출력에 도달했을 때 일부 제어봉을 재삽입하거나 붕소를 주입함으로써 원자로를 임계상태로 되돌리는 실제 운전 과정이 필요하다. 이 장에서는 고려 대상인 원자로가 임계상태이고 일정 출력으로 운전 중이라고 가정한다.

단위를 상세히 다루는 부록 I에서 지적한 바와 같이, SI 단위는 미국을 제외한 대부분의 나라에서 받아들여지고 있다. 미국의 모든 과학자들과 많은 공학자들 그리고 공학 학회들 또한 SI 단위를 사용하고는 있지만, SI 단위를 채용하는 것에 대해 여전히 강한 저항을 보이고 있다. 대부분의 미국 원자력 기기 제조사들의 설계는 영국식 단위를 기반으로 하고 있다. 이러한 상황은 앞으로도 당분간 지속될 것으로 보인다. 이 장에서는 일차적으로 영국식 단위가 사용되었다. SI 단위도 적절히 제공되었고, 일부 연습문제들에서도 SI 단위를 사용하였다. 영국식 단위에서 SI 단위로의 변환표는 부록 I에 제시되어 있다.

8.1 일반적인 열역학적 고려사항들

열역학적 관점에서 원자로는 에너지가 생성되어 흐르는 유체로 전달되는 장치이다. 그림 8.1에 나타난 바와 같이, 열은 원자로 내에서 q Btu/hr 또는 W 단위의 발생률로 생성된다. 이 열은 원자로 입구온도 T_{in}으로 유입되어 출구온도 T_{out}으로 유출되는 냉각재에 흡수되는데, 이 냉각재는 w lb/hr 또는 kg/hr의 유량으로 계통을 통과한다.

BWR과 RBMK를 제외한 모든 현재의 동력로에는 냉각재가 원자로를 통과하면서 상변화를 일으키지 않는다. 즉, 냉각재의 비등은 없다. 이러한 원자로에서는 원자로에서 발생된 열은 단지 냉각재 온도를 상승시키는데, 이러한 과정은 일정한 원자로 냉각재 압력 하에서 발생한다. 단위질량의 냉각재 온도를 T_{in}에서 T_{out}으로 상승시키는 데 필요한 열(단위는 BTU 또는 joule)은 다음과 같이 주어진다.

$$\int_{\text{in}}^{\text{out}} c_p(T)dT$$

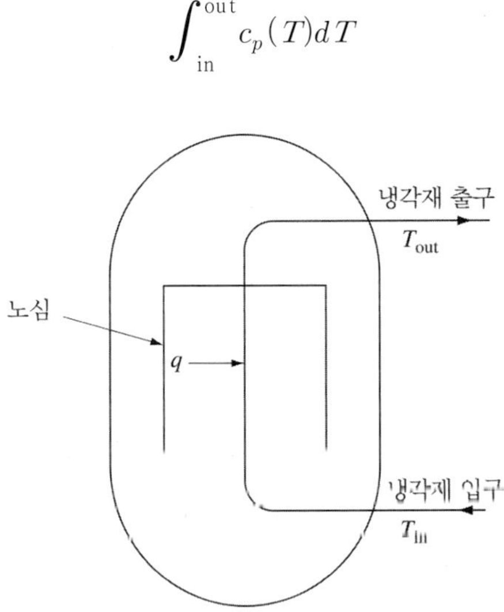

그림 8.1 원자로를 통한 냉각재 흐름

여기에서 $c_p(T)$는 일정 압력 하에서 냉각재 단위질량당의 비열이다. 시간당 w lb 또는 kg의 냉각재가 원자로를 통하여 흐르기 때문에, 냉각재에 의하여 흡수되는 단위시간당 열은 다음과 같다.

$$q = w\int_{T_{\text{in}}}^{T_{\text{out}}} c_p(T)dT \tag{8.1}$$

식 (8.1)은 열역학 함수인 *엔탈피*(*enthalpy*)를 사용하여 표현될 수 있다. 엔탈피는 단일 물질에 대하여 다음과 같은 관계로 정의한다.

$$h = u + Pv \tag{8.2}$$

여기에서 h는 물질의 단위질량당 엔탈피[또는 *비엔탈피*(*specific enthalpy*)], u는 단위질량당 내부에너지, P는 압력, v는 물질의 *비체적*(*specific volume*)(즉, 단위질량당 체적, ft^3/lb 또는 m^3/kg)이다. h의 단위는 Btu/lb 또는 joule/kg이다. 열역학에서는 일정 압력의 물질에 열을 가했을 때, 모든 열은 그 물질의 엔탈피를 상승시키는 데 사용된다는 것을 보였다.[1] h_{in}과 h_{out}이 각각 원자로 입구와 출구의 비엔탈피라면 다음과 같은 관계가 성립한다.

$$h_{\text{out}} = h_{\text{in}} + \int_{T_{\text{in}}}^{T_{\text{out}}} c_p(T)dT \tag{8.3}$$

식 (8.1)은 다음과 같이 다시 쓸 수 있다.

$$q = w(h_{\text{out}} - h_{\text{in}}) \tag{8.4}$$

BWR이나 RBMK에서는 상황이 더욱 복잡해진다. 이러한 원자로들에서는 노심을 통과하는 물의 일부가 기화된 증기는 증기관을 통하여 터빈을 거친 후, 응축기와 재가열기를 통하여 주급수로 되돌아온다. 노심을 통과하는 대부분의 물은 원자로 내에서 재순환한다. 정상운전 중에는 재순환수에 의한 순(net) 열흡수는 없다. 유입되는 급수가 노심을 통과하기 전에 재순환수와 섞이지만 원자로용기 내 전반적인 효과는 그림 8.2에 개략적으로 나타낸 바와 같이 단순하게 급수를 기화시키는 것이다.

---

1 매우 작은 양의 열은 물질의 운동에너지를 상승시키는 데에도 사용될 수 있고, 또는 지구 중력장 내에서 물질을 낮은 곳에서 높은 곳으로 옮겨 놓아 위치에너지를 변화시키는 데에도 사용될 수 있다. 원자로 냉각재에 대해서는 이러한 부분들은 무시할 만하다.

급수가 BWR로 들어오는 지점부터 증기 상태로 원자로를 나가는 시점까지 엔탈피의 변화는 두 단계로 구성된다. 급수는 처음 입구 온도 T_{in}에서 계통 압력에서의 끓는점—*포화온도*(*saturation temperature*) T_{sat}—까지 가열된다. 물의 온도는 이 값 이상으로 상승하지 않는다. 이에 따른 엔탈피의 상승은 다음과 같다.

$$h_f = h_{\text{in}} + \int_{T_{\text{in}}}^{T_{\text{sat}}} c_p(T)dT$$

이는 포화상태 물의 엔탈피이다. 비등의 시작에 따라 물은 h_{fg}로 표현되는 단위질량의 물에 대한 *기화열*(*heat of vaporization*)에 해당하는 열을 흡수한다. 이에 따르는 증기의 비엔탈피는 다음과 같다.

$$\begin{aligned} h_{\text{out}} &= h_f + h_{fg} \\ &= h_{\text{in}} + \int_{T_{\text{in}}}^{T_{\text{sat}}} c_p(T)dT + h_{fg} \end{aligned} \tag{8.5}$$

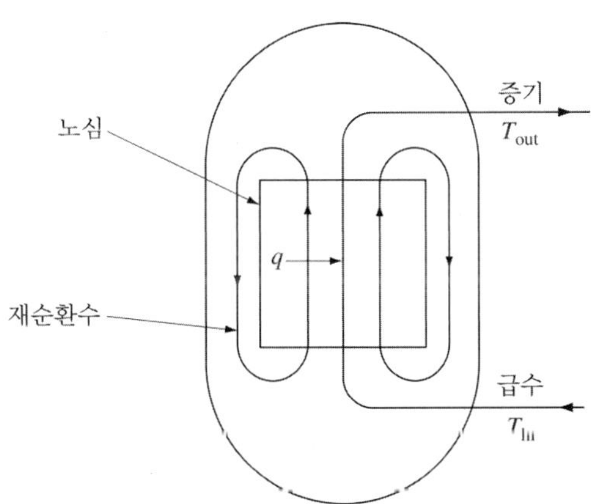

그림 8.2 BWR의 냉각재 흐름

냉각재에 의하여 흡수되는 열은 식 (8.4)로 주어진다.

$$q = w(h_{\text{out}} - h_{\text{in}})$$

여기에서 w는 lb/hr 또는 kg/hr로 주어지는 증기 또는 급수의 유량이다(정상상태에서 이 두 유량은 같다).

q를 엔탈피 h로 구할 때의 장점은 h가 식 (8.3)이나 식 (8.5)로 계산되고 h는 다양한 물

질들에 대하여 표의 형태로 주어진다는 것이다.

물, 헬륨, 소듐에 대해 정리된 h값들—이를 증기표(steam table)라 한다—이 부록 IV에 나타나 있다. 여기서 엔탈피의 절댓값은 의미가 없고 서로 다른 두 온도에서의 엔탈피 차이만이 의미가 있고 유용하다. 그 이유는 0의 값을 갖는 엔탈피는 임의적으로 설정할 수 있어(절대 0도를 기준으로 함 - 역자 주) 이를 기준점으로 하여 다른 온도에서의 엔탈피값을 계산하기 때문이다.

부록 IV에서, 표 IV.1에는 포화상태의 물과 증기의 비엔탈피가 온도와 그 온도에서의 포화압력의 함수로 주어져 있고, 표 IV.2에는 압력과 그에 따른 포화온도의 함수로 주어져 있다. (물이 비등하는 상태에서는, 물과 증기가 평형상태에 있으며, 이때 주어진 온도에 대해서는 하나의 포화압력만 존재하고, 주어진 압력에 대하여는 하나의 포화온도만 존재한다는 것을 기억하라.) 액체의 엔탈피는 압력에 민감하지 않다. 가압경수로에서의 물의 엔탈피는 포화 액체의 표에서 압력과 관계없이 실제 물 온도를 포화온도로 가정하고 표에서 읽은 h값과 거의 같다.[2] 이러한 방식은 식 (8.4)를 PWR과 BWR 계통에 적용한 용례인 다음 두 예제들의 시작부분에서 사용되고 있다.

예제 8.1

가압경수로가 3,025 MW의 열출력으로 운전되고 있다. 원자로 입구에서의 물 온도는 542.6°F이고, 원자로를 통과하는 유량은 136.3×10^6 lb/hr이다. 계통 압력은 2,250 psia[3]이다. 원자로 출구에서의 물 온도는 몇 도인가?

풀이

표 I.9에 따라 1 kW = 3,412 Btu/hr. 따라서

$$q = 3{,}205 \times 10^3 \times 3{,}412 = 10{,}321 \times 10^6 \text{ Btu/hr}$$

---

2 고압에서 h의 정확한 포화값에 대한 자료는 J. H. Keenan and F. G. Keyes, *Thermodynamic Properties of Steam Including Data for the Liquid and Solid Phases*, New York: Wiley, 1959의 Table-4에 주어져 있다. 400°F에서 600°F의 온도 영역과 300 psi까지의 압력에서 h값의 오차는 1% 미만이다.

3 psia는 lb/in^{2}로 표현되는 *절대 압력*(*absolute pressure*)이다. 원자로 압력과 대기 압력의 차는 *게이지 압력*(*gauge pressure*)이라고 하고, psig로 나타낸다.

식 (8.4)에 따라, 노심의 엔탈피 상승은

$$h_{\text{out}} - h_{\text{in}} = \frac{q}{w} = \frac{10{,}321 \times 10^6}{136.3 \times 10^6} = 75.7\ \text{Btu/lb}$$

표 IV.1의 540°F와 550°F의 포화 유체 엔탈피값을 내삽하면, 542.6°F의 h는 539.7 Btu/lb. 따라서 출구의 냉각재 엔탈피는

$$h_{\text{out}} = 539.7 + 75.7 = 615.4\ \text{Btu/lb}$$

표 IV.1을 사용하여 두 번째 내삽을 하면 이 엔탈피는 599.1°F의 물에 해당한다.

예제 8.2

압력 6.895 MPa로 운전되고 있는 BWR이 시간당 2.93×10^6 kg의 증기를 생산한다. 원자로로 들어오는 급수의 온도는 190.6°C이다.

(a) 증기의 온도는 몇 도인가?

(b) 원자로의 출력은 얼마인가?

풀이

1. 생성되는 증기는 필수적으로 물이 비등하는 온도를 가져야 한다. 표 IV.2에 따라 6.895 MPa에서는 이 온도는 284.86°C이다.
2. 표 IV.2로부터 증기의 h는 2,773.2 kJ/kg이다. 한편 표 IV.1로부터 190.6°C에서 급수의 h는 807.8 kJ/kg이다. 따라서 식 (8.4)에 의하여 출력은 다음과 같다.

$$q = 2.93 \times 10^6\ (2{,}773.2 - 807.8) = 5{,}758 \times 10^6\ \text{J/hr} = 1{,}599\ \text{MW}$$

8.2 원자로 내의 열생성

원자로 냉각재계통 설계의 출발은 원자로 내에서 생성되는 열의 공간적인 분포를 결정하는 것이다. 이 절에서는 이 문제에 대해 논한다.

3장에서 핵분열에 의하여 방출되는 에너지는 핵분열 중성자의 운동에너지, 핵분열 시 발생하는 감마선, 핵분열 생성물의 붕괴에 의한 감마선과 베타선, 중성미자 방출 등 몇 가

지 형태로 나타나는 것을 확인하였다. 중성미자를 제외하면 모든 에너지는 원자로의 어디인가에 결국 흡수된다. 이러한 다양한 방사선들이 물질에 의하여 서로 다른 방법으로 약화되기 때문에, 그것들의 에너지는 서로 다른 위치에 쌓이게 된다. 에너지의 축적에 대한 다음 논의에서는 핵연료가 독립된 핵연료봉의 형태로 존재한다고 가정한다. 이것은 용융염원자로를 제외한 사실상 모든 동력용 원자로에 해당한다(4.5절 참조).

핵연료 요소(핵연료봉)에서의 열생성

표 3.6에서 알 수 있듯이, 핵분열 생성물들은 핵분열당 약 168 MeV의 운동에너지를 갖는다. 이러한 고하전입자들은 극히 짧은 이동거리를 가지며(3.9절 참조), 이에 따라 이들의 에너지는 핵연료 내의 핵분열 발생지점 주변에 축적된다. 핵분열 생성물 베타선 에너지 8 MeV 중 대부분 또한 핵연료 내에 축적된다. 핵분열 생성물의 붕괴와 핵분열 자체로부터 직접 방출되는 많은 감마선들은 핵연료 밖으로 방출되는데, 그 이유는 감마선이 하전입자보다 핵연료 안에서 훨씬 덜 감쇠되기 때문이다. 이들 감마선은 핵연료 주변의 냉각재 및 감속재, 그리고 원자로 주변의 열차폐체 또는 방사선 차폐체에 흡수된다. 또한 대부분의 원자로 내에서 핵연료 간의 거리가 가깝기 때문에, 감마선들의 많은 부분은 인접한 핵연료들에 가로막혀 흡수되기도 한다.

즉발중성자는 핵분열당 약 5 MeV의 총 운동에너지를 가지고 방출된다. 열중성자 원자로에서 이 에너지의 대부분은 중성자를 감속시키는 감속재에 축적된다. 따라서, 이러한 중성자들이 비핵분열 공명흡수 반응 이후에 방출되는 방사포획 감마선들은 원자로 전체에 걸쳐 생성되고 흡수되는 것이다. 고속로의 핵분열 중성자들은 물질에 흡수되기 이전에 감속이 거의 일어나지 않아 이 중성자들의 운동에너지는 방사포획 감마선에 더해져서 나타난다. 지발중성자들은 원자로의 에너지에는 거의 기여하지 않는다. 이미 지적한 바와 같이, 중성미자의 에너지도 원자로 내에 남아 있지 않는다.

앞서 언급한 바와 같이, 핵분열 에너지의 공간적인 축적은 원자로의 세부 구조에 따라 다르게 나타난다. 예비 계산을 위하여, 전체 감마선 에너지의 1/3인 약 5 MeV가 핵연료에 흡수된다고 가정할 수 있다. 거기에, 핵분열 생성물 168 MeV와 베타선 8 MeV를 합하면, 핵분열당 총 181 MeV(회수 가능한 핵분열 에너지의 약 90%)가 되는데, 이 에너지의 대부분은 핵연료 내의 핵분열 발생지점 근처에 축적된다. 나머지(약 20 MeV)의 회수 가능한 에너지는 냉각재 그리고/또는 감속재, 다양한 구조물, 블랭킷, 반사체, 차폐체에 축적된다.

핵연료 내에서의 핵분열 발생률, 즉 그에 따른 열생성률은 핵연료봉마다 다르며, 주어진 핵연료 내에서도 위치의 함수이다. 만약 E_d가 핵분열당 핵연료 내에 국부적으로 축적되는 에너지라면, 특정 지점 r에서 단위체적당 열생성률은 다음과 같이 주어진다.[4]

$$q'''(\mathrm{r}) = E_d \int_0^\infty \Sigma_{fr}(E)\phi(\mathrm{r}, E)dE \tag{8.6}$$

여기에서 $\Sigma_{fr}(E)$는 핵연료의 거시적 핵분열 단면적이고 $\phi(\mathrm{r}, E)$는 위치의 함수로 나타낸 에너지 의존 중성자속이다. q'''의 기본 단위는 MeV/sec-cm³이다. 공학적인 계산을 위해서 q'''은 부록 I의 환산인자를 사용하여 Btu/hr-ft³ 또는 kW/lit로 변환되어야 한다.

열중성자 원자로에서는 핵분열의 대부분이 열중성자에 의해 발생한다. 5.9절의 결과에 따라, 식 (8.6)을 적분하면 다음과 같다.

$$q'''(\mathrm{r}) = E_d \overline{\Sigma}_{fr}\phi_T(\mathrm{r}) \tag{8.7}$$

여기서 $\overline{\Sigma}_{fr}$은 핵연료의 열중성자 핵분열 단면적이고 $\phi_T(\mathrm{r})$은 열중성자속이다. 다군 해석에서 식 (8.6)은 다음과 같은 형태로도 표현된다.

$$q'''(\mathrm{r}) = E_d \sum_{\mathrm{g}} \Sigma_{f\mathrm{g}}\phi_{\mathrm{g}}(\mathrm{r}) \tag{8.8}$$

여기에서 합은 모든 중성자 에너지군에 대하여 수행되고 표기법은 5.8절과 동일하다.

---

4 열생성과 유체흐름에 대한 다음의 표기법은 열전달 문헌에 잘 정립되어 있고, 이 장에서도 그대로 사용한다.

q''' : 출력밀도, 단위체적당 에너지 생성률; Btu/hr-ft³ 또는 kW/lit

q'' : 열유속; Btu/hr-ft² 또는 W/cm²

q' : 선출력; Btu/hr-ft 또는 kW/m

q: 열전달률; Btu/hr 또는 MW

원자로 내에서 중성자속은 원자로의 기하학적 구조에 의존한다. 반사체가 없는 유한한 원통형 원자로에 대해 많은 열제거 계산이 수행된 바 있다. 열중성자 원자로에서의 열중성자속은 다음과 같다(표 6.2 참조).

$$\phi_T(r,z) = \frac{3.63P}{E_R\overline{\Sigma}_f V} J_0\left(\frac{2.405r}{\widetilde{R}}\right)\cos\left(\frac{\pi z}{\widetilde{H}}\right) \tag{8.9}$$

여기에서 P는 J 단위의 원자로 총 출력이고, E_R도 역시 J 단위의 핵분열당 회수 가능한 에너지이다. V는 cm^3 단위의 원자로 체적이고, $\widetilde{R}$과 $\widetilde{H}$는 원자로 경계까지 외삽된 원자로 크기로서 cm 단위이다. 식 (8.9)를 얻는 과정에서, 핵연료가 원자로 내에 균일하게 분포되어 있고, $\overline{\Sigma}_f$는 cm^{-1} 단위의 혼합체 거시적 핵분열 단면적이라고 가정하였다.

식 (8.9)는, 등가의 균질 혼합물에 대한 $\overline{\Sigma}_f$ 값이 계산된다면, 핵연료가 분리된 봉들에 들어 있는 원자로의 중성자속 근사치를 구하는 데 사용될 수 있다. 반경 a와 길이 H를 갖는 n개의 핵연료봉을 가정해 보자. 만약 $\overline{\Sigma}_{fr}$가 핵연료봉의 거시적 핵분열 단면적이라면, 전체 노심에 대한 총 핵분열 단면적[5]은 $\overline{\Sigma}_{fr} \times n\pi a^2 H$이 된다. 노심 내에서 $\overline{\Sigma}_f$의 평균값은 다음과 같다.

$$\overline{\Sigma}_f = \frac{\overline{\Sigma}_{fr} n\pi a^2 H}{\pi R^2 H} = \frac{\overline{\Sigma}_{fr} n a^2}{R^2} \tag{8.10}$$

그리고 중성자속은 다음과 같이 주어진다.

$$\begin{aligned}\phi_T(r,z) &= \frac{3.63PR^2}{E_R\overline{\Sigma}_{fr} Va^2 n} J_0\left(\frac{2.405r}{\widetilde{R}}\right)\cos\left(\frac{\pi z}{\widetilde{H}}\right) \\ &= \frac{1.16P}{E_R\overline{\Sigma}_{fr} Ha^2 n} J_0\left(\frac{2.405r}{\widetilde{R}}\right)\cos\left(\frac{\pi z}{\widetilde{H}}\right)\end{aligned} \tag{8.11}$$

여기에서 $V = \pi R^2 H$을 대입하였다.

식 (8.11)에 주어진 ϕ_T에 대한 표현을 식 (8.7)에 대입하였을 때 단일 핵연료봉의 단위 체적당 열생성률은 다음과 같다.

---

5 거시적 단면적이 단위체적당 단면적임을 상기하라.

$$q'''(r,z) = \frac{1.16PE_d}{Ha^2nE_R} J_0\left(\frac{2.405r}{\widetilde{R}}\right)\cos\left(\frac{\pi z}{\widetilde{H}}\right) \tag{8.12}$$

q''' 을 얻기 위한 상기의 과정에서 핵연료봉의 반경방향 중성자 변화는 무시되었다. 식 (8.12)에서 q''' 의 반경 r에 대한 의존성으로부터, 개별 핵연료 내부가 아닌 노심 직경에 걸쳐 핵연료봉과 봉 간의 중성자속 변화를 구할 수 있다. 식 (8.12)의 유도과정에 나타난 바와 같이, q''' 은 각각의 핵연료봉에 대하여 상수가 되어야 한다. 이것은 열전달 계산, 특히 대부분의 원자로에서와 같이 지름이 작고 중성자 흡수가 적은(농축도가 낮은) 핵연료봉에 대해 심각한 오류를 초래하지 않는다.

식 (8.12)에 따르면, 원자로의 중앙($R = 0$)에 있는 핵연료봉에서도 중간 높이($z = 0$)에서 최대 열생성률이 나타나는 것이 확실하다. 이 경우, 식 (8.12)에 있는 두 개의 함수는 1이 되고 q''' 의 최댓값은 다음과 같이 나타난다.

$$q'''_{\max} = \frac{1.16PE_d}{Ha^2nE_R} \tag{8.13}$$

노심 중앙 이외의 지역에 있는($r \neq 0$) 핵연료의 최대 열생성률은 다음과 같다.

$$q'''_{\max}(r) = q'''_{\max} J\left(\frac{2.405r}{\widetilde{R}}\right) \tag{8.14}$$

어떤 특정 위치의 핵연료봉에서 생성되는 총 열출력은 다음과 같은 적분으로 나타난다.

$$q_r(r) - \pi a^2 \int_{H/2}^{H/2} q'''(r,z)dz$$

식 (8.12)의 $q'''(r,z)$을 대입하면 다음의 식을 얻는다.

$$\begin{aligned} q_r(r) &= \frac{1.16\pi PE_d}{HnE_R} J_0\left(\frac{2.405r}{R}\right)\int_{-H/2}^{H/2} \cos\left(\frac{\pi z}{H}\right)dz \\ &= \frac{2.32PE_d}{nE_R} J_0\left(\frac{2.405r}{R}\right) \end{aligned} \tag{8.15}$$

개방된 원통형 원자로에 대해 도출된 위의 식들은 실제 원자로의 열생성 계산에도 적용해야 하는 것으로 그 의미를 너무 중요하게 생각할 필요는 없다. 특히 식 (8.13)은 개방 원자로에 비하여 매우 작은 평균대-최대 중성자속비를 가지는 반사체를 가지거나 (혹은 가지고) 비균일 핵연료를 가진 원자로에 대하여 $q'''_{\max}$의 값을 과대 예측한다(6.3절 참조). 이 효과를 보기 위해 다음을 참조해 본다.

$$q'''_{\max} = \overline{\Sigma}_{fr} E_d \phi_{\max} \tag{8.16}$$

여기에서 $\phi_{\max}$는 열중성자속의 최댓값이다. 총 원자로 출력은 다음과 같이 주어진다.

$$P = \overline{\Sigma}_f E_R \phi_{\mathrm{av}} V \tag{8.17}$$

여기에서 ϕ_{av}는 평균 열중성자속이고 $\overline{\Sigma}_f$는 전체 노심 체적 V에 대해 평균한 거시적 핵분열 단면적이다. 식 (8.16)을 식 (8.17)로 나누고 재배열하면 다음의 식을 얻는다.

$$q'''_{\max} = \frac{P \overline{\Sigma}_{fr} E_d \phi_{\max}}{\overline{\Sigma}_f E_R \phi_{\mathrm{av}} V} = \frac{P \overline{\Sigma}_{fr} E_d \Omega}{\overline{\Sigma}_f E_R V} \tag{8.18}$$

여기에서 Ω는 평균대-최대 중성자속비이다. $\overline{\Sigma}_f$에 식 (8.10)을 대입하면 다음을 얻을 수 있다.

$$q'''_{\max} = \frac{P E_d R^2 \Omega}{a^2 n V E_R} = \frac{P E_d \Omega}{\pi H a^2 n E_R} \tag{8.19}$$

실제 원자로에 적절한 값으로 $\Omega = 2.4$를 가정한다. 식 (8.13)과 (8.19)를 비교하면 다음과 같다.

$$(q'''_{\max})_{\mathrm{actual}} = \frac{\Omega}{1.16\pi}(q'''_{\max})_{\mathrm{bare}} \simeq \frac{2}{3}(q'''_{\max})_{\mathrm{bare}}$$

예제 8.3

어떤 가압경수로의 외삽 크기는 $\tilde{R} = 67$ in., $\tilde{H} = 144$ in.이다. 이 원자로는 1,893 MW의 열출력으로 운전되며, 193개의 핵연료집합체를 포함하고, 각각의 핵연료집합체는 0.42 in.의 지름을 갖는 204개의 UO_2 핵연료봉으로 구성되어 있다. 핵연료집합체가 원자로에 균일하게 분포한다고 가정하였을 때, (a) 원자로 축, (b) 원자로 축으로부터 20 in.에 위치하고 있는 핵연료의 ft^3당 총 에너지 생성률과 최대 에너지 생성률을 계산하라.

풀이

1. 원자로 내에 $n = 193 \times 204 = 39{,}372$개의 핵연료가 있다. $E_d = 180$ MeV, $E_R = 200$ MeV를 가정하면, $r = 0$에 위치한 핵연료봉에 대하여 식 (8.15)를 적용하면 열생성률은 다음과 같다.

$$q_r(0) = \frac{2.32 \times 1893 \times 180}{39{,}372 \times 200} = 0.100 \text{ MW}$$

$$= 3.43 \times 10^5 \text{ Btu/hr}$$

식 (8.13), (8.14), (8,15)를 비교하면

$$q'''_{\max} = \frac{1}{2Ha^2} q_r(0)$$

이고, 따라서

$$q'''_{\max} = \frac{3.43 \times 10^5}{2 \times \left(\frac{144}{12}\right) \times \left(\frac{0.21}{13}\right)^2}$$

$$= 4.66 \times 10^7 \text{ Btu/hr} - \text{ft}^3 \text{ (482.3 kW/lit)}$$

2. $r = 20$ in.에 위치하는 핵연료봉에 대해서 비슷한 결과를 얻기 위해서는 식 (8.14)와 (8.15)에 나타난 변수를 이전 문제의 정답에 단지 곱하기만 하면 된다. 즉,

$$J_0\left(\frac{2.405r}{\tilde{R}}\right) = J_0\left(\frac{1.405 \times 20}{67}\right) - J_0(0.718) - 0.875$$

이 핵연료봉에 대해서는,

$$q_r(20 \text{ in}) = 3.43 \times 10^5 \times 0.875$$

$$= 3.00 \times 10^5 \text{ Btu/hr(87.9 kW)}$$

그리고

$$q'''_{\max}(20 \text{ in}) = 4.66 \times 10^7 \times 0.875$$

$$= 4.08 \times 10^5 \text{ Btu/hr} - \text{ft}^3 \text{ (4.2 kW/lit)}$$

방사선 가열

대략적으로 핵분열의 회수 가능한 에너지 중 약 10%가 핵연료 외부에 흡수된다. 열중성자 원자로에서는 핵분열 중성자의 운동에너지가 이 중성자가 발생된 핵분열과 거의 유사한 공간적인 분포를 가지면서 주변의 감속재와 냉각재에 축적된다. 핵분열 에너지의 단지 2~3%만이 이러한 형태로 나타나고 이러한 운동에너지는 노심에 균질하게 축적된다고 대부분 가정한다.

긴 이동거리를 갖는 감마선에 의한 에너지 축적 계산은 보다 어려운 문제이다. 이는 다음의 적분으로 계산될 수 있다.

$$q'''(\mathbf{r}) = \int \phi_\gamma(\mathbf{r}, E_\gamma) E_\gamma \mu_a(E_\gamma) dE_\gamma \tag{8.20}$$

여기에서 $\phi_\gamma(\mathbf{r}, E_\gamma)$은 위치와 에너지의 함수로 나타나는 감마선속, $\mu_a(E_\gamma)$는 선형흡수 계수이다. 감마선은 다중 콤프턴 산란(10장에서 논의)을 겪기 때문에 $\phi_\gamma(\mathbf{r}, E_\gamma)$의 계산은 복잡하다. 원자로용기나 열 차폐체와 같이 노심 외부의 무선원 영역에서의 감마선속은 대략 지수함수적으로 감소한다고 추정할 수 있다. 이 경우,

$$q'''(r) = \int e^{-\mu a(E_\gamma) r} \phi_{\gamma 0}(E_\gamma) E_\gamma \mu_a(E_\gamma) dE_\gamma \tag{8.21}$$

여기에서 $\phi_{\gamma 0}(E_\gamma)$는 이 영역에 입사되는 에너지의 함수로 주어지는 감마선속이다. 식 (8.21)은 종종 감마선 스펙트럼을 여러 에너지군으로 나누어 계산하기도 한다. 이 과정은 10.11절에 제시되어 있다.

핵분열 생성물 붕괴에 의한 가열

원자로 운전 개시 수일 후, 핵분열 생성물의 붕괴로부터 방출되는 베타선과 감마선은 원자로의 총 열출력의 약 7%에 해당한다. 원자로가 정지되면, 축적된 핵분열 생성물들은 지속적으로 붕괴하고 원자로 내에서 에너지를 방출한다. 이러한 핵분열 생성물 붕괴에너지는 절대적으로 매우 클 수 있고, 매우 낮은 출력으로 운전되는 원자로를 제외하고 모든 원자로에 원자로 정지 후 노심을 냉각하는 수단을 구비하여야 한다. 만약 이러한 수단이 구비되어 있지 않다면, 핵연료는 그 건전성이 훼손되어 핵분열 생성물이 방출되는 온도까

지 상승할 수 있다.

방사성 핵분열 생성물 농도가 평형에 도달할 만큼 충분히 긴 기간 동안 일정한 열출력 P_0로 운전되는 원자로를 생각해 보자. 핵분열 생성물의 생성률은 원자로 출력에 비례하기 때문에, 원자로가 정지된 이후의 특정 시간에서의 핵분열 생성물의 방사능 또한 P_0에 비례하게 된다. 따라서, 원자로 정지 후 시간 t_s에서 핵분열 생성물로부터 방출되는 붕괴열출력(에너지 방출률)을 $P(t_s)$라 하면, 비율 $P(t_s)/P_0$은 P_0와 무관하게 된다. 그림 8.3은 ^{235}U를 핵연료로 하는 열중성자 원자로에 대하여 이 비율을 t_s초의 함수로 나타낸 것이다. 이 그림은 200 MeV의 핵분열당 회수가능한 에너지에 근거하고 있다.

그림 8.3은 유한한 시간 t_0 동안 운전된 뒤 정지한 원자로에 대하여 핵분열 생성물의 붕괴열 값을 주는 데에도 또한 사용될 수 있다. 여기서 t_s가 냉각시간(원자로 정지)이면 비율 $P(t_0, t_s)/P_0$는 다음 식으로 구해진다.

$$\frac{P(t_0, t_s)}{P_0} = \frac{P(t_s)}{P_0} - \frac{P(t_0 + t_s)}{P_0} \tag{8.22}$$

이 방정식의 오른쪽 두 개의 항은 그림 8.3에서 읽을 수 있다.

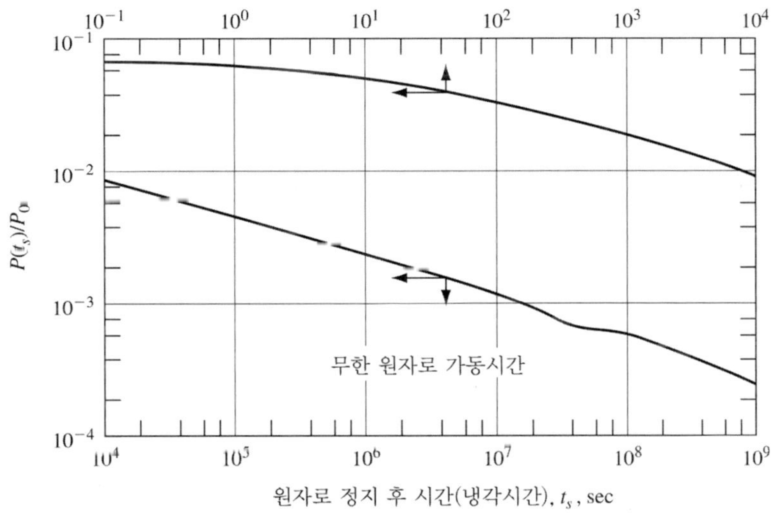

그림 8.3 원자로 정지 후 시간 t_s의 함수로 나타난 핵분열 생성물 붕괴열 출력과 원자로 출력 비

대부분의 ^{235}U 연료의 원자로는 중성자를 흡수하여 ^{239}Np로 붕괴하는 ^{239}U로 변환될 수 있는 ^{238}U을 매우 많이 포함하고 있다. ^{239}U의 ^{239}Np로의 붕괴에 따른 에너지 방출도 감안해야 한다. 2.9절에서 유도된 방사성 붕괴 방정식을 이용하여 다음을 쉽게 얻을 수 있다.

$$\frac{P_{29}}{P_0} = 2.28\times 10^{-3} C\left(\frac{\overline{\sigma}_{a25}}{\overline{\sigma}_{f25}}\right)\left[1-e^{-4.91\times 10^{-4} t_0}\right]e^{-4.91\times 10^{-4} t_s} \tag{8.23}$$

그리고

$$\frac{P_{39}}{P_0} = 2.17\times 10^{-3} C\left(\frac{\overline{\sigma}_{a25}}{\overline{\sigma}_{f25}}\right)\left[(1-e^{-3.41\times 10^{-6} t_0})e^{-3.41\times 10^{-6} t_s}\right]$$
$$-7.0\times 10^{-3}\left[(1-e^{-4.91\times 10^{-4} t_0})e^{-4.91\times 10^{-4} t_s}\right] \tag{8.24}$$

이 방정식들에서 P_{29}와 P_{39}는 각각 ^{239}U와 ^{239}Np의 붕괴열 출력, C는 원자로에 대한 변환계수, $\overline{\sigma}_{a25}$와 $\overline{\sigma}_{f25}$는 ^{235}U의 유효 열중성자 핵분열 단면적이다. t_0와 t_s는 초 단위이다.

예제 8.4

어떤 ^{235}U 연료 원자로가 1.5년간 825 MW의 열출력으로 운전된 후 정지하였다.

(a) 그림 8.3을 이용하여 다음 시간에서의 붕괴에너지를 계산하라: 정지 후 1시간, 정지 후 1년.

(b) 만약 원자로에 대한 변환계수 $C = 0.88$이면 이전 시간에서 ^{239}U와 ^{239}Np에 의한 붕괴에너지는 얼마인가?

풀이

1. 이 문제에서 P_0 = 825 MW이고 t_0 = 1.5년 = 1.5×3.16×10^7초이다. 그리고 정지 이후, t_s = 10^{-1}초(그림 8.3에서 가장 짧은 시간)이고, 식 (8.22)로부터

$$\frac{P}{P_0} = \frac{P(10^{-1})}{P_0} - \frac{P(4.74\times 10^7)}{P_0}$$

그림 8.3으로부터 이 값은

$$\frac{P}{P_0} = 0.70 - 0.0007 \simeq 0.070$$

그리고 P = 825×0.070 = 57.7 MW이다. t_s = 1시간 = 3.6×10^3초인 경우

$$\frac{P}{P_0} = \frac{P(3.6\times10^3)}{P_0} - \frac{P(4.74\times10^7)}{P_0}$$

$$= 0.014 - 0.0007 \simeq 0.014$$

따라서 $P = 825\times0.014 = 11.5$ MW이다. $t_s = 1$년 $= 3.16\times10^7$초, $t_0 + t_s = 7.90\times10^7$초인 경우

$$\frac{P}{P_0} = \frac{P(3.16\times10^7)}{P_0} - \frac{P(7.90\times10^7)}{P_0}$$

$$= 0.00079 - 0.00063 = 0.00016$$

$$P = 825\times0.00016 = 0.132\ \mathrm{MW}$$

2. 만약 $\bar{\sigma}_{a25}$와 $\bar{\sigma}_{f25}$에 대한 비-1/v 인자 사이의 차이를 무시한다면 $\bar{\sigma}_{a25}/\bar{\sigma}_{f25} = 681/582$. $t_0 = 4.74\times10^7$초이므로 식 (8.23)의 괄호 안 지수는 무시할 수 있다. $t_s = 0$을 이 식에 적용하면

$$\frac{P_{29}}{P_0} = 2.28\times10^{-3}\times0.88\times\frac{681}{582} = 2.35\times10^{-3}$$

이에 따라, $P_{29} = 825\times2.35\times10^{-3} = 1.95$ MW.

$t_s = 1$시간인 경우 $P_{29} = 1.95\exp[-4.9\times10^{-4}\times3{,}600] = 0.33$ MW.

$t_s = 1$년인 경우 ^{239}U의 반감기가 고작 23.5분에 불과하므로 $P_{29} \simeq 0$.

P_{39}에 대하여 식 (8.24)를 사용하면 결과는 다음과 같다: 정지 시 1.84 MW, 1시간 후 1.84 MW, 1년 후 0.

8.3 전도에 의한 열전달

에너지는 기본적으로 다른 두 가지 열전달 과정, 즉 *전도*(*conduction*)와 *대류*(*convection*)를 통하여 원자로에서 제거된다. 전도에서는 열이 물체 내에 존재하는 온도차의 결과로 한 물체 내의 한 지점에서 다른 지점으로 전달된다. 이때 이 물체의 어떤 부분에서도 거시적인 움직임은 없다. 이러한 메커니즘에 의하여 핵연료봉에서 생성된 열이 핵연료봉의 표면으로 전달된다. 열 대류는 온도차로 인하여 움직이는 액체나 기체로 열이 전달되는 것으로, 나중에 이 열은 다른 부위를 통해 제거된다. 핵연료봉의 표면으로 전도된 열은 대류에 의하여 냉각재로 전달되고 계통 외부로 이송된다. 이러한 대류 열전달은 8.4절에

서 논의한다.

열은 뜨거운 물체와 차가운 물체 사이에서 진공이나 희박한 공간을 통해 열복사의 형태로 전달될 수 있다. 이 과정은 몇몇 가스냉각 원자로를 제외하면 상대적으로 중요도가 낮아서 추가적으로 다루지 않는다.

열전도 방정식

균질한 매체에 대한 열전도를 지배하는 기본적인 관계는 *푸리에 법칙*(*Fourier's law*)이다.

$$\mathrm{q}'' = -k \,\mathrm{grad}\, T \tag{8.25}$$

여기에 *열유속*(*heat flux*)이라 불리는 q″가 정의되어 있고, q″ · n는 바깥 방향 단위 수직 벡터 n를 갖는 단위면적을 통한 열 유동률과 같다. 따라서 q″는 5장에서 정의된 중성자류 밀도벡터와 전적으로 유사하다. 영국식 단위계에서 q″는 Btu/hr-ft^{2}의 단위를 갖고, SI 단위계에서는 W/m^{2}의 단위를 갖는다. 식 (8.25)의 매개변수 k는 *열전도도*(*thermal conductivity*)라 불리고 영국식 단위계에서는 Btu/hr-ft-°F, SI 단위계에서는 W/m-K의 단위를 갖는다. 몇몇 중요 물질들에 대한 k값이 부록 IV에 수록되어 있다. 일반적으로 k는 온도의 함수이다. 식 (8.25)의 T는 온도이며, °F 또는 K의 단위를 갖는다. 식 (8.25)와 확산에 대한 픽의 법칙(Fick's law) 사이의 유사성은 특별히 주목해야 한다.

열이 생성되고 있는 물질의 임의의 체적 V를 고려해 보자. 에너지 보존으로부터, 정상상태 하에서 V의 표면으로부터의 순 열유량은 V 내에서의 열생성률과 같아야 한다. 만약 그렇지 않다면 물질의 온도는 바뀔 것이고 따라서 정상상태를 벗어나게 될 것이다. 이를 방정식의 형태로 나타내면 다음과 같다.

$$(V\text{로부터 나가는 순 열유량}) - (V\text{ 내에서의 열생성률}) = 0 \tag{8.26}$$

V의 표면으로부터의 순 열유량은 다음과 같다.

$$\text{열유량} = \int_A \mathrm{q}'' \cdot \mathrm{n}\, dA \tag{8.27}$$

여기서 벡터 $\mathbf{q}''$는 이미 정의한 바와 같고, $\mathbf{n}$은 표면에 수직인 단위벡터이다. 그리고 적분은 전 표면에 대하여 수행된다. 발산 정리로부터 식 (8.27)은 다음과 같아진다.

$$\text{열유량} = \int_V \text{div}\,\mathbf{q}''dV \tag{8.28}$$

체적 V 내에서의 총 열생성률은 다음과 같다.

$$\text{총 생성률} = \int_V q'''dV \tag{8.29}$$

여기에서 q'''은 단위체적당 열생성률이다.

식 (8.28)과 (8.29)는 이제 식 (8.26)에 대입할 수 있다. 같은 임의의 체적에 대해 적분이 수행되므로, 이들 피적분 함수들은 같아야 하며, 그에 따라 다음과 같은 식이 얻어진다.

$$\text{div}\,\mathbf{q}'' - q''' = 0 \tag{8.30}$$

이 결과는 열전달에 대한 *정상상태 전도도 방정식*(*steady-state equation of conductivity*)이고, 5.3절에서 중성자 확산과 연계하여 논의한 연속방정식(식 5.15)과 유사하다. 식 (8.30)에는 중성자 확산에서 다루는 흡수에 해당하는 항이 없고, 열은 중성자와 달리 단순히 매질 내에서 사라지지 않는다.

식 (8.25)의 푸리에 법칙을 식 (8.30)에 대입하고 그 결과를 상수로 가정한 k로 나누면, 결과는 다음과 같다.

$$\nabla^2 T + \frac{q'''}{k} = 0 \tag{8.31}$$

이 식을 *정상상태 열전도 방정식*(*steady-state heat conduction equation*)이라 부르며, *푸아송 방정식*(*Poisson's equation*) 형태를 가진다. 열원이 존재하지 않는 영역($q''' = 0$) 내에서 식 (8.31)은 다음과 같다.

$$\nabla^2 T = 0 \tag{8.32}$$

이 식을 *라플라스 방정식*(*Laplace's equation*)이라고 한다.

이러한 결과들은 이제 원자로에 관한 관심 있는 문제들에 적용된다. 주요 문제 중 하나는 주어진 최대 핵연료 온도에 대해서 핵연료 외부로 전달되어 최종적으로 냉각재가 제거하는 열유량을 계산하는 것이다. 최대 핵연료 온도는 안전상의 이유로 어떤 설정치를 초과해서는 안 된다.

판형 핵연료(plate-type fuel elements)

우선 그림 8.4에 보이는 것과 같이 중심에 있는 두께 $2a$의 핵연료 영역을 두께 b의 피복재가 둘러싼 판형 핵연료를 고려해 보자. 핵연료 내에서는 단위시간당 단위체적당 균질한 열량이 q''' Btu/hr-ft^3 혹은 kW/lit로 발생되고 있고, 그 내부는 정상상태 온도분포에 도달했다고 가정한다.

보통, 이러한 연료의 총 두께는 그 너비나 길이에 비해 작다. 이 연료의 모서리나 종단면을 통해 방출되는 열량은 매우 작아 무시하는 것도 타당하다. x가 연료의 중심에서 표면에 수직인 거리라면 열은 x방향으로만 흐른다(그림 8.4 참조). 연료 내의 온도 분포는 1차원 푸아송 방정식에 의하여 결정된다.

$$\frac{d^2T}{dx^2}+\frac{q'''}{k_f}=0 \tag{8.33}$$

여기에서 k_f는 연료의 열전도도이다.

식 (8.33)과 같은 이차 미분방정식에 대해서는 두 가지 경계조건이 정의되어야 한다. 위의 문제에서 이 두 가지 경계조건은 아래와 같다.

$$\text{(i)}\ T(0)=T_m$$

여기에서 T_m은 연료 내의 최대(중심 온도)이고, $x=0$에서

$$\text{(ii)}\ \frac{dT}{dx}=0$$

이다. 두 번째 조건은 연료의 중심에서 열이 이동하지 않는 대칭성을 따른다는 의미이다.

식 (8.33)을 두 번 적분하면 다음의 일반해를 얻는다.

$$T=-\frac{q'''}{2k_f}x^2+C_1x+C_2$$

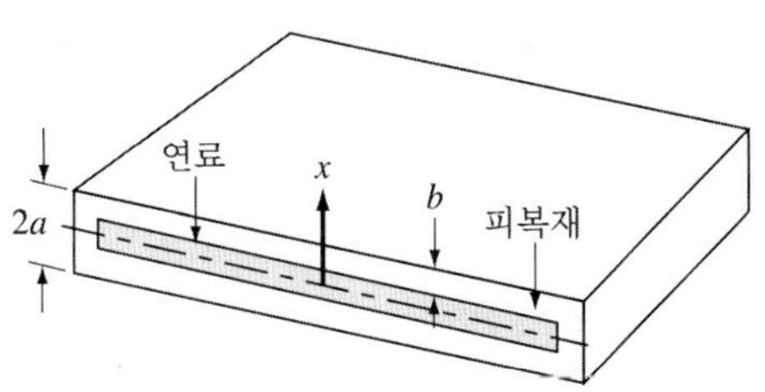

그림 8.4 판형 연료

여기에서 C_1과 C_2는 적분상수이다. $x = 0$을 대입하면 즉시 $C_2 = T_m$을 얻는다. 두 번째 조건을 고려하면 C_1은 0이 되어야 한다. 따라서 연료 내의 온도는 다음과 같다.

$$T = T_m - \frac{q'''}{2k_f}x^2 \tag{8.34}$$

이 방정식을 이용하여 연료의 표면(연료와 피복재의 경계) 온도 T_s를 얻을 수 있다. 식 (8.34)에 $x = a$를 대입하면,

$$T_s = T_m - \frac{q''' a^2}{2k_f} \tag{8.35}$$

연료에서의 총 열생성률은 q'''에 연료 체적인 $2Aa$를 곱한 것과 같다. 여기에서 A는 연료 한 면의 면적이다. 정상상태에서는 연료에서 생성된 모든 열이 연료 외부로 흘러 나가야 한다. 연료의 *한쪽 면*을 통해서 흐르는 열은

$$q = q''' Aa \tag{8.36}$$

이 결과는 또한 식 (8.34)에 푸리에 법칙을 적용하여 얻을 수도 있다. 열유속(단위면적당 열유량)은 다음과 같이 주어진다.

$$q'' = k_f \frac{dT}{dx}$$

여기에서 미분은 $x = a$에 대해 구한다. 식 (8.34)를 대입하고 미분을 수행하면 다음의 결과를 얻는다.

$$q'' = q''' a$$

연료의 한쪽 면을 통해 흘러나가는 총 열유량은

$$q = q'' A = q''' A a$$

이고, 이는 식 (8.36)과 같다.

식 (8.35)를 식 (8.36)에 대입하여 q'''을 제거한 형태로 표현하면 편리하다. 식 (8.35)를 q'''에 대해 풀고 그 결과를 식 (8.36)에 대입하면 다음과 같은 결과를 얻는다.

$$q = \frac{T_m - T_s}{a/2k_f A} \tag{8.37}$$

이 식은 전기에서의 옴의 법칙의 열전달 상사식이라 볼 수 있다.

$$I = \frac{V}{R} \tag{8.38}$$

여기에서 I는 전류, V는 전위차, R은 저항이다. 이 열전달 문제의 경우에서 q는 I에 해당하고 $T_m - T_s$는 전위차에 상사된다. 그리고 $a/2k_f A$는 *열저항*(*thermal resistance*)이라고 한다. 이러한 상사의 가치는 곧 분명하게 알 수 있다.

그림 8.4에 제시된 판형 연료 피복재 내의 온도 구배를 살펴보자. 이 영역에는 열생성이 매우 작거나 없기 때문에 $q''' = 0$이다. 그럼 열전도 방정식은 다음과 같다.

$$\frac{d^2 T}{dx^2} = 0 \tag{8.39}$$

이 식은 라플라스 방정식(식 8.32)의 가장 간략한 형태이다. 여기에서의 경계조건은

$$\text{(i)}\ \ T(a) = T_s$$
$$\text{(ii)}\ \ T(a+b) = T_c$$

이고 T_c는 피복재 외부 표면의 온도이다.

식 (8.39)를 두 번 적분하면

$$T = C_1 x + C_2$$

상수 C_1과 C_2는 조건 (i)과 (ii)를 사용하여 쉽게 얻을 수 있고, 온도에 대한 최종 결과식

은 다음과 같다.

$$T = T_s - \frac{x-a}{b}(T_s - T_c) \tag{8.40}$$

온도 T가 연료 영역에서는 이차함수의 형태인 반면에 열원이 없는 피복재에서는 위치에 대한 일차함수인 것은 주목할 만하다. 연료 내의 온도 분포는 그림 8.5에 제시되어 있다.

피복재 내에는 열원이나 열침원이 없기 때문에 연료로부터 피복재를 통과하는 모든 열은 피복재의 외부 표면으로 전도된다. 이 열유량은 식 (8.40)에 푸리에 법칙을 적용하여 얻어지는 열전도율과 표면적을 곱하여 얻을 수 있다. 이는

$$q = \frac{k_c A}{b}(T_s - T_c) \tag{8.41}$$

이고 여기에서 k_c는 피복재의 열전도도이다. 만약 식 (8.41)을 다음의 형태로 나타내면

$$T_s - T_c = q\left(\frac{b}{k_c A}\right)$$

이고 식 (8.37)은 아래와 같이 온도차에 대해 다시 쓸 수 있다.

$$(T_m - T_s) = q\left(\frac{a}{2k_f A}\right)$$

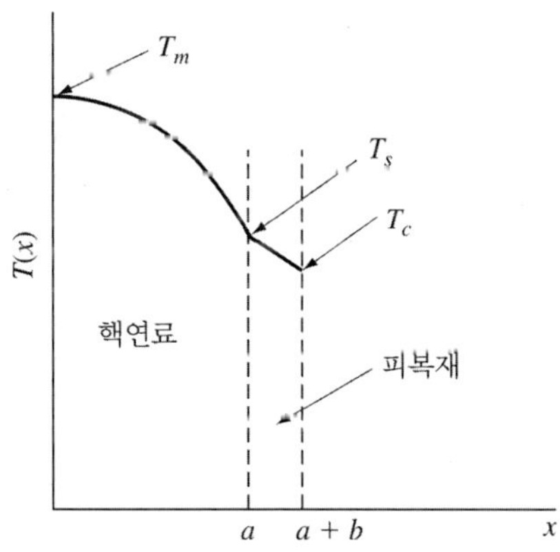

그림 8.5 판형 핵연료 두께 방향의 온도 분포

측정하기 어려운 매개변수 T_s는 마지막 두 방정식을 더하여 없앨 수 있다. 그 결과는

$$(T_m - T_c) = q\left(\frac{a}{2k_f A} + \frac{b}{k_c A}\right)$$

또는

$$q = \frac{T_m - T_c}{\dfrac{a}{2k_f A} + \dfrac{b}{k_c A}} \tag{8.42}$$

이 식은 판의 중심과 표면 간 온도차의 함수로 연료판의 한쪽 면을 통해 흐르는 열전달률을 나타낸다. 전기 상사성에서 $T_m - T_c$는 전위차이고

$$R = \frac{a}{2k_f A} + \frac{b}{k_c A} \tag{8.43}$$

은 연료와 피복재의 총 열저항이다.

식 (8.43)은 접촉된 두 물질에 연이어 열이 통과하는 상황은 마치 두 저항의 합을 총 저항으로 하는 두 개의 직렬 연결 저항에 걸리는 전위차에 상사될 수 있음을 보여 준다. 이 결론은 여러 개의 물질이 연결된 경우에 대해서도 일반화된다. 즉, 총 열저항은 각 물질의 열저항의 합이다.

식 (8.42)의 유도에서 연료와 피복재는 그들의 접촉점에서 완전 접촉되어 있다는 것을 가정하였다. 어떤 핵연료들은 두 물질 사이에 좁은 기체 영역을 가지고 있는 반면에 또 다른 핵연료들은 연료와 피복재 사이에 얇은 결합물질 영역을 가지고 있다. 전자의 경우에 총 열저항이 더 커지고 식 (8.43)에 적절한 저항을 더하여 구해진다. 주어진 연료 표면으로부터 제거되는 열유량에 대하여 핵연료 중심과 피복재 표면의 온도차 $T_m - T_c$는 더 증가하게 된다.

원통형 연료봉(cylindrical fuel rod)

두께 b의 피복재로 둘러싸인 반경 a의 긴 원통형 연료봉을 생각해 보자. 연료봉 내에서는 일정한 단위체적당 열유량 q'''가 생성되고 피복재의 열방출은 없다고 가정한다.

연료봉의 온도는 연료봉의 중심축으로부터의 거리 r만의 함수이다. 그래서 원통형 좌표계에서 열전도 방정식은 다음과 같다.

$$\frac{d^2T}{dr^2}+\frac{1}{r}\frac{dT}{dr}+\frac{q'''}{k_f}=0 \tag{8.44}$$

이 문제에 적합한 경계조건들은

(i) T는 연료봉 내에서 특이점(singularity)이 없다.

(ii) $T(0)=T_m$

이고, 여기에서 T_m은 연료의 중심 온도이다.

상기의 조건을 대입하면 식 (8.44)의 일반해는

$$T=-\frac{q'''r^2}{4k_f}+C_1\ln r+C_2$$

가 되고, 여기에서 C_1과 C_2는 적분상수이다. 위의 경계조건에 따라 $C_1=0$, $C_2=T_m$이 됨을 알 수 있다. 따라서 연료봉 내의 온도는 아래와 같다.

$$T=T_m-\frac{q'''r^2}{4k_f} \tag{8.45}$$

연료봉 내의 열생성률(연료봉 밖으로의 열유량)은

$$q=\pi a^2Hq''' \tag{8.46}$$

과 같고, 여기에서 H는 연료봉의 길이이다(대략 노심의 높이와 같다). 이 식을 q'''에 대해 풀고 식 (8.45)에 대입한다. 그리고 온도가 T_s인 $r=a$에 대해 정리하면

$$q=\frac{T_m-T_s}{1/(4\pi Hk_f)} \tag{8.47}$$

가 되고 식 (8.47)에서 연료의 열저항은 아래와 같이 주어진다.

$$R_f=\frac{1}{4\pi Hk_f} \tag{8.48}$$

피복재에 대한 열전도 방정식의 경우에는

$$\frac{d^2T}{dr^2}+\frac{1}{r}\frac{dT}{dr}=0$$

이고, 이 방정식의 해는

$$T=C_1 \ln r+C_2$$

적분상수 C_1과 C_2를 결정하기 위하여 다음의 경계조건을 사용하면

$$\text{(i) } T(a)=T_s$$

$$\text{(ii) } T(a+b)=T_c$$

다음의 식을 얻는다.

$$T=\frac{T_s \ln(a+b)-T_c \ln a-(T_s-T_c)\ln r}{\ln(1+b/a)} \tag{8.49}$$

푸리에 법칙으로부터 $r=a+b$에서 계산한 피복재를 통한 총 유량은

$$q=-2\pi(a+b)Hk_c\frac{dT}{dr}$$

식 (8.49)를 미분하면 다음을 얻는다.

$$q=\frac{2\pi Hk_c(T_s-T_c)}{\ln(1+b/a)} \tag{8.50}$$

따라서, 피복재의 열저항은 다음과 같이 되는데

$$R_c=\frac{\ln(1+b/a)}{2\pi Hk_c} \tag{8.51}$$

여기서 b는 많은 경우 a보다 매우 작다. 이 경우 다음과 같은 근사 관계에 의해

$$\ln\left(1+\frac{b}{a}\right)\simeq\frac{b}{a}$$

식 (8.51)은 다음과 같이 쓸 수 있다.

$$R_c \simeq \frac{b}{2\pi a H k_c} \tag{8.52}$$

연료의 중심과 피복재의 표면 사이의 전반적인 온도차를 사용하여 연료봉 외부로의 열유량을 다음과 같이 나타낼 수 있다.

$$q = \frac{T_m - T_c}{R_f + R_c} \tag{8.53}$$

여기에서, R_f는 식 (8.48)로 주어지고 R_c는 식 (8.51) 또는 (8.52)로 주어진다. 이 결과는 식 (8.47)을 $T_m - T_s$에 대해 풀고 식 (8.50)을 $T_s - T_c$에 대해 푼 후 두 식을 합하여 확인할 수 있다.

공간의 함수로 주어지는 열원(heat source)

평판과 원통형 연료봉에 대한 온도 분포와 열유량에 대한 앞의 두 계산에서는, 연료봉의 연료 영역에서 q'''로 일정하게 열이 생성되는 것을 가정하였다. 온도는 연료의 길이방향으로 변하지 않고, *전체* 연료봉으로부터 나오는 총 열유량을 연료봉의 중심과 표면 사이의 온도차와 관련됨을 보일 수 있었다.

8.2절을 통해 q'''은 다음과 같이 z방향 위치에 따라 변화함을 알게 되었다(식 8.12, 8.13 참조).

$$q''' = q'''_{\max} \cos\left(\frac{\pi z}{\widetilde{H}}\right) \tag{8.54}$$

여기에서 z는 연료봉의 중심으로부터 측정된다. 평판형 연료의 x, y 방향 또는 원통형 연료봉의 반경방향으로는 q'''의 변화는 무시할 만하다. 식 (8.54)와 같은 비균질 열생성률 분포는 연료봉의 길이방향으로 비균질 온도 분포를 만들 수 있다. 그러나 동력용 원자로에서 냉각재는 핵연료봉을 따라 흐르는 냉각재의 온도는 핵연료의 온도보다 현격히 낮으며, 핵연료봉 길이방향의 온도 구배도 반경방향 온도 구배보다 훨씬 적다. 결과적으로 연료 내에서 생성되는 열의 대부분은 연료봉의 표면 방향으로 직접 흐른다. z방향으로의 유량은 매우 적거나 없다.

이 절에서 수행된 계산을 q'''이 z의 함수인 경우로 일반화할 수 있다. 이것은 연료봉의 외부로 흐르는 전체 열유량 q를 연료봉의 표면적으로 나누면 된다. 그 결과 열유속 q''가 얻어지는데, 이는 q'''가 상수이면 위치에 무관하고, 상수가 아니면 위치에 따라 변하게 된다. 식 (8.46)을 피복된 연료봉의 면적인 $2\pi(a+b)H$로 나누면 다음이 얻어진다.

$$q''(z) = \frac{a^2}{2(a+b)} q'''(z) \tag{8.55}$$

이것은 z의 함수로 주어진 연료봉 표면에서의 열유속이다. 유사한 방법으로 $q''(z)$도 길이 z에 의존하는 온도차 $T_m - T_c$의 함수로 구할 수 있는데, 이는 식 (8.53)을 면적 $2\pi(a+b)H$로 나누면 된다.

$$q''(z) = \frac{T_m(z) - T_c(z)}{2\pi(a+b)H(R_f + R_c)} \tag{8.56}$$

예제 8.5

예제 8.3에 주어진 원자로의 연료봉이 지름이 0.42 in.인 연료부와 두께가 0.024 in.인 지르칼로이-4 피복재로 구성되어 있다. 각 봉은 길이가 12 ft이다. 노심 중앙에 위치한 연료봉의 중간 높이($z = H/2$)에서 연료봉 중심($r = 0$) 온도가 3,970°F로 주어질 때 이 위치에서 다음을 구하라.

(a) 연료봉으로부터의 열유속

(b) 피복재 외부 온도

풀이

1. 예제 8.3에서, 중심 연료봉의 중간에서 q'''은 4.66×10^7 Btu/hr-ft^3. 연료의 반경은 0.21/12 = 0.0175 ft, 그리고 피복재 두께는 0.024/12 = 0.002 ft. 식 (8.55)를 사용하면

$$\begin{aligned} q'' &= \frac{(0.0175)^2}{2(0.0175+0.002)} \times 4.66 \times 10^7 \\ &= 3.66 \times 10^5 \text{ Btu/hr-ft}^2 \\ &= 115.5 \text{ W/cm}^2 \end{aligned}$$

2. 표 IV.6으로부터 k_f = 1.1 Btu/hr-ft-°F, $kc \simeq$ 10 Btu/hr-ft-°F이다. 식 (8.48)로부터 연료의 열저항은

$$R_f = \frac{1}{4\pi \times 12 \times 1.1} = 6.03 \times 10^{-3} \text{ °F-hr/Btu}$$

로 주어지고, 식 (8.51)을 사용하면 피복재의 경우는

$$R_c = \frac{\ln(1+0.024/0.21)}{2\pi\times 12\times 10} = 1.43\times 10^{-4} \ \text{°F-hr/Btu}$$

가 된다. 따라서 총 저항은 6.17×10^{-3} °F-hr/Btu이다. 이 변수들을 식 (8.56)에 대입하면 아래와 같이 피복재 외부 온도가 얻어진다.

$$T_c = 3{,}970 - 2\pi(0.0175+0.002)\times 12\times 6.17 \times 10^{-3}\times 3.66\times 10^{5} = 650°\text{F}$$

지수함수 열원(exponential heat sources)

방사선 에너지가 지수적으로 축적되는 원자로 차폐체와 압력용기 내의 온도 분포와 열전달을 계산할 필요가 종종 있다. 그림 8.6에 나타낸 것과 같이 좌우 표면온도가 T_1과 T_2이고 두께가 a인 평판을 생각해 보자. 거리 x를 왼쪽 표면으로부터 측정하면, 열원 분포는

$$q''' = Se^{-\mu x} \tag{8.57}$$

과 같이 주어지며, 여기서 S와 μ는 상수이다. 감마선에 대해서 μ는 종종 선형흡수계수로 주어진다.

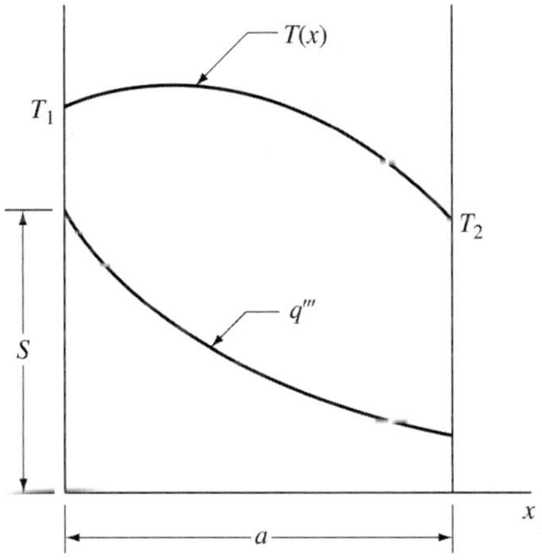

그림 8.6 지수적으로 분포하는 열원을 포함한 평판

식 (8.57)을 일차원 열전도 방정식(식 8.33)에 대입하면 아래와 같으며,

$$\frac{d^2 T}{dx^2} + \frac{S}{k} e^{-\mu x} = 0 \tag{8.58}$$

이 방정식의 일반해는 다음과 같이 쉽게 구할 수 있다.

$$T = C_1 x + C_2 - \frac{S}{k\mu^2} e^{-\mu x}$$

여기에서 상수 C_1, C_2는 다음의 경계조건을 사용하여 구할 수 있다.

$$T(0) = T_1, \quad T(a) = T_2$$

따라서, 온도 분포에 대한 최종 식은 아래과 같아진다.

$$T = T_1 + (T_2 - T_1)\frac{x}{a} + \frac{S}{k\mu^2}\left[1 - e^{-\mu x} - \frac{x}{a}(1 - e^{-\mu a})\right] \tag{8.59}$$

이 방정식은 방사선이 x에 따라 지수함수적으로 흡수되는 매질로부터 열제거율을 계산하는 출발점이 된다. 또한 이 방정식은 비균질한 온도 분포를 동반하는 열응력을 계산하는 데에도 사용된다. 이 장의 마지막에 있는 연습문제에서 보인 것처럼 특정 조건 하에서는 평판의 최대 온도가 T_1 또는 T_2보다 더 크게 상승할 수도 있다.

»» 8.4 냉각재로의 열전달

핵연료 내에서 생성되거나 다른 부위에서 방사선에 의해 축적된 열은 냉각재로 전달되며, 냉각재는 이 열을 원자로계통 밖으로 전달하는 역할을 한다. 가열되는 고체로부터 움직이는 유체(액체 또는 기체)로의 열전달을 기술하는 기본적인 관계는 *뉴턴의 냉각법칙* (*Newton's law of cooling*)이다.

$$q'' = h(T_c - T_b) \tag{8.60}$$

이 식에서 q''는 Btu/hr-ft^2-°F의 단위를 갖는 열유속이고 T_c는 고체 표면의 온도(핵연료의 경우 이것은 피복재의 외부 온도)이다. 그리고 T_b는 유체의 적절한 대표 온도이다.

열전달계수 값은 냉각재의 특성, 가열 면을 따라 흐르는 유동 형태, 냉각재 온도 등과 같은 많은 요소에 의해 결정된다. 실험 데이터로부터 h를 계산하는 방법들은 이 장 후반부에 제시된다. 현 시점에서는 동력용 원자로의 냉각재에 적용할 수 있는 h값의 범위에 관심이 있다. 경수와 중수에 대해서 h는 5,000 ~ 8,000 Btu/hr-ft^2-°F (25 ~ 45 kW/m^2 K) 사이의 값을 갖는다. 기체에 대해서는 10 ~ 100 Btu/hr-ft^2-°F (55 ~ 550 W/m^2 K) 사이의 값을 갖는다. 액체 소듐의 경우는 4000 ~ 50000 Btu/hr-ft^2-°F (20 ~ 300 kW/m^2 K) 사이의 값을 갖는다.

대부분의 원자로 열전달 문제에서 유체는 잘 정의된 냉각재 유로 내에서 연료에 접촉하여 흐른다. 유체의 온도는 일반적으로 각 유로 위치에 따라 다르기 때문에 시 (8.60)의 온도 T_b를 정의하는 방법은 다양하다. 대부분의 열전달 계산에서 T_b는 유체의 *혼합 평균* (*mixed mean*) 또는 *총체적 온도*(*bulk temperature*)를 사용한다. 이것은 다음과 같이 정의된다.

$$T_b = \frac{\int \rho c_p v\, T dA_c}{\int \rho c_p v dA_c} \tag{8.61}$$

여기에서 ρ는 유체의 밀도, c_p는 비열, v는 유체의 속도, T는 온도, dA_c는 유로 미분 면적이다. 적분은 유로의 단면적에 대해 수행된다. 식 (8.61)에 의해 정의된 총체적 온도 T_b는 그 유체가 단열조건 하에서 혼합될 때(유로를 빠져나온 유체를 단열 용기 내에 모아 완전히 혼합했을 때 얻을 수 있는 조건) 가질 수 있는 온도이다. h의 측정값은 일반적으로 유체의 총체적 온도의 함수로 주어진다.

고체와 유체 사이의 면적 A를 통한 총 열유량은 다음과 같다.

$$q = q''A = hA(T_c - T_b) \tag{8.62}$$

전기회로에 대한 옴의 법칙 형태로 쓰면 식 (8.62)는 다음과 같다.

$$q = \frac{T_c - T_b}{1/ha} \tag{8.63}$$

이 방정식의 분모는 대류 열전달의 열저항이다.

$$R_h = \frac{1}{hA} \tag{8.64}$$

이제 앞 절에서 고려되었던 연료 문제로 되돌아가서 연료의 중심 온도와 유체 사이의 주어진 온도차에 대해서 냉각재로의 열전달률을 계산할 수 있다. 피복재를 가진 평판 핵연료에 대해서 총 열저항은 식 (8.43)과 식 (8.64)의 합으로 주어진다.

$$R = \frac{a}{2k_f A} + \frac{b}{k_c A} + \frac{1}{hA} \tag{8.65}$$

그리고 연료의 한쪽 면을 통해 유체로 전달되는 총 열유량은 다음과 같다.

$$q = \frac{T_m - T_b}{\dfrac{a}{2k_f A} + \dfrac{b}{k_c A} + \dfrac{1}{hA}} \tag{8.66}$$

유사한 방법으로, 식 (8.48)과 (8.51)로부터 피복재를 포함한 원통형 연료봉의 총 열저항은

$$R = \frac{1}{4\pi H k_f} + \frac{\ln(1 + b/a)}{2\pi H k_c} + \frac{1}{hA} \tag{8.67}$$

이고, 여기에서 $A = 2\pi(a+b)H$이다. 만약 $b \ll a$이면

$$R = \frac{1}{4\pi H k_f} + \frac{b}{2\pi a H k_c} + \frac{1}{hA} \tag{8.68}$$

가 되고, 각 경우에 냉각재로의 열전달률은

$$q = \frac{T_m - T_b}{R} \tag{8.69}$$

위의 결과들은 연료의 열생성이 축방향 위치 z에 무관하게 균질한 경우에 적용되지만, q'''이 z의 함수로 나타나는 보다 실제적인 상황으로도 일반화할 수 있다. 이 절에서 설명하듯이 연료 내에서 생성된 열의 대부분은 연료봉의 중심축에 수직방향으로 냉각재로 직접 전달된다. 따라서 식 (8.69)의 q를 연료봉 표면적으로 나눈 열유속에 대한 표현식은 연

료봉 축방향의 모든 위치에 대해 유효하다. 원통형 연료봉에 대해 다음 관계식이 성립하므로

$$q''(z) = \frac{T_m(z) - T_b(z)}{2\pi(a+b)HR} \tag{8.70}$$

이를 피복재의 외부 온도 T_c를 사용하여 나타내면

$$q''(z) = \frac{T_c(z) - T_b(z)}{2\pi(a+b)HR_h}$$

$$= h[T_c(z) - T_b(z)]$$

이고, 이것은 다름 아닌 식 (8.60)에 제시된 뉴턴의 법칙이다.

예제 8.6

예제 8.3과 8.5에 사용된 연료봉들이 가압된 물로 냉각된다. 열전달계수가 7500 Btu/hr-ft^2-°F로 주어질 때 연료봉에서 가장 고온인 중간 위치에서의 물의 총체적 온도를 구하라.

풀이

예제 8.5에 따라, 문제의 지점에서 $q'' = 3.66 \times 10^5$ Btu/hr-ft^{2}이고 $T_c = 650$°F이다. 식 (8.60)에서

$$T_b = 650 - 3.66 \times 10^5 / 7{,}500$$

$$= 601°\text{F}$$

이 지점에서 체적당 열생성률 q'''은 가장 크지만, 그렇다고 냉각재 온도가 가장 높은 것은 아니다. 그 이유에 대해서는 나중에 논의할 것이다.

냉각재 유로의 축방향 온도

냉각재는 핵연료봉을 따라 움직이면서 열을 흡수한다. 결과적으로, 위치에 따른 흡수열 크기에 상관없이 냉각재 온도는 지속적으로 상승한다. 아래 식과 같이 어떤 핵연료봉으로부터 방출되는 열은 축방향 위치에 따라 비균질하므로 온도 증가는 일정한 비율을 갖지 않는다.

$$q''' = q'''_{\max} \cos\left(\frac{\pi z}{\widetilde{H}}\right) \tag{8.71}$$

이 방정식은 핵연료봉의 중심($r = 0$)에 적용된다. 다른 연료봉에 대해서는 q'''에 $J_0(2.405r/\widetilde{R})$을 곱해야 한다.

우선, 노심 구석에 위치한 연료봉을 제외한 연료봉들은 모두 개별 냉각재 유로와 접해 있다는 것에 유의해야 한다. 이 유로는 인접한 4개의 연료봉 사이에 끼인 냉각재 체적으로 정의하거나 또는 각 연료를 둘러싼 단위 셀 안의 냉각재 체적으로 정의할 수도 있는데, 각 연료는 이 유로의 냉각재에 접한 면적만큼의 열을 냉각재에 전달하게 된다. 그림 8.7에 제시된 연료봉의 사각 배열에서 알 수 있듯이, 위의 두 경우 모두 하나의 연료봉 표면적과 관련된 냉각재 체적은 동일하다.

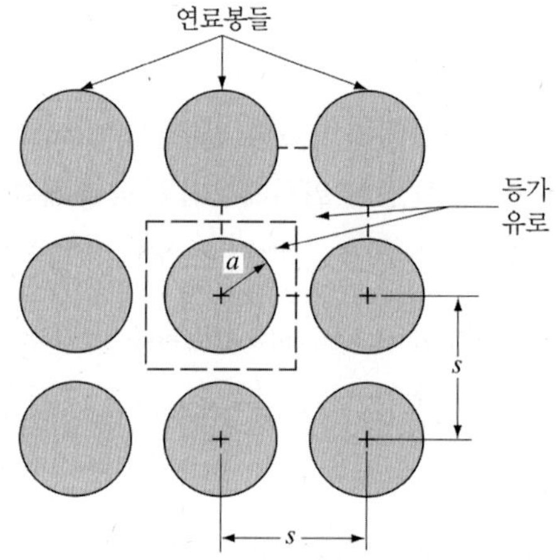

그림 8.7 사각 연료봉 구조에서 유효 냉각 유로

핵연료 내에서 열이 식 (8.71)과 같이 생성될 때, 냉각재와 연료의 온도 변화를 z의 함수로 계산하는 간단한 방법은 다음과 같다. 냉각재가 한 유로를 따라 흐를 때 이 유로 내에서 축방향 두께 dz만큼의 냉각재 체적을 생각해 보자. A_c가 유로의 단면적이라면 이 체적은 $A_c dz$와 같고, ρ가 냉각재 밀도이면 질량은 $\rho A_c dz$이다. 유체가 유로를 따라 축방향으로 dz만큼 진행함에 따라 연료로부터 열을 흡수하고 이에 따라 유체의 온도는 dT_b만큼 상승한다.[6] dT_b만큼의 온도 변화를 일으키는 데 필요한 열량은

$$\rho A_c dz c_p dT_b$$

이고, 여기에서 c_p는 비열이다. 이 양을 냉각재가 축방향으로 dz만큼 움직이는 데 필요한 시간 dt로 나누면 유체로의 열전달률을 얻을 수 있다. 따라서,

$$dq = \rho A_c \frac{dz}{dt} c_p dT_b = \rho A_c v c_p dT_b$$

이고, 여기에서 v는 유체의 속도이다. 그러나 $\rho A_c v$가 유로를 따라 흐르는 냉각재의 유량 w와 같으므로,

$$dq = w c_p dT_b \tag{8.72}$$

연료에서 생성되는 열의 대부분은 연료 내부를 통해서가 아니라 냉각재로 직접 전달된다. A_f가 연료봉 내에서 연료가 차지하는 단면적일 때, 식 (8.72)의 미분 열유량 dq는 연료 체적 $A_f dz$ 내에서 생성된다. 따라서, 다음과 같이 되며

$$w c_p dT_b = q''' A_f dz$$

식 (8.71)에서 함수 q'''을 이용하고, 온도가 T_{b0}인 냉각재 유로 입구($z = -H/2$)로부터 임의의 축방향 위치 z까지 적분하면

$$\begin{aligned} T_b &= T_{b0} + \frac{q'''_{\max} A_f H}{\pi w c_p}\left[1 + \sin\left(\frac{\pi z}{\widetilde{H}}\right)\right] \\ &= T_{b0} + \frac{q'''_{\max} V_f}{\pi w c_p}\left[1 + \sin\left(\frac{\pi z}{\widetilde{H}}\right)\right] \end{aligned} \tag{8.73}$$

이 되고, 여기에서 V_f는 연료봉 내에서 연료가 차지하는 체적이다.

식 (8.73)을 이용하여 중심 또는 *최고온* 유로의 축방향 위치 z의 함수로 냉각재 온도를 계산할 수 있다. 다른 유로의 위치별 온도는 식 (8.73)의 두 번째 항에 $J_0(2.405r/\widetilde{R})$을 곱하여 얻을 수 있다. 식 (8.73)에 따라, 냉각재는 축방향 유로를 따라 진행하며 온도가 점점 상승하고 출구에서는 다음과 같은 최댓값에 이르게 된다.

---

6 이 논의 중에는, 냉각재는 비등하지 않는다고 가정한다. 비등이 있는 경우, 흡수된 열은 일정 온도에서 냉각재의 기화에 사용된다.

$$T_{b,\max} = T_{b0} + \frac{2q'''_{\max} V_f}{\pi w c_p} \tag{8.74}$$

이러한 T_b의 유로(축) 방향 변화 추이를 그림 8.8에 제시하였다. 노심의 중앙 또는 가장 고온의 유로 이외의 유로를 통해 흘러 나가는 유체도 물론 출구에서 최대 온도에 이르지만 가장 고온의 유로를 통해 나가는 유체의 출구 온도보다는 당연히 낮다.

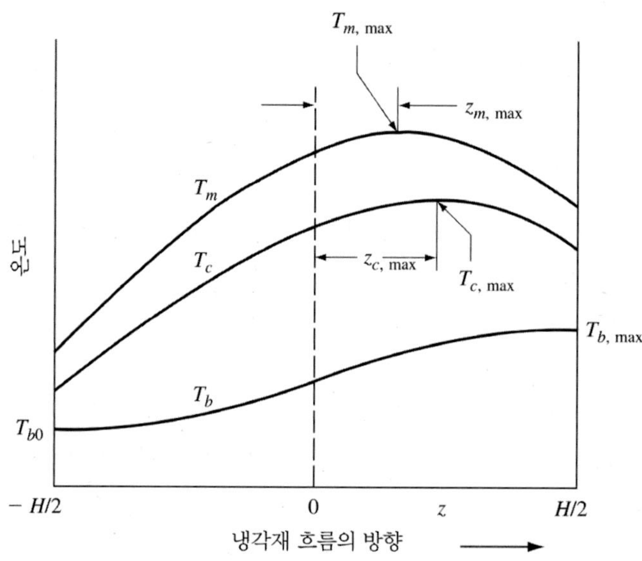

그림 8.8 냉각재 유로 축방향 위치의 함수로 주어지는 연료의 온도 T_m, 피복재 표면온도 T_c, 냉각재의 총체적 온도 T_b

핵연료 피복재 원주가 C_c일 때, 냉각재가 연료봉을 따라 축방향으로 길이 dz만큼 진행하는 동안 개별 핵연료봉에서 냉각재로 전달된 열량은 $hC_c dz(T_c - T_b)$이므로, 이제 피복재 표면온도인 T_c도 유로의 축방향 위치의 함수로 구할 수 있게 되었다. 이 열량은 길이 dz 내에서 생성되는 단위체적당 열유량 $q'''_{\max} A_f dz \cos(\pi z/\widetilde{H})$과 같아야 하므로, 다음 등식이 성립한다.

$$hC_c(T_c - T_b) = q'''_{\max} A_f \cos\left(\frac{\pi z}{\widetilde{H}}\right)$$

식 (8.73)에 주어진 T_b를 위 식에 대입하고 T_c에 대해 정리하면,

$$T_c = T_{b0} + \frac{q'''_{\max} V_f}{\pi w c_p}\left[1+\sin\left(\frac{\pi z}{\widetilde{H}}\right)\right] + \frac{q'''_{\max} A_f}{h C_c}\cos\left(\frac{\pi z}{\widetilde{H}}\right)$$

이 된다. 이 식은 다시

$$T_c = T_{b0} + \frac{q'''_{\max} V_f}{\pi w c_p}\left[1+\sin\left(\frac{\pi z}{\widetilde{H}}\right)\right] + q'''_{\max} V_f R_h \cos\left(\frac{\pi z}{\widetilde{H}}\right) \tag{8.75}$$

와 같이 정리할 수 있는데, 여기에서 R_h는 냉각재에 대한 대류 열전달 저항이다(식 8.64 참조).

연료 중심 온도 T_m도 식 (8.73)을 사용하여 축방향 위치에 따라 계산할 수 있다. 우선, 연료의 미분 두께 dz 체적에서 생성되는 모든 열은 냉각재 dz 체적으로 직접 전달된다고 가정한다. 이 열유량은 연료와 냉각재의 dz 두께 체적에 대한 총 열저항으로 온도차 $T_m - T_b$를 나누어 구할 수 있다. 이 열저항은 앞 절에서 구한 연료 전장에 대한 열저항에 dz/H를 곱하여 간단히 얻을 수 있다. 열생성률과 열유속과의 관계를 이용하면

$$\frac{T_m - T_b}{H} = q'''_{\max} A_f R \cos\left(\frac{\pi z}{\widetilde{H}}\right)$$

이 되고, 여기에서 열저항 R은 판형 핵연료봉에 대해서는 식 (8.65), 원통형 핵연료봉에 대해서는 식 (8.67)이나 식 (8.68)로 주어진다. 이 식을 T_m에 대해 정리한 후, 식 (8.73)으로부터 T_b를 대입하면 최종적으로 다음 식을 얻는다.

$$T_m = T_{b0} + \frac{q'''_{\max} V_f}{\pi w c_p}\left[1+\sin\left(\frac{\pi z}{\widetilde{H}}\right)\right] + q'''_{\max} V_f R \cos\left(\frac{\pi z}{\widetilde{H}}\right) \tag{8.76}$$

식 (8.75)와 (8.76) 곡선에 대한 그림이 그림 8.8에 나타나 있다. T_c와 T_m 모두 유로를 따라가며 증가하는데 연료의 축방향 중간 위치를 지나 유로 상단에서 최댓값에 도달하는 것을 이 그림에서 분명히 알 수 있다. 이와 같이 축방향으로 단위체적당 열생성률 q'''이 최대인 중간 위치에서가 아닌 이를 지난 지점에서 최대 온도가 발생하는 데에는 두 가지 이유가 있다. 첫째, 냉각재 온도 T_b가 이 중간지점을 지나도 지속적으로 상승한다. 둘째, 열유속 q''은 q''' 값에 의해서만 결정되고, q'''은 코사인함수로 주어지므로 $z = 0$ 근처에서는 매우 서서히 감소한다. 하지만 온도차 $T_m - T_b$는 열유속 q''가 결정한다. 따라서 냉각

재 온도 T_b가 증가할 때 실제 열유속 q''이 나타나기 위해서는 반드시 T_m 또한 증가해야 한다. 이 지점을 지나면 유로를 따라 q''은 더 급격히 감소하기 시작하여 결국 T_m도 감소하게 된다. 이와 같이 T_b의 단순 증가와 q''의 감소라는 복합적인 효과로 인해 핵연료(및 피복재)의 최대 온도 위치가 결정되는 것이다.

이러한 최대 온도 발생 위치를 찾기 위해서는, T_c와 T_m의 미분값을 0으로 놓으면 된다. 이 조건을 식 (8.75)에 적용하면 최대 피복재 온도는 아래와 같으며

$$z_{c,\max} = \frac{\widetilde{H}}{\pi}\cot^{-1}(\pi w c_p R_h) \tag{8.77}$$

비슷한 방법으로, 식 (8.76)으로부터 최대 핵연료 중심 온도는 다음과 같다.

$$z_{m,\max} = \frac{\widetilde{H}}{\pi}\cot^{-1}(\pi w c_p R) \tag{8.78}$$

T_c와 T_m의 실제 최댓값은 식 (8.77)과 (8.78)을 식 (8.75)와 (8.76)에 대입하면 얻을 수 있다. 다소의 삼각법을 통하여 다음의 결과를 쉽게 얻을 수 있다.

$$T_{c,\max} = T_{b0} + q'''_{\max} V_f R_h \left[\frac{1+\sqrt{1+\alpha^2}}{\alpha}\right] \tag{8.79}$$

여기에서

$$\alpha = \pi w c_p R_h \tag{8.80}$$

그리고

$$T_{m,\max} = T_{b0} + q'''_{\max} V_f R \left[\frac{1+\sqrt{1+\beta^2}}{\beta}\right] \tag{8.81}$$

가 되며, 여기에서

$$\beta = \pi w c_p R \tag{8.82}$$

T_b, T_c와 T_m에 대해 z의 함수로 주어지는 앞의 계산들은 매우 근사적이며, 이 온도들에 대해 아주 정성적인 추이만을 제공한다. 그러나 이 결과들은 z방향으로의 전도 열전달이 무시할 수 없이 큰 액체금속 냉각재에는 적용할 수 없다. 위의 식 유도과정 또한 국부적으로 비등하는 냉각재에는 적용할 수 있지만, 전 체적에 걸쳐 비등이 일어나는 냉각재에는 적용할 수 없다.

예제 8.7

예제 8.3과 8.5에 서술한 원자로의 노심으로 가압된 물이 543°F의 온도로 유입되고 핵연료봉을 따라 3,148 lb/hr의 유량으로 지나간다.

(a) 최고온 유로에서 냉각재의 출구 온도는 얼마인가?

(b) 이 유로에서 핵연료와 피복재의 최대 온도는 얼마인가?

풀이

1. 연료봉에서 연료가 차지하는 체적은

$$V_f = 1.15 \times 10^{-2}\,\mathrm{ft}^2$$

예제 8.3으로부터 $q'''_{\max} = 4.66 \times 10^7$ Btu/hr-ft^{3}이고, 표 IV.3에서 c_p는 약 1.3 Btu/lb-°F이다. 식 (8.74)를 사용하면

$$\begin{aligned} T_{b,\max} &= 543 + \frac{2 \times 4.66 \times 10^7 \times 1.15 \times 10^{-2}}{\pi \times 3148 \times 1.13} \\ &= 543 + 83 = 626°\mathrm{F} \end{aligned}$$

2. 식 (8.64)와 예제 8.6으로부터 총 대류 열저항은

$$R_h = 1/7{,}500 \times 2\pi(0.0175 + 0.002) \times 12 = 9.07 \times 10^{-5}\,°\mathrm{F\text{-}hr/Btu}$$

최대 피복재 온도의 위치는 식 (8.77)로 구할 수 있다.

$$\begin{aligned} z_{c,\max} &= \frac{12}{\pi}\cot^{-1}(\pi \times 3148 \times 1.3 \times 9.07 \times 10^{-5}) \\ &= \frac{12}{\pi}\cot^{-1}(1.17) = 2.71\ \mathrm{ft} \end{aligned}$$

T_c의 최댓값은 유로의 축방향 중간으로부터 2.71 ft만큼 위쪽에서 발생한다. 식 (8.80)의 α는 1.17이고 식 (8.79)로부터 최대 피복재 온도는

$$\begin{aligned} z_{c,\max} &= 543 + 4.66 \times 10^7 \times 1.15 \times 10^{-2} \\ &\quad \times 9.07 \times 10^{-5} \times \frac{1 + \sqrt{1 + (1.17)^2}}{1.17} \\ &= 649°\mathrm{F} \end{aligned}$$

예제 8.5의 연료에 대하여 $R_f + R_c = 6.17 \times 10^{-3}$이다. 따라서 총 열저항 R은 $6.17 \times 10^{-3} + 9.07 \times 10^{-5} = 6.26 \times 10^{-3}$ °F-hr/Btu. 식 (8.78), (8.81), (8.82)를 사용하면 $\beta = 80.5$, $z_{m,\max} = 0.047$ ft가 된다(연료의 온도는 연료의 중간지점 바로 위에서 가장 높다). 그리고 $T_{m,\max} = 3{,}940°\mathrm{F}$가 된다.

열전달계수 — 비금속 냉각재

대류에 의해 흐르는 유체로 열이 전달되는 정도, 즉 이를 표현하는 대류 열전달계수 값은 냉각재 유로를 따라 흐르는 유체의 세부 거동에 좌우된다. 만일 미시적 수준에서 유체의 모든 부분들이 유로 벽면과 평행하게 흐른다면, 핵연료로부터의 열은 대부분 전도에 의해서 반경방향으로 냉각재에 전달될 것이다. 이러한 유동을 *층류*(*laminar*)라고 한다. 만약 유체 내에서 반경방향 속도 성분의 변동(fluctuation)이 클 경우에는, 벽면 부위에서 일부분의 유체에 포획된 열은 이 반경방향 속도 성분에 의해 유로의 안쪽으로 이송된다. 이것이 *난류*(*turbulent*)에 대한 묘사이다. 다른 조건들이 같다면 층류보다 난류에 의해 열은 보다 빠르게 유체로 전달된다. 일반적으로, 냉각재가 펌프에 의해 계통을 흐르는 경우에는 (자연 대류로 냉각되는 원자로와는 반대로) 냉각재 유동은 난류 조건이 된다.

난류 하에서 냉각재의 내부 움직임이 유발하는 결과 중 하나는 (냉각재 혼합이 촉진되어) 냉각재 유로 내에서 온도 분포가 다소 균질해지는 경향이 있다는 것이다. 그림 8.9에 제시된 바와 같이 ,연료 근처에서 냉각재 온도는 연료로부터의 거리에 따라 급격히 낮아져, 유체의 총체적 온도와 같아진다. 이는 온도가 위치에 따라 보다 선형적으로 변화하는 열전도의 경우와는 현저하게 대비된다. 비록 난류 조건 하에서도 일부 열은 항상 전도에 의해 냉각재 안쪽으로 전달되지만, 비금속 냉각재에 대해서는 이러한 열전달 양은 무시할 만큼 작다. 일반적인 물의 경우, 난류 조건에서는 1% 이하의 열전달이 전도에 의하여 발생한다.

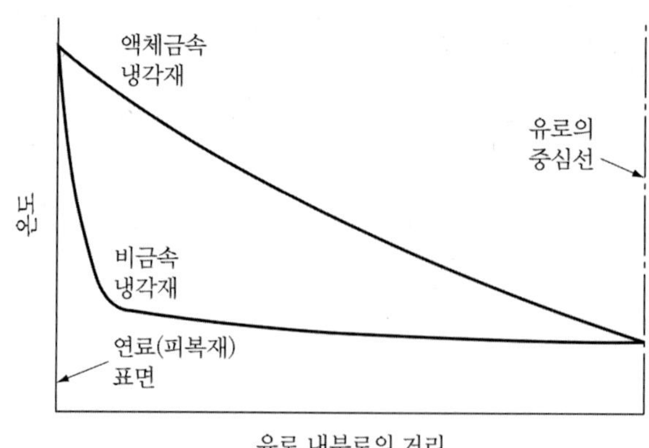

그림 8.9 난류 조건에서 비금속과 액체금속 냉각재의 온도 분포

유체의 유동은 다음과 같이 정의되는 *레이놀즈수*(*Reynolds number*)라는 무차원 변수로 특징지을 수 있다.

$$\mathrm{Re} = \frac{D_e v \rho}{\mu} \tag{8.83}$$

여기에서 D_e는 나중에 논의할 냉각재 유로의 *등가 직경*(*equivalent diameter*)이고, v는 유체의 평균 속도, ρ는 유체의 밀도, μ는 유체의 점도이다. D_e의 값은 다음과 같이 계산된다.

$$D_e = 4 \times \frac{\text{냉각재 유로 단면적}}{\text{냉각재 유로의 윤변}} \tag{8.84}$$

이 식에서 *윤변*(*wetted perimeter*)은 유로의 전체 둘레 중에서 구조적으로 유체에 항력을 발생시키는 부분을 말한다. 냉각재를 이송하는 속이 빈 파이프의 경우, 윤변은 단순히 파이프의 축에 수직인 단면의 둘레가 된다. 내부 반지름이 a인 원형 파이프에 대해 식 (8.84)의 분자는 πa^2이고 분모는 $2\pi a$가 되어 $D_e = 2a$, 즉 실제 파이프의 지름이 된다. 그림 8.7에 제시된 것과 같은 피치 s의 사각 배열 내에 반경 a의 봉이 다발 구조로 배치된 경우, 단일 냉각재 유로의 단면적은 $s^2 - \pi a^2$과 같고, 윤변은 $2\pi a$이다. 식 (8.84)에 따라

$$D_e = 2 \times \frac{s^2 - \pi a^2}{\pi a} \tag{8.85}$$

대부분의 유체 유동은 레이놀즈수 약 2,000까지 층류라는 것이 실험적으로 밝혀졌다. 2,000에서 10,000 사이에서는 일부는 층류, 일부는 난류 유동이 나타나고, 각각의 비율은 냉각재 유로의 구조적인 특징, 유로 벽면 거칠기, 그리고 다른 요소들에 따라 결정된다. Re = 10,000 이상에서 유체는 완전 발달된 난류 유동이 된다. 레이놀즈수가 크다는 것은 난류가 많다는 것이며, 이는 높은 열전달계수, 그에 따라 주어진 피복재와 냉각재 간 온도차에 대해 열전달률도 크다는 것을 의미한다.

예제 8.8

예제 8.5에 설명한 연료봉들이 0.600 in.의 피치를 갖는 사각 배열로 배치되어 있다. 이 연료봉들은 15.6 ft/sec의 속도로 흐르는 가압된 물(P = 2,000 psi)에 의해 냉각된다. 물의 온도를 600°F로 가정하였을 때 이 냉각재 유동의 레이놀즈수를 계산하라.

풀이

연료봉의 반경은 0.210 + 0.024 = 0.234 in.이다. 식 (8.85)로부터 등가 직경은

$$D_e = 2\times\frac{(0.6)^2-\pi(0.234)^2}{\pi\times 0.234} = 0.512\text{ in.} = 0.0427\text{ ft}$$

이며, 유동 속도는 15.6×3,600 = 56,200 ft/hr이다. 표 IV.3으로부터 600°F, 2,000 psi인 경우 ρ = 42.9 lb/ft^3, μ = 0.212 lb/hr-ft이다. 이를 식 (8.83)에 대입하면 , 레이놀즈수는 다음과 같다.

$$\mathrm{Re} = \frac{0.0427\times 56{,}200\times 42.9}{0.212} = 486{,}000$$

따라서 이 냉각재는 분명히 난류 유동이다.

식 (8.60)에 주어진 열전달계수 h의 값은 유체의 물성치, 유량, 냉각재 유로의 지름 또는 등가 직경의 함수이다. h를 포함하여 이 매개변수들은 세 가지의 무차원수로 편리하게 그룹화할 수 있다. 이들은 이미 논의된 레이놀즈수 Re와, 다음과 같이 정의되는 *너셀수*(*Nusselt number*) Nu,

$$\mathrm{Nu} = \frac{hD_e}{k}; \tag{8.86}$$

그리고 다음과 같이 정의되는 *프란틀수*(*Prandtl number*) Pr이다.

$$\mathrm{Pr} = \frac{c_p\mu}{k} \tag{8.87}$$

이 식들에서 D_e는 유로의 등가 직경이고, k와 μ는 유체의 열전도도와 점도, c_p는 비열이다. 이 매개변수들 모두 일관성 있는 단위체계로 규정되어야 한다.

대류 열전달 데이터들은 세 가지 무차원 수(Re, Nu, Pr)를 사용하여 관계지을 수 있음이 실험적 및 이론적 분석을 통해 입증되었다. 특히, 긴 직선 유로를 흐르는 일반적인 물

(경수), 중수, 유기 액체 및 대부분의 기체에 대한 열전달 데이터들은 다음의 형태로 나타낼 수 있다.

$$\mathrm{Nu} = C\,\mathrm{Re}^m \mathrm{Pr}^n \tag{8.88}$$

여기서 C, m, n은 상수이다. h값은 식 (8.88)의 너셀수의 정의로부터 얻을 수 있다. 따라서,

$$h = C\left(\frac{k}{D_e}\right)\mathrm{Re}^m \mathrm{Pr}^n \tag{8.89}$$

식 (8.88)이나 (8.89)로 표현된 형태의 상관식 또는 다른 상관식을 사용할 때에는 유체의 물성치를 계산하기 위한 대표 온도를 결정하는 데 주의해야 한다. 종종 이 온도는 유체의 총체적 온도 T_b이다. 액체금속에 대해서는 이 식들을 적용할 수 없으므로 별도로 고려해야 한다.

긴 식선의 *원형관*(*circular tube*)을 통해 흐르는 경수, 중수, 유기 액체, 기체들에 대하여 식 (8.88)과 (8.89)의 상숫값들은 다음의 값들이 추천되었다. 즉, $C = 0.023$, $m = 0.8$, $n = 0.4$. [이 상수들을 적용한 식 (8.88)을 *디터스-볼터 상관식*(*Dittus-Boelter equation*)이라 부른다.] 이 상수들은 적절한 D_e를 사용하여 원형이 아닌 냉각재 유로에 대한 h를 계산하는 데 종종 사용된다. 유로가 원형에서 크게 벗어나는 경우 h값에서도 큰 오차가 발생할 수 있다.

연료봉 배열을 축방향에 평행하게 흐르는 경수에 대해 추천하는 상숫값은, $m = 0.8$, $n = 1/3$이고, C값[7]은 $1.1 \le \frac{\mathrm{P}}{\mathrm{D}} \le 1.3$인 사각 격자에 대해서는 다음 식

$$C = 0.042\frac{\mathrm{P}}{\mathrm{D}} - 0.024 \tag{8.90}$$

으로 주어지고, $1.1 \le \frac{\mathrm{P}}{\mathrm{D}} \le 1.5$인 삼각 격자에 대해서는

$$C = 0.026\frac{\mathrm{P}}{\mathrm{D}} - 0.024 \tag{8.91}$$

7 Weisman, J., "Heat Transfer to Water Flowing Parallel to Tube Bundles," *Nucl. Sci. & Eng.* 6:78, 1979.

로 주어진다. P와 D는 각각 격자의 피치와 봉의 지름이다.

예제 8.9

예제 8.5와 8.8에 설명된 격자를 흐르는 경수의 열전달계수를 계산하라.

풀이

예제 8.8로부터 격자의 피치는 0.6 in.이고 연료봉의 반경은 0.234 in.이며, C는 다음과 같이 구해진다.

$$C = 0.042\frac{\mathrm{P}}{\mathrm{D}} - 0.024 = 0.0299$$

표 IV.3으로부터 c_p = 1.45 Btu/lb-°F, μ = 0.212 lb/hr-ft, k = 0.296 Btu/hr-ft-°F이다. 이 값들을 식 (8.87)에 대입하면,

$$\mathrm{Pr} = \frac{1.45 \times 0.212}{0.296} = 1.039$$

예제 8.8에서 D_e = 0.0427 ft이고 Re = 486,000이다. 식 (8.89)에 대입하면,

$$h = 0.0299\left(\frac{0.296}{0.0427}\right)(486{,}000)^{0.8}(1.039)^{1/3}$$
$$= 7436\ \mathrm{Btu/hr\text{-}ft^2 - {}^\circ F}$$

열전달계수 — 액체금속

액체금속 냉각재로의 열전달에 있어서, 이 액체금속의 열전도도가 다른 종류의 냉각재에 비하여 매우 크기 때문에, 그 열전달도 일반적인 유체로의 열전달과는 그 양상이 아주 다르다. 400°F에서 액체 소듐의 열전도도는 46.4 Btu/hr-ft-°F인 반면, 경수의 경우는 0.381 Btu/hr-ft-°F, 1기압 하의 헬륨은 0.115 Btu/hr-ft-°F에 불과하다. 이 온도에서 소듐의 열전도도는 물의 122배, 헬륨의 400배에 달한다.

액체금속의 높은 열전도도가 유발하는 주요 효과 중 하나는 액체금속이 난류 조건에서 흐를 때에도 이 냉각재들은 대부분의 전도에 의해 열을 흡수한다는 것이다. 이것은 대부분의 열전달이 유체의 내부 움직임의 결과로 발생하는 비금속 냉각재의 경우와 현저히 대비된다.

액체금속으로의 열유동이 일차적으로 전도에 의해 발생하기 때문에 액체금속을 포함하는 냉각재 유로 내의 온도 분포는 축방향과 원주방향으로 다른 온도를 갖는 고체 열전도체의 온도 분포와 유사하다. 그림 8.9에 나타낸 바와 같이 비금속 냉각재의 경우에 비하여 액체금속 냉각재 유로에서는 반경방향 온도 기울기는 더 완만해진다. 이 두 경우에서의 냉각재 총체적 온도는 식 (8.61)에 의해 구할 수 있다.

액체금속의 열전달계수는 최근에 매우 광범위하게 연구되었고, 실제로 접하게 되는 대부분의 조건에 적용할 수 있는 상관식이 개발되었다. 액체금속이 연료봉에 평행한 육각형 격자 내를 난류 조건으로 흐르는 경우에 대하여, 드와이어(Dwyer)(이 장 뒷부분의 참고문헌 참조)는 다음의 상관식을 제시하였다.

$$\mathrm{Nu} = 6.66 + 3.126(s/d) + 1.184(s/d)^2 + 0.0155(\overline{\Psi}\mathrm{Pe})^{0.86} \tag{8.92}$$

위 식에서 s/d는 격자의 피치와 연료봉 지름의 비, $\overline{\Psi}$는 허바드(Hubbard)[8]가 피팅한 다음 식을 드와이어가 그래프로 제시한 함수이다.

$$\overline{\Psi} = 1 - \frac{0.942(s/d)^{1.4}}{\mathrm{Pr}(\mathrm{Re}/10^3)^{1.281}} \tag{8.93}$$

그리고 Pe는 다음과 같이 주어지는 *페클레수*(*Peclet number*)이다.

$$\mathrm{Pe} = \mathrm{Re} \times \mathrm{Pr} = \frac{D_e v \rho c_p}{k} \tag{8.94}$$

식 (8.92)는 $s/d > 1.35$인 격자에서만 유효하다. 보다 촘촘하게 배열된 육각형 격자에 대한 너셀수는 Dwyer, Berry, Hlavac에 의해 표 형태로 주어진다(참고문헌 참조).

식 (8.92)와 (8.93)은 s/d를 $1.075(s/d)_s$로 대체하면 사각 격자에 사용할 수 있다. 여기에서 $(s/d)_s$는 사각 격자에 대한 s/d값이다. 아주 촘촘하게 배치된 사각 격자에 대해서는 아래의 상관식을 사용할 수 있다.

$$\mathrm{Nu} = 0.48 + 0.0133(\mathrm{Pe})^{0.70} \tag{8.95}$$

---

8 F. R. Hubbard III, 개인적인 연락.

8.5 비등 열전달

지금까지는 원자로 내에서 액체 냉각재가 핵연료로부터 유로를 따라 흐르며 열을 흡수할 때 상변화가 일어나지 않는 경우를 살펴보았다. 즉, 냉각재는 비등하지 않는다고 전제로 한 것이다. 반면, 원자로 냉각재의 비등을 허용하면 몇 가지 뚜렷한 장점이 있다. 냉각재의 비등을 허용하면 그렇지 않을 경우보다 냉각재의 압력은 훨씬 낮게 유지할 수 있다. 주어진 유량과 열유속에 대하여 냉각재의 비등이 가능하면 요구되는 피복재와 핵연료 온도도 낮아질 수 있다. 이러한 이유로, 현재 가압경수로에서의 증기 생산은 허용되지 않더라도 제한적인 비등은 일부 허용되고 있다. 이러한 경우, 열전달률이 높다는 장점을 취할 수 있을 뿐만 아니라, 4장에서 논의한 바와 같이 원자로 내에서 증기를 생산하면 가압경수로에 설치된 이차 냉각재계통 전체가 불필요해진다.

여러 가지 원자로 개념에서 보통 물 이외의 비등 냉각재를 고려해 왔지만 이 중 어떠한 것도 상용화 개발 단계에 이르지 못하였다. 따라서 이제부터의 논의는 대부분 물을 냉각재로 하는 수냉각 원자로와 관련되어 있다. 여기서 고려되는 원리들은 다른 액체 냉각 원자로형에도 적용할 수 있다.

비등 영역

비등 열전달 현상을 이해하기 위하여, 계통 압력과 유량이 주어진 상태에서 가열된 연료봉에서 액체 냉각재로 전달되는 열유속(Btu/hr-ft^2 또는 W/cm^2)을 연료봉 표면온도의 함수로 측정하는 실험을 생각해 보자. 이러한 실험의 결과가 그림 8.10에 제시되어 있다. 그림에서 알 수 있듯이, 연료봉 온도가 낮은 온도에서부터 상승함에 따라 열유속은 천천히 증가한다. 그림 8.10의 A와 B 지점 사이의 온도 영역에서는 열이 상변화 없이 일반적인 대류에 의해서 냉각재로 전달된다. 그리고 이 조건에서의 열전달계수는 다음 절에서 다룰 상관식에 의하여 결정된다.

연료의 표면온도가 증가함에 따라 결국 연료봉 표면의 미세하게 파인 부분들(이를 캐비티라 함—역자 주)에서 증기 기포가 형성되는 온도에 이르게 된다. 이 현상은 그림 8.10의 B 지점 근처에서 발생하고 *핵비등*(*nucleate boiling*)이라 불리는 비등 형태가 나타난다. 형성된 기포들은 연료봉에서 떨어져 나가고 유체의 난류 거동에 의해 냉각재로 이송

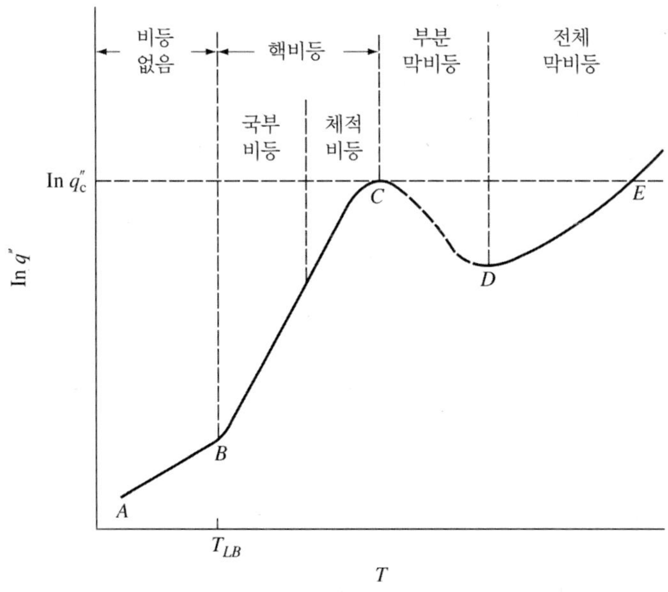

그림 8.10 냉각재 유로의 표면온도의 함수로 주어진 냉각재로의 로그 열유속

된다. 냉각재의 총체적 온도가 포화온도보다 낮은 경우, 기포 내의 증기는 곧 액체상태로 응축되고 기포는 냉각재 내에서 사라지게 된다. 이러한 조건에서는 실질적인 증기의 생성은 없는데 이러한 비등 과정을 *과냉각 핵비등*(*subcooled nucleate boiling*) 또는 *국부 비등*(*local boiling*)이라고 한다. 만약 냉각재의 총체적 온도가 포화온도에 도달하면, 기포는 냉각재 유동에 계속 존재하여, 실질적으로 증기의 생성이 시작되며, 이러한 상태에서 계통은 *포화 핵비등*(*saturated nucleate boiling*) 또는 *총체적 비등*(*bulk boiling*) 상태에 있다고 한다.

가열된 파이프를 통한 유체의 수직 유동에 대하여 국부 비등의 시작과 총체적 비등으로의 천이가 그림 8.11의 하단 두 부분에 제시되어 있다. 그림에서 알 수 있듯이, 국부 비등에서는 기포가 파이프의 표면 근처에만 존재하고 대부분의 파이프는 액체로 가득 차 있다. 총체적 비등 영역에서는 기포들이 *기포류*(*bubbly flow*)라 불리는 상태로 유체 내에 분포한다. 높은 유속과 높은 기포 농도(높은 기포율)와 같은 특정조건 하에서는 유로의 중앙에 기포 영역이 형성된다. 이를 *환상류*(*annular flow*)라고 한다.

핵비등이 시작되면 열은 액체로 쉽게 이동한다. 그림 8.10의 B와 C 지점 사이의 모든 온도에서 열전달은 보통의 대류에 비하여 더 효과적이다. 이에는 두 가지 이유가 있다. 첫

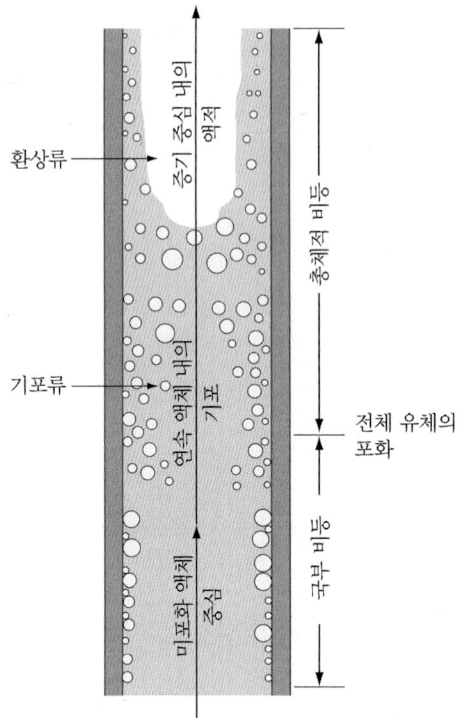

그림 8.11 수직 가열 유로 내의 유동 형태

째, 연료봉에서 열은 기화열과 현열의 두 가지 형태로 제거된다. 둘째, 기포가 빨리 움직임에 따라 유체 혼합도 빨라진다. 핵비등 영역에서 가파른 기울기가 보여주듯 온도에 따라 열유속이 빠르게 증가하는 것은, 연료봉 표면에서 생성되고 이탈하는 기포 밀도가 표면온도에 따라 빠르게 증가하기 때문이다.

국부 또는 총체적 핵비등이 일어나는 500~2000 psia 압력 하의 보통 물에 대한 열유속은 다음 상관식으로 계산할 수 있다.[9]

$$T_c - T_{\text{sat}} = \frac{60(q''/10^6)^{1/4}}{e^{P/900}} \tag{8.96}$$

위 식에서 T_c는 피복재의 표면온도(°F), T_{sat}은 포화온도(°F), P는 계통 압력(psia), q''는 열유속(Btu/hr-ft^2)이다. 식 (8.96)은 *옌스-로트 상관식*(*Jens-Lottes correlation*)으로 알려

9 W. H. Jens and P. A. Lottes, USAEC Report ANL-4627, 1951.

져 있으며 모든 형상의 유로에 적용된다. 이 상관식은 냉각재가 환상류 조건인 경우에는 사용할 수 없다.

대류 열전달 상관식이나 옌스-로트 상관식과 같이, 냉각재로의 열류를 계산하는 데 어떤 상관식을 사용해야 하는지 알기 위해서는 국부 비등이 발생하는 연료의 표면온도인 T_{LB}의 계산이 매우 중요하다. 비록 비등이 시작하는 단일 고정 온도는 없지만 T_{LB}는 종종 다음과 같은 간단한 식으로 계산된다.

$$T_{\mathrm{LB}} = T_{\mathrm{sat}} + (T_c - T_{\mathrm{sat}})_{\mathrm{JL}} - \frac{q''}{h} \tag{8.97}$$

이 방정식에서, T_{sat}은 포화온도, $(T_c - T_{\mathrm{sat}})_{\mathrm{JL}}$은 옌스-로트 상관식으로 계산된 피복재와 포화온도의 차이, q''는 열유속, h는 대류 열전달 계수이다.

앞의 몇몇 결과를 응용한 사례가 그림 8.12에 제시되어 있는데, 이 그림에서는 비등경수로에서 최고온 유로의 축방향 위치의 함수로 냉각수 매개변수들을 보여 주고 있다. 이 원자로의 핵연료 높이는 약 12 ft이고, 계통 압력은 1,035 psia이다. 이 압력에서 물의 포화온도는 548.7°F이고 이는 표 IV.2의 데이터로부터 얻을 수 있다. 아래의 곡선은 유로로 유입되는 실제 열유속을 보여 준다. 노심 하단에서 q''가 비스듬하게 변하는 것은 이 영역에 있는 제어봉 때문이다. 계산된 T_{LB}와 피복재 외부 온도 T_c는 유로 바닥에서부터 약 13 in. 지점까지 558°F로 동일하다. 국부 비등이 이 지점에서 발생한다. 물의 총체적 온도는 노심 하단 유입 온도인 526°F로부터 지속적으로 증가하고 유로 바닥으로부터 약 45 in. 지점에서 포화온도인 548.7°F에 도달한다. 여기가 총체적 비등이 발생하는 지점이다. 열전달은 유로의 처음 13 in.까지는 대류, 13 in 에서 45 in.까지는 국부 비등, 유로의 나머지 부분에서는 총체적 비등이 발생한다. (유동은 환상류가 되지 않는다.)

그림 8.12에서는 q''의 증가에 따라 대류 영역에서 피복재와 냉각재의 온도차가 증가하다가 q''가 여전히 증가하고 있음에도 불구하고 13 in. 지점의 핵비등 시작 이후에 급격하게 감소하는 것을 주의 깊게 보아야 한다. 이것은 비등하는 냉각재로 열이 얼마나 잘 전달되는지를 보여 주는 것이다.

그림 8.12에서 국부 비등이 시작되는 지점 근처에서 기포율은 0으로부터 증가하는 것을 주목해야 한다. 그러나 총체적 비등이 일어나는 지점까지 실질적으로 순수 증기 생성은 없다. 이 현상은 비록 연료봉 표면에서 생성된 증기 기포가 유로 내부로 진입하면서 붕

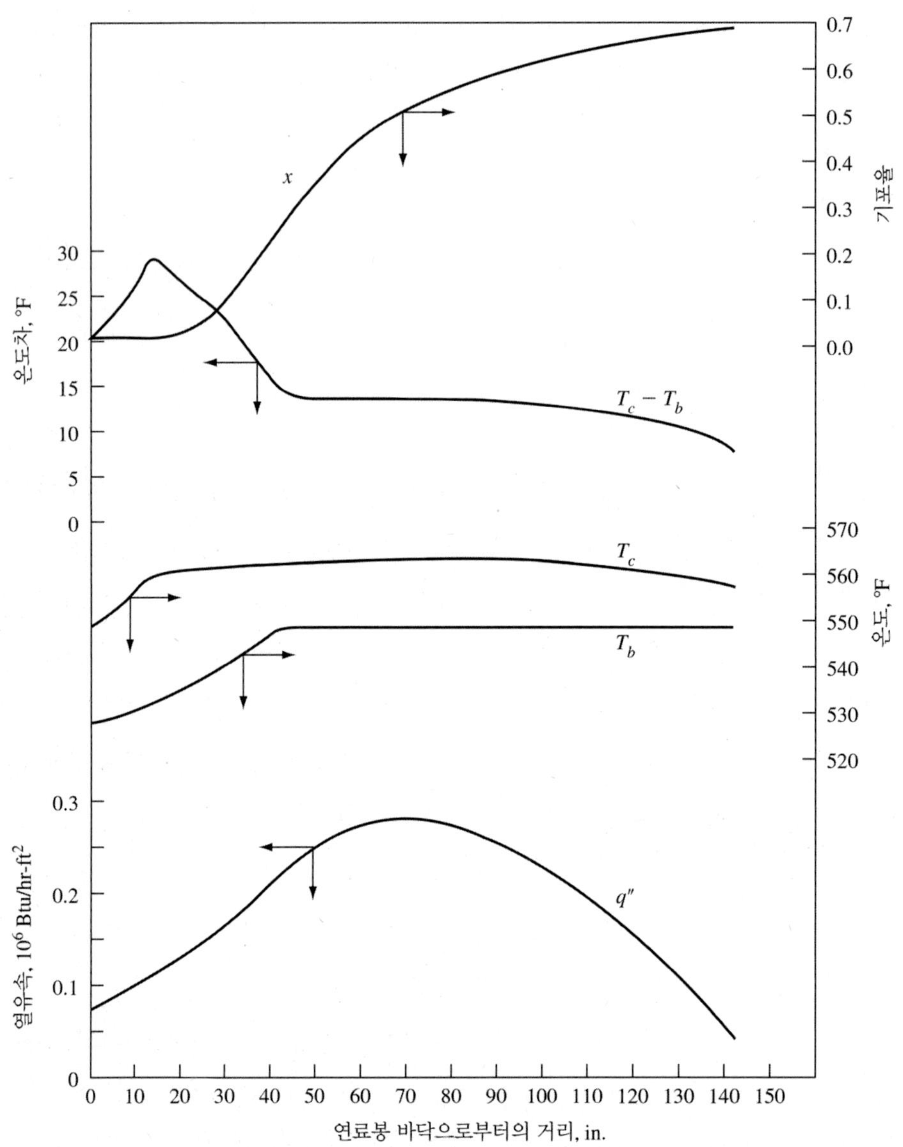

그림 8.12 비등경수로의 최고온 유로에 대한 열해석(여기에서 x는 건도가 아닌 기포율이다) (출처: F. R. Hubbard III)

괴되어 사라지지만, 연료봉 표면에서 이들 기포가 발생된 지점들은 또 다른 기포들이 차지하게 된다. 결과적으로 유로를 따라서 기포 분포는 항상 정상상태를 유지하게 된다.

비등 위기

그림 8.10에 표현된 실험에 대한 논의로 되돌아가면, 만약 핵비등 영역에서 연료봉의 온

도가 증가하는 경우, 연료봉 표면과 주변에서의 기포 밀도도 함께 증가한다. 결국 기포 밀도가 너무 커져서 인접한 기포들이 합쳐지고 연료봉의 표면을 따라 증기막을 형성하는 지점에 도달하게 된다. 그림 8.10의 C지점이 그러한 지점이며 계통은 *비등 위기*(*boiling crisis*)라는 상태 또는 *핵비등 이탈*(*departure from nucleate boiling, DNB*)이 야기되는 상태에 놓이게 된다고 일컬어진다. 비등 위기 또는 그 직전의 열유속을 *임계 열유속*(*critical heat flux, CHF*)이라고 하고 q''_c로 표시한다. 종종 q''_c(곧 자명해질 이유로 인해)는 *탈진 열유속*(*burnout flux*)이라고도 불린다.

비등 위기가 시작되면서 냉각재로의 열유속은 감소하기 시작한다. 이것은 연료봉의 표면이 기포막으로 덮이고 열은 열전달 측면에서 상대적으로 효과적이지 않은 전도와 복사에 의해 기포를 통하여 냉각재로 전달되기 때문이다. 연료봉을 덮고 있는 이 기포막의 총 면적이 증가하면서 연료의 온도가 증가하고 열유속은 그림 8.10의 점선으로 표시된 것과 같이 다소 불규칙하게 감소를 계속한다. 그림 8.10의 이 영역에서 냉각재는 *부분 막비등*(*partial film boiling*)을 겪는다고 한다.

연료봉 표면온도가 충분히 높으면 기포막은 전체 연료봉을 덮고 냉각재로의 열유속은 최솟값(D 지점)까지 떨어진다. 이 지점 이후에는 다시 온도의 증가가 열유속의 증가를 유발하는데, 그 이유는 기포막을 통한 열전달이 나쁘고 비효율적이기는 하지만 그 크기는 여전히 온도에 따라 증가하기 때문이다. 이때 시스템은 *전반적인 막비등*(*full film boiling*)하에 있다고 한다.

다양한 비등 영역과 비등 위기가 존재한다는 것은 아래의 예들에 나타낸 바와 같이 액체냉각 원자로의 설계에 있어서 중요하게 고려해야 할 사항이다. 어떤 수냉각 원자로가 유로의 특정 위치에서 DNB에 가까운 상태로 핵비등을 겪을 수 있도록 설계되어 운전되고 있다고 가정해 보자. 만약 원자로 출력이 갑자기 상승하여 냉각수로의 열유속이 DNB 값인 임계 열유속 q''_c 이상으로 증가하면, 이 유로에서는 즉시 부분 막비등이 시작된다. 앞서 설명한 바와 같이, 막의 형성은 냉각재로의 열전달을 방해한다. 결과적으로 연료 내에 열이 갇혀 있게 되어 연료와 유로를 형성하는 연료봉 표면온도를 상승시킨다. 이는 기포막의 면적을 증가시키며, 이는 다시 열유속의 감소를 초래하고, 이어서 연료봉 표면온도를 더 증가시키는 등의 현상이 발생한다. 이에 따라 벽면 온도는 비등 곡선 상의 C지점에서 E지점으로 급격히 증가한다.

E 지점에 이르기 훨씬 이전에 연료의 온도는 매우 높이(수천°F) 증가하고 그로 인해 부분적으로 용융되며, 피복재는 파손되고 핵분열 생성물은 냉각재로 방출될 것이다. 이러한 상태는 어떠한 대가를 치르더라도 방지되어야 한다. 이러한 이유로 임계 열유속 q''_c의 값을 앎으로써 원자로가 DNB 조건 근처에서 운전되는 것을 방지하는 것이 중요하다.

그림 8.10은 반드시 포화 핵비등(체적 비등)이 발생한 후에 비등 위기가 시작된다는 것을 암시하는 것은 아니다. 그림은 그저 핵비등에는 두 종류가 있고 냉각재의 총체적 온도가 포화온도를 초과할 때 과냉각 비등에서 포화 비등으로 천이가 일어날 수 있다는 것을 보이고자 한 것이다. 기포가 냉각재 유동의 안쪽으로 이동하면 응축되더라도, 연료 표면의 기포들이 합쳐져서 기포막을 형성함으로써 비등위기가 시작될 수 있다.

표 8.1 옌스-로트(Jens-Lottes) 상관식의 매개변수

P (psia)	C	m
500	0.817	0.160
1,000	0.626	0.275
2,000	0.445	0.500

q''_c에 대한 데이터로부터 매우 많은 상관식들이 개발되었다(Tong의 연구에 대한 참고문헌에 표로 나타나 있음). 과냉각 비등 또는 총체적 비등 중 어느 조건으로부터 비등 위기가 발생했는지에 따라 적용되어야 할 상관식들이 다르다. 과냉각 비등에 대해서는 다음의 옌스-로트(Jens-Lottes) 상관식[10]이 널리 사용된다.

$$q''_c = C \times 10^6 \left(\frac{G}{10^6} \right)^m \Delta T_{\text{sub}}^{0.22} \tag{8.98}$$

여기에서 C와 m은 압력에 따라 달라지는 매개변수들로서 표 8.1에 주어져 있으며, G는 lb/hr-ft^{2}의 단위를 갖는 냉각재 질량 유속, ΔT_{sub}는 °F의 단위를 갖는 포화온도와 국부온도의 차(과냉각도－역자 주)이다.

과냉각 비등에 대한 또 다른 상관식은 버나쓰(Bernath)[11]가 개발하였다. 이것은 다음 세

---

10 W. H. Jens and P. A. Lottes, *ibid.*

가지 식들의 조합으로 주어진다.

$$q''_c = h_c(T_{wc} - T_b) \tag{8.99}$$

$$T_{wc} = 102.6 \ln P - \frac{97.2P}{P+15} - 0.45v + 32 \tag{8.100}$$

$$h_c = 10,890\left(\frac{D_e}{D_e + D_i}\right) + \frac{48v}{D_e^{0.6}} \tag{8.101}$$

이 식들에서 T_{wc}는 비등 위기 시작 시 벽면(피복재) 온도, T_b는 총체적 온도, P는 psia 단위의 압력, v는 ft/sec 단위의 냉각재 속도, D_e는 ft 단위 등가 직경, D_i는 ft 단위 윤변을 π로 나눈 값이다. 버나쓰 상관식은 23~3,000 psia의 압력 범위와 4.0~54 ft/sec의 유체 속도, 그리고 0.143~0.66 in. 범위의 D_e에 대해 유효하다.

예제 8.10

예제 8.3에서 8.8까지에 기술된 PWR 격자에 대해서 비등 위기에 대한 다음을 계산하라.

(a) 피복재 온도

(b) 열전달계수

(c) 임계 열유속

풀이

1. 버나쓰 상관식(식 8.99)을 사용하면

$$T_{wc} = 102.6 \ln 2,000 - \frac{97.2 \times 2,000}{2,000 + 15} - 0.45 \times 15.6 + 32 = 708°\text{F}$$

2. 예제 8.8에서 $D_e = 0.0427$ ft이다. 유로의 윤변은 $2\pi a$이고 여기서 $a = 0.234$ in.이다. 따라서,

$$D_i = 2 \times 0.234/12 = 0.039 \text{ ft}$$

식 (8.101)로부터,

$$h_c = 10,890 \times \frac{0.0427}{0.0427 + 0.039} + \frac{48 \times 15.6}{(0.0427)^{0.6}}$$

$$= 10,659 \text{Btu / hr-ft}^2\text{-°F}$$

11 Bernath, L., *Transactions A.I.Ch.E.*, 1955.

3. 예제 8.6의 약 600°F의 총체적 온도에 대해서 임계 열유속은

$$q''_c = 10{,}659 \times (780 - 600) = 1.15 \times 10^6 \text{Btu / hr-ft}^2\text{-°F}$$

식 (8.89) ~ (8.101)은 분산된 수많은 열전달 데이터를 가장 잘 대표하는 곡선들에 대한 추정치를 나타낸다. 이 곡선들은 데이터들의 무게 중심을 대부분 통과한다. 총체적 비등 조건으로부터 DNB에 접근하는 경우에 있어, GE(General Electric)사의 연구원들이 q''_c의 가장 낮은 측정값들을 포괄하는 형태의 상관식들을 개발하였다. 총체적 비등에 대한 상관식은 기호 χ로 표현되는 냉각재의 *유동건도*(*flow quality*)에 의존하며, 이는 아래와 같이 정의된다.

$$\chi = \frac{\text{기포의 질량유속}(\text{lb/hr-ft}^2)}{\text{기포-액체 혼합물의 질량유속}(\text{lb/hr-ft}^2)} \tag{8.102}$$

얀센-레비(Janssen-Levy)[12]가 개발한 GE 상관식은 다음과 같다.

$$\frac{q''_c}{10^6} = 0.705 + 0.237(G/10^6), \quad \chi < \chi_1 \tag{8.103}$$

$$\frac{q''_c}{10^6} = 1.634 - 0.270(G/10^6) - 4.710\chi, \ \chi_1 < \chi < \chi_2 \tag{8.104}$$

$$\frac{q''_c}{10^6} = 0.605 - 0.164(G/10^6) - 0.653\chi, \ \chi_2 < \chi \tag{8.105}$$

여기에서

$$\chi_1 = 0.197 - 0.108(G/10^6) \tag{8.106}$$

$$\chi_2 = 0.254 - 0.026(G/10^6) \tag{8.107}$$

그리고 G는 lb/hr-ft²으로 주어지는 질량 유속이다. 이 식들의 참조 계통 압력은 1,000 psia이다. 다른 압력에 대해서 q''_c는 다음과 같다.

---

12 E. Janssen and S. Levy, General Electric Company Report APED-3892, 1962. 제너럴일렉트릭(General Electric)사는 Hench와 Levy의 더 최신 상관식 중 일부를 발표하였다.

$$q''_c(P) = q''_c(1{,}000\ \text{psia}) + 400(1{,}000 - P) \tag{8.108}$$

GE 상관식은 600~1,450 psia 범위의 압력, 0.4×10^6에서 6.0×10^6 lb/hr-ft^2 범위의 질량 유속, 0.45까지의 건도 χ, 0.245~1.25 in. 범위의 등가 직경 D_e, 그리고 29~108 in. 범위의 길이를 가진 냉각재 유로에 대해 유효하다.

임계 열유속에 대한 앞의 상관식 모두 원형 파이프에 대한 데이터를 많이 사용하여 개발되었다. 원형이 아닌 유로 또는 연료봉 격자를 통과하는 냉각재에 대하여 q''_c를 구할 때에는 이 상관식들은 단지 가장 대략적인 q''_c의 추정치를 제공하는 데 이용할 수 있다. 다양한 기하학적 구조에 대한 다양한 보정계수들이 개발되었으나 이것들은 여기서 논의하기에는 너무 자세하여 생략한다(참고문헌의 Tong 참조).

»» 8.6 원자로 열설계

원자로는 노심의 운전 수명, 정지 중뿐만 아니라 핵연료의 냉각이 어려운 사고 상황을 포함한 전 기간에서 핵분열 생성물이 핵연료 밖으로 누출되지 않도록 설계해야 한다. 이를 위해 핵연료와 피복재의 온도에는 상한치가 설정된다. 현재 받아들여지고 있는 설계 기준은, 모든 운전 조건에 대해 피복재의 건전성이 유지되어야 한다는 것이다. 핵연료가 용융되면 팽창하여 피복재를 파손시킬 수 있기 때문에 이러한 설계 기준은 **핵연료는 용융되지 말아야 한다**는 조건과 실질적으로 같은 내용이다.

UO_2의 융점은 연소도(burnup), 다시 말해 핵분열 가능 원자핵들 중 핵분열을 일으킨 비율에 어느 정도 연관되어 있으며, 상용 UO_2의 융점은 일반적으로 5000~5100°F (2760~2815°C) 사이에 있다. UO_2를 연료로 하는 대부분의 원자로에서 최대 핵연료 온도는 4500°F (2480°C)보다 다소 낮다.

핵연료가 탄소질 결합체 내에 우라늄과 이탄화토륨(thorium dicarbide, ThC_2)의 작은 입자로 구성된 HTGR 핵연료의 경우 최대 허용 온도는 약 6,500°F (3,600°C)이다.

자연 또는 농축 우라늄 금속은 약 2,070°F (1,132°C)에서 녹지만, 이것 또한 고체상 내에서 두 번의 변화 — 첫 번째는 1,234°F (668°C)에서, 두 번째는 1,425°F (774°C)에서의 결정 구조 변화를 겪는다. 약 750°F (400°C) 이상에서는 금속의 강도가 급격하게 감소한다. 이것이 핵연료 내의 공간에 핵분열 생성물이 축적되거나 분산되도록 하는데, 이로 인해 핵연료의 팽창과 피복재 파손이 발생할 수 있다. 따라서 우라늄 금속을 핵연료로 하는 원자로는 최대 핵연료 온도를 750°F 이하로 설계하는 것이 일반적이다. 우라늄 금속의 열전도도가 UO_2보다 훨씬 크기 때문에 핵연료 온도가 낮다고 해서 냉각재로의 열전달에 문제가 발생하지는 않는다. 600°F에서 UO_2에 비하여 우라늄 열전도도 k_f가 6.5배 크다.

DNB 비

수냉각 원자로의 어느 지점에서도 막비등에 의한 핵연료 피복재 관통을 방지하기 위해, 열유속 q''가 항상 임계(탈진) 열유속 q''_c보다 낮게 설계되어야 한다. 이러한 목적으로 다음과 같이 *DNB 비*(*DNB ratio*)를 정의하는 것이 편리하다.

$$\mathrm{DNBR} = \frac{q''_c}{q''_{\mathrm{actual}}} \tag{8.109}$$

이 비에서 q''_c는 앞 절들에 주어진 적절한 상관식을 사용하여 가장 고온의 유로에 대해 축방향 위치의 함수로 계산되는 임계 열유속이다. 그리고 q''_{actual}은 이 유로의 같은 위치에서의 실제 표면 열유속이다. 만약 핵연료의 축방향 열류를 무시한다면,

$$q''_{\mathrm{actual}} = \frac{q''' A_f}{C_c} \tag{8.110}$$

이 되고, 여기에서 q'''은 단위체적당 열생성, A_f는 핵연료의 단면적, C_c는 가열 연료봉의 원주이다. 1,500 MW 출력의 비등경수로에 대하여 이 두 가지 함수들과 그 DNB 비가 그림 8.13에 제시되어 있다. 비등경수로들은 현재 최소 DNBR이 1.9가 되도록 설계된다.[13] DNB 비에 대하여 이렇게 낮은 제한치를 설정함으로써, 심지어 원자로 내의 어느 부분에서도 과도 상태나 과출력 상태에서 절대 임계 열유속 조건에 도달할 수 없다는 것을 확신할 수 있다. 가압경수로에 대한 DNBR의 설계 최솟값은 1.3이다. 수냉각 원자로의

---

13 최소 DNB 비는 *최소 임계 열유속비*(*minimum critical heat flux ratio, MCHFR*)라고도 한다.

설계에서는 최소 DNB 비를 설정함에 따라, 원자로 설계가 크게 제한받음은 말할 필요도 없겠다.

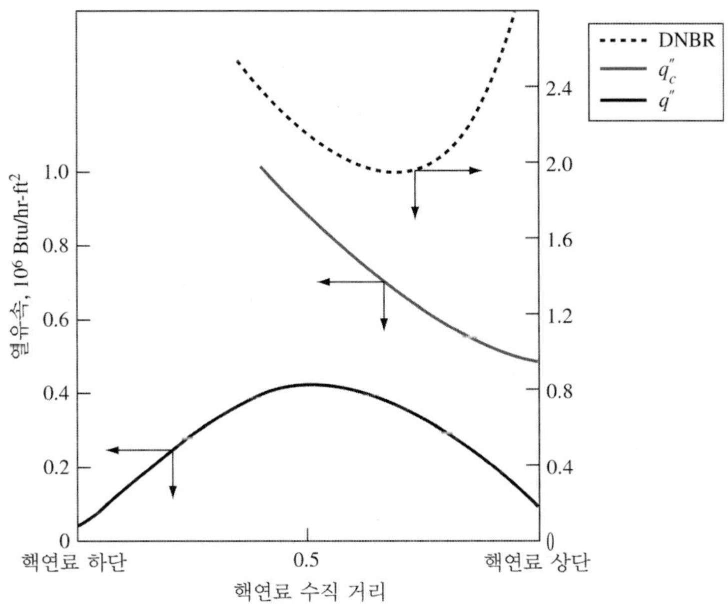

그림 8.13 비등경수로에서의 실제 열유속, 계산된 임계 열유속, DNB 비

고온 유로, 최고출력점 인자

수냉각 원자로에 대해서 노심 내의 최대 열유속은 DNB 비에 의하여 제한된다. 한편, 가스 냉가로의 최대 열유속은, 이 열유속 하에서 핵연료 온도가 융점보다 아주 낮게 유지된다는 요건만으로 결정된다. 어느 원자로든 최대 열유속이 노심의 평균 열유속을 초과하는 정도를 *고온유로 계수*(*hot channel factor*) 또는 *최고출력점 인자*(*hot spot factor*)라 표현한다.

이는 다음과 같은 관계식으로 정의되는데

$$F = \frac{q''_{\max}}{q''_{\mathrm{av}}} \tag{8.111}$$

여기에서 q''_{av}는 노심 내의 평균 열유속이다.

q''_{max}가 q''_{av}와 다르고 이에 따라 F가 1이 아닌 데에는 몇 가지 이유가 있다. 그 가장 중요한 이유는 바로 노심의 출력 분포가 평탄하지 않다는 데 있다. 만약 이것이 유일한 이유라면, F는 주어진 어떠한 원자로 설계에 대해서도 6장에서 다룬 평균대-최대 중성자속비 Ω와 유사한 방식으로 직접 계산할 수 있다. 따라서 q''_{max}는 출력 분포를 결정하는 여러 가지 핵적인 인자들의 함수이며, q''_{av}는 아래 식으로 구한다.

$$q''_{av} = P/A \tag{8.112}$$

여기서 P는 노심의 열출력, A는 피복재를 포함하는 핵연료의 총 열전달 면적이다. 이전 계산으로 *핵적 고온유로 계수*(*nuclear hot channel factor*) F_N을 얻는다.[14]

평탄하지 않은 출력 분포의 영향에 추가로 주목할 것은, 원자로 설계자가 거의 혹은 전혀 통제할 수 없는 다양한 통계적인 인자들로 인해 실제 q''_{max}는 계산된 q''_{max}와 다를 수 있다는 것이다. 핵연료 제작 과정에서 비등경수로 또는 가압경수로의 핵연료 펠릿에 포함된 핵분열 물질의 양도 펠릿에 따라 조금씩 다른데, 이는 제작 과정의 고유한 통계적 특성 때문이다. 더 많은 핵분열 물질을 포함하는 펠릿은 더 많은 출력을 생산한다. 만약 q''가 가장 높은 지점에 이러한 펠릿이 위치한다면 실제 q''_{max}는 계산된 값보다 커질 수 있다.

비슷한 이유에 의해, 핵연료집합체의 제작 오차는 핵연료봉을 변형케 하여 냉각재 유량의 감소를 일으키고 그로 인해 핵연료 일부분에 과열을 일으킬 수 있다. 피복재 두께의 변동으로 인해 피복재가 가장 얇은 부분에서 최고출력점이 나타날 수도 있다.[15] 냉각재 유동의 어떤 측면들은(예를 들어 난류 같은 것—역자 주) 고유하게 통계적인 특성을 지녀 열유속의 변동을 유발하는 경향이 있다

실제 q''_{max}와 계산값의 차이를 유발하는 이러한 다양한 메커니즘과 원인들을 *공학적 고온유로 계수*(*engineering hot channel factor*) F_E로 통합하여 표현한다. 따라서 총괄적(overall) 고온유로 계수는 다음과 같이 주어진다.

---

14 노심 수명 초기에 균질하게 연료가 장전되고 제어봉이 없는 원자로에서, F_N은 Ω와 같다.

15 이것은 얇은 피복재가 큰 간극을 만들 수 있기 때문이다. (이에 따라 핵연료 펠릿과 피복재 사이에 더 큰 ΔT가 생긴다.)

$$F = F_N F_E \tag{8.113}$$

각각의 독립적인 메커니즘은 공학적 고온유로 계수 $F_{E,x}$로 설명된다.

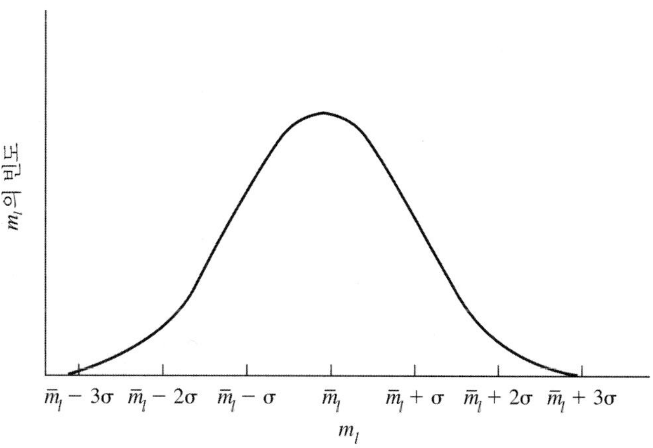

그림 8.14 측정된 m_l값의 정규분포

이와 같은 공학적 부계수(subfactor)들은 제작된 원자로 부품에 대한 자료로부터 혹은 원자로의 조립된 부분 혹은 모형에 대한 냉각재 유동 시험 데이터로부터 얻어진다. 핵연료봉 단위길이당 핵분열 가능물질의 양 m_l을 생각해 보자. 주어진 열유속에 대하여 q''_{max}는 m_l에 거의 비례한다. 제작된 핵연료봉에 대하여 m_l을 측정하였다면, 실제 m_l값들은 그림 8.14에 나타낸 것과 같이 평균값 $\overline{m_l}$을 갖는 정규분포를 형성한다. 이러한 분포에서 m_l의 모든 값은 존재 가능하다. m_l의 특정 값들은 평균으로부터의 편차가 증가함에 따라 점점 존재 가능성이 낮아진다. 특히 σ가 이 분포의 표준편차일 때 m_l이 $\overline{m_l}$보다 3σ 이상 커질 확률은 1.35/1,000에 불과하여 존재 가능성이 거의 없다.

방금 논의한 상황에서는, q''_{max}가 정규분포를 따르는 어떤 공학적 변수 x에 비례하는데, 이때 공학적 부계수는 다음과 같이 정의된다.

$$F_{E,x} = \frac{\overline{x} + 3\sigma(x)}{\overline{x}} = 1 + \frac{3\sigma(x)}{\overline{x}} \tag{8.114}$$

여기에서 $\overline{x}$는 x의 평균이고, $\sigma(x)$는 x의 측정값에 대한 표준편차이다. 핵연료에 포함된 핵분열 물질 양의 경우, 그 공학적 부계수는 다음과 같다.

$$F_{E,m_l} = 1 + \frac{3\sigma(m_l)}{\overline{m}_l} \tag{8.115}$$

예제 8.11

어떤 가압경수로에서 핵연료봉 내 UO_2의 평균 선밀도 $\overline{m_l}$는 0.457 lb/ft이다. m_l의 측정값의 표준편차는 0.0122 lb/ft이다. F_{E,m_l}의 값은 얼마인가?

풀이

이 값들을 단지 식 (8.115)에 대입하기만 하면 된다.

$$F_{E,m_l} = 1 + \frac{3 \times 0.0122}{0.457}$$
$$= 1.08$$

이 결과는 핵연료봉에 포함된 핵분열 물질 양의 제작 과정에 발생하는 통계적 변동 때문에 실제 $q''_{\max}$가 계산치보다 8% 초과할 빈도가 1,000번 중 1.35번이라는 뜻이다.

다른 공학적 부계수, 특히 $q''_{\max}$와 통계적 변수 사이에 직접적인 비례관계를 가지지 않는 부계수들에 대한 계산은 더 복잡하며 문제가 되는 변수와 $q''_{\max}$ 사이의 관계에 대한 분석이 요구된다. 앞서 언급한 대로 이러한 부계수들은 종종 공학적인 시험 자료로부터 얻어진다.

다양한 공학적 부계수들이 결정되면 F_E 계산이 가능하다. 이것은 몇 가지 방법으로 수행된다. 가장 확실한 방법은 모든 부계수들을 함께 곱하는 것이며, 이 방법은 몇몇 초기 원자로에 대해 적용되었다. 이들 부계수들을 곱하는 과정에는, 발생빈도가 낮은 사건들이 동시에 발생한다는 가정이 함축되어 있기 때문에, 그 결과로 얻어진 F_E값은 원자로 설계에 불필요한 보수성을 가져온다. 보다 나은 F_E 계산법은 확률분포 중첩을 통한 분석에 기반하는 것이나 이 책에서 논하기에는 너무 복잡하다(참고문헌의 Tong과 Weisman 참조). $F_{E,x}$을 알면 F_E를 계산할 수 있다.

원자로 설계

원자로 설계에서, 중성자속, 출력 분포, 과도상태 거동 등과 같이 핵적인 문제들의 관점과, 원자로 계통으로부터의 열제거와 같은 열수력학적인 인자들 사이에는 상당한 중첩이 발생한다. 최종적인 원자로 설계는 안전과 경제성의 관점에서 이루어진 핵적 그리고 열수력학적 인자들에 대한 일련의 타협점들을 보여 준다. 이러한 이유로, 어떤 원자로 설계자는 종종 원자로 설계를 "타협의 예술"이라고 언급한다.[16]

요즘 제작되는 원자로의 대부분은 백지에서 설계되지 않는다. 그것들은 현존하는 발전소와 동일하거나 개선된 버전이다. 기술자들은 극히 드문 경우에만 원자로를 처음부터 설계하라는 주문을 받는다. 이러한 설계 개발에서도 몇몇 단계들은 이전에 개발된 개념들이 사용되고 있음을 알 수 있다.

수어진 열출력을 갖는 특정 형태의 농력용 원자로 설계를 생각해 보자. 첫 번째 문제는 노심물질을 선정하는 것이다. 이것들은 보통 기존의 경험, 가용성, 비용 등을 기준으로 선정된다. 핵연료의 양과 농축도는 노심 수명과 핵연료의 방사선 유인 손상에 대한 추정을 포함하는 다양한 핵적인 고려사항들에 따라 결정된다.

이러한 핵물질 예비 선정 다음에는, 핵연료 격자 배열이 제안된다. 그런 다음, 제안된 격자에 대해 중성자속, 출력과 온도 분포, 냉각재 밀도 그리고/또는 기포 분포, 고온유로의 온도와 열유속 등 원자로 운전 변수들을 계산한다. 이러한 계산들은 최소한 몇몇 원자로 종류에 대해서는 반복적으로 수행하게 된다. 예를 들어 가압경수로 또는 비등경수로에 대해서는 위치에 따른 물의 밀도를 알아야 중성자속을 계산할 수 있고, 이로부터 출력 분포가 계산된다. 또한, 이 출력 분포로부터 다시 물의 밀도를 계산할 수 있는데, 이는 출력 분포에 의존하는 열유속 분포에 의해 물의 밀도가 결정되기 때문이다. 출력과 밀도 분포를 얻기 위해서는 이러한 반복 과정이 사용된다. 우선 이 계산 과정을 시작하기 위하여 밀도 분포를 가정하는데, 일반적으로 노심 내에서 균일한 분포를 가정한다. 다음으로 이 가정된 물의 밀도를 사용하여 중성자속과 출력 분포가 구해진다. 그 다음에는 열유속을 계산함으로써 다음 단계의 새로운 밀도 분포가 결정된다. 중성자속과 출력 분포는 다시 새로 구한 밀도 분포를 사용하여 업데이트되고 그 결과 세 번째 밀도 분포를 얻는다. 이러

16 B. Minkler, 개인적인 연락.

한 계산은, 반복 계산의 어떤 단계에서 얻어진 출력 분포를 이용해 얻어진 밀도 분포가 바로 직전 단계에 사용한 밀도 분포와 같아지는 수렴 단계에 이를 때까지 계속 반복된다. SIMULATE와 같은 컴퓨터 프로그램이 이와 같은 반복적인 계산을 자동적으로 수행한다. 이러한 예비 노심 설계 단계 동안 중성자속은 보통 단지 몇 가지 에너지군만을 이용하는 다군 확산 계산으로부터 얻어진다. 계산 비용을 줄이기 위해, 다군 계산은 일반적으로 설계 마지막 단계에 수행된다.

다음으로는, 만약 원자로가 수냉각 방식이라면, 고온유로의 축방향 위치에 따른 DNB비를 계산한다. 이 절 앞부분에서 지적한 대로, 최소 DNBR은 사전에 설정한 제한치와 같아야 한다. 만약 계산된 DNBR이 이 값과 같지 않으면 – 같다면 이는 우연일 뿐이다 – 핵연료집합체 격자 또는 냉각재 유동에 대한 매개변수들을 변경한 후, 이전의 노심 계산을 반복하여 새로운 DNBR을 얻는다. 이 계산은 원하는 $(\mathrm{DNBR})_{\min}$을 얻을 때까지 반복된다. 그림 8.1에 나타낸 바와 같이, DNBR이 가장 작은 지점에서 반드시 최대 열유속이 발생하는 것은 아니지만, 이 계산으로부터 $q''_{\max}$가 결정된다. 만약 원자로가 수냉각 방식이 아니면 $q''_{\max}$는 핵연료 온도의 제한치에 의해서만 결정된다. 원자로가 수냉각 방식이든 아니든, 이제 $q''_{\max}$의 예비 계산값이 얻어졌다.

여기에서 앞서 논의한 방법으로 총괄적 고온유로 계수가 얻어진다. 노심 전체적으로 평균 열유속은 식 (8.111)로부터 계산할 수 있다.

$$q''_{\mathrm{av}} = \frac{q''_{\max}}{F} \tag{8.116}$$

단순히 원자로를 이러한 평균 열유속에서 운전하도록 하는 설계를 통해 실제 $q''_{\max}$값은 계산치보다 고온유로 계수인 F만큼 작아지게 된다. 이것은 이 원자로에 대해 희망하는 안전 여유도를 제공한다.

q''_{av}를 알게 되면 식 (8.112)로부터 총 열전달 면적을 얻을 수 있다. 핵연료봉의 열전달과 제원으로부터 원자로 내에 요구되는 핵연료봉의 수를 계산할 수 있다. 이 숫자는 의심할 여지 없이 초기 설계 시에 사용한 값과는 다를 것이며, 완전히 일관성 있는 원자로 설계 결과가 얻어질 때까지 앞서 제시한 많은 계산들을 반복해야 한다. 이제부터는, 설계를 개선하기 위한 다양한 과도 해석 및 수명 기간 연소도 계산과 함께 상세 다군 이차원 중성

자 확산 계산을 수행할 수 있다.

예제 8.12

어떤 가압경수로의 노심이 길이 12 ft, 지름 0.5 in.의 핵연료봉 격자로 구성되어 있다. 이 원자로는 3,000 MW의 열출력으로 운전된다. 계산된 최대 열유속은 539,000 Btu/hr-ft^{2}이고, 전체적인 고온유로 계수는 2.80이다. 다음을 계산하라.

(a) 총 열전달 면적

(b) 노심 내의 핵연료봉의 수

풀이

1. 평균 열유속은 식 (8.112)에 의해 주어진다.

$$q''_{\text{av}} = \frac{539{,}000}{2.8} = 193{,}000\ \text{Btu/hr-ft}^2$$

3,000 MW = 3,000×3.412×106 Btu/hr의 열출력을 고려하면 열전달 면적은

$$A = \frac{3{,}000 \times 3.412 \times 10^6}{193{,}000} = 53{,}000\ \text{ft}^2$$

2. 각 핵연료봉의 표면적은 12×(0.5π/12) = 0.5π ft^{2}이다. 따라서 총 핵연료봉의 개수는 다음과 같다.

$$n = \frac{53{,}000}{0.5\pi} = 33{,}740$$

참고문헌

일반

Eckert, E. R. G., and R. M. Drake, Jr., *Analysis of Heat and Mass Transfer*. Washington, D.C.: Hemisphere Pub., 1986.

Gebhart, B., *Heat Transfer*, 2nd ed. New York: McGraw-Hill, 1971.

Kreith, F., *Principles of Heat Transfer*, 5th ed. Boston, MA.: PWS Publishers, 1994.

McAdams, W. H., *Heat Transmission*, 3rd ed. New York: McGraw-Hill, 1954.

전도 열전달

Carslaw, H. S., and J. C. Jaeger, *Conduction of Heat in Solids*, 2nd ed. London: Oxford, 1986.

Özisik, M. N., *Boundary Value Problems of Heat Conduction*. New York: Dover Publications, 1989.

대류 열전달

Kays, W. M., *Convective Heat and Mass Transfer*, 3rd ed. New York: McGraw-Hill, 1994.

Knudsen, J. G., and D. L. Katz, *Fluid Dynamics and Heat Transfer*. New York: McGraw-Hill, 1958.

Bejan, A., *Convection Heat Transfer*. New York: John Wiley & Sons, 1994

액체금속 열전달

Dwyer, O. E., *Liquid Metals Handbook*, *Sodium and NaK Supplement*. Washington, D.C.: U.S. Atomic Energy Commission, 1970, Chapter 5.

Dwyer, O. E., H. C. Berry, and P. J. Hlavac, "Heat Transfer to Liquid Metals Flowing Turbulently and Longitudinally through Closely Spaced Rod Bundles." *Nuclear Engineering and Design* 23, 273 and 295, (1972).

비등 열전달

Collier, J. G., *Convective Boiling and Condensation*, 3rd ed. Reprint, Oxford University Press, 1996.

Tong, L. S., *Boiling Crisis and the Critical Heat Flux*. U.S. Atomic Energy Commission Report TID-25887, 1972.

Tong, L. S., *Boiling Heat Transfer and Two-Phase Flow*. Bristol: Taylor & Francis, 1997.

원자로 열전달

Bonilla, C. F., *Nuclear Engineering*. New York: McGraw-Hill, 1957, Chapters 8 and 9. (Available from University Microfilms, Cat. No. OP33393, Ann Arbor, Michigan.)

Bonilla, C. F., *Nuclear Engineering Handbook*. H. Etherington, Editor. New York: McGraw-Hill, 1958, Section 9–3.

El-Wakil, M. M., *Nuclear Energy Conversion*. La Grange Park, Ill.: American Nuclear Society, 1982.

El-Wakil, M. M., *Nuclear Heat Transport*. La Grange Park, Ill.: American Nuclear Society, 1981.

Glasstone, S., and A. Sesonske, *Nuclear Reactor Engineering*, 4th ed. Chapman & Hall, 1994, Chapter 9.

Sesonske, A., *Nuclear Power Plant Design Analysis*. U.S. DOE, 1973, Chapter 4.

Tong, L. S., and J. Weisman, *Thermal Analysis of Pressurized Water Reactors*, 3rd ed. La Grange Park, Ill.: American Nuclear Society, 1996.

Lahey, R. T., and F. J. Moody, *The Thermal Hydraulics of a Boiling Water Nuclear Reactor*, 2nd ed. La Grange Park, Ill.: American Nuclear Society, 1993.

Todreas, N. E., and M. S. Kazimi, *Nuclear Systems*. Washington, D.C.: Hemisphere Publishing, 1989.

»»» 연습문제

1. 원자력선 *사바나*(*Savannah*)호는 1,750 psia의 압력에서 운전되는 PWR을 동력원으로 사용한다. 냉각수가 원자로용기로 497°F로 들어와서 519°F로 나가고, 유량은 9.4×10^6 lb/hr이다. 이 원자로의 열출력은 얼마인가?

2. 실험용 LMFBR이 750 MW로 운전되고 있다. 400°C의 소듐이 노심으로 들어와서 560°C로 나간다. 노심을 통과하는 소듐의 유량은 얼마인가?

3. 물이 BWR의 노심을 w lb/hr로 통과할 때, 증기의 생성량 $w_{\rm g}$ lb/hr가 다음과 같음을 보여라. 여기에서 q는 원자로의 열출력이고, h_f와 $h_{\rm in}$은 각각 노심을 떠나는 포화상태의 물과 노심으로 유입되는 물의 비엔탈피이다. 그리고 $h_{f{\rm g}}$는 파운드당 기화열이다.

$$w_{\rm g} = \frac{q - w(h_f - h_{\in})}{h_{f{\rm g}}}$$

4. BWR이 1,593 MW의 열출력으로 운전되고 있다. 526°F의 물이 노심 하부로 유입되고 48×10^6 lb/hr의 유량으로 노심을 통과한다. 원자로의 압력은 1,035 psia이다. 앞 문제의 결과를 사용하여 이 원자로의 증기 생성률을 lb/hr 단위로 계산하라.

5. 표 IV.1에 주어진 350°F의 포화상태 물의 비엔탈피의 값을 사용하여, 600°F인 포화수의 비엔탈피를 계산하라. [*힌트*: 심프슨 법칙(Simpson's rule)을 사용하여 비열을 적분하라.]

6. 퇴역한 포트 세인트 브레인(Fort St. Vrain) HTGR은 39.23%의 효율로 330 MW의 전기를 생산하도록 설계되었다. 710 psia (4997 kPa)의 헬륨이 760°F (404°C)로 노심으로 들어와서 1,430°F (777°C)로 빠져나간다. 노심을 통과하는 헬륨의 유량은 kg/hr 단위로 얼마인가?

7. 작은 PWR 발전소가 485 MWt로 운전되고 있다. 약 75.4 in.의 지름과 91.9 in.의 높이를 갖는 노심이 0.021 in.의 두께와 0.298 in.의 내경을 갖는 23,142개의 핵연료 튜브의 사각 격자로 구성되어 있고, 격자의 피치는 0.422 in.이다. 튜브는 3.40 w/o의 농축 UO_2로 채워져 있다. 노심은 입구 온도와 압력이 각각 496°F와 2,015 psia이고, 유량이 34×10^6 lb/hr인 물로 냉각된다. 속이 비어 있는 원자로임을 가정할 때 다음을 계산하라.

(a) 노심을 떠나는 물의 평균 온도

(b) kW/liter 단위의 평균 출력밀도

(c) 최대 열생성률

8. 어떤 BWR의 노심이 764개의 핵연료집합체로 구성되어 있고, 각각의 집합체는 0.738 in.의 피치로 49개의 핵연료봉을 가진 사각 격자 구조를 가지고 있다. 핵연료봉의 길이는 175 in.이고 이 중 144 in.에 핵연료를 포함하고 있다. 핵연료봉의 외경

은 0.563 in., 피복재의 두께는 0.032 in., UO_2 핵연료 펠릿의 외경은 0.487 in.이다. 그 결과 펠릿과 피복재 사이의 갭의 크기는 (0.563 − 2 × 0.032 − 0.487)/2 = 0.006 in.가 된다. UO_2는 약 10.3 g/cm^{3}의 평균 밀도를 갖는다. 노심의 반경은 93.6 in.이고 원자로는 3,293 MW로 운전되도록 설계되었다. 최대-평균 출력밀도는 2.62이다. 이 원자로에 대하여 다음을 계산하라.

(a) 노심 내의 UO_2와 우라늄의 총 중량

(b) kW/kg U 단위의 비출력(specific power)

(c) kW/liter로 주어지는 평균 출력밀도

(d) kW/ft 단위의 평균 핵연료 선출력 q''_{av}

(e) 최대 열생성률

9. 어떤 LMFBR이 노심이 지름 0.158 in., 길이 30.5 in.의 핵연료봉 13,104개로 이루어진 사각 격자로 구성되어 있고, 격자의 피치는 0.210 in.이다. 핵연료봉은 0.005 in.의 스테인리스강 피복재와 26 w/o의 농축우라늄으로 구성되어 있다. 입구 온도 300°C의 액체 소듐이 31.2 ft/sec의 평균 속도로 노심을 통과한다. 노심은 270 MW의 열출력을 생산하고 평균대-최대 출력밀도 비는 1.79이다. 다음을 계산하라.

(a) 최대 열생성률

(b) 최대 중성자속

10. 어떤 반사체 원자로의 노심에서 z 방향의 중성자속 그리고/또는 열생성률의 변화는 종종 다음 식으로 근사된다.

$$\phi = \text{constant} \times \cos\left(\frac{\pi z}{\widetilde{H}}\right)$$

여기에서 $\widetilde{H}$는 H보다 다소 큰 외삽경계 사이의 거리이고, 이는 노심의 실제 높이 H보다 다소 크다. z 방향의 평균대-최대 열생성률 비 Ω_z가 다음과 같이 나타남을 보여라.

$$\Omega_z = \frac{\pi H/2\widetilde{H}}{\sin(\pi H/2\widetilde{H})}$$

[주: $\phi = \text{constant} \times J_0(2.405r/\widetilde{R})$으로 정의하면 반경방향의 ϕ 그리고/또는 q'''에 대해서 유사한 근사가 가능하다.]

11. 높이방향과 반경방향의 평균대-최대 중성자속 그리고/또는 출력 분포의 비가 다음과 같이 주어지는 전체적인 비율과 관계있음을 보여라.

$$\Omega_z \Omega_r = \Omega$$

여기에서 사용된 기호들은 문제 8.10의 정의와 같다.

12. 어떤 고속로의 노심이 반경 38.8 cm, 높이 77.5 cm의 원통형이다. 이차원 (r, z) 다군 계산은 노심의 출력밀도 분포가 다음의 식으로 근사될 수 있음을 보여 준다.

$$P(r,z) = P_0\left[1-\left(\frac{r}{51}\right)^2\right]\cos\left(\frac{\pi z}{109}\right)$$

여기에서 P_0는 상수이고 r과 z는 각각 축방향과 노심의 중간면으로부터의 거리이고 단위는 cm이다.

(a) P_0를 총 노심 출력 P로 나타내라.

(b) 노심의 평균대-최대 출력비는 얼마인가?

(c) 반경방향과 축방향의 평균대-최대 출력비를 구하라.

13. 34%의 효율로 운전되는 어떤 BWR 발전소가 1,011 MW의 전기출력을 생산한다.

(a) 원자로 정지 시 원자로 내의 최대 핵분열 생성물의 붕괴 에너지는 얼마인가?

(b) 원자로 정지 6개월 후 붕괴 에너지는 얼마인가?

14. 어떤 1,000 MW 원자로가 1년간 전출력으로 운전되었고 한 달간 10%의 출력으로 운전되다가 정지하였다. 원자로 정지 시와 원자로 정지 한 달 후의 핵분열 생성물 붕괴열을 구하라.

15. ^{235}U 핵연료를 사용하는 어떤 원자로가 1년간 P_0의 출력으로 운전되다가 \$9.63의 음의 반응도 삽입을 통하여 정지되었다.

(a) 음의 반응도 삽입으로 원자로의 출력이 즉시 어느 수준으로 떨어지는지 구하라.

(b) 실제 어느 정도의 출력 수준으로 원자로의 출력이 떨어지는지 구하라.

(c) 원자로 정지 0.1초부터 0.5시간까지의 원자로 출력을 계산하고 그래프로 나타내라.

16. 약간 농축된 ^{235}U를 핵연료로 사용하는 열원자로가 2년간 2,800 MW의 출력으로 운전되다가 재장전을 위하여 정지하였다. 이 원자로는 0.82의 변환계수(conversion factor)를 갖는다.

(a) 원자로 정지 시와 정지 한 달 후에 핵분열 생성물 붕괴 에너지는 얼마인가?

(b) ^{239}U와 ^{239}Np에 의한 붕괴열은 얼마인가?

(c) 이전 시간에서 핵분열 생성물과 ^{239}U, ^{239}Np의 방사능은 얼마인가?

17. 문제 8.12의 원자로 노심이 400 MW의 출력을 생산하고 이 중 8 MW는 냉각재의 감마선 가열로 발생한다. 핵연료의 총 열전달 면적은 1,580 ft^{2}이다. 다음을 계산하라.

(a) kW/liter 또는 kW/ft^3 단위의 노심의 평균 출력밀도

(b) 평균 열유속

(c) 최대 열유속

18. 예제 6.10에 기술된 판형 핵연료가 실험용 원자로의 열중성자속 5×10^{13} neutron/cm^2-sec를 갖는 영역에 설치되었다. 다음을 계산하라.

(a) 핵연료의 열생성률

(b) 피복재 표면에서의 열유속

(c) 핵연료 중심과 피복재 표면 사이의 온도차

19. 문제 8.9에 기술된 q''가 최대인 핵연료 중심의 온도가 1,220°F이다. 핵연료-피복재 경계면과 피복재 외부 표면의 온도를 구하라.

20. 식 (8.44)의 일반해를 유도하라. [*힌트*: 방정식의 처음 두 항을 $\frac{1}{r}\frac{d}{dr}r\frac{dT}{dr}$과 같이 쓰고 적분을 수행하라.]

21. 식 (8.47)이 다음과 같이 나타남을 보여라.

$$T_m - T_s = \frac{q'}{4\pi k_f}$$

여기에서 q'은 핵연료봉의 단위길이당 열생성률이다. [*주*: 이 결과는 핵연료봉을 가로지르는 온도차가 선출력밀도 q'에 정비례함을 보여 준다. q'은 원자로 설계에서 중요한 변수이다.]

22. UO_2 펠릿과 핵연료 튜브 내부 사이의 간극은 다음과 같이 주어지는 간극 열전도도(gap conductance) h_{gap}를 정의함으로써 핵연료로부터의 열류 해석에 고려할 수 있다.

$$q'' = h_{\text{gap}}\Delta T$$

여기에서 q''는 열유속이고, ΔT는 간극의 양단 온도차이다. 약 1,000 Btu/hr-ft^2-°F의 h_{gap}이 PWR과 BWR 핵연료에 있어서 일반적인 값이다. A가 핵연료의 면적일 때, 간극의 열저항이 다음과 같음을 보여라.

$$R_{\mathrm{gap}} = \frac{1}{h_{\mathrm{gap}} A}$$

23. 문제 8.8에 기술된 원자로 내의 한 지점에서 열유속이 280,000 Btu/hr-ft^{2}이고, 피복재 외부 온도는 563°F이다. 다음과 같은 조건에서 이 지점에서의 온도 분포를 계산하고 그래프로 나타내라.

(a) 펠릿과 피복재 사이의 간극을 무시한 경우

(b) 1,000 Btu/hr-ft^2-°F의 간극 열전도도(gap conductance)를 사용한 경우

24. 문제 8.8에 기술된 원자로 내의 가장 높은 열유속을 갖는 핵연료봉이 2.28 w/o의 농축우라늄을 포함하고 있다. (a) 원자로가 설계 출력으로 운전되고 있을 때 이 연료봉의 최대 열생성률을 구하라. (b) 이 핵연료봉의 최대 열중성자속은 얼마인가? [주: (b)를 풀 때, 문제 8.23의 평균 핵연료 온도를 사용하라.]

25. LWR이 열 차폐체를 구성하는 두께 5 cm의 철판이 3 MeV의 평균 에너지와 1.5×10^{14} γ-ray/cm^2-sec의 입사 강도를 갖는 감마선에 노출되었다. 방사선이 입사한 표면은 585°F, 반대편은 505°F로 유지되었다. (a) 판의 ft^{2}당 에너지 축적률은 얼마인가? (b) 판을 가로지르는 온도 분포를 계산하고 그래프로 나타내라. (c) 판의 양쪽 면에서의 열유속을 계산하라. [주: 문제를 단순화하기 위하여, 감마선 흡수는 μ = 0.18 cm^{-1}로 지수적이라고 가정하라.]

26. 식 (8.59)가 식 (8.58)의 해이고 주어진 경계조건을 만족함을 확인하라.

27. 감마선이 두께 a인 평판에 입사한다. (a) 평판 내의 온도가 최댓값을 지나도록 하는 조건을 부여하는 식을 유도하라. (b) 평판의 양쪽 면이 같은 온도를 유지하는 특별한 경우에 대해서 최대 온도가 다음의 지점에서 나타남을 보여라.

$$x_m = \frac{a}{2}\left(1 - \frac{\mu a}{12}\right)$$

여기에서 $\mu a \ll 1$이다.

28. 연구용 원자로의 단열된 내경 8인치 관을 흐르는 1,000 psia 물의 속도장은 다음의 식으로 나타낼 수 있다.

$$v = 60 - 540r^2$$

여기에서 v는 ft/sec 단위이고 r은 ft로 주어지는 파이프 중심으로부터의 거리이다. T의 단위가 °F일 때, 파이프를 가로질러 측정된 온도 분포는 다음과 같다.

$$T = 155 - 720r^2$$

(a) 물의 총체적 온도를 계산하라.

(b) 파이프 내에서 물의 평균 속도를 계산하라.

(c) 레이놀즈수를 계산하라.

(d) 파이프에 얼마나 많은 물이 흐르고 있는지 lb/hr로 계산하라. 여기에서 물의 밀도는 61.8 lb/ft^{3}으로 상수이고, μ = 1.270 lb/hr-ft이다.

29. 예제 8.7에 주어진 조건 하에서 예제 8.3과 8.5에 기술된 원자로의 최고온 유로에서 물, 피복재의 외부 표면, 핵연료 중심의 온도를 길이의 함수로 구하고 그래프로 나타내라.

30. 문제 8.9에 기술된 원자로의 최고온 유로에 대해서 다음을 계산하라: (a) 소듐의 출구 온도, (b) 핵연료와 피복재 표면의 최대 온도. [주: 열전달계수는 35,000 Btu/hr-ft^2-°F를 사용하라.]

31. 개방 원자로임을 가정하였을 때, 문제 8.7에 기술된 원자로의 최고온 유로에 대하여 다음을 계산하라: (a) 물의 출구 온도, (b) 핵연료와 피복재 표면의 최대 온도. [주: h = 7,600 Btu/hr-ft^2-°F를 사용하라.]

32. 실험용 원자로의 핵연료 표면에서의 열유속은 그림 8.15에 나타난 것과 같이 위치에 따라 다르다. 핵연료봉의 지름은 0.5 in.이고 길이는 6 ft이다. 150°F의 물이 노심으로 들어와서 핵연료봉당 350 lb/hr로 흐른다. 열전달계수는 1,000 Btu/hr ft^2 °F이다. 유로 입구, 3 ft 상부, 출구에서 냉각재, 핵연료봉 표면, 핵연료봉 중심의 온도를 계산하라.

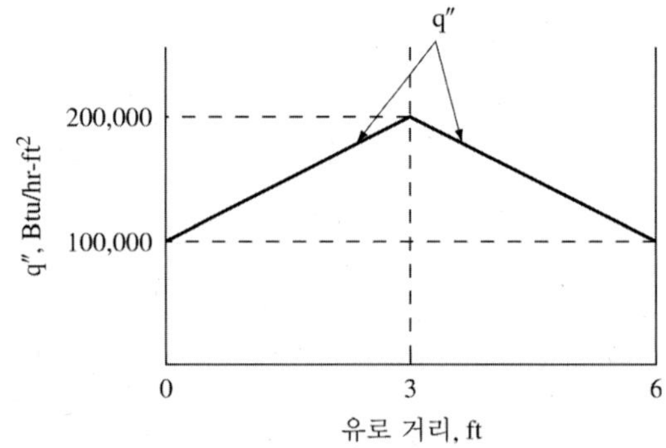

그림 8.15 문제 8.32의 핵연료봉 길이에 따른 열유속

33. 2,000 psia, 613°F의 물이 내경 29 in.의 일차계통 냉각수 파이프를 통하여 49.5 ft/sec의 평균 유속으로 PWR 용기에서 빠져나간다.

(a) 이 파이프의 질량 유속은 lb/hr로 얼마인가?

(b) 파이프 내 물의 레이놀즈수는 얼마인가?

(c) 물이 같은 압력과 속도를 가지고 555°F의 온도로 원자로용기로 돌아온다면 돌아오는 파이프의 크기는 몇 m이어야 하는가?

34. 예제 8.8에 주어진 레이놀즈수 계산을 위한 변수들을 SI 단위로 변환하고 Re를 다시 계산하라.

35. 예제 8.8에 주어진 격자의 하나의 유로를 통과하는 냉각재의 질량 유속을 lb/hr로 구하라.

36. 문제 8.7의 원자로에 대하여 다음을 계산하라.

(a) ft/sec 단위의 평균 유속

(b) 유로 등가 직경

(c) 최고온 유로의 입/출구 레이놀즈수

(d) (c)의 위치에서의 열전달계수

37. 문제 8.9에 기술된 LMFBR의 노심에 대하여 다음을 계산하라.

(a) 냉각재 유로의 등가 직경

(b) 총 냉각재 유로 면적

(c) lb/hr 단위의 소듐 유량

(d) 소듐의 평균 출구온도

(e) 노심 입/출구에서 소듐의 Re

(f) 노심 입/출구에서 소듐의 평균 열전달계수

38. 온도 525°F, 유량 106.5×10^6 lb/hr의 물이 문제 8.8에 기술된 BWR의 노심으로 들어온다. z가 인치로 주어질 때, 최고온 유로에서의 핵연료 열생성률은 다음과 같이 나타낼 수 있다.

$$q'''(z) = q'''_{\max}\cos(\pi z/165)$$

원자로 압력은 1,020 psia이다. 다음을 계산하라: (a) z 방향 평균대-최대 출력밀도, (b) 노심의 총 유량, (c) 노심 하부 근처에서의 평균 물 속도, (d) 물/핵연료 체적비, (e) 냉각재 유로의 등가 직경, (f) 최고온 유로 입구에서의 Re, (g) 최고온 유로의 대류 부분에 대한 열전달계수, (h) 국부 비등 시작점의 위치

39. 예제 8.3에서 8.9에 기술된 PWR을 고려하였을 때, (a) 이 원자로에서 어떤 형태라도 비등이 발생하는가? (b) 체적 비등이 발생하는가? (c) 원자로의 축방향 30 in.에서 비등이 발생하는가?

40. 그림 8.12의 q''과 T_b의 곡선을 사용하여 T_c와 $T_c - T_b$의 곡선을 계산하라.

41. (a) 문제 8.31의 결과와 버나쓰 상관식을 사용하여 문제 8.7의 원자로의 최고온 유로를 따라 위치의 함수로 q''_c를 계산하고 그래프로 나타내라. (b) 이 유로에 대하여 DNBR을 계산하라. (c) 최소 DNBR은 얼마인가?

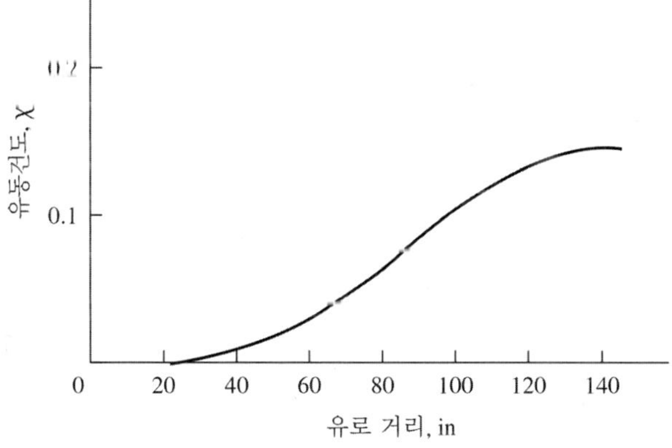

그림 8.16 문제 8.43의 뜨거운 유로의 위치의 함수로 나타낸 유동건도

42. 그림 8.16은 그림 8.12의 원자로의 고온 유로에 대해 위치의 함수로 나타낸 유동건도를 보여 주고 있다. 이 유로의 질량 유속(mass flux)이 2.3×10^6 lb/hr-ft^{2}이다.

(a) 유로를 따라 q''_c와 DNBR을 계산하고 그래프로 나타내라.

(b) 최소 DNBR은 얼마인가?

43. 문제 8.6에 기술된 HTGR의 최대 열유속은 120,000 Btu/hr-ft^2 (378.3 kW/m^2)이고, 고온유로 계수는 2.67이다.

(a) 평균 열유속은 얼마인가?

(b) 미터와 ft^{2}으로 총 열전달 면적은 얼마인가?

44. 문제 8.9의 LMFBR에 대해서 고온유로 계수는 1.85이다. 다음을 계산하라.

(a) 노심의 총 열전달 면적

(b) 평균 열유속

(c) 최대 열유속

45. z가 인치로 주어질 때, 어떤 PWR의 12 ft 길이 핵연료의 축방향 출력 분포는 다음과 같이 나타낼 수 있다.

$$q''' = \text{constant} \times \cos(\pi z/144)$$

최소 DNBR이 2.1이고 최고온 유로의 90 in. 지점에서 발생한다. 여기에서 임계 열유속은 1.08×10^6 Btu/hr-ft^{2}으로 계산된다. 이 원자로의 고온유로 계수는 2.78이고 총 열전달 면적은 48,000 ft^{2}이다. 다음을 계산하라.

(a) q''_{max}

(b) q''_{av}

(c) 원자로의 운전 출력

방사선 방호

Radiation Protection

9.1 방사선 영향의 역사

9.2 방사선 단위

9.3 기초 생물학

9.4 방사선의 생물학적 영향

9.5 방사선의 정량적 영향

9.6 방사선 영향의 계산

9.7 자연 및 인공 방사선원

9.8 방사선 방호의 표준

9.9 피폭 및 피폭선량 계산

9.10 방사성 핵종 인체유입 표준

9.11 감마 선원에 의한 피폭

원자로와 원자력에너지를 이용하는 장치들에는 방사선이 존재하기 때문에 설계자는 운영 요원과 일반 대중의 보호를 위해 필요한 경우 방사선 차폐를 포함해야 한다. 이러한 시설의 지속적 감시 책임은 *보건물리사*(*health physicist*)[1]에게 맡겨질 수 있으며, 그 업무는 개인이 불필요하거나 위험한 수준의 방사선에 노출되지 않도록 하는 것이다. 방사선 차폐 설계 및 온전한 보건 물리 프로그램의 수립을 위한 기준은 방사선이 인체에 미치는 영향에 근거한다. 이 장에서는 이러한 영향과 방사선 문제에서 발생하는 여러 가지 계산들을 다룬다. 방사선 차폐에 대해서는 10장에서 설명한다.

보건 물리학 문헌에는 비전문가들에게 혼동을 줄 수 있는 많은 생물학적 및 의학적 용어가 포함되어 있다. 이 장에서는 독자들이 이 분야의 보다 결정적인 문헌들을 이해하는 데 필요한 배경지식을 제공하기 위해 이와 같은 많은 용어들이 소개될 것이다. 간단한 용어풀이는 이 장의 맨 뒤에 제시하였다.

»» 9.1 방사선 영향의 역사

역사를 통해 인류는 다양한 형태의 자연 배경 방사선에 노출되어 왔다. 자연 방사선 수준은 유해한 영향을 준다고 하기에는 너무 낮다. 이러한 방사선 영향은, 뢴트겐(Roentgen)이 엑스선을 발견하고 베크렐(Becquerel)이 방사능을 발견함에 따라 고강도 방사선원이 가용해진 1800년대 이후에야 비로소 알려지게 되었다. 그리고 얼마 후, 명백한 방사선 장해 사건들이 많이 보고되었다. 보다 미묘한 방사선의 장기 영향은 수년 후에야 인지되었다.

방사선 영향은 대개 *외부피폭*(*external exposure*, 외부로부터 신체에 조사되는 방사선에 의한 장해)과 *내부피폭*(*internal exposure*, 신체에 흡수된 방사성 핵종에서 방출된 방사선에 의한 장해)의 두 가지 범주로 나눌 수 있다. 1890년 즈음에 엑스선 외부피폭에 의해 *홍반*, *부종* 및 *탈모*가 발생한다는 사실이 알려졌다. 한 연구자는 1897년까지 69건의

---

1 *보건물리학*(*health physics*)은 방사선 피폭으로부터 사람을 방호하는 것과 관련된 문제를 연구하는 분야를 말한다. 이 용어는 다소 부적절하고 오해의 소지가 있다. 보건물리학 관련된 것의 일부만이 물리학과 연관이 있고 방사선 피폭으로 인해 발생하는 것보다 더 많은 물리 이상의 문제들이 있다.

이른바 엑스선 화상을 보고했다. 베크렐과 퀴리 부인은 둘 다 방사성 물질을 담고 있는 작은 튜브에서 비슷한 화상을 입었다. 이후 방사선의 *발암성*(*carcinogenic effect*)이 알려졌다. 1911년까지 엑스선으로 유발된 종양이 94건 보고되었다. 1922년까지 100명의 방사선 전문의가 방사선 유발 암의 결과로 사망한 것으로 추정되었다. 후일, 백혈병(대략 말하면, 혈액 생성 세포 즉 골수의 암)의 발생률이 다른 의사들보다 방사선 의사들에서 유의하게 높았다고 알려졌다. 방사선 전문의의 평균 수명이 다른 의사의 평균 수명보다 다소 짧았다는 증거가 축적되었다. 다행히도, 방사선 전문의 사망률에 관한 최근의 연구에 따르면, 백혈병 발병 증가와 수명 단축이 사라진 것으로 나타났다. 이는 일반적으로 방사선 의학자들이 방사선의 유해한 영향에 대해 인식을 제고하고, 또한 개선된 방사선 안전 관행을 채택한 데 기인한다.

독일 남동부의 색소니 코발트 광산과 체코슬로바키아의 피치블렌드 광산(둘 다 우라늄 농도가 높음)에서 일하는 광부들은 폐암 발병률이 평균치보다 30배가량 높은 것으로 알려져 왔다. 오늘날은, 이 작업자들은 광산 터널의 벽에서 방출된 우라늄의 붕괴 생성물인 방사성 기체 *라돈*과 그 딸핵들의 흡입으로 야기된 내부 방사선 피폭의 피해자들이라고 인정된다. 폐암 발병률은 또한 미국의 지하 우라늄 광부들에게서도 상당히 높다. 광산의 환기가 개선되고 광부의 보호를 위해 최근에 채택된 엄격한 표준이 방사선 장해의 근원을 제거할 것으로 기대된다.

내부피폭에 의한 또 다른 장해들이 수년간에 걸쳐 발생한 많은 사례들이 보고되어 왔다. 대략 1915년에서 1930년까지 일부 의료 그룹에서는 라듐 및 토륨이 치료적 가치가 있는 물질이라고 생각하였다. 불행히도 많은 사람들이 이 치명적인 물질을 주사 받았다. 약 1928년부터 1945년까지 많은 사람들이 진단용 엑스선 조영물질로 사용되어 온 이산화토륨 부유액을 주사 맞았다. 이 그룹에서 암의 발생률, 특히 간암의 현저한 증가가 관찰되었다. 가장 잘 알려진 내부피폭 사례는 뉴저지주 오렌지에 있는 미국 라듐 회사의 라듐 시계침 페인터(radium-dial painters)였다. 이 여성들은 라듐이 함유된 페인트로 시계침에 숫자를 그렸고 뚜렷한 외곽선을 그리기 위해 페인트가 묻은 브러시를 습관적으로 입술에 가져가곤 했다. 관련 방사성 물질 섭취로 인해, 다양한 형태의 암으로, 약 2,000명의 근로자 중 약 50명의 여성이 사망하게 되었다.

엑스선과 방사성 물질의 사용과 관련된 이런 비극적인 사건들의 결과로 이제는 인간에 대한 방사선 영향의 많은 부분이 밝혀졌다. 방사선 사용에 있어 안전의 중요성은 현재 일반적으로 잘 인식되고 있으며, 엄격한 방사선 피폭 표준이 개발되었다(의료용 방사선의 이용은 예외로 봄). 이는 현대 기술의 많은 장치들(가속기, 원자로, 다양한 방사성 핵종 장치, 텔레비전, 고공비행하는 비행기 및 우주여행 등) 모두 잠재적인 방사선 피폭의 원천일 수 있으므로 다행한 일이다. 그러나 원자력 산업으로 인한 자체 인원 또는 일반 대중에게 방사선 장해를 거의 유발하지 않았다고 할 수 있으며, 이 장의 뒷부분에서 볼 수 있듯이, 사람의 방사선 피폭의 주된 원인은 의료용 엑스선이다.

»» 9.2 방사선 단위

방사선 방호 문제에서 의미 있는 계산을 하기 위해서는 방사선장 및 방사선 영향을 정량적으로 표현할 수 있는 일련의 단위가 필요하다. 현재 전 세계적으로 두 가지 단위계가 사용되고 있다: 소위 관습적 단위계 (*conventional system*)는 다양한 형태와 개선을 거치며 수십 년 동안 사용됐으며, 새로운 *국제단위계*(Système International d'Unités, *SI units*)가 점차 옛 단위체계를 대치하고 있다. 본 저서는 관습적 단위 및 SI 단위를 모두 사용할 것이다. 적어도 미국에서는, 관습적 단위가 원자력공학 관행과 정부 표준 및 규제에 확실하게 포함되어 있지만, SI 단위가 점차 보편화하고 있다.

방사선 관련 단위는 국제적인 과학 단체인 국제 방사선 단위 및 측정 위원회(International Commission on Radiation Units and Measurement, ICRU)에 의해 공표되는데, 아래 논의는 ICRU 보고서 19 (1971, 관습적 단위계) 및 ICRU 보고서 33 (1980, SI)에 근거한다.

피폭(exposure)

*피폭*은 관습적 단위계에서 물체에 입사하는 감마선장(gamma ray field)[2]을 기술하기 위해 사용된다. 3장에서 논의된 것처럼 감마선은 공기와 상호작용할 때 이온과 전자를 생성

2 3장에서와 같이, 이 장에서 감마선은 엑스선 및 감마선을 의미한다.

한다. 그러므로 물체의 표면에서의 감마선의 존재는 근처 공기 중 생성된 이온 또는 전자의 수로 측정될 수 있다. 이런 방사선장의 측정치는 방사선 방호의 맥락에서 특히 합리적이다. 후술하는 바와 같이, 감마선의 생물학적 영향은 그들이 신체 내에 생성하는 이온화의 함수이다. 따라서, 방사선 피폭으로 생기는 생물학적 영향은 피폭의 증가에 따라 대략적으로 비례해서 증가할 것이다. 따라서 ICRU는 피폭 X를 다음 식으로 정의한다.

$$X = \frac{\Delta q}{\Delta m} \tag{9.1}$$

여기서 Δq는, 질량이 Δm인 공기 체적 내에 광자에 의해 자유화된 모든 전자가 완전히 멈출 때까지 공기 중에 생성된 같은 부호의 이온 전하의 합(+ 또는 - 한 쪽의 전하)이다. 그러나 Δm 내에서 방출된 전자가 모두 질량 Δm을 포함한 체적 내부에서 모든 에너지를 잃고 멈추는 것은 아니다. 이들 전자는 실제 Δm으로부터 상당한 거리를 이동할 수 있다. 식 (9.1)에 나타난 바와 같이, 피폭은 coul/kg of air의 단위를 가진다.

단위 뢴트겐(roentgen)

피폭의 관습적 단위는 *뢴트겐*이다. 약어는 R이며 다음과 같이 정의된다.

$$1\ \mathrm{R} = 2.58 \times 10^{-4}\ \mathrm{coul/kg} \tag{9.2}$$

이는 감마선의 상호작용으로 인해 0.001293 g의 공기(1기압, 0℃ 의 1 cm^3의 공기)당 1 esu의 전하(1 esu = 3.33×10^{-10} coul)를 생성하는 것과 같다. 뢴트겐의 1천분의 1은 *밀리뢴트겐(milliroentgen)*이며, mR이라고 쓴다.

SI 단위계에서 *피폭 X*는 공기 1 kg당 1쿨롱의 전하를 생성하는 방사선량으로 정의한다

$$1\ \mathrm{X\ unit} = 3{,}876\ \mathrm{R} = 1\ \mathrm{C/kg\ of\ air}$$

피폭률(exposure rate)

식 (9.1)에서 질량 Δm에서의 상호작용으로 인해 생성된 Δq의 발생률을 *피폭률*이라 한다. $\dot{X} = dX/dt$로 나타내고 R/sec, mR/hr 등 단위시간당 뢴트겐의 단위를 갖는다.

피폭과 피폭률 개념은 신체 바깥 지점의 공기 중 감마선(또는 엑스선)에만 적용된다. 기술적인 의미에서 중성자나 하전입자 또는 신체 내에서 일어나는 상호작용을 설명하는

데 사용되어서는 안 된다. 이러한 개념과 뢴트겐 측정 단위는 관습적 단위계에서만 사용된다. SI 단위계에는 피폭 혹은 피폭률에 대한 특별한 단위가 존재하지 않는다.

예제 9.1

1 mR/hr의 감마 방사선장에서 cm^3/sec당 이온 생성률을 구하라.

풀이

감마선이 공기 중에서 상호작용할 때 일반적으로 단일 하전 이온만 생성된다. 따라서 각 이온의 전하는 전자의 전하 1.60×10^{-19} coul과 같고 1 R은 2.58×10^{-4} coul/kg을 방출하므로 이는

$$2.58 \times 10^{-4}/1.60 \times 10^{-19} = 1.61 \times 10^{15}\ \text{ion/kg}$$
$$= 1.61 \times 10^{12}\ \text{ion/g}$$

따라서 1 mR은 1.61×10^{9} ion/g을 생성한다. 공기의 밀도는 0.001293 g/cm^3이므로 1 cm^3에서는 $1.61 \times 10^{9} \times 0.001293 = 208 \times 10^{6}$개의 이온이 생성된다. 피폭률이 1 mR/hr일 경우 cm^3/sec당 이온 생성률은 다음과 같다.

$$2.08 \times 10^{6}/3{,}600 = 578\ \text{ion}/(\text{cm}^3/\text{sec})$$

축적 에너지(imparted energy)

방사선의 생물학적 영향은 방사선으로 인한 신체에 축적되는 에너지에 대한 함수로 나타낼 수 있다. 이를 위해 물질의 질량 Δm을 포함한 부피 ΔV를 고려해 보자. E_{in}은 ΔV에 입사할 때의 전자, 중성자, 하전입자의 운동에너지 합이라 하고, E_{out}은 ΔV를 벗어날 때의 운동에너지의 합이라 하자. 광자의 경우, E_{in}과 E_{out}은 식 (2.13)으로 나타낼 수 있다. *축적 에너지* ΔE_D는 식 (9.3)과 같이 정의된다.

$$\Delta E_D = E_{\text{in}} - E_{\text{out}} + Q \tag{9.3}$$

여기서 Q는 ΔV에서 발생하는 핵반응(있는 경우)의 Q-값들의 합계이다. ΔE_D를 정의할 때 Q를 포함할 필요가 있는데, 이는 축적 에너지라는 개념을 사용하는 의도가 생물학적 효과를 일으키는 데 쓰일 에너지의 축적을 반영하려는 것이기 때문이다. 또한, 핵반응들도 이러한 축적 에너지를 증가시킬 수 있는데, 그 이유는 핵반응의 영향들 중 하나는 단

순히 원자핵의 질량만을 변화시키는 것이기 때문이다. 그렇다고 이것이 반드시 생물학적으로 큰 영향을 주는 것은 아니다.

흡수선량(absorbed dose)

실량 Δm에 대한 *흡수선량* D는 단위질량당 축적 에너지로 정의된다.

$$D = \frac{\Delta E_D}{\Delta m} \tag{9.4}$$

한 지점에서의 흡수선량은 식 (9.4)에서 Δm이 0으로 수렴하는 극한값으로 정의된다. 흡수선량의 관습적인 단위는 *rad* 이다. 식 (9.5)에서 1 rad는 0.01 J/kg의 흡수선량과 같다.

$$1\ \text{rad} = 0.01\ \text{J/kg} = 100\ \text{erg/g} \tag{9.5}$$

1 *밀리라드*(*millirad*)는 0.001 rad이며 약어는 mrad이다.

흡수선량의 SI 단위는 *그레이*(*gray*)이며, 약어로는 Gy이다. 1 Gy는 1 J/kg으로 정의되며 식 (9.6)과 같다.

$$1\ \text{Gy} = 1\ \text{J/kg} \tag{9.6}$$

또한, 식 (9.5), (9.6)에 의해 1 Gy는 100 rad와 같다.

$$1\ \text{Gy} = 100\ \text{rad} \tag{9.7}$$

1 *밀리그레이*(*milligray*)는 0.001 Gy이며 약어는 mGy이다.

흡수선량률(absorbed dose rate)

흡수선량률 $\dot{D}$는 시간당 받는 흡수선량으로 정의된다. 관습적인 단위는 rad/sec, mrad/hr 등을 사용하며, SI 단위로는 Gy/sec, mGy/hr 등을 사용한다.

커마(kerma)

*커마*는 K로 나타내며, 특히 고속중성자를 포함하는 계산에 많이 사용되는 또 다른 개념이다. 커마는 물질의 단위질량당 간접적인 이온화 방사선(주로 중성자)에 의해 방출되는 모든 하전입자가 가진 초기 운동에너지의 합으로 정의된다. 중성자의 감쇠로 인해 물질에 흡수된 에너지는 커마 또는 커마선량으로 간주된다. K의 단위는 D와 동일하다. 즉, 관습적 단위계에서는 rad 또는 erg/g, SI 단위로는 Gy 또는 J/Kg이다. 커마는 그 자체로 더 많이 사용된다. 실제적으로 관심 있는 흡수선량보다는 오히려 커마가 측정이나 계산이 더 쉽다. 다행인 것은, 이 두 가지 선량이 많은 상황에서 거의 동일하다는 것이다.

생물학적 효과비(relative biological effectiveness)

만약 방사선의 생물학적 영향이 방사선에 의해 유기체에 축적된 에너지에 직접 비례한다면 문제는 단순할 것이다. 이 경우, 흡수선량은 입사 방사선의 성질 또는 에너지에 관계없이 생물학적 손상의 적절한 척도가 될 수 있다. 하지만 실제상황은 훨씬 더 복잡하다. 생물학적 효과는 그램당 또는 cm^3당 축적된 총 에너지뿐만 아니라 방사선 경로를 따라 에너지가 분포하는 방식에 따라 달라진다. 방사선의 생물학적 영향은 방사선의 LET (linear energy transfer, 에너지전달선밀도, 3.9절 참조)에 따라 증가한다. 따라서, *동일한 흡수선량*에 대해, 생물학적 영향은 알파입자 또는 중성자 같은 고LET 방사선이 감마선 또는 베타선 같은 저LET 방사선보다 훨씬 크다.

방사화학적 관점에 근거하면 당연한 결과이다. 예를 들어, ^{210}Pb 알파입자(5.3 MeV)가 황산철 용액에 흡수될 때, 용액에 흡수된 100 eV당 1.5개의 자유 수소분자가 형성된다. 반대로 ^{60}Co 감마선(1.17 및 1.33 MeV)의 경우 100 eV당 0.4개의 분자만 형성된다. *화학적, 생물학적* 관점에서 방사선으로 인한 영향은 흡수된 에너지만의 함수는 아니다. *선질(quality)*이라는 용어는 방사선에 의한 에너지가 각각 다른 방식으로 축적될 수 있다는 사실을 설명하는 데 사용된다. 다른 유형 또는 에너지의 방사선은 선질이 다르다고 말한다.

상이한 유형 또는 에너지의 방사선이 일반적으로 동일한 흡수선량에 대해 서로 다른 생물학적 영향을 미친다는 사실은 *생물학적 효과비(RBE)*로 기술된다. RBE는 다음 유형의 실험에서 결정된다. 조직 또는 기관에 먼저 200 KeV의 감마선을 조사하고, 이 때의 RBE를 임의로 기준값으로 정한 후 주어진 흡수선량에 대한 영향을 관찰한다. 그런 다음 다른 유형의 방사선으로 실험을 반복한다. 이전의 흡수선량의 10분의 1만으로도 동일한 생물학적 영향이 발생하는 것으로 밝혀지면, 두 번째 방사선은 흡수선량당 감마선보다 10배 더 큰 생물학적 영향을 미치는 것으로 판단할 수 있다. 이 방사선의 경우 RBE는 10으로 간주한다. 주어진 유형 또는 에너지의 방사선에 대해 하나의 RBE만 있는 것은 아님을 강조하고자 한다. 그 이유는, RBE는 조직, 고려 중인 생물학적 영향, 선량 및 경우에 따라 선량률에 의존하기 때문이다. RBE는 현재 방사선 생물학에서 통용되고 있지만, 일반적인 방사선 방호 목적으로 사용하기에는 너무 상세하고 구체적이라고 여겨진다.

표 9.1 LET의 함수로 나타낸 선질계수

LET, keV/micron	*Q*
3.5 이하	1
7	2
23	5
53	10
175 이상	20

선질계수(quality factor)와 방사선 가중치(radiation weighting factor)

다양한 방사선의 생물학적 영향의 차이를 고려하고 방사선 방호 계산을 단순화하기 위해 미국 원자력 규제 위원회에 의해 방사선 *선질계수*(*quality factor*) *Q*가 정의되었다. 이 매개변수는 선형 에너지 전달의 함수인 RBE 값에 대한 다소 임의의 근사치이다. 항상 실험에 의해 결정되는 RBE와 달리, *Q*는 RBE 값을 이용해 간단히 구할 수 있다. LET 함수로서의 선질계수를 표 9.1에 제시하였으며, 다양한 방사선에 대한 *Q* 값은 표 9.2에 나와 있다. W_R로 표현되는 *방사선 가중치*(*radiation weighting factor*)는 입사 방사선의 유형과 에너지와 관련이 있으며, 평균 선질계수 $\overline{Q}$와 거의 같으며, 최신 방사선 방호 시스템에서 많은 경우 선질계수 대신 사용되기도 한다.

표 9.2 다양한 방사선에 대한 선질계수*

방사선 유형	Q	W_R
엑스선, 감마선	1	1
베타선, $E_{max} > 0.03$ MeV	1 †	
베타선, $E_{max} < 0.03$ MeV	1.7 †	2
자연 알파선	10	20
무거운 반동핵	20	20
중성자:		
열적 에너지 ~ 1 keV	2	5
10 keV	2.5	10
100 keV	7.5	10
500 keV	11	20
1 MeV	11	20
2.5 MeV	9	5
5 MeV	8	5
7 MeV	7	5
10 MeV	6.5	5
14 MeV	7.5	5
20 MeV	8	5
규정되지 않은 에너지	10	

* 10CFR20 (Q), ICRP 60 and ICRP 120 (W_R)에 기초함.

† ICRP 간행물 9의 권고치.

등가선량(equivalent dose)

H로 표현되는 *등가선량*은 흡수선량과 방사선 가중치 W_R의 곱으로 정의된다.

$$H(\text{equivalent dose}) = D(\text{absorbed dose}) \times W_R(\text{radiation weighting factor}) \quad (9.8)$$

등가선량은 *생물학적 선량*(*biological dose*, 이전에는 RBE 선량이라고 불렸음)이라고도 하며 조직이나 장기에 대한 *선량당량*(*dose equivalent*) H와는 다르다. NCRP에 따르면[3], 등가선량은 방사선 가중치에 의해 가중되는 특정 조직 또는 장기의 평균 흡수선량이다.

*선량당량*은 해당 지점의 방사선 LET에서 결정된 선질계수에 의해 가중되는 조직의 한 지점에서 흡수된 선량이다.

가중치는 사실상 RBE의 단순화된 서로 다른 방사선원이라도 어떤 체내 조직에 동일한 등가선량을 조사하는 경우에는, 이 조직에 거의 동일한 생물학적 영향이 발생함은 당연하다. 이것은 주어진 등가선량이 신체의 다른 부분에서 동일한 효과를 발생시킴을 의미하는 것은 아니다. 다음 절에서는 손에 대한 선량이 조혈장기에 대한 동일한 선량과는 상당히 다른(그리고 덜 심각한) 효과를 미칠 수 있다는 것을 보일 것이다.

미국 NRC는 위에 제시한 등가선량과 같은 기호인 H를 사용하여 선량당량을 정의한다.

$$H(\text{dose equivalent}) = D(\text{absorbed dose}) \times Q(\text{quality factor})^4$$

NRC는 이 선량당량에 관습적 단위인 *rem*을 사용한다.[5] 감마선의 경우처럼 선질계수가 1일 때, 1 rad의 흡수선량은 1 rem의 선량당량을 준다. SI 단위에서 1 Gy의 감마선 선량은 1 Sv의 선량당량이다. Q가 20인 알파입자의 경우, 1 rad의 흡수선량은 20 rem의 선량당량을 나타낸다. *밀리렘(millirem)*은 mrem이라고 쓴다. EPA가 NRC 면허보유자들과 DOE 시설들을 규제하는 선량 표준을 제안한 1985년 이후, 또 다른 선량 계산 방법인 유효 선량당량(effective dose equivalent, EDE)을 널리 사용하게 되었다. EDE는 신체의 개별 장기의 선량들에 가중치를 곱해서 합한 값이다. 각 장기에 대한 선량은 그 선량이 주는 위험에 따라 가중된다. 그 다음에는 각 장기에 대한 선량들을 모두 합하게 되며, 그 총량이 유효 선량당량이 된다. 이러한 방식으로, 서로 다른 방사선원으로부터의 위험을 단 하나의 표준만으로 관리할 수 있다.

$$H_E(\text{effective dose equivalent}) = \sum w_T(\text{tissue weighting factor}) \times W_R \times D$$

선량의 SI 단위는 *시버트(sievert)*, 약칭 Sv이다. 이것은 1 Gy 흡수선량에서 발생하는 선량당량이다. 1 Gy = 100 rad이므로, 다음과 같다

---

3 NCRP 보고서 제116호, 1993.

4 NRC는 선량당량뿐만 아니라 나중에 논의되는 총 유효선량당량 또는 TEDE에 대하여도 기호 H_T를 사용한다.

5 단위 렘(rem)은 *r*oentgen *e*quivalent *m*an의 약자이나, 현재는 뢴트겐이 선량이 아닌 피폭의 단위로 사용되기 때문에, 이렇게 어원을 따지는 것을 별로 권장하지 않는다.

$$1\ \mathrm{Sv} = 100\ \mathrm{rem} \tag{9.9}$$

밀리시버트(*millisievert*)는 약칭 mSv이다. 선량당량 또는 등가선량은 일반적으로 단순히 *선량*(*dose*)이라고 한다.

등가선량률(equivalent dose rate)

등가선량을 받는 율은 $\dot{H}$로 표시되거나 앞서 언급한 대로 $\dot{H}_T$로 표시된다. 이는 흡수선량률로부터 다음과 같이 결정된다.

$$\dot{H} = \dot{D} \times W_R \tag{9.10}$$

그리고 그 단위는 Sv/h, Sv/sec 등으로 표현된다.

선량당량률 또한 $\dot{H}$ 또는 $\dot{H}_T$로 표시된다. 등가선량률과 마찬가지로, 이는 흡수선량률로부터 다음과 같이 결정된다.

$$\dot{H} = \dot{D} \times Q$$

그리고 rem/sec, mrem/hr 등의 단위를 사용한다.

예제 9.2

강도가 10^5 γ-ray/cm^2-sec인 1 MeV의 감마선이 조직에 5×10^{-3} erg/g-sec로 에너지를 축적시킨다. 흡수선량률과 선량당량률을 계산하라.

풀이

1 rad/sec를 주기 위해 100 erg/g-sec의 에너지 축적이 필요하므로 흡수선량률은

$$\dot{D} = 5 \times 10^{-3}/100 = 5 \times 10^{-5}\ \mathrm{rad/sec} = 5 \times 10^{-7}\ \mathrm{Gy/sec}$$

이는 매우 작은 값이고 다음과 같이 적는 것이 더 좋다

$$\dot{D} = 5 \times 10^{-5} \times 3600 = 0.180\ \mathrm{rad/hr} = 180\ \mathrm{mrad/hr} = 1.80\ \mathrm{mGy/hr}$$

표 9.2에서 감마선에 대하여 $Q = 1$이므로 다음과 같이 계산된다.

$$\dot{H} = 180\ \mathrm{mrem/hr} = 1.80\ \mathrm{mSv/hr}$$

집단선량(population dose)

흔히 특정 집단에 해당하는 총 선량당량을 규정하는 것이 유용하다. 이것을 *집단선량*[6]이라고 하며 H_{pop}로 표기한다. H_{pop}의 단위는 *man-rem*, 즉 *person-rem* 이며, SI 단위는 *person-sievert*이다. H_{pop}의 계산은 명확한 방법으로 이루어진다. 따라서 어떤 핵 사고에서, 어떤 마을의 2천 명 인구 중 절반의 방사선 피폭이 2 rem이고, 나머지 절반은 1 rem일 때 집단선량은 다음과 같다.

$$
\begin{aligned}
H_{\text{pop}} &= 1000 \times 2 + 1000 \times 1 = 3000 \text{ man-rem} \\
&= 30 \text{ person-sievert}
\end{aligned}
$$

이 과정을 일반화하기 위해서, $N(H)dH$를 총 모집단 인구 N명 중에서 H와 $H + dH$ 사이의 선량에 피폭되는 사람수라 하면, 다음과 같다.

$$N = \int_0^\infty N(H)dH$$

집단선량은 주어진 선량에 피폭된 인구수와 그 선량의 곱에 대한 적분이다.

$$H_{\text{pop}} = \int_0^\infty N(H)HdH \tag{9.11}$$

9.3 기초 생물학

최근 연구에 따르면, 생물에 미치는 방사선의 영향은 생물을 구성하는 세포에 포함된 여러 분자의 여기와 이온화에서 기인한다. 이러한 문제들을 다루기 위해 세포, 특히 인간 세포에 대한 몇몇 기초 생물학을 검토하는 것이 필요하다

일반 성인 기준으로 사람에게는 4×10^{13}개의 세포가 있다. 그러나 각 세포마다 기능이

6 *집단선량(collection dose)*이 집단선량(population dose) 대신 자주 사용된다. 후자가 집단에 대한 평균 선량으로 잘못 해석될 수 있기 때문이다.

나 크기가 모두 동일한 것은 아니다. 뇌세포는 분명히 간세포와는 다른 기능을 수행한다. 대부분의 세포는 지름이 10^{-3}cm 정도로 작지만 그와는 대조적으로 신경세포는 길이가 1 m에 달한다.

세포는 *체세포*와 *생식세포*의 두 종류로 분류된다. 체내의 거의 모든 세포는 체세포이며 장기, 조직, 그 외 다른 신체 구조를 구성한다. 생식세포는 생식에 관해서만 기능하며 서로 다른 성을 가진 생식세포가 결합하여 새로운 탄생에 결정적인 역할을 한다. 또한 생식세포는 종의 유전물질을 지니고 있는데, 이는 자손이 다른 사람들보다 부모를 닮게 하고 세대 간 큰 변화가 거의 없도록 유지하는 데 기여한다.

현대에 들어 연구에 의해 살아 있는 세포가 매우 복잡한 시스템이라는 것이 밝혀졌다. 흔히 동물에서 발견되는 체세포는 그림 9.1과 같다. 세포는 *세포기관*이라고 불리는 여러

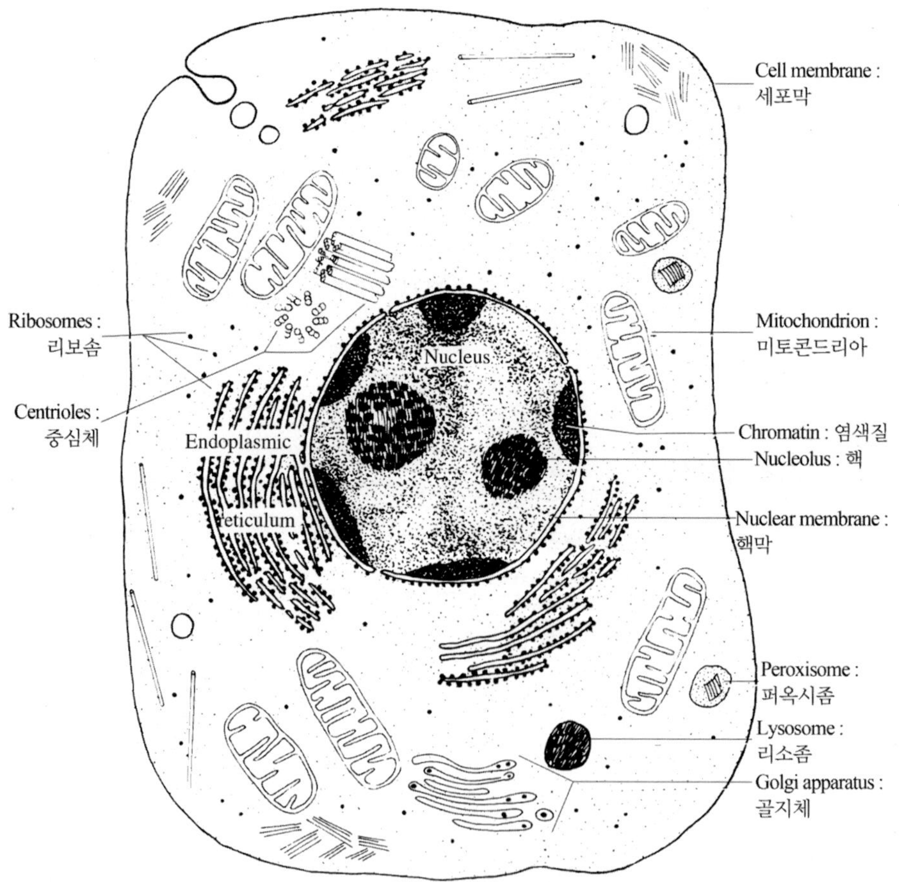

그림 9.1 동물 체세포 개요도

개의 기관 구조를 포함하고 있으며, 각각의 세포기관은 신체 전체에서 기관들이 하는 것처럼 세포에 대해 특정한 기능을 수행한다.

이러한 세포기관들은 *세포질* 내에 부유하는데, 이 세포질이란 세포 부피 전체를 구성하는 물, 다양한 분자 및 전해질의 투명하고 희석된 혼합체이다.

그림 9.1에 표시된 세포의 주요 부분은 다음과 같다.

핵 세포의 중앙 제어 기능을 수행하는 크고 일반적으로 구형의 구조; *염색질* 을 포함한다.

염색질 세포의 유전물질을 담고 있다.

핵소체 이들은 구형의 구조체로서 (핵 안에 4개까지 있을 수 있다) 특정 화학물질의 신진대사에 중요하다.

소포체 이들은 편평한 세관들로 이루어진 복잡한 그물 구조로서 세포 안에서 물질을 운반하는 일을 하며, 중요한 신진대사 효소들도 생성한다.

골지체 이러한 세포 소기관의 기능은 완전히 이해되지 않았다. 이 골지체는 소포체가 전달하는 주로 단백질과 같은 화학물질을 농축시키고 변형시키는 것으로 보인다.

리소좀과 퍼옥시좀 이 세포 소기관들은 다양한 화학물질을 생산하는 효소들을 포함한다.

미토콘드리아 이 조직들은 (세포 안에 수천 개가 들어 있기도 하다) 세포의 신진대사 역할을 한다.

중심체 이 소기관들은 쌍으로 존재하고 체세포분열에 필수적이다.

리보솜 이들은 단백질 생성의 중심 역할을 한다. 소포체 위, 핵의 표면 및 세포질 안에 들어 있다.

세포 내의 유전물질은 세포의 휴지기(즉, 세포가 분열하지 않는 기간)에만 염색질이라 불린다. 이 기간 동안에 염색질은 특정 핵단백질과 *디옥시리보핵산*(*DNA*) 분자들이 혼합된 헝클어진 가닥들처럼 보인다. 이 단계에서 염색질은 세포에게 고유한 성질을 부여하는 단백질의 합성을 조절한다. 체세포분열이 시작되면 이들 헝클어진 DNA 가닥들은 풀리고 다시 꼬여 일정한 수의 다발이 되는데 이를 *염색체*라 부른다. 염색체의 수는 종마다 다르다; 인간의 경우, 체세포는 46개, 생식세포는 23개가 있다. 체세포분열에서 각 염색체가 복제하여 새로 생성된 세포들도 46개 전체 염색체를 그대로 갖게 된다. 염색체 DNA가 세포단백질의 합성을 조절하기 때문에, 두 개의 새로운 세포는 원래 세포의 복제물로 발전한다. 체세포분열 이후 염색체들은 꼬임이 풀리고 이전의 헝클어진 상태로 되돌아간다. 이 단계에서는 개개의 염색체를 구별할 수 없지만 여전히 특정한 독립체로 존재한다. 즉, 염색질은 *붕괴된* 염색체가 아닌 *묶음이 풀려진* 형태의 염색체들로 구성되어 있다.

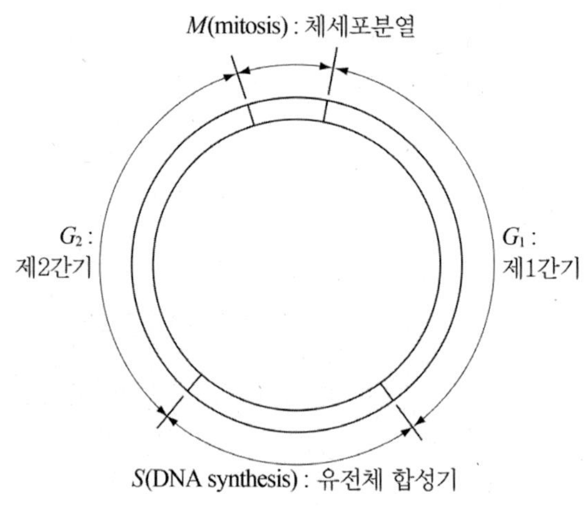

그림 9.2 세포의 체세포분열주기

세포분열은 세포의 수명 동안 다소 고정된 시간격으로 일어난다. 연속되는 분열 간의 간격을 *체세포분열주기*라 부른다. 체세포분열주기는 그림 9.2와 같이 세 개의 다른 시간격으로 분류된다. 그림에서 M은 체세포분열이 일어나는 분열기이다. 시간격 S 동안, DNA가 핵에서 합성된다. G_1과 G_2 시간격은 이 주기에서의 간기로 알려져 있다. 이 간극 동안에는 세포핵이 비교적 활동성이 없다. 방사선생물학적 실험에서 흔히 사용되는 신생 햄스터의 폐와 난소 세포에서 $M = 1$시간, $S = 6$시간, $G_1 = 1$시간, $G_2 = 3$시간이다. 따라서 신생 햄스터 체세포의 분열주기는 11시간이다. 다른 동물과 조직의 세포는 다른 주기를 갖는다. 인간의 장을 구성하는 기저과립세포의 체세포분열주기는 24시간이다. 반면에, 신경과 근육 세포는 매우 분화되어 있으며 본질적으로 긴 수명을 가지고 있다.

생식세포의 구조는 체세포의 구조와는 많이 다르며 이 장에서 자세히 논의하지는 않을 것이다. 생식세포는 두 가지 종류가 있으며 각각 *정자세포*와 *난자세포* 또는 *난자*라고 불린다. 전자는 남성의 고환에서, 후자는 여성의 난소에서 생성되며 고환과 난소는 생식선이라고 불린다. 생식에서는 각각 23개의 염색체를 가진 정자와 난자의 결합이 새로운 개체의 첫 번째 본체 세포인 *접합체*를 생성한다. 접합체는 46개의 염색체를 포함하며 접합체와 그 자손의 연속적인 분열로 인해 새로운 개체가 탄생하게 된다.

오랫동안 유전적 특성은 개별 *유전자*의 작용에서 비롯된다고 생각되었는데, 이 유전자들은 염색체에 묶여 있는 입자와 같은 독립체로 생각되었다. 이제 유전자는 실질적으로 단백질의 합성을 제어하는 일종의 코드를 제공하는 DNA 분자의 일부분이라고 알려져 있다. 그럼에도 불구하고 유전자라는 용어는 여전히 겉으로 나타나는 특성을 발현시키는 근원을 표현하기 위해 사용되고 있으며, 새로운 유전적 특성을 일으키는 염색체의 변화를 *유전자 돌연변이*라고 한다.

»»» 9.4 방사선의 생물학적 영향

방사선의 생물학적 영향은 크게 *스토캐스틱*[7] *영향*과 *비스토캐스틱 영향*으로 나뉜다. 스토캐스틱 영향은 심각성이 아니라 발생확률이 선량에 의해 결정되는 것이다. 암과 유전적 돌연변이는 스토캐스틱 영향의 예이다. 방사선 피폭 시 암이 발생할 확률은 분명히 존재하지만, 결코 암이 그 피폭 선량에 의해 발생함을 의미하는 것은 아니다. 더욱이, 암의 최후 크기와 심각성은 피폭 선량과 무관하며 암이 생긴 후에 발생하는 상황에 따라 결정되는 것이다. 스토캐스틱 영향의 경우 어떤 준위 이하의 방사선은 세포의 복원 메커니즘 외에 아무런 영향을 미치지 않는다고 가정할 이유는 없다. 추정컨대, 어떤 선량은 아무리 작더라도 스토캐스틱 영향을 일으킬 수 있다.

방사선의 비스토캐스틱 또는 결정론적 영향은 전적으로 예측 가능하며 그 심각성은 주어진 선량의 불가피한 결과물이다. 비스토캐스틱 영향의 예로는 익싱 피부 손상(*홍반*), *백*

7 스토캐스틱(stochastic)이라 함은 확률 또는 일련의 확률들에 의해 결정되는 사건이나 과정을 지칭하는 일반적인 용어이다(유사하기는 하나 확률론적이라는 probabilistic과는 구분되어야 하므로 원어 발음을 유지함 – 역자 주).

내장 형성(안구 수정체의 불투명성), *혈액학적 영향*(혈액 구성의 변화) 등이 있다. 그러한 비스토캐스틱 과정은 백내장 형성의 경우처럼 일종의 문턱 선량이 있어야 발현된다고 볼 수 있다. 그러나 문턱 선량이 있든 없든, 상처의 심각성은 결국 선량 준위에 따라 증가한다.

방사선 영향 메커니즘

세포는 매우 복잡한 시스템이기 때문에 세포 수준에서도 방사선의 단일 효과는 있을 수 없다. 어떤 영향이 발생하든지 간에 반드시 어떤 세포 소기관(organelle)들이 관여되어 있고 세포의 기능에 대한 그 소기관의 중요성에 따라 달라진다. 방사선이 세포 내 소기관에 영향을 미칠 수 있는 두 가지 기본 메커니즘이 있다. 첫째, 방사선은 이온화 효과를 통해 분자 간 결합을 끊어 분자를 절단시킬 수 있다. 이것은 방사선의 *직접적인 효과*로 알려져 있다. 둘째로, 방사선은 주변을 이온화시키는 성질을 가지고 있어서 세포 내에서 화학적으로 상호작용하는 반응성이 높은 옥시(O^+)와 히드록실(OH^-)과 같은 새로운 화학물질을 생성시킬 수 있다. 이것은 방사선의 *간접적인 효과*로 알려져 있다. 생물학적 영향이 발현되는 데 있어서 간접적인 효과가 훨씬 더 중요하다는 실험적인 증거들이 있다. 두 과정 모두 본질적으로 화학반응이라는(물리나 핵반응이 아닌—역자 주) 것을 인식함이 중요하다. 절단된 분자는 필연적으로 두 개의 다른 분자가 된다. 따라서 방사선의 생물학적 영향은 다양한 화학물질의 생물학적 영향과 본질적으로 다르지 않다. 방사선은 단지 문제의 화학물질을 생산하기 위한 또 다른 수단일 뿐이다.

세포에 대한 이러한 화학적 변환의 최종 결과는 어떤 세포 분자가 영향을 받느냐에 따라 달라진다. 이러한 과정의 자세한 현상은 현재 완전히 이해되지는 않는다. 그럼에도 불구하고, 관측 가능한 스토캐스틱 영향과 비스토캐스틱 영향에 관해서, 세포의 가장 민감한 부분이 아마도 염색체와 함께 세포핵 안에 있다는 매우 확실한 증거가 있다. 다른 세포 내 소기관들도 당연히 방사선의 영향을 받을 수 있다. 미토콘드리아 안의 더 큰 분자구조 중 하나가 손상되면 이 장기의 기능이 저하될 수 있다. 대부분의 세포에는 많은 미토콘드리아가 있기 때문에 이러한 구조 중 단 하나에 문제가 생긴다 해서 이것이 일반적으로 세포의 전반적인 거동에 눈에 띄는 영향을 미치지는 않을 것이다. 그러나 핵 안에서 일어나는 사건들은 세포 전체의 생존에 결정적이며 체세포분열을 통해 자손 세포에게 전달될 수도 있다.

세포사멸(cell killing)

다양한 동물 기관에서 조직의 일부를 제거하고, 개별 세포를 추출하여 이를 건강하고 다양한 세포 집단으로 성장시키는 것이 가능하다. 이것은 배양액이 들어 있는 평평하고 얕은 용기에서 이루어지며 보통 페트리 접시라 불린다. 세포 집단이 단기간에 걸쳐 방사선에 피폭될 경우(즉, *급성* 방사선량에 피폭될 때) 피폭된 세포의 일부분이 생식을 중단하고 결국 분해된다. 이때 이 세포들은 방사선에 의해 죽었다고 하는데, 더 정확히 말하면, *생식 치사*(*reproductive death*)라고 부르는 상태가 되었다고 말할 수 있다.

생존 세포의 분율을 선량에 따라 표시하면 그림 9.3과 같은 방사선량 *생존 곡선*(*survival curve*)이 얻어진다. 모든 경우에, 예상대로 생존 분율은 흡수된 선량의 증가에 따라 감소한다. 그러나 그림에서 표시한 대로 어떤 주어진 흡수선량에서 고LET 방사선과 저LET 방사선의 세포 생존율은 큰 차이를 보인다. 고LET 방사선의 경우 세포의 생존율은 급격히 떨어지지만(지수함수적으로), 저LET 방사선의 경우 생존 곡선은 낮은 선량에서 약간 평평하게 감소 또는 "어깨" 모양을 나타내며 감소하고 높은 선량에서는 급격히 감소만 한다.

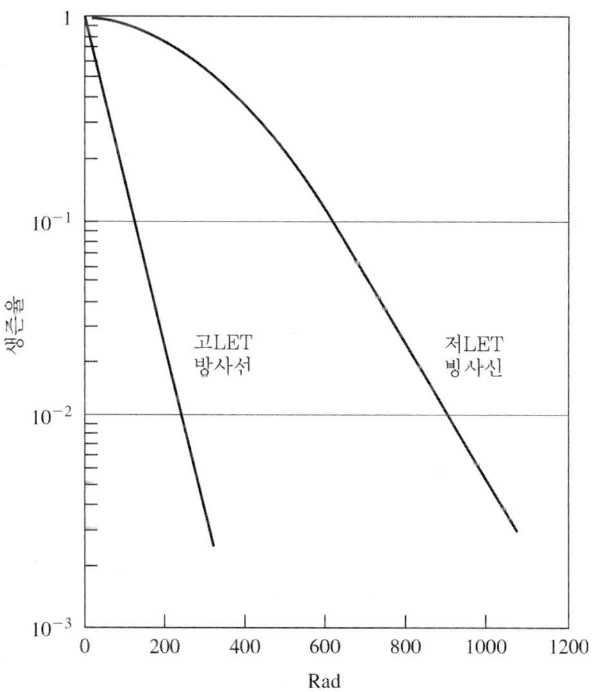

그림 9.3 급성 방사선량에 노출된 세포의 생존 곡선

현재 세포 생존 곡선에 대한 정확한 설명은 불가능하다. 흡수선량당 영향은 저LET 방사선보다 고LET 방사선이 크다는 것은 분명하며, 이는 고LET 방사선의 RBE가 더 크다는 또 다른 표현이다. 저선량에서 저LET 방사선에 대한 생존율이 (그림 9.3에서와 같이 어깨 모양으로) 완만하게 감소하는 것을 보면, 이러한 유형의 방사선에 대해서는 일종의 문턱값이 존재한다는 것을 알 수 있다. 그 이유는 아마도 높은 선량에서는 세포 내의 복원 메커니즘이 작용하지 못하기 때문이다. 선량-영향 관계는 높은 선량보다 낮은 선량에서 직접적이지 않다는 것은 분명하다. 고LET 방사선 및 저LET 방사선의 이러한 일반적인 특성은 사실상 방사선의 생물학적 영향과 관련된 모든 데이터에서 발견된다.

앞 절에서 세포는 각기 정해진 시간 동안 다양한 활동들이 일어나는 자연적인 분열주기를 가지고 있다고 설명하였다. 생물학자들은 여러 가지 정교한 기술을 사용하여 동기화된 주기를 갖는 세포 집단을 만들 수 있다. 즉, 모든 세포는 동시에 체세포분열, DNA생성 등을 겪는다. 그러한 세포나 집단을 *동기화된다*(*synchronous*)고 한다. 동기화된 세포가 그들의 분열주기의 다양한 지점에서 방사선이 조사될 때, 고LET와 저LET 방사선 모두 체세포분열 직전이나 그 도중에 다소 더 뚜렷한 방사선 영향을 일으킨다는 것을 발견하였다. 주기의 다른 시점에서 방사선이 조사된 세포는 체세포분열이 시작될 때까지 방사선 피폭의 영향으로부터 살아남는 경향이 있다.

동기화된 세포에 대한 실험을 통해 *방사선 감수성*(*radiosensitivity*)에 대한 현상을 알아낼 수 있는데, 이는 인간을 포함한 전체 유기체에 대한 방사선의 스토캐스틱 영향과 비스토캐스틱 영향을 관찰할 수 있게 한다. 따라서 특정 조직, 즉 세포가 가장 자주 번식하는 조직들은 보통 방사선에 가장 민감하다. 이 세포들은 종종 체세포분열을 시도할 때 죽는다. 만약 체세포분열에서 살아남는다면, 이 세포들은 나중에 암의 유발에 민감하게 반응할 것이다. 이와 같은 방사선에 민감한 조직에는 지속적으로 새로운 혈구를 생산하는 적혈구 골수와 지속적으로 내벽을 대체하는 줄기세포가 들어 있는 위장관 아래 조직이 포함된다. 대조적으로, 예를 들어 근육과 뼈 같은 정적인 조직이 방사선의 영향에 훨씬 더 면역성이 있다.

위에서 서술한, 특히 방사선에 민감한 조직에 관한 것은, 출생 후의 신체에만 관련된다. 태아기 전, 또는 자궁 내 모든 태아조직은 빠르게 발달하고 있기 때문에 방사선에 더욱 민감하다. 특히 수정부터 8주 정도까지의 배아기간 동안에 그러하다.

세포사멸은 분명히 비스토캐스틱 과정으로, 개인이 방사선에 급성 피폭된 후 관찰되는 *임상학적 영향*(즉, 총 의학적 효과)을 설명한다. 다음 절에서 자세히 다루겠지만, 이러한 영향은 얼마나 많은 세포가 죽는가와 세포의 정상적인 기능이나 목적에 따라 달라진다.

창자에 대한 방사선 조사를 고려해 보자. 창자의 내벽은 그 표면 바로 아래에 있는 세포의 증식에 의해 지속적으로 재생된다. 창자에 감마선이 조사되면 이 세포의 생산 속도는 느려진다. 적당한 방사선량이 조사되었을 경우에는 내벽을 유지할 수 있을 만큼 충분한 새로운 세포가 형성된다. 그러나 높은 선량에서는 표면을 유지할 수 없고 분해된다. 결과적으로, 다양한 체액이 창자로 유입되면서 창자에서 나온 박테리아와 독성물질은 혈류로 유입된다. 이것이 개인에게 미치는 전반적인 영향은 설사, 탈수, 감염, 독소(혈액 중독)이다. 이 예는 세포 수준에서 발생한 방사선의 영향이 전신에 어떤 결과를 초래하는지를 보여 준다.

암

암은 오늘날 세계 2위의 사망 원인이다. 미국에서는 남성 인구의 약 43%와 여성 인구의 38%가 이 질병을 앓고 있으며, 남성의 23%와 여성의 19%가 이 질병에 의해 사망하고 있다. 2014년 기준, 위의 암 사망률에 따르면 미국에 살고 있는 3억 1900만 명 중 약 6200만 명이 암으로 사망하게 된다. 미국의 다양한 종류의 암 사망 위험도가 표 9.3에 제시되어 있다.

표 9.3 2009~2011년 데이터 기반 미국 내 수명기간 중 암에 의한 사망 위험도

암 유형	남성 위험, %	여성 위험, %
유방	0.03	2.72
백혈병	1.03	0.72
폐, 호흡기	6.47	4.95
췌장	1.35	1.32
위장	0.49	0.33
전립선	2.66	
갑상선	0.05	0.07
전체	22.83	19.26

*미국 국립암연구소 역학조사 및 최종 결과 데이터베이스.

암은 현재 단일 질병으로 간주되는 것이 아니라, 모든 것이 급속하게 통제되지 않는 세포분열이란 특징을 지닌 약 100개의 밀접한 관련 질병으로 간주된다. 발암물질이라 불리는 화학물질이 1,000개 이상 있다. 모든 인간 암의 90% 이상이 인공적이 아닌 자연적으로 발생하는 환경에 존재하는 발암물질의 결과라고 믿어진다. 다양한 화학물질들이 암을 발생시킬 수 있으므로, 앞에서 설명한 생물학적 영향의 기본 메커니즘을 고려할 때 방사선이 암을 유발할 수 있다는 것은 놀라운 일이 아니다.

방사선에 기인한 암은 다른 원인에 의해 발생하는 암과 다르지 않다. 따라서 방사선의 영향으로 암이 유발되는 범위는 방사선에 피폭된 사람들의 그룹에서 관측된 암 발병률의 증가(흔히 적은 증가)로부터 추론해야 한다. 특히 저선량에서는 그 영향이 존재한다 하더라도 미미하므로 통계적 변동에 의해 가려져 구별하기 어렵다.

현재까지, 암의 정확한 원인은 알려져 있지 않다. 그러나 암 유발이 두 단계에 걸쳐 발생한다는 증거가 많아지고 있다. 첫 번째 또는 *개시 단계*(*initiation stage*)에서 병변(즉, 일부 손상 또는 기타 유해한 영향)이 하나 또는 여러 개의 세포 내의 DNA에서 발생한다. 따라서, 그 영향을 받은 세포들은 잠재적 암세포로 변하여 통제불능의 세포분열을 일으킬 태세가 된다. 그러나 아직 밝혀지지 않은 호르몬이나 면역 물질, 또는 다른 보호 물질이 그러한 변화를 막는다. 이러한 작용물질들은 아마도 모든 개인이 태어나면서 물려받은 특성일 것이다.

두 번째 또는 *촉진 단계*(*promotion stage*)에서, 무슨 이유에선가 이러한 보호 메커니즘이 잘못되어 초기 세포들로 하여금 제한 없이 증식하게 할 수 있다. 아마도, 바이러스 감염, 화학 자극제, 면역 체계 실패, 또는 노화와 함께 자연적으로 발생하는 신체의 생리적 변화 등 다양한 요인에 의해 이러한 촉진 단계가 유발될 수 있다.

두 단계 암 이론은 방사선 조사 기간과 다양한 유형의 암의 출현 사이에 수년의 *잠복기*(*latent period*)가 있다는 사실을 설명하는데, 이 기간 동안 암 발생 확률은 본질적으로 0이다. 그것은 또한 암이 가계 대대로 일어나는 것처럼 보인다는 사실, 즉 어느 정도 유전되는 특성이라는 사실을 설명해 준다. 최근의 연구들에 의해, 일부 사람들은 특히 암에 취약하며, 그로 인해 근래 들어 알려진 방사선 기인 암에 대해서도 취약하다는 것이 밝혀졌다. 마찬가지로, 방사선이나 다른 원인에 의해 유발되는 암에 특히 내성이 있는 사람들도 있을 것이다.

촉진 단계에서 악성종양으로 급변한 세포 또는 세포들은 방사선에 조사되는 동안에 발생된 세포와는 일반적으로 다르다는 점에 유의해야 한다. 오히려, 그들은 종종 초기 세포로부터 많은 중간 세대 세포들이 죽고 태어난 자손 세포라 할 수 있다. 조사된 세포에 어떤 개시 특성이 발생되든 간에, 그 특성은 반드시 세대에서 세대로 필연적으로 유전된다는 것은 분명하다. 다시 말해, 이것은 암의 발생 원인을 염색체의 변화로 설명하고 있는 것이다.

유전적 영향

방사선이 염색체의 DNA 분자를 교란시키는 데 성공한다면 그 결과는 돌연변이일 수 있다. 만약 이 돌연변이가 완전히 발달된 개체의 체세포에서 일어나더라도, 많은 세포들이 유사하게 연관되지 않는 한 거시적 효과는 관찰되지 않을 수 있다. 이는 DNA는 세포에 의해 제조된 단백질의 구조를 결정하며, 돌연변이는 이러한 정상적인 세포 기능에 필요한 단백질의 생성을 방해하기 때문이다. 그 결과 돌연변이는 대개 세포에 해롭고, 모세포 자체가 아니더라도 돌연변이 세포의 자손 세포들은 결국 죽고 만다. 만약 그 돌연변이가 *생식 세포*에서 일어난다면, 그 영향을 받은 세포는 대부분 수정될 수 없다. 돌연변이 생식 세포가 성공적으로 수정되고 접합체가 살아 있는 자손으로 발전하면 그 돌연변이는 자손에게 전달된다. 이러한 이유로 생식선에 대한 방사선 피폭은 적어도 번식기에 걸쳐 특별히 주의해야 한다.

돌연변이는 알려지지 않은 원인으로부터 자발적으로 인간에게 발생한다. 실제로, 모든 신생아 중 약 10%가 유전적 원인의 장해나 장애로 직접 고통을 받거나 그러한 결함이 잠복되어 있는데, 이러한 결함들은 나중에 본인 또는 그 자손에서 발현된다. 그러한 결함은 *백색증*(피부 색소의 만성 결핍)이나 *다운증후군*(외부 염색체의 존재에 의한 몽고성 특징과 관련되는 정신지체)처럼 명백하거나, 실험에 의해서만 발견될 수 있을 정도로 미미할 수 있다. 방사선에 의한 유전적 결함은 각 종(species)에 일반적으로 발생하는 결함들과 다르지 않다. 따라서 방사선의 영향은 자연적으로 발생하는 돌연변이 발생률을 증가시키는 것이다.

9.5 방사선의 정량적 영향

방사선이 인체에 미치는 영향을 결정하기 위한 많은 노력이 수년에 걸쳐 이루어졌다. 인간에 대해 방사선 실험을 수행할 수 없기 때문에 방사선 영향에 대한 현재의 지식은 9.1절에서 논의된 유형의 방사선 사고와 과다 노출의 데이터, 백혈병과 폐암과 같은 방사선 유발 질병에 대한 *역학(epidemiology)*[8] 연구, 일본 내 2차 세계대전 원자폭탄 사상자와 생존자에 대한 연구, 그리고 수많은 동물실험에 기초한다. 이러한 연구의 현재 상태는 다음과 같이 요약할 수 있다.

(a) 10~20 rem(0.1~0.2 Sv)을 초과하는 *급성*(단기)의 고방사선량이 주는 영향에 대한 정보는 잘 문서화되어 있다.

(b) 설사 있다손 치더라도 매우 희귀하기 때문에, 다음과 같은 선량이 주는 긍정적인 영향에 대한 데이터는 매우 제한적이다.

i. 10~20 rem 또는 0.1~0.2 Sv 미만의 단발성의 급성 선량

ii. 다발성(반복적)의 10 rem(0.1 Sv) 이하의 급성 선량

iii. 하루에 mrem 또는 μSv 단위의 *만성*(장시간 지속) 선량

이 절에서는 범주 (a)와 (b-iii)만 고려할 것이며, 이러한 범주들은 핵 기술자들에게 가장 중요하다. 대규모 급성 선량은 핵시설 사고 시에 발생될 수 있는 반면, 두 번째 범주 (b)의 일정수준 미만의 선량은 핵시설에서 일반적으로 규칙을 정하여 관리한다.

급성 고선량: 조기영향

급성 선량의 영향을 논의할 때 피폭 후 60일 이내에 명확해지는 *조기영향(early effect)*과 60일 후에 명확해지는 *지발영향(late effect)*을 구별하는 것이 보통이다. 조기영향은 일반적으로 비스토캐스틱 과정이고, 지발영향은 스토캐스틱 과정과 비스토캐스틱 과정 모두에서 발생한다. 표 9.4는 1,000 rem 또는 10 Sv까지의 급성 선량의 전신 피폭 후 관찰되는

---

8 *역학(epidemiology)*은 다수의 사람에게 영향을 미치는 전염병, 질병을 연구하는 학문이다.

임상학적 평균 조기영향을 보여 준다. 일반적으로 약 75 rem 또는 0.75 Sv 미만의 선량에 대해서는 심각한 유해 영향이 나타나지 않는다는 점에 유의해야 한다. 75 rem 또는 0.75 Sv 이상의 선량에서 피폭된 개인은 의료계에서 알려진 대로 급성 방사선 증후군(acute radiation syndrome, ARS)을 앓고 있다고 한다. 표에 나열된 모든 증상들은, 앞 절에서 논의한 바와 같이, 방사선이 개별 세포들에 끼치는 다양한 손상들로 인해서 몇 가지 신체기관들이 동시에 장해를 일으킨 결과이다.

표 9.4 급성 전신 피폭 방사선의 가능한 조기영향*†

급성 선량 (rem)	개연성 있는 증상
5~75 (0.05~0.75 Sv)	염색체 이상과 일부 피폭자의 일시적 백혈구 수준 저하. 다른 증상 없음.
75~200 (0.75~2 Sv)	수 시간 내 5~50% 피폭자 구토, 피로감 및 식욕부진 동반. 가벼운 혈액 변화. 대부분 증상은 수 주 내 회복.
200~600 (2~6 Sv)	300 rem(3 Sv) 이상 선량에서 모든 피폭자 2시간 내 구토. 심각한 혈액 변화, 특히 고선량에서 내출혈과 감염 취약성 동반. 300 rem(3 Sv) 이상 선량에서 2주 후 탈모. 영역의 하한 선량에서 대부분 피폭자 1개월에서 1년 회복기 필요. 영역의 상한 선량에서 약 20% 생존.
600~1,000 (6~10 Sv)	1시간 내 구토. 심각한 혈액 변화, 내출혈, 감염, 탈모. 80~100% 피폭자 2개월 내 사망. 생존자는 장기간 요양 필요.

* 표에 제시된 전신 선량은 인체 표면 근처의 연조직에 대한 측정치임. 에너지 흡수 특성을 고려하면, 내부(혹은 수직 중앙선) 선량은 제시된 값의 약 70% 정도임.

† 출처: S. Glasstone and A. Sesonske, Nuclear Reactor Engineering, 3d ed. Princeton, NJ.: Van Nostrand, 1981. (미국 에너지성) SI 단위 병기.

표 9.4에 제시된 사망률은 치료를 받지 않은 개인에 대한 수치이다. 이 경우, 사망자는 약 200 rem 또는 2 Sv의 급성 피폭 선량으로부터 관찰된다. 치료를 받은 사람들은 그렇지 않은 경우보다 생존할 가능성이 높다. 치료를 받은 집단의 사망자는 약 500 rem 또는 5 Sv에서부터 발생하기 시작한다. 치료를 받지 않을 경우, 전신에 급성으로 피폭된 집단의 50%를 T 일 이내에 사망케 하는 전신 급성 선량을 $LD_{50/T}$ 선량이라고 한다.[9] 예를 들어 집단이 $LD_{50/60}$ 선량에 피폭된다면, 60일 이내에 피폭 집단의 인구 절반이 사망할 것이다.

인간의 $LD_{50/60}$은 정확히 알려져 있지 않지만, 대략 340 rem 또는 3.4 Sv로 추정된다. 대부분의 포유류에 있어 이 수치는 거의 같다. 대조적으로 박테리아와 다 자란 곤충의 $LD_{50/60}$은 10,000 rad 또는 100 Gy 수준이다.

약 100~1,000 rem 또는 1~10 Sv의 선량 범위에서 가장 주목해야 할 영향은 혈액과 관련된 것, 이를테면 혈액 형성 기관, 특히 적골수 등이다. 이 범위의 선량에 피폭된 환자는 *조혈증후군*을 보인다고 한다.

인간의 혈액은 (1) *적혈구*(*erythrocyte*), (2) *백혈구*(*leukocyte*), (3) *혈소판*(*platelet*)의 세 가지 구성요소로 이루어져 있으며, 모두 *혈장*(*plasma*)이라고 불리는 액체 속에 존재한다.

적혈구는 생명에 필요한 산소를 몸속으로 운반한다. 백혈구는 여러 가지 다른 종류의 세포로 구성되어 있는데, 그 중 가장 많은 것이 *다형성핵중성체*(50%~75%)와 *림프구*(20%~40%)이다. 백혈구는 신체의 감염을 물리치거나 감소시키는 작용을 한다. 혈소판은 혈액 응고에 필수적인 역할을 한다.

표 9.5 혈액 구성요소의 평균 농도

구성요소	농도
적혈구	$(4.5-5.5)\times10^6$
백혈구	6,000-10,000
혈소판	$(2-8)\times10^5$

혈액 구성요소의 정상 농도 범위(즉, 보통의 *혈구계수*)를 표 9.5에 나타내었다. 전신에 대한 급성 방사선 조사 후에 혈구계수는 변하게 되는데, 그 정도는 얼마나 많은 선량을 받았는지에 따라 달라진다. 그림 9.4는 300 rem 또는 3 Sv의 급성 선량 조사에 따른 전형적인 혈구계수치의 변화를 보여 주고 있다. 백혈구 수가 줄어들면 감염에 노출된 개인의 저항력이 낮아진다. 동시에 혈소판 수치의 하락은 혈액의 정상적인 응고를 방해하는데, 심한 경우에는 출혈이나 과다출혈로 이어질 수 있다.

---

9 LD는 치사량(lethal dose)을 의미함.

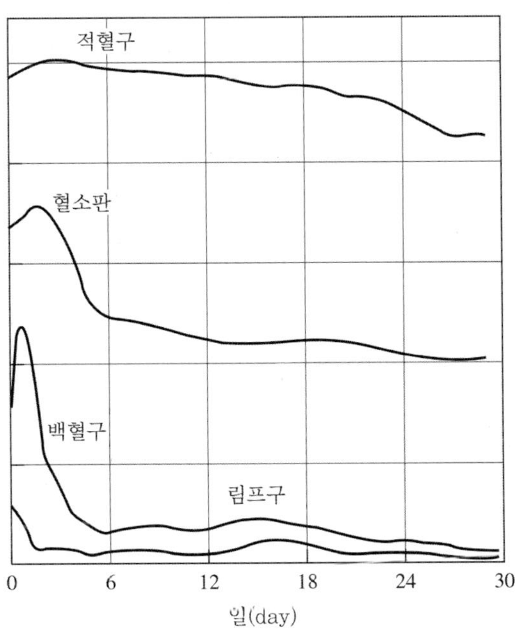

그림 9.4 급성 선량 300 rem 또는 3 Sv에 따른 혈구계수(임의 척도)

방사선에 매우 예민한 림프구를 제외한 혈액의 다른 구성요소들은 방사선에 대한 저항성이 강하다.[10] 따라서 그림에 보이는 형태의 변화는 혈구 자체가 파괴되는 것이 아니라 골수에 있는 혈액형성줄기세포가 파괴되는 것에 기인한다. 조혈증후군을 앓고 있는 환자는 항생제 투여, 골수 이식, 무균 환경 격리 등의 치료가 필요하다.

약 1,000~5,000 rem(10~50 Sv) 사이의 급성 선량에 전신이 피폭되면 *위장증후군*이 발생하는 것으로 알려져 있다. 이 경우의 지배적인 효과와 사망의 궁극적인 원인은 앞 절에서 기술한 바와 같이 줄기세포의 고갈에 의해 장의 벽(intestinal wall)이 손상되기 때문이다.

환자는 기존의 (장의) 벽 세포가 계속 기능하는 며칠 동안은 아무 이상이 없는 것처럼 보이지만, 벽 세포들이 벗겨지면서 감염되기 시작한다. 이 범위의 방사선에 피폭된 사람은 보통 2주 안에 사망한다.[11]

---

10 이것의 부분적 이유 중 하나는 적혈구와 혈소판에는 핵이 없기 때문이다. 적혈구와 혈소판은 혈액의 구성요소이지만, 일반적인 의미의 세포는 아니다.

11 약 1,000 rem 또는 10 Sv 수준의 피폭으로부터 시작되는 소화관 증후군에 의해 사망하려면 혈액 생성 기관이 동시에 손상되어야 하는데, 이러한 손상은 전신 피폭과 함께 발생하며 감염에 저항하

5,000 rem 또는 50 Sv 이상의 선량을 받은 사람은 피폭 후 몇 시간 이내에 사망한다. 사인은 명확하지는 않지만, 아마도 뇌에 액체가 빠르게 축적되는 것과 관련이 있을 것이다. 이러한 증상들은 *중추신경계증후군*으로 알려져 있다.

앞의 논의는 전신 방사선 조사에 대한 것이다. 신체 일부만 노출될 경우, 일반적으로 동반되는 손상이 항상 덜 심각하다고 말할 수 있지만, 결과적인 조기영향은 어느 부분이 조사되는지에 따라 달라지는데, 이는 연관된 상호작용하는 기관과 시스템 수가 더 적기 때문이다. 이런 노출은 이어서 바로 설명할 유형의 심각한 지발영향을 초래할 수 있다. 예를 들어, 2~3 Gy의 흡수선량을 받은 손은 가벼운 햇볕에 그을린 것과 비슷한 모양인 홍반만 보일 것이다. 수천 rad 혹은 수십 Gy의 선량을 받은 경우에는 열화상이나 화학적 열상과 비슷한 수준의 더 심한 화상이 발생한다. 두 경우 모두 방사선의 영향을 받은 부위가 치유될 수도 있지만, 나중에 피부암이 발병할 수도 있다.

급성 고선량: 지발영향

일정수준을 초과한 급성 선량을 전신에 피폭 받은 개인에 대한 방사선의 지발영향을 보여 주는 데이터도 많다.

암(cancer)

일반적으로, 급성 방사선이 조사된 후에도 암 발생 확률이 뚜렷하게 증가하지 않는 기간이 있다. *잠복기*의 기간은 방사선에 피폭되는 개인의 나이와 악성종양의 최종 위치에 따라 달라진다.

잠복기가 지난 후에 *정체기*(*plateau*)라고 하는 구간이 나타나는데, 여기서 암이 발생할 위험도는 거의 일정하다. 여기서 위험도라는 용어의 정량적인 정의는 백만 man-rem(만 man-Sv)의 방사선 조사당 매년 예상되는 암의 발생 건수이다. 정체기를 넘어서면 암이 발생할 위험도는 다시 0으로 떨어진다. 그림 9.5는 암이 발생할 위험도를 단순화한 모델로 정량화한 것이다. 표 9.6에는 다양한 조직에 대한 잠복기와 정체기 기간이 나열되어

는 중요한 메커니즘을 제거한다. 내장만 피폭되는 경우, 사망은 2,000 rem (20 Sv)부터 발생하며, $LD_{50/60}$은 약 3,500 rem (35 Sv)이다. $LD_{50/60}$은 피폭된 사람들의 50%가 60일 이내에 사망할 것임을 의미하는 용어이다.

있으며 그에 상응하는 *위험계수*(*risk coefficient*)가 제시되어 있다.

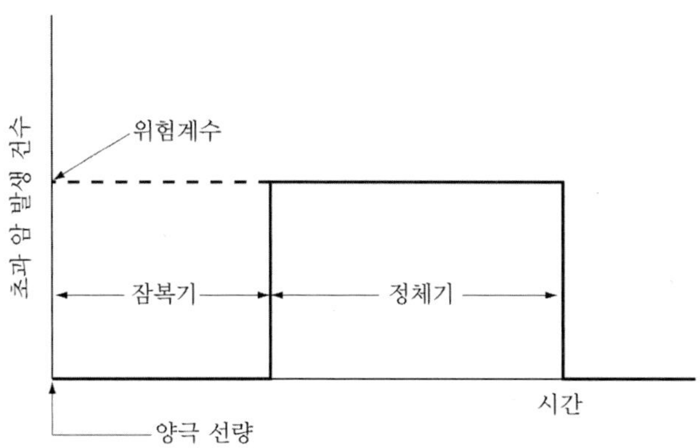

그림 9.5 방사선 유발암의 잠복기와 정체기

표 9.6 방사선 유발암 데이터*

암 유형	피폭 시 나이	잠복기	정체기	위험계수
뼈	0–19.9	10	30	0.4
	20+	10	30	0.2
유방	10+	15	30	1.5
백혈병	태아	0	10	15
	0–9.9	2	25	2
	10+	2	25	1
폐, 호흡기	10+	15	30	1.3
췌장	10+	15	30	0.2
위장	10+	15	30	0.6
잔여 소화기	10+	15	30	0.2
갑상선	0+	10	30	0.43
기타 조직	태아	0	10	15
	0–9.9	15	30	0.6†
	10+	15	30	1‡

*출처: Reactor Safety Study, WASH-1400, U.S. Nuclear Regulatory Commission, October 1975, Appendix VI.

† "기타 조직"은 백혈병과 골암을 제외한 모든 암을 포함. 참조: "12 Estimating Cancer Risk" Health Risks from Exposure to Low Levels of Ionizing Radiation: BEIR VII Phase 2. Washington, DC: The National Academies Press, 2006.

‡ "기타 조직"은 이 표에 제시된 암들을 제외한 모든 암을 포함.

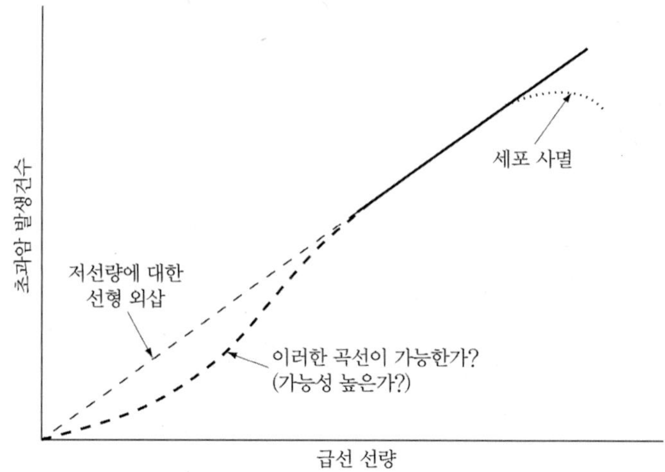

그림 9.6 급성 방사선량에 대한 선량–반응 곡선

표 9.6의 위험계수에 대한 추가 설명이 필요하다. 100 rem 또는 1 Sv 이상의 급성 방사선량의 인간에 대한 피폭 데이터는, 세포 사멸이라는 조기영향으로 보정된 암 발생률이 저LET 및 고LET 방사선의 선량 모두에 대해 대략 선형적으로 증가함을 보여 준다. 따라서 *선량-반응 곡선*(*dose-response curve*)이라 불리는 초과 암 발병률 대 선량의 그림은 그림 9.6과 같이 높은 선량에서는 직선 모양을 나타낸다. 한편, 낮은 선량에서의 인간에 대한 피폭 데이터는 훨씬 덜 확정적이며, 선량에 대한 암 발병률의 관계는 대부분 동물실험을 통해 추론된다.

최근까지 저선량 범위에서의 인간에 대한 피폭 데이터가 없었다. 따라서 기존의 관행은 그림에서 표시한 대로 선형 외삽(linear extrapolation)으로 선량-반응 곡선을 추정하는 것이었다. 이 절차를 *선형 가설*(*linear hypothesis*)이라고 한다. 고LET 방사선에 대해서는 이러한 선형 외삽이 적절하다고 일반적으로 인정된다. 저LET 방사선의 경우, 선형 외삽은 암 발병률을 과대평가하여 그림 9.6과 같이 실제 선량-반응 곡선이 외삽 곡선 아래에 있을 수 있다는 상당한 증거들이 있다. 이러한 쟁점은 이 책을 저술하는 시점까지는 아직 해결되지 않았으며, 논란이 상당히 많은 주제이다.[12]

표 9.6에 제시된 위험도 수치는 선형 가설에 기초한다. 선형 가설을 사용한 계산은 특

12 다른 여러 가지 선량-영향 곡선에 대한 주장은 이 장의 뒷부분에서 논의되며, BEIR III, V 및 VII 보고서 및 참고문헌들에 제시되어 있다.

히 백혈병에 대한 저선량 방사선 피폭 효과를 과대평가할 수 있다. 표 9.6은 방사선 피폭 사고의 심각성을 추정하는 데 있어서 상한선을 제시한다고 볼 수 있다.

돌연변이(mutations)

인체 내 방사선 피폭의 유전적 영향은 현재까지 정확히 알려지지 않았다. 인간에 대한 방사선의 유전적 위험은 실험용 쥐의 데이터를 통해 추정한다. 이 데이터에서 몇 가지 중요한 사실을 알 수 있다. 첫째, 수컷 쥐는 암컷 쥐보다 방사선의 유전적 영향에 상당히 민감하다. 수컷 쥐가 높은 선량률에서 피폭되었을 때, 낮은 선량률에서 동일한 선량을 피폭받는 것보다 선량당 돌연변이가 더 많이 발생했다. 즉, 선량이 정해져 있을 경우 짧은 시간에 피폭될수록 돌연변이 발생 확률이 높아진다. 따라서 유전물질의 손상은 복구될 수 있다. 그러나 이 데이터에 따르면, 또한 수컷 쥐의 방사 유전적으로 가장 민감한 부분은 정자와 정자세포인데, 정자는 생식 주기의 극히 일부 기간 동안만 개별적인 실체로 생존한다. 이것은 인간에게도 마찬가지이기 때문에, 방사선 피폭 시에 새로운 정자세포들이 덜 민감한 단계에 있는 세포들로부터 성숙할 때까지 임신을 지연시킴으로써 방사선의 급성 선량에 의한 유전적 손상이 다음 세대에 전달되는 것을 줄일 수 있다는 의미를 함축한다. 인간에 대한 방사선의 유전적 영향을 정량적으로 추정하기 위한 기본 지식은 복잡하여 이 책의 범위를 벗어난다. [이 장 말미의 참고문헌을 참조하라. 특히, 국립과학원(National Academy of Sciences)의 보고서를 참조할 것.] 어쨌든 그러한 영향을 다음과 같이 크게 네 가지로 분류하기도 하는데, 그 각각은 임상적으로 관찰 가능한 한두 가지 결함을 일으킨다.

(a) 염색체의 특정 지점에서 돌연변이로 인해 발생하는 단일 유전자 장애
(b) 다중점 돌연변이로 인한 다인자 장해(이러한 결함을 일으키는 방사선의 영향은 평가하기 어렵다)
(c) 세포 내의 유전물질이 과다 혹은 부족하여 생기는 염색체 이상(예를 들면, 다운증후군)
(d) 자발적 낙태

표 9.7은 1970년 미국과 유사한 연령 분포를 가진 인구의 10^6 person-rem당 이러한 유전적 영향의 발생률 증가 데이터를 요약한 것이다. 이 데이터에는 다음 세대에 전달되는

유전적 결함도 포함되어 있다. 다음 세대로의 전파는 약 3세대가 지나면 소멸된다. 다인자적 장애에 미치는 영향에는 광범위한 불확실성이 있음도 주목해야 한다.

표 9.7 백만 person-rem당 자연적 및 방사선 유인 유전자 장애 건수*

장애	백만명당 연간 자연적 유전자 장애 발생 건수	방사선 유인 유전자 장애 최종 발생 건수
단일 유전자 장애	166	42
다중 장애	560	8.4-84
염색체 장애	75	6.4
자발적 낙태	780	42
합계	1581	99-175

*WASH-1400에 근거함; 참고문헌 참조.
† 연간 백만명당 14,000명 출생에 근거함.

백내장(cataracts)

방사선 자체나 방사선 기인 백내장에 의해 안구 수정체의 시력 손상을 유발하는 혼탁은 약 10개월의 잠복기를 가지며 피폭 후 최대 35년이나 이후에 나타날 수도 있다. 이러한 현상은 문턱현상으로 저LET 방사선의 경우 200~500 rad 미만의 흡수 선량에서는 발생하지 않는다. 이 정도 크기의 전신 선량에 대중이 노출되는 경우 방사선 기인 백내장에 걸리고 생존하는 사람은 거의 없을 것이다. 핵분열 중성자의 해당 문턱값은 75~100 rad 근처에 있다.

임신(fertility)

생식기에 대한 감마선의 급성 선량이 인간의(남성이건 여성이건) 생식력에 미칠 수 있는 영향을 표 9.8에 제시하였다. 중성자 피폭에 대한 해당 데이터는 가용하지 않다.

표 9.8 생식기에 대한 감마선의 일회 선량이 임신에 미칠 수 있는 영향

선량, rad (Gy)	개연성 있는 증상
150 (1.5)	일시적 불임
250 (2.5)	1~2년 불임
500~600 (5~6)	영구 불임, 다수 피폭자
800 (8)	영구 불임, 모든 피폭자

퇴행적 영향(degenerative effects)

방사선 피폭의 또 다른 장기적인 영향은 방사선에 노출된 조직이 제대로 재생되지 않아 신체의 다양한 기관에서 퇴행적인 상태의 발생률이 증가하는 것이다. 이로 인해, 기관이 반드시 약화되지는 않더라도, 영구적인 기능 장애는 일어난다. 앞 절에 제시한 바와 같이, 고선량이 조직과 장기에 일으키는 장애를 보면, 이러한 퇴행적인 영향의 발생을 예상할 수 있다.

수명 단축(life shortening)

개인에 대한 방사선 피폭은 총체적으로 수명에 영향을 미친다. 만약 방금 논의한 장기적인 효과에만 근거한다면, 이는 분명히 예상된다. 사망한 의사들에 관한 연구에서 이러한 수명 단축의 많은 증거가 발견되었다. 예를 들어, 1935년에서 1944년 사이에 사망한 방사선 전문의의 평균 수명은 같은 기간에 사망하였지만 방사선에 노출되지 않은 의료 전문가보다 4.8년이 짧았다. 현재, 방사선 노출로 인한 수명 단축은 전적으로 방사선에 의해 발생한 악성종양 때문이라고 생각되고 있다.

만성 저선량(chronic low doses)

하루 수 mrem의 방사선량이 누적되어 연간 최대 수 rem 정도 되는 선량이 원자력의 개발에 있어 가장 관심거리이다. 이는 9.8절에서 설명할 방사선 방호 표준에 따라 허용된 선량 수준이다. 저준위 방사선에 만성적으로 노출되는 경우 수반되는 유해한 영향을 밝히기 위해 수년간 방대한 노력이 이루어져 왔음은 놀라운 일이 아니다. 그러나 현재까지 그 결과는 결론에 이르지 못했다. 그래서 미국국립과학원의 이온화 방사선 생물학적 영향 위원회는 아래와 같이 말하고 있다.[13]

> 어떤 유형의 모델을 사용하여 저선량과 저선량률에 의한 위험을 추정하기 위해서는 결부된 가정들을 검증해야 한다. … 더욱이 역학적 데이터는 밀리시버트 선량 범위에 문턱값이 존재하는 것을 엄격하게 배제할 수 없다. 따라서 외부 자연방사선 수준의 피폭으로부터는 위험이 없을 가능성도 있다. 이렇게 낮은 선량률에서는 위험 추정치의 불확실성이 거의 영(zero)에 이를 수 있음을 인정해야 한다.

13 BEIR V 보고서, p. 181. (참고문헌 참조)

그러나 보다 최근의 BEIR VII 보고서는, 관측 데이터가 문턱값의 존재를 보여 주지 않으며, 저선량에 대한 영향은 LNT 모델이 가장 잘 추정한다고 결론짓는다. 이것은 100 mSv (10 rem) 이하의 선량에 피폭된 일본 원폭 생존자를 분석한 결과이다. 이 보고서에 따르면,[14]

> 저LET 방사선의 저선량이 건강에 미치는 영향을 이해하기는 어렵지만, 현재 지식만으로도 몇 가지 결론은 도출할 수 있다. BEIR VII 위원회의 결론에 따르면, 이온화 방사선 피폭과 유발암의 발달 사이에는 선형의 선량-반응 관계가 있다는 가설과 현재의 과학적 증거가 일치한다. 이 위원회는 암 유발의 문턱값이 존재할 가능성은 낮다고 판단하지만, 저선량에서 유발암 발생률은 낮을 것이라고 보고한다. 또한 위원회는 높은 방사선량에서는 건강상 암 이외의 다른 영향(심장병, 뇌졸중 등)도 발생하지만, 낮은 방사선량에 대해서는 암 이외의 건강상 영향과의 관련성을 판단하려면 데이터를 더 수집해야 한다는 의견을 제시하고 있다.

우리는 종종 100 mSv 또는 10 rem 미만의 선량을 다루기 때문에, 자연 방사선 수준의 선량에 대해 외삽하는 것은 여전히 추론일 뿐이다. 낮은 수준의 방사선이 인간에 미치는 영향에 대한 데이터가 명백히 부족하다는 점에서, 이러한 영향은 다양한 선량-반응 모델에 의해 추정되거나 *가설화*될 수밖에 없다. 따라서 단순성과 보수성을 위해 선형 가설을 사용한다. 선형 모델이 저준위 방사선에 대한 만성 피폭의 결과를 과대평가한다는 것을 강력히 시사하는 일련의 증거가 있다. 실제로 데이터에 의하면 10~20 cGy (10~20 rad) 범위의 선량은 어린이와 성인의 암 발생 가능성을 낮추는 데 도움이 될 수 있음을 시사한다. 히로시마와 나가사키 핵폭탄 생존자들에 대한 분석에 따르면, 10 cGy 이상의 선량은 8~15주 태아에게 여전히 잠재적으로 유해하다.

선형 가설에서는, 심지어 분자 수준에서도 생물 체계가 자가 복원 능력이 있음을 완전히 무시한다. 예를 들어, DNA 분자(이중나선의 형태로 꼬인 두 가닥으로 구성)의 두 가닥 중 한 가닥만 손상되는 경우에는, 분자는 건전성을 유지하며 손상된 가닥을 원래 형태로 재구성할 수 있다는 것이 밝혀졌다. 그러한 복원 메커니즘은 저선량률에서는 정상적으로 기능할 수 있지만 높은 선량률에는 굴복하고 말 것이다.

---

14 "Public Summary & Executive Summary." *Health Risks from Exposure to Low Levels of Ionizing Radiation: BEIR VII Phase 2*. Washington, DC: The National Academies Press, 2006.

방사선 호메시스(*radiation hormesis*)는 저선량의 방사선이 유기체에 긍정적인 반응을 일으킨다는 이론이다. 암의 억제와 노화 과정의 감소가 이들 반응에 포함된다. 이 이론은 아직 연구 중에 있지만, 핵폭탄의 희생자들로부터 관찰된 데이터와 다른 많은 방사선 사례 연구와 완전히 일치한다.

저선량이 긍정적인 결과를 일으킬 가능성에도 불구하고, BEIR 위원회와 규제 기관은 여전히 선형 가설을 활용하고 있으며 앞으로도 그럴 가능성이 높다.[15]

»» 9.6 방사선 영향의 계산

앞 절들에서 다룬 방사선 영향에 대한 데이터를 이제 특정 방사선 피폭 사례에 적용할 것이다. 앞에서와 같이, 급성 및 만성 피폭을 분리하여 다룬다.

급성 피폭(acute exposure)

급성 방사선 피폭이 개인에 끼칠 것으로 예상되는 단기적인 결과는 표 9.4에 주어진 정보를 이용해 직접 결정할 수 있다. 표에 제시된 대로, 전신 선량 75 rem 또는 750 mSv 이하에서는 심각하고 임상적으로 관찰할 수 있는 영향이 없다. 급성 피폭의 지연된 영향, 특히 방사선 유발암의 확률 계산은 좀 더 복잡한데, 왜냐하면 이 확률은 악성종양의 위치와 피폭 시 개인의 나이에 의존하기 때문이다. 그럼에도 불구하고 계산은 비교적 일사천리인데, 아래의 특정 예제에 의해 잘 설명된다.

예제 9.3

방사선 사고로 30세 남성 근로자가 급성 전신 선량 25 rem 또는 250 mSv에 피폭되었다. 이와 같은 피폭에 의해 이 근로자가 암으로 사망할 확률은 얼마인가? [주: 미국 30세 남성의 평균 수명은 79세이다.]

---

15 BEIR V 보고서의 히로시마와 나가사키의 데이터에서 사망률은 0.4 Gy (40 rad) 이상에서 크게 증가하지만 더 낮은 선량에서는 그렇지 않다.

풀이

구하고자 하는 확률은 작업자의 각 신체 부위에 암이 발생해 사망할 확률들을 합한 값이다. 먼저, 골암을 고려한다. 표 9.6에 따르면 잠복기가 10년이므로 근로자가 방사선으로 인해 암에 걸릴 확률은 40세가 될 때까지 0이다. 그 후 30년 동안 근로자가 골암으로 인해 사망할 확률은 대략 매년 10^6 rem당 0.2로 일정하다. 그가 받은 선량이 25 rem이었기 때문에 이 기간 동안 사망 확률은

$$\frac{25}{10^6}\times 30 \times 0.2 = 1.5 \times 10^{-4}$$

또는 10,000번에 1.5번의 확률이다. 근로자는 70세에 위험 정체기 끝에 도달하며, 70세 이후 남은 9년 동안 원래 피폭에 의해 골암에 걸릴 가능성은 평균적으로 0으로 본다.

비슷한 방식으로 다른 암의 확률을 쉽게 계산할 수 있다. 총 확률은 4.7×10^{-3}이다.

30세 이상의 나이에 암으로 사망할 확률은 대략 0.25이므로 방사선이 증가시킨 확률은 $4.7\times 10^{-3}/0.25 = 0.019$ 또는 약 2%이다.

이 예제에서, 전체 위험 정체기 기간은 근로자의 예상 수명 이내에 놓여 있었다. 정체기가 그의 수명을 넘어 연장되었다면, 그의 수명 내에 있는 정체기 부분만이 계산에 사용될 것이다.

또한 앞의 예제에서 총 사망 확률은 단순히 연간 위험도에 정체기간을 곱한 것이라는 점에서 완전히 정확하지는 않다는 점을 유의해야 한다. 이것은 위험을 분명히 과장하게 되는데, 그 이유는 근로자가 정체기 말미에 임박해 방사선 유발암으로 사망하기 위해서는 그 전까지 절대로 이 질병에 의해 사망하지 않아야 한다. 정합해(exact solution)는 3.3절에서 다룬 바와 같이 어떤 입자가 매질에서 한 번 충돌하거나 충돌하지 않고 주어진 거리를 이동할 확률을 계산하는 것과 비슷하다. 위의 예제에서 사용한 단순화가 가능한 이유는, 정체기 전체에서 생존 확률이 1에 매우 가깝기 때문이다.

대규모의 대중이 관련된 방사선 사고에서는 모든 연령대의 사람들이 방사선에 피폭된다. 이 피폭 그룹 내의 연령 분포를 미리 알지 못한다면, 이 분포는 전국적 평균 연령 분포와 일치한다고 보는 것이 일반적이다. 급성 피폭의 장기적 영향을 결정하기 위해 그 다음으로 필요한 것은 특정한 암이 각 연령대에 나타날 확률을 계산하는 일이다. 이러한 계산의 일부분을 다음 예제에 제시하였다.

예제 9.4

가상의 방사선 사고에서, 백만 명의 사람들이 각각 1 rem 또는 10 mSv의 선량을 받는다. 이 인구에서 얼마나 많은 백혈병이 발병할 것으로 예상할 수 있는가?

풀이

이 문제에 대한 풀이는 표 9.9에 제시되어 있다. 처음 세 개의 열에는 미국 인구 중 각 연령대의 분율과 잔여 수명 기대치가 나타나 있다.

네 번째 열에는 위험 연수가 제시된다(즉, 위험도가 0이 아닌 기간). 이것은 정체기 전 기간 또는 기대 수명에서 잠복기를 뺀 기간 중 짧은 기간을 의미한다.

표 9.9의 다섯 번째 열은 백만 rem당 연간 위험도를 나타내는데, 이는 표 9.6에서 가져온 값이다. 마지막 열은 각 연령대에서 일생에 걸쳐 예상되는 백혈병 발생 건수(혹은 사망자 수)를 보여준다. 예를 들어, 태아 집단에서의 사망자 수는 $0.011 \times 10 \times 15 = 1.65$이고, 51~60 집단의 수는 $0.104 \times 22.5 \times 1 = 2.34$인 것과 같다. 총 백혈병 발생(사망) 건수는 28.4건이다.

표 9.9 백만 person-rem당 예상 백혈병 사례 수(사망자 수)

나이 그룹	분율	기대 수명	위험 연수	위험 계수	사망자
태아	0.011	71.0	10.0	15	1.65
0~0.99	0.014	71.3	25.0	2	0.70
1~10	0.146	69.4	25.0	2	7.30
11~20	0.196	60.6	25.0	1	4.90
21~30	0.164	51.3	25.0	1	4.10
31~40	0.118	42.0	25.0	1	2.95
41~50	0.109	32.6	25.0	1	2.73
51~60	0.104	24.5	22.5	1	2.34
61~70	0.080	17.1	15.1	1	1.21
71~80	0.044	11.1	9.1	1	0.40
80+	0.020	6.5	4.5	1	0.09
합계					28.36

표 9.10 백만 person-rem당 최종 암 사망자

암 유형	사망자 수
뼈	6.9
유방	25.6
백혈병	28.4
폐, 호흡기	22.2
췌장	3.4
위장	10.2
잔여 소화기	3.4
갑상선	13.4
잔여 조직	21.6
합계	135.0

예제 9.4와 유사한 방법을 다른 종류의 암에 적용하여 계산한 최종 사망자 수는 표 9.10에 나와 있다. 이 계산은 백만 명의 사람들이 1 rem 또는 10 mSv의 선량에 피폭된 경우의 결과이다. 그러나 계산에 사용된 위험계수는 선형 가설에 기초하므로, 만약 0.5×10^6명의 사람들이 2 rem 또는 20 mSv의 선량에 피폭되거나 0.25×10^6명의 사람들이 4 rem 또는 40 mSv의 선량에 피폭되는 경우와 같이 총 person-rem 값이 같다면 사망자 수는 동일할 것이다. 이는 다음 논의에서 더 알아볼 수 있을 것이다.

개인이 H rem의 선량으로 인해 암으로 사망할 절대 확률을 $P(H)$라고 하자. $P(H)$는 그림 9.6에 표시된 선량-반응 함수이다. 모집단 N에 있는 $N(H)dH$명의 사람이 H과 dH 사이의 선량을 받는 경우 최종 암 사망자의 수는 아래와 같다.

$$n = \int_0^\infty N(H)\, P(H)\, dH \tag{9.12}$$

선형 가설에 따르면 $P(H)$는 아래와 같이 단순한 함수로 주어진다.

$$P(H) = \alpha H \tag{9.13}$$

여기서 α는 상수이다. 식 (9.11)을 사용하면 사망 건수는 다음과 같다.

$$n = \alpha \int_0^{\infty} N(H) H dH = \alpha H_{pop} \tag{9.14}$$

식 (9.14)에 따라 선형 가설에 근거한 총 암 사망 건수는 개별 선량의 크기에는 무관하고 집단선량인 H_{pop}에 따라 달라진다. 이는 방사선 사고가 대중에 미치는 결과의 계산을 상당히 단순화한다. 따라서 대상이 되는 모집단 연령 분포가 표 9.10의 계산에 사용한 분포와 동일하다면 집단선량 H_{pop}에 의한 최종 암 사망 건수는 다음과 같다.

$$n = 135 H_{pop} \tag{9.15}$$

일부 사람들은 선형 가설이, 특히 저선량에서, 방사선 피폭의 지발영향을 과대평가한다고 믿는다. 선량-반응 함수의 더 정확한 표현은 다음 식과 같다.

$$P(H) = \beta_1 H + \beta_2 H^2 \tag{9.16}$$

여기서 β_1과 β_2는 여전히 논란의 대상이다. 그러나 어떤 경우에도 β_1은 식 (9.13)의 α보다 작다. 불행히도, 피폭된 모집단의 암 사망자 수는 집단선량만이 아니라, 집단 내 개인별 선량 분포에도 의존하기 때문에, 식 (9.16)과 같은 함수를 실제 적용하기는 좀 더 어렵다.

만성 피폭(chronic exposure)

만성적 저선량의 지발영향을 계산하기 위해서는 피폭 선량의 시간에 따른 변화를 고려할 필요가 있기 때문에, 식 (9.16)의 $P(H)$에 선형 2차함수 형태를 적용할 경우, 계산 시간이 특히 오래 걸린다. 그러한 함수를 사용하면 연간 선량 5 rem 또는 50 mSv를 모두 하루 만에 피폭되는지 또는 평균적으로 하루에 14 mrem (0.14 mSv)씩 1년에 걸쳐 피폭되는지에 따라 결과가 달라진다. 선형 모델의 경우, 선량의 날짜별 분배는 관련이 없으며, 주어진 기간 동안의 총 선량만 고려하면 된다.

예제 9.5

방사선작업 종사자가 18세에 취직을 하였다. 50년을 종사하여 68세에 은퇴한다. 만약 그가 그의 근무 기간 동안 직업적으로 연평균 5 rem(현재 미국 규정에 따른 최대허용선량, 9.8절 참조)의 총 유효 선량당량을 받는다면, 이 피폭의 결과로 그가 골암으로 사망할 확률은 얼마나 될까? 선형 가설을 사용하라.

풀이

이 문제에 대한 정확한 풀이에는 18세에서 68세까지의 연간 기대 수명 데이터가 필요하다. 그 데이터를 이용할 수는 있지만 너무 길기 때문에 여기에 다 옮기지 않았다. 확률 추정은 표 9.9에서 특정 연령대에 가해진 모든 방사선 피폭이 각 연령대 시작 시점에 이루어졌다고 가정하여 수행될 수 있다. 이것은 종사자의 직장생활 말년의 위험을 과대평가하는 경향이 있다. 이 계산은 예제 9.3의 경우와 유사하다. 단, 이 문제에서 종사자는 5 rem의 연간 급성 선량을 연속적으로 받는 것으로 가정한다. 그러면 그가 골암으로 사망할 확률은 쉽게 1.2×10^{-3} 또는 1,000분의 1.2 확률로 계산된다.

»» 9.7 자연 및 인공 방사선원

역사적으로 인류는 자연환경으로부터 방사선에 피폭되어 왔다. 이것은 우주로부터 지구에 쏟아지는 고에너지 방사선인 *우주(방사)선*(*cosmic rays*)과 지구와 우리 몸에서 발견되는 방사성 핵종에서 나오는 *지구 방사선*(*terrestrial radiation*)의 두 가지 근원에서 비롯되었다. 현대에 이르러 의료용 엑스선, 핵무기, 원자로, 텔레비전 및 기타 수많은 방사선 발생장치들로부터의 인공 방사선이 자연 방사선원에 더해져 왔다. 다양한 규제 기관들이 방사선 피폭 표준을 수립하기 위해서는, 이러한 방사선원에 대한 대중의 피폭 선량 크기를 아는 것이 중요하다. 주요 방사선원들에 의한 미국 거주자의 연평균 피폭 선량을 표 9.11에 제시하였다.

표 9.11 자연 및 인공 방사선원으로부터의 연평균 개인 선량(mrem)*

선원	피폭 대상	피폭 인구	피폭 부위	개별 선량
자연 방사선 (외부 선원)				
우주선	총인구	300×10^6	전신	27
지각감마선	총인구	300×10^6	전신	27
(내부 선원)				
^{40}K	총인구	300×10^6	전신	13

선원	피폭 대상	피폭 인구	피폭 부위	개별 선량
			골수	27
무거운 원소	총인구	300×10^6	전신	13
			골수	23
^{14}C	총인구	300×10^6	생식선	0.7
			골수	3.0
^{87}Rb	총인구	300×10^6	전신	1
			골수	0.7
라돈(^{222}Rn) 및 토론 (^{220}Rn)	총인구	300×10^6	폐	228
의료용 엑스선 및 형광투시법	전체 과정	293×10^6	전신	34
컴퓨터단층촬영(CT)	전체 과정	67×10^6	전신	660
핵의학	전체 과정	18×10^6	전신	1280
치료 과정으로부터의 평균 선량	모든 조사 인구	300×10^6	전신	300
	의료인	735,347	전신	74
핵무기 방사성 낙진	총인구	300×10^6	전신	4–5
원자력 발전소	10마일 이내 거주자	$< 5 \times 10^6$	전신	~1
	10마일 밖 거주자	$\sim 120 \times 10^6$		< 0.01
	종사자	59,000	전신	190
건축자재	벽돌 및 석조 건물 거주자	150×10^6	전신	7
항공 여행	승객	746×10^6	전신	1.4
	승무원	173,000	전신	307
텔레비전	시청자	100×10^6	생식선	0.2–1.5[16]
담배	흡연자	45×10^6	기관지 상피	8,000
			전신	1300

*근거 자료: "The Effects on Population of Exposure to Low Levels of Ionizing Radiation." BEIR III, National Academy of Sciences, 1980, "Health Risks of Radon and Other Internally Deposited Alpha Emitters," BEIR IV, 1988, and NCRP Report 93, 1987. Exposure of the Population in the United States and Canada from Natural Background Radiation NCRP Report 94 1988. Ionizing Radiation Exposure of the Population of the United States NCRP Report No. 160, 2009.

16 인공선원에 대한 논의 참조.

우주(방사)선(cosmic rays)

지구로 입사하는 일차 우주선은 양성자(~87%), 알파선(~11%), 그리고 더 무거운 핵종들(~1%)과 전자(~1%)의 혼합으로 이루어져 있다. 이러한 입자들의 에너지는 10^8과 10^{20} eV 사이에 걸쳐 있는데, 그 대부분은 10^8에서 10^{11} eV 사이이다. 그러한 고에너지 방사선의 생성 메커니즘에 대해서는 아직 이해가 부족하다. 다시 말해서 우주선의 근원에 대해서는 아직도 계속 연구 중이다.

이들 일차 우주선들은 지구 대기권에 진입하여 초기 몇백 g/cm^{2}의 대기와 상호작용하면 거의 완전히 감쇠된다. 특히 중성자, 추가적인 양성자, 하전 파이온(단반감기의 소립자)과 같은 다수의 이차 입자들은 이러한 상호작용의 결과로 생성된다. 이후 파이온이 붕괴되면 전자, 뮤온(다른 소립자) 및 몇 개의 광자가 생성된다. 그 결과 발생하는 입자 선속(particle flux)은 지구 자기장 위도에 따라 다소 달라지는데, 미국 북부 해수면에 대한 데이터는 표 9.12에 제시되어 있다.

표 9.12 해수면 고도에서의 우주선 입자 선속

입자	뮤온	중성자	전자	양성자	하전 파이온
선속 (cm^{-2} sec^{-1})	1.90×10^{-2}	6.46×10^{-3}	4.55×10^{-3}	1.71×10^{-4}	1.34×10^{-5}

*출처: "Natural Background Radiation in the United States," National Council on Radiation Protection and Measurements Report 45, 1975.

해수면 고도에서의 연간 우주선량은 26~27 mrem이다. 선량률은 고도에 따라 증가한다. 콜로라도주 덴버(높은 지대에 있는 도시)에 사는 사람들이 받는 우주선 선량은 해수면 높이 지대에 사는 사람들의 약 2배이다. 서로 다른 고도와 위도에 살고 있는 인구의 비율을 고려했을 때, 미국의 연평균 우주선 선량은 약 30 mrem이다. 이 방사선 중 일부는 건물에 의해 차폐되기 때문에, 표 9.11에 나타낸 바와 같이 27 mrem (0.27 mSv)으로 감소한다.

지구 방사선(terrestrial radiation)

지구상에는 약 340가지 핵종들이 자연적으로 존재한다. 그 중 70여 종이 방사성이다. 그러므로 방사능은 어디에나 있다. 환경이나 인체 내에 있는 자연방사능으로 인한 방사선 피폭에서 벗어날 수 없다.

자연 방사성 핵종은 그 근원에 따라 지구가 형성된 이후 이곳에 존재했던 핵종인 *원시 방사성 핵종*(*primordial radionuclide*)과 우주선의 작용에 의해 지속적으로 생성되고 있는 *우주기원 방사성 핵종*(*cosmogenic radionuclide*)이라는 두 개의 그룹으로 나누어진다. 원시 방사성 핵종이 장반감기여야 한다는 사실은 말할 필요도 없다. 반감기가 1000만 년인 핵종일지라도, 지구가 형성된 후 약 4.5×10^9년 동안 450번의 반감기를 거치면서 초기 방사능은 10^{135}배만큼 줄어들었을 것이므로, 지구상에서 완전히 사라졌을 것이다. 가장 일반적인 원시 핵종은 ^{238}U ($T_{1/2}=4.5\times10^9$년), ^{235}U ($T_{1/2}=7.1\times10^8$년), ^{232}Th ($T_{1/2}=1.4\times10^{10}$년), ^{87}Rb ($T_{1/2}=4.8\times10^{10}$년), ^{40}K ($T_{1/2}=1.3\times10^9$년)이다. 앞의 세 가지 핵종은 그림 9.7에 보이는 것과 같이 ^{238}U의 긴 붕괴 계열의 모핵종들이다. 나중에 논의하겠지만, 붕괴 계열의 딸핵종 중 일부는 상당한 생물학적 의미가 있을 수 있다. 십여 종의 다른 원시 방사성 동위원소들이 알려져 있지만, 이 중 어느 것도 인간의 방사선 환경에 중요한 영향을 미치지 않는다.

^{14}C ($T_{1/2}=5,730$년)와 같이 자연적으로 발생하는 단반감기의 방사성 핵종이 존재하는 이유는 이것이 우주선에 의해 생성되기 때문이다. 분명히 ^{14}C가 지속적으로 생성되지 않았다면, 모든 ^{14}C는 수십억 년 전에 사라졌을 것이다. 약 25개의 다른 우주기원 방사성 핵종이 확인되었지만, 상당한 방사선량을 유발하는 핵종은 ^{14}C뿐이다. 이 핵종은 주로 발열반응인 ^{14}N(n,p)^{14}C 반응을 통해 대기의 질소와 열중성자화된(thermalized) 우주선 중성자의 상호작용으로 생성된다.

지구 방사능에 의한 *외부피폭*(*external exposure*)은 우라늄, 토륨 및 그들의 딸핵종이 붕괴한 후 방출하는 감마선에 의해 발생한다. 이 방사성 핵종들은 균일하지는 않지만 전 세계적으로 널리 분포되어 있다. 미국에는 지구 방사능으로부터 나오는 감마선의 준위가 다른 세 개의 지역이 있다. 콜로라도 고원은 지질학적으로 우라늄과 라듐이 풍부하게 형성되어 있다. 그 결과 이 지역은 다른 지역보다 방사선량이 훨씬 높은 경향이 있다. 또한 세계적으로는, 토륨이 함유되어 특히 높은 방사선 수치[최대 3 mR/hr (0.03 mSv/hr)]를 나타내는 모노자이트 모래가 존재하는 브라질이나 인도와 같은 지역이 있다. 미국의 인구 평균 연간 외부 지구 방사선량은 26.6 mrem (0.266 mSv)이며 표 9.13에 있다.

지구 방사선에 의한 *내부피폭*(*internal exposure*)의 주요 원인은 원시 핵종인 ^{40}K이다.

이 특정 핵종은 음과 양의 베타붕괴 모두를 거쳐 ^{40}Ca으로 변환되고, 또는 전자포획에 의해 ^{40}Ar로 변환된다. 이 핵종의 동위원소 존재비는 0.0118 a/o이므로, 평균 몸무게 70 kg의 사람 중 130 g은 포타슘이며 그 중 0.0157 g은 ^{40}K이다. 따라서 인체 내 ^{40}K의 총 방사능은 약 0.11 μCi 또는 4,000 Bq이다.

무거운 원시 핵종들과 그 딸핵종들은 미량으로 다양하게 분포하는 식수나 음식물을 통해 체내로 유입된다. 또한 무거운 핵종들은 ^{222}Rn ($T_{1/2} = 3.8$일)과 그 딸핵종들, 특히 ^{210}Pb ($T_{1/2} = 21$년)의 흡입으로 체내에 유입된다. ^{222}Rn은 ^{226}Ra의 붕괴 직후에 생기는 딸핵종으로서, 라듐이 포함된 암석, 토양, 건축자재에서 만들어진다. ^{222}Rn은 불활성 기체이기 때문에 대기 중으로 확산되는 경향이 있으며, 짧은 반감기인 ^{210}Pb로 붕괴하기까지 먼 거리를 이동한다. ^{222}Rn의 반감기는 공기가 폐 속에 체류하는 시간과 비교해 길기 때문에 호흡 과정에서 붕괴하는 라돈의 양은 적은 편이다. 더 중요한 점은 라돈이 화학적

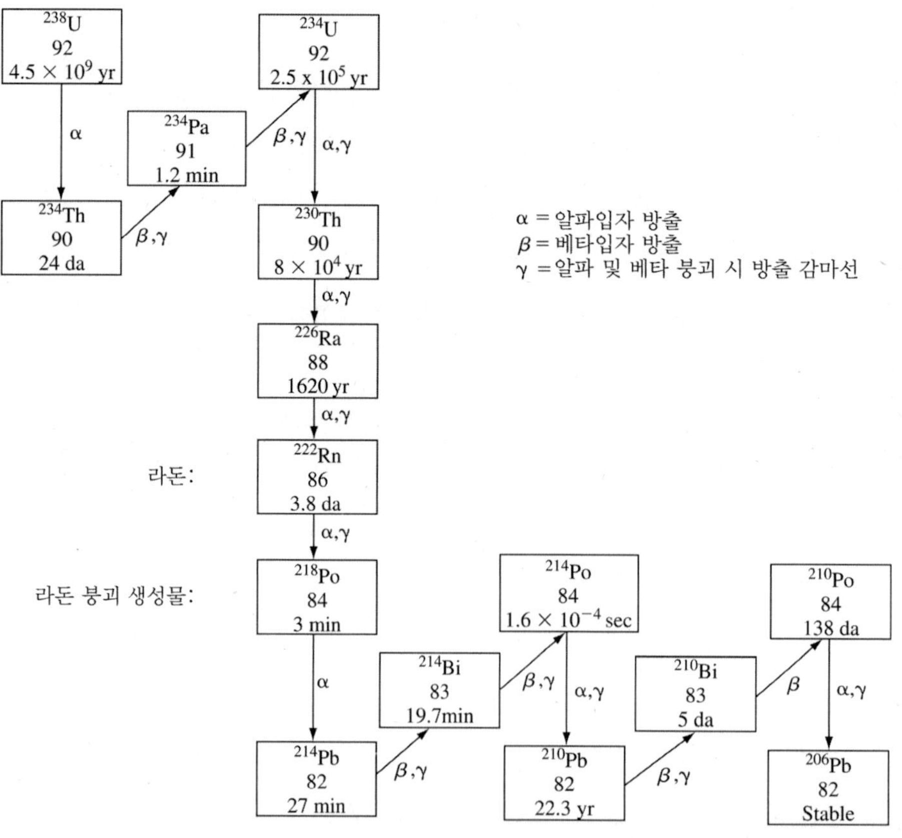

그림 9.7 ^{238}U 붕괴 계열

으로 불활성이기 때문에 몸 안에서의 장기간 체류가 방지된다는 점이다. 그 결과 ^{222}Rn 자체는 체내 피폭에 거의 기여하지 않는다. 그러나 ^{210}Pb는 불활성이 아니다. ^{222}Rn로부터 형성되자마자 대기 중의 수분이나 먼지 입자에 부착되며, 이런 입자를 흡입하면서 ^{210}Pb가 체내에 유입된다. ^{210}Pb는 직접 섭취하여 체내에 유입되거나 체내에 기 섭취된 모핵종이 붕괴하여 만들어진다.[17] ^{210}Pb 자체는 약한 베타선 방사체에 불과하기 때문에 심각한 내부선량을 유발하지는 않는다. 오히려 더 심각한 선량을 주는 5.3 MeV의 알파입자를 방출하는 것은 ^{210}Pb가 붕괴되어 만들어지는 ^{210}Po ($T_{1/2}$ = 138일)이다. 따라서 ^{222}Rn과 ^{210}Pb는 실제 방사선 손상의 원인인 ^{210}Po의 서로 다른 종류의 운반체로 볼 수 있다.

표 9.13 미국 내 일부 주별 자연방사선량*

주	선량당량 (mrem/year)			
	우주선	지구 방사선	라돈	합계
Washington	26.9	29.2	79	135.1
Alaska	26.6	29.2	97	152.8
Alabama	27.1	22.5	170	219.6
Nevada	36.6	21.2	164	221.8
Pennsylvania	27.2	23.2	293	343.4
Illinois	27.4	26.6	343	397
Nebraska	29.3	29.2	361	419.5
New Hampshire	27.3	29.2	378	434.5
Maryland	26.4	20.7	476	523.1
Colorado	47.5	42.6	610	700.1
Iowa	28.3	29.2	727	784.5
National Average	29.5	26.6	303	359 (294)

*출처: Excerpted from Mauro, J. and N. M. Briggs, "Assessment of Variations in Radiation Exposure in the United States," Report to US Environmental Protection Agency (2005)

17 ^{210}Pb와 ^{210}Po는 또한 흡연을 통해서도 체내로 유입될 수 있다(다음 절 참고).

무거운 방사성 핵종들은 그 농도에 비례하여 국부 피폭을 유발한다. 그 이유는, 이러한 핵종(예를 들면 ^{210}Po) 중 대다수가 다른 방사성 핵종이 방출하는 베타선이나 감마선보다 더 강력한 알파입자를 방출하면서 붕괴하기 때문이다. 9.2절에서 논의한 바와 같이 알파입자는 상대적으로 높은 그 선질계수에서 보듯이 생물학적으로 더 유해하다. 표 9.11에 따르면, 무거운 원소들은 연간 전신 선량 13 mrem (0.13 mSv) 또는 골수에 23 mrem (0.23 mSv)을 피폭시킨다. 그러나 ^{226}Ra와 ^{228}Ra는 모두 화학적으로 칼슘과 비슷하여 체내에 흡수된 후 (골수와는 대조적으로) 뼈로 향하는 경향이 있다. 따라서 구조적인 뼈조직에 대한 선량은 골수에 대한 선량보다 훨씬 높다(42 mrem 또는 0.42 mSv). 다행히도 이 조직들은 방사선에 민감하지 않다. 일부 연구에 따르면 라돈과 그 딸핵종이 흡연에 이어 폐암의 두 번째 주요 원인이지만, 뼈와 골수에 대한 무거운 원소 선량의 대부분은 ^{210}Po 때문이다.

인체의 내부피폭에 상당한 기여를 하는 핵종 중 우주 근원 방사성 핵종은 ^{14}C뿐이다. 천연 탄소 중 ^{14}C의 농도는 모든 생물에게서 탄소 1그램당 7.5 pCi (1 pCi = 10^{-12} Ci)로 동일한 것으로 밝혀졌다[18](0.278 Bq/g). 인체의 무게 중 약 18%가 탄소이기 때문에 평균적으로 70 kg의 남성의 내부피폭 선량은 대략 0.1 μCi (2.78×10^5 Bq)이다. 이로 인한 연간 선량은 1 mrem/yr (0.01 mSv)로 예상된다.

인공 방사선원(man-made sources)

의료피폭(medical exposures)

지금까지 인공 방사선원으로 인해 대중이 전체적으로 받은 적지 않은 국소 선량은 치료행위와 관련이 있다. 이 선량은 일반인에 대한 의료 및 치과 진단용 방사선, 임상 핵의학(다양한 목적의 방사성 핵종 사용), 방사선 치료뿐만 아니라 병원 및 치과 직원에 대한 피폭도 포함한다. 표 9.11에 제시된 선량률은 미국방사선방호위원회(NCRP)의 연구에 따른 것이다(이 장 말미 참고문헌 참조).

---

18 식물이나 동물이 죽으면 ^{14}C의 붕괴로 인해 이 평형농도는 더 이상 유지되지 않는다. ^{14}C/C의 비율을 측정함으로써, *탄소 연대 측정*(*carbon dating*)으로 알려진 유기물질의 연대를 결정할 수 있다.

낙진(fallout)

핵무기로 인한 방사성 낙진은 대기 중 먼지와 물 입자에 부착되는 무기 잔해 속의 핵분열 파편과 중성자 방사화 생성물로 구성된다. 이 입자들 중 상대적으로 큰 입자들은 곧 폭발 지점 근처의 지면에 도착하지만 작은 입자들은 5년 이상 대기 상층부에 머물러 있을 수 있다. 시간이 흐르면, 그들은 전 세계에 다소 균질하게 분포하게 되고, 환경 방사선의 일반적인 수준에 더해지게 된다. 낙진에 의한 장기적 피폭은 대부분 체내에 계속적으로 흡수되어진 핵분열 생성물에서 비롯된다. 더 이상의 공기 중 핵실험이 없었다면,[19] 2000년까지 낙진에 의한 연간 전신 선량은 4~5 mrem (0.04~0.05 mSv) 수준이었다.

원자력발전(nuclear power)

원자력의 환경적 영향은 11장에서 전면적으로 다룰 예정이다. 그러나 원자력 사용이 증가하면 일반 대중에 대한 방사선량이 적은 양이긴 하지만 증가한다는 결론은 불가피할 것으로 보인다. 이 선량은 발전소에서 방출되는 방사선뿐만 아니라 우라늄 광산, 정련 및 가공 공장, 핵연료 재처리시설에서 연간 방출되는 방사선 때문이다. 그러나 미국의 인구 평균 선량은 연간 1 mrem 미만으로 유지될 것으로 보인다. 상업용 원자력 산업 종사자에 대한 직업상 피폭선량은 미국 원자력규제위원회에 의해 보고되고 공개된 산업 데이터를 이용하여 계산한다(표 9.11 참조).

건축자재(building materials)

많은 건축자재, 특히 화강암, 시멘트, 콘크리트는 우라늄과 토륨 및 그의 딸핵종들과 ^{40}K을 몇 ppm 수준으로 함유하고 있다. 벽돌이나 석조 구조물 벽에서 직접 방출되는 방사선에 노출되면 거주자들은 연간 약 7 mrem의 선량에 피폭된다.

또한 건축자재는 ^{222}Rn의 공급원이며, 벽돌 및 석조 건물, 특히 환기 상태가 좋지 않은 건물의 거주자는 ^{210}Po의 붕괴로부터 폐에 상당한 선량이 피폭될 수 있다. 또한 라돈의 건물 내부 유입 경로는 건물의 지하층 및 창문, 다량의 라돈을 포함하는 천연가스의 연소와 용수 등에 의해서이다. 기준을 초과하는 훨씬 높은 수준의 라돈은 적절한 환기가 부족하

---

19 1962년 영국, 미국 및 소련, 1974년 프랑스, 그리고 이후 모든 핵무기 보유 국가들에 의해 대기권 핵실험이 종료(terminated)되었다.

고 단열이 잘된 주택에서 측정되었다(이에 대해서는 다음 절에서 논의). 개인에 대한 평균 라돈 관련 선량은 228 mrem/yr (2.28 mSv/yr)로 추정된다.

항공 여행(air travel)

항공 여행에서의 방사선량은 현대의 제트 항공기가 9~15 km 정도의 높은 고도에서 비행하는 데 원인이 있으며 이 높이에서는 지상보다 우주 방사선의 선량률이 훨씬 더 세다. 예를 들어 북위 43°(시카고 바로 북쪽)와 고도 12 km에서 선량률은 0.5 mrem/hr이다. 미국 전역의 왕복 10시간 비행은 총 5 mrem (0.05 mSv)의 선량을 발생시킬 수 있다. 표 9.11에 나타난 항공기 승무원에 대한 평균 선량이 원자력 산업의 직업 종사자에 대한 평균 선량에 비해 상당히 크다는 점에 주목해야 한다.

텔레비전(television)

음극선관을 사용하는 컬러텔레비전 수신기 내의 최소 3가지 근원으로부터 엑스선 형태로 방사선이 방출된다. 이 방사선에 피폭된 텔레비전 시청자의 수가 증가함에 따라 1968년 미국 의회는 텔레비전 수신기 표면에서 5 cm 떨어진 평균 10 cm^2 이상의 면적에서 5 mR/hr를 초과하지 않도록 하는 규제 기준을 통과시켰다. 이 규정이 채택되면서 지난 10년 동안 개별 선량률은 떨어졌으며, 텔레비전(음극선관)에서 시청자의 생식선에 대한 연평균 선량은 0.2~1.5 mrem이 되었다. 현재는 LCD와 LED 평면 스크린 텔레비전의 광범위한 사용으로 텔레비전에 의한 선량은 거의 존재하지 않을 것으로 예상된다.

담배(tobacco)

앞서 언급한 바와 같이 ^{222}Rn은 지표면에서 대기로 확산하여 ^{210}Pb로 붕괴하며, 그 후 먼지 또는 습기 입자에 부착된 채 지표에 떨어진다. 이 입자들이 잎이 많은 채소나 목초지에 떨어지면 ^{210}Pb는 먹이사슬에 개입될 수 있다. 더 심각한 것은, 아마도 이런 입자가 담배 식물에 떨어지면 ^{210}Pb와 그 딸핵종인 ^{210}Po가 상품으로 쓰이는 흡연 물질에 포함될 수 있다는 사실이다. 측정 결과 담배 한 갑에는 ^{210}Pb와 ^{210}Po 모두 10~20 pCi (0.37~0.74 Bq)가 들어 있는 것으로 나타났다. 담배연기의 흡입은 이러한 방사성 핵종을 기관지에 침적시켜, 기관지에 존재하는 방사선에 민감한 기저세포를 ^{210}Po가 피폭시킨다. 평균 담배 흡연자의 이 조직에 대한 연간 국소 선량은 최대 8 rem (8,000 mrem 또는 0.08 Sv)으로 추정되며, 애연가의 경우 비례적으로 더 높을 것으로 추정된다. 많은 연구자들은 이러한 방사선이 흡연자들의 높은 폐암 발병률의 원인이라고 여긴다.

다른 인공 방사선원

일반인 중 일부는 종종 예상치 못한 방사선원에 노출된다. 우라늄이나 토륨이 함유된 발광 다이얼을 사용한 시계와 손목시계, 안경 또는 인공치아, 알파선 방출원이 있는 연기 탐지기, 방사성 재를 방출하는 화석연료 발전소, 그리고 기타 많은 인공 장치들이 초래하는 전신 선량은 작다. 그러나 이들 방사선원들은 때로는 높은 국소 선량을 야기하기도 한다. 예를 들어 미국의 세라믹 인공 치아와 치관은 무게비로 약 0.02%의 우라늄을 함유하고 있다. 이로 인해, 인체 국부 조직은 대부분 알파선에 의해 연간 30 mrem의 선량에 피폭되는 것으로 예측된다.

»» 9.8 방사선 방호의 표준

1928년 제2차 국제방사선학회의는 방사선의 위험 인식이 증가하는 것에 대응하여 국제방사선방호위원회(International Commission on Radiological Protection, ICRP)를 설립하여 방사선에 대한 허용 가능한 피폭의 표준을 정하였다. 1929년에 미국은 ICRP의 국제적인 수행 기능을 미국 차원에서 수행하기 위해 역시 국립방사선방호측정위원회(National Council on Radiation Protection and Measurements, NCRP)를 설립하였다.[20] 1964년, NCRP는 독립된 과학 기관으로 존립하여 정부 통제의 대상이 되지 않음을 보장하기 위해 미국 의회로부터 연방 헌장을 받았다.

---

20 보다 정확하게 NCRP는 1929년에서 1946년까지는 엑스선 및 라듐 방호 자문위원회(Advisory Committee on X-ray and Radium Protection)였으며, 1946~1956년 전국방사선방호위원회(National Committee on Radiation Protection), 1956~1964년에는 방사선 방호 및 측정에 관한 국가위원회(National Committee on Radiation Protection and Measurements)였고, 1964년~현재 국립방사선방호측정위원회(National Council on Radiation Protection and Measurements)가 되었다.

1970년까지, 허용 가능한 방사선 피폭에 관한 미국 정부의 공식 정책은 연방방사선위원회(Federal Radiation Council, FRC)에 의해 결정되었다. FRC는 "건강에 직접 또는 간접적으로 영향을 미치는 방사선 문제에 관하여 대통령에게 권고"하기 위하여 설립되었다. FRC는 농업, 상업, 국방, 보건, 교육&복지, 노동부 장관과 원자력위원회 위원장 및 기술진들로 구성되었다. 1970년에는 새로 구성된 환경방호국(Environmental Protection Agency, EPA)으로 FRC의 기능과 인력이 이관되었다. 이전에는 FRC가, 이후에는 EPA가 권고하는 방사선 피폭 기준을 *방사선 방호 가이드*(*radiation protection guides*, *RPG*)라고 한다. 이 가이드는 미국 대통령의 승인을 받으면 모든 정부기관이 준수해야 하는 법적인 위력과 효력을 갖는다. 면허 소유자에게 적용되는 미국 원자력규제위원회의 규정은 RPG와 일치해야 한다. 미국을 제외한 대부분의 국가에서 공식적인 방사선 정책은 직접적으로 ICRP 권고에 기초한다.

당연히 ICRP, NRCP 및 EPA가 권고하는 표준은 동일하지 않다. 또한 이러한 기관들의 회원들이 바뀌고 있고 방사선의 생물학적 영향에 대한 새로운 정보를 이용할 수 있게 되면서 이 표준들은 지속적으로 개정된다. 그럼에도 불구하고 표준 설정 기관은 현재 방사선 피폭에 대해 다음과 같은 기본적인 규칙에 합의하고 있다.

(a) 방사선 피폭은 잠재적으로 해로울 수 있으므로, 일부 보상적 편익이 실현되지 않는 한 의도적인 노출은 정당화되지 않는다.

(b) 모든 방사선 피폭은 "합리적으로 달성할 수 있는 한 낮게(as low as reasonably achievable, ALARA)" 유지되어야 하며, 기술 상태, 달성해야 할 편익에 대한 피폭 감소의 경제성 및 기타 관련 사회경제적 요인을 감안해야 한다. (ALARA 개념은 또한 원자력 발전소의 유출물 배출과 관련해서도 사용된다. 11.9절 참고.)

(c) 개인에 대한 방사선량은 특정 권장값을 초과하지 않아야 한다. 여러 해 동안 이 제한 선량은 *최대허용선량*(*maximum permissible doses*, *MPD*)으로 알려져 있었으며, 이 용어가 일반 용도로 계속 사용되었으나, 최근 ICRP는 MPD보다 *선량 한도*(*dose limit*)를 더 선호하고 있다. FRC와 EPA 모두 MPD 대신 RPG 표준을 항상 사용해 왔다.

비록 낮은 수준의 피폭으로 인한 위해의 증거는 없지만, 과학자들은 전혀 영향이 없다고 가정하는 것을 꺼린다. 이러한 간격을 메우기 위해 표준 설정 기구는 임의로 다음과 같은 가정을 했다.

(a) 수백 rad의 고선량 범위에서 제로 선량까지 모든 방사선 영향은 선형의 선량-영향 관계를 가진다.
(b) 그 이상에서는 영향이 나타나고, 그 미만에서는 아무 영향이 없는 문턱선량은 존재하지 않는다.
(c) 여러 번에 걸쳐 장기에 전달되는 저선량은 어떤 율(rate)로 또는 어떤 간격이든 모두 더해야 한다.
(d) 저선량의 방사선 피폭에 의한 영향으로부터 생물학적 회복은 없다.

실질적인 문제로서, MPD 또는 RPG는 전통적으로 표준 설정 기구 구성원의 일치된 판단으로부터 수립되어 왔다. 그러한 판단은 정성적이기 때문에, 특정 표준 채택의 효과를 정확하게 확신시킬 수는 없다. ICRP는, 앞서 논의한 선량-영향 계산을 사용하여, ICRP 선량 한도까지 계속 피폭된 방사선 작업 사망자 수를 다른 직업의 유사 사망자 수와 비교했다. 그 결과, 방사선 작업자의 평균 사망 위험은 거의 대부분이 결국 암으로 귀결되는데, 이들의 사망 위험은 소매업같이 가장 안전한 주요 직업군의 직업 관련 사망 위험보다도 적은 것으로 나타났다. 또한 방사선 피폭으로 인한 방사선 작업자의 부상도 없다. 허용된 선량 한도도 관측 가능하고 비스토캐스틱한 영향의 문턱값보다 훨씬 낮다. 따라서, 이로써 처음으로 방사선 표준에 대한 정량적 근거가 수립되었다.

이 표준은 미국 내외에서 정기적으로 검토된다. 미국의 현재 표준은 주로 ICRP 간행물 26과 30에 기초하고 있다. 이 표준은 EPA가 채택한 후, 법률 요건에 의거, 1994년 미국 NRC가 채택했다. 보다 최근의 권고안은 1990년에 ICRP가 간행물 60에서, 2007년에 간행물 103에서, 그리고 1993년에 NCRP가 간행물 116에서 공포했다. 이러한 후기 요건은 아직 미국에서 완전히 채택되지 않았다. 완결성을 위해 간행물 26과 60의 권고사항은 ICRP와 NCRP의 후속 권고사항과 함께 이 절에 수록되어 있다.

외부피폭과 내부피폭에 대한 선량 한도 권고치가 표 9.14에 요약되어 있다. 이 표에서 알 수 있듯이 선량 한도는 두 가지 범주로 주어지는데, 이는 방사선 작업자의 직무상 피폭과 일반인의 피폭이다.

표 9.14 표준 설정 기구에서 제시하는 선량 한도 권고안(rem)*

피폭그룹 유형	EPA (1987)	NCRP (1993)	ICRP (1977)	ICRP (1990~2007)
직무 피폭				
전신				
향후	연간 5	연간 5	연간 5	5년간 평균으로 연간 2
종전	—	—	—	연간 최대 2
나이 N세까지	총 근무기간 내 100	1 (N−18)	—	
피부		연간 50	(본문 참조)	50
손	연간 50	연간 50	(본문 참조)	50
생식선	연간 5	—	(본문 참조)	
수정체	연간 15	연간 15	(본문 참조)	15
갑상선	—	—	(본문 참조)	
기타 장기	연간 50	—	(본문 참조)	
임신부	임신기간 중 0.5	임신기간 중 0.5	†	
일반 대중				
개인	연간 0.1	연간 0.1	연간 0.5	연간 0.1

*근거: EPA notice in Federal Register, 46 FR 7836, 1981; NCRP Report 116, 1993; ICRP Report 26, 1977; ICRP Report 60, 1990, ICRP Report 103, 2007.
† 임신부터 출산까지의 통상 직업상 피폭의 0.3배보다 적음.

균질하지 않은 외부피폭(즉, 신체의 한 부분이 다른 부분보다 더 많이 노출됨)과 관련하여 ICRP는 국부적인 피폭에 의해 치명적인 악성종양이 발생할 위험은 전신에 대한 균질 피폭의 위험과 같다는 원칙을 채택했다. ICRP의 연간 전신 선량 한도는 5 rem이므로 이 원칙은 다음과 같이 표현될 수 있다.

$$\sum_T w_T H_T \leq 5 \text{ rem} \tag{9.17}$$

여기서 H_T는 T번째 조직이나 장기에 대한 연간 선량이며, w_T는 조직이나 장기의 상대적인 방사선 감수성(radiosensitivity)을 반영한 조직별 가중치이다. w_T에 대한 권고치가 표 9.15에 제시되어 있으며, "기타 조직"에 대한 값은 목록에 없는 최대 다섯(5) 장기까지 사용할 수 있다. (가장 높은 선량을 받는 장기를 사용해야 한다.)

표 9.15 가중치 w_T의 값

조직	ICRP*	ICRP 60†	ICRP 103‡
생식선(gonads)	0.20	—	0.08
유방(breast)	0.15	0.05	0.12
적색 골수(red bone marrow)	0.12	0.12	0.12
폐(lung)	0.12	0.12	0.12
갑상선(thyroid)	0.03	0.05	0.04
뼈 표면(bone surfaces)	0.03	0.01	0.01
피부(skin)	—	0.01	0.01
기타 조직(other organs)	0.06	0.05	

* ICRP 간행물 26, op. cit.

† ICRP 간행물 60, op. cit.

‡ ICRP 간행물 103, op. cit.

식 (9.17)은 다음과 같은 방법으로 해석할 수 있다. 폐에 대한 ICRP 26의 가중치 w_T를 사용하는 경우, 이 장기에 대한 연간 선량 5/0.12 = 42 rem은 전신에 대한 연간 선량 5 rem과 동일한 위험을 수반해야 한다. 마찬가지로 갑상선에 대한 5/0.03 = 167 rem의 선량은 전신에 대한 5 rem과 같아야 한다(그러나 다음 단락 참조!). 그 다음도 같은 방식이다.[21]

표 9.14에 제시된 표준은 암과 같은 스토캐스틱 사건을 제한하기 위한 것이다. ICRP에 따르면 비스토캐스틱 영향 예방을 위해서는 연간 선량을 15 rem으로 제한된 눈의 수정체를 제외하고 하나의 장기당 50 rem으로 제한해야 한다. 그러므로 ICRP 표준에 따라, 폐에 대해 계산된 42 rem은 허용된다. 갑상선에 대한 167 rem은 50 rem을 초과하기 때문에 허용되지 않을 것이다.

21 USNRC는 1991년에 ICRP 26의 조직 가중치를 채택하였으며, 1994년부터 유효하다.

또한, 표준 설정 기구들은 방사성 핵종들에 의한 다양한 신체 장기 선량에 근거하여 각 핵종들의 최대 허용가능 인체유입 한도를 설정하였다. 이러한 한도와 계산 방법은 9.9절에서 설명한다.

한편, 연간 5 rem의 MPD는 대략 주당 100 mrem에 해당하며, MPD는 종종 이러한 단위로 주어진다. 또한, 주당 40시간에 걸쳐 100 mrem이 분배되는 것은 2.5 mrem/hr의 선량당량률과 같다. 미국 원자력규제위원회 규정에 따르면 사람이 시간당 5 mrem 이상의 선량을 받을 수 있는 모든 공간은 *방사선 구역*(*radiation area*)으로 정의되며 경고 표지를 부착해야 한다.

일반 대중의 개인에 대한 MPD는 전체 집단에 허용되는 평균 선량보다 훨씬 높다. 개인에 대한 MPD는 0.5 rem/yr 단위로 보편적으로 설정되었다(비직업적 피폭에 대한 가이드를 제안하지 않은 EPA는 제외). 최대 평균 집단 선량은 보통 5 rem/30 yr 또는 연간 약 170 mrem으로 설정한다. 개인 선량은 암의 위험을 줄이는 것에 기초하는 반면, 집단 선량은 한때 더 중요하다고 생각된 유전적 손상의 위험에 기초한다. 반면 ICRP의 최근 데이터는 그 반대이다. 따라서, ICRP는 더 이상 집단의 평균 선량 한도를 개인에 대한 한도보다 낮게 설정할 필요가 없다고 생각한다.[22]

표 9.14의 선량 한도는 통상의 자연 방사선 및 소위 치료 행위에 의한 선량 이상임을 강조하고자 한다. 마지막으로, 독자는 미래에 때때로 반드시 있을 방사선 표준의 변화에 주의를 기울일 필요가 있다. ICRP는 선량 한도와 가중치를 크게 축소할 것을 권고하였다(표 9.14 및 9.15 참조). 이러한 축소는 핵폭탄 피해자들에 대한 보수적인 분석에 근거하였기에 가능하다. 방사선 표준 설정 기구들은 열심히 일하고 있다.

---

22 ICRP는 현재 연간 1 mSv의 선량을 권장하며, 이보다 높은 선량은 허용되지만 5년 동안의 평균이 1 mSv를 초과하지는 않음.

9.9 피폭 및 피폭선량 계산

방사선원의 다양한 형태가 초래하는 피폭, 흡수선량 및 선량당량 또는 여러 가지 비율을 계산해야 하는 경우가 많다. 이러한 계산은 감마선, 중성자 및 하선입사에 따라 다소 다르며, 외부피폭인지 내부피폭인지에 따라 달라진다.

감마선 피폭

9.2절에서 감마선에 의한 피폭은 뢴트겐(R)[23]을 사용하여 설명하였는데 감마선이 1 kg의 공기와 상호작용할 때 2.58×10^{-4} coul의 전하를 생성하는 것이 1 R에 해당한다. 피폭 계산 시, 이 전하를 방출하기 위해 공기 중에 흡수되는 에너지와 뢴트겐을 연관시키는 것이 편리하다. 이렇게 하면 전하와 관련된 반복 계산을 피할 수 있다.

2.58×10^{-4} coul을 생성하려면 $2.58\times10^{-4}/1.60\times10^{-19}=1.61\times10^{15}$개의 이온쌍(이온과 방출 전자)이 필요하다. 여기서 1.60×10^{-19}쿨롱은 이온 또는 전자의 전하를 의미한다. 실험상 이온쌍을 생성하기 위해서는 감마선에 의해 공기 중에 약 34 eV (32~36 eV 사이)의 에너지가 부과되어야 하는 것으로 밝혀졌다. 따라서 2.58×10^{-4} coul을 방출하려면 $1.61\times10^{15}\times34=5.47\times10^{16}$ eV를 필요로 한다. 그러므로 1 R의 피폭은 공기 중에 다음과 같은 에너지가 축적됨을 의미한다.

$$
\begin{aligned}
1\text{ R} &= 5.47\times10^{16}\text{ eV/kg} = 5.47\times10^{10}\text{ MeV/kg} \\
&= 5.47\times10^{7}\text{ MeV/g}
\end{aligned}
\tag{9.18}
$$

이때 $1\text{ MeV}=1.60\times10^{-6}$ erg이므로,

$$
1\text{ R}=5.47\times10^{7}\times1.60\times10^{-6}=87.5\text{ erg/g} \tag{9.19}
$$

어떤 규정된 방사선 영역으로부터의 감마선 피폭을 계산하려면, 공기 중에 흡수된 감마선 에너지를 결정한 다음, 이 에너지를 위의 에너지 등가식 중 하나를 사용하여 뢴트겐

23 SI 단위계에는 피폭에 대한 특별한 단위가 없다.

으로 변환해야 한다. 유사하게, 피폭률은 감마선 에너지가 축적되는 속도로부터 알아낼 수 있다. 앞의 3.8절에 보인 바와 같이, 단위질량당 에너지 흡수율은 $IE(\mu_a/\rho)^{\text{air}}$ 으로 주어지며, 이때 I는 감마선 강도, E는 감마선 에너지, 그리고 $(\mu_a/\rho)^{\text{air}}$ 는 에너지 E에서 공기의 질량흡수계수이다. $(\mu_a/\rho)^{\text{air}}$ 의 값은 표 II.5에 나와 있다. 식 (9.19)를 사용함으로써 피폭률 $\dot{X}$은 다음과 같이 주어진다.

$$\begin{aligned}\dot{X} &= IE(\mu_a/\rho)^{\text{air}}/5.47\times 10^7 \\ &= 1.83\times 10^{-8}\ IE(\mu_a/\rho)^{\text{air}}\ \text{R/sec} \qquad (9.20)\end{aligned}$$

이 방정식에서, I를 photon/cm^2-sec으로, E는 MeV로, 그리고 $(\mu_a/\rho)^{\text{air}}$ 는 cm^2/g으로 표현한다. 대다수의 실제상황에서는 $\dot{X}$를 R/sec보다 mR/hr로 표현하는 것이 더 적합하다. 따라서 아래와 같은 식을

$$1\ \text{R/sec} = 3.6\times 10^6\ \text{mR/hr}$$

식 (9.20)에 적용하면 다음과 같이 정리할 수 있다.

$$\dot{X} = 0.0659\,IE(\mu_a/\rho)^{\text{air}}\ \text{mR/hr} \qquad (9.21)$$

식 (9.20)과 (9.21)에서 명백히 알 수 있듯이, 피폭률은 감마선의 강도와 에너지에 따라 좌우된다. 그림 9.8은 1 mR/hr의 피폭률을 제공하는 데 필요한 강도[또는 선속(flux), 이 절 후반부 참조]를 나타낸다. 이 곡선은 부분적으로 $(\mu_a/\rho)^{\text{air}}$ 의 에너지 의존성을 반영하고 있는데, 광전흡수 때문에 낮은 에너지에서 높은 값을 가지며, 0.07 MeV에서 최솟값을 보이다가 그 후로는 쌍생성으로 인해 증가한다. 흡수계수가 큰 경우에는, 같은 피폭률을 내기 위해 필요한 감마선 강도가 당연히 더 낮아진다.

식 (9.21)은 단일 에너지 빔에만 적용된다. 에너지 분포를 가진 감마선이라면, 연속 스펙트럼일 경우에는 식 (9.21)을 적분하여 계산하고, 선 스펙트럼일 경우에는 해당 스펙트럼들을 합하여 계산하여야 한다. 예를 들어 후자의 경우라면 피폭률은 다음과 같이 계산된다.

$$\dot{X} = 0.0659\sum_i I_i E_i (\mu_a/\rho)_i^{\text{air}}\ \text{mR/hr} \qquad (9.22)$$

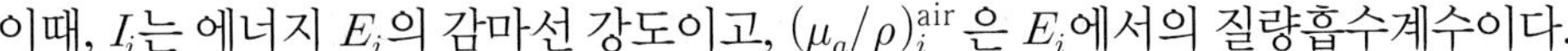

이때, I_i는 에너지 E_i의 감마선 강도이고, $(\mu_a/\rho)_i^{\text{air}}$은 E_i에서의 질량흡수계수이다.

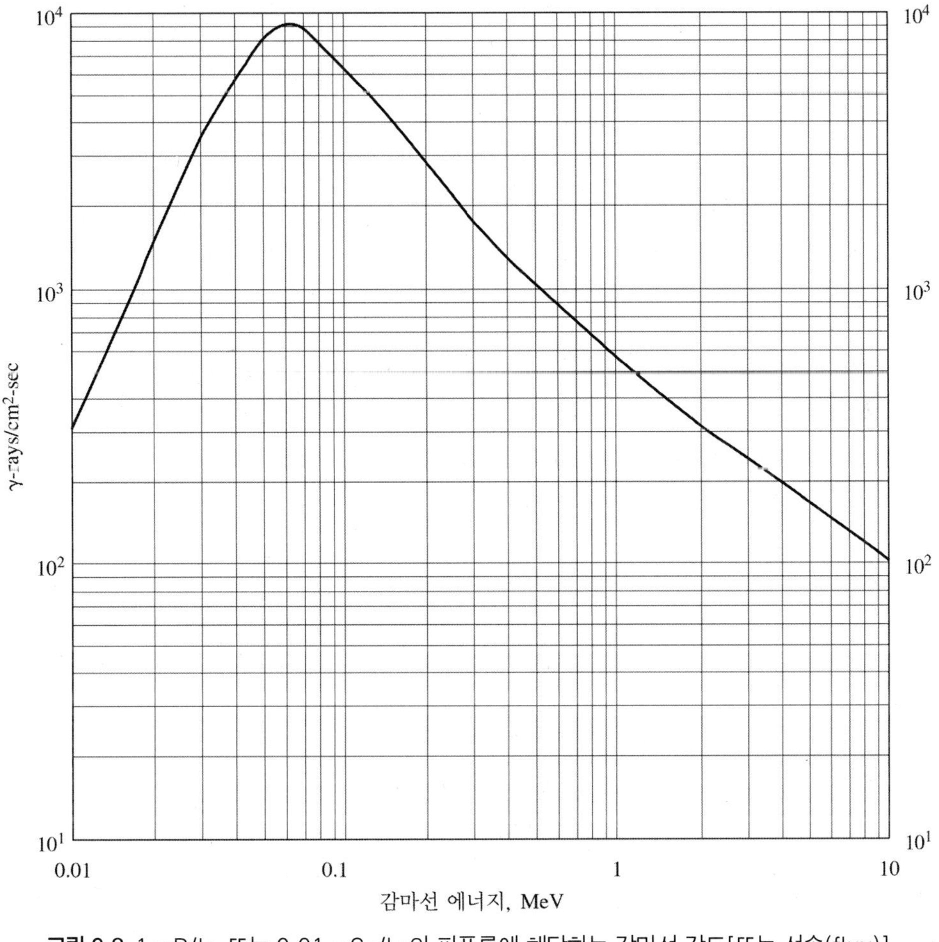

그림 9.8 1 mR/hr 또는 0.01 mSv/hr의 피폭률에 해당하는 감마선 강도[또는 선속(flux)]

시간 T 동안의 총 피폭을 구하기 위해서는 이전의 수식을 시간에 대해 적분해야 한다. 시간을 초 단위로 가정한다면 식 (9.20)으로부터 아래와 같이 정리할 수 있다.

$$X = \int_0^T \dot{X}dt = 1.83 \times 10^{-8}\, E(\mu_a/\rho)^{\text{air}} \int_0^T I(t)dt$$
$$= 1.83 \times 10^{-8} \Phi E(\mu_a/\rho)^{\text{air}} \text{ R} \tag{9.23}$$

여기서,

$$\Phi = \int_0^T I(t)dt \tag{9.24}$$

를 *누적 감마선속*(γ*-ray fluence*)이라고 명칭하며 단위는 photon/cm^{2}이다. 식 (9.23)의 ΦE는 감마선 *누적 에너지속*(*energy fluence*)이다.

예제 9.6

피폭률이 1 mR/hr인 경우, 2 MeV 감마선 빔의 강도는 얼마인가?

풀이

식 (9.21)을 다음과 같이 정리한다.

$$I = \dot{X}/0.0659E(\mu_a/\rho)^{\text{air}}$$

이때 표 II.5를 참고, 2 MeV의 경우 $(\mu_a/\rho)^{\text{air}} = 0.0238\ \text{cm}^2/\text{g}$의 값을 얻을 수 있다. 위에 정리한 식에 이 값을 대입하면 아래와 같다.

$$I = 1/0.0659 \times 2 \times 0.0238 = 319\ \gamma-\text{ray/cm}^2\text{-sec}$$

위 값은 그림 9.8에서 참고 가능하다.

감마선으로부터의 선량: 외부피폭

감마선 흡수선량, 선량당량 및 해당 선량률의 계산은 앞의 피폭 계산법과 유사하다. 앞의 9.2절에서, 흡수선량은 rad 단위로 평가되며, 여기서 1 rad는 1그램의 조직에 100 erg의 감마선 에너지가 흡수되는 것과 같다. 보다 편리한 단위로서 $100/1.60 \times 10^{-6} = 6.25 \times 10^7$ MeV/g을 등가로 사용 가능하다. 그러면, 감마선 흡수율은 $IE(\mu_a/\rho)^{\text{tis}}$ MeV/g-sec이고 여기서 $(\mu_a/\rho)^{\text{tis}}$는 조직의 질량흡수계수이므로, 흡수선량률 $\dot{D}$는 다음과 같이 주어진다.

$$\dot{D} = IE(\mu_a/\rho)^{\text{tis}}/6.25 \times 10^7 = 1.60 \times 10^{-8} IE(\mu_a/\rho)^{\text{tis}}\ \text{rad/sec} \tag{9.25}$$

$$= 0.0576 IE(\mu_a/\rho)^{\text{tis}}\ \text{mrad/hr} \tag{9.26}$$

이어서, rad 혹은 mrad 단위의 총 흡수선량 D를 얻기 위해, 식 (9.25) 또는 (9.26)의 I는 *누적선속*(*fluence*) Φ로 대체된다.

피폭률 $\dot{X}$의 대상이 되는 조직의 흡수선량률은 식 (9.25)를 식 (9.20)으로 나누어 구할

수 있다. 즉,

$$\dot{D} = \frac{1.60 \times 10^{-8}\ IE\,(\mu_a/\rho)^{\text{tis}}}{1.83 \times 10^{-8}\ IE\,(\mu_a/\rho)^{\text{air}}}\dot{X}$$

$$= 0.874\frac{(\mu_a/\rho)^{\text{tis}}}{(\mu_a/\rho)^{\text{air}}}\dot{X} \tag{9.27}$$

$\dot{D}$와 $\dot{X}$ 사이의 이러한 관계는 조직의 흡수계수에 따라 다르므로, 서로 다른 조직에서 동일한 $\dot{X}$값을 가질지라도 $\dot{D}$값은 크게 다를 수 있다. 따라서 식 (9.27)을 다음과 같이 쓰면 편리한데,

$$\dot{D} = f\dot{X} \tag{9.28}$$

여기서 계수 f는 조직의 구성에 따라 달라지는 에너지 의존 함수이다. 그림 9.9는 뼈, 근육 및 지방 조직에 대한 f 함수를 보여 준다. 낮은 에너지에서 곡선은 일반적으로 근육이나 지방보다 뼈의 경우에 더 높다. 이는 더 강한 광전흡수를 발생하는 high-Z 성분이 뼈에 포함되어 있기 때문이다. 질량흡수계수는 시간에 대해 독립적이므로, 식 (9.27)과 (9.28)에서 양변의 시간 적분도 동일하다. 따라서 이들 방정식에서 $\dot{D}$와 $\dot{X}$를 각각 D와

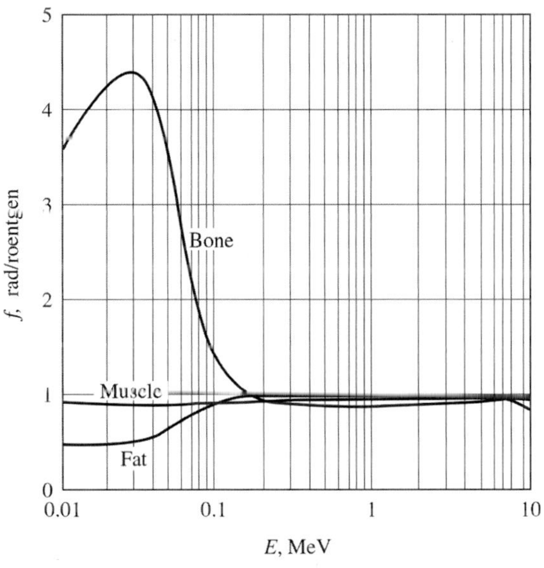

그림 9.9 감마선 에너지의 함수로 나타낸 f
(출처: K. Z. Morgan and J. E. Turner, *Principles of Radiation Protection*. New York: Wiley, 1967)

X로 대체하면 총 흡수선량 및 총 피폭에 대해서도 여전히 유효하다.

선량당량 또는 선량당량률을 얻으려면 D 또는 $\dot{D}$에 선질계수를 곱하면 된다. 표 9.2에 따르면, 감마선의 경우 $Q = 1$이고, rad 단위의 D는 rem 단위의 H와 수치상으로 동일하므로 D 및 $\dot{D}$에 대한 위의 식을 H 또는 $\dot{H}$를 계산하는 데에도 직접 사용할 수 있다.

이 절에서의 X, D 및 H에 대한 공식과 시간변화율(rate)은 감마선 단방향 빔의 강도 I항에 대해서 도출되었다. 여러 상황에서, 감마선은 단방향이 아니라 원자로에서의 중성자들처럼 여러 방향 또는 모든 방향으로 움직인다. 그러므로 X, D, H를 감마선 선속 ϕ_γ항으로 표현하는 것이 더 적절하다. 이는 중성자속 ϕ와 동일한 방식으로 정의되며(5.1절 참조), 강도와 같은 단위, 즉 γ-ray/cm^2-sec를 사용한다. 예를 들어 식 (9.21)과 (9.26)은 다음과 같이 쓸 수 있다.

$$\dot{X} = 0.0659\phi_\gamma E(\mu_a/\rho)^{\text{air}}\ \text{mR/hr} \tag{9.29}$$

그리고

$$\dot{D} = 0.0576\phi_\gamma E(\mu_a/\rho)^{\text{tis}}\ \text{mrad/hr} \tag{9.30}$$

예제 9.7

50 kV 엑스선 장치 근처의 선속은 2.4×10^5 x-ray/cm^2-sec이다. 근처에 서 있는 작업자에게 해당하는 뼈, 근육, 지방의 선량당량률은 얼마인가?

풀이

그림 9.8을 참고하면, 대략 8×10^3 x-ray/cm^2-sec의 선속은 50 keV에서 1 mR/hr의 피폭률을 보인다. 그러므로 작업자에게 가해지는 피폭률은 다음과 같다.

$$\frac{2.4 \times 10^5}{8 \times 10^3} \times 1 = 30\ \text{mR/hr}$$

그림 9.9에 따르면, f는 뼈의 경우 3.3, 근육의 경우 0.93, 지방의 경우 약 0.90의 값을 가진다. 작업자가 받는 것은 흡수선량률이고 $Q = 1$이므로, 뼈는 $3.3 \times 30 = 99$ mrem/hr, 근육은 $0.93 \times 30 = 28$ mrem/hr, 그리고 지방은 $0.90 \times 30 = 27$ mrem/hr의 선량당량률을 받게 된다.

중성자로부터의 선량: 외부피폭

중성자에 대한 선량 계산은 중성자가 물질과 상호작용하는 복잡한 방식 때문에 감마선보다 다소 어려움이 있다. 3장에서 언급한 중성자가 탄성 또는 비탄성 산란, 방사포획 및 다양한 반응을 겪을 수 있다는 것을 기억하라. 이러한 상호작용에서, 중성자가 충돌한 핵은 그 전자구름의 일부가 떨어져 나가기에 충분한 에너지를 가지고 반동(recoil)할 수 있고, 이로 인해 크게 이온화된 하전입자가 된다. 비탄성산란 및 방사포획이 일어날 때 감마선이 방출되며, 이러한 반응의 결과로 하전입자가 생성되기도 한다. 중성자 선량을 계산하려면 이러한 중성자로 인해 생성된 2차 이온화 방사선에 의한 에너지 축적이 결정되어야 한다.

중성자 상호작용의 복잡함 때문에 에너지 축적은 수치적으로 계산해야 한다. 이를 위해 *몬테카를로 방법*(*Monte Carlo method*)을 사용한다. 이 방법은 중성자와 중성자로 인해 발생되는 2차 방사선의 조직 내 이동을 고속 컴퓨터에서 반복 계산하는 것이다. 이러한 유형의 계산은 인체 구성과 유사한 판 또는 원통에 입사하는 중성자 빔에 대해 수행되어 왔다.[24] 선량당량을 결정할 때, 선질계수(quality factor)가 이온화 입자의 에너지에 대한 함수라는 사실을 고려해야 한다. 따라서 고속중성자가 반복적인 충돌을 겪고 다양한 에너지의 반동 핵을 생성할 때, 이러한 핵들로 인한 에너지 축적은 계산이 진행됨에 따라 적절한 선질계수를 곱해야 한다.

판형 조직의 기하학적 구조가 원통형보다 더 단순하므로 판형에 대한 계산 결과를 논의하는 것이 더 쉽다. 그림 9.10 (a)와 (b)에서 열적(thermal) 및 5 MeV 에너지 중성자의 투과 깊이에 따른 선량당량을 각각 확인할 수 있다. 또한 이 그림에서는 양성자와 무거운 핵의 반동 및 포획감마선이 선량에 미치는 정도를 보여 준다. 5 MeV 빔의 경우, 대부분의 선량은 중성자와 수소의 충돌에 의해 생성되는 반동 양성자에서 나오며, 포획감마선으로 인한 선량은 매우 적다. 열중성자 빔의 경우, 양성자 선량은 처음 3 cm 투과 깊이에서만 감마선 선량을 초과한다. 그 지점을 넘어서면 선량은 주로 감마선으로부터 기인한다. 참고로, 양성자는 0.0253 eV에서 반응 단면적이 1.81 b이고 발열반응(Q = 0.63 MeV)인 $^{14}N(n,p)^{14}C$에서 발생한다. 이 에너지에서 중성자는 수소와 충돌하여 반동 양성자를 생성할 수 있는 충분한 에너지를 갖지 못한다.

---

24 사람의 몸통을 모사하는 데 사용되는 원통형 또는 다른 모양의 모델을 *팬텀*(*phantom*)이라고 한다.

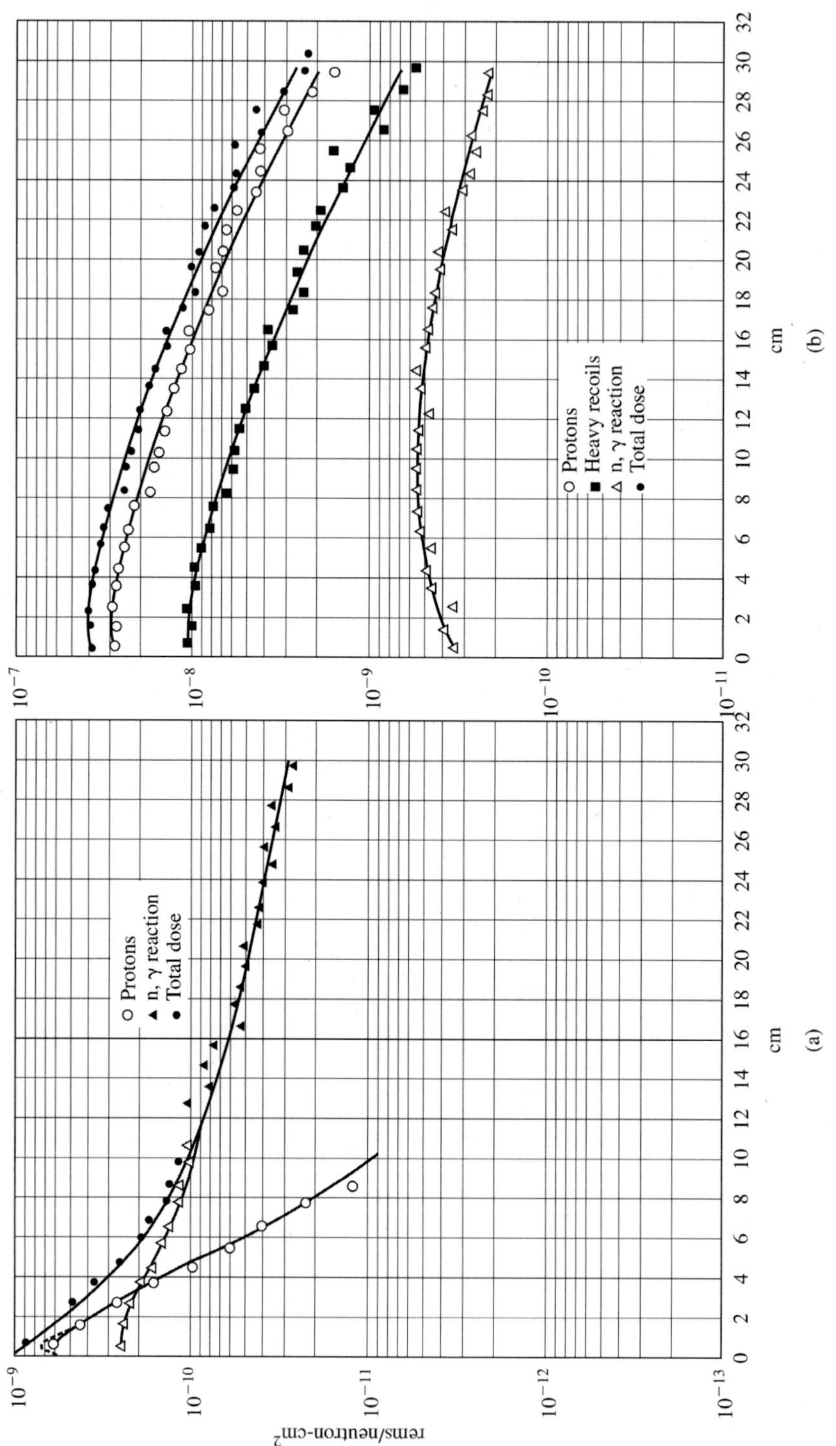

그림 9.10 조직 내 투과 깊이에 따른 선량당량: (a) 열중성자, (b) 5 MeV 중성자

그림 9.8의 감마선에 대한 최대 선량률 곡선과 같이, 1 mrem/hr 또는 0.01 mSv/hr의 선량당량률을 부과하는 중성자속과 그 에너지의 함수 관계는 그림 9.11과 같다. 이때 그림에서 주목할 점은, 전술한 선량률에 도달하기 위해서는 높은 에너지 범위에서는 낮은 에너지 범위에서보다 중성자속이 더 낮아도 된다는 것이다. 즉, 중성자끼리만 보면, 고속의 중성자에 의한 선량이 더 크다.

매우 낮은 에너지를 제외하고, 주어진 선량당량을 생성하는 데 필요한 감마선속은 언제나 해당 중성자속보다 훨씬 더 크다는 점이 흥미롭다. 예를 들어, 그림 9.8과 9.11을 참고하면 1 MeV에서 약 550 γ-ray/cm^2-sec의 감마선속은 조직에 1 mrem/hr의 $\dot{H}$를 주는 반면 동일한 $\dot{H}$를 위해서 중성자속의 경우에는 7.5 neutron/cm^2-sec이 필요하다. 따라서 입자 대 입자로 보면, 중성자는 동일한 에너지의 광자보다 더 큰 선량을 준다.

그림 9.11은 주어진 중성자속에서의 선량당량 또는 주어진 누적 중성자속(neutron fluence)으로부터의 총 선량당량을 계산하는 데 사용 가능하다. 이것을 다음 두 가지 예제를 통해 확인해 보자.

예제 9.8

중성자 선원 근처의 한 지점에서 고속(1 MeV 이상) 중성자속은 20 neutron/cm^2-sec이고, 열중성자속은 300 neutron/cm^2-sec이다. 감마선은 없다. 방사선 작업자가 정상 MPD를 초과하지 않으려면 해당 지점에서 최대 얼마 동안 체류할 수 있는가?

풀이

그림 9.11에 따르면, 약 7 neutron/cm^2-sec의 고속 중성자속은 1 mrem/hr의 선량을 부과한다. 따라서 작업자의 고속중성자 선량률은 다음과 같다.

$$\frac{20}{7} \times 1 = 2.8 \text{ mrem/hr}$$

유사하게 그림 9.11로부터, 260 neutron/cm^2-sec의 열중성자속은 1 mrem/hr를 부과하며 이때 열중성자 선량은 아래와 같다.

$$\frac{300}{260} \times 1 = 1.1 \text{ mrem/hr}$$

총 선량률은 3.9 mrem/hr이다. 따라서 이 작업자가 주당 100 mrem의 누적 선량 한도에 피폭되는 데 걸리는 시간 t 는 아래와 같이 계산된다.

$$t = 100/3.9 = 25.6 \text{ hr}$$

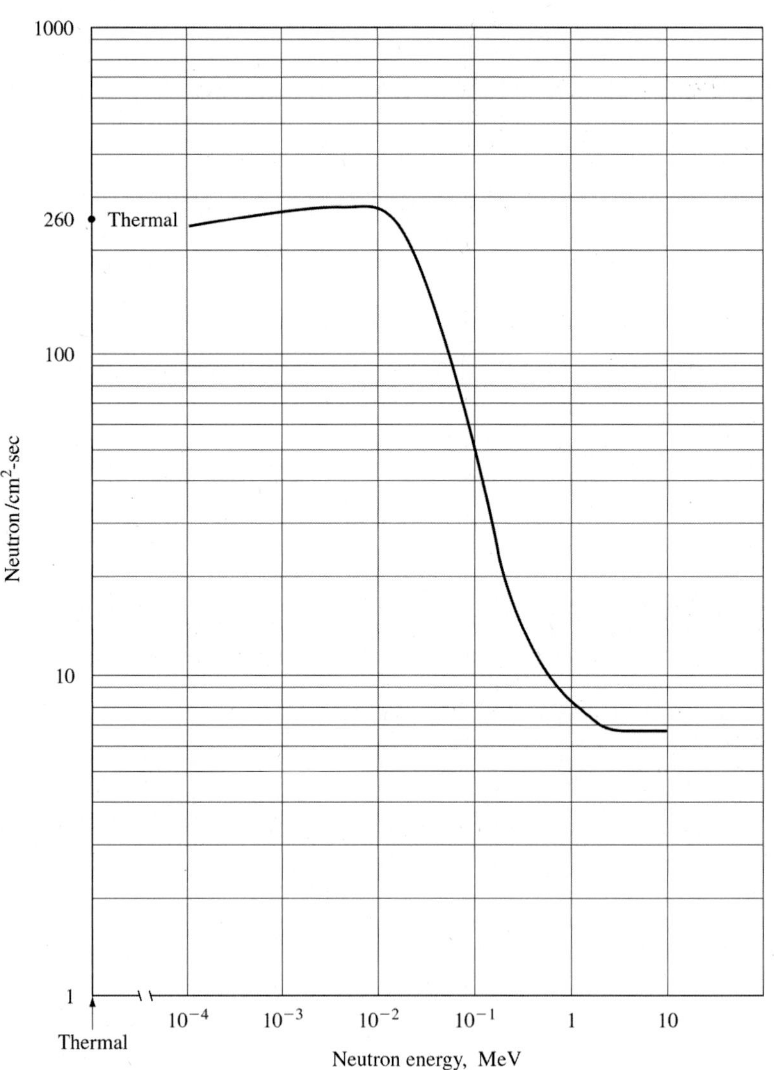

그림 9.11 1 mrem/hr 또는 0.01 mSv/hr의 선량당량률에 해당하는 중성자속(ICRP 간행물 21 부록 6에 근거)

예제 9.9

가속기 선원에서 2.5 MeV의 중성자 급방출에 노출된 사람의 피폭 선량을 계산하라. 단, 방출 시에 총 10^8 neutron/cm^{2}이 발생된다.

풀이

그림 9.11에서 7 fast neutron/cm^2-sec의 선속은 시간당 1 mrem의 선량을 부과하므로, 해당 누적 중성자속은 $7 \times 3{,}600 = 2.52 \times 10^4$ neutron/cm^{2}이다. 문제의 누적 중성자속은 10^8이므로, 작업자는 $10^8/2.52 \times 10^4 = 3{,}970$ mrem, 즉 약 4 rem의 선량을 받는다.

내부피폭: 하전입자와 감마선[25]

원자력공학에서 일반적으로 접하는 에너지를 가진 하전입자는 조직 내에서의 비정이 짧기 때문에, 이러한 방사선에 의한 외부피폭은 11장에서 설명하는 주요 원자력 사고를 제외하면 일반적으로 건강상에 큰 위해를 주는 일이 거의 없다.

알파 및 베타선 및 이들과 관련된 감마선을 방출하는 방사성 핵종을 흡입, 섭취(위장을 통하고 소화)하거나 다른 방식으로 체내에 흡수하게 되면 심각한 결과를 불러올 수 있다.

다음과 같은 간단한 방법을 이용하여, 대부분의 목적을 충족시킬 정확도로 방사성 핵종을 함유한 장기의 하전입자 선량을 계산할 수 있다: 어떤 핵종이 시간 t 에 $C(t)$ 마이크로퀴리만큼 장기에 존재하며 1회 붕괴 시마다 평균 에너지 $\overline{E}$ MeV의 단일 하전입자를 방출한다고 가정한다.[26] 이 방사선의 비정거리가 매우 짧아, 장기 표면 가까이에서 발원하는 방사선을 제외한 모든 에너지 $\overline{E}$가 장기 내에서 흡수된다. 대부분의 장기에서 초당 방출되는 에너지는 초당 흡수된 에너지와 동일해야 한다. 1 μCi $= 3.7 \times 10^4$ 붕괴/초이므로 아래와 같이 정리된다.

---

25 이 절의 수식에서 방사능은 Ci 또는 μCi로 표현된다. 만일, 방사능이 Bq로 표현되면, 2.7027 $\times 10^{-11}$의 계수를 고려해야 한다.

26 단일 β^- 선의 방출에 의해 붕괴되는 핵종의 경우, $\overline{E}$는 대략 $0.3E_{\max}$와 같고, $E_{\max}$는 최대 베타선 에너지이다. β^+ 선의 방출에 의해 붕괴되는 핵종의 경우, $\overline{E} \simeq 0.4E_{\max}$이다.

$$\text{energy absorbed/sec} = 3.7\times10^{4}C(t)\overline{E}\ \text{MeV/sec}$$
$$= 5.92\times10^{-2}C(t)\overline{E}\ \text{erg/sec}$$

장기의 질량으로 나누면

$$= \frac{5.92\times10^{-2}C(t)\overline{E}}{M}\ \text{erg/g-sec}$$

이때 M은 장기의 질량이며 단위는 gram이다. 100 erg/g의 흡수는 1 rad이므로, 흡수선량률은

$$\dot{D} = \frac{5.92\times10^{-4}C(t)\overline{E}}{M}\ \text{rad/sec}$$

또는

$$\dot{D} = \frac{5.92\times10^{-6}C(t)\overline{E}}{M}\ \text{Gy/sec}$$

이다. 선량당량률은 $\dot{D}$에 선질계수(quality factor)를 곱하여 구하므로,

$$\dot{H} = \frac{5.92\times10^{-4}C(t)\overline{E}Q}{M}\ \text{rem/sec} \tag{9.31}$$

또는

$$\dot{H} = \frac{5.92\times10^{-6}C(t)\overline{E}Q}{M}\ \text{Sv/sec}$$

이며, 등가선량은 $\dot{D}$에 방사선 가중치 w_R를 곱하여 구한다.

대부분의 방사성 핵종 붕괴로 다수의 알파 또는 베타선이 방출되며, 2.7절에서 언급하였듯이 일반적으로 내부 변환 또는 오제 전자와 함께 여러 개의 감마선 방출을 동반한다. 오제 전자들은 전하를 띤 입자들이기 때문에 본질적으로 그들의 에너지는 모두 장기 내에서 흡수된다. 감마선은 조직 내에서 제한된 비정을 가지고 있지 않으며, 에너지의 대부분이 장기 외부 영역에 축적된다.

몬테카를로 방법을 사용하여, 다양한 장기에 대해, 에너지 함수로 장기 내에 축적된 감마선 에너지의 분율 및 다른 장기에 축적된 에너지의 분율을 계산한다.[27] 의료내부방사선량위원회인 MIRD (Medical Internal Radiation Dose Committee)는 이러한 두 가지의 에

너지 축적을 모두 설명해 줄 방법론을 개발하였다. 이 방법은 감마선만이 아니라 알파 및 베타 방사선 모두에 사용할 수 있는 일반적인 방법이다.

계산법은 다음과 같이 요약할 수 있다. 우선, ϕ_i는 대상 장기에 흡수된 i 번째 방사선의 에너지 분율이다. 감마선의 경우 이 값은 1보다 작을 것이고, 알파와 베타선의 경우에는 선원과 표적 장기가 동일한지에 따라 0 또는 1이 될 것이다. 방사성 핵종에 의해 하전입자와 함께 방출된 에너지가 E_i(베타선일 경우에는 $\overline{E_i}$)일 때, 에너지 흡수는

$$E = n_i \phi_i E_i$$

이고 이때 n_i은 E_i 에너지의 방출입자 수를 의미한다. 각 유형의 방사선량에 대한 선량률은 적절한 선질 또는 가중치와 입자의 방출률을 사용하여 계산한다. 표적 장기가 방사성 핵종이 존재하는 장기인 경우 선량률은 다음과 같이 계산할 수 있다. ξ을 *유효 에너지 당량* (*effective energy equivalent*)으로 정의하면 아래와 같다.

$$\xi = \sum f_i F_i E_i Q_i \tag{9.32}$$

여기서 f_i는 방사성 핵종에 의해 하전입자와 함께 방출되는 에너지 E_i의 분율이다. F_i는 장기에 남아 있는 i 번째 모드에서 방출된 에너지의 평균 분율로 정의되며, Q_i는 i 번째 모드에서의 방사선과 관련된 선질계수이다.

Ci(퀴리) 단위의 붕괴율이 $C(t)$일 때, $\dot{H}$는 아래와 같다.

$$\dot{H} - \frac{592\,C(t)\xi Q}{M} \text{ rem/sec} \tag{9.33}$$

---

27 문제의 계산은 ICRP 30과 *Journal of Nuclear Medicine*에 대한 몇 가지 보충 자료에 설명되어 있으며, 한 기관(organ)이 다른 기관에서 방출되는 방사선으로부터 흡수하는 에너지 자료도 있다(참고문헌 참조).

표 9.16 핵종별 물리 및 생물학적 자료*

핵종	반감기, 일(day)		장기	ξ MeV	q	
	방사성	생물학적			섭취	흡입
^{3}H (in water)	4.5×10^{3}	11.9	전신	0.01	1.0	1.0
^{14}C	2.1×10^{6}	10	전신	0.054	1.0	0.75
		40	뼈	0.27	0.025	0.02
^{24}Na	0.63	11	전신	2.7	1.0	0.75
^{41}Ar	0.076		침잠†	1.8		
^{60}Co	1.9×10^{3}	9.5	전신	1.5	0.3	0.4
^{87}Kr	0.053		침잠†	2.8		
^{90}Sr	1.1×10^{4}	1.3×10^{4}	전신	1.1	0.3	0.4
		1.8×10^{4}	뼈	5.5	0.09	0.12
^{131}I + ^{131}Xe	8.04	138	전신	0.44	1.0	0.75
		138	갑상선	0.23	0.3	0.23
^{137}Cs + ^{137}Ba	1.1×10^{4}	70	전신	0.59	1.0	0.75
		140	뼈	1.4	0.04	0.03
^{226}Ra + daughters	5.9×10^{5}	1.64×10^{4}	뼈	110	0.04	0.03
^{235}U	2.6×10^{11}	300	뼈	230	1.1×10^{-5}	0.028
^{239}Pu	8.9×10^{6}	7.3×10^{4}	뼈	270	2.4×10^{-5}	0.2

* 근거: ICRP 간행물 2.

† 기체에 둘러싸인 개인에 대한 선량 계산을 위한 ξ값; 표 9.17의 각주 참조.

$\dot{H}$를 SI 단위로 표현하면 아래와 같다.

$$\dot{H} = \frac{5.92\,C(t)\xi Q}{M}\ \text{Sv/sec}$$

마지막으로, 일부 계산에서는 $C(t)$의 단위는 μCi로 사용하되, $\dot{H}$는 rem/day로 표현하는 것이 적절할 수 있다. 이 경우에는 아래와 같이 정리된다.

$$\dot{H} = \frac{51.1\,C(t)\xi Q}{M}\ \text{rem/day} \tag{9.34}$$

어떤 방사성 핵종이 흡입, 섭취, 주입 또는 기타 경로로 체내에 유입되면 이어서 해당 장기로 운반된다. 특정 화학물질은 특정 "표적" 장기에 축적되는 경향이 있다는 것은 생리학적으로 잘 알려져 있다. 요오드는 갑상선에 축적되고, 칼슘은 뼈에 축적된다. 다시 말해, 요오드의 방사성 동위원소는 갑상선으로 이동하고, 라듐과 플루토늄 방사성 동위원소는 칼슘과 같이 뼈에 축적되는 경향을 보인다. 특정 장기로 가는 특정 물질의 분율은 변수 q로 나타낸다. q의 수치는 일반적으로 물질을 흡입하는지 또는 섭취하는지에 따라 달라진다. 플루토늄의 경우의 q값은 흡입 시 0.2이고 섭취 시에는 2.4×10^{-5}이다. 따라서 플루토늄을 삼키는 것은 사실상 무해하지만 흡입을 하게 되면 심각한 문제가 된다. 다른 원소들의 q 값은 표 9.16에 제시되어 있다.

방사능이 있든 없든, 어떠한 물질도 무한히 체내 장기에 남아 있는 경우는 없다. 정상적인 생물학적 작용은 장기에서 물질을 제거하거나 치워 버리는 경향이 있다. 대부분의 경우, 이러한 제거 작용은 대략 지수적인 비율로 발생하여 남은 양은 아래와 같이 시간에 따라 변화한다.

$$e^{-\lambda_b t}$$

여기서 λ_b는 *생물학적 붕괴상수*(*biological decay constant*)이다.

$$(T_{1/2})_b = \frac{0.693}{\lambda_b} \tag{9.35}$$

은 장기 내부에 존재하는 물질의 *생물학적 반감기*(*biological half-life*) 항에 해당한다. $(T_{1/2})_b$의 여러 값도 표에 제시되어 있다.

시간 $t=0$일 때 C_0반큼의 비방사능 물질이 체내에 유입되었다고 가정하면, 시간 t에 특정 장기에 남아 있는 양은 아래와 같다.

$$R(t) = C_0 q e^{-\lambda_b t} \tag{9.36}$$

함수 $R(t)$는 *잔류 함수*(*retention function*)이다.

장기에 대한 내부선량의 계산은 보통 두 가지 범주로 분류된다. 즉, 단일 인체유입(intake)으로 특정 양의 방사성 핵종을 흡입 및 섭취하는 경우, 또는 장기간에 걸쳐 다소 일정한 속도로 인체유입하는 경우이다. 이 두 가지 경우를 차례로 살펴보자.

경우 1. 단일 인체유입: 선량예탁

시간 $t=0$에, C_0 μCi 또는 Bq의 방사성 핵종이 인체에 유입되었다고 생각해 보자. 표적 장기에 핵종이 축적됨에 따라 방사능은 급격히 증가하다가 생물학적 제거와 핵종의 방사성 붕괴로 인해 소멸된다. 시간 t 에서의 방사능은 아래와 같다.

$$C(t) = C_0 q e^{-\lambda_b t} \times e^{-\lambda t} = C_0 q e^{-\lambda_e t} \tag{9.37}$$

이때

$$\lambda_e = \lambda + \lambda_b \tag{9.38}$$

은 장기 내에서의 *유효 붕괴상수*(*effective decay constant*)이다. 식 (9.38)은 다음과 같이 정리할 수 있는데

$$\frac{1}{(T_{1/2})_{\text{eff}}} = \frac{1}{T_{1/2}} + \frac{1}{(T_{1/2})_b} \tag{9.39}$$

여기서 $(T_{1/2})_{\text{eff}}$은 장기 내 핵종의 *유효 반감기*(*effective half-life*)이다.

식 (9.34)로부터, 장기에 대한 선량당량률은

$$\dot{H} = \frac{51.1\,C_0 \xi q}{M} e^{-\lambda_e t}\ \text{rem/day} \tag{9.40}$$

이며, 시간이 경과함에 따라 감소한다는 것을 알 수 있다. C_0 만큼의 인체유입으로 인한 장기의 총 선량을 *선량예탁*(*dose commitment*)이라고 하는데, 이는 사망이나 수술 외에는 장기가 해당 선량을 받지 못하게 막을 수 있는 방법이 없기 때문이다. 해당 선량은 인체유입 이후 개인의 예상 수명인 t_l 에 걸쳐 식 (9.40)을 적분하면 얻을 수 있다.

$$\begin{aligned} H &= \frac{51.1\,C_0 \xi q}{M} \int_0^{t_l} e^{-\lambda_e t} \text{dt} \\ &= \frac{51.1\,C_0 \xi q}{M \lambda_e} (1 - e^{-\lambda_e t_l})\ \text{rem} \end{aligned} \tag{9.41}$$

핵종의 생물학적 또는 방사선학적 반감기가 사람의 예상 수명에 비해 짧은 경우, 식 (9.41)은 아래 식과 같이 정리된다.

$$H = \frac{51.1\,C_0\xi q}{M\lambda_e}\ \text{rem} \tag{9.42}$$

여기서, 선량당량이 인체유입량에는 정비례하나, 식 (9.42)에서 알 수 있듯이 개인의 일생 중 인체유입되는 시점과는 무관하다는 것을 알 수 있다. 따라서 해당자의 수명에 비해 인체유입 기간이 짧을 경우에도 총 인체유입량이 C_0이면 식 (9.42)를 선량 계산에 적용할 수 있다. 식 (9.42)를 이용한 계산에서, 총 1 μCi의 ^{131}I가 한번에 혹은 1년에 걸쳐 나누어 인체유입되든 1 μCi의 ^{131}I에 해당하는 선량당량에는 차이가 없다는 것이다.

식 (9.41) 또는 (9.42)로부터 계산되는 H/C_0 양을 *선량예탁계수*(*dose-commitment factor*) 또는 DCF라고 한다. 식 (9.42)를 사용하면 계수는 아래와 같이 주어진다.

$$\text{DCF} = \frac{51.1\xi q}{M\lambda_e}\ \text{rem}/\mu\text{Ci} \tag{9.43}$$

위 공식에서 미뤄보아, ξ의 단위는 MeV, M의 단위는 g, 그리고 λ_e의 단위는 (day)$^{-1}$이다. 선량예탁계수는 표로 정리되어 있으며, 다음 예제에서 볼 수 있듯이 선량 계산에 유용하게 사용된다.

예제 9.10

(a) 갑상선에 대한 ^{131}I의 흡입 선량예탁 계수를 계산하여라. 성인의 경우, 이 장기의 질량은 20 g이다. (b) (a)의 결과로부터, 정상 호흡률이 2.32×10^{-4} m^3/sec인 사람이 원자력 발전소로부터 온 ^{131}I 농도 2×10^{-9} Ci/m^{3}의 방사선 플룸 내에 2시간 동안 서 있었다고 했을 때 갑상선에 대한 선량을 계산하라.

풀이

(a) 표 9.16을 참고하면, $T_{1/2}$ = 8.04 day이고 $(T_{1/2})_b$ = 138 day이다. 그러므로,

$$\lambda = \frac{0.693}{8.04} = 0.0862\ \text{day}^{-1}$$

$$\lambda_b = \frac{0.693}{138} = 0.00502\ \text{day}^{-1}$$

이고 식 (9.38)로부터,

$$\lambda_e = 0.0862 + 0.00502 = 0.0912 \ \text{day}^{-1}$$

를 구할 수 있다. 또한, 표 9.16에서 흡입의 경우, ξ = 0.23 MeV 그리고 q = 0.23임을 알 수 있다. 이를 이용하여 식 (9.43)에 대입하면

$$\text{DCF} = \frac{51.1 \times 0.23 \times 0.23}{20 \times 0.0912} = 1.48 \ \text{rem}/\mu\text{Ci}$$

를 구할 수 있다.

(b) 문제에서 주어진 호흡률에 따라, 총 흡입량은 다음과 같다.

$$2.32 \times 10^{-4} \frac{\text{m}^3}{\text{sec}} \times 2 \times 10^{-9} \frac{\text{Ci}}{\text{m}^3} \times 2\text{hr} \times 3{,}600 \frac{\text{sec}}{\text{hr}} = 3.34 \times 10^{-9} \ \text{Ci}$$

$$= 3.34 \times 10^{-3} \ \mu\text{Ci}$$

이 사람의 선량당량은 다음과 같다.

$$H = 1.48 \times 3.34 \times 10^{-3} = 4.94 \times 10^{-3} \ \text{rem}$$

$$= 4.94 \ \text{mrem}$$

경우 2. 연속 인체유입(continuous intake)

매일 C_d $\mu\text{Ci/day}$의 방사성 핵종이 연속적으로 인체에 유입(흡입 또는 섭취)되는 상황을 고려해 보자. τ에서 $d\tau$ 간격 동안 $C_d d\tau$ μCi가 몸 안으로 유입된다. 이후 시간 t 에서 해당 장기에 남아 있는 방사성 핵종의 양을 식 (9.37)에서부터 정리해 보면 다음과 같다.

$$C_d q e^{-\lambda_e (t-\tau)} d\tau$$

$\tau = 0$에서 $\tau = t$까지 매일 인체에 유입된 결과, 장기 내의 방사성 핵종의 총량은 시간 t에서 다음과 같다.

$$C(t) = C_d q \int_0^t e^{-\lambda_e (t-\tau)} d\tau = \frac{C_d q}{\lambda_e}(1 - e^{-\lambda_e t}) \tag{9.44}$$

그런 다음, 시간 t 에서 장기에 대한 선량률은 식 (9.34)에 $C(t)$를 대입하여 다음과 같이 구할 수 있다.

$$\dot{H} = \frac{51.1\, C_d \xi q}{M\lambda_e}(1 - e^{-\lambda_e t})\ \text{rem/day} \tag{9.45}$$

식 (9.45)에 따르면, 선량률은 방사성 핵종의 인체유입 시작 시점부터 지속적으로 상승한다. $T_{1/2}$와 $(T_{1/2})_b$ 모두 사람의 예상 수명에 비해 짧은 경우, 식 (9.45)의 지수함수는 궁극적으로 0이 되고, $\dot{H}$는 다음과 같은 정상상태 값에 도달한다.

$$\dot{H} = \frac{51.1\, C_d \xi q}{M\lambda_e}\ \text{rem/day} \tag{9.46}$$

이는 C_d $\mu\text{Ci/day}$만큼이 지속적으로 인체에 유입될 경우 얻을 수 있는 최대 선량률이다.

이러한 결과는 방사성 핵종 인체유입에 대한 안전 기준 결정에 적용된다.

9.10 방사성 핵종 인체유입 표준

9.8절에서 설명한 바와 같이, 표준 설정 기구들은 신체의 각 장기나 장기들의 결합에 특정 기간 동안 누적될 수 있는 최대 선량을 수립하였다. 이러한 선량 표준을 준수하기 위해 초과되어서는 안 되는 최대 방사성 핵종 인체유입량을 규정할 수 있다. 이때 최대 인체유입량은 두 가지 방법으로 결정할 수 있다.

최대허용농도(maximum permissible concentration)

인체유입량 표준은 종종 *최대허용농도*(*MPC*)로 명시된다. 방사선 작업자에 대해서 MPC는 다음과 같이 정의된다: 일일 일정량의 인체유입이 시작된 후 50년(18세부터 시작되는 근무기간) 동안의 어느 시점에서도, 어떤 장기에 대한 선량당량률이 그 장기의 최대 허용 선량률을 초과하지 않는 공기나 물의 방사성 핵종 최대 농도. 식 (9.45) 및 그림 9.13에 나타난 바와 같이, 방사성 핵종이나 생물학적 반감기가 50년 미만인 방사성 핵종의 선량률은 50년 인체유입 기간이 끝나기 훨씬 전에 최대치 $\dot{H}$ = MPD에 도달한다. 반면 방사성 및 생물학적 반감기가 50년 이상 되는 방사성 핵종은 50년 마지막 날에 최대치 $\dot{H}$를 나타낸다. 어느 경우든 $\dot{H}$는 허용된 인체유입 기간이 끝나면 감소한다.

MPC에 대한 외연적 표현식을 얻으려면 식 (9.45)에 $t = t_0 = 50$년을 적용한 뒤, $\dot{H}$를 적절한 MPC와 동일하게 설정하여, 일일 인체유입 C_d를 MPC로 표현해야 한다. 물속의 핵종에 대한 MPC를 MPC_w라고 하면, C_d는 아래와 같다.

$$C_d = (\text{MPC})_w V_w \tag{9.47}$$

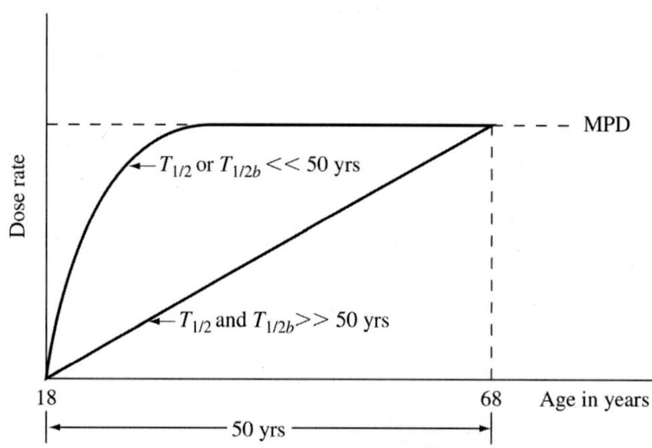

그림 9.12 방사성 핵종의 연속 인체유입 시 시간의 함수로 본 인체 장기의 선량률

여기서 V_w는 섭취에 의한 하루 평균 인체유입량(체적)이다. 공기 흡입에 대해서도 유사하게 표현할 수 있다.

$$C_d = (\text{MPC})_a V_a \tag{9.48}$$

여기서 V_a는 공기 흡입에 의한 매일 인체유입량이다. 이러한 값들을 식 (9.45)에 적용하여 MPC에 대해 전개하면 아래와 같이 표현된다.

$$(\text{MPC})_w = \frac{M\lambda_e(\text{MPD})}{51.1\, V_w \xi q}\left(1 - e^{-\lambda_e t_0}\right)^{-1} \tag{9.49}$$

또는

$$(\text{MPC})_a = \frac{M\lambda_e(\text{MPD})}{51.1\, V_a \xi q}\left(1 - e^{-\lambda_e t_0}\right)^{-1} \tag{9.50}$$

이 공식의 지수함수들은 물론 $\lambda_d t_0 \gg 1$인 경우 무시할 수 있다.

식 (9.49) 및 (9.50)을 도출할 때, 특정 방사성 핵종에 대해 가장 민감한 피폭 장기에 대해서는 이미 알고 있다고 묵시적으로 가정했는데, 실제로 흔히 그러하다. 어떤 방사성 핵종이 MPD가 다른 또 다른 장기로 이동하는 경우, 실제 $(MPC)_w$와 $(MPC)_a$는, 다양한 장기에 대해 식 (9.49) 및 (9.50)을 이용하여 계산한 값 중 가장 작은 값으로 주어진다.

표 9.17 공기와 물의 최대허용농도(μCi/ml)[28]

핵종	직무 피폭		일반 대중	
	$(MPC)_a$	$(MPC)_w$ †	$(MPC)_a$	$(MPC)_w$ †
^{3}H	5×10^{-6}	0.1	1×10^{-7}	1×10^{-3}
^{14}C	4×10^{-6}	0.02	3×10^{-9}	3×10^{-5}
^{24}Na	10^{-6}	6×10^{-3}	7×10^{-9}	5×10^{-5}
^{41}Ar	$2\times10^{-6*}$	*	$1\times10^{-8*}$	*
^{60}Co	3×10^{-7}	10^{-3}	5×10^{-10}	3×10^{-6}
^{85}Kr	10^{-5*}	*	$7\times10^{-7*}$	*
^{90}Sr	10^{-9}	10^{-5}	3×10^{-11}	3×10^{-7}
^{131}I	9×10^{-9}	6×10^{-5}	10^{-10}	3×10^{-7}
^{137}Cs	6×10^{-8}	4×10^{-4}	2×10^{-9}	2×10^{-5}
^{226}Ra	3×10^{-11}	4×10^{-7}	3×10^{-12}	3×10^{-8}
^{235}U	5×10^{-10}	8×10^{-4}	2×10^{-11}	3×10^{-5}
^{239}Pu	2×10^{-12}	10^{-4}	6×10^{-14}	5×10^{-6}

* 불활성 기체들은 물에 불용성이다. $(MPC)_a$는 어떤 사람이 무한 반구형의 방사성 기체 구름에 둘러싸여 있다고 했을 때 받을 선량에 근거한다. 이 방사성 구름에 의한 방사선은 폐나 다른 장기에 포집된 기체보다 더 많은 선량을 부과한다(11.5절 참조).
† 수용성 형태의 방사성 핵종.

또한 식 (9.49) 및 (9.50)은 핵종들이 신체 기관에서 지수함수적으로 감소한다는 단순화된 가정(즉, 잔류함수가 식 9.36에 의해 제공된다는 가정)에 기초한다. 사실, 방사성 핵종의 체내 움직임은 일반적으로 훨씬 더 복잡하며, MPD의 정확한 계산은 복잡한 생리학적 수송 모델을 필요로 하는 경우가 많다. 표 9.17은 $(MPC)_w$와 $(MPC)_a$의 요약표로,

28 10CFR20 Appendix B에 근거한 유출물 농도(참고문헌 참조).

ICRP[29]가 최초로 계산하고 나중에 수정되었으며, 미국 원자력규제위원회(Nuclear Regulatory Commission, NRC)[30]에 의해 처음 채택되었다. 미국 원자력규제위원회는 그 후 다음 절에서 논의되는 기법에 근거하여 허용 가능한 직무상 피폭을 결정하는 접근방식을 수정했다. 표 9.17의 정보는 NRC가 직무상 피폭 계산을 위해 여전히 이 접근방식을 사용할 경우를 위해 계속 보관되고 있다. 이러한 MPC는 주당 40시간의 직무상 피폭이 있는 종사자와 일반 대중으로 분리하여 명시된다. 이러한 상황에서 식 (9.49) 및 (9.50)의 용례를 다음 예제에서 설명한다.

예제 9.11

흡입이든 섭취든 간에 삼중수소는 궁극적으로 혈액, 소변, 땀 및 침에서 동일한 농도로 나타난다는 것이 밝혀졌다. 따라서 삼중수소는 HTO로서 모든 체수와 자유롭게 혼합되고 일반 물과 동일한 방식으로 대사된다고 가정할 수 있다. ICRP에서 정의한 표준인(Standard Man)이 43 L의 H_2O를 체수로 보유하고, 매일 2,200 ml의 H_2O를 마시며, 300 ml를 체내에서 생산(산화과정)하는 경우, 직무상 피폭에 대한 삼중수소의 $(MPC)_w$은 얼마인가?

풀이

삼중수소는 베타붕괴를 하며 12.3년의 반감기를 가진다. 감마선은 방출되지 않는다. E_{max} 값은 0.018 MeV이므로 $\overline{E} \simeq 0.03 \times 0.018 = 0.0054$ MeV이다. 왜냐하면 E_{max}는 0.03 MeV 미만이고 $Q = 1.7$(표 9.2 참조), $\xi = 0.0054 \times 1.7 = 0.0092$ 또는 표 9.16에 제시된 약 0.01이기 때문이다.

삼중수소는 체수 전체에 균일하게 분포되기 때문에 사실상 전신 선량을 가한다. 표 9.14에 따르면, 해당 MPD는 질량 $M = 4.3 \times 10^4$ g인 43 L의 물에 전달되는 0.1 rem/week 또는 0.01428 rem/day이다.

잔류 함수(retention function) $R(t)$는 다음과 같은 방법으로 확인할 수 있다: 몸 내부 삼중수소의 제거과정은 그림 9.13과 같이 물 처리량이 r = 2,500 ml/day인 43 L의 물을 포함하는 탱크(V = 43 L)로 나타낼 수 있다. 이제 총 질량 m의 삼중수소가 t = 0에 한꺼번에 인체유입된 후에 그대로 유지된다고 하자. 그러면 m이 감소하는 변화율은 아래와 같다.

---

29 ICRP 간행물 2(참고문헌 참조).

30 10CFR20 Appendix B에 일반인에 대한 MPC가 제시되어 있다. 직무 피폭용 MPC는 미포함. 대신 Appendix B에서는 허용 인체유입 한도를 사용한다.

$$\frac{dm}{dt} = -\frac{mr}{V} \tag{9.51}$$

이 방정식은 방사성 핵종의 붕괴식과 동일한 형태를 가지며, 삼중수소는 지수함수에 따라 제거된다. 따라서 $R(t)$는 아래와 같다.

$$R(t) = e^{-\lambda_b t} \tag{9.52}$$

여기서 λ_b는 식 (9.51)의 우변의 m에 곱해질 인자이다. 즉,

$$\lambda_b = \frac{r}{V} = \frac{2,500}{4.3 \times 10^4} = 0.0581 \ \ \text{day}^{-1}$$

이고 이는 아래와 같이 생물학적 반감기에 해당된다.

$$T_b = \frac{0.693}{0.0581} = 11.9 \ \ \text{day}$$

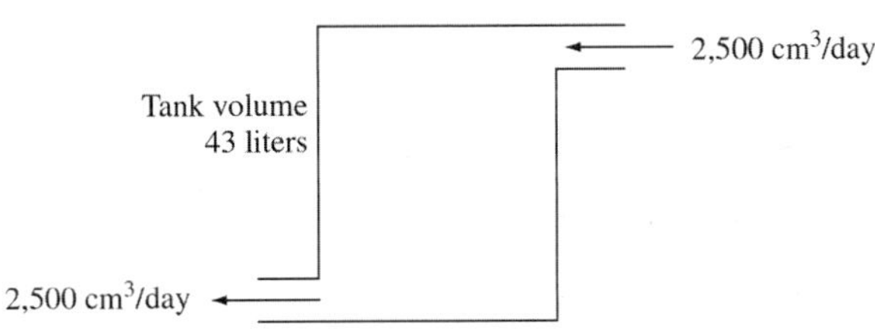

그림 9.13 몸 내부 물의 이동 모식도

$T_{1/2}$와 $(T_{1/2})_b$가 50년 미만이기 때문에 식 (9.49)의 지수함수 항을 무시할 수 있다. 더욱이 $\lambda_b \gg \lambda$이기에 $\lambda_e = \lambda_b$이다. 식 (9.49)는 아래와 같이 표현할 수도 있다.

$$(\text{MPC})_w = \frac{\lambda_b M(\text{MPD})}{51.1 V_w \xi q} \tag{9.53}$$

여기에 수치 $q = 1$을 대입하면 다음과 같다.

$$(\text{MPC})_w = \frac{0.0581 \times 4.3 \times 10^4 \times 0.01428}{51.1 \times 2,200 \times 0.01} = 0.032 \ \ \mu\text{Ci/cm}^3$$

이 결과는 삼중수소의 인체유입이 7일 동안 지속된다는 가정에 기반을 둔다. 그러나 근로자가 주 40시간 동안만 노출될 경우 허용 농도가 높아질 수 있다. 한 근로자가 8시간 근무 중 매일 섭

취하는 물의 약 2분의 1을 소비하는 것으로 밝혀졌다. 그래서 근무 중 그의 노출은 동일한 MPD로 계산된 것보다 두 배가 될 수 있다. 게다가, 근로자는 보통 주 7일 중 5일만 일한다. 따라서 주당 40시간의 MPC는 168시간 MPC의 2 × 7/5배이다. 즉, 주당 168시간에 대해

$$(\mathrm{MPC})_w = 0.03 \ \mu\mathrm{Ci/cm^3}$$

이다. 또는, 주당 40시간에 대해

$$(\mathrm{MPC})_w = 0.03 \times 2 \times 7/5 = 0.084 \ \mu\mathrm{Ci/cm^3}$$

이다. 주당 40시간에 대한 공식적인 $(\mathrm{MPC})_w$는 0.1 $\mu\mathrm{Ci/cm^3}$로 반올림한다.

연간 인체유입 한도

표 9.17에 주어진 MPC 값들과 일반적인 다른 MPC 값들은 대체로 1950년대 동안 ICRP가 수행하여 ICRP 간행물 2로 보고한 계산에 기초한다. 더 현대적인 생물학적 및 방사선학적 데이터를 사용한 유사한 계산이 1970년대에 수행되었고 ICRP 간행물 30에 기술되었다. 따라서 최근의 보고서에서는 ICRP는 아래에 제시한 관점에 따라 "최대허용농도"라는 용어의 사용을 포기했다.

> ICRP 간행물 2에서 ICRP는, 13주 동안 적절한 MPC에 지속 노출하여 발생된 인체유입보다 어떤 한 분기 동안의 인체유입이 크지 않다면, 방사성 핵종의 인체유입률은 달라질 수 있다고 강조했다. 그렇지만 MPC의 개념이 공기나 물의 최대 농도는 어떠한 경우에도 절대 초과를 허용하지 않는 개념을 의미하는 것으로 잘못 사용되어 왔다.

간단히 말해서, 정부 규제기관은 MPC에서 문자 그대로 "최대 허용"이라는 단어를 너무 많이 사용하는 경향이 있다.

ICRP는 이제 섭취 또는 흡입에 의해 방사성 핵종의 *연간 인체유입 한도*(*anual limit on intake, ALI*)를 계산하고 권고한다. EPA는 ALI를 *방사능 인체유입 계수*(*radioactivity intake factor, RIF*)라고 한다. 또한 ICRP는 새로운 양인, *유도 공기 중 농도*(*derived air concentration, DAC*)를 아래와 같은 관계로 규정한다.

$$\mathrm{DAC} = \frac{\mathrm{ALI}}{\mathrm{air\ intake\ per\ year}} \tag{9.54}$$

DAC는 본질적으로 $(\mathrm{MPC})_a$의 다른 명칭이다. ICRP는 물이 단지 섭취된 많은 물질들 중의 하나일 뿐이라고 주장하기 때문에 물에 대해 위의 DAC에 해당되는 제한 농도를 따로 정의하지 않는다.

ICRP는 독특하고 영리한 방식으로 ALI를 정의하고 계산한다. 주어진 방사성 핵종을 섭취 또는 흡입한 순간, 이들은 하나의 장기로만 이동하고 전체 선량도 해당 장기에만 국한된다고 가정해 보자. ICRP 표준에 따르면, 장기에 대한 연간 선량은 어떠한 최댓값 ($H_{\max}$), 다시 말해, $5/w_T$ (식 9.17 참조) 또는 50 rem 중 더 작은 값을 초과해서는 안 된다. 방사성 핵종이 50년간 매년 I 단위의 일정한 비율로 체내에 흡수될 경우, 장기에의 연간 선량은 최댓값에 도달할 때까지 시간에 따라 증가한다. 이는 방사성 및 생물학적 반감기의 크기에 따라 50년차 또는 그보다 어느 정도 이른 시기에 발생할 것이다. 어떤 경우에도 연간 선량이 $H_{\max}$를 초과할 수 있다. $H_{1,50}$을 1년차의 단위 인체유입에 의한 50년간 선량이고, $H_{2,50}$이 2년차의 단위 인체유입에 의한 50년간 선량인 경우, 50년차까지의 총 선량은 다음과 같다.

$$H = I(H_{1,50} + H_{2,50} + H_{2,50} + \ \cdots \ + H_{50,50}) \tag{9.55}$$

ALI는 $H = H_{\max}$ 일 경우의 I값이다.

연간 인체유입량이 모두 같기 때문에 식 (9.55)를 단순화할 수 있다. 2년차 인체유입에 의한 50년간 선량은 1년차 인체유입에 의한 49년간 선량과 동일해야 한다. 즉,

$$H_{2,50} = H_{1,49}$$

비슷하게,

$$H_{3,50} = H_{1,48},\ H_{4,50} = H_{1,47}$$

따라서 식 (9.55)도 다음과 같이 쓸 수 있다.

$$H = I(H_{1,50} + H_{1,49} + H_{1,48} + \ \cdots \ + H_{1,1}) \tag{9.56}$$

그러나 괄호 안의 합은 첫해의 인체유입 또는 그 이후 어떤 해의 인체유입에 의한 50년간

선량예탁일 뿐이다. 각 50년 선량예탁은 모두 동일하기 때문에 이 50년 선량예탁을 H_{50}으로 표시하면, ALI는 다음 식으로 주어진다.

$$H_{\max} = (\mathrm{ALI})H_{50} \tag{9.57}$$

실제로 인체에 흡수되는 방사성 핵종은 일반적으로 여러 장기나 조직으로 분산된다. 방사성 핵종이 포함된 모든 장기는 주변 장기에도 방사선을 조사하게 된다. 이 경우, 9.8절의 논의에 따라, 장기 복합체에 대한 선량 H_T 는 다음 조건을 충족시켜야 한다.

$$\sum_T w_T H_T \leq 5 \ \ \mathrm{rem}$$

또한 모든 장기에 대하여,

$$H_T \leq 50 \ \ \mathrm{rem}$$

우선 $H_{50,\,T}$를 방사성 핵종의 단위 인체유입에 의한 조직 또는 장기 T의 50년 선량예탁으로 정의하면, 식 (9.57)은 보다 현실적인 상황을 포함하도록 확장될 수 있다. 그런 다음 ALI는 다음 두 가지 관계를 모두 충족하는 인체유입 I 중 가장 큰 값으로 정의된다.

$$I\sum_T W_T H_{T,50} \leq 5 \ \ \mathrm{rem} \tag{9.58}$$

또는

$$I H_{T,50} \leq 50 \ \ \mathrm{rem} \tag{9.59}$$

식 (9.58) 및 (9.59)에 기초하여 산출한 다수의 방사성 핵종에 대한 ALI 값이 표 9.18에 제시되어 있다. 이러한 ALI의 ICRP 연산은 상당히 복잡하다는 점을 지적한다. 핵종의 붕괴나 생물학적 배출 같은 핵종의 배제(clearance)에 대한 수리물리적 모델은 앞서 설명한 단순한 지수함수 형태보다 훨씬 더 복잡하다(그리고 현실적이다). 동시에, 한 장기에서 다른 장기로 전이되는 선량의 계산은 단순한 일이 아니다.

더욱이, ICRP는 ALI의 계산에서 서로 다른 화학적 형태를 가진 방사성 핵종들은 체내에서 상당히 다르게 작용할 수 있다는 사실을 감안했다. 예를 들어, 위장관에 의한 플루토늄의 흡수는 이 핵종이 산화물이나 수산화물일 경우가 다른 흔한 형태일 경우보다 10배

더 작다. 따라서 플루토늄 산화물 또는 수산화물의 입을 통한 유입에 대한 ALI는 다른 화학물질 형태보다 10배 큰 요소이다. 마찬가지로, 다양한 흡입 화합물의 흡수나 잔존도 다를 수 있으며 흡입에 대한 ICRP ALI는 일반적으로 흡입된 화합물의 특성에 따라 달라진다. 표 9.18에 제시된 ALI 값은 ICRP 값 중 가장 작기 때문에 섭취 또는 흡입된 방사성 핵종의 화학적 형태를 아는 경우에만 사용해야 한다.

미국 원자력규제위원회는 직무상 피폭 한도 결정을 위해 ICRP 방법론을 채택하였으며, 미국 연방법 10CFR20 Appendix B에 핵종별로 DAC와 ALI를 명시하고 있다. 10CFR20의 값은 표 9.18의 값과 다소 다르다.

표 9.18 직무 종사자 대상 연간 인체유입 한도(μCi)*

핵종	섭취	흡입
^{3}H(삼중수소수)	8.1×10^{4}	8.1×10^{4}
^{60}Co	190	27
^{90}Sr	27	2.7
^{131}I	27	54
^{137}Cs	110	160
^{226}Ra	1.9	0.54
^{235}U	14	0.054
^{239}Pu	5.4	0.0054

*출처: ICRP 간행물 30, 1979. 이 표의 ALI 값들은 ICRP가 베크렐(Bq) 단위로 작성한 값을 유효숫자 두 자리로 반올림한 것임.

라돈 표준(radon standards)

9.7절에서 설명한 것처럼 라돈의 허용 농도 또는 허용 인체유입에 대한 기준을 설정하는 것은 복잡하다. 라돈의 존재로 인해 발생하는 방사선량의 대부분은 라돈 자체가 아닌 딸핵에서 나오기 때문이다. 더욱이, 딸핵의 농도는 이 딸핵이 라돈과의 방사평형에 도달한 정도에 따라 달라지기 때문에 주어진 라돈 농도가 딸핵의 농도를 규정하지는 않는다. 일정한 라돈 농도를 갖춘 격리된 환경에서, 라돈의 딸핵은 평형을 이루게 되고 라돈 붕괴 사슬의 모든 방사성 핵종의 방사능이 같게 된다(그림 9.7 참조). 그러나 광산이나 건물과 같은 밀폐된 환경에서는 일부 평형만 이루어지는데, 이는 수명이 긴 딸핵종들이 수분이나

먼지 입자에 달라붙거나, 혹은 벽에 확산 또는 반감기에 비해 짧은 시간 동안 이루어지는 환기에 휩쓸려 나가기 때문이다.

라돈과 그 딸핵들의 농도는 우라늄 광산의 라돈/딸핵 방사선 준위 측정과 관련하여 특별히 개발된 단위인 *WL*(*working level*)로 자주 언급된다. 이것은 총 1리터의 공기에 총 1.3×10^5 MeV의 알파입자 에너지를 방출하는 ^{222}Rn의 단수명 딸핵들의 조합으로 정의된다. 평형 상태에서는 100 pCi/ℓ의 라돈 농도가 1 WL을 생성한다는 것을 쉽게 알 수 있다. 실제 상황에서 라돈 딸핵들은 보통 ^{222}Rn과 평형 상태가 아니므로 이 경우에는 라돈 농도가 보통 1 WL 미만으로 평가된다. 예를 들어, 전형적인 미국 가정에서는 ^{222}Rn의 100 pCi/ℓ가 약 0.5 WL로 평가되며, 이는 약 50% 평형에 해당한다.

우라늄 광산의 라돈 딸핵에 대한 총 피폭은 *작업수준월*(*working level months*, *WLM*) 단위로 측정된다. 총 170시간(월평균 근로시간) 동안 라돈 딸핵 농도가 1 WL인 공기를 흡입하면 1 WLM에 피폭된다. 선형 선량-영향 가설에 기초한 EPA 추정치에 따르면, 딸핵과 평형 상태인 라돈의 1 pCi/ℓ에 1년간 피폭된 경우(즉, 0.01 WL, 100 pCi/ℓ이 1 WL이므로)는 피폭된 개인 백만 명당 100명이 평생 폐암 위험을 안게 된다. 이는 0.01 WL × 8,760 hrs/year ÷ 170 hrs/month = 0.515 WLM으로 계산된다. 현재의 미국 표준은 우라늄 광부들의 직업상 피폭을 연간 4 WLM 이하로 제한하고 있다.

가정에서 라돈을 측정하기 위해서는 pCi/ℓ 농도를 사용하는 것이 관례이며, 여기서 4 pCi/ℓ는 평균 옥외 농도를 나타낸다.

예제 9.12

미국의 특정 지역에서, 오래된 비단열 주택에서는 라돈 농도가 1 pCi/ℓ로 측정되었고, 현대적이고 잘 단열된 주택에서는 약 6 pCi/ℓ로 측정되었다. 한 사람이 1년에 평균 3,500시간을 집에서 보낸다면, 각각 4명의 거주자가 있는 100만 가구를 단열(환기를 하지 않음)한 후 50년 동안 대략 얼마나 많은 폐암 환자가 발생할 것이라 예상하는가?

풀이

50% 평형 상태에서 단열 주택당 증가한 피폭량은 아래와 같이 계산되며 1인에 해당하는 값이다.

$$0.5 \times (6-1)\ \text{pCi}/\ell \times \frac{3{,}500\ \text{hrs exposure}}{8{,}760\ \text{hrs/year}} = 1\ \text{pCi-year}$$

이때, 4×10^6명이 노출되어 있고, 연간 1 pCi/ℓ 피폭으로 106명당 100명이 암 위험에 놓이므로, 50년 이후에 폐암이 발병할 수 있는 인원수는 아래와 같다.

$$4 \times 10^6 \frac{\text{persons exposed}}{\text{year}} \times 50\ \text{yr} \times \frac{100\ \text{cases}}{10^6\ \text{persons-pCi-yr}} \times 1\ \text{pCi-yr} = 20{,}000\ \text{cases}$$

외부피폭(external exposure)과 내부피폭(internal exposure)

간혹 방사선 작업자가 외부 방사선에 피폭되거나, 동시에 방사성 물질 섭취나 흡입으로 인해 내부선량에 피폭되는 상황이 발생한다. 이러한 경우에 ICRP와 EPA는 모두 다 이들 선량에 따른 복합 위험이 두 선량의 각 최대 허용 위험보다 크지 않도록 권고하였다. 이 요건은 ICRP의 표기법으로 다음과 같으면 충족된다.

$$\frac{H_{\text{ext}}}{H_{\text{wb,L}}} + \sum_{\text{j}} \frac{I_{\text{j}}}{\text{ALI}_{\text{j}}} \le 1 \tag{9.60}$$

여기서 H_{ext}는 외부선량(균일하다고 가정), $H_{\text{wb,L}}$은 연간 전신선량 한도(5 rem), I_{j}는 타입 j의 연간 방사성 핵종 인체유입량, ALI_{j}는 해당 방사성 핵종의 연간 인체유입 한도이다. EPA의 표기법에서 식 (9.60)은 다음과 같이 표현할 수 있다.

$$\frac{H_{\text{ext}}}{\text{RPG}} + \sum_{\text{j}} \frac{I_{\text{j}}}{\text{RIF}_{\text{j}}} \le 1 \tag{9.61}$$

여기서 $\text{RPG} = 5\ \text{rem}$, $\text{RIF}_{\text{j}} = \text{ALI}_{\text{j}}$이며 다른 기호는 식 (9.60)과 동일한 의미를 가진다. 외부 방사선이 균질하지 않을 경우, 식 (9.61)의 H_{ext}는 이래와 같이 일반적인 합으로 대체된다.

$$H_{\text{ext}} = \sum_{T} w_T H_T \tag{9.62}$$

예제 9.13

1년 동안, 방사선 작업자는 균질한 외부선량 3 rem을 받고 동시에 일부 공기 중 ^{131}I를 흡입할 것으로 예상한다. 작업자가 권장 한도를 초과하지 않을 경우 얼마나 많은 방사성 핵종 흡입이 허용되는가?

풀이

표 9.18에서 ^{131}I의 흡입에 대한 ALI는 54 μCi이다. 이 값을 $H_{ext}=3$ rem 및 $H_{wb,L}=5$ rem을 식 (9.60)에 대입하면 아래와 같이 계산된다.

$$\frac{3}{5}+\frac{I}{54}=1$$

위 식을 풀면 $I=22\,\mu$Ci가 된다.

총 유효 선량당량

내부 및 외부 피폭 모두를 설명하기 위해, 미국 원자력규제위원회 같은 규제기관은 *총 유효 선량당량*(*total effective dose equivalent*), 즉 *TEDE* 를 정의함으로써 위에서 논의된 접근법을 통합했다. 미국 원자력규제위원회에 따르면 TEDE는 외부 및 내부 피폭의 합으로 정의된다. 이 접근방식은 앞에서 설명한 유효 선량당량을 사용하고 *예탁 선량당량*(*committed dose equivalent*), 즉 *CDE* 를 새로 정의한다. 미국 NRC는 CDE를 50년의 수명에 걸쳐 개인에게 방사성 핵종이 인체유입된 후 장기나 조직에 받게 될 선량으로 정의한다. 이 접근방식은 위에서 설명한 ALI를 정의하는 데 사용되는 접근방식과 동일하다. 따라서 TEDE는 심부 선량당량(외부피폭의 경우)과 예탁 유효 선량당량(내부피폭의 경우)의 합을 의미한다.

내부 및 외부 피폭의 선량에 대한 계산은 스토캐스틱 영향의 총 위험도를 평가할 수 있다. TEDE는 여전히 제한적이며, 개인은 내부와 외부 피폭의 조합을 받게 된다. 어떤 개인에게 ALI만큼의 방사성 핵종이 인체유입하는 경우, 허용 한계에 해당하는 선량에 피폭되며 내부 또는 외부 중 어느 하나라도 이 허용 한계보다 많은 선량을 받을 수 없다. 불행히도, 인체유입 시 장거리 투과 방사선을 방출하는 방사성 핵종이 포함되면 상황은 매우 복잡해진다. 위에서 언급한 장거리 투과 방사선을 방출하는 핵종이 잔류하는 장기는 이 핵종이 들어 있지 않은 장기에도 방사선을 조사시킬 수 있다. TEDE를 계산하기 위해서는 장거리 투과 방사성 핵종이 들어 있는 기관과 이 기관으로부터의 투과 방사선에 피폭되는 기관 사이의 방사선을 대조해야 한다.[31]

---

31 의료내부방사선량위원회(Committee on Medical Internal Radiation Dose or MIRD)는 여러 방사

TEDE는 스토캐스틱한 보건상의 영향이 가진 위험도를 추정할 수 있는 어떤 단일의 숫자로 제시하려고 노력한다. 그렇게 함으로써, 위험도는 총 추정 선량당량에 비례한다고 가정한다. 그 위험은 때때로 암 발병률, 암 사망률, 유전적 영향, 수명 단축과 관련된 위험을 나타내는 손상이라는 말로도 표현된다.

»» 9.11 감마 선원에 의한 피폭

감마선 선원의 특정한 분포에 기인한 피폭 또는 피폭률을 계산할 경우가 종종 있다. 흡수선량과 선량당량의 값은 앞 절에서 도출한 수식에서 찾을 수 있다. 이 절에서는 몇 가지 간단한 감마 선원에 대해서 설명한다. 차폐가 중요하고 더 복잡한 중성자 선원에 대한 유사한 계산은 다음 장에서 논의한다.

아래 계산에서 선원은 차폐되지 않았고, 선원과 계산 대상의 위치가 가까워서 공기로 인한 감쇠가 무시된다고 가정하였다. 이는 선원까지의 거리가 30 m 이내일 때 해당한다. 9.9절에서 도출된 수식에 따르면 X, D, H는 감마선속(ϕ_r)에 비례한다. 따라서 각 선원의 분포별로 감마선속을 계산해야 할 필요가 있다.

점 선원(point source)

등방성으로 시간당 S만큼의 감마선을 방출하는 점 선원을 생각해 보자. 우선, 모든 감마선이 반경방향으로 나아가기 때문에, 감마선속 및 강도는 모든 방향으로 동일하다는 점에 주목한다. 선원으로부터 거리 r에서의 감마선속을 계산하는 데 있어, 감마선의 감쇠가 없기 때문에, 중앙에 선원이 있는 반경 r인 구를 통과하는 감마선의 총 개수는 반경 r에 관계없이 일정함을 관찰하였다. 이 감마선 개수는 $4\pi r^2 I(r)$인데, 여기서 $I(r)$은 반경 r에서의 감마선의 강도이며, 이는 선원의 강도 S와 같다. 즉,

$$4\pi r^2 I(r) = \text{constant} = S$$

성 핵종의 인체유입으로 인한 선량을 결정하는 상세한 방법을 제공한다(참고문헌 참조).

이고

$$I(r) = \phi_\gamma(r) = \frac{S}{4\pi r^2} \tag{9.63}$$

이 된다.

선원 내에서 감쇠가 없다면, 식 (9.63)은 (점 선원보다 큰−역자 주) 작은 구형 선원에 대해서도 사용할 수 있으나, 이는 선원의 반경보다 먼 거리에만 가능하다. 식 (9.63)이 바탕을 두고 있는 가정은 구형 선원 근처에서는 모든 감마선이 반경방향으로 진행하지 않는다는 것이다.

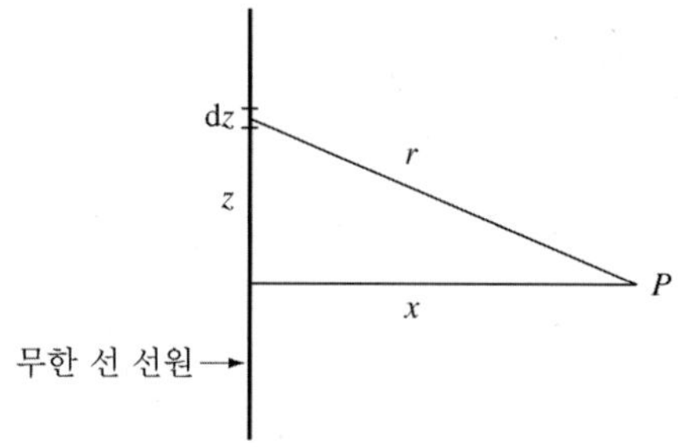

그림 9.14 무한 선 선원의 감마선속 계산을 위한 개념도

선 선원(line source)

단위길이(cm)당 동일한 방사선 강도(S γ-ray/cm-sec)로 방출되는 무한한 길이의 선 선원을 생각해 보자. 이 선 선원의 미소 길이 dz로부터(그림 9.14) 방출된 감마선은 마치 점 선원에서 방출된 것과 같이 P 지점에 기여하는 선속은 아래와 같다.

$$d\phi_\gamma(P) = \frac{Sdz}{4\pi r^2}$$

따라서 P지점의 총 감마선속은

$$\phi_\gamma(P) = \frac{S}{4\pi}\int_{-\infty}^{+\infty}\frac{dz}{r^2} \tag{9.64}$$

이다. 식 (9.64)에 $r^2 = x^2 + z^2$를 대입하고 적분하면 아래를 얻는다.

$$\phi_\gamma(P) = \frac{S}{4x} \tag{9.65}$$

또한 그림 9.15와 같이 길이가 l 인 유한 선 선원으로부터 P지점에 조사되는 감마선속은 식 (9.64)를 범위 $-l_1$ 에서 l_2까지 적분하여 아래와 같이 쉽게 얻을 수 있다.

$$\phi_\gamma(P) = \frac{S}{4\pi x}\left[\tan^{-1}\left(\frac{l_2}{x}\right) + \tan^{-1}\left(\frac{l_1}{x}\right)\right] \tag{9.66}$$

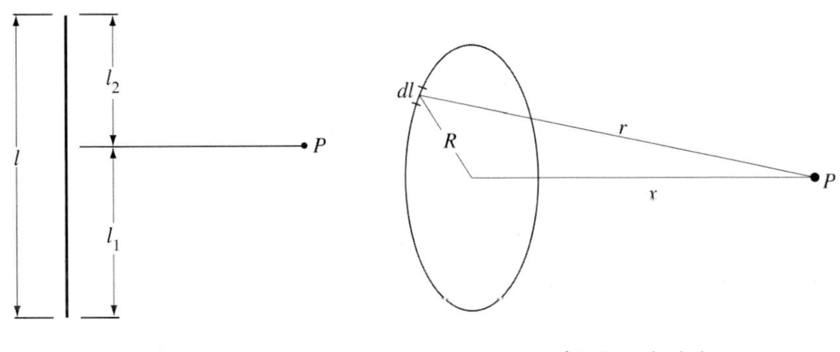

그림 9.15 유한 선 선원 **그림 9.16** 링 선원

식 (9.66)은 원자로에서 인출되는 차폐되지 않은(bare) 핵연료봉에서 방출되는 감마선으로 인한 피폭을 추정하기 위해 사용될 수 있다.

링 선원(ring source)

반지름이 R이고 길이(l)가 $2\pi R$이고 강도가 S인 링 모양의 등방성 선원을 생각해 보자. 이 선원의 미소 길이 dl 에서 방출되는 감마선에 의한 P지점에서의 감마선속은 그림 9.16과 같이 dl 과 P지점의 거리 r를 사용해 다음과 같이 표현된다.

$$d\phi_\gamma(P) = \frac{S\,dl}{4\pi r^2}$$

그리고 전체 링 선원으로 인한 P지점에서의 감마선속은

$$\phi_\gamma(P) = \frac{Sl}{4\pi r^2} = \frac{SR}{2r^2} \tag{9.67}$$

이다.

원판 선원(disc source)

마지막 예로, 그림 9.17처럼 반지름이 R인 평면 원판이며 S γ-ray/cm^2-sec 강도의 감마선을 등방성으로 방출하는 선원을 상상해 보자. 중심을 지나는 축의 한 지점의 방사선속을 계산하는 것은 다른 지점보다 상대적으로 쉽다.

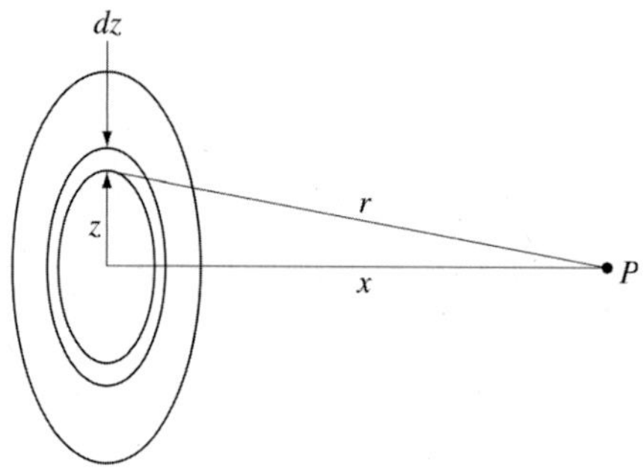

그림 9.17 원판 선원의 방사선속 계산 모식도

그림 9.17처럼 z에서 $z+dz$ 사이에 링 모양 선원이 존재한다고 생각해 보자. dz가 충분히 작다면 식 (9.67)과 같이 링 모양의 선원으로 가정할 수 있으며, 방사선 방출은 $2\pi Sz\ dz$ γ-ray/sec로서 위에서 링 선원에 대해 유도한 $S{\cdot}l$ γ-ray/sec과 같다. 따라서, 식 (9.67)로부터, 이 미소 링 선원에 의해 P지점에 조사되는 감마선속 기여분은 아래와 같다.

$$d\phi_\gamma(P) = \frac{2\pi\, Sz\, dz}{4\pi r^2} = \frac{Sz\ dz}{2r^2}$$

따라서, P지점에서의 총 방사선속은 다음과 같다.

$$\phi_\gamma(P) = \frac{S}{2}\int_0^R \frac{z\ dz}{r^2} \tag{9.68}$$

위 식에 $r^2 = x^2 + z^2$을 대입하고 z에 대해 적분을 수행하면 아래 식을 얻는다.

$$\phi_\gamma(P) = \frac{S}{4}\ln\left(1 + \frac{R^2}{x^2}\right) \tag{9.69}$$

$x \ll R$일 경우, 식 (9.69)는 다음과 같이 간략화된다.

$$\phi_\gamma(P) = \frac{S}{2}\ln\left(\frac{R}{x}\right), \quad x \ll R \tag{9.70}$$

식 (9.69) 또는 식 (9.70)으로부터 R이 증가함에 따라 방사선속이 제한 없이 커질 수 있다는 것에 주목하면, 무한 평판 선원의 경우 그 선속이 무한하다고 결론내릴 수 있다. 지금까지의 논의는 진공(감쇠가 없는)을 가정한 경우이다. 즉, 공기로 인한 감쇠를 고려하지 않은 것인데, 선원과 관측위치 사이의 공기로 인한 감쇠가 포함되는 경우에는 방사선속이 유한한데, 이러한 경우는 다음 장에서 볼 수 있다.

»» 용어풀이

Absorbed dose. 흡수선량. $\Delta E_D/\Delta m$으로, 질량(Δm)이 있는 물질의 부피에 방사선으로 인해 흡수된 에너지(ΔE_D)의 비율, 단위질량당 물질이 흡수한 방사선의 에너지, 그 단위는 rad 또는 Gray이다.

Acute radiation syndrome (ARS). 급성 방사선 증후군(ARS). "방사선병"이라고도 하며, 방사선의 영향으로 통증을 느끼는 사람의 증상.

Biology. 생물학. 살아 있는 유기체 및 생명 유지에 필요한 과정에 대해 연구하는 학문 분야.

Carcinoma. 상피성 암. 암의 종류로, 몸의 피부 및 내부 점막 조직의 암.

Cataract. 백내장. 눈의 수정체가 점점 불투명해지는 증상.

Centrioles. 중심립. 세포분열을 제어하는 중심체에 있는 두 개의 작은 독립체.

Centrosome. 중심체. 세포핵 근처에 있고 중심립을 포함하는 특정한 구조.

Chromatin. 염색질/크로마틴. 세포의 유전물질로 체세포분열 시를 제외하고 감겨 있지 않은 혹은 꼬여 있지 않은 염색체.

Chromosomes. 염색체. 세포의 유전물질을 운반하는 유사분열 시 핵의 막대 모양의 몸체.

Chronic. 만성적.

Cytoplasm. 세포질. 동물 세포의 대부분을 구성하는 핵 외부의 액체.

Dose equivalent. 선량당량. 흡수선량에 선질계수를 곱한 값으로 방사선의 생물학적 영향을 나타냄.

Early effects (of radiation exposure). 조기영향(방사선 피폭 시). 급성 노출 후 60일 이내에 나타나는 효과.

Edema. 부종. 비정상적인 부기.

Epidemiology. 역학(전염병학). 많은 사람들에게 영향을 미치는 질병인 전염병 연구.

Epilation. 탈모. 비정상적으로 머리카락이 빠지는 증상.

Erythema. 홍반. 비정상적인 피부의 붉은 반점.

Erythrocyte. 적혈구.

Exposure. 피폭. $\Delta q/\Delta m$의 비율, 여기서 Δq는 질량이 Δm인 공기 내에 방출된 모든 전자(+ 및 −)가 공기 중에 완전히 정지된 경우 공기에서 생성된 한 부호의 모든 이온에 대한 전하의 합이다. 킬로그램당 쿨롱(coul/kg) 단위로 측정된다.

Exposure rate. 피폭률. 단위시간당 피폭. R/sec, mR/hr 단위로 측정.

Fluence. 누적선속. 어떤 입자나 방사선속의 시간 적분량. 단위면적당 입자의 시간-통합 선속, 일반적으로 펄스 또는 방사선속에 의해 생긴다.

Formed elements (of the blood). 혈중 유형 성분. 백혈구, 적혈구, 혈소판 등.

Gametes. 생식세포. 수컷의 정자와 암컷의 난자.

Gene. 유전자. 염색체에 실려 있는 존재. 신체의 특정한 유전적 특성을 담당한다. 염색체의 코딩된 부분으로 알려져 있다.

Germ cell. 원시성 세포/생식세포/배종세포. 정상 세포의 정상 양의 DNA 및 유전자의 절반을 갖는 세포.

Gonad. 생식선/생식샘. 생식세포가 만들어지는 기관은 일반적으로 2개이며; 인간의 경우 여성의 난소 및 남성의 고환.

Gray. 흡수선량의 SI 단위. 1 Gy = 1 J/kg 또는 100 rad.

High dose. 고선량. 50 rem 이상의 급성 전신 선량당량.

Imparted energy. 축적 에너지. 물질의 방사선에 의해 부여되고 생물학적 효과를 생성하기 위해 이용 가능한 에너지.

In utero. 자궁 내의(태어나기 전), 출생 전 자궁 내의.

In vitro. 체외; 유리에서; 실험실 용기에서.

In vivo. 체내; 살아 있는 생물에서.

Kerma. 커마. 단위질량당 방출된 하전입자의 초기 운동에너지.

Late effects (of radiation exposure). 지발영향. 급성 노출 후 60일 후에 나타나는 영향.

$LD_{50/T}$. 노출 후 T일 이내에 노출된 개인의 평균 50%가 사망으로 이어지는 급성 전신 선량(rem).

Leukemia. 백혈병. 백혈구의 과잉 생산이 특징인 혈액 형성 기관의 암.

Leukocyte. 백혈구. 모든 유형의 백혈구.

Linear energy transfer (LET). 하전입자의 단위경로당 여기 또는 이온화 형태로 국부적으로 부여된 에너지.

Low dose. 저선량. 50 rem 미만의 급성 전신 선량당량.

Lymphocyte. 림프구/림프세포. 백혈구의 한 종류.

Meiosis. 감수분열. 생식세포가 두 개의 새로운 세포로 분리되는 과정.

Mid-lethal dose. 반-치사량. 노출된 개인의 50%가 사망에 이르게 하는 급성 전신 선량.

Mitochondria (singular: mitochondrion). 미토콘드리아. 세포의 세포질에 분포된 작은 타원형 구조; 세포 대사를 통제하는 데 중요하다.

Mitosis. 유사분열. 체세포분열. 체세포가 두 세포로 분리되는 과정.

Mutation. 돌연변이(과정).

Plasma (of the blood). 혈장.

Polymorphonuclear neutrophil. 다형 핵 호중성 백혈구. 백혈구의 대부분을 차지하는 형태.

Quality. 이동 경로를 따라 이동하는 입자로 인해 흡수되는 에너지의 분포를 표현한 항.

Quality factor. 선질계수. 선량당량을 계산할 때 흡수선량에 곱하는 계수. 방사선의 종류에 따라 생물학적 효과가 다른 사실을 고려하기 위해 방사선 방호에 사용된다.

Rad. 흡수선량의 단위. 1 rad은 100 erg/g과 같다.

Radiology. 방사선학. 치료 및 진단에 방사선을 사용하는 의료 분야의 분과.

Relative biological effectiveness (RBE). 생물학적 효과비. γ-ray와 동일한 생물학적 효과를 생성하는 다른 종류의 방사선의 흡수선량에 대한 γ-ray(전체 RBE = 1)의 흡수

선량 비율. 현재는 방사선생물학에서만 사용.

Rem. 렘. 선량의 단위.

Roentgen. 뢴트겐. 피폭의 단위. 1 R은 2.58×10^{-4} C/kg과 같음.

Sievert. 시버트. 선량의 SI 단위. 100 rem과 동일.

Somatic cells. 체세포.

Zygote. 난자와 정자의 결합에서 최초로 생성된 뼈세포.

》》 참고문헌

일반

Attix, F. H, *Introduction to Radiological Physics and Radition Dosimetry*. JohnWiley and Sons, 1986.

Cember, H., *Introduction to Health Physics*. 4th ed. New York: McGraw-Hill, 2009.

Eisenbud, M., *Environmental Radioactivity*, from Natural, Industrial, and Military Sources, 4th ed. San Francisco: Morgan Kaufman, 1997.

Glasstone, S., and A. Sesonske, *Nuclear Reactor Engineering*, 4th ed. New York: Chapman & Hall, 1994, Chapter 9.

Hallenbeck, W. H., *Radiation Protection*. Lewis Publishers, 1994.

Johnson, T. E. and B. K. Birky, Editors, *Health Physics and Radiological Health*, 4th ed. Philadelphia: Lippincott Williams and Wilkins, 2012.

Knoll, G. F., *Radiation Detection and Measurement*, 4th ed. Hoboken, NJ. John Wiley and Sons, 2010.

Morgan, K. Z., and J. E. Turner, Editors, *Principles of Radiation Protection*. New York: Wiley, 1967, Chapters 1–4, 10–14.

Pawlicki, T., D. J. Scanberg, and G. Starkschall, *Hendee's Radiation Therapy Physics*, 4th ed. Hoboken, NJ. John Wiley and Sons, 2016.

Taylor, L. S., *Radiation Protection Standards*. Elkins Park: Franklin Book Co.,

1971.(This volume contains a thorough review of the history of radiation protection standards together with excerpts from the most important ICRP, ICRU, NCRP, and FRC documents.)

Bolch, W. E., Keith. F. Eckerman, K. F., Sgouros, G. and Thomas, S. R., *MIRD Pamphlet No. 21: A Generalized Schema for Radiopharmaceutical Dosimetry Standardization of Nomenclature*, The Journal of Nuclear Medicine · Vol. 50 · No. 3 · March 2009

방사선 단위

Fundamental Quantities and Units of Ionizing Radiation, International Commission on Radiation Units and Measurements Report 85a (revised), 2011. Definitions of fundamental quantities, and their units, for ionizing radiation are given, which represent the recommendation of the International Commission on Radiation Units and Measurements (ICRU).

생물학적 영향

The Effects on Population of Exposure to Low Levels of Ionizing Radiation. Washington, D.C.: National Academy of Sciences, 1972 (BEIR I) and 1980 (BEIR III).

Reactor Safety Study, U.S. Nuclear Regulatory Commission Report WASH-1400, 1975, Appendix VI.

Health Effects of Exposure to Low Levels of Ionizing Radiation, Washington DC: National Research Council, National Academy of Sciences, BEIR V, 1990.

Health Risks from Exposure to Low Levels of Ionizing Radiation, BEIR VII Phase 2. National Research Council, National Academies Press, 2006.

방사선 피폭 선원

The Effects on Populations of Exposure to Low Levels of Ionizing Radiation, op. cit.,Chapter III Hurwitz, H., Jr., “The Indoor Radiological Problem in Perspective,”

General Electric Report 81CR DO25, February 1981. This report discusses and compares radon exposure within dwellings with other sources of radiation.

Evaluation of Occupational and Environmental Exposure to Radon and Radon Daughters in the United States, National Council on Radiation Protection and Measurement Report 78, 1984.

Ionizing Radiation Exposure of the Population of the United States, National Council on Radiation Protection, and Measurements Report 160, 2009.

Natural Background Radiation in the United States, National Council on Radiation Protection, and Measurements Report 94, 1987.

Radiation Exposure of the U.S. Population from Consumer Products and Miscellaneous Sources, National Council on Radiation Protection, and Measurements Report 95, 1985.

Radiological Quality of the Environment of the United States, U.S. Environmental Protection Agency Report EPA 520/1-77-009, 1977.

Public Radiation Exposure from Nuclear Power Generation in the United States, National Council on Radiation Protection and Measurement Report 92, 1987.

Exposure of the U.S. Population from Occupational Radiation, National Council on Radiation Protection and Measurement Report 101, 1989.

방사선 표준

Federal Radiation Protection Guidance for Occupational Exposures, etc. Washington, D.C.: Federal Register, January 31, 1981. This notice describes the proposed regulations of the U.S. Environmental Protection Agency.

Limitations of Exposure to Ionizing Radiation, National Council on Radiation Protection and Measurements Report 116, 1993. Supersedes NCRP Report 91.

Limits on Intakes of Radionuclides by Workers, International Commission on Radiation Units and Measurements Publication 30, 1979 and supplements. This report updates ICRP publication 2, described below.

General Concepts for the Dosimetry of Internally Deposited Radionuclides, National Council on Radiation Protection and Measurements 84, 1985.

Permissible Dose for Internal Radiation, International Commission on Radiation Units and Measurements Publication 2. Elmsford, N.W.: Pergamon Press, 1959. This document is the source of maximum concentrations of radionuclides allowed in air and water in the United States.

Problems Involved in Developing an Index of Harm, International Commission on Radiation Units and Measurements Publication 27. Elmsford, N.Y.: Pergamon Press, 1977. This report compares the risk of death or injury in radiation-related and nonradiation-related occupations.

Radiation Protection Standards, Federal Radiation Council Report 1, 1960.

Recommendations of the International Commission on Radiological Protection, ICRP Publication 26. Elmsford, N.Y.: Pergamon Press, 1977. *Standards for Protection Against Radiation*. Title 10, Code of Federal Regulations, Part 20. Washington, D.C.: continuously updated. These are the radiation regulations for the U.S. Nuclear Regulatory Commission.

The National Council on Radiation Protection and Measurements (NCRP) Reports. These reports provide an up to date analysis of recommended radiation protection standards and risk from radiation exposure.

»» 연습문제

1. 식 (9.2)에 주어진 뢴트겐의 정의가 0°C의 1기압에서 단위체적(cm^3)당 전하 1 esu의 방출과 같음을 설명하라.

2. 핵폭발 후 낙진이 어떤 사람의 집으로 t_0시간이 지난 후 이르렀다. 그 사람은 즉시 낙진을 피해 외부피폭이 없는 방사능 낙진 지하 대피소로 들어갔다. 이후 t_s시간이 지난 뒤에 밖으로 나왔다. (a) 지하 대피소로 들어가는 것으로 인한 전체 피폭선량

이 감소하는 인자(factor)가 아래와 같음을 보여라.

$$\frac{H(\text{shelter})}{H(\text{no shelter})} = (1 + t_s/t_0)^{-0.2}$$

(b) $t_0 = 8$ hr이고 $t_s = 2$ week일 때 감소 인자를 평가하라. [주: 문제 (a)는 대피소에서 나오는 사람이 오염 제거 절차를 수행하지 않는다는 가정에 근거한다. 실제로 낙진 대피소의 목적은 전체 선량을 줄이는 것이 아니라 초기의 높은 피폭률로부터 개인을 보호하는 것이다. 그리고 대피소에서 있어야 하는 시간(t_s)은 대피소에서 나오는 피폭률이 오염 제거가 가능할 피폭선량이 되기 위해서 충분히 길어야 한다.]

3. 세포의 밀도가 물과 같고, 반지름이 10^{-3}cm라고 가정할 때, 1 MeV 감마선이 세포 내에서 반응할 확률은 얼마인가?

4. 1 MeV의 중성자 빔은 5×10^6 MeV/g-sec의 에너지를 조직에 전달한다. 그렇다면 이 조직이 받는 선량당량은 얼마인가? (답은 SI 단위와 관습적 단위로 표현하라.)

5. 0.25 g의 탄소를 포함한 습기가 없는 화석 시료가 있다. 이때 방사능이 0.93 pCi로 측정되었다면, 이 화석은 얼마나 오래되었는가?

6. 한 남자가 30세에 첫 직업으로 방사선작업 종사자로서 일하게 되었다. 5년이 지난 어느 날 그 회사가 부도가 나고 그의 피폭선량 파일은 사라졌다. 만약 그가 다시 방사선작업 종사자로서 일을 한다면, 새로운 회사에서 다음해에 받을 수 있는 최대 피폭선량은 얼마인가? 그리고 그의 방사능 이력을 그래프로 보여라.

7. 긴급 상황에서는 방사선작업 종사자들이 MPD를 초과하여 선량을 받을 수가 있다. ICRP는 비상근무에 대해 다음과 같이 권고하였다. "개인이 비상노출시간까지 포함된 작업 중 피폭선량이 12 rem을 초과하지 않는다는 것에 근거하여 계획되어야 한다. 비상 피폭 시점까지 축적된 작업 피폭에 추가가 되어야 한다. 만약 총 피폭선량의 합이 공식 $H = 5(N - 18)$로 계산되는 최댓값을 초과한다면, 초과분은 후속 피폭률을 낮추어 5년을 초과하지 않는 기간 내 누적 선량은 공식으로 계산되는 한도를 준수해야 한다." 한 남자가 18세에 원자력 산업 관련 회사에 처음 고용이 되었다고 가정하자. 초기 3년 동안은 연평균 4 rem을 받았고, 끝날 때쯤 긴급 구조에 투입되어 12 rem의 급성 피폭을 받았다. ICRP 권고에 따른다면 이 남자는 다음해에 받을 수 있는 평균 피폭량은 얼마인가? 그리고 이 남자의 방사선 이력을 그래프로 보여라.

8. 1 mR의 피폭을 주기 위한 1 MeV 누적 감마선속을 계산하라.

9. (a) 방사선작업 종사자에게 보통의 MPD를 주는 1 MeV 감마선의 강도는 얼마인가? (b) 이 같은 피폭에 해당하는 감마선의 1주일간의 누적 감마선속은 얼마인가?

10. 75 kV의 엑스선 발생장치가 0.2초 작동하여 흉부 엑스에 대해 200 mR의 피폭을 제공한다. (a) 이 흉부 엑스선 발생장치의 누적 엑스선속은 얼마인가? (b) 누적 에너지속은 얼마인가? (c) 뼈, 근육, 지방 등에 전달되는 선량당량은 얼마인가?

11. 뼈에 50 mrem/sec의 선량을 전달할 수 있는 40 keV 엑스선의 선속은 얼마인가?

12. 문제 9.10의 같은 빔에서 손에 다음 증상이 나타나려면 얼마나 오래 손에 노출이 있어야 하는가? (a) 홍반 (b) 물집

13. 20킬로톤의 핵무기의 폭발을 가정할 때, 만약 대기 중 감마선의 감쇠가 없고, 폭탄에서 감마선이 모두 빠져나온다고 가정한다면 폭발로부터 (a) 1,000미터, (b) 5,000미터가 떨어진 곳에 서 있는 사람의 피폭선량은 얼마인가? [주: 단위붕괴당 방출되는 에너지는 200 MeV, 붕괴 감마선은 7 MeV, 그리고 1 kiloton = 2.6×10^{25} MeV.]

14. 원자로 근처의 특정 지점에서 고속 중성자속이 10 neutron/cm^2-sec, 열중성자속은 200 neutron/cm^2-sec, 2 MeV 감마선속이 400 γ-ray/cm^2-sec일 때, 근로자가 정상적인 주간 MPD를 초과하지 않을 경우 일주일에 얼마나 머무를 수 있는가?

15. 원자로 시설에서 임계 사고가 발생해 매우 짧은 시간에 작업자가 다음과 같은 누적 방사선속에 노출된 것으로 추정된다 — 고속중성자 $2 \times 10^{10}/cm^2$, 열중성자 $5 \times 10^9/cm^2$, 감마선(2.5 MeV) $6 \times 10^8/cm^2$. (a) 작업자가 받은 rem 단위의 전체 선량당량은 얼마인가? (b) 근로자는 어떤 방사능 피폭 증상을 겪을 가능성이 있는가? (c) 회복에 대한 예단은 무엇인가?

16. ^{14}C는 붕괴 과정에서 감마선을 방출하지 않고 최대 에너지가 0.156 MeV인 단일 β^-을 방출한다. ^{14}C의 생식선에 대한 내부피폭 선량은 약 0.7 mrem/yr이다. 이때, 이 기관에 대한 ^{14}C의 농도를 pCi/g의 단위로 계산하라.

17. ^{226}Ra과 딸핵종은 다양한 알파, 베타, 감마선을 방출한다. 뼈에서 이 붕괴 사슬에 대한 유효 등가 에너지(ξ)는 110 MeV이다(표 9.16 참고). 만약 성인 남자 뼈의 전체 질량이 7 kg이라면, 뼈에 5 rem/yr의 선량을 주는 ^{226}Ra의 양은 얼마인가?

18. 대부분의 화학 형태의 요오드는 흡입 또는 섭취 여부에 관계없이 신속하게 혈류에 유입되며 대부분은 갑상선으로 들어간다. 요오드 주사 직후 갑상선의 잔류 함수는 대략적으로

$$R(t) = 0.3e^{-0.00502t}$$

이다. 시간 t는 일(day) 단위이다. 갑상선 질환의 진단을 위해서 환자에게 1 mCi의 ^{131}I가 주사된다고 가정하라. 갑상선의 질량이 20 g일 때, (a) 갑상선에서 요오드의 생물학적 반감기는 얼마인가? (b) 환자의 갑상선이 한 번의 주사에서 받게 되는 총 피폭선량은 얼마인가?

19. 식 (9.41)을 기초로 해서, 방사능이 Bq 단위를 사용한다고 가정하여 Sv 단위의 선량을 유도하라.

20. 전신 선량을 기초로 일반 대중에 대해 ^{24}Na의 $(MPC)_w$를 계산하라.

21. ^{90}Sr의 최대허용농도는 뼈의 선량을 기준으로 한다. 표 9.16의 자료를 이용하여 (a) 뼈에 있는 ^{90}Sr의 유효 반감기를 계산하고, (b) 일반 대중에 대해 ^{90}Sr의 $(MPC)_w$를 계산하라.

22. 뼈에 대한 선량을 기준으로 직무 피폭에 대한 ^{239}Pu의 $(MPC)_w$를 계산하라.

23. 어떤 연구실의 식수가 MPC의 5배 농도로 삼중수소에 오염되었다. 만약 근로자가 이 오염이 발견되기 전에 1주일 동안 이 식수를 마셨다면 1주일 동안의 총 피폭선량은 얼마인가?

24. 개봉 점 선원은 초당 5×10^7 고속중성자와 5×10^8 열중성자를 방출한다. 근로자가 정상적인 주간 허용 선량을 초과하지 않는 경우에 방사선원으로 3 m 거리에서 있을 수 있는 시간은 얼마인가?

25. 1 Ci ^{226}Ra-Be 선원은 초당 10^7개의 중성자를 생성한다. 생성된 중성자의 에너지는 약 1 MeV에서 13 MeV까지이고 평균 에너지는 약 5 MeV이다. 그리고 중성자 1개당 평균 에너지가 1 MeV인 3,500개의 감마선이 방출된다. 근로자는 선원을 다른 위치로 옮기는 작업을 해야 하는데, 집게를 사용하여 선원을 옮긴 후 선원의 위치가 근로자로부터 6 ft 거리에 위치할 때, 작업시간이 1분이라면 작업자가 받는 선량은 Sv 단위로 얼마인가?

26. 3개의 등방 점 선원(S γ-ray/sec)이 진공인 공간에 길이가 a인 정삼각형 모양의 모서리에 위치한다. 이때 삼각형 중앙의 감마선속에 대한 표현을 유도하라.

27. 그림 2.6에 제시된 자료를 사용하여, 차폐되지 않은 1 Ci의 ^{60}Co 등방 점 선원으로부터 받는 조직에 대한 피폭률과 선량당량률을 계산하라. (a) 선원으로부터 1 cm 거리, (2) 선원으로부터 1 m 거리

28. 1 cm당 중성자를 10^8 neutron/sec로 방출하는 선원이 균일하게 분포되어 있는 1 m의 얇은 봉이 진공 중에 위치한다. (a) 봉과 거리가 50 cm 떨어진 점에서의 중성자속을 계산하라. (b) 50 cm 떨어진 곳에서의 조직에 대한 선량당량률은 얼마인가?

29. 작은 직경을 가진 1 m 길이의 연료봉에 40 g의 ^{235}U이 균일하게 분포되어 있다. 실험의 일환으로 이 연료봉은 1×10^{13} neutron/cm^2-sec의 균일한 2,200 m/s 중성자속에서 2개월 동안 있다가 제거되었다. (a) 제거 2개월 후 연류봉의 중심에서 1 m 떨어진 지점에서의 감마선 피폭률은 얼마인가(R/sec 단위)? (b) 해당 시점에서 조직에 대한 감마선 흡수선량률을 rad/sec와 Gy/sec로 추정하라. (c) 해당 위치에서의 조직의 감마선 선량당량률은 rem/sec와 Sv/sec로 각각 얼마인가? [*주*: 문제를 간단히 하기 위해 감마선의 평균 에너지를 1 MeV로 설정하라.]

30. 베이컨의 멸균에는 약 5백만 rad의 흡수선량이 필요하다. 원판 선원의 직경이 5 ft이고, 원판 중심으로부터 제품까지 거리가 1 ft라면 제품을 1시간 노출하여 멸균에 필요한 흡수선량에 도달할 수 있는 ^{60}Co의 농도는 얼마인가? [*주*: 문제를 간단히 하기 위해 ^{60}Co은 붕괴당 2개의 1.25 MeV 감마선을 방출한다고 가정하라.]

31. $r \gg R$일 때, 원판 선원의 축을 따른 감마선속에 대한 표현이 점 선원에 대한 표현으로 근사되는 것을 보여라.

32. 면의 길이가 a인 정사각형인 평면 선원(S photon/cm^2-sec)이 있다. 이 선원의 중심으로부터 거리가 x만큼 떨어진 곳의 감마선속이 다음 식처럼 근사됨을 보여라. 그리고 원판형 선원에 대한 유사 공식과 비교하여라.

$$\phi_\gamma = \frac{S\,a^2}{4\,\pi\,x^2}\left(1 - \frac{a^2}{6\,x^2}\right)$$

33. 반경 R의 얇은 구 표면에 감마선을 방출하는 선원이 균일하게 분포되어 있다. 표면에서 S γ-ray/cm^2-sec를 방출하는데, 공 중심의 감마선속을 계산하여라.

34. 내부 반지름이 R_1 이고 외부 반지름이 R_2 인 구 껍질(혹은 구각)($R_1 \sim R_2$ 사이)에 S γ-ray/cm^3-sec를 방출하는 방사선 기체가 포함되어 있다. (a) 구 중심의 감마선속에 대한 식을 유도하라. (b) $R_1 \to 0$ 또는 $R_2 \to \infty$ 일 때 감마선속은 각각 얼마인가?

방사선 차폐

Radiation Shielding

10.1 감마선 차폐: 누증계수
10.2 무한 평판 및 원판 선원
10.3 선 선원
10.4 내부 선원
10.5 다층 차폐
10.6 원자로 차폐의 원칙
10.7 제거 단면적
10.8 원자로 차폐 설계: 제거 – 감쇠 계산
10.9 제거 – 확산법
10.10 정합 해법들
10.11 감마선 차폐
10.12 냉각재 방사화
10.13 차폐체 내부 배관

방사선 차폐의 여러 가지 기능 중에서 가장 중요한 것은 방사선 선원 근처에서 개인이 받는 선량을 줄이는 것이다. 이런 목적으로 쓰이는 차폐를 *생물학적 차폐*(*biological shielding*)라고 부른다. 이번 장에서는 이런 종류의 차폐에 대해 다양한 내용을 다루려고 한다. 또한 *열 차폐*(*thermal shield*)로 불리는 차폐는 중성자로 인한 방사선 손상이나 감마선 흡수로 인한 과도한 열로부터 원자로용기를 보호하기 위해서 입사되는 감마선의 강도를 줄이기 위해서 특정 원자로들에 사용되기도 한다. 방사선장에서 제대로 작동이 안 될 수 있는 정교한 전자기기 보호를 위해서 차폐가 사용되기도 한다. 이러한 *기기 차폐*(*apparatus shield*)는 군사 장비 및 위성 같은 유형에 사용되기도 한다.

보통, 감마선[1]과 중성자만이 차폐의 대상인데, 그 이유는 3.9절의 내용에서 알 수 있듯이 알파선과 베타선은 물질 내의 이동거리가 매우 짧기 때문이다. 알파선과 베타선의 차폐가 요구될 때에는 3.9절에서 제시한 수식으로 두께를 계산할 수 있다.

이 장은 두 개의 부분으로 나누어져 있다. 첫 번째는 감마선의 생물학적 차폐이다. 두 번째 부분은 원자로의 차폐와 관련되는데 중성자와 감마선이 모두 관련된 문제이다.

모든 경우에 주요 문제는 생물학적 선량률을 미리 정해진 수준으로 줄이는 데 필요한 차폐 물질의 두께나 구성, 혹은 이 둘 모두를 결정하는 것이다. 종종 이렇게 미리 정해진 수준들은, 9.8절에서 논의한 바와 같이 직무 또는 일반인 피폭에 대한 특정 최대 허용 선량률을 말한다.

»» 10.1 감마선 차폐: 누증계수

에너지가 E_0이고 강도(또는 선속[2])가 ϕ_0[3]인 단방향 감마선 빔이 그림 10.1과 같이 두께가 a인 차폐벽으로 입사된다고 하자. 만약 차폐가 없다면, P지점의 피폭률은 아래 식과 같으며, 이는 식 (9.20)에 따른 것이다.

---

1 9장에서와 같이, 이 장에서 감마선은 엑스선 및 감마선을 의미함.

2 빔은 단방향이므로 이 예에서 감마선속(flux)과 강도(intensity)는 같다.

3 이 장에서 기호 ϕ는 감마선속을, 기호 φ는 중성자의 선속을 나타낸다.

$$\dot{X}_0 = 0.0659\,\phi_0\,E_0\,(\mu_a/\rho)^{\text{air}}\ \ \text{mR/hr} \tag{10.1}$$

여기서 ϕ_0은 단위가 γ-ray/cm^2-sec이고, E_0의 단위는 MeV, $(\mu_a/\rho)^{\text{air}}$는 E_0에서의 질량 흡수계수로 그 단위가 cm^2/g이다. 식 (10.1)은 다음과 같이 표현될 수 있고,

$$\dot{X}_0 = C\phi_0 \tag{10.2}$$

여기서

$$C = 0.0659\,E_0\,(\mu_a/\rho)^{\text{air}} \tag{10.3}$$

이며 이는 E_0의 함수이다. 만일 차폐체가 놓이면, 차폐체를 통과한 감마선속 ϕ는 위의 ϕ_0와는 다르다. P 지점에서의 실제 값을 결정하는 문제는 결국 ϕ를 계산하는 것이다.

만약 물질과 반응한 광자가 모두 소멸했다면 ϕ는 쉽게 계산할 수 있는데, 이런 경우 *비충돌 감마선속*(*반응하지 않고 투과한 감마선*)은 다음 식처럼 쓸 수 있다.

$$\phi_u = \phi_0\,e^{-\mu a} \tag{10.4}$$

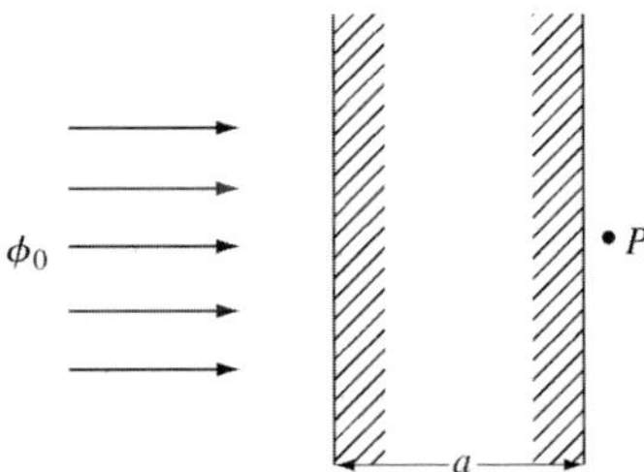

그림 10.1 판형 차폐체에 입사되는 감마선 단방향 빔(monodirectional beam)

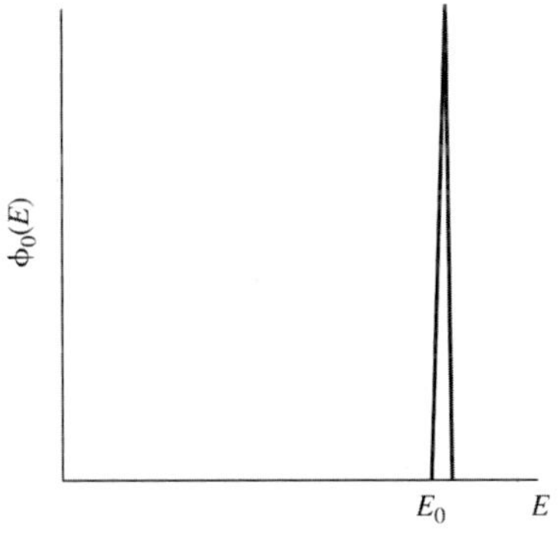

그림 10.2 입사된 감마선 빔의 에너지 스펙트럼

여기서 μ는 에너지 E_0에서의 총 감쇠계수이다. 불행하게도 감마선은 각 반응에서 *사라지지 않는다*. 콤프턴효과(Compton effect)에서는 단지 에너지 일부가 손실되며 산란을 한다. 입사되는 광자가 흡수되는 광전효과(photoelectric effect)와 쌍생성(pair production)에서조차도, 광전효과에 이어 엑스선이 발생된다. 쌍생성 이후에는 필연적으로 소멸복사(annihilation radiation)가 발생된다. 그 결과로, 그림 10.1과 같은 차폐체로 입사된 그림 10.2에 주어진 단일 에너지 빔은, 다시 그림 10.3과 같은 연속 스펙트럼을 가지고 차폐체로부터 방출된다. 그림 10.3의 에너지 E_0에서 날카로운 첨두 선속은 산란하지 않은 광자에 대한 것이며, 이 선속 $\phi(E_0)$은 그림 10.2의 단방향 단일 에너지 선속 ϕ_0 보다 식 (10.4)의 지수함수 $e^{-\mu a}$비만큼 줄어든 것이다. 그리고 이 스펙트럼의 대부분을 차지하는 연속된 부분은 콤프턴 산란된 광자로 인해 나타나며, 그 일부는 종종 광전 엑스선이나 소멸복사 방사선에 기여한다.

그림 10.3과 같은 스펙트럼에 대한 정합해(exact solution)를 구하는 일은 어려우며 이 교재의 범위를 벗어나는 것이다. 다양한 차폐물질에 대해, 입사 감마선 에너지와 차폐 두께의 함수로 하여 이러한 $\phi(E)$ 계산을 수행하여 왔다. 이 $\phi(E)$ 계산값은 다음 식과 같은 피폭률 계산에 사용된다.

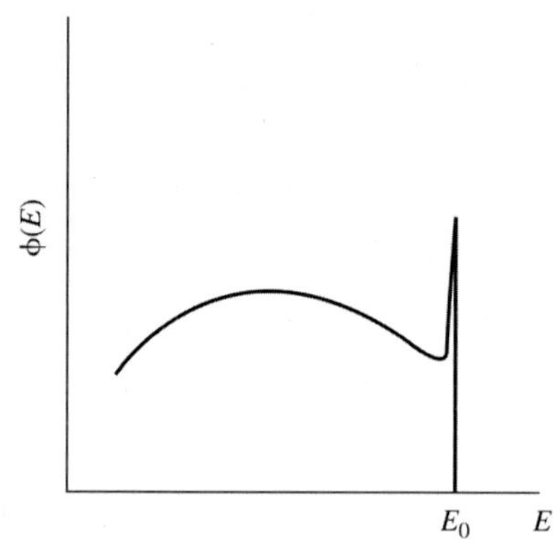

그림 10.3 차폐체를 통과한 감마선 에너지 스펙트럼

$$\dot{X} = 0.0659 \int_0^{E_0} \phi(E) E (\mu_a/\rho)^{\text{air}} \, dE \tag{10.5}$$

식 (10.5)의 계산 결과는 아래처럼 다시 쓸 수 있다.

$$\dot{X} = \dot{X}_0 B_m(\mu a) e^{-\mu a} \tag{10.6}$$

여기서 $\dot{X}_0$는, 식 (10.1)에 주어진 바와 같이, 차폐체가 없는 상태의 피폭률이고, $B_m(\mu a)$은 단방향 빔에 대한 *피폭 누증계수*(*exposure buildup factor*)이며, μ는 에너지 E_0에서의 총 감쇠계수이다.

몇 가지 물질[4]에 대한 B_m값을 표 10.1에 제시하였다. 이 표에서 B_m의 수치가 매우 클 수 있음을 알 수 있는데, 이는 차폐 계산에서는 산란 방사선의 누증효과가 중요함을 보여준다. 물을 이용해 차폐를 할 때, 2 MeV 에너지에서 μa가 자유행정의 10배 두께[5]라는 것은, B_m이 근사적으로 10이라는 의미이다. 만약 이러한 차폐체의 차폐효과를 계산할 때 누증계수를 생략하면, 계산된 피폭률에는 10배의 오차가 발생하게 된다. 따라서 누증계수를 무시해서는 안 된다. B_m은 원자번호 Z의 연속함수이므로, 표 10.1에 제시되지 않은 물질에 대한 B_m값은 원하는 에너지에서의 B_m값들을 원자번호 Z의 함수로 곡선을 그린 후, 이 곡선을 내삽하여 구할 수 있다. 식 (10.6)으로부터 그림 10.1처럼 차폐 뒤 P 지점의 실제 피폭률을 계산할 수 있다.

식 (10.1)에 따르면 $\dot{X}_0$는 ϕ_0에 비례하며 $\dot{X}$도 같은 형식으로 작성하는 것이 합리적이다.

$$\dot{X} = C\phi_b \tag{10.7}$$

여기에서 C는 식 (10.3)으로부터 구할 수 있다. ϕ_b는 *누증 선속*(*buildup flux*)이라고 하며 단일 에너지(E_0)를 가진 감마선속과 같다. E_0는 그림 10.1의 P 지점에서 실제 감마선속과 동일한 피폭률을 일으킨다. 식 (10.2)와 (10.7)을 식 (10.6)에 대입하면 아래와 같이 정리할 수 있다.

$$\phi_b = \phi_0 B_m(\mu a) e^{-\mu a} \tag{10.8}$$

---

4 이러한 누증계수는 원래 *선량 누증계수*(*dose buildup factor*)라고 하며 실제로는 무한 매질에 대해 계산되었다. 그러나 무한 매질 및 유한 두께의 판형의 누증계수의 차이는 광자, 물(H_2O)과 같은 매질과 1 MeV 미만의 저에너지를 제외하고는 일반적으로 무시할 만하다.

5 $\mu a = a/\lambda$, 여기서 λ는 광자 평균 자유행정이고, μa는 입사 광자의 에너지에서 계산된 평균 자유행정으로 나타낸 두께이다.

또는

$$\phi_b = \phi_u B_m(\mu a) \tag{10.9}$$

여기서 ϕ_u는 식 (10.4)의 비충돌 선속이다.

표 10.1 평면 단방향 선원에 대한 피폭 누증계수*

재료	E_0, MeV	$\mu_0 x$					
		1	2	4	7	10	15
물	0.5	2.63	4.29	9.05	20.0	35.9	74.9
	1.0	2.26	3.39	6.27	11.5	18.0	30.8
	2.0	1.84	2.63	4.28	6.96	9.87	14.4
	3.0	1.69	2.31	3.57	5.51	7.48	10.8
	4.0	1.58	2.10	3.12	4.63	6.19	8.54
	6.0	1.45	1.86	2.63	3.76	4.86	6.78
	8.0	1.36	1.69	2.30	3.16	4.00	5.47
철	0.5	2.07	2.94	4.87	8.31	12.4	20.6
	1.0	1.92	2.74	4.57	7.81	11.6	18.9
	2.0	1.69	2.35	3.76	6.11	8.78	13.7
	3.0	1.58	2.13	3.32	5.26	7.41	11.4
	4.0	1.48	1.90	2.95	4.61	6.46	9.92
	6.0	1.35	1.71	2.48	3.81	5.35	8.39
	8.0	1.27	1.55	2.17	3.27	4.58	7.33
	10.0	1.22	1.44	1.95	2.89	4.07	6.70
주석	1.0	1.65	2.24	3.40	5.18	7.19	10.5
	2.0	1.58	2.13	3.27	5.12	7.13	11.0
	4.0	1.39	1.80	2.69	4.31	6.30	
	6.0	1.27	1.57	2.27	3.72	5.77	11.0
	10.0	1.16	1.33	1.77	2.81	4.53	9.68
납	0.5	1.24	1.39	1.63	1.87	2.08	
	1.0	1.38	1.68	2.18	2.80	3.40	4.20
	2.0	1.40	1.76	2.41	3.36	4.35	5.94
	3.0	1.36	1.71	2.42	3.55	4.82	7.18
	4.0	1.28	1.56	2.18	3.29	4.69	7.70
	6.0	1.19	1.40	1.87	2.97	4.69	9.53
	8.0	1.14	1.30	1.69	2.61	4.18	0.08
	10.0	1.11	1.24	1.54	2.27	3.54	7.70
우라늄	0.5	1.17	1.28	1.45	1.60	1.73	
	1.0	1.30	1.53	1.90	2.32	2.70	3.60
	2.0	1.33	1.62	2.15	2.87	3.56	4.89
	3.0	1.29	1.57	2.13	3.02	3.99	5.94
	4.0	1.25	1.49	2.02	2.94	4.06	6.47
	6.0	1.18	1.37	1.82	2.74	4.12	7.79
	8.0	1.13	1.27	1.61	2.39	3.65	7.36
	10.0	1.10	1.21	1.48	2.12	3.21	6.58

*출처: H. Goldstein, *Fundamental Aspects of Reactor Shielding*. Reading, Mass.: Addison-Wesley, 1959; now available from Johnson Reprint Corp. New York.

예제 10.1

강도가 10^6 γ-ray/cm^2-sec인 2 MeV 감마선 단방향 빔이 10 cm 두께의 납 차폐체에 입사되고 있다. 차폐체의 뒤쪽의 (a) 비충돌 선속, (b) 누증 선속, (c) 피폭률을 계산하라.

풀이

1. 표 II.4에서 2 MeV 감마선에 대해 납의 $\mu/\rho = 0.0457$ cm^2/g이고 납의 밀도는 11.34 g/cm^{3}이다. 따라서 $\mu = 0.0457 \times 11.34 = 0.518$ cm^{-1}이므로 식 (10.4)에 대입하면 $\mu a = 0.518 \times 10 = 5.18$이다.

$$\phi_u = 10^6 e^{-5.18} = 10^6 \times 5.63 \times 10^{-3} = 5.63 \times 10^3\ \gamma\text{-ray/cm}^2\text{-sec}$$

2. $\mu a = 5.18$ 및 2 MeV의 누증계수는 표 10.1의 수치인 $\mu a = 4$와 $\mu a = 7$을 이용하여 보간하면 계산할 수 있다. 그 결과는 $B_m = 2.78$이고, 이를 이용하여 다음과 같이 계산할 수 있다.

$$\phi_b = \phi_u B_m(\mu a) = 5.63 \times 10^3 \times 2.78 = 1.56 \times 10^4\ \gamma\text{-ray/cm}^2\text{-sec}$$

3. 이 피폭률 값은 다음처럼 계산할 수 있다.

$$\dot{X} = C\phi_b = 0.0659 E_0 (\mu_a/\rho)^{\text{air}} \phi_b$$

여기서 $E_0 = 2$ MeV이고 $(\mu_a/\rho)^{\text{air}}$는 표 II.5로부터 0.0238 cm^2/g으로 추정할 수 있다. 따라서

$$\dot{X} = 0.0659 \times 2 \times 0.0238 \times 1.56 \times 10^4 = 48.8\ \text{mR/hr}$$

위의 문제 (c)에 대한 해를 구하는 데 있어 더 쉬워 보이는 대체방법은 그림 9.9를 참조하여 2 MeV 에너지에서 3.2×10^2이 감마선속은 1 mR/hr의 피폭률을 준다는 것이다 이를 위 예제에 적용하면

$$\dot{X} = \frac{1.56 \times 10^4}{3.2 \times 10^2} = 48.8\ \text{mR/hr}$$

이 얻어진다.

위에 다룬 내용은 보통 판형 차폐체에 수직으로 입사되는 *단방향* 빔에만 관련이 있으며, 누증계수($B_m(\mu a)$) 또한 그러한 경우에만 사용할 수 있다. 다른 차폐 문제들에서도 해당 누증계수 계산이 지금까지 수행되어 왔다. S γ-ray/sec의 감마선을 방출하는 등방성 점 선원이 반지름이 R인 구형 차폐체에 둘러싸여 있다. 이러한 경우, 그 차폐체 표면의

어느 지점에서도 피폭률은 다음과 같다.

$$\dot{X} = \dot{X}_0 B_p(\mu R)e^{-\mu R} \tag{10.10}$$

여기서 $B_p(\mu R)$는 *점-등방* 피폭 누증계수이고 $\dot{X}_0$는 차폐체가 없는 경우의 피폭률이다.

$$\dot{X}_0 = C\phi_0 \tag{10.11}$$

식 (9.63)에 따르면

$$\phi_0 = \frac{S}{4\pi R^2} \tag{10.12}$$

이고, ϕ_0는 차폐체가 없는 점 선원일 경우의 선속이다. 이런 경우의 비충돌 선속은

$$\phi_u = \frac{Se^{-\mu R}}{4\pi R^2} \tag{10.13}$$

이고, 여기서 누증 선속은

$$\phi_b = \frac{SB_p(\mu R)e^{-\mu R}}{4\pi R^2} \tag{10.14}$$

이다. 계산한 B_p는 표 10.2에 표시하였다. 이때 기존 B_m과 B_p는 기본적으로 서로 다른 함수이므로 각각 적절한 문제에 적용되어야 한다.

표 10.2 등방성 점 선원에 대한 피폭 누증계수*

재료	E_0, MeV	$\mu_0 r$						
		1	2	4	7	10	15	20
물	0.255	3.09	7.14	23.0	72.9	166	456	982
	0.5	2.52	5.14	14.3	38.8	77.6	178	334
	1.0	2.13	3.71	7.68	16.2	27.1	50.4	82.2
	2.0	1.83	2.77	4.88	8.46	12.4	19.5	27.7
	3.0	1.69	2.42	3.91	6.23	8.63	12.8	17.0
	4.0	1.58	2.17	3.34	5.13	6.94	9.97	12.9
	6.0	1.46	1.91	2.76	3.99	5.18	7.09	8.85
	8.0	1.38	1.74	2.40	3.34	4.25	5.66	6.95
	10.0	1.33	1.63	2.19	2.97	3.72	4.90	5.98
알루미늄	0.5	2.37	4.24	9.47	21.5	38.9	80.8	141
	1.0	2.02	3.31	6.57	13.1	21.2	37.9	58.5
	2.0	1.75	2.61	4.62	8.05	11.9	18.7	26.3
	3.0	1.64	2.32	3.78	6.14	8.65	13.0	17.7
	4.0	1.53	2.08	3.22	5.01	6.88	10.1	13.4

재료	E_0, MeV	$\mu_0 r$						
		1	2	4	7	10	15	20
	6.0	1.42	1.85	2.70	4.06	5.49	7.97	10.4
	8.0	1.34	1.68	2.37	3.45	4.58	6.56	8.52
	10.0	1.28	1.55	2.12	3.01	3.96	5.63	7.32
철	0.5	1.98	3.09	5.98	11.7	19.2	35.4	55.6
	1.0	1.87	2.89	5.39	10.2	16.2	28.3	42.7
	2.0	1.76	2.43	4.13	7.25	10.9	17.6	25.1
	3.0	1.55	2.15	3.51	5.85	8.51	13.5	19.1
	4.0	1.45	1.94	3.03	4.91	7.11	11.2	16.0
	6.0	1.34	1.72	2.58	4.14	6.01	9.89	14.7
	8.0	1.27	1.56	2.23	3.49	5.07	8.50	13.0
	10.0	1.20	1.42	1.95	2.99	4.35	7.54	12.4
주석	0.5	1.56	2.08	3.09	4.57	6.04	8.64	
	1.0	1.64	2.30	3.74	6.17	8.85	13.7	18.8
	2.0	1.57	2.17	3.53	5.87	8.53	13.6	19.3
	3.0	1.46	1.96	3.13	5.28	7.91	13.3	20.1
	4.0	1.38	1.81	2.82	4.82	7.41	13.2	21.2
	6.0	1.26	1.57	2.37	4.17	6.94	14.8	29.1
	8.0	1.19	1.42	2.05	3.57	6.19	15.1	34.0
	10.0	1.14	1.31	1.79	2.99	5.21	12.5	33.4
텅스텐	0.5	1.28	1.50	1.84	2.24	2.61	3.12	
	1.0	1.44	1.83	2.57	3.62	4.64	6.25	(7.35)
	2.0	1.42	1.85	2.72	4.09	5.27	8.07	(10.6)
	3.0	1.36	1.74	2.59	4.00	5.92	9.66	14.1
	4.0	1.29	1.62	2.41	4.03	6.27	12.0	20.9
	6.0	1.20	1.43	2.07	3.60	6.29	15.7	36.3
	8.0	1.14	1.32	1.81	3.05	5.40	15.2	41.9
	10.0	1.11	1.25	1.64	2.62	4.65	14.0	39.3
납	0.5	1.24	1.42	1.69	2.00	2.27	2.65	(2.73)
	1.0	1.37	1.69	2.26	3.02	3.74	4.81	5.86
	2.0	1.39	1.76	2.51	3.66	4.84	6.87	9.00
	3.0	1.34	1.68	2.43	3.75	5.30	8.44	12.3
	4.0	1.27	1.56	2.25	3.61	5.44	9.80	16.3
	5.1	1.21	1.46	2.08	3.44	5.55	11.7	23.6
	6.0	1.18	1.40	1.97	3.34	5.69	13.8	32.7
	8.0	1.14	1.30	1.74	2.87	5.07	14.1	44.6
	10.0	1.11	1.23	1.58	2.52	4.34	12.5	39.2
우라늄	0.5	1.17	1.20	1.48	1.67	1.85	2.08	
	1.0	1.31	1.56	1.98	2.50	2.97	3.67	
	2.0	1.33	1.64	2.23	3.09	3.95	5.36	(6.48)
	3.0	1.29	1.58	2.21	3.27	4.51	6.97	9.88
	4.0	1.24	1.50	2.09	3.21	4.66	8.01	12.7
	6.0	1.16	1.36	1.85	2.96	4.80	10.8	23.0
	8.0	1.12	1.27	1.66	2.61	4.36	11.2	28.0
	10.0	1.09	1.20	1.51	2.26	3.78	10.5	28.5

*출처: H. Goldstein, *Fundamental Aspects of Reactor Shielding*. Reading, Mass.: Addison-Wesley, 1959; now available from Johnson Reprint Corp. New York.

예제 10.2

등방성 점 선원에서 1 MeV의 감마선이 108 γ-ray/sec로 방출된다. 선원은 구형 철로 차폐되어 있다. 차폐 표면에서 1 mR/hr의 피폭률을 가지기 위한 차폐체의 반지름은 얼마인가?

풀이

이런 문제에서는 첫째 단계는 주어진 피폭률에 대한 누증계수를 계산해야 한다. 그러므로

$$\phi_b = \dot{X}/0.0659\ E(\mu_a/\rho)^{\text{air}}$$

이다. 여기서 $\dot{X}$ = 1 mR/hr, E = 1 MeV, 그리고 표 II.5에서 확인할 수 있는 $(\mu_a/\rho)^{\text{air}}$ = 0.0280 cm^2/g이다. 이 값들을 대입하면 선속은 아래와 같이 계산된다.

$$\phi_b = 1/0.659 \times 1 \times 0.0280 = 5.42 \times 10^2\ \gamma\text{-ray/cm}^2\text{-sec}$$

위 값을 식 (10.14)에 대입하면

$$5.42 \times 10^2 = \frac{10^8 B_p(\mu R)e^{-\mu R}}{4\pi R^2}$$

이며, 이것을 다시 정리하면

$$1 = 1.47 \times 10^4 \frac{B_p(\mu R)e^{-\mu R}}{R^2}$$

이다. 이 식에서 우변을 μR의 함수로 곡선을 그려 R을 구할 수 있다. 분모의 R을 함수의 변수인 μR 모양으로 가정하기 위해서 분모와 분자에 μ를 곱한다. 그리고 표 II.4의 자료($\mu = 0.0595 \times 7.86 = 0.468\ \text{cm}^{-1}$)를 이용하면

$$1 = 3.22 \times 10^3 \frac{B_p(\mu R)e^{-\mu R}}{(\mu R)^2} \tag{10.15}$$

으로 정리할 수 있다. 그림 10.4를 보면 식 (10.15) 우변항의 계산 결과가 함수를 반-로그 형태로 나타냈을 때 거의 직선인 것을 알 수 있다. 이를 이용하면 RHS가 1인 경우 $\mu R = 6.55$이고, 반지름은 $R = 6.55/0.468 = 14.0$ cm이다.

계산 목적상, 표로 제시된 누증계수를 수학적 함수로 표현하면 편리하다. 그 중 가장 유용한 함수는 지수함수의 합으로 표현되는 것으로

$$B_p = A_1 e^{-\alpha_1 \mu r} + A_2 e^{-\alpha_2 \mu r} = \Sigma A_n e^{-\alpha_n \mu r} \tag{10.16}$$

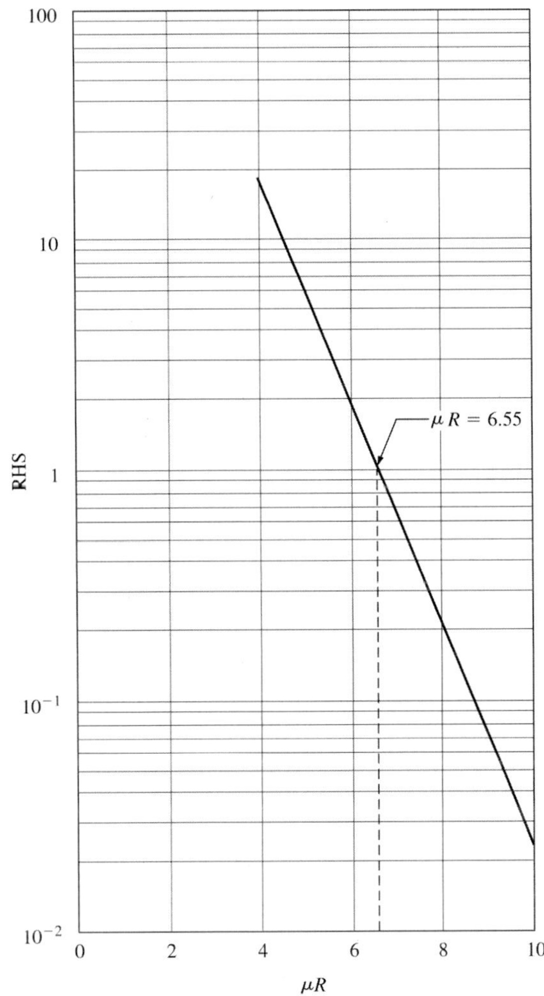

그림 10.4 μR의 함수로 나타낸 식 (10.15)의 우변항 곡선

여기서 A_1, A_2, α_1, α_2는 에너지의 함수이고, 식 (10.16)은 누증계수의 *테일러 전개식* (*Taylor form*)으로 알려져 있고, 충분히 정확하기 때문에 다양한 실제 차폐 문제에 사용할 수 있다.[6] 두께가 0인 차폐체에서는 산란된 방사선의 누증이 일어날 수 없으므로 반지름

6 B_p에 대한 더 정확한 표현은 *베르거 전개식*(*Berger form*)으로

$$B_p = 1 + C\mu r e^{-\beta\mu r}$$

이다. 여기서 C와 β는 에너지에 의존한다. 불행히도 이 표현은 테일러 전개식보다 해석적 계산에 사용하기가 다소 어렵다.

이 0에 가까워지면 B_p는 1(unity)에 가까워지고 식 (10.16)은 아래와 같아진다.

$$A_1 + A_2 = 1 \tag{10.17}$$

A_1을 A로 지정하면 A_2는 $1 - A$로 표시할 수 있다. 이렇게 계산한 A, α_1, α_2 값들을 표 10.3에 제시하였다.

이어지는 절들에서는, 이러한 형식을 적용하여 많은 종류의 중요한 차폐 구조들의 누증계수를 계산하는 실질적인 용례들을 설명하고자 한다. 각각의 경우 비충돌 선속과 누증 선속을 계산한다. 식 (10.7)과 (10.3) 또는 그림 9.9를 이용하여 ϕ_b값으로부터 피폭률을 구할 수 있다.

표 10.3 등방성 점 선원에 대한 피폭 누증계수의 테일러 전개식 계수들*

소재	에너지 (MeV)	A	$-\alpha_1$	α_2
물	0.5	100.845	0.12687	-0.10925
	1.0	19.601	0.09037	-0.02522
	2.0	12.612	0.05320	0.01932
	3.0	11.110	0.03550	0.03206
	4.0	11.163	0.02543	0.03025
	6.0	8.385	0.01820	0.04164
	8.0	4.635	0.02633	0.07097
	10.0	3.545	0.02991	0.08717
콘크리트	0.5	38.225	0.14824	-0.10579
	1.0	25.507	0.07230	-0.01843
	2.0	18.089	0.04250	0.00849
	3.0	13.640	0.03200	0.02022
	4.0	11.460	0.02600	0.02450
	6.0	10.781	0.01520	0.02925
	8.0	8.972	0.01300	0.02979
	10.0	4.015	0.02880	0.06844
알루미늄	0.5	38.911	0.10015	-0.06312
	1.0	28.782	0.06820	-0.06312
	2.0	16.981	0.04588	0.00271
	3.0	10.583	0.04066	0.02514
	4.0	7.526	0.03973	0.03860
	6.0	5.713	0.03934	0.04347
	8.0	4.716	0.03837	0.04431
	10.0	3.999	0.03900	0.04130
철	0.5	31.379	0.06842	-0.03742
	1.0	24.957	0.06086	-0.02463
	2.0	17.622	0.04627	-0.00526

소재	에너지 (MeV)	A	$-\alpha_1$	α_2
	3.0	13.218	0.04431	-0.00087
	4.0	9.624	0.04698	0.00175
	6.0	5.867	0.06150	-0.00186
	8.0	3.243	0.07500	0.02123
	10.0	1.747	0.09900	0.06627
주석	0.5	11.440	0.01800	0.03187
	1.0	11.426	0.04266	0.01606
	2.0	8.783	0.05349	0.01505
	3.0	5.400	0.07440	0.02080
	4.0	3.496	0.09517	0.02598
	6.0	2.005	0.13733	-0.01501
	8.0	1.101	0.17288	-0.01787
	10.0	0.708	0.19200	0.01552
납	0.5	1.677	0.03084	0.30941
	1.0	2.84	0.03503	0.13486
	2.0	5.421	0.03482	0.04379
	3.0	5.580	0.05422	0.00611
	4.0	3.897	0.08458	-0.02383
	6.0	0.926	0.17860	-0.04635
	8.0	0.368	0.23691	-0.05864
	10.0	0.311	0.24024	-0.02783

*출처: H. Goldstein, *Fundamental Aspects of Reactor Shielding*. Reading, Mass.: Addison-Wesley, 1959; now available from Johnson Reprint Corp. New York.

10.2 무한 평판 및 원판 선원

그림 10.5처럼 누께가 a인 차폐체 뒤에 위치한 S γ-ray/cm^{2}을 방출하는 등방성 무한 평판 선원을 생각하자. 이 평판의 반지름 z, 너비 dz의 고리형 선원에서는 $2\pi\ Sz\ dz$ γ-ray/sec의 감마선을 방출하며 이 감마선이 P지점에 기여하는 비충돌 선속은 다음과 같다.

$$d\phi_u = \frac{2\pi\ Sz\ dz\ e^{-\mu r}}{4\pi r^2}$$

$$= \frac{Sze^{-\mu r}\ dz}{2r^2} \tag{10.18}$$

따라서 P지점의 총 비충돌 선속은 아래와 같다.

$$\phi_u = \frac{S}{2}\int_0^\infty \frac{ze^{-\mu r}dz}{r^2} \tag{10.19}$$

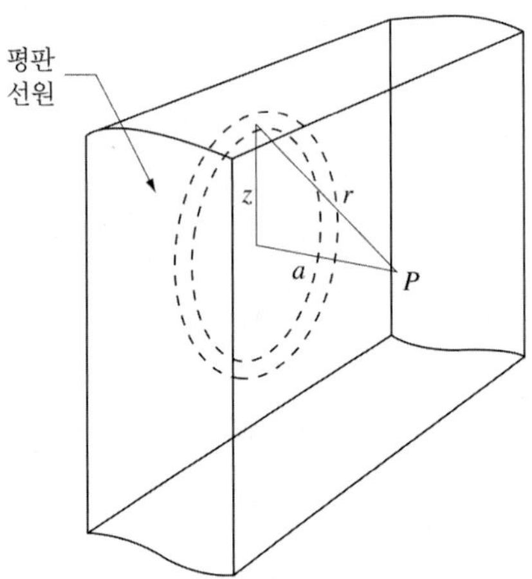

그림 10.5 판형 차폐체 뒤에 놓인 등방성 평판 선원(isotropic planar source)

식 (10.19)의 적분 변수 z를 r로 변환하면 계산이 편리하다. $r^2 = a^2 + z^2$이고 $r\,dr = z\,dz$이므로, 식 (10.19)는 다음 식으로 변환된다.

$$\phi_u = \frac{S}{2}\int_a^\infty \frac{e^{-\mu r}}{r}dr \tag{10.20}$$

$\mu r = t$를 대입하면 위 적분은 아래 형태로 바뀐다.

$$\phi_u = \frac{S}{2}\int_{\mu a}^\infty \frac{e^{-t}}{t}dt \tag{10.21}$$

식 (10.21)의 적분은 해석적으로 평가할 수 없지만 다음 적분으로 정의된 지수 적분 함수 E_n 중 하나의 항으로 표현할 수 있다.[7]

$$E_n(x) = x^{n-1}\int_x^\infty \frac{e^{-t}}{t^n}dt \tag{10.22}$$

여기서 n은 정수이다. 식 (10.21)과 (10.22)를 비교하면, 식 (10.21)은 식 (10.22)에서

7 $E_n(x)$의 함수 자료는 본 장의 끝에 있는 참고문헌을 참조.

$n=1$인 경우이므로, 아래와 같다.

$$\phi_u = \frac{S}{2}E_1(\mu a) \tag{10.23}$$

함수 $E_1(x)$는 많은 차폐 문제에 등장한다. 그림 10.6은 $x=14$까지 이 함수 $E_1(x)$와 함께 $E_2(x)$를 보여 준다. x의 값이 클수록 $E_n(x)$는 다음의 근사식을 사용하여 대부분의 목적에 충분한 정확도로 계산이 가능하다.

$$E_n \simeq e^{-x}\left[\frac{1}{x+n} + \frac{n}{(x+n)^3}\right] \tag{10.24}$$

$x=10$이면, 이 공식은 $E_1(x)$값을 제시하는데, 이는 단지 0.11%의 오차만큼 크다; $x=20$이면, 오차는 약 0.04%이다.

차폐된 평면 선원의 문제로 다시 돌아가자. 이제, z에서의 미분 고리 선속이 총 누증선속 ϕ_b에 기여하는 양은 아래와 같으며,

$$d\phi_b = B_p(\mu r)d\phi_u$$

이는 식 (10.18)에 의해

$$d\phi_b = \frac{SB_p(\mu r)ze^{-\mu r}dz}{2r^2}$$

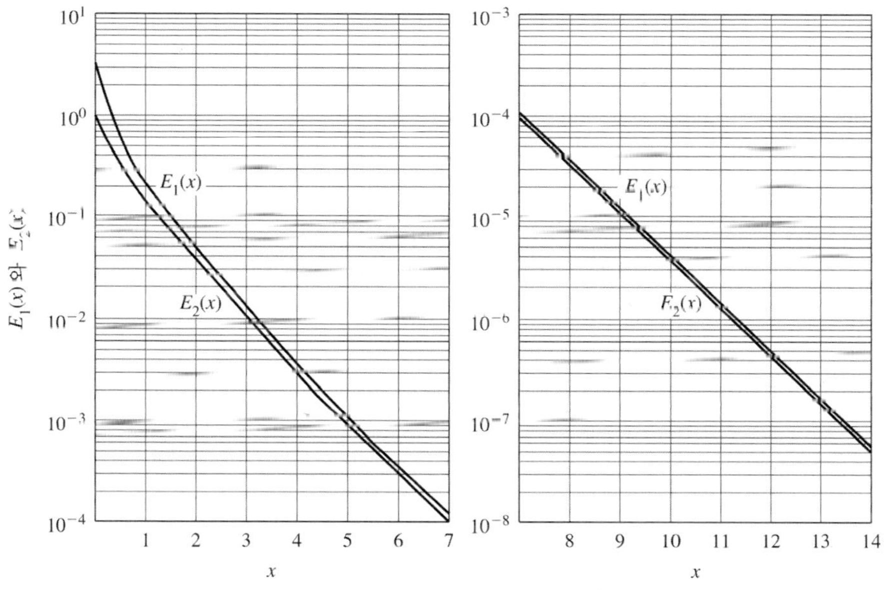

그림 10.6 $E_1(x)$와 $E_2(x)$ 함수

가 된다. 그러면 전체 누증계수는 다음 식과 같다.

$$\phi_b = \frac{S}{2}\int_0^\infty \frac{B_p(\mu r) z e^{-\mu r} dz}{r^2} \tag{10.25}$$

식 (10.16)의 $B_p(\mu r)$을 위 식에 대입하면 다음과 같이 변환되며,

$$\phi_b = \frac{S}{2}\Sigma A_n \int_0^\infty z \frac{e^{(-1+\alpha_n)\mu r}}{r^2} dz$$

비충돌의 경우처럼, 위의 적분을 E_1 함수로 표현하면 결국 다음과 같이 된다.

$$\phi_b = \frac{S}{2}\Sigma A_n E_1[(1+\alpha_n)\mu a] \tag{10.26}$$

예제 10.3

무한한 등방성 평판 선원이 2 MeV 에너지의 감마선을 10^9 γ-ray/cm^2-sec 방출하고 있다. 피폭률이 2.5 mR/hr로 줄어들기 위한 콘크리트의 두께는 얼마인가? 여기서 콘크리트의 밀도는 2.35 g/cm^{3}이다.

풀이

$\dot{X}$ = 2.5 mR/hr의 값을 식 (10.3)과 (10.7)에 대입하여 누증 선속을 계산할 수 있다.

$$\phi_b = \dot{X}/C = 2.5/0.00659E(\mu_a/\rho)^{\text{air}}$$

여기서 E= 2 MeV이고, 표 II.5에서 $(\mu_a/\rho)^{\text{air}}$ = 0.0238 cm^2/g이다. 주어진 숫자들을 대입하면 아래와 같다.

$$\phi_b = 2.5/0.0659 \times 2 \times 0.0238 = 7.97 \times 10^2 \ \gamma\text{-ray/cm}^2\text{-sec}$$

표 10.3에 따르면 $A_1 = 18.089$, $A_2 = 1 - A_1 = -17.089$, $\alpha_1 = -0.04250$이므로 $1+\alpha_1 = 0.9575$ 그리고 $\alpha_2 = 0.00849$, 그러므로 $1+\alpha_2 = 1.00849$이다. 식 (10.26)에서

$$7.97 \times 10^2 = \frac{10^9}{2}[18.089E_1(0.9575\mu a) - 17.089E_1(1.00849\mu a)] \tag{10.27}$$

으로 μa를 계산할 수 있다. 여기서 a의 값은 요구 차폐 두께이고 표 II.4에서 2 MeV의 콘크리트 μ값(μ = 0.0445 × 2.35 = 0.1046 cm^{-1})을 이용하면 찾을 수 있다.

식 (10.27)은 그래프나 수리적으로 풀 수 있다. 앞의 방법으로 계산할 경우에는 위 식을 아래와 같이 단순화하고

$$1 = 1.13 \times 10^7 [E_1(0.9575\mu a) - 0.94 E_1(1.00849\mu a)] \tag{10.28}$$

예제 10.2에서와 같이 μa의 함수로 식의 우변항을 그리는 방법으로 계산 속도를 높일 수 있다. 그림 10.7에 표시된 것처럼 결과 곡선의 짧은 거리에서 거의 선형이다. 이 그림에 따르면 RHS = 1이면 μa = 13.6이므로 차폐 두께는 다음과 같다.

$$a = 13.6/0.1046 = 130 \text{ cm} \simeq 4\frac{1}{4}$$

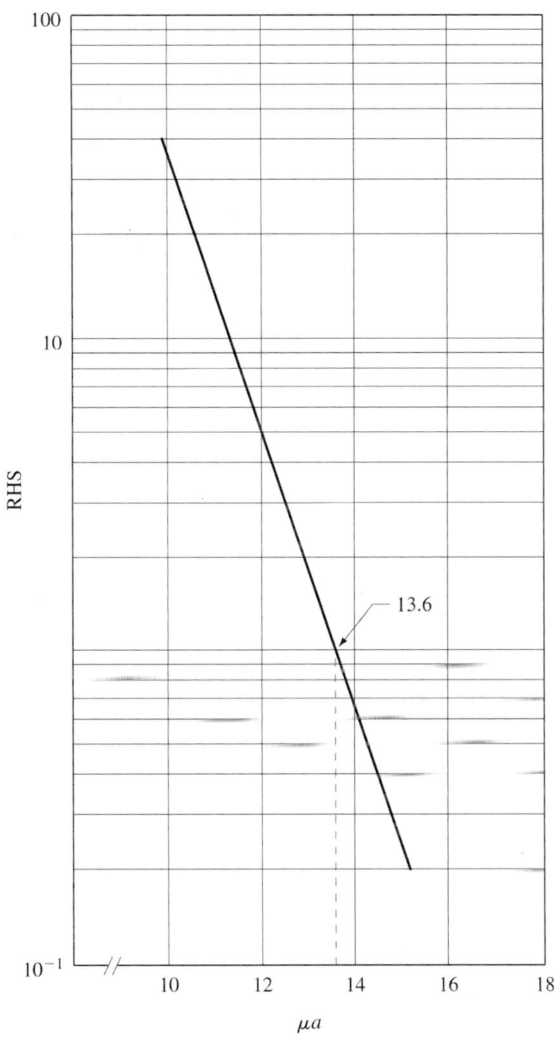

그림 10.7 μa의 함수로 제시된 식 (10.28)의 우변항

앞의 계산은 차폐체 표면 위 어떤 한 지점에서의 선속 계산이었다. 이번에는 그림 10.8처럼 P지점이 실질적으로 차폐체로부터 거리 x_1인 곳에 있고, 차폐체는 선원으로부터 일정거리 x_2만큼 떨어져 있다고 가정하자. 그러면 z에서 너비가 dz인 고리로 인한 비충돌 선속은

$$d\phi_u = \frac{2\pi\ Sz\ dze^{-\mu r_s}}{4\pi r^2} \tag{10.29}$$

이고 여기서 r_s는 반경 r 중에서 차폐체 내부까지만 포함한 반경이다. 그러면 ϕ_u는

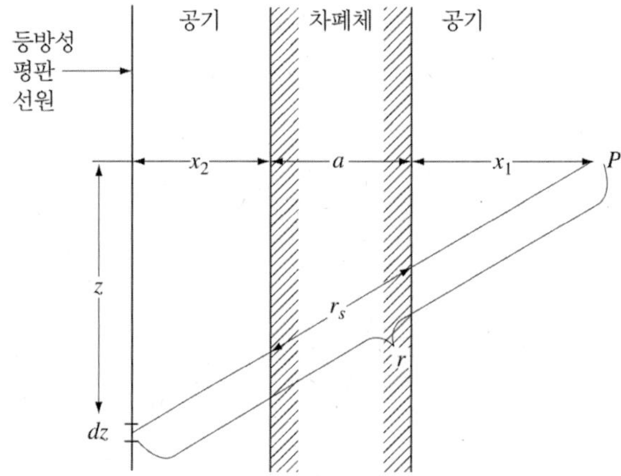

그림 10.8 판형 차폐체로부터 일정 거리에 놓인 등방성 평판 선원(isotropic planar source)

$$\phi_u = \frac{S}{2}\int_0^\infty \frac{ze^{-\mu r_s}dz}{r^2}$$

가 된다. 적분 변수 z를 r로 변환하면,

$$\phi_u = \frac{S}{2}\int_y^\infty \frac{e^{-\mu r_s}}{r}dr \tag{10.30}$$

이고 여기서 y는 r의 최솟값으로

$$y = x_1 + a + x_2$$

이다.

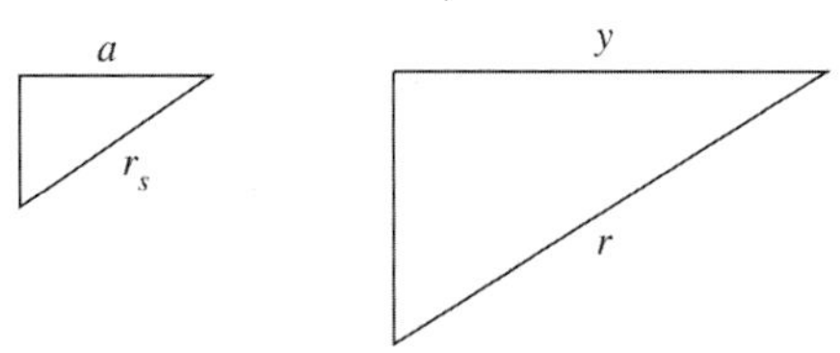

그림 10.9 r_s 계산을 위한 삼각형

이 적분을 계산하려면 r_s를 r로 표현해야 한다. 이것은 그림 10.9에 표시된 두 개의 유사한 삼각형을 비교하여 쉽게 할 수 있다. 이는

$$\frac{r_s}{r} = \frac{a}{y}$$

이므로

$$r_s = \frac{a}{y} r$$

이다. 이 결과를 식 (10.30)에 대입하면

$$\phi_u = \frac{S}{2} \int_y^\infty \frac{e^{-\mu ar/y}}{r} dr$$

이고, 이는

$$\phi_u = \frac{S}{2} \int_{\mu a}^\infty \frac{e^{-t}}{t} dt$$

와 동일하다. 따라서 이 식은

$$\phi_u = \frac{S}{2} E_1(\mu a)$$

위 식은 선원과 관측지점이 차폐체에 바로 인접한 이전 사례에서 얻은 식 (10.23)과 동일하다. 그리고 이번 사례의 누중 선속은 이전 문제에서 노출된 누증 선속 식 (10.26)과 동일하다는 것도 쉽게 보일 수 있다.

이번에는, 9.11절과 같이 S photon/cm^2-sec를 방출하는 반지름 R의 원판 선원을 그림 10.10처럼 두께가 a인 판형 차폐체로 차폐한 경우를 생각해 보자. 이러한 경우 P지점에서의 비충돌 선속 및 누증 선속도 무한 평판 선원의 경우와 같이 고리의 기여분을 적분하

여 계산할 수 있다. 그러므로 ϕ_u는 식 (10.19)처럼 주어지는데, 단, z의 적분 상한값을 무한(∞)이 아닌 R로 바꾸면,

$$\phi_u = \frac{S}{2}\int_0^R \frac{ze^{-\mu r}}{r^2}dz$$

이다. 적분 변수를 z에서 r로 변경하면

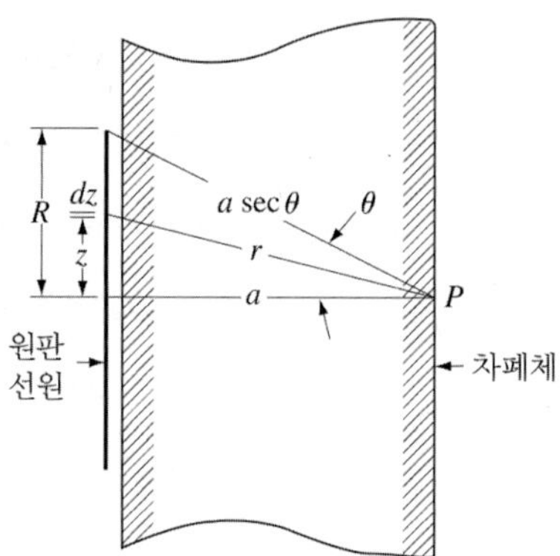

그림 10.10 판형 차폐체 뒤에 놓인 등방성 원판 선원(isotropic disc source)

$$\phi_u = \frac{S}{2}\int_a^{a\sec\theta} \frac{e^{-\mu r}dr}{r} \tag{10.31}$$

이고, 그림에 나타난 바와 같이 $a\sec\theta$[8]는 r의 최댓값이다. 이 적분은 E_1 함수로 다시 표현할 수 있고

$$\phi_u = \frac{S}{2}[E_1(\mu a) - E_1(\mu a\sec\theta)] \tag{10.32}$$

이다. 이와 유사하게, 누중 선속도 다음과 같이 구할 수 있다.

$$\phi_b = \frac{S}{2}\Sigma A_n\{E_1[(1+\alpha_n)\mu a] - E_1[(1+\alpha_n)\mu a\sec\theta]\} \tag{10.33}$$

무한 선원 사례에서와 같이, ϕ_u와 ϕ_b에 대한 표현식은 선원, 차폐체 및 관측지점이 공기 영역으로 분리가 되어도 유효하다.

---

8 $\sec\theta = \dfrac{1}{\cos\theta}$.

10.3 선 선원

그림 10.11은 반지름 R의 원통형 차폐체로 둘러싸인 길이 l의 선 선원(line source)을 나타낸다. 이 선원으로부터 단위길이당 S 크기의 감마선이 등방성으로 방출되는 경우, P 지점에서의 비충돌 선속은 다음과 같다.

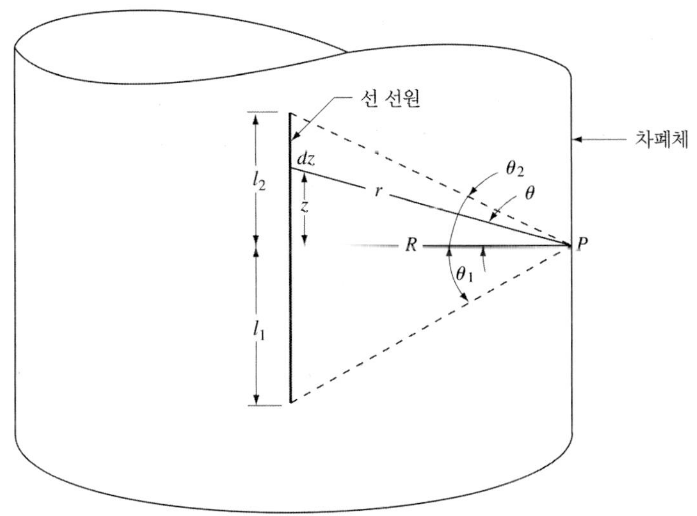

그림 10.11 원통형 차폐체 내부에 놓인 등방성 선 선원(isotropic line source)

$$d\phi_u = \frac{Se^{-\mu r}dz}{4\pi r^2}$$

또한 ϕ_u는

$$\phi_u = \frac{S}{4\pi}\int_{-l_1}^{l_2}\frac{e^{-\mu r}}{r^2}dz \tag{10.34}$$

여기서 l_1과 l_2는 각각 선원 길이 l의 하한과 상한 부분이다. 식 (10.34)의 적분 변수를 z에서 각도 θ로 변환하는 것이 편리하다.

$$r = R\sec\theta$$

$$z = R\tan\theta$$

$$dz = R\sec^2\theta\, d\theta$$

변환 후에 비충돌 선속은 아래와 같이 정리된다.

$$\phi_u = \frac{S}{4\pi R}\int_{-\theta_1}^{\theta_2} e^{-\mu R \sec\theta} d\theta \tag{10.35}$$

식 (10.35)의 적분은 해석적 계산은 불가능하지만, *시버트 적분 함수*(*Sievert integral function*)로 표현할 수는 있다. 이것은 다음과 같이 정의되는 2변수 함수이다.

$$F(\theta,\ x) = \int_0^{\theta} e^{-x\ \sec\theta}\, d\theta \tag{10.36}$$

여기서 θ는 $\pi/2$보다 작은 값으로 제한된다. 그림 10.12는 θ를 매개변수로 하여 $F(\theta,\ x)$를 x의 함수로 나타낸 그래프이다. $F(\theta,\ x)$는 x에 따라 다소 지수함수적으로 감소하고 θ에 따라서는 증가함을 알 수 있다. $\theta(\pi/2$ 근처)와 x의 큰 값에 대해서 $F(\theta,\ x)$를 다음 근사식으로 계산할 수 있다.

$$F(\theta,\ x) \simeq \sqrt{\frac{\pi}{2x}}\, e^{-x}\left(1-\frac{5}{8x}\right) \tag{10.37}$$

$\sec(-\theta)=\sec\theta$이므로 식 (10.36)의 피적분함수는 θ의 우함수이다. 우함수의 적분은 항상 기함수이므로, 다음과 같다.

$$F(-\theta,\ x) = -F(\theta,\ x) \tag{10.38}$$

$F(\theta,\ x)$의 이러한 성질을 고려하여, P지점에서의 비충돌 선속 ϕ_u에 대한 식 (10.35)는 다음과 같이 표현할 수 있다.

$$\phi_u = \frac{S}{4\pi R}[F(\theta_1,\ \mu R) + F(\theta_2,\ \mu R)] \tag{10.39}$$

누중 선속의 계산은 앞에서 설명한 평판형과 원판형 문제와 본질적으로 동일하다. 따라서 ϕ_b는 다음과 같이 주어진다.

$$\begin{aligned}\phi_b &= \frac{S}{4\pi R}\Sigma A_n \int_{-\theta_1}^{\theta_2} e^{-(1+\alpha_n)\mu R\sec\theta} d\theta \\ &= \frac{S}{4\pi R}\Sigma A_n \{F[\theta_1,\ (1+\alpha_n)\mu R] + F[\theta_2,\ (1+\alpha_n)\mu R]\}\end{aligned} \tag{10.40}$$

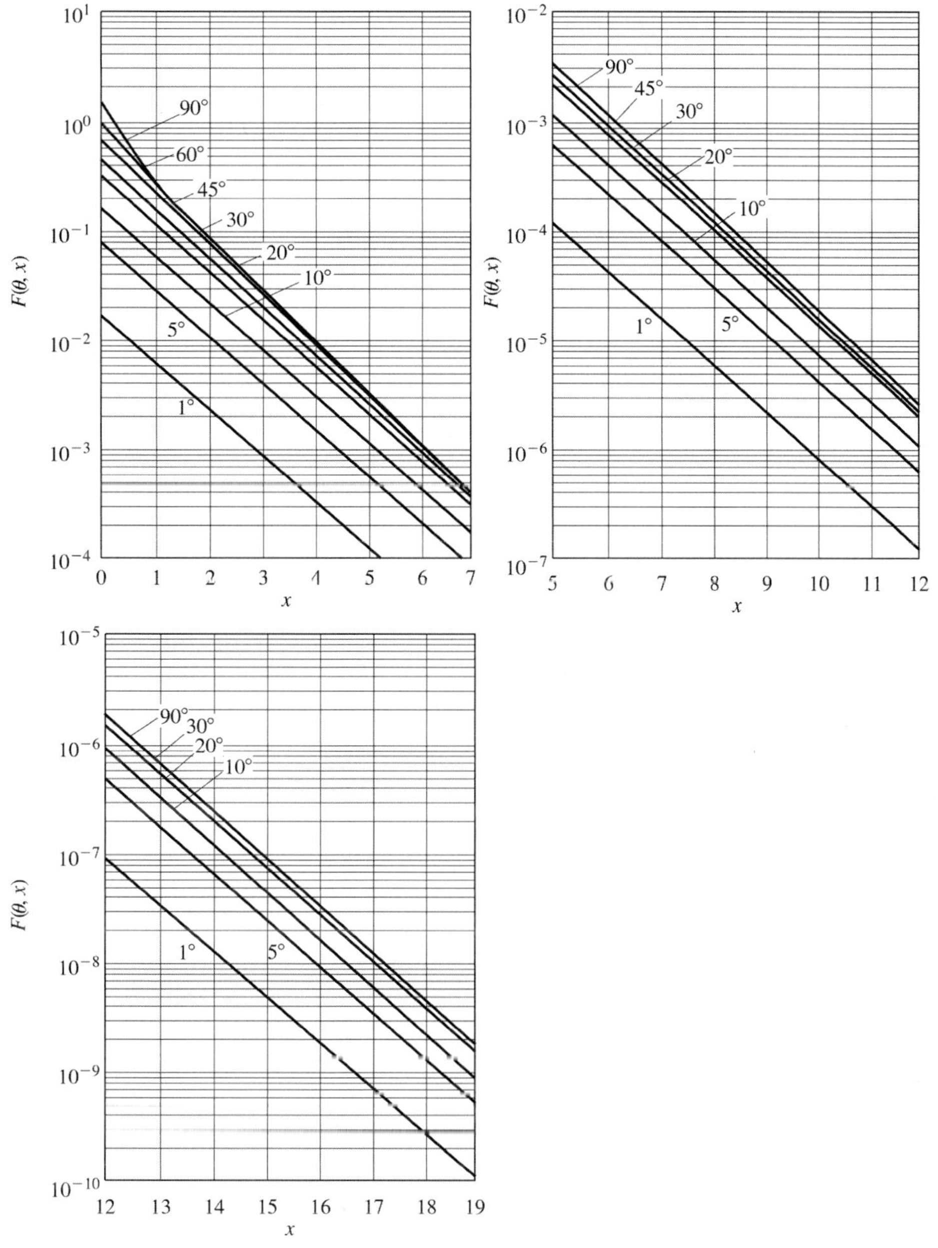

그림 10.12 함수 $F(\theta, x)$

식 (10.40)을 이용한 수치 계산은 예제 10.3에서 설명한 평판 차폐체에 대한 방법과 동일하게 하면 된다. 차폐체 두께를 결정해야 하는 경우, 일반적으로 식 (10.40)의 우변에 대한 로그를 취하여 표시하면 좋다. 이 곡선은 결과적으로 사실상 직선이 된다.

관측지점 P가 선원으로부터 차폐체 표면 너머 거리 R 위치에 놓여 있으며, 차폐체 반경 a가 R보다 작은 경우, 비충돌 선속은 아래와 같이 된다.

$$\phi_u = \frac{S}{4\pi R}[F(\theta_1,\ \mu a) + F(\theta_2,\ \mu a)] \tag{10.41}$$

그러면 누증 선속은 다음과 같다.

$$\phi_u = \frac{S}{4\pi R}\Sigma A_n\{F[\theta_1,\ (1+\alpha_n)\mu a] + F[\theta_2,\ (1+\alpha_n)\mu a]\} \tag{10.42}$$

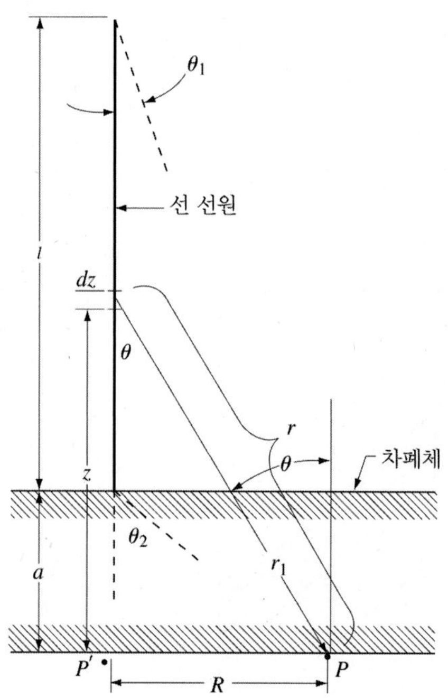

그림 10.13 선 선원의 끝부분에 차폐체가 놓인 경우

차폐체가 그림 10.13과 같이 선원의 하단에 놓여 있다고 하자. 그럴 경우 P지점에서의 비충돌 선속은 아래와 같다.

$$\phi_u = \frac{S}{4\pi}\int_a^{l+a}\frac{e^{-\mu r_s}}{r^2}dz \tag{10.43}$$

다음과 같이 적분 변수를 z에서 θ로 변경하면

$$r = R\csc\theta$$

$$r_s = a\sec\theta$$

$$z = R\cot\theta$$

$$dz = -R\csc^2\theta\, d\theta$$

가 되며, 이를 식 (10.43)에 대입하면

$$\phi_u = \frac{S}{4\pi R}\int_{\theta_1}^{\theta_2} e^{-\mu a\sec\theta} d\theta$$

이고, 이를 다시 정리하면,

$$\phi_u = \frac{S}{4\pi R}\{F[\theta_2, \mu a] - F[\theta_1, \mu a]\}\cdot\mu \tag{10.44}$$

이 되며, 누증 선속은 아래와 같다.

$$\phi_b = \frac{S}{4\pi R}\Sigma A_n\{F[\theta_2, (1+\alpha_n)\mu a] - F[\theta_1, (1+\alpha_n)\mu a]\} \tag{10.45}$$

R이 0에 극한으로 접근하면, 즉 P지점이 P'지점에 접근하면, θ_1과 θ_2도 0에 접근하게 되어, 식 (10.45)는 부정(indefinite) 상태가 된다. 하지만 연습문제 10.9에 따라,

$$F(\theta, \mu a) \simeq \theta e^{-\mu a}$$

이므로, θ의 작은 값에 대해 ϕ_u는 다음과 같이 거동한다.

$$\phi_u \xrightarrow[R\to 0]{} \frac{Se^{-\mu a}}{4\pi}\frac{\theta_2 - \theta_1}{R}$$

그림 10.13에서

$$\frac{R}{a} = \tan\theta_2 \simeq \theta_2$$

그리고

$$\frac{R}{l+a} = \tan\theta_1 \simeq \theta_1$$

이므로 아래와 같이 정리된다.

$$\phi_u \xrightarrow[R\to 0]{} \frac{Sle^{-\mu a}}{4\pi a(l+a)} \tag{10.46}$$

비슷한 방식으로 ϕ_b 또한 아래 수식으로 수렴한다.

$$\phi_b \xrightarrow[R\to 0]{} \frac{SlB_p(\mu a)e^{-\mu a}}{4\pi a(l+a)} \tag{10.47}$$

여기서 $B_p(\mu a)$는 점 누증계수이다.

이 절에서 도출한 다양한 공식을 사용하여 원통형 핵연료 캐스크의 예비 설계를 수행할 수 있다. 이들은 방사성 핵연료 집합체를 운반하거나 운송하는 데 사용되는 두꺼운 차폐 용기들이다. 식 (10.40)은 원통형 부분의 두께를 결정한다. 상하 양단의 두께는 식 (10.47)로 추정할 수 있는데, 그 이유는 캐스크의 상단 또는 하단에서 ϕ_b값이 가장 크기 때문이다. 오늘날 이러한 계산은 일반적으로 10.10절에서 논의할 몬테카를로 방법을 사용하여 수행된다.

»» 10.4 내부 선원

감마선을 감쇠시키는 매질 내부에 선원이 분포하는 상황이 종종 발생한다. 원자로 차폐체가 그러하다. 고속의 핵분열 중성자는 이 차폐체 내에서 비탄성 산란하여 비탄성 감마선 선원을 발생시키는 반면, 열중성자는 방사포획을 거쳐 방사포획 감마선을 생성한다. 원자로 차폐에서는 그러한 이차 감마선에 대한 차폐 방안을 포함해야 한다.

그림 10.14와 같이 거리 x에서 $S(x)$ photon/cm^3-sec를 방출하는 감마선 선원을 포함하는 두께 a인 판형 차폐체를 고려해 보자. P지점에서 피폭률을 찾아야 한다. 위치 x에서 미소 두께 dx인 평판 선원에 의한 P지점에서의 비충돌 선속은 식 (10.23)의 미분에 의해 아래와 같이 주어진다.

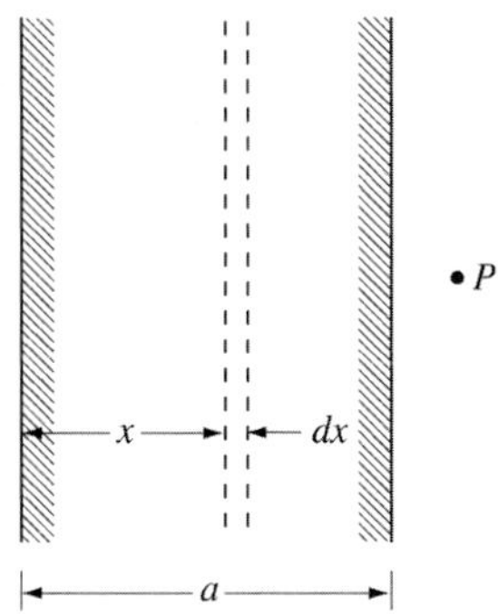

그림 10.14 판형 차폐 내부의 감마선 선원

$$d\phi_u = \frac{S(x)}{2} E_1[\mu(a-x)]dx$$

따라서 총 비충돌 선속은 다음과 같다.

$$\phi_u = \frac{1}{2}\int_0^a S(x)E_1[\mu(a-x)]dx \tag{10.48}$$

특별히, $S(x) = S$가 상수라고 가정하면, 식 (10.48)은 아래와 같이 정리된다.

$$\phi_u = \frac{S}{2}\int_0^a E_1[\mu(a-x)]dx \tag{10.49}$$

적분 계산을 위해, $t = \mu(a-x)$라 하면, $dx = -dt/\mu$가 되어 식 (10.49)는 아래와 같이 정리된다.

$$\phi_u = \frac{S}{2\mu}\int_0^{\mu a} E_1(t)dt \tag{10.50}$$

식 (10.22)의 미분에 의해 얻어진 관계에 따라[9]

$$\int_0^x E_1(t)dt = 1 - E_2(x)$$

---

9 이 관계식은 식 (10.22)로부터 얻어진 $\frac{dE_n}{dx} = -E_{n-1}$에 근거한 것임.

식 (10.50)은 다음이 된다.

$$\phi_u = \frac{S}{2\mu}[1 - E_2(\mu a)] \tag{10.51}$$

누중 선속은 아래의 통상적인 방법으로 계산된다.

$$\phi_b = \frac{S}{2\mu}\Sigma A_n\{1 - E_2[(1+\alpha_n)\mu a]/(1+\alpha_n)\} \tag{10.52}$$

중성자속이 대략 지수함수적으로 감소하는 차폐체 내부의 감마 선원을 더욱 현실적으로 나타내는 선원 분포는 아래와 같으며

$$S(x) = Se^{-\kappa x} \tag{10.53}$$

여기서 κ는 상수이다. 이 선원 분포를 식 (10.48)에 대입하여 계산하기는 복잡하기에 여기서는 생략한다. 결과적으로, μ가 κ보다 클 경우에, ϕ_u 함수는 다음과 같다.

$$\phi_u = \frac{Se^{-\kappa a}}{2\kappa}\left\{e^{\kappa a}E_1(\mu a) - E_1[(\mu-\kappa)a] + \ln\left(\frac{\mu}{\mu-\kappa}\right)\right\} \tag{10.54}$$

만약 μ가 κ보다 작으면 ϕ_u는 아래와 같다.

$$\phi_u = \frac{Se^{-\kappa a}}{2\kappa}\left\{e^{\kappa a}E_1(\mu a) + Ei[(\kappa-\mu)a] + \ln\left(\frac{\mu}{\kappa-\mu}\right)\right\} \tag{10.55}$$

여기서 $Ei(x)$는 아래와 같은 지수 적분 함수이다.[10]

$$Ei(x) = -\int_{-x}^{\infty}\frac{e^{-t}}{t}dt \tag{10.56}$$

판형 차폐체 외부의 누중 선속은 μ을 $(1+\alpha_n)\mu$로 대체하고 모든 n에 대해 합치는 일반적인 방법으로 구할 수 있다.

임의의 형태를 가진 체적 내에 임의의 선원 분포 $S(\mathrm{r}')$에 대해, 그 체적 표면 위의 지점

10 참고문헌 참조.

r′에서의 감마선속은 선원 체적에 대한 다음의 적분을 통해 계산할 수 있다.

$$\phi_u(\mathrm{r}) = \frac{1}{4\pi}\int \frac{S(\mathrm{r}')e^{-\mu|\mathrm{r}-\mathrm{r}'|}}{|\mathrm{r}-\mathrm{r}'|^2}dV' \tag{10.57}$$

이 적분은 컴퓨터 또는 다음과 같은 직접적인 수계산 방법으로 할 수 있다. 먼저 선원 체적을 부분체적 V_i로 나누는데, 이때 크기가 같을 필요는 없다. V_i에서 방출되는 감마선 크기 S_i는 선원 함수로부터 계산된다. 그런 다음, 각 부분체적에서 방출되는 선속들을 모두 합한다. S_i를 점 선원으로 보면, 누증 선속 결과는

$$\phi_b = \frac{1}{4\pi}\Sigma\frac{S_i B_p(\mu r_i)e^{-\mu r_i}}{r_i^2} \tag{10.58}$$

이며, 여기서 r_i는 V_i 내의 어떤 지점에서 관찰 지점까지의 거리이다.

10.5 다층 차폐

지금까지 논의된 감마선 차폐는 모두 단일 영역으로 구성되었다. 둘 이상의 재료층으로 구성된 차폐를 고려해 보자. 예를 들어, 그림 10.15와 같이 에너지 E_0의 단방향 빔이 서로 다른 물질의 두 층을 가진 차폐체로 입사한다고 가정하자. P 지점에서의 비충돌 선속이 아래와 같음을 어렵지 않게 알 수 있다.

$$\phi_u = \phi_0 e^{-(\mu_1 a_1 + \mu_2 a_2)} \tag{10.59}$$

여기서 μ_1과 μ_2는 각각 첫째 층과 둘째 층의 총 감쇠계수이고, a_1과 a_2는 각각의 두께이다.

P 지점에서의 누증 선속 계산은 더 어려운 문제이다. 이는 각 물질에 대한 누증계수들은 단일 에너지 감마선에 대해서만 계산되었다는 사실 때문이다. 이러한 누증계수는 그림 10.15의 첫째 층을 떠나는 방사선에 적용될 수는 있지만, 둘째 층을 떠나는 방사선에는 적합하지 않다. 그 이유는, 첫째 층 내에서 발생하는 방사선과 물질과의 상호작용에 의해 둘째 층에 입사되는 방사선이 (단방향도 아니고 단일 에너지도 아닌–역자 주) 연속

스펙트럼을 갖기 때문이다. 따라서 P 지점에서의 누중 선속은 이 두 개 층 중 어느 층이 먼저냐에 의존함을 예상할 수 있다. 즉, 첫째 층에 입사된 단일 에너지 선속은 첫째 층을 지나면서 연속 스펙트럼이 되어 둘째 층에 입사되어 P 지점에 고유한 ϕ_b 값을 만들어 낸다. 이 두 개 층의 위치가 바뀌어도, ϕ_b 값은 같다고 생각할 이유는 없다. 실제로 이 두 개 층이 바뀌기 전후에 얻어진 두 개의 ϕ_b값은 일반적으로 상당히 다르다.

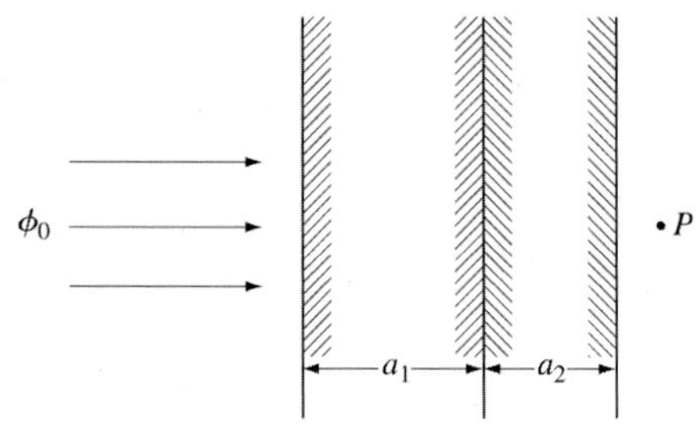

그림 10.15 다층 차폐에 입사되는 감마선

납과 물로 구성된 다층 차폐체에 0.5 MeV 감마선이 입사하는 것을 고려해 보자. 표 10.1에서 물의 누중계수가 동일한 두께의 납보다 훨씬 큼을 알 수 있다. 따라서 납보다는 물에서 저에너지 산란 방사선이 더 많이 누중된다. 이는 저에너지 방사선은 물 속에서 거의 광전 흡수(photo-electric absorption) 되지 않고 전파되기 때문이다. 반면에 납은 원자번호 Z가 커 낮은 에너지에서도 광전 흡수가 잘 일어나 저에너지 방사선의 누중이 불가능하다. 물을 납 앞에 배치하면 먼저 물에서 누중된 방사선이 이어서 납을 통과하면서 흡수되어 버리기 때문에 차폐체의 총 누중(overall buildup)은 작아진다. 반면, 납을 앞에 배치하면 납을 통과한 이후 물에서 누중된 방사선이 관찰 지점에 도달하게 되어 총 누중이 더 커지게 된다.

각 층의 누중계수를 이용하여 다층 차폐체의 정합의 누중계수 값을 간단히 얻을 수 있는 방법은 없다. 다음과 같은 정성적인 방법을 이용하여 대략적인 값을 얻을 수는 있다. 이 방법은 모든 경우에 합리적인 해답을 제시할 것으로 기대할 수 있다.

1. 매질들이 별 차이가 없는 경우, 즉 원자번호 Z의 차이가 5~10을 초과하지 않는 경우, $B(\mu_1 a_1 + \mu_2 a_2)$와 같이 원자번호가 더 큰 매질의 누중계수를 사용하여 전체 차폐체의 총 누중계수를 계산한다. 이 규칙은 누중계수는 저에너지를 제외하고 매질

의 원자번호에 따라 크게 변화하지 않는다는 관찰에 기초한다.

2. 두 매질은 다르나 원자번호가 낮은 매질이 먼저인 경우, 이 첫째 매질이 없는 것으로 생각하고 $B_{z2}(\mu_2 a_2)$로 둘째 매질의 누증계수를 사용한다. 첫째 층의 저에너지 누증 방사선이 둘째 층에 흡수되기 때문이다.
3. 두 매질은 다르나 원자번호가 큰 매질이 먼저인 경우, 무거운 원소에서는 약 3 MeV에서 발생하는 μ-곡선의 최소치보다 입사되는 감마선 에너지가 큰지 작은지에 따라 방법이 달라진다. 에너지가 $E < 3$ MeV이면 누증계수는 아래와 같이 주어진다.

$$B = B_{z1}(\mu_1 a_1) \times B_{z2}(\mu_2 a_2) \tag{10.60}$$

이는 원자번호가 큰 차폐체로부터 발생하는 광자의 에너지는 선원의 에너지와 거의 차이가 없어, 둘째 매질에 입사되는 광자는 선원의 감마선처럼 취급할 수 있기 때문이다. $E >$ 3 MeV이면, 누증계수는

$$B = B_{z1}(\mu_1 a_1) \times B_{z2}(\mu_2 a_2)_{\min} \tag{10.61}$$

이고, 여기서 $B_{z2}(\mu_2 a_2)$는 3 MeV에서 B_{z2}의 값이다. 식 (10.61)은 첫째 층을 투과한 감마선은 μ의 최솟값 근처의 에너지에 집중되어, 둘째 층의 투과는 실제 선원 에너지가 아닌 이 에너지에 의해 결정된다는 사실에 기초한다.

위에 기술된 방법은 다층 구조 차폐체에서의 감마선 감쇠에 대해 근사치를 제공한다는 것을 강조하고자 한다. 이 방법들은 정합해 계산이 불가능할 때 사용되어야 한다.

예제 10.4

6 MeV의 10^6 γ-ray/cm^2-sec 강도의 단방향 빔을 100 cm의 물과 8 cm의 납으로 차폐한다. (a) 물을 납 앞에 놓은 경우, (b) 납이 물 앞에 놓인 경우의 피폭률을 계산하라.

풀이

두 경우 모두 다음과 같이 누증 선속이 주어진다.

$$\phi_b = 10^6 B_m e^{-(\mu_w x_w + \mu_{Pb} x_{Pb})}$$

여기서 B_m은 적절한 단방향 누증계수, $x_w = 100$ cm, $x_{Pb} = 8$ cm 이다. 표 I.4에서 $\mu_w = 0.0275$ 이고 $\mu_{Pb} = 0.4944$이므로, $\mu_w x_w = 2.75$이고 $\mu_{Pb} x_{Pb} = 3.96$이다. (a) B_m의 값이 납 단독 값인 경우 표 10.1의 값을 사용하면 아래와 같다.

$$B_m = B_{Pb}(3.96) = 1.86$$

그러면 ϕ_b는

$$\phi_b = 10^6 \times 1.86 e^{-(2.75+3.96)}$$
$$= 2.27 \times 10^3 \ \gamma\text{-ray/cm}^2\text{-sec}$$

그림 9.9에 따르면, 6 MeV에서 150 γ-ray/cm^2-sec의 선속은 1 mR/hr의 피폭률을 제공한다. (a)의 경우,

$$\dot{X} = \frac{2.27 \times 10^3}{150} \times 1 = 15.1 \text{ mR/hr}$$

(b)의 경우, 식 (10.61)에 따라 B_m는 아래와 같이 주어진다.

$$B_m = B_{Pb}(3.96) \times B_W(2.75)$$

여기서 $B_W(2.75)$은 μ_{Pb}곡선에서 최솟값인 약 3.2 MeV에서 평가된다. 표 10.1로부터,

$$B_W(2.75) = 2.72$$

그리고 $B_{Pb}(3.96)$는 다시 1.86이며, 따라서

$$B_m = 1.86 \times 2.72 = 5.06$$

이다. 누증 선속은

$$\phi_b = 10^6 \times 5.06 e^{-(2.75+3.96)}$$
$$= 6.17 \times 10^3 \ \gamma\text{-ray/cm}^2\text{-sec}$$

피폭률을 계산하면 다음과 같다.

$$\dot{X} = \frac{6.17 \times 10^3}{150} \times 1 = 41.1 \text{ mR/hr}$$

따라서 감마선이 물을 먼저 투과한 후 납을 투과할 때 피폭률이 더 작아진다.

≫≫ 10.6 원자로 차폐의 원칙

이 절에서는 원자로 주변과 원자력 발전소의 다양한 지점에서 방출되는 방사선으로부터 운영 인력과 일반인을 보호하기 위해 설치해야 하는 생물학적 차폐에 대한 설계 문제를 다루고자 한다. 다음과 같은 방사선원들을 고려해야 한다.

즉발 핵분열 중성자(prompt fission neutrons)

원자로심에서 방출되며, 이것들은 생물학적 차폐를 설계할 때 고려해야 할 가장 중요한 방사선을 구성한다.

지발 핵분열 중성자(delayed fission neutrons)

보통 지발중성자들은 주요 고려사항이 아닌데, 그 이유는 발생량이 적고 에너지도 매우 낮기 때문이다(약 400 keV 정도). 지발중성자는 용융염 증식로와 같은 순환 연료 원자로에서 특별한 차폐 문제를 야기한다(4.5절 참조). 이러한 시스템에서는 흐르는 연료와 함께 지발중성자선행핵(delayed neutron precursor)들이 노심 외부로 이송되어 그곳에서 일부 지발중성자를 방출한다.

즉발 핵분열 감마선(prompt fission γ-rays)

노심에서 방출되며, 대부분 노심에 있는 물질에 의해 감쇠된다.

핵분열 생성물 붕괴 감마선(fission product decay γ-rays)

연료로부터 방출되며, 원자로 정지 후에도 지속되는 방사선원이다.

비탄성 감마선(Inelastic γ-rays)

비탄성 중성자 산란 결과로 여기상태가 된 핵에서 방출되는 감마선이다. 비탄성산란은 높은 에너지의 중성자와만 발생하므로, 비탄성 감마선은 중성자 에너지가 높은 원자로 노심 및 차폐체 내부로부터 방출되는 경향이 있다.

방사포획 감마선(capture γ-rays)

방사성 포획 반응에서 중성자가 핵에 흡수될 때마다 방출된다. 이 반응은 공명과 열에너지에서 방출 가능성이 가장 높다. 열중성자들은 주로 원자로 차폐체에 존재하기 때문에, 이 차폐체가 포획 감마선의 선원이 될 수 있다.

방사화 감마선(activation γ-rays)

중성자 흡수로 형성된 방사성 핵종에 의해 방출된다. 원자로의 내부 구조물의 대부분은 이러한 방식으로 방사화되며, 냉각재와 냉각재로 유입된 (첨가물 혹은 불순물–역자 주) 원자들도 그러하다. 냉각재에 포함되거나 냉각재에 실려 운반되는 그러한 방사성 핵종은 일차 냉각재 유로에 있는 배관 및 기기에 침착될 수 있다. 결과적으로 이 부분들은 차폐가 요구되는 방사화 감마선의 선원이 된다.

실제로 이러한 모든 방사선원 중에서 즉발 핵분열 중성자가 가장 차폐하기 어려운 것으로 밝혀졌다. 불행히도 고속중성자를 흡수하는 것은 불가능하다. 높은 에너지에서 흡수 단면적이 너무 작기 때문이다. 따라서 먼저 할 일은 고속중성자를 열에너지로 감속시킨 다음 열중성자를 흡수하는 것이다. 이와 관련하여, 중성자는 다른 어떤 핵보다 수소와 탄성 충돌 시 평균적으로 에너지의 50%를 잃는다(3.5절 내용 참고). 이러한 이유로 수소는 모든 원자로 차폐의 주요 구성요소 중 하나이다. 수소 함량이 높은 물과 물을 포함한 다른 물질은 원자로 시설을 차폐하기 위해 종종 사용된다. 원자력 발전소의 차폐 물질은 대부분 일반 콘크리트로, 이는 약 10 w/o의 물을 함유하고 있으며 수소 원자 밀도가 물의 약 4분의 1 정도이다. 콘크리트는 비싸지 않고 구조적으로 튼튼하며 원하는 모양으로 쉽게 형성된다.

가속기 선원이나 핵융합 반응(예제 2.8 및 2.11절 참조)에서 방출되는 매우 고속의 중성자를 감쇠하도록 설계된 차폐는 비탄성산란에 의해 중성자를 감속하기 위해 종종 중간 이상 혹은 무거운 물질들을 포함한다. 이 과정은 놀라울 정도로 효과적이다. 질량수 A의 핵과의 비탄성 충돌에서 발생하는 중성자의 평균 에너지 $\overline{E}'$에 대한 근사치는 다음과 같다

$$\overline{E}' = 6.4\sqrt{\frac{E}{A}} \tag{10.62}$$

여기서 E는 입사 중성자의 에너지이며 $\overline{E}'$과 E는 모두 MeV 단위이다. 14 MeV 중성자가 철(A = 56)에 의해 비탄성 산란한다고 가정해 보자. 그렇다면 식 (10.62)에서 $\overline{E}' = 3$ MeV이다. 이는 평균 에너지 손실이 11 MeV임을 말하며, 중성자가 수소와의 탄성 충돌에서 잃는 에너지보다 훨씬 더 많다.

철이나 기타 무거운 재료들도 고체 판이나 콘크리트 내에 균질하게 분포시키는 방법으로 원자로 차폐에 광범위하게 사용되어 왔는데, 그 목적은 중성자 감속보다는 주로 감마선 감쇠를 위한 것이다. 핵분열 중성자의 평균 에너지는 확실히 너무 낮아, 원자로 차폐체에서 이 중성자들을 감속하는 데 비탄성산란은 중요한 역할을 하지는 못한다. 차폐체를 철과 함수소(hydrogenous) 물질－콘크리트 또는 폴리에틸렌과 같은－로 영역을 번갈아 나누어 배치하면, 감마선과 중성자가 이들 층들을 연속해 지나면서 동일한 속도로 감쇠되어, 그 전체 크기와 중량은 콘크리트 또는 폴리에틸렌 중 하나만을 사용한 차폐체보다 적어도 된다. 이는 공간과 무게가 주된 문제인 이동식 원자력 발전 시스템에서 중요한 고려사항이 될 수 있다. 고정형 발전소에서는 공간이 결정적 문제는 아니므로 단순한 콘크리트 차폐가 제작하는 데 저렴하다.

일단 고속중성자가 차폐체 안에서 열중성자화되면, 그 차폐체 내부에 흡수되어야 한다. 열중성자가 물에 포획되면 $^{1}H(n,\gamma)^{2}H$ 반응에 의해 2.2 MeV의 감마선이 방출된다. 철에 포획되면 7.6 MeV와 9.3 MeV의 감마선이 방출된다. 차폐체가 두껍지 않은 경우, 차폐체 외부에서 감마선에 의한 피폭률은 상당한 높은 것이다. 이러한 감마선의 강도를 줄이기 위해 천연 또는 농축된 붕소를 원자로 차폐체에 첨가하기도 한다. 붕소는 높은 열중성자 흡수 난면적(759 b)을 가지고 있는데, 이는 대부분 $^{10}B(n,\alpha)^{7}Li$ 반응에 기인한다. 이 반응에서도 감마선이 방출되기는 하나, 그 에너지는 약 0.5 MeV로서 (물이나 철에 흡수되는 것보다) 상대적으로 낮다.

»» 10.7 제거 단면적

물속에서 핵분열 중성자의 감쇠에 관한 주요 실험이 몇 년 전 오크리지 국립연구소에서 수행되었으며, 이후 다른 곳에서도 반복되었다. 실험 구성은 그림 10.16에 나타나 있다. 원자로에서 나온 열중성자는 지름이 약 28인치인 농축우라늄 원반 위로 입사되며, 이 원반은 커다란 물탱크의 한쪽 끝에 위치한다. 열중성자는 우라늄에서 핵분열을 일으키며, 원반은 물속에서 핵분열 중성자 선원이 된다. 이러한 방식으로 사용되는 우라늄 판이나 디스크를 *핵분열판*(*fission plate*)이라고 한다. 물속의 이 선원으로부터 거리의 함수로서 약 1 MeV 이상 에너지의 고속 중성자속(flux)을 측정한다.

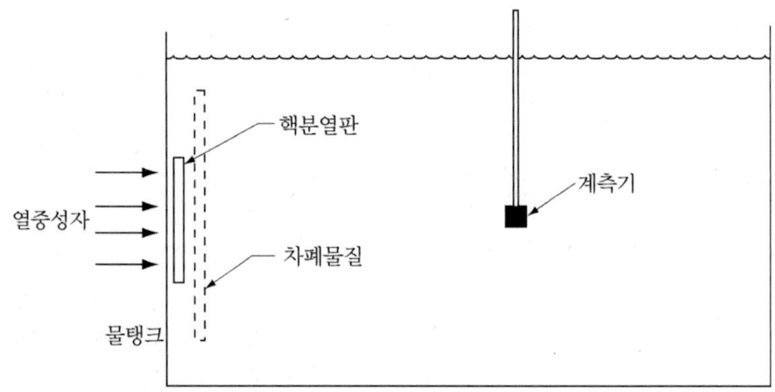

그림 10.16 제거 단면적 계산을 위한 핵분열 중성자의 수조 내 감쇠 실험

이러한 측정을 통해, 등방성 핵분열 점 선원으로부터 물속에서의 고속 중성자속을 추정할 수 있다. 초당 1개의 핵분열 중성자를 등방성으로 방출하는 핵분열 점 선원으로부터 거리 r만큼 떨어진 지점의 중성자속을 $G(r)$라 하자. 이 함수는 *포인트 워터 커널*(*point water kernel*)로 알려져 있다. 이 장의 앞부분(10.2절 참조)에 제시된 방법을 사용하면, 반지름이 R이고 S cm^2/sec의 중성자를 방출하는 핵분열판의 중심으로부터 거리 x에서의 중성자속은 다음과 같이 주어지는 것을 알 수 있다.

$$\varphi(x) = 2\pi S\int_0^R G(r)zdz \tag{10.63}$$

여기서 z는 디스크의 중심에서 $2\pi Sz\,dz$ neutron/sec로 중성자를 방출하는 폭 dz의 고리까지 거리다. 이 적분식을 도치시키면 $\varphi(x)$의 측정값으로부터 $G(r)$을 구할 수 있다.

이러한 측정 및 계산 결과가 그림 10.17에 나타나 있으며, 여기서 $4\pi r^2 G(r)$는 선원으로부터 거리의 함수로 나타난다. 이 곡선은 약 40 cm 거리를 지나면 거의 직선이 되어 $G(r)$를 다음과 같이 쓸 수 있다.

$$G(r) = \frac{Ae^{-\Sigma_{RW} r}}{4\pi r^2} \tag{10.64}$$

위에서 상숫값은 $A = 0.12$와 $\Sigma_{RW} = 0.103\ \text{cm}^{-1}$이다. 이러한 형태의 $G(r)$은 약 40 cm 거리부터는 핵분열 고속중성자의 유효 거시적 흡수 단면적이 Σ_{RW}임을 의미한다. 여기서 발생하는 일은, 이 중성자들이 물속에서 산란되이 1 MeV 이상의 에너지를 가진 중성자군으로부터 *제거*되고 있기 때문에, Σ_{RW}는 물의 *거시적 제거 단면적*(*macroscopic removal cross-section*)이라고 불린다.

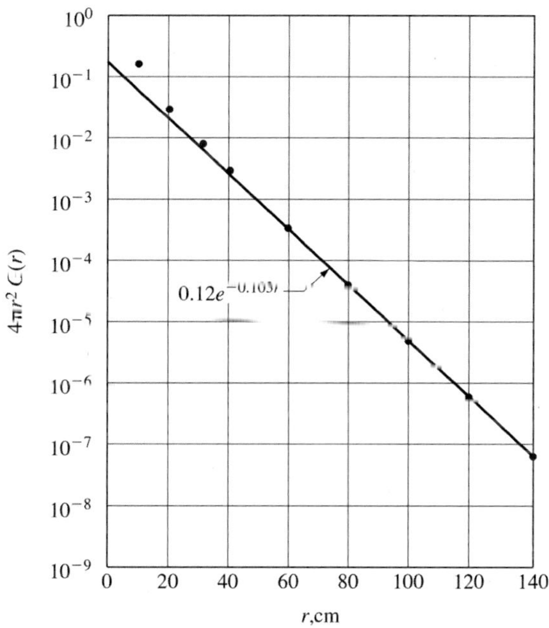

그림 10.17 초당 1개의 핵분열 중성자를 방출하는 점 선원에 대한 $4\pi r^2 G(r)$의 측정값과 $0.12\exp(-0.103r)$ 함수

이러한 결과를 물리적으로 이해하기 위해, 점 선원에서 방출되어 계측기 방향으로 향하는 핵분열 중성자를 고려해 보자. 이들 중성자 중 하나가 수소와 충돌하면 그 에너지는 평균적으로 절반으로 줄어든다. 그림 10.18과 같이 에너지 감소에 따라 수소의 산란 단면적이 급격히 증가하며, 다음 충돌의 평균 자유행정이 크게 단축된다. 결과적으로, 중성자는 첫 번째 충돌 지점과 가까운 곳에서 두 번째 충돌을 일으키고, 에너지와 평균 자유행정이 또다시 감소하게 된다. 이러한 방식으로 중성자의 에너지는 결국 1 MeV 이하로 떨어진다. 매 충돌마다 평균 자유행정이 이렇게 지속적으로 감소하기 때문에, 중성자 에너지가 1 MeV 이하로 떨어지는 것은 첫 번째 충돌 위치에서 그리 멀지 않다. 따라서 수소와의 단 한 번 충돌만으로도 계측기로 들어가는 고속중성자가 효과적으로 제거된다.

물속의 산소 핵은 주로 작은 각도로 중성자를 산란시키는 경향이 있어 산소에 의한 중성자 산란현상은 복잡하다. 작은 각도로 산란된 중성자는 계측기까지 도달할 수 있다. 산소에 의해 큰 각도로 산란된 중성자는 나중에 수소와 충돌하여 제거된다. 수소와의 단일 충돌, 그리고 전방 산란을 제외한 산소와의 모든 충돌은 물에서 고속중성자를 효과적으로 제거한다. 많은 양의 수소를 포함하는 모든 매질에서 같은 현상이 관찰된다. 특히 식 (10.64)는 콘크리트에 대해서도 유효하지만, 제거 단면적은 콘크리트에 함유된 수분의 양에 민감하다.

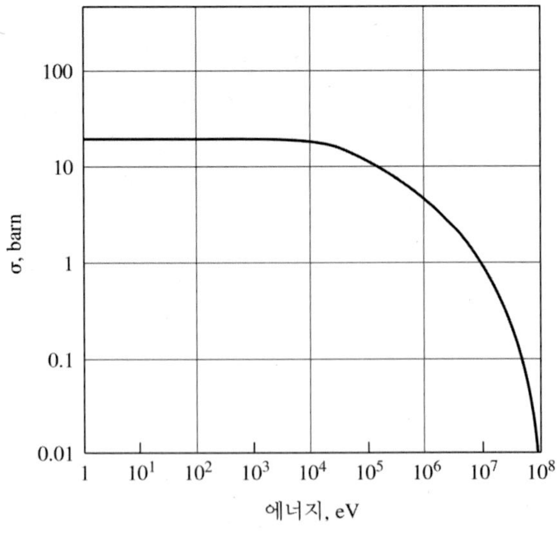

그림 10.18 에너지의 함수로 본 수소의 단면적

오크리지 실험으로 되돌아가서, 그림 10.16에 나타낸 핵분열판 앞에 다양한 두께의 판을 놓고 실험을 반복하였다. 이 데이터들이 다양한 두께의 물질로 둘러싸인 핵분열 점선원을 이용한 동등한 실험과 관련이 있을 때, 고속 중성자속은 다음 식과 같이 표현될 수 있음을 알게 되었다.

$$\varphi(r) = SG(r)e^{-\Sigma_R t} \tag{10.65}$$

여기서 S 선원의 강도, $G(r)$는 포인트 워터 커널, Σ_R은 해당 물질의 *거시적 제거 단면적*, t는 두께이다. 여러 물질에 대해 측정한 Σ_R값이 표 10.4에 제시되어 있다.

식 (10.65)에 대한 설명은 앞에서 제시한 워터 커널(water kernel)의 해석과 비슷하다. 따라서 계측기 방향으로 방출되는 핵분열 중성자만이 계측기에 도달할 가능성이 가장 높다. 선원 주위 물질에서 상호작용하는 중성자들은, 작은 각도로 산란되는 것들을 제외하고, 계측기로 방향으로 향하는 빔에서 제거된다. 그 중성자들이 이어서 두 번째로 충돌하는 것은 물이며, 앞서 논의한 메커니즘에 의해 감속되어 고속 중성자속으로부터 제거된

표 10.4 제거 단면적

물질	거시적 단면적, cm^{-1}	미시적 단면적, b
수소		1.00
중수소		0.92
베릴륨	0.132	1.07
붕소		0.97
탄소	0.065	0.81
산소		0.92
소듐	0.032	1.26
철	0.168	1.98
지르코늄	0.101	2.36
납	0.118	3.53
우라늄	0.174	3.6
물(경수)	0.103	
중수	0.092	
콘크리트*	0.089	

*무게비로 6%의 물을 함유.

다. 따라서 제거 단면적은 고속중성자에 관한 한 흡수 단면적에 해당한다. 이러한 연관관계로 보아, 제거 단면적은 수소를 충분히 함유한 매질 다음에 이어지는 물질(이 경우에는 물-역자 주)에 대해 정의된다는 것이 중요하다. 물질 내에서 상호작용하는 어떤 중성자가 고속 중성자속으로부터 상실된다는 확신을 갖게 하는 것은 이 매질의 두께에 관한 것이라 하겠다.

차폐 물질의 원자 밀도가 N이라 할 때 제거 단면적은 다음과 같이 쓸 수 있다.

$$\Sigma_R = N\sigma_R \tag{10.66}$$

여기서 σ_R은 *미시적 제거 단면적*(*microscopic removal cross-section*)이다. 여러 핵종들에 대한 σ_R값들이 표 10.4에 제시되어 있다. 여러 핵종들로 구성된 혼합물의 거시적 제거 단면적은 다음과 같이 통상적인 방법으로 구할 수 있다.

$$\Sigma_R = \sum_i N_i \sigma_{Ri} \tag{10.67}$$

여기서 N_i와 σ_{Ri}는 i번째 핵종에 대한 원자 밀도와 미시적 제거 단면적이다.

예제 10.5

물탱크 안에서 직경 28인치인 핵분열판이 4×10^7 fission/cm^2-sec의 핵분열 밀도로 작동한다. (a) 판의 중심에서 75 cm 떨어진 P 지점에서의 고속 중성자속을 계산하라. (b) 판 앞에 3인치 두께의 철제 판이 놓였을 경우에 대해 계산을 반복하라.

풀이

1. 우선 판으로부터 거리의 함수로 고속 중성자속을 나타낼 필요가 있다. 이것은 식 (10.63)에 의해 주어진다.

$$\varphi(x) = 2\pi S \int_0^R G(r) z\, dz$$

그림 10.19에서 $x^2 + z^2 = r^2$이므로 $z\,dz = r\,dr$이며 중성자속 $\varphi(x)$는 아래 식이 된다.

$$\varphi(x) = 2\pi S \int_x^{x\sec\theta} G(r) r\, dr$$

다음으로, 식 (10.64)의 $G(r)$에 의하여 다음을 얻는다.

$$\varphi(x) = 2\pi S \int_x^{x\sec\theta} \frac{e^{-\Sigma_{RW} r}}{r} dr$$

$$= \frac{SA}{2}[E_1(\Sigma_{RW^x}) - E_1(\Sigma_{RW^{x\sec\theta}})]$$

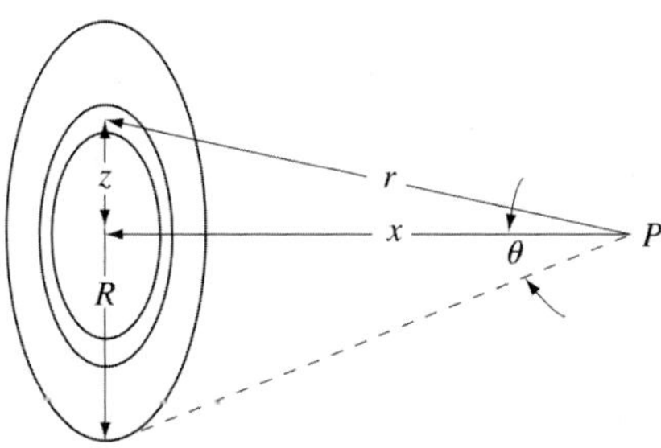

그림 10.19 계산을 위한 핵분열판(fission plate) 구조

$\varphi(x)$를 계산하려면 S와 $\sec\theta$ 값이 필요하다. 1회의 핵분열당 $\nu = 2.42$개의 핵분열 중성자가 방출되기 때문에 $S = 2.42 \times 4 \times 10^7 = 9.78 \times 10^7$ neutron/cm^2-sec가 된다. 또한 $\tan\theta = 14 \times 2.54/75 = 0.474$이므로 $\theta = 0.443$ rad이며 $\sec\theta = 1.107$이다. 그러면, $\Sigma_{RW} x = 0.103 \times 75 = 7.73$ 및 $\Sigma_{RW} x \sec\theta = 8.55$이다.

고속 중성자속은 다음과 같다.

$$\varphi(P) = \frac{9.68 \times 10^7 \times 0.12}{2}[E_1(7.73) - E_1(8.55)]$$

$$= 177 \text{ neutron/cm}^2\text{-sec}$$

2. 철판을 삽입하면 $\varphi(r)$는

$$\varphi(r) = 2\pi S \int_x^{x\sec\theta} e^{-\Sigma_R r_s} G(r) r\, dr$$

이며, 여기서 r_s는 이 철판 내에서 r에 따른 경사 거리이다. 닮은꼴 삼각형 규칙에 의해

$$\frac{r_s}{t} = \frac{r}{x}$$

가 되고, 여기서 t는 철판의 두께이다. 이 r_s과 $G(r)$를 위의 적분식에 대입하면

$$\varphi(x) = \frac{SA}{2} \int_x^{x\sec\theta} \frac{e^{-(\Sigma_{RW} - \frac{\Sigma_R t}{x})r}}{r} dr$$

$$\varphi(x)=\frac{SA}{2}\left[E_1(\Sigma_{RW}x+\Sigma_R t)-E_1(\Sigma_{RW}x\sec\theta+\Sigma_R t\sec\theta)\right]$$

표 10.4에서 철은 $\Sigma_R=0.168\ \text{cm}^{-1}$이므로 $\Sigma_R t=0.168\times3\times2.54=1.28$이다.

$$\varphi(x)=\frac{9.68\times10^7\times0.12}{2}[E_1(9.01)-E_1(9.97)]$$

$$=46.6\ \text{neutron/cm}^2\text{-sec}$$

앞의 문제는 고속 중성자속을 줄이는 데 있어 적당히 무거운 물질의 효능을 보여 준다(이 물질들 다음에 충분히 두꺼운 함수소 물질 층이 있어 산란된 중성자가 고속 중성자속으로부터 상실된다고 가정하여). 물 차폐체 외부 표면 근처에 설치한 차폐 물질은 고속중성자 감쇠에 거의 효과가 없다.

⋙ 10.8 원자로 차폐 설계: 제거－감쇠 계산

원자로 차폐의 예비 설계는 앞 절에서 논의된 포인트 커널과 제거 단면적을 사용하여 수행할 수 있다. 이러한 포인트 커널 제거-감쇠 계산은 컴퓨터에서 가장 잘 수행되며, 그 방법은 이 절의 끝부분에 설명되어 있다. 먼저 식 (10.64)에 제시된 단순한 지수함수 커널을 사용하여 원자로 차폐의 전체적인 물성을 어떻게 해석적으로 계산할 수 있는지 보이고자 한다.

그림 10.20과 같이 두께 a의 함수소 차폐물로 둘러싸인 반경 R의 노심으로 구성된 구형 원자로를 생각해 보자. 금속과 물의 혼합물로 금속의 체적 분율은 f이다. 계산을 간소화하기 위해 핵분열 중성자가 S neutron/cm^3-sec로 균일하게 생성되고 있다고 가정한다.

차폐체 표면 P 지점에서의 고속 중성자속은 노심 내 체적 dV로부터의 중성자속 기여분을 합산하여 계산할 수 있다. 문제의 대칭성에 비추어 볼 때, 적절한 체적 요소는 아래와 같은 미소 체적의 고리(그림 10.20 참조)이다.

$$dV=2\pi r^2\sin\theta\,d\theta\,dr$$

제거 단면적은 흡수 단면적과 동일하므로 dV로부터 P지점에 입사되는 중성자속은 다음과 같이 주어진다.

$$d\varphi(P) = \frac{SAdV}{4\pi r^2} e^{-n(r)} \tag{10.68}$$

여기서 $n(r)$은 dV에서 P지점까지 제거에 의한 평균 자유행정 총 개수(거리를 평균 자유행정으로 나눈 값−역자 주)이다. 노심의 냉각수에서, 제거에 의한 평균 자유행정 개수는 아래와 같다($\lambda_{RW}^{-1} = \Sigma_{RW}$ 이므로, 역자 주).

$$(1-f)\Sigma_{RW} r_c$$

여기서 $(1-f)\Sigma_{RW}$는 체적 분율 $1-f$인 물에 의한 거시적 제거 단면적이고 r_c는 그림 10.20에 나타난 고리에서 노심 표면까지의 거리이다. 노심 금속 부분에서 평균 자유행정 개수는

$$f\Sigma_{Rm} r_c$$

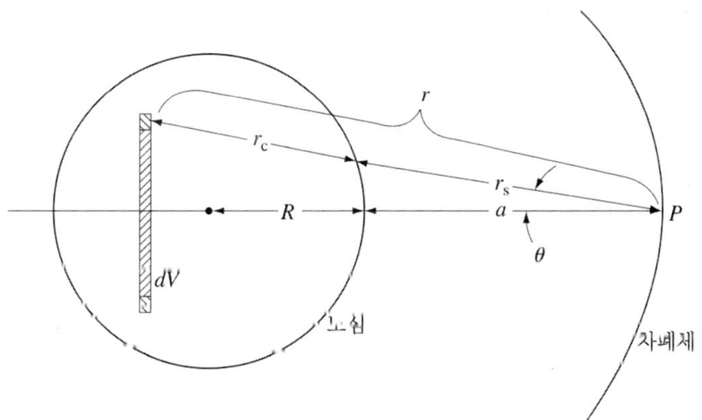

그림 10.20 구형 차폐에 둘러싸인 구형 노심

여기서 Σ_{Rm}은 정상 밀도에서 금속의 거시적 제거 단면적이다. 차폐체에서 평균 자유행정 개수는 다음과 같다.

$$\Sigma_{Rs} r_s$$

여기서 Σ_{Rs}은 차폐체의 제거 단면적이다. 따라서 dV에서 P까지 평균 자유행정 총 개수

는 다음과 같다.

$$(1-f)\,\Sigma_{RW}\, r_c + f\,\Sigma_{Rm}\, r_c + \Sigma_{Rs}\, r_s$$

왜냐하면

$$r_c = r - r_s$$

이 숫자는 다음과 같이 쓰일 수도 있다.

$$[(1-f)\Sigma_{RW} + f\,\Sigma_{Rm}]r + [\Sigma_{Rs} - (1-f)\Sigma_{RW} - f\Sigma_{Rm}]\,r_s$$

또는

$$\alpha r + \beta r_s$$

여기서

$$\alpha = (1-f)\Sigma_{RW} + f\Sigma_{Rm} \tag{10.69}$$

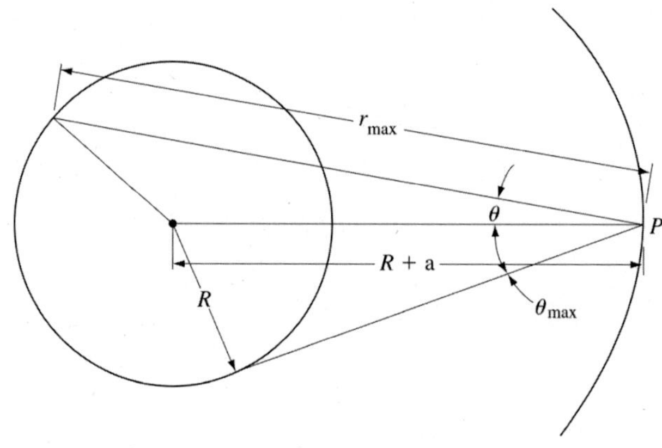

그림 10.21 $r_{\max}$ 계산을 위한 모식도

그리고

$$\beta = \Sigma_{Rs} - (1-f)\Sigma_{RW} - f\Sigma_{Rm} \tag{10.70}$$

그러면 dV로부터 P 지점에 입사되는 중성자속은 아래와 같다.

$$d\varphi(P) = \frac{SA\,dV}{4\pi r^2}e^{-(\alpha r + \beta r_s)} \tag{10.71}$$

$dV = 2\pi r^2 \sin\theta\, d\theta\, dr$를 대입하고 노심 전체에 대해 적분하면 중성자속은

$$\varphi(P) = \frac{SA}{2}\int_0^{\theta_{\max}} \sin\,\theta\, d\theta \int_{r_s}^{r_{\max}} e^{-(\alpha r + \beta r_s)} dr \tag{10.72}$$

여기서 $\theta_{\max}$와 $r_{\max}$는 각각 θ와 r의 최댓값이다. 그림 10.21로부터

$$\theta_{\max} = \sin^{-1}\left(\frac{R}{R+a}\right)$$

그리고

$$r_{\max} = (R+a)\cos\theta + \sqrt{R^2 - (R+a)^2\sin^2\theta}$$

r_s는 θ의 함수이지만 r과는 독립적이므로 식 (10.72)의 r에 대한 적분에서는 상수이다. 이 적분을 수행하면 다음을 얻을 수 있다.

$$\varphi(P) = \frac{SA}{2\alpha}\int_0^{\theta_{\max}} (e^{-\alpha r_s} - e^{-\alpha r_{\max}})e^{-\beta r_s} \sin\,\theta\, d\theta \tag{10.73}$$

나머지 적분은 해석적으로 수행할 수 없으며 수치해를 구해야 한다. 그러나 노심이 작고 차폐체가 두꺼운 경우, 다음을 이용하여 적분을 근사할 수 있다.

$$\sin\theta \simeq \theta$$

그리고

$$\theta_{\max} \simeq \frac{R}{R+a}\theta_{\max}$$

뿐만 아니라

$$r \simeq a$$

그리하여

$$r_{\max} \simeq 2R + a$$

따라서 식 (10.73)은 다음과 같이 정리할 수 있다.

$$\varphi(P) = \frac{SA}{2\alpha} e^{-(\alpha+\beta)a}(1 - e^{-2\alpha R}) \int_0^{\theta_{\max}} \theta\, d\theta$$

적분을 수행하며, 식 (10.69)와 식 (10.70)을 합하면 다음이 되므로

$$\alpha + \beta = \Sigma_{R_s}$$

아래와 같이 최종 결과를 얻는다.

$$\varphi(P) = \frac{SA}{4\alpha}\left(\frac{R}{R+a}\right)^2 e^{-\Sigma_{R_s} a}(1 - e^{-2\alpha R}) \tag{10.74}$$

반사체와 차폐체 사이에 두께 t의 금속층(예를 들어 철)이 있으며 $t \ll a$이라면, $\varphi(P)$는 $e^{-\Sigma_{RFe} t}$ 비율만큼 감소하게 된다. 다시 말해, 아래가 성립한다.

$$\varphi(P)(\text{철판이 있는 경우}) = e^{-\Sigma_{RFe} t}\, \varphi(P)\,(\text{철판이 없는 경우}) \tag{10.75}$$

예제 10.6

출력이 250 kW인 어떤 연구용 원자로의 노심은 우라늄 핵연료집합체와 냉각수로 구성되며, 금속 체적 분율은 0.75이다. 노심은 32리터의 체적을 가지고 있으며 15 cm 두께의 물 반사체에 둘러싸여 있다. 이 원자로는 150 cm 두께의 단위밀도를 가진 물로 차폐하는 것이 권고된다. 이 차폐체 표면에서 고속중성자 선량률을 예측하라.

풀이

핵분열당 회수 가능한 에너지 200 MeV = 3.2×10^{-11} joule이므로 노심의 핵분열은 다음과 같다.

$$250{,}000\ \text{joule/sec} \div 3.2 \times 10^{-11}\ \text{joule/fission} = 7.81 \times 10^{15}\ \text{fission/sec}$$

이것은 $7.81 \times 10^{15}/32 \times 10^3 = 2.44 \times 10^{11}$ fission/cm^3-sec의 핵분열 밀도를 준다. 핵분열이 ^{235}U에서 발생한다고 가정하면 $\nu = 2.42$이므로,

$$S = 2.42 \times 2.44 \times 10^{11} = 5.90 \times 10^{11}\ \text{neutron/cm}^3\text{-sec}$$

구형인 노심의 반경은

$$R = \sqrt[3]{\frac{3 \times 32{,}000}{4\pi}} = 19.7 \simeq 20$$

반사체와 차폐체는 모두 물이기 때문에 차폐체의 유효 두께 a = 165 cm이다.

표 10.4에서 우라늄의 거시적 제거 단면적은 0.174 cm^{-1}이다. 이제 식 (10.69)로부터

$$\alpha = 0.25 \times 0.103 + 0.75 \times 0.174 = 0.156 \ \ cm^{-1},$$

$$2\alpha R = 2 \times 0.156 \times 20 = 6.24,$$

그리고

$$\Sigma_{Rs} a = 0.103 \times 165 = 17.0$$

식 (10.74)에 위에 계산한 값들을 대입하면,

$$\varphi = \frac{5.90 \times 10^{11} \times 0.12}{4 \times 0.156} \left(\frac{20}{20 + 165} \right)^2 e^{-17.0} (1 - 3^{-6.24})$$

$$= 54.8 \ \text{neutron/cm}^2\text{-sec}$$

그림 9.12에서 6.8 fast neutron/cm^2-sec의 중성자속은 1 mrem/hr의 선량당량률을 나타낸다. 따라서 이 예제에서 선량률은 다음과 같다.

$$\dot{H} = \frac{54.8}{6.8} \times 1 = 8.1 \ \text{mrem/hr}$$

이 원자로의 차폐체 표면 근처에 접근이 허용될 경우, 중성자에 관한 한 최소한 추가적인 차폐가 필요할 것이다.

»»» 10.9 제거 – 확산법

앞 절에서 논의한 제거-감쇠 방법은 가장 높은 에너지의 중성자를 고려한 것이다. 완벽한 차폐 설계를 위해서는, 비탄성 및 포획 감마선 선원을 결정짓는 전체 에너지에 걸친 중성자들의 공간적인 분포를 알아야 한다. 이러한 분포는 *제거-확산법*(*removal-diffusion method*)[11]을 통해 얻어지며, 이는 제거-감쇠(removal-attenuation) 계산과 6.7절에서 제시한 유형의 다군(multi-group) 계산을 결합한 것이다.

몇 가지 버전의 제거-확산법이 수년간 개발되었다. 이 중 대부분 버전들에서 차폐체 내

11 또는 *스피니 방법*(*Spinney method*)이라고도 함.

의 중성자는 크게 세 개의 유형으로 나뉜다. 첫 번째 유형은 6 MeV를 초과하는 에너지를 가진 고속중성자로 구성된다. 이 중성자들은 차폐체의 가장 깊은 곳으로 투과한다. 이들을 묶어서 *제거군 중성자*(*removal group neutron*)라고 부른다. 두 번째 유형의 중성자는 노심에서 누설된 중성자와 함께 차폐체 내에서 충돌에 의해 제거군에서 이탈한 중성자를 말한다. 이 유형의 중성자는 원자로 내의 중성자와 마찬가지로 연속적인 충돌의 결과로 확산과 감속을 겪는다. 이들은 *중간 중성자*(*intermediate neutron*)라고 불린다. 세 번째 유형은 감속 후 열중성자가 되어서 확산하는 중성자로 구성된다.

제거-확산 계산에서 제거군 중성자는 N개의 중성자군으로 분류되고 중간 중성자는 M개의 중성자군으로 분류된다. 그림 10.22에 표시된 것처럼 열중성자군도 있다. 임의의 g번째 중간군 중성자를 고려해 보자. 6.7절에서와 같이, g번째 중간군의 중성자들은 그보다 상위 중성자군과 제거군에서 발생하는 충돌에 의해 진입하며, 흡수 또는 산란의 결과로 하위 중성자군으로 손실된다. $S_{h\to g}$를 h번째 제거군에서 g번째 중성자군으로 들어가는 중성자의 수라 하자. 6.7절의 다군 표기법을 사용한 g번째 중간 중성자군에 대한 확산식은 다음과 같다.

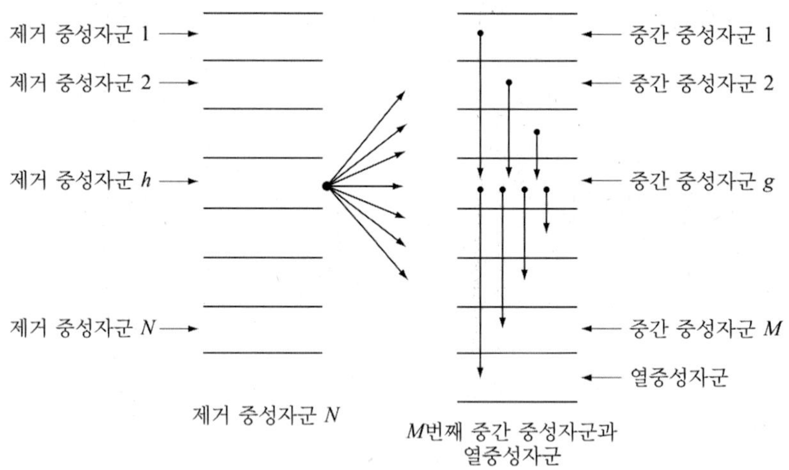

그림 10.22 제거-확산 계산을 위한 에너지군

$$D_g\nabla^2\varphi_g - \Sigma_{ag}\varphi_g - \sum_{g'>g}\Sigma_{g\to g'}\varphi_g + \sum_{g'<g}\Sigma_{g'\to g}\varphi_{g'} + \sum_{h=1}^{N} NS_{h\to g} = 0 \qquad (10.76)$$

이 방정식의 두 번째 항은 g번째 군에서 중성자의 순 흡수에 의한 손실을 나타내고, 세 번

째 항은 이 군에서 산란되어 나간 중성자의 총수를 나타내며, 네 번째 항은 중간 군의 높은 에너지에서 g번째 군으로 충돌에 의해 산란되어 들어오는 중성자를 나타내고, 마지막 항은 모든 제거군($h = 1 \sim N$, 역자 주)에 있는 1차 중성자들의 충돌에 의해 g번째 군으로 산란되어 들어오는 중성자 선원이다. 한편, 열중성자군에 대한 방정식은 다음과 같다.

$$\overline{D}\nabla^2\varphi_T - \overline{\Sigma_a}\varphi_T + \sum\Sigma_{g\to T}\varphi_g = 0 \tag{10.77}$$

이 방정식의 마지막 항은 상위 에너지군에서 열중성자군으로 진입하는 cm^3/sec당 중성자 수이다.

식 (10.76)에서 $S_{h\to g}$값은 다음과 같은 방법으로 계산된다. 제거 중성자군의 전달 단면적 $\Sigma_{R,h\to g}$가 정의된다. 이는 h번째 제거군 중성자가 단위길이를 진행하는 도중에 충돌에 의해 g번째 중간군 에너지로 떨어질 확률과 동일하다. h번째 군의 총 제거 단면적은

$$\Sigma_{Rh} = \sum_{g=1}^{M}\Sigma_{R,h\to g}$$

이며, 이는 h번째 군의 중성자가 단위길이 진행과정에서 충돌에 의해 중간군 에너지로 바뀔 확률이다. 이들 정의와 함께, $S_{h\to g}$는 위치 r 의 함수로 다음 적분과 같이 주어진다.

$$S_{h\to g}(\mathrm{r}) = \frac{1}{4\pi}\int\frac{s(\mathrm{r}')\Sigma_{R,h\to g}e^{-(\Sigma_{Rh}|\mathrm{r}-\mathrm{r}'|)_{\mathrm{total}}}dV'}{|\mathrm{r}-\mathrm{r}'|^2} \tag{10.78}$$

이 수식에서 $s(\mathrm{r}')$는 노심 r′ 지점에서 cm^3/sec당 방출되는 핵분열 중성자의 수이며,

$$(\Sigma_{Rh}|\mathrm{r}-\mathrm{r}'|)_{\mathrm{total}}$$

은 h번째 군 중성자가 r′ 지점에서 r 지점까지 이동할 때 평균 자유행정의 총 개수와 같다. 식 (10.78)이 말해 주는 것은, $S_{h\to g}$가 r 지점의 h번째 중성자군의 비충돌 중성자속과 그 중성자를 g번째 군으로 떨어뜨리는 전달 단면적 $\Sigma_{R,h\to g}$를 곱한 값이라는 것이다.

실제 다군 계산은 컴퓨터를 이용하여 수행되어야 한다. 그 절차는 대략 다음과 같다. $S_{h\to g}$ 값은 식 (10.78)의 적분 계산으로 구해진다. 다음으로, 중간군에 대한 방정식들(식 10.76) 중에서, 단일군 중성자속인 φ_1만을 포함하는 첫 번째 식을 수치적으로 풀어, φ_1를

구한다. 그런 다음 이 φ_1 값을 두 번째 중간군의 식에 대입하여 φ_2 값을 구한다. 이런 절차는 열중성자속을 포함한 모든 중간군 중성자속이 결정될 때까지 반복된다. 이 계산은 통상 노심-반사체 경계면에서부터 계산을 시작하는데, 이때 중성자속과 중성자류의 경계조건을 원자로 임계와 내부 중성자속을 결정하는 다군 계산과 서로 매칭시킨다. 노심으로부터 차폐체로의 중간군 및 열중성자의 누설도 이러한 방식으로 계산한다.

제거-확산법은 많은 원자로 차폐 설계에 성공적으로 사용되어 왔다. 차폐 설계자들은 여기에 기술된 방법을 다양하게 변형하여 널리 사용한다.

10.10 정합 해법들

중성자 및 감마선의 차폐체 투과를 계산하는 여러 가지 방법이 개발되어 왔다. 이러한 방법은 두 가지 일반적인 범주로 나눌 수 있다. 이 중 첫 번째로 차폐체 내 방사선의 분포를 설명하는 *수송 방정식*(*transport equation*)은 몇 가지 수치 기법에 의해 해를 구할 수 있다. 그러한 기법에 대한 논의는 이 책의 범위를 벗어나며 이 장 말미의 참고문헌을 참조해야 한다. 수송 방정식 해법들은 모두 컴퓨터를 사용해야 하며, 차폐체의 구조, 구성, 두께의 함수로 방사선의 투과량을 계산하기 위한 많은 컴퓨터 문제가 작성되었다.

두 번째 감쇠 계산 유형은 9장에서 암시한 바와 같이 *몬테카를로 방법*[12]이다. 이 방법의 배경은 다음과 같은 비유를 통해 이해할 수 있다. 우리가 카드 게임 솔리테어를 이길 확률을 구한다고 가정하자. 선택할 수 있는 접근방식에는 두 가지가 있다. 우선 다양한 횟수의 게임을 수행하여 승리 확률을 모두 계산할 수 있다. 게임이 진행 단계에 따라 이러한 확률을 조합하여 최종 답을 얻는 것이다. 이것은 꽤 복잡한 계산이다. 훨씬 더 간단하고 재미있는 방법은 단 몇 회만 게임을 하고 승리 횟수를 기록하는 것이다. 이 승리 횟수를 총 게임 수로 나누어 승률을 추정하는 것이다. 게임 횟수가 많아질수록 이 추정은 더 정확해진다.

12 2차 세계대전 중에 이 방법에 붙여진 코드명이 *몬테카를로*(*Monte Carlo*)이다.

이와 매우 유사한 방식으로, 몬테카를로 방사선 투과 계산도, 개별 중성자나 감마선이 이리저리 이동한 궤적–차폐체에 진입하는 지점부터 차폐체에 흡수되거나 투과할 때까지–을 추적하면서 진행된다. 그러면, 차폐체를 성공적으로 투과하는 중성자 수를 전체 추적 중성자 수로 나눈 값이 중성자가 차폐체에 의해 차단되지 않을 확률에 대한 추정값이 되는 것이다.

구체적으로, 에너지 E_0인 단일 에너지의 평행 중성자 빔이 두께 a인 판형 차폐체를 통과할 때 감쇠에 대한 몬테카를로 계산을 살펴보자. 첫 번째 중성자를 추적하기 위해서는 이 중성자의 첫 번째 충돌 위치를 결정할 필요가 있다. 이는 아래와 같은 첫 충돌 확률 분포 함수로부터 샘플링하여 수행된다(3.3절 참조).

$$p(x) = \Sigma_t e^{-\Sigma_t x}$$

여기서 Σ_t는 에너지 E_0에서의 값이다. 이러한 분포 함수에서 무작위로 표본을 추출할 수 있는 방법이 있다. 선택한 x값이 x_1이라고 가정하자. 다음으로 x_1이 a보다 크거나 작은지 확인한다. 만약 $x_1 > a$이면 중성자가 충돌 없이 차폐체를 관통한 경우이며, 그 결과는 저장되고 추적은 종료된다. 그러나 $x_1 < a$이면, 차폐체 내의 x_1지점에서 충돌이 발생한 것이다.

다음은 충돌의 유형을 결정한다. 흡수 및 탄성산란 반응만이 가능하다고 가정하면, 그 발생 확률은 흡수의 경우 $p_a = \Sigma_a / \Sigma_t$, 산란의 경우 $p_s = \Sigma_s / \Sigma_t$가 되며, 여기서 모든 단면적들은 에너지 E_0에서 계산하며 $p_a + p_s = 1$이다. 이때 그 충돌의 특성은 확률 p_a값을 0과 1 사이의 무작위로 추출한 R값(난수)과 비교하여 얻어진다. 다음으로는,

$$R < p_a$$

이면 그 충돌은 흡수로 가정하고

$$R > p_a$$

이면 탄성산란으로 가정된다. 이러한 절차의 논거는, 난수 R이 0과 1 사이에 일정하게 분포하므로, 선택한 난수 R들의 모든 개수(N이라 하자–역자 주) 중에서 흡수 반응 ($R < p_a$)에 속하는 난수들의 개수(n이라 하자–역자 주) 분율($= n/N$)은 필연적으로 p_a

와 동일해야 한다는 것이다.

충돌이 흡수로 끝나면 추적이 종료되고 또 다른 추적이 시작된다. 그것이 탄성산란인 경우 산란각 분포에 대한 실험식으로부터 무작위로 샘플링하여 중성자의 산란각을 결정해야 한다. 그 각도를 ϑ_1이라 가정하자. 그러면 산란 중성자의 에너지는 식 (3.28)을 이용하여 다음과 같이 계산할 수 있다.

$$E_1 = \frac{E_0}{(A+1)^2}\left[\cos\vartheta_1 + \sqrt{A^2 - \sin^2\vartheta_1}\right]$$

여기서 A는 충돌한 핵의 질량수이다. 이제는, 중성자가 x_1 지점에서 시작하여 ϑ_1방향으로 이동했다는 점을 기억하면서, 충돌 분포 함수 $p(x)$를 샘플링하여 중성자가 두 번째 충

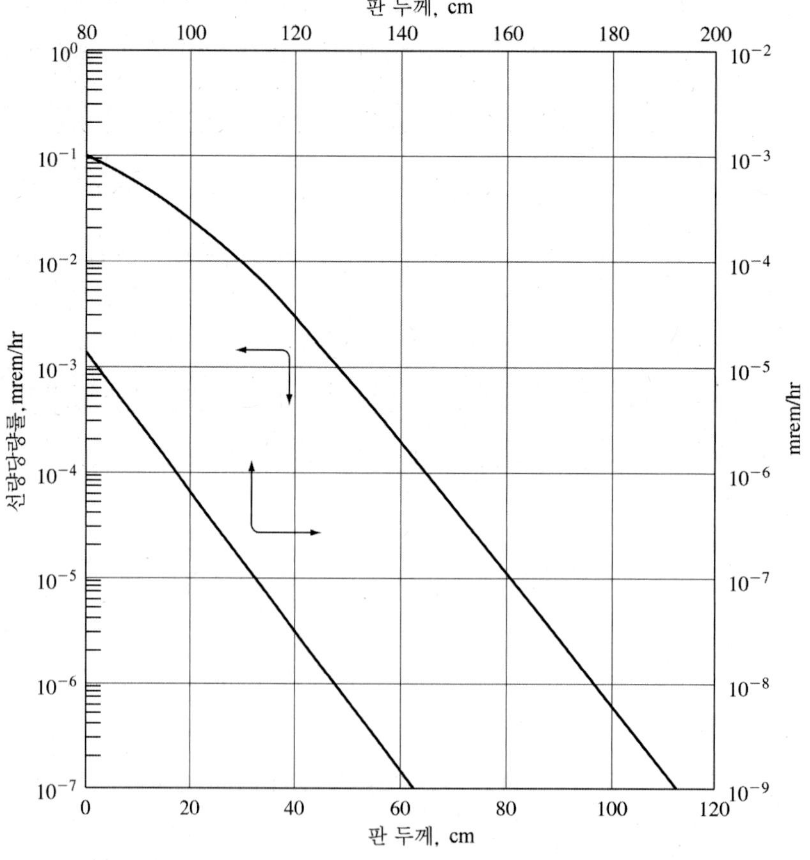

그림 10.23a 판형 콘크리트에 입사하는 2 MeV 중성자의 단위 강도당 선량당량률

돌을 가질 위치를 결정함으로써 추적이 이어진다. 다시, 이 충돌이 차폐체 내부에서 발생하였는지 결정하기 위한 샘플링을 시행한다. 그렇다면, 충돌 유형(탄성산란 혹은 흡수)을 또다시 결정한다. 이러한 계산을 컴퓨터에 프로그래밍하면 각 단계들은 계산이 진행됨에 따라 반복 사용되는 서브루틴이 된다.

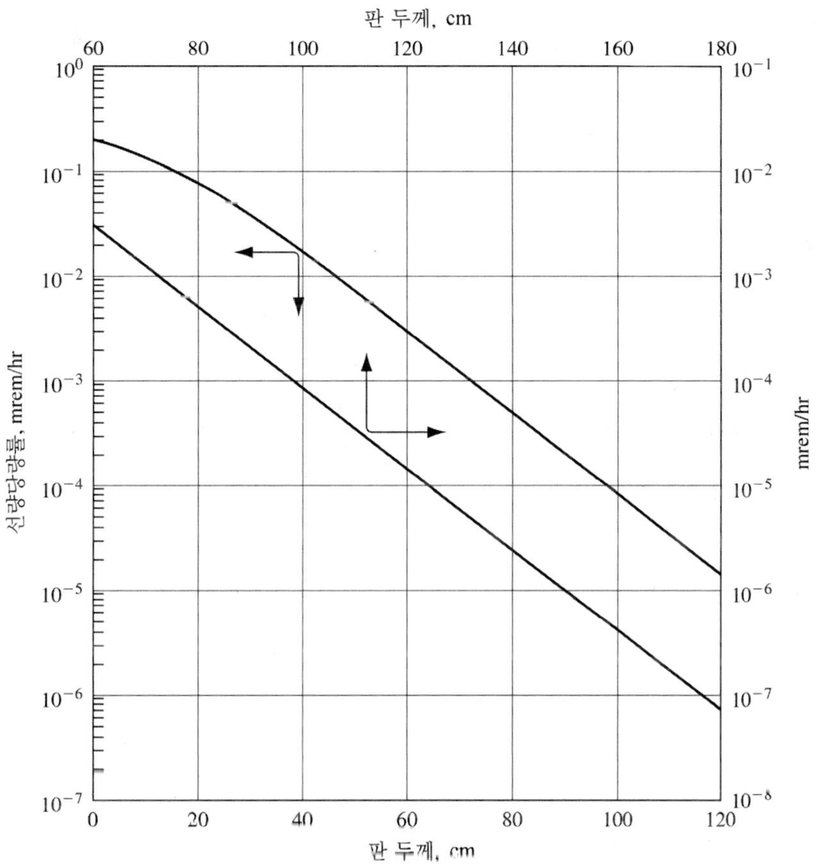

그림 10.23b 판형 콘크리트에 입사하는 14 MeV 중성자의 단위 강도당 선량당량률

특별히 관심 있는 몬테카를로 계산은 클라크 등[13]의 계산이다. 이들은 일반 콘크리트 판에 수직으로 입사하는 몇 가지 에너지의 중성자 빔들에 대해 감쇠 계산을 수행했다. 이

---

13 Clark, F. H., N. A. Betz, and J. Brown, *Monte Carlo Calculations of the Penetration of Normally Incident Neutron Beams through Concrete*. Oak Ridge National Laboratory Report ORNL-3926, 1966.

러한 계산 결과들 중 일부 샘플을 그림 10.23a와 10.23b에 제시하였는데, 이 그림에서는 두 가지 빔 에너지를 가진 단위 입사 중성자 빔의 강도당 선량당량률[14]을 판 두께의 함수로 나타내었다. 이와 같은 곡선은 가속기에서 생성된 중성자와 에너지 스펙트럼이 알려진 다른 중성자 선원들의 차폐 설계에 유용하다.

예제 10.7

어떤 중성자 발생기가 14 MeV, 10^9 neutron/sec의 중성자를 등방성으로 발생시킨다. 중성자 방출 선원에서 10 ft 떨어진 지점의 선량당량률을 1 mrem/hr로 줄이려면 콘크리트 벽이 얼마나 두꺼워야 하는가?

풀이

차폐체 입사 빔의 강도는 다음과 같다.

$$I = \frac{10^9}{4\pi(10\times 12\times 2.54)^2} = 857 \text{ neutron/cm}^2\text{-sec}$$

공기에서의 감쇠는 무시되었다. 만약 단위 강도로 정규화된 그림 10.23b의 선량당량률을 $\dot{H}_0(x)$라 할 경우, 벽 뒤에서의 $\dot{H}$는

$$\dot{H} = 857\dot{H}_0(x) = 1 \text{ mrem/hr}$$

이다. 따라서 $\dot{H}_0(x)$는

$$\dot{H}_0(x) = 1/857 = 1.17\times 10^{-3}$$

그림 10.23b에서 상기 $\dot{H}_0(x)$값은 $x = 70$ cm에서 발생된다.

그림 10.23에 제시된 선량당량률은 판을 투과하는 중성자를 위한 것이라는 점을 강조한다. 비탄성산란 및 방사포획의 결과로 판에서 생성된 감마선에 의한 선량은 포함하지 않는다. 실제 이 감마선 선량은 중성자 선량을 초과할 수 있는데, 이는 다음 절에서 논의한다.

14 클라크 등은 실제로 선량당량부터는 조직 질량당 에너지 누증을 계산했음. 선질계수로 10을 사용함.

10.11 감마선 차폐

지금까지는 중성자 감쇠만을 위한 원자로 차폐 설계를 다루었다면, 이제부터는 감마선을 고려할 차례이다. 이 장의 앞부분에서는, 주어진 선원 분포로부터 감마선의 차폐체 투과를 계산하여 이를 원하는 수준으로 줄이는 데 필요한 차폐체를 결정하는 방법을 다루고 있다. 일반 선원 분포는 식 (10.57)의 적분식으로 계산되는데, 고속 컴퓨터를 이용하면 가장 좋다. 원자로의 감마선 차폐 문제는 결국 이러한 감마선의 공간 및 에너지에 따른 분포를 찾는 일이다

원자로에서 나오는 감마선은 즉발 핵분열 감마선, 핵분열 생성물 붕괴 감마선, 그리고 포획 반응과 비탄성산란에 의한 감마선이 대부분이며, 대체로 연속적인 에너지 스펙트럼으로 나타난다. 감쇠 계산을 위해서는 우선 이 에너지 스펙트럼을 여러 가지 에너지군으로 나누고, 각 에너지군의 모든 감마선들을 통합하여 그 에너지군의 단일 평균 에너지를 갖는다고 가정한다. 그 다음, 이들 각 에너지군별로 계산을 수행한다.

먼저 즉발 핵분열 감마선을 생각해 보자. 이 감마선 스펙트럼은 다음에 주어진 분포 함수에 따라 매우 낮은 에너지로부터 급격히 증가하여 0.3 MeV에서 최대빈도에 이르다가 서서히 감소하는데,

$$
\begin{aligned}
\chi_p(E) &= 26.0e^{-2.3E}, \qquad 0.3 < E < 1, \\
&= 8.0e^{-1.1E}, \qquad 1 < E < 7,
\end{aligned}
$$

표 10.5 해분열당 방출되는 즉발 핵부열 감마선 및 핵분열 생성물 붕괴 감마선 개수

에너지군 번호	에너지 간격, MeV	즉발 핵분열 감마선 (χ_{pn})	핵분열 생성물 붕괴 감마선 (χ_{dn})	계
1	0-1	5.2	3.2	8.4
2	1-3	1.8	1.5	3.3
3	3-5	0.22	0.18	0.40
4	5-7	0.025	0.021	0.046

여기서 E는 MeV 단위이다. 핵분열당 에너지 E와 $E+dE$ 사이의 에너지를 가지고 방출되는 즉발 감마선의 개수가 $\chi_p(E)dE$로 정의되는 그런 함수가 $\chi_p(E)$이다. E_n과 E_{n+1} 사이에 있는 n번째 군 에너지를 가지고 방출되는 감마선의 수를 구하기 위해, 이 감마선들의 총 에너지를 n번째 군의 평균 에너지 $\overline{E}_n = (E_n + E_{n+1})/2$로 나눈다. 따라서,

$$\chi_{pn} = \frac{1}{\overline{E}_n} \int_{E_n}^{E_{n+1}} E\, \chi_p(E) dE \tag{10.79}$$

표 10.5는 위의 방법으로 계산된 χ_{pn} 값을 표로 나타낸 것이다.[15] 위치 $\mathbf{r}$에서 n번째 에너지군의 즉발 핵분열 감마선 선원 밀도는 다음과 같다.

$$s_n(\mathbf{r}) = \chi_{pn} S(\mathbf{r})$$

여기서 $S(\mathbf{r})$은 r 지점에서 cm^3/sec당 발생한 핵분열의 수이다.

핵분열 생성물 붕괴 감마선의 스펙트럼은 핵분열 생성물이 형성되는 순간부터 시간에 따라 변화한다. 일반적으로 에너지가 더 높은 감마선은 낮은 감마선보다 더 빠르게 방출되기 때문에, 시간이 지남에 따라 스펙트럼이 부드러워지는 경향(에너지 분포에서 낮은 에너지 쪽 빈도가 커지는 경향—역자 주)이 있다. 새로운 핵분열 생성물이 지속적으로 생성되고 있는 가동 중 원자로 안에서는 핵분열 생성물 감마선 스펙트럼은 평형을 이룬다. 즉, 이 스펙트럼은 즉발 핵분열 스펙트럼과 근사적으로 같다. 말하자면, 핵분열당 단위에너지(MeV)당

$$\chi_d(E) = 6.65 e^{-1.1E} \tag{10.80}$$

개의 감마선을 방출하는 것이다. 여러 가지 에너지군에 속하는 감마선 χ_{dn}의 평균 개수도 표 10.5에 제시되어 있다. 즉발 핵분열 감마선과 핵분열 생성물 붕괴 감마선의 전체 선원은 다음과 같다.

$$s_n(\mathbf{r}) = (\chi_{pn} + \chi_{dn}) S(\mathbf{r}) \tag{10.81}$$

---

15 식 (10.79)는 에너지-가중 평균이다. 이런 평균을 사용하는 것이 타당한 이유는 식 (10.5)에 제시된 것처럼 피폭률 계산 시 감마선속 × 감마에너지의 적분치가 사용되기 때문이다.

주로 열중성자의 포획에 의해 생성되는 포획감마선의 스펙트럼은 포획하는 핵종에 의존한다. 표 10.6은 원자로에서 종종 이용되는 원소들에 대해 스펙트럼을 제시한 것이다. 더 자세한 표는 이 장 말미의 참고문헌에 제시되어 있다. 중성자가 m번째 핵에 포획되어 n번째 에너지군에 속하는 광자 개수를 χ_{Tmn}이라 하면, r 지점에서 포획감마선의 선원 밀도는 다음과 같다.

$$s_n(\mathrm{r}) = \sum_m \chi_{Tmn} \overline{\Sigma}_{\gamma m}(\mathrm{r})\varphi_T(\mathrm{r}) \tag{10.82}$$

표 10.6 다양한 핵종에 열중성자가 포획되어 방출되는 감마선

	100회의 포획당 광자 개수					
목표물 핵	0-1 MeV	1-3 MeV	3-5 MeV	5-7 MeV	7-9 MeV	>9 MeV
H	0	100	0	0	0	0
D	0	0	0	100	0	0
C	0	0	100	0	0	0
Na	>96	314	70	31	0	0
Al	>236	264	62	19	19	0
Si	>100	93	89	11	4.1	0.1
Fe	>75	87	23	25	38	2.1
Pb	0	0	0	7	93	0
U	254	269	34	0	0	4

여기서 $\overline{\Sigma}_{\gamma m}(\mathrm{r})$은 위치 r에서 m번째 핵의 거시적 열중성자 포획 단면적이고 $\varphi_T(\mathrm{r})$는 같은 위치에서 열중성자속이다.

비탄성 감마선의 상황은 더 복잡한데, 그 스펙트럼은 중성자가 산란되는 원자뿐만 아니라 입사 중성자의 에너지에도 의존하기 때문이다. 초기에 h번째 에너지군에 속한 중성자의 제거-확산 계산에서 m번째 핵종에 의해 비탄성 산란하여, n번째 군의 에너지를 가지고 방출되는 감마선 방출 개수를 χ_{imnh}라 하자. 이러한 n번째 에너지군의 비탄성 감마선 선원 밀도는 다음과 같다.

$$s_n(\mathrm{r}) = \sum_{mh} \chi_{imnh} \Sigma_{imh}(\mathrm{r})\varphi_h(\mathrm{r}) \tag{10.83}$$

위 식에서 $\Sigma_{imh}(\mathrm{r})$은 제거-확산 계산의 h번째 에너지군 중성자에 대한 m번째 원자의 거시적 비탄성 산란 단면적이고 $\varphi_h(\mathrm{r})$은 h번째 에너지군의 감마선 선속이다.

감마선의 선원 분포를 안다면, 차폐체 외부의 피폭률은 앞 설명처럼 식 (10.57)로 결정할 수 있다. 피폭의 수준이 수용 불가능하면, 중성자들만 있을 때 요구되는 차폐보다 더 많은 차폐를 추가하거나 차폐 구성의 변화를 제시해야 한다.

차폐체에서 방출되는 포획감마선의 피폭률이 너무 높은 것으로 밝혀지면, 차폐체에 붕소를 추가하거나 차폐체 외부에 감마선 차폐를 추가해야 한다. 그림 10.24에는 이러한 포획감마선의 중요성이 나타나 있다. 즉, 이 그림은 다양한 판 두께와 입사 중성자의 에너지의 함수로서, 판형 콘크리트 차폐체를 투과한 중성자 선량률에 대한 이 차폐에서 생성된 감마선 선량률의 비를 보여 주고 있다. 일례로, 4 MeV 중성자의 입사 빔에 대해, 감마선에 의한 선량률과 중성자에 의한 선량률은 100 cm 두께의 콘크리트 판에 대해 거의 같다

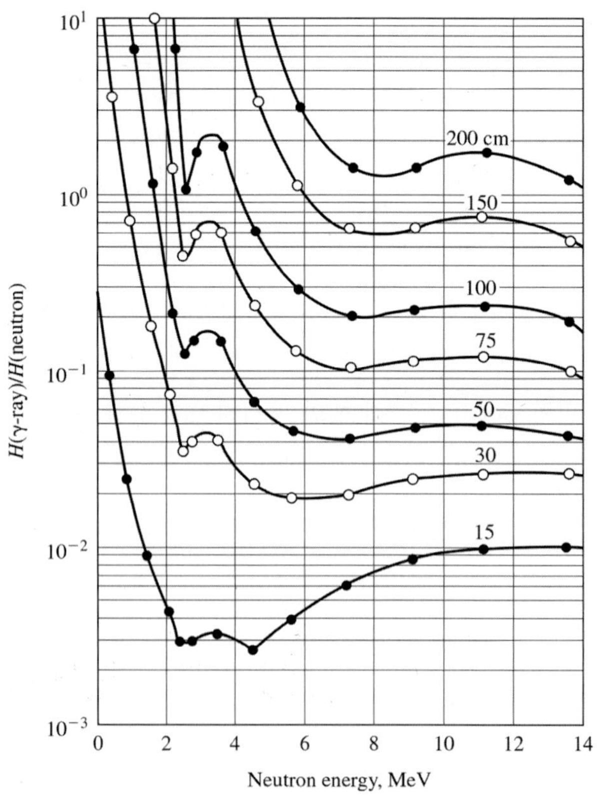

그림 10.24 판형 콘크리트에 입사하는 중성자에 기인하는 감마선량과 중성자선량의 비율(중성자의 Q = 10 사용)

(그림에서 두 선량률의 비가 1에 가까움을 볼 수 있다－역자 주). 콘크리트에 붕소를 첨가하면, 그림에 나타난 비율 값들은 현격히 작아질 것이다.

차폐 설계 변경이 발생하면, 새로운 다군 중성자속을 결정하기 위해 중성자 계산을 새로 해야 한다. 그런 다음 다시 감마선 계산을 반복하고, 이어서 차폐에 대한 조정이 필요하다. 중성자와 감마선 모두를 고려하여 원하는 감쇠를 나타내는 가장 적절한 차폐를 얻을 때까지 이러한 계산 절차를 반복해야 한다.

예제 10.8

어떤 교육용 원자로에서, 함수소 물질로 이루어진 노심이 중심에 있고, 반사체와 차폐체로 물이 사용된다. 노심 중심에서 차폐체 표면까지의 거리는 7 ft이다. 노심을 점 선원으로 가정하고, 원자로가 10 W 출력으로 운전 중일 때 차폐체 표면에서의 즉발 핵분열 감마선으로 인한 피폭률을 추정하라.

풀이

먼저 노심에서 발생하는 핵분열률(단위시간당 발생하는 핵분열)을 결정해야 한다. 핵분열당 발생하는 에너지를 200 MeV = 3.2×10^{-11} J이라 가정하면,

$$\begin{aligned}\text{fission rate} &= (10\ \text{J/s}) \div (3.2 \times 10^{-11}\ \text{J/fission}) \\ &= 3.13 \times 10^{11}\ \text{fission/sec}\end{aligned}$$

표 10.5의 첫 번째 에너지군의 감마선은 피폭률에 거의 영향을 주지 않으므로 두 번째 에너지군의 감마선에 대해 먼저 살펴본다. 두 번째 에너지군의 감마선 방출률은

$$S = 1.8 \times 3.13 \times 10^{11} = 5.63 \times 10^{11}\ \gamma\text{-ray/sec}$$

과 같으며, 이들은 모두 2 MeV의 에너지를 갖는 것으로 가정한다. 이 감마선으로부터 차폐체 표면에 발생되는 누증 감마선속은 다음과 같다.

$$\phi_b = \frac{S}{4\pi R^2} B_p(\mu R) e^{-\mu R}$$

위 식에서 $R = 7\ \text{ft} = 7 \times 12 \times 2.54 = 213\ \text{cm}$이다. 부록의 표 II.4에 따르면, $\mu = 0.0493\ \text{cm}^{-1}$이고 $\mu R = 10.5$이다. 표 10.2에 따르면, $B_p = 13.1$이므로 누증 감마선속을 계산하면 다음과 같다.

$$\phi_b = \frac{5.63 \times 10^{11}}{4\pi(213)^2} \times 13.1 \times e^{-10.5} = 356\ \gamma\text{-ray}/(\text{cm}^2\text{s})$$

그림 9.9로부터 356 γ-ray/(cm^{2}s)는 1.1 mR/hr의 피폭률에 해당한다.

다른 에너지군의 피폭률은 다음과 같다. 첫 번째 군이 0.0013 mR/hr, 세 번째 군이 2.3 mR/hr, 그리고 네 번째 군이 0.93 mR/hr이다. 총 피폭률은 4.3 mR/hr이다.

»» 10.12 냉각재 방사화

원자로 냉각재 방사능은 그 외부에 대한 주요 방사선원이다. 이 방사능은 (a) 냉각재 물질의 중성자 방사화, (b) 냉각재에 포함된 불순물 원자의 방사화, (c) 유로 벽의 방사성 원자가 떨어져 냉각재로 유입되는 등 여러 가지 원인으로 발생한다.

가장 중요한 냉각재 방사화 반응들이 표 10.7에 나열되어 있다. 이러한 반응에서 형성된 모든 핵종은 β^- 붕괴를 겪으며, 그로 인해 표에 열거된 방사선이 즉각 방출된다. 일반적으로 사고의 경우를 제외하고 베타선은 방사선 위험을 거의 나타내지 않기 때문에 그 에너지는 표에 포함되지 않았다.

표 10.7 냉각재의 주요 방사화 반응

반응	단면적, b	반감기	방사선 에너지, MeV
^{16}O(n, p)^{16}N	$1.9 \times 10^{-5*}$	7.1 s	6.13, 7.12 (γ-rays)
^{17}O(n, p)^{17}N	$5.2 \times 10^{-6*}$	4.14 s	1.2, 0.43 (neutrons)
^{18}O(n, γ)^{19}O	$2.1 \times 10^{-4\dagger}$	29 s	0.20, 1.36 (γ-rays)
^{23}Na(n, γ)^{24}Na	$0.53^{\dagger}$	15.0 h	2.75, 1.37 (γ-rays)
^{40}Ar(n, γ)^{41}Ar	$0.53^{\dagger}$	1.83 h	1.29 (γ-rays)

*핵분열 스펙트럼에 걸친 평균 단면적; 본문 참조.

† 열중성자(0.023 eV)에 대한 단면적.

표의 첫 세 가지 반응은 수냉각 원자로에서 물의 방사화 원인이 된다. 이 중 ^{16}O(n,p)^{16}N 반응은 10.2 MeV의 문턱에너지를 가지는 흡열반응임에도 불구하고 가장 중요하다.

$^{17}O(n,p)^{17}N$ 반응 역시 문턱에너지가 8.5 MeV인 흡열반응이다. 이 반응의 독특한 점은 중성자의 방출을 수반한다는 것이다. 이러한 반응이 일어나는 이유는 ^{17}N는 베타붕괴에 의해 그 95%가 다시 ^{17}O의 여기상태로 바뀌는데, 그 여기에너지가 핵의 마지막 중성자의 결합 에너지보다 크기 때문이다. ^{17}O는 강하게 결합된 ^{16}O의 중심핵과 약하게 결합된 중성자들로 구성되어 있기 때문에, 이들 중성자는 충분한 에너지를 갖게 되면 즉시 방출된다. $^{18}O(n,\gamma)^{19}O$ 반응은 발열반응이며, 열중성자 에너지를 포함한 모든 에너지에서 발생한다. 이 반응은 $^{16}O(n,p)^{16}N$ 반응보다 감마선 선원으로서의 중요성은 떨어진다. 그 이유는 ^{18}O의 동위원소 존재비(0.204 a/o)가 ^{16}O(99.8 a/o)에 비해 매우 낮고 방출 감마선 에너지도 낮기 때문이다.

소듐 냉각재의 방사화는 전적으로 $^{23}Na(n,\gamma)^{24}Na$ 반응에 기인하는데, 이는 소듐이 단일 동위원소 ^{23}Na로만 구성되어 있기 때문이다. 이 반응은 모든 에너지의 중성자에 대해 일어난다. ^{24}Na 붕괴 시마다 2.75 MeV와 1.37 MeV의 두 가지 에너지의 감마선이 연이어 방출된다.

공기가 냉각재인 원자로에서는, 1.3 w/o 정도 존재하는 아르곤에 의해 공기가 방사화된다. 산소 또는 질소와의 반응은 공기의 방사화에 크게 기여하지 않는다. 아르곤은 많은 영국 원자로에서 냉각재로 쓰이는 CO_2에도 소량으로 존재하며, 그 방사화가 CO_2 냉각재의 방사능에 기여한다. 개방된 물탱크 바닥에 원자로가 위치한 수조형의 교육용 혹은 연구용 원자로에서도 이 아르곤 방사화는 문제가 된다. 아르곤을 포함한 일정량의 공기가 이 수조의 물에 용해되며, 이 공기가 노심을 통과하면서 아르곤이 방사화된다. 그리고 나서 이 방사성 아르곤은 수조 표면을 통해 원자로 상단 대기로 이동한다.

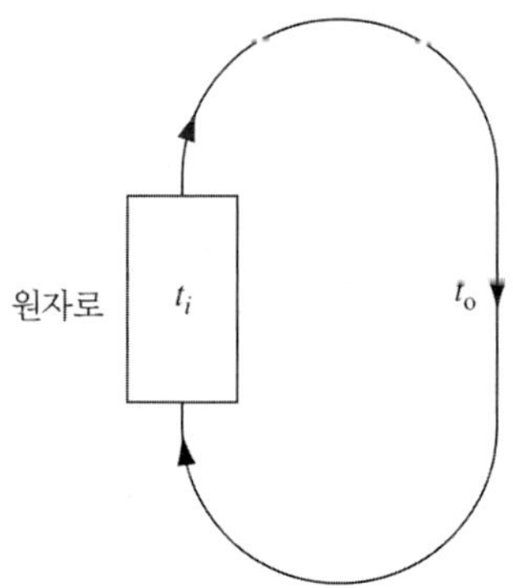

그림 10.25 단순화한 원자로 냉각재 순환회로

이런 반응으로 냉각재가 얻는 방사능은 냉각재의 유통 형태, 그리고 중성자속이 있는 영역과 없는 영역을 지날 때의 체류시간에 달려 있다. 그림 10.25는 가장 단순한 유형의 냉각재 유동이 중성자속이 있는 영역에서의 체류기간 t_i, 그리고 중성자속이 없는 영역에서의 체류기간 t_0를 보여 준다. 원자로 출구에서 냉각재의 단위체적을 생각해 보라. 만일 이 지점에서 방사능이 α이면, 원자로 출구부터 재진입까지 t_0시간이 소요되었으므로, 이 냉각재의 방사능은 다음과 같이 감소했을 것이다.

$$\alpha e^{-\lambda t_0}$$

위 식에서 λ는 붕괴상수이다. 원자로를 통과할 때 이미 방사화된 원자는 아래만큼 계속 붕괴한다.

$$e^{-\lambda t_i}$$

원자로 내 평균 선속 $\varphi_{\rm av}$에 노출되는 냉각재 단위체적은 원자로에서의 체류기간 t_i 동안 다음의 추가적인 방사능을 얻는다.

$$\Sigma_{\rm act}\varphi_{\rm av}(1-e^{-\lambda t_i})$$

위 식에서 $\Sigma_{\rm act}$는 선속 $\varphi_{\rm av}$에서의 평균 거시적 방사화 단면적(average macroscopic activation cross-section)이다. 그러므로 원자로 출구에서 단위체적의 냉각재가 지닌 총 방사능은 다음과 같다.

$$\alpha e^{-\lambda(t_i+t_0)}+\Sigma_{\rm act}\varphi_{\rm av}(1-e^{-\lambda t_i})$$

이 냉각재가 순환회로를 수없이 통과한 후에 평형상태에 다다르면, 냉각재의 방사능은 α와 같아야 한다. 즉,

$$\alpha=\alpha e^{-\lambda(t_i+t_0)}+\Sigma_{\rm act}\varphi_{\rm av}(1-e^{-\lambda t_i})$$

α에 대해 풀면 다음과 같다.

$$\alpha=\frac{\Sigma_{\rm act}\,\varphi_{\rm av}(1-e^{-\lambda t_i})}{1-e^{-\lambda(t_i+t_0)}} \tag{10.84}$$

이것이 원자로 출구에서의 냉각재 방사능이며, 이 지점은 방사능이 가장 높은 지점이다. 소듐 냉각 원자로의 경우에서처럼, 반감기와 비교하여 체류기간 t_i와 t_0가 작을 경우, 식 (10.84)의 지수함수 항들은 다음과 같이 전개된다.

$$\alpha = \Sigma_{\text{act}}\varphi_{\text{av}}\frac{t_i}{t_i + t_0} \tag{10.85}$$

원자로 내 단위체적당 방사화율인 $\Sigma_{\text{act}}\varphi_{\text{av}}$는 구하고자 하는 방사화 반응에 대해 적절히 선택해야 한다. 따라서 $^{18}O(n,\gamma)^{19}O$ 및 $^{40}Ar(n,\gamma)^{41}Ar$ 반응의 경우, Σ_{act}는 열중성자에 대한 거시적 방사화 단면적이고, φ_{av}는 공간-평균 열중성자속이다. 산소의 문턱 반응(threshold reaction)에 대한 방사화율은 다음 적분을 통해 구한다.

$$\Sigma_{\text{act}}\varphi_{\text{av}} = \int_{E_t}^{\infty}\Sigma_{\text{act}}(E)\varphi_{\text{av}}(E)dE \tag{10.86}$$

위 식에서 $\varphi_{\text{av}}(E)$는 공간-평균 에너지 의존 중성자속이고 E_t는 반응 문턱 에너지이다. 함수 $\varphi_{\text{av}}(E)$는 작은 각으로 산란되는 경우를 제외한 모든 충돌에서 핵분열 중성자의 에너지가 문턱치 아래로 내려간다고 가정하여 예측할 수 있다. 정상상태에서 에너지 E와 $E+dE$ 사이의 에너지의 산란 중성자 수는 같은 에너지 간격 dE에서 생성된 중성자 수와 동일하다.

$$\Sigma_R(E)\varphi_{\text{av}}(E)dE = S(E)dE$$

위 식에서 $\Sigma_R(E)$는 에너지 E에서의 제거 단면적이고 $S(E)$는 E에서 단위 에너지당 생성되는 핵분열 중성자의 수로서 원자로 내 위치와 무관하다고 가정한다. 이 식을 $\varphi_{\text{av}}(E)$에 대해 풀면 다음과 같다.

$$\varphi_{\text{av}}(E) = \frac{S(E)}{\Sigma_R(E)} \tag{10.87}$$

식 (10.86)에 이 함수를 대입하면,

$$\Sigma_{\text{act}}\varphi_{\text{av}} = \int_{E_t}^{\infty}\frac{\Sigma_{\text{act}}(E)S(E)dE}{\Sigma_R(E)}$$

$$\simeq \frac{1}{\Sigma_R}\int_{E_t}^{\infty}\Sigma_{\text{act}}(E)S(E)dE \tag{10.88}$$

위 식에서 Σ_R은 표 10.4로부터 계산된 핵분열 중성자의 거시적 제거 단면적이다.

표 10.7에 제시된 문턱 반응에 대한 방사화 단면적은 다음과 같이 핵분열 중성자 스펙트럼에 대한 평균이다.

$$<\sigma_{\text{act}}> = \frac{\int_{E_t}^{\infty}\sigma_{\text{act}}(E)S(E)dE}{\int_0^{\infty}S(E)dE}$$

$$<\Sigma_{\text{act}}> = N<\sigma_{\text{act}}>$$

로 쓰면, N은 해당 동위원소의 원자 수밀도이다. 이러한 정의들을 식 (10.88)과 결합하면 다음과 같다.

$$\Sigma_{\text{act}}\varphi_{\text{av}} = \frac{<\Sigma_{\text{act}}>}{\Sigma_R}\int_0^{\infty}S(E)dE$$

$$= \frac{<\Sigma_{\text{act}}>S}{\Sigma_R} \tag{10.89}$$

위 식에서 S는 원자로에서 cm^3-sec당 방출되는 핵분열 중성자의 총 개수이다. 이러한 수식의 적용 예가 아래에 제시되어 있다.

예제 10.9

감속재와 냉각재로 물을 사용하는 가상의 원자로가 55 W/cm^3의 출력밀도에서 작동한다. 노심은 핵연료(우라늄)봉과 물로 구성되어 있으며 핵연료봉의 체적 분율은 0.33이다. 물은 원자로 안에서 평균 3초, 외부 냉각수 회로에서 2초를 체재한다. $^{16}\text{O(n,p)}^{16}\text{N}$ 반응으로 인해 물로부터 원자로 외부로 나오는 평형 방사능 농도를 추정하라.

풀이

일반적인 밀도의 물에서 산소의 원자 밀도는 $0.033 \times 10^{24}\ \text{cm}^{-3}$이고 사실상 거의 모두 ^{16}O이다. 현재 상황에서 물의 유효 밀도는 0.67 g/cm^3이므로 $<\Sigma_{\text{act}}>$는 다음과 같다.

$$< \Sigma_{act} > = 0.67 \times 0.033 \times 1.9 \times 10^{-5} = 4.2 \times 10^{-7} \text{ cm}^{-1}$$

핵분열당 생성되는 에너지를 200 MeV = 3.2 × 10^{-11} J이라 가정하면 핵분열 밀도는 55/3.2 × 10^{-11} = 1.72 × 10^{12} fission/cm^3-sec이고 핵분열당 2.42개의 중성자가 방출되므로 S는 다음과 같다.

$$S = 2.42 \times 1.72 \times 10^{12} = 4.2 \times 10^{12} \text{ neutron/cm}^3\text{-sec}$$

표 10.4에 의하면 물의 Σ_R은 0.103 cm^{-1}이고 우라늄의 경우는 0.174 cm^{-1}이다. 우라늄과 물의 혼합물의 Σ_R은 다음과 같다.

$$\Sigma_R = 0.67 \times 0.103 + 0.33 \times 0.174 = 0.126 \text{ cm}^{-1}$$

식 (10.89)를 사용하면 방사화율을 구할 수 있다.

$$\Sigma_{act}\varphi_{av} = \frac{4.2 \times 10^{-7} \times 4.2 \times 10^{12}}{0.126} = 1.40 \times 10^7 \text{ atom/cm}^3\text{-sec}$$

이 결과를 t_i = 3초, t_0 = 2초, λ = 0.693/71 = 0.0976 sec^{-1}와 함께 식 (10.84)에 대입하면 다음과 같다.

$$\alpha = \frac{1.40 \times 10^7 (1 - e^{-3 \times 0.0976})}{1 - e^{-5 \times 0.0976}}$$
$$= 9.20 \times 10^6 \text{ disintegration/cm}^3\text{-sec}$$
$$= 249 \ \mu\text{Ci/cm}^3$$

소듐은 주로 고속로의 냉각재로 사용되며, 그 방사화는 고속 및 중간 에너지 중성자의 흡수에 기인한다. cm^3당 방사화율은 다음과 같다.

$$\Sigma_{act}\varphi_{av} = \int \Sigma_{act}(E)\varphi_{av}(E)dE \tag{10.90}$$

위 식은 중성자 에너지 스펙트럼 전체에 걸쳐 적분해야 하며, 6.7절에 제시된 다군 수식의 관점에서 다음과 같이 쓸 수 있다.

$$\Sigma_{act}\varphi_{av} = \sum_{g} \Sigma_{act_g}\varphi_{av_g} \tag{10.91}$$

위 식에서 Σ_{act_g}는 소듐의 g번째 중성자 에너지군의 거시적 방사화 단면적(방사성 포획)

이고 φ_{av_g}는 그 에너지군의 공간-평균 중성자속이다.

앞에서 설명한 냉각재 원자의 방사화는, 일반적으로 원자로가 작동 중일 때 원자로 냉각재 순환회로에서 발생되는 방사능의 주요 원인이다. 이는 냉각재 내 불순물의 방사화나 원자로로부터 냉각재로 유입된 방사성 원자들보다 훨씬 더 중요하다. 원자로가 정지되었을 때 냉각재 방사능은 소듐의 경우를 제외하고 빠르게 소멸된다(표 10.7 참조). 냉각재의 잔류 방사능은 위에 말한 바와 같이 냉각재 외부에서 유입된 원자들에 기인한다. 이러한 원자는 일차 냉각재 배관의 벽과 밸브, 펌프 및 열교환기에 침전되는 경향이 있다. 이는 냉각수를 제거하더라도 이러한 구성부품에 방사능을 발생시켜 유지보수와 수리를 방해한다. 원자로와 일차 냉각재계통에 존재하는 무수히 많은 물질에 의존하기 때문에 이러한 방사능 준위를 예측하기 어렵다.

»» 10.13 차폐체 내부 배관

원자로 차폐체를 통과하는 통로나 덕트는 계측 케이블과 냉각재 유로를 수용하고, 연료교체와 유지보수를 위한 접근로를 제공하기 위해 필요하다. 관통부는 일반적으로 원자로 격실 차폐벽과 원자력 발전소의 다른 격실들, 또는 가속기 또는 기타 방사선원을 수용한 공간의 벽에도 존재한다. 이러한 유형의 관통부는 차폐체를 통한 방사선 누출의 심각한 근원이 될 수 있다.

최악의 상황은 공기나 다른 가스로 채워진 직선 덕트의 경우이다. 이 경우 방사선은 감

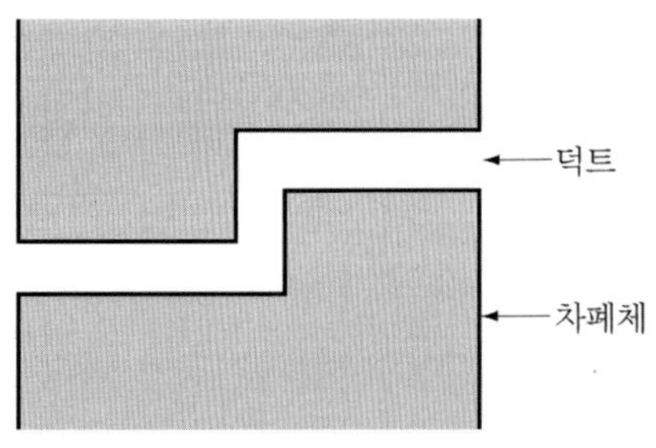

그림 10.26 차폐체 관통 덕트

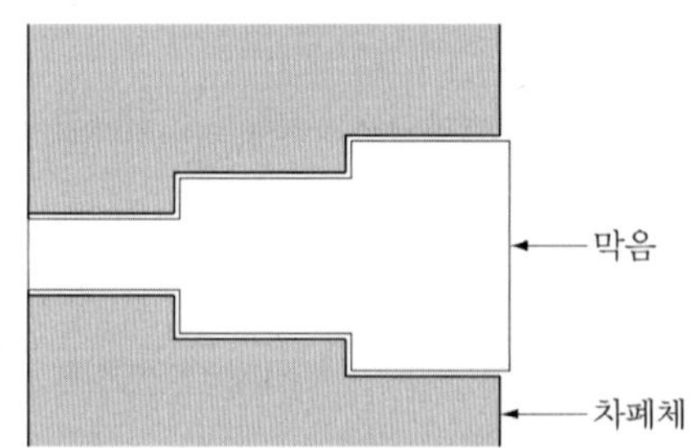

그림 10.27 차폐체에 삽입된 막음(plug)

쇠 없이 덕트를 직접 통과하며, 이를 *방사선 스트리밍*(*radiation streaming*)이라고 한다. 스트리밍 덕트를 방지하기 위해서는, 가능한 한 그림 10.26과 같이 급격하게 꺾인 형태로 설계된다. 그러한 덕트에서는 덕트 벽에서 적절히 산란된 방사선들만이 차폐체를 관통할 수 있다.

그럼에도 불구하고, 원자로 운전 중에는 막더라도 차폐체를 직접 관통하는 통로가 필요한 경우가 있다. 그 일례가 핵연료 재장전용 통로이다. 그러한 덕트와 막음은 그림 10.27과 같이 일련의 계단 형태로 설치된다. 이러한 설계는 차폐체와 막음 사이의 공간을 통한 방사선 스트리밍을 효과적으로 감소시킨다.

굴곡 및/또는 계단이 있는 덕트를 통한 방사선 침투 계산은 상당히 복잡하므로 여기서 논의하지는 않는다. 그럼에도 불구하고 덕트는 차폐 설계에서 중요한 고려사항이다.

»» 참고문헌

일반

Chilton, A. B., *Principles of Radiation Shielding*. Paramus: Prentice-Hall, 1983.

Glasstone, S., and A. Sesonske, *Nuclear Reactor Engineering*, 4th ed. New York: Chapman & Hall, 1994, Chapter 6.

Goldstein, H., *Fundamental Aspects of Reactor Shielding*. Reading, Mass.: Addison-Wesley, 1959 (out of print); now available from Johnson Reprint Corp., New York. This volume contains an authoritative discussion of the calculation of buildup factors.

Jaeger, R. G., Editor, *Engineering Compendium on Radiation Shielding*, Vol. I. New York: Springer Verlag, 1968.

Rockwell, T., Editor, *Reactor Shielding Design Manual*. Oak Ridge, Tenn.: U.S. Department of Energy, 1956. A dated but still useful publication.

Schaeffer, N. M., Editor, *Reactor Shielding for Nuclear Engineers*. Oak Ridge, Tenn.: U.S. Department of Energy, 1973.

차폐 정보

테네시주 오크리지에 있는 오크리지 국립연구소(Oak Ridge National Laboratory)의 방사선차폐정보센터(The Radiation Shielding Information Center)는 모든 유형의 방사선 선원 차폐에 대한 최신 정보를 제공하기 위한 최신 리뷰, 데이터 편집 및 월간 뉴스 레터를 발행한다. 또한, 여러 정부 기관이 후원하는 센터는 차폐 계산을 위해 작성된 컴퓨터 프로그램을 수집하여 제공한다. 센터의 정보는 인터넷을 통해 접근할 수 있다.

함수표

이 장에서 사용한 다양한 함수들에 대한 충실한 설명은 mathworld.wolfram.com에서 구할 수 있다.

$E_n(x)$ 함수

Etherington, H., Editor, *Nuclear Engineering Handbook*. New York: McGraw-Hill, 1958, pp. 1-120.

Goldstein, H., *op. cit.*, p. 355.

Abramowitz, M., and I. A. Stegun, Editors, *Handbook of Mathematical Functions with Formulas, Graphs, and Mathematical Tables*, 9th printing. New York: Dover, 1972, pp. 227-233.

지수함수 적분 $Ei(x)$

Etherington, H., *op. cit.*, pp. 1-121.

Abramowitz, M., and I. A. Stegun, Editors, *op. cit.*

시버트 적분 함수 $F(\theta, x)$

이 함수는 광범위한 표로 주어지지 않음. 이하 문헌 참조: Abramowitz, M., and I. A. Stegun, Editors, *op. cit.*, pp. 1000-1001. Extensive graphs of $F(\theta,\ x)$ are given in: Jaeger, R. G., *op. cit.*

Rockwell, T., *op. cit.*

»»» 연습문제

1. 강도가 10^7 x-ray/cm^2-sec인 500 kV 엑스선 단방향 빔이 두께 20 cm의 판형 철 차폐체에 입사한다. 다음을 계산하라.

(a) 철 차폐체가 없을 때의 피폭률

(b) 철 차폐체가 있는 경우, 차폐체를 지난 지점의 비충돌 선속

(c) 누증 선속(buildup flux)

(d) 피폭률

2. 강도가 2×10^5 γ-ray/cm^2-sec인 1 MeV 감마선 단방향 빔에 의한 피폭률을 2.5 mR/hr으로 줄이려면 납 차폐체의 두께는 얼마나 되어야 하는가?

3. 등방성 점 선원이 1 MeV의 에너지로 1초당 10^{10}개의 감마선을 방출한다. 이 선원은 10 cm 두께의 납 차폐체로 둘러싸여 있다. 차폐체 표면에서 다음을 계산하라.

(a) 차폐체가 없는 경우의 선속

(b) 비충돌 선속

(c) 누증 선속

(d) 차폐체가 없을 때 $\dot{X}$

(e) 산란 방사선의 누증을 제외한 $\dot{X}$

(f) 산란 방사선의 누증을 포함한 $\dot{X}$

4. 1 Ci 라듐-베릴륨 선원(문제 9.25 참조)이 구형 납 차폐체 안에 배치된다. 납 표면의 감마선 피폭률을 1 mR/hr 이하로 줄이는 차폐체의 최소 두께는?

5. 핵탄두 폭발 5시간 후에 핵분열 생성물이 6.2×10^{-5} Ci/cm^{2}의 밀도로 어느 지역에 균질하게 낙진으로 분포한다고 가정한다. 한 사람이 이때 낙진 대피소(그림 10.28 참조)에 들어가 t_s시간 동안 그곳에 머문다고 했을 때, (a) 그의 총 피폭이 X R을 초과하지 않을 경우, 대피소에서의 그의 조기 피폭률(R/hr)이 아래의 식을 초과하지 않는 것을 보여라.

$$\dot{X}_0 = \frac{X}{5t_0}\left[1-\left(\frac{t_0}{t_0+t_s}\right)^{0.2}\right]^{-1}$$

(b) 이 사람이 2주 동안 2 R 이하의 노출을 받으려면 대피소의 콘크리트 지붕이 얼마나 두꺼워야 하는가? [주: 단순성을 위해 지붕을 무한대로 넓히고 감마선의 에너지는 0.7 MeV로 가정한다.]

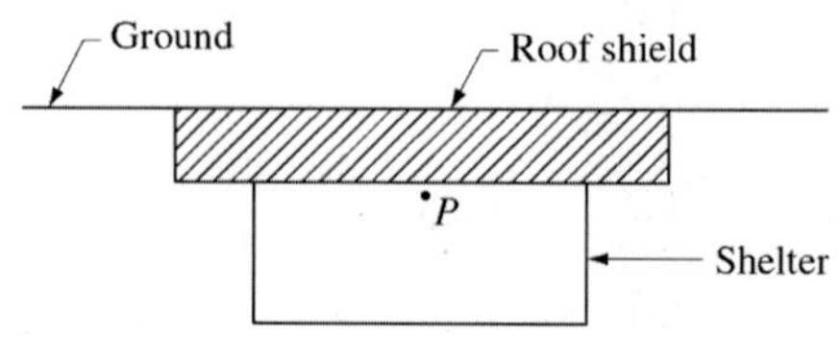

그림 10.28 낙진 대피소 모식도

6. 그림 10.29와 같이 문제 9.30에 설명된 원판형 선원을 물탱크에 배치하려고 한다. 탱크의 중간지점(P)에서의 피폭률을 1 mR/hr로 낮추기 위해 필요한 물의 두께는?

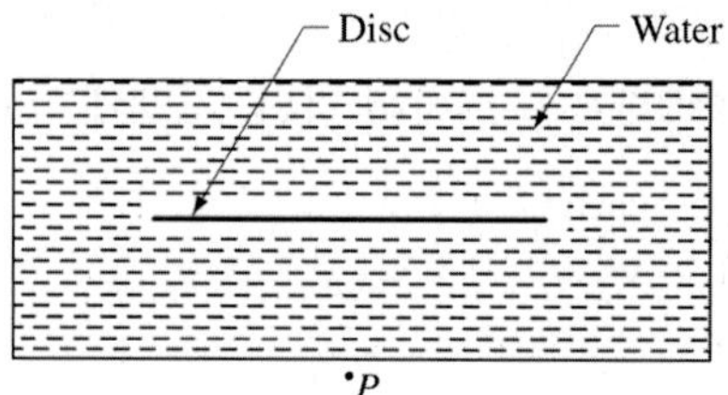

그림 10.29 물탱크 안의 원판형 선원

7. 부분 적분을 반복하여 다음을 보여라.

$$E_1(x) = \frac{e^{-x}}{x}\left[1 - \frac{1}{x} + \frac{2!}{x^2} + \frac{3!}{x^3} + \cdots\right]$$

그리고 이 급수의 수렴에 대해 논의하라.

8. 비방사능이 0.05 Ci/cm^{3}인 소듐 냉각재는 직경 8인치의 긴 파이프를 통과한다. 파이프를 선 선원으로 취급하고 소듐 내의 감쇠를 무시함으로써, 선량률을 2.5 mrem/hr 이하로 만드는 배관을 감싸고 있는 원통형 콘크리트 차폐체의 두께를 추정하라. [주: 소듐의 방사능은 ^{24}Na에 기인한다(표 10.7 참조).]

9. 작은 각 θ일 때, 다음을 보여라.

$$F(\theta, x) \simeq \theta e^{-x}$$

10. 2개월 동안 냉각시키는 대신, 즉시 문제 9.28의 연료봉을 원통형 납 용기에 넣어 실

험실로 운반한다고 가정하자. 표면의 피폭률을 1 mR/hr 이하로 감소시키는 용기의 벽과 끝단의 두께를 계산하라. [주: 원자로를 제거한 후 1분을 기준으로 모든 계산을 수행한다.]

11. (a) 앞 문제의 용기가 납 대신 철로 구성되었더라면 무게가 얼마나 나갈 것인가?

(b) 납이 파운드당 0.20달러, 철이 톤당 20달러라면, 이 두 가지 물질 중 어느 것이 더 싼 용기를 만들 수 있는가?

12. 열중성자가 30 cm 두께의 판형 물 차폐체에 입사한다. 중성자가 확산될 때, 반응 $^1H(n,\gamma)^2H$에 따라 수소에 포획되어 사라지며, 포획감마선은 약 2 MeV의 에너지를 갖는다. 다음의 식은 판 내의 열중성자속을 나타낸 식이다.

$$\varphi(x) = \varphi_0 e^{-x/L}$$

$\varphi_0 = 10^8$, $L = 2.85\ \text{cm}$일 때, 판형 차폐체의 먼 쪽 표면($x = 30\ \text{cm}$)에서의 다음을 계산하라. (a) 열중성자 선량률, (b) 비충돌 감마선속, (c) 누증 감마선속, (d) 감마 선량률

13. 반경 R의 구형 낙진 구름은 cm^3/sec당 S개의 감마선을 방출하는 균질하게 분포된 입자들을 포함하고 있다.

(a) 구름의 중심에서 산란되지 않은 감마선 선속을 유도하라.

(b) 구름의 중심에서 누증 선속을 유도하라.

14. 어떤 방사능 물질이 큰 수역에 용해되어 물 전체에서 cm^3/sec당 S개의 감마선이 방출된다. (a) 물 속의 어느 지점에서나 비충돌 선속은 다음 식과 같다는 것을 보여라.

$$\phi_u = \frac{S}{\mu}$$

(b) 누증 선속이 다음과 같다는 것을 보여라.

$$\phi_b = \frac{S}{\mu}\sum\frac{A_n}{1+\alpha_n}$$

위 식에서 A_n과 α_n은 테일러 전개식의 누증계수의 변수이다.

15. 10^{10} 1-MeV γ-ray/sec를 방출하는 등방성 점 선원이 반지름 50 cm의 물로 채워진 구형 용기 중심에 위치한다. 표면 피폭률을 1 mR/hr로 낮추기 위해 요구되는 용기 외부의 납 두께는?

16. 앞 문제의 선원을 먼저 납으로 둘러싸고, 그 다음에 50 cm의 물을 사용했다면, 이 경우 납의 두께는 얼마나 되어야 하는가? 두 경우에 차폐체의 무게를 계산하라.

17. 8 MeV 중성자가 바륨 핵에서 비탄성 산란된다. 비탄성 중성자의 평균 에너지는 무엇인가?

18. 밀도가 10 g/cm^{3}인 이산화우라늄(UO_2)의 거시적 제거 단면적을 계산하라.

19. 무한 평면 선원이 S fission neutron/cm^2-sec를 방출한다. 그림 10.30과 같이 선원과 인접하여 a cm 두께의 판형 철 차폐체가 있고, 이어서 두께 b의 판형 물 차폐체가 있다. 물 표면에서 c cm 위치에 있는 P 지점에서 고속 중성자속을 유도하라.

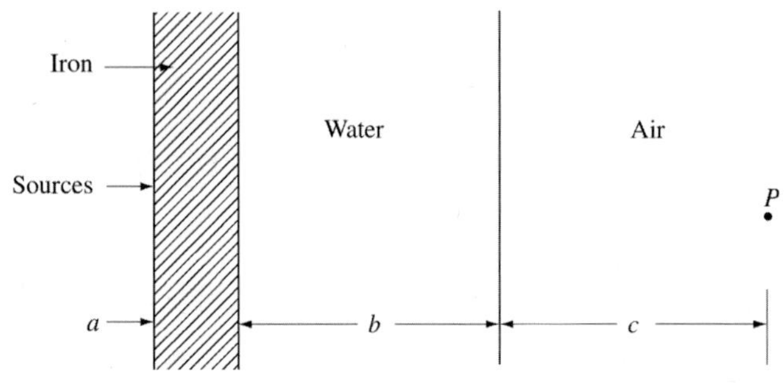

그림 10.30 입사 감마선 빔의 에너지 스펙트럼

20. 직경 30인치, 두께 0.06인치의 핵분열판은 ^{235}U가 20.8%로 농축된 우라늄으로 구성된다. 핵분열판은 큰 수조의 한쪽 끝에 위치하며 1×10^8 neutron/cm^2-sec의 열중성자속에 의해 조사된다.

(a) 핵분열판의 중심으로부터 1 m 떨어진 거리에서 물 속의 고속 중성자속과 고속 중성자 선량당량률을 계산하라.

(b) 두꺼운 2, 4, 6인치의 판형 철 차폐체를 핵분열판 앞에 놓은 경우 (a)와 같은 계산을 반복하라.

21. 90 MW 출력으로 작동하는 선상 원자로의 노심은 약 1,380리터의 체적을 가지고 있다. 노심의 체적 구성비는 우라늄 1%, 지르코늄 40%, 물(밀도 0.8 g/cm^3) 59%이

다. 차폐체 표면의 고속 중성자속을 10 neutron/cm^2-sec로 줄이는 데 필요한 단위밀도 물 차폐의 두께를 추정하라.

22. 어떤 소형 고속로의 출력은 200 MW, 평균 출력밀도는 600 W/cm^{3}이다. 노심 구성의 체적 구성비는 다음과 같다: ^{239}Pu 10%, ^{238}U 20%, 철 25%, 소듐 45%. 노심은 두께가 50인치인 차폐로 둘러싸여 있다. 차폐의 체적 구성비는 다음과 같다: ^{238}U 45%, 철 20%, 소듐 35%. 고속중성자 선량당량률을 1 mrem/hr로 감소시키는 원자로 주변의 콘크리트 차폐 두께를 추정하라. [주: v = 3을 취하여 플루토늄의 σ_R이 우라늄과 같다고 가정한다.]

23. 몬테카를로 계산에서 세 가지 상호작용이 가능할 때 난수를 사용하여 충돌 시 발생하는 상호작용의 유형을 선택하기 위한 방법을 고안하라.

24. 2 MeV의 에너지로 10^9 neutron/sec를 방출하는 점 선원이 한 변의 길이가 25 ft인 정육면체 챔버의 중앙에 위치한다.

(a) 중성자로부터의 선량당량률이 챔버 외부 표면의 임의의 지점에서 2.5 mrem/hr를 초과하지 않으려면 콘크리트 벽 두께는 얼마나 되어야 하는가?

(b) 중성자로 인해 콘크리트에서 생성된 감마선에서 발생한 추가 선량은 얼마인가?

(c) 총 선량률이 2.5 mrem/hr를 초과하지 않을 경우 콘크리트 두께는 얼마나 되어야 하는가?

25. 그룹 n = 2에 대해 표 10.5에 제시된 χ_{pn} 및 χ_{dn} 값을 보여라.

26. 예제 10.8에 제시된 피폭률을 입증하라.

27. 판형 확산 매질의 두께가 열중성자 확산거리보다 훨씬 작을 경우, 이 판의 cm^2/sec당 열중성자가 포획되는 비율이 $\varphi_1\overline{\Sigma}_a t$인을 보여라. (단, φ_1는 판에 입사하는 열중성자속, $\overline{\Sigma}_a$는 거시적 열 단면적, t는 판의 두께.)

28. 어떤 연구용 원자로에는 반사체와 2.5 ft 물 차폐체 사이에 3인치 두께의 납 층이 있다. 앞 문제의 결과를 사용하여 납에서의 열중성자속이 10^5 neutron/cm^2 sec인 경우 납에서의 방사성 포획으로부터 차폐체 외부 표면의 감마선 피폭률을 추정하라.

29. 앞 문제에서 납에 입사하는 열중성자속이 10배 증가했다고 가정하자. 차폐체 외부의 감마선 피폭률을 다시 계산하라.

30. 특정 가압수형 원자로는 100 MW(th)의 출력으로 작동한다. 평균 밀도가 0.75 g/cm^{3}인 냉각수는 원자로 노심(체적 1,700 L)을 약 0.27초간 통과하고, 나머지 냉각재 회로를 6.88초에 통과한다. 이 원자로는 매우 낮은 농도의 지르코늄 연료 원소에 함유된 고농축우라늄을 연료로 한다. 금속 대 물의 체적 분율은 0.25이다. $^{16}O(n,p)^{16}N$ 및 $^{17}O(n,p)^{17}N$ 반응의 결과로 원자로 출구 및 입구에서의 물의 중성자 비방사능과 평형 감마선 비방사능을 계산하라.

31. 앞 문제에서 설명한 원자로의 평균 열중성자속이 2×10^{13} neutron/cm^2-sec인 것을 감안하여 원자로 입구 및 출구에서의 $^{18}O(n,\gamma)^{19}O$ 반응에 의한 물의 방사능을 계산하라.

32. 몇몇 초기 가스냉각 원자로에서 가스는 한번만 원자로를 통과하고 배출되었다. 이런 원자로에서 가스의 노심 체류시간을 t_i, 평균 중성자속을 φ_{av}라 할 때, 반감기가 $T_{1/2}$인 방사화 원자의 배출률(Ci/sec)은 다음과 같음을 보여라.

$$\text{배출률} = \frac{1.87\times 10^{-11} W \Sigma_{\text{act}}\varphi_{\text{av}} t_i}{T_{1/2}}\ \text{Ci/sec}$$

위 식에서 W는 가스의 유량(cm^3/sec)이며 $t_i \ll T_{1/2}$이다.

33. 브룩헤이븐 국립연구소의 첫 번째 연구용 원자로는 공기냉각 시스템이었다. 공기는 원자로를 한 번 통과했고 그 후 굴뚝으로 배출되었다. 공기 유량이 270,000 ft^3/min이고, 원자로 내 공기량은 960 ft^3, 평균 열중성자속은 2×10^{12} neutron/cm^2-sec이었다. 굴뚝으로의 방사능 배출률은?

34. 많은 수냉식 원자로에서 물은 감속재, 반사체 및 냉각수의 역할을 한다. 냉각재 회로는 그림 10.31과 같이 원자로로 유입되는 냉각재의 분율 f_e가 노심을 통과하고 나머지 분율 f_r이 반사체로 이동한다. 노심 및 반사체의 단위체적당 평균 방사화율은 각각 $(\Sigma_{\text{act}}\varphi_{\text{av}})_c$와 $(\Sigma_{\text{act}}\varphi_{\text{av}})_r$이며, 물은 t_c, t_r, t_0 시간 동안 노심, 반사체, 외부 회로에 체류한다. 원자로로부터 나오는 비방사능이 다음 식과 같다는 것을 보여라.

$$\alpha = \frac{(\Sigma_{\text{act}}\varphi_{\text{av}})_c(1-e^{-\lambda t_c}) + (\Sigma_{\text{act}}\varphi_{\text{av}})_r(1-e^{-\lambda t_r})}{1-f_c e^{-\lambda(t_c - t_0)} - f_r e^{-\lambda(t_r + t_0)}}$$

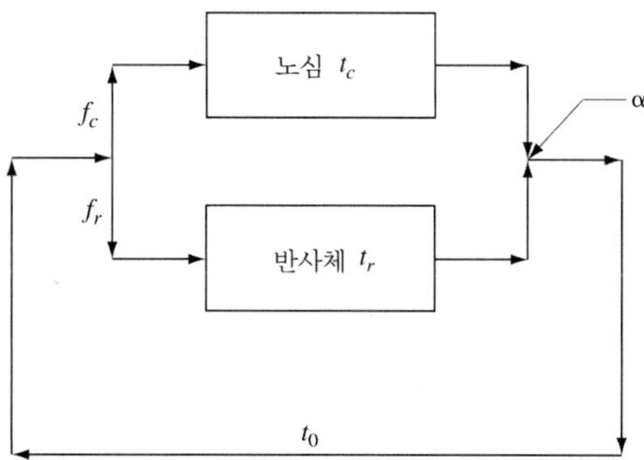

그림 10.31 유량이 노심과 반사체로 나뉘는 냉각재 회로 모식도

35. 반지름 R의 긴 직선 공기 덕트가 두께 x의 판형 차폐체를 통과한다. 차폐체에 입사하는 방사선이 등방적일 때, 덕트 끝에서 스트리밍에 의한 선량률 $\dot{H}$는 덕트 시작점의 선량률 $\dot{H}_0$와 다음과 같은 관련이 있음을 보여라.

$$\dot{H} = \frac{\dot{H}_0 R^2}{4x^2}$$

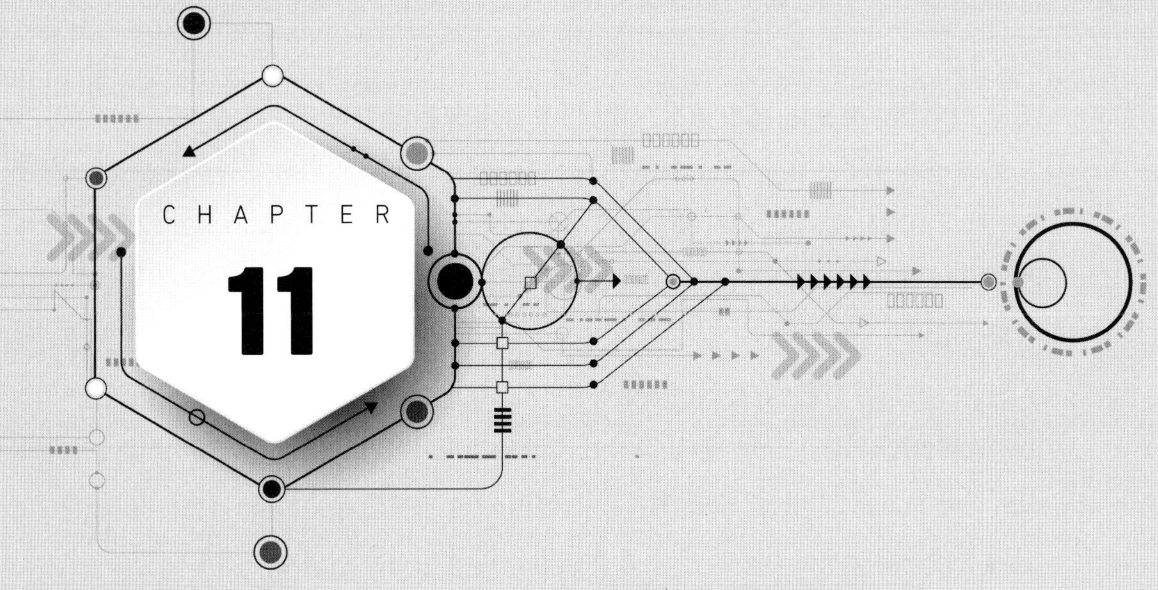

원자로 인허가, 안전 그리고 환경

Reactor Licensing, Safety, and the Environment

11.1 정부의 권한과 책임
11.2 원자로 인허가
11.3 원자력 발전소 안전의 원칙
11.4 원자력 시설로부터의 유출물의 분산
11.5 원자력 발전소에 의한 방사선량
11.6 원자로 부지
11.7 원자로 사고
11.8 사고 위험도 분석
11.9 환경 방사선 선량

건물, 다리, 댐, 자동차, 제조 공장, 전기 기계 등의 모든 공학적 구조와 장치들은 본질적으로 그 소유자나 운전원 또는 대중에 대해 어느 정도의 위험을 가한다. 원자로도 이러한 관점에서 예외는 아니다. 방사선에 대한 일부 대중의 원초적인 두려움과 제2차 세계대전 중 사용된 핵무기의 엄청난 위력에 대한 기억 때문에 원자로의 위험은 다소 지나치게 과장되어 왔다.

인간이 시도한 다른 형태의 활동에서 일반적으로 받아들여지는 위험과 비교하였을 때 원자력에 의한 위험은 극히 낮다. 심지어 후쿠시마 다이이치, 체르노빌, 쓰리마일아일랜드에서의 사고를 고려하더라도, 원자력 산업의 안전 기록은 우수하다. 이것은 원자력시설의 설계와 운영에서 안전이 가장 중심 역할을 해야 한다는 산업계와 정부의 공통된 인식의 결과이다.

현재 기술로 볼 때, 원자력은 대량의 전력을 생산하는 데 있어, 날씨나 시간에 관계없고 환경에 대한 악영향이 가장 최소인 방법 중 하나이다. 그러나 원자력 발전소가 매우 적은 양이기는 하지만 환경에 방사능을 배출하는 것은 사실이다. 원자력 발전소의 이러한 측면은 본 장의 마무리 절에서 논의한다.

»» 11.1 정부의 권한과 책임

모든 나라에서 대중 보호의 궁극적인 책임은 지방정부나 중앙정부에 있다. 원자력에너지의 경우 이러한 책임이 수행되는 방법은 국가에 따라 다소 다르다.[1] 현재의 논의는 미국 내에서 현재 사용되고 있는 절차에 국한한다. 원자력 안전 관련 많은 철학과 대부분의 기술적 요건들이 정부 규제에 근간을 두고 있으므로, 원자력 안전 기술에 대해 생각하기 전에 먼저 정부 기능을 개략적으로 살펴봄이 합리적이다.

원자력규제위원회(NRC)

미국에서는 어떠한 활동에 대한 연방정부의 관여와 규제는 의회의 법률에 의한다. 원자

---

1 정치적인 위원회 구조가 아니라면 많은 나라들은 그들의 규제 실무에서 미국 NRC의 규제를 따른다.

력에너지의 개발 및 규제와 관련하여 처음으로 제정된 법은 *맥마흔법*(*McMahon Act*)이라고 알려진 *1946년의 원자력에너지법*(*Atomic Energy Act of 1946*)이다. 이 법은 *1954년의 원자력에너지법*(*Atomic Energy Act of 1954*)으로 크게 확대되었다. 두 법 모두 5인으로 구성되는 *원자력에너지위원회*(*Atomic Energy Commission*) 설립의 기반이 되었고, 원자력 문제에 있어서 위원회의 권한을 어느 정도 상세히 기술하였다. 이 법들은 일반적 측면의 조직 혹은 기구 설립도 규정하였는데－전술한 5인의 원자력에너지위원회(*Atomic Energy Commission)*와 구분하기 위하여 단순히 “AEC”라 부른다－이는 “원자력에너지의 생산과 이용, 그리고 관련 시설들의 규제”를 포함하는 *원자력에너지위원회의* 다양한 기능을 수행하기 위함이다.

*1954년의 원자력에너지법*은 또한 다음과 같이 기술하고 있다. “원자력에너지의 개발과 이용에 광범위한 참여를 장려하기 위한 프로그램을 발효시키는 것이 이 법의 목적이다.” 이러한 법 규정은 위원회가 원자력에너지를 장려도 하고 규제도 하는 서로 모순될 수 있는 역할을 동시에 수행하도록 하여 수년간에 걸쳐 비난을 점점 더 많이 받게 되었다. 이 상황을 바로잡기 위하여 의회는 *1974년의 에너지개편법*(*Energy Reorganization Act of 1974*)을 발효시켰다. 이 법은 (1) 원자력에너지위원회를 폐지시켰고, (2) AEC의 연구 개발 기능을 몇몇 다른 정부기관을 결합한 *에너지연구개발관리국*(*Energy Research and Development Administration, ERDA*)이라는 새로운 기관으로 통합시켰으며, (3) 이전에 AEC에서 수행하던 인허가 및 규제 기능 전부를 새로운 *원자력규제위원회*(*Nuclear Regulatory Commission, NRC*)로 이관하도록 하였다.

1977년 연방정부의 에너지 프로그램을 더욱 통합하기 위한 노력으로 의회는 ERDA와 몇몇 다른 에너지 관련 기관을 장관급의 *에너지성*(*Department of Energy, DOE*)으로 통합하였다. NRC의 구조와 기능은 이 개편에 영향받지 않았다. NRC는 DOE에 소속되지 않은 독립된 연방기관으로 남게 되었다. 원자력에너지에 대한 연방 차원의 연구개발 프로그램은 DOE의 지원 하에 수행되었다. NRC는 1954년과 1974년의 법 개정에 의거하여 미국 내의 인허가와 규제를 지속적으로 수행하였다. NRC는 이러한 활동들을 뒷받침하기 위한 검증 연구들도 지원한다.

의회의 대부분의 법률과 마찬가지로 1954년법과 1974년법은 일반적인 용어로 쓰여졌다. 임무를 수행하는 방법을 상세하게 명시하기 위하여 NRC는 스스로의 규칙과 규정을 공포하였다. 이것이 연방정부 소속 부처와 기관들의 운영에 대한 중요 매뉴얼인 *연방규정*(*Code of Federal Regulation, CFR*)의 일부가 되었다. 이 규정들은 법률로서의 강제성과 효력을 갖는다.

CFR은 *Title* 이라고 하는 50개의 Section으로 구성되어 있고 각각은 연방 규정의 넓은 주제를 담고 있다. 각 Title은 *Chapter* 로 나누어지는데, 이는 보통 발행한 기관의 이름을 담고 있다. Title 10, Chapter 1은 NRC의 규정을 담고 있다. 각 Chapter는 특정한 규제 영역을 다루는 *Part* 로 세분된다. 예를 들어, Title 10의 Part 20은 방사선 방호의 기준을 규정하고, Part 50과 52는 위원회의 원자로 허가 규정을 담고 있다. 이 책 저술 시점에서, Title 10에는 총 171개의 Part가 있다(이 중 일부는 나중을 위해 비워 두고 있다). 표 11.1은 원자력 발전소와 관련하여 가장 자주 접하는 Part들을 기술한 것이다.

Title 10의 각 Part들은 10CFR20, 10CFR50과 같이 축약된 형태로 사용된다. 각 Part의 특정 문단이나 주제 또한 숫자화된다. 예를 들어, 10CFR20.1004는 방사선량의 단위를 정의하고, 10CFR50.34는 원자로 인허가를 위하여 사업자가 NRC에 필수적으로 제출해야 하는 기술적 정보를 나타낸다.

10CFR로 발행된 규정 이외에도 NRC는 종종 *규제 지침*(*Regulatory Guide*)을 발행한다. 이 지침의 목적은 (1) NRC 직원들이 10CFR에 담긴 규정들을 적용하는 데 있어서 허용 여부를 판단할 방법들을 기술하고, (2) 특정 문제나 발생 가능한 원자력 사고를 평가할 때 직원들이 사용하는 기술적 방법을 논의하며, (3) NRC 인허가 신청자에게 일반적인 지침을 제공하는 것이다. 지침들은 규정을 대신하는 것이 아니고, 지침의 준수도 반드시 요구되는 것은 아니다. 실질적 측면에서, 이들 규제 지침들은 규정과 같은 위상은 아니지만, 전반적인 NRC 규제 과정에서의 그 중요성은 점점 커지고 있다.

»»» 11.2 원자로 인허가

원자력에너지 규제에 대한 NRC의 책임은 우라늄 광석의 채광과 정련에서부터 원자로 핵연료 이용에 걸친 핵주기 전체, 사용후핵연료의 이송과 재처리, 방사성 폐기물의 처분에 이르는 영역으로 확대되었다. 여기에서의 논의는 크게 원자력 발전소의 규제에만 한정한다.

표 11.1 미국 연방규정인 CFR Title 10, Chapter 1의 가장 자주 사용되는 부분

Part	명칭	적용 영역
1	조직과 일반적인 정보	NRC 조직의 설명
2	실행 규칙	승인, 철회, 개정 또는 NRC 허가, 민사상의 벌금 시행, 규정 제정 절차, 특허 등에 대한 기타 활동에 대한 절차의 수행을 통제
20	방사성 방호 기준	방사선 방호에 대한 기준과 규제 설정
50	생산과 사용시설의 허가	허가 또는 면허를 위하여 신청자가 반드시 제공해야 할 자세한 정보를 포함하는 원자로에 대한 건설허가 또는 운전면허 취득의 요구사항을 제공
51	허가 및 규제 정책과 환경보호를 위한 절차	국가 환경 정책법을 만족시키기 위하여 NRC 허가에 대해 신청자가 따라야 할 절차 제공
52	원자력 발전소에 대한 허가, 인증, 승인	설계 인증, 조기 부지 허가 취득, 통합 허가에 대한 요구사항 제공
54	원자력 발전소에 대한 운전 면허의 갱신에 대한 요구사항	원자력 발전소에 대한 갱신된 운전 허가와 갱신된 통합 허가의 발급에 대한 요구사항 제공
55	운전원 면허	NRC가 허가한 원자력 시설의 운전원의 허가 발급에 대한 절차와 기준 제공
70	특별한 원자력 물질의 국내 허가	특별한 원자력 물질(핵분열성 물질 또는 U-235에 농축된 우라늄)의 소유와 사용 면허의 발급에 대한 규정과 기준 설정
100	원자로의 부지 요건	NRC가 원자력 발전소를 위하여 제안된 부지를 평가하는 데 사용하는 기준 정의

NRC의 규제 권한은 다양한 인허가를 통하여 실행된다. 일반적으로 인허가가 이루어지기까지는 원자로 인허가 신청자와 NRC 모두의 상당한 노력이 요구된다. 비록 원자력 발전소의 경우에는 설계 인허가 과정 중 NRC 승인이 주된 조치로 간주되지만, 연방 및 주 정부, 그리고 지역 기관들이 보통의 화석연료 발전소 건설에 부여하는 모든 다양한 인허가 요건 또한 만족해야 한다. 이는 40개 이상의 개별 인허가 조치를 수반한다. 결과적으로 원자력 발전소의 건설이나 운영에 필요한 인가 및 허가와 관련된 인허가 문제의 해결에는 대개 수년의 시간이 소요된다.

원자로 인허가에 간여하는 NRC 내 조직에는 다음과 같은 것들이 포함된다.

규제자(regulatory staff)

다른 대기업들과 마찬가지로, NRC 직원들은 조직 내에서 특정 역할을 담당하는 몇몇의 독립된 국(office)으로 나뉘어 있다. 실제로 원자력 발전소를 건설하고자 제안하는 신청자는 *원자로규제국*(*Office of Nuclear Reactor Regulation, NRR*) 및 *신규원자로국*(*Office of New Reactor, NRO*) 직원들과 우선적으로 접촉하게 된다. NRR은 원자로 운전과 이 시설에서의 핵연료 구입, 점유와 소유, 그리고 사용에 관련된 모든 인허가 기능을 담당한다. NRR의 직원들은 가동 원전에 대한 면허 변경 신청서를 심사하고, 보건, 안전 및 환경의 관점에서 설비들을 평가한 후 이들 시설에 대한 변경 면허를 발급한다. NRR은 또한 원자로 운전원의 면허에 대한 책임도 가지고 있다. NRO는 신규 원자력 발전소에 대한 통합 면허(combined license)의 심사와 발급을 담당한다.[2]

발전소가 건설 단계에 들어서면, NRC 검사관은 NRC의 건설허가 또는 면허, 그리고 관련 기술사양에 따라 발전소가 건설되는지를 확인하기 위하여 지속적으로 프로젝트를 검사한다. 발전소가 운전되면, 다른 검사관이 그 발전소의 모든 활동들이 운영 허가 규정에 맞게 수행되고 있는지를 확인하기 위하여 운영을 관찰한다.

원자로안전자문위원회(Advisory Committee on Reactor Safeguards, ACRS)

1957년 미국 의회는 *1954 원자력에너지법 개정에서 이 위원회를* 설치하였는데, 그 목적은 모든 동력용 원자로의 인허가 신청 또는 개정 신청서를 심사하여 잠재적인 안전 문제들을 찾아내기 위함이다. ACRS는 상당한 기술적인 전문성을 가진 15인의 위원들로 구성되어 있다. 이들 전문가들은 NRC의 정규 연방 직원은 아니고 위원회와 의회에 보고한다.

원자력 안전 및 허가 이사회(Atomic Safety and Licensing Boards, ASLB)

이 위원회는 원자력에너지법에 의해 발급되는 면허의 인가, 보류, 취소, 개정과 관련하

---

2 *NRO*가 신규 원자로에 대한 면허의 심사와 발급을 책임지고 있지만, 이러한 원자로들의 규제는 NRO에서 마무리된 후 NRR로 이관된다. NRC는 최근 NRR과 NRO를 통합하는 계획을 발표하였다. 이것이 실제 진행되기까지는 다소 시간이 걸릴 것으로 보인다.

여 청문회를 실시하고 결정을 내린다. 이사회는 3인의 위원으로 구성된다. 한 명의 위원(일반적으로 변호사)은 청문회를 개최하고 위원회의 의장 역할을 수행할 자격을 갖추어야 한다. 다른 두 명의 위원은 기술 분야에서 위촉된다. (동력용 발전소에 대한 청문회에서 환경 문제의 중요성이 증가하고 있기 때문에, 위원회의 두 기술위원 중 한 명은 종종 다양한 환경 과학자를 위촉한다.)

인허가 단계

NRC는 1954 원자력에너지법으로부터 파생된 두 가지의 서로 다른 원자력 발전소 인허가 접근방법을 채택해 왔다. 원래의 방법은 10CFR50에 제시되어 있고, 신규 방법은 10CFR52에 제시되어 있다. 후자의 신규 방법은 추후 논의한다. 10CFR50의 과정은 건설 단계와 운영 단계로 구성된다. 이 방법에서는 원자로가 특정 부지에 건설되기 전에 NRC로부터 *건설허가*(*construction permit*, *CP*)를 취득해야 한다. 원자로가 운전되기 전에는 *운영허가*(*operating license*, *OL*)를 취득해야 한다. 이와 같이 인허가 과정은 두 단계로 나뉘는데 일반적으로 *CP단계*(*CP stage*)와 *OL단계*(*OL stage*)라고 한다. 각 단계에는 긴 일련의 세부단계가 수반되고 이는 NRC의 절차로 공식화되어있다. 그림 11.1은 이러한 세부단계들을 도식화한 것이며, 그 내용을 요약하면 다음과 같다.

건설허가 단계(CP Stage)

***비공식 부지 심사*(*Informal site review*)** 원자력 발전소 부지 선정은 발전소 건설 허가 신청자의 의무이다. NRC는 11.6절에 제시된 기준에 근거하여 부지를 최종 승인한다. 그리고 NRC는 일단 어떤 부지를 선택한 신청자에게, 필수는 아니지만, 공식 인허가 신청 전에 비공식 심사를 요청하도록 장려한다. 신청자는 환경영향평가서(다음 인허가 단계 참고)에서 반드시 최소 두 개 대체 부지의 장점을 비교하여야 한다.

***인허가 신청*(*Application for license*)** 이 단계에서는 단지 건설허가만 받을 수 있지만, 신청자는 해당 시설의 추후 운영허가와 관련된 서류들도 NRC에 제출하여야 한다. 이 서류들은 방대한 문서는 아니며, 신청자 기관 주요 인사들의 이름과 주소, 법인 상태, 사업 착수를 위한 재정적 자격 입증 등이 포함된다. 신청자에게 요구되는 정보는 10CFR50.33에 나타나 있다.

신청서를 뒷받침하기 위하여 신청자는 기술적인 정보, 독과점 금지 평가를 위한 적절한 자료, 그리고 *환경영향평가서*(*Environmental Report*)를 제출해야 한다. 준비가 방대하고 복잡한 것은 *예비안전성분석보고서*(*Preliminary Safety Analysis Report, PSAR*)와 *신청자 환경영향평가서*(*Applicant's Environmental Report, AER 또는 ER*)이다.[3,4]

PSAR은 여러 권으로 구성되는 중요 기술 문서이다. PSAR에 요구되는 내용은 10CFR50.34와 규제 지침(Regulatory Guide) 1.70에 규정되어 있다. PSAR에 포함되는 사항들은, 제안된 부지에 대한 종합적인 자료, 안전 관련 특성들에 대한 특별한 고려사항들을 포함한 제안된 시설에 대한 설명, 가상의 사고 상황과 그 결과에 대한 논의, 시설의 조직과 운영에 대한 계획 초안, 비상 상황 대처 계획 등이다.

AER 제출의 의무는 1969년의 국가환경정책법(National Environmental Policy Act of 1969, NEPA, Public Law 91-190, 1970)에서 유래되었다.

> 이 법에 따라 … 모든 연방정부의 기관들은 … 모든 권고사항에 포함하여야 한다 … 인간 환경의 질에 심각하게 영향을 주는 주요 연방 조치에 대하여, 다음에 대한 책임있는 담당자의 상세한 보고서 …
>
> (i) 제안된 조치의 환경적 영향
> (ii) 제안이 실행되는 경우 피할 수 없는 부정적인 환경 영향
> (iii) 제안된 조치의 대안
> (iv) 국부적인 인간 환경의 단기 사용과 장기적인 생산성의 유지 및 향상 사이의 관계
> (v) 제안된 조치의 실행과 연관된 회복할 수 없고 돌이킬 수 없는 재원의 투입

---

3 NRC는 이 보고서들을 준비하고 심사하는 사람들에게 유용한 두 가지 문서를 발간하였다. 표준심사계획(Standard Review Plan)은 NRC의 안전 기준의 개요를 설명하고, 환경표준심사계획(Environmental Standard Review Plan)은 환경적인 지침들을 나열하고 있다. NRC 직원들은 이제 이들 기준과의 편차를 찾아내고 문서화해야 하며; 앞으로는 이 의무사항은 신청자에게 부과될 것이다.

4 AER에 대한 요구사항은 10CFR51에 제시되어 있다.

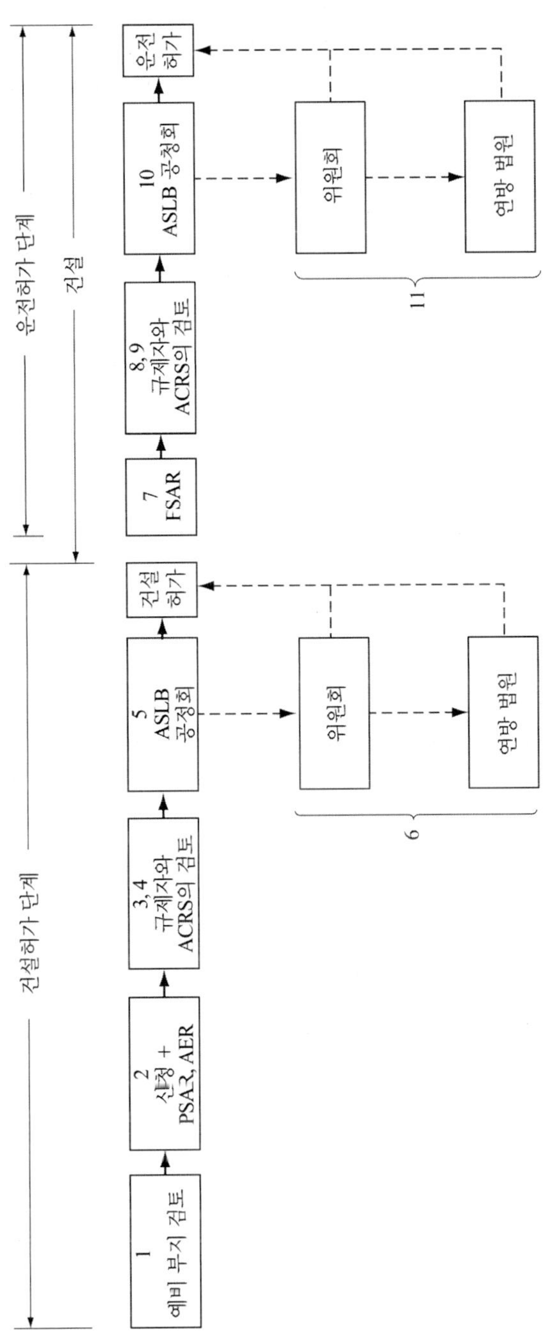

그림 11.1 NRC의 원자로 인허가 프로그램의 세부단계

NRC에 의한 건설허가 또는 운영허가의 발급은 "연방정부의 주요 조치"에 해당하고, 이에 따라 NRC는 각각의 신청자에게 AER을 제출하도록 요구한다. 이것으로부터 NRC는 환경심사서(Environmental Statement)를 준비한다. AER의 내용은 상당부분 전술한 항목 (i)부터 (v)에 기반하며, 동시에 제안된 시설이 다양한 환경 기준과 규제를 따르고 있다는 증거들이 수록된다. AER의 상세한 내용은 10CFR51과 Regulatory Guide 4.2에 제시되어 있다.

일단 신청서와 보조서류들이 접수되어 완결성이 확인되고 수용되면(이를 "docketed"라 함), NRC는 *연방관보*(*Federal Register*)[5]에 이 사실을 공포하고, 모든 문서와 서신의 복사본을 워싱턴 DC의 공공자료실(Public Document Rooms, PDR)과 해당 발전소 현장에 비치한다. 동시에 문서들의 복사본이 ACRS의 위원들과 관할 NRC 규제원에게 배포된다. 신청자는 신청서와 보조서류 복사본을 시설이 건설될 부지의 지방자치단체장에게 제출해야 하고, 대체 부지로 지정된 부지의 지방자치단체장들에게도 공지해야 한다.

규제원에 의한 심사(Review by regulatory staff) NRC의 규제원들은 신청자의 서류들을 검토하여 그 시설의 건설로 인해 대중 보건과 안전에 대한 과도한 위험이나 수용 불가능한 환경적 영향이 발생하는지 심사한다. 그 결과 그 시설에 수용할 수 없는 부분이 있다고 판단되면 규제원은 신청자에게 필요한 수정 조치를 하도록 요구한다. 신청자가 수정을 할 수 없거나 거부할 경우 의견 차이는 건설허가 또는 운영허가의 발급 전에 해소되어야 한다. 극단적인 경우에, 신청서는 위원회에 의해 반려될 수 있다. 신청자의 문서에 대한 심사에 이어, 규제원은 그 시설의 건설로 인해 대중 보건과 안전에 대한 과도한 위험이 발생지 않는다는 확인과 결론을 요약한 *안전성심사보고서*(*Safety Evaluation Report, SER*) *안전성심사보고서*(*Safety Evaluation Report, SER*)를 발행해야 한다.

규제원은 또한 AER에 대한 심사(이것은 NEPA 심사라 불린다)를 수행하고 발전소가 환경에 미치는 영향 평가 결과를 요약한 *예비환경심사서*(*Draft Environmental Statement*,

5 연방관보는 연방정부 각 부처들과 산하 실행부서의 규제 활동을 서술한 기관지이며, 총무청(General Services Administration)의 국립자료기록서비스(National Archives and Records Service)에서 발행한다. 신규 규제는 우선 연방관보로 발간되며, 이들이 인용되어 법제화되면 연방규정인 CFR에 포함된다.

DEIS)를 발행한다. 이 시설의 환경 영향에 대한 의견 개진과 사실 확인을 위하여 DEIS는 연관된 다른 연방, 주, 지방 정부 산하 기관에 회람된다. 규제원은 이렇게 개진된 의견들을 반영한 최종환경심사서(Final Environmental Statement, FEIS)와 결론들을 발간한다.

***ACRS의 심사*(Review by ACRS)** 신청서와 관련된 문서는 우선 ACRS 위원들의 부위원회에 할당된다. 부위원회가 심사를 마치고 보통 NRC 규제원이 SER을 발간하였을 때, 전체 위원회는 프로젝트를 숙고한다. 정관에 의거하여, ACRS는 제안된 시설의 환경 영향에 대한 심사 책임을 지지 않는다. 위원회의 결론과 권고는 NRC 의장에게 서신으로 보고된다.

ACRS의 회의에 이어서 규제원은 *안전성심사보고서 증보판*(*Supplement to the Safety Evaluation Report*, *SSER*)을 발간한다. 이 증보판은 ACRS에 의해 제기된 안전 현안을 논하고 SER의 발간 이후 언어진 새로운 정보를 포함한다.

***공청회*(Public hearing)** 신청서 심사가 승인되면 NRC 직원은 공청회 개최를 통보한다(Notice of Opportunity for Hearing). 1954 원자력에너지법 조항에 의거, 건설허가(CP) 발행의 이해관계자들은 누구든지 심사 진행에 개입하여 당사자가 될 수 있다. 이 사람은 사업의 어떠한 측면에 개입할지를 밝히고 관심사와 주장의 근거를 설명하는 청원서를 제출해야 한다. ASLB는 규제원과 신청자로부터 청문 개입자의 청원서에 대한 답변을 받아 검토한다. 검토 결과, 이들 이해관계자의 개입이 적법하다고 판단되면, 개입 공청회가 시작된다.

공청회는 두 단계에 걸쳐 진행된다. 우선 공청회는 환경과 부지 관련 현안을 대상으로 열린다. 만약 이 공청회에서 ASLB가 (1) 발전소는 환경에 대해 과도한 위해 없이 건설될 수 있다, (2) 부지가 발전소의 적절한 위치라는 타당한 근거가 있다고 결정하면, ASLB는 신청자에게 제한적 작업 허가(Limited Work Authorization, LWA)를 부여할 수 있다. LWA는 신청자가 안전관련 시설의 건설을 위하여 부지 조성을 시작할 수 있도록 허가하는데, 여기에는 발전소 구조물을 위한 굴착 공사도 포함된다. 현행 규칙에는 건설 지원시설이나 도로 및 철로 건설, 조명 및 하수처리 시스템 설치, 다른 부지 관련 사항들은 LWA 없이도 진행할 수 있다. 동시에 진행되지 않는다면, ASLB는 환경 청문회에 이어 발전소의 안전관련 현안에 대한 청문회를 실시한다. 청문 개입자 유무에 관계없이, AEA는

NRC가 청문회를 개최하도록 요구한다. 개입자가 없는 청문회는 비개입(uncontested)이기 때문에 "책임 청문회" 또는 "비개입 청문회"라 불리며, FEIS와 SSER, 그리고 ACRS의 서신이 발간된 이후에 진행된다.[6] 책임 청문회는 NRC가 CP를 발행할 수 있는지 여부를 숙고한다. 제안된 부지 근처에서 열리는 이러한 청문회에 대한 공시가 발행되어 지역 뉴스 미디어에 보내진다.

비개입 청문회에서 신청자의 진술은 PSAR, AER, 규제원의 심사 중 추가된 불가피한 수정사항들을 포함하는 신청서와 보조서류들로 구성된다. 규제원의 진술은 SER, SSER 및 FEIS를 포함한다. 반대로, 개입 공청회에서는 신청자, 규제원, 청문 개입자가 특정 현안에 대한 추가적인 진술을 준비한다. 다음으로는, 모든 이해당사자가 증인을 부를 수 있는 권리와 필요 시 반대심문을 하는 것을 포함하는 법원 형태의 심판 과정이 이어진다.

개입 청문회 종료 시에 ASLB는 규제원, 신청자, 개입자 그룹이 각기 독립적으로 제출한 사실이나 법리적 결론들뿐만 아니라 기록물들을 숙고한다. 그리고 ASLB는 소위 *최초 결정*(*initial decision*)을 발간한다. 만약 ASLB의 결정이 긍정적이고 이에 대해 NRC가 동의하면, NRC는 그 실무 조직인 원자력규제국장(Director of Nuclear Regulation)에게 CP를 발행하라고 지시하며, 이어 발전소에서는 본격적으로 업무를 시작할 수 있다. 그러나 ASLB를 충분히 납득시킬 정도로 완벽히 해소되지 않은 현안들이 남아 있으면, ASLB는 이를 근거로 하여 종종 조건부 CP를 발행하기도 한다.

***항소*(*Appeal*)** 최초 결정에 만족하지 못한 어떠한 이해당사자도 "예외 신청(file exceptions)", 즉 결정에 대한 항소를 할 수 있다. 이 항소는 NRC가 처리한다.[7] NRC는 사실과 법률에 근거하여 ASLB의 기록을 검토한다. 이것은 청문회 결과에 불만족한 이해당사자가 연방정부 실행 부서 내에 취할 수 있는 마지막 단계이다. 만약 이 시점에서 NRC가 ASLB의 결정을 기각하지 않는다면, 이 현안은 연방법 관련이므로 그 불만족 이해당사자는 이 건을 연방법원에 제소한다.

---

6 이 책 작성 현재, 의무적인 청문회를 폐기하는 입법이 미 의회에 계류되어 있다.

7 이전의 절차 규정에서는, 원자력 안전 및 인허가 항소 위원회(Atomic Safety and Licensing Appeals Board)가 항소를 처리하는 기구의 역할을 수행하였고 항소에 대한 결정을 공표하였다.

운영허가 단계(OL Stage)

운영허가 과정에서 밟아야 할 많은 절차들은 위의 건설허가(CP) 단계에서 수행되었던 절차들의 반복이라 하겠다.

운영허가 제출 서류(Submittal for operating license) 만약 CP를 성공적으로 받았으면, 신청자는 발전소를 건설하기 시작했을 것이다. 건설을 통해 모든 설계의 상세사항들이 작업되고 시설 운영 계획이 마무리되는 지점에 도달하면, 신청자는 최종안전성분석보고서(Final Safety Analysis Report, FSAR), 갱신된 환경영향평가서, 운영허가 발급 요청의 형태로 기존 신청서의 수정안을 NRC에 제출한다.

규제원에 의한 심사(Review by regulatory staff) 이 시점에서 규제원의 심사는 (1) 당해 시설과 관련하여, 혹은 그 시설의 안전한 그리고 환경적으로 건전한 운영에 내포된 원자력 기술에 있어, CP 발급 이후의 신규 정보의 발생 여부를 판단, (2) 설계, 운영 계획, 조직, 부지 조사를 심층 검토함으로써, 그 시설이 CP의 근거가 된 계획에 따라 건설되었는지 규명, (3) 수정된 신청서와 NRC의 규정과 규제기준을 만족하며 시설이 운영될지 확인, (4) 대중에 대한 위해 없이 운영될 것이라는 합리적인 확신, (5) 신청자의 기술적이고 재정적인 자격을 확인하는 것이다. 이러한 평가를 거쳐 NRC 규제원은 신규 안전성심사 보고서(SER)를 발간한다.

ACRS의 심사(Review by ACRS) ACRS는 시설에 대한 독립된 안전성 심사를 수행하고 권고사항을 NRC 의장에게 다시 송부한다.

공청회(Hearing) OL단계에서는, ASLB를 통한 공청회가 법적으로 요구되지는 않는다. 그러나 OL단계에서 미해결 현안이 있을 때에는 대중에 대한 공시가 요구되는데, 이는 일반 대중으로 하여금 개입 청원을 통해 관심사항을 제시할 또 다른 기회를 갖도록 하기 위함이다. 또한, 상당한 대중의 관심이 있거나 이해당사자가 요구하면, NRC는 청문회 개최를 명령한다. 이 단계에서 개입권을 포함한 의사결정 과정은, 본질적으로 CP단계와 동일하다. ASLB의 결정이 긍정적이면 OL은 발급된다.

항소(Appeal) 만약 ASLB의 최초 결정이 개입자의 관점에서 만족스럽지 않으면, 몇 단

계의 항소가 가능하다. OL단계의 항소는 CP단계와 동일하다.

10CFR52에 의거한 허가

1990년대에 NRC는 10CFR52에 정의된 원자로 인허가 절차를 채택하였다. 이 절차는 안전 현안의 조기 해결을 도모함으로써 인허가 과정을 표준화하고 단순화하기 위함이다. 이 새로운 절차는 조기부지허가 발급, 설계인증 규정 제정 및 통합건설운영허가로 이루어진다.

이러한 신규 절차의 핵심적인 부분은 설계인증의 개념이다. 10CFR52 하에서는, 특정 원자력 발전소 설계를 승인하는 규정 제정이 요구될 수 있다. 이 설계를 구입하고 건설하고자 하는 자는 10CFR50에 따른 건설허가와 운영허가 혹은 10CFR52에 따라 통합건설운영허가 신청서에서 특정 원자로의 설계인증을 참조할 수 있다. 이것은 구입자가 10CFR50의 경우와 같이 그 설계를 완벽하게 검토하지 않아도 된다는 것을 의미한다.

10CFR52 하의 통합(건설운영)인허가는 신청자가 건설허가 발급에 이어 별도로 운영허가를 발급받아야 하는 부담을 피하게 해 준다. 통합인허가 신청서는 여전히 10CFR50의 독립된 허가와 면허 과정에서와 같이 안전과 환경 심사를 받아야 한다. 10CFR52 하에서 인허가를 신청하는 신청자는 조기부지허가(Early Site Permit, ESP) 또는 ESP를 동반 혹은 동반 않는 통합인허가(Combined License, COL)를 신청할 수 있다.

ESP의 신청은 예전의 CP와 다소 유사하다. 신청서에서는 선택한 원자로에 있어 해당 부지 적합성이 입증되어야 한다. 그러나 이것은 원자로가 특정되어야 함을 의미하지는 않는다. 현재의 다수 ESP 신청서들은 다양한 공급자로부터 매우 광범위한 형식의 원자로 건설을 수용할 수 있도록 발전소 설계변수를 포괄적으로(envelope) 지정하고 있다. 일단 ESP가 발급되면, 이 허가 소지자는 NRC의 심사를 거치고 규정 제정을 통하여 인증된 표준 설계를 참조하여 COL을 신청할 수 있다. 이 경우의 COL 신청서는 비상 계획, 품질보증 계획, 운영 조직, 발전소의 운영과 직접적으로 연관된 여러 항목들뿐만 아니고 표준 설계와의 편차도 포함하고 있다. 이 시점에서 만약 COL 신청자가 ESP를 가지고 있다면 모든 부지 현안은 이미 해결되어 있을 것이다. 그렇지 않다면, ESP 신청서에 들어갈 부지 정보를 COL 신청서에 포함해야 한다.

모든 경우에 있어서, NRC 규제원은 해당 COL 신청에 대해 환경평가보고서(ER)와 안전성분석보고서(SAR)를 요구할 것이다. (ESP를 동반하는 COL의 경우는 ER만 갱신될 것이다.) 10CFR50의 허가와 같이, NRC 규제원은 환경심사서(EIS)를 준비하고, 책임 공청회를 포함한 공청회 기회가 있을 것이다.

COL이 발급되면, 이 면허 소지자는 검사, 시험, 허용기준(Inspection, Test, and Acceptance Criteria, ITAAC) 프로그램에 의거하여 일련의 검사와 시험을 받게 된다. ITAAC는 발전소가 표준 설계에 맞추어 건설되었고 이에 맞게 동작한다는 것을 확인하는 목적을 가지고 있다. 현재 건설 중인 어떠한 발전소도 이 과정을 끝내지 못하였다.

남은 신청 과정은 참조한 원자로의 표준 설계에 대한 심사이다. 이 설계는 광범위한 규제자설계인증(Staff Design Certification) 심사를 거치고 모든 규제 요건을 만족하면 승인된다. 현 시점에서 인증된 설계는 ABWR, System 80+, AP600, AP1000, ESBWR의 다섯 가지이다. 추가적으로, ABWR Renewal, APR1400 (한국이 설계한 PWR), U.S. APWR (미쓰비시 신형 PWR)의 세 가지 설계의 심사가 진행 중이다. NuScale SMR을 포함하여 다른 원자로 공급자들도 설계인증을 신청할 의사를 보이고 있다.

10CFR54에 의거한 운영허가 갱신

수정된 1954 원자력에너지법은 원자력 발전소에 대한 운영허가 갱신을 규정하였다. 법에 따르면,[8] 초기 허가 기간은 40년을 넘을 수 없으나 허가의 만료 시 갱신할 수 있다. 1987년에 NRC는 운영허가 갱신에 적용할 규정의 개발에 노력하였다. 이 규정들은 10CFR54에 담겨 있는데, 운영허가 만료 이후 추가로 20년을 더 운영할 수 있는 갱신을 허용한다.

운영허가 갱신을 위하여 10CFR54는 그 범위에 포함되는 설비들을 결정하기 위한 발전소 평가를 실시하도록 신청사에게 요구하고 있다. 10CFR54에서 선별을 요구하는 구조물(structures), 계통(systems), 기기(components)는 안전에 대단히 중요한 것들이다.[9] 이

8 원자력에너지법은 "각 허가는 허가 대상 활동에 따라 NRC에 의해 결정되는 정해진 기간에 대해 발급되어야 하지만 40년을 넘을 수 없고 기간 만료 시 갱신되어야 한다"라고 명시하고 있다.

9 안전에 있어서 중요한 "구조물, 계통, 기기(structures, systems, and components)"라는 구절은 U.S. NRC의 규정에 정의되어 있지 않다. 대신에 여기에 포함되는 계통들은 시간이 지나면서 판례법과 허가 과정에서 변해 왔다.

들 구조물, 계통, 기기가 일단 선별되면, 운영허가 갱신 신청자는 이들 설비가 안전 측면에서 의도된 기능을 수행할 수 있도록 보장하는 경년열화 관리 계획을 개발해야 한다. 이러한 설비의 실례로는, 원자로용기, 원자로냉각재계통의 압력경계, 증기발생기, 가압기, 배관, 펌프 케이싱, 밸브의 몸체가 있다. 현재까지, 84개 운영허가가 갱신되었다. 10개 이상이 심사 중이고 추가적인 6개 발전소의 갱신이 예상된다.

운영허가 갱신이 이루어지고 나면 해당 원자로는 총 60년 운영이 허가된다. 최근에는, 이 운영 기간에 20년을 더 추가하여 총 80년으로 연장하는 노력이 시작되었다. 아직까지 두 번째 20년 연장을 위한 운영허가 갱신 신청서는 제출되지 않았다.

»» 11.3 원자력 발전소 안전의 원칙

다른 발전시설과 구분되는 원자력 발전소의 독특한 특성은 대부분이 핵분열 생성물인 방사성 물질이 대량으로 존재한다는 것이다. 원자력 발전소의 설계에 있어 핵심적인 안전 문제는 발전소의 운전, 핵연료 재장전, 사용후핵연료의 처리 및 이송을 포함한 모든 기간에서 이러한 핵분열 생성물을 안전하게 가두어 놓는 것이다.

다중 방호

방사능의 방출을 방지하기 위하여 원자력 발전소는 *다중 방호*(*multiple barrier*)라는 개념을 사용하여 설계된다. 다중방호벽은 핵연료나 또 다른 부분으로부터 방사성 핵종이 주변 대중으로 이동되는 통로를 차단하는 일련의 장애물(모든 장애물이 물리적인 것은 아니다)을 말한다. 이 장벽은 일반적으로 다음과 같다.

핵연료

용융염증식로(MSBR, 4.5절 참조)를 제외하고 핵분열 및 핵분열가능 물질은 천연 또는 농축 우라늄으로서 산화물 또는 탄화물 형태로 지르코늄, 알루미늄, 스테인리스강 같은 구조 물질 합금의 고체 핵연료봉 내에 들어 있다. 핵분열 시에 이들 핵분열 생성물은 고이온화 입자로 방출되기 때문에 상당히 감쇠되어, 일부 핵연료 표면 근처에서 발생한 핵분열 생성물을 제외하면, 핵연료 내부에 머무르게 된다. 기체 형태의 핵분열 생성물(요오드, 제논, 크립톤의 동위원소; 제논과 크립톤은 불활성 기체이다)은 확산되어 핵연료로부터 빠져나올 수 있다. PWR과 BWR의 핵연료에서는 UO_2 펠릿의 표면으로부터 빠져나온 기체들은 펠릿-피복재 간극에 가두어져 각 핵연료봉의 말단의 작은 공간(plenum)에 축적된다.

UO_2로부터 기체 핵분열 생성물의 방출은 온도에 크게 영향을 받고 핵연료 연소도의 함수이기도 하다. 핵연료 온도가 3,043°F 이하이면, 약 20,000 MW-day/ton의 UO_2 연소도까지는 펠릿으로부터 빠져나오는 기체는 전체의 1% 미만이다. 이 온도 이상에서는 UO_2의 재결정화가 일어나고, 펠릿이 용융되기 전에 50~100%의 기체가 방출된다. 약 5,000°F의 녹는점 이상에서는 모든 핵분열 생성물 기체들이 방출된다.

피복재(cladding)

핵분열 생성물 기체 이탈을 막고, 핵연료 표면 부근에서 방출되는 핵분열 생성물들을 가두기 위해서, 핵연료는 피복재 층으로 둘러싸여 있다. 초고온가스로(HTGR)와 같은 몇몇 원자로에서는 피복재가 핵연료에 접합되어 있는데, 이 핵연료 입자들은 열분해탄소(pyrolytic carbon) 및 탄화규소(silicon carbide) 층들로 코팅되어 있다(두 가지 모두 세라믹이다). PWR과 BWR과 같은 원자로의 피복재는 속이 빈 금속 튜브 형태로서 그 안에 핵연료 펠릿이 삽입되는 구조이다. 비록 지르칼로이가 피복재로 널리 활용되고는 있으나, 스테인리스강 피복재도 몇몇 상용 원자로에 사용되어 왔다.

핵연료와 피복재가 매우 조심스럽게 제작되었어도, 원자로의 정상운전 동안 몇몇 핵연료 피복재에서 누설이 발생할 수 있다(중형의 PWR 또는 BWR은 수만 개의 핵연료봉을 가지고 있다). 11.9절에서 논의하겠지만, 이것은 궁극적으로 적은 양의 방사능을 환경으로 유출시키는 결과를 야기한다. 피복재의 일부 온도가 녹는점에 도달하면, 피복재 내부에 축적된 모든 기체 핵분열 생성물은 냉각재로 유출될 수 있다.

폐쇄형 냉각재계통(closed coolant system)

현대의 동력용 원자로에서는 일차 냉각재(즉, 핵연료와 접촉하는 냉각재)는 하나 또는 다수의 폐쇄회로 내를 움직인다. 따라서 핵연료로부터 누출된 핵분열 생성물, 냉각재에 포획된 방사화된 원자, 방사화된 냉각재 자체가 냉각재계통 내에 가두어진다. 대부분의 원자로에서 냉각재의 일부는 상시 냉각재 정화계통으로 이송되어 핵분열 생성물과 다른 방사성 원자들 대부분이 제거된다.

원자로용기(reactor vessel)

원자로용기는 방사능 누출에 대한 명백한 방호벽이기 때문에, 최고 수준의 품질과 신뢰도를 만족하는 설계, 제작, 시험이 요구된다. 이러한 요구사항들은 미국기계학회 보일러 및 압력용기 코드(American Society of Mechanical Engineers Boiler and Pressure Vessel Code)의 III절에 기술되어 있다.

경수로(LWR) 원자로용기는 갑작스런 대형 파손을 야기할 수 있는 취화를 방지하기 위하여 저탄소강으로 제작된다. 원자로용기의 가열과 냉각률도 매우 조심스럽게 결정되어, 온도 변화는 일반적으로 시간당 25°C로 제한된다. 저온정지 조건에서 원자로를 시동하거나 운전 출력 수준에서 저온정지 상태로 돌려보내기 위하여 필요한 시간은 원자로용기의 가열과 냉각에 의하여 결정된다.

격납건물(containment)

현재의 모든 발전용 원자로는 냉각재계통이나 원자로용기 자체로부터 방출되는 방사능을 가두기 위해 이런저런 유형의 구조물로 전체를 둘러싸도록 요구되고 있다.

그림 11.2는 PWR 발전소의 전형적인 격납건물 구조를 보여 준다. 이 구조물은 또한 PWR 핵증기공급계통 전체를 수용하는 건물의 기능을 수행한다. 대부분의 현재 PWR 격납건물 구조는 강철 라이너(steel liner)를 포함하는 철근 콘크리트로 만들어진다. 이것들의 크기와 두께는 냉각재상실사고(loss of coolant accident, LOCA)의 결과로 일차계통 내의 모든 가압수가 증기의 형태로 격납건물로 방출될 때의 최대 온도와 압력에 의해 결정된다(11.7절에 자세히 기술됨). 어떤 PWR 발전소에서는 격납건물 공간의 압력은 대기압보다 다소 낮게 유지된다. 이에 따라 격납건물 벽면을 통한 누설은 바깥에서 안쪽으로 발생한다. 어떤 발전소에서는 LOCA 시 방출되는 증기를 응축시키기 위하여 격납건물 구조 상부 근처에 냉수 살수를 사용한다. 이것은 격납건물의 압력을 감소시키고, 이에 따라 방사능 누출도 감소시킨다. 몇몇 PWR 발전소에서는 얼음 저장조가 이러한 목적으로 사용된다. 종종 사용되는 다른 수단은 격납건물의 공기를 다양한 종류의 필터와 흡수층(absorption bed)으로 순환시켜 공기 중 방사능을 제거하는 것이다.

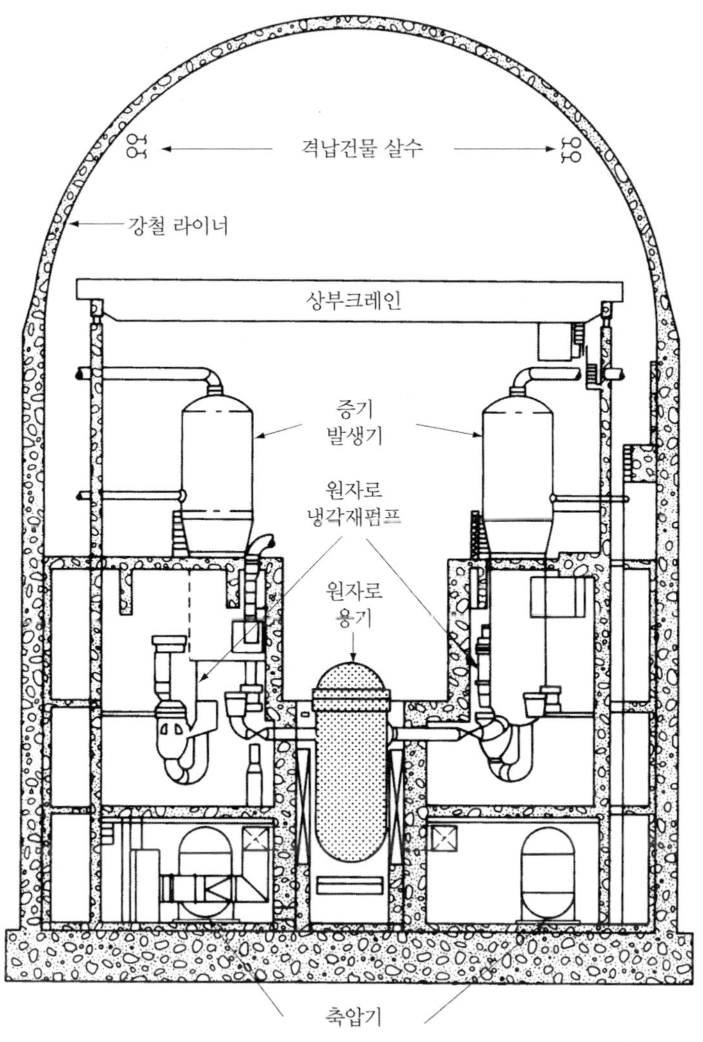

그림 11.2 전형적인 PWR 격납건물

BWR 발전소는 이중의 격납건물을 가지고 있다. 즉, PWR의 격납건물과 같이 원자로를 둘러싸는 *일차 격납건물*(*primary containment*)과 원자로 건물과 유사한 *이차 격납건물*(*secondary containment*)이다. 몇 가지 버전의 일차 격납건물이 현재 사용되고 있다. 그림 11.3은 "전구 및 도러스(light bulb and torus) 형태의" 계통을 보여 주고 있다. 물이 없기 때문에 *건정*(*dry well*)이라고도 불리는 "전구(light bulb) 형태의" 공간은 콘크리트로 둘러싸인 속이 비어 있는 금속 외피이다. 건정의 하부와 일반적으로 물이 절반 정도 차 있는 토러스 형태의 공간은 대구경 배관으로 연결된다. LOCA 발생 시 증기는 건정으로 방출

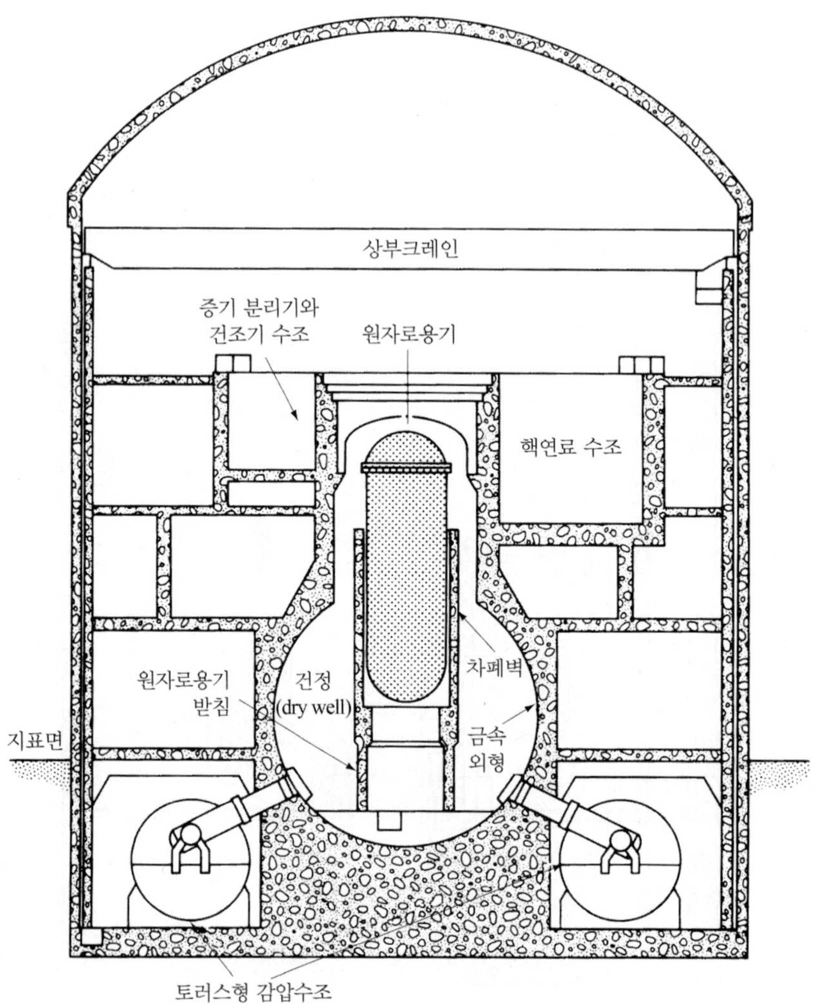

그림 11.3 BWR에 사용되는 전구 및 토러스형 격납건물

되고 이 연결배관을 따라 토러스형 감압수조로 들어가 물 속에서 응축되어 격납건물 내의 압력을 낮추어 방사능 누출 가능성을 감소시킨다. 그림 11.4는 이러한 전구 및 토러스형 구조를 대형 건정과 감압수조(suppression pool)로 대체한 최신 BWR 격납용기를 보여주고 있다. BWR은 일차계통이 증기발생기와 가압기를 포함하고 있어 PWR에 비해서 소형이기 때문에 이중 격납건물이 가능하다.

HTGR도 이중 격납건물을 가지고 있다. 원자로 노심을 포함하는 강화 콘크리트 원자로용기, 열교환기, 펌프(순환기) 등등이 일차 격납건물을 구성한다. 이차 격납건물은 PWR과 BWR의 튼튼한 원자로 건물과 동일하다.

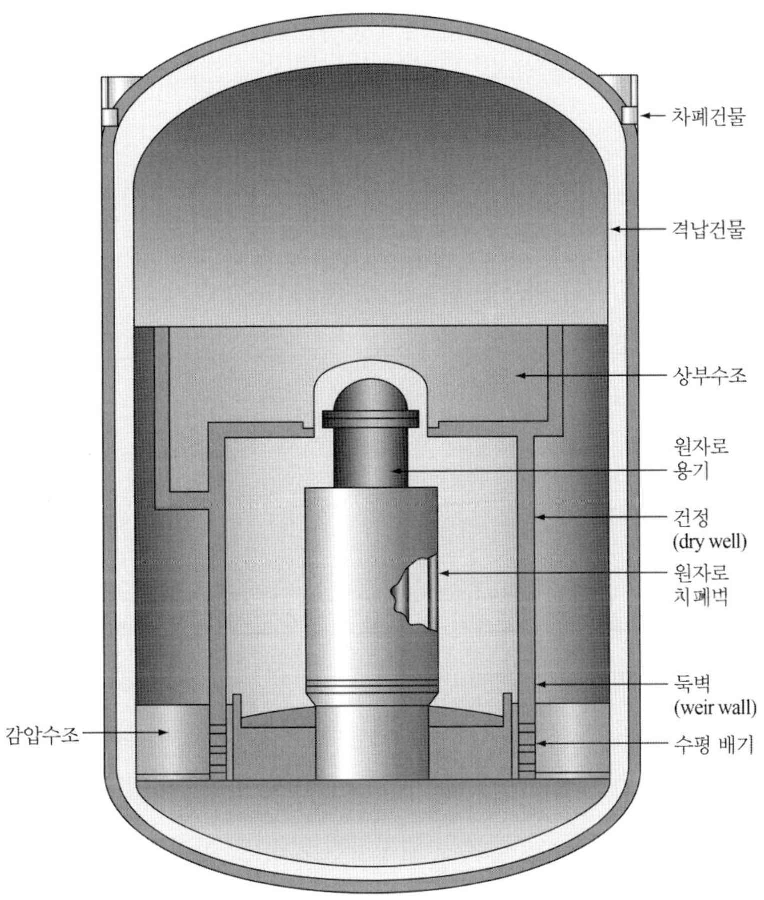

그림 11.4 BWR Mark III 격납건물

폐쇄형 냉각계통과 격납건물 구조는 원자력 발전소 사고 시 환경으로의 방사능 누출 방지에 효과적인이 입증되었다. 예를 들어 1979년 3월의 쓰리마일아일랜드(Three Mile Island) 사고에서 , 단지 13~17 Ci의 방사성 요오드만이 누출되었다. 핵연료가 과열되었을 때 약 10×10^6 Ci의 방사성 요오드가 누출되었으나 이 중에서 단지 약 15 Ci 정도만 환경으로 누출되었다.

부지 위치

원자로 부지 선정의 기술적 측면은 11.6절에서 논의될 것이다. 여기에서는 원자력 발전소가 인구밀집지역으로부터 상대적으로 멀고, 발전소, 원자로용기, 격납건물 구조가 지진과 같은 자연재해에 의해 손상되지 않을 지역에 건설된다는 정도로 언급할 수 있다.

이러한 부지 선정 기준은 대중이 방사능에 노출되는 것을 방호하는 또 다른 중요한 방벽을 제공한다.

대피

사고 시 물리적 방호벽이 위협받거나 적절하지 않다고 판명되는 경우에, 최종 방호벽은 고방사선량에 노출되거나 과도하게 노출될지도 모르는 지역으로부터 현지 주민을 대피시키는 것이다. 적절한 대피 계획은 CP, OL, 또는 COL의 발급 전에 승인되어야 할 문서들의 중요한 부분이다.[10]

주민 대피는, 설사 대규모 인구라 할지라도, 생각보다 어렵지 않다. 비상 대피는 종종 화학물질 누출, 자연재해, 전쟁상황의 결과로 어디에서든 종종 발생한다. 예를 들면, 1979년에 화학물질 탱크를 운반하는 열차가 탈선하여 토론토 근방의 마을로부터 약 250,000명이 대피하였다. 몇 년 전에는 비슷한 사건으로 인해 25,000명의 사람들이 일리노이주 시세로에서 대피하였다. 1980년에는 사소한 열차 충돌 사고로 유독 화학물질 누출이 발생해서 9,000명이 매사추세츠주 좀머빌에서 대피하였다. 물론 대도시 중심에서 수백만 명을 대피시켜야 한다면 훨씬 심각한 문제를 야기한다. 이러한 이유로 원자력 발전소는 인구가 밀집된 대도시 중심에는 위치하지 않는다. 심지어 규모 9의 지진과 이에 따른 쓰나미의 결과로 후쿠시마 다이이치 원자력 발전소에서 발생한 가장 대형이고 가장 최악의 원자력 사고 때에도 주민 대피가 일어났다.

안전의 3단계

방사능 누출에 대비한 다중의 연속적인 방호벽의 사용은 원자력 발전소 설계의 기본이다. 기기의 고장, 인적 오류, 자연현상과 같은 비정상적인 상황의 결과로 이러한 방호벽이 위협받지 않음을 보장하기 위하여 NRC는 *안전의 3단계* 개념을 안전 철학으로 채택하였다. 이것들은 각각의 방사능 방호벽에 대해 일종의 심층방어를 제공하는 것이다. 자연적

---

10 CP, OL, 또는 COL의 신청자가 이러한 계획을 반드시 제공해야 하지만, 대피 계획의 개발, 수행은 신청자가 아닌 지역 정부의 책무이다. 만약 대피의 필요성이 시급하다면, 원자력 발전소의 직원은 화재의 경우에 그들이 하는 것과 같은 방법으로 단순히 적절한 지역 정부 기관에 알린다. 이러한 서비스는 지방세의 *대가로 받는 것*(*quid pro quo*)이다.

으로, 이러한 단계들 사이에는 다소의 중첩이 있고 어떤 경우에는 단계 사이의 경계가 다소 임의적인 측면이 있다.

NRC는 각각의 안전 단계를 특정 *원칙*(*precept*) 또는 규칙으로 정의하였다.

안전의 1단계 (***The first level of safety***) 원칙: "정상운전에서 최대의 안전성을 가지며, 계통의 이상(abnormal) 기능에 대해 최대한의 여유도를 갖도록 설계하라. 안전 운전에 유리한 고유 설계 특성을 채택하라. 지속적인 상업운전과 발전소 수명기간 동안 사용 승인 전에 품질, 다중성, 검사성, 시험성에 중점을 두어라."

요약하면, **이러한 안전의 1단계는 발전소의 설계, 건설, 감시를 통한 사고 방지를 말하고 있다.** 이 단계와 관련된 주요 고려사항들은 다음과 같다.

1. 원자로는 음의 온도계수와 음의 기포계수를 가져야 한다.
2. 핵연료, 냉각재, 안전관련 구조에는 방사선 피폭을 포함하는 원자로의 운전조건 하에서 안정적이라고 알려진 물질만이 사용되어야 한다.
3. 발전소 운전원이 언제든지 발전소 상태를 인지하고 제어할 수 있도록 하는 계측 제어가 제공되어야 한다. 주요 계측 또는 제어의 상실로 인해 운전원이 필요 정보를 상실하거나 발전 정지 방해가 초래되지 않도록 충분한 다중성이 포함되어야 한다.
4. 최고 수준의 공학적 관행을 만족하도록 발전소가 건설되고 기기들이 설치되어야 한다.
5. 기기들은 마모 조짐이나 고장 발생을 연속적 또는 주기적으로 감시하고 검사할 수 있어야 하며, 주기적으로 시험할 수 있도록 설계되고 설치되어야 한다.

안전의 2단계 (***The second level of safety***) 원칙: "설계, 건설, 운영에 유의하더라도 사건은 발생한다는 것을 가정하라. 이러한 사건이 발생하였을 때, 운전원과 대중을 보호하고 손상을 최소화하기 위한 안전계통을 준비하라."

안전의 1단계에서 주의를 기울이더라도 발전소 시설 안전에 영향을 줄 수 있는 고장은 어디서든 일어날 수 있다는 것을 예상하는 것이 중요하다. 안전의 2단계 목적은 다양한 안전 장치와 계통을 사용하여 이러한 고장의 결과로부터 운전원과 대중을 보호하는 것이다. 이 단계의 고려사항들의 예는 다음과 같다.

1. 원자로는 냉각재상실사고(LOCA)에 따른 핵분열 생성물의 발생 열로 인한 핵연료의 용융과 핵분열 생성물의 누출을 방지하도록 비상노심냉각계통(emergency core cooling system, ECCS)을 갖추어야 한다.
2. 원자로는 제어봉의 일부가 물리적으로 고착되거나 전기회로의 오동작으로 삽입되지 못하는 상황에도 빠른 정지를 위한 다중의 수단을 반드시 가지고 있어야 한다.
3. 발전소는 지속적인 계측 수행을 위한 전력공급과 다른 비상상황에 사용할 수 있도록, 원자로 ECCS 운전과는 독립적인 전원을 반드시 가지고 있어야 한다. 이러한 비상 전원은 두 가지를 포함하는데, 하나는 물리적으로 구분된 두 개의 접속 회로에 의해 공급되는 *외부전원*(*off-site power*)이며, 또 하나는 기동이 빠르고 물리적으로 분리된 다수의 다중 디젤 엔진들로 구동되는 발전기를 가진 *소내전원*(*on-site power*)이다. 계측을 위한 소내 직류(DC) 전원으로서 보통 배터리가 추가로 설치된다.

***안전의 3단계*(*The third level of safety*)** 원칙: "일부 보호계통이 그들이 제어하도록 의도된 사고와 동시에 고장 난다고 가정한 가상사고에 대한 영향 평가에 근거하여 추가적으로 적절한 안전계통을 도입하라."

이 안전의 3단계는 **발생 확률이 극히 낮거나 예상치 못한 사건들에 대해 안전 여유도를 추가함으로써 앞의 두 단계를 보완하는 것이다.** 발전소의 다양한 기기들과 일부 다중 안전계통의 동시 고장에 따른 중대한 사고가 발전소나 관련 직원 그리고 대중들에 미치는 영향을 분석적으로 평가함으로써, 추가적인 공학적 안전계통의 필요성을 결정해야 한다. 이렇게 발전소의 전반적인 안전성을 평가하여 추가적인 안전계통의 필요성을 판단하는 데 사용되는 이러한 사건들을 *설계기준사고*(*design basis accident*, *DBA*)라 부른다. 11.7절에서 논의될 DBA 분석은 원자력 발전소의 설계와 인허가에 중요한 역할을 한다.

또 다른 종류의 사고 상황인 설계기준초과사고(beyond design basis accident)도 고려되긴 하지만 설계허용기준의 일부는 아니다.[11] 이러한 사고는 극히 발생이 어렵고 발전소가 견디도록 건설되어야 할 수준을 넘어서는 사고 경위이다. 단, 발전소의 능력을 완전히 이

---

11 중대사고는 이 카테고리에 들어온다. AP1000과 같은 새로운 설계는 이러한 사고를 완화시키기 위한 특성과 절차를 가지고 있어야 한다.

해하기 위해 미국 원자력규제위원회(NRC)는 이러한 사건의 분석을 요구한다.

설계기준(design criteria)

NRC는 상기의 안전철학을 *일반설계기준*(*General Design Criteria*)으로 반영하였다. 이 기준들은 발전소의 안전에 중요한 모든 구조물, 계통, 기기들에 대한 설계, 제작, 건설, 시험, 성능요건을 설정한다. 이들 기준은 10CFR50의 Appendix A에 제시되어 있다.

11.4 원자력 시설로부터의 유출물의 분산

모든 원자력 발전소는 정상운전 중 대부분 기체상태의 핵분열 생성물을 미량 방출한다. 그러나 사고 과정에서는 훨씬 많은 양의 방사능을 방출할 수 있다. 이러한 방사능이 대중에 미치는 선량을 계산할 수 있어야 하는데, 이는 정상운전 시에 대해서는 발전소의 환경영향 평가를 통해 그 선량이 허용기준 내에 있음을 확인하고, 사고들에 대해서는 그 방사학적 결말(consequence)을 확인하기 위함이다. 이러한 계산은 또한 제안된 원자로 부지의 수용성을 결정하는 데에도 중요한 역할을 한다.

선량 계산을 수행하기 전에 방사성 유출물이 대기로 방출되었을 때 위치에 따라 그 농도가 어떻게 변하는지 결정하는 것이 필요하다. 본 절에서는 이 질문에 대해 논의하며, 선량 계산은 11.5절에서 논의될 것이다.

분산의 기상학

그림 11.5와 같이, 높이 z에서 두께가 dz이고 단면적 A인 평형(움직임이 없는) 상태의 공기 체적을 생각해 보자. 이 체적은 상/하부 사이의 압력차에 의하여 그 자리에 유지된다. 체적에 작용하는 힘의 평형은 아래와 같다.

$$[P(z) - P(z + dz)]A = \rho g A\, dz \tag{11.1}$$

여기에서 ρ는 체적 내의 공기 밀도이고 g는 중력가속도이다. dz가 0에 접근하는 극한을 취하여 식 (11.1)을 단순화하면 다음과 같이 된다.

$$-\frac{dP}{dz} = \rho g \tag{11.2}$$

공기를 이상기체로 근사하면 이상기체 방정식은

$$PV = n_M RT \tag{11.3}$$

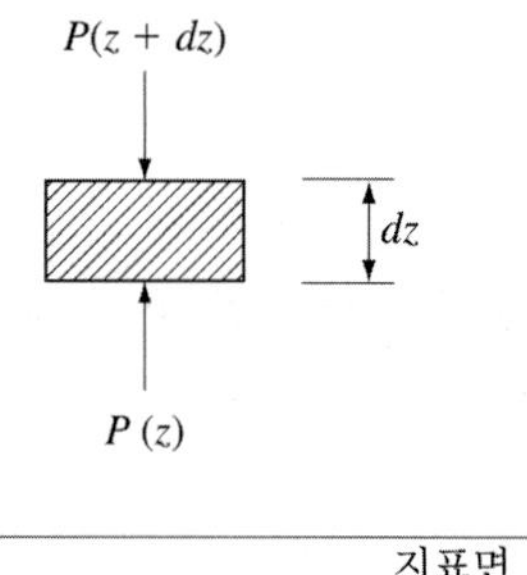

그림 11.5 대기 중에서 평형상태의 미소 공기 체적

여기에서 n_M은 V 내의 기체 몰수이고 R은 기체상수이다. 식 (11.3)을 V로 나누고 n_M/V가 기체 밀도에 비례한다고 하면

$$P = \text{constant} \times \rho T \tag{11.4}$$

공기는 좋은 전도체가 아니다. 대기 중의 공기 체적의 일반적인 움직임은 빠르고 이에 따라 한 체적에서 다른 체적으로의 열교환은 거의 없다. 결과적으로 대기의 움직임은 *단열*(*adiabatic*)이라고 가정할 수 있다. 이것은 압력이 변화하면 온도도 다음과 같이 변한다는 것을 의미한다.

$$T = \text{constant} \times P^{(\gamma-1)/\gamma} \tag{11.5}$$

여기에서 γ은 보통 등적 비열에 대한 등압 비열의 비율이다.

식 (11.4)와 (11.5)를 사용하여 식 (11.2)에서 ρ와 P를 제거하면 다음의 간단한 식이 얻어진다.

$$-\frac{dT}{dz} = C$$

여기에서 C는 상수이다. 이 방정식의 해는 다음과 같다.

$$T = T_0 - Cz \tag{11.6}$$

여기에서 T_0는 $z = 0$, 지상에서의 온도이다. 식 (11.6)으로부터 고도가 상승함에 따라 T가 선형적으로 감소함을 알 수 있다. 이러한 이유로 T는 식 (11.3)과 (11.5)에서는 절대온도로 주어져야 하는데, 식 (11.6)에서는 °C 또는 °F로 나타낼 수 있다. 상수 C는 단위 고도 변화당 온도변화율과 같고 *단열 기온감률*(*adiabatic lapse rate*)이라 불린다. 이 기온감률은 약 5.4°F/1,000 ft 또는 1°C/100 m이다.

수직방향의 열전달이 없는 경우, 잘 혼합된 대기는 단열 기온감률을 나타낸다. 하지만 대기의 조건은 지속적으로 변하고, 그 결과 대기의 온도분포는 종종 단열 조건과 매우 다르게 변한다. 예를 들어 특정 범위의 고도 이상에서는 온도 강하율이 단열 조건보다 더욱 빠르고 이 공기층은 *과단열*(*superadiabatic*) 거동을 보인다고 한다. 한편, 단열 조건보다 온도 강하율이 느릴 수도 있는데 이러한 공기층은 *안정적*(*stable*)이라 한다. 이런 부류의 공기층 중에 중요한 상황은 일부 고도에서 온도가 오히려 *상승*하는 *역전*(*inversion*) 조건, 아니면 온도가 일정하게 유지되는 *등온*(*isothermal*) 조건에서 발생한다. 이와 같은 대기의 기온연직분포(temperature profile)의 예가 그림 11.6에 제시되어 있다.

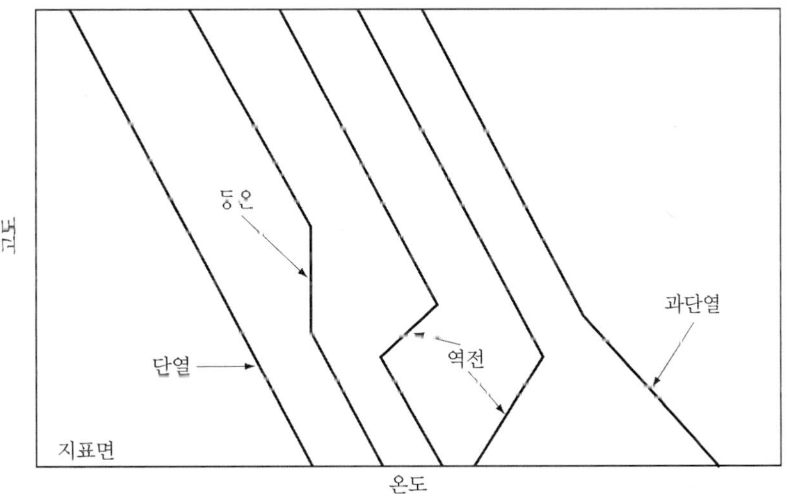

그림 11.6 대기 하층부의 기온연직분포의 예

특정 시간대의 대기의 실제 기온연직분포는 지표면의 가열과 냉각, 대형 기단의 이동, 구름의 존재, 국지적 지형 장해물의 존재를 포함하는 다수의 변수에 의해 결정된다. 지구는 낮 동안 태양에 의해 가열되지만 햇볕이 없는 밤에는 에너지를 복사하며 냉각된다. 약한 바람이 있는 청명한 날에는 뜨거운 지표면으로부터 공기로 전달되는 열 때문에 대기의 처음 수백 미터까지는 과단열 조건이 발생할 수 있다. 역으로 지구가 가장 쉽게 에너지를 복사하는 구름 없는 밤에는 지표면이 바로 위의 공기보다 빠르게 냉각될 수 있고, 그 결과가 *복사역전*(*radiation inversion*)이다. 450 m까지 하루 동안 발생하는 이러한 대기 기온 연직분포 변화가 그림 11.7에 제시되어 있다. 과단열에서 역전 조건으로의 변화, 그리고 다시 원래로 돌아오는 것이 그림에 분명하게 나타나 있다.

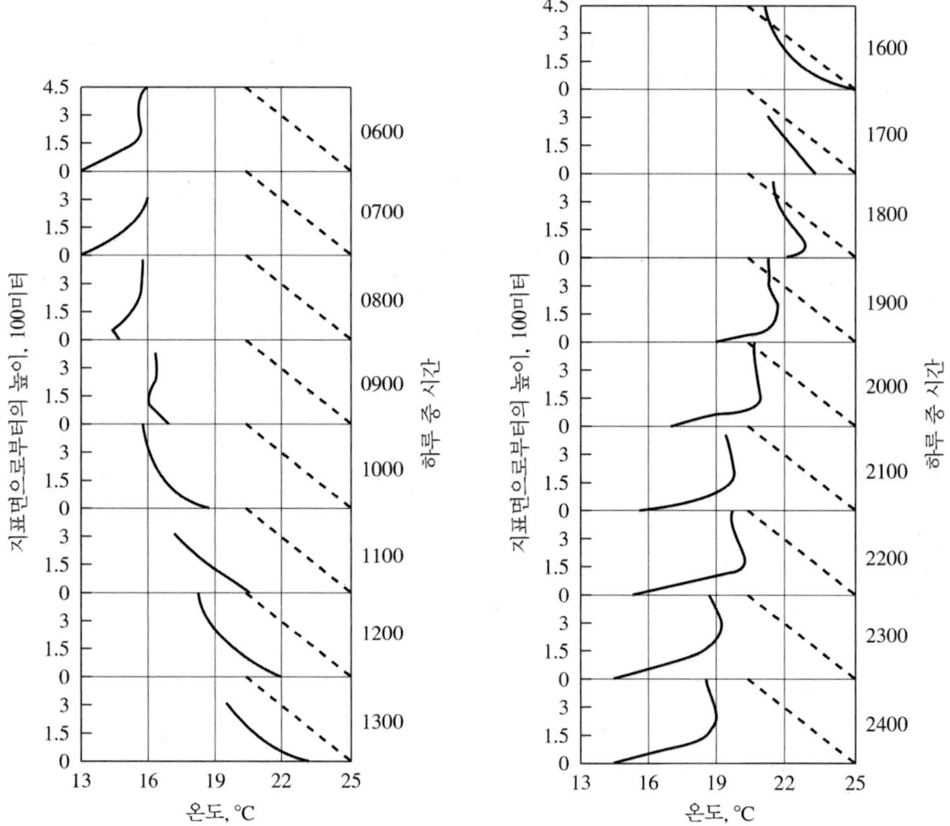

그림 11.7 1950년 9~10월의 기간 동안 오크리지 국립연구소에서의 기온연직분포의 하루 동안의 평균 변화. 점선은 단열 기온감률을 나타낸다. (출처: J. Z. Holland. USAEC Report ORO-99, 1953)

날씨 지도에서 흔히 볼 수 있듯이, 구분 가능한 특성을 가진 대기의 영역이 전 세계적으로 존재한다. 주변 대기보다 높은 압력 하에 있는 지역을 *고기압*(*highs*), 낮은 압력 하의 지역을 *저기압*(*lows*)이라 한다. 날씨와 국지적 기온 연직분포 변화의 대부분은 이러한 고기압과 저기압의 존재와 움직임에 관련이 있다.

그림 11.8에 나타낸 대기 내의 공기 기둥을 생각해 보자. 공기 기둥이 낮은 고도로 내려올 때 압력 증가에 따라 단열 가열된다. 주어진 시간 간격에서 기둥의 아래쪽이 지표면 때문에 옆으로 이동하도록 제한되므로 기둥의 상부는 하부보다 더 큰 거리를 아래로 이동한다. 그 결과 공기가 충분히 떨어지면 기둥의 상부는 하부보다 높은 온도에 도달한다. 이 조건을 *침강역전*(*subsidence inversion*)이라고 한다. 이러한 종류의 역전은 넓은 고기압 영역 내에서 발견되고 좋은 날씨를 보이는데, 지속적으로 북아메리카와 아시아 대륙을 가로질러 이동한다. 이것들은 또한 낮은 고도에서 발견되는 해양 정체성 고기압의 가장자리를 따라 발생한다.

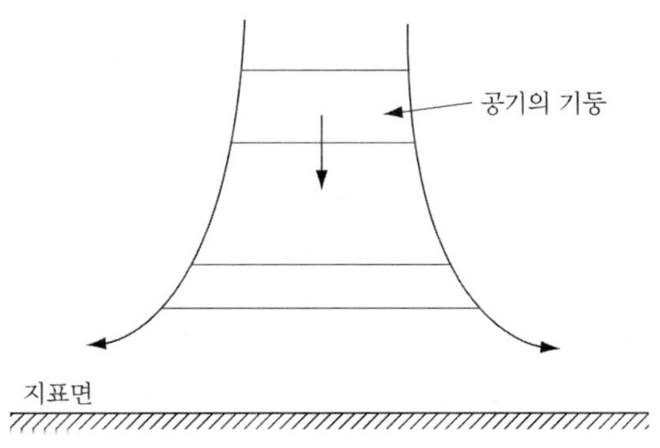

그림 11.8 침강역전을 형성하는 공기 기둥의 하강

대기 중의 유출물의 분산 정도는 대기의 기온 연직분포에 크게 좌우된다. 과단열 대기 내에서의 분산의 경우를 생각해 보자. 기상학자들이 공기 *덩어리*(*parcel*)라 부르는 작은 체적이 오염된 공기가 어떤 고도 h에서 대기와 같은 온도 T_a(그림 11.9a 참조)로 방출된다고 생각해 보자.[12] 식 (11.6)의 유도에 의하여 공기덩어리는 외란이 없다면 그 지점에 정적인 평형상태로 머무를 것이다. 대기의 동요가 공기덩어리를 위로 움직인다고 가정해

---

12 기상학자들은 이러한 체적들이 일반적으로 방출된 후 변하기 때문에 이 체적을 공기덩어리라 부른다.

보자. 공기덩어리는 위로 올라가면서 차가워질 것이지만 단열상태이다. 공기덩어리의 온도는 단열 곡선을 따라갈 것이고 이는 그림에 점선으로 나타나 있다. 그림으로부터 비록 공기덩어리의 온도가 절댓값으로는 감소하지만, 상승함에 따라 공기덩어리는 주변의 과단열 대기에 비하여 점점 뜨거워진다. 이것은 공기덩어리가 점점 부력을 받게 되고 방출된 지점으로부터 상부로 더욱 빠르게 움직이는 것을 의미한다. 반면, 만약 공기덩어리가 초기에 아래로 힘을 받으면 그 온도는 주변 대기보다 더욱 빠르게 감소하고 점점 밀도가 증가해, 하향 움직임이 가속화될 것이다. 과단열 온도 조건은 고유하게 *불안정*(*unstable*) 하고 유출물을 확산시키기에 크게 유리하다는 것이 자명하다.

이제 공기덩어리가 그림 11.9b에 제시된 역전 연직분포 대기로 방출되었다고 생각해보자. 만약 요동이 공기덩어리를 위쪽으로 움직인다면 그 온도는 대기보다 더욱 빠르게 떨어지고 공기덩어리는 무거워진다. 따라서 이것의 상향 움직임은 멈추고 방출 지점으로 되돌아온다. 만약 공기덩어리가 아래로 움직인다면, 그 온도는 대기의 온도 이상으로 증가하고 공기덩어리는 부력을 더 많이 받게 되어 다시 방출 지점으로 돌아오게 된다. 이러한 경우의 대기는 *안정*(*stable*)하다고 하며, 명백하게 유출물의 분산에 유리한 상황이 아니다. 같은 논의가 등온 조건에 방출되는 경우에도 적용된다.

결과적으로, 방출되는 공기덩어리가 단열 연직분포 상태에 있으면, 이것의 움직임은 상대적인 부력 변화를 동반하지 않는다. 공기덩어리는 대기에 어떠한 국부적인 동요가 발생하더라도 단순히 짧은 거리를 위 또는 아래로 움직인다. 이러한 이유로 단열 연직분포를 *중립적*(*neutral*)이라 말한다.

앞선 논의에서는 공기덩어리가 대기와 같은 온도로 방출되었다고 가정하였다. 만약 공기덩어리가 종종 있는 경우와 같이 주변보다 뜨겁다면, 공기덩어리는 큰 부력에 의해 즉시 상승한다. 불안정 또는 중립 조건인 경우, 공기덩어리는 대기와 혼합되어 온도 평형을 이룰 때까지 거리 Δh만큼 상승한다. 이 지점에서부터 이것은 이 절 후반부에 논의되는 형태로 확산된다. 한편 뜨거운 공기덩어리가 안정된 공기로 방출되면, 역전 연직분포에 도달할 때까지 상승하여 다음 설명과 같이 납작하게 퍼지게 된다.

거리 Δh를 *플룸 상승*(*plume rise*)이라고 한다. Δh를 예측하기 위한 많은 식들이 문헌에 나와 있으나 여기 제시하기에는 너무 복잡하여 생략한다. 만약 분산 계산에서 이 플룸 상승이 무시된다면 지표면에서의 유출물 농도는 과다 예측되고, 결국 방사선 선량도 보수적으로(실제보다 높게) 예측하게 한다.

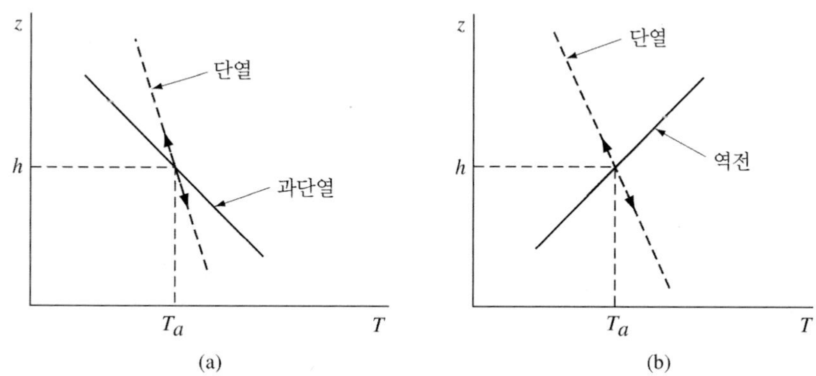

그림 11.9 (a) 과단열 연직분포와 (b) 역전 연직분포에서의 공기덩어리의 움직임

플룸(plume) 형성

굴뚝이나 스택에서 지속적으로 방출되는 기둥이나 구름 형태의 기체 흐름을 *플룸*(*plume*)이라 한다. 원자력 발전소로부터 방출되는 방사성 유출물은 눈으로 보이지 않는 것을 제외하면 일반 연기와 같은 방식으로 거동한다. 그림 11.10은 왼쪽에 주어진 여러 온도 조건 하에서 방출되는 전형적인 플룸을 보여 준다. 플룸은 다음과 같이 구분된다.

패닝(fanning)

뜨거울 수도 있는 어떤 기체 유출물이 기온 연직분포가 역전된 대기로 방출되었을 때, 이것은 앞에서 설명한 것처럼 유출물이 안정된 상태에 이르는 온도 높이까지 상승한다. 만약 약간의 바람이 불면 결과는 스택으로부터 고정된 높이까지 걸쳐 얇은 플룸을 형성한다. 수평방향 바람이 강하게 불면, 플룸은 부채처럼 수평면에 납작 피지게 된다. 그래서 이를 *패닝*(*fanning*)이라 부른다. 강한 요동이 없다면 플룸은 길고 구불구불한 연기띠로 바뀌게 된다.

유출물 분산에 펼쳐진 패닝 플룸이 불리한 조건인 것은 아니다. 첫째로는 이러한 플룸은 지표면에 닿지 않는다. 하지만 만약 플룸이 어떠한 이유로든 가로막히면 유출물은 그 자리에 남게 된다. 북쪽과 동쪽이 산에 둘러싸이고 정적인 태평양 고기압으로부터의 침강역전 아래 놓여 있는 로스앤젤레스가 그러한 경우라 하겠다. 이러한 조합의 상황들이 이 지역의 스모그가 지속되는 이유를 설명해 준다.

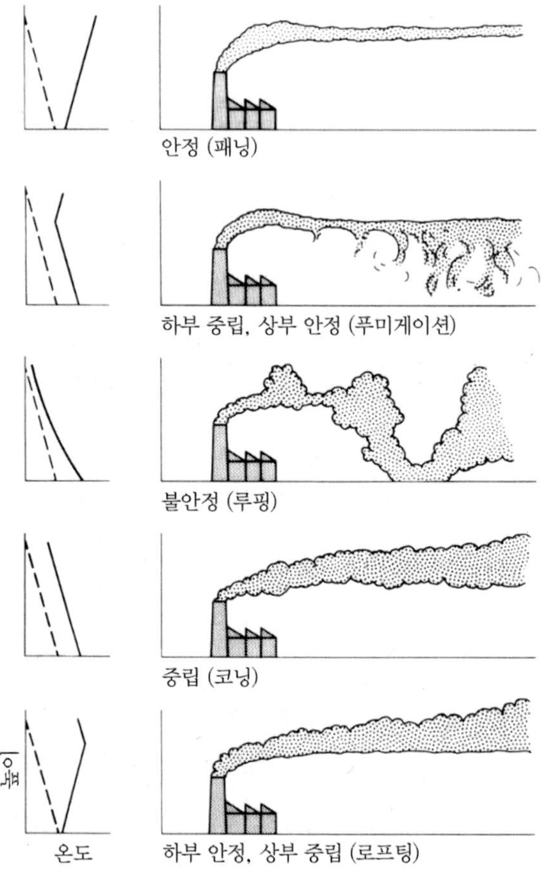

그림 11.10 대기에서 관찰되는 다양한 배기 플룸의 종류. 그림 왼쪽의 점선 곡선은 단열감률을 나타내고 실선은 실제 온도분포를 나타낸다. (출처: D. H. Salde, Editor, Meteorology and Atomic Energy-1968. Washington, D.C.: U.S. Atomic Energy Commission, 1968.)

푸미게이션(fumigation)

청명한 아침의 일출 직후, 지구의 밤시간의 복사에 의한 기온 연직분포 역전은 지표면이 가열됨에 따라 소멸되기 시작한다. 지표면에서 시작하여 역전 연직분포는 천천히 상승하는 단열 연직분포로 바뀐다(그림 11.7 참조). 새로운 연직분포(단열의)가 스택 끝까지 이르게 되면, 스택 끝에서 역전된 기온 연직분포로 인해 (위로는 상승하지 못하고–역자 주) 갇히게 되지만, 지표면부터 새로 가열되는 공기에 발달하는 난류에 의해 지표면 방향으로는 흩어질 수 있다. 이러한 *푸미게이션*(*fumigation*) 조건에 의해 지표면에 유출물 농도가 높아질 수 있다.

루핑(looping)

만약 불안정한 조건이 존재하면 공기도 불안정하게 상하로 움직이게 된다. 공기의 수직 성분 내의 요동은 위로 움직이는 공기를 아래로 내려보내거나 또는 그 반대로 할 수 있다. 이 결과 플룸은 불규칙한 거동을 보이고, 심지어 일부 플룸은 그림 11.10과 같이 지표면에 닿을 수 있다. 불안정한 조건에는 일반적으로 상당한 난류가 존재하고 지표면의 유출물 농도는 일반적으로 푸미게이션 조건보다는 낮다.

코닝(coning)

이러한 형태의 플룸은 수평 원뿔(cone)과 유사하다. 이것은 단열 기온 연직분포에 의해 발생하며, 바람 부는 날 이 원뿔 축에서 반경방향으로 플룸의 퍼짐을 야기하는 난류에 의해 발생하기도 한다. 이 플룸은 일반적으로 루핑이나 푸미게이션 조건보다 더 먼 거리에서 지표면에 닿는다.

로프팅(lofting)

야간에 복사 역전이 발생하기 시작하는 일몰 즈음에는 로프팅이 발생한다. 이는 유출물이 지속적으로 지표면과 떨어져 있고 커다란 공기덩어리를 넘어 먼 거리까지 퍼지게 되므로 유출물 분산을 촉진한다.

유출물(effluent)의 확산

어떤 지점에서 대기로 방출된 유출물이 직전에 논의했던 다양한 온도 조건 때문에 큰 폭으로 움직이고 동시에 유출물 내의 개개 입자들이 대기의 국부적인 난류로 인해 점점 서로 멀어지는데 이러한 과정을 *난류 확산*(*turbulent diffusion*)이라고 한다. 이러한 종류의 확산은, 용액 내의 용질 확산 또는 중성자 확산방정식으로 설명할 수 있더라도, 이들은 근본적으로는 서로 다르다. 용질 및 중성자의 확산은 각 입자의 연속적인 충돌의 결과인 반면에 유출물의 확산은 대기 내 난류 와동(turbulent eddie)의 누적된 결과이다.

χ를 공간과 시간의 함수로 주어지는 어떤 유출물의 농도라고 하자. 만약 대기가 등방성이고 정지해 있다면, χ는 일반적인 확산방정식(식 5.16 참고)에 의하여 결정된다.

$$K \nabla^2 \chi = \frac{d\chi}{dt} \tag{11.7}$$

여기에서 K는 확산계수이다. 보다 일반적인 비등방성 대기의 경우에 확산방정식은 다음과 같다.

$$K_x \frac{d^2\chi}{dx^2} + K_y \frac{d^2\chi}{dy^2} + K_z \frac{d^2\chi}{dz^2} = \frac{d\chi}{dt} \tag{11.8}$$

x방향의 평균속도 $\bar{v}$로 불어오는 바람을 고려하면, 확산방정식은 확산이 발생하는 전 매질이 움직이고 있다는 사실을 설명하기 위해 수정되어야 한다. 수정된 방정식은 다음과 같다.[13]

$$K_x \frac{d^2\chi}{dx^2} + K_y \frac{d^2\chi}{dy^2} + K_z \frac{d^2\chi}{dz^2} = \frac{d\chi}{dt} + \bar{v}\frac{d\chi}{dx} \tag{11.9}$$

좌표의 원점에 위치하며, 단위시간당 일정한 Q' 단위로 유출물을 방출하는 점 선원(point source)을 생각해 보자. 그러면 농도 χ는 시간의 함수가 아니다. 실험적으로 바람 방향의 유출물 움직임의 대부분은 확산 때문이 아니고 유출물이 바람 그 자체와 함께 이동하기 때문이다. 따라서 x방향 확산은 무시될 수 있고 이는 식 (11.9)에서 K_x를 0으로 하면 된다. 그러면 식 (11.9)는 다음과 같이 간략화된다.

$$K_y \frac{d^2\chi}{dy^2} + K_z \frac{d^2\chi}{dz^2} = \bar{v}\frac{d\chi}{dx} \tag{11.10}$$

일반적인 경계조건을 모두 만족하는 식 (11.10)의 해는 다음과 같다.[14]

$$\chi = \frac{Q'}{4\pi x\sqrt{K_y K_z}} \exp\left[-\frac{\bar{v}}{4x}\left(\frac{y^2}{K_y} + \frac{z^2}{K_z}\right)\right] \tag{11.11}$$

---

13 참조: P. M. Morse and H. Feshbach, *Methods of Theoretical Physics*, Burr Ridge: McGraw-Hill, 1953, p. 153.

14 LaMarsh's *Nuclear Reactor Theory*, *op. cit.*, p. 192 참조. 식 (11.10)은 고속중성자의 감속을 설명하는 페르미 중성자 연령 방정식(Fermi age equation)의 형태와 동일하다.

식 (11.11)에 따라, x방향을 따라 움직이는 유출물은 y방향과 z방향으로 정규분포(가우스분포)로 퍼져 나간다. 이 분포의 표준편차는 다음과 같다.

$$\sigma_y = \left(\frac{2xK_y}{\bar{v}}\right)^{1/2};\ \sigma_z\left(\frac{2xK_z}{\bar{v}}\right)^{1/2} \tag{11.12}$$

식 (11.11)을 실험 자료와 맞추기 위한 목적으로, x의 함수인 σ_y와 σ_z로 방정식을 다시 표현하면 편리하다. 따라서 식 (11.11)은 다음과 같다.

$$\chi = \frac{Q'}{2\pi\bar{v}\sigma_y\sigma_z}\exp\left[-\left(\frac{y^2}{2\sigma_y^2}+\frac{z^2}{2\sigma_z^2}\right)\right] \tag{11.13}$$

여기에서 σ_y와 σ_z는 각각 수평과 수직방향의 *분산계수*(*dispersion coefficient*)이다.

여기까지는 유출물이 좌표의 원점에서 무한한 대기로 방출되는 것을 가정하였다. 사실, 유출물은 일반적으로 지표면 위 어떤 높이 h의 대기로 방출된다. 이 경우의 확산방정식의 해는 정전기학에서 낯익은 영상법을 사용하여 쉽게 구할 수 있다. 수직방향 좌표를 z라 하면, 해는

$$\chi = \frac{Q'}{2\pi\bar{v}\sigma_y\sigma_z}\left\{\exp\left[-\left(\frac{y^2}{2\sigma_y^2}+\frac{(z+h)^2}{2\sigma_z^2}\right)\right]+\exp\left[-\left(\frac{y^2}{2\sigma_y^2}+\frac{(z-h)^2}{2\sigma_z^2}\right)\right]\right\} \tag{11.14}$$

이 결과로부터 지표면 $z=0$에서의 농도는,

$$\chi = \frac{Q'}{\pi\bar{v}\sigma_y\sigma_z}\exp\left[-\left(\frac{y^2}{2\sigma_y^2}+\frac{h^2}{2\sigma_z^2}\right)\right] \tag{11.15}$$

χ의 값은 플룸의 중심선(즉, $y=0$)을 따라 최대가 된다. 여기에서의 농도는,

$$\chi = \frac{Q'}{\pi\bar{v}\sigma_y\sigma_z}\exp\left(-\frac{h^2}{2\sigma_z^2}\right) \tag{11.16}$$

식 (11.16)의 지수함수가 1보다 절대로 커질 수 없기 때문에, 유출물이 어떤 일정 높이에서 방출되는 경우보다 지표면 방출의 경우에 플룸을 따라 모든 지점에서 유출물 농도가 항상 더 크게 된다. 지표면 방출의 경우 식 (11.16)은 간단히 다음으로 주어진다.

$$\chi = \frac{Q'}{\pi \bar{v} \sigma_y \sigma_z} \tag{11.17}$$

유출물 농도의 보수적 계산(즉, 실제보다 과도하게 예측)을 확실히 하기 위하여, 방출 높이를 알고 있을 때는 식 (11.16)을 사용하고, 그렇지 못할 때는 식 (11.17)을 사용하는 것이 일반적이다.

여러 경우에서 이 방정식을 Q'으로 나누는 것이 편리하다. 이러한 식의 좌변 χ/Q'은 *희석 인자*(*dilution factor*)라고 한다.

종종 방사능은 원자력 발전소에서 일정한 속도보다는 간헐적으로 퍼프(puff, 일정량을 한번에 내뿜음-역자 주)로 방출된다. 그러면 지표면에서의 유출물 농도는 퍼프가 통과함에 따라 어느 정도 최댓값까지 상승한 후 0으로 떨어진다. 다음 절에서 이러한 퍼프로부터의 총 방사선량이 다음과 같은 퍼프의 경로에 대한 χ의 시간 적분인 χ_T에 비례한다는 것을 알게 될 것이다.

$$\chi_T = \int \chi(t)dt \tag{11.18}$$

오염물질의 방출과 퍼짐은 서로 독립적이고 별개 과정이기 때문에, χ_T는 다음과 같다.

$$\chi_T = \frac{Q}{\pi \bar{v} \sigma_y \sigma_z} \exp\left(-\frac{h^2}{2\sigma_z^2}\right) \tag{11.19}$$

여기에서 Q는 퍼프로 방출된 유출물의 총량, 즉 Q'의 시간 적분이다.

***파스퀼 조건*(Pasquill conditions).** 식 (11.12)에 따라 σ_y와 σ_z 모두 방출 지점으로부터 $\sqrt{x}$에 따라 증가하여야 한다. 실험 자료는 σ_y와 σ_z가 거리에 따라 훨씬 더 빠르게 증가하는 것을 보여 준다. 이것은 유출물의 대기를 통한 퍼짐에 대한 확산모델이 현상을 정확하게 설명하지는 못함을 의미한다. y방향과 z방향의 유출물의 시간평균 분포는 근사적으로 정규분포임이 밝혀졌다. 유출물 농도를 계산하기 위하여 식 (11.13)과 (11.16)의 σ_y와 σ_z에 대해서는 실험값을 사용하는 것이 표준화된 관행이 되었다. 이 함수는 대기 조건에 좌우된다. 따라서, 수직방향의 분산에 관계된 σ_z는 안정 조건보다 불안정한 조건에서 거리에 따라 더욱 빠르게 증가한다고 예상할 수 있다.

파스퀼은 실험 자료를 이용해 서로 다른 여섯 가지 대기 조건에서 σ_y와 σ_z에 대한 곡선들을 얻었다.[15] 이 곡선들은 그림 11.11과 11.12에 주어져 있다. 극히 안정한 일곱 번째 안정 조건인 G 타입은 근사적으로 다음 관계식이 된다.

$$\sigma_z(\mathrm{G}) = \frac{3}{5}\sigma_z(\mathrm{F});\ \sigma_y(\mathrm{G}) = \frac{2}{3}\sigma_y(\mathrm{F}) \tag{11.20}$$

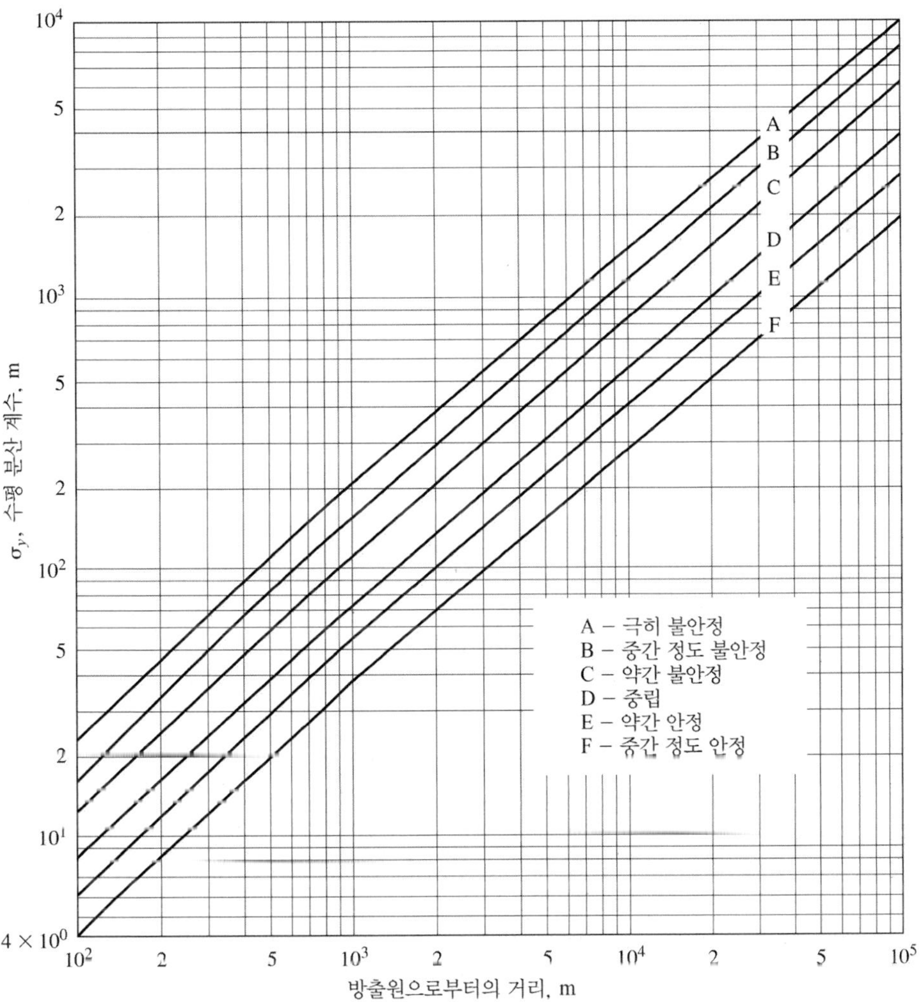

그림 11.11 다양한 파스퀼 조건에 대한 방출원으로부터의 거리의 함수로 주어진 수평 분산 계수 σ_y. (D. H. Slade, Editor, *Meteorology and Atomic Energy – 1968*. Washington, D.C.: U.S. Atomic Energy Commission, 1968.)

---

15 이 장 끝부분의 참고문헌 참조.

그림에서 볼 수 있듯이, 방출원으로부터의 모든 거리에서 덜 안정한 조건이 안정한 조건보다 더 큰 σ_y와 σ_z 값을 갖는다.

단순히 기상탑의 두 개 또는 그 이상의 높이에서 온도를 측정하여 낮은 높이의 대기 안정 조건을 얻을 수 있다. 온도분포의 기울기는 온도차 ΔT를 측정높이차 Δz로 나누어 계산할 수 있다. 파스퀼 안정 범주와 관측된 $\Delta T/\Delta z$ 사이의 관계가 표 11.2에 주어져

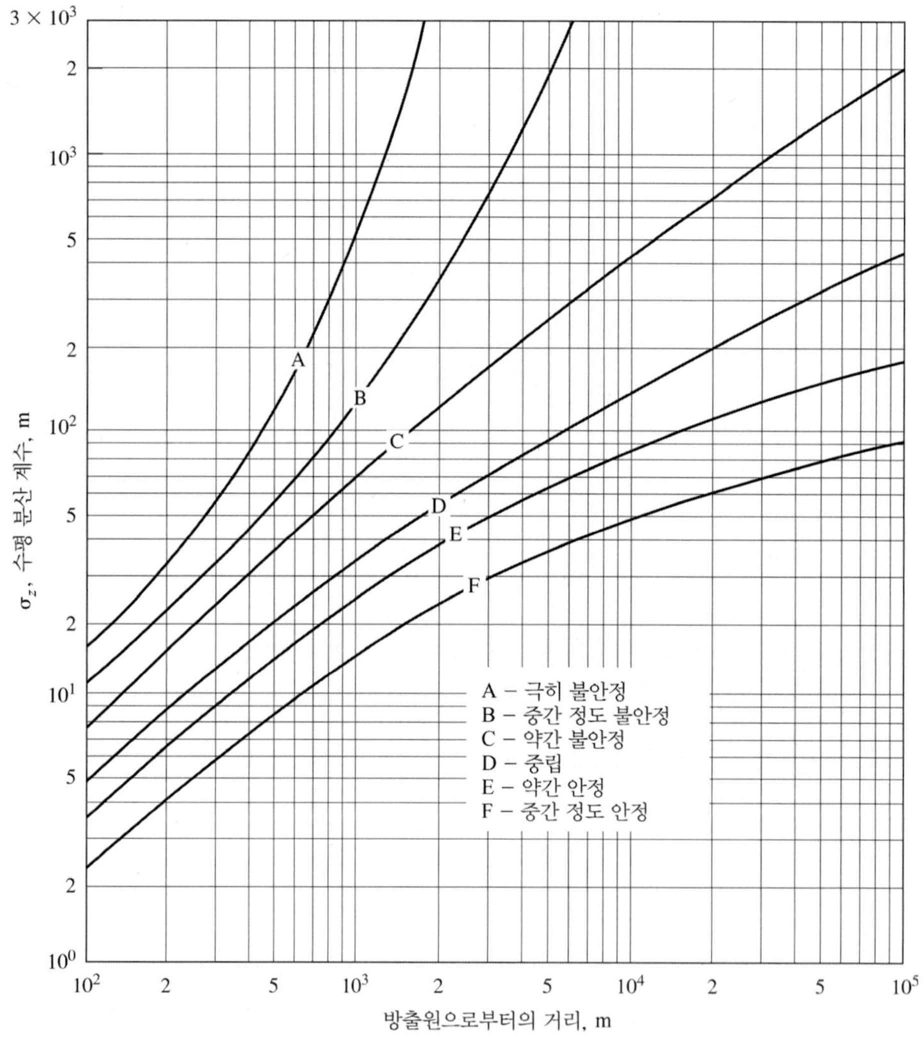

그림 11.12 다양한 파스퀼 조건에 대한 방출원으로부터의 거리의 함수로 주어진 수직 분산 계수 σ_z. (D. H. Slade, Editor, *Meteorology and Atomic Energy – 1968*. Washington, D.C.: U.S. Atomic Energy Commission, 1968.)

있다. 미국에서는 NRC가 모든 가동 원전 주변의 탑이나 기둥의 두 지점(보통 10 m와 60 m)에서 지속적으로 온도(풍속과 풍향도 함께)를 감시하도록 요구한다.

파스퀼의 조건은 또한 풍향계 각도의 변화를 측정하여 결정될 수 있다. 대기가 안정한 날에 비하여 불안정한 날에는 풍향계는 더욱 넓게 요동치는 경향이 있다. 풍향계 각도의 표준편차 σ_θ와 다양한 파스퀼의 범주 사이의 상관관계도 표에 주어져 있다. σ_θ를 직접 측정하기 위한 계측장비가 원자력 발전소에 설치되어 있지만 이 방법은 일반적으로 단순한 온도변화 측정에 비하여 신뢰도가 떨어지는 것으로(자료의 해석이 더 어려운 것으로) 간주된다.

그림 11.13은 식 (11.16)으로부터 계산된 다양한 파스퀼 조건의 높이 30 m (약 100 ft)에서 방출된 유출물에 대한 $\chi\bar{v}/Q'$값을 보여 주고 있다. $\chi\bar{v}/Q'$가 최댓값까지 증가한 후 대략 지수함수적으로 감소하는 것을 알 수 있다. 더욱 불안정한 조건(A, B)에서는, $\chi\bar{v}/Q'$의 최댓값이 방출원 주변(수백 미터 이내)에서 발생하고 매우 낮은 값으로 급격하게 떨어진다. 안정 조건(E, F) 하에서는 $\chi\bar{v}/Q'$의 꼭짓점이 방출원으로부터 훨씬 멀리 위치한다. 원자력 발전소로부터의 유출물이 분산될 때는, 보통 불안정한 조건보다는 안정한 조건에서 사람들이 거주하는 발전소 소외에서 유출물 농도가 높다. 보수적인 측면에서, 이러한 유출물 분산 계산에서는 종종 안정한 조건을 가정한다.

표 11.2 파스퀼 범주와 $\Delta T/\Delta z$ 그리고 σ_θ 사이의 관계*

파스퀼 범주	$\Delta T/\Delta z$(℃/100m)	σ_θ(degree)
A	$\Delta T/\Delta z < -1.9$	$\sigma_\theta \geq 22.5$
B	$-1.9 < \Delta T/\Delta z < -1.7$	$22.5 > \sigma_\theta \geq 17.5$
C	$-1.7 < \Delta T/\Delta z \leq -1.5$	$17.5 > \sigma_\theta \geq 12.5$
D	$-1.5 < \Delta T/\Delta z \leq -0.5$	$12.5 > \sigma_\theta \geq 7.5$
E	$-0.5 < \Delta T/\Delta z \leq 1.5$	$7.5 > \sigma_\theta \geq 3.8$
F	$1.5 < \Delta T/\Delta z \leq 4.0$	$3.8 > \sigma_\theta \geq 2.1$
G	$4.0 < \Delta T/\Delta z$	$2.1 > \sigma_\theta$

*출처: Regulatory Guide 1.23, U.S. Nuclear Regulatory Commission, 1980.

그림 11.13의 곡선의 최대 위치는 x에 대한 식 (11.16)의 미분을 0으로 하여 산출할 수 있다. 미분하기 전에 x에 대한 χ의 모든 의존성이 σ_y와 σ_z에 포함되어 있기 때문에, 이 변수들 간의 함수 관계를 가정하는 것이 필요하다. 단순화하기 위하여 다음과 같이 가정하자.

$$\sigma_y = a\sigma_z$$

여기에서 a는 상수이다. 미분하기 전에 위 식을 식 (11.16)에 대입하고 양변에 로그를 취하면

$$\ln \chi = -2 \ln \sigma_z - \frac{h^2}{2\sigma_z^2} + \ln C$$

이고 C는 상수들의 조합이다. 이제 위 식을 x로 미분하면,

$$\frac{1}{\chi}\frac{d\chi}{dx} = -\left(\frac{2}{\sigma_z} - \frac{h^2}{\sigma_z^3}\right)\frac{d\sigma_z}{dx} = 0$$

이고 따라서

$$h^2 = 2\sigma_z^2 \tag{11.21}$$

이다. 이 조건은 최대 농도 발생 위치를 결정한다. 마지막으로 식 (11.21)을 식 (11.16)에 대입하면,

$$\chi_{\max} = \frac{Q'}{\pi e \bar{v}(\sigma_y \sigma_z)_{\max}} \tag{11.22}$$

이 되고, 여기에서 $(\sigma_y\sigma_z)_{\max}$는 식 (11.21)로부터 결정되는 x값에 대해 σ_y와 σ_z를 계산할 것임을 의미한다.

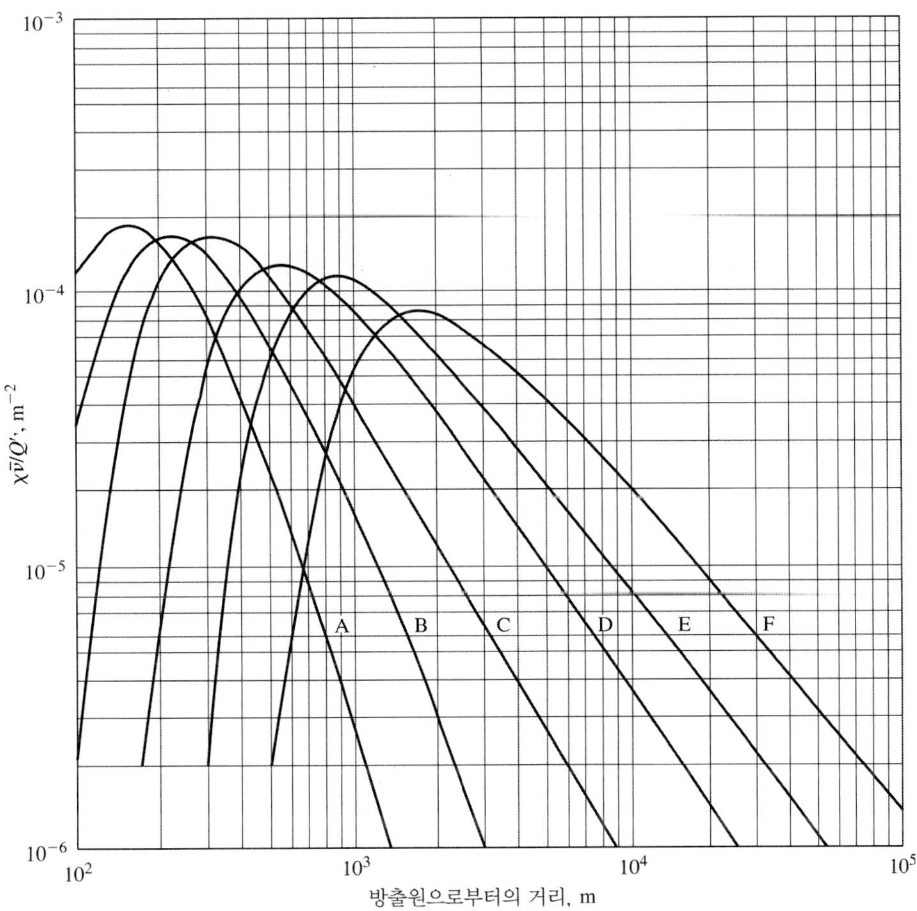

그림 11.13 30 m 높이에서 방출된 유출물에 대하여 방출원으로부터의 거리의 함수로 주어진 지표면에서의 $\chi\bar{v}/Q'$. (D. H. Slade, Editor, *Meteorology and Atomic Energy*-1968. Washington, D.C.: U.S. Atomic Energy Commission, 1968.)

예제 11.1

F 타입 조건 하의 높이 30 m에서 방출된 비방사성 유출물의 최대 농도의 위치를 계산하라.

풀이

식 (11.21)로부터,

$$\sigma_z = h/\sqrt{2} = 21.2 \text{ m}$$

그림 11.12로부터 σ_z는 약 1900 m (1.2 mi)에서 21.1의 값을 갖는다.

방사성 유출물(*Radioactive effluent*). 만약 유출물이 방사성이면, 플룸 내의 일부 방사능이 대기로 흩어지면서 붕괴한다. 이것은 식 (11.16)의 Q'을 $Q_0'\exp(-\lambda t)$으로 치환하여 고려할 수 있는데, 여기에서 Q_0'는 방출원으로부터의 방사능 방출률, λ는 붕괴계수, t는 유출물이 관측 지점에 도달할 때까지 걸린 시간이다. 유출물이 x방향의 바람을 타고 이동하고 구불구불하게 이동하지 않는다고 가정하면, t는 $x/\bar{v}$이 될 것이다. 그러면 식 (11.16)은 다음과 같이 된다.

$$\chi = \frac{Q'_0}{\pi v \sigma_y \sigma_z} \exp\left[-\left(\frac{\lambda x}{\bar{v}} + \frac{h^2}{2\sigma_z^2}\right)\right] \tag{11.23}$$

이 식은 x에서의 χ를 분명히 과다예측한다.

침적(deposition)과 낙진(fallout)

유출물 플룸 내 방사능의 양은, 그 방사능의 일부가 외부로 확산되어 나가거나 플룸으로부터 아래로 떨어져 지표면에 침적됨에 따라, 방출원으로부터의 거리에 따라 감소할 것이다. 이 효과는 비가 오는 동안 몇몇 방사성 핵종, 특히 요오드 동위원소에서 가장 뚜렷하게 나타난다. 물방울은 방사능을 취하여 지표면으로 직접 떨어뜨리는데 이 현상을 *세정*(*washout*) 또는 *습식 침적*(*wet deposition*)이라고 한다. 일단 방사능이 지표면에 침적되면 방사선 피폭의 심각한 원인으로 작용한다. 더욱이 먹을거리, 목초지, 수계에 떨어진 방사능은 인류의 먹이사슬 내로 들어올 수 있다.

비록 현상은 근본적으로 다르지만 습식 침적의 수학적 모델은 일반적인 (또는 건식) 침적과 정성적으로 유사하다. 두 가지 모두에 대하여 지표면 단위면적당 침적률은 유출물 농도에 비례하고 다음과 같이 주어진다.

$$R_{\mathrm{d}} = \chi v_{\mathrm{d}} \tag{11.24}$$

여기에서 v_{d}는 비례상수이다. 만약 R_{d}가 Ci/m^2-sec의 단위를 갖고 χ가 Ci/m^{3}의 단위를 가지면, v_{d}는 m/sec의 단위를 가지며 *침적속도*(*deposition velocity*)라 불린다. 식 (11.24)에서 χ는 지표면 또는 지표면 근처에서 얻어지고 v_{d}의 값은 실험으로부터 얻어진다.

요오드의 건식 침적속도는 0.002에서 0.01 m/sec의 범위를 갖는데 이것은 미립자 낙진에 대한 것으로는 다소 작다. 습식 침적에 대한 v_{d}값은 플룸의 높이(추후 제시되는 계산에서의 $\bar{z}$)에 좌우된다. 높이 10^3 m에서 v_d는 요오드에 대하여 0.2 m/sec이고 미립자 낙진의 경우에는 0.1 m/sec이다. 불활성 기체는 건식 또는 습식 침적의 대상이 아니다.

유출물 농도가 방출원으로부터의 거리의 함수로 주어지는 침적과 관계있다고 생각해보자. 플룸의 중심을 따라서 χ는 단지 x와 z의 함수일 것이다. y방향의 단위길이와 두께 dx를 갖는 플룸의 체적 내의 유출물(방사능)의 총량은 다음과 같은 적분으로 주어진다.

$$dx\int_{z=0}^{\infty}\chi(x,z)dz$$

침적에 의한 이 유출물의 감소율은

$$\frac{d}{dt}dx\int_{z=0}^{\infty}\chi(x,z)dz = -\chi(x,0)v_d dx \tag{11.25}$$

$dx/dt=\bar{v}$ 임을 고려하면, 식 (11.25)처럼 쓰여진 평균 풍속을 다음과 같이 나타낼 수 있다.

$$d\int_{0}^{\infty}\chi(x,z)dz = -\frac{\chi(x,0)v_d dx}{\bar{v}} \tag{11.26}$$

$\bar{z}$를 다음과 같이 정의한다.

$$\bar{z}=\frac{1}{\chi(x,0)}\int_{0}^{\infty}\chi(x,z)dz \tag{11.27}$$

이 변수는 플룸의 *유효높이(effective height)*라 불린다. 만약 식 (11.14)에 의해 $\chi(x,z)$가 주어진다면, 다음 식이 성립함을 쉽게 나타낼 수 있다.

$$\bar{z}=\sqrt{\frac{\pi}{2}}\,\sigma_z\exp\left(h^2/2\sigma_z^2\right) \tag{11.28}$$

$\bar{z}$를 식 (11.26)에 대입하면

$$d\chi(x,0) = -\Lambda\chi(x,0)dx \tag{11.29}$$

여기에서

$$\Lambda = \frac{v_{\mathrm{d}}}{vz} \tag{11.30}$$

식 (11.29)는 침적에 의해서 지표면에서 χ가 거리에 따라 지수함수적으로 감소함을 보여준다. 이 결과를 식 (11.23)과 합하면 최종적으로 다음을 얻는다.

$$\chi = \frac{Q'_0}{\pi \bar{v} \sigma_y \sigma_z} \exp\left[-\left(\Lambda + \frac{\lambda}{\bar{v}} x - \frac{\mathrm{h}^2}{2\sigma_z^2}\right)\right] \tag{11.31}$$

쐐기모델

실험적인 분산계수를 포함하는 확산모델을 사용하여 방출원으로부터 10 km 수준까지의 유출물 농도에 대한 적절히 정확한 값을 계산할 수 있다. 더 먼 거리에서는 더 이상 확산이론을 적용할 수 있다고 보기는 어렵다. 대기 조건에서의 요동은 유출물을 예상할 수 없는 형태로 먼 거리로 분산시키는 경향이 있다. 원자력 발전소에서 멀리 떨어져 있는 개인에 대한 예상되는 방사선량은 주요 사고 이후에도 일반적으로 무시할 수 있는 반면에, 총 집단선량(person-rem 또는 person-sivert)은 클 수 있다. 집단선량의 계산을 위하여 대기 분산의 *쐐기모델*(*wedge model*)이라 불리는 간단한 방법이 종종 사용된다.

시간당 Q' 단위의 유출물 방출원을 생각해 보자. 쐐기모델에 고려된 가정은 유출물 농도가 그림 11.14에 나타난 각도 θ와 높이 a의 쐐기 내에서 균질하다는 것이다. 지표면에서의 방사성 붕괴 또는 침적이 없는 경우, 시간 dt 동안 방출된 모든 유출물, 즉 $Q'dt$는 결국 r과 $r+dr$ 사이의 미소 체적 dV 내에 나타난다. 여기에서 dV는

$$dV = ar\theta dr$$

만약 $\chi(r)$이 r에서의 농도라면 이는 다음의 관계를 따른다.

$$\chi(r) dV = Q'dt$$

$$\chi(r) = \frac{Q'dt}{ar\theta dr}$$

그러나 dr/dt이 풍속 $\bar{v}$와 같으므로,

$$\chi(r) = \frac{Q'}{ar\theta\bar{v}} \tag{11.32}$$

침적과 방사성 붕괴가 포함되면 식 (11.32)는 다음과 같이 된다.

$$\chi(r) = \frac{Q'}{ar\theta\bar{v}}\exp\left[-\left(\Lambda + \frac{\lambda}{\bar{v}}\right)r\right] \tag{11.33}$$

여기에서 Λ는 식 (11.30)으로 주어진다.

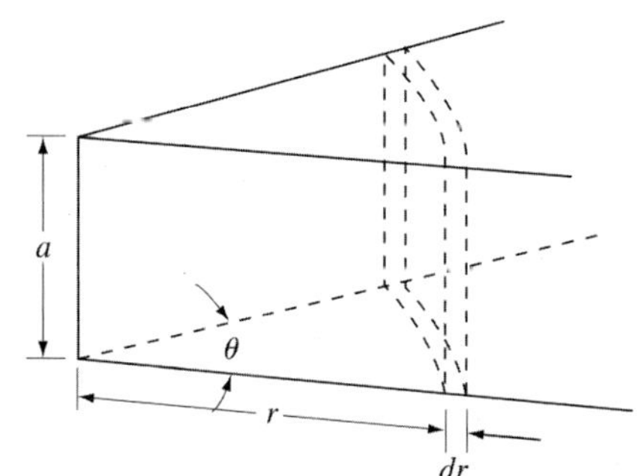

그림 11.14 쐐기모델을 계산하기 위한 그림

건물로부터의 방출

원자로 사고에서 방사성 핵종은 격납건물 안으로 방출될 수 있으며, 격납건물의 한 지점 또는 여러 지점에서 외부로 방출될 수 있다. 만약 바람이 불고 있다면, 구조물로 인해 구조물을 지난 바람의 하류에서는 난류 와동의 소용돌이가 만들어진다. 이것은 유출물이 건물로부터 방출되자마자 즉시 분산시키는 경향이 있다. 이러한 초기 분산의 영향은 이미 위에서 다룬 식들을 다음과 같이 적용하여 고려할 수 있다.

우선 *건물 희석 인자*(*building dilution factor*)는 다음과 같이 정의된다.

$$D_B = cA\bar{v} \tag{11.34}$$

여기에서 c는 종종 *형상계수*(*shape factor*)라 불리는 실험적 상수이고, A는 건물의 단면적, $\bar{v}$는 평균 풍속이다. D_B가 m^3/sec의 단위를 가짐을 유의하라. c가 0.50에서 0.67 사이의 값을 가지는 것은 실험을 통해 알려졌다. 이전에 유도한 모든 식에서 분산계수 σ_y와

σ_z는 다음과 같이 정의되는 Σ_y 및 Σ_z로 치환된다.

$$\Sigma_y^2 = \sigma_y^2 + \frac{D_B}{\pi \bar{v}}, \quad \Sigma_z^2 = \sigma_z^2 + \frac{D_B}{\pi \bar{v}} \tag{11.35}$$

예를 들어 식 (11.16)은

$$\chi = \frac{Q'}{\pi \bar{v} \Sigma_y \Sigma_z} \exp\left(-\frac{h^2}{2\Sigma_z^2}\right) \tag{11.36}$$

이 식은 지표면이나 지표면 근처에서의 방출에 적용 가능하고 보수적이다. h는 종종 0으로 놓는다. 건물로부터 지표면 방출에서의 χ를 계산하기 위하여 종종 사용되는 또 다른 본질적으로 등가인 식은

$$\chi = \frac{Q'}{\pi \bar{v} \sigma_y \sigma_z + D_B} \tag{11.37}$$

누출이 일어나는 구조의 바로 근처에서는 σ_y와 σ_z 모두 0이고, 이 지점에서의 유출물은 플룸을 형성하지 않는다. 이 경우, $h = 0$인 경우의 식 (11.36)과 식 (11.37)은 다음과 같아진다.

$$\chi = \frac{Q'}{D_B} \tag{11.38}$$

이 식은 배기구 주변의 방사성 핵종의 농도를 계산하는 데 또한 사용될 수 있다. 만약 배기구의 방사성 핵종의 농도가 χ_0 Ci/m^{3}이고 배기구가 배기율 V m^3/sec로 배기하고 있다면, $Q' = V\chi_0$이고 식 (11.38은)

$$\chi = \left(\frac{V}{D_B}\right)\chi_0 \tag{11.39}$$

이 된다.

11.5 원자력 발전소에 의한 방사선량

원자력 발전소는 근처에 거주하는 사람들에게 방사선 피폭의 원인을 제공할 수 있다. 기체형 방사성 유출물로부터는 다음과 같이 (1) 플룸으로부터 방출되는 방사선에 의한 외부선량, (2) 방사성 핵종의 흡입에 의한 내부선량, (3) 지표면에 침적된 방사성 동위원소에 의해 방출되는 방사선으로부터의 외부선량, (4) 신체나 의복에 침적된 방사성 핵종에 의한 외부선량이 주어질 수 있다. (4)번은 크게 변하는 것이어서 여기에서는 고려하지 않을 것이다.

방사선량은 원자력 발전소로부터의 기체 또는 액체 유출물에 오염된 식품의 섭취에 의해서도 받을 수 있다. 이러한 선량의 계산은 11.9절에서 다룰 것이다.

마지막으로 원전 내부로부터 방출되는 감마선에 의한 *직접선량*(*direct dose*)이 있다. 이것들은 정상적으로 운전되는 발전소에서는 원자로 자체, 냉각재 배관 및 방사능을 포함하는 여러 기기들로부터 나올 수 있다. 핵분열 생성물이 격납건물 내부로 방출되는 원자로 사고 후에는 격납건물이 직접선량의 근원이 된다.

플룸에 의한 외부선량: 감마선

외부선량을 계산할 때, 보통 플룸이 무한대로 크다고 가정한다. 이러한 가정이 실제보다 큰 선량을 나타내기 때문에, 계산이 단순화되며 해답은 보수적이 된다.

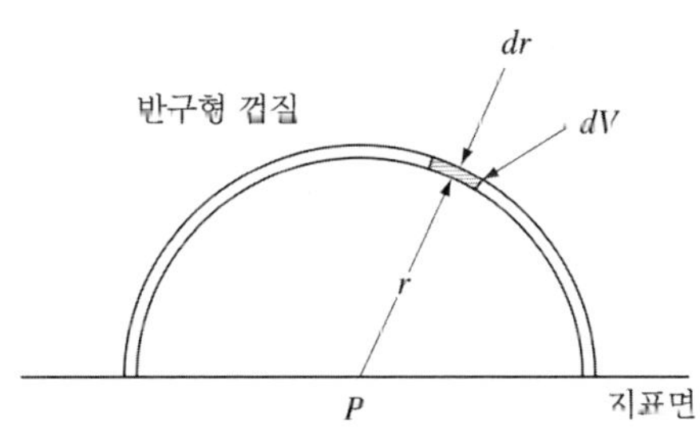

그림 11.15 구름 내의 반구형 껍질

지표면 위의 무한대의 균질 구름을 가정해 보자. 이 구름 안에는 에너지 E MeV의 단일 감마선을 방출하는 농도 χ Ci/cm^{3}의 단일 방사성 핵종이 들어 있다. 식 (9.20)과 10.1

절의 논의에 따라, 피폭률은

$$\dot{X} = 1.83 \times 10^{-8} \phi_{\gamma b} E (\mu_a/\rho)^{\text{air}} \ \text{R/sec} \tag{11.40}$$

여기에서 $\phi_{\gamma b}$는 감마선의 누증 선속이다. $\phi_{\gamma b}$를 계산하기 위하여 그림 11.15에 보이는 것처럼 dV를 P지점에 중심을 둔 반경 r, 두께 dr인 반구체 껍질의 미소 체적이라고 하자. cm^3/sec당 S 감마선이 방출되면 dV로부터 P지점에서의 누증 선속은

$$d\phi_{\gamma b} = \frac{S\,dV}{4\pi r^2} B_p(\mu r) e^{-\mu r}$$

이고, 여기에서 $B_p(\mu r)$은 공기의 누증계수이다. 모든 dV로부터의 총 감마선속은

$$d\phi_{\gamma b} = \frac{S}{4\pi r^2} \times 2\pi r^2\, dr \times B_p(\mu r) e^{-\mu r} = \frac{S}{2} B_p(\mu r) e^{-\mu r} dr \tag{11.41}$$

이고 $\phi_{\gamma b}$는 다음과 같이 주어진다.

$$\phi_{\gamma b} = \frac{S}{2} \int_0^\infty B_p(\mu r) e^{-\mu r} dr \tag{11.42}$$

식 (11.42)의 적분값은 다음에서 볼 수 있듯이 $B_p(\mu r)$의 형태와 무관하다.

$$\phi_{\gamma b} = \frac{S}{4\pi r^2} B_p(\mu r) e^{-\mu r} \tag{11.43}$$

r에서 두께 dr의 구형 껍질 내에서 이 감마선속으로부터 흡수되는 에너지는

$$\phi_{\gamma b} \mu_a E\, dV = \frac{S\mu_a E}{4\pi r^2} \times B_p(\mu r) e^{-\mu r} \times 4\pi r^2 dr = S\mu_a E B_p(\mu r) e^{-\mu r} dr$$

이고, 여기에서 μ_a는 공기의 흡수계수이다. 대기가 무한대이기 때문에 초당 방출원으로부터 방출되는 에너지 SE는 어딘가에 흡수되어야 한다. 따라서,

$$SE = \int_0^\infty \phi_{\gamma b} \mu_a E\, dV$$

식 (11.43)에서 $\phi_{\gamma b}$를 대입하면,

$$1 = \mu_a \int_0^\infty B_p(\mu r) e^{-\mu r} dr \tag{11.44}$$

식 (11.44)에 따라, 구름 중심에서의 누증 감마선속을 계산하는 식 (11.42)는 다음과 같다.

$$\phi_{\gamma b} = \frac{S}{2\mu_a} \tag{11.45}$$

χ Ci/cm^{3}의 구름 내 방사성 핵종 농도를 고려하면 S는 $3.7 \times 10^{10} \chi$이고 이는 붕괴당 방출되는 감마선이 하나만 존재함을 의미한다. 이 결과를 식 (11.40)에 대입하면,

$$\begin{aligned} \dot{X} &= 1.83 \times 10^{-8} \times \frac{3.7 \times 10^{10} \chi}{2\mu_a} \times E \left(\frac{\mu_a}{\rho} \right)^{\text{air}} \\ &= 2.62 \times 10^5 \chi \ \ E \ \mathrm{R/sec} \end{aligned} \tag{11.46}$$

여기에서 $\rho = 1.293 \times 10^{-3}\ \mathrm{g/cm^3}$가 공기의 밀도로 사용된다.

표 11.3 핵분열 생성물 기체들의 붕괴당 평균 붕괴에너지*

핵종†	반감기‡	$\overline{E}_\gamma$, MeV	$\overline{E}_\beta$, MeV
^{85m}Kr	4.4 h	0.151	0.223
^{85}Kr	10.76 y	0.00211	0.223
^{87}Kr	76 m	1.37	1.05
^{88}Kr	2.79 h	1.74	0.341
^{133m}Xe	2.26 d	0.326	0.155
^{133}Xe	5.27 d	0.030	0.146
^{135m}Xe	15.7 m	0.422	0.0974
^{135}Xe	9.2 h	0.246	0.322
^{131}I	8.04 d	0.371	0.197
^{132}I	2.28 h	2.40	0.448
^{133}I	20.8 h	0.477	0.423
^{134}I	52.3 m	1.94	0.455
^{135}I	6.7 h	1.78	0.308

*출처: J. S. Moore and R. Salvatori, *Lectures on Nuclear Safety*, University of Pittsburg, 1974.

† 위첨자 *m*은 같은 크기 상태의 핵종을 의미한다(2.8 절 참조).

‡ m = minute, h = hour, d = day, y = year.

핵종에 의해 하나 이상의 감마선이 방출된다면, 식 (11.46)은 다음과 같아야 한다.

$$\dot{X} = 2.62 \times 10^5 \chi\ \overline{E}_\gamma \ \text{R/sec} \tag{11.47}$$

여기에서 $\overline{E}_\gamma$는 붕괴당 모든 감마선의 평균 에너지이다. 표 11.3은 가장 중요한 기체형 핵분열 생성물에 대해 $\overline{E}_\gamma$값을 제시한다. 이들 기체들은 원자로의 정상운전 동안에는 적은 양이, 그리고 사고 시에는 다소 많은 양이 환경으로 방출된다.

식 (11.47)은 덜 복잡한 방법으로도 유도될 수 있다. 무한한 균질 구름 내의 어떤 지점에서 cm^3/sec당 방출되는 다수의 감마선은 정상상태에서 모두 흡수되어야 한다. 붕괴당 평균 $\overline{E}_\gamma$ MeV를 방출하는 농도 χ Ci/cm^{3}의 방사성 핵종에 대해서, 방출되는 에너지의 총량은 $3.7 \times 10^{10} \chi \overline{E}_g \times 1.6 \times 10^{-6}$ erg/cm^3·sec이다. 이 에너지는 1.293×10^{-3} g/cm^{3}의 질량을 갖는 공기에 흡수된다. 따라서 에너지 흡수율은

$$\frac{3.7 \times 10^{10} \chi\ \overline{E_\gamma} \times 1.6 \times 10^{-6}}{1.293 \times 10^{-3}} = 4.58 \times 10^7 \chi\ \overline{E_\gamma}\ \text{erg/g . sec}$$

이다. 식 (9.19)로부터, 87.5 erg/g의 흡수가 1 R의 피폭을 나타낸다. 따라서 관습적 단위로 나타낸 피폭률은

$$\dot{X} = \frac{4.58 \times 10^7 \chi\ \overline{E}\gamma}{87.5} = 5.23 \times 10^5 \chi\ \overline{E}_\gamma\ \text{R/sec} \tag{11.48}$$

지표면의 사람은 구름의 절반에 해당하는 만큼만 피폭받기 때문에, 식 (11.48)에 0.5를 곱해야 하고, 그 결과 식 (11.47)을 얻는다.

앞선 계산에서 χ는 Ci/cm^{3}의 단위를 가지고 있다. 만약 식 (11.16)의 σ_y와 σ_z 단위에서와 같이 흔하게 χ를 Ci/m^{3}으로 표시하면, 식 (11.47)은

$$\dot{X} = 0.262 \chi\ \overline{E}_\gamma\ \text{R/sec} \tag{11.49}$$

이 된다. 앞선 방정식에서 선량당량(생물학적 선량)률을 관습적 단위로 얻기 위해서는, $\dot{X}$ 에 그림 9.9의 f계수 및 선질계수(quality factor)를 곱해야 한다. 그러나 이 두 계수 모두 대략적으로 1이므로

$$\dot{H} \simeq 0.262\chi\,\overline{E}_\gamma \text{ rem/sec} \tag{11.50}$$

이고, 여기에서 χ의 단위는 Ci/m^{3}이다. SI 단위로는 다음과 같다.

$$\dot{H} \simeq 2.62\times10^{-3}\chi\,\overline{E}_\gamma \text{ Sv/sec}$$

예제 11.2

어떤 PWR 원자로가 지표면에서 100 m 높이의 배기구를 통하여 연평균 2×10^3 Ci의 ^{133}Xe을 방출한다. 풍속이 1 m/sec일 때, F 타입 조건에서 발전소로부터 10^4 m 떨어진 지점에서의 외부 감마선 선량을 계산하라.

풀이

^{133}Xe의 평균 방출률은 $2\times10^3/3.16\times10^7 = 6.33\times10^{-5}$ Ci/sec이다. 그림 11.11과 11.12로부터, $\sigma_y = 275$ m, $\sigma_z = 46$ m. 식 (11.16)에 $h = 100$ m를 사용하면

$$\chi = \frac{6.33\times10^{-5}}{\pi\times1\times275\times46}\exp\left[-\frac{10^4}{2\times(46)^2}\right] = 1.50\times10^{-10}\ \text{Ci/m}^3$$

식 (11.50)에 이 값과 표 11.3으로부터 $\overline{E_\gamma} = 0.030$ MeV를 대입하면

$$\dot{H} = 0.262\times1.50\times10^{-10}\times0.030 = 1.18\times10^{-12}\ \text{rem/sec} = 0.0373\ \text{mrem/yr}$$

SI 단위로 나타내면,

$$\dot{H} = 2.62\times10^{-3}\times1.50\times10^{-10}\times0.030 = 1.18\times10^{-14}\ \text{Sv/sec} = 0.373\ \mu\text{Sv/yr}$$

식 (11.50)에 따라, 주어진 방사성 핵종에 의한 선량은 플룸 내의 방사성 핵종의 농도에 정비례한다. 따라서 $\dot{H}$는 다음과 같다.

$$\dot{H} = C_\gamma\chi$$

여기에서 C_γ $(=\chi\,\overline{E_\gamma})$은 핵종의 농도가 아닌 특성에만 좌우되는 상수이다. C_γ을 *선량률 계수*(*dose-rate factor*)라고 한다. 분명하게 C_γ은 단순히 플룸 내 방사성 핵종의 밀도당 외부피폭에 의한 선량률이다. 주요 방사성 핵종들에 대한 이 계수들의 계산값이 표로 제

시되어 있다(이 장 말미의 참고문헌 참조).

예제 11.3

^{85}Kr에 대한 외부 감마선 피폭 선량률 계수를 계산하라.

풀이

표 11.3으로부터 $\overline{E}_{\gamma} = 0.00211$ MeV이므로

$$C_{\gamma} = 0.262 \times 0.00211 = 5.53 \times 10^{-4} \text{ rem/sec per Ci/m}^3$$

플룸에 의한 외부선량: 베타선

베타선에 의한 외부선량률은 보통 두 단계로 계산된다. 첫째, 신체 바로 밖에 있는 공기에서 흡수선량률이 결정된다. 그리고 공기와 신체 표피의 선량률 사이의 실험적 관계에 기반하여 신체 표층 내의 선량이 계산된다.

공기 내의 선량률 $\dot{D}_{\text{air}}$는 이전에 설명했던 무한 구름 내의 $\dot{X}$를 계산하는 두 번째 방법을 사용하여 구할 수 있다. 유일한 차이점은 $\dot{D}_{\text{air}}$가 rad/sec로, $\dot{X}$가 R/sec로 주어진다는 것이다. 1 R이 87.5 erg/g에 불과한 반면에 1 rad가 100 erg/g의 흡수에 해당하기 때문에, 다음의 관계를 따른다.

$$\dot{D}_{\text{air}} = \frac{87.5}{100} \times 0.262\chi\,\overline{E}_{\beta} = 0.229\chi\,\overline{E}_{\beta} \text{ rad/sec} \tag{11.51}$$

여기에서 χ는 Ci/m^{3}이고 $\overline{E}_{\beta}$는 MeV로 주어지는 방출되는 감마선의 평균 에너지이다.

따라서 피부에 대한 등가선량률은 다음과 같이 주어진다.

$$\dot{H} = 0.229\chi\,\overline{E}_{\beta} \times f(d, E_{\max}) \text{ rem/sec} \tag{11.52}$$

여기에서 f는 실험적으로 결정되는 피부 내부 침투 거리 d의 함수이고, $E_{\max}$는 방출된 베타선의 최대 에너지이다. 선량률은 $f = 1$인 피부 표면에서 최대이고 피부 안쪽으로 투과 거리에 따라 급격하게 감소한다. 보수적인 결과를 위해서, 피부선량은 보통 $f = 1$을

사용하여 구한다.[16]

그러면, 베타선의 선량률 계수는 다음과 같다.

$$C_\beta = 0.229\overline{E}_\beta f(d,\ E_{\max}) \tag{11.53}$$

예제 11.4

예제 11.2의 조건에서 ^{133}Xe에 의한 연간 외부 베타선 선량률은 얼마인가?

풀이

표 11.3에서 $\overline{E}_\beta = 0.146$ MeV이다. $f=1$과 $\chi = 1.50\times10^{-10}$ Ci/m^{3}를 식 (11.52)에 사용하면

$$\dot{H} = 0.229\times1.50\times10^{-10}\times0.146 = 5.02\times10^{-12}\ \text{rem/sec} = 0.158\ \text{mrem/yr}$$

t_0초 동안 피폭된 총 감마선 또는 베타선 선량은 식 (11.50) 또는 식 (11.52)를 0에서 t_0까지 적분하여 얻는다. χ가 상수인 경우에는 총 선량은 단순히 $\dot{H}$와 t_0의 곱이다. 한편, 만약 χ가 방사성 핵종의 반감기에 따라 감소하면

$$\chi = \chi_0 e^{-\lambda t}$$

그리고 총 선량은

$$H = \int_0^{t_0} \dot{H}(t)dt = \frac{\dot{H}_0}{\lambda}(1 - e^{-\lambda t_0}) \tag{11.54}$$

여기에서 $\dot{H}_0$는 농도 χ_0 내의 초기 선량이다. t_0가 핵종의 반감기에 비해 길다면 식 (11.54)는

$$H = \frac{\dot{H}_0}{\lambda} = 1.44\dot{H}_0 T_{1/2} \tag{11.55}$$

16 외부피폭에 대해서 NRC는 인체 내부 5 cm의 깊이에서 전신 감마선량을 계산하고 7 mg/cm^{2}의 깊이에서 피부선량을 계산한다. 5 cm는 피를 생성하는 조직의 평균 깊이에 해당하고, 7 mg/cm^{2}은 피부의 살아 있는 세포인 표피 기저세포의 깊이이다.

유출물 퍼프(puff)에 대한 총 감마선과 베타선 선량은 다음과 같이 주어진다.

$$H = 0.262\chi_T \overline{E}_\gamma \text{ rem} \tag{11.56}$$

$$H = 0.229\chi_T \overline{E}_\beta \text{ rem} \tag{11.57}$$

여기에서 χ_T는 식 (11.19)로 정의된다.

흡입에 의한 내부선량

특정인의 호흡률(즉, 공기 흡입)은 그 호흡하는 사람이 관여하는 활동의 함수라는 것은 상식이다. 표준인(ICRP에 의해 정의된)의 8시간 근무 동안 평균 호흡률은

$$B = 10\ \text{m}^3/8\ \text{hr} = 3.47 \times 10^{-4}\ \text{m}^3/\text{sec} \tag{11.58}$$

이고, 24시간 동안의 평균은

$$B = 20\ \text{m}^3/24\ \text{hr} = 2.32 \times 10^{-4}\ \text{m}^3/\text{sec} \tag{11.59}$$

이다. 사람은 (특히 자신이 방사선장 내에 있다고 생각한다면) 짧은 시간 동안 더욱 빠르게 호흡할 수 있어, 일부 원자로 안전 계산에서는 5×10^{-4} m^3/sec라는 높은 호흡률이 사용된다.

방사성 핵종에 의한 내부선량 계산에 있어서는, 앞서 9장에 제시한 바와 같이, 그 핵이 체내에 머무르며 일정 시간이 흘러서 결국 붕괴를 해야 내부선량에 기여하게 됨을 기억하라. 우선, t_0 동안 흡입한 끝에 특정 신체가 받는 선량을 결정하는 문제를 생각해 보자. τ에서 $d\tau$ 동안 $B\chi(\tau)d\tau$ Ci의 방사성 핵종이 흡입된다. 시간 t_0에 인체에 남아 있는 방사능은

$$B\chi(\tau)R(t_0 - \tau)e^{-\lambda(t_0 - \tau)}d\tau$$

이고 여기에서 $R(t_0 - \tau)$는 9.9절에서 논의했던 대상 인체 기관의 잔류 함수(retention function)이다. 따라서, $\tau = 0$에서 $\tau = t_0$까지 흡입에 따른 인체 기관에 대한 총 방사능은

$$B\int_0^{t_0} \chi(\tau)R(t_0 - \tau)e^{-\lambda(t_0 - \tau)}d\tau$$

이며, 이 방사능에 의한 t_0에서의 선량은 다음과 같다.

$$\dot{H} = \frac{592B\xi}{M}\int_0^{t_0}\chi(\tau)R(t_0-\tau)e^{-\lambda(t_0-\tau)}d\tau \text{ rem/sec} \tag{11.60}$$

일반적인 잔류 함수는 식 (9.36)에 제시되어 있으므로,

$$R(t_0-\tau) = C_0 q e^{-\lambda_b(t_0-\tau)}$$

여기에서 q는 특정 인체 기관으로 가는 방사성 핵종의 비율이고, λ_b는 그 인체 기관으로부터의 생물학적 배출에 대한 붕괴상수이다. $R(t_0-\tau)$을 식 (11.60)에 대입하면 다음과 같이 되고

$$\dot{H} = \frac{592B\xi q}{M}\int_0^{t_0}\chi(\tau)e^{-\lambda_e(t_0-\tau)}d\tau \text{ rem/sec} \tag{11.61}$$

여기에서

$$\lambda_e = \lambda + \lambda_b \tag{11.62}$$

는 인체 기관 내의 방사성 핵종의 유효 붕괴상수이다.

χ가 시간에 의존하지 않는 특별한 경우 식 (11.61)은 아래와 같이 바로 적분할 수 있다.

$$\dot{H} = \frac{592\xi q\chi}{M\lambda_e}\left(1-e^{-\lambda_e t_0}\right) \text{ rem/sec} \tag{11.63}$$

SI 단위로 Sv/sec를 쓰면

$$\dot{H} = \frac{5.92\xi q\chi}{M\lambda_e}\left(1-e^{-\lambda_e t_0}\right) \text{ Sv/sec}$$

흡입 기간이 $T_{1/2}$ 또는 $T_{1/2b}$보다 클 때 식 (11.63)의 지수함수 값은 매우 작아진다. 그러면 선량은

$$\dot{H} = \frac{592B\xi q\chi}{M\lambda_e} \text{ rem/sec} \tag{11.64}$$

이 식은 농도 χ의 방사성 핵종을 지속적으로 흡입하는 사람에 대한 정상상태, 평형 선량률을 의미한다. 식 (11.63) 또는 (11.64)에서 χ에 곱해진 변수들의 조합을 *흡입 선량률 계수*

(*dose-rate factor for inhalation*)라 한다.

예제 11.5

어떤 BWR 발전소가 지상 30 m의 배기구로부터 연간 1.23 Ci의 ^{131}I을 방출한다. E 타입의 안정 조건과 1.2 m/sec의 평균 풍속을 가정하였을 때, 다음을 계산하라: (a) 발전소로부터 2,000 m 떨어진 지상에서 성인 갑상선의 평형 선량, (b) 이 지점에서 갑상선의 연간 선량. [주: ^{131}I에 대하여, $T_{1/2} = 8.04$ day, $T_{1/2b} = 138$ day, $\xi = 0.23$ MeV[17], 그리고 $q = 0.23$. 성인 갑상선의 질량은 20 g이다.[18]]

풀이

1. 1.23 Ci/year의 방출률은 1.23/3.16×10^7 = 3.89×10^8 Ci/sec와 같다. 그림 11.13에서 2,000 m의 E 타입 조건에서 $\chi\bar{v}/Q' = 6.0\times10^{-5}/\text{m}^2$이다. 따라서

$$\chi = \frac{6.0\times10^{-5}\times3.89\times10^{-8}}{1.2} = 1.95\times10^{-12}\ \text{Ci/m}^3$$

식 (11.59)의 일반적인 호흡률을 사용하면

$$C_d = 1.95\times10^{-12}\times2.32\times10^{-4} = 4.52\times10^{-16}\ \text{Ci/sec}$$

붕괴상수는

$$\lambda = \frac{0.693}{8.04\times86400} = 9.98\times10^{-7}\ \text{sec}^{-1}$$

$$\lambda_b = \frac{0.693}{138\times86400} = 5.81\times10^{-8}\ \text{sec}^{-1}$$

그래서

$$\lambda_e = 9.98\times10^{-7} + 5.81\times10^{-8} = 1.06\times10^{-6}\ \text{sec}^{-1}$$

이 값들을 식 (11.64)에 대입하면

$$\dot{H} = \frac{592\times4.52\times10^{-16}\times-0.23\times0.23}{20\times1.06\times10^{-6}} = 6.68\times10^{-10}\ \text{rem/sec}$$

---

17 다른 요오드 동위원소에 대한 ξ의 값은 표 11.17과 연습문제 11.17에 주어져 있다.

18 유아(1살)의 갑상선 질량은 일반적으로 2 g으로 간주된다. 따라서 유아의 갑상선에 대한 선량률과 선량예탁은 성인 갑상선의 10배이다.

2. 1년간의 선량은

$$H = 6.68 \times 10^{-10} \times 3.16 \times 10^{7} = 0.0211 \text{ rem} = 21.1 \text{ mrem}$$

이 문제는 ^{131}I에 대한 $(\text{MPC})_\alpha$로 흡입하는 지점에서의 ^{131}I의 농도와 이에 해당하는 연간 선량을 비교하여 풀 수도 있다. ICRP 간행물 2 (9장의 참고문헌 참조)에서는, 종사자 피폭시 20 m^3/24시간의 연속적인 흡입에 대하여 ^{131}I의 $(\text{MPC})_\alpha$는 3×10^{-9} μCi/cm^3 = 3×10^{-9} Ci/m^{3}로 주어져 있다. 이것은 30 rem의 연간 갑상선 선량으로부터 계산되었다. 농도 χ인 ^{131}I을 포함하는 공기의 지속적인 흡입에 의한 연간 선량은 다음과 같다.

$$H = \frac{\chi}{3 \times 10^{-9}} \times 30 \text{ rem}$$

이 문제의 χ = 1.95×10^{-12} Ci/m^{3}를 사용하면

$$H = \frac{1.95 \times 10^{-12}}{3 \times 10^{-9}} \times 30 = 19.5 \text{ mrem}$$

이고, 이것은 이전에 얻어진 것과 기본적으로 같은 것이다.

다음으로 $d\tau$ 동안 $B\chi(\tau)d\tau$ Ci를 흡입 후 인체 기관이 받는 총 미래선량 또는 *선량예탁* (*dose commitment*)을 생각해 보자. 시간 t에서 인체 기관 내의 방사능은

$$Bq\chi(\tau)d\tau e^{-\lambda_e(t-\tau)}$$

이고 시간 t에 dt 동안 받은 선량은

$$d^2H = \frac{592 B\xi q}{M}\chi(\tau)d\tau e^{-\lambda_e(t-\tau)}dt \text{ rem}$$

이다. 개인의 수명기간에 걸친 총 선량은 다음과 같다.

$$dH = \frac{592 B\xi q}{M}\chi(\tau)d\tau \int_{\tau}^{\infty} e^{-\lambda_e(t-\tau)}dt = \frac{592 B\xi q}{M\lambda_e}\chi(\tau)d\tau \text{ rem} \tag{11.65}$$

총 $B\int \chi(\tau)d\tau$ 퀴리의 방사성 핵종 흡입에 의한 선량예탁은 간단하게

$$H = \frac{592 B\xi q}{M\lambda_e}\int_{\tau}^{\infty}\chi(\tau)d\tau \tag{11.66}$$

이고, 여기에서 적분은 흡입 기간에 걸쳐 수행된다.

선량예탁계수(*dose-commitment factor*) C_{dc}는 단위 흡입(또는 섭취) 방사능당 선량예탁이다. 이는, 식 (11.65) 또는 (11.66)에서

$$C_{dc} = \frac{592\xi q}{M\lambda_e} \tag{11.67}$$

이 계수 또한 다양한 인체 기관과 대부분의 방사성 핵종에 대해 표로 정리되어 왔다(참고문헌 참조).

식 (11.66)에서 방사성 핵종 흡입(섭취의 경우도 동일)으로 인한 선량예탁이 체내에 들어온 방사성 핵종의 총량에만 좌우되고 흡입 기간에는 무관하다는 것을 주목하라. 1초간 흡입한 1퀴리는 1년간 흡입한 1퀴리와 같은 선량을 부가한다.[19]

지표 침적 방사성 핵종의 선량

중대한 원자력 발전소 사고에 이은 플룸에 의해 지표면에 침적된 방사성 핵종으로부터 상당한 선량을 받을 수 있다. 격납건물 손상을 동반한 노심 용융 사고에서 대피하지 않는 경우, 대중이 받는 총 선량의 약 80%가 발전소에서 누출되어 넓은 영역에 걸쳐 지표에 떨어진 ^{137}Cs ($T_{1/2}$ = 30.17년) 때문이라고 예측되어 왔다. 지표 침적 방사성 핵종의 계산에서는, 감마선 선량만을 고려하는 것이 보통이다. 베타선은 일반적으로 그에 대응하는 감마선에 비해 매우 작은 피부 선량만을 부가하기 때문에 종종 무시된다.

붕괴당 E MeV의 에너지를 갖는 하나의 감마선을 방출하는 밀도 S Ci/m^{2}의 방사성 핵종을 포함하는 무한 평면을 생각해 보자. 반경 z이고 두께 dz인 고리에 위치하는 선원으로부터 그림 11.16의 P 지점에서의 누증 선속은 다음과 같다.

$$d\phi_{\gamma b} = \frac{3.7\times 10^{10}\ S\times 10^{-4}\times 2\pi z dz}{4\pi r^2} B_p(\mu r)e^{-\mu r} \tag{11.68}$$

---

19 NRC는 선량예탁계수를 계산함에 있어, 방사성 핵종의 1년간 흡입을 시작으로 해서 무한 시간이 아니라, 50이라는 기간을 사용한다. 이것은 식 (11.65)를 이용하여 방사선학 및 생물학적 장수명 핵종에 대해 계산된 계수보다 약간 작은 선량예탁을 나타냈다. 또한 유아와 어린이에 대한 선량예탁 계산에서 개인의 성장에 따른 인체 기관 크기와 호흡률의 변화를 고려하는 것이 필요하다.

여기서 계수 10^{-4}를 곱한 이유는 감마선속 단위는 cm^{-2}인데 S의 단위는 m^{-2}이기 때문이다. x가 관측 지점의 높이일 때[20], $r^2 = x^2 + z^2$이므로 $zdz = rdr$이고 식 (11.68)은

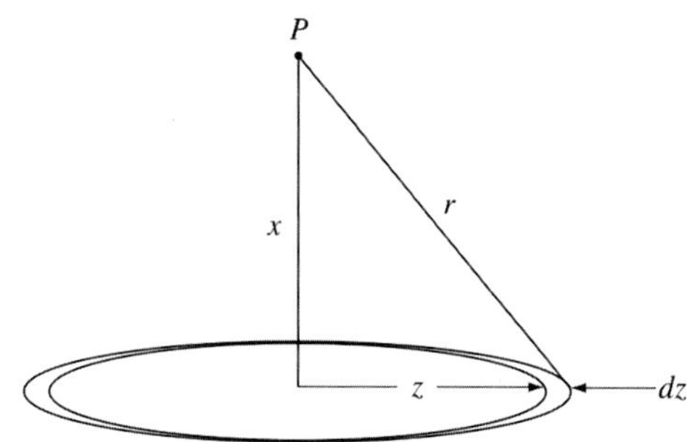

그림 11.16 지표 방출원에 의한 선량 계산을 위한 도식

$$d\phi_{\gamma b} = 1.85 \times 10^6\, S \frac{B_p(\mu r)c^{-\mu r}}{r} dr$$

가 되므로, 총 누증 감마선속은 다음과 같다.

$$\phi_{\gamma b} = 1.85 \times 10^6\, S \int_x^\infty \frac{B_p(\mu r)e^{-\mu r}}{r} dr \tag{11.69}$$

연습문제 11.9로부터 베르거 전개식을 도입하면, 누증 감마선속은

$$B_p(\mu r) = 1 + C\mu r e^{-\beta_\mu r}$$

이고, 여기에서 C와 β는 표 11.16에 주어져 있다. 이를 식 (11.69)에 대입하면

$$\phi_{\gamma b} = 1.85 \times 10^6\, S \left[\int_x^\infty \frac{e^{-\mu r}}{r} dr + C\mu \int_x^\infty e^{-(1-\beta)\mu r} dr \right]$$

처음의 적분은 E_1 함수(10.2절 참조)로 나타낼 수 있고, 두 번째는 직접 적분할 수 있다. 그 결과

---

20 NRC는 지표 선량을 계산하는 데 높이 $x = 1$ m를 적용하는데, 이는 생식선 선량 계산에는 약간 높고 전신 선량 계산에는 적합한 편이다.

$$\phi_{\gamma b} = 1.85\times 10^6 S\left[E_1(\mu x) + \frac{C}{1-\beta}e^{-(1-\beta)\mu x}\right] \tag{11.70}$$

식 (11.70)을 식 (11.40)에 대입하면 피폭률은

$$\dot{X} = 3.39\times 10^{-2} SE(\mu_a/\rho)^{\text{air}}\left[E_1(\mu x) + \frac{C}{1-\beta}e^{-(1-\beta)\mu x}\right]\ \text{R/sec} \tag{11.71}$$

이고, 항상 그렇듯이 $\dot{X} \simeq \dot{H}$ 이다.

대부분의 문제에서 μx은 1보다 매우 작다. 그러면 $\dot{X}$ 또는 $\dot{H}$ 의 계산은 다음의 전개식을 사용하여 단순화될 수 있다.

$$E_1(x) = -\gamma + \ln\left(\frac{1}{x}\right) + x - \frac{x^2}{4} + \frac{x^3}{18} - \cdots \tag{11.72}$$

여기에서 γ = 0.57722는 *오일러상수(Euler's constant)*이다. 선량률 환산인자(즉, 식 11.71의 S에 곱해지는 값)는 본 장 말미에 있는 참고문헌에 표로 정리되어 있다.

예제 11.6

높이 1 m에서 ^{137}Cs에 의한 지표 피폭의 감마선 선량 환산인자를 계산하라. [주: ^{137}Cs의 반감기는 30.2년이고 ^{137}Cs는 붕괴의 93.5%에서 0.66 MeV의 에너지를 갖는 단 하나의 감마선을 방출한다.]

풀이

표 II.5의 내삽을 통하여 $(\mu_a/\rho)^{\text{air}} = 0.0294\ \text{cm}^2/\text{g}$. 표 II.4에서 $(\mu/\rho)^{\text{air}} = 0.0775$와 $\mu = 0.775\times 1.293\times 10^{-3} = 1.00\times 10^{-4}\ \text{cm}^{-1}$를 얻는다. 따라서 $\mu x = 0.0100$이고 이것은 1보다 매우 작다. 식 (11.72)에서

$$E_1(0.91) = -0.577 + \ln 100 + 0.01 - \cdots = 4.04$$

표 11.16에서 $C = 1.41$, $\beta = 0.0857$인 것을 사용하면, 바로 아래와 같이 된다.

$$\begin{aligned}\frac{\dot{H}}{S} &= 3.39\times 10^{-2}\times 0.66\times 0.0294\left[4.04 + \frac{1.41}{0.914}e^{-0.00914}\right]\\ &= 3.66\times 10^{-3}\text{rem/sec per Ci/m}^2\\ &= 13.2\ \text{rem/hr per Ci/m}^2\end{aligned}$$

[주: 분배비(branching ratio) 때문에 실제 퀴리수는 $S = 0.035$이다.]

격납건물로부터의 누설

원자로 사고에서 방사성 핵종, 특히 기체형 핵분열 생성물은 우선 격납건물 내로 방출되고 이어서 대기로 누설될 수 있다. 무엇보다 이러한 누설에 의한 기체 플룸의 크기는 누설률에 좌우된다.

건물로부터의 누설률은 하루당 누설되는 건물 내 기체의 퍼센트로 정의된다. 적합하게 튼튼한 격납건물은 하루 동안의 누설은 그 내부 기체의 0.1%보다 작을 것이다. 이제 어떤 사고에서 *안정한* 핵분열 생성물이 C_0 단위만큼 격납건물로 방출된다고 하고, 시간 t에 격납건물 내에 남아 있는 핵종의 양을 C라고 하자. 그러면 C는 다음의 식으로 결정된다.

$$\frac{dC}{dt} = -0.01pC \tag{11.73}$$

여기에서 p는 퍼센트 단위의 누설률이다. 식 (11.73)은 붕괴상수

$$\lambda_l = 0.01p \tag{11.74}$$

를 가지는 방사성 붕괴 방정식과 같으며, 이때 식 (11.73)의 해는 다음과 같다.

$$C = C_0 e^{-\lambda_l t} \tag{11.75}$$

만약 핵분열 생성물이 방사성이면

$$C = C_0 e^{-(\lambda + \lambda_l)t} \tag{11.76}$$

여기에서 λ는 방사성 붕괴상수이고 C와 C_0는 적절한 단위의 방사능이다.

λ_l이 붕괴상수와 등가이므로 건물로부터의 핵분열 생성물의 누설률은

$$Q' = \lambda_l C = \lambda_l C_0 e^{-\lambda_c t} \tag{11.77}$$

이고, 여기에서

$$\lambda_c = \lambda + \lambda_l \tag{11.78}$$

은 건물 내 핵분열 생성물의 총 붕괴상수이다.

식 (11.77)은 11.4절에서 도출한 유출물 분산에서의 선원항이다. 지표면 방출에 대하여 식 (11.16)은 다음과 같다.

$$\chi = \frac{\lambda_l C_0 e^{-\lambda_c t}}{\pi \bar{v} \sigma_y \sigma_z} \tag{11.79}$$

여기에서 플룸으로부터의 침적과 격납건물에 의한 소용돌이 효과(wake effect)는 무시되었다.

식 (11.79)에 의해 주어지는 플룸 내에 시간 t_0 동안 서 있는 사람의 총 외부선량은 식 (11.54)의 미분으로 계산된다. 감마선에 대해 선량은 아래와 같고,

$$H = 0.262 \bar{E}_\gamma \int_0^{t_0} \chi dt$$

여기에 χ를 대입하면,

$$H = \frac{0.262 \bar{E}_\gamma \lambda_l C_0}{\pi \bar{v} \sigma_y \sigma_z \lambda_c} \left(1 - e^{-\lambda_c t_0}\right) \text{ rem} \tag{11.80}$$

$\lambda_c t_0 \ll 1$일 때, 식 (11.80)의 지수함수는 베르거 전개하면 다음으로 된다.

$$H = \frac{0.262 \bar{E}_\gamma \lambda_l C_0 t_0}{\pi \bar{v} \sigma_y \sigma_z} \text{ rem} \tag{11.81}$$

만약 이 사람이 무한 시간 동안 플룸 내에 서 있다면 $t_0 = \infty$이고 식 (11.80)은 다음과 같아진다.

$$H = \frac{0.262 \bar{E}_\gamma \lambda_l C_0}{\pi \bar{v} \sigma_y \sigma_z \lambda_c} \text{ rem} \tag{11.82}$$

시간 t_0 동안 플룸 내에 서 있은 후의 인체 내부 기관의 선량률은 식 (11.79)를 식 (11.61)에 대입하여 얻어진다.

$$\dot{H} = \frac{592 B \xi q \lambda_l C_0}{\pi \bar{v} \sigma_y \sigma_z M} \int_0^{t_0} e^{-\lambda_c \tau} \times e^{-\lambda_e (t_0 - \tau)} d\tau$$

$$= \frac{592 B\xi q \lambda_l C_0}{\pi \bar{v} \sigma_y \sigma_z M(\lambda_c - \lambda_e)} (e^{-\lambda_e t_0} - e^{-\lambda_c t_0}) \text{ rem/sec} \tag{11.83}$$

만약, $\lambda_a t_0 \ll 1$과 $\lambda_c t_0 \ll 1$이 모두 만족되면, 식 (11.83)은 다음과 같아진다.

$$\dot{H} = \frac{592 B\xi q \lambda_l C_0 t_0}{\pi \bar{v} \sigma_y \sigma_z M} \text{ rem/sec}$$

최종적으로, t_0까지의 흡입에 대한 선량예탁은 식 (11.79)를 식 (11.54)에 대입하고 적분하여 얻을 수 있다.

$$H = \frac{592 B\xi q \lambda_l C_0}{\pi \bar{v} \sigma_y \sigma_z M \lambda_e \lambda_c} (1 - e^{-\lambda_c t_0}) \text{ rem} \tag{11.85}$$

$\lambda t_0 \ll 1$일 때, 이 식은

$$H = \frac{592 B\xi q \lambda_l C_0 t_0}{\pi \bar{v} \sigma_y \sigma_z M \lambda_e} \text{ rem} \tag{11.86}$$

이 된다. 그리고 $\lambda_l t_0$ 또는 $\lambda t_0 \gg 1$일 때,

$$H = \frac{592 B\xi q \lambda_l C_0}{\pi \bar{v} \sigma_y \sigma_z M \lambda_e \lambda_c} \text{ rem} \tag{11.87}$$

이 된다.

앞선 계산에서 주어진 흡입 기간 t_0 동안 인체 기관이 받은 선량의 계산은 생략되었음을 주목하라. 수술을 받거나 사망하지 않는다면, 인체 기관은 시간 t_0를 지나서 어떤 경우라도 총 선량예탁을 받게 될 것이므로, 이러한 계산이 중요하지 않기 때문이다.

예제 11.7

1,000 MW 원자로의 사고에서 6.25×10^6 Ci의 ^{135}I (평형 방사능의 25%)가 하루 0.1% 의 누설률을 갖는 격납용기 건물로 방출되었다. 사고 후 처음 2시간 동안 원자로 건물로부터 2,000 m 떨어진 곳에 서 있는 사람에 대한 다음의 선량을 계산하라. ^{131}I은 F 타입의 분산 조건 하에서 풍속 1 m/sec인 지표면에 방출된다고 가정한다.

(a) 총 외부 감마선 선량 (b) 2시간 후의 갑상선에서의 선량률

(c) 갑상선에 대한 선량예탁

풀이

1. 식 (11.74)로부터

$$\lambda_l = 0.01 \times 0.1 = 10^{-3}\ \mathrm{day}^{-1} = 10^{-3}/86{,}400 = 1.16 \times 10^{-8}\ \mathrm{sec}^{-1}$$

예제 11.5에서 방사성 붕괴상수는 $9.98 \times 10^{-7}\ \mathrm{sec}^{-1}$이다. 식 (11.78)을 사용하면

$$\lambda_c = 9.98 \times 10^{-7} + 1.16 \times 10^{-8} = 1.00 \times 10^{-6}\ \mathrm{sec}^{-1}$$

그리고

$$\lambda_c t_0 = 1.00 \times 10^{-6} \times 2 \times 3{,}600 = 7.2 \times 10^{-3}$$

인데, 이 값은 1보다 매우 작다. 따라서 식 (11.81)을 사용한다. 적절한 값을 대입하면,

$$H = \frac{0.262 \times 0.371 \times 1.16 \times 10^{-8} \times 3.25 \times 10^{6} \times 2 \times 3600}{\pi \times 1 \times 70 \times 21} = 1.10 \times 10^{-2}\ \mathrm{rem}$$

2. 식 (11.84)를 이 경우에 사용한다. 예제 11.5의 값과 자료를 사용하면

$$\dot{H} = \frac{592 \times 2.32 \times 10^{-4} \times 0.23 \times 1.16 \times 10^{-8} \times 6.25 \times 10^{6} \times 2 \times 3600}{\pi \times 1 \times 70 \times 21 \times 20}$$

$$= 4.11 \times 10^{-5}\ \mathrm{rem/sec} = 148\ \mathrm{mrem/hr}$$

3. 선량예탁은 식 (11.87)로 주어지며, 이것은 단순하게 2시간에서의 선량률을 λ_e로 나눈 것이다. 예제 11.5에서 $\lambda_e = 1.06 \times 10^{-6}\ \mathrm{sec}^{-1}$이므로,

$$H = \frac{4.11 \times 10^{-5}}{1.06 \times 10^{-6}} = 38.8\ \mathrm{rem}$$

이 예제는 ^{131}I의 감마선 전신 선량이 무시할 만하다는 것을 보여 준다. 갑상선에 대한 선량예탁은 단 2시간 만에 이미 상당하다.

직접 감마선 선량

원자로 건물 내에서 방출되는 감마선으로부터의 피폭률은 건물을 점 선원으로 간주하여 근사할 수 있다. 만약 건물에 의한 차폐가 무시된다면 피폭률은 식 (11.40)으로 주어지고, 누증 감마선속은 다음과 같다.

$$\phi_{\gamma b} = \frac{SB_p(\mu r)e^{-\mu r}}{4\pi r^2} \tag{11.88}$$

여기에서 S는 초당 방출되는 감마선의 수이고, $B_p(\mu r)$는 공기에 대한 점 누증계수(point buildup factor)이다(연습문제 11.9 참조). 식 (11.88)을 식 (11.40)에 대입하면,

$$\dot{X} = 1.46 \times 10^{-9} SE\left(\frac{\mu_a}{\rho}\right)^{\text{air}} \frac{B_p(\mu r)e^{-\mu r}}{r^2} \ \text{R/sec} \tag{11.89}$$

이고, 앞서 언급한 대로 $\dot{H} \simeq \dot{X}$ 이다.

만약 직접선량이 사고에서 건물 내부로 방출된 방사성 핵종에 의해 방출되는 감마선에서 발생한다면, 식 (11.89)의 인자 S는 다음과 같이 주어진다.

$$S = 3.7 \times 10^{10} C_0 e^{-\lambda_c t} \tag{11.90}$$

여기에서 C_0는 총 퀴리수이고 λ_c는 누설을 포함하는 붕괴상수(식 11.78 참조), t는 사고 이후의 시간이다. 시간 t_0까지 받은 총 직접선량은 식 (11.90)을 식 (11.89)에 대입하고 $t=0$에서 $t=t_0$까지 적분하면 얻어진다.

$$H \simeq X = \frac{54.0\,C_0}{\lambda_c}(1-e^{-\lambda_c t_0})E\left(\frac{\mu a}{\rho}\right)^{\text{air}} \frac{B_p(\mu r)e^{-\mu r}}{r^2} \ \text{rem} \tag{11.91}$$

이 식에서 C_0는 Ci, λ_c는 sec^{-1}, t_0는 sec, μ는 cm^{-1}, r은 cm, E는 MeV, 그리고 $(\mu_{a/\rho})^{\text{air}}$는 cm^2/g의 단위를 갖는다.

원자로 건물에 의한 차폐는 제10장의 적절한 내용을 사용하여 고려할 수 있다. 예를 들어, 만약 건물이 콘크리트이고 두께가 a cm라면, 다음의 인자를 식 (11.89)와 (11.91)에 곱해야만 한다.

$$B_{pc}(\mu_c a)e^{-\mu_c a}$$

여기에서 $B_{pc}(\mu_c a)$는 표 10.3에 주어진 변수를 이용하여 계산된 콘크리트에 대한 누증계수이다.

예제 11.8

기체형 핵분열 생성물 ^{88}Kr ($T_{1/2} = 2.79$시간)은 여러 감마선을 방출한다. 이 중 가장 중요한 것은 2.40 MeV의 에너지를 갖고 붕괴의 약 40%에서 방출된다. 사고 시에 ^{88}Kr이 3×10^7 Ci만큼 0.1%/day의 누설률을 갖는 원자로 건물에 방출되었다. 건물로부터 1,000 m의 거리에서 2.40 MeV 감마선에 의한 2시간 직접선량을 구하라.

풀이

감마선이 방출되는 유효 퀴리는

$$C_0 = 3 \times 10^7 \times 0.40 = 1.2 \times 10^7 \text{Ci}$$

^{88}Kr의 붕괴상수는

$$\lambda = 0.693/2.79 \times 3600 = 6.90 \times 10^{-5} \text{ sec}^{-1}$$

예제 11.7에서 $\lambda_l = 1.16 \times 10^{-8}$ sec^{-1}이므로, 식 (11.78)에서

$$\lambda_c = 6.90 \times 10^{-5} + 1.16 \times 10^{-8} \simeq 6.90 \times 10^{-5} \text{ sec}^{-1}$$

이것은 이러한 짧은 수명 핵종의 경우, 누설에 의한 건물 내 농도 감소는 무시할 수 있음을 보여준다.

2.40 MeV에 대한 표 II.4에서 $\mu = 5.30 \times 10^{-5}$ cm^{-1}, $\mu r = 5.3$. 연습문제 11.9를 사용하면, $B_p(\mu r) = 4.7$. 또한 표 II.5에서 $(\mu_a/\rho)^{\text{air}} = 0.0227$ cm^2/g. 이 값들을 $t_0 = 2$ hr $= 7{,}200$ sec와 함께 식 (11.91)에 대입하면,

$$\begin{aligned} H &= \frac{54.0 \times 1.2 \times 10^7}{6.90 \times 10^{-5}}(1 - e^{-6.90 \times 10^{-5} \times 7{,}200}) \times 2.40 \times 0.0227 \times \frac{4.7 \times e^{-5.3}}{(10^5)^2} \\ &= 0.468 \text{ rem} \end{aligned}$$

집단선량

여기까지는 개인에 대한 선량만을 고려하였다. 일상적이거나 사고로 인한 원자력 발전소에서의 방사선 누출이 주변 대중에 주는 전반적인 영향을 평가하기 위해서는 총 *집단선량* (*population dose*)을 계산하는 것이 보통이다. 이것은 어떤 선량에 그러한 선량을 받는 사람 수를 곱한 값들을 합한 것이다. *집단선량*의 단위는 당연히 person · rem이다. 만약 1,000명의 사람 중에 500명이 1 rem에 피폭되고 나머지는 2 rem을 받았다면 집단선량은

단순하게 다음과 같이 구해진다.

$$H_{\text{pop}} = 500 \times 1 + 500 \times 2 = 1{,}500 \text{ person} \cdot \text{rem}$$

H_{pop}의 일반적인 식을 얻기 위해서, 우선 발전소에서 거리 r에 있는 개인이 플룸으로부터의 외부피폭, 지표면에 침적되어 있는 방사성 핵종에 의한 외부피폭, 또는 흡입된 방사성 핵종으로부터의 총 선량은 다음과 같다는 것을 기억하라.

$$H(r) = C\chi_T(r) \tag{11.92}$$

여기에서 C는 적절한 선량 환산인자이고 $\chi_T(r)$은 반경 r 내에서 방사성 핵종 농도의 피폭 기간 동안의 적분이다. 직접 피폭은 발전소 근방에서만 중요하기 때문에 일반 대중에 대해서는 직접 피폭의 영향을 계산하는 것은 필요하지 않다. 따라서 식 (11.92)는 모든 관련 피폭들을 포함한다.

특히 장거리에서의 집단선량은 앞선 절에서 설명한 쐐기모델을 사용하여 가장 잘 계산할 수 있다. 그림 11.14에서 만약 $P(r)$이 반경 r에서의 인구 밀도이면, r과 $r+dr$ 사이에 거주하는 사람의 수는 $P(r)r\theta dr$이다. 만약 이 사람들이 $H(r)$의 선량을 받는다면, R_1과 R_2 사이의 집단선량은

$$H_{\text{pop}} = \int_{R_1}^{R_2} H(r)P(r)r\theta dr = C\int_{R_1}^{R_2} \chi_T(r)P(r)r\theta dr \tag{11.93}$$

총 Q 단위의 방사능 누출과 이러한 계산에서 매우 중요한 침적과 이동 과정의 붕괴를 고려하면, $\chi_T(r)$은 다음과 같이 주어진다.

$$\chi_T(r) = \frac{Q}{ar\theta\bar{v}} e^{-(\Lambda+\lambda/\bar{v})r} \tag{11.94}$$

이 식을 식 (11.93)에 대입하면

$$H_{\text{pop}} = \frac{CQ}{a\bar{v}} \int_{R_1}^{R_2} P(r) e^{-(\Lambda+\lambda/\bar{v})r} dr \tag{11.95}$$

P가 대략 상수인 특별한 경우에 대해서,

$$H_{\text{pop}} = \frac{CQ}{a\bar{v}\left(\Lambda + \frac{l}{\bar{v}}\right)}\left[e^{-(\Lambda+\lambda/\bar{v})R_1} - e^{-(\Lambda+\lambda/\bar{v})R_2}\right] \tag{11.96}$$

쐐기의 각도 θ는 식 (11.95)와 (11.96)에 나타나지 않는다. 이것은 θ의 증가가 피폭된 사람 수는 증가시키지만 인당 선량을 감소시켜 결국 같은 결과를 나타내기 때문이다.

»»» 11.6 원자로 부지

원자로 사고가 대중에 끼치는 결과에 원자로의 위치가 관련이 있음은 자명하다. 인구밀집 지역에 위치한 원자로 사고는 외진 곳에서의 같은 사고보다 대중에게 더욱 영향을 미칠 수 있다. 다른 산업시설과 같이 원자력 발전소는 국지적 환경에 일부분 영향을 끼치는 것을 피할 수는 없다. 이러한 이유로 부지 선정은 원자력 발전소의 설계와 허가에 있어서 중요한 고려사항이다.

신규 원자로의 허가 신청에 있어서 신청자는 발전소가 대중의 보건과 안전에 과도한 위험을 주지 않고 환경에 최소한의 영향을 주면서 제안된 부지에 건설되고 운전될 수 있다는 것을 NRC에 보여 주어야 한다. 더욱이 제안된 부지가 다수의 대체 부지 중 가장 타당한 곳임을 보여야 한다. 본 장은 원자로 부지 선정의 *안전* 관점과 관련되어 있다. 부지 선정과 *환경* 문제들의 관계에 대해서는 11.9절에서 논한다.

NRC는 제안된 원자로 부지의 적합성 평가에서 네 가지 요소를 고려한다.[21] 우선 NRC는 원자로 자체, 그 설계 특성, 그리고 제안된 운전 모드를 고려한다. 예상되는 방사능 총량과, 원자로가 어느 정도로 방사능 누출을 방지하고 그 결과를 완화하도록 설계되어 있는지에 특별한 관심을 둔다. 만약 원자로가 이전 기술보다 크게 벗어나 있거나 경험이 없

---

21 원자로 부지 기준과 관련된 NRC의 규정은 10CFR100이다. 이 Part의 규정은 동력용 원자로와 실험용 원자로(일반적으로 이야기하면 10 MW 이상의 출력으로 운전되는 연구용 원자로)에 적용된다. 연구용 원자로의 부지 선정에 대하여 NRC는 Title 10의 일반 규정들, 1954년 원자력에너지법의 적절한 부분들, 그리고 축적된 법원의 결정들을 기준으로 사용한다. 또한 Regulatory Guide 4.7인 "General Site Suitability Criteria for Nuclear Power Stations"도 참고하라.

는 설계를 가지고 있다면, 충분한 안전 여유도를 확보하기 위하여 특별한 부지 요구사항이 고려될 수 있다.

두 번째로, NRC 평가에서는 부지 주변 내 인구 밀도와 특성 이용의 타당성을 고려한다. 이것은 연관 사항이며 나중에 논의할 것이다.

세 번째로 NRC는 부지의 물리적 특성을 고려한다. 이것은 그 부지의 지진학, 기상학, 지질학, 수문학을 포함한다. 이 각각의 주제들은 본 절 후반부에 논의한다.

마지막으로 부지의 인구 밀도나 물리적 특성이 원자로의 위치로 적절하지 않고 신청자가 적절한 공학적 안전조치로 이를 피해 가고자 제안하는 경우, NRC는 이러한 안전조치들의 적절성을 평가할 것이다. 기사용 중인 공항의 활주로 끝 근처를 원자력 발전소 부지로 잡고자 한다고 가정해 보자. 비행기 충돌 확률이 어떤 최솟값 이상이면 이러한 부지는 허용되지 않는다. 만약 사업자가 구조물을 강하하는 형태로 이러한 충돌에 대비하여 발전소를 강하게 만든다면 부지는 허용될 수도 있다. 쓰리마일아일랜드 원자로가 이와 같이 운영 중인 공항 근처에 위치한다. 원자로의 설계와 건설은 발전소의 구조물과 제어계통을 강화하는 고유한 안전 특성을 채용한다.

인구 고려사항

제안된 원자로 부지의 평가와 대체 가능한 부지들과의 비교를 위하여, NRC는 다음과 같이 원자로 주변의 두 구역을 정의하였다(10CFR100.3).

1. *제한구역*(*exclusion area* 또는 *exclusion zone*)은 "원자로 허가 소지자가 이 구역으로부터의 인적/물적 차단을 포함하는 모든 활동을 결정할 수 있는 권한을 갖는 원자로를 둘러싸는 영역이다. … 제한구역의 거주는 일반적으로는 금지되어야 한다. 어떠한 경우에도 거주자들은 이주가 불가피할 수 있다. …"
2. *저인구 지대*(*low-population zone, LPZ*)는 "거주자들을 포함해 제한구역을 인접해 둘러싼 지역으로서, 심각한 사고가 발생하는 경우 그 거주민들의 인구 수와 밀도가 그들을 위해 적절한 보호 수단을 적절히 취할 수 있는 확률을 가져야 한다. …"

요약하자면, 제한구역은 일반적으로 원자로 허가 소지자에 귀속되는 부지의 일부로, 장벽을 칠 수 있고 시설의 운영과 무관한 사람들을 소개할 수 있는 구역이다. LPZ는 필요

시 쉽게 대피할 수 있는 적은 수의 인원을 포함하는 주변 구역이다.

이 두 구역의 경계는 핵분열 생성물의 대량 누출을 동반하는 심각한 원자로 가상 사고의 결과로 정의된다. 10CFR100을 인용하면:

"(1) 제한구역은, 그 경계에 위치한 개인이, 정해진 핵분열 생성물 누출 시작 후 2시간 동안의 총 방사선량이 전신의 경우 25 rem 또는 갑상선의 요오드 피폭의 경우 300 rem을 초과하지 않는 크기의 구역이다."

"(2) 저인구지대는 그 외부 경계에 위치하고 정해진 핵분열 생성물 누출에 의한 방사성 구름에 노출된 개인의 (전 구름 통과 시간 동안) 총 방사선량이 전신의 경우 25 rem 또는 갑상선의 요오드 피폭의 경우 300 rem을 초과하지 않는 크기의 구역이다."

25 rem과 300 rem의 선량이 일반적으로 비상시 피폭에 대한 NCRP의 지침 내에 있지만, NRC가 사고 시에 대중에 대하여 어떠한 방식으로든 허용 가능 선량이 있다는 것을 시사하지는 않는다는 것에 주목해야 한다. 이들 값들은 단지 원자로 부지의 평가에 대한 지침으로 사용된다. 다음 절에서 알게 되겠지만, 원자로 사고들에 대한 실질적인 평가로부터 예측되는 선량은 매우 적다.

부지 평가에 추가로 도움을 주기 위해, NRC는 *인구중심지거리*(*population center distance*)를 정의한다. 이것은 "원자로로부터 25,000명 이상의 거주민을 포함하는 인구밀집 중심의 가장 가까운 경계까지의 거리"로 정의된다.

NRC의 결정이 어떤 특정 부지의 허용성과 관련되는지를 구체적으로 예측하기는 불가능하다. 이러한 결정은 관여된 사람들 중 일부에 대한 다수의 판단들과 자연스럽게 연관되어 있다. 일반적으로 말해, NRC는 요구되는 크기의 제한구역을 신청자가 제공할 수 없는 부지는 허용하지 않는다. 또한 보통 NRC는 LPZ 반경의 1.33배 이상의 인구중심지거리를 요구한다. 두 개의 비슷한 부지의 평가에서, NRC는 보통 LPZ 내에 거주민이 적은 부지를 허용하려 했다. 따라서 NRC는 관여된 사람들이 가능하면 더 적은 원자로 부지 선정을 강하게 장려하는 행동을 취해 왔다.[22] 이것은 대중이 받는 총 man-rem을 가능한 한 낮게 유지하려는 정책과도 일치한다. LPZ 내의 인구 특성도 고려해야 하는데, 이는 주민

22 동력용 원자로의 부지 선정 역사에는 신청자가 인구 밀도 고려사항 때문에 부지 위치를 포기하거나 옮겨야 했던 몇몇 사례가 있다.

이 얼마나 쉽게 대피할 수 있는가와 관련되기 때문이다.

제한구역과 LPZ의 크기는 발전소에서 고려되는 가상적인 심각 사고에 의하여 결정된다. 이 사고는 상당량의 기체 및 휘발성 핵분열 생성물이 격납건물로 방출되고 격납건물 구조의 특성에 따라 결정되는 규정된 비율로 환경으로 누출되는 것을 가정한다. 현재까지 격납건물로 방출되는 것으로 가정되는 방사능의 분율은 특정 사고 경위의 분석에 근거하기보다는 임의로 정의되어 왔다. 그러나 다양한 사고 경위에서의 실제 방출을 계산하는 기술이 최근 들어 크게 향상되었다. NRC는 최근에 보다 사실적인 기준에 근거한 대체 선원항의 사용을 허가하는 Regulatory Guide 1.183을 발표하였다.

제한구역과 LPZ의 반경 계산에 사용하는 가정들은 Regulatory Guide 1.3 (BWR에 대해서)과 1.4 (PWR에 대해서)에 들어 있다.[23] 이들을 요약하면 다음과 같다.

1. 최장 수명 핵종을 제외한 핵분열 생성물의 방사능이 평형상태에 도달할 만큼, 원자로는 사고 이전에 충분히 오랜 시간 전출력(full power)으로 운전되어 왔다.
2. 사고에 의하여 요오드 총량의 25% (91%는 기본 형태, 5%는 입자, 4%는 유기 요오드화물)와 불활성 기체 총량의 100%가 원자로 건물(격납건물)로 방출된다.[24]
3. 격납건물 내 공기 중 방사능을 낮추는 격납건물 살수와 재순환필터계통이 설치된 경우 그 효과는 고려된다. (이에 대해서는 11.7절에서 심층 논의된다.)
4. 격납건물 내의 기체는 구조물의 특성에 따른 누설률로 누출된다.
5. 격납건물 내의 기체는 격납건물로부터 지표면 높이에서 방출되고 초기 8시간 동안 풍속 1 m/s로 파스퀼 F 조건 하에서 분산된다. 8시간 후 이 기체는 여러 조건들과 풍속들의 혼합된 규정치들에 따라 분산되는 것으로 한다.
6. 지표면상 침적으로 인해 (유출물) 구름이 고갈되지는 않는다.
7. 핵분열 생성물은 대기 이동 중에는 붕괴하지 않는다.

---

23 10CFR100은 여전히 제한구역과 LPZ의 계산 지침으로 1962년의 TID-14844 보고서(본 장 말미의 참고문헌 참조)를 참고하고 있다. 하지만, LOCA 및 1997년 이후 건설 원자로의 최신 규정의 더 상세 가정들이 포함된 Regulatory Guide들이 이 보고서를 대체해 왔다.

24 대부분 메틸 요오드화물인 유기 요오드화물은 요오드와 격납건물 내의 오일, 윤활제 및 기타 유기물과의 반응에 의해 형성된다. 이들은 건물 내에서 세정되거나 석출되지 않는다.

앞 절에서 논의한 방법에 따른 유출물 구름으로부터 인체에 대한 외부 및 내부 선량과 격납건물 내 핵종으로부터의 직접선량을 계산하는 데 이러한 가정들이 사용된다. 보통 요오드에 의한 갑상선 내부선량이 지배적인 피폭 방식이다.

이러한 계산을 위해, 우선 다양한 핵분열 생성물의 총량 결정이 필요하다. 원자로가 P MW로 운전되어 왔다고 가정하자. 만약 핵분열당 회복 가능한 에너지가 200 MeV이면, 원자로 내에서 매 초당 총 핵분열 수는

$$\text{Fission rate} = P\,\text{MW} \times \frac{10^6\,\text{joule}}{\text{MW-sec}} \times \frac{\text{fissions}}{200\,\text{MeV}} \times \frac{\text{MeV}}{1.60 \times 10^{-13}\,\text{joule}}$$
$$= 3.13 \times 10^{16} P \text{ fissions/sec}$$

만약 i번째 핵분열 생성물의 *누적수율*(*cumulative yield*)이 핵분열당 γ_i 원자라면[25], 이 핵종의 생성률은 다음과 같다.

$$\text{생성률} = 3.13 \times 10^{16} P\gamma_i \text{ atom/sec}$$

식 (2.30)에 따라 시간 t에서의 방사능은

$$\alpha_i = 3.13 \times 10^{16} P\gamma_i(1 - e^{-\lambda_i t}) \text{ disintegrations/sec}$$

이것을 퀴리로 나타내면[26]

$$\alpha_i = \frac{3.13 \times 10^{16} P\gamma_i}{3.7 \times 10^{10}}(1 - e^{-\lambda_i t}) = 8.46 \times 10^5 P\gamma_i(1 - e^{-\lambda_i t}) \text{ Ci} \tag{11.97}$$

만약 시간 t 내에 방사능이 포화된다면(즉, $\lambda_i t \gg 1$), 식 (11.97)은 다음과 같아진다.

$$\alpha_i = 8.46 \times 10^5 P\gamma_i \text{ Ci} \tag{11.98}$$

---

25 어떤 핵분열 생성물의 누적수율은 생성물 자체의 수율과 이것의 모든 단수명 선행핵(precursor) 수율의 합이다.

26 이 방정식은 이것이 중성자 흡수에 의한 제거 또는 중성자 에너지 스펙트럼 변화에 따른 수율의 변화를 고려하지 않고 있기 때문에 단지 근사적일 뿐이다.

표 11.4는 핵주기 마지막에서 전형적인 1,000 MWe 출력의 원자로에 대해 계산된 가장 중요한 불활성 기체들과 요오드 핵분열 생성물들의 총량을 제시한 것이다.

대기로 방출 가능한 핵분열 생성물의 양은 다음과 같이 구할 수 있다.

$$C_0 = 8.46 \times 10^5 F_p F_b P \gamma_i (1 - e^{\lambda_i t}) \mathrm{Ci} \tag{11.99}$$

여기에서 F_p는 핵연료에서 원자로 격납용기 내로 방출되는 방사성 핵종의 분율이고 F_b는 이들 중 공기 중에 부유상태로(air-borne) 있다가 건물 외부로 나갈 수 있는 핵종들의 분율이다.

표 11.4 핵주기 마지막에서 1,000 MWe 출력의 PWR 내 몇몇 휘발성 핵분열 생성물의 전형적인 노심내 총량*

핵종**	반감기†	핵분열 수율‡	Curie ($\times 10^8$)
^{85m}Kr	4.4 h	0.0133	0.24
^{85}Kr	10.76 y	0.00285	0.0056
^{87}Kr	76 m	0.0237	0.47
^{88}Kr	2.79 h	0.0364	0.68
^{133}Xe	5.27 d	0.0677	1.7
^{135}Xe	9.2 h	0.0672	0.34
^{131}I	8.04 d	0.0277	0.85
^{132}I	2.28 h	0.0413	1.2
^{133}I	20.8 h	0.0676	1.7
^{134}I	52.3 m	0.0718	1.9
^{135}I	6.7 h	0.0639	1.5

*출처: M. E. Meek and B. F. Rider "Compilation of Fission Product Yields," General Electric Company Report NED0-12154, 1972. "Reactor Safety Study" WASH 1400, 1975.

**위첨자 *m*은 이성(isomeric) 상태의 핵종을 의미한다(2.8 절 참조).

† m = minute, h = hour, d = day, y = year.

‡ 핵분열당 원자핵의 누적수율; 핵종의 수율과 선행핵의 누적수율의 합과 같다. 출처: M. E. Meek and B. F. Rider "Compilation of Fission Product Yields," General Electric Company Report NED0-12154, 1972.

예제 11.9

^{131}I의 핵분열 수율은 2.77%이다. 1,000 MWe (3,200 MW)으로 운전되는 원자로 내에서 이 핵종의 포화 방사능을 계산하라. 그리고 가정 3을 무시하고, 주어진 가정 하에서 노심 용융이 발생하였을 때 원자로 격납건물 내로 원소(elementary) 형태로 방출되는 방사능을 계산하라.

풀이

γ값은 0.0277이다. 식 (11.98)에서

$$\alpha_i = 8.46 \times 10^5 \times 3.2 \times 10^3 \times 0.0277 = 7.50 \times 10^7 \mathrm{Ci}$$

[*주*: 이것은 더욱 정확한 방법으로 얻어진 표 11.4의 값과 약간 다르다.]

가정 2로부터 $F_p = 0.25 \times 0.91 = 0.2275$이다. $F_b = 1$이라 하면,

$$C_0 = 7.50 \times 10^7 \times 0.2275 = 1.71 \times 10^7 \mathrm{Ci}$$

방사선의 선원을 알고 있으면 대중에 대한 방사선량을 계산할 수 있고 다음 방법으로 제한구역과 LPZ의 예상 반경을 평가할 수 있다. 우선, 예제 11.7에서 ^{131}I에 대해 했던 것과 정확히 동일하게, 1 MW로 운전되는 원자로로부터 거리의 함수로 모든 요오드(^{131}I부터 ^{135}I까지 모두)에 의한 2시간 갑상선 선량을 계산할 수 있다. 다음으로, 이미 규정된 300 rem을 계산된 선량으로 나눈다. 이 몫은 2시간 내에 300 rem의 선량을 받는 원자로 출력을 나타낸다. 예를 들어, 1 MW 원자로가 1,000 m에서 0.5 rem의 선량을 가한다면, 300/0.5 = 600 MW의 원자로에 의해서는 같은 지점에서 300 rem을 받을 것이다. 동일 절차를 여러 거리의 위치에 대해 반복하면, 갑상선 선량이 2시간 동안 300 rem이 되는 원자로 출력과 거리의 관계를 함수로 나타낸 그림 11.17과 같은 곡선을 얻게 된다.

건설허가 단계의 부지 고려사항으로서, 발전소 설계와 지역 기상조건의 불확실성을 수용하기 위해, 제한구역과 LPZ 정의에 사용되는 갑상선 선량 제한치는 300 rem이 아닌 150 rem이라는 것을 말해 둘 필요가 있다. 따라서 이 그림의 갑상선에 대한 곡선은 150 rem에 대해서도 계산된다. 그리고 대체 부지를 비교하는 데 도움을 주기 위해서, 관행적으로는 달리 정의된 선량값들에 대해서도 이러한 곡선들을 계산한다.

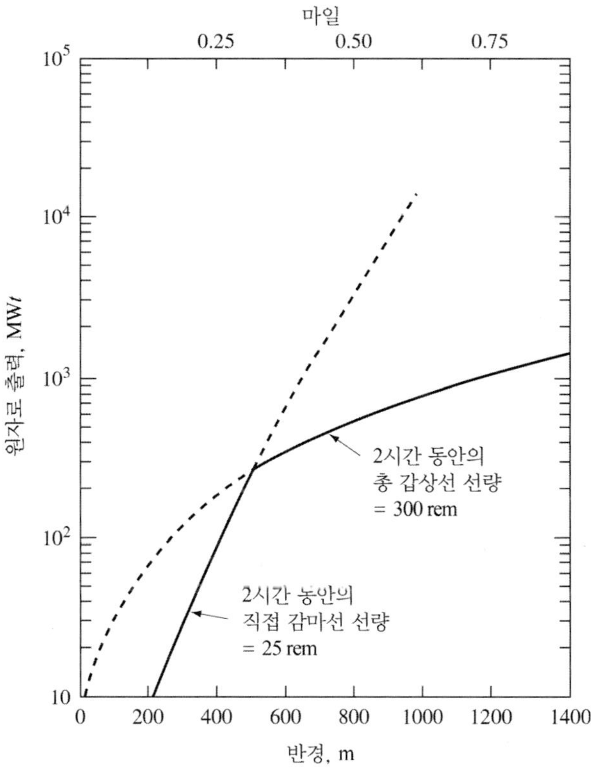

그림 11.17 제한구역 반경 결정(출처: J. J. DiNunno, et al., USAEC Report TID-14844, 1962)

또한, 1 MW 원자로에 대해 2시간 동안의 외부선량과 직접선량을 거리에 따라 계산하여 이를 25 rem으로 나누어 비율을 구한다. 원자로 건물 내부 혹은 외부로 방출되는 10여 가지 또는 아주 중요한 감마선 방출 핵분열 생성물에 대해서도 모두 이러한 많은 계산이 수행되어야 한다. 이 계산 결과들 또한 그림 11.17에 제시하였다.[27]

주어진 원자로 출력에 대하여 원자로로부터의 거리가 멀어짐에 따라 내부선량과 직접선량 모두 감소한다. 제한구역 거리는 원자로에서 *가장 먼 거리*에서 받는 내부선량 300 rem 또는 직접선량 25 rem이라는 규정 선량에 의해 결정된다. 그림에 나타낸 것과 같이, 직접선량은 약 300 MW 출력까지를 지배하며, 갑상선 선량은 그 이상을 지배한다.

---

27 그림 11.17의 기반이 된 계산에서 불활성 기체로부터의 외부선량은 무시되었다. 한편 이 계산에서는 제한구역 축소가 가능한 격납건물 차폐, 여과기들 및 살수의 효과를 포함하지 않고 있다.

LPZ 반경을 얻는 데에도 유사한 계산이 사용된다. 그 결과를 그림 11.18에 제시하였다. 이 정도 거리에서의 직접선량은 무시할 만하여 그림에는 포함하지 않았다.

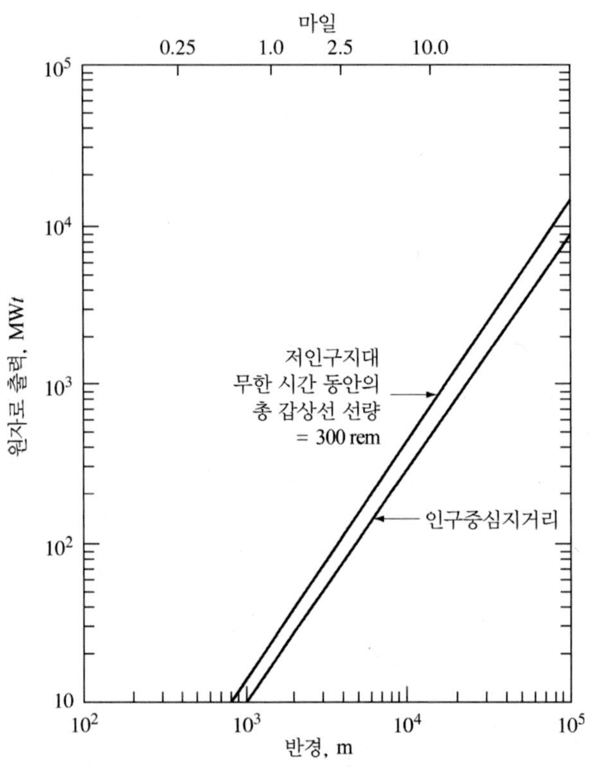

그림 11.18 인구지대 결정(출처: J. J. DiNunno, et al., USAEC Report TID-14844, 1962)

부지의 물리적 특성

원자력 발전소는 반드시 안전에 중요한 모든 구조물, 계통, 기기들이 안전기능 상실 없이 지진, 토네이도, 허리케인, 홍수, 그리고 기타 자연현상의 영향을 견딜 수 있도록 설계되고 건설되어야 한다. 제안된 부지 적합성을 판단함에 있어, 부지의 물리적 특성을 주의 깊게 고려해야 한다.

지진학(seismology)

지질학자들은 지구 표면이 *지질구조판*(*tectonic plates*)이라는 거대 구조로 구성되어 있다고 믿는다. 그림 11.19는 확인된 주요 지질구조판을 나타낸다. 이 판들은 지구 내부에 저장된 열로 인한 압력 작용에 의해 상대적으로 움직이게 된다. *단층*(*fault*)이라 불리는 판의 모서리는 거칠고 뾰족하기 때문에 이 판들의 움직임은 부드럽지 않다. 때때로, 단층을 따라 응력 에너지가 충분히 커지게 되면 판은 상대적으로 갑작스레 움직이고, 그 결과로 지진이 발생한다. 그림 11.19의 하얀 점들은 1961년에서 1969년 사이에 기록된 42,000번의 지진의 진원지를 보여 준다. 이들 대부분이 지질구조판 경계에서 발생함을 볼 수 있다.

지진의 *규모*(*magnitude*), 즉 방출 에너지의 총량은 *리히터 척도*(*Richter scale*)로 측정된다. erg로 주어지는 에너지 E는 지진 규모 M과 다음 경험식과 같은 관계를 가진다.

$$\log_{10} E = 11.4 + 1.5M \tag{11.100}$$

이것은 로그 스케일이고 에너지는 M의 증가에 따라 급격하게 증가된다는 것에 주목하라. 만약 E_M과 E_{M+1}이 각각 규모 M과 $M+1$의 지진과 연관된 에너지이면, 식 (11.100)으로부터

$$\frac{E_{M+1}}{E_M} = 10^{1.5} = 31.6$$

리히터 척도에서 1의 증가는 약 32배의 에너지 증가에 해당한다. 지진 규모 4와 8을 비교하면, 후자가 약 백만 배(31.6^4) 더 큰 에너지를 방출한다는 것을 알 수 있다.

구조설계 목적을 위해서 지진 시 지표면의 최대 지반가속도를 알 필요가 있다. 이것을 진동의 *진도*(*intensity*)라고 하며 *수정 메르칼리 진도*(*modified Mercalli scale*)로 측정된다. 이 척도는 12개의 범주로 나뉘고 각각은 지진의 결과에 대해 주관적인 평가를 나타낸다. 표 11.5는 대략적으로 연관된 가속도와 함께 이러한 범주를 제시하고 있다. 표에서 알 수 있듯이 메르칼리 진도 스케일은 가속도에 대하여 대략 로그적으로 변한다. 따라서 이 진도 스케일에서 I는 대략 다음과 같이 주어진다.

$$I = 1 + 3\log_{10} a \tag{11.101}$$

여기에서 a는 cm/sec^{2}으로 주어지는 가속도이다.

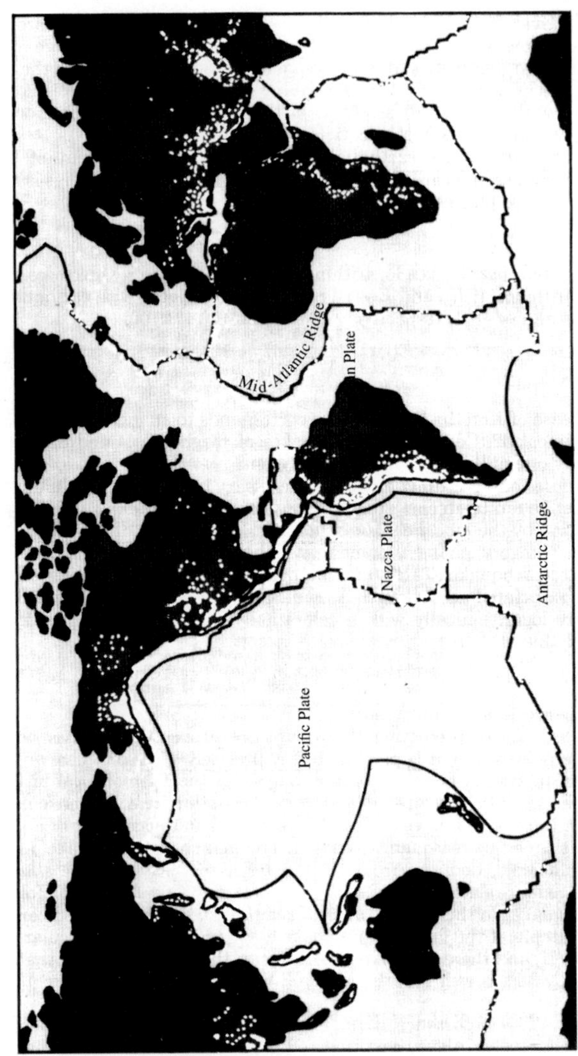

그림 11.19 지구의 지질구조판과 지진대(C. Kissinger, "Earthquake Prediction," Physics Today, March, 1974, American Institute of Physics. American Institute of Physics의 허가를 받아 재구성)

표 11.5 수정 메르칼리 진도 스케일과 이에 해당하는 지반 가속도

수정 메르칼리 진도 스케일, I		지반 가속도, a $\frac{cm}{sec^2}$	지반 가속도, a $\frac{a}{g}$
I	민감한 장비에 의해서만 감지됨	1	
II	특히 고층에 정지해 있는 몇몇 사람들에게 느껴짐; 약하게 매달린 물체들은 흔들릴 수 있음	2	
III	실내에서 현저히 느껴지나 항상 지진으로 인식되는 것은 아님; 정지한 자동차가 트럭이 지나가는 것 같은 진동으로 약간 흔들림	4, 6	.005 g
IV	실내에서 다수, 실외에서 몇 사람에게 느껴짐; 야간에 몇몇은 잠에서 깸; 그릇, 창문, 문들이 불안정해짐; 자동차가 현저히 움직임	8, 10	.01 g
V	대부분의 사람들에게 느껴짐; 그릇, 창문, 석고의 부분적인 파손; 높은 물체들이 불안정해짐	20	
VI	많은 사람들에게 느껴짐; 다수가 공포를 느끼고 밖으로 뛰어나옴; 석고와 굴뚝이 떨어짐; 피해는 작음	40, 60	.05 g
VII	모든 사람들이 외부로 뛰어나옴; 건물의 피해는 건축물의 품질에 따라 다르게 나타남; 자동차 운전자에 의해 느껴짐	80, 100	.1 g
VIII	칸막이 벽이 뼈대에서 튀어나옴; 벽, 건축물, 굴뚝이 쓰러짐; 모래와 진흙이 튀어나옴; 자동차의 운전자가 불안정해짐	200	
IX	건물이 기초에서 분리되어 금이 가고 기울어짐; 지면에 금이 감; 지하 배관이 파손됨	400, 600	.5 g
X	대부분의 석조와 뼈대 구조가 파괴됨; 지면이 갈라짐; 철로가 휘어짐; 산사태	800, 1000	1 g
XI	새 구조물들은 유지됨; 다리는 파괴됨; 지표면이 길게 갈라짐; 배관 파손; 산사태; 철로가 휘어짐	2000	
XII	완전한 피해; 지표면에 파동이 보임; 시야와 수평선이 왜곡됨; 물체들이 공기중으로 던져짐	4000, 6000	5 g

지진 발생 예측 기술은 언제 어디에서 지진이 발생할 것인지를 정확하게 알 수 있는 수준에 도달하지는 못하였다. 부지 주변 지역의 지진학적 역사, 지질학적 형성, 부지로부터 알려진 단층까지의 거리에 대한 분석에 근거하여, 부지에서의 지진 가능성과 규모를 합리적으로 평가할 수 있다. 이러한 분석으로부터 추정된 메르칼리 척도의 최대 지진을 *안전 정지 지진*(*safe shutdown earthquake*)이라고 한다. 발전소의 안전관련 부분은 이러한 지진 이후에도 반드시 기능을 유지해야 한다. 원자력 발전소는 보통 보수적으로 설계된다. 만약 특정 지역에서 기록된 가장 큰 지진이 Mercalli VII이고 이 지역에 알려진 단층이 없다면, 충분히 Mercalli VIII 범주 내에 포함되는 0.2 g의 가속도가 요구될 것이다.

기상학(meteorology)

원자력 발전소로부터의 유출물 분산에 있어서 기상학적 조건의 중요성은 11.4절에서 논의하였다. 잦은 역전(inversion)이 존재하는 불리한 조건은 특정 부지에 원자로를 건설하는 데 부정적으로 작용한다.

또한 허리케인과 토네이도 시 안전관련 구조의 건전성을 보장하기 위하여 기상학적 요인들이 고려되어야 한다. 허리케인은 직경 600마일까지 75~200 mi/hr의 바람을 동반하는 대형 폭풍으로 정의된다. 이것은 멕시코만과 미국의 동부 해안을 따라가는 캐리비안 지역에서는 늦여름과 초가을에, 남반구에서는 늦봄이나 초여름에 매우 자주 발생한다.

토네이도는 허리케인보다는 작고 보다 강력한 폭풍으로 정의된다. 이것의 직경은 수 피트에서 1마일에 이른다. 수평방향의 바람이 100~300 mi/hr의 속도로 토네이도의 축을 회전한다. 중심부에는 200 mi/hr에 이르는 수직 바람을 동반하는 상승기류가 있다. 토네이도는 미국 중부와 동부에서 가장 자주 발생한다. 이는 보통 북동방향으로 10~70 mi/hr의 속도로 이동하며 지표면과 접촉 지점에서는 심각한 파괴가 발생한다.

원자로 구조는 토네이도 바람의 직접적인 힘, 그리고 이와 관련된 압력강하를 견딜 뿐 아니라, 이 바람에 의해 날아오는 물체들의 충격에도 견디도록 설계되어야 한다. 안전 연구에 사용되는 전형적인 토네이도 유인 비산물(missile)은, 180 ft/sec로 이동하는 1,500 lb의 전신주와 75 ft/sec로 이동하는 4,000 lb의 자동차이다.

지질학(geology)

해당 부지가 모든 내부기기들을 포함해 원자로 건물을 튼튼하게 지지할 수 있는지 결정하기 위하여, 제안된 부지의 지질학적 구조에 대한 연구가 수행되어야 한다. 그 상세 내용은 이 책의 범위를 넘어서므로 추가 논의는 생략한다.

수문학(hydrology)

물은 발전소의 안전관련 계통 일부를 위협할 수 있기 때문에, 다량의 물이 원자력 발전소 부지로 들어오는 것을 막아야 한다. 특히 지하로부터 발전소로 물이 들어오는 경우 소외전원이 위태로워질 수 있으며, 비상 디젤 발전기가 작동불능이 될 수 있다. 밀려드는 물은 건물 벽을 부수고 증기 파이프를 터뜨릴 수 있다.

반드시 고려되어야 할 특정 수문학적 현상은 분명히 부지의 특성 및 위치와 연관되어 있다. 만약 부지가 해안가에 있다면, 부지를 강타할 수 있는 가장 큰 조수에 의한 파도, 쓰나미 또는 허리케인에 의한 파도를 상정하는 것이 필요하다. 호수나 강, 또는 강 어귀를 따라 위치하는 발전소에 대해서는 최대 홍수 수준이 확인되어야 한다. 발전소에 갑작스런 침수를 야기할 수 있는 댐의 파열 가능성 또한 검토되어야 한다. 그리고 예상되는 최대 범람을 견디기 위하여 적절한 크기의 제방 또는 방수 구조가 설계되어야 한다.

»» 11.7 원자로 사고

예비안전성분석보고서(Preliminary Safety Analysis Report, PSAR) 그리고 최종안전성분석보고서(Final Safety Analysis Report, FSAR)에서, 원자로 허가 신청자는 그 시설이 대중의 보건과 안전에 과도한 위험을 주지 않고 운전될 수 있다는 것을 보이기 위하여 여러 종류의 심각한 사고들을 반드시 분석하여야 한다. 이것들을 설계기준사고(design basis accident, DBA)라고 한다. 발전소의 안전 평가 목적으로 이러한 사고들은 각 사고들의 결말을 실제보다 과장하는 경향이 있는 매우 보수적인 가정 하에 분석된다. 이것들을 발전소 안전 설비 설계의 근거로 사용한다.

환경영향평가서에서, 신청자는 발생 가능한 광범위한 사고들의 환경적 영향을 반드시 기술해야 한다. 이 분석의 목적이 발전소의 환경적 영향에 대한 정확한 평가에 있기 때문에, 이러한 사고들은 안전 해석에 사용되는 방법보다는 보다 사실적이고 덜 보수적인 가정을 사용하여 평가될 것이다. 표준화를 위해, NRC는 심각성이 증가하는 순서로 가능한 사고들의 범주를 9개의 등급(class)으로 나누었다. 이것들은 10CFR50의 Appendix D에 나열되어 있다. 이 등급의 전반적인 내용이 표 11.6에 주어져 있다.

등급 1 사고들은 사소하고 발전소의 정상운전 시의 방사능 방출과 크게 다르지 않은 사고들이다. 등급 2에서 8의 사고들은 점점 대량의 방사선 방출을 수반한다. 등급 8 사고는 PSAR와 FSAR에서 분석되는 DBA들을 포함한다.

등급 9 사고들은 등급 8 사고보다 더욱 심각하지만 발전소의 안전과 환경 측면 모두의 분석에서 무시할 수 있는 매우 발생 가능성이 적은 광범위한 사고들이다. 이러한 사고는 구체적으로 정의되지 않으며 따라서 표에는 포함되지 않는다. 이것들은 믿을 수 없이 극히 발생 가능성이 낮은 사고 경위이거나 개연성 없는 단일 대형 사고들을 포함한다. 발생 가능성이 극히 낮은 등급 9 사고의 예는 LOCA(냉각재상실사고) 발생 시 모든 소내 및 소외 전원의 동시 상실이다.[28] LOCA 형태의 사고는 압력용기의 갑작스런 파손에 의해 발생할 수 있다. 또 다른 등급 9 사고는 많은 승객을 태운 민간 항공기나 폭탄을 실은 군용기가 격납건물에 부딪히면 발생할 수 있다. 이러한 사고들의 발생 가능성은 지극히 낮아 등급 9 사고로 분류된다.[29]

LOCA(loss of coolant accident)

원자로 노심을 통과하는 냉각재 유량의 예상치 못한 감소는 발전소 전체에 대해 심각한 결과를 초래할 수 있다. 이러한 유량 감소는 작은 배관의 누설에서부터 중요 냉각재 배관의 완전 파단["단두대(guillotine)"와 같이 양단 파단이라고도 한다]에 의하여 발생할 수 있다. 이것은 설계기준 LOCA의 시작점이 되었다. BWR에서는 이러한 파단이 재순환계통에서 발생하는 것으로 간주하나, PWR 발전소에서는 일차 냉각재 계통 회로 중 하나에

---

28 이러한 사고는 드물다고 생각되지만, 후에 논의할 후쿠시마 사고가 이러한 사고이다.

29 설계기준사고는 아니지만, 이러한 사고의 결말을 완화시킬 수 있는 시설의 대응과 조치를 이해하기 위하여 U.S. NRC는 이러한 사고를 분석하도록 요구한다.

서 발생한다고 본다. HTGR에서는 모든 일차 회로가 그림 4.25와 같이 강화 콘크리트 원자로용기(prestressed concrete reactor vessel, PCRV) 내에 위치하고 있다. (현재 설계되는 발전소에는 원자로 출력에 따라 4개 또는 6개의 회로가 있다.) HTGR에서, PWR 또는 BWR의 배관 파단에 해당하는 사건은 PCRV 관통부 중 하나의 대형 파손이다. 이것은 헬륨 냉각재의 급속한 누출을 야기할 수는 있지만, HTGR에서는 이러한 LOCA는 설계기준 감압사고(design basis depressurization accident, DBDA)라 불린다.

표 11.6 NRC 사고 분류

등급 1	사소한 사건
등급 2	격납건물 외부로의 적은 누출
등급 3	방사성폐기물계통 실패
3.1	기기 누설 또는 고장
3.2	폐기물 기체 저장 탱크 내용물의 누출
3.3	액체 폐기물 저탱크 내용물의 누출
등급 4	일차계통으로의 핵분열 생성물(BWR)
4.1	핵연료 피복재 결함
4.2	위의 내용이 예상되는 핵연료의 손상을 유발하는 설계를 벗어난 과도상태
등급 5	일차와 이차 계통으로의 핵분열 생성물(PWR)
5.1	핵연료 피복재 손상과 증기발생기 누설
5.2	위의 내용이 예상되는 핵연료의 손상을 유발하는 설계를 벗어난 과도상태와 증기발생기 누설
5.3	증기발생기 세관 파단
등급 6	재장전 사고
6.1	핵연료 다발 낙하
6.2	노심 내의 핵연료 위로 무거운 물체 낙하
등급 7	사용후핵연료 취급 사고
7.1	핵연료 저장수조 내로의 핵연료집합체 낙하
7.2	핵연료 받침대 위로 무거운 물체 낙하
7.3	핵연료 통(cask) 낙하
등급 8	안전성분석보고서의 설계기준평가에 고려된 사고초기사건
8.1	냉각재상실사고
8.1(a)	일차계통과 연결된 격납건물을 관통하는 기기 외부의 파단
8.2(a)	연료봉 인출 사고(PWR)
8.2(b)	연료봉 낙하 사고(BWR)
8.3(a)	증기관 파단(PWR의 격납건물 외부)
8.3(b)	증기관 파단(BWR)
등급 9	본문 참조

만약 격납건물이 없거나 부적절하게 설계되었거나, 비상노심냉각계통(emergency core cooling system, ECCS)이 없거나 부적절하게 설계되었다면, LOCA의 결말은 특히 PWR 또는 BWR 발전소에 있어서 매우 심각할 것이다. 파단이 발생하면 고압의 냉각수는 방출되면서 급격하게 증기로 기화한다. 더욱 중요한 것은, ECCS가 없다면 노출된 핵연료봉은 핵분열 생성물에 의한 가열 때문에 용융된다. 이것은 용융물과 물-증기 혼합물 사이의 다양한 발열 화학반응을 일으키고, 이 중 일부는 수소를 발생시킨다. 더욱이 원자로용기 내부의 핵연료와 내부 구조물이 녹아 형성된 용융물은 용기 하부로 낙하, 이를 녹이며 뚫고 나와 원자로 건물 하단 콘크리트를 분해시키며 지하로 파고들 수도 있다. 미국에서 수직으로 땅을 파서 들어가면 결국 중국에 이른다는 고대의 미신 때문에, 미국에서는 이 현상을 종종 *차이나 신드롬*(*China syndrome*)이라 부른다.[30] 이러한 상태에서는, 핵분열 생성물이 대량으로 누출될 가능성 때문에, 노심의 용융을 방지하기 위한 광범위한 수단이 구비되어 있다.

PWR, BWR, HTGR에 있어서 노심 용융을 방지하고 LOCA의 결말을 완화하기 위하여, 이들 원자로들은 LOCA 분석에 사용되는 가정뿐만 아니라 ECCS 관련 계통이 약간 차이가 난다. 이들 각각의 경우에 대해 아래에 설명한다.

PWR

LOCA 안전계통

전형적인 제3세대 혹은 제3+세대(GEN 3 또는 3+) 원자로 설계의 ECCS는 능동계통과 피동계통으로 나누어진다. 피동계통은 약 650 psi 압력의 질소 기체에 가압된 붕산수를 저장하고 있는 (일차 회로당 하나인) 대형 축압기 탱크로 구성된다. 원자로용기의 압력이 이 값 이하로 내려가면 체크밸브를 통한 압력의 역전으로 탱크가 일차 회로의 저온관으로 붕산수를 방출하고 이는 노심으로 주입된다. 이 피동계통은, 노심 노출과 과열을 야기할 수 있는 대형 파단 시, 전기에 의해 구동되는 ECCS의 능동 부품 작동 이전에 노심의 자동 급속 냉각을 수행한다.

능동계통인 이 ECCS는 고압과 저압 안전주입계통으로 나누어진다. 저압 안전주입계통

---

30 사실 용융물은 굳어지기 전에 다소 짧은 거리만을 녹일 수 있다.

에서 펌프는 대형 물탱크[31] 또는 격납용기 집수조에서 물을 끌어와서 열교환기를 통과시킨 후 일차 냉각재 회로의 고온관으로 주입한다. 정상적인 원자로 정지 후 저압 안전주입계통은 잔여 핵분열 생성물 붕괴열 제거에 또한 사용된다. 고압 안전주입계통은 원자로가 임계일 때 화학제어계통에서 지속적으로 운전되고 있는 충전펌프를 종종 사용한다. 고압 안전주입 작동 신호가 발생하면, 이 충전펌프 흡입부는 붕산제어탱크를 거쳐 보충수 저장탱크 물을 펌핑하는 모드로 급속히 전환되어 이 붕산수를 일차냉각재계통 저온관으로 주입한다.

PWR 일차 냉각재 배관의 가상적 양단파단에 이은 사고 전개를 생각해 보자. 즉시, 고압의 과냉각수가 파단부로 방출되고 격납건물에서 빠르게 증기로 기화한다. 원자로용기

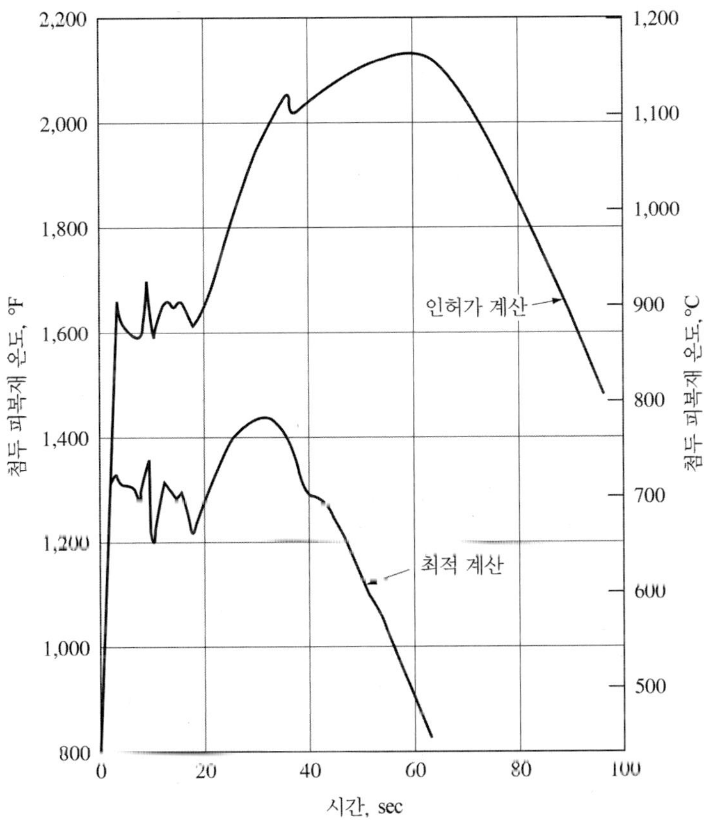

그림 11.20 대형 파단 LOCA 시 첨두 피복재 온도의 일반적인 계산

---

31 정상시에 이 탱크의 물은 수중에서 수행되는 원자로 핵연료 재장전에 사용된다.

의 압력은, 약 600°F의 평균 냉각수 온도에서, 1,500 psi 근처의 포화 압력으로 빠르게 감소한다. 원자로와 격납건물의 압력이 동일해질 때(일반적인 PWR 격납건물의 설계 압력인 45 psi보다 다소 낮은 압력)까지 증기와 물의 혼합물이 파단부로 방출된다. 이것은 LOCA의 *방출*(*blowdown*) 단계로 알려져 있다.

그림 11.20에서 볼 수 있듯이, 파단 이후 초반 수 초 동안에 핵연료와 피복재의 온도는 대략 일정하게 유지되지만, 파단 약 5초 후 비등이 시작됨에 따라 온도는 급격하게 상승한다. 원자로용기로부터 방출되는 물-증기 혼합물의 유동 같은 복잡한 원인에 의해, 약 1,400°F의 첨두치에 도달한 피복재 온도는 ECCS가 작동되어 떨어지게 된다. 노심에서 비등이 발생하자마자 음의 기포계수 때문에 원자로는 미임계상태가 된다.

ECCS의 첫 번째 작동은 압력이 약 650 psi 이하로 떨어졌을 때 발생하는 축압기 탱크로부터의 냉각수 주입이다. 축압기 탱크의 용량이 제한적이므로, 지속적인 냉각을 위하여 저압 안전주입펌프가 작동하여, 우선 재장전수 탱크로부터 원자로용기로 물을 더 주입한다. 일차 냉각재 배관의 파단 때문에, 대부분의 일차 냉각수, 축압기로부터의 붕산수, 재장전수 탱크로부터의 저압수는 결국 파단부로 빠져나간다. 이렇게 누출된 모든 냉각수는 격납건물 바닥의 대형 집수조에 모이고, 재장전수 탱크 수위가 미리 정해진 설정치까지 떨어지면, 다시 저압의 잔열제거계통에 의해 퍼 올려진다. 이러한 방식으로 원자로는 재활용 노심 냉각수의 끊임없는 공급이 보장된다. 이렇게 노심으로부터 흡수된 열은 결국 발전소 외부로 제거되는데, 이는 외부 수원으로부터 저온부 냉각수가 공급되는 열교환기에 의해 이루어진다.

일차 냉각재 회로의 소형 파단이나 균열의 경우에는 일차 냉각수의 방출과 감압이 훨씬 더 천천히 일어나, 축압기로부터의 주입이나 저압 안전주입계통이 작동되기 전에 노심 일부가 노출될 수 있다. 이 상황은 일차 냉각재 회로의 잔여 압력을 이길 수 있는 고압의 물을 신속하게 주입할 수 있는 고압 안전주입계통에 의하여 다루어진다.

LOCA가 발생하면, 사고의 영향을 줄이기 위하여 ECCS뿐만 아니라 PWR 발전소의 몇 가지 다른 기기들도 작동한다. 격납건물은 이러한 측면에서 특히 중요하다. 격납건물은 증기로 빠르게 기화하는 냉각수를 가두기에 충분히 강건해야 하고, 사고 중 방출되는 어떠한 방사능이라도 가두기에 충분한 기밀성을 가져야 한다. 몇 개의 살수 노즐이 건물 상부에 위치하며, 적절한 다중성을 가지고 재장전수조와 격납건물 집수조에 연결되어 있다. 이러한 살수들이 작동하면, 두 가지 기능을 수행한다. 즉, 증기를 응축시켜 격납건물의 압력을 설계압력 이하로 제한하고, 핵연료에서 격납건물 대기로 방출된 요오드와 비기체형 핵분열 생성물을 충분히 제거한다(즉, 씻어낸다). 그로 인해, 격납건물 안의 대기 중에 떠 있는(airborne) 물질의 방사능이 감소된다. 격납건물에서 누출될 수 있는 방사성 물질의 양을 더욱 감소시키기 위하여, 어떤 원자로 설계에서는 격납건물의 대기가 다양한 종류의 필터를 통해 지속적으로 재순환된다.

PWR LOCA 선량

LOCA로부터 외부에서 받는 선량은 보통 두 종류의 가정을 근거로 해서 분석된다. 첫 번째는 원자로 부지 선정과 관련해서 11.6절에서 논의한 Regulatory Guide 1.4에 포함되어 있다. 이 가정에서는 요오드 총량의 25%와 불활성 기체 총량의 100%가 즉시 격납건물로 방출된다고 가정하기 때문에 매우 보수적이다. 이러한 핵분열 생성물의 방출은 핵연료의 상당량이 용융되는 경우에만 발생 가능하다. 만약 ECCS가 적절히 작동하면, 일부 핵연료 피복재는 손상되겠지만, 핵연료 용융은 미미하다. 훨씬 현실적이지만 여전히

표 11.7 1,000 MWe PWR의 핵연료 주기말 간극과 플레넘 내의 일반적인 휘발성 핵분열 생성물*

동위원소	노심 내 총량 분율	핵연료 간극 및 플레넘 내 퀴리($\times 10^5$)
^{85m}Kr	0.0020	0.328
^{85}Kr	0.2157	0.841
^{87}Kr	0.0020	0.400
^{88}Kr	0.0029	0.893
^{133}Xe	0.0185	10.60
^{135}Xe	0.0054	0.842
^{134}Cs	0.050	3.75
^{137}Cs	0.050	2.35
^{131}I	0.023	5.38
^{132}I	0.0026	0.907
^{133}I	0.0079	4.52
^{134}I	0.0016	0.971
^{135}I	0.0043	2.33

*출처: PSAR for Indian Point Nuclear Generating Unit No. 3, Entergy.

보수적인 가정은, 펠릿-피복재 사이의 간극과 핵연료봉의 플레넘 내의 모든 불활성 기체 및 요오드 일부가 격납건물로 방출되는 것이다.

간극과 플레넘의 핵분열 생성물 기체의 양은 확산계수 경험식을 사용하여 UO_2 표면으로부터 흘러나오는 기체에 대한 확산 계산으로부터 구할 수 있다. 표 11.7은 1,000 MWe의 정상출력으로 운전되는 PWR에 대한 이러한 계산의 결과를 보여 준다.

PWR LOCA 선량 계산에서 대기 분산 조건은 Regulatory Guide 1.4에 주어져 있다. 표 11.8은 3,216 MW로 운전되는 PWR에 대하여 제한구역경계와 저인구경계(각각 EAB와 LPZ로 표시)에서 계산된 갑상선과 전신 선량을 보여 주고 있다. 이 계산에서는 건물로부터의 누출이 하루당 0.1%이고 살수계통에 의한 32 hr^{-1}의 요오드 농도 붕괴상수가 방사성 붕괴상수와 누출 붕괴상수에 추가된다. 표에서 알 수 있듯이, 간극-플레넘의 총 방출에 대해 보수적인 가정을 하였음에도, 이 사건에 의한 선량은 낮음을 알 수 있다.[32]

표 11.8 3,216 MW PWR의 LOCA로부터의 선량*

가정된 방출	EAB (350 m)† 2 hr, rem	LPZ (0.7 mi) 30 days, rem
Regulatory Guide 1.4		
갑상선	189	130
전신	9.74	8.54
간극-플레넘		
갑상선	3.5	2.9
전신	0.04	0

*출처: PSAR for Indian Point Nuclear Generating Unit No. 3, Entergy.
† 실제로는 EAB 내에 위치한 부지 경계.

쓰리마일아일랜드 사고 1979년 펜실베이니아 해리스버그 부근의 쓰리마일아일랜드(Three Mile Island, TMI) 원자력 발전소에서 발생한 사고는, 체르노빌 사고 이전에 상용

32 대상이 되는 PWR은 격납건물과 발전소의 나머지 부분을 효과적으로 격리하는 밸브를 가지고 있다. 이 밸브들은 LOCA 발생 이후 대략 1분 만에 잠긴다. 이 시간 이후로는 격납건물로부터의 누설은 없을 것이다. 단지 1분만 지속되는 격납건물 누설에 따라 핵연료 간극 방출에 의한 EAB의 전반적인 선량은 1/3 rem보다 작고 LPZ에서는 약 0.1 rem이다.

원자력 발전소에서 발생한 최악의 사고 중 하나였다. 사고가 발생한 900 MWe PWR인 TMI 2호기는 사고 발생 시 거의 전 출력으로 운전 중이었다. 유지보수 운전 중 증기발생기로의 급수가 상실되었는데 이 사고는 TMI 2호기와 같은 발전소에서는 연간 2~3회 발생할 것으로 예상된 것이었다. 갑작스런 열제거 상실 때문에 일차계통의 압력이 상승하기 시작하였다. 압력 상승은 제어봉 삽입으로 멈추었으나 이것이 완전히 효과를 발휘하기 전에 가압기(원자로 냉각재 팽창 탱크의 역할을 수행)의 압력방출밸브가 개방되어 압력의 요동이 발생하였다. 이것은 급수 상실에 따라 예상되는 사건 경위였다. 하지만 압력이 감소하면 압력방출밸브는 닫혀야 했다. 그러나 이 밸브가 닫히지 않았고, 이에 따라 일차계통에 소형 LOCA가 발생하였다.

이 시점에서 계통 압력이 감소하기 시작하였고, 이는 자동적으로 고압 ECCS를 기동시켰고, ECCS는 적절히 작동하였다. 조금 후, 운전원은 일차계통이 다시 물로 가득 차 있다고 생각하였고, 계통의 과도한 충전을 방지하기 위하여 운전원은 ECCS를 중지하였다. 불행히도 수위 지시계의 측정값은 원자로 자체의 수위를 지시하지 않았고 ECCS는 정지해서는 안 되었다. 원자로의 수위는 핵연료 상단 이하로 급속히 하강하였고, 핵연료는 심각하게 과열되었다. 그 결과 핵연료로부터 상당량의 핵분열 생성물 기체와 휘발성 핵분열 생성물이 방출되었다. 추가적으로 지르칼로이 피복재가 물과 반응하여 수소가 발생하기 시작하였다.

추후 수행된 분석에서, 핵연료로부터 약 50%의 불활성 기체, 요오드, 세슘이 방출된 것으로 밝혀졌다. 거의 대부분의 세슘과 요오드는 물에 갇혀 있었으나 대부분의 불활성 기체들은 격납건물 대기로 방출되었다. 격납건물 대기로 방출된 요오드의 비율은 약 2×10^{-7}이었으나 불활성 기체 크립톤과 제논의 비율은 약 0.1 (10%)이었다. 발전소 외부에서 세슘은 측정되지 않았다. 최대 외부 방사선 선량은 0.1 rad 이하였고 총 집단선량은 약 10 person-rem이었다. 이것은 건강상의 영향을 나타낼 것으로 예상되는 수준 이하이다.

매우 심각한 사고 특성에도 불구하고 안전계통은 잘 작동함으로써 대중을 보호하였다. 이 사고로부터 배울 수 있는 많은 중요한 교훈들이 있다(이 장 말미의 참고문헌 리스트 중 Pigford의 논문 참조). 산업계와 규제자는 사고를 매우 신중하게 검토하였고, 추후 이러한 사고의 발생 가능성을 줄일 수 있는 여러 개선사항을 적용하였다.

체르노빌 사고 체르노빌 원자로는 4장에서 논의한 RBMK-1000형의 흑연감속 비등경

수 압력관 원자로이다. 이러한 형태의 원자로에서는 압력용기가 핵연료를 포함하는 다수의 압력관으로 대체된다. 4개의 RBMK-1000 원자로로 구성된 체르노빌 원자력발전소는 우크라이나 키예프 근처 프리피야트 강둑에 접해 있는 숲지대(Polesje)에 위치하고 있다.

사고 시점에 4개의 원자로가 운전 중이었다. 사고는 1986년 4월 26일 4호기에서 발생했는데, 당시 예정대로 발전소는 정지되고 있었다. 원자로 정지 과정 중, 발전소의 특정 안전 특성을 보이기 위한 시험이 예정되어 있었다. 몇몇 예측 불가의 사건과 운전원의 예정되지 않은 조치들 이외에도, 시험 프로그램 상의 결함과 시험 중 예상치 못한 상황들로 인해 원자로는 극히 불안정한 운전 조건에 이르게 되었다. 이것은 결국 원자로에 즉각적인 초임계 출력 폭주를 초래하였고, 원자로는 심각하게 파손되었다.

RBMK형 원자로의 몇 가지 특성들과 체르노빌의 몇몇 특수한 조건이 사고에 기여하였다. 이 특성들에는 핵연료 고연소도 운전 조건 중 높은 양의 기포계수, 완전 인출 제어봉이 가진 양(+) 반응도 정지 효과, 효과가 충분치 못한 원자로정지 설비, 예상보다 낮은 정지 반응도 여유가 있다.

RBMK는 흑연을 감속재로 사용하고 물을 냉각재로 사용하기 때문에 (경수로와는—역자 주) 다른 반응도 거동을 갖는다. 냉각수는 중성자 감속재와 중성자 흡수체의 두 가지 역할을 동시에 수행한다. 물의 감속 효과가 흑연에 비해 적지만, 원자로의 반응도 거동은 물의 중성자 흡수에 의하여 매우 크게 영향을 받는다. (예를 들어 비등에 의한) 냉각재 밀도의 감소 또는 냉각재 상실은 원자로 노심에서 중대한 중성자 흡수의 감소를 야기한다. 압력관 내 증기의 증가는 반응도를 상승시킨다. 따라서 RBMK는 양의 증기 반응도 효과 또는 양의 기포계수를 갖는다. 더욱이 기포 효과는 고연소도에서 운전이 진행될 때 양으로 강하게 증가한다.

사고 전 RBMK 원자로의 한 가지 특별한 특징은 제어봉 움직임의 양 반응도 효과였다. 163개의 제어봉이 원자로의 상부로부터 삽입되고 이 제어봉들은 약 6 m 길이의 흡수체 부분과 4.5 m 길이의 흑연 이동부로 구성되어 있다. 제어봉이 완전히 인출되었을 때, 제어봉 중심의 흑연을 포함하는 영역은 대략 원자로 노심의 중심에 위치한다. 이 부분 제어봉 수로의 상하단은 물로 채워져 있다. 제어봉이 이 지점에서 노심으로 삽입되면, 흑연을 포함하는 제어봉의 중성자 감속 부분이, 중성자를 더 흡수하는 하단의 물을 대체한다. 따라서, 의도한 것과는 반대의 효과가 일어난 것이다. 즉, 원자로 출력이 제어봉 삽입에 의해 감소되지 않고, 대신에 중성자 흡수는 감소하고, 감속이 증가함에 따라 초기에 출력이 증가하였다.

사고 발생 당일에 일련의 시험이 예정되어 있었다. 사고는 원자로가 이러한 시험을 준비하기 위하여 예정대로 정지하는 과정에서 발생하였다. 정지 과정 중 발전소의 특정 안전 특성을 보이기 위한 시험이 예정되어 있었다. 그런데, 시험 개시 직전에 발전소는 극히 불안정한 상태였는데, 이는 부적합한 핵연료 장전 조건, 부적합한 출력 분포를 가지는 저출력 수준, 노심의 높은 유량, 노심 입구 온도 증가에 따른 원자로 급수 유량 감소, 제논의 불안정한 공간 분포 때문이다.

오전 1시 23분에 시험이 시작되었다. 예정된 대로, 4개의 주 냉각재펌프가 감속되었고, 냉각재 유량이 감소하였다. 시험 과정으로서의 노심 냉각재 유량 감소와 곧 이어 발생한 원자로 정지는 발전소의 불안정한 초기 상태와 결합하여, 15% 이상의 출력 증가를 야기하였다. 몇 초 내에 제어 불능의 원자로 출력 폭주가 발생하였다. 원자로의 요동은 핵연료 내의 급격한 에너지 방출 증가와 이에 따른 원자로 노심의 파손을 야기하였다. 핵연료 내에 저장된 열이 매우 빠르게 주변 냉각재로 전달되었다. 냉각재는 매우 빠르게 기화되었고 이는 양의 기포 반응도 효과에 의하여 출력을 더욱 증가시켰다. 이에 따른 큰 압력 증

그림 11.21 1986년 4월 25~26일의 사고 직후 체르노빌 원자로 건물(출처: ITAR-TASS Photo Agency/Alamy Stock Photo)

가가 원자로의 폭발을 야기하였다.

이 폭발은 4호기 원자로 건물, 터빈 건물, 연결된 터빈 건물의 상당 부분을 파괴하였다. 원자로 건물 벽이 부분 파괴 되었고, 지붕은 완전히 파괴되었다. 그림 11.21은 사고 직후 원자로 건물의 모습이다. 에너지의 방출이 흑연 블록을 점화시켜 화재를 일으켰다. 화재는 핵연료와 핵분열 생성물을 원자로 건물과 주변 지역에 분산시켰다. 주변 마을에 거주하는 사람들은 큰 방사선량에 노출되었고 상당량의 방사성 요오드와 기타 방사성 핵종들을 흡입하였다. 손상의 규모와 심지어 현재까지 손상된 원자로에 남아 있는 극한의 방사능 수준 때문에, 그림 11.22에 제시된 석관(sarcophagus)이 파괴된 원자로 주변에 건설되었다. 이 석관은 환경으로의 방사성 물질 누출을 막고 30년 동안 파괴된 원자로의 방사능을 안전하게 가두기 위하여 건설되었다.

핵연료의 약 3.5%, 방사능 불활성 기체 전부, 노심 내 총 세슘량의 약 33%, 요오드-131의 약 50%가 방출된 것으로 추산된다. 표 11.9는 노심 내 다수 핵종의 방출 분율에 대한 추정치이다. 우세풍(prevailing wind)이 누출된 방사능을 북유럽과 스칸디나비아까지 이

그림 11.22 석관 격납용기가 보이는 체르노빌 원자로 건물(출처: dpa picture alliance/Alamy Stock Photo)

송하였다.

원자로의 운전원, 소방관, (헬리콥터 조종사와 같은) 군인들이 화재에 즉각 대응하고 노출된 원자로 노심을 덮기 위하여 동원되었다. 약 300명이 병원으로 후송되었다. 이들 중 일부인 134명은 매우 높은 선량률에 피폭되었고 피부 화상과 더불어 피로, 구토, 어지러움 등 즉각적인 방사선병 증상을 보였다. 미국 외과의사들의 협력 및 모스크바와 키예프의 특화된 병원에서의 골수이식 등 집중적인 의료 노력에도 불구하고 28명이 방사선병과 화상으로 사망하였다. 총 신체 선량은 13 Gy에 달하였다. 4 Gy의 신체 선량에서 생존 확률은 50%이다.

원자로 사고에 의한 사람의 방사선 피폭은 본질적으로 폭발과 뒤이은 화재로 방출된 단수명 요오드 131과 장수명 세슘 137에 의한 것이다. 사고 직후, 소비에트 정부는 비상 보호조치를 명령하였다. 프리피야트 마을과 같이 가장 심각하게 영향받은 지역은 짧은 시간 내에 소개되었다. 감시 프로그램에 의해 노출 지역이 추가로 발견되면 소개는 더 이루어졌다.

표 11.9 체르노빌 사고로부터의 방사성 핵종 방출 분율*

방사성 핵종	반감기 (days)	노심 내 총량 (Bq)	산출된 방출 분율 (%)
Krypton 85	39300	3.3 × 10E16	
Xenon 133	5.27	7.3 × 10E18	100
Iodine 131	8.05	3.1 × 10E18	50
Tellurium132	3.25	3.2 × 10E18	15
Cesium 134	50	1.9 × 10E17	
Cesium 137	1000	2.9 × 10E17	
Ruthenium 106	368	2.0 × 10E18	3
Strontium 89	53	2.3 × 10E18	4
Strontium 90	10200	2.0 × 10E17	4
Plutonium 238	31500	1.0 × 10E15	3
Plutonium 239	8900000	8.5 × 10E14	3
Plutonium 240	2400000	1.2 × 10E15	3
Plutonium 241	4800	1.7 × 10E17	3
Curium 242	164	2.6 × 10E16	3

*체르노빌 사고 10년 후, CD by GRS, IPSN, RRC KI, 1996.

원자로 사고에 의해 영향을 받은 우크라이나, 벨라루스, 러시아의 지역들에서 특히 우울증, 불안 및 기타 정신적인 문제와 같은 스트레스 관련 질병들의 일반적인 증가가 보고되었다. 또한 진단에 의해 더 많은 기관지염, 고혈압, 관상동맥질환, 당뇨 환자가 발생해 왔다. 조사 결과에 따르면, 방사선 피폭이 이러한 질병들의 직접적인 원인인지는 알 수 없다. 하지만 이 질병들은 사고 자체만이 아니라 익숙한 환경으로부터 수천 명의 사람들의 이주에 의한 간접적인 결과로 여겨진다. 이러한 질병들의 일부 요인은 소비에트연방 붕괴 이후 사회 및 경제적 상황의 악화, 그리고 그에 따른 불확실성일 수도 있다. 전염병의 증가도 열악해진 일반적 생활 조건과 충분치 못한 의료 조치와 연관 지을 수 있다.

사고의 방사선학적 결과가 피폭된 사람들의 건강에 악영향을 끼쳤다는 뚜렷한 징후가 있다. 대부분의 증거는 벨라루스, 그리고 우크라이나와 러시아 연방의 피해지역 어린이들 사이에서 갑상선암이 증가하는 것이다. 전염병학자들은 1986 ~ 1994년 기간 동안에 이 집단에서 크게 통계적으로 유의미한 증가를 확인하였다. 1981 ~ 1985년 사이에는 이 지역에서 총 39건의 갑상선암이 발생하였다. 1986 ~ 1995년 사이에는, 이 지역에서 565명의 어린이들이 갑상선암에 걸렸고 이는 1,000%의 증가를 의미한다. 어린이의 갑상선암은 보통 수술을 통해 효과적으로 완치되지만 장기간의 치료를 요구한다. 수술에도 불구하고 벨라루스에서는 일부 어린이들이 사망하였다.

후쿠시마 다이이치 사고 2011년 3월 11일 금요일 일본의 동쪽 해안에서 지진이 발생하였다. 동일본 대지진이라 불리는 이 지진은 리히터 규모 약 9.0으로 추산되었다. 지진 약 45분 뒤 쓰나미가 일본의 동쪽 해안을 강타하여 심각한 피해와 인명손실이 발생하였다. 약 25,000명이 쓰나미에 의해 사망하고 재산 손실은 수십억 달러로 추산되었다.

지진 발생 시점에 후쿠시마 다이이치 원자력발전소 6기 중 1, 2, 3호기가 운전 중이었다. 4, 5, 6호기는 정지 상태에서 재장전 중이었다. 이 원자로들은 모두 미국에서 운전 중인 GE BWR과 유사한 설계의 BWR이었다. 1호기는 BWR-3, 2 ~ 5호기는 BWR-4이다. 6호기는 BWR-5이고 보다 개선된 마크 2 격납건물을 가지고 있었던 반면에, 1 ~ 5호기는 마크 1 전구 및 토러스형(light bulb and torus) 격납건물을 가지고 있었다. 지진은 설계대로 원자로의 자동 정지를 일으켰다. 전력망이 손상되어 발전소로의 외부전원이 상실되었고 이에 따라 디젤발전기가 가동되었다. 쓰나미가 강타할 때, 이 발전기로부터의 전력은 원자로의 냉각계통을 작동시키는 데 사용되었다.

약 75피트 높이의 쓰나미는 보호방벽의 높이를 초과하였다. 부지가 물에 잠기면서, 디젤발전기가 침수되었고, 해안선을 따라 설치된 디젤연료 저장탱크가 휩쓸리고 보조배터리계통마저 손상되었다. 단 한 대의 디젤발전기만이 5호기와 6호기에 전력 공급을 지속하였다. 일단 냉각계통과 관련된 비상냉각계통으로의 전력이 상실되자, 전력 공급이 안 되는 3기(4호기는 연료를 빼낸 상태였음–역자 주)의 원자로는 냉각을 상실하였고 노심은 가열되고 용융되기 시작하였다. 핵연료가 가열됨에 따라 증기와 지르칼로이 피복재가 반응하여 원자로용기와 일차계통에 수소를 방출하였다.

그림 11.23 수소폭발 직후 후쿠시마 다이이치 4호기 원자로 건물 상부(출처: IAEA/Alamy Stock Photo)

3월 12일에 1호기의 노심이 원자로용기를 용융 관통하였고, 이로 인해 생긴 구멍으로 지르코늄과 증기의 반응으로 생성된 수소를 원자로 건물에 방출했다고 생각된다. 수소가 폭발하여 사용후핵연료 저장수조를 덮고 있는 원자로 건물의 상부 외벽을 날려 버렸다. 3호기의 노심이 3월 13일에 용융되기 시작하였고, 뒤이어 2호기가 3월 14일에 용융되기 시작하였다. 수소폭발은, 3월 12일에 1호기에서 먼저 일어났다. 유사한 폭발이 3월 14일에 3호기, 15일에 4호기에서 발생한 것으로 생각된다(원자로 안에 연료가 없었던 4호기의 수소폭발은 3호기에서 누설된 수소의 유입이 원인으로 추후 밝혀짐－역자 주). 그림 11.23은 수소폭발 직후 4호기의 모습이다.

1 ~ 4호기의 핵연료 및 격납건물의 광범위한 손상 때문에, 많은 양의 방사능이 환경으로 방출되었으며, 이는 주변 지역을 오염시켰다. 환경으로 방출된 중요한 핵종들은 ^{131}I, ^{134}Cs, ^{137}Cs이다. 또한 플루토늄, 넵투늄, 스트론튬 오염도 지역 내에서 발견되었다. 노심 내의 총 방사성 불활성 기체는 모두 대기 중으로 방출된 것이 거의 분명하다.

사고에 따른 방출로 일본 정부는 약 156,000명의 인구를 이주시키고 후쿠시마 다이이치 원자력발전소 주위에 20 km (12 mile)의 소개 지역을 지정하였다. 유엔과학위원회(United Nations Scientific Committee on the Effects of Atomic Radiation)의 여러 연구는 사고의 결과에 따른 방사선 관련 사망은 없는 것으로 결론지었다. 하지만 많은 연구자들은 대피와 관련된 사망이 존재한다고 결론 내렸다. 예를 들어 하버드 공중보건 대학원(Harvard School of Public Health)의 연구는 사고로 인하여 이주한 노인들의 사망률이 크게 증가하였다는 것을 확인하였다.

잘못된 사고 대응으로, 미국 NRC는 국무부에 발전소로부터 반경 80킬로미터 이내의 미국 시민권자들을 대피시키라고 권고하였다. 이 실수는 발전소와 부지 조건에 대한 이해 부족 때문에 발생한 것이다. 유사한 권고가 TMI 사고에서도 있었는데, 이는 여전히 이러한 사고로부터 얻어야 할 지식이 매우 많음을 시사한다. 두 경우 모두 권고들에 결함이 있었다.

국제보건기구(WHO)에 따르면, (1) 방사성 ^{131}I의 방출 때문에, 사고 당시에 유아였고 그 지역에 거주하였던 여자의 갑상선암 발생 확률의 증가가 있다; (2) 그 시점에서 유아였고 그 지역에 거주하였던 남성과 여성 모두에 대하여 작지만 몇 퍼센트의 암 위험도 증가가 있다. 방사능 방출이 상당하였음에도, 사고에 의해 실질적으로 암이 증가했는지를 확실히 결정하기에는 선량과 그에 따른 위험도 증가가 충분하지 않을 수 있다. 전반적으로 사고 후 첫 1년 동안 추산된 총 선량은 1.25 ~ 2.5 rem 사이 또는 12.5 ~ 25 mSv 사이였다. 심지어 사고 당시 여성 유아였던 가장 고위험군에서도 1%의 갑상선암 예상증가치는 암 빈도의 자연적인 변동과 적은 피폭 건수 때문에 감지하기 어려울 것이다.

사고 도중과 사고 직후 원전 종사자는 높은 유효 선량에 피폭되었다. 세계보건기구는 매우 소수의 비상 작업자가 받은 최고 선량을 70 rem (700 mSv) 수준으로 추산한다. 보다 일반적인 유효 선량은 500 mrem (5 mSv)에서 20 rem (200 mSv)의 범위에 있다. 종사자의 약 2/3가 500 mrem을 받았고, 1/3은 약 3 rem (30 mSv)을 받았다. ^{131}I 때문에 갑상선은 70 rem의 선량에 피폭되었고, 이때 나머지 조직에는 매우 적은 선량을 받았다. 3월 13일에 ^{131}I에 피폭된 사람들에게 요오드 알약이 처방되었다. WHO 보고서의 출판 시점에 갑상선 이상을 보인 종사자는 없다.

아마도 가장 중요한 보건적 영향은 정신적인 것이다. 대피와 보이지 않는 방사선의 공포에 의한 스트레스는 불안과 다른 건강상의 영향을 야기할 수 있다. TMI 사고 이후의 연구는 TMI 사고에 의한 스트레스는 심장마비를 증가시킨다고 이야기하였다. 사고 후 1년여 동안 저자는 대피하지 않은 주변 행정구역을 방문하였다. 심지어 그 이후에도 특히 주민과 취학 연령 아이들의 부모 사이에 스트레스의 뚜렷한 증거가 있었다. 사고의 다른 영향은 관계 당국에 대한 불신이다. 일본과 미국 정부의 상충하는 대피 명령 때문에, 사람들은 누구를 믿어야 하는지 확신할 수 없게 되었고 이는 불안과 불신을 야기하였다.

지역 농업과 어업에의 영향 또한 중요하다. 흙과 식물의 오염 때문에 이 지역에서 사육하는 소가 오염되었다. 손상된 원자로로부터 흘러나오는 물은 해양 생물들을 오염시켰고 영향 여부에 관계없이 지역 어부가 물고기를 판매하기 어렵게 하였다. 쌀도 세슘에 오염된 것으로 확인되었다.

후쿠시마 사고는 TMI 사고보다는 훨씬 더 심각하지만 체르노빌만큼 심각하지는 않다. 체르노빌에서 화재 때문에 발생한 건조한 방사능의 방출은 플루토늄과 같은 비휘발성 방사성 물질을 후쿠시마에서 발생한 것보다 더 대량으로 방출시켰다.

국제원자력기구는 사고의 원인과 심각성을 몇 가지 요인의 결과로 보았다. "여기서는 발생하지 않는다"라는 믿음이 원인의 가장 중요한 요소였다. 이들은 또한 이렇게 장시간 동안 모든 전력의 완전 상실이 발생하지 않을 것으로 생각하고 이에 대한 준비를 하지 않은 일본 원자력 산업계의 태도도 거론하였다. 국제원자력기구는 일본 정부 내의 느슨한 규제와 규제 구조의 분산이 이러한 사고에 대비한 적절한 준비를 저해한다고 생각하였다. 이들은 규제가 분산되어, 권한의 소재가 불분명함을 발견하였다. 사고 이후, 일본 원자력 산업계의 규제가 개선되었고, 국제 표준에 부합하는 방향으로 나아가고 있다.

BWR

LOCA 안전계통

PWR과 같이 BWR은 LOCA의 피해를 최소화하기 위한 여러 종류의 수단을 가지고 있다. 이러한 수단들은 발전소에 따라 다소 다르다. 전형적인 BWR의 ECCS는 저압 냉각수 주입계통과 독립적인 고압/저압 노심 살수계통으로 구성된다. 이러한 계통들은 격납건물과 감압수조와 함께 LOCA 시에 다음과 같이 작동하도록 설계된다.

원자로 냉각재계통에서 소형 파단이 발생한 후, 냉각재가 미리 지정된 높이로 유지되면서 원자로용기가 급속 감압되지 않는 경우, 주 증기관에서 우회되는 증기로 구동되는 고압 터빈구동펌프가 추가 냉각수를 주입한다. 냉각수는 우선 응축수 저장탱크로부터 공급되고 추후 감압수조로부터 공급된다. 이 냉각수는 BWR의 모델에 따라 노심 상단에 있는 노즐 달린 특수 링(ring of nozzles, 이하 노즐부착링)을 통하거나 정상 급수 노즐을 통하여 원자로로 주입된다.

고압 냉각재 주입계통이 수위 유지에 실패하면 원자로용기는 감압된다. 이러한 감압은 주 증기관에 위치한 압력방출밸브의 자동 개방으로 수행된다. 그러면 원자로용기로부터의 증기가 11.3절에서 설명한 것과 같이 감압수조와 연결된 일차 격납용기의 건정(dry well)으로 들어간다. 만약 배관 파단이 크다면, 파단을 통한 급격한 냉각재 방출로 인하여 압력방출밸브의 도움 없이 감압이 이루어진다.

원자로용기의 감압에 따라, 저압 노심 살수계통과 저압 냉각재 주입계통이 작동한다. 살수계통에서는 고압계통과 유사하게 전기 펌프가 감압수조에서 노심 상부의 노즐부착링으로 냉각수를 이송한다. 저압 냉각재 주입계통은 감압수조에서 원자로의 재순환계통으로 직접 냉각수를 퍼 올린다. 정상운전에서 이 계통은 원자로 정지 후 핵분열 생성물의 열제거에도 사용된다. 앞서 설명한 PWR 발전소에서와 같이, 배관의 파단부로 방출되는 모든 물은 수집되므로(BWR의 경우에는 감압수조), 지속적인 냉각수원이 보장된다.

BWR 발전소의 최근 버전은 또한 환경으로의 부유성 방사능 누출을 줄이기 위하여 여과, 재순환, 배기계통(filtration, recirculation, and ventilation system, FRVS)을 가지고 있다. LOCA(또는 원자로 건물 내 핵연료 취급사고)에서 이 계통은 원자로 건물의 공기를 고효율 필터를 통해 재순환시키고 상승 환기구를 통하여 배출한다. 따라서 원자로 건물 압력은 외부 대기압에 비하여 다소 음압으로 유지된다. FRVS는 원자로 건물 대기가 이 필터를 매회 통과할 때마다 0.3마이크론 이상 입자의 최소 90%와 원소 형태의 요오드 또는 메틸 요오드의 최소 90%를 제거한다. 이 계통은 다음 논의와 같이 외부선량을 대폭 낮추는 역할을 한다.

BWR LOCA 선량

PWR의 경우와 유사하게 BWR LOCA 선량은 보통 두 종류의 가정에 기초하여 계산된다. NRC가 BWR LOCA의 방사선학적 결말 분석에 사용하는 이러한 가정들은 Regulatory Guide 1.3에 제시되어 있고 PWR과 유사하다. 따라서 요오드 총량의 25%와 불활성 기체 총량 100%가 격납건물로 방출된다고 가정한다. 그리고 감압수조 내의 요오드 잔류를 고려하지 않는다. 이에 따른 외부선량은 본질적으로 여과, 재순환, 배기계통이 없는 PWR에 대해 앞서 계산한 것과 같다. FRVS가 운전 중인 경우, EAB와 LPZ에서의 외부선량은 표 11.10의 값으로 떨어진다.

표 11.10 3,440 MW BWR의 LOCA로부터의 선량

가정된 방출	EAB (~0.5 mi) 2 hr, rems	LPZ 30 days, rems
Regulatory Guide 1.3*		
갑상선	≤1	< 1
전신	1.25	< 1
간극-플레넘†		
갑상선	0.00059	0.00088
전신	0.00007	0.0011

*Hope Creek 발전소에 대한 안전성평가보고서, Supplement No.3, AEC Directorate of Licensing. 저인구지대 반경으로 5마일을 사용함.

† Hope Creek 발전소에 대한 예비안전성분석보고서, Public Service Electric Gas Company. 저인구지대 반경으로 1마일을 사용함.

제너럴일렉트릭의 분석은 단지 9%의 핵연료봉만이 LOCA 시에 실제로 손상되고 핵연료봉은 녹지 않음을 보여 준다. 보수적이나 Regulatory Guide 1.3보다는 보다 사실적인 분석을 위하여 BWR LOCA는 핵연료 간극과 플레넘 내의 핵분열 생성물 중 25%가 일차 격납건물로 방출되는 것을 가정할 수 있다. 이렇게 계산된 3,440 MW 원자로에 대한 선량이 표에 제시되어 있다. 이 선량들은 FRVS가 90% 제거효율을 가진다는 가정 하에 계

산된 것이다.

HTGR

설계기준감압사고(design basis depressurization accident, DBDA) 안전계통

일반적으로 HTGR의 감압사고(DBDA)는 경수로의 LOCA보다 훨씬 덜 심각하다. HTGR 내 대량의 흑연(3,000 MW 원자로에서 약 3백만 파운드)이 갖는 높은 열용량은 노심 온도 과도상태가 느리고 제어 가능함을 보장한다. 단상 기체 냉각재를 사용하여 계통 압력의 갑작스런 감소는 모든 냉각재의 손실이나 상변화에 의한 순환 방해를 가져올 수 없다.

HTGR의 주 냉각계통은 4개(또는 6개)의 독립된 계통으로 구성되고 각각은 증기발생기와 증기-터빈 구동 헬륨 순환기를 가지고 있다. 원자로의 안전정지를 보장하는 주 냉각재계통의 운전을 방해할 수 있는 HTGR의 능동기기의 단일고장은 없다. HTGR은 PWR과 BWR의 ECCS와 같은 기능을 담당하는 노심보조냉각계통(core auxiliary cooling system, CACS)을 가지고 있다. 이 CACS는 2개(또는 3개)의 독립된 냉각계통으로 구성되어 있는데, 각각은 열교환기와 전기구동 순환기를 가지고 있다.

HTGR의 DBDA는 다음과 같은 방식으로 발생할 것이다: 강화 콘크리트를 관통하는 원자로용기 관통부의 파손에 따라 헬륨 냉각재가 즉시 용기를 빠져나가기 시작한다. 원자로의 일부 부품을 손상시킬 수 있는 너무 급격한 기체 방출을 방지하기 위하여, 관통부의 설계 또는 냉각재계통 내에 유량제한기를 추가하여 유로 면적은 100 in^2 이하로 제한한다. 원자로는 약 10초경 저압신호에 의해 정지되고 35초 이후에는 출력이 붕괴열 수준으로 떨어진다. 파단 후 100초까지 헬륨 유량은 정상의 4%로 떨어진다.

약 12분 동안 주 순환기 운전에 충분한 증기를 주 냉각재계통으로부터 얻을 수 있다. 이 시점 이후 순환기는 저압(200 psig, 600°F) 보조 보일러로부터의 증기를 사용하여 구동되는데, 이 보일러는 보통 원자로 기동, 정지 후 열제거, 원자로 건물 가열에 사용되는 증기를 공급한다. CACS는 이러한 이차 증기가 가용하지 않을 경우에만 작동한다.

DBDA 선량

이 사고 분석은 단지 두 CACS만 운전되더라도 노심 내의 어느 곳도 핵연료로부터 핵분열 생성물을 방출하기 충분한 높은 온도까지 상승하지 않음을 보여 준다. DBDA 동안 격납건물 내부로 방출되는 방사능은 보통 냉각재와 함께 순환하는 방사능과 냉각재에서 이탈되어 냉각재 회로 벽면에 침착되었다가 누설 기체에 의해 포획되는 방사능뿐이다. 후자는 *비산 방사능*(*liftoff activity*)이라 불리는데, 대부분이 요오드이며 스트론튬과 세슘 동위원소를 함유한 입자로 구성되어 있다. 순환 기체의 방사능은 주로 핵연료 입자에서 확산된 불활성 기체 때문이다. 이러한 불활성 기체의 총 방사능은 같은 출력 수준의 LWR의 간극과 플레넘의 방사능과 유사하다. 단, 요오드의 방사능은 10 내지 100배 적다.

HTGR 발전소도 여과, 재순환, 환기계통을 가지고 있다. 그러나 DBDA에서는 요오드의 방출량이 적기 때문에, 그리고 사고 초기에 격납건물의 높은 온도로부터 필터들을 보호하기 위하여, 이 계통은 사고 약 2시간까지는 작동하지 않는다.

EAB와 LPZ 경계에서의 선량이 표 11.11에 주어져 있다. 이것들은 전신 25 rem과 갑상선 300 rem인 10CFR100의 제한치보다 충분히 낮다.

표 11.11 3,164 MW HTGR의 DBDA 선량

피폭	EAB (762 m) 2 hr, rems	LPZ (1.5 mi) 30 days, rems
갑상선	0.200	0.117
전신	0.0155	0.0108

*출처: PSAR for the Fulton Generating Station, Philadelphia Electric Company.

LWR과 HTGR의 기타 사고들

LOCA 이외에도 많은 다른 형태의 사고들이 원자력 발전소의 설계와 허가에서 반드시 고려되어야 한다. 분량을 고려하여 이들 중 몇 가지에 대해 간단한 설명만을 기술한다. 추가로 몇 가지 사고들은 본 장 말미에 있는 연습문제에서 논한다.

BWR: 증기 배관 파단

BWR 발전소의 증기는 원자로 내에서 직접 생산되기 때문에 방사능을 띤다. 만약 증기 배관이 격납건물 외부에서 파단되었다면 배관 내의 방사능은 환경으로 빠르게 방출된다. 파손된 배관으로의 증기 유량이 지속되지 않도록 하기 위하여 BWR 발전소의 각 증기관은 배관의 파손을 동반하는 압력의 감소 시에 자동으로 닫히는 최소 2개의 격리밸브를 가지고 있다.

이 사고의 분석에 사용하는 가정들(Regulatory Guide 1.5)은 다음과 같다. (1) 격리밸브가 닫히는 데 특성상의 최장시간(약 10.5초)이 걸린다; (2) 파단된 증기관과 파단 시 이와 연결된 배관 내의 모든 냉각재, 추가적으로 격리밸브 폐쇄 전 밸브를 통과하는 증기는 방출된다; (3) (핵연료로부터 누출되어 냉각재 내에 존재할 수 있는 모든 요오드과 불활성 기체를 포함하는) 방사능은 2시간 내에 30피트 높이의 푸미게이션(fumigation) 조건 하에서 대기로 방출된다. 이러한 가정을 가지고 3,440 MW 원자로의 EAB에서 계산된 갑상선 선량은 1 rem 수준이고 LPZ에서는 다소 낮다. 전신 선량은 1 mrem에 못 미치게 적다.

BWR: 제어봉 낙하

BWR의 제어봉이 노심 하부로부터 들어와 윗방향으로 삽입된다는 것을 상기하여야 한다. BWR의 제어봉 구동계통의 다양한 고장은 격납건물로의 방사능 유출을 야기할 수 있다. 제어봉이 원자로 내에 완전히 삽입된 후, 제어봉 구동장치로부터 결합이 풀리고 떨어져 원자로 밖으로 이탈하는 것보다 심각한 사건은 없다.

제어봉의 기계적 설계로 5 ft/sec보다 빠르게 제어봉이 떨어지는 것은 방지된다. 하지만, 그에 따른 반응도 증가는, 핵연료의 음의 도플러 계수와 다른 제어봉의 삽입으로 과도상태가 종료되기 전, 3,440 MW 출력 원자로의 경우 약 4×10^9 joule의 에너지를 방출하는 출력 변화를 야기한다. 이 에너지 방출은 약 1%의 핵연료 피복재를 손상시키고, 이 핵연료봉의 간극과 플레넘에 있는 모든 핵분열 생성물 기체를 방출시킬 것으로 추산된다.

모든 불활성 기체는 원자로용기 상부의 증기 돔으로 이송될 것으로 가정된다. 대부분의 요오드 동위원소는 물 안에 남아 있다. 그리고 돔의 핵분열 생성물 기체는 증기에 의해 증기관과 터빈을 통해 복수기로 이송된다. BWR 발전소의 증기관에는 방사선 감시기가 설치되어 있고 이 기체들이 통과하면 감시기가 격리밸브를 작동시켜 핵분열 생성물의 대부분을 격납용기 내에 가둔다. 정상운전 중에 복수기로부터 배출되는 폐가스는 대기 방출 전에 시간지연 포집탱크와 여과계통을 통과하도록 되어 있으나, (이들을 고려하지 않고 보수적으로−역자 주) 직접 대기로 배출된다고 가정한다.

이 사고의 전반적인 선량은 적다. 3,440 MW 원자로의 경우 EAB와 LPZ의 갑상선 선량은 각각 0.019 rem과 0.037 rem이다. 이에 따른 전신 선량은 0.24 rem과 0.18 rem이다.

PWR: 제어봉 인출

비록 매우 발생 가능성이 낮지만, 제어봉 덮개 파손에 의해, 고압의 원자로 냉각재가 제어봉 집합체를 강제로 추출할 수 있다. 이것은 BWR의 제어봉 낙하사고와 유사한 출력 과도상태를 유발할 수 있다. 상세 계산을 통하여, 이것이 약 15%의 핵연료봉을 손상시킬 수 있고, 이 핵연료봉의 간극과 플레넘의 핵분열 생성물 기체가 격납건물로 방출될 수 있음이 밝혀졌다. 이에 해당하는 방사능 방출량이나 그에 따른 소외선량은 LOCA에 비해 매우 적다.

고속로 사고들

현재까지 미국에는 실험용 상용 고속로로는 단 하나, 페르미 원자로[33]만이 지어졌다. 따라서 미국은 고속로의 허가에 대한 경험이 매우 적고 NRC는 사고 평가에 대한 공식적인 지침을 개발하지 않고 있다. 미국과 해외의 LMFBR 계통에 대한 연구를 통하여 가장 위험한 가상 사고는 노심 용융과 그에 따른 노심의 일부 붕괴를 유발하는 상황으로 알려졌다. 이러한 사고 유형을 *노심붕괴사고*(*core disruptive accident*, *CDA*) 또는 *중대사고*(*severe accident*)라고 한다.

CDA는 몇 가지 경위로 발생할 수 있다. 노심 하부에 걸린 어떤 이물질 금속에 의하여 노심으로의 소듐 유동이 부분적으로 막혔다고 생각해 보자. 이러한 유로 폐쇄에 이은 사고 경위는 많은 요인들에 영향을 받는다. 정상적인 냉각이 되지 않는 노심 내 핵연료들은 용융하기 시작한다. 이것은 노심 중간높이쯤 초기 온도가 가장 높은 지점에서 발생한다. 용융된 핵연료는 인접 냉각재 유로를 통하여 아래로 흐르게 되며, 다시 고화될 수도 있다. 이것은 주변의 소듐 유로를 막아 추가적인 핵연료 용융을 야기하고, 이어서 또 다른 유로가 막히게 된다. 그림 11.24(b)에서 보듯이, 이러한 과정은 노심의 일정 부분이 침식될 때까지 지속된다.

---

33 페르미 원자로는 300 MW로 운전되도록 설계한 LMFBR이다. 이것은 1963년에 임계에 도달하였고 1966년에 일부 노심 용융을 겪었다. 수리 이후 1970년에 다시 임계에 도달하였으나 운영자금 부족으로 인하여 곧 폐로되었다.

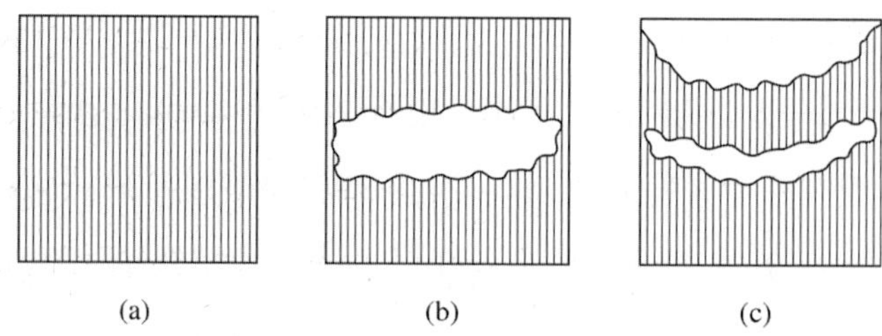

그림 11.24 LMFBR에서 노심붕괴사고(CDA)의 진행 단계

이 시점에서 노심의 상단 1/3은 남은 부분 위에 겨우 매달려 있다. 원자로는 미임계이나 이렇게 지지되지 않는 노심 상단이 아래로 떨어져 하단과 합쳐지면서 증배계수 k가 급격히 증가한다. k가 1 이상이 되자마자 핵연료 내에서 다시 에너지가 생성된다. 이러한 에너지의 방출은 떨어지는 상단 핵연료의 운동량에 반작용하려 하고 결국 계통은 산산조각 난다.

이러한 일련의 사건은 일정 질량의 미임계 핵분열 물질을 또 다른 미임계 핵분열 물질에 쏘아 급격히 초임계 핵분열 물질로 결합시키는 소위 총-형태(gun-type) 핵폭탄의 작동과 유사하다. 물론 고속로 내의 조건은 폭발적 핵에너지의 방출에 최적화되도록 설계되지는 않는다. 따라서 CDA의 TNT 등가 에너지는 작은 핵폭탄의 발생 에너지보다 적다. 페르미 원자로의 계산은 최악의 가상적인 CDA가 약 700 lb(톤이 *아님*)의 TNT 등가 에너지를 방출할 것임을 보여 주었다. 비록 이것이 대수롭지 않은 에너지라는 건 아니지만, 원자로와 압력용기 그리고 콘크리트 차폐체의 질량은 이러한 에너지를 수용하기에 충분하다는 것이다.

사실, 앞에 설명한 CDA 모델은 예상컨대 사고의 심각성을 극도로 과다하게 예측한다. 한 가지만 말하면, 단지 노심 내 일부 유로가 폐쇄되어 그 일부 핵연료가 용융된다고 해서 이것이 전체 노심으로 확대될 가능성이 매우 낮다는 것이다. 페르미 원자로에서 이러한 유로 폐쇄는 원뿔형 유동 안내관으로부터 지르코늄 금속판이 부서져 떨어져 나와 노심 지지판에 걸리면서 발생했다. 각각 144개 핵연료봉을 가진 두 핵연료집합체로의 냉각재 유량이 감소하고 이 핵연료집합체의 일부가 용융되었지만, 인접 핵연료봉은 별로 영향을 받지 않았다.[34]

---

34 유로 폐쇄가 노심의 낮은 출력밀도 영역에서 발생하였으나 원자로는 전 출력으로 가동되고 있었

원자로의 지름이 특히 크다면, 원자로 중심이 용융되는 상황에서 상단 전체가 원래 자리에 그대로 있다고 가정하는 것 또한 비현실적이다. 상대적으로 하단의 핵연료가 용융되자마자 그 상단 핵연료는 붕괴해 내린다고 보는 것이 합리적이다. 이러한 점진적인 붕괴로 인해 CDA의 전체 에너지 발생은 크게 감소한다.

유로 폐쇄가 CDA를 일으키는 유일한 원인은 아니라고 말할 수 있다. 이 사고는 원자로의 출력운전 중 제어봉의 갑작스런 인출, 노심 전체에 대형 소듐 기포의 형성과 이동, 냉각재 주 배관의 파단, 즉 *말 그대로의*(*bona fide*) LOCA로부터도 발생할 수 있다.

정지저출력 사고(nonpower accidents)

이전 논의는 원자로 출력운전 시의 사고에 초점을 두었다. 최근의 사건 분석들은 원자로 정지 상태 또는 핵연료 취급과 관련된 사고 경위가 더 발생 가능성이 높다는 것을 시사하고 있다.

사고 위험도 분석은 저출력과 정지 중 사고가 노심 손상 가능성에 상당히 기여함을 보여 준다. 분석에 따르면 이러한 사고들의 총 노심 손상 빈도에 대한 기여도가 다른 모든 원인들의 그것과 같다는 것을 보여 준다.

원자로 출력이 전 출력의 10% 혹은 그보다 낮게 감소할 때, 안전계통은 종종 하드웨어나 절차에 의해 자동작동 불능상태가 된다. 사고 시에 원자로를 보호하도록 돕는 다수의 정상 안전계통들의 작동이 용이하지 않다는 것이다. 저출력에서 발생할 수 있는 이러한 사고들은 전 출력 사고와 유사하다. 정지 또는 저출력에서 고려되는 전형적인 사고들은 냉각 상실, 냉각재 상실 및 반응도 사고 등이다. 냉각 상실 사건은 열제거 능력의 상실이 있을 때 발생한다. 정지 시 원자로는 노심으로부터의 붕괴열을 제거하기 위하여 보조계통과 잔열제거계통을 사용하여 냉각된다. 냉각 상실은 이러한 계통의 오작동이나 잔열제거계통 펌프 구동을 위한 전원 상실로 발생한다.

저출력에서의 LOCA는 전 출력과 같은 이유로 주요 관심사항이다. 정지 시 고려되는 전형적인 냉각재상실사고는 계통의 냉각재 배수이다. 계통이 정지 시에 보통 감압되어 있기 때문에 배관 파단 가능성은 낮다. 냉각재 배수는 의도치 않게 일차계통에 연결된 밸

기 때문에 이것은 공정한 시험이라 할 수 없다.

브가 개방되거나 일차계통에 타 계통이 상호 연결되어 발생한다.

정지 시 반응도 사건은 노심에서 국부적 또는 전체의 임계를 가져올 수 있다. 이러한 사건의 예에는 원자로 냉각재로부터 의도되지 않은 붕소 제거나 제어봉 인출, 재장전 오류 등이 있다. 이 사건들의 분석에 따르면, 이들은 배관계통의 대형 첨두 압력을 초래해 건전성을 위협하여 결국 냉각재상실사고로 이어질 수 있음을 시사한다.

PWR이 정지저출력 운전상태일 때 발생가능성이 가장 높은 위험은 원자로용기가 부분 배수 되었을 때 발생한다. 낮아진 수위로 인해 잔열제거계통 연결 배관이 노출될 수 있다. 이러한 사건이 발생한다면 이는 냉각 상실 사고가 될 것이다. BWR에 대해서 발생가능성이 가장 높은 사건은 재장전 후 계통 충수 중 저온과압 사건이다.

발생 가능한 다른 정지 중 사고들은 화재와 핵연료 취급 관련 사고이다. 화재는 언제든 발생할 수 있지만 정지 시와 같이 유지보수가 진행 중일 때 특히 가능성이 높다. 핵연료 취급 사고는 재장전 기간 중 핵연료가 사용후핵연료저장조에 보관되기 때문에 관심 대상이다. 핵연료의 핵분열 생성물 총량은 매우 크기 때문에 적절히 냉각되지 않는다면 과열되고 용융될 수 있다. 다른 사건에는 핵연료 유형의 혼합에 의한 임계 관련 사고가 있다. 이러한 사건이 비록 원자로에서 발생하지는 않았지만 핵연료 제조시설에서는 발생한 바 있다. 가장 최근의 사건은 토카이무라 핵연료 제조시설에서 발생한 핵 사고이다.

토카이무라 핵 사고

토카이무라 시설은 스미토모금속광산회사(Sumitomo Metal Mining Co.)의 자회사인 일본핵연료변환회사(Japan Nuclear Fuel Conversion Co., JCO)가 운영한다. 이 시설은 핵연료 제조를 위하여 농축 6불화 우라늄을 이산화우라늄으로 변환하는 핵연료 생산 공장이다.

1999년 9월 30일, 세 명의 작업자가 18.8% ^{235}U를 사용하여 JOYO 실험용 고속증식로의 핵연료 제작을 준비하고 있었다. 이것은 이 원자로에 대한 JCO의 3년간 핵연료 공급분 중 첫 번째 공급분에 대한 작업이었고, 이 업무의 작업자를 준비시키기 위한 적절한 인증과 훈련 요구사항은 수립되지 않았던 걸로 보인다. 약 10시 35분경, 16 kg의 우라늄을 함유한 침전탱크 내의 용액의 체적이 40리터에 도달하였을 때, 임계질량에 도달하였다.

이어진 임계로 작업자와 주변 거주자들은 상당량의 방사선 선량에 피폭되었다. 연관된 세 명의 작업자는 1,000 ~ 20,000 mSv의 선량에 피폭되었는데, 참고로 치명적인 선량은 8,000 mSv이다. 작업자들과 거주민들은 10 ~ 50 mSv의 선량을 받았다. 이 시설로부터 상당한 오염물질이 외부로 누출되지는 않았다. 위의 피폭은 임계사고 동안 방출된 방사선 때문이다.

이 사건은 작업자가 적절한 절차를 따르지 않았고, 안전훈련이 적절하게 이루어지지 않았기 때문에 발생하였다. 이 시설은 이러한 사건을 배제하도록 설계되었으나, 사고 시에 작업자들에 의해 다양한 안전 설비들이 작동불능 상태로 되어 있었다.

»» 11.8 사고 위험도 분석

핵분열 생성물 총량이 매우 큰 발전용 원자로는 많은 사람들과 관련되는 중대사고 가능성을 내재하고 있다. 현재까지 이러한 사고는 단지 두 건만 발생했고[35]—체르노빌과 후쿠시마 다이이치—수많은 데이터가 있는 치명적인 자동차 사고 위험과 달리 이러한 사고의 위험을 직접적으로 충분히 평가하는 것은 불가능하다. 일부 항공우주산업에 대해 개발되어 온 바 있는 정밀한 사고 위험도 분석 방법들이 원자력 발전소에 적용되어 왔다.

위험도의 의미

"위험도(risk)"는 다양한 사람들에게 다양한 의미를 전달할 수 있는 공통의 단어이다. 다른 종류의 위험을 비교하기 위해서, 특정 사건에 연관된 위험도는 *단위시간당 사건의 결과* (*consequence of the event per unit time*)라는 기술적 정의로 주어진다. 미국에서 2014년에 자동차 사고로 약 32,000명이 사망하였다. 이러한 사고의 총 사회적 위험도는 32,000사망/년으로 정의된다. 2014년 현재 미국 사회가 약 3억 1900만 명의 인구를 가지고 있으므로 평균 개인 위험도는 다음과 같이 정의된다.

---

35 쓰리마일아일랜드의 사고는 노심을 심각하게 손상시켰으나 대기로 방사능을 대량으로 누출하지 않았다. 후쿠시마 다이이치의 사고는 직접적인 사망자를 발생시키지는 않았으나 대규모 피난과 환경으로 대량의 방사능 누출을 야기하였다.

$$\frac{3.2 \times 10^4 \text{ deaths/yr}}{319 \times 10^6 \text{ persons}} = 1 \times 10^{-4} \text{ deaths/person} - \text{year}$$

어떤 사건의 이러한 위험도는 사건의 빈도와 결과의 규모로부터 분명하게 계산될 수 있다.

$$\text{Risk}\left\{\frac{\text{consequences}}{\text{unit time}}\right\} = \text{frequency}\left\{\frac{\text{event}}{\text{unit time}}\right\} \times \text{magnitude}\left\{\frac{\text{consequence}}{\text{event}}\right\} \quad (11.102)$$

2014년에 미국의 자동차 사고 수는 연간 약 610만 건이고, 사고 190번당 한 번 사망으로 이어졌다. 사회적 위험도는 아래와 같다.

$$\text{Risk} = 6.1 \times 10^8 \frac{\text{accidents}}{\text{year}} \times \frac{1 \text{ death}}{190 \text{ accidents}} = 32{,}000 \frac{\text{deaths}}{\text{year}}$$

표 11.12는 1969년 미국의 사고사 통계를 나타낸 것이다. 사고사의 1인당 연간 위험도는 약 10^{-4}(자동차와 실족사)에서 10^{-7}(번개와 폭풍)임을 알 수 있다. 인구의 일부만 종사하는 특정 위험 직업군과 스포츠를 제외하면, 일반 대중이 수행하는 활동 중 연관된 위험도가 10^{-3}/person-year보다 높은 활동은 드물다.

대중은 보다 익숙한 위험에 대해 일관적인 태도를 취해 왔다고 보인다. 분명히 10^{-3}/person-year의 위험도는 받아들여질 수 없다. 10^{-4}/person-year의 위험이면 대중은 중대한 문제로 생각하고 사고율을 낮추는 데 투자하려 한다. 다양한 교통 프로그램이 도입되었다: 자동차 검사를 실시한다; 반드시 안전벨트를 장착해야 한다; 위험한 지점에는 울타리와 철책을 설치해야 한다; 화재 예방과 능동적인 화재 제어를 위해 재원을 투자한다. 10^{-5}/person-year 수준의 위험은 여전히 인정되고 있다. 수영장에 안전요원을 고용한다; 어린이가 열지 못하는 뚜껑으로 된 특별한 병이 약병으로 사용된다; 등이 있다.

10^{-6}/person-year 또는 그 이하의 위험도에 대해서는 대중의 태도가 바뀌는 것으로 보인다. 이 범주의 사고는 “뇌우가 쏟아질 때 나무 밑에 서 있으면 안 된다”와 같이 신의 행동 또는 개인의 실수로 보여지는 경향이 있다. 대중은 10^{-6}/person-year의 위험 또는 그 이하의 위험은, 최소한 큰 걱정을 하지 않는, 어떤 의미로는 받아들이는 것으로 보인다.

하지만 주어진 위험도에 대한 대중의 허용 가능성은 위험도의 크기뿐 아니라 사건 결과의 규모에 달려 있다. 두 사고 A와 B를 생각해 보자. A는 연평균 한 번 발생하고 한 명이 사망한다. A의 사회적 위험도는 따라서 연간 한 명의 사망이다. 한편 B는 단지 10,000

표 11.12 1969년 미국의 다양한 원인에 의한 개인의 직접 사망 위험도

사고	1969년의 총 사망 수	대략적인 개인 위험도, person-year당 급성 사망
자동차	55,791	3×10^{-4}
추락	17,827	9×10^{-5}
화재와 고온 물질	7,451	4×10^{-5}
익사	6,181	3×10^{-5}
독	5,516	2×10^{-5}
화기	2,309	1×10^{-5}
기계 (1968)	2,054	1×10^{-5}
수상 운수	1,743	9×10^{-6}
항공 여행	1,778	9×10^{-6}
낙하물	1,271	6×10^{-6}
감전	1,148	6×10^{-6}
철도	884	4×10^{-6}
번개	160	5×10^{-7}
허리케인	93†	4×10^{-7}
토네이도	91‡	4×10^{-7}
다른 모든 사고들	8,695	4×10^{-5}
모든 사고들	112,016	6×10^{-4}

*근거: "Reactor Safety Study," U.S. Nuclear Regulatory Commission[36] Report WASH-1400, 1975.
† (1901~1972 평균)
‡ (1953~1971 평균)

36 WASH-1400에 포함된 데이터는 1960년대 후반에 수집되었지만, 상대적인 위험도는 위험도의 규모가 상당히 같게 유지된다. 1969년 이후 단지 절댓값이 바뀌었다. 예를 들어, 최근에는 3억 명의 인구에서 매년 약 38,000명의 교통사고 사망자가 발생하는데, 1969년에는 1억 8천만 명의 인구에서 55,791명의 사망자가 발생하였다.

년에 한 번 발생하지만 10,000명이 사망한다. *B*와 연관된 위험 또한 연간 한 명의 사망이다. 대중은 일반적으로 사고 *B*를 사고 *A*보다 더 안 좋게 보는 경향이 있다. 10,000명의 사망과 관련된 재난의 가능성에 직면하면 대중은 낮은 확률을 무시하고, 만약 그것이 발생 가능하다면 발생할 것이라고 가정하는 경향이 있다. 일부 대중의 이러한 태도는 *위험회피*(*risk aversion*)라 알려져 있다.

위험에 대하여 덜 알고 있는 것 또한 위험의 인식에 영향을 줄 수 있다. 예를 들어 방사선과 화학물질과 같이 사람들은 그들이 볼 수 없는 위험을 두려워한다. 이러한 공포는 실제 위험에 근거하는 것이 아니고 위험을 인지하지 못하는 데 따른 위험 인식에 근거한다.

위험도 결정

원자력 발전소의 사고와 관계된 위험도의 계산은 3단계 과정으로 이루어진다. 우선 발전소에서 사고로부터 야기되는 다양한 방사능 방출의 확률을 결정하는 것이 필요하다. 두 번째로 이러한 방출로 인해 대중에 미치는 결과가 반드시 평가되어야 한다. 마지막으로 방출 확률과 그 결과를 결합하여 전반적인 위험도를 구한다.

원자력 발전소가 11.3절과 11.7절에서 일부 설명된 공학적 안전 특성을 가지고 신중하게 설계되기 때문에 단일 발전소 기기는 대량의 방사능 누출을 가져올 수 없다. 이러한 단일 기기의 고장은 고장의 결과를 완화시키는 목적으로 일련의 안전계통을 작동시킨다. 만약 방사능 누출이 있다면 이것은 이러한 안전계통이 그들의 기능을 수행하는 정도에 달려 있다. 어떠한 주어진 초기사건에 의해서도 다양한 방사능 누출을 초래할 수 있으며, 이 누출들은 각각의 고유한 발생 확률을 지닌다.

사건수목(*event tree*)을 사용함으로써 다양한 누출을 야기하는 사고 경위들을 규명하는 것이 가능해진다. 이 기술은 단순하고 가시화된 예시를 통하여 아주 잘 이해될 수 있다. LOCA를 야기하는 대형 배관 파단을 생각해 보자. 적절한 사건수목을 개발하기 위해서는 우선 어떠한 발전소 계통이 차후의 사건들에 영향을 받을 가능성이 있는지를 결정하는 것이 필요하다. 이 경우 이러한 계통들은 발전소 전원, 비상노심냉각계통, 방사능처리계통(살수, 필터 등), 격납건물계통(격납건물과 이것의 열제거계통)이다. 그림 11.25의 상단에 나타낸 것과 같이, 이러한 계통과 초기 배관 파단은 사고 진행에 영향을 줄 것으로 예상되는 시간에 따라 일렬로 작성된다.

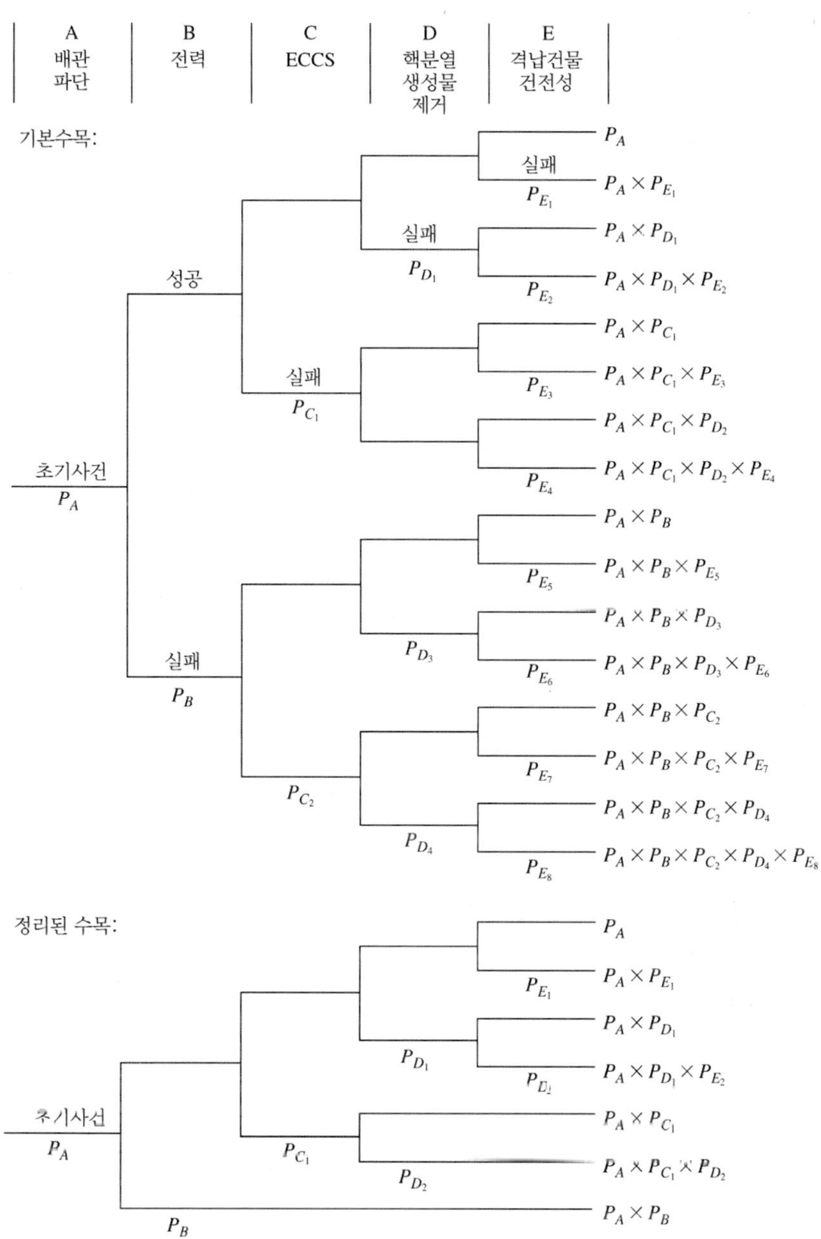

그림 11.25 냉각재상실사고에 대한 기본수목/정리된 사건수목(출처: "Reactor Safety Study," U.S. Nuclear Regulatory Commission Report WASH-1400, 1975)

그림의 중앙에 보이는 사건수목은 안전계통의 작동 여부에 따른 모든 가능한 사건의 경위에 대한 일련의 분기(branch)로 구성된다.[37] 기본수목에 따르면 단일 초기사건이 16가지의 서로 다른 경로를 거쳐 16개의 서로 다른 결과로 나타날 수 있다. 특정 결과의 확률은 해당하는 분기를 따라 일련의 확률을 곱하여 얻어진다. 계산은 안전계통의 실패확률이 적고 이에 따라 성공확률이 본질적으로 1이라는 사실에 의해 단순화된다. 각 결과의 확률은 해당하는 분기의 오른쪽에 표시되어 있다.

몇몇 원자로 안전계통 사이의 물리적인 관계 때문에, 그림에 보이는 기본수목은 여러 개의 비논리적 분기를 가지고 있다. 만약 발전소에서 모든 전원이 고장나면 다른 안전계통들 중 어떤 것도 작동될 수 없고, 기본수목의 하위분기 중 어떤 것도 더 이상 진행될 수 없다. 비논리적인 분기를 제거한 *정리된 사건수목*(*reduced event tree*)이 그림 11.25의 하단에 제시되어 있다.

일단 사건수목이 만들어지면 방사능 누출의 양을 결정하기 위하여 각 결과를 분석하게 된다. 이것은 LOCA의 경우 핵연료 용융의 정도와 기타 인자의 수에 따라 달라진다. 그림에서 알 수 있듯이, 관련된 확률의 계산은 모든 안전계통의 실패확률에 대한 지식을 요구한다. 배관 파손과 용기 파손과 같은 초기사건의 확률은 원자력 또는 다른 공학적 계통의 실패율 데이터로부터 얻을 수 있다. 원자로 안전계통의 실패율에 대해서는 데이터가 별로 없다. 이들 실패율은 *고장수목 분석*(*fault tree analysis*) 방법에 의해 결정된다.

고장수목은 본질적으로 사건수목의 역순이다. 특정 고장에 대하여 고장수목은 주어진 고장을 야기하는 다른 고장들의 조합과 연쇄를 확인하기 위하여 사용된다. 이 방법의 예가 그림 11.26에 주어져 있는데, 이는 공학적안전설비(engineered safety feature, ESF)들로의 모든 전원 상실에 대한 고장수목의 일부이다. ESF의 운전은 펌프 작동을 위한 에너지를 공급하는 AC 전원과 AC 전력의 사용을 제어하는 전기계통을 위한 DC 전원 모두 필요하다. AC 또는 DC 전원의 고장은 ESF가 작동할 수 없게 만든다. 따라서 그림의 고장수목은 첫 번째 단계의 그림에 표시되어 있는 특별한 심볼로 주어지는 “OR” 게이트로 시작한다.

만약 AC 또는 DC 전원 고장의 확률이 각각 P_{AC} and P_{DC}라면 ESF로의 모든 전원 상실의 확률 P_{EP}는 $P_{AC} + P_{DC}$이다. 만약 AC와 DC 전원 고장에 대한 충분한 데이터가 가용하다면 P_{EP}는 직접 계산될 수 있다. 이러한 데이터가 없는 경우에는 이 수목을 다음 수

37 안전계통의 부분적인 작동은 포함되지 않는다. 보수적으로 부분적으로 작동되는 계통은 전혀 작동되지 않는다고 가정한다.

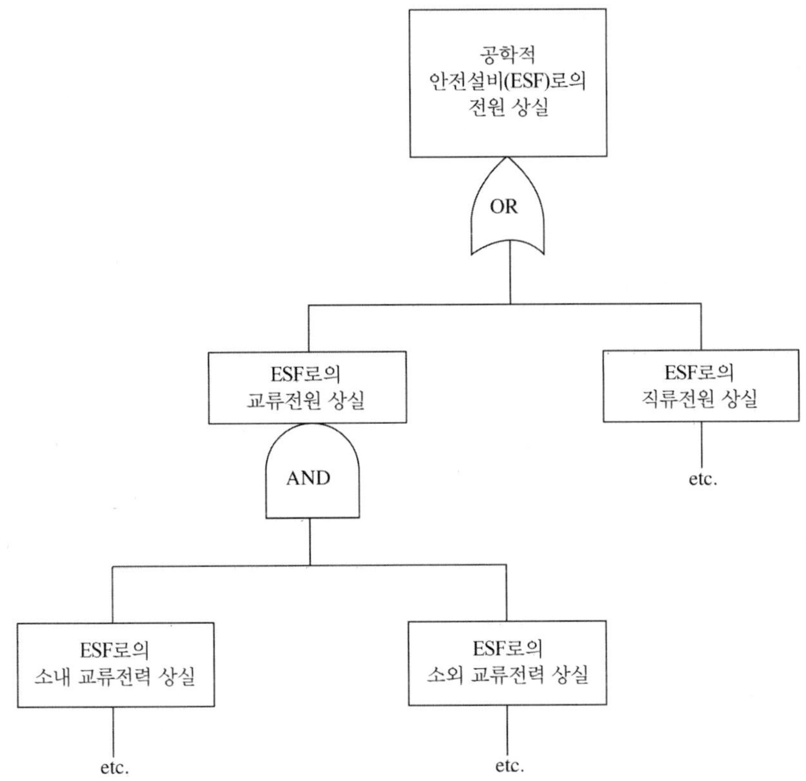

그림 11.26 공학적안전설비(ESF)로의 전원 상실의 확률을 결정하기 위한 고장수목의 전개(출처: "Reactor Safety Study," U.S. Nuclear Regulatory Commission Report WASH-1400, 1975)

준에서 계속하는 것이 필요하다.

예를 들어, LOCA 사건에서 AC 전원으로는, 지역 전력망의 전력선으로 공급되는 외부 전원과 대기 중인 디젤발전기(그리고 다른 원자로가 존재한다면 이 원자로)로부터 공급되는 소내전원의 두 전원이 있다. 이 전원이 서로 독립적이기 때문에 AC 전원 상실을 위해서는 두 가지 모두 반드시 고장 나야 한다. 따라서 이들은 그림 11.26에서 "AND" 게이트로 묶인다. 만약 소외와 소내 전원 상실의 확률이 각각 P_{NS} and P_{FS}라면 모든 AC 전원 상실의 확률 P_{AC}는 분명히 $P_{NS}P_{AC}$이다.

P_{NS} or P_{FS}에 대한 실험적인 실패율이 알려져 있지 않으면 고장수목에 추가 수준이 필요하다. 이러한 방법으로 고장수목은 통계 데이터가 가용한 고장이 확인될 때까지 계속된다. 이 분석의 결과는 그림 11.25의 사건수목에 있는 P_B와 같은 확률 P_{EP}이다.

가능한 돌발적인 방사능 누출과 이들의 확률 계산을 통하여, 원자력 위험도 평가의 첫 단계가 마무리되었다. 다음으로는, 발전소 주변의 인구 분포와 지배적인 날씨 조건에 근거하여 대중들이 받을 선량이 계산된다. 이러한 선량은 9장에서 논의한 것과 유사한 선량-영향 관계를 사용하여 급성 치사율과 다양한 비치명적 건강상 영향으로 해석된다. 원자력 발전소 사고의 위험도를 얻기 위하여 식 (11.102)를 사용하여 확률과 결과가 결합된다.

표 11.13 가능한 원자력 발전소 사고에 의한 근사적인 사회적/개인적 위험도*

결과	사회적 위험도 ($year^{-1}$)	개인적 위험도 ($year^{-1}$)
직접 사망	†3×10^{-3}	2×10^{-10}
급성 질병	†2×10^{-1}	1×10^{-8}
잠재적인 암	2	1×10^{-8}
갑상선 부상	20	1×10^{-7}
유전적 피해	3×10^{-1}	1×10^{-9}
물질적 피해	2×10^{6}	—

*출처: WASH-1400, op. cit., U.S. Nuclear Regulatory Commission.
† 100기의 발전소 근처 주민 15백만명에 근거한 개인별 위험도 값.

원자력 사고 위험도에 대한 NRC의 포괄적인 연구 결과가 표 11.13에 주어져 있다. 이것은 현재 지정된 68개 부지에 있는 100개의 LWR의 운전 이력에 근거한 것이다. 전에 설명된 것과 같이 사회적 위험도는, 매년 원자로의 운전에 의해 영향을 받을 것으로 예상될 수 있는 미국에 있는 전체 사람 수와 같다. 개인별 위험도는 사회적 위험을 미국의 인구로 나눈 것이다.

표 11.14 원자력과 비원자력 사고들에 의한 급성 치사의 위험도

사회적 위험도, 연간 급성 사망		개인별 위험도, person-year당 급성 사망	
비원자력 사고	원자력 사고	비원자력 사고	원자력 사고
115,000	4×10^{-2}	6×10^{-4}	2×10^{-10}

표 11.14는 원자력과 비원자력 사고들에 의한 급성 치사의 사회적/개인별 위험도를 비교하여 나타낸 것이다. 원자력 사고에 의한 사망은 분명히 매우 발생 가능성이 낮은 사건

이다. 원자력 위험도를 보다 깊게 보기 위하여 NRC는 주어진 치사율보다 더 높은 치사율을 가져올 수 있는 원자력 사고들의 빈도를 계산하였고 다양한 인적 재해와 자연 재해에 대한 유사 데이터와 비교하였다. 그림 11.27과 11.28은 그 결과를 나타낸 것으로, 여기에서 세로축은 N명 이상의 사망을 야기하는 연간 평균 사건 수이다. 그림은 원자력 사고에 의한 예상 사망 수가 일반적인 인적 사고의 수보다 몇 자리 수 더 작으며, 유성에 의한 사망 수준인 것을 보여 준다. 핵비판론자들에 의해 아주 자주 언급되고 핵에너지에 대한 대중 위험 회피의 큰 원인인 대형 핵 재난의 확률은 사실상 존재하지 않는다.

좀 더 최근에 NRC는 각 원자력 발전소에 의한 사고 위험도를 각 발전소별로 평가하였

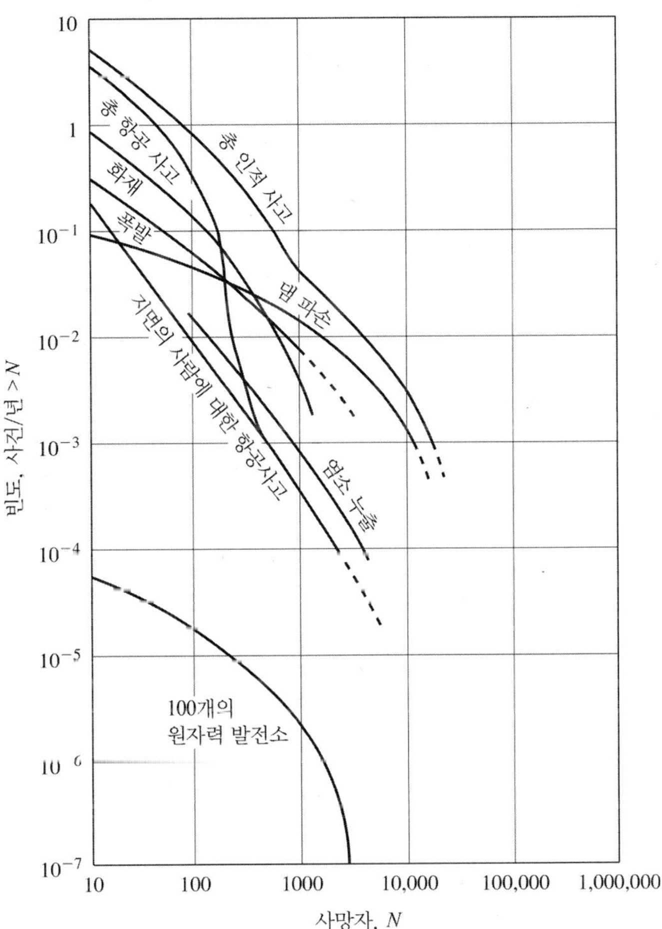

그림 11.27 N보다 큰 사망을 가져오는 인적 사고와 원자력 사고의 빈도(출처: "Reactor Safety Study," U.S. Nuclear Regulatory Commission Report WASH-1400, 1975)

다. NRC는 가동 중인 다섯 개의 원자력 발전소에 의한 위험도를 평가하였다. 이 연구의 결과는 일반적으로 기존 원자로안전연구(Reactor Safety Study)의 시사점을 재확인해 준다.[38] 허가 소지자들도 이제 모든 상업용 원자력 발전소에 대하여 유사한 연구를 완료했다. 이러한 독립적 발전소 평가(Individual Plant Examination)는 고려될 원전별 설계와 기타 고유 특성들 간의 차이를 허용하고 있다.

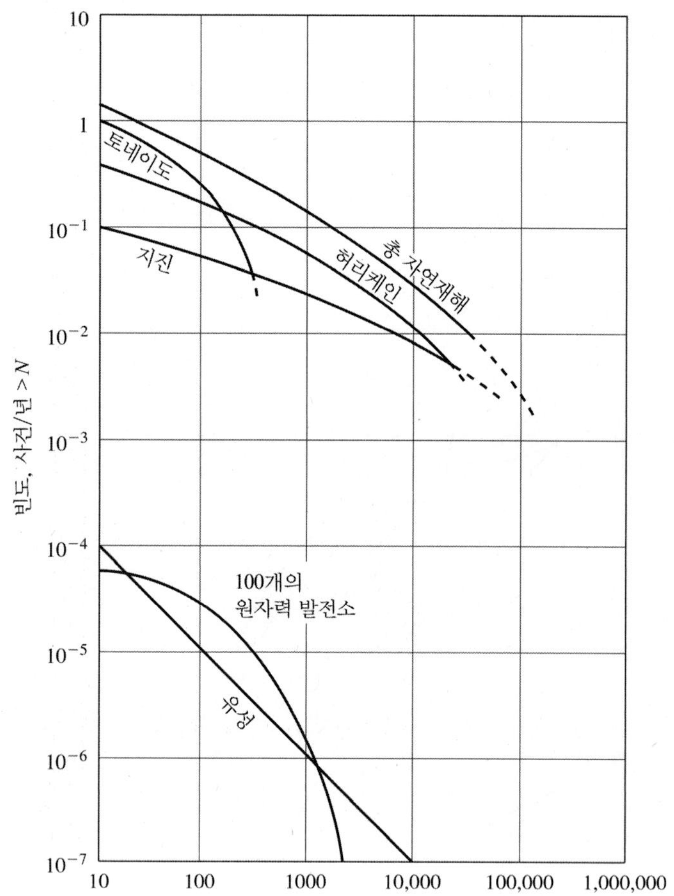

그림 11.28 N보다 큰 사망을 가져오는 자연 사고와 원자력 사고의 빈도(출처; "Reactor Safety Study," U.S. Nuclear Regulatory Commission Report WASH-1400, 1975)

---

38 Severe Accident Risks: An Assessment for Five US Nuclear Power Plants, NUREG-1150, U.S. NRC, 1990.

11.9 환경 방사선 선량

원자력 발전소에 의한 방사능 방출을 0으로 낮추는 것은 경제적으로 현실적이지 않고, 적은 양의 방사성 핵종을 환경으로 방출하는 것이 필요하다. 이러한 유출물은 기체 또는 액체 형태이다. 이러한 유출물의 방출원, 방출량, 조성은 발전소에 따라 다르고 심지어 같은 노형을 채용한 발전소 간에도 다르게 나타난다.

PWR 발전소의 핵연료봉에서 누출되어 일차 회로를 순환하는 핵분열 생성물 기체는 냉각재로부터 화학제어 수집탱크로 추출된다. 그 이후 이 기체들은 환경으로 방출될 수 있을 정도로 방사능이 낮아질 때까지 붕괴탱크에 저장된다.

어떤 PWR 발전소들에서는, 기체 방사능 유출물의 주요 발생원이 격납건물 유입 전에 그 대기를 정화하는 필요에 의해 발생한다. 액체 폐기물은 밸브, 펌프, 기타 기기들의 누설에서 발생한다. 이러한 폐기물은 원자로 건물 내의 집수조에 모이고 마찬가지로 붕괴탱크에 저장된다. 이후 이 액체는 희석되어 적절한 집수구역으로 방출되거나 응고되어 소외 처분을 위해 드럼에 넣어진다.

BWR 발전소에서는 가장 중요한 기체 방사성 유출물의 발생원은 전통적으로 주 복수기이다. BWR에서 방사능을 가지고 있는 원자로로부터의 증기는 터빈을 통과한 후 복수기에서 물로 응축된다. 복수기가 가능한 한 진공에 가깝게 운전될 때 증기 사이클의 효율이 가장 좋다. 복수기가 진공으로 운전될 때 필연적으로 공기가 내부로 들어가게 되고 이것은 지속적으로 배기되어야 한다. 증기의 방사성 기체가 새어 들어온 공기와 혼합될 때, 이들은 공기와 함께 배기된다. 이러한 오염된 공기가 직접적으로 환경에 방출되는 것을 방지하기 위하여, 대기 방출 전에 수집탱크로 이송되어 방사성 물질들이 붕괴하도록 일정 기간 동안 보관된다. 어떤 신규 BWR 발전소들은 복수기에서 나오는 기체를 액화시키는 극저온계통을 가지고 있다. 그러면 불활성 기체들은 증류되고 방출되기 전 60일 이상 보관된다. ^{85}Kr를 제외한 모든 불활성 기체들은 이 기간 동안 붕괴된다. BWR의 액체 폐기물은 본질적으로 PWR과 같은 형태로 발생하고 처리된다.

유출물의 규제

미국에서는 원자력 발전소의 유출물 배출에 대한 규제 권한이 NRC에 있다. 유출물들이 일단 부지 경계를 넘어가면, EPA가 제정하여 40CFR190.10으로 발간된 다소 복잡한 기준들을 반드시 만족해야 한다. NRC는 그들의 규제를 받는 어떠한 발전소에서도 이러한 EPA 기준들이 초과되지 않도록, “제한구역 바깥의 비제한구역 어디에서나 유출물의 방사능 준위를 *합리적으로 달성할 수 있는 한 낮게*(*as low as reasonably achievable*) 유지” 하는 정책(10CFR50.34a)을 채택하였다. NRC에 따르면 “합리적으로 달성할 수 있는 한 낮게”라는 용어는, “대중의 보건과 안전 측면의 이익과 관련된 기술 수준 및 그 기술 향상의 경제성을 고려하여, 합리적으로 달성할 수 있는 한 낮게”를 의미한다.

NRC는 그들의 “합리적으로 달성 가능한 한 낮게”를 *단일* 원자로로부터의 유출물 제한에 대한 다음의 수치적 지침으로 변환하였는데[39] 이는 수냉각 원자로에만 적용할 수 있다.

1. 액체 유출물에서 자연 방사능 수준 이상의 방사성 물질의 연간 배출은 비제한구역의 어떠한 개인에 대해서도 전신 3 mrem 또는 특정 장기 10 mrem을 초과하는 연간 선량 또는 선량예탁을 초래해서는 안 된다.
2. 기체 유출물에서 자연 방사능 수준 이상의 방사성 물질의 연간 배출은 비제한구역에서 10 mrad의 감마선과 20 mrad의 베타선을 초과하는 연간 공기 선량을 초래해서는 안 된다. 연간 선량이 전신 5 mrem 또는 피부 15 mrem을 초과하지 않으면 보다 큰 배출은 허용된다.
3. 방사성 요오드와 입자 형태의 방사성 물질의 연간 유출은 특정 장기에 대해 15 mrem을 초과하는 연간 선량 또는 선량예탁을 초래해서는 안 된다.

원자력 발전소로부터의 모든 방사능 배출은 주의 깊게 감시되고 있고 NRC는 각 허가 소지자에게 이러한 배출에 대한 보고를 반년에 한 번씩 요구한다. NRC는 배출 데이터를 종합하여 연간보고서를 발간한다. 그림 11.29는 1972 ~ 1978년의 기간 동안 미국의 BWR 발전소 20개와 PWR 발전소 133개로부터의 평균 배출을 나타낸 것이다. 이때 단지 한 기의 HTGR이 운전 중이어서 이 그림에는 포함되지 않았다. 그림 11.29로 알 수 있듯이 BWR은 이 기간 동안 PWR보다 더 많은 방사성 기체 유출물을 지속적으로 배출하고 있다. 이것은 복수기 배출 기체에 기인한다. 추정컨대, 특히 이전에 언급된 극저온 분리와

---

39 10CFR50 Appendix I에서 발췌.

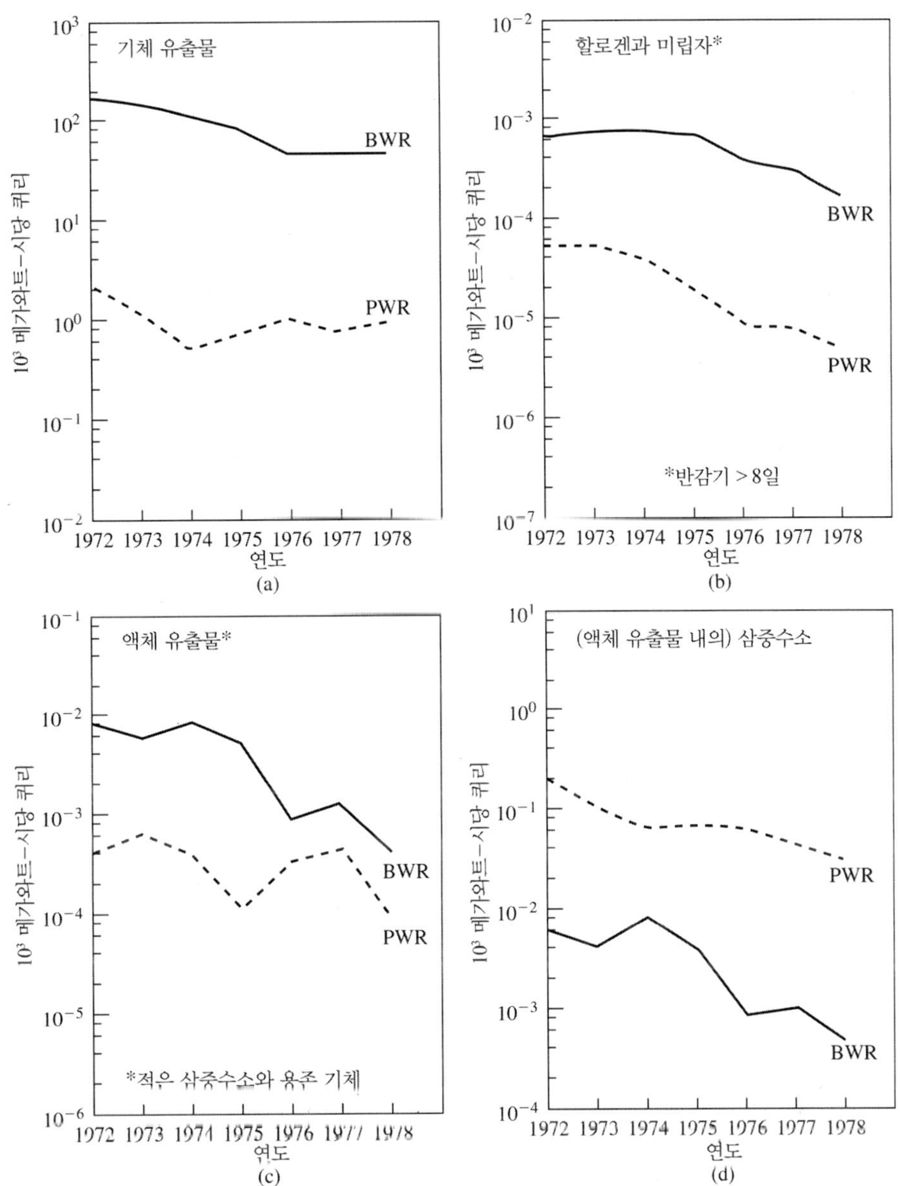

그림 11.29 1972~1978년의 PWR과 BWR 발전소로부터의 유출물 평균 배출률(출처: J. Tilcher and C. Benkovite, *Radioactive Materials Released from Nuclear Power Plants*, Report NUREG/CR2227, 1981)

같은 신규 폐기물 처리 방법은 향후 BWR의 이러한 유출물을 감소시킬 수 있을 것이다.

그림 11.29에는 BWR과 특히 PWR의 상대적으로 방대한 양의 ^3H 방출이 나타나 있다. 이 핵종은 약 10,000번의 핵분열당 하나의 생성률로 핵분열에서 직접 생성된다. 그리고

^{10}B과 고속중성자의 다음 반응에 의해서도 생성될 수 있다.

$$^{10}B + n \rightarrow {}^{3}H + 2{}^{4}He \tag{11.103}$$

삼중수소는 순수한 베타선 방출물질이고 생물에 농축되지 않아 인체를 빠르게 통과한다. 공기와 물에 대한 삼중수소의 MPC 값은 방사성 핵종 중 가장 높다(표 9.16 참고).

특히 석탄 발전소와 같은 화석연료 발전소 또한 방사성 유출물을 배출하는 것은 흥미롭다. 이 방사능의 근원은 이들 발전소로부터 배출되는 미량의 우라늄과 토륨, 그리고 이들의 주된 붕괴 생성물인 ^{226}Ra과 ^{228}Th을 포함하는 비산재들이다. 비산재 내 이러한 핵종의 농도는 석탄의 종류에 따라 달라지지만 일반적인 재는 각 핵종을 3 pCi/g 수준으로 가지고 있다. 모든 석탄 발전소에는 굴뚝에서 비산재를 제거하는 장치가 있다. 이 장치는 보통 97.5%의 효율을 가지고 있고, 이에 따라 약 2.5%의 비산재가 굴뚝으로부터 배출된다. 전형적인 석탄 발전소는 연간 5,000톤 정도의 비산재를 방출한다. 라듐과 토륨의 $(MPC)_a$는 타 핵종에 비하여 가장 적다. 이것은 이러한 원소들이 인체 내(이들은 뼈에 축적된다)에서 매우 긴 생물학적 반감기를 가지고 있으며, 선질계수 10으로 알파 입자를 방출하며 붕괴하기 때문이다. 석탄 발전소 주변의 대기 중 이러한 방사성 핵종의 농도는 $(MPC)_a$로 나타냈을 때 원자력 발전소 기체 유출물의 $(MPC)_a$보다 더 높은 수준에 도달할 수 있다. 다음 예제는 이것을 보여 준다.

예제 11.10

1,000 MWe 발전소가 9%의 재를 함유하는 13,000 Btu/lb의 석탄으로 38%의 효율로 운전되고 있다. 이 발전소의 굴뚝 높이는 100 m이다.

(a) 발전소에서 방출되는 ^{226}Ra의 방사능을 계산하라.

(b) 파스퀼 F와 1 m/sec의 분산 조건에서 지표면상의 최대 ^{226}Ra의 농도를 이 핵종에 대한 $(MPC)_a$ 3×10^{-12} μCi/cm^{3}과 비교하라.

풀이

1. 이 발전소의 열출력은 1,000/0.38 = 2,632 MW이다. 1년간 방출된 에너지는 $2{,}632\times8{,}760 = 2.30\times10^7$ MW-hr이다. 부록 I로부터 1 MW-hr = 3.412×10^6 Btu이므로,

$$\text{Coal consumption} = \frac{2.30 \times 10^7 \times 3.412 \times 10^6}{13{,}000} = 6.04 \times 10^9 \text{ lb/yr}$$

$$= 2.74 \times 10^{12} \text{ g/yr}$$

석탄재 제거장치 효율이 97.5%이므로 전체 재의 2.5%가 굴뚝으로 방출된다.

$$\text{Emitted ash} - 0.09 \times 0.025 \times 2.74 \times 10^{12} = 6.17 \times 10^9 \text{ g/hr}$$

1년간 발전소는 다음의 방사능을 방출한다.

$$6.17 \times 10^9 \text{ g} \times 3 \times 10^{-12} \text{Ci/g} = 0.0185 \text{ Ci}$$

2. 100 m의 굴뚝 높이에 대한 $\chi\bar{v}/Q'$의 최댓값은 약 10^4 m에서 발생한다. 풍속 1 m/sec에 대하여 $\chi/Q' = 2.5 \times 10^{-6}$ sec/m^{3}이다. Q'의 값은 0.0185 Ci/$3.16 \times 10^7 = 5.85 \times 10^{10}$ Ci/sec이다. 따라서,

$$\chi = 5.85 \times 10^{-10} \times 2.5 \times 10^{-6} = 1.46 \times 10^{-15} \text{Ci/m}^3 = 1.46 \times 10^{-15} \mu\text{Ci/cm}^3$$

이것은 ^{226}Ra에 대한 $(\text{MPC})_a$보다 $3 \times 10^{-12}/1.16 \times 10^{-15} = 2{,}050$배 작은 인자이지만, 공칭 PWR 발전소에서 방출되는 방사성 기체의 농도는 같은 조건 하의 이러한 기체에 대한 $(\text{MPC})_a$보다 일반적으로 10^4배에서 10^5배 작다.

유출물로부터의 선량

원자력 발전소로부터의 방사성 유출물의 환경영향을 평가하기 위하여, 이러한 유출물로부터 주변 인구가 받는 선량 계산이 필요하다.[40] 이 계산은 대기로 방출되는 기체 유출물과 수계로 방출되는 액체 폐기물에 대해 다소 다르게 수행되고 이 두 경우들은 독립적으로 고려된다.

기체 유출물

원자력 발전소로부터의 기체 유출물은 대부분 불활성 기체와 요오드 동위원소로 구성되어 있다. 이러한 기체들이 사람들의 체내에 들어오거나 사람들과 상호작용하는 데에는

40 원자력 발전소 주변의 다른 동물들에 대한 선량 또한 반드시 계산되어야 하지만 각각의 동물을 보호하는 것이 아닌 동물 전체를 보호하기 위한 목적을 가지고 있다.

몇 가지 방법이 있다. 그림 11.30은 중요한 피폭 경로를 개략적으로 나타낸 것이다.

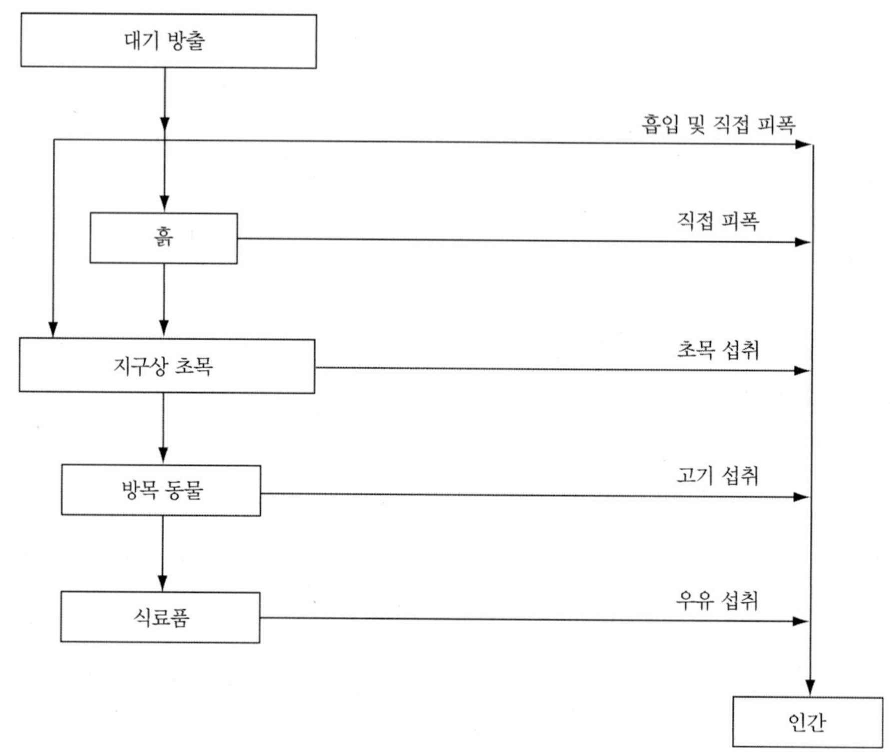

그림 11.30 방사성 기체 유출물이 사람에게 피폭되는 주요 경로

그림에서 알 수 있듯이, 이러한 기체들은 대기 중에 있을 때 인체에 직접선량과 흡입에 의한 내부선량을 동시에 준다. 직접선량은 대부분 불활성 기체에 의한 것이고 흡입선량은 대부분 갑상선에 대한 요오드 선량이다. 이러한 선량들 모두 11.5절에서 유도한 식을 사용하여 직접적인 방법으로 계산할 수 있다(예제 11.2, 11.4, 11.5 참조).

불활성 기체들은 내내 공기 중에 남아 있고 다른 피폭 경로로 들어오지 않는다. 요오드 동위원소들은 점차적으로 흙과 식물들에 축적된다. 이러한 방사능은 주변 사람들에게 직접적인 지표 선량을 준다. 이러한 선량의 계산 방법은 연습문제에서 논의한다. 어떠한 경우에도 이러한 선량은 다른 경로로부터의 선량에 비해 보통 적다.

요오드의 축적은 이러한 핵종들을 먹이사슬로 가지고 온다. 식물의 성장 기간과 비교하였을 때 이들의 짧은 반감기(가장 긴 것이 ^{131}I의 반감기로, 8.04일밖에 되지 않는다) 때문에,[41] 매우 적은 방사능이 흙으로부터 뿌리를 통해 식물로 들어온다. 대부분의 요오드는 잎줄기채소와 사료작물에 축적된 결과로 먹이사슬로 들어온다. 방사선 선량은 채소들의 섭취로부터 직접적으로 받게 되거나 방목된 가축으로부터의 고기와 특히 우유와 같은 유제품으로부터 간접적으로 받게 된다.

섭취한 음식물로부터의 방사선 선량을 계산하기 위해서는 먼저 나뭇잎의 평형 요오드 방사능을 결정하는 것이 필요하다. 오염 구름으로부터의 요오드 축적률 R_d는 오염 구름 내 요오드의 농도에 비례한다. 따라서

$$R_d = \chi v_d \tag{11.104}$$

여기에서 v_d는 비례상수이다. 이 방정식에서 R_d와 χ는 각각 $\mathrm{Ci/m^2\text{-}sec}$와 $\mathrm{Ci/m^3}$의 단위를 갖는다. 따라서 v_d는 m/sec의 단위를 갖고 이를 *침적속도*(*deposition velocity*)라 부른다. 유사한 결과가 SI 단위에 대해서도 얻어진다. 실험은 v_d가 대략적으로 0.01 m/sec임을 보여 준다. 방사성 유출물의 방출이 종종 Ci/yr(또는 μCi/yr)로 주어지기 때문에, 식 (11.104)를 다음과 같이 다시 쓰는 것이 편리하다.

$$R_d = Q_y'(\chi/Q')v_d \tag{11.105}$$

여기에서 R_d는 $\mathrm{Ci/m^2\text{-}yr}$, Q_y'은 Ci/yr, 희석 인자 (χ/Q')은 $\mathrm{sec/m^2}$, v_d는 m/sec의 단위를 갖는다.

일단 요오드가 나뭇잎 위에 떨어지면, 날씨 때문에 사라지거나 새로운 식물 성장에 의해 희석될 수 있다. 이러한 것들은 약 14일의 반감기에 해당하는 붕괴상수 λ_f를 갖는 일차 붕괴 과정임이 밝혀졌다. 만약 C_f가 $\mathrm{Ci/m^2}$으로 주어지는 어떤 시점에서 나뭇잎 위의 방사능이라면, 이것의 총 소실률은 $(\lambda + \lambda_f)C_f$이 되는데, 여기에서 λ는 일반적인 방사성 붕괴상수이다. 평형상태에서 요오드를 일정하게 침적시키는 플룸에 대해, 생성률과 붕괴율은 동일하다. 따라서,

41 적은 양의 ^{129}I ($T_{1/2} = 1.6 \times 10^7$ yr)가 원자로에서 형성되고 방출된다. 긴 반감기 때문에 ^{129}I의 방사능은 중요하지 않다.

$$R_d = Q_y'(\chi/Q')v_d = (\lambda + \lambda_f)C_f$$

$$C_f = \frac{Q_y'(\chi/Q')v_d}{\lambda + \lambda_f} \tag{11.106}$$

이 식에서 Q_y'가 Ci/yr로 주어지면 λ와 λ_f는 반드시 yr^{-1}이어야 한다.

우유에 포함된 요오드의 농도는 초원 내 풀의 요오드 농도에 비례한다. 비례상수는 풀의 Ci/m^2당 $9.0 \times 10^{-5}\ \text{Ci/cm}^3$의 값을 갖는다.[42] 우유 내 요오드의 농도는

$$C_m = 9.0 \times 10^{-5} C_f = 9.0 \times 10^{-5} \frac{Q_y'(\chi/Q')v_d}{\lambda + \lambda_f}\ \text{Ci/cm}^3 \tag{11.107}$$

우유가 대부분 물이고 섭취 방식이 같으므로, 이러한 요오드로부터의 선량은 물에 대한 일반 대중의 MPC를 사용한 이전의 농도와 비교하여 아주 간단하게 얻을 수 있다. 9장으로부터 $(\text{MPC})_w$의 방사성 핵종을 포함하는 물 2,200 cm^3/day를 지속적으로 마시면 평형상태 또는 50년 후의 선량률이 500 mrem/yr가 되는 것을 기억하라. 평균적인 사람은 물보다 적은 약 1,000 cm^3/day의 우유를 소비한다. $(\text{MPC})_w$는 $\mu\text{Ci/cm}^3$ 단위로 주어지므로, 농도 C_m $\mu\text{Ci/cm}^3$의 요오드를 함유하는 우유 1,000 cm^3/day를 지속적으로 마셔서 얻는 선량률은

$$\dot{H} = \frac{C_m}{(\text{MPC})_w} \times \frac{1,000}{2,200} \times 500 = \frac{227 C_m}{(\text{MPC})_w}\ \text{mrem/yr} \tag{11.108}$$

$$= 90 \frac{Q_y'(\chi/Q')v_d}{\lambda + \lambda_f}\ \mu\text{Ci/cm}^3 \tag{11.109}$$

이전에 유아의 갑상선 질량이 성인 갑상선 질량의 1/10임을 이야기하였다. 유아가 대략 어른만큼의 우유를 소비하기 때문에, 주어진 방사성 요오드의 농도는 어른 갑상선보다 10배의 선량을 유아의 갑상선에 준다. 따라서,

$$\dot{H}_{\text{infant}} = \frac{2,270 C_m}{(\text{MPC})_w}\ \text{mrem/yr} \tag{11.110}$$

---

42 이 비례상수는 지역적인 먹이 특성과 연중 시간대에 강하게 영향을 받아 크게 변동한다. 주어진 값은 일반적인 평균값이다.

예제 11.11

어떤 원자력 발전소가 1.04×10^{-2} Ci/yr의 ^{131}I을 방출한다. 발전소 주변 연평균 희석 인자가 4.0×10^{-8} sec/m^{3}인 지점에 목장이 있다. 다음을 계산하라.

(a) 목장의 식물에 있는 ^{131}I의 방사능

(b) 우유에 있는 ^{131}I의 농도

(c) 이 목장의 우유 소비로부터의 유아 갑상선에 대한 연간 선량

[주: ^{131}I의 (MPC) $= 3.0 \times 10^{-7}\ \mu$Ci/cm^3.]

풀이

1. 붕괴상수 λ와 λ_f는 다음과 같이 주어진다.

$$\lambda = \frac{0.693}{8.04} \times 365 = 31.5\ \text{yr}^{-1}$$

$$\lambda_f = \frac{0.693}{14} \times 365 = 18.1\ \text{yr}^{-1}$$

식 (11.106)으로부터 잎사귀의 방사능은

$$C_f = \frac{1.04 \times 10^{-2} \times 4.0 \times 10^{-8} \times 0.01}{31.5 + 18.1} = 8.39 \times 10^{-14}\ \text{Ci/m}^2$$

$$= 8.39 \times 10^{-8}\ \mu\text{Ci/m}^2$$

2. 식 (11.107)로부터,

$$C_m = 9.0 \times 10^{-5} \times 8.39 \times 10^{-8} = 7.55 \times 10^{-12}\ \mu\text{Ci/m}^3$$

3. 식 (11.110)으로부터 연간 선량률은

$$\dot{H} = \frac{2,270 \times 7.55 \times 10^{-12}}{3.0 \times 10^{-7}} = 5.71 \times 10^{-2}\ \text{mrem/yr}$$

액체 유출물

수계로 방출된 방사능 물질에 인간이 피폭되는 몇 가지 경로가 있다. 대상이 되는 수계가 음용수의 수원으로 사용되면 방사성 원자는 직접 흡수될 수 있다. 이러한 원인으로부터의 선량은 적절한 $(\text{MPC})_w$를 갖는 음용수 내 다양한 방사성 핵종의 농도를 비교하여 쉽게 계산할 수 있다. 수계에서 수영하거나 배를 타는 사람도 피폭될 수 있다. 이러한 선

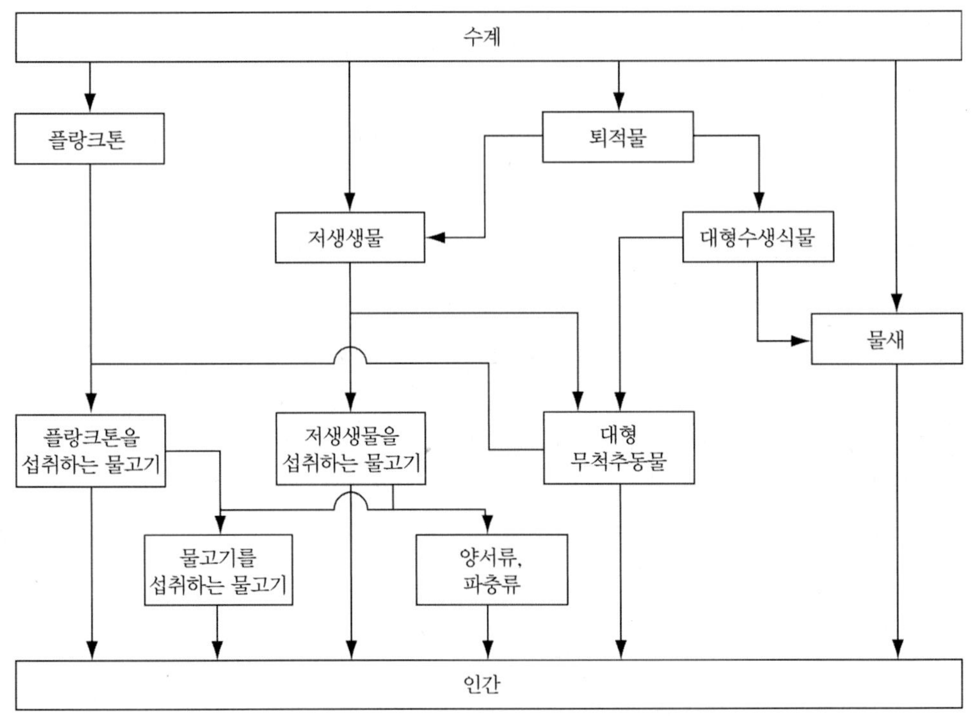

그림 11.31 방사성 액체 유출물이 사람에게 피폭되는 주요 경로

량은 보통 매우 적다.

피폭의 보다 중요한 원인은 해산물의 섭취이다.[43] 이 피폭은 그림 11.31에 단순화하여 제시된 복잡한 먹이사슬에 의해 발생한다. 그림의 왼쪽에서 시작하여, 방사능 핵종은 *플랑크톤*에 의하여 흡수되거나 섭취된다. 플랑크톤은 바다나 담수 표면에 부유하는 작은 식물(*식물성 플랑크톤*)과 동물(*동물성 플랑크톤*)로, 모든 살아 있는 유기체 중 가장 풍부하다. 물고기가 플랑크톤을 먹고, 이 물고기들은 다른 물고기, 파충류와 양서류, 게, 랍스터, 연체동물과 같은 다양한 대형 무척추동물 등 사람이 소비하는 모든 동물들에게 잡아먹힌다. 방사성 핵종은 또한 물과 바다, 호수, 강의 바닥에 서식하는 동식물인 *저생생물*(*benthos*)의 퇴적물에도 흡수된다. 이것들이 물고기와 대형 무척추동물에게 섭취되고 방사능 일부가 결국 사람에게 도달한다. 퇴적물에 흡수된 방사능은 또 대형 수중식물 내로

43 여기에서 "해산물"이라는 용어는 바다, 강, 호수 등의 수계에서 얻어지는 음식을 지칭하고자 사용되었다.

들어가서 대형 무척추동물을 통하여 사람에게 전달된다. 마지막으로 물새가 물 또는 대형 식물로부터 방사능을 직접 가져온다.

오염된 해산물로부터의 방사선 선량 계산은 네 단계 과정이다. 첫 번째로 발전소로부터 방출되는 방사성 핵종의 농도가 이를 전달받는 수계의 방출률과 분산 특성으로부터 추산된다. 이 부분의 계산은 가장 까다롭고 보통 대상이 되는 특정 수계 내 유출물의 희석에 대한 실험적/이론적 연구를 수반한다.

표 11.15 해양 생물에 대한 일반적인 농도계수*

원소	담수				염수			
	물고기	갑각류	연체동물	식물	물고기	갑각류	연체동물	식물
H	1	1	1	1	1	1	1	1
K	4,400	—	—	—	16	12	8	13
Ca	70	—	—	350	1.9	40	16.5	10
Mn	81	125,000	300,000	150,000	363	2,270	22,080	5,230
Fe	191	930	25,170	6,675	1,800	2,000	7,600	2,260
Co	1,615	—	32,408	6,760	650	1,700	166	554
Zn	1,744	1,800	33,544	3,155	3,400	5,300	47,000	900
Sr	14	—	—	200	0.43	0.6	1.7	21
Zr-Nb	—	—	—	—	86	51	81	1,119
Ru	—	—	—	—	6.6	382.2	448	
	9	—	320	69	10	31	5,010	1,065
Cs	3,680	—	—	907	48	18	15	51
Ce	81	600	1,100	3,180	99	88	240	1,610

*Environmental Radioactivity (M. Eisenbud, 2d ed. New York: Academic Press, 1973) 데이터에 근거함.

두 번째로 해산물 내 방사성 핵종 농도가 계산된다. 이 계산은 특정 해산물 내 주어진 방사성 핵종의 농도 C_s가 주변 물 내 방사성 핵종의 농도 C_w에 직접적으로 비례함을 알면 대폭 단순화된다. 방정식의 형태로 나타내면 다음과 같다.

$$C_s = CF \times C_w \tag{11.111}$$

여기에서 비례상수 CF는 보통 *농도계수*(*concentration factor*)라 불리며 종종 *생물학적 누적계수*(*bioaccumulation factor*)라고도 한다. 몇몇 핵종에 대한 CF의 값이 다양한 해산물의 형태에 대하여 표 11.15에 제시되어 있다. 어떤 경우들에서는 CF가 1보다 매우 크다. 이것은 특정 원소(방사성일 필요는 없다)가 먹이사슬 위로 옮겨가며 해양 생태계에 의해 농축된다는 잘 알려진 사실에 부합한다.

세 번째로 발전소 주변의 물로부터의 해산물 섭취율이 추산되어야 한다. 이것은 지역 주민들의 섭취 습관에 대한 통계 데이터로부터 결정된다.

네 번째로 해산물이 대부분 물이기 때문에, 선량률은 $\mu\mathrm{Ci/cm^3}$로 주어지는 해산물의 방사능과, $\mathrm{cm^3/day}$로 주어지는 소비율 R_s를 대상 핵종의 $(\mathrm{MPC})_w$를 함유하고 있는 물의 섭취로부터 얻어지는 선량률과 비교하여 구할 수 있다. $(\mathrm{MPC})_w$가 물 2,200 $\mathrm{cm^3/day}$의 지속적인 섭취에 대하여 500 mrem/yr의 선량을 주기 때문에, 해산물로부터 받는 선량률은

$$\dot{H} = \frac{C_s}{(\mathrm{MPC})_w} \times \frac{R_s}{2200} \times 500 = 0.227\frac{C_s R_s}{(\mathrm{MPC})_w}\ \mathrm{mrem/yr} \tag{11.112}$$

다음 예제는 이런 형태의 계산 예이다.

예제 11.12

어떤 BWR 발전소 주변의 염수로부터의 최대로 가능한 해산물 소비율은, 물고기 100 g/day, 연체동물 10 g/day, 갑각류 10 g/day이다. 식물이 연간 0.197 μCi의 ^{59}Fe를 방출하고, 발전소 배출 배관으로부터 30피트에서의 희석 인자가 6.29×10^{-6} $\mathrm{yr/cm^3}$이다. 위장계의 피폭에 근거한 ^{59}Fe의 $(\mathrm{MPC})_w$는 6×10^{-5} $\mu\mathrm{Ci/cm^3}$이다. 해산물로부터 위장계로의 연간 선량을 구하라.

풀이

출구로부터 30피트의 ^{59}Fe 농도는

$$C_w = 0.197 \times 6.29 \times 10^{-16} = 1.24 \times 10^{-16} \mu\mathrm{Ci/cm^3}$$

표 11.15로부터, 철에 대한 물고기의 염수 농도계수는 1,800이다. 식 (11.111)로부터 물고기 내 방사능은

$$C_s = 1800 \times 1.24 \times 10^{-16} = 2.23 \times 10^{-13} \mu\mathrm{Ci/cm^3}$$

마지막으로 식 (11.112)로부터

$$\dot{H} = \frac{2.23 \times 10^{-13}}{6 \times 10^{-5}} \times \frac{100}{2200} \times 500 = 8.45 \times 10^{-8}\,\mathrm{mrem/yr}$$

연체동물 선량률은 3.57×10^{-8} mrem/yr이고, 갑각류는 9.39×10^{-9} mrem/yr이다.

해산물로부터의 총 선량은 액체 유출물 내의 모든 방사성 핵종에 대하여 이 계산을 반복하여 얻어진다.

»» 참고문헌

인허가

Joint Committee on Atomic Energy. *Atomic Energy Legislation through the 92nd Congress*, 2nd Session. 1973. This valuable document contains all legislation from 1946 through 1973.

Code of Federal Regulations, Title 10-Energy. U.S. Government Printing Office. This document is updated and reissued every year. Supplements are issued through the year by the NRC and are available at the NRC website.

Ebbin, S., and R. Kasper, *Citizen Groups and the Nuclear Power Controversy*. Cambridge, Mass: M.I.T. Press, 1974.

Study of the Reactor Licensing Process, U.S. Department of Energy Report, 1973.

US Nuclear Regulatory Commission Regulatory Guides. Available from the U.S. Nuclear Regulatory Commission, Washington D.C. and on the web at the U.S. NRC website.

유출물 분산

Briggs., G. A. *Plume Rise*. U.S. Department of Energy Report TID-25075, 1969.

Finleyson-Pitts, Atmospheric Dispersion in Nuclear Power Plant Siting. Lauham Berman Associates, 1980.

Lutgens, F. K., and E. Tarbuck. *Atmosphere*. Paramus: Prentice Hall, 1997.

Pasquill, F., and F. B. Smith. Study of Dispersion of Windbourne Material from Industrial and Other Sources. Paramus: Prentice Hall, 1983.

Slade, D. H., Editor, *Meteorology and Atomic Energy*-1968. U.S. Atomic Energy Commision Report TID-24190, 1968.

Williamson, S. J., *Fundamentals of Air Pollution*. Reading, Mass.: Addison-Wesley, 1973.

원자로 안전

"Chernobyl: The Soviet Report," *Nuclear News* **29**, no. 3 (Oct 1986) 59–66.

DiNunno, J. J., et al., *Calculation of Distance Factors for Power and Test Reactor Sites*, U.S. Atomic Energy Commission Report TID-14844, 1962.

IAEA, The Safety of Nuclear Power Plants: Strategy for the Future. Vienna: IAEA, 1992.

OECD, Achieving Nuclear Safety Improvements in Reactor Safety Design and Operation. Paris: OECD, 1993.

Pershagen, B. *Light Water Reactor Safety*. New York: Elsevier Science, 1989.

Pigford, T. H., "The Management of Nuclear Safety: A Review of TMI After Two Years," *Nuclear News*, **24** no.3, March 1981.

Principles and Standards of Reactor Safety. Vienna: International Atomic Energy Agency, 1973. Proceedings of a symposium.

Reactor Safety Study, U.S. Nuclear Regulatory Commission Report WASH-1400, 1975. This report summarizes the results of a 2-year study of nuclear accident risks by a task force headed by Dr. N. C. Rasmussen.

Severe Accident Risks: An assessment for Five US Nuclear Power Plants, U.S. Nuclear Regulatory Commission Report NUREG-1150, 1990. This report summarizes the results of a study of nuclear accident risks posed by five U.S. nuclear power plants and updates the results of WASH-1400.

The Safety of Nuclear Power Reactors (Light Water Cooled) and Related Facilities, U.S. Department of Energy Report WASH-1250, 1973.

Sesonske, A., *Nuclear Power Plant Design Analysis*. U.S. Department of Energy Report TID-26241, 1973, Chapter 6.

Kemeny, J. J., *The President's Commission on the Accident at Three Mile Island.* Washington, D.C., 1979.

World Health Organization, *Health Risk Assessment from The Nuclear Accident After The 2011 Great East Japan Earthquake and Tsunami*. WHO Press, World Health Organization, Geneva, Switzerland, 2012.

Yukiya Amano, Director General International Atomic Energy Agency, *The Fukushima Daiichi Accident Report By The Director General*. IAEA, Vienna, Austria, 2015.

방사성 유출물

Eisenbud, M., *Environmental Radioactivity*, from Natural, Industrial, and Military Sources. San Francisco: Morgan Kaufman, 1997.

Electricity and the Environment. Vienna: International Atomic Energy Agency, 1991.

Environmental Aspects of Nuclear Power Stations. Proceedings of a symposium. Vienna: International Atomic Energy Agency, 1971.

Russel, R. S., Editor, *Radioactivity and the Human Diet*. London: Pergamon, 1966.

»» 연습문제

1. (a) 식 (11.6)의 상수 C가 다음과 같이 주어짐을 보여라.

$$C = \frac{Mg(\gamma - 1)}{R\gamma}$$

여기에서 M은 공기의 그램분자량이고 다른 문자들은 본문에 정의되어 있다.

(b) $M = 29$ g, $R = 8.31 \times 10^7$ erg/gram-mole K, $g = 980$ cm/sec^2, $\gamma = 1.4$를

사용하여 C를 계산하라.

2. 풍속 1 m/sec인 파스퀼 A와 F 조건 하의 지표면에 대하여 희석 인자를 계산하고 그림으로 나타내라.
3. 파스퀼 F 조건에 대해서 그림 11.13의 최대 χ의 위치를 확인하라.
4. 예제 11.1이 G 형태 조건에 대해 수행되었다면, 최대 농도는 어디에서 발생하는가?
5. ^{41}Ar ($T_{1/2}$ = 1.83 hr)이 공기와 CO_2로 냉각되는 원자로와 몇몇 수냉각 원자로(10.12절 참조)에서 생성된다. 이것은 대략 붕괴당 1.20 MeV의 최대 에너지를 갖는 베타선 하나와 1.29 MeV 에너지의 감마선 하나를 방출하며 붕괴한다. 어떤 연구용 원자로가 100피트 배기구에서 1 mCi/sec의 비율로 ^{41}Ar을 방출한다고 생각해 보자. 풍속 1.5 m/sec의 불리한 (F 형태) 분산 조건 하에서 지표면의 최대 농도 지점에서의 외부 선량률을 계산하라.
6. 식 (11.50)과 (11.52)는 일정 농도에서 방사성 기체의 외부피폭에 의한 선량률을 나타낸다. 만약 농도가 다음과 같이 변할 때,

$$\chi = \chi_0 e^{-\lambda t}$$

감마선으로부터 시간 t_0초 내에 받는 선량이

$$H = \frac{0.262\,\chi_0\,\overline{E}_l}{\lambda}\,(1 - e^{-\lambda t_0})\ \text{rem}$$

이고 베타선으로부터 받는 선량이

$$H = \frac{0.229\,\chi_0\,\overline{E}_\beta}{\lambda}\,(1 - e^{-\lambda t_0})\ \text{rem}$$

임을 보여라.

7. 공기냉각 브룩헤이븐 연구용 원자로는 400피트의 굴뚝으로 대기 중으로 ^{41}Ar을 시간당 750 Ci만큼 방출한다. 풍속 1 m/sec의 파스퀼 F 조건에서, 원자로에서 약 11마일 아래에 위치한 리버헤드 마을의 사람들이 받는 선량을 계산하라. [주: 불리한 기상학적 조건 하에서, 현재 해체된 이 원자로는 ^{41}Ar 때문에 출력을 낮추었다.]
8. 기체가 일간 0.2%의 일정한 비율로 격납용기에서 누설된다. 기체의 90%가 누설될 때까지 걸리는 시간은 얼마인가?

9. 아래의 공기에 대한 점 선원 피폭 누증계수의 베르거 전개식

$$B_p = 1 + C\mu r e^{-\beta\mu r}$$

인자들이 표 11.16에 주어져 있다. 또 다른 빈번하게 사용되는 골드슈타인(Goldstein) 전개식 근사가 $B_p(\mu r) = 1 + k\mu r$이며, 여기서 $k = \frac{\mu}{\mu_a} - 1$이다. 1 MeV와 10 MeV의 감마선에 대해 20 평균 자유행정까지의 거리의 함수로 베르거 전개식에 따른 누증계수 B_p와 골드슈타인 근사에 따른 누증계수 B_p를 계산하고 그림으로 나타내라.

표 11.16 공기에 대한 점 선원 피폭 누증계수에 대한 베르거 전개식 인자들

E(MeV)	***C***	***β***	***E***(MeV)	***C***	***β***
0.5	1.5411	4	0.09920	0.6020	0.00323
1	1.1305	6	0.05687	0.5080	−0.00289
2	0.8257	8	0.02407	0.4567	−0.00349
3	0.6872	10	0.01002	0.4261	−0.00333

10. 베르거 전개식의 점 선원 피폭 누증계수를 사용하여 계산된 감마선 방출 방사성 핵종의 무한 구름으로부터의 지표면 누증 감마선속이 다음과 같이 주어짐을 보여라.

$$\phi_b = \frac{S}{2\mu}\left[1 + \frac{C}{(1+\beta)^2}\right]$$

여기에서 C와 β는 문제 11.9에 정의되어 있다.

11. 30인치 두께이 콘크리트로 만들어진 원자로 건물을 고려하여 예제 11.8의 선량을 다시 계산하라.

12. 방사성 핵종이 지표면에 균일하게 분포하고 있고, 에너지 E로 S γ-ray/cm^2-sec를 방출하고 있다. (a) 지표면 위 x cm 지점의 누증 감마선속이 다음과 같이 주어짐을 보여라.

$$\phi_b(x) = \frac{S}{2}\int_x^\infty \frac{B_p(\mu r)e^{-\mu r}}{r}\,dr$$

여기에서 $B_p(\mu r)$은 점 누증계수이다. (b) $B_p(\mu r)$에 대한 베르거 전개식을 사용하

여 다음을 보여라.

$$\phi_b(x) = \frac{S}{2}\left[E_1(\mu x) + \frac{C}{1+\beta}e^{-(1+\beta)\mu x}\right]$$

문제 11.9에 주어진 골드슈타인 전개식을 사용하여 다음을 보여라.

$$\phi_b(x) = \frac{S}{2}[E_1(\mu x) + ke^{-\mu x}]$$

[주: 이 결과들을 사용할 때 작은 부분에 대하여 E_1 함수를 구하는 것이 자주 필요하다. 이 목적으로 다음의 전개가 도움이 된다.

$$E_1(x) = -\gamma + \ln\left(\frac{1}{x}\right) + x - \frac{x^2}{4} + \frac{x^3}{18} - \cdots$$

여기에서 오일러상수는 $\gamma = 0.57722$이다.]

13. 원전에서 심각한 사고가 발생하여, 외부의 지표면에 대략 0.01 Ci/m^{2}의 밀도로 ^{131}I을 축적시켰다. 만약 어떤 사람이 발전소 근처에 서 있었을 때 이 사람이 이 방사성 핵종으로부터 받는 생식선 선량을 mrem/hr 단위로 구하라. [주: 간단하게 하기 위하여 ^{131}I이 붕괴당 0.37 MeV의 감마선 하나를 방출하며 붕괴한다고 가정하라.]

14. 어떤 사업자가 부지 A와 대체부지 B에 위치할 원자력 발전소에 대하여 부지신청서와 PSAR를 제출하였다. CP 공청회 동안 어떤 참가자가 부지 A의 저인구 지대에 대규모 주택개발이 계획되어 있다는 사실을 알려 왔다. 이에 따라 NRC는 부지 B를 선호하여 사업자에게 부지 A를 포기하도록 권고하였다. 이것을 듣고 부지 B 주변의 마을 시장이 NRC에 "이 발전소가 부지 A의 거주민에 대하여 안전하지 않다면, 왜 우리에게는 안전한가?"라고 질의하였다. 이 시장에게 답하는 편지를 작성하라.

15. 열중성자속 ϕ_T 내의 ^{135}Xe의 평형 방사능이 다음과 같음을 보여라.

$$\alpha = 5.60 \times 10^4 P\left(1 + \frac{\phi_T}{\phi_X}\right)^{-1} \text{Ci}$$

여기에서 P는 MW 단위이고 ϕ_X는 식 (7.97)에 정의된 변수이다.

16. 3,500 MW 원자로에 발생한 어떤 사고에 의해 핵분열 생성물 기체 총량의 25%가 누설률 0.15%/day의 격납건물로 방출된다. 풍속 1 m/sec의 파스퀼 F 조건 하에서 원자로로부터 2,000 m 떨어진 지점에 대해 다음을 계산하라: (a) 2시간 외부선량, (b) 2시간 갑상선 선량. [注: 요오드 핵분열 생성물의 유효 에너지 등가는 표 11.17에 주어져 있다. q의 값은 모든 핵종에 대하여 동일하다.]

표 11.17 갑상선 내의 요오드 동위원소에 대한 유효 에너지 등가

동위원소	ξ
^{131}I	0.23
^{132}I	0.65
^{133}I	0.54
^{134}I	0.82
^{135}I	0.52

17. 어떤 원자로 노심이 n개의 동일한 핵연료봉으로 구성되어 있다. 이 핵연료의 최대 핵분열 생성물 총량이 다음과 같음을 보여라.

$$\alpha_{i\max} = \frac{\alpha_i \Omega_r}{n}$$

여기에서 α_i는 식 (11.97)로 주어지는 핵분열 생성물 총량이고 Ω_r은 r방향의 평균 대 최대 출력비이다(문제 8.11 참조).

18. 외부 갑상선 선량이 전적으로 ^{131}I 때문이라고 가정할 때, 3,000 MW 원자로에 대하여 제한구역과 LPZ의 반경을 계산하라. [注: F형, 1 m/sec의 분산 조건과 0.2%/day의 누설을 가정하라.] 인구중심지거리는 얼마인가?

19. BWR의 증기관 사고에서 1.6 Ci의 ^{131}I이 격리밸브 폐쇄 전에 격납건물 외부로 방출되었다. (a) 만약 F형, 1 m/sec 분산 조건에서 이 핵종이 즉시 지표면에서 대기로 빠져나갔다고 가정하면, 700 m 제한구역 경계와 1마일의 LPZ 경계에서의 2시간 갑상선 선량은 얼마인가? (b) 만약 건물 와류효과를 고려하면 이 선량들은 어떻게 되는가? [注: 건물의 단면적은 2,240 m^{2}이고 형상계수 $C = 0.5$이다.]

20. 어떤 PWR의 노심이 39,372개의 핵연료봉을 가지고 있다. Ω_r(문제 11.17 참조)의 값은 1.9이다. 이 원자로는 1,000일 동안 1,893 MW의 열출력으로 운전되었고, 그 이후 보수와 재장전을 위해 정지하였다. 이 과정 중 한 핵연료봉으로부터 모든 핵분열 생성물 기체가 0.15%/day 누설률을 가진 격납건물로 방출되었다. 불리한 분산 조건과 지표면 방출을 가정하였을 때 800 m의 제한구역 경계에서의 ^{131}I에 의한 최대 선량은 얼마인가?

21. 어떤 PWR 발전소의 격납건물 살수는 32 hr^{-1}의 붕괴상수로 격납건물 대기로부터 요오드를 지수적으로 제거한다. 살수 작동을 고려하여 예제 11.7에 기술된 사고로부터의 2시간 갑상선 선량을 계산하라.

22. 어떤 테러리스트가 3,400 MW BWR 발전소의 이차 격납건물을 통하여 미사일을 발사하여 증기관을 절단시켰다. 그 결과를 정성적으로 논하라.

23. 이전 문제의 테러리스트가 미사일을 3,400 MW PWR 발전소의 격납용기를 통하여 발사하였고 일차 냉각재 배관을 파손시켰다. 어떠한 결과가 발생할 것인가?

24. 발전소가 문제 11.21에 기술된 격납건물 살수를 가지고 있을 때, 문제 11.18에 기술된 원자로에 대한 제한구역 경계와 LPZ를 다시 계산하라.

25. 어떤 연구용 원자로의 핵연료를 사용한 실험은, 핵연료 온도 400°C까지 핵연료와 피복재 사이 간극으로의 핵분열 생성물 기체 방출 분율이 1.5×10^{-5}임을 보여 준다. 만약 원자로가 62개의 핵연료를 가지고 있고 250 kW의 출력으로 운전된다면, 하나의 핵연료봉의 간극 내 핵분열 생성물 기체 총량은 얼마인가? [*주*: 노심에서의 균일한 출력 분포를 가정하라.]

26. 어떤 사고에서 이전 문제의 하나의 핵연료의 간극 내 모든 핵분열 생성물 기체가 한 변이 40피트인 육각 원자로실로 방출된다고 가정하라. 최대 10분에 원자로실의 소개가 요구된다. (a) 이 시간에 어느 정도의 외부피폭을 받게 되는가? [*힌트*: 단수명 핵종에 대하여 문제 11.6의 결과를 사용하라.] (b) 어느 정도의 갑상선 선량을 받게 되는가?

27. 미국에서는 자동차 사고 사망자의 30배나 많은 사람들이 심각한 부상을 입는다. 이러한 사고로 인한 심각한 부상의 사회적/개인적 위험도를 계산하라.

28. 어떤 PWR의 ECCS 고장, 노심의 용융, 격납건물 살수와 열제거계통의 고장, 과압

에 의한 격납건물 파손을 동반하는 중요 LOCA의 확률은 연간 5.0×10^{-6}으로 산출된다. 이 사고에 따른 방사능 방출은 대략 62명의 급성 사망을 야기할 수 있다. 이 사고로부터의 위험도를 계산하라.

29. 만약 *n*개의 독립적, 비연관 계통이 어떤 사고 초기사건에 영향을 준다면 얼마나 많은 다른 결과가 가능한가?

30. 1994년의 캘리포니아 노스리지 지진은 리히터 규모 7.9로 기록되었다. 1906년의 샌프란시스코 지진은 8.3의 규모로 추산되었다. 샌프란시스코 지진이 몇 배나 더 강력하였는가?

31. BWR은 원자로용기 압력이 미리 정해진 설정치를 초과하면 열리도록 설계된 총 13개의 압력방출밸브 및 안전밸브를 가지고 있다. 중대한 과도상태에서, 용기의 과압을 방지하기 위하여 이 밸브 중 8개가 반드시 열려야 한다. 만약 단일 밸브가 열리지 않을 확률이 10^{-4}으로 추산되었다면 8개보다 적은 개수의 밸브가 열릴 확률은 얼마인가? [*힌트*: 각 성공확률이 p이고 실패확률이 $q=1-p$인 n번의 시행에서 총 k번 성공할 확률 $P(k, n)$은 *이항 분포*(*binomial distribution*) $P(k,n)=\frac{n!}{k!(n-k)!}p^k q^{n-k}$로 주어진다.]

32. 어떤 원자력 발전소로의 소외 전원이 통계적으로 5년당 약 1번 상실될 것으로 예상된다. 소내(디젤) AC 전원 상실 확률은 연간 10^{-2}이다. 만약 소내 DC 전원 상실 확률이 연간 10^{-5}이라면, 발전소의 공학적안전설비(ESF)로의 전원 상실 확률은 얼마인가?

33. 군용기에서 엔진 고장이 900,000마일당 한 번의 비율로 발생한다. 조종사를 비행기에서 탈출시키는 탈출장치는 800번의 운전 중 한 번 고장 난다. 낙하산은 1,300번의 낙하 중 한 번 정도 작동 실패하지만 조종사는 심지어 작동한 낙하산을 가지고도 단지 95%만 안전하게 착륙한다. (a) 조종사를 생존 또는 사망으로 이끄는 엔진 고장에 대한 기본수목과 정리된 사건수목을 그려라. (b) 이 비행기에 대하여 엔진 고장으로 인한 마일당 사망 위험도를 계산하라.

34. 어떤 PWR 발전소로부터의 기체 핵분열 생성물 연평균 배출이 아래 표에 주어진 것과 같다. 파스퀼 E형 1.5 m/sec 조건에서 발전소로부터 5,000 m 떨어진 지점의 대

중에 대한 연평균 외부 및 내부선량을 계산하라. [주: 핵분열 생성물은 120 m 높이의 배기구에서 방출된다.]

핵종	Curie
^{85m}Kr	4.46×10^{1}
^{85}Kr	1.21×10^{3}
^{133}Xe	1.01×10^{4}
^{131}I	3.35×10^{-2}
^{133}I	1.5×10^{-3}

35. E형, 1.5 m/sec 분산 조건에서 이전 문제에 기술된 PWR 발전소로부터 방출되는 ^{131}I의 최대 연평균 농도를 10CFR50, Appendix I의 요건들과 비교하라.

36. 유제품 농장이 지표면으로부터 300피트의 배기구에서 평균 4.9×10^{-2} Ci/yr의 ^{131}I을 방출하는 원자력 발전소로부터 약 3,000 m 거리에 위치하고 있다. 농장 방향으로 관측되는 평균 기상학적 조건은 아래 표와 같다. (a) 농장의 식물 위에 침적되는 ^{131}I의 평균 침적률을 구하라. (b) 이 농장의 우유로부터 유아의 갑상선이 받는 연간 선량을 구하라.

조건	풍속 (m/sec)	퍼센트
A	2	17
B	2	15
C	4	31
D	3.7	17
E	2.5	12
F	2	8

37. ^{41}Ar (문제 11.5 참조)이 수조형 연구-훈련용 원자로의 표면으로부터 3.3×10^{7} atom/sec의 비율로 방출된다. 이 원자로는 한 변이 40피트인 육각 원자로 건물로 덮여 있는데, 이 건물은 1,000 cfm (ft^{3}/min)의 비율로 환풍기에 의해 배기된다. (a) 이 원자로 건물 내 ^{41}Ar의 평형 방사능은 Ci/cm^{3} 단위로 얼마인가? (b) 이 원자로 건물

내 사람이 ^{41}Ar에 의해 받는 선량률은 mrem/hr 단위로 얼마인가? (c) 건물로부터 ^{41}Ar의 배기율은 얼마인가? (d) 건물 바로 밖의 ^{41}Ar의 농도를 비직업적 $(MPC)_a$와 비교하라. [*주*: 0.5의 건물 형상계수와 풍속 1 m/sec를 사용하라.]

38. 어떤 원자력 발전소에서 방출되는 온수에서 홍합을 키우는 것이 제안되었다. 희석된 방출수 내 ^{56}Mn의 평균 농도는 6.3×10^{-12} μCi/cm^{3}이고, 어떤 사람들이 하루에 800 cm^{3}의 홍합을 먹는다고 가정한다면, 이 사람들이 이 방사성 핵종만으로 받는 연간 선량은 얼마인가? [*주*: ^{56}Mn에 대한 일반인의 $(MPC)_w$는 1×10^{-4} μCi/cm^{3}이다.]

39. 3,400 MW의 출력으로 2년간 운전된 어떤 원자로에서 핵분열에 의해 생성된 삼중수소의 총량을 계산하라.

40. 어떤 원자력 발전소의 방출 수로에서 ^{3}H의 평균 방사능은 2×10^{-8} μCi/cm^{3}이다. 이 수로의 물고기를 90 g/day의 비율로 섭취하는 사람의 연간 선량을 계산하라. [*힌트*: ^{3}H에 대한 일반인의 $(MPC)_w$는 3×10^{-3} μCi/cm^{3}이다.]

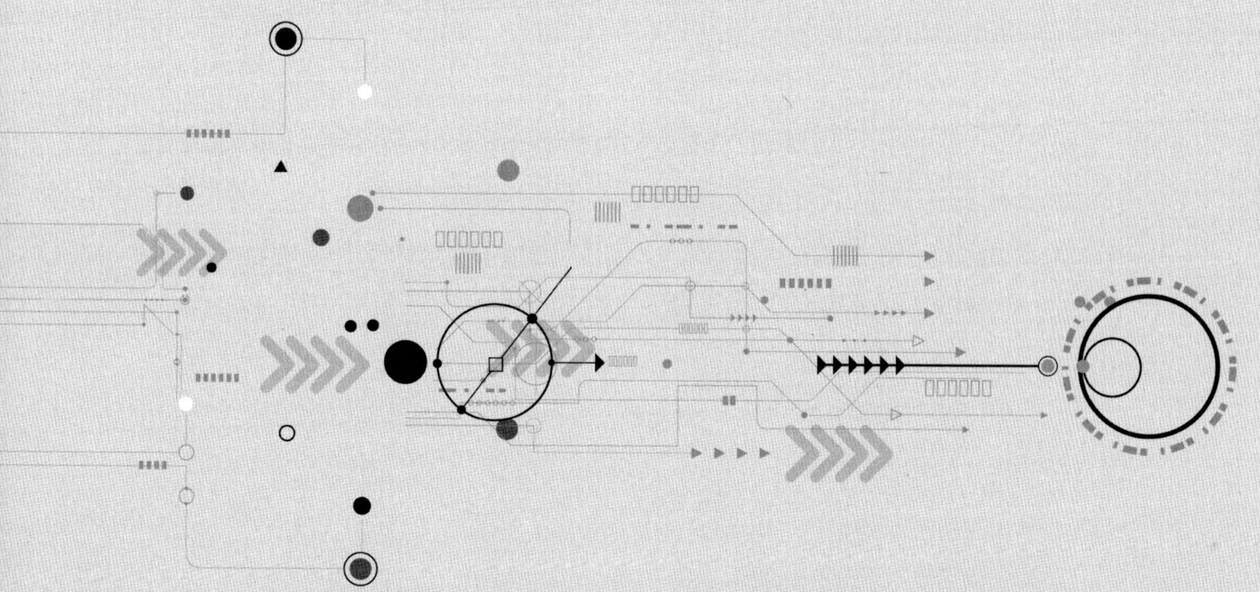

부록

APPENDIX

I Units and Conversion Factors

II Fundamental Constants and Data

III Vector Operations in Orthogonal Curvilinear Coordinates

IV Thermodynamic and Physical Properties

V Bessel Functions

I

Units and Conversion Factors

UNITS

The final authority for the designation of the units to be used by any nation in its industry and commerce rests with the government of the region concerned. Following the development of the metric system of units by the French Academy of Sciences at the end of the eighteenth century, this system was gradually adopted by many nations around the world. In 1872, in response to the increasing need for international standardization of the metric system, an international conference was held in France. The result of this conference was an international treaty called the *Metric Convention*, which was signed by 17 countries including the United States. Among other things, the treaty established the General Conference of Weights and Measures (GCWM), an international body that meets every 6 years to consider improvements to the metric units system.

At its 1990 meeting, the GCWM undertook an extensive revision and simplification of the metric system. The resulting modernized metric system is called the *International System of Units* (*SI units*), *SI* being the acronym for the French *Systéme International d'Unités*. SI units are now being used throughout most of the civilized world.

TABLE I.1 CORRESPONDING UNITS IN THREE-UNIT SYSTEMS

	SI		cgs		English	
Quantity	**Unit**	**Symbol**	**Unit**	**Symbol**	**Unit**	**Symbol**
Length	meter	m	centimeter	cm	inch, foot	in, ft
Mass	kilogram	kg	gram	g	pound mass	lb or lb_m
Time	second	s	second	sec	second	sec
Temperature	kelvin	K	degree Kelvin degree Celsius	°K	degree Fahrenheit °C	°F
Force	newton	N	dyne	dyne	pound	lb or lb_f
Pressure	pascal	Pa	dyne/cm^2	dyne/cm^2	pound/inch^2	psi
Energy	joule	J	erg	erg	foot pound	ft lb
Power	watt	W	erg/sec	erg/sec	foot pound/sec	ft lb/sec
Heat	joule	J	calorie	cal	British thermal unit	Btu

Despite the wide spread use of the SI, the United States still relies in part on the English system of units. In many cases, a mixture of the two systems is in use in this country. It is generally assumed that the United States will eventually change to the new metric system. Indeed, most corporations and government agencies employ a dual system.

The US nuclear industry, stemming as it does from nuclear physics, on the one hand, and the traditional branches of engineering, on the other, currently employ a variety of units from different unit systems—metric or SI units, cgs units from nuclear physics, and the English units of conventional engineering. The units used to describe fundamental nuclear engineering quantities are given in Table I.1. Other quantities, such as power density and heat flux, are given by obvious combinations of these units. Multiples and submultiples of the SI units (and some of the cgs units) are formed by appending prefixes to the base units. These prefixes and their approved symbols are given in Table I.2.

CONVERSION FACTORS

Factors for converting one unit into another are given in Tables I.3 through I.14 for most of the units found in nuclear engineering. The use of these tables is fairly

TABLE I.2 SI PREFIXES

Factor	Prefix	Symbol	Factor	Prefix	Symbol
10^{12}	tera	T	10^{-1}	deci	d
10^{9}	giga	G	10^{-2}	centi	c
10^{6}	mega	M	10^{-3}	milli	m
10^{3}	kilo	k	10^{-6}	micro	μ
10^{2}	hecto	h	10^{-9}	nano	n
10^{1}	deka	da	10^{-12}	pico	p

obvious. Thus, in Table I.3, for example, 1 centimeter is equal to 0.01 meters, 10^{-5} kilometers, 0.3937 inches; 1 meter is equal to 100 centimeters, 10^{-3} kilometers, 39.37 inches; and so on. In each table, the SI unit is indicated by an asterisk.

TABLE I.3 LENGTH

Centimeters	Meters*	Kilometers	Inches	Feet	Miles
1	0.01	10^{-5}	0.3937	0.03281	6.214×10^{-6}
100	1	10^{-3}	39.37	3.281	6.214×10^{-4}
10^5	10^3	1	3.937×10^4	3281	0.6214
2.540	0.0254	2.540×10^{-5}	1	0.08333	1.578×10^{-5}
30.48	0.3048	3.048×10^{-4}	12	1	1.894×10^{-4}
1.609×10^5	1609	1.609	6.336×10^4	5280	1

TABLE I.4 AREA

cm^2	m^2*	km^2	in^2	ft^2	mi^2
1	10^{-4}	10^{-10}	0.1550	1.076×10^{-3}	3.861×10^{-11}
10^4	1	10^{-6}	1550	10.76	3.861×10^{-7}
10^{10}	10^6	1	1.550×10^9	1.076×10^7	0.3861
6.452	6.452×10^{-4}	6.452×10^{-10}	1	6.944×10^{-3}	2.491×10^{-10}
929.0	0.09290	9.29×10^{-8}	144	1	3.587×10^{-8}
2.590×10^{10}	2.590×10^6	2.590	4.014×10^9	2.788×10^7	1

TABLE I.5 VOLUME

cm^3	Liters	m^3*	in^3	ft^3
1	10^{-3}	10^{-6}	0.06102	3.531×10^{-5}
10^3	1	10^{-3}	61.02	0.03531
10^6	10^3	1	6.102×10^4	35.31
16.39	0.01639	1.639×10^{-5}	1	1
2.832×10^4	28.32	0.02832	1728	1

TABLE I.6 MASS

Grams	Kilograms*	Pounds	Tons (short)	Tons (metric)
1	0.001	2.205×10^{-3}	1.102×10^{-6}	10^{-6}
1,000	1	2.205	1.102×10^{-3}	10^{-3}
453.6	0.4536	1	5.0×10^{-4}	4.536×10^{-4}
9.072×10^5	907.2	2,000	1	0.9072
10^6	1,000	2,205	1.102	1

TABLE I.7 TIME

Seconds*	Minutes	Hours	Days	Years
1	1.667×10^{-2}	2.778×10^{-4}	1.157×10^{-5}	3.169×10^{-8}
60	1	1.667×10^{-2}	6.994×10^{-4}	1.901×10^{-6}
3,600	60	1	0.04167	1.141×10^{-24}
8.64×10^{4}	1,440	24	1	2.738×10^{-3}
3.156×10^{7}	5.260×10^{5}	8,766	365.24	1

TABLE I.8 ENERGY

erg	Joule*	Kilowatt-hour	Gram-calorie	Btu	MeV
1	10^{-7}	2.778×10^{-14}	2.388×10^{-8}	9.478×10^{-11}	6.242×10^{-5}
10^{7}	1	2.778×10^{-7}	0.2388	9.478×10^{-4}	6.242×10^{12}
3.6×10^{13}	3.6×10^{6}	1	8.598×10^{5}	3412	2.247×10^{19}
4.187×10^{7}	4.187	1.163×10^{-6}	1	3.968×10^{-3}	2.613×10^{13}
1.055×10^{10}	1055	2.931×10^{-4}	252.0	1	6.586×10^{15}
1.602×10^{-6}	1.602×10^{-13}	4.450×10^{-20}	3.826×10^{-14}	1.518×10^{-16}	1

TABLE I.9 POWER

Watt*	Kilowatt	Megawatt	Btu/hr	MeV/sec
1	10^{-3}	10^{-6}	3.412	6.242×10^{12}
10^{3}	1	10^{-3}	3412	6.242×10^{15}
10^{6}	10^{3}	1	3.412×10^{6}	6.242×10^{18}
0.2931	2.931×10^{-4}	2.931×10^{-7}	1	1.829×10^{12}
1.602×10^{-13}	1.602×10^{-16}	1.602×10^{-19}	5.466×10^{-13}	1

TABLE I.10 POWER DENSITY—HEAT SOURCE DENSITY

Watt*/m^{3}*	Watt/cm^{3}	Cal/sec-cm^{3}	Btu/hr-ft^{3}	MeV/sec-cm^{3}
1	10^{-6}	2.388×10^{-7}	0.09662	6.242×10^{6}
10^{6}	1	0.2388	9.662×10^{4}	6.242×10^{12}
4.187×10^{6}	4.187	1	4.045×10^{5}	2.613×10^{13}
10.35	1.035×10^{-5}	2.472×10^{-6}	1	6.461×10^{7}
1.602×10^{-7}	1.602×10^{-13}	3.826×10^{-14}	1.548×10^{-8}	1

TABLE I.11 HEAT FLUX—ENERGY FLUX

Watt*/m²*	Watt/cm²	Cal/sec-cm²	Btu/hr-ft²	MeV/sec-cm²
1	10^{-4}	2.388×10^{-5}	0.3170	6.242×10^{8}
10^4	1	0.2388	3170	6.242×10^{12}
4.187×10^4	4.187	1	1.327×10^4	2.613×10^{13}
3.155	3.155×10^{-4}	7.535×10^{-5}	1	1.969×10^{9}
1.602×10^{-9}	1.602×10^{-13}	3.826×10^{-14}	5.078×10^{-10}	1

TABLE I.12 THERMAL CONDUCTIVITY

Watt/m-K*	Watt/cm-°C	Btu/hr-ft-°F	
1	10^{-2}	2.388×10^{-3}	0.5778
10^2	1	0.2388	57.78
418.7	4.187	1	241.9
1.731	0.01731	4.134×10^{-3}	1

TABLE I.13 VISCOSITY

kg/m-sec*	Poise = g/cm-sec	Centipoise	lb (mass)/hr-ft
1	10	1000	2419
0.1	1	100	241.9
0.001	0.01	1	2.419
4.134×10^{-4}	4.134×10^{-3}	0.4134	1

TABLE I.14 PRESSURE

Pa*	Dyne/cm²	Bar	psi	atm
1	10	10^{-5}	1.450×10^{-4}	9.869×10^{-6}
0.1	1	10^{-6}	1.450×10^{-5}	9.869×10^{-7}
10^5	10^6	1	14.50	0.9872
6,895	6.895×10^4	.06895	1	0.06805
1.013×10^5	1.013×10^6	1.013	14.70	1

REFERENCES

The International System of Units. National Bureau of Standards Special Publication 330, 1972.

SI Units and Recommendations for the Use of Their Multiples. New York: American National Standards Institute, 1973.

II

Fundamental Constants and Data†

TABLE II.1 FUNDAMENTAL CONSTANTS

Quantity	Symbol or definition	Value
Atomic mass unit	amu	1.66054×10^{-24} g
		931.494 MeV
Avogadro's number	N_A	0.6022137×10^{24} $(\text{g-mole})^{-1}$
Boltzmann's constant	k	1.38066×10^{-23} J/°K
Compton's wavelength	λ_C	8.61707×10^{-5} eV/°K
of the electron		2.42631×10^{-10} cm
Electron rest mass	m_e	9.10939×10^{-31} kg
		5.485799×10^{-4} amu
		0.510999 MeV
Elementary charge	e	1.602192×10^{-19} coul
Neutron rest mass	M_n	1.674929×10^{-27} kg
		1.008665 amu
		939.56563 MeV
Planck's constant	h	6.626075×10^{-34} J-sec
		4.13572×10^{-15} eV-sec
Proton rest mass	M_p	1.67262×10^{-27} kg
		1.007276 amu
		938.27231 MeV
Speed of light	c	2.997925×10^{8} m/sec

*"Reviews of Particle Properties," *Phys. Rev. D* 80, No. 3 (1994).

TABLE II.2 CROSS SECTIONS OF SOME IMPORTANT NUCLIDES IN NUCLEAR ENGINEERING

Atomic number	Nuclide	Abundance *a/o*	Half-life*	σ_a,† barns	σ_f,‡ barns
0	n		12 m		
1	H	99.985		333 mb	
	^{2}H	0.015		0.53 mb	
	^{3}H		12.33 y		
3	^{6}Li	92.5		941	
	^{7}Li	7.42		45.7 mb	
5	^{10}B	19.6		3840	
	^{11}B	80.4		5.5 mb	
6	^{12}C	98.89		3.4 mb	
	^{12}C	1.11		1.37 mb	
	^{14}C		5736 y		
7	^{14}N	99.64		1.9	
	^{15}N	0.36		24 μb	
8	^{16}O	99.756		0.190 mb	
	^{17}O	0.039		0.239	
	^{18}O	0.204		0.16 mb	
53	^{135}I		6.7 h		
54	^{135}Xe		9.17 h	2.65×10^{6}‡	
61	^{143}Pm		53.1 h		
62	^{149}Sm	13.83		41,000‡	
90	^{232}Th	100	1.41×10^{10} y	5.13	
	^{233}Th		23.3 m	1465	15
92	^{233}U		1.592×10^{5} y	575‡	529‡
	^{234}U	0.0055	2.46×10^{5} y	103.47	0.465
	^{235}U	0.72	7.038×10^{8} y	687.0‡	587‡
	^{236}U		2.34×10^{7} y	5.2	
	^{238}U	99.27	4.68×10^{9} y	2.73‡	
	^{239}U		23.5 m	36	14
94	^{239}Pu		24110 y	1020‡	749‡
	^{240}Pu		6564 y	289.5	0.064
	^{241}Pu		14.35 y	1378	1015
	^{242}Pu		3.733×10^{5} y	10.3	<0.002

*m = minute, h = hour, y = year.
†Cross sections at 0.0253 eV or 2200 m/sec.
‡Non-1/v absorber, see Table 3.2 for non-1/v factor.

TABLE II.3 PROPERTIES OF THE ELEMENTS AND CERTAIN MOLECULES

Element or molecule	Symbol	Atomic number	Atomic or molecular weight*	Nominal density, g/cm^3	Atoms or molecules per cm^3† ($\times 10^{24}$)	σ_a,‡ barns	σ_s,‡ barns	Σ_a,† cm^{-1}	Σ_s,‡ cm^{-1}
Actinium	Ac	89	227			515			
Aluminum	Al	13	26.9815	2.699	0.06024	0.230	1.49	0.01386	0.08976
Antimony	Sb	51	121.75	6.62	0.03275	5.4	4.2	0.1769	0.1376
Argon	Ar	18	39.948	Gas		0.678	0.644		
Arsenic	As	33	74.9216	5.73	0.04606	4.3	7	0.1981	0.3224
Barium	Ba	56	137.34	3.5	0.01535	1.2		0.01842	
Beryllium	Be	4	9.0122	1.85	0.1236	0.0092	6.14	0.001137	0.7589
Bismuth	Bi	83	208.980	9.80	0.02824	0.033		0.0009319	
Boron	B	5	10.811	2.3	0.1281	759	3.6	97.23	0.4612
Bromine	Br	35	79.909	3.12	0.02351	6.8	6.1	0.1599	0.1434
Cadmium	Cd	48	112.40	8.65	0.04635	2450	5.6	113.56	0.2596
Calcium	Ca	20	40.08	1.55	0.02329	0.43		0.01001	
Carbon (graphite)	C	6	12.01115	1.60	0.08023	0.0034	4.75	0.0002728	0.3811
Cerium	Ce	58	140.12	6.78	0.02914	0.63	4.7	0.01836	0.1370
Cesium	Cs	55	132.905	1.9	0.008610	29.0		0.2497	
Chlorine	Cl	17	35.453	Gas		33.2			
Chromium	Cr	24	51.996	7.19	0.08328	3.1	3.8	0.2582	0.3165
Cobalt	Co	27	58.9332	8.8	0.08993	37.2	6.7	3.345	0.6025
Copper	Cu	29	63.54	8.96	0.08493	3.79	7.9	0.3219	0.6709
Deuterium	D	1	2.01410	Gas		0.00053			
Dysprosium	Dy	66	162.50	8.56	0.03172	930	100	29.50	3.172
Erbium	Er	68	167.26	9.16	0.03203	162	11.0	5.189	0.3523
Europium	Eu	63	151.96	5.22	0.02069	4600	8.0	95.17	0.1655
Fluorine	F	9	18.9984	Gas		0.0095	4.0		

(continued)

TABLE II.3 (*CONTINUED*)

Element or molecule	Symbol	Atomic number	Atomic or molecular weight*	Nominal density, g/cm^3	Atoms or molecules per cm^3† ($\times 10^{24}$)	σ_a,‡ barns	σ_s,‡ barns	Σ_a,† cm^{-1}	Σ_s,‡ cm^{-1}
Gadolinium	Gd	64	157.25	7.95	0.03045	49000		1492	
Gallium	Ga	31	69.72	5.91	0.05105	2.9	6.5	0.1480	0.3318
Germanium	Ge	32	72.59	5.36	0.04447	2.3	7.5	0.1023	0.3335
Gold	Au	79	196.967	19.32	0.05907	98.8		5.836	
Hafnium	Hf	72	178.49	13.36	0.04508	102	8	4.598	0.3606
Heavy water	D_2O		20.0276	1.105	0.03323	0.00133	13.6	4.420×10^{-5}	0.4519
Helium	He	2	4.0026	Gas		<0.05			
Holmium	Ho	67	164.930	8.76	0.03199	66.5	9.4	2.127	0.3007
Hydrogen	H	1	1.00797	Gas		0.332			
Indium	In	49	114.82	7.31	0.03834	193.5		7.419	
Iodine	I	53	126.9044	4.93	0.02340	6.2		0.1451	
Iridium	Ir	77	192.2	22.5	0.07050	426	14	30.03	0.9870
Iron	Fe	26	55.847	7.87	0.08487	2.55	10.9	0.2164	0.9251
Krypton	Kr	36	83.80	Gas		25.0	7.50		
Lanthanum	La	57	138.91	6.19	0.02684	9.0	9.3	0.2416	0.2496
Lead	Pb	82	207.19	11.34	0.03296	0.170	11.4	0.005603	0.3757
Lithium	Li	3	6.942	0.53	0.04600	70.7		3.252	
Lutetium	Lu	71	174.97	9.74	0.03353	77	8	2.581	0.2682
Magnesium	Mg	12	24.3050	1.74	0.04310	0.063	3.42	0.002715	0.1474
Manganese	Mn	25	54.9380	7.43	0.08145	13.3	2.1	1.083	0.1710
Mercury	Hg	80	200.59	13.55	0.04068	375		15.26	
Molybdenum	Mo	42	95.94	10.2	0.06403	2.65	5.8	0.1697	0.3714
Neodymium	Nd	60	144.24	6.98	0.02914	50.5	16	1.472	0.4662
Neon	Ne	10	20.1797	Gas		0.038	2.42		
Nickel	Ni	28	58.71	8.90	0.09130	4.43	17.3	0.4045	1.579
Niobium	Nb	41	92.906	8.57	0.05555	1.15		0.06388	

Element or molecule	Symbol	Atomic number	Atomic or molecular weight*	Nominal density, g/cm^3	Atoms or molecules per cm^3† ($\times 10^{24}$)	σ_a,‡ barns	σ_s,‡ barns	Σ_a,† cm^{-1}	Σ_s,‡ cm^{-1}
Nitrogen	N	7	14.0067	Gas		1.85	10.6		
Osmium	Os	76	190.2	22.5	0.07124	15.3		1.090	
Oxygen	O	8	15.9994	Gas		0.00027	3.76		
Palladium	Pd	46	106.4	12.0	0.06792	6.9	5.0	0.4686	0.3396
Phosphorus (yellow)	P	15	30.9738	1.82	0.03539	0.180		0.006370	
Platinum	Pt	78	195.09	21.45	0.06622	10.0	11.2	0.622	0.7167
Plutonium	Pu	94	239.0522	19.6	0.04938	$\sigma_a = 1011.3$	7.7	49.93	0.3902
Polonium	Po	84	209	9.51	0.02727	$\sigma_f = 742.5$		36.66	
Potassium	K	19	39.095	0.86	0.01325	2.10	1.5	0.02783	0.01988
Praseodymium	Pr	59	140.907	6.78	0.02898	11.5	3.3	0.3333	0.09563
Promethium	Pm	61	145						
Protactinium	Pa	91	231.0359			210			
Radium	Ra	88	226.0254	5.0	0.01332	11.5		0.1532	
Rhenium	Re	75	186.2	20	0.06596	88	11.3	5.804	0.7453
Rhodium	Rh	45	102.905	12.41	0.07263	150		10.89	
Rubidium	Rb	37	85.47	1.53	0.01078	0.37	6.2	0.003989	0.06684
Ruthenium	Ru	44	101.07	12.2	0.07270	2.56		0.1861	
Samarium	Sm	62	150.35	6.93	0.02776	5800		161.0	
Scandium	Sc	21	44.956	2.5	0.03349	26.5	24	0.8875	0.8038
Selenium	Se	34	78.96	4.81	0.03669	11.7	9.7	0.4293	0.3559
Silicon	Si	14	28.086	2.33	0.04996	0.16	2.2	0.007994	0.1099
Silver	Ag	47	107.870	10.49	0.05857	63.6		3.725	
Sodium	Na	11	22.9898	0.97	0.02541	0.530	3.2	0.01347	0.08131
Strontium	Sr	38	87.62	2.6	0.01787	0.530	10	0.02162	0.1787
Sulfur (yellow)	S	16	32.064	2.07	0.03888	0.520	0.975	0.02022	0.03791
Tantalum	Ta	73	180.948	16.6	0.05525	21.0	6.2	1.160	0.3426
Technetium	Tc	43	99			19			
Tellurium	Te	52	127.60	6.24	0.02945	4.7		0.1384	
Terbium	Tb	65	158.925	8.33	0.03157	25.5	20	0.8050	0.6314

(*continued*)

TABLE II.3 (*CONTINUED*)

Element or molecule	Symbol	Atomic number	Atomic or molecular weight*	Nominal density, g/cm^3	Atoms or molecules per cm^3† ($\times 10^{24}$)	σ_a,‡ barns	σ_s,‡ barns	Σ_a,† cm^{-1}	Σ_s,‡ cm^{-1}
Thallium	Tl	81	204.37	11.85	0.03492	3.4	9.7	0.1187	0.3387
Thorium	Th	90	232.038	11.71	0.03039	7.40	12.67	0.2249	0.3850
Thulium	Tm	69	168.934	9.35	0.03314	103	12	3.413	0.3977
Tin	Sn	50	118.69	7.298	0.03703	0.63		0.02333	
Titanium	Ti	22	47.90	4.51	0.05670	6.1	4.0	0.3459	0.2268
Tungsten	W	74	183.85	19.2	0.06289	18.5		1.163	
Uranium	U	92	238.03	19.1	0.04833	$\sigma_a = 7.59$	8.90	0.3668	0.4301
						$\sigma_f = 4.19$		0.2025	
Vanadium	V	23	50.942	6.1	0.07212	5.04	4.93	0.3635	0.3556
Water	H_2O		18.0153	1.0	0.03343	0.664	103	0.02220	3.443
Xenon	Xe	54	131.30	Gas		24.5	4.30		
Ytterbium	Yb	70	173.04	7.01	0.02440	36.6	25.0	0.8930	0.6100
Yttrium	Y	39	88.906	5.51	0.03733	1.28	7.60	0.04778	0.2837
Zinc	Zn	30	65.37	7.133	0.06572	1.10	4.2	0.07230	0.2760
Zirconium	Zr	40	91.22	6.5	0.04291	0.185	6.40	0.007938	0.2746

*Based on $^{12}C = 12.00000$.

†Four-digit accuracy for computational purposes only; last digit(s) usually is not meaningful.

‡Cross sections at 0.0253 eV or 2200 m/sec. The scattering cross sections, except for those of H_2O and D_2O, are measured values in a thermal neutron spectrum and are assumed to be 0.0253 eV values because σ_s is usually constant at thermal energies. The errors in σ_s tend to be large, and the tabulated values of σ_s should be used with caution. (From BNL-325, 3rd ed., 1973).

The value of σ_a given in the table is for pure graphite. Commercial, reactor-grade graphite contains varying amounts of contaminants and σ_a is somewhat larger, say, about 0.0048 barns, so that $\Sigma_a \cong 0.0003851$ cm^{-1}.

The value of σ_a given in the table is for pure D_2O. Commercially available heavy water contains small amounts of ordinary water and σ_a in this case is somewhat larger.

TABLE II.4 THE MASS ATTENUATION COEFFICIENT (μ/ρ) FOR SEVERAL MATERIALS, IN cm^2/g*†

Material	Gamma-ray energy, MeV																	
	0.1	0.15	0.2	0.3	0.4	0.5	0.6	0.8	1.0	1.25	1.50	2	3	4	5	6	8	10
H	.295	.265	.243	.212	.189	.173	.160	.140	.126	.113	.103	.0876	.0691	.0579	.0502	.0446	.0371	.0321
Be	.132	.119	.109	.0945	.0847	.0773	.0715	.0628	.0565	.0504	.0459	.0394	.0313	.0266	.0234	.0211	.0181	.0161
C	.149	.134	.122	.106	.0953	.0870	.0805	.0707	.0636	.0568	.0518	.0444	.0356	.0304	.0270	.0245	.0213	.0194
N	.150	.134	.123	.106	.0955	.0869	.0805	.0707	.0636	.0568	.0517	.0445	.0357	.0306	.0273	.0249	.0218	.0200
O	.151	.134	.123	.107	.0953	.0870	.0806	.0708	.0636	.0568	.0518	.0445	.0359	.0309	.0276	.0254	.0224	.0206
Na	.151	.130	.118	.102	.0912	.0833	.0770	.1676	.0608	.0546	.0496	.0427	.0348	.0303	.0274	.0254	.0229	.0215
Mg	.160	.135	.122	.106	.0944	.0860	.0795	.0699	.0627	.0560	.0512	.0442	.0360	.0315	.0286	.0266	.0242	.0228
Al	.161	.134	.120	.103	.0922	.0840	.0777	.0683	.0614	.0548	.0500	.0432	.0353	.0310	.0282	.0264	.0241	.0229
Si	.172	.139	.125	.107	.0954	.0869	.0802	.0706	.0635	.0567	.0517	.0447	.0367	.0323	.0296	.0277	.0254	.0243
P	.174	.137	.122	.104	.0928	.0846	.0780	.1685	.0617	.0551	.0502	.0436	.0358	.0316	.0290	.0273	.0252	.0242
S	.188	.144	.127	.103	.0958	.0874	.0806	.0707	.0635	.0568	.0519	.0448	.0371	.0328	.0302	.0284	.0266	.0255
Ar	.188	.135	.117	.0977	.0867	.0790	.0730	.0638	.0573	.0512	.0468	.0407	.0338	.0301	.0279	.0266	.0248	.0241
K	.215	.149	.127	.106	.0938	.0852	.0786	.0689	.0618	.0552	.0505	.0438	.0365	.0327	.0305	.0289	.0274	.0267
Ca	.238	.158	.132	.109	.0965	.0876	.0809	.0708	.0634	.0566	.0518	.0451	.0376	.0338	.0316	.0302	.0285	.0280
Fe	.344	.183	.138	.106	.0919	.0828	.0762	.0664	.0595	.0531	.0485	.0424	.0361	.0330	.0313	.0304	.0295	.0294
Cu	.427	.206	.147	.108	.0916	.0820	.0751	.0654	.0585	.0521	.0476	.0418	.0357	.0330	.0316	.0309	.0303	.0305
Mo	1.03	.389	.225	.130	.0998	.0851	.0761	.0648	.0575	.0510	.0467	.0414	.0365	.0349	.0344	.0344	.0349	.0359
Sn	1.58	.563	.303	.153	.109	.0886	.0776	.0647	.0568	.0501	.0459	.0408	.0367	.0355	.0355	.0358	.0368	.0383
I	1.83	.648	.339	.165	.114	.0913	.0792	.0653	.0571	.0502	.0460	.0409	.0370	.0360	.0361	.0365	.0377	.0394
W	4.21	1.44	.708	.293	.174	.125	.101	.0763	.0640	.0544	.0492	.0437	.0405	.0402	.0409	.0418	.0438	.0465
Pt	4.75	1.64	.795	.324	.191	.135	.107	.0800	.0659	.0554	.0501	.0445	.0414	.0411	.0418	.0427	.0448	.0477
Tl	5.16	1.80	.866	.346	.204	.143	.112	.0824	.0675	.0563	.0508	.0452	.0420	.0416	.0423	.0433	.0454	.0484
Pb	5.29	1.84	.896	.356	.208	.145	.114	.0836	.0684	.0569	0512	.0457	.0421	.0420	.0426	.0436	.0459	.0489
U	10.50	2.42	1.17	.452	.259	.176	.136	.0952	.0757	.0615	.0548	.0484	.0445	.0440	.0446	.0455	.0479	.0511
Air	.151	.134	.123	.106	.0953	.0868	.0804	.0706	.0636	.0567	.0517	.0445	.0357	.0307	.0274	.0250	.0220	.0202
NaI	1.57	.568	.305	.155	.111	.0901	.0789	.0657	.0577	.0508	.0465	.0412	.0367	.0351	.0347	.0347	.0354	.0366
H_2O	.167	.149	.136	.118	.106	.0966	.0896	.0786	.0706	.0630	.0575	.0493	.0396	.0339	.0301	.0275	.0240	.0219
Concrete	.169	.139	.124	.107	.0954	.0870	.0804	.0706	.0635	.0567	.0517	.0445	.0363	.0317	.0287	.0268	.0243	.0229
Tissue	.163	.144	.132	.115	.100	.0936	.0867	.0761	.0683	.0600	.0556	.0478	.0384	.0329	.0292	.0267	.0233	.0212

*From L. T. Templin, editor, *Reactor Physics Constants,* ANL-5800, 2nd ed., 1963; based on G. W. Grodstein, National Bureau of Standards circular 583, 1957.

†Nominal densities of the elements are given in Table II.3. For air at 1 atm and 0°C

TABLE II.5 THE MASS ABSORPTION COEFFICIENT (μ_a/ρ) FOR SEVERAL MATERIALS, IN cm^2/g*

	Gamma-ray energy, MeV																	
Material	0.1	0.15	0.2	0.3	0.4	0.5	0.6	0.8	1.0	1.25	1.50	2	3	4	5	6	8	10
H	.0411	.0487	.0531	.0575	.0589	.0591	.0590	.0575	.0557	.0533	.0509	.0467	.0401	.0354	.0318	.0291	.0252	.0255
Be	.0183	.0217	.0237	.0256	.0263	.0264	.0263	.0256	.0248	.0237	.0227	.0210	.0283	.0164	.0151	.0141	.0127	.0118
C	.0215	.0246	.0267	.0288	.0296	.0297	.0296	.0289	.0280	.0268	.0256	.0237	.0209	.0190	.0177	.0166	.0153	.0145
N	.0224	.0249	.0267	.0288	.0296	.0297	.0296	.0289	.0280	.0268	.0256	.0236	.0211	.0193	.0180	.0171	.0158	.0151
O	.0233	.0252	.0271	.0289	.0296	.0297	.0296	.0289	.0280	.0268	.0257	.0238	.0212	.0195	.0183	.0175	.0163	.0157
Na	.0289	.0258	.0266	.0279	.0283	.0284	.0284	.0276	.0268	.0257	.0246	.0229	.0207	.0194	.0185	.0179	.0171	.0168
Mg	.0335	.0276	.0278	.0290	.0294	.0293	.0292	.0285	.0276	.0265	.0254	.0237	.0215	.0203	.0194	.0188	.0182	.0180
Al	.0373	.0283	.0275	.0283	.0287	.0286	.0286	.0278	.0270	.0259	.0248	.0232	.0212	.0200	.0192	.0188	.0183	.0182
Si	.0435	.0300	.0286	.0291	.0293	.0290	.0290	.0282	.0274	.0263	.0252	.0236	.0217	.0206	.0198	.0194	.0190	.0189
P	.0501	.0315	.0292	.0289	.0290	.0290	.0287	.0280	.0271	.0260	.0250	.0234	.0216	.0206	.0200	.0197	.0194	.0195
S	.0601	.0351	.0310	.0301	.0301	.0300	.0298	.0288	.0279	.0268	.0258	.0242	.0224	.0215	.0209	.0206	.0206	.0206
Ar	.0729	.0368	.0302	.0278	.0274	.0272	.0270	.0260	.0252	.0242	.0233	.0220	.0206	.0199	.0195	.0195	.0194	.0197
K	.0909	.0433	.0340	.0304	.0298	.0295	.0291	.0282	.0272	.0261	.0251	.0237	.0222	.0217	.0214	.0212	.0215	.0219
Ca	.111	.0489	.0367	.0318	.0309	.0304	.0300	.0290	.0279	.0268	.0258	.0244	.0230	.0225	.0222	.0223	.0225	.0231
Fe	.225	.0810	.0489	.0340	.0307	.0294	.0287	.0274	.0261	.0250	.0242	.0231	.0224	.0224	.0227	.0231	.0239	.0250
Cu	.310	.107	.0594	.0368	.0316	.0296	.0286	.0271	.0261	.0247	.0237	.0229	.0223	.0227	.0231	.0237	.0248	.0261
Mo	.922	.294	.141	.0617	.0422	.0348	.0315	.0281	.0263	.0248	.0239	.0233	.0237	.0250	.0262	.0274	.0296	.0316
Sn	1.469	.471	.222	.0873	.0534	.0403	.0346	.0294	.0268	.0248	.0239	.0233	.0243	.0259	.0276	.0291	.0316	.0339
I	1.726	.557	.260	.100	.0589	.0433	.0366	.0303	.0274	.0252	.0241	.0236	.0247	.0265	.0283	.0299	.0327	.0353
W	4.112	1.356	.631	.230	.1219	.0786	.0599	.0426	.0353	.0302	.0281	.0271	.0287	.0311	.0335	.0355	.0390	.0426
Pt	4.645	1.556	.719	.262	.138	.0892	.0666	.0465	.0375	.0315	.0293	.0280	.0296	.0320	.0343	.0365	.0400	.0438
Tl	5.057	1.717	.791	.285	.152	.0972	.0718	.0491	.0393	.0326	.0301	.0288	.0304	.0326	.0349	.0354	.0406	.0446
Pb	5.193	1.753	.821	.294	.156	.0994	.0738	.0505	.0402	.0332	.0306	.0293	.0305	.0330	.0352	.0373	.0412	.0450
U	9.63	2.337	1.096	.392	.208	.132	.0968	.0628	.0482	.0383	.0346	.0324	.0332	.0352	.0374	.0394	.0443	.0474
Air	.0233	.0251	.0268	.0288	.0296	.0297	.0296	.0289	.0280	.0268	.0256	.0238	.0211	.0194	.0181	.0172	.0160	.0153

Material	Gamma-ray energy, MeV																	
	0.1	0.15	0.2	0.3	0.4	0.5	0.6	0.8	1.0	1.25	1.50	2	3	4	5	6	8	10
NaI	1.466	.476	.224	.0889	.0542	.0410	.0354	.0299	.0273	.0253	.0242	.0235	.0241	.0254	.0268	.0281	.0303	.0325
H_2O	.0253	.0278	.0300	.0321	.0328	.0330	.0329	.0321	.0311	.0298	.0285	.0264	.0233	.0213	.0198	.0188	.0173	.0165
Concrete	.0416	.0300	.0289	.0284	.0297	.0296	.0295	.0287	.0278	.0272	.0256	.0239	.0216	.0203	.0194	.0188	.0180	.0177
Tissue	.0271	.0282	.0293	.0312	.0317	.0320	.0319	.0311	.0300	.0288	.0276	.0256	.0220	.0206	.0192	.0182	.0168	.0160

*From L. T. Templin, editor, *Reactor Physics Constants*, ANL-5800, 2nd ed., 1963; based on G. W. Grodstein, National Bureau of Standards c Circular 583, 1957.

†Because there are small changes in the physical constants, the reader should consult current sources such as:

a. P.J. Mohr, B.N. Taylor, and D.B. Newell (2015), "The 2014 CODATA Recommended Values of the Fundamental Physical Constants" (Web Version 7.1). This database was developed by J. Baker, M. Douma, and S. Kotochigova. Available: http://physics.nist.gov/constants [Thursday, 25-Feb-2016 15:47:56 EST]. National Institute of Standards and Technology, Gaithersburg, MD 20899
b. J. H. Hubbell and S. M. Seltzer (1996). "Tables of X-Ray Mass Attenuation Coefficients and Mass Energy-Absorption Coefficients from 1 keV to 20 MeV for Elements Z = 1 to 92 and 48 Additional Substances of Dosimetric Interest," Radiation Physics Division, PML, NIST. Available at: http://www.nist.gov/pml/data/xraycoef/index.cfm [Thursday, 25-Feb-2016 15:47:56 EST]. National Institute of Standards and Technology, Gaithersburg, MD 20899
c. Tables of Nuclear Data, Available: http://wwwndc.jaea.go.jp/NuC/index.html [Thursday, 25-Feb-2016 15:47:56 EST] Nuclear Data Center, Japan Atomic Energy Agency.
d. Evaluated Nuclear Data File (ENDF) Retrieval & Plotting, Available: http://www.nndc.bnl.gov/sigma/index.jsp [Thursday, 25-Feb-2016 15:47:56 EST] National Nuclear Data Center, Brookhaven Nuclear Laboratory.

III

Vector Operations in Orthogonal Curvilinear Coordinates

Three coordinate systems are ordinarily encountered in nuclear engineering problems—rectangular, cylindrical, and spherical coordinates. The last two are depicted in Figs. III.1 and III.2. The location of a point P in these coordinates

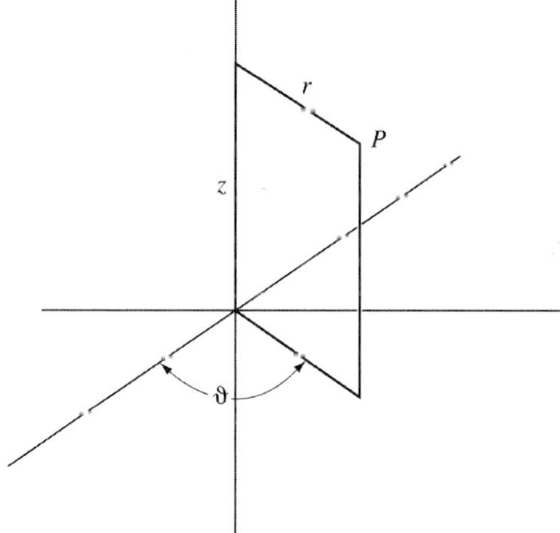

Figure III.1 Cylindrical coordinates.

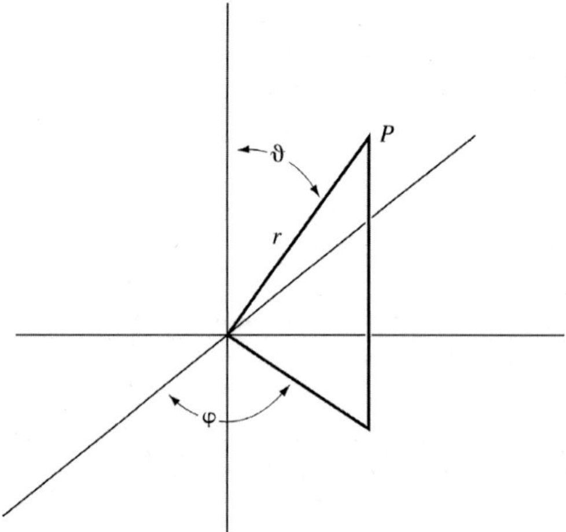

Figure III.2 Spherical coordinates.

is indicated by (q_1, q_2, q_3), where $q_1 = x, q_2 = y$, and $q_3 = z$ in rectangular coordinates; $q_1 = r, q_2 = \vartheta$, and $q_3 = z$ in cylindrical coordinates; and $q_1 = r, q_2 = \vartheta$, and $q_3 = \varphi$ in spherical coordinates. These coordinate systems are called *orthogonal curvilinear coordinates*—orthogonal because the surfaces $q_1 =$ constant, $q_2 =$ constant, and $q_3 =$ constant intersect at right angles; curvilinear because the surfaces in question are generally curved.

Suppose that a point on the surface $q_1 =$ constant moves the distance ds_1 in a direction perpendicular to the surface, to a point on the surface $q_1 + dq_1 =$ constant (see Fig. III.3). In general, ds_1 is proportional to dq_1 so it is possible to write

$$ds_1 = h_1 dq_1.$$

In a similar manner,

$$ds_2 = h_2 dq_2,$$

$$ds_3 = h_3 dq_3.$$

The quantities, h_1, h_2, h_3 are called *scale factors*. In rectangular coordinates, $h_x = h_y = h_z = 1$; in cylindrical coordinates, it is easily shown that $h_r = 1, h_\vartheta = r$, and $h_z = 1$; and in spherical coordinates, $h_r = 1, h_\vartheta = r$, and $h_\varphi = r \sin \vartheta$.

The general expression for a volume element is

$$dV = ds_1 ds_2 ds_3 = h_1 h_2 h_3 dq_1 dq_2 dq_3.$$

Thus, in rectangular coordinates

$$dV = dx\, dy\, dz;$$

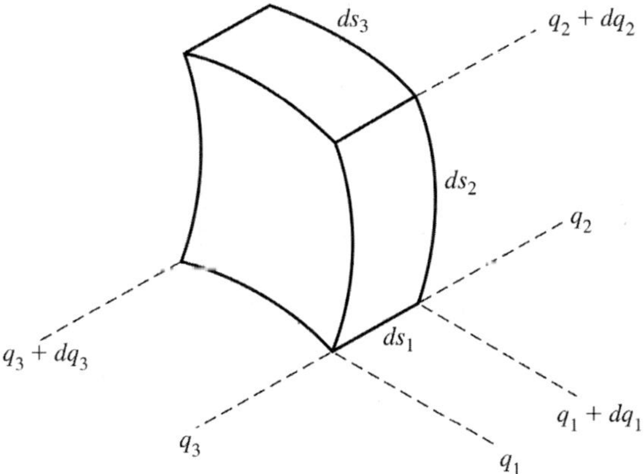

Figure III.3 Volume element in rectangular curvilinear coordinates.

in cylindrical coordinates

$$dV = r\, dr\, d\vartheta\, dz;$$

and in spherical coordinates

$$dV = r^2 \sin\vartheta\, dr\, d\vartheta\, d\varphi.$$

GRADIENT

The gradient of a scalar function f is defined as the vector whose components are equal to the rates of change of f along the direction of the component. Thus,

$$\operatorname{grad} f = \frac{\partial f}{\partial s_1}\mathbf{a}_1 + \frac{\partial f}{\partial s_2}\mathbf{a}_2 + \frac{\partial f}{\partial s_3}\mathbf{a}_3,$$

where $\mathbf{a}_1, \mathbf{a}_2, \mathbf{a}_3$ are unit vectors normal to the coordinate surfaces $q_1 = \text{constant}$, $q_2 = \text{constant}$, and $q_3 = \text{constant}$. Because

$$\frac{\partial f}{\partial s_1} = \frac{1}{h_1}\frac{\partial f}{\partial q_1},$$

it follows that the components of the gradient are

$$\operatorname{grad}_x f = \frac{\partial f}{\partial x}, \qquad \operatorname{grad}_y f = \frac{\partial f}{\partial y}, \qquad \operatorname{grad}_z f = \frac{\partial f}{\partial z}$$

in rectangular coordinates;

$$\operatorname{grad}_r f = \frac{\partial f}{\partial r}, \qquad \operatorname{grad}_\vartheta f = \frac{1}{r}\frac{\partial f}{\partial \vartheta}, \qquad \operatorname{grad}_z f = \frac{\partial f}{\partial z}$$

in cylindrical coordinates; and

$$\text{grad}_r f = \frac{\partial f}{\partial r}, \qquad \text{grad}_\vartheta f = \frac{1}{r}\frac{\partial f}{\partial \vartheta}, \qquad \text{grad}_\varphi f = \frac{1}{r \sin \vartheta}\frac{\partial f}{\partial \varphi}$$

in spherical coordinates.

DIVERGENCE

The general formula for the divergence of a vector in curvilinear coordinates can be obtained by applying the divergence theorem to the infinitely small volume element $dV = ds_1\, ds_2\, ds_3$. According to this theorem, the integral of the normal component of a vector over a closed surface is equal to the integral of the divergence of the vector throughout the enclosed volume. In symbols,

$$\int_A \mathbf{F} \cdot \mathbf{n}\, dA = \int_V \text{div}\, \mathbf{F}\, dV,$$

where $\mathbf{n}$ is a unit normal vector pointing outward from the surface A bounding the volume V. If V is infinitely small, the volume integral is simply div $\mathbf{F}\, dV$ and so

$$\text{div}\, \mathbf{F}\, dV = \int_A \mathbf{F} \cdot \mathbf{n}\, dA.$$

Here, div $\mathbf{F}$ is the divergence of F at the location of dV, and the integral is over the surface of dV.

Carrying out the integral over the faces of dV shown in Fig. III.3 gives

$$\begin{aligned}\int_A \mathbf{F} \cdot \mathbf{n}\, dA &= [(F_1 ds_2 ds_3)_{q_1+dq_1} - (F_1 ds_2 ds_3)_{q_1}] \\ &+ [(F_2 ds_1 ds_3)_{q_2+dq_2} - (F_2 ds_1 ds_3)_{q_2}] \\ &+ [(F_3 ds_1 ds_2)_{q_3+dq_3} - (F_3 ds_1 ds_2)_{q_3}].\end{aligned}$$

The minus signs appear because if a component—say, F_1—points outward on the face at $q_1 + dq_1$, then it must point inward on the face at q_1. The first bracket can be written

$$\begin{aligned}[(F_1 ds_2 ds_3)_{q_1+dq_1} - (F_1 ds_2 ds_3)_{q_1}] &= \frac{\partial}{\partial q_1}(F_1 ds_2 ds_3) dq_1 \\ &= \frac{\partial}{\partial q_1}(F_1 h_2 h_3) dq_1 dq_2 dq_3.\end{aligned}$$

Similar expressions hold for the other brackets in the equation. Combining terms then gives

$$\operatorname{div} \mathbf{F} dV = \left[\frac{\partial}{\partial q_1}(F_1 h_2 h_3) + \frac{\partial}{\partial q_2}(F_2 h_1 h_3) + \frac{\partial}{\partial q_3}(F_3 h_1 h_2)\right] dq_1 dq_2 dq_3.$$

Dividing by dV yields finally

$$\operatorname{div} \mathbf{F} = \frac{1}{h_1 h_2 h_3}\left[\frac{\partial}{\partial q_1}(F_1 h_2 h_3) + \frac{\partial}{\partial q_2}(F_2 h_1 h_3) + \frac{\partial}{\partial q_3}(F_3 h_1 h_2)\right].$$

Introducing the values of the h's gives

$$\operatorname{div} \mathbf{F} = \frac{\partial F_x}{\partial x} + \frac{\partial F_y}{\partial y} + \frac{\partial F_z}{\partial z}$$

in rectangular coordinates;

$$\operatorname{div} \mathbf{F} = \frac{1}{r}\frac{\partial}{\partial r}(rF_r) + \frac{1}{r}\frac{\partial F_\vartheta}{\partial \vartheta} + \frac{\partial F_z}{\partial z}$$

in cylindrical coordinates; and

$$\operatorname{div} \mathbf{F} = \frac{1}{r^2}\frac{\partial}{\partial r}(r^2 F_r) + \frac{1}{r \sin\vartheta}\frac{\partial}{\delta\vartheta}(\sin\vartheta\, F_\vartheta) + \frac{1}{r \sin\vartheta}\frac{\partial F_\varphi}{\delta\varphi}$$

in spherical coordinates.

LAPLACIAN

This operator is the divergence of the gradient of a scalar function. The component F_1 of the gradient is

$$F_1 = \frac{1}{h_1}\frac{\partial f}{\partial q_1},$$

with similar expressions for the other components. Inserting these components into the previous formula for the divergence gives for the Laplacian:

$$\nabla^2 f = \frac{1}{h_1 h_2 h_3}\left[\frac{\partial}{\partial q_1}\left(\frac{h_2 h_3}{h_1}\frac{\partial f}{\partial q_1}\right) + \frac{\partial}{\partial q_2}\left(\frac{h_1 h_3}{h_2}\frac{\partial f}{\partial q_2}\right) + \frac{\partial}{\partial q_3}\left(\frac{h_1 h_2}{h_3}\right)\frac{\partial f}{\partial q_3}\right].$$

The symmetry of this formula should be noted. In view of this result, the Laplacian is

$$\nabla^2 f = \frac{\partial^2 f}{\partial x^2} + \frac{\partial^2 f}{\partial y^2} + \frac{\partial^2 f}{\partial z^2}$$

in rectangular coordinates;

$$\nabla^2 f = \frac{1}{r}\frac{\partial}{\partial r}\left(r\frac{\partial f}{\partial r}\right) + \frac{1}{r^2}\frac{\partial^2 f}{\partial \vartheta^2} + \frac{\partial^2 f}{\partial z^2}$$

in cylindrical coordinates; and

$$\nabla^2 f = \frac{1}{r^2}\frac{\partial}{\partial r}\left(r^2\frac{\partial f}{\partial r}\right) + \frac{1}{r^2 \sin\vartheta}\frac{\partial}{\partial \vartheta}\left(\sin\vartheta\frac{\partial f}{\partial \vartheta}\right) + \frac{1}{r^2 \sin^2\vartheta}\frac{\partial^2 f}{\delta \varphi^2}$$

in spherical coordinates.

IV

Thermodynamic and Physical Properties[†]

TABLE IV.1 PROPERTIES OF WATER AND DRY SATURATED STEAM AS A FUNCTION OF SATURATION TEMPERATURE*

Temp., °F	Pressure, psia	Specific volume, ft^3/lb Sat. Liquid	Specific volume, ft^3/lb Sat. Vapor	Enthalpy, Btu/lb Sat. Liquid	Enthalpy, Btu/lb Evap.	Enthalpy, Btu/lb Sat. Vapor
T	P	v_f	v_g	h_f	h_{fg}	h_g
32.0	0.08866	0.01602	3302	0	1075.4	1075.4
350	134.53	.01799	3.346	321.8	871.3	1193.1
360	152.92	.01811	2.961	332.4	862.9	1195.2
370	173.23	.01823	2.628	342.9	854.2	1197.2
380	195.6	.01836	2.339	353.6	845.4	1199.0
390	220.2	.01850	2.087	364.3	836.2	1200.6
400	247.1	.01864	1.866	375.1	826.8	1202.0
410	276.5	.01878	1.673	386.0	817.2	1203.1
420	308.5	.01894	1.502	396.9	807.2	1204.1
430	343.3	.01909	1.352	407.9	796.9	1204.8
440	381.2	.01926	1.219	419.0	786.3	1205.3
450	422.1	.01943	1.1011	430.2	775.4	1205.6
460	466.3	.01961	.9961	441.4	764.1	1205.5
470	514.1	.01980	.9025	452.8	752.4	1205.2
480	565.5	.02000	.8187	646.3	740.3	1204.6
490	620.7	.02021	.7436	475.9	727.8	1203.7
500	680.0	.02043	.6761	487.7	714.8	1202.5
510	743.5	.02067	.6153	499.6	701.3	1200.9
520	811.4	.02091	.5605	511.7	687.3	1198.9
530	884.0	.02117	.5108	523.9	672.7	1196.6
540	961.5	.02145	.4658	536.4	657.5	1193.8
550	1044.0	.02175	.4249	549.1	641.6	1190.6
560	1131.8	.02207	.3877	562.0	625.0	1187.0
570	1225.1	.02241	.3537	575.2	607.6	1182.8
580	1324.3	.02278	.3225	588.6	589.3	1178.0
590	1429.5	.02319	.2940	602.5	570.1	1172.5
600	1541.0	.02363	.2677	616.7	549.7	1166.4
610	1659.2	.02411	.2434	631.3	528.1	1159.4
620	1784.4	.02465	.2209	646.4	505.0	1151.4
630	1916.9	.02525	.2000	662.1	480.2	1142.4
640	2057.1	.02593	.1805	678.6	453.4	1131.9
650	2205	.02673	.1621	695.9	423.9	1119.8
660	2362	.02767	.1446	714.4	391.1	1105.5
670	2529	.02882	.1278	734.4	353.9	1088.3
680	2705	.03032	.1113	756.9	309.8	1066.7
690	2892	.03248	.09428	783.8	253.9	1037.7
700	3090	.03666	.07438	822.7	167.5	990.2
705.44	3204	.05053	.05053	902.5	0	902.5

*From J. H. Keenan, F. G. Keyes, P. G. Hill, and J. G. Moore, *Steam Tables.* New York: Wiley, 1969. (These tables are available in both English and metric units.)

TABLE IV.2 PROPERTIES OF WATER AND DRY SATURATED STEAM AS FUNCTION OF SATURATION PRESSURE*

		Specific volume, ft^3/lb		Enthalpy, Btu/lb		
Pressure, psia	Temp., °F	Sat. Liquid	Sat. Vapor	Sat. Liquid	Evap.	Sat. Vapor
T	P	v_f	v_g	h_f	h_{fg}	h_g
14.696	211.99	0.01672	26.80	180.15	970.4	1150.5
100	327.86	.01774	4.434	298.61	889.2	1187.8
200	381.86	.01839	2.289	355.6	873.7	1199.3
300	417.43	.01890	1.544	394.1	809.8	1203.9
400	444.70	.01934	1.162	424.2	781.2	1205.5
500	467.13	.01975	.9.83	449.5	755.8	1205.3
600	486.33	.02013	.7702	471.7	732.4	1204.1
700	503.23	.02051	.6558	491.5	710.5	1202.0
800	518.36	.02087	.5691	509.7	689.6	1199.3
900	532.12	.02123	.5009	526.6	699.5	1196.0
1000	544.75	.02159	.4459	542.4	650.0	1192.4
1100	556.45	.02195	.4005	557.4	631.0	1188.3
1200	567.37	.02232	.3623	571.7	612.3	1183.9
1300	577.60	.02269	.3297	585.4	593.8	1179.2
1400	587.25	.02307	.3016	598.6	575.5	1174.1
1500	596.39	.02346	.2769	611.5	557.2	1168.7
1600	605.06	.02386	.2552	624.0	538.9	1162.9
1700	613.32	.02428	.2358	636.2	520.6	1156.9
1800	621.21	.02472	.2183	648.3	502.1	1150.4
1900	628.76	.02517	.2025	660.1	483.4	1143.5
2000	636.00	.02565	.1881	671.9	464.4	1136.3
2100	642.95	.02616	.1749	683.6	445.0	1128.5
2200	649.64	.02670	.1627	695.3	425.0	1120.3
2300	656.09	.02728	.1513	707.0	404.4	1111.4
2400	662.31	.02791	.1407	718.8	383.0	1101.8
2500	668.31	.02860	.1306	730.9	360.5	1091.4
3000	695.52	.03431	.08404	802.5	213.0	1015.5
3203.06	705.44	.05053	.05053	902.5	0	902.5

*From J. H. Keenan, F. G. Keyes, P. G. Hill, and J. G. Moore, *Steam Tables.* New York: Wiley, 1969. (These tables are available in both English and metric units.)

TABLE IV.3 PROPERTIES OF ORDINARY WATER*

Temp., °F	Specific heat, c_p, Btu/lb-°F			Thermal conductivity, k, Btu/hr/ft-°F			Viscosity, μ, lb/hr-ft			Density, lb/ft^3		
	Sat. Liquid	1,000 psia	2,000 psia	Sat. Liquid	1,000 psia	2,000 psia	Sat. Liquid	1,000 psia	2,000 psia	Sat.	1,000	2,000
32	1.008	1.003	1.000	0.3185	0.3198	0.3211	4.340	4.309	4.279	62.41	62.63	62.85
300	1.029	1.023	1.017	.3952	.3981	.4013	0.452	0.460	0.468	57.31	57.54	57.77
320	1.035	1.031	1.024	.3944	.3969	.3998	.420	.426	.433	56.65	56.86	57.11
340	1.046	1.040	1.032	.3921	.3947	.3977	.391	.396	.404	55.95	56.18	56.44
360	1.056	1.050	1.041	.3891	.3919	.3951	.366	.372	.278	55.22	55.45	55.74
380	1.067	1.061	1.051	.3857	.3885	.3919	.346	.351	.356	54.46	54.68	54.99
400	1.079	1.074	1.062	.3809	.3840	.3880	.327	.330	.335	53.65	53.91	54.23
420	1.094	1.087	1.075	.3753	.3787	.3833	.310	.312	.317	52.81	53.03	53.38
440	1.111	1.105	1.091	.3693	.3728	.3776	.294	.296	.301	51.92	52.15	52.53
460	1.132	1.124	1.109	.3640	.3664	.3713	.280	.282	.286	50.98	51.19	51.62
480	1.154	1.149	1.131	.3575	.3595	.3642	.267	.270	.273	50.00	50.16	50.63
500	1.186	1.176	1.154	.3494	.3510	.3562	.256	.257	.260	48.95	49.12	49.65
520	1.23	1.21	1.188	.3397	.3410	.3475	.246	.246	.249	47.82	47.94	48.54
540	1.28		1.225	.3298		.3371	.235	.235	.239	46.62	46.64	47.35
560	1.34		1.278	.3189		.3256	.225		.231	45.31		46.04
580	1.41		1.341	.3064		.3118	.217		.222	43.90		44.58
600	1.51		1.448	.2919		.2962	.210		.212	42.32		42.92
620	1.65		1.62	.2753		.2778	.200		.202	40.57		40.93
640	1.88			.2565			.190			38.57		
660	2.34			.2335			.177			36.14		
670	2.84			.2198			.169			34.70		
680	3.5			.2056			.161			32.98		
690	5.54			.1854			.148			30.79		

*From J. F. Hogerton and R. C. Grass, Editors, *The Reactor Handbook,* Vol. 3. Washington, D.C.: U.S. Dept. of Energy, 1955. Density calculated from values of specific volume given in J. H. Keenan, et. al., *op. cit.*

TABLE IV.4 PROPERTIES OF HELIUM*†

Temp., °K	Density, $g/cm^3 \times 10^{-2}$	Specific heat, c_p, J/g-°K	Enthalpy, J/g	Thermal conductivity, k, W/cm-°K $\times 10^{-3}$	Viscosity, μ g/cm-sec $\times 10^{-4}$	Prandtl number
300	0.7939	5.194	1589	1.57	2.01	0.664
350	0.6830	5.193	1849	1.74	2.23	0.665
400	0.5993	5.192	2109	1.91	2.44	0.665
450	0.5339	5.191	2368	2.07	2.65	0.665
500	0.4813	5.191	2628	2.22	2.85	0.665
600	0.4022	5.191	3147	2.52	3.23	0.665
700	0.3453	5.191	3666	2.81	3.60	0.665
800	0.3026	5.191	4185	3.08	3.95	0.665
900	0.2692	5.191	4704	3.35	4.29	0.665
1000	0.2425	5.191	5223	3.61	4.62	0.665
1100	0.2206	5.191	5742	3.86	4.94	0.665
1200	0.2023	5.191	6261	4.10	5.26	0.665
1300	0.1869	5.191	6781	4.34	5.56	0.665
1400	0.1736	5.192	7300	4.58	5.86	0.665
1500	0.1521	5.192	7819	4.81	6.16	0.665

*From R. D. McCarty, "Thermophysical Properties of Helium." National Bureau of Standards report NBS-TN-631, 1972.

†The tabulated values are for a pressure of 50 atm. However, all of the listed properties except density are relatively independent of pressure. The density, to a good approximation, is proportional to the pressure.

TABLE IV.5 PROPERTIES OF SODIUM*

Temp., °F	Density, lb/ft^3	Specific Heat, Btu/lb-°F	Enthalpy,† Btu/lb	Thermal Conductivity, k, Btu/hr-ft-°F	Viscosity, μ lb/ft-hr	Prandtl Number
212	57.87	0.3305			1.706	
302			239.9		1.309	
392	56.44	0.3200	268.9	47.11	1.089	0.0074
482			301.8		0.949	
572	55.06	0.3116	332.6	43.75	0.835	0.0059
752	53.63	0.3055	381.4	42.15	0.687	0.0051
932	52.07	0.3015	436.0	38.61	0.588	0.0046
1112	50.51	0.2998	490.1	36.24	0.508	0.0042
1292	48.88	0.3003	544.2	34.10	0.450	0.0040
1472	47.26	0.3030	598.5	31.62	0.399	0.0038
1652		0.3079	653.4		0.363	

*From R. N. Lyon, Editor, *Liquid Metals Handbook*. Washington: U.S. Dept. of Energy, 1952, 1955.

†Interpolated from values given by C. J. Meisl and A. Shapiro, "Thermodynamic Properties of Alkali Metal Vapors and Mercury." General Electric report R 60 FPD358-A, 1960.

TABLE IV.6 THERMAL CONDUCTIVITY (BTU/HR-FT-°F)

°F	Uranium	UO*$_2$	PuO_2	Aluminum	Steel	Zirconium	Zircaloy
200	15.80	4.2	3.60	119	10	11.8	<10
400	17.00	3.5		124	10	11.2	
600	18.10	3.0		134	11	10.8	
800	19.20	2.6		148	11	10.6	
1000	20.25	2.4			13		
1200	21.20	2.1			13.5		
1400	22.00	1.9	1.57		15		
1600		1.7			16		
1800		1.5			18		
2000		1.4					
2500		1.3					
3000		1.2					
3500		1.1					
4000		1.1					

*Data on UO_2 are highly variable, especially above 3000°F.

†For up to date thermodynamic and physical properties, the reader should consult amongst others the following:

P.J. Linstrom and W.G. Mallard, Eds., NIST Chemistry WebBook, NIST Standard Reference Database Number 69, National Institute of Standards and Technology, Gaithersburg MD, 20899, http://webbook.nist.gov, (retrieved June 1, 2016).

Yaws, C. L. (1992). Thermodynamic and physical property data. Houston: Gulf Pub. Co.

ASME Steam Tables-Compact Edition, ASME , NY, NY (2006).

V

Bessel Functions

Bessel's equation is

$$\frac{d^2\phi}{dx^2} + \frac{1}{x}\frac{d\phi}{dx} + \left(\alpha^2 - \frac{n^2}{x^2}\right)\phi = 0,$$

where α and n are constants. If n is an integer or zero, as is usually the case in practical problems, the two independent solutions to the equation are written as $J_n(\alpha x)$ and $Y_n(\alpha x)$. The general solution to Bessel's equation is then

$$\phi = A\,J_n(\alpha x) + CY_n(\alpha x),$$

where A and C are constants. The functions $J_n(\alpha x)$ and $Y_n(\alpha x)$ are called *ordinary Bessel functions of the first and second kind*, respectively.

When α^2 is negative, Bessel's equation becomes

$$\frac{d^2\phi}{dx^2} + \frac{1}{x}\frac{d\phi}{dx} - \left(\alpha^2 + \frac{n^2}{x^2}\right)\phi = 0.$$

If n is an integer or zero, the independent solutions are written as $I_n(\alpha x)$ and $K_n(\alpha x)$, so that the general solution is

$$\phi = AI_n(\alpha x) + CK_n(\alpha x),$$

where A and C are again constants. The functions $I_n(\alpha x)$ and $K_n(\alpha x)$ are known as *modified Bessel functions of the first and second kind.*

Table V.1 gives values of the Bessel functions over the usual range of interest in nuclear engineering problems. More complete tabulations are noted in the references.

REFERENCES

Abramowitz, M., and I. A. Stegun, Editors, *Handbook of Mathematical Functions.* Dover Publications, 1965.

TABLE V.1 BESSEL FUNCTIONS

x	J_0x	J_1x	Y_0x	Y_1x	I_0x	I_1x	K_0x	K_1x
0	1.0000	0.0000	$-\infty$	$-\infty$	1.000	0.0000	∞	$-\infty$
0.05	0.9994	0.0250	−1.979	−12.79	1.001	0.0250	3.114	19.91
0.10	0.9975	0.0499	−1.534	−6.459	1.003	0.0501	2.427	9.854
0.15	0.9944	0.0748	−1.271	−4.364	1.006	0.0752	2.030	6.477
0.20	0.9900	0.0995	−1.081	−3.324	1.010	0.1005	1.753	4.776
0.25	0.9844	0.1240	−0.9316	−2.704	1.016	0.1260	1.542	3.474
0.30	0.9776	0.1483	−0.8073	−2.293	1.023	0.1517	1.372	3.056
0.35	0.9696	0.1723	−0.7003	−2.000	1.031	0.1777	1.233	2.559
0.40	0.9604	0.1960	−0.6060	−1.781	1.040	0.2040	1.115	2.184
0.45	0.9500	0.2194	−0.5214	−1.610	1.051	0.2307	1.013	1.892
0.50	0.9385	0.2423	−0.4445	−1.471	1.063	0.2579	0.9244	1.656
0.55	0.9258	0.2647	−0.3739	−1.357	1.077	0.2855	0.8466	1.464
0.60	0.9120	0.2867	−0.3085	−1.260	1.092	0.3137	0.7775	1.303
0.65	0.8971	0.3081	−1.2076	−1.177	1.108	0.3425	0.7159	1.167
0.70	0.8812	0.3290	−0.1907	−1.103	1.126	0.3719	0.6605	1.050
0.75	0.8642	0.3492	−0.1372	−1.038	1.146	0.4020	0.6106	0.9496
0.80	0.9463	0.3688	−0.0868	−0.9781	1.167	0.4329	0.5653	0.8618
0.85	0.8274	0.3878	−0.0393	−0.9236	1.189	0.4646	0.5242	0.7847
0.90	0.8075	0.4059	0.0056	−0.8731	1.213	0.4971	0.4867	0.7165
0.95	0.7868	0.4234	0.0481	−0.8258	1.239	0.5306	0.4524	0.6560
1.0	0.7625	0.4401	0.0883	−0.7812	1.266	0.5652	0.4210	0.6019
1.1	0.7196	0.4709	0.1622	−0.6981	1.326	0.6375	0.3656	0.5098
1.2	0.6711	0.4983	0.2281	−0.6211	1.394	0.7147	0.3185	0.4346
1.3	0.6201	0.5220	0.2865	−0.5485	1.469	0.7973	0.2782	0.3725
1.4	0.5669	0.5419	0.3379	−1.4791	1.553	0.8861	0.2437	0.3208
1.5	0.5118	0.5579	0.3824	−0.4123	1.647	0.9817	0.2138	0.2774
1.6	0.4554	0.5699	0.4204	−0.3476	1.750	1.085	0.1880	1.2406
1.7	0.3980	0.5778	0.4520	−0.2847	1.864	1.196	0.1655	1.2094
1.8	0.3400	0.5815	0.4774	−0.2237	1.990	1.317	0.1459	0.1826
1.9	0.2818	0.5812	0.4968	−0.1644	2.128	1.448	0.1288	0.1597
2.0	0.2239	0.5767	0.5104	−0.1070	2.280	1.591	0.1139	0.1399
2.1	0.1666	0.5683	0.5183	−0.0517	2.446	1.745	0.1008	0.1227
2.2	0.1104	0.5560	0.5208	−0.0015	2.629	1.914	0.0893	0.1079
2.3	0.0555	0.5399	0.5181	0.0523	2.830	2.098	0.0791	0.0950
2.4	0.0025	0.5202	0.5104	0.1005	3.049	2.298	0.0702	0.0837
2.5	−0.0484	0.4971	0.4981	0.1459	3.290	2.517	0.0623	0.0739
2.6	−0.0968	0.4708	0.4813	0.1884	3.553	2.755	0.0554	0.0653
2.7	−0.1424	0.4416	0.4605	0.2276	3.842	3.016	0.0493	0.0577
2.8	−0.1850	0.4097	0.4359	0.2635	4.157	3.301	0.0438	0.0511
2.9	−0.2243	0.3754	0.4079	0.2959	4.503	3.613	0.0390	0.0453
3.0	−0.2601	0.3391	0.3769	0.3247	4.881	3.953	0.0347	0.0402
3.2	−0.3202	0.2613	0.3071	0.3707	5.747	4.734	0.0276	0.0316
3.4	−0.6343	0.1792	0.2296	0.4010	6.785	5.670	0.0220	0.0250
3.6	−0.3918	0.0955	0.1477	0.4154	8.028	6.793	0.6175	0.0198
3.8	−0.4026	0.0128	0.0645	0.4141	9.517	8.140	0.0140	0.0157
4.0	−0.3971	−0.0660	−0.0169	0.3979	11.302	93759	0.0112	0.0125

찾아보기

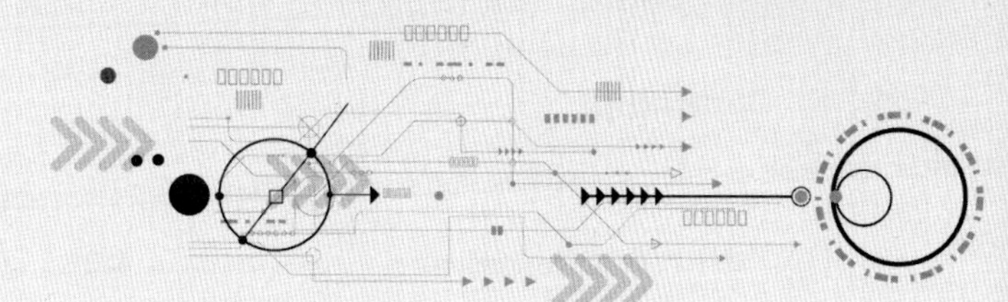

ㄱ

가돌리늄(Gd) 419, 190
가돌리니아(Gd_2O_3) 502
가동률(availability) 179, 224
가스 냉각로(gas cooled reactor) 184
가스냉각고속로(gas-cooled fast reactor, GFR) 233
가스순환기 210
가압경수로(pressurized water reactor, PWR) 184
가압기(pressurizer) 188
가연성 독물질(burnable poison) 501
가치함수(value function) 259
감마선 130, 518, 524, 642, 649, 669, 807, 818
감마선(γ-ray) 41, 51
감마선 강도 640
감마선 방출 650
감마선속 524, 669, 672
감마선 에너지 640
감마선장(gamma ray field) 588
감마선 차폐 686, 739
감마선 피폭 639
감속(moderation) 107, 184
감속(slowing down) 364
감속 밀도(slowing-down density) 325
감속재(moderator) 181, 518
감속재 계수(moderator coefficient) 473
감속재 온도계수(moderator temperature coefficient) 467
감손우라늄 216
감쇠계수(attenuation coefficient) 135
감압 188
감압수조(suppression pool) 201
갑상선 637
강도(세기, intensity) 86
강화 콘크리트 원자로용기(prestressed concrete reactor vessel, PCRV) 843
개량형 가압경수로(evolutionary pressurized water reactor) 184
개량형 동력로(EPR) 201
개량형 비등경수로(evolutionary boiling water reactor) 184
개방 원자로(bare reactor) 338
개시 단계(initiation stage) 606
거시적 단면적(macroscopic cross-section) 89
거시적 산란 단면적(macroscopic scattering cross-section) 89, 297
거시적 수송 단면적(macroscopic transport cross-section) 297
거시적 열중성자 흡수 단면적 364
거시적 제거 단면적(macroscopic removal cross-section) 721
거시적 총 단면적(macroscopic total cross-section) 89
거시적 핵분열 단면적 519
거시적 흡수 단면적 299
건물 희석 인자(building dilution factor) 805
건설허가(construction permit, CP) 767
건설허가 단계(CP Stage) 767
건식 저장용기 242
건증기(dry steam) 176
게이지 압력(gauge pressure) 516
격납건물(containment) 778
격납건물 내 재장전수 저장탱크(in-reactor containment refueling water storage tank, IRWST) 196

격자 간격(lattice spacing) 400
격자 피치(lattice pitch) 400
격자함수(lattice function) 399
결합에너지(binding energy) 56, 57, 112, 128, 130
경수로(light water reactor, LWR) 184
경수증식로(light-water breeder reactor, LWBR)217
경제적 단순화 비등경수로(ESBWR) 199
고 LET 방사선(high LET radiation) 143
고농축우라늄(HEU) 255
고농축 핵연료 191
고변환로 249
고속로(fast reactor) 170
고속 원자로(fast reactor, 고속로) 338
고속중성자 182
고속증식로(fast breeder) 170
고속 핵분열 403
고속핵분열 분율(fast fission factor) 365
고압 냉각재 주입계통 858
고압 안전주입계통 845
고온 가스냉각 원자로(high temperature gas-cooled reactor, HTGR) 210
고온원자로(high temperature reactor, HTR) 234
고온유로 계수(hot channel factor) 567
고유치(eigenvalue) 347, 353, 420
고유함수(eigenfunction) 347
고장수목 분석(fault tree analysis) 872
고전역학 35, 105
고준위폐기물(high-level waste) 277
고체 64
고체 저준위 폐기물 280
곡률 347
공기역학 방법 267
공명(resonance) 97
공명 영역 100, 101, 366
공명 적분(resonance integral) 402
공명흡수 이탈확률(resonance escape probability) 366, 367, 401, 429, 470
공명흡수체 371
공유영역 경계조건(interface boundary condition) 304
공학적 고온유로 계수(engineering hot channel factor) 568
공학적 안전계통 200
공학적안전설비(engineered safety feature, ESF) 872
과냉각 핵비등(subcooled nucleate boiling) 557
과단열(superadiabatic) 787
과열상태(superheated) 177
광역 질서(long-range order) 64
광자(photon) 28, 130
광자 선 스펙트럼 44
광전효과(photoelectric effect) 130, 135, 688
광전 흡수(photo-electric absorption) 714
구의 부피 33
구형(sphere) 원자로 350
구형 좌표계 350
국제 방사선 단위 및 측정 위원회(International Commission on Radiation Units and Measurement, ICRU) 588
국제방사선방호위원회(International Commission on Radiological Protection, ICRP) 633
국제원자력기구 252
군간이동 단면적(group transfer cross-section) 315
군확산 방법 313
궤도 38
규제 지침(Regulatory Guide) 764
균질 원자로 393
그램분자량(gram molecular weight) 31
그램원자량(gram atomic weight) 31
극저온계통 877
글루온(gluon) 26
급성 방사선 증후군(acute radiation syndrome, ARS) 609
급성 선량 608, 611, 612

급성 피폭(acute exposure) 609, 619
급수(feedwater) 176
기계식 밀봉 198
기계적 전처리 공정(mechanical head-end) 275
기기 차폐(apparatus shield) 686
기상학(meteorology) 840
기저부하(base load) 487
기저상태(ground state) 38, 85
기체 64
기체냉각 열원자로(GCTR) 208
기체냉각고속증식로(gas-cooled fast breeder reactor, GCFR) 217
기체 법칙 67
기체원심분리 264
기체원심분리법 265
기체 유출물 881
기체 핵분열 생성물 777
기체확산 263
기체확산법 263, 268
기포(void) 418
기포계수(void coefficient) 476
기포류(bubbly flow) 557
기포율 476
기하학적 좌굴(buckling) 340
기화열(heat of vaporization) 515

ㄴ

나트륨 182, 219
낙진(fallout) 802
난류(turbulent) 550
난류 와동(turbulent eddie) 793
난류 확산(turbulent diffusion) 793
납냉각고속로(lead-cooled fast reactor, LFR) 233
내부 변환 45
내부선량 814
내부피폭(internal exposure) 586, 627, 667
냉각 184
냉각계통(active emergency core cooling system) 201
냉각수 주입 846
냉각재(coolant) 181, 512, 518, 519
냉각재계통 512, 517
냉각재상실사고(loss of coolant accident, LOCA) 195, 778
냉각재펌프 195
냉각탑 179
너비(width) 101, 468
너셀수(Nusselt number) 552
네온 64
노심(core) 181
노심보조냉각계통(core auxiliary cooling system, CACS) 860
노심 보충탱크 198
노심붕괴사고(core disruptive accident, CDA) 863
노심 손상 확률 198
노심 출력밀도 198
농도계수(concentration factor) 888
농도 구배 294
농축도 190, 246, 249, 257
농축우라늄(enriched uranium) 164
누설 821
누설률 163, 821
누적선속(fluence) 642
누적 에너지선속(energy fluence) 642
누적 중성자선속(neutron fluence) 647
누증 감마선속(γ-ray fluence) 642, 819, 824
누증계수 686
누증 선속(buildup flux) 689
뉴턴의 냉각법칙(Newton's law of cooling) 540
능동계통 844

ㄷ

다군(multi-group) 계산 391, 731
다군 방정식(multi-group equation) 318, 391

다군 확산 근사(multi-group diffusion approximation) 316
다발(bundle) 214
다중 방호(multiple barrier) 776
다층 차폐 713
단기 문제 421
단면적(cross-section) 86
단열(adiabatic) 786
단열 근사(adiabatic approximation) 420
단열 기온감률(adiabatic lapse rate) 787
단원자질량 31
단위법선벡터 299
단위시간당 사건의 결과(consequence of the event per unit time) 867
단위에너지당 중성자속(flux per unit energy) 293
단위질량당 엔탈피 514
단위질량당 체적 514
단일 인체유입 654
달러($) 442
달러(dollar) 436
대류(convection) 527
대피 782
대형 PWR 188
도데칸(dodecane) 276
도플러 확장(Doppler broadening) 468
도플러 효과(Doppler effect) 467
독물질(poisons) 497
독작용(poison effect) 419
독작용(poisoning) 479
동력용 원자로 518
동위원소(isotope) 29, 41
동위원소 발생기 84
동위원소 분리 257, 259
등가선량(equivalent dose) 594
등가선량률(equivalent dose rate) 596
등가 직경(equivalent diameter) 551
등온(isothermal) 조건 787
디터스-뵐터 상관식(Dittus-Boelter equation) 553
딸핵종(daughter nuclide) 43, 44

ㄹ

라돈 64, 280
라돈 표준(radon standards) 665
라듐 653, 880
라플라스 방정식(Laplace's equation) 529
라플라시안(Laplacian) 301, 307
레싸지(lethargy) 107
레이놀즈수(Reynolds number) 551
레이저 동위원소 분리 269
레이저 동위원소 분리법(laser isotope separation, LIS) 269
렙톤(lepton) 26
로프팅(lofting) 793
뢴트겐(roentgen) 589
루핑(looping) 793
링 선원(ring source) 671

ㅁ

마법(magic) 59
마법수(magic number) 59
마이크로퀴리(microcurie) 46
만성 저선량(chronic low doses) 617
만성 피폭(chronic exposure) 623
매개변수 418
매질 297
맥스웰 분포(Maxwellian distribution) 65
맥스웰함수 109, 318
맨해튼 프로젝트 175
모관(헤더, header) 213
몬테카를로 방법(Monte Carlo method) 645, 734
몰(mole) 31
무한 매질 342
무한 배열 398
무한 원통형(infinite cylinder) 원자로 352

무한 평면 선원(infinite planar source) 304
문턱에너지(threshold energy) 99, 132
물리적 밀도 69
물질 수지 257
미발견 자원(undiscovered resources) 253
미분체적소 354
미세결정체(micro-crystal) 64
미시적 제거 단면적(microscopic removal cross-section) 724
미임계(sub-critical) 상태 163, 418
밀리그레이(milligray) 591
밀리라드(millirad) 591
밀리렘(millirem) 595
밀리뢴트겐(milliroentgen) 589
밀리시버트(millisievert) 596
밀리퀴리(millicurie) 46
밀폐 회전자 펌프 198

ㅂ

바닥상태 269
바리온(baryon) 26
반감기(half-life) 47, 882
반경 32
반사 184
반사체(reflector) 182, 186, 379, 519
반사체의 절감효과(reflector savings) 388
반응도(reactivity) 430
반응도 방정식(reactivity equation) 431
반응도의 온도계수(temperature coefficient of reactivity) 465
반응률 292
반중성미자(antineutrino) 27
발산 정리(divergence theorem) 299, 362
발암성(carcinogenic effect) 587
발열반응(exothermic reaction) 52, 102
방사능(activity) 46
방사능 인체유입 계수(radioactivity intake factor, RIF) 662
방사선 가중치(radiation weighting factor) 593, 650
방사선 감수성(radiosensitivity) 604, 636
방사선 구역(radiation area) 638
방사선 너비(radiation width) 101
방사선 단위 588
방사선 방호 가이드(radiation protection guides, RPG) 634
방사선 스트리밍(radiation streaming) 751
방사선 유발암 613
방사선 차폐 91
방사선 피폭 635
방사선 호메시스(radiation hormesis) 619
방사성 붕괴(radioactive decay) 41
방사성 붕괴 방정식 526
방사성 유출물(Radioactive effluent) 802
방사성 폐기물 276
방사성 폐기물 처분 276
방사성 핵종 46, 649
방사포획(radiative capture) 84, 99, 118
방사포획 감마선(radiative capture γ-rays) 718
방사화 감마선(activation γ-rays) 718
방사화분석(activation analysis) 22
방출(blowdown) 단계 846
배가시간(doubling time) 170, 222, 224
뱅크(bank) 451
베르거 전개식(Berger form) 695
베릴륨 182
베셀방정식(Bessel's equation) 352, 354
베셀함수 352
베크렐(becquerel) 46
베타붕괴 102, 660
베타선(β-ray) 42, 146, 518, 524, 812
벡터 다이어그램 104
변수분리법 355
변화율 48, 50
변환(conversion) 165, 182

변환로(converter) 167
변환물질(converted material) 496
변환율(conversion ratio) 166
보건물리사(health physicist) 586
보건물리학(health physics) 586
복사역전(radiation inversion) 788
복수기(condenser) 177, 877
복합 배가시간(compound doubling time) 172
복합핵(compound nucleus) 97, 114
복합핵 형성 97
볼츠만상수 65, 67
부반응도(negative reactivity) 431
부분흡수 제어봉(grey rod) 447
부산물(tails) 257
부하 곡선 487
분리에너지(separation energy) 58
분리작업량단위(separative work unit, SWU) 259
분산계수(dispersion coefficient) 795
분자 LIS(molecular LIS, MLIS) 270
분자량(molecular weight) 30
붕괴도(decay scheme) 44
붕괴 사슬(decay chain) 43
붕괴상수(decay constant) 46, 429
붕괴에너지 524
붕괴 에너지 발생률 122
붕괴율(disintegration rate) 121
붕산(H_3BO_3) 418, 462
붕소 512
붕소강 183
브라이트-위그너(Breit-Wigner) 공식 468
브래그곡선(Bragg curve) 144
브래그-클리만 법칙(Bragg-Kleeman rule) 144
브레이튼 사이클(Brayton cycle) 233
블랭킷(blanket) 182, 519
비-$1/v$ 인자(non-$1/v$ factor) 111
비-$1/v$ 흡수체(non-$1/v$ absorber) 100
비공식 부지 심사(Informal site review) 767
비균질(heterogeneous) 393
비금속 냉각재 550
비등경수로(boiling water reactor, BWR) 184
비등 열전달 556
비등 위기(boiling crisis) 561
비산 방사능(liftoff activity) 861
비상노심냉각계통(emergency core cooling system, ECCS) 784, 844
비상 노심 냉각능력 199
비시간종속(time-independent) 문제 420
비엔탈피(specific enthalpy) 514
비연소도(specific burnup) 174, 245
비이온화(specific ionization) 142, 146
비임계(non-critical) 상태 418
비재래식 자원(unconventional resources) 254
비제차 미분방정식(inhomogeneous differential equation) 327
비체적(specific volume) 190, 514
비충돌 감마선속 687
비충돌 선속 690, 697, 705
비탄성 감마선(inelastic γ-rays) 84, 717, 741
비탄성산란(inelastic scattering) 84, 99, 118, 182
비탄성산란 단면적 87
비핵 기기 175
비핵분열성 물질(fissionable but nonfissile) 114
비핵분열성 핵종 164
비핵분열 흡수반응 164
빈 공간(void, 기포) 476

ㅅ

사건수목(event tree) 870
사마륨 487
사망 확률 620
사용후연료 279
사용후핵연료 244
산란 85
산화베릴륨 182

산화붕소(B_2O_3) 502
산화우라늄(UO_2) 72, 222
삼중수소 660
삽입 460
상대저지능(relative stopping power) 145
상부공동(upper plenum) 193
생물학적 누적계수(bioaccumulation factor) 888
생물학적 반감기(biological half-life) 653, 661
생물학적 붕괴상수(biological decay constant) 653
생물학적 선량(biological dose) 594
생물학적 차폐(biological shielding) 686
생물학적 효과비(RBE) 592
생물학적 효과비(relative biological effectiveness) 592
생성률 163, 299
생식 치사(reproductive death) 603
선량 누증계수(dose buildup factor) 689
선량당량(dose equivalent) 594, 639, 642, 644, 645
선량당량률 644, 650
선량률 642
선량률 계수(dose-rate factor) 811
선량-반응 곡선(dose-response curve) 614
선량예탁(dose commitment) 654, 817
선량예탁계수(dose-commitment factor) 655, 818
선량 한도(dose limit) 634, 635
선 선원(line source) 670, 705
선원 조건(source condition) 306
선질계수(quality factor) 593, 645
선행 기간(leading time) 252
선행 핵연료주기(front end fuel cycle) 240
선행핵종(precursor nuclide) 227
선형 가설(linear hypothesis) 614
선형 배가시간(linear doubling time) 171
선형 에너지 전이(linear energy transfer, LET) 143
선형 외삽(linear extrapolation) 614
선형흡수계수(linear absorption coefficient) 140, 524
설계기준(design criteria) 785
설계기준 감압사고(design basis depressurization accident, DBDA) 843
설계기준사고(design basis accident, DBA) 784, 841
섭동(perturbation) 421
섭취 653, 886
세그레표(Segre chart) 41
세라믹 182
세라믹 복합체 279
세정(washout) 802
세포사멸(cell killing) 603
센트(cent) 436
소결체 189
소내전원(on-site power) 784
소듐 360, 478, 749
소듐냉각고속로(SFR) 236
소립자 26
소멸방사(annihilation radiation) 133
소멸 방사선(annihilation radiation) 27
소멸복사(annihilation radiation) 688
소모율 129
소형냉각재상실사고(small break loss of coolant accident, SBLOCA) 195
소형모듈화원자로(SMR) 236
소형모듈화원자로(small modular reactor) 236
속핵분열 403
수냉각 원자로 556
수문학(hydrology) 841
수소 103
수소 원자핵 105
수송 방정식(transport equation) 734
수송 평균 자유행정(transport mean free path) 297
수정 메르칼리 진도(modified Mercalli scale) 837
수정 베셀함수(modified Bessel function) 399
수정 일군(modified one-group) 임계방정식 371
순 열유량 528
순 증가량(net increase) 170
쉘 모형(shell model) 60

슈라우드(shroud) 206
슈퍼피닉스(Super Phénix) 457
스파이더(spider) 449
스피니 방법(Spinney method) 731
스핀궤도 상호작용(spin orbit interaction) 60
습분분리기(moisture separator) 177
습식 침적(wet deposition) 802
습증기(wet steam) 176
시간독립적(time-independent) 문제 301
시간종속 문제 420
시간종속 확산방정식(time-dependent diffusion equation) 428
시버트(sievert) 595
시버트 적분 함수(Sievert integral function) 706
신규 원자력 발전소 238
신규원자로국(Office of New Reactor, NRO) 766
신청자 환경영향평가서(Applicant's Environmental Report, AER 또는 ER) 768
신형 가스냉각 원자로(advanced gas-cooled reactor, AGR) 210
신형 경수로 194
신형비등경수로(ABWR) 196
실험실계(laboratory reference frame) 468
실험용 열중성자로 377
십자형(제어)봉(cruciform rods) 183, 453
쌍생성(pair production) 130, 132, 688
쌍항(pairing term) 62
쐐기모델(wedge model) 804
쓰리마일아일랜드 사고 848
쓰리마일아일랜드(Three Mile Island, TMI) 원자력발전소 194

ㅇ

아르곤 64, 745
아보가드로 법칙(Avogadro's law) 31
아보가드로수(Avogadro's number) 31, 67, 170
악티나이드 버너 233
안전성심사보고서 증보판(Supplement to the Safety Evaluation Report, SSER) 771
안전의 3단계 782
안전 정지 지진(safe shutdown earthquake) 840
안전 제한치(safety limits) 494
안전주입계통 844
안정 주기(stable period) 432
안정화 41
알파입자 143
암 605
압력구동 살수노즐 188
압력구동 투입식 전열기 188
압력용기 203
액적 모형(liquid drop model) 60, 112
액체 64
액체금속 554
액체금속냉각고속증식로(liquid-metal- cooled fast breeder reactor, LMFBR) 217
액체금속 냉각로 231
액체 유출물 885
액체 폐기물 877
양단 파단 842
양성자(proton) 26, 27
양전자(positron) 27, 42
어미핵종 45
에너지 33
에너지 강도(energy intensity) 141
에너지 보존법칙(conservation of energy) 51
에너지속(energy flux) 141
에너지 손실 103, 106
에너지 종속 중성자속(energy-dependent flux) 293
에너지 준위(energy level) 38
에너지 축적 645
에너지 침적률 140
에너지 흡수계수(energy absorption coefficient) 140
엔탈피(enthalpy) 514
여과, 재순환, 배기계통(filtration, recirculation, and

ventilation system, FRVS) 858
여기상태(excited state) 38, 85, 269
역전(inversion) 조건 787
역학(epidemiology) 608
연간 선량 637
연간 인체유입 한도(anual limit on intake, ALI) 662
연방규정(Code of Federal Regulation, CFR) 764
연소도(burnup) 174, 419, 245, 249
연소도 계산(burnup calculation) 494
연소로(burner) 167
연소 문제 420
연소비(fractional burnup) 174
연소율(burnup rate) 128
연속방정식(equation of continuity) 298, 529
연속 에너지 스펙트럼 43
연속 인체유입 656
연쇄반응(chain reaction) 120, 162
열 단면적(thermal cross-section) 110
열복사 528
열생성률 519, 528, 535, 547
열역학 제2법칙 177
열오염(thermal pollution) 179
열운동(thermal motion) 468
열 유동률 528
열유량 533, 537, 541
열유속(heat flux) 528, 531, 538, 541, 556
열이송 영역(thermal migration area) 370
열저항(thermal resistance) 532, 542, 547
열적 손실계수(thermal disadvantage factor) 397
열전달 527, 540, 550
열전달계수 550, 554
열전달률 534, 542, 545
열전도도(thermal conductivity) 528
열전도 방정식 528, 532, 534, 540
열제거 512
열제거원(heat sink) 195
열제거율 540
열중성자 320
열중성자로(thermal reactor) 109, 168, 182, 364
열중성자속 320, 522
열중성자 원자로 519
열중성자 이용률(thermal utilization) 365, 397, 424
열중성자화 387
열중성자 확산계수 447
열중성자 확산면적(thermal diffusion area) 369, 372
열 차폐(thermal shield) 686
열 차폐체(thermal shield) 183
열출력 521
열확산거리(thermal diffusion length) 322, 399, 456
열확산면적(thermal diffusion area) 322
열흡수 단면적 321
염혼합물 224
염화나트륨(NaCl) 68
영구 독물질(permanent poisons) 492
영구평형(secular equilibrium) 79
예비 반응도(reserve reactivity) 486
예비안전성분석보고서(Preliminary Safety Analysis Report, PSAR) 768, 841
예비환경심사서(Draft Environmental Statement, DEIS) 771
예측성 자원(prognosticated resources) 253
예탁 선량당량(committed dose equivalent) 668
옌스-로트 상관식(Jens-Lottes correlation) 558
오일러상수(Euler's constant) 820
오제 전자(Auger electron) 41, 130
오클로 현상(Oklo phenomenon) 279
온도 결손(temperature defect) 495, 509
온도계수(temperature coefficient) 465
온도 분포 540
안전 판단 842
완전피동계통 200
완전흡수 제어봉(black rod) 447
외부선량 807, 812
외부전원(off-site power) 784

외부피폭(external exposure) 586, 627, 642, 645 , 667
외삽 거리(extrapolation distance) 302, 447
외삽경계(extrapolated boundary) 303
요오드 653, 882
용융 512
용융염원자로(molten salt reactor, MSR) 233
용융염증식로(MSBR) 224
우라늄 58, 880
우라늄광 245
우라늄 이용률 246
우라늄 자원 251
우주기원 방사성 핵종(cosmogenic radionuclide) 627
우주(방사)선(cosmic rays) 624, 626
운동량 36
운동량 보존법칙(conservation of momentum) 51
운동에너지(kinetic energy) 35, 36
운영허가(operating license, OL) 767
운영허가 단계(OL Stage) 773
원시 방사성 핵종(primordial radionuclide) 627
원심분리기 266
원심분리법 264
원심펌프 196
원자 32
원자량(atomic weight) 30
원자력규제위원회(Nuclear Regulatory Commission, NRC) 763
원자력 발전소 인허가 767
원자력 안전 및 허가 이사회(Atomic Safety and Licensing Boards, ASLB) 766
원자력 자원 이용률 245
원자로(nuclear reactor) 163, 184
원자로규제국(Office of Nuclear Reactor Regulation, NRR) 766
원자로 동역학(reactor kinetics) 418, 422
원자로 불감시간(reactor deadtime) 486
원자로안전자문위원회(Advisory Committee on Reactor Safeguards, ACRS) 766
원자로용기(reactor vessel) 778
원자로 정지 후 시간 525
원자로 주기(reactor period) 432
원자 밀도 67
원자백분율(atom percent) 29
원자번호(atomic number) 28
원자 증기 LIS(atomic vapor LIS, AVLIS) 270
원자질량단위(atomic mass unit) 31
원자질량수(atomic mass number) 29
원자 퍼센트(atom percent, *a*/*o*) 69
원자핵 28, 32
원통형 연료봉(cylindrical fuel rod) 534
원판 선원(disc source) 672
원형관(circular tube) 553
위그너-세이츠 방법(Wigner-Seitz method)398, 451
위험계수(risk coefficient) 613
위험도(risk) 867
위험 회피(risk aversion) 870
유도 공기 중 농도(derived air concentration, DAC) 662
유럽형 가압경수로(European Pressurized Reactor) 201
유한 원통형(finite cylinder) 원자로 354
유효높이(effective height) 803
유효 반감기(effective half-life) 654
유효 붕괴상수(effective decay constant) 481, 654, 815
유효 에너지 당량(effective energy equivalent) 651
윤변(wetted perimeter) 551
음의 기포계수 783
음의 온도계수 783
음전자(negatron) 27
이군 임계방정식 370
이동형 동력로(mobile power reactor) 230
이미 아는 자원(known resources) 253
이산화된 상태(quantized state) 60

이산화우라늄 188
이산화토륨 228
이상기체 방정식 786
이상기체 법칙(ideal gas law) 67
이상분리계수(ideal separation factor) 289
이성체 상태(isomeric state) 45
이성체 천이(isomeric transition) 45
이온교환수지 276
이온화(ionization) 38
이온화 에너지(ionization energy) 38
이용률(capacity factor) 179
이중 온도 교환 공정(dual-temperature exchange process) 274
이중콘크리트 격납건물 195
이차 격납건물(secondary containment) 779
이탄화토륨 565
이항 분포(binomial distribution) 897
인공 방사선원(man-made sources) 630
인구중심지거리(population center distance) 830
인력(attractive force) 114
인출 460
인허가 신청(Application for license) 767
일군법 391
일군 원자로 방정식(one-group reactor equation) 340
일군 임계방정식 359
일군 중성자속 354, 384
일군 확산면적(one-group diffusion area) 344
일군 확산방정식 379
일군 확산 이론 379
일방류(once-through) 209
일점 동역학 421
일차 격납건물(primary containment) 779
일회용 주기(once-through cycle) 242, 245, 249
일회용 핵연료주기(once-through fuel cycle) 240, 277
임계 계산 366, 379
임계방정식(critical equation) 362
임계(critical) 상태 163, 344
임계 열유속(critical heat flux, CHF) 561
임계 원자로(critical reactor, 임계로) 338
입구온도 513
입자 선속(particle flux) 626

ㅈ
자기차폐(self-shielding) 405
자동감압계통(automatic depressurization system, ADS) 201
자동 부하 추종(automatic load following) 476
자연순환 197
작업수준월(working level months, WLM) 666
잔류 함수(retention function) 653, 660, 814
잔여 농축도 261
잠복기(latent period) 606
잠열(latent heat) 192
장기 문제 420
재가열 177
재래식 자원(conventional resources) 253
재생(regeneration) 177
재순환펌프 193
재처리 243
재활용 243, 279
저 LET 방사선(low LET radiation) 143
저농축우라늄(LEU) 255
저압 냉각재 주입계통 858
저압 노심 살수계통 858
저인구 지대(low-population zone, LPZ) 829
저준위폐기물(low-level waste) 277
저지능(stopping power) 142
전도(conduction) 527
전반적인 막비등(full film boiling) 561
전자(electron) 27
전자기 분리법 268
전자 반중성미자(electron anti-neutrino) 28
전자볼트(electron volt, eV) 33
전자소멸(electron annihilation) 27

전자 중성미자(electron neutrino) 28
전자파 36
전자포획 43
절대 압력(absolute pressure) 516
점-등방 피폭 누증계수 692
점 선원(point source) 307, 669
정리된 사건수목(reduced event tree) 872
정반응도(positive reactivity) 431
정변 영역(smooth region) 102
정상상태 연속방정식(steady-state equation of continuity) 300
정상상태 열전도 방정식(steady-state heat conduction equation) 529
정상상태 전도도 방정식(steady-state equation of conductivity) 529
정상상태 확산방정식(steady-state diffusion equation) 301
정전기력 40
정지저출력 사고(nonpower accidents) 865
정지질량(rest mass) 27, 34, 35, 37
정지질량 에너지 35
정체기(plateau) 612
제거-감쇠(removal-attenuation) 계산 731
제거군 중성자(removal group neutron) 732
제거 단면적 720
제거-확산법(removal-diffusion method) 731
제논 64, 480
제동복사(bremsstrahlung) 142
제어봉(control rod) 182, 418
제어봉가(rod worth) 444
제어봉 낙하 862
제어봉 뭉치(cluster control rod) 450
제어봉 이용률(rod utilization) 452
제어봉 인출 863
제차방정식(homogeneous equation) 348, 392
제트펌프 193
제한구역(exclusion area 또는 exclusion zone) 829
제한적 작업 허가(Limited Work Authorization, LWA) 771
조기부지허가(Early Site Permit, ESP) 774
조기영향(early effect) 608
좌굴(buckling) 347, 356, 445
주기 계산(lifetime calculation) 494
주기말(end of life, EOL) 498
주기초(beginning of life, BOL) 495
주 냉각재 순환계통(main coolant circulation system, MCC) 204
준균질(quasi-homogeneous) 원자로 393
준안정상태 45
중간열교환기(intermediate heat exchanger, IHX) 219
중간 중성자(intermediate neutron) 732
중공형 관 453
중기 문제 421
중대사고(severe accident) 863
중력구동 냉각계통(gravity-driven cooling system, GDCS) 200
중성미립자 128
중성미자(neutrino) 28, 42
중성자(neutron) 26, 27, 645
중성자 경제 226
중성자 너비(neutron width) 101
중성자 단면적 96
중성자류(neutron current) 295
중성자류 밀도벡터(neutron current density vector) 295
중성자 밀도 292, 294, 318
중성자 방출률 299
중성자 산란 32
중성자 생성 반응 85
중성자 선량 645
중성자속(neutron flux) 95, 292, 647
중성자속 분포 387
중성자수(neutron number) 29
중성자 연령(neutron age) 326, 369

중수 182, 212
중수감속 원자로(heavy- water moderated reactor) 184
중수로(HWR) 212
중수소(deuterium 또는 heavy hydrogen) 55, 29, 103, 212
중수소화황화물 272
중추신경계증후군 612
즉발감마선 127
즉발계수 470
즉발급증(prompt jump) 439
즉발 급증(급감) 438
즉발 온도계수(prompt temperature coefficient) 467
즉발임계상태 435
즉발임계(prompt critical) 원자로 435
즉발중성자(prompt neutron) 123, 422, 518
즉발중성자 수명(prompt neutron lifetime) 422, 442
즉발 핵분열 감마선(prompt fission γ-rays) 717, 739
즉발 핵분열 중성자(prompt fission neutrons) 717
증강(uprating) 503
증기계통 176
증기드럼 영역(steam drum section) 188
증기발생기(steam generator) 176
증기 배관 파단 861
증기분리기 196
증기표(steam table) 516
증발기 영역(evaporator section) 188
증배계수(multiplication factor) 162, 183, 191, 228, 229, 342, 370, 446
증식(breeding) 167, 182
증식로(breeder reactor 또는 breeder) 167, 171, 184, 216, 256
증식률(breeding ratio) 166
증식부(seed) 228
증식비 222
증식이득(breeding gain) 170, 173
지구 방사선(terrestrial radiation) 624, 626
지르칼로이 189
지르칼로이관 214
지르칼로이 핵연료관 189
지르코늄 59
지반가속도 837
지발영향(late effect) 608, 612
지발중성자(delayed neutron) 123, 422, 518
지발중성자선행핵(delayed neutron precursor) 126, 227, 427, 429, 442, 717
지발 핵분열 중성자(delayed fission neutrons) 717
지수함수 440
지지격자(spacers) 191
지진학(seismology) 836
지질학(geology) 841
지표 침적 방사성 핵종 818
직무상 피폭 635
직육면체형(rectangular parallelepiped) 원자로 356
직접사이클(direct cycle) 192
직접선량(direct dose) 807, 882
직접 이온화 방사선(directly ionizing radiation) 142
진공 경계조건(vacuum boundary condition) 303
진공 증류법 274
진도(intensity) 837
진동수 36
진행파 원자로(traveling wave reactor) 237
질량 33, 55
질량감쇠계수(mass attenuation coefficient) 135
질량 결손(mass defect) 55
질량수 120
질량 퍼센트(weight percent) 69
질량흡수계수(mass absorption coefficient) 138, 141, 640, 642
집단선량(population dose) 597, 826

ㅊ

차이나 신드롬(China syndrome) 844
차폐체 518

채광 및 분쇄 부산물 277
채터누가 혈암(Chattanooga shale) 254
처녀 핵분열 파편(virgin fission fragment) 149
천연우라늄(natural uranium) 164, 184, 212
첨두부하(peak load) 487
체르노빌 사고 849
체적비율(volume fraction) 154
초고온가스로(very high temperature reactor, VHTR) 233
초고온가스로(VHTR) 233
초우란폐기물[transuranic(TRU) waste] 277
초월 방정식 381
초임계(supercritical) 343
초임계(super-critical) 상태 163, 418
초임계수원자로(SCWR) 235
촉진 단계(promotion stage) 606
총괄적(overall) 고온유로 계수 568
총 누설률 299
총 단면적(total cross-section) 87, 102
총 미래선량 817
총 반응률 293
총 손실 299
총 에너지(total energy) 34
총 열생성률 529
총 열유량 532
총 유효 선량당량(total effective dose equivalent) 668
총체적 비등(bulk boiling) 557
총체적 온도(bulk temperature) 541
총 확률 93
총 효율 178
최고출력점 인자(hot spot factor) 567
최대 감마선 에너지 146
최대 에너지 43
최대 존재확률 에너지(most probable energy) 66
최대 핵연료 온도 512, 530
최대허용농도(maximum permissible concentration) 657
최대허용선량(maximum permissible doses, MPD) 634
최적 설계 499
최종안전성분석보고서(Final Safety Analysis Report, FSAR) 841
최종 중성자(last neutron) 58
최종환경심사서(Final Environmental Statement, FEIS) 771
최초 결정(initial decision) 772
추론성 자원(speculative resources) 253
추정 매장량(inferred resources, IR) 253
축적 에너지(imparted energy) 590
출구온도 513
출력 준위 440
출력감발(coastdown) 498
출력밀도 192, 357
충돌 매개변수(collision parameter) 105
충돌밀도(collision density) 89, 95
충전펌프 845
층류(laminar) 550
치밀화(densification) 190
침강역전(subsidence inversion) 789
침적(deposition) 802
침적속도(deposition velocity) 802, 883
침투반경(range) 144

ㅋ

카드뮴 183
칼란드리아(calandria) 212
칼슘 41, 653
캐스케이드(cascade) 264
커마(kerma) 592
켈빈온도(K) 65
코닝(coning) 793
콤프턴 단면적 134
콤프턴 산란(Compton scattering) 133, 136, 524
콤프턴 파장(Compton wavelength) 76, 134

콤프턴효과(Compton effect) 130, 133, 688
콤프턴 흡수계수 140
콤프턴 흡수 단면적(Compton absorption cross-section) 140
쿨롱 반발력 61
쿨롱 전자기장 142
쿨롱 척력(coulomb repulsion) 113
쿨롱 항 112
퀴리(curie) 46
크래머의 법칙(Cramer's rule) 368, 392
크립톤 64

ㅌ

탄성산란(elastic scattering) 84, 98, 104, 118, 182
탄성산란 단면적 87
탄성산란되었다(elastically scattered) 84
탄소 원자(^{12}C) 30
탄화보론 222
탄화우라늄 268
탈염기(demineralizer) 177
탈진 열유속(burnout flux) 561
테일러 전개식(Taylor form) 695
토륨 165, 228, 244, 880
토카이무라 핵 사고 866
톰슨 단면적(Thompson cross-section) 134
통계적 계수(statistical factor) 101
통합인허가(Combined License, COL) 774
트레이싱(tracing) 218

ㅍ

파스퀼 조건(Pasquill conditions) 796
파울리의 배타원리(Pauli exclusion principle)60, 62
피킹 36
판형 차폐체 710
판형 핵연료(plate-type fuel elements) 530
패닝(fanning) 791
팬텀(phantom) 645
펀더멘털(fundamental) 347
페블 베드(pebble bed) 234
평균 거시적 방사화 단면적(average macroscopic activation cross-section) 746
평균대-최대 중성자속비 522
평균 생성시간(mean generation time) 425
평균수명(mean-life) 47
평균 에너지(average energy) 66
평균 자유행정(mean free path) 92, 138
평균 출력밀도 357
평균 확산시간(mean diffusion time) 423
평면 선원 309
평판형 원자로 345
평형 사마륨 489
평형 제논 482
폐기형 핵연료주기(throw-away fuel cycle) 242
폐쇄형 냉각재계통(closed coolant system) 777
폐증기 177
포인트 워터 커널(point water kernel) 720
포인트 커널 제거-감쇠 계산 726
포텐셜산란(potential scattering) 98
포텐셜웰(potential well) 60
포화상태(saturated) 177
포화압력 516
포화온도(saturation temperature) 515, 516
포화 핵비등(saturated nucleate boiling) 557
포획감마선(capture γ-ray) 85, 128, 741
포획-대-핵분열비(capture-to-fission ratio) 118, 123
푸리에 법칙(Fourier's law) 528
푸미게이션(fumigation) 792
푸아송 방정식(Poisson's equation) 529
풀 타입 221
퓨렉스 공정 274
퓨렉스(Purex) 용매 추출 공정 274
퓨렉스 재처리시설 275
프로메튬 488
플라즈마 분리법 272

플랑크상수 36
플루오르화염 224
플루토늄 170, 216, 256, 653
플룸(plume) 791
플룸 상승(plume rise) 790
피동 격납건물 냉각계통(passive containment cooling system, PCCS) 200
피동계통 199, 844
피동냉각계통 195
피동안전계통 197
피복재(cladding) 150, 189, 777
피코퀴리(picocurie) 46
피폭(exposure) 588, 639, 669
피폭 누증계수(exposure buildup factor) 689
피폭률(exposure rate) 589, 669
피폭선량 639
픽의 법칙(Fick's law) 293, 362, 528

ㅎ

하드론(hadron) 26
하부공동(lower plenum) 193
하전량 보존법칙(conservation of charge) 51
하전입자 141, 649
하전입자 반응 85, 101
하프늄 183
하향유로(downcomer) 193, 200
합리적 보장 자원(reasonably assured resources, RAR) 253
합리적으로 달성할 수 있는 한 낮게(as low as reasonably achievable, ALARA) 634, 878
핵공학자 176
핵력 40
핵 모형 60
핵무기 프로그램 209
핵반응(nuclear reaction) 51
핵분열(fission) 85, 112, 247
핵분열(nuclear fission) 58
핵분열가능(fissionable) 원자핵 162, 164
핵분열 단면적(fission cross-section) 87, 115
핵분열률 427
핵분열 문턱값 164
핵분열 생성 독물질(fission product poison) 419
핵분열 생성물(fission products) 119, 419
핵분열 생성물 붕괴 120, 524
핵분열 생성물 붕괴 감마선(fission product decay γ-rays) 717, 740
핵분열 생성물의 독작용 479
핵분열 생성물의 방사능 121
핵분열성 164
핵분열성 물질(fissile material) 114, 419
핵분열성 물질 보충량 247
핵분열성 우라늄 256
핵분열성(fissile) 원자핵 162
핵분열성 플루토늄 244
핵분열 연쇄반응(chain reaction) 162
핵분열 임계에너지(critical energy of fission) 114
핵분열 파편 127, 149
핵분열판(fission plate) 720
핵비등(nucleate boiling) 556
핵비등 이탈(departure from nucleate boiling, DNB) 561
핵에너지 준위 39
핵연료 776
핵연료 관리(nuclear fuel management) 419, 501
핵연료성 물질 248
핵연료성(fertile) 원소 165
핵연료 소모율 170
핵연료 연소도 166
핵연료 온도계수(fuel temperature coefficient) 467
핵연료 원자 밀도 373
핵연료 이용률(fuel utilization) 341
핵연료 재처리(fuel reprocessing) 166, 274
핵연료주기(fuel cycle) 240
핵연료집합체(fuel assembly) 191

핵연료 펠릿 189
핵연료 폴로어(follower) 206
핵융합반응(fusion reaction) 58
핵자(nucleon) 29
핵자당 결합에너지 57
핵자수(nucleon number) 29
핵자수 보존법칙(conservation of nucleon) 51
핵적 고온유로 계수(nuclear hot channel factor) 568
핵종(nuclide) 29
핵종 도표 41
핵증기공급계통(nuclear steam supply system, NSSS) 176, 184
핵확산 279
헬륨 64
현열(sensible heat) 192
협역 질서(short-range order) 64
형상계수(shape factor) 805
혼합산화물핵연료(mixed-oxide fuel) 243
혼합산화물(mixed-oxide, MOX) 핵연료 255
혼합 평균(mixed mean) 541
화석연료 발전소 179
화학적 환원제 276
화학제어제(chemical shim) 418, 462
확산거리(diffusion length) 301, 312
확산계수(diffusion coefficient) 294, 320
확산 근사(diffusion approximation) 292
확산기(diffuser) 263
확산면적(diffusion area) 301
확산방정식 300
확산방정식의 해 304
환경영향평가서(Environmental Report) 768
환상류(annular flow) 557
후쿠시마 다이이치 사고 854
후행 핵연료주기(back end fuel cycle) 240
흑연 182
흡수 886
흡수단(absorption edge) 130
흡수 단면적(absorption cross-section) 87
흡수반응(absorption reaction) 85
흡수선량(absorbed dose) 591, 639, 642
흡수선량률(absorbed dose rate) 591, 642, 650
흡수율 163
흡수재 191
흡수 평균 자유행정(absorption mean free path) 423
흡열반응(endothermic reaction) 52
흡입 653, 814, 882
흡입선량 882
흡입 선량률 계수(dose-rate factor for inhalation) 816
희산(dilute acid) 276
희석 인자(dilution factor) 796

기타

β^+ 붕괴(β^+-decay) 42
β^- 붕괴(β^--decay) 42
1차 베셀함수(ordinary Bessel function of the first kind) 352
2차 방사선 140
2차 베셀함수(ordinary Bessel function of the second kind) 352
2차 이온화 방사선 645
3세대+ 설계 195
4세대 원자로 232
4인자 공식(four-factor formula) 366
ABWR 194, 196
AP1000(Advanced Passive 1000) 194
AP1000 PWR 197
barn 87
BWR 191, 858
CACS 860
CANDU 원자로 244
CANDU 212
CDA 863
CP단계(CP stage) 767

DBA 784
DBDA 860
DNB 비(DNB ratio) 566
ECCS 784, 858
EPR(Evolutionary Power Reactor) 194, 201
ESBWR(Economic Simplified Boiling Water Reactor) 194, 199
GCFR 223
GEN IV(Generation IV) 233
GFR 234
HTGR 860
IRWST(격납건물 내 재장전수 저장탱크) 199
K-전자 38
K-포획 (K-capture) 43
LFR 235
LMFBR 217
LOCA 842, 846, 858
LWBR 227
LWR 184
millibarn 87
MSBR 226
MSR 235
NRC 762
OL단계(OL stage) 767
PWR 185, 844
Q값(Q-value) 52
RBMK 원자로 203
SFR 236
SMR 236
System 80+ 195
TEDE 668
TRISO(tristructural isotropic) 연료 234
U자형 증기발생기 186
U자형 튜브 187
VHTR 233
VVER 원자로 206
WL(working level) 666